农药问答

第六版

曹坳程　王秋霞　主编

化学工业出版社

·北京·

内 容 简 介

　　本书以问答的形式详细介绍了杀虫剂、杀螨剂、杀鼠剂、杀软体动物剂、杀线虫剂、杀菌剂、杀病毒剂、种子处理剂、除草剂、熏蒸剂、植物生长调节剂等农药品种及其混剂的特性、用途、防治对象、施用技术、施药适期及注意事项等，全面反映了当前我国农药应用技术的新进展和新成果。

　　书后附有农药剂型名称及代码、农药中英文通用名称对照、禁限用农药名单、农药应用快速检索表，便于查阅。

　　本书适合青年农民、乡村技术人员、植保人员、植物医生、农药经营人员阅读，也可供农业院校农药、植保相关专业师生查阅使用。

图书在版编目（CIP）数据

农药问答/曹坳程，王秋霞主编. —6 版. —北京：
化学工业出版社，2020.11
ISBN 978-7-122-37714-2

Ⅰ.①农⋯　Ⅱ.①曹⋯ ②王⋯　Ⅲ.①农药-问题
解答　Ⅳ.①S482-44

中国版本图书馆 CIP 数据核字（2020）第 171146 号

责任编辑：刘　军　孙高洁　　　　　　　文字编辑：李娇娇　陈小滔
责任校对：宋　夏　　　　　　　　　　　装帧设计：关　飞

出版发行：化学工业出版社（北京市东城区青年湖南街 13 号　邮政编码 100011）
印　　装：大厂聚鑫印刷有限责任公司
710mm×1000mm　1/16　印张 41½　字数 934 千字　2021 年 1 月北京第 6 版第 1 次印刷

购书咨询：010-64518888　　　　　　　　售后服务：010-64518899
网　　址：http://www.cip.com.cn

凡购买本书，如有缺损质量问题，本社销售中心负责调换。

定　　价：88.00 元

本书编写人员名单

顾　　问：徐映明　朱文达

主　　编：曹坳程　王秋霞

编写人员：（按姓名汉语拼音排序）

　　　　　曹坳程　崔海兰　方文生　郭明程　韩庆莉　靳　茜

　　　　　李　园　刘晓漫　欧阳灿彬　任立瑞　王大伟　王秋霞

　　　　　徐映明　颜冬冬　闫晓静　尹明明　张宏军　朱文达

前　言

《农药问答》（第五版）是徐映明先生和朱文达先生于 2010 年 9 月编写完成的。两位老先生对该书的编写倾注了大量的心血，现在两位老师都已 80 多岁的高龄。受恩师和化学工业出版社之托，我组织撰写了《农药问答》（第六版）。

虽然我已从事农药科研和教学 37 年，但通过学习老先生们的《农药问答》（第五版），更加系统地学习了一遍农药学，重温了农药相关知识。我深感一人的知识面难以胜任这本精品的续编工作，因此，让更多的同事参与了第六版的编写。在本次修订中，继续传承老先生的写作风格，以实用为主，在第五版的基础上对有关内容进行了较大幅度的改动，增添了新登记的农药品种、新剂型和新药械，删除了一些禁用的品种和不再使用的施药器械。在农药管理更趋完善、农药品种和使用技术不断更新的时代，本书主要反映我国农药品种、加工制剂、应用技术的新成果。本书继续传承前五版的指导思想（即以"新"和"实用"为目标），主要体现在以下几方面。

① 删除了已停产、不再登记的农药品种及其混剂，增补自第五版出版后在我国新取得农药登记的农药品种；

② 删除了旧的施药机械，增加了现代新的施药技术，如航空喷雾、静电喷雾、烟雾机、土壤熏蒸等；

③ 按照新的农药剂型名称和代码，对所用农药进行了规范；

④ 增添了禁限用农药品种；

⑤ 增添了防治常见病虫草害的农药品种列表。

由于时间较紧和知识面的限制，书中难免有疏漏之处，欢迎读者提出宝贵意见，以利于修订。

借本书出版之际，祝徐映明先生和朱文达先生健康长寿！

曹坳程

2020 年 6 月

第五版前言

《农药问答》第四版已出版6年了，在农药工业和使用技术迅速发展、农药管理更趋完善和人性化的今天，本次修订对全书作了较大的改动，以反映我国农药品种、加工制剂、应用技术的新进展、新成果、新方法，以及农药管理的新精神、新法规、新举措。其指导思想是"新"和"实用"，主要体现在以下几方面。

① 农药产品是吐故纳新。删除已停产、停用、限制应用范围的高毒、高残留的农药品种及其混剂；略去众所悉知的老品种和应用范围较窄的农药品种、农药混剂；共"吐故"农药品种130个，农药混剂207个。增补自第四版出版后5年多期间在我国取得农药登记的农药新品种114个，农药混剂316个。

② 农药名称依据国家有关法规。不再使用农药商品名称；农药单制剂使用国家标准GB 4839—2009《农药中文通用名称》中的农药有效成分的通用名称；农药混配制剂使用农业部、国家发展和改革委员会公告第945号（2007年12月12日）中的"农药混配制剂的简化通用名称"及公告发布以后农药登记部门批准的"新增农药混配制剂的简化通用名称"；尚未制定通用名称新单制剂或混配制剂的使用农药登记公告的名称。

③ 农药应用则删繁就简。多写实用技术，少写作用机理；多写当今新技术、新方法，少写或不写每类药剂的定义、特性、演进历程；结合有害生物的化学防治和便于用户选择所需农药，将磺酰脲类除草剂、混合除草剂、杀菌杀虫混剂、种衣剂等按作物用药分类叙述每种药剂的用途也按作物类群分别叙述，并将备受关注的贮粮害虫防治剂、杀病毒剂单列成篇。

④ 本书所列农药（单剂、混剂）均为在我国已取得农药登记、市场有售，但在应用方面常有超范围的介绍，以供参考。

农药是涉及多个学科的综合性边缘学科，本书又为面向基层、专业性、普及性的实用图书，集多人之力方得完成。本版除由徐映明、朱文达主笔外，中国科学技术协会刘国良、中华全国工商业联合会徐洁、北京市丰台区园林绿化局牛佩芳及徐翔、于敏等也协助收集资料、撰写部分题条，打印稿件等编纂工作。由于编者才疏学浅、水平有限、实践不足、收集资料不全，书中疏漏或不当之处，企期能得到众多的读者朋友、农药界和植保界同行、学者们的赐教指正。

徐映明

2010 年 9 月于中国农业科学院植物保护研究所

（邮编 100193）

目　录

一、农药的含义和范围 / 1

二、农药的剂型及制剂 / 17

三、农药施用技术 / 36

四、农药的毒力、毒性、药效及药害 / 73

五、农药的毒性、残留及安全使用 / 82

六、杀虫剂 / 100

八、杀鼠剂 / 259

十四、种子处理剂 / 398

十五、除草剂 / 421

十六、熏蒸剂 / 532

附录 / 582

参考文献 / 615

一、农药的含义和范围

1. 什么是农药？

2017 年新修订《农药管理条例》中对农药作了明确的定义，是指用于预防、控制危害农业、林业的病、虫、草、鼠和其他有害生物以及有目的地调节植物、昆虫生长的化学合成或者来源于生物、其他天然物质的一种物质或者几种物质的混合物及其制剂。

农药包括用于不同目的、场所的下列各类：

① 预防、控制危害农业、林业的病、虫（包括昆虫、蜱、螨）、草、鼠、软体动物和其他有害生物；

② 预防、控制仓储以及加工场所的病、虫、鼠和其他有害生物；

③ 调节植物、昆虫生长；

④ 农业、林业产品防腐或者保鲜；

⑤ 预防、控制蚊、蝇、蜚蠊、鼠和其他有害生物；

⑥ 预防、控制危害河流堤坝、铁路、码头、机场、建筑物和其他场所的有害生物。

以上就是农药的适用范围。农药用于有害生物的防除称为化学防治或化学保护；用于植物生长的调节称为化学调控；用于灭杀蚊、蝇、臭虫、蜚蠊等卫生害虫的称为卫生杀虫剂。由于本书的读者主要是农业、林业中的种植业（包括牧草、花卉、园林、药用植物等）从业人员，故对卫生杀虫剂不予介绍，也不介绍其他农药品种对卫生害虫的防治方法。

根据上述规定，以下几类药剂不属于农药。①用于养殖业防治动物体内外病、虫的药剂属兽药。②为农作物提供常量、微量元素促进植物生长的化学品属肥料，用于拌种的称种肥，用于叶面喷洒的称叶面肥。③用于加工食品防腐的称防腐剂，属于食品添加剂。④用于杀灭人或畜禽生活环境中的细菌、病毒等有害微生物的药剂属卫生消毒剂。

2. 什么是假农药和劣质农药？

《农药管理条例》明确规定：禁止生产、经营和使用假农药和劣质农药。

下列农药为假农药：

① 以非农药冒充农药或者以他种农药冒充此种农药的，这里包括国家正式公布禁止生产或撤销登记的农药，因其已不能作为农药使用；

② 所含有效成分的种类、名称与产品标签或者说明书上注明的农药有效成分的种类、名称不符的，假冒、伪造、转让农药登记证或农药标签的。

下列农药为劣质农药：

① 不符合农药产品质量标准的；

② 超过农药质量保证期的农药，按照劣质农药处理；

③ 混有导致药害等有害成分的；

④ 包装或标签严重损坏的。

生产、经营假农药、劣质农药的依法追究刑事责任；尚不够刑事责任的，由农业行政主管部门或者法律、行政法规规定的其他有关部门没收假农药、劣质农药和违法所得，并处罚款；情节严重的，由农业农村部吊销农药登记证或者农药临时登记证，由省级农业农村主管部门吊销农药生产许可证或者农药生产批准证号。

在经济利益的驱使下，伪劣农药时有出现。

如 2018 年 12 月 28 日，山东省农业农村厅通报 2018 年第二批农药监督抽查结果：经农业农村部农药质量监督检验测试中心（济南）检测，抽取的 485 个农药产品中，合格产品 431 个，合格率为 88.9%；不合格产品 54 个，不合格率为 11.1%；其中检出假农药（标明的有效成分未检出或擅自加入其他农药成分）29 个，占产品总数的 6%，占不合格产品的 53.7%。

3. 《农药管理条例》什么时候以何种形式发布实施的？ 并于何时开始施行？ 共有多少章？ 多少条？

《农药管理条例》（以下简称《条例》）经 2017 年 2 月 8 日国务院第 164 次常务会议修订通过，以中华人民共和国国务院令第 677 号发布实施。自 2017 年 6 月 1 日起施行，共 8 章 66 条。

4. 制定《农药管理条例》的目的是什么？

为了加强农药管理，保证农药质量，保障农产品质量安全和人畜安全，保护农业、林业生产和生态环境。

5. 各级农药管理部门的职责分工是什么？

国务院农业主管部门负责全国的农药监督管理工作。县级以上地方人民政府农业主管部门负责本行政区域的农药监督管理工作。县级以上人民政府其他有关部门在各自职责范围内负责有关的农药监督管理工作。

6. 《农药管理条例》对农药登记的主体有何规定？

国家实行农药登记制度。农药生产企业、向中国出口农药的企业，应当依照本条例的规定申请农药登记，新农药研制者可以依照本条例的规定申请农药登记。

7. 怎样理解《农药管理条例》中的保证农药质量?

一般意义上的农药质量从狭义上理解,是指其是否符合相应的产品质量标准、产品有效成分种类是否与标签明示相符、产品是否未混有药害成分、产品是否在质量保证期内等。但是,根据《农药管理条例》等相关的法律规定,这里提及的农药质量的概念不是狭义上的一般概念,而是广义上的农药质量概念,应从以下几点去理解。①包含农药产品质量的所有的狭义概念,即是否符合相应产品质量标准等。②农药的有效性是衡量农药质量的重要因素。农药有效性是指农药对农业有害生物的防治效果,它是由有效成分活性、理化性质、作用机制、使用剂量和方法等决定的。能否达到"防虫、治病、除草、生长调节"的理想效果,是衡量农药质量的重要因素。③农药的安全性也是决定农药质量的关键因素。随着经济社会的高速发展,政府和社会公众越来越关注农业、农产品质量、环境生态安全。

因此,农药的安全性评价是衡量农药质量的关键因素。第一,要看农药对靶标作物和临近非靶标作物是否安全,能否产生显性或隐性药害而引起农作物减产等。第二,要看农药本身的毒性,充分评价其急性毒性、亚慢性、慢性和致癌毒性等,看能否引起人畜中毒并危及生命健康安全。第三,看是否存在环境毒性并引发生态环境污染,要充分考虑对有益生物毒性的影响,对地下水及周围环境的影响。第四,看是否在合成、加工、分装、包装、贮存、运输、使用过程中有潜在风险和隐患,如容易燃爆、泄漏污染、挥发中毒、误服误用等。农药产品多、生产企业多,质量管理难度大。一方面,我国现有农药品种 710 个,农药产品 43000 个,虽然拥有世界上最先进的产品,但是产品同质化仍是我国农药产业的最大症结。另一方面,我国农药生产企业 2000 多家,但多数生产规模小,生产工艺落后,产品质量和管理水平较低。因此,通过立法加强农药质量管理是非常必要的。

8. 《农药管理条例》为何要对保护农业、林业生产和生态环境做重点强调?

主要是基于以下几点的考虑:

① 保护农林业生产。农药是农业、林业生产中不可或缺的重要投入品,其重要作用主要体现在三个方面:一是预防、控制农业、林业病虫草鼠害。二是调节植物生长发育,如赤霉酸打破休眠促进萌发,乙烯利促进果实成熟等,都是植物生长剂类农药发挥的重要功效。三是保障农产品储存流通,如苹果、柑橘等长期储存时需要使用保鲜剂类农药。

② 保护生态环境。随着世界人口的增加和耕地的不断减少,提高粮食单位面积产量成了满足人类生存和社会发展要求的重要途径。对环境的安全包括对非靶标生物,如畜禽、天敌、蜜蜂和鱼虾等的安全;也包括对当季作物和对下季作物的安全;还包括对地下水、大气等自然资源的安全。农药生产、使用时,要避免污染水源和环境,使用合适高性能的喷洒工具。空置的农药包装物,要清洗 3 次以上,再到远离水源的地方掩埋或焚烧。农药的使用对提高粮食产量起到了不可替代的作用,同时也带来了农业环境的污染问题。只有科学使用农药,才能减少环境污染,确保农业可持续发展。

9. 部、省两级农药登记是如何分工的?

国务院农业主管部门所属的负责农药检定工作的机构负责农药登记具体工作。省、自治区、直辖市人民政府农业主管部门所属的负责农药检定工作的机构协助做好本行政区域的农药登记具体工作。

10. 如何申请农药登记试验?

农药的登记试验应当报所在地省、自治区、直辖市人民政府农业主管部门备案。

新农药的登记试验应当向国务院农业主管部门提出申请。国务院农业主管部门应当自受理申请之日起 40 个工作日内对试验的安全风险及其防范措施进行审查,符合条件的,准予登记试验;不符合条件的,书面通知申请人并说明理由。

11. 农药登记试验的具体要求是什么?

登记试验应当由国务院农业主管部门认定的登记试验单位按照国务院农业主管部门的规定进行。

与已取得中国农药登记的农药组成成分、使用范围和使用方法相同的农药,免予残留、环境试验,但已取得中国农药登记的农药依照《农药管理条例》第十五条的规定在登记资料保护期内的,应当经农药登记证持有人授权同意。

登记试验单位应当对登记试验报告的真实性负责。

12. 农药登记试验后,申请人如何进行农药登记?

登记试验结束后,申请人应当向所在地省、自治区、直辖市人民政府农业主管部门提出农药登记申请,并提交登记试验报告、标签样张和农药产品质量标准及其检验方法等申请资料;申请新农药登记的,还应当提供农药标准品。

省、自治区、直辖市人民政府农业主管部门应当自受理申请之日起 20 个工作日内提出初审意见,并报送国务院农业主管部门。

向中国出口农药的企业申请农药登记的,应当持规定的资料、农药标准品以及在有关国家(地区)登记、使用的证明材料,向国务院农业主管部门提出申请。

国务院农业主管部门受理申请或者收到省、自治区、直辖市人民政府农业主管部门报送的申请资料后,应当组织审查和登记评审,并自收到评审意见之日起 20 个工作日内作出审批决定,符合条件的,核发农药登记证;不符合条件的,书面通知申请人并说明理由。

13. 农药登记证有效期为多长时间? 如何申请延续?

农药登记证有效期为 5 年。有效期届满,需要继续生产农药或者向中国出口农药的,农药登记证持有人应当在有效期届满 90 日前向国务院农业主管部门申请延续。

14. 何种情况下可以转让农药登记资料？

新农药研制者可以转让其已取得登记的农药登记资料；农药生产企业可以向具有相应生产能力的农药生产企业转让其已取得登记的农药登记资料。

15. 登记试验备案的申请主体是谁？

根据《农药登记试验管理办法》第二条第二款，开展农药登记试验的，申请人应当报试验所在地省级农业主管部门备案。农药登记试验备案的主体是农药登记申请人。

16. 对农药登记试验样品有何要求？

农药登记的主要目的是对产品的有效性和安全性进行评价。申请人应当保证将来登记、生产的产品与登记试验样品的产品组成、加工工艺等一致。因此，农药登记申请人所提供的样品应当满足以下要求：①为申请人研究成熟定型的产品；②已明确产品的组成成分、鉴别方法、质量控制指标和检测方法，并经产品质量检测合格；③满足农药登记所有试验对样品的需求；④明确了产品的储存条件、生产日期和质量保证期限等。

17. 为什么要对农药登记试验样品进行封样管理？ 如何进行封样？

农药登记试验样品的真实性是农药登记试验结果可靠性的源头。为了确保登记试验样品的真实性，便于查找"问题试验报告"产生原因，科学合理地作出农药登记审批决定，《农药登记试验管理办法》第二十二条、第二十三条规定，对农药登记试验样品实行封样与留样管理。

农药登记申请人在开展登记试验前，应当向所在地省级农业部门所属的农药检定机构提供农药试验样品及相关样品信息。省级农药检定机构查验样品相关信息后，对农药样品进行封样，并留存一份。

农药登记试验申请者应当将封好的样品送至试验承担单位开展相关的试验，同时还应当留存一份。农药登记试验单位开展登记试验时，也应当留样。

省级以上农业部门开展农药登记试验样品的抽查、检测，对农药登记试验单位进行检查。例如，试验样品不符合产品质量标准的，其试验报告不能用于农药登记；对不按登记管理规定进行试验的，责令试验单位限期改正。

18. 境外企业如何申请登记试验？

依据《条例》规定，境外企业的登记试验也应当报试验所在地省级农业主管部门备案。如果是新农药登记试验，依据《农药登记试验管理办法》第十七条的规定，开展新农药登记试验的，境外企业应当向农业农村部提出申请，并提交相关资料。

根据《农药登记试验管理办法》第二十二条，境外企业申请人应当将试验样品提交其在中国境内设立的办事机构所在地省级农药检定机构进行封样。

19. 农药生产企业应如何申请农药生产许可证?

国家实行农药生产许可制度。农药生产企业应当具备下列条件,并按照国务院农业主管部门的规定向省、自治区、直辖市人民政府农业主管部门申请农药生产许可证:

① 有与所申请生产农药相适应的技术人员;

② 有与所申请生产农药相适应的厂房、设施;

③ 有对所申请生产农药进行质量管理和质量检验的人员、仪器和设备;

④ 有保证所申请生产农药质量的规章制度。

省、自治区、直辖市人民政府农业主管部门应当自受理申请之日起 20 个工作日内作出审批决定,必要时应当进行实地核查。符合条件的,核发农药生产许可证;不符合条件的,书面通知申请人并说明理由。

安全生产、环境保护等法律、行政法规对企业生产条件有其他规定的,农药生产企业还应当遵守其规定。

20. 委托农药加工、分装有什么要求?

根据《条例》第十九条规定,委托方应当取得待委托加工或分装产品的农药登记证,受托方应当取得相应的农药生产许可范围。原药(母药)不得委托加工和分装。向中国出口农药的,其产品允许委托具有相应农药生产范围的农药生产企业分装。

与本企业生产的农药产品标签相比,委托加工、分装农药产品的标签有特殊要求,应当同时标注以下信息:①委托人的农药登记证号、产品质量标准号及其联系方式;②受托人的农药生产许可证号、受托人名称及其联系方式;③委托分装的农药,产品标签上应当同时标注加工日期、批号以及分装日期。

符合委托加工、分装条件的,委托方与受托方可以签订合同等,确定委托加工、分装关系,不需要到农业主管部门备案。但委托方应当在每季度结束之日起十五日内,将上季度委托加工、分装产品的生产销售数据上传至农业农村部规定的农药管理信息平台。

21. 《农药管理条例》对农药使用者做出了哪些具体要求?

农药使用者应当遵守国家有关农药安全、合理使用制度,妥善保管农药,并在配药、用药过程中采取必要的防护措施,避免发生农药使用事故。

农药使用者应当严格按照农药标签标注的使用范围、使用方法和剂量、使用技术要求和注意事项使用农药,不得扩大使用范围、加大用药剂量或者改变使用方法。

农药使用者不得使用禁用的农药。

标签标注安全间隔期的农药,在农产品收获前应当按照安全间隔期的要求停止使用。

剧毒、高毒农药不得用于防治卫生害虫,不得用于蔬菜、瓜果、茶叶、菌类、中草药材的生产,不得用于水生植物的病虫害防治。

农药使用者应当保护环境,保护有益生物和珍稀物种,不得在饮用水水源保护区、河道内丢弃农药、农药包装物或者清洗施药器械。

严禁在饮用水水源保护区内使用农药，严禁使用农药毒鱼、虾、鸟、兽等。

农产品生产企业、食品和食用农产品仓储企业、专业化病虫害防治服务组织和从事农产品生产的农民专业合作社等应当建立农药使用记录，如实记录使用农药的时间、地点、对象，以及农药名称、用量、生产企业等。农药使用记录应当保存 2 年以上。

国家鼓励其他农药使用者建立农药使用记录。

22. 企业如何利用全国农药质量追溯系统实现农药产品可追溯？

农药企业（农药登记证持有人）可以自愿免费使用全国农药质量追溯系统，按照农药登记产品申请农药产品追溯码的信息串（追溯网址＋单元识别代码）。企业从该系统下载生成的信息串文件后，负责印制成标签二维码（可以在制作印刷标签的同时印制，也可以使用其他方式如在生产线上喷印等）。印制二维码后即可以扫码识别（如使用微信等扫码）。一般来说，企业申请追溯码时还不知道具体的生产信息，因此此时扫码显示的信息没有生产批次、质量合格信息等内容。企业应当在产品出库时或出库后，及时向该系统上传相关生产信息数据。上传数据后，扫码显示的信息就完整了，也符合《农药标签二维码管理规定》（农业部公告第 2579 号）的要求。

农药企业应当确保追溯信息文件及印制的产品标签二维码的安全，避免丢失或被其他不法企业使用。

23. 如何认定相同产品、相似产品及相对本企业新含量产品？

按《农药登记资料要求》规定，申请相同产品、相似产品、相对本企业新含量产品等登记的，其"对照产品"也应当是按《农药登记管理办法》和《农药登记资料要求》取得登记的产品。

24. 如何理解《农药登记管理办法》相关条款中"符合登记资料要求"的含义？

《农药登记管理办法》第十八条第一款和第二款分别对农药登记资料授权和登记资料转让进行了规定，此条中"符合登记资料要求"是指符合现行的登记资料要求，即新颁布的《农药登记资料要求》。

25. 是否可以授权部分农药登记资料？

不可以。根据《农药登记管理办法》第十八条，农药登记证持有人独立拥有的符合《农药登记资料要求》的完整登记资料，可以授权其他申请人使用。

26. 专利保护期内的农药产品可以申请登记吗？

可以申请。根据专利权人的异议或请求，依据《行政许可法》规定，农业农村部将履行告知程序。

27. 原药是否需要标注质量保证期，制剂的质量保证期能否由 2 年改为 3 年？

根据《产品质量法》和《农药标签和说明书管理办法》的规定，原药产品必须标注质量保证期，质量保证期标注为多长时间，由申请者根据产品稳定性自行确定。对于已登记的制剂产品，不再受理和批准质量保证期 2 年改 3 年的申请。

28. 扩大登记的产品属于新混配，但是不涉及新的使用方法，是否需要做两年药效试验？

不涉及新使用范围和新使用方法的相同配方、相同配比的混剂产品可提供一年药效试验报告。新混配（新配方、新配比）制剂均须提供两年药效试验报告。

29. 室内抗性风险试验资料是否可以使用境外试验数据？

药剂、靶标生物种和测定方法相同的情况下，可使用境外完成的抗性风险分析资料。

30. 《农药登记田间药效试验区域指南》中没有列出来的作物怎么安排田间药效试验？

《农药登记田间药效试验区域指南》中未包含的作物、病虫草害及特殊药剂，应根据作物种植区域，在全国选择有代表性的地点开展田间药效试验，并提供田间小区试验选点说明。

31. 未来新产品登记方向：三元复配是否允许？ 杀虫、杀菌剂之间混配是否有新规定？

仅允许除草剂三元混配；杀虫剂与杀菌剂混配仅允许用于种子处理。

32. 农药产品使用时，加入助剂是否需要进行田间药效试验？

根据《农药登记资料要求》第 1.3 条规定，使用时添加指定助剂的农药产品，应当提交添加该助剂的农药样品完成的相关登记试验资料。

33. 农药品种怎样分类？

农药品种很多，迄今为止，在世界各国注册的已有 1500 多种，其中常用的达 300 余种。为了研究和使用上的方便，常常从不同角度把农药进行分类。其分类的方式较多，主要的有以下三种。

（1）按防治对象分类　可分为杀虫剂、杀螨剂、杀鼠剂、杀软体动物剂、杀菌剂、杀线虫剂、除草剂、植物生长调节剂等。

（2）按来源分类　可分为矿物源农药、生物源农药及化学合成农药三大类。

（3）按化学结构分类　有机合成农药的化学结构类型有数十种，主要包括：有机磷、氨基甲酸酯、拟除虫菊酯、有机氮、有机硫、酰胺类、脲类、醚类、酚类、苯氧羧酸类、三氮苯类、二氮苯类、苯甲酸类、脒类、三唑类、杂环类、香豆素类、有机金属化合物等。

34. 什么是矿物源农药？

有效成分起源于天然矿物原料的无机化合物和石油的农药，统称为矿物源农药。包括砷化物、硫化物、铜化物、磷化物、氟化物以及石油乳剂等。

矿物油农药可用作杀虫剂、杀菌剂、除草剂和增效剂，作用机理为封闭害虫气孔或封闭害虫感触器，干扰真菌呼吸，使害虫窒息死亡或使其削弱甚至失去对寄主植物的辨别能力，属物理灭杀作用。符合质量标准的精炼矿物油具有不易杀伤自然天敌、对人畜安全、无作物和环境残留且害虫不易产生抗性的优点。

润滑油、柴油、煤油和焦油等矿物油均可作为农药应用，目前生产上应用最广泛的是机械润滑油添加乳化剂制成的农药（即机油乳剂），其次是柴油，煤油和焦油应用较少。

矿物源农药历史悠久，为农药发展初期的主要品种，随着化学合成农药的发展，矿物源农药的用量逐渐下降，其中有些品种如砷酸铅、砷酸钙等已停止使用。

目前使用较多的品种有：硫悬浮剂、石灰硫黄合剂（液体的或固体的）、王铜（氧氯化铜）、氢氧化铜、波尔多液以及石油乳剂。

用矿物源农药防治有害生物的浓度与对作物可能产生药害的浓度较接近，稍有不慎就会引起药害。喷药质量和气候条件对药效和药害的影响较大。使用时要多注意。

35. 我国对矿物油农药有哪些技术规定？　矿物油农药使用注意事项有哪些？

矿物油是一个很大的类群，主要分为石油系列产品和煤焦油系列产品两大类。

煤焦油系列产品的化学成分主要是芳香族的碳氢化合物，并含有很多酚类化合物。这种系列产品的化合物对农作物产生药害的风险很大，一般不被选用为加工矿物油农药的原料。

石油系列产品的化学成分主要是脂肪族的碳氢化合物，对农作物比较安全。但也须注意，来自不同油田的石油所含的碳氢化合物是有差别的，某些特殊地区的石油中也含有少量芳香族化合物及不饱和碳氢化合物；不同馏分的石油产品中所含脂肪族化合物的种类不相同，产品的黏度也不相同。因而，并非所有石油系列的矿物油都可用作加工农药的原料。

鉴于市售矿物油产品多数为含有芳香烃、环烷烃、不饱和烃等化合物，其沸程较宽，用其加工成的农药产品，药效不高且易产生药害，对环境安全及人畜健康可能存在潜在影响。农业部于2008年发布第1133号公告规定生产矿物油农药（单剂和混剂）应选择精炼矿物油，不得使用普通石化产品。精炼矿物油的理化指标应符合，相对正构烷烃碳数差应当不大于8，相对正构烷烃平均碳数应当在21～24，非磺化物含量应当不少于92%。

相对正构烷烃碳数是根据在某个馏分相当的正构烷烃来区分的。10%馏出温度与90%馏出温度所相对的正构烷烃碳数之差即为碳数差。发达国家的矿物油相对正构烷烃碳数差通常规定为≤7，我国考虑分析误差，规定为≤8。

50%馏出温度相对的平均正构烷烃碳数即为平均碳数。我国规定相对正构烷烃平均碳数为21～24。非磺化物含量可评价产品中不饱和烃含量，因为能被磺化的是不饱和烃化合物，饱和烃化合物是不被磺化的，我国规定非磺化物含量≥92%（体积比），即为能被磺化的不饱和烃含量应≤8%。事实上随着炼油技术的提高，矿物油中的非磺化物含量现在都能达到95%，最高可达99%。不饱和烃化合物是矿物油类农药产生药害的主要因素。

矿物油除可以作为农药的有效成分，还是加工热雾剂、超低容量油剂的常用溶剂。在20世纪70～80年代，我国曾选用炼油副产物"二线油"为溶剂加工超低容量油剂，用于农作物叶面喷雾往往易产生药害，原因就是"二线油"未达到精炼矿物油的标准。

矿物油农药使用注意事项：

① 温度高于30℃就要降低浓度防止药害，如果温度高于35℃就不使用矿物油农药，所以夏季高温时一般不建议使用矿物油农药，使用矿物油容易加剧日灼。

② 矿物油农药不建议在花期使用，也不建议在嫩梢期使用，特别是对橙树的花蕾影响很大。同时开花前半个月最好不要使用矿物油农药，以免出现畸形花。

③ 矿物油农药和易产生药害的农药混用，会加剧药害的产生，例如嘧菌酯，因为渗透性较强容易产生药害，如果加入矿物油农药，可能产生药害风险较大，所以是不能混合使用的。

④ 矿物油不宜和三唑锡等锡制剂及强碱性农药混用，也不能和含重金属离子（铅、锌、铁、钴、镍、锰、镉、汞、钨、钼等）的叶面肥混合使用。

⑤ 要掌握好正确使用方法。每隔10～15min将药液摇一次以免油水分离。特别要注意喷雾周到均匀。100%的覆盖就有100%的效果。

36. 什么是生物源农药？

生物源农药是指利用生物资源开发的农药，简称生物农药。生物包括动物、植物和微生物，因而生物源农药相应地分为动物源农药、植物源农药和微生物源农药三大类。可以说，包括了地球上所有类别的生物。而今，把一些具有农药作用或抗农药作用的转基因作物也归于生物农药。

我国一贯鼓励和支持生物农药的研究和产业化。根据2017年11月1日起施行的《农药登记资料要求》，生物农药包括生物化学农药、微生物农药和植物源农药。他们的定义分别为：

（1）生物化学农药 是指同时满足下列两个条件的农药：一是对防治对象没有直接毒性，而只有调节生长、干扰交配或引诱等特殊作用；二是天然化合物，如果是人工合成的，其结构应与天然化合物相同（允许异构体比例的差异）。主要包括以下类别：

① 化学信息物质，是指由动植物分泌的，能改变同种或不同种受体生物行为的化学物质。

② 天然植物生长调节剂，是指由植物或微生物产生的，对同种或不同种植物的生长发育（包括萌发、生长、开花、受精、坐果、成熟及脱落的过程）具有抑制、刺激等作用或调节植物抗逆境（寒、热、旱、湿、风、病虫害）的化学物质。

③ 天然昆虫生长调节剂，是指由昆虫产生的对昆虫生长过程具有抑制、刺激等作用的化学物质。

④ 天然植物诱抗剂，是指能够诱导植物对有害生物侵染产生防卫反应，提高其抗性的天然源物质。

⑤ 其他生物化学农药，是指除上述以外的其他满足生物化学农药定义的物质。

（2）微生物农药　是指以细菌、真菌、病毒和原生动物或基因修饰的微生物等活体为有效成分的农药。

（3）植物源农药　是指有效成分来源于植物体的农药。

37. 微生物农药是否需要提交低温稳定性试验资料？

对于微生物农药制剂，一般需要提交低温稳定性试验资料，但如果该微生物菌种对低温敏感，在提交证明数据的情况下，可不规定低温稳定性试验项目。

38. 微生物农药制剂的整个工艺过程没有母药参与，是否需要提交母药的相关资料？

需要提交。根据《农药登记资料要求》附件2中微生物农药制剂注解的要求，上述情形也应提交添加助剂前的母药（或母液）的菌种鉴定报告、菌株代号、菌种描述、完整的生产工艺、组分分析试验报告以及稳定性试验资料（对温度变化、光、酸碱度的敏感性）、质量控制项目及其指标等资料。

39. 农药在农业生产上起多大作用？

人口在增长，世界人口以每年8千万左右的速度递增，从1975～2000年的短短25年中，增长率高达50%左右。人口的增长需要粮食，种粮食就需要耕地，而从1975～2000年的25年中，耕地面积仅增加4%。耕地的增长远远不能适应人口增长对粮食的需求。所以说，世界需要粮食。多产粮食就需要投入足额优质农业生产资料，其中之一就是农药。由于使用农药有效地防治了病虫草害，世界农作物所遭受的损失平均减少了1/3。同样在我国，通过使用农药（表1），每年可减少经济损失300亿元左右，每年使用农药防治病虫草鼠的面积为45亿亩❶左右。因此，在尚未发现足以全面取代化学防治的新技术之前，农药势必仍将继续发展，以确保农作物产量的持续大幅度增长。农药也应在发展过程中逐渐完善自身，将其副作用减少到最低程度。

表1　我国近年农药生产量及各类农药的比例

年份	总产量/万吨	比例/%			
		杀虫剂	杀菌剂	除草剂	其他
2012	354.9	22.9	4.1	46.4	26.6
2013	319	19.2	6.4	56.4	18.0

❶　1亩 ≈ 666.7m²。

年份	总产量/万吨	比例/%			
		杀虫剂	杀菌剂	除草剂	其他
2014	374.4	15.0	6.1	48.2	30.7
2015	374.1	13.7	4.9	47.4	34.0
2016	377.8	13.4	5.3	46.9	34.4
2017	294.1	20.0	5.8	39.0	35.2

40. 为什么要细读农药标签?

农药标签和说明书是指农药包装物上或附于农药包装物的，以文字、图形、符号说明农药内容的一切说明物。农药标签是一个农药产品的身份体现，可以指导人们科学合理安全使用农药，在农药的管理中具有十分重要的位置。为规范农药标签，农业部2007年发布《农药标签和说明书管理办法》，自2008年1月8日起施行。2017年再次发布新《农药标签和说明书管理办法》（简称《办法》），2017年8月1日正式实施，2007年发布的《农药标签和说明书管理办法》同时废止。2017年发布的《办法》，一个合格的农药标签至少应当包括以下内容。

（1）农药名称 单制剂使用农药有效成分的通用名称。尚未制订通用名称的新农药，申请者应当按照农药名称命名规范向农业农村部提出农药名称的建议，经农业农村部核准后方可使用。

混配制剂中各有效成分通用名称组合后不多于5个字的，使用各有效成分通用名称的组合作为简化通用名称，各有效成分的通用名称之间应当插入间隔号（以圆点"·"表示，中实点，半角），按照便于记忆的方法排列，混配制剂中各有效成分通用名称组合后多于5个字的，使用简化通用名称。农药混配制剂的简化通用名称已另有文件列出名称目录，尚未列入名称目录的农药混配制剂，申请者向农业农村部提出简化通用名称建议，经农业农村部批准后，方可使用。

混配制剂应当标注总有效成分含量以及各种有效成分的通用名称和含量。

单制剂和混配制剂均不得使用商品名称。

农药剂型名称可以参照国家标准 GB/T 19378—2017《农药剂型名称及代码》中规定的名称。

（2）三证号 即农药登记证号或临时登记证号，农药生产许可证号或农药生产批准文件号，农药产品执行标准号。

（3）农药类别颜色标志带、产品性能、农药毒性及其标识 不同类别农药的颜色标志带位于标签底部，一条与底边平行的、不褪色的特征颜色标志带。

各类农药的特征颜色分别为：除草剂——绿色，杀虫（螨、软体动物）剂——红色，杀菌（线虫）剂——黑色，植物生长调节剂——深黄色，杀鼠剂——蓝色，杀虫、杀菌剂——红色和黑色。

产品性能包括其基本性质、主要功能、作用特点等。用途及用法以文字图表形式写明产品的适用作物或使用范围、防治对象以及施用时期、剂量、次数和方法等，不得出现未经登记的使用范围和防治对象的图案、符号、文字。

用于大田作物时，使用剂量以每公顷使用该产品的制剂量表示，并以括号注明亩用制剂量或稀释倍数。

用于树木等作物时，使用剂量以总有效成分量的浓度值表示，并以括号注明制剂稀释倍数。

种子处理剂的使用剂量以农药与种子质量比表示。

需要明确安全间隔期的，应当标注使用安全间隔期及农作物每个生产周期的最多施用次数。

对后茬作物生产有影响的，应当标注其影响以及后茬仅能种植的作物或后茬不能种植的作物、种植间隔时间。

对作物容易产生药害，或者对病虫害容易产生抗性的，应当标明主要原因和预防方法。

由剧毒、高毒农药原药加工的制剂产品，其毒性级别与原药的最高毒性级别不一致时，应当同时以括号标明其所使用的原药的最高毒性级别（表2）。

表 2　农药产品毒性分级及标识

毒性分级	级别符号语	经口半数致死量/(mg/kg)	经皮半数致死量/(mg/kg)	吸入半数致死浓度/(mg/m³)	标识	标签上的描述
Ⅰ（a）级	剧毒	≤5	≤20	≤20	☠	剧毒
Ⅰ（b）级	高毒	>5~50	>20~200	>20~200	☠	高毒
Ⅱ级	中等毒	>50~500	>200~2000	>200~2000	◈	中等毒
Ⅲ级	低毒	>500~5000	>2000~5000	>2000~5000	低毒	低毒
Ⅳ级	微毒	>5000	>5000	>5000		微毒

中毒急救措施应当包括中毒症状及误食、吸入、溅入眼睛、皮肤黏附农药后的急救及治疗措施等。

有专用解毒剂的，应当标明，并标注医疗建议。

对有益生物（如蜜蜂、鸟、蚕、蚯蚓、害虫天敌，以及鱼、水蚤等水生生物）和环境容易产生不利影响的，应当明确说明，并标注使用时的预防措施、施用器械的清洗要求、残剩药剂和废旧包装物的处理方法。

安全象形图有：

 用药后需清洗

 戴手套

 戴防护罩

 戴口罩

穿胶靴

 戴防毒面具

 对家畜有害

 对鱼有害，不要污染湖泊、河流、池塘和小溪

（4）储存和运输方法　储存和运输方法应当包括储存时的光照、温度、湿度、通风等环境条件要求及装卸、运输的注意事项，并醒目标明"远离儿童""不能与食品、饮料、粮食、饲料等混合储存"等警示内容。储存象形图![图]，放在儿童接触不到的地方，并加锁。

（5）生产日期和有效期　生产日期应当按照年、月、日的顺序标注，年份用四位数字表示，月、日分别用两位数字表示。有效期以产品质量保证期限、有效日期或失效日期表示。

其他还包括生产厂名、地址、邮编、联系电话等。

由上述内容可见，农药标签虽小，却是农药市场的一个缩影。作为消费者和使用者，在选购农药时或使用农药之前，都应当根据国家的有关法规的要求标准，认真阅读农药标签，以防上当受骗、买错药、用错药，蒙受损失。

41. 2018 年 1 月 1 日后生产的产品，所用标签需符合哪些规定？

（1）农药标签标注内容　农药名称、剂型、有效成分及其含量；农药登记证号、产品质量标准号以及农药生产许可证号；农药类别及其颜色标志带、产品性能、毒性及其标识；使用范围、使用方法、剂量、使用技术要求和注意事项；中毒急救措施；储存和运输方法；生产日期、产品批号、质量保证期、净含量；农药登记证持有人名称及其联系方式；可追溯电子信息码；象形图；农业农村部要求标注的其他内容。

若农药标签过小，无法标注规定全部内容的，应当至少标注农药名称、有效成分含量、剂型、农药登记证号、净含量、生产日期、质量保证期等内容，同时附具说明书。说明书应当标注规定的全部内容。登记的使用范围较多，在标签中无法全部标注的，可以根据需要，在标签中标注部分使用范围，但应当附具说明书并标注全部使用范围。

（2）企业可自行标注内容　产品质量标准号、农药生产许可证号、生产日期、产品批号、净含量、企业联系方式、可追溯电子信息码、象形图等产品证明性、企业相关性信息可由企业自主标注，但需对真实性负责。

（3）标签核准内容　标签上产品毒性、注意事项、技术要求等与农药产品安全性、有效性有关的标注内容需经农业农村部核准。变更核准内容，农药登记证持有人应当向农业农村部申请重新核准。

（4）各类产品标签标注内容

① 原药（母药）产品应当注明"本品是农药制剂加工的原材料，不得用于农作物或者其他场所"。且不标注使用技术和使用方法。但是，经登记批准允许直接使用的

除外。

②限制使用农药应当标注"限制使用"字样，并注明使用的特别限制和特殊要求。

③用于食用农产品的农药应当标注安全间隔期。但用于非食用作物的农药；拌种、包衣、浸种等用于种子处理的农药；非耕地（牧场除外）的农药；苗前土壤处理剂的农药；仅在农作物苗期使用一次的农药；非全面撒施使用的杀鼠剂；卫生用农药及其他特殊情形除外。

④杀鼠剂产品应当标注规定的杀鼠剂图形。

⑤直接使用的卫生用农药可以不标注特征颜色标志带。

⑥委托加工或者分装农药的标签还应当注明受托人的农药生产许可证号、受托人名称及其联系方式和加工、分装日期。

⑦向中国出口的农药可以不标注农药生产许可证号，应当标注其境外生产地，以及在中国设立的办事机构或者代理机构的名称及联系方式。

（5）农药标签和说明书注册商标的使用　农药标签和说明书不得使用未经注册的商标；且标签使用注册商标的，应当标注在标签的四角。

（6）农药最小包装上标签的使用　每个农药最小包装应当印制或者贴有独立标签，不得与其他农药共用标签或者使用同一标签。保证每一个小包装上的标签都符合《农药标签和说明书管理办法》的规定。

42.《农药标签和说明书管理办法》正式实施后，已生产老产品是否还能继续售卖？

可以，在 2017 年 12 月 31 日前生产的，符合原来标签规定的农药产品仍可以继续销售，但该产品必须满足以下两个条件：①在农药登记有效期内生产；②在 2018 年 1 月 1 日前生产，且产品仍在有效期内。另若为农业农村部规定的禁限用农药产品，应以禁限用时间为准，如自 2016 年 12 月 31 日起，三唑磷被禁止在蔬菜上使用，则在此日期前生产的产品即使仍在产品有效期内，其产品标签自 2016 年 12 月 31 日后也不能再标注蔬菜范围，不能在蔬菜上销售使用。2018 年 1 月 1 日后生产的农药产品，其产品标签和说明书标注需符合《农药标签和说明书管理办法》的规定。

43. 可追溯电子信息码如何制作及标注？

《农药标签和说明管理办法》第二十四条要求，可追溯电子信息码应当以二维码等形式标注，能够扫描识别农药名称、农药登记证持有人名称等信息。信息码不得含有违反《农药标签和说明书管理办法》规定的文字、符号、图形。根据《农药标签二维码管理规定》：农药标签二维码码制采用 QR 码或 DM 码，二维码内容由追溯网址、单元识别代码等组成。其中单元识别代码由 32 位阿拉伯数字组成。农药企业可在全国农药质量追溯系统上，按照登记产品信息申请产品追溯码的信息串（追溯网址＋单元识别代码）。根据下载生成的信息串文件，企业即可印制产品标签二维码（可以在制作印刷标签的同时印制，也可以使用其他方式如在生产线上喷印等）。印制成功的二维码即可使用微信等扫码识别。

自 2018 年 1 月 1 日起，农药生产企业、向中国出口农药的企业生产的农药产品，其标签上应当标注符合规定的二维码。二维码在标签上的标注位置并没有明确要求，企业可自主标注，不需向农业农村部申请核准。但是企业在印制二维码时，要保证二维码能被扫描操作和识读，并在生产和流通的各个环节正常使用。需要注意的是，农药标签上的二维码具有唯一性，一个二维码对应唯一一个销售包装单位。农药企业应当确保追溯信息文件及印制的产品标签二维码的安全，避免丢失或被其他不法企业使用。

44. 阅读进口农药的标签时须注意哪些事项？

① 进口农药是在境外生产、在我国直接销售的农药产品，其标签上只标注农药登记证号或农药临时登记证号，并不标注农药生产许可证号或农药生产批准文件号、产品标准号。

② 进口农药产品用中文注明原产国（或地区）名称、生产者名称，以及在我国办事机构或代理机构的名称、地址、邮政编码、联系电话等。

标签上应有其他内容与国产农药产品相同。

45. 消费者如何应用农药标签维护权益？

农药标签的内容是农业农村部在农药登记时按照《农药标签和说明书管理办法》等有关法规及标准严格审查并获得批准后才允许使用的。在使用过程中，申请变更标签或说明书内容的，应当书面说明变更理由，并提交修改后的标签或说明书样张，经农业农村部审查通过的予以核准公布。申请者应当对农药标签和说明书内容的真实性、科学性、准确性负责。因此，农药标签和说明书具有法律效力，消费者务必正确识别标签，也应当使用标签维护自己的正当权益。

农药产品在农业农村部取得农药登记证的同时，标签样张也会在农业农村部核准备案，农药产品标签应与农业农村部核准备案的标签一致。农药购买或使用者可以在中国农药信息网上查询，或者关注微信公众号"中国农药"，在"登记查询"里查看"农药标签信息"，如果产品标签内容与其不符，则属于擅自修改标签内容，是违规的产品标签。

一是购买农药时索要发票，其上有经销商店名称、购药日期、购药种类及数量等信息；二是保留完好的标签；三是保留农药样品，未用完的农药样品，连同原包装一同保存。农药已经用完，原包装物也不要丢掉，应妥善保存，因为包装物上有标签。当所购和使用农药的质量出现纠纷时，这些发票、标签和样品都是维权的有力证据。

二、农药的剂型及制剂

46. 农药为什么必须要有剂型及制剂？

在工厂里经化学合成或生物发酵等方法得到的农药有效成分与副产物杂质的最终工业产物，称为农药原药。原药按形态可以分为固态、液态和气态。除了气态原药及少数挥发性大的如熏蒸剂可以直接使用外，绝大多数原药必须加工成各种剂型后方可使用。

在原药中加入适宜的辅助剂，制备成便于使用的形态，这个过程叫作农药剂型加工。该过程属于物理变化过程。农药剂型加工能赋予农药原药以特定的形态，便于流通和使用，以适应各种应用技术对农药分散体系的要求；农药剂型加工能将高浓度的原药稀释，降低对自然的危害；农药剂型加工能提高农药制剂的理化性能指标，进而提高田间使用的生物活性；农药剂型加工能保证农药有效成分在贮存期间的稳定性；农药剂型加工能将一种原药加工成多种剂型，扩大其使用方式和用途；农药剂型加工还能将两种以上的原药加工成一种混合制剂，使之兼治多种病虫害。

加工后具有一定形态、组分和规格的农药产品称为农药制剂。一种农药有效成分可以加工成不同规格和不同用途的多种制剂。两种或两种以上的农药原药，可制成多种混合制剂。例如吡虫啉可湿性粉剂就有 2.5％、5％、10％、20％、25％、50％等多种制剂，但是根据农业部、国家发改委于 2007 年 12 月发布的第 946 号公告规定：有效成分和剂型相同的农药产品（包括相同配比的混配制剂产品），其有效成分含量设定的梯度不得超过 5 个；农药产品有效成分含量设定应当为整数，常量喷施的农药产品的稀释倍数应当在 500～5000 倍范围内；不经过稀释而直接使用的农药产品，其有效成分含量的设定应当以保证产品安全、有效使用为原则。

农药制剂的形态称为农药剂型，农药商品均是以各种各样的剂型形态存在的。根据用途和用法的需要，一种农药可以加工成多种剂型，例如吡虫啉有可湿性粉剂、水分散粒剂、泡腾片剂、悬浮种衣剂、可溶液剂、乳油、微乳剂、湿拌种剂等。

我国的农药剂型，在 20 世纪 80 年代以前主要是乳油、可湿性粉剂和粉剂三大剂型，现在的发展趋向是精细化、环保化、省力化，已经能够生产水乳剂、微乳剂、悬浮剂、悬乳剂、水分散粒剂、可溶粉剂（粒剂）、微胶囊剂、种衣剂、缓释剂、烟剂、静电喷雾油剂等几十种农药剂型，使我国农药原药与制剂的比例由最初的 1∶3 发展到 1∶8 左右，已登记的各种农药制剂超过 2 万个（其中包括不同生产厂家登记相同有效成分与含量 1∶8 左右的制剂）。表 3 是 2014～2017 年我国生产使用的主要农药剂型分类情况。表中乳油仍占有一定比例，但是悬浮剂等环保剂型在平稳上升，随着国家对乳油剂型的限制生产和登记，以水基化剂型为主的环保剂型将会得到快速发展。

农药剂型名称是列入《农药剂型名称及代码》国家标准中的专用术语。其中国家标准（GB/T 19378—2003）列出 119 个农药剂型名称及代码，最新的国家标准（GB/T 19378—2017）将类似剂型整合之后，仅余 61 个剂型。目前农药新剂型的研发以高效、安全、环保、方便为主要目标，向水基化、颗粒化、低毒化、多功能化方向发展，克服传统剂型存在的缺陷，进一步提高药效、降低毒性、减少二次伤害、减少污染、避免对天敌生物的伤害、延缓抗药性的产生和延长农药的使用寿命，目前登记产品中已经以悬浮剂、水分散粒剂、水乳剂等环保剂型作为农药制剂主体。为了适应使用中出现的新情况和满足使用时的特殊需要，新剂型还将不断出现，这是科学技术与时俱进的正常现象。

众多农药剂型，可以按其结构、用途、用法、基本物态等进行分类。用户对农药的第一印象就是它们的外观性状，为此，本书按剂型的外观物态类群分别介绍（不包括卫生用药的剂型）。例如粉状剂型，有喷粉用的粉剂，有拌种用的粉剂，有土壤处理用的粉剂，都是直接使用。但是有些粉状剂型是供加水配成药液后作喷雾或浸种用，如可湿性粉剂、可溶粉剂、种子处理可分散粉剂、种子处理可溶粉剂等。他们的外观都是粉末状，但各有各的用途和用法，切不可错用。

表 3　近年我国部分剂型产品登记数占农药产品登记总数的比例

剂型	2014 年		2015 年		2016 年		2017 年	
	产品数	所占比例/%	产品数	所占比例/%	产品数	所占比例/%	产品数	所占比例/%
悬浮剂	72	24.50	76	27.00	557	28.10	96	27.90
可湿性粉剂	41	14.00	35	12.50	24	12.31	304	8.80
水分散粒剂	30	10.50	271	9.00	24	12.26	37	10.90
乳油	268	9.10	179	6.00	104	5.25	214	6.20
水剂	201	6.80	245	9.00	154	7.77	41	11.90
水乳剂	183	6.20	162	6.00	90	4.54	131	3.80
微乳剂	157	5.30	122	4.00	63	3.18	96	2.80
可分散油悬浮剂	107	3.60	126	4.00	156	7.87	283	8.20

47. 粉状剂型有几种？　各有何特性和用途？

粉剂是由原药、填料和少量助剂经粉碎后混合至一定细度的粉状制剂，分为粉剂、可湿性粉剂、可溶粉剂及种子处理用的粉剂等，都是粉末状，由于外观性状的相似，经常会错把粉剂对水喷雾或错把可湿性粉剂、可溶粉剂用于喷粉，大多是由于对这些剂型的特点不了解。

（1）粉剂（dustable powder，代码 DP）　即所谓常用粉剂、喷撒用粉剂。粉剂通常是由农药原药与一种固体填料混合粉碎至规定细度的粉状剂型。这种粉剂大多数不配加其他助剂。粉粒细度要求95%或98%以上通过200目标准筛，粒径最粗是$74\mu m$，平均在$25\sim50\mu m$范围内。"目"是筛的孔眼之意，我国采用英制，是指每英寸❶筛线长度内的孔眼数，孔眼数目多表示孔眼小，能通过的粉粒比较细，反之则表示孔眼大、粉粒比较粗。

粉剂可以用来喷粉、拌种和用作土壤处理。粉剂的农药有效成分含量一般都比较低，我国多数粉剂的含量为0.5%～10%。根据施用目的和技术要求，一种农药的粉剂产品规格可有数个，例如异丙威粉剂有2%、4%和10%三种。粉剂易引起粉尘污染，我国已不再新增登记，最好在无风或相对封闭的环境（温室大棚）中施用。

粉剂的优点是不含有有机溶剂；助剂、填料等原料成本低；适用于防治爆发性病虫害；在干旱地区或山地水源困难地区深受欢迎，因它使用方便，不需用水，用简单的喷粉器就可直接喷撒于作物上，而且工效高，在作物上的黏附力小，残留较少，不易产生药害；除直接用于喷粉外，还可拌种、土壤处理、配制毒饵粒剂等防治病、虫、草鼠害。其缺点是粉尘漂移易引起药害问题；生产现场粉尘污染；利用率低，只有20%左右沉积在目标物上；易受地面气流的影响，容易飘失，浪费药量，还会引起环境污染，影响人们身体健康；同时加工时，粉尘多，对操作人员身体健康影响较大。现已逐步被可湿性粉剂、悬浮剂、水分散粒剂取代。我国已不再登记新增登记。

（2）可湿性粉剂（wettable powder，代码WP） 顾名思义，它是可以润湿的，是供加水配成喷洒液作喷雾用的。由农药原药、润湿剂、分散剂、填料及其他功能性助剂组成，经混匀和粉碎等工艺过程而形成的一种能够容易被水润湿且能在水中形成稳定悬浮液的分装农药剂型。外观上类似于粉剂，使用上类似于乳油。该剂型的"可湿性"包括两方面含义：一是这种粉状药剂的粉粒容易被水润湿，加水后药粉很快在水中润湿分散形成悬浮液，并具有良好的分散悬浮稳定性；二是加水配成的悬浮液必须具有良好的润湿展布性能，施到生物体上以后药液能够很好润湿生物体表面并展布成一层液膜，从而保证良好的药效。因此，润湿性、悬浮率、粉粒细度是这种剂型的重要质量技术指标。近年来，随着我国助剂质量的提高及加工设备的改进，大多数可湿性粉剂产品的技术指标接近或达到了联合国粮农组织（FAO）的标准，制剂润湿时间小于60s，悬浮率达到80%以上，粉粒直径达到$20\mu m$左右。

可湿性粉剂的润湿时间，我国规定一般不长于2min。但是各种作物表面的可润湿能力往往差别很大，水稻、小麦、甘蓝等作物表面很难润湿，而棉花、玉米、菜豆等作物叶片则比较容易润湿。所以，同一种可湿性粉剂农药的润湿时间按照技术标准是合格的，用其配成的喷洒液在不同作物上的润湿展布情况并不相同，特别是杂草，其叶片表面多粗糙较难润湿，这也是一些除草剂作茎叶喷雾处理，在配得的药效中需另添加些洗衣粉等表面活性剂，才能获得高而稳定的除草效果的原因。

我国规定可湿性粉剂的悬浮率为70%以上，即配制好药液在静置30min后，悬浮在药液中的有效成分尚有70%，其余的有效成分则已沉降在底部。在我国，喷雾主要是采用手动喷雾器进行，其喷雾速度为$350\sim400mL/min$，一桶$15\sim20L$的药液需要$40\sim60min$才能喷完。因此，在药液喷完之前已有不少农药沉降到桶底，悬浮率越低的

---

❶ 1英寸＝2.54cm。

产品药剂沉降得越快。我国的手动喷雾器是不带搅拌器的，自喷雾开始，药剂就不断下沉，使前后喷出的药液浓度不一样，因此在喷雾过程中须不时摇动药桶以减缓药剂沉降。

悬浮率的高低与粉粒细度有关。我国规定粉粒细度标准是 95％以上通过 325 目标准筛，粉粒直径小于 $44\mu m$，但实际情况是：按此标准都已合格的不同可湿性粉剂，其悬浮率可能相差很多。一种可能是粉粒中粗的和细的比例不同，有的产品中粗粉粒偏多，有的则细粉粒偏多，使用超微粉碎机加工得到的可湿性粉剂和使用气流粉碎机加工得的可湿性粉剂，虽然 99.5％都通过 $44\mu m$ 筛，但两者的粒度分布相差甚远，悬浮率也就相差悬殊。

可湿性粉剂与粉剂的区别：需添加表面活性剂；使用时采用加水稀释喷雾的方法。可湿性粉剂的最大不足之处是在配制喷洒液时容易发生药粉飞扬，对操作人员造成危害，包装袋内残剩的药粉污染环境。为此，现已研发出几种可湿性粉剂的安全化剂型，如前述的悬浮剂以及水分散粒剂、水溶剂塑料包装袋等。其中的水溶性塑料包装袋由聚乙烯醇和聚酯制成，用于包装可湿性粉剂或可溶粉剂，每袋药剂的重量可以根据需要预先定量。使用时只需把药袋投入水中，包装袋即可自动溶解，药粉自动扩散到水中形成稳定的悬浮液。这样配药时，手不与药剂接触，也无药粉飞扬。

（3）可溶粉剂（water soluble powder，代码 SP）　由水溶性的固体原药与水溶性的填料及助剂混合加工而成的粉状剂型，如啶虫脒、烯啶虫胺、乙酰甲胺磷、草甘膦铵盐等，可以加工成可溶粉剂。该剂型是供配制喷洒液用的，选用时请注意，有些可溶粉剂产品中不含必要的润湿剂，雾滴在昆虫体表或植物叶片表面润湿分布性差，使用时应适当加些中性洗衣粉或有机硅润湿剂以保证药效。

可溶粉剂与可湿性粉剂的区别是其有效成分可溶于水，其填料能极细地均匀分散到水中，防治效果比可湿性粉剂高。

（4）种子处理干粉剂（powder for dry seed treatment，代码 DS）　供拌种使用的粉状制剂。对这种剂型的要求是必须在种子表面上有一定的黏附量。种子一般都很小，由于种子的种类、大小和表面光滑程度，一般黏附药粉的量是种子重量的 0.5％～5％。粉粒越细，其在种子表面的黏附能力越强。要求粉粒细度一般应在 $5\mu m$ 以下，表面光滑的种子（如某些蔬菜种子）$2\sim3\mu m$ 的药粉粉粒才比较容易黏附，而比较粗糙的棉花种子，粗于 $5\mu m$ 的粉粒会黏附得比较好。

由于各种种子表面能黏附的药粉量不同，药粉中农药有效成分含量也就不同。即拌种粉剂的农药含量取决于种子表面能黏附药粉的量。所以，拌种粉剂应该是某种类型的种子或某些作物种子的专用粉剂。

（5）种子处理可分散粉剂（water dispersible powder for slurry seed treatment，代码WS）　种子处理可分散粉剂是用水分散成高浓度浆状物的种子处理粉状制剂。一般来说，浸种所使用的农药并不受剂型限制，凡是可以溶解或均匀分散在水中的农药剂型和制剂都可以选用。不过国外也有专用的浸种剂型和制剂，他是需要配加某些特殊辅助剂，而且是针对某种特定作物的种子而设计的，例如，瑞士先正达作物保护有限公司在我国登记的 70％噻虫嗪种子处理可分散粉剂主要用于棉花拌种防治苗蚜。

（6）乳粉剂（emulsifiable powder，代码 EP）　其外观为粉末状，入水后形成乳状液，是在乳油和可湿性粉剂的基础上发展起来的一种新剂型，综合了上述两剂型的优点。加工生产时不用或用少量有机溶剂，成品流动性好，不黏结。凡是液态农药原药或在有机溶剂中溶解度相当大的固态农药原药均可加工成乳粉剂。

48. 颗粒状剂型有几种？ 各有何特征和用途？

（1）颗粒剂（granule，代码 GR） 是将有效成分吸附或分散在载体颗粒上，具有一定粒径范围，可直接使用的自由流动的粒状制剂。由有效成分、黏合剂、吸附材料或载体组成。有效成分含量一般在1%～5%，少数可达10%，应用时撒施。常见的颗粒剂种类如下：

① 粒径在2000～6000μm（即2～6mm）的颗粒剂，主要用于远距离抛撒。防治水田害虫和水生杂草，利用有水的特定环境条件，已开发出多种大粒径的颗粒剂，施用极为方便、安全。例如，杀虫双大粒剂，粒径在5mm左右，粒重0.3～0.6g，亩用1kg，每平方米水面可着2～4粒，抛掷距离可达20m左右，行走在田埂上即可向田里抛施；由于颗粒大，能全部落入水中，极少夹在叶鞘中或黏附于叶面上。入水颗粒极易溶于水，扩散迅速，扩散范围大，施药后8h可扩散到全田，24h达到全田均匀。日本开发的水面漂浮粒剂，每袋装粒150g，站在田埂上，亩抛施6～7袋，数分钟完成施药，水溶性包装袋，入水溶化，有效成分在田水中扩散。一种叫除草剂粒霸的大粒剂，每粒重50g，亩抛13～14粒，入水后快速溶解、扩散。还有一种可以直接在水面上抛施的胶囊剂，每囊装药50mL，亩抛6～7个胶囊，囊皮入水溶解，有效成分扩散在田水中。

② 粒径在100～600μm（即0.1～0.6mm）的颗粒剂通常称为微粒剂，一般是将选择胃毒杀虫剂加工成微粒剂，叶面撒施是其一种特殊用法，因为它在叶片上使用后，易于黏附在凹凸不平或比较粗糙多毛的叶片上，不会因摩擦或风吹而很快脱落，持效期较长。

③ 粒径为0.25～1.68mm的颗粒剂，广泛使用于水稻田和大田土壤处理。用于水稻田的颗粒剂又分为崩解型和非崩解型两大类。其中崩解型颗粒剂配加有崩解助剂，供投入田水中使用。颗粒入水后很容易吸水崩解成为碎粒，或施入土壤后吸水崩解，使粒中的农药有效成分很快释放出来，药效表现快。崩解速度一般要求为1min，也有短于1min的，但最长不得超过3min。非崩解型颗粒剂颗粒比较紧密，不易破碎，也不会吸水崩解。粒中的农药有效成分释放出来比较缓慢。颗粒剂的形状多为短柱状，便于采用挤出式工艺生产；用于防治玉米、菠萝、甘蔗等喇叭口期的钻心虫类，多采用碎砖粒或硅砂作颗粒载体，采取包衣式工艺将农药原药或某种制剂包覆在颗粒体表面，这类的颗粒比较重，能够沉落在喇叭口内，不易被叶片上的露水带出喇叭口心叶，药效比较持久。

④ 水面漂浮粒剂具有拒水性，撒施后能够漂浮在田水面上，在田水表面张力的作用下，颗粒向植株基部贴近，自颗粒中释放出来的农药有效成分能较快地被植株基部的害虫或病原菌吸收，用于防治从植株基部入侵的病虫害，如对水稻螟虫、稻飞虱、水稻纹枯病等很有效，对于从植株上部坠落于水中的害虫（如螟虫）也很有效。

上述颗粒剂属于即开即用型制剂，是供直接撒施所用，所以制剂中农药有效成分的含量均不高，一般为1%～5%，少数农药可高达25%。

颗粒剂的优点是：避免撒施粉尘飞扬，污染环境；减少施药过程中对操作人员的伤害；使高毒农药低毒化；控制粒剂中有效成分的释放速度；施药时具有方向性；不附着于植物的茎叶上，避免直接产生药害。

造粒方法有：包衣、挤压、吸附、喷雾干燥、盘式等。粒剂的粒度变化幅度很大，某一种农药颗粒剂的粒度以多大为宜，主要根据作物特征、病虫草危害特点、药剂理化性能以及撒施方式来决定。玉米喇叭口施用的颗粒剂，一般选用较小的颗粒，但也不能太小，太小了易黏附在心叶上。地面用颗粒剂的粒度为 25～35 筛目或 30～60 筛目，土壤用颗粒剂的粒度为 18～35 筛目或 20～40 筛目。由于一般颗粒剂的粒子不是大小相同的，而是有一个粒度范围，用标准筛的筛目表示某种颗粒剂的粒度范围。筛目数值越小，其筛孔越大，能通过的颗粒越大；反之，筛目数值越大，其筛孔越小，能通过的颗粒越小。

颗粒剂必须具备一定的机械强度，在包装、贮运、撒施过程中才能避免颗粒破碎，产生粉末。曾发生过杀虫双大粒剂由于机械强度差，撒施时破碎的粉末飘移污染邻近桑园，使家蚕中毒。包衣法生产的粒剂还有一项重要技术标准就是脱落率（即脱落的药粉量），一般要求是不超过 5%。

（2）水分散粒剂（water dispersible granule，代码 WG） 是入水后能迅速崩解并自动分散成悬浮液的粒状（片状）制剂，是供加水稀释喷雾使用的高浓度粒剂（片剂），由有效成分、分散剂、润湿剂及填料组成。制剂中农药有效成分的含量一般在 50%～90%。要求水分散粒径的润湿时间不大于 2min，悬浮率不小于 80%，崩解时间不大于 3min，粉粒细度 98% 通过 45μm 孔径的标准筛。

水分散粒剂与崩解型颗粒剂虽然都能在水中崩解分散成为细粉粒，但两者有两个显著的不同点。①崩解现象不同。崩解型颗粒剂入水后，先是颗粒表面发生龟裂纹，再崩裂、瓦解成为一堆粉末状物。水分散粒剂入水后，不出现颗粒表面龟裂纹和逐步瓦解的现象，而是迅速崩解、分散悬浮到水中。②使用方法不同。崩解型颗粒剂的使用方法是直接撒施在田水中，而水分散粒剂则必须加水配成悬浮液喷雾使用，不可当作普通颗粒剂撒施。

水分散粒剂还有一种特殊的使用方法，即所谓直接注入喷雾法（图 1）：喷雾机的药液箱中不装预先配得的药液，只装清水。水分散粒剂装在喷雾机配加的碎粒机系统中。喷雾时颗粒剂经挤碎后落入喷杆中，与来自药液箱中的清水混合迅速溶散形成悬浮

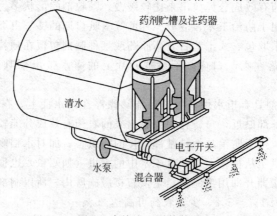

药剂贮槽及注药器

清水

电子开关

水泵

混合器

图 1 直接注入系统构造

液，由各个喷头喷出。喷洒作业完成后，继续喷适量清水，把管路中残留药液清洗出来并喷到农田中。往回返的喷雾机就是清洁的了。

水分散粒剂加工的工艺比较复杂，技术难度较大。首先，将农药原药加工成可湿性粉剂或悬浮剂，再经过造粒工艺使可湿性粉剂或悬浮剂粒化成为颗粒。为防止可湿性粉剂或悬浮剂中的药粒絮聚成大药粒，配方中还须配加某些适当的助剂。所以，加工水分散粒剂的设备、能耗、制造成本都比较高，产品价格必然就高。宜将高效（超高效）的农药原药，且具有高附加值（一般为卫生用药）的农药产品加工为水分散粒剂。如果把昂贵的水分散粒剂采用手动喷雾器用于大田作物喷雾，实无必要，徒然增加农民的经济负担。只要提高产品质量，使可湿性粉剂入水溶散快、悬浮性能好，或使悬浮剂贮存稳定性好，不絮结，不分层，就完全适合手动喷雾器使用，也适合普通喷雾机使用。

（3）可溶粒剂（water soluble granule，代码 SG）　指有效成分在水中形成真溶液的粒状制剂，可含不溶于水的惰性成分。凡是水溶性的农药原药均可加工成为可溶粉剂，同样也可加工成为可溶粒剂和可溶片剂，使用方法也与可溶粉剂相同，加水配成真溶液使用，可含有一定量的非水溶性的惰性物质。

（4）乳粒剂（emulsifiable granule，代码 EG）　有效成分被溶剂溶解后，吸附在水溶性聚合物的外壳上，或者另外一些可溶或者不可溶的载体中。除有效成分外还包括溶剂、载体、分散剂、稳定剂、促渗剂、消泡剂、黏接剂、填料等。外观干燥，均匀，能自由流动，颗粒状，无可见的外来物和硬团块。兼具乳油和粒剂的优点，稳定性、悬浮性和再悬浮性好，无粉尘污染，在一定程度上解决了液体制剂不易运输贮存和有机溶剂易产生药害等问题。乳粒剂在水中快速崩解，释放有效成分，并获得性能稳定、适合使用的悬浊液。助剂的添加是非常必要的，可根据造粒方法，载体、溶剂和乳化剂的类型，选择助剂加入量和种类。乳粒剂开发难度大、周期长、工艺要求高，首先，它要求载体和乳化剂条件苛刻，材料的选择对剂型性能具有决定性影响，在高新材料的选择方面，可能会给企业造成成本的压力。其次，在原药的前期处理上较为困难，有些原药不溶于水，需要有机溶剂溶解并吸附到载体上，对原药和助剂种类有较高要求。颗粒烘干工序，有机溶剂的挥发会对环境产生影响，这就对加工工艺提出更高的要求。国内外现有品种包括拜耳的溴氰菊酯乳粒剂、国内研制的二嗪磷乳粒剂等。

49. 水溶液类剂型有几种？　使用时需注意哪些事项？

水溶液类剂型是指农药原药在水中溶解形成真溶液的均相液态剂型。

水溶液类剂型的产品中仅含有农药原药、水和少量助剂，不含有机溶剂和其他有机化合物，是与环境友好的剂型。

水溶液类剂型的结构非常简单，全部组分都溶解在水中，使用时加水稀释以后也是均相的水溶液，不存在药剂的微粒或油珠的分散度和悬浮性能等问题，因而产品质量很容易得到保证。

水溶液类剂型主要有两种：

（1）可溶液剂（soluble concentrate，代码 SL）　是加水稀释后农药有效成分形成真溶液的均相液态剂型，由极性有效成分、助剂及极性有机溶剂等组成。有些农药在水中的溶解度比较小，但在极性有机溶剂（如乙醇、甲醇等）中的溶解度很高，可以以酒精为溶剂加工成为可溶液剂，使用时因加水稀释倍数很大，有效成分仍可快速完全溶解于水中成为水溶液。以极性溶剂为载体的可溶液剂对环境影响大，属于限制发展的农药剂型。

加工质量不够好的可溶液剂产品，加水稀释时有可能析出固体沉淀物。只要用水量足够，并持续搅拌，可以使沉淀物溶解。若在加水稀释前瓶中已有少量沉淀物，可以把药瓶放入热水中隔水加热，使沉淀物慢慢溶解，但须注意瓶盖不能弹出，也不可在有明火的加热器上直接加热。

（2）可溶胶剂（water soluble gel，代码GW） 是一种胶状剂型，加水稀释后有效成分能够溶于水形成真溶液。

这类制剂的加工工艺简单，生产成本低，质量也易控制，唯一须注意的是必须含有足够量的润湿剂，因为是供喷雾使用，加水稀释后喷洒液需要很好地在植物体表面上润湿展布。

50. 乳剂类剂型有几种？ 各有何特点？

乳剂的外观是白色乳浊液体，与牛乳很相似，因此称为乳剂。农药乳剂是指任何一种不溶于水的农药原油或农药原药有机溶液被分散成极细小的油珠而分散在水中并被包在水中，使各油珠分散悬浮在水体中不能再相聚。所以农药乳剂是油珠被包在水中，属水包油乳剂。

还有一类称为油包水乳剂，是细小的水珠被包在油中，其重要特征是外观为黏稠的液体，甚至成为膏状物。在农药中的用途极少，本书就不作介绍了。

农药乳剂类剂型共有5种。

（1）乳油（emulsifiable concentrate，代码EC） 乳油就是在水中可以乳化成乳浊液的油状剂型。乳油大多数用于加工杀虫剂，除草剂中有一些，杀菌剂则很少选用乳油剂型。

加工乳油需用大量有机溶剂，其中用得最多的是芳烃类溶剂。由于芳烃类溶剂已被列为环境监控物质，工业和信息化部〔2009〕29号公告规定我国自2009年8月1日起不再颁发新的农药乳油产品生产批准证书。

乳油的有效成分含量一般在20%～90%之间，常温下密封存放两年一般不会浑浊、分层和沉淀，加入水中迅速均匀分散成不透明的乳状液。制作乳油使用的有机溶剂属于易燃品，储运过程中应注意安全。水乳剂属于水基化剂型，由油溶性有效成分、非极性有机溶剂、乳化剂、共乳化剂、增稠剂及水等经高速剪切机或均质乳化设备制成，为以水为介质的水包油型浓缩乳剂，因而曾称为浓乳剂，其油珠直径0.2～2μm，外观不透明。使用时对水配成喷洒用的乳浊液，也可直接用作超低容量喷雾，特别是飞机超低容量喷雾。

（2）水乳剂（emulsion，oil in water，代码EW） 水乳剂是不用或少用有机溶剂的乳剂类剂型，是水基化剂型之一。水乳剂是一种热力学不稳定剂型，不仅要求低温贮存合格、不冻结，更要求在常温贮存条件下不发生破乳现象，析水率不大于5%，加水配成喷洒液后也能保持乳剂的稳定状态。

一般来说，用于加工水乳剂的农药的水溶性希望在1000mg/L以下。因制剂中含有大量的水，对水解不敏感的农药容易加工成化学上稳定的水乳剂。菊酯、氨基甲酸酯类等农药容易水解，但通过乳化剂、共乳化剂及其他助剂的选择，如能解决水解问题，也可加工成水乳剂。

（3）微乳剂（micro-emulsion，代码 ME） 由油溶性有效成分、非极性有机溶剂、乳化剂、助表面活性剂及水等组成。由不溶于水的农药原油或原药的高浓度油溶液以极细小的油珠形式均匀分散在水中的乳剂，其特点主要有以下 2 点。

① 为热力学经时稳定的分散体系。这也是它与水乳剂的基本不同之处。微乳剂的油珠粒径更小，一般在 $0.01\sim0.1\mu m$，已接近于纳米级粒度，油珠的扩散作用足可以消除其在重力场中的沉降作用，不会发生油珠凝聚作用，因而可以长时间地分散悬浮在水中，乳液的稳定性远远好于水乳剂。

② 农药分散度极高，外观为近似于透明或微透明液状。微乳剂中的油珠粒径比可见光波长（$0.4\mu m$）小，因为直径小于可见光波长 1/4 的颗粒不折射光线。

微乳剂以水为分散介质，加工生产时不用溶剂油或用很少量的溶剂油，所以也属于一种水基化农药剂型。微乳剂解决了乳油的有机溶剂问题和水乳剂的物理稳定性问题这两个技术难题，是有发展前途的新剂型，有逐渐取代传统乳油的趋势。

（4）悬乳剂（suspo-emulsion，代码 SE） 是固体原药的微细粉粒和油状原药的微细油珠在表面活性剂的作用下共同分散悬浮在水中的一种分散体系，是悬浮剂和水乳剂结合而形成的一个三相稳定分散体系，用水稀释后使用，属于水基型农药制剂。

悬浮剂可以与水以任意比例混合分散，闪点高，具有高效、环境相容性好、贮存运输及使用安全、施药方便等优点。作为一种热力学不稳定体系，由于悬浮颗粒的密度比分散介质密度大，其经时稳定性是影响悬乳剂质量的关键。

（5）其他类型乳剂

① 微囊悬浮-水乳剂（mixed formulations of CS and EW，代码 ZW）指有效成分以微囊、微小液滴形态稳定分散在连续的水相中成非均相液体，是一种微囊悬浮剂和水乳剂结合的稳定的多相液体制剂。

② 微囊悬浮-悬乳剂（mixed formulations of CS and SE，代码 ZE）指有效成分以微囊、固体颗粒和微小液滴形态稳定分散在连续的水相中成非均相液体，是一种微囊悬浮剂和悬乳剂结合的稳定的多相液体制剂。

乳剂类农药的使用方法。乳剂类各剂型的结构和外观有很多差别，但是主要使用方法是加水稀释后进行喷雾。除悬乳剂、微囊悬浮-水乳剂和微囊悬浮-悬乳剂之外，其他各剂型加水稀释后乳浊液中农药有效成分都溶解在分散的油珠中，水中只含有各种水溶性的助剂。乳浊液喷洒以后，植物体和有害生物体表面接触到的是水，水分蒸发后留下的油珠，因油类的表面张力极小，会很快铺展开形成油膜，油膜的直径比原油珠大 10～15 倍。如果药液的浓度比较大，分散的油膜可形成较大的连片油膜，溶解在油里的农药有效成分就黏附在生物体表面上（图2）。

一般而论，乳剂类农药不需要配加润湿剂，因为乳剂类农药中的乳化剂大多数都具有较好的润湿作用，使用时不会发生润湿性能不佳的问题。实际上往往由于润湿性过强，反而引发药液流失问题，尤其是亲水性作物，如棉花、黄瓜、豇豆、桃等的叶片，容易因降低药液的表面张力而导致更多的药液流失。

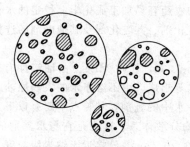

图 2　由普通喷雾器喷出的乳液雾点（内中的黑点为油珠）

51. 悬浮剂类剂型有几种？ 各有何特点和用途？

悬浮剂又称浓悬浊剂、水悬剂、胶悬剂。难溶于水的固体农药与助剂经过研磨，分散在水介质中的悬浊液。连续相为水。悬浮剂的剂型代码是 SC，其中的 S 是悬浮的意思，C 是浓稠物或浓缩物的意思，因而悬浮剂 SC 的完整名称应为"浓悬浮剂"，简称为悬浮剂。

悬浮剂分为水悬浮剂和油悬浮剂两种。水悬浮剂是用水作溶剂。油悬浮剂是以油类为主要溶剂，不含水。常用的油类为植物油，也可以使用人工合成的油类。特点是粒度细，一般粒径为 $0.1 \sim 3\mu m$，悬浮率高，药效比可湿性粉剂好；不用有机溶剂，挥发性小，毒性低，对人畜安全；不易燃易爆，贮运安全，可用飞机喷药。

悬浮剂是固体农药微粒在助剂的协助下稳定地分散悬浮在某种液体（通常为水）中，可以把它看作是从可湿性粉剂发展而成的。可湿性粉剂采用气流粉碎技术的干粉碎法生产，粉粒还是比较粗，我国要求是通过 325 目标准筛（即粒径小于 $44\mu m$）的粉粒的比例大于 95%。为获得粉粒更细小的农药加工品，改干法粉碎为湿法砂磨粉碎，即可显著提高产品的粉粒细度，粒径达 $5\mu m$ 以下。

农药毒力作用的发挥与其分散度有密切关系，分散度越高，毒力作用发挥得越充分。触杀性杀虫剂的粉粒越细小，单位重量的药剂与虫体接触的面积越大，触杀效果越强，一般害虫的咽喉直径只有数十微米，较大的粉粒害虫往往拒绝取食，细小的粉粒易被害虫取食，吃进消化道也易于溶解吸收而发挥毒效作用。杀菌剂通常是溶解在作物表面的水中，再被病原菌吸收而发挥杀菌作用，病菌孢子很小，又不能在作物表面自主移动，更需要撒布均匀的细微粉粒。因此，同一种农药有效成分的悬浮剂的药效明显优于可湿性粉剂。杀菌剂和除草剂的原药是固体，多数是不溶于水，也难溶于有机溶剂，更宜加工成悬浮剂。

悬浮剂的种类正在迅速发展中，现将国内农药市场上易见到的种类分述如下。

（1）悬浮剂（suspension concentrate，代码 SC）　确切地说是水悬浮剂，它是最常见的一种。悬浮剂是指一种固态农药微粒分散悬浮在水中，一般是比较黏稠的乳白色或略带浅灰色的浓缩液态剂型，物态外观貌似酸奶。一般是固体原药，以水为介质，与分散剂等表面活性剂、黏度调节剂、消泡剂、防冻剂等，进行湿法砂磨粉碎而制成。目前农药悬浮剂商品中绝大多数是杀菌剂或除草剂，很少是杀虫剂，这是由于大多数杀虫剂原药是油状化合物，不适于加工为悬浮剂。加工悬浮剂是不用有机溶剂的，而加工杀虫剂悬浮剂或某些除草剂悬浮剂时，配加适量的油类辅助剂，以增强悬浮剂对生物体表面蜡质层的渗透力，则有利于发挥毒效作用。

悬浮剂中的农药分散度很高，我国规定悬浮剂的粉粒细度为 $1\sim5\mu m$，远小于可湿性粉剂，而粗于乳剂，属于粗分散体系的下限（粗分散体系的微粒细度为 $0.1\sim1000\mu m$）。粗分散体系为不稳态体系，在存放过程中，其中的微粒会发生絮集和聚并形成较大的微粒沉积于底部，是比较黏滞的物态，有些沉积物还比较坚硬。现在悬浮剂的加工技术和产品质量已经有了显著提高，但是市场上还不时出现不完全合格的产品：有些产品在瓶底沉有黏滞状物，经搅动还能分散，而搅动分散后的粉粒细度难以保证合格；有些产品在瓶底有沉积现象经充分摇动药瓶或加以轻轻搅动，还能悬浮起来，这样的产品仍然可用；有些产品的上层比较稀而可以流动，下层出现明显的沉积物而无严重结块沉底，经摇动或搅动后还能重新悬浮，则勉强可以使用。

悬浮剂的粉粒细度用户无法测定，这里提供一种简便的观察方法：将悬浮剂按使用比例加水稀释后，注入玻璃筒或白色高筒状玻璃瓶中，若在半小时内出现上清下浊现象，则表明粉粒细度不合格；若上下层浑浊度虽有些差异但并不十分显著，稍加摇动即可恢复为均匀的悬浮液，则粉粒细度基本合格。

（2）干悬浮剂 在国际剂型目录和我国剂型名称及代码中都没有这种剂型，但在我国农药市场上常见到这种剂型，如 75％苯磺隆干悬浮剂、80％硫黄干悬浮剂、55％苄嘧·苯噻酰干悬浮剂、75％噻吩磺隆干悬浮剂等。

所谓干悬浮剂，从字面上讲应是悬浮剂脱水干燥后的干制剂。20 世纪 50 年代我国首创的滴滴涕乳粉是农药的一种新剂型。其是滴滴涕原药与分散剂、乳化剂、润湿剂等表面活性剂及填料，经过湿法粉碎和均质化后成为浆状物料，再脱水成为粉状产品。使用时加水配制成乳浊状的悬浮液，貌似乳剂，故称为滴滴涕乳粉。后来又把除草醚加工成乳粉。但是在乳粉配方中并未配加有机溶剂油，加水稀释后不能产生乳剂，所以"乳粉"这一名称是不恰当的。由于乳粉加水配得的可喷洒悬浮液，与后来工业化国家研发的悬浮剂加水配得的悬浮液基本相同，就将滴滴涕乳粉改称为滴滴涕干悬浮剂。20 世纪 60 年代中期至 90 年代初期，我国相继研制成亚胺硫磷干悬浮剂、代森锰锌干悬浮剂等。现在国内外已有多种干悬浮剂农药产品。

干悬浮剂的外观为粉状或粉粒状松散颗粒。对干悬浮剂的粉粒细度不作统一规定，但它是供加水配成乳浊液喷洒使用的，要求它投入水中即可溶散并自发扩散成乳浊液，乳浊液中的固体颗粒的粒径为 $1\sim5\mu m$。

干悬浮剂的用途和使用方法与水分散粒剂完全相同，粒状的干悬浮剂的外观又与水分散粒无明显差别，用户在选择剂型时可不必刻意作为一种剂型来考虑。

（3）微囊悬浮剂（capsule suspension，代码 CS） 目前我国农药市场上这种剂型的农药还很少见，如 36％异噁草松微囊悬浮剂。

把农药原药包埋在囊状物中，称为胶囊。把胶囊制成很小的微型球粒，即为微胶囊，再把这种微型胶囊配加适当的助剂和填料，使其分散悬浮在水中，即可加工成为微囊悬浮剂。由此可见，微囊悬浮剂实际上是一种复合剂型，微胶囊已经是一种超细颗粒剂；把这种微胶囊颗粒剂分散悬浮在水中，整体又成为悬浮剂，即成为微囊悬浮剂。

微囊悬浮剂的特点有四个：①胶囊中可以包含一种或几种农药有效成分，包括杀虫剂、杀菌剂、除草剂、植物生长调节剂等，也可含有肥料。②有利于农药有效成分的化学稳定性。药剂包覆在囊壳中，就可以避免挥发性较强的药剂快速挥发逸失，避免光敏性药剂受光线的破坏作用，减缓易水解的药剂的水解速度。③提高使用安全性，由于药剂与施药者不直接接触，可大幅度减少具有较高毒性农药产生的施药者中毒事故。④具有缓释作用，持药期长。用于种子处理的产品要求微囊颗粒更细小，以便能在种子表面黏附得更牢固些。经处理种子播入土壤后从微囊颗粒中释放出来的药剂，一部分在种子吸水发芽过程中被直接吸收，另一部分则被土壤吸收或吸附然后再被根系吸收。因此，在此期间不宜大水浇灌，以免药剂被淋溶而渗入土壤下层。用于防治土壤害虫和作物苗期害虫的杀虫剂微囊悬浮剂也是如此。

（4）可分散油悬浮剂［oil-based suspension concentrate（oil dispersion），代码 OD］是农药原药分散悬浮在油类中的悬浮剂。其外观为深红色或浅棕色的悬浮液，经存放有少许分层，摇动后能恢复原状，但不允许有固体。例如 20％双草醚可分散油悬浮剂、6％三唑磺草酮可分散油悬浮剂、10％氟唑磺隆可分散油悬浮剂等。油悬浮剂的特点有以下 3 点。

① 制剂中所使用的油类一般为植物油，如大豆油、棉籽油、菜籽油、蓖麻仁油、松节油等，也有选用一些脂肪酸的酯类化合物作某些农药的溶剂，但不使用芳香族有机溶剂。所以油悬浮剂是一种环境相容的剂型。

选用植物油类，一是为防止对作物产生药害；二是植物油对多种除草剂有增强药效的作用，国际上已有近百种以植物油的油乳剂作为除草剂伴侣，成为桶混助剂中的一大类群。我国农民有在使用除草剂时加入大豆油以提高药效的做法，因而国内有些农药厂生产了预加大豆油的除草剂乳油制剂。

② 某些易水解而分解失效的农药原药不能加工成悬浮剂，则可加工成油悬浮剂。

③ 油悬浮剂主要是供加水稀释后喷雾使用（也可不加稀释作超低容量喷雾），制剂配方中必须添加乳化剂、润湿剂和分散剂。乳化剂是为了使油悬浮剂中的油类能够在水中乳化，而农药有效成分微粒的分散则需要润湿剂和分散剂。

油悬浮剂现已开发一些特殊的混配制剂，其中的非水溶性也非油溶性固态农药原药呈悬浮剂状态，油溶性的农药原药呈乳油状态。

需注意油悬浮剂与悬乳剂的根本区别是：油悬浮剂不含水，只是在加水稀释后，其中的油才被乳化成乳剂；悬乳剂含水，产品中的油已被乳化成乳剂。

52. 油剂类剂型有几种？ 各有何特点？

油剂是农药原药的油溶液，外观为透明的油状液体。配制时将农药原药溶解在非水溶性的有机溶剂或其他油类溶剂中，根据需要还可配加适量的助溶剂、化学稳定剂、药害防止剂等助剂。

采用油剂这种剂型的农药绝大多数是杀虫剂，除少数品种外，杀菌剂和除草剂通常不选择油剂这种剂型。油剂中的溶剂能够溶蚀害虫体壁的蜡质层，使杀虫剂有效成分更容易渗透进入害虫体内；油类溶剂也易进入害虫体壁的气门，进入气管，使害虫气管堵塞而窒息致死。

油剂中的溶剂用量比较大，溶剂的理化性质和对作物的安全性在某种程度上决定了成品的实用性质。溶剂应挥发性低、黏度低、闪点高、对人畜和作物安全。用植物油如棉籽油、菜籽油代替矿物油作溶剂，可减轻对作物的毒害。助溶剂的作用是提高油剂中几种组分的相溶性，使油剂在较低温度条件下贮存仍能保持均相油状液体，或虽析出少量固体，但当温度回升并稍加摇动后，固体能再被溶解。

油剂不溶于水，不能供加水稀释喷雾用，而是用于直接喷洒，必要时为了降低油剂的黏度，增强流动性，可以加适量有机溶剂稀释后喷洒。根据用途、用法、所用施药机具，油剂可分为5种。

(1) 超低容量油剂　在国标剂型名称中称之为超低容量液剂（ultra low volume liquid，代码 UL），但实际上都是油剂。因为其是供地面或航空超低容量喷雾器械进行超低容量喷雾使用，形成的雾滴体积中值直径（VMD）为 $50\sim100\mu m$。若采用水为介质的液剂，这种细雾滴的水极易迅速蒸发，使之变成超细雾滴而随风飘移到田外很远处，无法沉降到作物体上。

采用油剂进行超低容量喷雾，这些细小雾滴对作物株冠层穿透性强，沉积在目标物表面上能展布成较大面积的油膜，黏着力强，耐雨水冲刷，对生物表面渗透性强，可提高药效。油质雾滴比水质雾滴挥发性低，因而采用航空喷雾的雾滴在空中飘散、穿透过程中，不会因挥发而显著改变雾滴的直径和重量，使之有较好的沉降能力和沉积效率。药剂回收率较高，一般比喷洒水质药液提高50％～70％。

超低容量油剂的浓度很高，大多为25％～50％，只有超高效农药品种，由于单位面积需用有效成分的量很小，油剂的浓度可以较低。

超低容量油剂的闪点较高。一般要求供地面超低容量喷雾的闪点大于40℃，供航空超低容量喷雾的闪点大于75℃。闪点是表示油剂易燃性的一种指标，为的是防止喷洒时着火。

超低容量油剂的挥发率应小于30％，以减轻雾滴因挥发过快而造成的损失。

超低容量油剂必须是毒性较低的。一般要求农药原药对大鼠急性经口致死中量（LD_{50}）值在 100mg/kg 以上，中国民航局规定 50～100mg/kg 的农药有效成分含量不大于 30％，日本提出航空用的油剂需在 300mg/kg 以上。

(2) 热雾剂（hot fogging concentrate，代码 HN）　是利用热力分散形成细雾的油剂。应用时必须采用专门的热雾机，如我国生产的 3YD-8 型热雾机。由热雾机雾化形成雾滴的直径通常可达 $0.1\sim20\mu m$，在空气扰动或有风情况下很难沉降下来，可在空中悬浮较长时间，飘散很远的距离，在树冠中任意穿行，故适用于温棚作物及森林病虫害的防治、仓库、大中型密闭空间、畜禽舍的杀虫灭菌，也可用于野外作业杀灭卫生害虫。

热雾剂也可采用汽车、拖拉机所排放的热废气来雾化，但也要安装特制的雾化部件才能工作。由于我国农业上使用拖拉机还不很普及，这项技术未能得到发展。

(3) 展膜油剂（spreading oil，代码 SO）　是在普通油剂中配有一种名叫水面扩散剂的特殊助剂，施于水面形成薄膜的油剂，如8％噻嗪酮展膜油剂以洒滴方式在水稻田施用很方便。

(4) 油剂（oil miscible liquid，代码 OL）　是在普通油剂中配有乳化剂，因而可直接用于超低容量喷雾，也可对水配成乳浊液进行常规喷雾。但是，对于超低容量喷雾来说，没有必要使用昂贵的乳化剂。

(5) 油基气雾剂　是气雾剂（aerosol dispenser，代码 AE）中的一种，装在耐压罐中的油剂。罐上有一只揿压喷嘴，使用时揿下，即从喷嘴喷出油雾。由于成本高、售价贵，目前主要用于宾馆、饭店、飞机、车船等公共场所及家庭杀灭卫生害虫及杀菌消毒，果品和蔬菜灭菌保鲜，花卉病虫防治等。

浓度较低的油剂限于室内喷雾防治卫生害虫。

53. 烟剂有何特性？

烟剂（smoke generator，代码 FU）又称烟雾剂。它是将防治蔬菜病虫害的药剂与可燃性物质混合在一起，经燃烧，使农药气化后冷凝成烟雾粒或直接把农药分散成烟雾粒的一种药剂。烟剂是一种特殊用途的剂型，与其他剂型不同，它由一种农药原药与助燃剂、氧化剂三部分组成，必要时还配加阻燃剂，以防生产、贮运过程中着火，烟剂的最大特点是药剂的分散度高，扩散快。用于加工烟剂的农药原药，必须能在一定的温度下变成气态而不发生热分解，或分解率很低。不同农药气化所需的温度和热量是不相同的，因而通常是不加工混合烟剂。

烟剂点燃后，即燃烧发烟，但不能有火焰。药剂受热后气化，热的气态药剂流散入空气中后迅速冷却，重又凝聚成为细小的固态微粒，微粒细度可达 $1\mu m$ 以下，在阳光照射下呈乱反射，所以看起来常是白色的。极细的微粒能在空气中较长时间地悬浮和扩散，形成烟云，无孔不入地飘散到空间的任何角缝中，沉积于生物体的各部位。烟剂适用于相对密闭的场所。

在棚室内放烟，如果空气湿度比较大，特别是在闭棚以后，棚室内开始结露，悬浮在空气中的细小雾珠能够凝聚烟粒，促使烟粒聚并，较快沉降。有时需要打开棚顶塑料薄膜或顶窗排放水蒸气。较好的办法是：在下午关闭棚室时立即施放烟剂，次日上午开棚，这样在傍晚关闭棚室后的前 6～7 小时的时间内，水雾吸附烟粒的现象并不太严重，至次日上午已历经十几个小时，烟剂已充分发挥作用。

烟剂能够防治棚室蔬菜多种病害，其效果一般可达到 85％以上，比用同种可湿性杀菌剂喷雾防治效果提高 10％以上，而且在使用时不用药械、水及辅助工具，只需用火柴引燃烟剂即可。在阴雨天或病害流行期间，使用烟剂防治效果更明显。

54. 种衣剂是什么剂型？

从农药剂型来说，种衣剂并不是一种新剂型，而是具有一定黏附性能的一些特定制剂，专供种子包衣使用，不可作其他用途。悬浮剂、可湿性粉剂、微囊剂等剂型都可以加工成种衣剂，即在这些剂型中配加成膜剂、胶黏剂等助剂，使药剂在包覆种子表面以后形成一层不易脱落的干药膜。包衣种子播入土壤内，种子吸水萌芽，药膜也吸水而膨胀，逐渐释放出农药有效成分，发挥药效作用。

种衣剂有液体的，也有固体粉末状的；有的是预制成型长久存放，也有的现制现用。种衣剂要求有效成分能逐步释放而对作物发芽生长无毒害作用。种衣膜具有透水性、透气性，不影响种子生长发育和呼吸作用。种衣剂具有高效、经济、安全、残效期长和功能多等特点，在土壤中遇水膨胀透气而不被溶解，从而使种子正常发芽，使农药化肥缓慢释放，能杀灭地下害虫，防治种子病菌，提高种子发芽率，减少种子使用量，改进作物品种。种衣剂紧贴种子，药力集中，利用率高；种衣剂隐蔽使用，对大气、土壤无污染，不伤天敌，使用安全；种衣剂包覆种子后，农药一般不易迅速向周边扩散，又不受日晒雨淋和高温影响，故具有缓释作用，因而持效期长。

种子处理悬浮剂 [suspension concentrate for seed treatment（flowable concentrate for seed treatment），代码 FS] 可以不含成膜剂和警戒色。而悬浮种衣剂必须含有成膜剂和警戒色。悬浮种衣剂区别于其他种衣剂的一个最大特征是它的成膜性，它在保证种子正常发芽出苗生长的同时还能使含有的农药和种肥等物质缓慢释放，确保种子较长时间免受病虫害的侵袭。目前在我国推广的种衣剂中，悬浮种衣剂使用量最大，占总商品量的90％以上。例如1％、60％吡虫啉悬浮种衣剂、3％苯醚甲环唑悬浮种衣剂、28％灭菌唑悬浮种衣剂等。

加工种衣剂的农药品种，一般不选用具有水溶性的农药品种，因为包衣了的种子在贮存期间，水溶性农药容易缓慢渗出，空气湿度也会增大药剂释放量，容易使种子受害，降低种子发芽率。

不同作物种子所传带的病原菌或需要防治的害虫种类不同，所需要的农药种类必然各不相同。同一种作物种子，在不同地区所传带的病原菌或需要防治的害虫也可能不尽相同。所以，种衣剂都是某种作物的专用药剂，如水稻种衣剂、小麦种衣剂、玉米种衣剂等，不会有通用型的种衣剂，用户选购时必须注意。

有些种衣剂还另兼有某种特殊功能，如调整种子的形状和大小。甜菜、烟草、番茄、韭菜、莴苣及油菜等作物的小粒种子，经种衣剂处理后，可改变种子的外观，把种子包成圆粒状，使之小球化，并增大直径，提高播种时种子的流动性，有利于机械播种和精播。1981年中国农科院土肥所对牧草种子接种根瘤菌后，进行了丸粒化包衣处理，再撒播。20世纪90年代江苏省六合县农科所利用当地特有的一种黏性较好的土，研制成不含农药有效成分的种衣剂，与云南红塔山烟草集团合作，成功地实现了烟草种子的改形，以利于播种。图3为整形后的蔬菜种子。

过氧化钙是安全稳定的固体氧源，将其加工制成水稻用的过氧化钙种衣粉剂，用于稻种包衣（图4），播种后在水中能缓慢地释放氧气供种发芽、出苗及秧苗生长的需要，克服了直播水稻因缺氧造成的烂种、烂芽、浮苗、倒苗等问题。

图3　整形后的蔬菜作物种子

图4　CaO_2 种衣剂包覆备播稻种

55. 悬浮种衣剂和水剂能否再批准登记?

由于 2017 年发布的 GB/T 19378—2017《农药剂型名称及代码》中没有包括悬浮种衣剂和水剂,对于 2017 年 10 月 31 日以后提交的登记申请,将不再批准这两种剂型的产品登记,申请者在不改变产品组成的情况下,可分别将这两种产品的剂型改为种子处理悬浮剂和可溶液剂,质量控制项目及其指标做相应调整。但对于 2017 年 10 月 31 日以前受理的登记申请,可继续批准这两种剂型的产品登记。

56. 高渗农药是一种什么剂型的农药?

在加工农药乳油、可湿性粉剂等剂型时,加入一些渗透剂、湿润剂等助剂,使农药的渗透力、湿润性等性能得到改善,这种农药称为高渗农药。稀释后的药液易于附着在生物体上,增加溶解生物体表皮的蜡质层的能力,能较快地渗透到生物体内,提高农药的毒力,从而提高了药效,同时又减少了药剂的流失,节省了农药的用量,达到了提高农药利用率的目的。所以说,高渗农药不是一种剂型,而是改善了某些制剂的物理性能。我国农药管理部门今后不再受理高渗农药的登记,另加渗透剂的农药产品中有效成分含量不得低于未加渗透剂的原同类产品。

57. 饵剂是什么剂型? 主要用于哪些方面?

饵剂 [bait (ready for use),代码 RB] 过去常称毒饵,是为引诱有害动物(害虫、鼠类、害兽等)取食而设计的剂型。主要用于加工灭鼠剂和卫生杀虫剂,在农田害虫(主要是土壤害虫)和软体动物防治方面用得比较多。

饵剂是过去常用的一种随配随用的农药使用形式。饵剂由农药原药或某种制剂与饵料混拌而成。自配的饵剂多为鲜毒饵,不能久贮,所选用的饵料多为就地的杂草或某些害虫喜食的农作物。也可选用麦粒、谷子、高粱等,所配得的饵剂就称之为毒谷。

可以贮存的商品化毒饵统称为饵剂。根据饵剂的外部形状和不同用途,又分为多种类型:

(1)饵粒、饵块、饵片、饵棒等 这些都是根据饵剂的形状而命名的。

(2)胶饵、诱芯、饵膏等 主要用于卫生防疫方面防治蟑螂等害虫。胶饵为胶状,可以放在饵盒里直接使用,也可以装在配套器械里挤出或点射使用。诱芯是与诱捕器配套使用的引诱害虫行为的控制剂。

(3)饵粉 农药剂型为粉剂,主要用于灭鼠、蟑螂、蚂蚁。鼠类及其他某些害兽有用舌舔爪、整理腹毛、清理体表脏污等修饰行为,因而能把黏附在体表上的毒粉吃入。毒粉灭害的缺点是染毒的有害动物在死前的活动会污染食物和水源。

有害动物是通过取食毒饵而中毒致死的,因而用于配制毒饵的必须是胃毒剂。毒饵中农药的含量要依据农药种类而定,一般杀虫剂毒饵的农药含量为干饵料的 $0.1\% \sim 1\%$;灭鼠剂毒饵中含农药量相差较大,例如敌鼠钠盐毒饵农药含量为 $0.05\% \sim 0.1\%$、杀鼠醚毒饵农药含量为 0.0375%、溴敌隆毒饵农药含量为 $0.005\% \sim 0.02\%$。

由于不同的害虫对食物的选择性和趋向性差别很大,因而所有饵制剂的共同特点有两点:①选用的饵料必须是所要防治害虫最喜爱取食的。②都含有引诱物质,能够引诱害虫取食，常用的引诱物质有植物油、食糖、味精、盐、蜂蜜、酒等。植物油作引诱物质，除可以提高毒饵的适口性，还起黏着剂的作用，使药剂在饵料上黏着牢固而不脱落。配制杀虫剂毒饵常选用香油（麻油），但对鼠类，香油的适口性差，不如豆油、菜籽油、花生油好。油类黏附在毒饵上还有防潮作用，在农田使用能保持毒饵新鲜，较长时间不腐败变质。所以加工饵剂通常需要根据防治对象，人工配制具有引诱作用的专用饵料，由这种饵料配得的饵剂也就必然带有专用性，用户选购时必须仔细查询。

58. 熏蒸剂的形态有哪些？

熏蒸剂是利用挥发时所产生的蒸气毒杀有害生物的一类农药。例如99％硫酰氟熏蒸剂、99％氯苯胺灵熏蒸剂等。可以有以下三种形态：

① 常温下是气态。

② 常温下是液态。氯化苦的沸点是112.4℃，通常装在镀锌铁桶中。由于蒸气压很高，暴露在空气中会很快气化成气体，主要用于土壤熏蒸。

③ 常温下是固态。这类熏蒸剂的原体通常对害虫或病原菌、杂草等不表现熏蒸毒杀作用，而是经过一定的化学反应后转变为一种有毒气体才表现熏蒸作用。

59. 特异形态的剂型有哪些？

有很多的农药剂型与以上各题所介绍的剂型有很大差别，特将他们归为特异形态剂型。

（1）片剂（tablet，代码 TB） 具有一定形状和大小，含有效成分的片状制剂，通常具有两平面或凸面，两面间距离小于直径。其中较为常见的为泡腾片剂，与崩解型颗粒剂相似，泡腾片剂是由非水溶性原药、崩解剂、弱酸、碳酸盐及填料等压片组成。它是大型固体制剂，泡腾片剂的每片重量固定，从25～250g不等，使用时以片计量，不必另行称量。要求泡腾片剂的含水量不大于1％，崩解时间不大于7min，悬浮率不小于80％。

泡腾片剂的作用机理是将固体片剂投入水中，与水接触后迅速发生酸碱中和反应并产生大量二氧化碳气体，这些气泡的浮力足以托举药片使其不会很快下沉，且同时在崩解，崩解后的药剂粉粒又在气泡的搅动下，迅速扩散分布到水中，形成均匀的悬浮液。所以，泡腾片剂的使用方法有两种。①喷雾。制剂投入喷雾机具的药液箱中，能自动形成悬浮液供喷雾用。例如15％吡虫啉泡腾片剂用于水稻田喷雾防治稻飞虱。依据药液箱的容量计算应投入药片数，大型喷雾机的药液箱容量大，装水量大，水又较深，依靠药剂产生的气泡搅动作用即可形成均匀悬浮液，而不必使用机械搅动。②水田直接撒施。供水田中直接撒施用的泡腾片剂，例如18％苄·二氯泡腾片剂用于水稻本田除草就是直接撒施。在选用时，还必须考虑在田水中的行为特性。田水的深度是有限的，泡腾片剂落水后往往尚未完全崩解就已沉入田泥上，而有些药剂是易被田泥吸附的，难以在田水中均匀扩散，妨碍药效的充分发挥。

加工泡腾片剂的成本很高，采用小型手动喷雾器喷药和稻田撒施粒剂时是否有必要使用泡腾片剂，是应该考虑和进行成本计算的。

（2）挥散芯（dispensor，代码 DR*） 是利用载体释放有效成分，用于调节昆虫行为的制剂。昆虫信息素挥散芯通常为管状、片状或橡胶头状的引诱剂、诱芯或迷向散发器，挥散芯内为昆虫信息素，信息素可通过挥散芯载体缓慢释放。利用昆虫信息素制备的挥散芯具有无毒、不伤害天敌、不污染环境、不易产生抗性、应用条件广等优势。可用于蔬菜、果园、林业等领域的主要害虫的虫情监测、诱捕诱杀、干扰交配、驱避防控等综合生物防治过程。如在我国登记的绿盲蝽性信息素，于枣树绿盲蝽发生初期，悬挂于树高三分之二处。需要与配套诱捕器配套使用，每个诱捕器配一枚挥散芯，使其有效成分不断散发出来以达到杀灭害虫的目的。使用时要根据有效成分的种类、含量及防治的空间范围及施药季节来调整挥散芯的使用数量和更换频率。

（3）发气剂（gas generating product，代码GE）　是以化学反应产生有效成分的气体制剂。如1-甲基环丙烯是一种用于密闭空间熏蒸处理的新型保鲜剂，已在番茄、梨、苹果等果蔬上登记使用。其散发出来的有效成分通过竞争性结合乙烯受体，使乙烯失去催熟老化的作用，从而起到果蔬保鲜作用。

注：＊为我国制定的农药剂型英文名称及代码。

60. 农药用户选择剂型须注意些什么？

一个好的农药原药，若没有适宜的剂型及相应的适用制剂，就不能成为用户防治有害生物的有效武器，从而丧失了农药的使用价值。所以，对农药的选择并非只是对农药原药种类的选择，而应该是对原药的某种剂型及制剂的选择。例如，用户想选择吡虫啉杀虫剂，吡虫啉是原药的通用名称，而吡虫啉商品的剂型有供喷雾使用的可湿性粉剂、水分散粒剂、可溶液剂、乳油、微乳剂等剂型，有供水田撒施的泡腾片剂，以及供种子处理使用的湿拌种剂、悬浮种衣剂等。用户必须根据实际需要选择所需的剂型和制剂，购买时也必须讲明所需的吡虫啉制剂名称，如20％吡虫啉可溶液剂或30％吡虫啉微乳剂，而不是只说原药名称吡虫啉，否则很容易会买错药。

前面介绍多种农药剂型，其中有些剂型名称虽然不同但它们的用途是一样的，有些剂型虽然用途一样但使用方法不同。农药用户则要根据作物和防治对象、施药机具和使用条件来决定选择哪一种剂型和制剂比较合适。

目前，我国农药的剂型种类还比较少，生产和使用的大多是适合于喷雾的剂型，其中以乳剂类和可湿性粉剂为主，悬浮剂也有相当产量。从药效上分析，这三种剂型是有些差别的。

第一，杀虫剂的乳油效力要显著高于悬浮剂和可湿性粉剂，同一种农药有效成分以选用乳剂类为好。叶面喷雾用的杀菌剂，一般以油为介质的剂型对杀菌作用的发挥并无好处，因为杀菌剂对病原菌细胞壁和细胞膜的渗透是溶解在叶面水膜中的杀菌剂分子，并不需要油质有机溶剂的协助，甚至反而会妨碍药剂分子的扩散渗透和内吸作用，所以宜选择悬浮剂或可湿性粉剂。叶面喷洒用的除草剂，因杂草叶片表面有一层蜡质层，含有机溶剂的乳油、水乳剂、悬乳剂等剂型都可以选用；具有良好润湿和渗透作用的可湿性粉剂、悬浮剂等剂型也可选用。

第二，作为乳油的替换剂型，悬浮剂的药效虽次于乳油，但显著高于可湿性粉剂。因为悬浮剂的颗粒要比可湿性粉剂细得多，悬浮剂中含有的多种助剂有利于药剂颗粒黏附在生物体表面，从而能提高药效。

与乳油相比，水乳剂和微乳剂不用或少用有机溶剂，使用比较安全，药效也很好。

第三，从施药人员安全考虑，炎热天气下喷药，以油为介质的乳油等油剂易引发人员中毒，如有可能，最好选用同类农药的以水为介质的剂型，如可湿性粉剂、悬浮剂、可溶粉剂、水分散粒剂等。

总结：农药向着水基型、不用溶剂或少用溶剂的剂型发展；乳油、粉剂等环境污染较严重的剂型逐步淘汰；水分散粒剂、水乳剂、悬浮剂、微乳剂、缓释剂成为发展趋势。

三、农药施用技术

61. 什么叫作农药施用技术？ 其技术内容有哪些？

概括地说，农药施用技术就是把足够剂量的农药有效成分安全有效地输送到靶标生物上以获得预期的防治效果的技术实施全过程，此过程的起点是农药品种及其制剂，终点是生物靶标。所以，其主要技术内容包括：农药品种及其制剂的选择；施药量和施药液量的选择；施药方法及施药器械的选择；农药在靶标上的沉积与分布。农药施用技术是农药科学使用的重要环节之一，也是最大限度减少农药用量、保障农产品质量安全和生态安全的有效途径。

农药品种及其制剂的选择参阅本书第二章（农药的剂型及制剂）和第六～十章（杀虫剂、杀螨剂、杀鼠剂、杀软体动物剂、杀线虫剂、杀菌剂、杀病毒剂、杀菌杀虫混剂、种子处理剂、除草剂、熏蒸剂和植物生长调节剂）。施药方法中重点介绍喷雾法，简介施粒法、熏烟法、种苗处理法和秧盘处理法。其他施药方法及施药器械的选择，可参阅化学工业出版社 2009 年 7 月出版的《农药施用技术问答》或其他有关书籍。

施药器械的种类很多，由于农药的剂型和作物种类多种多样，以及喷施方式方法不同，决定了植保器械也是多种多样的。从手持式小型喷雾器到拖拉机机引或自走式大型喷雾机；从地面喷洒机具到航空喷施装置，形式多种多样。植保器械通常是按喷施农药的剂型种类、用途、动力配套、操作、携带和运载方式等进行分类。

① 按喷施农药的剂型和用途分类，有喷雾机、喷粉机、喷烟（烟雾）机、撒粒机、拌种机、土壤消毒机等。

② 按配套动力进行分类，有人力植保机具，小型动力植保机具，大型悬挂、牵引或自走式植保机具，航空喷施装置等。

③ 按操作、携带和运载方式分类，人力植保机具可分为手持式、手摇式、肩挂式、背负式、胸挂式、踏板式等；小型动力植保机具可分为担架式、背负式、手提式、手推车式等；大型动力植保机具可分为牵引式、悬挂式、自走式和车载式等。

20 世纪 70 年代以后，随着农药不断地更新换代和对喷施技术不断深入研究、改进提高，国内外出现许多新的喷施技术和新的施药理论。大量试验表明雾滴粒径大小、雾滴粒径分布、喷洒药液浓度、施药液量多少等参数对防治效果、农药利用率、雾滴和药液在靶标区域内的沉积分布影响极大，从而出现了以施液量多少、雾化方式和雾滴大小等对植保器械进行分类的新情况。

④ 按施液量多少分类，可分为常量喷雾、低量喷雾、微量（超低量）喷雾机具等。低容量及超低容量喷雾机喷雾量少、雾滴细、药液分布均匀、工效高，是目前施药技术的发展趋势。但施液量的划分尚无统一标准，按照美国的喷施方法：常量喷雾 150L/hm²，中量喷雾 50～150L/hm²，低容量喷雾 5～50L/hm²，超低容量喷雾 0.5～5L/hm²，超超低容量喷雾 0.5L/hm²。

⑤ 按雾化方式分类，可分为液力喷雾机、气力喷雾机、热力喷雾（热力雾化的烟雾）机、离心喷雾机、静电喷雾机等。气力喷雾机起初常利用风机产生的高速气流雾化，雾滴尺寸可达 100μm 左右，称之为弥雾机。近年来又出现了对利用高压气泵（往复式或回转式空气压缩机）产生的压缩空气进行雾化，由于药液出口处极高的气流速度，形成与烟雾尺寸相当的雾滴，称之为常温烟雾机或冷烟雾机。还有一种用于果园的风送喷雾机，用液泵将药液雾化成雾滴，然后用风机产生的大容量气流将雾滴送向靶标，使雾滴输送得更远，并改善了雾滴在枝叶丛中的穿透能力。离心喷雾机是利用高速旋转的转盘或转笼，靠离心力把药液雾化成雾滴的喷雾机。如手持式电动离心喷雾机，由于喷量小、雾滴细，可以用在要求施液量少的作业，有人把这种喷雾机称为手持式电动超低量喷雾机。

⑥ 按应用对象分类，可分为大田作物植保机、果园植保机、草坪植保机等。

随着人们对生存环境质量的关注和科学技术的发展，还出现了可控雾滴喷雾机、循环喷雾机、对靶喷雾机、实时传感或与 GPS 结合的智能喷雾机和喷雾机器人等。

62. 施用农药的靶标是什么？

施用农药好比射击打靶，射击打靶要有靶标，那么施用农药的靶标是什么？有两个：一个是直接靶标，它就是害虫、害鼠、病菌、杂草等有害生物本体；另一个是间接靶标或靶区，它就是有害生物栖息和活动的部位或区域，只需把农药施到这些部位或区域，农药就能同有害生物发生持续不断的接触，使之中毒、死亡。

有人从用农药防治棉铃虫的棉田中收回的虫子上检测出来的药量来计算，大约只有施药量千万分之一的农药在棉铃虫身上发生作用，没有被利用的农药不仅是浪费，而且它流失在环境中会产生诸多副作用。由于生物群落的复杂多变，对直接靶标即有害生物体本身直接施药，而不流失在环境中，是极难做到的。但是，研究提高施药技术，如果能把击中直接靶标的农药量提高一个数量级，其经济意义及对环境和社会的影响仍是十分突出的。

在施用农药的实践中，间接靶标是更为重要的靶标。间接靶标主要是作物，对作物喷洒（撒）一次农药，就可以维持比较长的药效期。这里的一个关键技术是要采取最适合的施药方法来提高农药在间接靶标（作物）上的沉积量。因此，研究提高施药技术和精细施药操作是非常必要的。

63. 什么叫有效靶区？ 如何利用它来提高农药施用效果？

人们习惯上把整块农田或整株作物作为间接靶标来喷撒（洒）农药，即所谓"地毯式喷撒（洒）法"。但是，有害生物极少是全田均匀分布的，而往往是集中在某些部位（表4）。把农药施撒（洒）到这些部位就能发挥杀虫、治病、除草的作用，因此，称这些部位为有效靶区。施药时应设法尽量把药剂施在有效靶区内，而不流失到有效靶区以外，或很少流失到有效靶区以外。

表4 有害生物在农田或生物上的分布部位（有效靶区）

分布部位	有害生物实例	备注
作物顶部	小麦赤霉病、稻穗颈瘟、番木瓜环斑病、麦长管蚜（穗蚜）、椰蛀犀金龟、柑橘潜叶蛾等	
作物基部	稻和麦纹枯病、菠萝黑腐病、稻飞虱、叶蝉等	严重发生时会向上部发展
芽梢部	多种蚜虫、柑橘木虱、茶小绿叶蝉、荔枝蝽象、桑赤锈病、苹果白粉病（早春）等	
茎秆部	介壳虫、天牛、苹果树腐烂病、苹果和梨的干腐病和轮纹病、烟草黑胫病、柑橘脚腐病等	
果实部	棉铃虫、红铃虫、果树食心虫类、果实芒果象、果肉芒果象、柑橘青、绿霉病、苹果和梨的果实轮纹病等	
种子	多种种传病害	
根部	稻根叶甲、苹果根棉蚜、根结线虫、大豆根腐病等	
土壤	地下害虫、在土壤中越冬害虫、害鼠、多种土传病害等	

例如，采用土壤处理法施药，土壤就是有效靶区。但是，杂草种子、土传病原菌、地下害虫等通常都是扩散分布在一定厚度的耕作层里，这一定厚度耕作层的土壤才是真正的有效靶区。绝大多数农田杂草的幼苗是由土表以下5cm内的种子萌发而出土，只需把药剂施入3～5cm深的土层，杂草种子萌芽出土过程中即可接触和吸收到除草剂，无需把除草剂施到更深的土层里（特殊情况例外）。然而，进行土壤熏蒸处理时，通常需把熏蒸剂施到25cm左右深的耕作层中，以便气态形式的熏蒸剂充分扩散分布到土壤的各部位而发挥药效作用。

根蛆、根瘤蚜等害虫在土壤中的活动范围比较窄，防治时只需采用根区施药法等进行局部施药，而不需要把全田一层土壤作为有效靶区。

水稻等水生作物的有害生物分布在田水或田泥中，则田水或田泥就是有效靶区。如需要向田水施药，选择水剂、可溶粉（液）剂、乳剂类、悬浮剂和展膜油剂等剂型，喷施后药剂在田水中分布比较均匀，不会完全沉降到田泥上。如需要向田泥施药，选择可湿性粉剂、非崩解型颗粒剂、水分散粒剂等剂型，施洒（撒）后药粒很快就会沉降在田泥上或被田泥所吸附。

64. 什么叫农药分散度？ 对生物靶标将产生哪些影响？

农药的田间使用量是很少的。老一代的农药每亩使用量为500g左右，而新发展的超高效农药每亩使用量仅有几克，甚至低到1g以下。要把这么少量的农药均匀地喷施到农田，就必须把药剂分散得很细很细，即把固体农药破碎成极细小的粉粒，或把液体农药分散成极微小的液珠，这种把农药破碎变小的过程就是农药的分散过程，农药被破碎的程度就叫农药分散度。农药的颗粒越细、液珠越小，就表示农药分散度越高，它的总表面积越大。例如一个每边长各为1cm的正方形固体，其总表面积为$6cm^2$。将这个正方形固体破碎成每边各长为 $100\mu m$ 的小立方体，就可得到 100 万个小颗粒。每个小颗粒的表面积为 $0.06cm^2$，100 万个小颗粒的总表面积就达到 $600cm^2$，比破碎前增大了 100 倍。

农药分散度提高，总表面积增大后，对施药靶标至少有四个方面的影响。

（1）提高药剂的粉粒或雾滴与生物靶标的撞击机会和撞击频率　农药喷撒（洒）后就产生一个群体（药剂的粉粒或雾滴）对另一个群体（生物体）的撞击。当使用药量一定时，分散度越高，药剂的粉粒数或雾滴数就越多，与生物靶标撞击机会就多，撞击的次数也多。

（2）提高药剂对作物株冠层的穿透性　病虫往往隐蔽在作物株冠层内部危害，杂草也多生长在作物株冠层之下，喷施后农药粉粒或雾滴必须穿透作物株冠层才能与病虫草相接触。粗的粉粒或雾滴很容易坠落到地面，农药分散度高所形成的细小粉粒或雾滴容易扩散、穿透而进入作物株冠层。在保护地使用烟剂，产生的烟云具有极强的穿透能力，可以完全笼罩作物株冠层，烟粒不仅可均匀地沉降到作物表面，就是背面也会有一定量的药剂沉积。

（3）提高靶面覆盖率　农药施用后沉积在生物体表面上所能覆盖的面积与生物体表面总面积之比称为农药对靶面覆盖率。在一定用药量下，药剂的分散度越高，所形成的覆盖率就越高。如前面举的那个例子，体积为 $1cm^3$ 的大颗粒，它的一面的面积为 $1cm^2$，对靶面所能覆盖的面积就只有 $1cm^2$，当将其破碎成边长 $100\mu m$ 的 100 万个小颗粒后，所形成的总覆盖面积增大到 $100cm^2$，也就是说对靶面覆盖率增大了 100 倍。

（4）提高药剂在靶面上的沉积量　许多学者的试验结果都证明了，当喷雾时的雾滴不够细小时，不能沉积到靶体表面上。例如，早在 1956 年就有人在研究中发现，$250\mu m$ 的雾滴在豌豆叶面上会发生弹跳现象，沉积量极低；而 $100\mu m$ 的雾滴则没有弹跳现象，沉积量极高。在进行飞机喷雾研究过程中也观察到了上述现象，在稻田进行飞机低容量喷雾时测得的雾滴覆盖密度为每平方米 40 个，而飞机常量喷雾时的雾滴覆盖密度为每平方米 36 个，比低容量喷雾的低 10%。进一步的研究发现，常量喷雾所形成的大雾滴在测试的氧化镁表面上像流星似地滑走，仅留下一条痕迹而不沉积。在以清水进行常量喷雾时，被弹走的大雾滴数竟高达 50% 以上。而低容量喷雾时，$80\mu m$ 以下的小雾滴占 $70\%\sim75\%$，被弹跳的雾滴极少。由此可见，在施药时提高农药分散度是非常重要的。

65. 怎样提高农药分散度？

提高农药分散度可在制剂加工和农药喷施两个阶段进行。

制剂加工阶段在工厂中进行，目的是把农药分散成可直接喷撒施用或经过加水配制后喷洒施用的农药剂型，为保证农药产品具备必要的分散度，对各种农药剂型都制定有相应的质量指标。例如，粉剂有粉粒细度指标，产品的分散度越高，其粉粒越细小。用于配成水悬浮液使用的可湿性粉剂、悬浮剂、水分散粒剂等剂型都有悬浮率指标。悬浮率就是配好的水悬浮液在特定温度下静置一定时间后，仍能悬浮的有效成分的量占原样品中有效成分量的百分率。悬浮率与农药分散度密切相关，只有分散度高的产品，粉粒细小，其悬浮率才可能高；悬浮率高，粉粒在水中悬浮的时间较长，使在喷洒过程中前后的药液浓度保持一致，均匀覆盖靶标，而悬浮率低，粗的粉粒在水中较易沉淀，使先喷出的药液浓度较大，随后喷出的药液浓度逐渐降低，结果在作物上形成不均匀沉积，导致药效不稳定。悬浮率指标，一般规定在 50％ 以上，高的可达 90％。乳油类农药规定有乳液稳定性指标，用以衡量乳油加水稀释配成的乳液中，农药液珠在水中分散状态的均匀性和稳定性，要求被分散成的农药液珠在水中较长时间地均匀分布，油水不分离，使乳液中有效成分浓度保持均匀一致，充分发挥药效，避免发生药害。由此可见，在购买农药时，一定要选择质量合格的产品，注意查看有关质量指标是否符合规定。

施药时提高农药分散度，应掌握配药和喷药两个环节。

（1）配药　应采用两步配药法，以提高农药的分散度，即第一步用少量水把农药制剂调制成浓稠的母液，第二步用足量的水稀释到所需浓度。用此法配成的药液分散性好，浓度均匀。特别是质量不高的可湿性粉剂，往往有一些粉粒聚成粗的团粒，配药时先用少量水把药粉调制成糊状，便于充分搅拌，也由于水中润湿剂的浓度大，有利于粉粒分散，如果将药粉直接投入喷雾器的水中，那些粗团粒尚未分散即沉入水底，再搅拌也难使其分散。

悬浮剂在存放过程中上层逐渐变稀而下层变稠，甚至有下层结块的现象，一般的振摇或用棍棒搅拌都很难使之分散开，在使用这种产品配药时，更需要采用两步配药法；如果一次不需要使用一瓶药时，只能在原瓶中搅拌沉淀层使其分散均匀，必要时可用水浴加温促使分散，绝不可加水冲稀沉淀层，否则其浓度发生变化，影响准确计量，也影响剩余药剂的贮存；如果一次需用一整瓶药，可以加水帮助沉淀重新分散。可溶粉剂虽然能溶于水，但是溶解的速度有快有慢，所以不能把可溶粉剂一次投入大量水中，也不能直接投入已配好的另一种农药的药液中，而必须采用两步配药法，以保证分散度。

（2）喷药　农药的田间喷撒（洒）也是农药的分散过程。喷粉使药粉在空气中分散、扩散。喷雾使药液分散成雾滴。烟剂放烟使烟粒在空气中分散形成烟云，而后降落在靶体表面。颗粒剂撒施使药剂颗粒分散开，均匀降落。熏蒸剂形成的药剂气体在空气中分散。施药精细，农药分散度高，施药均匀。相反，施药粗放，农药分散度低，药剂分布、沉积不均匀，药效不好，甚至会引起药害。所以在施药时务必按照技术要求，精心操作，以使农药有高的分散度。

66. 什么叫作喷雾法?

雾是液体以极细小的液滴分散悬浮在空气中。自然界的雾是水以极细小的水珠分散悬浮在空气中，根据水珠的粗细，有轻雾和重雾之分，更粗的水珠则成为细雨。农药的雾是药液以极细小的液珠分散悬浮在空气中，这些液珠称作雾滴，雾滴大小可以从 $0.01\mu m$ 到 $1000\mu m$ 或更粗。雾滴分类见表 5。

表 5　雾滴体积中径　　　　　　　　　　　　　单位：μm

雾滴分类	气雾	弥雾	细雾	粗雾
体积中径	＜50	50～100	＞100～400	＞400

喷雾法就是利用喷雾机具将农药药液喷洒成雾滴分散悬浮在空气中，再降落到农作物或其他处理对象上的施药方法，它是防治农林牧有害生物的主要施药方法，在化学防

治中 80％以上的施药方法为喷雾法，它还可用于防治卫生害虫和消毒等。

67. 喷雾时怎样把药液雾化成雾滴？

喷雾时把药液雾化成为雾滴的方法有多种，在农业上应用最广的有四种。

（1）液力雾化法　对药液施加压力迫使它通过液力式喷头喷出，又与外界静止的空气相撞而分散成为雾滴的方法。液力式喷头是当前国内外使用最普遍的一种喷头，如我国手动喷雾器械、大田喷杆喷雾机和果园喷雾机上都采用液力式喷头。这种雾化法的特点是喷液量大，雾滴粗而不均匀，雾滴的粗细受压力的影响很大，因此使用时保持足够的压力是取得良好喷雾质量的关键。

（2）气力雾化法　是利用高速气流把药液雾化成为雾滴的方法。高速气流首先把药液拉伸成液丝，液丝再断裂成液滴，高速气流又把液滴吹成囊状小泡破裂而形成雾滴。

气力雾化有两种：热雾化和常温雾化。热雾化是利用内燃机排气管排出的废气作为气力来源，使农药形成烟雾微粒。热烟雾机按照移动方式可以分为手提式、肩挂式、背负式、担架式、手推式等；按照工作原理可分为脉冲式、废气余热式、增压燃烧式等。目前常见的是脉冲式烟雾机，如江苏南通宏大机电制造有限公司生产的 6HYC-42A 型手提（侧背）式烟雾机和深圳市隆瑞科技有限公司生产的 TSP-65 型热烟雾机。常温雾化利用压缩空气的方法常温下使药液分散成烟雾状微粒，气流的速度和强度决定于机器转速，因此使用这类喷雾机时必须使喷雾机处于良好工作状态并保持额定的转速。

（3）离心力雾化法　利用喷头高速旋转产生的离心力使药液雾化成细雾滴的方法。产生离心力的喷头有两种：①转碟式雾化器。在某些型号的弥雾喷粉机上也都配有转碟式雾化器，将其安装在喷口部位，就可进行超低容量喷雾。转碟是个圆盘，它的圆周边缘有一定数量的半角锯齿。当圆盘迅速旋转时，药液向圆盘边缘移动，最后在离心力作用下脱离圆盘而被抛入周围空气中，形成雾滴。这种现象如同在雨中迅速转动雨伞，伞上的雨水从伞边缘抛出形成水珠。②转笼式雾化器。主要是安装在飞机上进行低容量和超低容量喷雾，它是利用飞机飞行时的风速产生高速旋转，药液在转笼的离心力作用下破碎、甩出而雾化成为雾滴。

离心力雾化法形成的雾滴的细度，取决于转碟或转笼的转速和药液的表面张力与黏度以及药液滴加速度。转速越高，药液滴加越慢，则雾化越细。转速和滴加速度都可人为调控，因而雾化细度是可以人为控制的。

（4）静电雾化法　利用静电场力使药液雾化的方法。静电雾化器有带转碟和不带转碟两种。带转碟的静电雾化器的雾化原理与上述转碟式离心力雾化器相同。不带转碟的静电雾化器是靠静电的高压电场把药液展成液丝，最后液丝断裂形成雾滴。

此外，尚有超声波雾化法、机械振动雾化法等，但其应用范围很窄。

68. 喷头类型有哪些？　各自有什么特性？

喷头是喷雾机械最重要的部件之一，它虽然个头很小，但却决定着施药量、雾滴大小和分布均匀度等。只有正确识别、选择和合理使用液力式喷头，才能保证农药的定量和有效喷洒。喷头按照雾化原理不同分为液力喷头、离心喷头、气动喷头、热力喷头、静电喷头等，目前常用的是液力喷头。

液力喷头由喷头体、喷头帽、过滤器和喷孔端组成。除了传统的铜制喷头以外，大多数喷头由耐腐蚀的工程塑料制成。由于成型的塑料喷孔表面光滑，金属喷孔在钻孔和打磨加工时含有微米级的沟槽，因此塑料喷孔比金属喷孔抗磨损性能好。为了获得更高的抗磨损性，一些喷孔还会采用陶瓷材料。

液力喷头的雾化原理是，压力液体经过小孔产生动能，在液体的表面张力、黏度以及周围空气的扰动下形成液膜，液膜不稳定分解成粒径不一的雾滴。对于大多数的液力喷头，最小压力需达到 0.1MPa，使液体具有足够的速度以克服收缩力获得充分雾化的雾滴。

根据雾化形状不同，液力喷头可分为扇形雾喷头和圆锥雾喷头。每种雾型的喷头还可细分为许多类型和规格。如扇形雾喷头还可细分为标准型、均匀型、通用型、偏置型、双扇形以及防飘射流型等系列喷头。针对不同的药剂种类、剂型，不同的喷洒对象，不同的环境条件及机具类型等，应选用不同类型和规格的喷头（表6）。

表6　不同喷头的作业使用范围（举例）

农药类型	施药时间	施药目的	喷药方式	适用范围			
				标准扇形雾喷头	均匀扇形雾喷头	导流式喷头	圆锥雾喷头
除草剂	苗前		全面喷雾	可用		可用	不可用
			条带喷雾		可用		
	苗后	触杀	全面喷雾	可用		可用	对某些杂草可用
			条带喷雾		可用		
		内吸	全面喷雾			可用	
			条带喷雾		可用		
杀菌剂		触杀、内吸		谷类作物（小麦、水稻等）可用			可用
杀虫剂		触杀、内吸		谷类作物（小麦、水稻等）可用			可用

喷头采用国际统一的颜色代码，如扇形雾喷头大小从 01、015、02、03、04、05、06 到 08，喷量由小到大，分别用橙色、绿色、黄色、蓝色、红色、棕色、灰色和白色代表。例如 110-03（蓝色）或 120-04（红色），分别表示喷雾角为 110°03 号和 120°04 号的标准扇形雾喷头。

衡量喷头雾化性能的主要指标有：喷量（L/min）大小、喷雾角、雾滴大小及雾滴谱、喷雾雾形及喷液量沉积分布等。对选定的一个喷头，随正常工作压力的增大，喷量、雾滴大小及雾滴谱会发生变化，而喷雾角、雾形及沉积量分布形态应比较稳定，但如果喷头使用不当，如用尖锐的铁丝清理堵塞，就会严重损伤喷头，雾化性能变坏。喷头因材质不同，工作一定时间后，会出现正常磨损，喷量变大，当喷量偏差超过 10% 就应更换为新的同型号喷头。

不同类型的单个喷头所喷出的药液量在一定高度下的横向沉积分布形态（简称喷液量沉积分布）是不同的，如图5所示，同样是扇形雾，在前进作业时，水平面内收集到的药液量沉积分布可以是正态分布、均匀分布或其他；空心圆锥雾是中心雾量少而两边多的马鞍形沉积分布；实心圆锥雾则是中心雾量多，而两边少的分布。当用多个扇形雾喷头组合喷雾时，为在沉积面上提供一个相对稳定、覆盖均匀的分布，这就要求喷头以一定的间距布置并保持一定的喷洒高度，使雾头幅宽至少互相重叠 1/4～1/3，而且为避免雾面之间的干涉，还必须确保喷头喷雾面方向一致，并偏移喷杆中心轴线 5°～15°。保证沉积药液的覆盖重叠，喷洒均匀度最好。

(a) 空心圆锥雾喷头　　(b) 实心圆锥雾喷头　　(c) 扇形雾喷头，正态分布　　(d) 扇形雾喷头，均匀分布

图 5　喷头类型及其喷液量沉积分布示意图

69. 采用机动喷雾法操作的关键技术是什么？

机动喷雾法是以机械或电力为雾化和喷洒动力的喷雾方法。所使用的喷洒器械是机动喷雾机和电动喷雾机，它产生的压力高，又是用机械控制压力和药液流量，因而雾化性能好而稳定，雾滴在植物丛中的穿透能力较强。我国目前广泛使用的机种有背负式机动喷雾喷粉机、背负式电动喷雾机、背负式喷杆（组合喷枪）喷雾机、担架式喷杆（组合喷枪）喷雾机、悬挂式喷杆喷雾机、牵引式喷杆喷雾机、自走式高秆作物喷杆喷雾机、自走式高地隙喷杆喷雾机、自走式水旱两用喷杆喷雾机、风送式喷雾机、热力烟雾机（水雾烟雾两用型），以及多旋翼无人机、单旋翼无人直升机和有人驾驶飞机。以下按机种介绍其使用时操作的关键技术。

（1）背负式机动喷雾喷粉机　如 3WF-960 背负式喷雾喷粉机（图 6），是一种轻便、灵活、效率高的植物保护机械。主要适用于大面积农林作物的病虫害防治工作。如棉花、玉米、小麦、水稻、果树、茶树、橡胶树等作物的病虫害防治，亦可用于水稻化学除草；城市卫生防疫；消灭仓储害虫；消灭家畜体外寄生虫；喷撒颗粒剂等工作。全国使用量大约为 300 万台，它主要由大机架、离心式风机、汽油发动机、上机架、油箱、药箱和喷管组件等七大部件组成，喷雾工作原理是叶轮组装与汽油机输出轴联结，汽油机带动叶轮组装旋转，产生高速气流，并在风机出口处形成一定压力，其中大部分高速气流经风机出口流经喷管，而小量气流经出风筒、进气塞、进气管、过滤网组合、出气口返入药箱内，使药箱形成一定的压力，药液在风压的作用下经粉门体、出水塞、输液管、开关、喷头，从喷嘴周围小孔流出，流出的药液经喷管，在高速气流的冲击下弥散成极细的雾粒，吹到很远的前方。喷粉的工作原理和喷雾一样，汽油机带动叶轮组装旋转，大部分气流流经喷管，少量气流经出风筒进入吹粉管，进入吹粉管的气流由于速度高又有一定压力，这时风从吹粉管周围的小孔钻出来，将粉松散，并吹向粉门体；由于输粉管内是负压（即有吸力），可将粉剂吸向弯头内，这时的粉剂，被从风机出来的高速气流，通过喷管，被吹向远方。药箱内吹粉管上部的粉剂借汽油机的震动不断下落，供吹粉管吹送。

用背负式机动喷雾喷粉机进行弥雾作业，即低容量喷雾（图 7），所用农药喷洒液浓度比常规高容量喷雾所用药液浓度大10倍左右，每亩施药液量一般为2～4kg。对大田作物进行弥雾作业是针对性喷雾，和飘移性喷雾相结合，所产生的雾滴主要靠风机产生的气流直接吹送到作物茎叶上。喷施时应采用侧向喷洒，即喷药人员背机前进时，手提喷管向一侧喷洒，一个喷幅接一个喷幅，向上风方向移动，使喷幅之间相连接区段的雾滴沉积有一定程度的重叠。操作时还应将喷口稍微向上仰起，并离开作物20～30cm高、2m左右远。不少地区的用户习惯于纵向喷洒，即喷药人员行走方向与喷洒方向一致，一边前进一边把喷管左右摆动喷洒，这就要求协调好行走速度与喷管摆动次数，一般以每走一步将喷管左右各摆动一次，有规律地平稳匀速前进，喷雾比较均匀。

图6　3WF-960背负式喷雾喷粉机

图7　背负式机动喷雾喷粉机田间作业

对果林进行弥雾，对灌木林丛，如对低矮的茶树喷药，可把喷管的弯管口朝下，防止雾滴向上飞散。对较高的果树和其他林木喷药，可把弯管口朝上，使喷头与地面保持60°～70°的夹角或换上高射喷头。对较高大的树木喷药，因雾滴细小，肉眼不易观察到雾滴，实践证明，只要树叶能被喷射气流吹得翻动，雾滴就基本上达到那个高度了。

用背负式机动喷雾喷粉机对大田作物进行超低容量喷雾时，操作人员手持喷管，向下风向一边伸出，弯管向下，使喷头保持水平状态或有5°～15°仰角（仰角大小依据风速而定，风速大，仰角小或呈水平；风速小，仰角大），喷头高出作物顶端0.5m，按预定要求的药液流量、喷幅和行走速度进行喷洒。从下风向的第一个喷幅的一端开始喷洒（图8），按预定的行走速度前进。第一个喷幅喷完后，马上把直通开关关闭，再降低油门，使汽油机低速运转。向上风向行走，当快到第二个喷幅时，开大油门，使汽油机达到额定转速。当到达第二个喷幅处，将喷头调转180°，仍指向下风向，在打开直通开关的同时向前行走进行喷洒（图9）。按照以上顺序把整块农田喷完。在喷洒过程中，必须匀速走，不要随意摆动喷头。当多台机具同时在一块农田上喷药时，应事先根据风向风速选好各台机具作业行走起点和路线，下风头的先喷，先后错开，避免下风向的机手身上落药。

用背负式机动喷雾喷粉机对果林进行超低容量喷雾时，在平地可对树高6m以下的树木喷洒，在半山区和山区可利用坡地高低差和上升气流对8m以上树木喷洒。在平地和半山区果林喷雾时，站在上风向，根据树冠大小，在距离树木主干2～5m处对树冠喷洒，沿小半个弧形绕树行走，边缓慢地摆动喷头（向上摆动时，摆速逐渐减慢；向下摆动时，摆速逐渐加快），一棵树喷完接喷下一棵，直到喷完这排树迎风的一面，当无风或风向改变时再喷另一面。在山区果林，对不太高、郁闭度不太大的林木，可利用早晚山风或峪风，一般喷幅取 10~15m，从山下山坡的一边开始，沿等高线边行走边向山坡一边缓慢上下摆动喷头进行喷洒。

图 8　在第一个喷幅作业时的喷头方向　　　图 9　在第二个喷幅作业时的喷头方向

因背负式喷雾喷粉机属于小型作业机具，是背负作业，作业时机具与操作者近距离接触。若机具有质量问题，很容易造成人员中毒、作物药害、环境污染和农产品农药残留等十分敏感的问题。我国已将背负式喷雾喷粉机纳入 3C 认证产品目录。我国背负式喷雾喷粉机生产企业执行标准有国家标准GB10395.6—2006《农林拖拉机和机械　安全技术要求第 6 部分：植物保护机械》和机械行业标准 JB/T 7723—2014《背负式喷雾喷粉机》。近年来国际标准化组织（ISO）于 2019 年颁布了 ISO 28139：2019《背负式喷雾喷粉机安全要求》体现了国际标准化组织对该产品质量要求的重视。

（2）背负式电动喷雾器　如 WS-16D 背负式电动喷雾器（图 10），主要由微型电动隔膜泵、蓄电池部件、药箱和喷洒部件组成。一般标准配置三种喷头组合（表 7），可以根据实际作业更换不同流量的喷头，满足喷洒要求。

图 10　WS-16D 背负式电动喷雾器

表 7　背负式电动喷雾机喷头类型

喷头类型	喷孔直径/mm	流量/(L/min)	工作压力/MPa	喷头数量
圆锥雾喷头	1.5	0.85	0.15~0.35	1
扇形雾喷头	0.7	0.48	0.15~0.4	1
F 型喷头	1.5	1.2	0.15~0.25	2

注：表中数值为试验值，非保证值；喷雾量、工作压力会随使用环境发生变化。

（3）自走式高秆作物喷杆喷雾机　如 3WX-280G 型自走式高秆作物喷杆喷雾机（图 11）、3WX-1200G 型自走式高秆作物喷杆喷雾机（图 12）、3WX-2000G 型自走式高秆作物喷杆喷雾机（图 13）和 3WP-400G 型自走式高秆作物喷杆喷雾机（图 14）可实

图 11　3WX-280G 型自走式高秆作物喷杆喷雾机

图 12　3WX-1200G 型自走式高秆作物喷杆喷雾机

图 13　3WX-2000G 型自走式高秆作物喷杆喷雾机

图 14　3WP-400G 型自走式高秆作物喷杆喷雾机

现高秆作物全过程施药作业，广泛应用于玉米、高粱等高秆作物，同时还可用于小麦、棉花、大豆等旱田作物。目前，自走式喷杆喷雾机有三轮和四轮两种类型。喷杆高度可调，最高可达 2.8m。

自走式高秆作物喷杆喷雾机部件包括发动机、行走传动箱、机体（包括动力架、机体护罩、泵座、机架等）、药箱、喷射部件、液泵、传动轴总成、方向机、轮胎（驱动轮、从动轮）及随机备件，它的工作原理是发动机经过皮带轮将动力传输到变速箱，变速箱输出动力分两部分，一部分经行走箱将动力传到前轮供行走驱动；另一部分通过传动轴驱动液泵，将药液从药箱经过滤器吸入液泵内，加压后经调压阀进入分水器，分别送入三段喷杆及回液管，进入喷杆的药液经防滴阀、过滤网，由喷头雾化后喷出。通过调节调压阀开度，可调节回液搅拌流量，使其达到正常工作压力，工作压力由分水器上压力表读出。

在作业前必须确定喷雾压力和作业速度，作业过程中不得随意改变。前进速度不宜过快，否则机具颠簸会影响喷洒均匀度。

计算机器前进速度 v 的公式：

$$v = \frac{40}{B \times Q} \times g$$

式中　v——机组前进速度，km/h；

　　　g——喷雾机的喷药量（各个喷头的总和），L/min；

　　　Q——单位面积施药量（由农艺要求确定），L/亩；

　　　B——喷雾机的喷幅，m。

表 8 为不同型号喷头在不同压力下的理论流量。推荐使用 11003 喷嘴喷洒除草剂，11002 喷嘴喷洒杀菌、杀虫剂。

表 8　不同型号喷头在不同压力下的理论流量

压力/MPa	流量/（L/min）	
	11002（黄色）	11003（蓝色）
0.1	0.46	0.68
0.2	0.65	0.96
0.3	0.79	1.18
0.4	0.91	1.36

（4）风送式喷雾机　如 3WFY-800 型风送式高效远程喷雾机（加农炮）（图 15）一般要与 70 马力以上拖拉机（2 组以上液压输出）配套使用，主要用于对大田农作物如玉米、小麦、大豆等喷施化学除草剂、杀虫剂和液态肥料，也可用于果园及道旁树的病虫害防治。它的喷洒系统由一个远程喷射口和一个近程喷射口组成。可以实现水平面 180°旋转和垂直面 80°上下摆动。喷射系统的移动通过液压系统来完成，喷雾机液压系统的四根液压管分别与拖拉机液压系统连接，控制喷口水平旋转及上下摆动。机器喷洒时，有效喷洒距离为 40m，此时效果最佳；射程 40m 到 50m 之间（考虑到天气的影响）会出现偏差。

图 15　3WFY-800 型风送式高效远程喷雾机

（5）飞机喷雾　可喷施杀虫剂、杀菌剂、除草剂和植物生长调节剂。

杀虫剂可采用低容量和超低容量喷雾。低容量喷雾可使用锥形雾喷头和雾化器，每亩喷施药液量为 670～3300mL。超低容量喷雾可用雾化器喷洒专用油剂，每亩喷药液 67～330mL，一般要求雾滴覆盖密度为每平方厘米 20 个以上。

喷洒保护性杀菌剂，一般采用常量（高容量）喷雾，每亩喷药液量 3300mL 以上，要求雾滴覆盖密度为平方厘米 70 个以上。喷洒内吸性杀菌剂可采用低容量喷雾，每亩喷药液量为 670～3300mL。内吸性杀菌剂与保护性杀菌剂混合喷洒，可采用低容量喷雾，每亩喷药液量为 1350～3300mL，雾滴覆盖密度为平方厘米 20 个以上。喷洒杀菌剂的设备与杀虫剂相同。

除草剂通常采用扇形雾喷头或锥形雾喷头进行低容量喷雾。当选用扇形雾喷头时，要选择 60°～90°喷雾角，乳剂和水剂每亩喷液量为 1350～3300mL，由可湿性粉剂配成的悬浮液每亩喷液量为 2670～3300mL。雾滴覆盖密度在杂草出土前要求每平方厘米不少于 20 个，杂草出土后不少于 40 个。

植物生长调节剂喷洒方法可参照杀菌剂。

用于飞机喷洒的农药，应是对人畜毒性低的，一般要求对大白鼠急性经口 LD_{50} 值在 100mg/kg 以上，日本提出飞机喷洒若用油剂对小白鼠急性经口 LD_{50} 值在 300mg/kg

以上。这是因为飞机喷洒的药液浓度高，在使用过程中装药、修理和清洗喷洒装置时，对人易造成污染，喷洒后的雾滴在空中飘浮时间较长，也会对人体皮肤和呼吸道造成污染。

　　飞机喷雾是一项高效、快速、便捷的植保技术，其特点是效率高、效果好、立体性强、不损伤农作物、劳动强度低等。我国20世纪50年代就已经开展航空施药技术的研究和应用，由于各种因素的限制，目前我国在农林应用上的飞机有运-5B固定翼飞机（图16）、AS350B3直升机（图17）及SPMR-5植保动力伞（图18）等有人驾驶的飞机和小型无人直升机。近年来以单旋翼无人飞机（图19，图20）和多旋翼无人飞机（图21，图22）为主的小型无人飞机在农业上的研究和应用处于蓬勃发展的阶段。2012年以来植保无人飞机喷雾技术因其便捷、省工、省时、高效等优点受到了各方关注。国内多家科研单位和无人机企业经田间试验证实，无人机低容量喷雾技术可以替代地面喷雾有效防治玉米、小麦、水稻、棉花、蔬菜、柑橘、茶叶、枣核和甘蔗等多种农作物病虫害。

图16　运-5B固定翼飞机

图17　AS350B3直升机

图 18　SPMR-5 植保动力伞

图 19　油动单旋翼植保无人飞机

图 20　电动单旋翼植保无人飞机

（6）冷雾机　它是利用空压机产生的高压空气，经气力雾化喷头形成高速旋转气流，使药液在常温下形成极细小的雾滴，再由轴流风机产生的低压大气流吹送到密闭空间内，逐步弥漫和充满整个空间，发挥杀虫灭菌的作用。国产 3YC-50 型冷雾机（图23）特别适合中等大小的温室、大棚施药，连跨大型塑料大棚可以采取分段隔离式喷药。

图 21　四旋翼植保无人飞机

图 22　六旋翼植保无人飞机

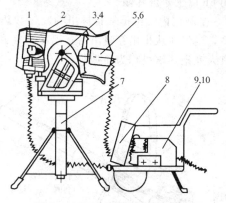

图 23　3YC-50 型冷雾机示意图

1—气液双流体雾化系统；2—喷筒及导流消声系统；3—支架系统；4—药箱系统；
5—轴流风机；6—小电机；7—升降架；8—电气柜；9—大电机；10—空压机

本机所用的喷头为气液双流体雾化喷头（图24），由它喷出的雾滴直径平均小于20μm，所以亩施药液量很小，一般为2～4L。

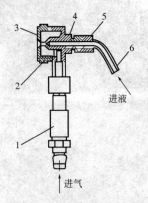

图24　气液双流体雾化喷头
1—进气管；2—喷头体；3—喷头帽；4—进液管接口；5—进液管卡套；6—输液管

使用时，一般采用自动定时喷雾、定点喷雾、无人跟机操作方式作业，即将喷射部件和升降部件放置在棚室内中线处，离门5～8m，而将空气压缩机部分放置在棚室外1～2m水平稳定处。喷雾时操作者无需进入棚室，仅在室处实施有关操作，并监视机具的作业情况。根据作物高度调节喷头高度和仰角，一般情况，喷头离地高度为1.4～1.8m，仰角为0°～10°。当作物封行后，可将喷头调高些，仰角可接近10°，使烟雾流接近棚顶。当作物较矮时，可将喷头调低些，仰角可接近0°，使之水平，使烟雾流在作物顶上1m左右水平面内。当作物占据棚室上部空间（如架栽葡萄、黄瓜、架豆等），喷头离地可低于1m，喷头俯向下，使烟雾由下向上扩散。但是，药雾不可直接喷到作物上，在喷雾方向1～5m处的作物上应覆盖塑料布，防止大雾滴降落在作物上引起药害。

由于细小的水质雾滴易挥发成难于沉降的更细雾滴，为此，在阳光充足的中午或棚室温度超过32℃时不宜作业，通常选择上午8～9点、下午4～5点或傍晚日落前作业。作业后，关好棚室，密闭6h以上才可开棚。

（7）热雾机（图25）　是利用内燃机排气管排出的废气和热能，使油剂农药在烟化管内受热裂变挥发成气体，当气体从排出管喷出后，遇冷空气或冷凝成细小雾滴，悬浮于空中呈烟雾状，因而有人就把热雾机称为喷烟机。

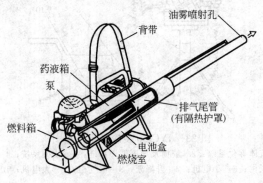

图25　手提式热雾机

热雾机只能喷洒热雾剂农药。热雾剂是用高沸点的精炼矿物油配制的油剂农药。精炼矿物油的非磺化物含量应当不少于92%。

由热雾机喷出的雾滴很细小，一般都小于$50\mu m$，在空气中飘浮、移动很远，故仅适用于较为封闭的场合，例如：大面积森林，较高大的经济林，郁闭度较高的果园、温室、大棚，以及较为封闭的仓库、集装箱、火车车厢、轮船船舱、大型建筑物等，热雾机仅能用于喷洒杀虫剂和杀菌剂，不能用于喷洒除草剂，以免除草剂雾滴飘移伤害作物。

作业时，操作者必须经过严格的培训，还须懂得一旦发生着火事故时的紧急处理方法。用药量按处理空间体积计算，一般为每1000立方米空间用药100mL，每公顷林果用药2.25~2.7L，喷药量过多，易着火。在野外对低矮森林以早、晚或夜间作业为宜，阴天可全天作业。作业时自然风以1级以下（即树叶轻微摇动）为好。

70. 什么是静电喷雾技术？

静电喷雾技术是在喷头上施加高压静电，在喷头与靶标之间建立静电场，药液经喷头雾化后被带上电荷，形成群体荷电雾滴，然后在静电场和其他外力的共同作用下定向运动而被吸附到靶标的各个部位。在此过程中，带电雾滴主要受电场力和自身重力的作用，由于带电雾滴粒径较小，所受电场力一般很强，约为重力的40倍，因此在雾滴运行过程中起主导作用。由于静电场力具有穿透性，故它可以穿透靶标的内部，因而带电雾滴能够定向吸附于植株叶片正反面，减少飘移。目前雾滴荷电方式分为以下三种，即接触充电、电晕充电和感应充电三种方式。

（1）接触充电方式　高压电源一端直接与药液或喷头相连，另一端接地，液体与地面之间产生电场，形成回路，其等效电路如图26（a）所示。药液经喷头雾化形成雾滴并被带上电荷。由于充电液体与地面距离较大，所以要求充电电压比感应充电高得多，但雾滴充电效果最佳。

（2）电晕充电方式　采用高压电极尖端放电，使周围空气电离成带电粒子，药液经喷头雾化后与电极周围极化的粒子相撞而带电。电极与水膜间的气体电阻随电离的加强而减小，可用可变电阻来代替，其等效电路如图26（b）所示。这种充电方式绝缘性好，可直接用于普通喷头上。

（3）感应充电方式　在喷头和电极间设有高压电源，由静电感应原理可知，喷头与电极感应出相反的电荷，药液经喷头雾化后带走喷头表面电荷，因此雾滴形成区与电极的距离决定充电效果，喷头与电极之间的空气层被认为是由一个电容器和一个较大阻值的电阻并联，如图26（c）所示。

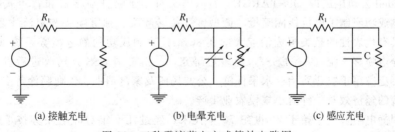

(a) 接触充电　　　　(b) 电晕充电　　　　(c) 感应充电

图26　三种雾滴荷电方式等效电路图

上述三种充电方式中接触充电方式雾滴荷电效果最好，电晕充电方式次之，感应充电方式效果较差。从安全的角度考虑，感应充电方式最安全，充电电压较小，只有几千伏，绝缘容易实现。其次是电晕充电方式，其高压绝缘性好，但所需电极电压较高。接触充电方式电极电压高，绝缘比较困难而逐渐被其他充电方式取代。目前较常用的充电方式是感应充电。

71. 静电喷雾特点是什么？

① 静电喷雾具有包抄效应、尖端效应、穿透效应、沉积量高等特点。带电雾滴由于粒径小且分布均匀，在强电场力的作用下被迅速吸附于作物上，不仅能在叶片正面实现均匀覆盖，而且在叶片背面及植株隐蔽部位也有雾滴分布。有试验表明沉积量比常规喷雾提高 36％以上，静电喷雾能显著提高药液在靶标作物下部和背部的沉积效果。

② 提高防效，降低用药量和防治成本。静电喷雾雾滴体积中径一般在 $45\mu m$ 左右，粒径分布均匀，粒径谱窄，符合生物最佳粒径理论，易于被靶标吸附。这些特点增加了雾滴与病虫害接触的机会，与常规喷雾相比，防治效果提高 2 倍以上。一般可节省农药30％～50％，防治成本降低 50％左右。

③ 喷液量少，环境污染小。带电雾滴雾化程度高，吸附力强，再外加电场力的条件下，雾滴可快速吸附到靶标上，穿透力强，无需反复喷洒，且农药飘移量减少 20％～30％，避免了农药流失，因此对大气、土壤和水体的污染极小，环保效果好。另外，静电喷雾油剂一般直接喷雾，适用于干旱地区。

④ 工作效率高。手持式静电喷雾器工效较常规喷雾提高近 20 倍，东方红-18 型背负式静电喷雾机每小时可喷 20～30 亩。由于药效高，作物单位面积施药量少，因此大大提高工作效率，针对一般作物，可喷洒 5～10 亩/h。

⑤ 持效期长。由于雾化程度高，雾滴在靶标上均匀沉降，同时静电喷雾液剂多为油基制剂，渗透性强，黏附牢靠，耐雨水冲刷，其高沸点溶剂可延长农药有效成分的降解时间，有效延长持效期。

72. 静电喷雾技术的国内外发展历程？

国外对于静电喷雾技术研究较早，由于其在很大程度上弥补了传统喷雾的不足，在20 世纪 90 年代得到迅速发展，欧美等地区在农业上使用静电喷雾器械较为普遍，温室及大田中使用尤为广泛。英国帝国化学工业公司研制出手持式静电喷雾器，英国 Bertelfi Randell 公司生产的 ON-TARGET 静电喷头可用于喷杆喷雾机和背负式机动喷雾机。日本成功研制了电抗线圈喷枪、微型锥孔旋转喷头、弥雾喷头和双流体静电喷头。其中最具有代表性的是美国佐治亚大学在 80 年代研制成功的静电喷雾系统（ESS）和气助式静电喷雾系统（AA-ESS），经多年研究，已由美国 ESS 公司改进后投入商品化生产，广泛应用于农业防治、水果保鲜、公共场所及家禽消毒、工业喷涂等多方面，并带来显著的经济效益。针对小规模农业生产。

我国静电喷雾技术始于 20 世纪 70 年代末，经过几十年对静电喷雾技术的研究探索，现已取得了丰硕的成果。设计研发了气液两相感应式静电喷头、网式圆锥状感应环充电静电喷头，以及手持转盘式静电喷雾器、车载式静电喷雾机和拖拉机牵引式风送静电喷雾机；同时在航空静电喷雾技术方面也有很大进步，研制出不同类型的农用航空飞机，设计搭建了与其相适应的多种静电喷雾系统。其中航空喷雾器喷头就有多种，如挂载于固定翼飞机的双喷头航空静电喷头及挂载于旋翼飞机的电极内嵌式单喷头航空静电喷头。同时设计开发出可以应用于果园和温室的牵引式双气流辅助静电果园喷雾机、在线混药型静电喷雾机等。

73. 静电喷雾技术存在的问题及解决方法是什么？

① 液体雾化机理及荷电效果比较复杂。由于空间电场不稳定及影响雾滴运行沉积的因素很多，雾滴运行轨迹和规律很难找到明确的数学模型和测试方法。通过试验加快建立精确的数学模型，研究各项作业参数对喷雾效果的影响，具有现实意义。

② 目前国内研制的喷头存在喷雾射程短、雾化锥角小、喷头漏电和反向电离等问题，雾滴粒谱不均匀，喷幅不易控制，接触充电方式要求静电电压达 20 千伏，耗电大，对绝缘材料要求高，容易发生漏电。因此我国应在自主研究基础上引进国外先进技术，解决关键技术难点。

③ 在静电喷雾药械产品设计及应用方面我国还存在诸多不足，应在研究静电喷雾理论的基础之上，进行参数最优化设计以及产品标准化、系列化和商品化生产。

④ 采用静电喷雾技术与飞防应用结合，弥补常规飞防缺点，研制航空专用静电液剂，增强雾滴对预定靶标的吸附，有效减少雾滴漂移损失。

⑤ 由于静电喷雾技术涉及多学科基础理论，试验仪器和方法有待进一步提高。改善电场的模拟方法，提高测量精度。

74. 什么是农业航空喷雾技术？

农业航空喷雾技术是以航空设备（农用航空飞机）为平台。其作业平台类型可分为固定翼飞机和旋翼飞机，根据操纵方式又分为有人驾驶飞机及无人驾驶飞机，无人机根据动力不同又可分为燃油动力无人机和电池动力无人机等；根据喷雾雾粒大小和药液量多少分为航空常量喷雾（药液量大于 75kg/hm²）、航空低容量喷雾（药液量为 5.25～75kg/hm²）和航空超低容量喷雾（药液量小于 5.25kg/hm²）。农用航空飞机一般以低空飞行为主，以适应低空喷洒和检测，是一种先进、高效的施药技术。

75. 农业航空喷雾技术优缺点？

优点：①工作效率高。能够快速进行大面积覆盖作业，极大地提升了作业效率，比地面机械作业效率高 5～7 倍，相当于人工喷雾的 200～250 倍。②药效好。航空施药时飞机飞行产生的下降气流吹动叶片，使叶片正背面均能接触药物，防治效果相比人工与机械均有所提高。③突击性强。应对突发、暴发性病虫害的防控效果好，能够及时防治大面积暴发性有害生物灾害。④适用于多种作业环境。农业航空植保不受地势地形的影响，能够在平原、丘陵、水田和旱田等地区进行作业。不受作物长势的影响，同时在作业过程中不接触土壤与作物，不破坏土壤物理结构，不影响作物后期生长。

缺点：①受天气影响大，雾滴飘移严重。飞机喷雾有自身的特殊性，由于飞行速度快，药液释放位点距作物冠层较高，其飘移受风速、温度等因素影响大。蒸发损失较大，造成用药浪费和对环境的污染，如体积中径为 $48\sim80\mu m$ 的细小雾滴在地面仅可回收 $4\%\sim10\%$。②沉积量小。常规航空喷雾作业多采用传统的液压喷头，其在飞行作业时，雾滴向地面的降落形式主要为自由落体，由于受飞行时的气流影响和雾滴触及植物表面后的自由滑落，使得雾滴在靶标植物表面很难达到理想的沉积效果。③不同类型和品种的制剂在药液箱内不兼容的现象时有发生，严重时产生结块、浮油、渣滓、胶状物等，从而降低药效或无法喷施。④缺乏航空施药专用助剂，目前航空专用制剂的登记数量远远无法满足病虫害防治的需求，因此实际生产中多用地面施药器械使用的常规剂型来进行施药，且多在常规剂型中添加助剂以减少航空施药过程中的蒸发、飘移，提高沉积量。而目前所使用的助剂品种繁多、质量良莠不齐，缺乏专用助剂。

76. 航空喷雾技术应用现状如何？

航空喷雾技术最早起源于欧美。美国是航空喷雾技术最发达的国家，具有完善的技术标准体系和支持机构。由于美国农业生产规模普遍较大，主要以有人驾驶固定翼飞机为主，作业效率高，突击性能强。而农用无人机在美国主要用于军事，农业上的应用多集中在精准农业即农田信息收集方面，无人机用于农业飞防试验非常罕见。日本相对美国而言农作物种植规模普遍较小，施药装备以中小型机动喷雾机和直升机为主。1987年日本生产出世界上第一台农用无人机，其具有节省农药使用量、节约 90％ 的用水量、药效好等优点。目前，无人机已成为日本主要的植保机械，在日本迅猛发展。欧美一直在无人机技术上处于领先地位，然而由于法律与政策原因，无人机发展受到一定程度的限制。我国从 20 世纪 50 年代初 开始用飞机参加农业航空作业，由于我国农作物种植面积比较大，地形复杂，因此农业航空飞机朝多元化发展，如固定翼飞机、有人驾驶旋翼飞机、轻型蜜蜂机以及无人驾驶飞机等。我国小型无人机的研制起步较晚，20 世纪 90 年代末才开始小型无人机飞行关键技术的研发，在民用领域主要应用于航拍，到 2010 年我国首次采用利用无人飞机进行植保工作。

77. 航空喷雾助剂是什么？

研究表明，在以水作稀释剂进行航空喷雾作业时，约占总喷施量 60％ 的药液在沉降过程中被挥发掉或飘移到作业区域以外的地方，只有 25％ 左右的药液沉积到作物植株上。通过在航空喷液中加入某种助剂，可以改变喷液性质，有利于雾滴雾化和沉降，减少飘移，改善药液在作物表面的展着性、提高附着率和渗透性。我国航空喷雾常用的助剂有植物油、有机硅表面活性剂、矿物油、非离子表面活性剂、植物精油、无机盐等，用于航空喷雾的喷雾助剂主要为高分子聚合物、油类助剂、有机硅表面活性剂。

78. 农业航空喷雾技术急需解决的问题有哪些？

①针对不同农作物、靶标或农药品种选择合适的配套使用技术方面尚缺乏系统研究和应用技术标准；②在一定的气象条件下，选定喷洒设备作业参数（飞机类型、喷液压力、喷头类型、飞行高度和速度）以及喷雾助剂获得最佳雾滴沉积密度和最佳雾滴大小的研究也非常缺乏；③标准化的测量手段和检测方法也亟待解决。

因此，加强航空喷雾作业机型使用技术研究与喷雾设备系统研发，以改善航空喷雾的作业基础、提高喷施效率、降低环境污染，同时可有助于选择合适的作业条件以及合适的飞行参数，且有助于在不利的作业条件下采取应对措施。除航空施药之外，对植物遭受的危害进行准确的检测和评估，是航空植保的重要内容，也是航空施药的前提和基础，是国内外研究的重要方向。

79. 施粒法采取哪几种方式施药？

施粒法是抛掷或撒施颗粒状农药的施药方法。开发粒剂和撒布粒剂的最初目的是为防止喷粉法中粉尘飘移问题，而后逐渐发现其他方面的优点和扩大其应用范围和目的，如施药方便、工效高，尤其是便于随播种随施药；受气流影响小，容易降落在靶标上，因而特别适合于地面、土壤和水田施药，用于防除杂草、地下害虫以及土传病害、线虫等。在某些作物如玉米、甘蔗、菠萝的心叶中撒施粒剂防治钻蛀性害虫。粒剂撒施方式概括起来有6种。

（1）徒手撒施　由于我国目前还没有供小规模农田使用的粒剂撒施器，实际上各地大多采用手撒法，如同撒施颗粒尿素或种子一样。对人体安全的农药颗粒剂可以直接用手抛撒，但毒性高的颗粒剂，必须戴手套撒施。

（2）手动撒粒器抛撒　手动撒粒器有手持式和胸挂式两种。使用手持式撒粒器时，施药人员边行走边用手指按压开关，打开药剂排出口，颗粒靠自身重力自由降落到地面，可以条施或穴施。使用胸挂式撒粒器时，边行走边手摇转柄，驱动药箱下部的转盘旋转，把药粒向前方呈扇形抛撒出去，均匀散落地面。

手动施粒器也可自制。如农民自制的畜力施粒器，是在畜力播种器上加一施粒装置，使播种与施粒同步进行。在作物喇叭口施粒，可选用透明或半透明塑料瓶，在瓶盖上打个孔，孔径约1cm，装药后对着喇叭口，倒转瓶子，轻轻晃动瓶子，药粒就顺流而下。

（3）机动撒粒机抛撒　机动撒粒机有背负式和拖拉机牵引或悬挂式两种。有专用型，也有喷雾、喷粉、撒粒兼用型，大多采用离心式风扇吹送药粒。

（4）航空施粒　航空施粒特别是植保无人飞机撒施除草剂颗粒或杀虫剂是植保无人飞机一大发展前景。目前安阳全丰生物技术有限公司和大疆农业科技有限公司均设计出了植保无人飞机专用农药颗粒剂撒施设备，目前已经开展了利用植保无人飞机撒施颗粒剂防治草地贪夜蛾及除草等试验。

（5）根区施粒法　也叫深层施药法。具体做法是将杀螟丹、嘧啶氧磷、乙酰甲胺磷等内吸杀虫剂制成块粒状或球状，每粒重$0.15\sim0.2$g，每丛稻施1粒，施药深度$2.5\sim3$cm。药粒埋于稻根区，很被稻根吸收，显著延长了持效期。

（6）毒土法　亦称药土法，可视为施粒法的一种特殊方式。

80. 微粒剂怎样撒施？

微粒剂是介于颗粒剂和粉剂之间的一种农药制剂，我国规定其粒径在$100\sim600\mu m$，它既有颗粒剂的施用简便、快速、飘移少等优点，又具有喷粉法药剂分布均匀的优点。在除草剂使用和土壤熏蒸中具有特殊的用途。

微粒剂可以采用徒手撒施或拖拉机颗粒撒施机撒施的方式。撒施除草剂微粒剂的除草效果好于喷洒可湿性粉剂，对作物的安全性好于常规喷雾法。撒施胃毒杀虫剂微粒剂，微粒黏附在表面凹凸不平或粗糙多毛的叶片上，耐风吹或摩擦，有利于延长药效期。土壤熏蒸剂微粒剂，如98％棉隆微粒剂用颗粒撒施机均匀地撒施在土壤表面，再用悬耕机翻入土壤中（图27）；或徒手撒施于预先每隔10cm开20～30cm的深沟内，立即用耙子混土覆盖，施药后，在每平方米土表浇灌6～10L水，并用塑料薄膜覆盖密封土壤。棉隆在土壤水分的影响下迅速产生有毒气体在土壤空隙中向上扩散，杀死所接触到的有害生物病原菌、线虫、害虫及杂草。

图27　棉隆的机械施用

81. 熏烟法有何特点？ 适用于防治哪些对象？

熏烟法是利用农药烟剂产生的烟来防治有害生物的施药方法。烟是悬浮在空气中极微细的固体颗粒，其粒径为0.001～10μm，因而具有如下特点：①在空气中能长时间飘浮，沉降非常缓慢；②能在空间自行扩散，在气流推动下飘散很远距离；③穿透能力很强，能在作物丛中任意穿行，并在生物靶标的任何方向或部位沉积。

烟的特点决定其主要应用于封闭的小环境中，如温室、塑料大棚、仓库和郁闭度较高的大片森林和果园。只适用于防治病害和虫害，有时用于鼠洞灭鼠，不能用于除草，我国已有多种杀菌剂、烟剂可供使用。

在日常生活中人们都有一种体会，夏天日落后，行走或站立在水泥路面上就会感觉有股热气蒸烤，这是由于路面将白天从阳光吸收的热量向外释放。同理，傍晚后，作物叶片表面没有阳光照射，开始向外释放所含热量，入夜，叶片温度降低，低于叶片周围的空气温度，因烟粒容易在冷的表面沉积，从而使作物叶片和茎秆上沉积的药量增多。所以，熏烟宜在傍晚或清晨进行。傍晚熏烟，次日放风通气的另一个好处是施药不妨碍其他农事活动。

82. 种苗处理采用哪些施药方法？

种苗处理是采用适宜方式将药剂施到种子或苗木上进行药剂处理，其所采用的施药方法如下。

（1）浸种法　欲浸的种子须经过精选，浸过的种子必须播在墒情好的土壤中，以利于出苗。

一种具有特殊要求的浸种法即加药温汤浸种法，操作时，先把规定的药量加入55～60℃热水中配成均匀的药液，再倒入定量的种子，浸 3～5min，立即降温至 25℃，再浸 10min 后捞出阴干，以备播种。该处理法必须严格控制水温、用药浓度和浸种时间，以防影响种子发芽。

（2）拌种法　有干拌和湿拌两种。干拌种法所用农药为干燥的粉剂，在拌种器中进行；其优点是可在播种前进行，拌种时间不受播种期的限制，但其药效不如浸种。湿拌种法是介于干拌种与浸种之间的种子处理法，它是将农药用少量水稀释后喷拌在种子表面上，使种子表面覆上一层药膜，拌后的种子，一般要堆闷数小时至 1 天让种子充分吸收药剂，然后及时播种。

（3）种衣法　就是用种衣剂包裹种子，使种子表面形成一层不易脱落的干药膜。包衣种子插入土内，种子吸水萌芽，种衣吸水膨胀，不会溶化、不脱落，逐渐释放出药剂有效成分，保护种子和种苗不受病虫危害。

种衣法所用的农药为种衣剂。对种子进行包衣，最好由种子公司采用种衣机大批量处理，由专业人员实施，以保证包衣质量，再将包衣种子作为定型产品，供农户使用。种子包衣在必要时也可由农户按照湿拌种法进行。

（4）浸秧和蘸根法　即在进行秧苗移栽、插条扦插时用药水浸秧苗基部、蘸根或用药粉蘸根（插条下端），例如，用三环唑药液浸水稻秧苗防稻瘟病；用乙蒜素（抗菌剂402）药液浸种薯或薯秧防治甘薯黑斑病；用萘乙酸、50％吲乙·萘乙酸可溶粉剂（ABT 生根粉）浸或蘸插条促进生根、提高成活率等。

83. 施药方法还包括哪些?

（1）喷粉法　是施药方法中较为简单的一种，工效高是其主要特点，而在喷粉时飘扬的粉尘污染环境是其致命的缺点。喷粉法使用的粉剂，其粉粒须通过 $44\mu m$ 的标准筛，但其中含有相当数量的小于 $10\mu m$ 的超细粉粒，这些细粉粒在空气中沉降非常缓慢。从理论上说，直径为 $10\mu m$ 的粉粒在静风空气中降落 1m 就需要 100s 以上；直径为 $1\mu m$ 的粉粒降落 1m，则需要 3h 以上。所以，在大田作物上喷粉，约有 70％的药粉会飘出田外，这是喷粉法应用受到限制的主要原因。为此，我国原则上也不再审批粉剂类农药的登记。

（2）熏蒸法　是将气态或在常温下容易气化的熏蒸剂在密闭条件下使用的施药方法。气态是物质的最高分散状态，药剂以分子形式分散，弥漫在空气中，其扩散、渗透能力极强，有"无孔不入"的能力，可渗入任何空间，对于在密闭的仓库、车厢、船舱、集装箱中，特别是缝隙和隐蔽处的有害生物的防治，熏蒸法是效率最高、效果最好的施药方法之一。熏蒸作业都是由专业人员操作，并已制定了规范化的操作技术和程序，在此就不予叙述，农户自行使用的有关方法及技术，将在有关药剂的使用方法中予以介绍。

（3）撒滴法　是利用药瓶上带有撒液小孔的特内盖，直接把药瓶中的药剂撒施到田水中。施药时，手握药瓶下部，倒置药瓶，左右甩动，使药液从小孔射出，形成粗大的液滴，直接落入田水中。这种液滴的直径为 $1500\sim2000\mu m$，它不是雾滴，所以这种施药方法不属于喷雾法，而称为撒滴法。

撒滴法需有专用农药剂型，即撒滴剂。它含有一种名叫水面扩散剂的特殊助剂，使农药入水后迅速扩散，分布全田。商品撒滴剂盛装在特制的撒滴瓶中，瓶的内盖上有数个小圆孔，供撒滴使用，即撒滴剂与撒滴瓶是一个包装整体，既是撒滴剂又是撒滴瓶，例如杀虫双撒滴剂、噁草酮、禾草特等。

(4) 泼浇法　用大量的水稀释农药，用洒水壶或瓢把药水泼洒到农作物上或果树树盘下面，利用药剂的触杀或内吸作用防治病、虫、草害的施药方法。此法用药量比喷雾法稍多，用水量比喷雾法多达 10 倍，一般每亩用水 $400\sim500L$。

泼浇法在稻田使用最多，主要是用内吸性强的杀螟硫磷、氧乐果、毒死蜱等有机磷杀虫剂，以及杀虫双、杀虫单等防治水稻螟虫。当用除草剂处理土壤时，常采用泼浇法，对表土较干的旱地，因泼水量大，水可充分渗入土表层。在果、林苗圃常采用泼浇法防治地下害虫、炭疽病、立枯病及杂草。在旱地开沟泼洒药液，是北方防治花生线虫病常用的施药方法。北京地区在蔬菜移栽前，每平方米土壤用 1.8% 阿维菌素乳油 1mL，对水 3L，用洒水壶喷洒于地表，再用耙子把药剂翻入土壤内，可以有效地防治根结线虫病。

(5) 滴加法　是把药剂滴加到灌溉水中的一种施药方法。例如，在水稻田施用噁草酮除草，可在灌水口处把药液滴加到水中，药剂随灌溉水分布到全田里，这是适合小农户采用的方法，虽然操作简便，但很难把药液均匀地分散到全田耕作层土壤中。在农业集约化生产过程中，可以采用滴灌、喷灌系统来自动、定量地滴加农药，因而将其称为化学灌溉法。实施时需在灌溉系统中增设贮药箱、药液回流控制阀等，防止药液回流污染水源（图 28）。

化学灌溉法可以用在农田、苗圃、草坪、温室大棚中施用农药，也可用于肥料的施用。这种施药方法安全、经济，还避免了拖拉机喷药时拖拉机行走对土壤的压实和对农作物的机械损伤。

(6) 注射法　可分为树干注射和土壤注射两大类。

树干注射适用于果树和较大树木。它是先在树干适宜位置钻孔深达木质部，再通过高压注射器用压力将药液注入植株体内（图 29），或让药液通过吊瓶注射器的针管自流注入植株体内，随导管的蒸腾液流，使药剂分布到树体各部位，发挥药效作用。

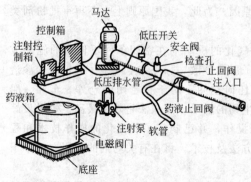

图 28　化学灌溉系统的最低要求示意图

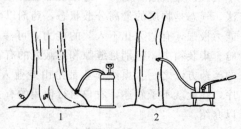

图 29　注射法

1—基部注射；2—树干注射

土壤注射是将易挥发的液体药剂注入土壤，任其扩散、分布，杀灭土壤中的有害生物。图30和图31是较为常用的两种土壤注射器。

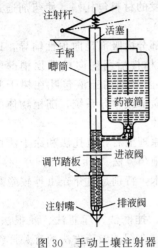

图30　手动土壤注射器

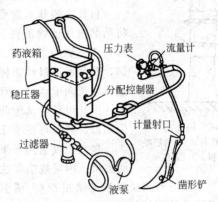

图31　拖拉机悬挂式土壤注射机

（7）涂抹法　即将药液涂抹在植株的某一部位上。涂抹用的药剂为内吸剂或是能比较牢固地黏附在植株表面的触杀剂，通常需要配加适宜的黏着剂。按涂抹部位划分，涂抹法可分为涂茎法、涂干法和涂花器法3种。

①涂茎法。利用内吸剂的向顶性输导作用，把药液涂抹在作物幼株的嫩茎上，防治叶部的病虫害。或直接涂在杂草嫩茎上，防除杂草（图32）。

②涂干法。此法仅适用于树木。涂干法就是把一定浓度的药液涂抹在树干上或刮去树皮的树干上，达到防治病虫的目的。例如，在树干基部涂抹一圈触杀性杀虫剂，害虫向树干上爬行触药而中毒死亡，从而防止害虫爬上树冠危害（图33）。

图32　手持式杂草抹药器

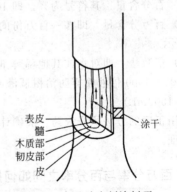

图33　内吸杀虫剂涂树干
箭头表示药剂传导方向，
箭头长短表示速度大小

涂干法用于防治病害，多为涂抹刮治后的病疤，防止病疤复发或蔓延。

③涂花器法。此法主要用于瓜果类。为提高坐果率，用药涂抹花器，保花保果。例如，西瓜开花的前1天或开花当天，用氯吡脲涂果柄一圈；脐橙谢花后3～7天及

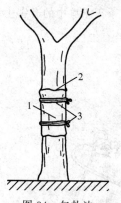

图 34　包扎法
1—包扎材料；2—内层吸
水性材料；3—紧固绳

25～35 天，用氯吡脲涂果梗密盘各 1 次，防止落果。

(8) 包扎法　把含农药的吸水性材料包裹在树干周围，或把药液涂刷在树干周围，再用防止蒸发的材料包扎好，使药剂通过树皮进入树干内的施药方法（图 34）。

包扎法的基本原理是：目前大部分内吸剂是向顶性输导，即将药剂施在植物的任何部位，进入植株后药剂向植株顶梢部转移，而不能向下转移。所以将这类内吸剂的药液包扎在树干基部，药剂就通过幼嫩树皮进入到木质部或输导系统，随植物体的蒸腾液流向上运输，直达顶梢和叶片。

由此可见，从施药方式和基本原理上看，包扎法和涂干法极为相似，甚至可视为涂干法的特殊施药方法。

包扎法仅适用于果树和某些树木，特别是对介壳虫等较隐蔽的害虫，因常规喷雾法防效不佳。

此外，尚有毒饵法（参见杀鼠剂）、诱引法、覆膜法、挂网法、埋瓶法、灌根法、浸果法及虫孔堵塞法等因应用不甚普遍，在此从略。以上已介绍的施药方法的有关详细原理、操作技术以及所使用的施药器械等，若读者有兴趣，可参阅由化学工业出版社于 2009 年 7 月出版的《农药施用技术问答》。

84. 商品农药制剂在施用前为什么要稀释？ 稀释后其有效成分含量有哪些表示方法？

商品农药制剂，除直接用于拌种的拌种剂和专用超低容量油剂以外，其余的都是浓度很高的，在施用前一定要再加水或其他稀释剂进行稀释。稀释后其有效成分含量的表示方法，常用的有 3 种。

(1) 百分含量　其符号为％，即 100 份药剂中含有的有效成分的份数。

(2) 百万分含量　即在一百万份的药剂中含有的有效成分的份数，用 mg/L 或 mg/kg 来表示。

(3) 倍数法　即对水或其他稀释剂的量为商品农药量的倍数，例如用 40％毒死蜱乳油 1000～1500 倍液喷雾防治柑橘潜叶蛾，即用 40％毒死蜱乳油 1mL，对水 1～1.5kg（1000～1500mL）。

采用正确的方法稀释农药，准确计算农药的取用量和对水量，这样就能为施药质量提供保证。

85. 百万分率与百分率之间如何换算？

百万分率与百分率之间的换算公式为：

$$百万分率＝百分率×10000$$

即百分率乘以 10000 就是百万分率，反之，百万分率被 10000 除就是百分率。

例如，用 1.8％复硝酚钠水剂浸稻种，促进种子提早发芽和秧苗根系生长，需配制 6mg/L 浓度药液，计算对水倍数可用两种方法。

第一种方法：先将 1.8％复硝酚钠水剂换算成百万分率，即 1.8×10000 ＝

18000（mg/L）；再计算对水倍数，即原药剂浓度被配制后的药液浓度除，18000÷6＝3000（倍）。

第二种方法：先将配制后的药液浓度 6mL/L 换算成百分率，即 6÷10000＝0.0006（%）；再计算对水倍数，即原药剂浓度被配制后的药液浓度除，1.8÷0.0006＝3000（倍）。

86. 什么是两步配药法？

两步配药法的第一步用少量水把农药制剂调制成浓稠的母液，第二步用水稀释到所需浓度。用此法配成的药液分散性好、浓度均匀。特别是质量不高的可湿性粉剂，往往有一些粉粒团聚成粗的团粒，配药时先用少量水把药粉调制成浓稠的母液，便于充分搅拌，也由于水中润湿剂的浓度大，有利于粉粒分散。如果将药粉直接投入喷雾器的水箱中，那些粗团粒尚未分散即沉入水底，再搅拌也难使其分散。

两步配药法还有利于准确量取药剂和减少接触浓制剂中毒的危险。例如亩用 2.5% 溴氰菊酯乳油 20mL，用水 50L，分桶配制，每桶装水 12.5L，共需 4 桶，则每桶需乳油 5mL，量小误差大。采用两步配药法，其操作为：量取溴氰菊酯乳油 20mL，加水 380mL，配成 400mL 浓母液。药桶水中加入母液 100mL 即配成喷洒液。量取 100mL 比量取 5mL 容易准确计量，而且母液浓度比乳油小得多，流动性好，在器皿外侧沾污的危险性相当小。

采用两步配药法时，两步配药的用水量应等于所需用水的总水量。切不可先把总用水量计算以后，再另取水配制母液。否则配成的喷洒液浓度就会降低。在进行田间小区药效试验时，每小区用水量少，配药时更应注意这一点。

87. 农药混用时取用量怎样计算？

农药混合使用时，各农药的取用量分别计算，而水的用量合在一起计算。例如以 75% 百菌清和 20% 乙螨唑混合使用兼治果树上的病害和红蜘蛛。百菌清使用浓度为 0.133%，乙螨唑使用浓度为 0.013%。现要配制 75L 喷洒液，两种农药的取用量分别为：

$$药剂取用量 = \frac{喷洒液浓度 \times 喷液量}{商品农药浓度}$$

$$75\%百菌清可湿性粉剂取用量 = \frac{0.00133 \times 75000}{0.75} = 133（g）$$

$$20\%乙螨唑悬浮剂取用量 = \frac{0.00013 \times 75000}{0.2} = 48.8（g）$$

配制时，把两种药都加到 75L 水中，但顺序应先加入悬浮剂，溶液稳定后再加入可湿性粉剂。如果先把两种药分别配成 75L 药液，然后再混合到一起，即配成了 150L 药液，就使两种药剂的浓度各降低一半，这种计算和配制方式是不正确的。

88. 施药量与施药液量有何区别？ 有何关系？

施药量是指向单位面积农田里输送农药有效成分的数量（也可指制剂的数量），即剂量，以 g（有效成分）/hm² 表示。施药液量是指向单位面积农田里输送药液的数量，这个药液是指商品农药制剂加水稀释后的稀药液，以 L（药液）/hm² 表示。从大容量常规喷雾，到低容量喷雾，再到超低容量喷雾，这个"容量"就是指施药液量。

根据施药量把商品农药制剂配制成喷洒液后，喷洒液中含农药有效成分量的比例就是喷洒液浓度。例如，10kg 喷洒液中含 12g 百菌清有效成分，其浓度即为 0.12％；若 2kg 喷洒液中也含 12g 百菌清有效成分，其浓度即为 0.6％。所以，当施药量确定后，喷洒液的浓度随药液量的变化而变化。但是，他们之间是可以换算的，例如防治黄瓜霜霉病每亩次用百菌清有效成分 100g，或用 75％百菌清可湿性粉剂 133g。需喷药液 50L，则其含量为：

$$\frac{商品农药量 \times 商品农药含量}{喷药液量} \times 100\% = \frac{133 \times 0.75}{50} \times 100\% = 0.2\%$$

若喷药液量需 75L，其含量为：

$$\frac{133 \times 0.75}{75} \times 100\% = 0.133\%$$

同样地，由喷洒液浓度和喷洒药液量就可以计算出实际施药量。每亩喷 0.133％百菌清药液 50L，其实际用 75％百菌清可湿性粉剂的量为：

$$\frac{喷洒液含量 \times 喷液量}{商品农药浓度} = \frac{0.00133 \times 50000}{0.75}(g) = 88.7(g)$$

若喷液量为 75L，则实际用 75％百菌清可湿性粉剂的量为：

$$\frac{0.00133 \times 75000}{0.75}(g) = 133(g)$$

所以说，喷了相同浓度的药液，并不等于喷了相同的药。田间喷液量常常根据作物不同生长期而变化，如用背负式喷雾器喷施药剂防治黄瓜白粉病，喷液量在黄瓜不同生长期在 30～90L/亩之间，同时田间喷液量也随着不同施药机械而变化，如背负式喷雾器喷施药剂防治水稻稻瘟病需要的喷液量为 60L/亩，而植保无人飞机喷施药剂防治稻瘟病则只需要 0.5～1.0L/亩的喷液量。

89. 评价喷雾质量有哪些指标？ 主要影响因素有哪些？

喷雾质量包括药剂在施药区域内的沉积分布状况和所取得的防治效果两个方面，因而评价喷雾质量指标划分为理化指标和生物指标。

理化指标包括雾粒（雾滴和粉粒）直径大小、雾粒有效覆盖密度和均匀度、最高最低雾粒密度变异系数百分率、雾粒直径、农药利用率等。其中以雾粒直径和有效覆盖密度指标最为重要。

生物指标包括药效、对作物药害、作物产量、对施药人员安全性等。

影响施药质量的主要因素是喷洒（撒）方法、施药机具、喷液的物理性能和施药时的环境条件。

90. 什么叫作农药沉积量和农药利用率？

农药沉积量是指施药后在靶标（作物、有害生物体、地面等需要药剂降落的靶体）上每单位面积上沉积的药量，用 μg/cm² 表示。农药利用率是指作物靶标获取的农药质量占施药总质量的比率。

通过喷撒（洒）方式施用药剂的利用率也可以称该药剂的沉积利用率，即该药剂在单位靶标作物面积上沉积的药剂量占施药总质量的比率。农药的沉积利用率受喷撒（洒）剂量、喷撒（洒）方式、气象因子、作物群体结构和农药物理性质的影响，因此农药沉积利用率的高低也可作为反映植保机械水平、操作者施药水平和用药水平高低的一个指标。

通过种子处理方式施用药剂的利用率也可称该药剂的包覆利用率。包覆利用率主要和制剂质量以及成膜剂选择有关。

91. 不同喷雾方法对农药利用率有什么影响？

大量试验数据表明，不同喷雾方法对农药利用率的影响较大，差异也明显。各植保机械在不同作物上的平均农药利用率如表 9 所示。

表 9　不同植保机械在不同作物上的平均农药利用率

作物	农药利用率/%				
	背负式手/电动喷雾器	风送低容量喷雾器	喷枪	喷杆喷雾机	植保无人飞机
小麦	51.8	73.4	31.0	61.8	57.1
玉米	39.5	46.8	42.6	45.9	52.7
水稻	38.2	37.7	36.2	49.1	49.1

92. 粉粒细度对粉粒的覆盖与沉积有什么影响？

用于对水配成悬浮液喷洒的可湿性粉剂、悬浮剂、水分散粒剂，喷施到作物或虫体、菌体、杂草的表面上，都是以细小的粉粒状态发挥其药效。因此，都需要有一层均匀的覆盖，才有利于发挥作用；同时，要求覆盖的药剂必须达到一定的量，这个覆盖药量就叫沉积量。直接影响粉粒覆盖均匀度和沉积量的因素，主要是粉粒细度（图35）。

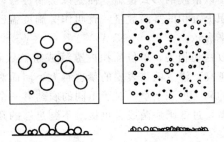

图 35　粗细不同，沉积重量相同的粉剂在叶面分布的情况

单位重量的药剂，其粒越细，粒数越多，覆盖的面积就大而匀。图 36 是将 1 个直径 $200\mu m$（0.2mm）的球体粉碎成直径 $40\mu m$ 的球体 125 个后，表面积增加的情况。图 37 是将 1 个边长为 $100\mu m$（0.1mm，稍小于 150 号筛目）的立方体粉粒破碎成边长为 $10\mu m$ 的粉粒时，就有粉粒 1000 个，覆盖面积可由 $10000\mu m^2$ 增加到 $100000\mu m^2$，与病虫草可能接触的面积提高 10 倍，因而大大增加了防治效果。

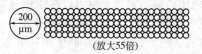

图 36　直径 200μm 的球体粉碎成直径 40μm 球体后表面积增加的情况

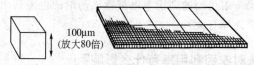

图 37　边长 100μm 的立方体粉碎成边长 10μm 的立方体后表面积增加的情况

覆盖面积由 $10000μm^2$ 增加到 $100000μm^2$，植物叶片的表面差别很大，只有少数植物的叶片表面比较平整，绝大多数植物的叶片表面均有各种形状的毛、刺、凸起物、蜡质层或其他附着物，这些附着物对于农药粉粒的沉积和黏附有着重要的影响。当药剂粉粒沉降到叶片表面上时不能出现 3 种状况：细小的粉粒落入毛刺或其他附着物的空隙之中，有利于被叶片表面持留；粉粒被夹持在毛刺之间，也有利于比较稳定地被叶片表面持留，但也有可能因受振动而脱落；较粗的粉粒可能被架空在毛刺或其他附着物之上，处于极不稳定的状态，但也可能被弹落而不能沉积。

由此可见，粉粒细度是可湿性粉剂、水分散粒剂、悬浮剂等剂型农药的一个重要的质量指标，粉粒细度不合格的产品属劣质农药。测定粉粒细度的方法很多，一般是采用过筛法，并规定筛过后留在筛上粉粒的有效成分总量不能大于样品标明含量的 2％～5％。如没有标准筛子，对可湿性粉剂、悬浮剂、水分散粒剂，可采用观察悬浮性能的方法进行。

93. 什么叫作雾滴覆盖密度？

低容量和超低容量喷雾所用的喷洒药液浓度很高，而每亩喷洒药液的量很少，施药后药剂在作物表面上不是以液膜的形式覆盖，而是以雾滴覆盖，雾滴与雾滴之间有一定的距离，这种在单位面积上沉积的雾滴数量，就叫作雾滴覆盖密度，常以作物表面上平方厘米覆盖多少个雾滴来表示。

雾滴覆盖密度与药效密切相关，单位面积内雾滴或粉粒数越多，则药剂同病原菌、害虫或杂草接触的频率越高，渗透植物表皮的量也越大，因而对于病虫和杂草的防治效果也越好。但不同种类的病、虫和杂草，对于不同的农药有一个最适覆盖密度。过高则浪费药剂而且易导致药害，过低则病菌或害虫接触不到足够的致死剂量。

94. 雾滴大小与雾滴覆盖密度有什么关系？

单位面积内降落的雾滴数量叫作雾滴覆盖密度，常以"个/cm²"表示。在单位面积上喷施药液量固定的条件下，雾滴直径大小与雾滴覆盖密度呈反相关，即雾滴直径愈小，雾滴覆盖密度就愈大（表10）。这是因为球形雾滴的直径若缩小 1/2，1 个大雾滴可分割为 8 个小雾滴（图38），雾滴覆盖密度就增大到 8 倍。

表 10　每亩喷药液 66.6mL 不同直径雾滴覆盖密度（理论值）

雾滴直径/μm	雾滴覆盖密度/（个/cm²）
20	2384
30	704
40	298
50	152
60	88
70	58
80	37
90	26
100	19
110	14
120	11
140	7
160	5
180	3

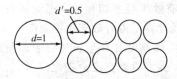

图 38　雾滴直径缩小 1/2，雾滴数可增加 8 倍

　　不同喷雾方法形成的雾滴大小是不相同的（图 39）。喷雾量相同而雾滴大小不同，其雾滴覆盖密度和分布均匀性也就不同（图 40）。

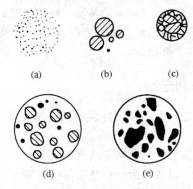

图 39　喷雾、弥雾、烟雾、烟剂的点滴大小比较（放大 75 倍）

（a）烟剂的烟点，直径约在 0.3~2μm，烟点为固体；（b）烟雾的雾点，直径约在 1~40μm，雾点为油剂；（c）弥雾的雾点，平均直径约为 80μm，为比较浓的乳剂；（d）一般的乳液喷雾的雾点，平均直径约为 200μm，小圆球为乳化的油珠；（e）一般的悬浮液喷雾的雾点，平均直径约为 200μm。黑块为悬浮在水里的固体药剂

(a) 不均匀分布1　　(b) 均匀分布　　(c) 不均匀分布2

图 40　农药分布均匀性比较示意

95. 什么叫作有效雾滴覆盖密度？ 有何实用意义？

有效雾滴覆盖密度指的是防治病虫草有效的雾滴覆盖密度，是检验喷雾质量的重要指标之一。

有效雾滴覆盖密度是根据农药品种、使用浓度、雾滴大小以及防治对象生长发育阶段等有关因子在田间实际测定出来的。在生产上应用需注意有关因子的影响。

① 雾滴有效半径，即药剂的雾滴对周围有害生物发生毒杀作用所能达到的距离。不同药剂在生物体表面气化或溶解扩散的距离有长有短，雾滴含药剂浓度影响有效半径，浓度高扩散距离长，浓度低扩散距离则短。

② 雾滴覆盖密度与雾滴有效半径密切相关，即雾滴与雾滴之间距离不得小于雾滴有效半径，根据雾滴有效半径计算所需有效雾滴覆盖度。

③ 作物生长的稀释作用。作物叶片在生长过程中面积逐渐扩大，有些作物如黄瓜的叶片生长扩大的速度很快，雾滴覆盖密度会随之降低。在确定有效雾滴覆盖度时，应保证在药剂防治有效期内，不致因作物生长稀释作用而降低到有效密度以下。

④ 有害生物的生长发育特点和阶段。不同生活方式、危害习性的害虫，不同害虫的虫态、龄期等所需有效雾滴覆盖度不同。

总之，确定有效雾滴覆盖密度应对各种因子进行综合考虑，并在田间进行实测。同一种农药如 40% 乐果乳油质量中径 $70\mu m$ 的雾滴，防治小麦蚜虫的有效雾滴覆盖密度为每平方厘米 3～4 个雾滴，防治稻飞虱为每平方厘米 10 个雾滴；45% 马拉硫磷乳油防治低龄黏虫则每平方厘米需 20 个雾滴。

96. 雾滴覆盖密度怎样测定？

应用较广的是纸上印迹法，即用各种特制的纸卡接收雾滴，雾滴在纸上留下痕迹。常用的纸有如下 3 种。

(1) 水敏纸　它是黄色纸卡，当水质雾滴落在纸卡上，立即产生蓝色斑点，多用于飞机进行常量和低容量喷雾，以及地面低容量喷雾中的雾滴测定。在有露水和湿度很高的田间不能使用。

(2) 油敏纸　它是灰色的纸卡，当油质雾滴落在纸卡上即显示黑色斑点。

(3) 卡罗米特纸　它是国外生产的一种白色硬纸卡，适用于采集超低容量和低容量喷雾的水质雾滴和油质雾滴。

也可以自制纸卡，其方法是，将优质白色纸截成生物显微镜用的载玻片大小，在0.1%苏丹黑 B 丙酮溶液中浸 1s，取出晾干待用。采集时要等雾滴完全干后再采收，以防相互摩擦而损害斑点的形状，雾滴斑点为灰黄色，在阳光下显得更清楚，此斑点可保持 2～3 个月。但微小雾滴 2～3 天即消失，因此，要及时进行测定。

当需要同时测定雾滴直径时，可采用氧化镁薄板法。

一般是每个采样片测定 3cm^2 内的雾滴数。

目前可以使用扫描仪扫描雾滴收集卡（卡罗米特试纸、水敏纸或雾滴卡），并用 Deposit scan 软件统计分析雾滴收集卡上的雾滴粒径（μm）、覆盖度（%）和雾滴密度（个/cm^2）。

97. 农药喷洒液的湿展性能对喷雾质量有什么影响？

常规喷雾的药液在作物或虫体、菌体、杂草的表面形成均匀的液膜覆盖，低容量和超低容量喷雾是雾滴覆盖，每个雾滴在生物体表面铺展一定的面积，药液形成液膜和雾滴铺展的必要条件是药液先润湿生物体表面，继而铺展开（图 41）。其中图 41（a）是药液在固体表面不润湿，保持原来的球形；图 41（b）是药液能润湿固体表面，基本不铺展；图 41（c）和图 41（d）是药液润湿固体表面后铺展的程度不同。各种药液可能具有不同的湿展能力，它们能铺展的面积和液膜的厚度是各不相同的。

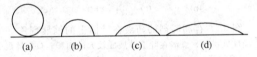

图 41　药液在固体表面湿展现象
(a) 不润湿；(b) 润湿，不铺展；(c) 润湿，铺展面积较小；(d) 润湿，铺展开

能使药液润湿生物体表面的物质叫润湿剂。针对指定作物和农药，有效地选择一种良好的润湿剂是十分重要的。润湿作用对农药而言，不仅能够增加药液与作物的接触面积，还有保持农药的有效浓度，增强植物的吸收，提高药效的重要作用。我国生产的农药商品水剂、可溶粉剂和水溶性原粉，多不含润湿剂，使用时在配好的药液中加入适量的润湿剂，喷洒后的雾滴，就能润湿作物和病虫草的表面，并逐渐铺展成较大的面积。例如用杀虫双水剂对水稻进行喷雾，80%以上的药水因不能润湿叶面而滚落水中，如果在药液中加入 0.05%～0.1% 的润湿剂，就能显著提高雾滴对稻叶的润湿能力，在稻叶上沉积的药量可提高 40% 以上，雾滴在稻叶上的铺展面积增加 2.5～3.0 倍，从而提高对稻纵卷叶螟、稻苞虫、稻蓟马的防治效果。图 42 和图 43 是有无润湿剂的药液在叶面上的流失和铺展现象的对比。

乳剂类农药产品中含有较多的乳化剂，而多数乳化剂兼有较好的润湿作用，所以一般来说乳剂类农药不会发生润湿不足的问题，但要防止因润湿性能太强，反而使药液易于流失，降低了药剂沉积量。据研究人员报道：在 20% 三唑磷乳油中添加某些润湿剂，喷洒水稻后在稻叶上药剂沉积量反而降低；而在添加润湿剂的同时配加适量的增稠剂（黄原胶、聚丙烯酸钠），可以显著提高药剂在水稻叶片上的沉积量。增稠剂还增强了药液对水稻叶片的黏着性能，提高耐雨水冲刷能力。

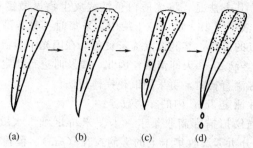

图 42　无润湿剂的药液在叶面上的流失现象

（a）雾点在叶面上不能铺展；（b）小点滴相结合形成较大的点滴；（c）较大的
点滴逐渐自上向下滚落；（d）最后液体自叶面上滚落到地面上

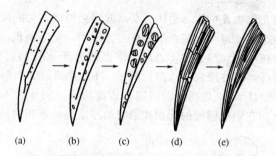

图 43　有润湿剂的药液在叶面上的铺展现象

（a）雾点在叶面上能铺展；（b）点滴在叶上铺展成较大的面积；（c）铺展的面积逐渐扩大；
（d）铺展的面积逐渐扩大连片；（e）最后叶面完全被液体覆盖

98. 喷洒药液的润湿性怎样检查？

作物和有害生物的表面都覆盖着一层蜡质，药液如缺乏润湿能力，喷到生物体表面上很容易滚落，好像雨点落在荷叶上，不能润湿，而成大水滴滚落一样。因此，喷洒药液必须具有一定的润湿性。田间喷药时可采用简便方法检查药液的润湿性：把配好的药液放在一只广口瓶或盆中，摘取作物干叶片数片（注意不要刮擦叶表面），用手指捏住叶柄，把叶片浸入药液中，经数秒钟后提出观察，叶片沾满药液，表明润湿性良好；叶片上有药液的液斑，表明润湿性不佳；叶片上沾不住药液，表明没有润湿能力。

为田间快速检测农药雾滴的润湿性，国内研究机构研发了农药润湿测试卡。雾滴润湿性测试卡涂层是一层指示剂，当接触药液后即变色。具体使用方法是：将测试卡水平放置，用移液枪取 $10\mu L$ 的被测药液于中心点上，待药液完全铺展读数即可。最后参照润湿标准，观测药液是否适合喷雾，能否达到较好的喷雾效果（图 44）。

99. 喷洒药液的悬浮性怎样检查？

凡要对水配成悬浮液使用的农药剂型，如可湿性粉剂、悬浮剂、干悬浮剂、水分散粒剂等，使用前应检查其悬浮性，只有悬浮性好的药液才能使喷洒前后的药液浓度一

图44　不同体系润湿性变化情况

致。检查悬浮性的简易方法是：准备一只200mL的量筒（如没有量筒，可用一只无色透明的酒瓶），装满准备用来配药的水；另取约1g药粉，放在折卷起来的纸上，把药粉顺纸卷轻轻倒入水面上，仔细观察。药粉在0.5min内能自行浸入水中，并自行分散，一面慢慢下沉，一面向四面扩散，形成浑浊悬浮液，稍加搅动后，放置0.5h，上层不出现清水层，筒底不出现厚的沉淀或只有很薄一层沉淀物，则悬浮性良好。药粉在水面上结成团漂着，或只有较粗大的团粒很快沉入水底而不能在水中扩散，经搅动也不能分散悬浮到水中，则表明悬浮性极差，不能对水喷雾。

　　悬浮剂在存放过程中，上层逐渐变稀，下层变浓稠，甚至出现沉淀，经摇动后若沉淀仍可悬浮起来，还是可以使用的。若结成硬块，用棍棒都搅不散，就不能使用了。检查悬浮剂的悬浮性，方法和可湿性粉剂相同。

　　在使用植保无人机进行喷雾作业前检查喷洒药液的悬浮性和不同药剂之间的兼容性更为必要。

100. 悬浮率的含义是什么？　它对施药质量和药效有什么影响？

　　悬浮率是可湿性粉剂、悬浮剂、水分散粒剂、微囊剂等农药剂型质量指标之一。将这些剂型的农药用水稀释配成悬浮液，在特定温度下静置一定时间后，以仍悬浮在水中的有效成分的量占原样品中有效成分量的百分率表示。这些剂型的悬浮率至少应在50%以上，高的可达90%。悬浮率高、有效成分的粒子可在较长的时间内均匀地悬浮在药液中，使在喷洒过程中前后喷出的药液浓度保持一致，均匀地沉积在靶标上，较好地发挥药效。悬浮率低，则表示药液的上层浓度低，中下层浓度高，甚至底部有药剂沉淀，这样喷洒前后的药液浓度不一致，药效难于保证，喷出的浓药液还可能造成药害。

影响悬浮率高低的最主要因素是药剂的粉粒细度。在药液中，粗粉粒下沉快，细粉粒下沉缓慢，一般粉粒直径在 5μm 左右，悬浮率才能达到 50％以上。好的润湿剂、分散剂等助剂能帮助药粒悬浮，选用适宜的助剂种类和加入量能显著提高这类农药制剂的悬浮率。

悬浮率的测定方法，按照 GB/T 14825—2006《农药悬浮率测定方法》的方法进行测定。

四、农药的毒力、毒性、药效及药害

101. 农药的毒力和药效的基本含义是什么？

　　农药能防治病虫草鼠害，是由于药剂对这些有害生物具有毒杀致死的能力，表示农药这种毒杀能力的大小，通常称为毒力。严格地讲，毒力是指药剂本身对防治对象发生毒害作用的性质和程度，因此测定农药毒力，必须在实验室内一定的控制条件下（如光照、温度、湿度等），采用精确的器具和熟练的操作技术，使用标准化饲养或培养出的供试生物进行测定。如比较多种药剂的毒力大小，可以以其中某一药剂作为标准，设定其相对毒力指数为100，来计算其他药剂的相对毒力指数。

　　农药的毒性是指药剂对人体、家畜、水生动物和其他有益动物的危害程度。农药的毒性分为急性毒性、慢性毒性、残留毒性及"三致"作用，是评价农药对人、畜安全性的重要指标。农药的毒力和药效在概念上并不等同，但是在大多数情况下应该是一致的，即毒力大的药剂，其药效也应该是高的。

　　人们希望的农药是毒力高毒性小的。

　　农药的药效是指在实际使用时，除药剂的毒力在起作用外，其他各种条件都对药剂毒力的发挥产生影响，包括不同施药方法、施药质量、作物生长情况、防治对象生育情况以及天气条件等，所以说药效是药剂在田间条件下对作物的病虫草害产生的实际防治效果。药效数据是在田间生产条件下或接近田间生产条件下实测得到的，对生产防治更具有指导意义。

　　农药施用后，能够有效防治病虫草鼠所持续的时间，称之为持效期。农药持效期的长短与药剂性质和施药条件等因素有关，辛硫磷喷洒在作物表面上，受日光照射较易分解，持效期只有3~5天，若施于土壤中防治地下害虫或拌粮食防治仓库害虫，因避免了日光照射，持效期就很长。由此可见，农药持效期的长或短，都不是缺点，它可为人们科学地选择、利用农药提供条件。对收获期短或直接食用的蔬菜、瓜、果、茶叶等作物，宜选用持效期短的农药，以减少农药在农产品中的残留；对大田粮棉作物，宜选用持效期较长的农药，以减少施药次数。

　　农药药害是指因施用农药对植物造成的伤害。产生药害原因有药剂浓度过大，用量过多，使用不当或某些作物对药剂过敏。产生药害的表现有影响植物的生长，如发生落叶、落花、落果、叶色变黄、叶片凋萎、灼伤、畸形、徒长及植株死亡等，有时还会降低农产品的产量或品质。农药药害分为急性药害和慢性药害。施药后几小时到几天内即出现症状的，称急性药害；施药后，不是很快出现明显症状，仅是表现光合作用缓慢，生长发育不良，延迟结实，果实变小或不结实，籽粒不饱满，产量降低或品质变差，则称慢性药害。

102. 什么是有害生物的耐药性？

在自然界同一种有害生物的种群中，各个体之间对药剂的耐受能力有大有小。一次施药防治后，耐受能力小的个体被杀死，而少数耐受能力强的个体不会很快死亡，或者根本就不会被毒杀死。这部分存活下来的个体能把对农药耐受能力遗传给后代，当再次施用同一种农药防治时，就会有较多的耐药个体存活下来。如此连续若干年、若干代以后，耐药后代达到一定数量，形成了强耐药性种群，且耐药能力一代比一代强，以致再使用这种农药防治这种强耐药种群时效果很差，甚至无效。这种长期反复接触同种农药所产生的耐药能力就叫作耐药性。

103. 耐药性分哪些类型？

（1）单一抗性　有害生物只对一种农药产生耐药性，称为单一抗性。但有时由于抗性的生理、生化机制相同而对同类农药的其他品种也产生抗性，仍属于单一抗性。例如黑尾叶蝉由苯基氨基甲酸酯类杀虫剂某一个品种（如异丙威）的选择作用而产生的耐药性，对此类的其他品种也具有抗性。

（2）多抗性　亦称集团抗性、联合抗性。对一种有害生物不断地、同时连续使用作用机制不同的几种药剂，而使有害生物对多种药剂产生了抗性，称为多抗性。有时具有单一抗性的有害生物品系，又处于另一类药剂的选择作用下，结果是不仅保持了对前种药剂的抗性，又产生了对新药剂的抗性。

（3）交互抗性　一种有害生物对某种常用农药产生抗性，对另一种（类）从未用过的农药也有抗性，称为交互抗性。交互抗性的产生给轮换用药及新药开发带来了困难。

（4）负交互抗性　与交互抗性相反，对某种农药产生抗性的有害生物种群，对另一种从未用过的新农药，反而比无抗性种群更敏感，这种现象称为负交互抗性。例如杀菌剂乙霉威属氨基甲酸酯类化合物，是苯并咪唑类杀菌剂的负交互抗性药剂，即对苯并咪唑类杀菌剂的抗性水平越高的菌种，则对乙霉威越敏感。但是必须说明：负交互抗性必须是某种有害生物品系对甲药剂产生了抗性，但对本来不敏感的乙种药剂发展了敏感性，这才是真正的负交互抗性。如果本来就对乙药剂敏感，则不能叫负交互抗性，而是一种假负交互抗性。

104. 怎样判断耐药性现象？

有些药剂的药效减退或药效不佳等现象，并非是由有害生物产生了耐药性的缘故，而是由于其他某些原因。当使用药剂防治病虫草时，如果发现有药效减退现象，不宜仓促做出结论，认为是有害生物产生了耐药性。须知，耐药性的形成是有害生物体生理机制上发生了一些变化，不是肉眼所能直接看到的，必须从多方面加以调查、分析，及使用某些测试手段与方法，才能得出可信的结论。首先可根据以下四方面来考虑是否发生了耐药性问题。

第一，耐药性的出现，一般都不是在毫无预兆的情况下突然出现的。在出现药效严重减退现象之前，必定有一段药效持续减退的过程，这个过程因病虫草害、药剂种类不同而有长有短。对于1年内发生世代很多的害虫，如蚜虫、螨类、白粉虱、蚊、蝇等，用同一种农药多次反复喷洒，耐药性出现的概率就比较高，例如用溴氰菊酯防治棉蚜，连续2～3年后棉蚜就产生耐药性。对于1年内发生世代少的害虫，如多种鳞翅目、鞘翅目害虫，则往往要经过几年连续使用同一种农药后才有可能表现出耐药性现象。稻飞虱对氨基甲酸酯类杀虫剂的耐药性发展是较缓慢的。而甜菜褐斑病对多菌灵的耐药性发展相当快，仅需2～3年的时间。

耐药性是个群体概念。单独的抗药个体不能表明有害生物已产生了耐药性，而是要经过农药的不断选择，及有害生物的多代繁殖，将抗药能力遗传给后代，当抗性后代达到一定的数量，形成了抗性种群，才能认为是产生了耐药性。

第二，用药剂防治的有效使用浓度或用量发生明显的逐次增高现象。

第三，防治后病虫害回升的速度比过去明显加快。

第四，耐药性的发生，在一定范围地区内的表现应该是基本一致的。多数地区的农田虽由农户分片承包，但却是成百上千万亩地连片种植同一种作物，如水稻、小麦、玉米、棉花等，只要作物品种和栽培条件基本一致，一般来说耐药性的表现不应有太大的差别。若在某一部分田里药效好，而另外一部分田里药效很差，就不能轻率做出发生耐药性现象的判断。

当初步确诊是耐药性现象，就应做小区药效比较试验，其方法是：选择比较平整而且肥力均匀、作物生长比较整齐的地块，划分小区，每小区15～30m²，每个处理重复3次，随机排列，并调查每小区虫口基数；把某种药剂配成3～5个浓度，其中最低浓度为常用浓度，其余浓度可分别比常用浓度提高20％、40％、60％、80％、100％等；把配成的各浓度药液准确地喷施在相应的小区内，经一定时间后（如24h、48h……），调查各小区残存虫口数，与施药前虫口基数相比较，计算虫口减退率或防治效果；如果常用浓度的防治效果确实降低了，而提高了浓度的各处理区的防治效果都相应地提高了，就可初步判断确实存在耐药性问题，这样，就应采用毒力测定方法做进一步的确诊。毒力测定需要具有一定的设备和技术条件，可请有关单位进行。

105. 怎样预防和治理有害生物的耐药性？

欲预防和治理有害生物的耐药性，必须了解其产生的原因和影响发展的因素。

前述耐药性的形成，是一定浓度的药剂对某一有害生物种群中敏感性不同的个体发生汰选的结果。因而，有人认为，药剂的浓度（或剂量）越高，则被杀死的有一定耐药力的个体就越多，但残存的个体数是少了，其耐药力却特别强，繁殖的后代往往是耐药性很强的种群。也有人认为，长时间多次的低浓度（或剂量）处理，会诱导有害生物产生耐药性。此外，有害生物产生耐药性还有更深刻的生理、生化方面的内在因素，也有农药应用技术方面的因素。为预防和治理耐药性，目前一般采取的主要措施如下。

（1）轮换用药 就是轮换使用作用机制不同的农药类型，以切断生物种群中抗性种群的繁殖与发展速度。例如杀虫剂中的有机磷、氨基甲酸酯、拟除虫菊酯、沙蚕毒素类、苯甲酰脲、烟碱类、生物源杀虫剂等几大类，作用机制都不相同。同一类杀虫剂中无交互抗性的品种间也可轮换使用，例如对乐果产生抗性的棉蚜，改用杀螟硫磷防效仍好。

在杀菌剂中，一般内吸杀菌剂比较容易引起耐药性，如苯并咪唑类的多菌灵、苯基酰胺类的甲霜灵和噁霜灵等，但保护性杀菌剂不大容易引起耐药性的产生，像代森类、福美类的有机硫杀菌剂，无机的硫制剂、铜制剂以及百菌清等，都是与内吸杀菌剂轮换使用的较好品种。

除草剂的耐药性不及杀虫剂、杀菌剂那么严重，在我国大面积应用除草剂较晚，杂草耐药性问题不明显，但近年来也已发现稻田稗草对丁草胺产生了明显抗性，某些阔叶杂草对莠去津产生了抗性，今后随着单一作用靶标除草剂品种增多及迅速应用，杂草耐药性将随之加重。除草剂化学结构类型多，为轮换使用提供了较多的选择机会。

（2）混合用药　两种作用方式和机制不同的药剂混合使用可以延缓耐药性的形成和发展。例如，多菌灵与三乙膦酸铝混用防治苹果轮纹烂果病、甲霜灵与代森锰锌混用防治霜霉病和疫病、有机磷与拟除虫菊酯混用、苯丁锡与硫黄混用等，都是较为成功的混用方案。一旦耐药性出现，采取混合使用或改用混剂往往也能奏效。但必须注意，混剂也不能长期单一使用，以防有害生物产生多抗性。

（3）暂停使用已有抗性的农药　当一种农药已经引发了耐药性以后，可以暂时停止使用这种农药，使耐药性逐渐减退，甚至消失，然后再重新使用。

（4）讲究施药技术，提高施药质量　包括施药时期、使用浓度或剂量、施药方法和使用次数等。

前已叙及农药的使用剂量或浓度，对生物种群会发生选择作用或诱发作用，因此药剂的使用剂量或浓度不宜随意改变。有些防治人员，在配药时怕防治效果不好，盲目加大用药量，虽然在短期内取得了很好的防治效果，但也很快使这种有害生物对这种农药产生了耐药性。也有的防治人员，配药时不认真量取用药量，随意加大或减少了用药量，同样会诱发生物产生耐药性。

现已发现，农药在田间的不均匀分布也是耐药性形成的一个重要原因。农药田间不均匀分布的原因：一是施药时喷撒（洒）不均匀；二是作物生长形状影响药剂在植株各部位沉积的均匀性；三是选用的农药剂型和制剂质量，如喷雾法所用的液剂及可对水配成喷洒的药液，其润湿性差，难于与有害生物形成有效接触，一些耐药力较强的个体就容易存活下来，繁殖耐药性后代。

因此，在用药时，一定要注意用药技术，这也是避免和延缓耐药性产生的重要途径。

106. 怎样评判药害程度？

农药都具有生物活性，如对作物具有刺激、抑制或毒杀作用。农药对作物表现出的这些生物活性，凡是不符合人们希望的，影响到农产品的产量或品质，就称为药害。某种农药能刺激柑橘果实膨大，质量增加，但主要是刺激果皮增厚，且表面粗糙，而果肉和内含物均无增加，这种刺激作物生长的活性不是药效，而是药害。多效唑对植物有抑制作用，适时适量地使用，能抑制小麦节间伸长，降低麦株高度，减轻小麦倒伏；能控制草坪草长高，减少修剪次数；能控制水仙花长高，提高观赏价值。这种抑制植物生长的活性，不是药害，而是药效。

观察药剂对作物有无药害，准确描述药害症状。当除草剂显示出长持效迹象时，要观察其对后茬作物有无残留药害及药害程度。调查和评判药害程度，一般可采用为下方法。

（1）绝对值法　当药害能被计数或测量，则用绝对数值表示，如植株数（出苗率）、植株高度、分蘖（分支）数等。

（2）估计分级法　药害分级标准为：

－　无药害；

＋　轻度药害，不影响作物正常生长；

＋＋　中度药害，可恢复，不会造成作物减产；

＋＋＋　重度药害，影响作物正常生长，对作物产量和品质造成一定程度的损失；

＋＋＋＋　严重药害，作物生长受阻，作物产量和品质损失严重。

（3）百分率分级法　将用药处理区与没用药对照区比较，评价药害百分率（表11）。

表 11　作物受药害百分率分级

级	百分率/%	症状
0	0	无影响，生长正常
1	10	可忽略，叶片略见变色，几乎未见阻碍生长发育
2	20	有些植株失色或生长受抑制，很快恢复
3	30	植株受害，明显变色，生长发育受抑制，但持续时间不长
4	40	中度受害，褪绿或生长受抑制，但可恢复
5	50	受害时间较长，恢复慢
6	60	几乎所有植株受伤害，不能恢复，死苗率小于40%
7	70	大多数植株伤害重，死苗率40%～60%
8	80	严重伤害，死苗率60%～80%
9	90	植株几乎都变色、畸形，死苗率大于80%
10	100	死亡

（4）测产量和品质　必要时可进行。测产量按常规进行。产品质量检测因产品种类而异，如蔬菜、果品的等级，果实的颜色、大小及其均匀度、硬度、味道，糖料作物的含糖量，油料作物的含油量，烟叶的烟碱含量，薯类的淀粉、还原糖含量等。

（5）草坪药害的调查　草坪草是特殊作物，有其特殊的质量标准，其药害调查及评定标准也不同于一般作物。定量调查是测量用药区与未用药区株高、称量单位面积草坪修剪高度下的鳞重和再修剪的新生草率，或计数单株分蘖数或新生匍匐茎数，有时还应钻取0～15cm的土壤，测定根重，计算出受抑制的程度。

草坪感观很重要，可以以对照区为基准，对颜色、活力、均匀度、密度、感观，分1.0～9.0做综合评价。1级为草坪草枯黄死亡；9级为颜色正常，生活力旺盛，均匀性整齐，总体感观好；6级为可接受最低级别。

对多年生草坪草，还应考查其抗逆性（耐热、耐寒、抗病性等）的变化，秋季失绿期及春季返青时间等。

（6）观测药害恢复速度　药害恢复速度分为：

快　施药后 7～10 天恢复；

中　施药后 10～20 天恢复；

迟　施药后 20 天以上恢复。

107. 从农药施用技术方面怎样预防引起药害？

欲知药害预防措施，必先知晓药害产生的原因。药害产生的原因，主要与农药性质、使用技术、作物种类及其生育状况、环境条件等方面的因素有关。从农药施用技术方面来讲，药害发生的可能原因如下。

（1）选用的农药质量差　其中有的是质量不合格，有的是过期产品，如乳油的乳化性能及乳液稳定性差，分层，上有浮油或油珠，下有固体沉淀；配得悬浮液分散悬浮性能差，上下层浓度不匀，甚至有沉淀等。

（2）配药不当　主要是配药不认真，调制粗糙，致使悬浮液中粉粒未调散开，悬浮性差，乳油乳化不匀，拌种或拌毒土时未拌匀。高效农药取用量少，未采用两步稀释法配药。

（3）配药用水的质量差　首先是水的硬度和碱度。水的硬度是指溶解在水中的盐类物质的含量，含量多的硬度大，反之则小。每升水中含有 10mg 氧化钙（包括钙、镁盐类统一折算为氧化钙）为德制 1°，度数越大，则硬度越高。一般是 8°以下为软水，8°～16°为中水，16°以上为硬水，30°以上为极硬水。我国地域辽阔，各地水的硬度不一样，长江水的硬度约为 7.5°，北方地下水硬度高，据抽测，北京近郊地下水硬度在 10.3°～33.2°，山东中部地区井水硬度在 7.2°～24.3°，山西中部地区井水硬度在 9.7°～49.3°，出现了极硬水。北方地下水 pH 多在 7.2～8.0 之间，偏碱性。硬度和偏碱性的水对配制喷洒用水乳液或悬浮液很有影响。曾在某地遇到过这样的情况：同一瓶乳油，使用相距不很远的两口井的水配药，结果是一口井的水能配制出很好的乳状液，而另一口井的水则配不好，乳油在水中不乳化。

水中不溶物，如植物碎片（渣）、拖拉机等滴漏的油等，影响药液的雾化。水中悬浮固体物越粗、越厚，使喷出的药液液膜破裂得越早，形成的雾滴越粗。虽然规定喷雾器（机）应配有过滤装置，但有些过滤性能不佳，个别劣质产品甚至没有过滤装置。

由此可知，必须重视喷雾用水的质量，否则不仅影响施药效果，还易引起作物药害。

（4）过量施药　常见有些用户不讲究科学用药，遇到药效不高时也不认真查找原因，盲目增加施药量或施药次数，致使用药过量引起药害；施药不均匀，重喷重施，使局部施药过量引起药害；长残效除草剂施药过量还易引起后茬敏感作物药害。

（5）施药方法不当　某些农药，特别是某些除草剂只能采用药土法施药，而不能采用喷雾法。使用手动喷雾器喷药时，打气不足或不稳，使药液雾化不良，雾滴粗。喷头距作物太近等。

（6）飘移、挥发　施药时粉尘或雾滴随风飘散降落在其他敏感作物上而引起药害，风大时施药更易发生这种药害，例如麦田喷洒2，4-滴丁酯使邻近大豆、棉花产生药害；在果园、林地喷洒嘧磺隆除草时，雾滴飘落在树叶上引起药害。药剂挥发也能引起药害，例如在果园施敌草腈使苹果新芽异常。

（7）误用和错用　将除草剂误当杀虫剂或杀菌剂使用，或在杀虫剂、杀菌剂中意外混入除草剂。1992年河南省一位农民误将2甲4氯水剂当杀虫脒（此药自1993年起已禁用）用来防治棉铃虫，造成棉花严重药害，致使绝收。

（8）接近施药　例如在稻田施用敌稗前后施用有机磷或氨基甲酸酯类杀虫剂，抑制水稻体内酰胺水解酶活性，会使稻苗遭受药害，通常这两种药的安全间隔期在10天以上。玉米施过有机磷农药后对烟嘧磺隆敏感，两药施用间隔期为7天左右。

（9）长残效　主要是某些除草剂在土壤中残留时期长，引起某些后茬作物的药害，如磺酰脲类、咪唑啉酮类、三唑并嘧啶磺酰胺类等除草剂的某些品种，使用后应注意安排好后茬作用的种类。

（10）在不利的气象条件下施药　高温、高湿、烈日、大风等不良气象条件下施药易造成药害。使用哌草磷（威罗生）除草，施药时气温高于30℃或水温高于23℃，很容易发生药害；在移栽稻田施乙氧氟草醚（果尔），若气温低于20℃，或土温低于15℃，易发生药害；氟磺胺草醚（虎威）在干旱条件下施药，大豆叶面会受到一些伤害；氯嘧磺隆在苗后茎叶喷雾防除大豆田杂草，施药后若持续低温（12℃以下）及多雨或高温（30℃以上）时，可能会发生药害；波尔多液、碱式硫酸铜、氧氯化铜等铜制剂，在清晨露水未干、雨后不久、持续阴天或浓雾情况下喷施，叶面水分溶解的铜量超过作物所能耐受的铜量，易引起药害。

了解了上述药害产生的可能原因之后，在施药时采取相应的预防措施，就能避免药害的产生。

108. 农作物发生药害后，有什么补救措施？

杀虫剂、杀菌剂、除草剂和植物生长调节剂等农药，在防治病虫草害和调节作物生长发育等方面发挥了很大的作用，获得了很好的效益。但是不少地方的农民对于正确、合理使用农药和植物生长调节剂的技术要求掌握不够，对严格按规定使用的剂量、浓度、次数和时间认识不足，或错用了农药致使有些地方不但没有收到应有的效果，反而产生药害，造成作物受害，导致枯焦落叶，落花落果，生长发育受阻，乃至植株死亡。对这样的药害，大体上可采取以下几种措施以尽量减少损失。

（1）喷大水淋洗或略带碱性水淋洗　若是由叶面和植株喷洒某种农药后而发生的药害，而且发现较早，可以迅速用大量清水喷洒受药害的作物叶面，反复喷洒清水2～3次，尽量把植株表面上的药物洗刷掉，并增施磷钾肥，中耕松土，促进根系发育，以增强作物恢复能力。此外，由于目前常用的大多数农药（敌百虫除外），遇到碱性物质都比较容易分解减效，可在喷洒的清水中适量加0.2%的碱面或0.5%～1%的石灰，进行淋洗或冲刷，以加快药剂的分解。同时，由于大量用清水淋洗，使作物吸收较多水，增加了作物细胞中的水分，对作物体内的药剂浓度能起到一定的稀释作用，也能在一定程度上起到减轻药害的作用。

（2）迅速追施速效肥　在发生药害的农作物上，迅速追施尿素等速效肥料增加养分，加强培育以增强农作物生长活力，促进早发，加速作物恢复能力，对受害较轻的种芽、幼苗，其效果还是比较明显的。

（3）喷施缓解药害的药物　针对导致发生药害的药剂，喷洒能缓解药害的药剂。如农作物受到氧乐果等的药害，可在受害作物上喷施 0.2％硼砂溶液；油菜、花生等受到多效唑抑制过重，可适当喷施 0.05％"九二零"溶液；硫酸铜或波尔多液引起的药害，可喷施 0.5％石灰水等。

（4）去除药害较严重的部位　这种措施在果树中常用。如在果树上采用灌注、注射、包扎等施药方法，使用内吸性较强的杀虫药剂，若因施药浓度过高而发生药害，对受害较重的树枝，应迅速去除，以免药剂继续下运传导和渗透，并迅速灌水，以防止药害继续扩大。

109. 怎样进行药害测定？

测定的目的是了解一种农药对某种或某些种类的作物或某种作物的某些品种易产生药害，以及在何种情况下易出现药害，以指导合理用药，防止药害的产生。这要进行一些试验。

（1）植株施药试验　选择田间或温室盆栽生长一致的幼苗或成株，分成若干组，每组至少有 20 株苗。模拟田间使用的不同农药浓度或剂量，至少有一个常用量、一个倍用量，再设一个对供试作物无影响对照药（也可不设）及不用药对照。采用喷雾法、浸液法、滴涂法或滴涂针刺法施药。浸液法是选带叶片的整枝或整株，在药液中浸 2～3s。滴涂法是将药液定量滴在叶片表面；也可将叶片沿主脉分为两半，一边滴涂药液，另一边滴涂清水作对照。滴涂针刺法是在滴药后，用细针轻轻刺一下，经一定时间后，按相关方法评判有无药害或药害程度。

（2）种子处理试验　在田间或温室进行，至少选一个常用量及一个倍用量，再设不用药对照。采用拌种、浸种或土壤混药后让种子接触药土等方法施药，测定是否影响种子萌发、出苗情况、幼苗生长情况、根系生长发育情况等。

（3）田间小区试验　在大田使用农药，作物产生药害后，组织考察并分析原因，再进行专门条件的模拟试验，判断造成药害的原因。小区设计同田间药效试验。

（4）后茬作物影响试验　若在田间使用或药效试验中，除草剂显示出持效迹象时，应进行后茬作物影响试验。通常包括持效性试验和作物伤害性试验。

持效性试验，即保留前茬作物用药或试验的各处理区，进行不同耕作处理（翻耕、免耕、少耕、直播等），播种下茬可轮作的作物，观察其影响，与对照比较评价。

作物伤害性试验，是将除草剂（或其他农药）用于某一作物，使之早期受到严重伤害，在土壤中可能有积累作用。在此地块进行不同耕作条件下，播种生产中常种作物来代替受伤害作物，观察作物药害，与对照比较评价，得出前茬作物用药后，对何种作物是安全的，对何种作物是敏感的。

（5）选择性试验　是为了得出除草剂的选择性指数。即求抑制作物生长 10％的剂量或浓度，与抑制杂草生长 90％的剂量或浓度的比值，来比较某种除草剂对作物的安全性。

$$选择性指数 = \frac{抑制作物生长10\%的剂量或浓度}{抑制杂草生长90\%的剂量或浓度}$$

此比值越大，表示选择性强度越高，即对作物愈安全，除草效果愈好，一般要求选择性指数大于3。

同理，可测定其他类型农药对作物的安全性，即

$$安全性系数 = \frac{防治病虫的有效使用剂量}{对作物产生药害的剂量}$$

（6）品种敏感性试验　为了解某种作物的多个栽培品种对农药的敏感性。设几个不同环境条件下，进行多个栽培品种选择性比较试验。小区面积与田间药效试验相同，不同品种平行播种1~2行。设推荐用药量、倍量，有时还设三倍量。对照药剂选用在生产中证明的药效好、对作物安全的药剂。用目测百分率法调查，3级为可接受的界限。准确评价不同作物品种的相对敏感性，判定哪些品种更具耐药性。

五、农药的毒性、残留及安全使用

110. 我国常用农药的急性毒性有多大？

农药的毒性本书前面已经提及，这里重点讨论急性的分类。农药急性毒性是针对温血动物而言的。我国的农药产品急性毒性分为剧毒、高毒、中等毒、低毒和微毒5个等级。

按分级标准，可见农药中的杀菌剂、除草剂、植物生长调节剂大部分属低毒、微毒，部分属中等毒，没有剧毒、高毒的，这是因为这些农药的作用对象属于植物类，与动物在生理上相距太远。而杀鼠剂的作用是老鼠，则多为高毒类，故国家将其列为专项管理。现将我国常见杀虫剂的毒性水平列入表12，并与几种生活用品相比较。

表 12　我国常用杀虫剂的毒性水平与生活用品比较

毒性分级	级别符号	杀虫剂名称	毒性水平/(mg/kg)
Ⅰ（a）级	剧毒	河豚毒素[①]	0.01
		石房蛤毒素[①]	0.26
		涕灭威	0.93
		甲拌磷	2
Ⅰ（b）级	高毒	克百威	8（经皮＞10200）
		阿维菌素	10
		灭多威	17
		氧乐果	50
		烟碱	50
Ⅱ级	中等毒	联苯菊酯	54.5（经皮＞2000）
		三唑磷	57～59（经皮＞2000）
		高效氯氟氰菊酯	56～79
		敌敌畏	56～80

毒性分级	级别符号	杀虫剂名称	毒性水平/(mg/kg)
Ⅱ级	中等毒	高效氯氰菊酯	60～80
		硫双威	66（经皮＞2000）
		杀虫单	68（经皮＞10000）
		氟虫腈	97
		甲氰菊酯	107～164
		溴氰菊酯	138.7（经皮＞2940）
		丙硫克百威	138（经皮＞2200）
		抗蚜威	147
		啶虫脒	146～217
		毒死蜱	163（经皮＞2000）
		喹硫磷	195
		咖啡因[①]	200
		丁硫克百威	209（经皮＞2000）
		氯氰菊酯	251（经皮＞2400）
		单甲脒	260
		抑食肼	271（经皮＞5000）
		氟胺氰菊酯	286
		甲萘威	300（经皮＞2000）
		氯胺磷	316
		乐果	320～380
		顺式氰戊菊酯	325（经皮＞5000）
		杀螟丹	326～345
		异丙威	403～465（经皮 10250）
		吡虫啉	450
		杀虫双	451
		氰戊菊酯	451
		唑螨酯	480（经皮＞2000）

① 不是农药。

由表12可知，已有很多农药品种的毒性水平显著低于食盐、小苏打和阿司匹林；在中等毒农药品种中，有些品种的经皮毒性属于低毒级，表明皮肤接触不会引起中毒；属高毒类农药的克百威，其经皮毒性属微毒级，且加工剂型为颗粒剂，施用中还是安全的；属剧毒级的涕灭威加工剂型为颗粒剂，甲拌磷仅用于拌种而禁止喷雾，所以这两种农药按规定方法在某些作物上施用也还是安全的。

由表12还可知，日常饮料中的咖啡因已属于中等毒性的物质，烟草中的烟碱属于高毒的物质，然而这两种化合物却是人类生活用品中使用最多的，许多人趋之若鹜且并无畏惧之心。高等毒性分级表榜首的河豚毒素和出现于海洋红潮中的石房蛤毒素也同人类的生活及环境关系十分密切，至今，人类合成出来的农药的毒性还没有一种超过它们的。

依据国际惯例，我国也一直在根据农药生产使用中的实际情况对现用农药品种不断地进行风险评估，根据评估结果，有序地淘汰一些风险较大的品种。

111. 商品农药制剂的毒性与农药原药的毒性一致吗？

① 农药制剂的毒性与其剂型的关系极为密切。同一种农药原药加工成不同剂型的制剂，它们的毒性是有差异的。一般说固态剂型的毒性低于液态剂型的毒性；固态剂型中粉状制剂的毒性略高于粒状制剂，液态剂型中的油质制剂毒性高于水质制剂毒性。例如 2.5％溴氰菊酯乳油对大鼠急性经口 LD_{50} 为 535mg/kg 或 710mg/kg（两个不同厂家的产品），2.5％溴氰菊酯可湿性粉剂对大鼠急性经口 LD_{50} 大于 1500mg/kg，溴菌腈的 25％可湿性粉剂和 25％乳油对大鼠急性经口 LD_{50} 分别为 3140mg/kg 和 1080mg/kg。

② 原药毒性远高于制剂毒性，某些高毒原药可以加工成低毒制剂而安全使用。例如，阿维菌素原药对大鼠急性经口 LD_{50} 为 13mg/kg，属高毒杀虫剂，而它的制剂 1.8％乳油对大鼠急性经口 LD_{50} 为 650mg/kg，则属于低毒制剂，可以安全使用。

鉴于原药生产是在控制条件下进行，接触的人数有限，安全工作易于实施，制剂是面对千家万户广大农民的，农民用户所能接触到的也只是制剂。因而有人认为以制剂的毒性评价农药毒性等级更符合客观实际，有些国家也是这样执行，我国是以原药和制剂的毒性作为评价农药毒性等级的标准，用户使用的每种农药商品制剂的标签上均标注有该产品的毒性等级。

112. 什么叫作农药残留和农药残留量？

农药残留是指农药使用后残存于生物体、农副产品和环境中的微量农药原体、有毒代谢物、降解物和杂质的总称。残存的数量叫作残留量，以每千克样本中有多少毫克表示。农药残留是使用农药后的必然现象，只是残留的时间有长有短，残留的数量有大有小，但残留是不可避免的。研究农药残留的目的是通过合理用药以减少农药残留量和残留农药对人类和环境、生态系统的不良影响，并制订每种农药在农产品中残留量的标准。农药残毒就是指农药的残留量超过规定的标准。凡农药残留量没有超过规定标准的农产品，即可视为无农药残毒。西方医学的祖训是"什么东西都有毒，关键是量"，这也是人们常说的"水喝多了一样会死人"，一切只是量的掌握。

113. 农产品中农药残留来自何方？

（1）农药的直接喷施 农药喷施于农作物，部分沉积在植株表面，部分渗入内部，内吸性药剂还会输导到植株各部位。这些在植株体表或体内的农药，都会逐渐降解，使残留量逐渐降低。采收距施药日期愈远，则残留量愈低。因此选择降解速率较快并在规定的安全间隔期后再进行采收，是控制和降低农产品中农药残留最重要和最有效的措施。

（2）从土壤中吸收　在喷施农药过程中，大部分的药剂流落在土壤中，这些药剂中的一部分会在土壤中积累。作物根系在吸收水分和营养的同时，也会吸收药剂并转入到作物地上部位。某些具有挥发性的农药还会从土壤中挥发到空气中被作物吸收。

（3）由水携带　农田灌溉和喷药都要用大量的水，被农药污染的水会由此而进入农作物体内。水溶性大的农药更易随水进入农作物体内。

（4）空气飘移　农田周围施药后，从着药表面挥发进入大气，吸附在飘浮的尘埃上或直接随气流飘来的雾滴、粉粒上等，都会在一定距离外直接沉降或随雨水淋降在农作物上。

一般是作物收获部位为直接施药部位，一季多次采收的作物，易发生农药残留问题。

114. 评价农药残留的指标主要有哪些？

为了控制农药残留量，必须建立农药残留的评价方法和残留的允许标准。常用的指标有农药半衰期、安全间隔期、每日允许摄入量、最高残留限量等。它们之间的关系是：根据半衰期制定安全间隔期；根据动物试验得到的最大无作用剂量计算出每日允许摄入量；再根据每日允许摄入量制定出最高残留限量。

115. 什么叫作农药半衰期？

农药施用后，落在植物上和土壤中，或散布在空气中，都会不断地分解直至全部消失，这就是农药的降解过程。农药在某种条件下降解 1/2 所需的时间，称为农药半衰期或农药残留半衰期。半衰期的长短不仅与农药的物理化学稳定性有关，还与施药方式和环境条件，包括日光、雨量、温湿度、土壤类型和土壤微生物、pH、气流、作物等有关。同一种农药在不同条件下使用后，半衰期变化幅度很大。

（1）农药在土壤中的半衰期　一般情况下，化学性质稳定的农药，则半衰期长，如滴滴涕、六六六为 2～4 年，砷和汞类农药为 10～30 年，而有机磷农药只有一周至二三个月。农药在渍水和非渍水土壤中的半衰期也相差很大。农药在土壤中半衰期长短，直接影响土壤中微生物和动物的生长，还影响作物从土壤中吸收农药及对河流和地下水的污染。

（2）农药在作物上的半衰期　它直接影响到收获农产品中农药残留量。表 13 列出了 16 种农药在茶叶鲜叶上的半衰期。由此可见各种农药的持久性是有差别的，同为有机磷杀虫剂的辛硫磷和敌敌畏半衰期最短仅 0.20 天。

表 13　16 种农药在茶叶鲜叶上的半衰期　　　　　　　　　　单位：d

农药	半衰期
辛硫磷	0.20
敌敌畏	0.20
马拉硫磷	0.22
杀螟硫磷	0.50

农药	半衰期
喹硫磷	0.59
乐果	0.90
亚胺硫磷	1.15
灭多威	1.43
噻嗪酮	1.86
除虫脲	2.76
氯菊酯	2.70
顺式氰菊酯	2.90
氯氰菊酯	2.95
溴氰菊酯	3.20
联苯菊酯	3.20
氯氟氰菊酯	3.40

农药半衰期的长短，与农药的持久毒害关系很大。半衰期长的，在农畜产品和环境中残留量大、残留时间长，会给人类带来直接或间接的危害，因而必须逐步被替代或淘汰。

116. 什么叫作农药每日允许摄入量？ 是如何制定的？

每日允许摄入量是指人体终生每日摄入某种农药对健康不引起可觉察有害作用的剂量，以相当于人体每千克体重每日摄入农药的质量（mg）表示，单位为 mg/(kg·d)。它的制定是非常严格的。

首先，取得农药对动物的最大无作用剂量。它是通过慢性毒性试验，即通过长期的动物喂饲试验，求得长期摄入对健康也不产生不良影响的剂量，单位为 mg/(kg·d)，每千克体重动物每天摄入农药的质量（mg）。例如，对狗的最大无作用剂量：敌敌畏为 0.37mg/(kg·d)，辛硫磷为 0.05mg/(kg·d)，溴氰菊酯为 1mg/(kg·d)。数值愈大，代表慢性毒性愈低，对人愈安全。

然后，计算 ADI 值。农药最大无作用剂量的数据都是在动物身上试验获得的，为了对人的绝对安全，需要考虑一个安全系数。因为人和动物对药剂的敏感性不同，种间差异约为 10 倍，人类的个体差异也约为 10 倍，所以这个安全系数通常取 50～100，对某些农药具有致癌、致畸、致突变（通称"三致"）或具特殊毒性的，则其安全系数可增至 1000，甚至 5000。将最大无作用剂量除以安全系数，即可以得出人体对该农药的每天允许摄入量，简称 ADI，单位是 mg/(kg·d)。

$$每日允许摄入量（ADI）= \frac{最大无作用剂量}{安全系数}$$

以辛硫磷为例，ADI 值即为 0.05/100＝0.0005，即每千克人体重摄入 0.0005mg，即使长期接触，对健康也无不良影响。一个体重 60kg 的人，每天通过饮食进入体内

0.03mg 辛硫磷是允许的。

联合国粮农组织（FAO）和世界卫生组织（WHO）的农药专家联席会议每年都要讨论厂商或其他组织提出的各种农药的每日允许摄入量，并向各国推荐。中国的 ADI 主要参照 FAO 和 WHO 的数据。中国创制的新农药，其 ADI 由卫生部门研究制定。

ADI 值并非固定不变，随着研究资料的不断完善，这个 ADI 值也会进行修订。例如氯氰菊酯的 ADI 值在 1979 年为 0.006mg/(kg·d)，到 1981 年即修订为 0.05mg/(kg·d)。

ADI 数值与急性毒性数据是不一致的。杀虫脒的急性经口 LD_{50} 值约为 200mg/kg，其 ADI 值最小，为 0.0001mg/(kg·d)，表明其慢性毒性问题严重，因而我国已决定停止使用。

每日允许摄入量是制定农药最高残留限量的毒理学依据。

117. 什么叫作农药最高残留限量？ 是如何制定的？

农药最高残留限量简称为 MRL，指在农畜产品、食品和饲料中法定的农药残留量最高允许浓度，以每千克食物中所含农药的质量表示（mg/kg）。它是按照农药标签上推荐的使用剂量和使用方法施用农药后，在食物中产生的最大残留量，而不是残留量的平均值。在这个残留量的限度之内，人们长期食用，仍可保证健康不受损害。这是一种从食品卫生保健角度防止农药残留危害的安全性措施。

日常所说的农药残留量超标，就是指农药残留量超过 MRL 值。

农药最高残留限量由各国指定部门负责制定，由政府按法规公布。由于各国病虫害发生情况不同，膳食结构不同，以及农产品出口和进口国对农药残留量要求松紧不完全一致等因素，各国制定的农药最高残留限量往往不一致。为减少国际贸易中的纠纷，联合国粮农组织下设的农药残留法典委员会制定各种农药最高残留限量的国际标准，各国在制定最高残留限量时，都尽可能参照这个标准。

制定农药最高残留限量的目的有三个。

① 控制农产品中过量农药残留，以保障食用者的健康。申请农药登记时提供最高残留限量数据，供有关部门对该农药在农产品中的潜在危害评价作参考。

② 按照农药最高残留限量数据，指导和推广安全合理用药。

③ 作为进出口农产品检验的依据。

依据每日允许摄入量计算农药最高残留限量。根据膳食资料和人的平均体重（标准体重来计算）。据调查结果确定，我国每人每天食谱量为 1.175kg，其中包括粮食、蔬菜、肉类、水果、油类以及其他食品。人均体重我国多采用 60kg 这个数字。据此按下列公式计算农药的最高残留限量 MRL 值。

$$MRL = \frac{ADI\ 值 \times 标准体重}{膳食量}$$

以马拉硫磷为例，据联合国粮农组织在 1997 年制定的马拉硫磷 ADI 值为 0.02mg/(kg·d)，由此计算出的 MRL 值为：

$$马拉硫磷最高残留限量（MRL）= \frac{0.02 \times 60}{1.175}(mg/kg) = 1.021(mg/kg)$$

由于各区域人体的平均体重差异较大，膳食构成更为悬殊，所以同一种农药在不同地区的相同食品中的最高残留限量也不相同。在确定某种食品中农药 MRL 值时，常根据它可能被人体摄入的数量和国外制定的 MRL 值进行适当的调整。

118. 什么是安全间隔期？ 是如何制定的？

安全间隔期是指最后一次施药距收获的天数，也就是说喷施一定剂量农药后必须等待多少天才能采摘，故安全间隔期又名安全等待期，它是农药安全使用标准中的一部分，也是控制和降低农产品中农药残留量的一项关键性措施。在执行安全间隔期的情况下所收获的农产品，其农药残留量一般将低于最高残留限量，至少是不会超标。不同的农药和剂量要求有不同的安全间隔期，性质稳定的农药不易降解，其安全间隔期就长。安全间隔期的长短还与农药最高残留限量值大小有关，例如拟除虫菊酯类农药虽性质较稳定，但其最高残留限量值一般都较高，因而安全间隔期相对较短。

安全间隔期的长短取决于农药的半衰期长短和在农作物食用部位中的最高残留限量值大小，因而安全间隔期制定的依据也是这两个数据。在制定一种农药在某种作物上的安全间隔期时，首先要掌握该农药在正常使用剂量条件下，在作物食用部位上的降解规律，得出其降解动态曲线和半衰期。一般是农药的半衰期短，其安全间隔期也会较短；如果半衰期很短的农药，但其最高残留限量值定得较低，也必须间隔较长的时期才能使药剂降解至最高残留限量标准的水平。例如，杀螟硫磷在茶树鲜叶上的半衰期只有 0.5 天，表明其降解速度较快，但其最高残留限量也定得较低，只有 0.3mg/kg，因而安全间隔期定得较长，为 10 天。相反，降解速度较慢，半衰期较长，但其最高残留限量值较高的农药，其安全间隔期也会定得较短。如氯菊酯在茶树鲜叶上的半衰期为 2.7 天，最高残留限量为 3.0mg/kg，因此其安全间隔期仅定为 3 天。

同一种农药在不同作物上的残留量不相同，果菜类作物上的农药残留量比叶菜类作物要低得多，这就需要制定每种农药在各类作物的安全间隔期。拌种剂、土壤处理剂等施药日期是固定的，只需测定收获后农产品中最终残留量不超过最高残留限量即可。

我国制定的农药安全使用标准（或合理使用准则）均由其在各类作物上的安全间隔期规定。

119. 农药残留有什么危害？

农药使用后，残存的农药主要在农副产品和环境中，其危害也就在这两方面。

（1）对农副产品的危害　大多数农药按照推荐的剂量、施用方法和时间、使用次数，农副产品中农药残留量不会超过国家规定的标准，即不会产生危害性。但是事实上农药残留量超过标准（即允许的量）仍时有发生，其原因是：①未按规定施药，造成农药过量残留；②农药残留量为农药原体及其有毒代谢物和杂质的总残留量，所以残留的时间很长；③残留农药可以通过食物链富集到农畜产品中，例如滴滴涕、六六六我国早在 1983 年就停止生产和使用，而过去残留在环境中极微量的滴滴涕和六六六，至今仍通过食物链富集到畜禽体内，如部分畜禽产品（兔、肉、蛋）中。

（2）对环境的危害　喷洒的农药除部分落到作物或杂草上，大部分是落入田土中或飘移落至施药区以外的土壤或水域中；土壤杀虫剂、杀菌剂或除草剂直接施于土壤中。这些残留在土壤中的农药，虽不会直接引起人畜中毒，但它是农药的贮存库和污染源，可以被作物根系吸收，可逸失在大气中，可被雨水或灌溉水带入河流或渗入地下水。莠去津、甲草胺、乐果等在水中溶解度较大的农药，更易被雨水淋溶而污染地下水。有的地区地下水温低、微生物活动弱，被渗进来的农药分解缓慢，如涕灭威需 $2\sim3$ 年才降解 $1/2$。许多国家是以地下水为主要饮用水源，对地下水中农药残留的规定很严格，如欧洲一些国家规定：单个农药不得超过 $0.0001mg/L$，几种农药同时残留在地下水中的总浓度不得超过 $0.0005mg/L$。

残存在土壤中的农药，还可能对后茬作物产生药害。西玛津、莠去津等均三氮苯类除草剂在玉米地如使用不当，对后茬小麦有药害；磺酰脲和咪唑啉酮类除草剂在土壤中残留时间很长，有的品种可达 $2\sim3$ 年，若连年施用会在土壤中累积，极易对后茬敏感作物产生药害。

120. 控制农药残留的主要措施有哪些？

主要措施有三条。

① 我国已制定了七批农药安全使用标准和农药合理使用准则，应严格遵守准则施药，尤其要严格掌握安全间隔期，防止和减少农药在农、畜产品和环境中的残留。

② 禁止或限制使用剧毒和高残留农药，严防不按规定范围使用农药。

③ 对主要农副产品中的农药残留进行监测，阻止农药残留量超标的农副产品流入消费市场，以保证食品卫生和保护人体健康。

121. 什么叫绿色食品？

绿色食品这个概念是由我国提出的。由于与环境保护有关的事物国际上通常都称之为"绿色"，为了更加突出这类食品出自良好的生态环境，因而定名为绿色食品。

绿色食品是指遵循可持续发展原则，按照特定生产方式生产，经专门机构认定，许可使用绿色食品标志的无污染的安全、优质、营养类食品。绿色食品标志由中国绿色食品中心认定颁发。绿色食品分为 A 级和 AA 级。

（1）A 级绿色食品　指在生态环境质量符合规定标准的产地，生产过程中允许限量使用限定的化学合成物质，按特定的生产操作规程生产、加工，产品质量及包装经检测、检查符合特定标准，并经专门机构认定，许可使用 A 级绿色食品标志的产品。

（2）AA 级绿色食品　指在生态环境质量符合规定标准的产地，生产过程中不使用任何有害化学合成物质，按特定的生产操作规程生产、加工，产品质量及包装经检测、检查符合特定标准，并经专门机构认定，许可使用 AA 级绿色食品标志的产品。AA 级绿色食品标准已经达到甚至超过国际有机农业运动联盟对于有机食品的基本要求。

有机食品是国际上普遍认同的叫法。这里所说的"有机"并不是化学上的概念。生态环境部有机食品发展中心认证标准中有机食品的定义是：来自于有机农业生产体系，根据有机认证标准生产、加工，并经独立的有机食品认证机构认证的农产品及加工品等，包括粮食、蔬菜、水果、奶制品、禽畜产品、蜂蜜、水产品、调料等。

绿色食品和有机食品在生产过程中允许限品种、限量、限时间地使用合成的化学农药，但要符合国家食品卫生标准。

这里须说明的是：绿色食品未必都是绿颜色的，绿颜色的食品也未必就是绿色食品。也不是只有偏远的、无污染的地区才能从事绿色食品的生产，在大城市郊区，只要环境中的污染物不超过标准规定值，也能够进行绿色食品生产。同理，也并不是封闭、落后、偏远的山区及没受人类活动污染的地区生产出来的食品就一定是绿色食品，也就是说不使用任何农药生产出来的农产品并非都是绿色食品。因为那些地区的大气、土壤或河流中也可能含有天然的有害物质，野生的、天然的食品也不能都算作绿色食品，在那些地区生长的野生食品如野菜、野果等以及人工种植的农产品，是否是绿色食品，还是要经过专门机构的认证。

122. 哪些人不能参加施药工作？

田间施药人员必须是工作认真、身体健康的青壮年，并经过一定的技术培训。下列人员不能参加施药工作。

① 少年和老年人。少年身体的各个系统、组织、器官正在迅速成长，尚未完全发育成熟，尤其是神经系统未完善，对毒剂的耐受力较低，解毒功能较弱；老年人生理机能逐渐减退，对农药的耐受力、解毒力都比较差。因此，少年和老年人都不宜参加施药工作。施药人员应是年龄在 18～50 岁。

② 为保护妇女、胎儿和婴儿的身体健康，禁止月经期、怀孕期、哺乳期妇女参加。

③ 患精神病和皮肤病者、皮肤破损者、农药中毒尚未完全康复者、体弱多病者，一律不能参加施药工作。

123. 施用农药过程中，引起农药中毒有哪些主要原因？

在生产和使用农药过程中，由于缺乏防毒科学知识和有效的防护措施，使农药进入人体的量超过了正常人的最大耐受量，造成肌体正常生理功能出现失调或某些器官受损伤和发生病理改变，表现出一系列中毒临床症状，称之为农药中毒。施用农药过程中引起农药中毒的主要原因有：

① 施药人员选择不当。如选用儿童、少年、老年人、三期妇女（月经期、孕期、哺乳期）、体弱多病、患皮肤病、皮肤有破损、精神不正常、对农药过敏或中毒后尚未完全恢复健康者。

② 不注意个人防护。配药、拌种、拌毒土时不戴橡皮手套和防毒口罩。施药时不穿长袖衣、长裤和鞋，赤足露背喷药，或用手直接播撒经高毒农药拌种的种子。

③ 配药不小心。药液污染皮肤，又没有及时清洗，或药液溅入眼内。人在下风处配药，吸入农药过多。甚至有人用手直接拌种、拌毒土。

④ 喷药方法不正确。如下风喷药，或几架药械同田、同时喷药，又未按梯形前进下风侧先行，引起粉尘、雾滴污染。

⑤ 发生喷雾器漏水、冒水，或喷头堵塞等故障时，徒手修理，甚至用嘴吹，农药污染皮肤或经口腔进入体内。

⑥ 连续施药时间过长。经皮肤和呼吸道进入体内的药量较多，加之人体疲劳，抵抗力减弱。

⑦ 施药过程中吸烟、喝水、吃东西，或是施药后未洗手、洗脸就吃东西、喝水、吸烟等。

以上列举的几种情况，不管哪个环节疏忽，都有可能发生农药中毒，一定不要掉以轻心。

124. 为什么必须做好田间施药人员的个人防护？

据有些国家对农药使用过程中人员中毒原因的调查分析结果可以看出，不穿戴防护服或不使用防护工具，喷药人员疏忽、在体弱疲劳情况施药是中毒事故多发的主要原因。中毒现象发生最多的是地面施药人员和配药、装药人员；飞机喷药和拖拉机喷药的驾驶人员，由于驾驶舱的防护作用，中毒的人数很少。而这些情况在我国目前的农村中恰恰是普遍的现象，由于主要仍是采用手动喷雾机具，农药中毒事故数量一直居高不下，其中配药、施药过程中引起的中毒事故高达90％，可见，必须做好田间施药人员的个人防护。

农药侵入人体主要是通过呼吸和皮肤接触。通过口腔侵入，在田间施药过程中是很少见的。当然，一些地方的农民有在田头餐饮的习惯，有可能经口沾染农药而发生意外。

（1）呼吸系统侵入 熏蒸剂是最危险的呼吸毒剂，由于从事熏蒸工作者都必须是经过培训的专业人员，并佩戴防毒面具或专用口罩，一般不会发生呼吸中毒事故，仅在田间土壤熏蒸作业时可能发生中毒。

飘悬在空气中能侵入鼻腔和口腔的农药雾滴、粉粒、烟雾都属可吸入物。小于$5\mu m$者可从鼻孔侵入，其中$1\sim5\mu m$的可吸入气管和支气管，小于$1\mu m$的能进一步扩散到肺部的深层，如肺泡。$5\sim30\mu m$的较大雾粒，则主要沉积在呼吸道的上部，如鼻腔或口腔。

（2）皮肤侵入 皮肤侵入是最主要、发生机会最多的农药中毒途径，尤其是配药、装药、地面手动施药人员，接触农药的机会更多。表14是人体各部位的面积及所占比例。

表14　人体各部位的面积及所占比例

人体部位	面积/cm^2	占身体总面积的百分比/％
头和颈	1200	6
体驱（前面）	3800	19
体驱（背面）	3800	19
双手臂	2700	13.5
双大腿	3800	19
双小腿和脚	3800	19
双手	900	4.5
总计	20000	100

125. 如何做好田间施药人员的个人防护？

在工业化国家早已规定了田间施药人员使用防护服和其他防护工具的要求，所用的材料和形状也屡经改进，逐步形成了规范化的防护体系。

防护用品是阻止农药进入人体的屏障。防护用品材料应选择阻挡农药效率高、透气性好、能就地取材、便于制作、用后便于清洗消毒的。

（1）布质材料　一般细布对农药的阻挡率为 68%，一般提倡使用经防水、防油处理过的棉织物制作长袖衣裤。

（2）塑料薄膜　塑料薄膜及化肥袋，阻挡农药效率达 89%。为避免闷气，可制成围裙和护腿。对于含有机溶剂的农药，防护手套可选较为便宜的丁腈橡胶、聚氯乙烯橡胶制作的。对于水溶性农药和水悬浮药液，可选用一次性聚氯乙烯手套。手套的长度至少达到手腕以上，工作中的手套不可触摸身体的任何暴露部位，特别是眼睛和面部。

防护围裙可用聚氯乙烯、橡胶制造，或用聚乙烯制造的一次性围裙。围裙必须能遮住身体前面从颈部至膝部的全部躯体。若临时找不到合适的围裙，也可以用一块塑料布或干净的大塑料口袋剪成类似的围裙作应急使用，但只能使用一次。

使用手动喷雾器时，喷雾器渗漏会造成接触部位（尤其是背部）的工作服吸收大量药液，必须在工作服上身套上一只塑料袋或在背部披一块塑料布。

（3）就便材料　如较大的树叶、芭蕉叶、笋壳等可作为足部防护用具。稻田使用的水田靴是一种比较薄的橡胶制品，高度可达到膝部下面，作为施药防护靴也是合适的。

126. 施药人员的工作时间应如何安排？

施药人员不论防护多么好，也难免受到农药或多或少的污染，如时间过长，同样可能导致中毒。为确保施药人员的安全，必须规定一定的工作时间。

据室内和田间试验测定及中毒事故实地调查的结果表明，施药人员在田间打药的实际时间应是：一天不超过 6h，连续施药 3~5 天应休息 1 天；使用背负式机动喷洒机具，需两人轮换；使用高毒农药时，每天工作还应适当短些，并安排两人轮换。在炎热高温季节施药，由于农药挥发快，田间空气中农药浓度上升，加之人体散热时皮肤毛细血管扩张，农药经皮肤和呼吸道吸入多，产生中毒的机会增加，所以禁止在高温期间（中午）打药，一般安排在早晚进行。

127. 施药后的田块应怎样管理？

施过药的田块，作物、杂草上都沾附着一定量的农药，一般需要经 4~5 天后才会消失大部分，有些化学性质较稳定、降解速度较慢、毒性又高的农药，则需要更长一些时间。因此，施过药的田块，在规定时间内不得入内从事劳动或挑猪菜等，以防沾染农药引起中毒。具体做法是，对施过药的田块，特别是施过毒性较高的农药，要插牌标明"已喷农药，××天内不得入内或不得采摘（瓜、果、菜）""×月×日"或"果树已喷农药，30 天内请勿采摘，×月×日"。稻田施药后，要巡视田埂，防止田水渗漏或溢出，在雨后更应巡视，3 天内不排水。

128. 农药会污染地下水吗？

在地表水资源日益短缺的今天，地下水的使用量逐年增大。近 30 多年来，不少国家发现地下水被农药污染，而这种污染是很难消除的，因而引起各国政府的高度重视。

农药地下水污染是指土壤中残留的农药随水下渗，使地下水中的农药浓度超过了饮用水卫生标准允许的浓度。农药对地下水污染的原因与农药的性质，施药地区的气候、水文地质及土壤条件有关。凡具有下列特性的农药和地区，易造成对地下水污染：农药的水溶性大于30mg/L，土壤吸附系数小于5（通常小于1或2），水解半衰期大于半年，土壤降解半衰期大于2~3周，光解半衰期大于3天。

水溶性大、吸附性能弱的农药容易随水淋溶进入地下水中。某些水溶性低、吸附性能强的农药，其在土壤中降解速率很慢，在土壤中残留时期很长，如滴滴涕等也可能有少量进入地下水中。在有机质含量低的沙性土壤中，农药容易随水淋溶而进入地下水中。施药地区的降雨与灌溉，对农药在土壤中移动有很大的影响，特别是施药后不久遇大雨或进行灌溉，就容易造成地下水污染。

129. 施药时污染了水源，应如何处理？

施药时污染了水源，应根据农药的品种和污染程度来决定采取的措施，一般处理原则如下。

（1）切断污染源　如施药田水溢漏，要加高田埂、堵塞漏洞。已被污染的水源（主要是河塘），应及时堵截，以减少污染面。

（2）暂停饮用　根据污染可能波及的范围，立即通知被污染河段的沿岸及水上居民，暂停饮用。

（3）排放、消毒　饮用水塘被污染，而水塘又不太大，则可抽水灌田，消除淤泥。水井被污染，可抽水掏井。对污染较重的水域，可撒石灰以加速农药分解，同时设法加大河水流量，以加速稀释和排放。

（4）采水化验　如水塘受污染，在塘四周及中央设点采样；河流受污染，视水流速和流量的大小和使用情况，在下游（有时连上中游）相隔一定距离设点取样，送卫生部门化验。

经处理后的河塘，再采水样化验，直至符合饮用卫生标准方可饮用。

130. 如何估测农药对有益生物的伤害性？

在农田或林区的生态环境中生存着很多其他的生物。这些生物中，除了人类需要防除的病原菌、害虫（包括害螨）、杂草等有害生物，还有大量的有益生物，它们是人类的朋友。有人类出于利用目的而饲养的家蚕、蜜蜂、鱼、虾等；有可以帮助人类消灭害虫的瓢虫、草蛉、寄生蜂、青蛙等；有对生态环境的保护有很大作用的鸟类、蚯蚓及根瘤菌等有益生物。当使用农药防治有害生物的同时也可能伤害上述有益生物。

为了免除或减少农药对有益生物的伤害，当一种新品种农药投放市场之前必须准确地估测其对有益生物的毒性。有益生物种类很多，不可能一一估测，常选用其中有代表性的几种，如蜜蜂、鱼类、蚕、鸟类、赤眼蜂、蚯蚓、水蚤、水藻等为供试对象进行测定，并根据测试结果制订某种农药的安全使用措施。

131. 农药对蜜蜂的毒性怎样评价？

蜜蜂是一种昆虫，农药（尤其是杀虫剂）大面积喷洒后，易引起蜜蜂直接接触药剂而中毒；有时则因蜜蜂吸食有毒的花蜜或水而中毒；有时蜜蜂将带药的花粉带回蜂房，使整群蜜蜂中毒死亡。各种农药对蜜蜂的毒性有大有小，通常以半数致死量（LD_{50}）来表示。即将养殖最普遍的意大利蜜蜂的成年工蜂饲养在 $23\sim27℃$ 微光条件下，使其接触农药后24h，中毒死亡50％的药剂量，以 $\mu g/$蜂 为单位。按 LD_{50} 值的大小，把农药对蜜蜂毒性划分为三个等级。

高毒级为 $0.01\sim1.99\mu g/$蜂；

中等毒级为 $2.0\sim10.99\mu g/$蜂；

低毒级为大于 $11.0\mu g/$蜂。

对蜜蜂高毒的农药，在作物喷药后数天内不得让蜜蜂接触；中等毒级农药虽对蜜蜂无明显危害，但亦应避免直接接触；低毒级农药按规定方法施用，对蜜蜂无危害性影响。

联合国粮农组织建议，农药对蜜蜂的接触毒性 LD_{50} 值大于 $10\mu g/$蜂，或按田间推荐用药量的 2 倍直接喷施，蜜蜂死亡率小于 10％者，列为对蜜蜂无危害的安全农药。

农药对蜜蜂毒性是农药登记和指导农药安全使用时必备的资料。

为防止使用杀虫剂引起蜜蜂中毒死亡，施药时应注意以下各点。

① 对蜜蜂高毒的药剂，应避免在花期施药。

② 喷药前应通知养蜂户和蜂场不要放蜂，并对蜂加以防护，尤其是飞机喷药更应注意。

③ 一般喷雾应距蜂房 400m 以外，气温不要高于 15℃，最好夜间喷药。

132. 农药对鱼的毒性怎样评价？

农药鱼毒性是指农药对鱼类的生长和生理、生化功能造成的损伤，包括急性毒性和慢性毒性两类，但通常是用急性毒性来评价，以致死中浓度（LC_{50}）值表示，单位是 mg/L。即在一定温度（$20\sim28℃$）水温中，供试鱼接触农药 48h 后死亡 50％ 的药剂浓度。LC_{50} 值愈小，农药对鱼类的毒性愈大。根据 48h 的 LC_{50} 值大小将农药鱼毒性划分为 3 个等级。

低毒级　LC_{50} 大于 10mg/L；

中等毒级　LC_{50} $1.0\sim10$mg/L；

高毒级　LC_{50} 小于 1.0mg/L。

高毒级农药在施药后的最初几天内，禁止将田水排入河塘，以免造成对水生生物的危害。中毒级农药，在一般情况下对鱼类影响不大；如使用不当，也会发生鱼类中毒事故，在施药后要尽量避免田水流入河塘。低毒级农药在施药后，对周围水域中水生生物无危害。

133. 农药对鸟类的毒性怎样评价？

农药对鸟类毒性是指农药对鸟类生长、繁衍和生理生化功能的影响与危害。包括急性毒性与慢性毒性两类。急性毒性常用 LD_{50} 表示，单位为 mg/kg；慢性毒性以蓄积系数表示，其计算公式为：

$$蓄积系数 = \frac{LD_{50(n)}}{LD_{50(1)}}$$

式中，$LD_{50(1)}$ 为开始染毒的剂量，通常为 $0.1\,LD_{50}$；$LD_{50(n)}$ 为出现 50% 死亡时，n 次染毒的累计总剂量。两种毒性的分级见表 15。

表 15　农药对鸟类毒性的分级与评价

急性毒性	$LD_{50}/(mg/kg)$	慢性毒性	蓄积系数
高毒	<15	高度蓄积	<1
中等毒	$15\sim150$	明显蓄积	$1\sim3$
低毒	>150	中等蓄积	$3\sim5$
		轻度蓄积	>5

鸟类是整个生态系统中一类重要的生物群，农药进入环境后，对鸟类可以造成直接危害，还会通过食物链在鸟类体内蓄积，导致慢性危害。因此，农药对鸟类的毒性，是农药安全评价的重要指标之一。

134. 农药对赤眼蜂的毒性有什么意义？

赤眼蜂是具有代表性的天敌昆虫，已大量人工繁殖，用于生物防治。了解各种农药，特别是杀虫剂对天敌昆虫的毒性，使其免受伤害，是合理使用农药的重要方面。农药对赤眼蜂的毒性是指农药对赤眼蜂机体造成损害的能力，用 LC_{50} 表示，以此来评价农药对天敌昆虫的安全性。

LC_{50} 是室内测定的结果。田间施用农药时，由于受环境因素的影响，对赤眼蜂的实际毒性往往低于室内测定结果。因而可采用农药对赤眼蜂的 LC_{50} 与田间常用浓度的比值，简称毒性比，作为评价农药对赤眼蜂毒性的标准。毒性比越大，则表示对赤眼蜂越安全。目前是将其划分为 3 个等级，即毒性比 ≥1 者为低毒级，≤0.5 为高毒级，介于两者之间的为中等毒级。

135. 农药对害虫天敌有哪些影响？

农作物和森林使用杀虫剂防治时，常发生两种现象引起人们的注意：一是防治对象的再猖獗，即使用杀虫剂一定时期后，有时害虫反而会大量发生，好像越治越重；二是某些次要害虫上升为主要害虫。

造成上述两种现象的原因是多方面的，也是错综复杂的，但农药对天敌的影响这个因素是肯定的。

① 杀虫剂对昆虫的选择性是有限的，一般能有效防治害虫的杀虫剂，多数也会杀伤害虫天敌。在一般情况下，由于天敌种群数量的恢复比害虫要慢得多，容易失去天敌对害虫的自然控制能力，在一定时间内造成害虫大量发生。

② 使用杀虫剂杀灭了害虫，使害虫天敌失去了食饵或寄主，造成天敌难于生存的不利条件，其结果使天敌数量锐减或迁移，为害虫创造了有利的生存繁衍的条件。

③ 使用杀菌剂防治病害的同时杀灭了害虫的寄生性病原菌。

④ 连续多年使用杀虫剂有效地控制了主要害虫，而如采用的杀虫剂种类对同田、同地区的次要害虫的防效甚微或无效，这些次要害虫就逐渐上升为主要害虫。

136. 使用农药时怎样防止杀伤害虫天敌？

在综合防治的总方针指导下，改进农药使用技术，使化学防治与生物防治更好地结合，针对不同具体情况，可供选择的途径如下。

① 农药对害虫天敌的毒性品种相差很大，应选用适当药剂品种或剂型，减少对主要害虫天敌的伤害。

② 选择适当施药时期，避开天敌对药剂的敏感时期。

③ 改进施药方式，保留少量害虫作为天敌的食料或寄主，充分利用天敌对害虫的自然控制力量，例如带状施药、点片防治、低剂量（或低浓度）用药等。

④ 了解田间天敌的种类、分布及数量、生活习性，为合理用药提供依据。

137. 农药对家蚕的毒性怎样评价？

农药对家蚕毒害的途径有：①桑园或附近农田施药，造成桑叶污染，进而危害家蚕，这种污染有时是药剂挥发的气体造成的，如杀虫双；②蚕室、蚕具用药剂消毒及防治蚕病药物使用过量，直接危害家蚕；③家庭卫生用农药灭蚊蝇时，在蚕室附近使用不当，危及家蚕的生长发育。因此，农药对家蚕的毒性数据，是农药登记和指导安全使用的必备资料。

家蚕品种较多，尚难规定统一的试验品种，目前只能因地制宜，选择农药使用地区常饲养的家蚕品种做蚕毒性试验。家蚕在不同生长发育阶段，对农药的反应不尽相同，除蚁蚕外，二龄蚕对农药反应最敏感，宜选用二龄起蚕做毒性试验，也可用五龄起蚕试验。在 25～27℃ 下，采用食下毒叶法（桑叶浸渍不同浓度药液后喂蚕）或熏蒸法（脱脂棉浸药液后置于小玻皿中，放在较密闭的容器内一边，用无毒桑叶喂蚕）进行，调查24h，48h 后家蚕的死亡率，计算 LC_{50} 或 LD_{50}。

农药对家蚕毒性等级的划分尚无统一标准，目前有两种评价方法：①采用食下毒叶法测得的 LC_{50} 与田间常用浓度的比值，比值越大，表示对家蚕越安全；②选一种参比农药来推测所测农药毒性的大小，凡 LD_{50} 值小于参比农药者为高毒，大于者至高一个数量级者为中等毒，其余者为低毒。例如以杀虫双为参比农药，杀虫双对五龄起蚕的经口 LD_{50} 为 $0.05\mu g/g$，所测农药中，小于 $0.05\mu g/g$ 者为高毒，$0.05～0.50\mu g/g$ 者为中等毒，大于 $0.50\mu g/g$ 者为低毒。

138. 施药时，怎样防止家蚕中毒？

施药时引起家蚕中毒的原因有三个方面。

① 在桑园或附近农田施药，药剂污染桑叶，进而危害家蚕。例如杀虫双、杀虫单、杀螟丹等沙蚕毒素类杀虫剂对家蚕具有很强的杀伤力，桑叶上只要沾有百万分之几含量的药剂，家蚕吃了就会中毒昏迷；桑叶上沾有十万分之几含量的药剂，家蚕吃了就会中毒死亡；若施用这类杀虫剂防治桑树害虫，施药后 1～2 个月采叶喂蚕，仍会引起家蚕中毒。这类药剂具有熏蒸作用，特别是杀虫双的熏蒸作用对家蚕毒性很强，在稻田施用杀虫双后，其挥发的蒸气飘移到桑叶上，家蚕吃了也会中毒，曾发生过药库中杀虫双挥发的蒸气引起药库周围养蚕户家蚕中毒的事故。因此，在蚕桑产区使用这类农药必须严

格防止污染桑叶、蚕具。宜选用颗粒剂、大粒剂撒施，若需用水剂，宜采用毒土撒施，在距桑园100m以内不得采用喷雾法，严禁采用机动弥雾或手动小孔径喷头进行低容量喷雾，以防雾滴飘移或药剂蒸气污染桑叶和蚕室。施药前要及早通知养蚕户，积极做好防毒工作；施药后，凡是配药、施药工具不能与采桑、养蚕用具混堆、混放；参与施药人员必须更换衣服、彻底清洗全身后，方可从事养蚕作业。

② 家庭卫生用农药灭蚊蝇时，在蚕室附近使用不当，危及家蚕的生长发育。

③ 蚕室、蚕具用药剂消毒及防治蚕病药物使用过量，直接危害家蚕。

139. 怎样防止畜、禽、鱼类的农药中毒？

随着农药广泛大量使用，造成畜、禽、鱼类农药中毒的事故时有发生。引起中毒的原因，多半是由于农药污染了水源和饲料，或是畜、禽误入施药区吃了拌过药的种子或作物苗、青草。因此，做好预防工作很重要，主要有以下四个方面。

① 把农药、毒饵、毒谷和拌过药的种子存放保管好，防止畜、禽啄食、舔食，更不可将播剩的拌药种子当饲料。盛放农药的容器不得用于存放饲料。

② 防止农药污染水源。被农药沾污的水，不得随意倾倒或任其流入水源；施药稻田的水不得溢流至水源，以免禽、畜误饮和鱼类中毒。

③ 防止畜、禽进入施药农田觅食、饮水。从施药农田采割新鲜饲料，要注意安全间隔期。

④ 禁止滥用、乱用农药给畜、禽治病。兽用农药要按照药物使用范围、应用剂量，严格掌握。

140. 被农药毒死的畜、禽、鱼类为什么不能食用？

被农药毒死的畜、禽、鱼类的体内含农药的量较高，即使通过清洗和蒸煮，也难使残留的农药全部消除，因而千万不要食用，更不能出售害人，必须深埋。对牛、马等大牲畜，可以剥取皮骨，作工业原料，其余部分只能沤腐作肥料或深埋。

141. 农药废弃物包括哪些？ 中国的现况如何？

农药废弃物包括三方面：

① 废弃农药。包括禁止使用但仍有库存的农药，超过保质期的农药，贮存过程中变质失效或减效的农药，标签脱落无法辨认的农药及伪劣农药。

② 残剩农药。指农药空包装容器中残剩的或沾附在容器壁上的农药，施药器械中未喷净的剩余药液或药粉（粒），施药器械及其他配药用具的冲洗液。

③ 农药包装物（瓶、桶、袋）及被农药污染的外包装物或其他物品。

以上仅是使用农药环节产生的农药废弃物，不包括农药生产环节产生的农药废弃物。

联合国粮农组织的资料显示，世界上约有50万吨农药废弃物，其中亚洲约有20万吨。在我国广大农村中常见到将施药后残剩药液或药粉及用具冲洗液随便倒在地上或倒进河塘，将农药包装物丢弃在田间地头或扔进河塘里。据报道，对京、津、冀的调查结果显示喷雾器冲洗液有44.7%的人直接倒入水渠、41%的人直接倒入地里、14.4%的人倒在水井边；江西省每亩农田上残留的农药包装物为 5～10 个，每年丢弃的农药包装物为 2 亿个以上。另据《技术开发与贸易机会》2001 年第 4 期报道，我国每年的农药包装废弃物约有 32 亿个。由此可见，施药过程中产生的这些农药废弃物已是农业面源污染的重要组成部分。

对农药废弃物的管理，在我国颁布的《农药管理条例》《农药管理条例实施办法》及 GB/T 8321.1～GB/T 8321.10 农药合理使用准则系列标准等农药管理的法规标准中虽有所涉及，但都比较笼统，没有制订具体管理措施，可操作性差。可喜的是已有地方政府先行一步，例如，鄂伦春自治旗制定了《农药包装废弃物管理办法》；湖南省岳阳市万瘦镇政府发动群众收集废弃的农药包装物，实施"清洁家园"工程，各村建立农药废弃物"清洁池"，将农药包装物集中在清洁池内，由废品收购站回收，交有关部门统一处理；北京市启动了使用新型安全农药补贴项目，农民只要使用政府推荐的农药，并把空农药包装物交回购药点，就可以获得 70%～80% 的用药补贴。由此，我们有理由相信，随着科学技术的发展，环保意识的增强，科学使用农药和合理处置农药废弃物将引起政府和公众的高度重视，广大农民也将逐渐开展清洁生产、保护环境、保证食品安全的自觉行动。

142. 农药用完后空瓶或包装品应如何处理？

农药使用完了，盛药的空瓶、空桶、空箱及其他包装品上，一般都沾污了农药，处理不当，就可能引起中毒事故。为此，需把好以下几个环节。

（1）严禁乱丢乱放 空容器或包装品随时集中、清点，由保管农药的人收藏。田间喷药后，切不可把空药瓶丢在田埂路边。

（2）统一回收利用 有些农药的包装物，工厂可以再利用，农村供销社应积极主动回收，由有关部门清洗处理，再送给农药厂。现在农药包装物越来越精制、美观，切不可因此而将其留作他用，更不可用以盛装食品、饲料、粮食。

（3）集中焚烧 对回收利用价值不大的，要集中焚烧，不能当作燃料生火、煮饭、烧水等。除草剂和植物生长调节剂的包装物不宜采用焚烧的办法处理，因其燃烧时产生的烟雾有可能伤害作物。对金属类或玻璃类包装物应冲洗 3 次后砸扁或砸碎后深埋于远离水源和居民点的土壤中。

143. 残剩农药应如何处理？

据国外的一项报道，残剩在空包装容器中的农药占原包装量的 1%～2%。若以 1% 计，我国每年就有数千吨农药随空包装容器进入环境中；残剩在喷撒（洒）器械中的药剂，也都随清洗后的水全部倒在环境中。可见妥善处理残剩农药已是个刻不容缓的问题。

首先，空包装瓶（袋）中的残剩农药，应在最后一次配制喷洒液时，采用"少量多次"的方法，用清水冲洗 3～5 次，冲洗液全部倒入喷雾器中。在工业化国家提出的清洗标准是把残剩农药降低到原包装量的 0.01%，为此有些国家如荷兰已制定法令，如果用户未能达到这个清洗标准，政府责令农药厂收回全部包装容器，加以妥善处理。

其次，是采用深埋办法。选择离生活区较远且地下水很深的地方，挖坑深不浅于

1m，将包装容器投入坑内、捣碎、填土踏实。

144. 废弃农药应如何处理？

据联合国粮农组织的一项调查称，全世界废弃农药的量在1992年就超过10万吨，主要是在发展中国家问题最多，对农药用户和环境安全已构成严重威胁。为此，粮农组织于1995年下半年颁布了关于阻止和处理废弃农药积累的准则，主要的处置对象是数量比较大的库存农药。

在我国，20世纪80年代以前的农药统购统销时期，废弃农药是由国家主管供销的部门统一处理的。自从统一供销渠道消失以后，废弃农药的问题便转变为社会问题，特别是广大的农民用户，他们经手的农药量虽很少，但是千家万户也就构成为一个很大的问题。这里主要讨论农民用户的废弃农药的处理问题。

农民用户的废弃农药来源主要有三个：一是标签脱落、无法辨认的农药；二是原包装农药未用完，由于保管的方法和条件不好，引起农药理化性质和剂型稳定性发生变化而导致失效或减效的农药；三是原包装容器局部破损，虽未发生泄漏，但农药的含量、组分、稳定性已发生变化的农药。

此类小量废弃农药最好交由原生产厂集中处理。在欧、美一些国家设有化学废弃物处置中心，专门负责包括农药在内的各种化学废弃物的处理。这项工作需要一种体制和相关制度的保证，在我国目前尚未建立这种制度，可以采取挖坑深埋的办法来处理。根据废弃农药的种类和性质，填埋方式有两种。

① 非水溶性固态农药制剂，包括粉剂、可湿性粉剂、颗粒剂、水分散粒剂、悬浮剂等，不包括可溶性固态制剂，挖坑后，坑内可不加任何铺垫物，将废弃农药投入后，捣碎包装容器，填土捣实，地面铺平。

② 液态制剂及可溶性固态制剂，但不包括水不溶性的悬浮剂，挖坑后，必须铺垫石灰层，再加锯木屑层，捣实后投入带包装容器的废弃农药，四周留出20～30cm空隙，以便再填入石灰，然后把废弃农药的包装容器捣碎，再铺一层石灰捣实，最后填土，捣实铺平。

埋废弃农药的坑应选在远离生活区且地下水位很深的荒僻地带，坑深不浅于1m。

六、杀虫剂

145. 什么叫杀虫剂？ 它的发展有何特征？

　　顾名思义，杀虫剂是用于防治害虫的农药。有些杀虫剂品种同时具有杀螨和杀线虫的活性，则称之为杀虫杀螨剂或杀虫杀线虫剂。某些杀虫剂可用于防治卫生害虫、畜禽体内外寄生虫以及危害工业原料及其产品的害虫。

　　杀虫剂是使用很早、品种最多、用量很大的一类农药。杀虫剂发展至今，有着不平凡的历程。

　　有机氯、有机磷、氨基甲酸酯、拟除虫菊酯四大类有机合成杀虫剂相继推向市场，对害虫的化学防治立下了不可磨灭的功劳，但也暴露出某些化学杀虫剂对高等动物的高毒性、对农产品和环境的高残留、对有益生物的高杀伤性、诱发害虫产生耐药性等负面问题，这也督促人们研究、开发新型的杀虫剂。

　　首先是改造传统的杀虫剂类型。例如，有机磷类开发成功的低毒化品种、不对称型磷酸酯及杂环有机磷杀虫剂，如毒死蜱、丙溴磷、三唑磷、嘧啶氧磷等。拟除虫菊酯类农药在化学结构中引入氟原子增加了杀螨活性，研发出对蜜蜂安全的氟胺氰菊酯，适用于防治地下害虫的七氟菊酯等。

　　同时，开发化学结构新颖的杀虫剂类型。这些新颖杀虫剂各具特点，在作用机理和应用方式上各有千秋。例如，新烟碱类杀虫剂虽属神经毒剂，但其作用靶标是神经系统突触后膜的烟酸乙酰胆碱酯酶受体；吡咯类的虫螨腈不干扰神经系统而是阻断线粒体的氧化磷酸化作用；三嗪酮类的吡蚜酮使害虫停止取食的原因不是拒食作用，而是使害虫口针难于穿透叶片，吸食不到汁液饥饿而死；苯甲酰脲类及噻嗪酮等是抑制害虫几丁质合成；蜕皮激素类是加速蜕皮；保幼激素类使末龄幼虫蜕皮后仍为幼虫；等。

　　经过不懈的努力，杀虫剂的研发已取得重大进展，可以看到三个主要特征：

　　第一，继续向高效、安全、经济、使用方便的方向发展。即对害虫的防治效果更好，对人畜的安全性和对环境友好性不断提高，农田单位面积用药量不断下降。

　　第二，杀虫剂原药向高纯度发展。目前，世界上许多原药的纯度都在 90% 以上，有的达 95%～98%。

　　许多杀虫剂分子中含有立体异构体，而各异构体之间对害虫的毒力相差很大，其中低效或无效的异构体也是杂质，合成或分离提纯毒力最高的异构体已成为开发这类杀虫剂品种的重要内容。我国把氯氰菊酯中低效的异构体转变为高效异构体，产品名称为高效氯氰菊酯，就是一个极好的例证。

第三，继续由杀生性向非杀生性发展。传统的杀虫剂是杀生性的，使用杀虫剂是以杀死害虫个体为目的的。自 20 世纪 60 年代以来，探求新杀虫剂的着眼点不单纯是"杀"而是"控制"，目的是通过药剂影响害虫的行为或生长发育，使之难于繁殖而达到控制虫口数量的目的。

146. 杀虫剂的内吸作用和内渗作用有什么区别？

药剂的内吸作用，是指不论将药剂施到作物的哪一部位上，如根、茎、叶、种子上，都能被作物吸收到体内，并随着植株体液的传导而输导到全株各个部位；传导到植株各部位的药量，足够使危害这部位的害虫中毒死亡，而药剂又不妨碍作物的生长发育。具有内吸传导性能的药剂称之为内吸杀虫剂，如吡虫啉、噻虫嗪、杀虫双等。内吸杀虫剂的优点，主要是使用方便，喷洒不一定要求很周到，并可采用处理种子的方式使用，省时又省药。内吸杀虫剂还可用于防治那些藏在荫蔽处危害的害虫，如在叶背面的蚜虫、红蜘蛛等。内吸杀虫剂适用于防治刺吸植物汁液的害虫，如蚜虫在刺吸作物时就把药剂也吸到肚子里去了。从这个角度讲，内吸杀虫剂的作用方式也属胃毒作用。

有些药剂仅能渗透作物表皮而不能在作物体内传导，药剂从叶表面渗进叶片内能杀死叶背面的蚜虫。因药剂不能从这片叶输送到另一片叶中去，对没有着药的这片叶子上害虫就没有效果。药剂的这种作用叫作内渗作用。仅具有内渗作用的药剂，如毒死蜱、三唑磷等不能当作内吸剂使用，施药时一定要求喷得周到。

（一）有机磷杀虫剂

147. 有机磷杀虫剂有哪些特点？

有机磷杀虫剂的绝大多数品种兼有杀螨作用，故而也称为杀虫杀螨剂，但为了方便，以下均称为杀虫剂。

我国有机磷杀虫剂的研究始于 20 世纪 50 年代初期，目前正在生产的品种约 30 个，同时还有有机磷杀菌剂、除草剂。

有机磷杀虫剂的品种繁多，性能也千差万别，但作为杀虫剂使用，总体看具有如下特点。

① 对害虫（包括害螨）毒力强。高于有机氯杀虫剂，高于或相当于氨基甲酸酯类杀虫剂，但低于拟除虫菊酯类杀虫剂，一般田间使用有效成分 50g 即可。杀虫作用机理是抑制害虫体内的胆碱酯酶的活性。

② 杀虫谱有宽有窄。敌百虫、马拉硫磷等杀虫谱很宽，可防治多种农业害虫、卫生害虫以及畜禽害虫。也有些品种杀虫谱很窄，具有很强的选择性，如灭蚜松仅对蚜虫有效，对保护有益昆虫和天敌十分有利。有的品种如辛硫磷、敌敌畏等持效期短，很适用于随时采摘的果、茶、菜、桑；另有一些品种如甲基异柳磷等持效期长达 1～2 个月，适用于经济作物棉、麻等及防治地下害虫。

③ 杀虫作用方式多样，能适应多方面的需要。大多数品种具有触杀和胃毒作用；某些品种具有熏蒸作用如敌敌畏；若干品种具有内吸作用，是很好的内吸杀虫剂，如乐果等；更多的品种具有不同程度的内渗作用。因而可满足各方面使用的需要，且施药方式多样。

④ 一般在气温较高时，表现出较高的杀虫效力，即称之为正温度系数药剂。

⑤ 害虫耐药性发展较慢。有机磷杀虫剂的广泛使用已有数十年历史，其中的某些品种如敌百虫、敌敌畏等至今仍为大量使用的品种，效果仍然很好。这说明了害虫对有机磷杀虫剂耐药性的产生和发展是缓慢的。品种之间的交互抗性并不十分明显。因此，害虫对某种有机磷杀虫剂产生了耐药性，可找到另一种（甚至另几种）有机磷杀虫剂来代替。

⑥ 毒性差异大。有些品种毒性很低，如马拉硫磷、辛硫磷；但多数品种的毒性偏高，有的品种高毒，如治螟磷等，其中有些品种已被国家明令禁止使用。

⑦ 易降解（分解成无毒物质），对环境污染小。在植物体内可代谢降解而解毒，在植物体表面可经日晒及风雨的作用而分解，因而在农产品中残留量低。在土壤中或在水中易被水解，对环境污染小。在动物体内易代谢降解而排出体外，无积累，对人无蓄积毒性。

⑧ 对高毒品种已有特效解毒剂，如解磷定，其解毒能力是其他任何类型农药所不及的。

⑨ 一般对作物安全。在一般防虫使用浓度（剂量）下对作物无药害。某些特定作物对个别药剂十分敏感，如高粱应避免使用敌百虫。

⑩ 绝大多数品种遇碱易分解，混用时必须注意。

有机氯、有机磷、氨基甲酸酯和拟除虫菊酯是杀虫剂中四类主要药剂。由于残留毒性和对环境的影响，有机氯杀虫剂中大多数品种，已先后被禁用。有机磷与氨基甲酸酯在毒性、毒力、对环境影响等方面有诸多相似之处，但有机磷杀虫剂的价格较便宜。有机磷对害虫的毒力低于拟除虫菊酯，对人畜毒性高于拟除虫菊酯，但在耐药性、使用方式、应用范围等方面占优势。因此，随着高毒品种的被禁用或限制使用，低毒的有机磷杀虫剂在整个杀虫剂中仍占有重要的地位。

148. 毒死蜱可防治哪些地上害虫？

毒死蜱是广谱性有机磷杀虫杀螨剂，对害虫具有胃毒和触杀作用，也有较强的熏蒸作用。对植物有一定渗透作用，能渗透进入叶片组织内，药效期较长，叶面喷洒，药效期为5～7天。加工剂型为15%、25%、30%、40%微乳剂，20%、30%、40%水乳剂，25%、30%微囊悬浮剂，30%可湿性粉剂，3%、5%、10%、15%颗粒剂，15%烟雾剂，450g/L超低容量剂，48%、480g/L、40%、400g/L、25%、20%、200g/L乳油。

(1) 稻虫　对二化螟和三化螟，在卵孵化盛期到高峰期，亩用40%乳油75～100mL，加水50～70L喷细雾，或加水150L喷粗雾，或加水300～400L泼浇。喷粗雾或泼浇时，田间要有3～5cm的水层。

防治稻纵卷叶螟，在2龄幼虫高峰期，亩用30%水乳剂80～120mL或40%乳油50～70mL，加水50～70L喷雾。一般年份每代施药1次。大发生年或发生期长的年份隔 7 天再施药 1 次。

防治稻飞虱，亩用 25％微乳剂 100～150mL 或 40％乳油 50～100mL，加水 70～100L，向稻基部喷雾，药效期达 7～10 天。

防治稻瘿蚊，在秧田 1 叶 1 心及本田分蘖期施药，亩用 40％乳油 200～250mL，对水喷雾。或亩用 5％颗粒剂 2～2.5kg 撒施。

防治稻象甲，在发生盛期，亩用 40％乳油 60mL，对水喷雾。

（2）棉虫　对棉蚜、红蜘蛛、盲蝽象等，亩用 30％微乳剂 100～150mL 或 40％乳油 50～70mL，对水喷雾，药效期达 7 天。防治棉铃虫和红铃虫，在产卵盛期至高峰期，亩用 30％可湿性粉剂 120～180g 或 40％乳油 75～100mL，对水喷雾，隔 5～7 天再喷 1 次。

（3）果树害虫　对苹果树的叶螨用 40％乳油 1000 倍液喷雾，对苹果树的绵蚜用 30％微乳剂 1200～1500 倍液或 15％微乳剂 600～800 倍液，也可用 48％乳油 1500 倍液浸接穗 10s 或浸移栽苗根部 30s 可杀灭绵蚜。对柑橘矢尖蚧、橘蚜、锈壁虱、红蜘蛛等用 25％微乳剂 500～1000 倍液或用 40％乳油 1000 倍液喷雾。防治柑橘潜叶蛾，在放梢初期、嫩芽长至 2～3mm 或 50％枝条抽出嫩芽时，用 40％乳油 1000～1500 倍液喷雾。防治桃小食心虫在卵果率 0.5％～1％、初龄幼虫蛀果之前，用 40％乳油 800～1000 倍液喷雾。

防治荔枝害虫，用 40％乳油 800～1000 倍液喷雾，对荔枝蒂蛀虫，在荔枝、龙眼采收前 20 天喷药 1 次，隔 7～10 天后再喷药 1 次；对荔枝瘿螨和荔枝尖细蛾，在荔枝新梢抽发、嫩叶开始展开时施药；对荔枝介壳虫，在幼蚧发生高峰期施药。

防治果园白蚁，用 40％乳油 1500～2000 倍液喷雾。

防治枸杞瘿螨，亩用 40％乳油 60～80mL，对水喷雾。

（4）茶树害虫　对茶尺蠖、茶毛虫、茶刺蛾等，在 2～3 龄幼虫期，用 40％乳油 1000～1300 倍液喷雾。防治茶叶瘿螨、茶橙瘿螨、茶红蜘蛛等在越冬前或早春若螨扩散危害前，用 800～1000 倍液喷雾。

（5）大豆食心虫、豆荚螟、斜纹夜蛾　亩用 40％乳油 90～120mL 对水喷雾；也可用 2％毒土，在老熟幼虫入土前地表施药；或在大豆收获后的堆垛下施毒土，杀死脱荚幼虫。

（6）烟草害虫　防治烟青虫、斜纹夜蛾，亩用 40％乳油 80～100mL，对水 40～60kg 喷雾，隔 7～10 天喷 1 次。防治烟蚜，亩用 40％乳油 50～70mL，对水喷雾。防治地老虎等害虫，在烟苗移栽后，亩用 40％乳油 100～200mL，对水 40～60kg，喷烟株及周围土表。

（7）甘蔗害虫　防治甘蔗绵蚜，在 2～3 月份有翅蚜迁飞前或 6～7 月份绵蚜大量扩散时，亩用 40％乳油 25～30mL，对水喷雾。或亩用 15％烟雾剂 100～150mL，采用热烟雾机喷雾，喷幅 5～6m。

（8）小麦害虫　防治麦蚜，亩用 40％乳油 50～75mL，对水 50～70kg 喷雾。防治麦田黏虫，亩用 40％乳油 40mL（幼虫 3 龄前）、50mL（4 龄以后），对水喷雾。

（9）飞蝗　在非耕地，每公顷用 450g/L 超低容量剂 400～500mL 进行超低容量喷雾。

毒死蜱对鱼类水生生物和蜜蜂的毒性高，使用时严防药液流入河塘或鱼池，应避开作物开花期施药。

149. 如何使用毒死蜱防治地下害虫？

毒死蜱在土壤中能不断挥发，杀死在土壤中生存危害的地下害虫，药效期可达2个月。

（1）防治花生地里的蛴螬　在金龟子卵孵盛期（花生开花期），亩用3％颗粒剂2～3kg，或40％乳油400～500mL，配成毒土，撒施花生株基部，再覆上薄土；或用40％乳油1500倍液浇灌花生根部，亩用药液300～400L。

（2）防治甘蔗地的蔗龟　在甘蔗下种时，亩用3％颗粒剂4～5kg，或40％乳油200～400mL，配成毒土，均匀撒施于蔗苗上，再覆土。

150. 三唑磷可防治哪些害虫？

三唑磷是广谱性杀虫杀螨剂，对害虫具有较强的触杀和胃毒作用，并可渗入植物组织，但不是内吸剂。加工剂型有15％、20％微乳剂，20％水乳剂，20％、30％、40％、60％乳油，3％颗粒剂。

（1）稻虫　对二化螟、三化螟，在蚁螟孵化盛期至高峰期，亩用20％乳油150～200mL、60％乳油34～50mL、20％微乳剂80～120mL、15％微乳剂100～150mL或20％水乳剂100～150mL，加水50～75L喷细雾，或加水75～100L喷粗雾，药效期7天左右。

对稻纵卷叶螟，在幼虫2龄盛期前，亩用20％乳油125～150mL，加水50～60L喷雾，药效期约7天。

对稻蓟马，在叶尖开始出现卷叶时，亩用20％乳油50～75mL，加水40～60L喷雾，药效期5～7天。

对飞虱，在低龄若虫期，亩用20％乳油75～100mL，加水60～70L，喷洒在水稻基部，药效期约7天。

对稻瘿蚊，亩用40％乳油180～240mL，加水50～60L，在卵孵高峰期喷雾。

对水稻象甲，亩用40％乳油50～80mL，加水50～70L喷雾，于早春稻田四周越冬场所、本田插秧后1周左右（防治越冬成虫）或插秧后3周成虫产卵末期喷雾。

（2）棉虫　对棉铃虫，在产卵盛期（大发生年）到产卵高峰期（中等发生年），亩用20％乳油150～200mL，加水50～75L喷雾。当虫量大、发生期长的年份，每5天喷药1次。

对棉红铃虫，在产卵高峰期，亩用20％乳油100～150mL，加水50～75L喷雾。在发生期长的代次，隔7天再喷1次。

防治棉花伏蚜，亩用20％乳油50～75mL，防治盲蝽象亩用20％乳油75～100mL，加水40～60L喷雾，药效期5～7天。

（3）甘薯小象甲　用40％乳油1500～2000倍液喷雾。

（4）地老虎　亩用20％乳油300～600mL，混入土壤中。

（5）苹果树桃小食心虫　当卵果率达1％以上时，喷40％乳油1000～2000倍液。

注意：三唑磷对家蚕毒性大，喷药时应防止污染蚕桑。对鱼类毒性大，养鱼稻田不宜使用。

151. 辛硫磷在茎叶上为什么持效期短？ 利用此特性用辛硫磷防治哪些作物害虫最适宜？

辛硫磷对阳光，特别是紫外线很敏感，极易分解失效。辛硫磷喷洒在茎叶上，药效期很短，一般只有2～3天。例如喷在茶树上，施后第1天，茶叶有异味，而3天后对茶叶品质已无影响。用40%辛硫磷乳油800～1000倍液喷桑树，经3～5天（有阳光照射）即可采桑喂蚕。因此辛硫磷适合用于防治蔬菜、茶、桑等近期采摘的作物上的害虫。

(1) 蔬菜害虫 对菜青虫、小菜蛾、棉铃虫、烟青虫、蚜虫、红蜘蛛等，用40%乳油1000～1500倍液喷雾。施药后3～5天就可采收上市。

(2) 茶树害虫 对茶蚜、茶毛虫用40%乳油3000～4000倍液喷雾。茶小绿叶蝉、黄刺蛾用1000～1500倍液喷雾。黄卷叶蛾、龟甲蚧、红蜡蚧、长白蚧、黑刺粉虱、茶橙瘿螨等用800～1000倍液喷雾。茶树上喷洒辛硫磷后5天就可以采茶。

(3) 桑树害虫 桑毛虫、桑螨、桑刺蛾等用40%乳油3000～4000倍液喷雾。桑尺蠖、桑蓟马用2000～3000倍液喷雾。在晴天条件下，经3～5天即可采桑喂蚕。

(4) 微囊悬浮剂可减轻光解，延长持效期 例如防治菜青虫可亩用30%微囊悬浮剂60～80mL，防治棉铃虫亩用35%微囊悬浮剂100～120mL，对水喷雾。

152. 辛硫磷施于土壤中为什么持效期很长？ 利用此特性可防治哪些作物害虫？

辛硫磷施于土壤中，太阳光照射不到，很稳定，所以持效期很长，可达1个月以上，甚至可接近2个月。利用辛硫磷这个特性，可采用拌种或将药剂配成毒水、毒土施于土壤中的方法来防治在土壤中活动的害虫。

(1) 播种期地下害虫 亩用3%颗粒剂1.5～3.0kg，播前沟施；或者用3%水乳种衣剂包衣，药种比玉米为1∶（30～40），小麦为1∶（40～50）；或用40%乳油100mL加水4～5L，拌种50～60kg、玉米种30kg、棉籽20kg，然后播种，可防治蛴螬、蝼蛄、金针虫、小麦沟牙甲等，药效期达1个月以上。

(2) 生长期地下害虫 亩用3%颗粒剂2～3kg，在株边或行间开沟施入，再覆土。或亩用40%乳油250mL与细土25kg拌和，撒施后锄入土中。对于花生等丛种或株形较大的作物，可以亩用40%乳油250mL，对水150～200L，点浇于植株周围。花生的地下害虫，可亩用30%微囊悬浮剂1～1.2kg或35%微囊悬浮剂400～600g穴施。

(3) 越冬代桃小食心虫 在越冬代幼虫出土高峰前，按树冠大小在地面划好树盘，树盘直径比树冠约大1m，清除树盘内杂草。亩用40%辛硫磷乳油500～750mL，拌细土50kg，将毒土撒施于树盘内，耙入土下1cm深。或用40%乳油700倍液，每株树盘内喷洒15～20L药液，将药耙入土内。当虫口密度大时，隔半月再施药1次。

(4) 掩青绿肥田地老虎 亩用40%乳油75mL，对水75L，喷洒在绿肥上，再将绿肥耕翻入土壤中。

(5) 玉米螟 亩用1.5%颗粒剂500～750g，撒入玉米喇叭口。

（6）大蒜的蒜蛆和韭菜的韭蛆　亩用 35％微囊悬浮剂 520～700mL 或 800g/L 乳油 300～500mL，对水灌根。

153. 丙溴磷可防治哪些害虫？

丙溴磷是广谱性有机磷杀虫杀螨剂，产品有 20％微乳剂，20％、40％、50％乳油，10％颗粒剂。主要对棉花害虫和螨有效。它的毒性不大，亦适用于蔬菜害虫的防治，对害虫具有触杀和胃毒作用。虽没有内吸作用，但有横向转移的能力，所以可以杀死未着药一侧叶片上的害虫。

（1）棉虫　防治棉铃虫，可兼治棉蚜。其方法是：由于丙溴磷对 2 龄幼虫的毒力较 4 龄幼虫高 7 倍多，因此施药适期为卵孵化盛期，用 40％乳油 1000 倍液喷雾，持效期 6～7 天，当棉铃虫大发生时，药后 4～7 天调查，若残虫数超过防治指标，需再次施药。

（2）稻虫　防治稻飞虱，亩用 40％乳油 75～100mL，对水 75kg 喷雾；防治稻纵卷叶螟，亩用 40％乳油 75mL，对水 50kg 喷雾；防治稻蓟马，亩用 40％乳油 50mL，对水 50kg 喷雾。

（3）麦蚜　亩用 40％乳油 30mL，对水 50kg 喷雾。

（4）甘蓝上的小菜蛾、菜青虫　在低龄幼虫期，用 40％乳油 1000～1500 倍液喷雾，或亩用 20％微乳剂 130～150mL 对水喷雾。

（5）甘薯茎线虫　亩用 10％颗粒剂 2～3kg，沟施或穴施。

丙溴磷对苜蓿、高粱有药害，不宜在两者上使用。

154. 喹硫磷可防治哪些害虫？

喹硫磷是有机磷杀虫杀螨剂，对害虫具有触杀和胃毒作用，并有良好的渗透性，喷洒后较易分解，药效期较短，一般仅 3～5 天。产品为 25％乳油。

（1）稻虫　防治二化螟、三化螟、大螟、稻纵卷叶螟，在卵孵化高峰期，亩用 25％乳油 125～150mL，对水喷雾，视虫情隔 5 天再喷 1 次。

防治稻飞虱、叶蝉、蓟马，在若虫高峰期亩用 25％乳油 100～125mL，对水喷雾。对稻飞虱应压低喷头向水稻基部喷雾。

防治稻瘿蚊，于播后 6～10 天开始，每半月施药 1 次，每次每亩用 25％乳油 150～200mL，有水田拌细土撒施，无水田对水喷雾。

（2）棉虫　对棉蚜、蓟马、叶蝉、盲蝽象和红蜘蛛，亩用 25％乳油 50～70mL 对水喷雾，或用 25％乳油 1000 倍液喷雾。

防治棉铃虫、红铃虫和玉米螟，亩用 25％乳油 125～175mL，对水喷雾。

（3）蔬菜害虫　25％乳油，防蚜虫亩用 40mL，菜青虫亩用 80mL，番茄上的棉铃虫和烟青虫亩用 100～150mL，对水喷雾。

（4）果林害虫　对柑橘的蚜虫、红蜘蛛、袋蛾、矢尖蚧、黑点蚧、红蜡蚧及枣树龟蜡蚧，用 25％乳油 1000～1500 倍液喷雾。防治茶树的茶尺蠖、茶毛虫、小绿叶蝉、黑刺粉虱、茶丽纹象甲、橙瘿螨、叶瘿螨、长白蚧、红蜡蚧等，用 25％乳油 1000 倍液喷雾。防治桑瘿蚊于 3 月底用 800 倍液喷土表，浅耙 1 次。

155. 乙酰甲胺磷如何使用？

乙酰甲胺磷是广谱性杀虫杀螨剂，甲胺磷能防治的害虫，其都可以防治，并可作为卫生杀虫剂，其突出特点是：乙酰甲胺磷是甲胺磷低毒化的优良品种，属低毒类农药（表16）。但是，乙酰甲胺磷在植物体内易降解成甲胺磷，引起农产品中甲胺磷残留量超标。2017年农业部发布公告，自2017年8月1日起，撤销乙酰甲胺磷（包括农药有效成分的单剂、复配制剂）用于蔬菜、瓜果、茶叶、菌类和中草药材作物的农药登记，不再受理、批准乙酰甲胺磷用于蔬菜、瓜果、茶叶、菌类和中草药材作物的农药登记申请；自2019年8月1日起，禁止乙酰甲胺磷在蔬菜、瓜果、茶叶、菌类和中草药材作物上使用。

表16 乙酰甲胺磷与甲胺磷毒性比较

项目	乙酰甲胺磷	甲胺磷
大鼠急性经口 LD_{50}/(mg/kg)	1447（雄） 1030（雌）	15.6（雄） 3.0（雌）
兔急性经皮 LD_{50}/(mg/kg)	>10000	122（雄） 69（雌）
大鼠急性吸入 LC_{50}/(4h, mg/m³ 空气)	>15000	213
每日允许摄入量 ADI/(mg/kg)	0.03	0.004
鸟类急性经口 LD_{50}/(mg/kg)（绿头鸭）	350	10（山齿鹑）
鱼类 LC_{50}/(96h, mg/L)（大鳍鳞鳃翻车鱼）	2050	34
水蚤 EC_{50}[①]/(48h, mg/L)	67.2	0.27
蚯蚓 LC_{50}/(14天, mg/kg 土壤)	22974	44
蜜蜂 LD_{50}/(μg/头)	1.2（接触）	有毒

① EC_{50} 为有效中浓度，指药剂对生物群体一半个体产生效应所需要的浓度。

156. 怎样使用氯胺磷防治稻虫？

氯胺磷是我国具有自主知识产权的有机磷杀虫剂新品种，对害虫具有胃毒、触杀、熏蒸和一定的内吸作用。

对稻纵卷叶螟、螟虫、稻飞虱、叶蝉、蓟马以及棉铃虫等害虫有较好的防治效果，对水稻纹枯病菌具有抑制作用和防治效果，与井冈霉素以适当比例混用有明显的增效作用，产品为30%乳油，85%可溶粉剂。

防治稻纵卷叶螟，在2龄幼虫高峰期，亩用30%乳油160～200mL，对水50kg喷雾，药效相当于乙酰甲胺磷。乙酰甲胺磷停用后，氯胺磷是个好的替代品种。

氯胺磷原药属中等毒，30%乳油属低毒，对蜜蜂、鸟、鱼均属中等毒，注意在蜜源作物花期不得使用，在养鱼稻田禁止使用，以防止药剂污染鱼塘。

157. 怎样使用硝虫硫磷防治蚧虫？

硝虫硫磷是一种新的有机磷杀虫、杀螨剂，属中等毒农药，是高毒有机磷农药替代品之一。产品为 30％乳油，主要用于防治柑橘矢尖蚧、红蜡蚧等害虫。一般在幼蚧盛孵期至低龄若虫期用 30％乳油 600～800 倍液喷雾。

158. 亚胺硫磷是什么样的杀虫剂?

亚胺硫磷是一个毒性中等、药效中等、广谱的有机磷杀虫剂，也是个有生命力的老品种。在我国曾有较高的产量，后因加工剂型问题产量逐渐下降。亚胺硫磷原药为无色结晶，在有机溶剂中的溶解度不高，低温条件下易从溶液中析出结晶，因而将其加工成乳油。在冬季，特别是在寒冷的北方和西北地区贮存过程中，常因析出结晶胀破玻璃瓶，即使瓶未破，气温回升后，在瓶底结成的大块固体也不易再溶解，给寒冷地区生产和使用带来困难。如能将亚胺硫磷加工成高含量的固态剂型，必能促进其推广使用。目前的加工制剂仍为 20％、25％乳油。

亚胺硫磷对害虫具有触杀和胃毒作用，可渗透到植物体内，但不能传导。适用于防治多种作物的害虫，并兼治叶螨。持效期较长。

（1）棉花害虫　防治苗期棉蚜。亩用 25％乳油 50mL 或 20％乳油 63mL，对水 25kg 喷雾。防治棉铃虫、红铃虫、棉红蜘蛛，亩用 25％乳油 100～125mL，对水 40～50kg 喷雾。

（2）蔬菜害虫　防治菜青虫、菜螟、瓜蓟马等，用 25％乳油 500 倍液喷雾。防治菜蚜、瓜绢螟、造桥虫等，用 25％乳油 700～1000 倍液喷雾。防治马铃薯瓢虫、茄二十八星瓢虫、棉铃虫、大豆食心虫等，用 25％乳油 400 倍液喷雾。防治小地老虎，在幼虫 3 龄期，用 25％乳油 250 倍液灌根。

（3）果树害虫　防治苹果叶螨，在果树开花前后进行，用 25％乳油 1000 倍液喷雾。防治落叶果树上的卷叶蛾、天幕毛虫和桃粉蚜等，用 25％乳油 600 倍液喷雾。

防治荔枝、龙眼树上的爻纹细蛾，在卵盛孵期、低龄幼虫蛀果前，用 25％乳油 500～800 倍液喷树冠，重点喷幼果。防治柑橘害虫的使用方法见表 17。

表 17　亚胺硫磷防治柑橘害虫的使用方法

害虫	施药时期	稀释倍数
粉虱、黑翅粉虱、木虱	低龄幼虫发生期	1000
红蜡蚧、红帽蜡蚧、绿绵蜡蚧、多角绵蚧、吹绵蚧、长白蚧、褐圆蚧	1～2 龄幼蚧盛发期	500～800
全爪螨、瘤壁虱	春梢芽长 5～10cm	800～1000
卷叶蛾、刺蛾	卵盛孵至 1～2 龄幼虫	1000～1500
恶性叶甲、潜叶甲、柑橘潜叶甲	成虫发生期上树危害时（现蕾期）	800
爆皮虫、大爆皮虫	开花后，成虫羽化盛期	500～800
溜皮虫	成虫羽化前	3 倍液涂孔口周围

（4）茶桑害虫　防治长白蚧、角蜡蚧，在卵孵化盛末期，1 龄幼虫占 80％时，用 25％乳油 800 倍液喷雾。防治茶尺蠖、茶毛虫、小绿叶蝉，在 3 龄前幼虫期，或小绿叶蝉若虫高峰前，用 25％乳油 1000 倍液喷雾，亩喷药液 50～75kg。

防治桑树上的褐刺蛾、扁刺蛾及褐边绿刺蛾，在幼虫危害初期，用 25％乳油加

80％敌敌畏乳油2000倍的混合液喷雾。防治桑螟，在2龄幼虫末、桑叶未卷叶前，用25％乳油1000倍液喷雾。防治根瘿蚊，用25％乳油600～800倍液喷苗的基部及表土，间隔7天，连喷3次。防治桑虱，当发现有幼虫出土时，用25％乳油200倍液浸泡的纸绳或细麻绳绕缠桑树主干基部距地面2～3cm处，阻止初孵幼虫上树危害。防治桑蛀虫，将25％乳油50倍液注入桑树干、枝最下的一个危害孔内，或用棉球吸药液塞孔。

（5）林业害虫　防治云南松叶甲成虫及豆荚螟幼虫，用25％乳油400～600倍液喷雾。对白杨叶甲、柳九星叶甲、柳十星叶甲的成虫和初孵幼虫，各种卷叶蛾幼虫、栎实象成虫等，用25％乳油800～1000倍液喷雾。对刺蛾类幼虫，用25％乳油1500～2000倍液喷雾。

防治蛀干性害虫，如天牛之类，用25％乳油加柴油（1：20），点滴虫孔或用棉球蘸药液堵孔。

（6）水稻害虫　在稻飞虱、稻蓟马的若虫盛期和稻纵卷叶螟幼虫1～2龄高峰期，亩用25％乳油150mL，对水50kg喷雾。防治稻螟亩用25％乳油200～240mL，对水40～50kg喷雾。

（7）油料作物害虫　在油菜上的菜粉蝶、斑粉蝶、银纹夜蛾和小菜蛾的孵化高峰后1周左右至幼虫3龄前，用25％乳油1000倍液喷雾，亩喷药液40～60kg。

防治大豆苗期地老虎，在3龄幼虫前，用25％乳油300倍液灌根。

防治花生蚜虫，用25％乳油1000倍液喷雾，亩喷药液50～60kg。

159. 二嗪磷可防治哪些害虫？

二嗪磷是20世纪50年代问世的老品种。但在农业应用上一直未打开局面。该药杀虫谱广，对螨类也有一定的效果；对害虫具有触杀、胃毒、熏蒸和一定的内吸作用；对人畜毒性较低，在动物体内易被分解和排泄，因而还可用于防治蚊子、苍蝇、虱子、跳蚤、蟑螂等卫生害虫，用药液给绵羊浸浴可防治蝇、虱、蚤、蜱等体外寄生虫。产品为25％、50％、60％乳油，40％微乳剂，4％、5％、10％颗粒剂。我国主要用于防治水稻、蔬菜害虫和地下害虫。

对稻二化螟、三化螟、飞虱、叶蝉、稻秆蝇等亩用40％微乳剂75～125mL、60％乳油50～100mL或50％乳油70～100mL，对稻瘿蚊亩用50％乳油80～120mL，加水喷雾。

用颗粒剂防治花生、茄子、十字花科蔬菜的地下害虫，亩用10％颗粒剂400～500g、5％颗粒剂1～1.2kg或4％颗粒剂1.2～1.5kg，沟施或撒施，并将药剂拌入土壤中。用于花生地除在播种期施药，还可在花期或扎果针期施药，并结合中耕将药剂拌入土壤中。

对地下害虫如华北蝼蛄、华北大金龟子，用50％乳油500mL加水25kg，拌玉米或高粱种子300kg，堆闷后播种；或拌麦种250kg，稍晾干即可播种。

对蔬菜蚜虫，亩用50％乳油50～60mL，对圆葱潜叶虫和豆类种蝇用60～100mL，加水喷雾。

防治玉米螟，亩用10％颗粒剂400～500g或5％颗粒剂500～700g，拌和适量细沙于玉米喇叭口期灌心。

二嗪磷在一般使用浓度（或剂量）下无药害，但某些品种的苹果和莴苣较敏感。不能和含铜农药及敌稗混用，在施用敌稗前后2周内也不得使用二嗪磷。

160. 如何使用甲基异柳磷防治地下害虫？

甲基异柳磷是高效的土壤杀虫剂，对害虫具有较强的触杀和胃毒作用，是防治地下害虫的特效药，而且药效期长达1个月以上。可用于防治小麦、花生、大豆、玉米、高粱、甘薯等作物地的蛴螬、蝼蛄、金针虫、蟋蟀等地下害虫和线虫，以及桃小食心虫的越冬幼虫。

甲基异柳磷的加工产品有20%、40%乳油，0.5%、2.5%、3%、5%颗粒剂。

① 防治小麦、玉米、高粱地的蛴螬、蝼蛄、金针虫、沟牙甲等地下害虫。用40%乳油50mL对水5L，拌小麦种子50kg、玉米和高粱种子30～40kg，堆闷数小时后播种。一般保苗效果达90%以上，药效期30～35天。或亩用5%颗粒剂1.5～2kg，在小麦播前沟施。

防治小麦吸浆虫，在小麦拔节至孕穗期、吸浆虫化蛹盛期，亩用5%颗粒剂1.5～2kg，或40%乳油150～200mL，拌细土30kg，结合春锄施入土中。施药后浇水或遇雨，可提高防效。

② 防治花生和大豆地蛴螬，在播种期，亩用5%颗粒剂1.5～2kg，随种子播入土中或播前沟施。或亩用40%乳油150～200mL，拌细土30kg，穴施或条施后覆土。在花生开花扎针期，将上述用量的颗粒剂或毒土，在花生墩旁开沟施入后覆土，或结合培土施药。

③ 防治甘薯地蛴螬。亩用40%乳油60～100mL，拌麸皮5kg配成毒饵，起垄时施于沟内。

④ 防治线虫。防治大豆孢囊线虫，亩用3%、2.5%颗粒剂14～15kg或40%乳油1kg；防治花生根结线虫，在雨水多时用500～600g，干旱时用1kg；防治甘薯茎线虫用250～500g。沟施或拌土条施。

甲基异柳磷属高毒农药，经口毒性和皮肤接触毒性都很高。它的经口毒性与甲胺磷相近，皮肤接触毒性比甲胺磷高4～5倍，与甲基对硫磷相近。因此，国家明令不得用于蔬菜、果树、茶叶、中草药材及甘蔗作物上。只能用于拌种或处理土壤，拌种时要远离仓库、村庄，拌过药的种子不能与粮食、饲料放在一起，以防人畜禽误食中毒。在食用作物收获前45天内禁止施药。

（二）氨基甲酸酯类杀虫剂

161. 氨基甲酸酯杀虫剂有哪些特点？

这类杀虫剂是在研究毒扁豆碱生物活性与化学结构关系的基础上发展起来的。毒扁豆碱含在毒扁豆中，所以说氨基甲酸酯杀虫剂从来源上划分属于植物源杀虫剂。为继有机磷杀虫剂之后又一类重要的杀虫剂，目前商品化品种已有50多个，但真正生产量大的品种仅十几个。

氨基甲酸酯杀虫剂的化学结构类型较多，品种的性能千差万别，从用于防治害虫角度看，大体具有如下特点。

① 不同结构类型的品种，其毒力和防治对象差别很大。大多数品种的速效性好，持效期短，选择性强，对飞虱、叶蝉、蓟马等防效好，对螨类和介壳虫类无效，对天敌安全。某些品种的持效期很长，达1～2个月，适用于处理土壤或处理种子，防治作物苗期害虫和地下害虫、线虫等。某些品种对咀嚼口器害虫的效果优于有机磷杀虫剂，适用于防治钻蛀性害虫。

② 对害虫的作用机理是抑制胆碱酯酶的活性，阻断正常神经传导，引起整个生理生化过程的失调，使害虫中毒死亡。这种作用机理与有机磷杀虫剂相类似，但也有不同。有机磷杀虫剂对胆碱酯酶的抑制是不可逆的，而氨基甲酸酯杀虫剂对胆碱酯酶的抑制是可逆的。与被抑制的胆碱酯酶恢复期相比较：氨基甲酸酯的半恢复时间20～60min，全恢复时间为数天；而有机磷杀虫剂的半恢复时间一般为80～500min，全恢复时间长达几个月，个别品种则不能恢复。

③ 毒性差异大。多数品种如异丙威、仲丁威、混灭威、速灭威等的毒性低。由于分子结构接近天然有机物，在自然界易被分解，残留量低。残杀威、噁虫威、苯氧威等还可用作卫生杀虫剂或防治贮粮害虫。有少数品种毒性高，如克百威、涕灭威等，丁硫克百威、丙硫克百威在植物体内降解成克百威，引起克百威残留量超标，农业部发布公告，停止克百威、涕灭威、丁硫克百威新增生产企业的登记，也不得用于蔬菜、果树、茶叶、中草药材上。

④ 增效性能多样。拟除虫菊酯杀虫剂用的增效剂，如芝麻油、芝麻素、氧化胡椒基丁醚等，对氨基甲酸酯杀虫剂，亦有增效作用。不同结构类型的氨基甲酸酯杀虫剂的品种间混合使用，对耐药性害虫有增效作用。氨基甲酸酯杀虫剂也可作为某些有机磷杀虫剂的增效剂。

162. 抗蚜威为什么是综合防治蚜虫较理想的药剂？

抗蚜威是选择性很强的杀蚜剂，只对蚜虫（除棉蚜外）有高效，对其他害虫无效，对捕食蚜虫或寄生在蚜虫体内的害虫天敌，如瓢虫、食蚜蝇、草蛉、步行甲、蚜茧蜂等的毒力很小，施药后对蚜虫天敌基本无伤害，在抗蚜威的杀蚜效力消失后，这些天敌会继续捕食残存的蚜虫，控制蚜虫数量的上升，因此，抗蚜威是综合防治蚜虫比较理想的药剂。

抗蚜威对蚜虫具有很强的触杀作用，但熏蒸作用与气温呈正相关，20℃以上时熏蒸作用较强，15～20℃之间熏蒸作用随温度下降而显著减弱，15℃以下熏蒸作用消失，因此，在低温时施药，必须喷雾均匀，使药液接触蚜虫才能取得好的防治效果。

抗蚜威对植物叶片具有很强的渗透性，喷在叶面上的药剂，能透过叶片组织杀死叶片背面的蚜虫。抗蚜威杀虫速度快，喷药后0.5～1h即见药效，数小时后就显示良好的防治效果。

抗蚜威加工产品有25％、50％可湿性粉剂，25％、50％水分散粒剂，9％微乳剂、5％可溶液剂。可用于防治除棉蚜以外的各种蚜虫，如麦类、玉米、高粱、蔬菜、花生、大豆、油菜、烟草、果树等作物上的蚜虫。对大田作物一般亩用50％可湿性粉剂10～15g，植株稠密高大时可增加到20g，加水50L左右喷雾。在果林作物上一般用50％可湿性粉剂1500～2000倍液喷雾。防治小麦蚜虫，亩用50％水分散粒剂15～20g或9％微乳剂50～70mL加水喷雾。防治烟草的烟蚜，亩用50％水分散粒剂16～22g或25％水分散粒剂30～50g，加水喷雾。对叶面蜡质较多的作物喷药时，在药液中添加适量"885"助剂或其他渗透剂，可提高杀蚜效果。

163. 异丙威防治稻虫怎么使用？

异丙威产品有10％可湿性粉剂，20％乳油，2％、4％、10％粉剂，10％、15％、20％烟剂。主要用于防治水稻的飞虱、叶蝉和棉叶蝉，还可兼治蓟马和蚂蟥。在若虫发生高峰期，亩用20％乳油150～200mL，对水75～100kg喷雾。喷粉则亩用有效成分40～50g，即2％粉剂2～2.5kg或4％粉剂1～1.3kg。喷粉前将稻田按2.5～3m宽以行分厢（畦），留1条通道，喷粉人员走通道，喷粉头对准每厢稻丛，以利于粉粒在水稻株冠层内穿透，沉积在株冠中下层，以提高粉粒与飞虱接触的机会。药效期一般只有3～4天。

防治保护地黄瓜上的蚜虫，亩用20％烟剂150～200g、15％烟剂250～300g或10％烟剂300～400g，防治白粉虱亩用20％烟剂200～300g，点燃后放烟使用。

据报道，异丙威对甘蔗扁飞虱、马铃薯甲虫、厩蝇等也有良好的防治效果。但异丙威对薯类有药害，应慎用。

不能同敌稗混用或连用，使用前后最好间隔10天以上，否则易引起药害。也不能同碱性农药混用，以防药剂分解而降低防治效果。

164. 仲丁威有什么特性？ 可防治哪些害虫？

仲丁威产品有20％、25％、50％、80％乳油，20％水乳剂等。对害虫具有很强的触杀作用，并兼有一定的胃毒作用，对某些害虫的卵也有杀伤力，对叶蝉、飞虱的药效期一般可维持4～6天。对田间害虫的天敌蜘蛛等杀伤力较小。主要用于防治水稻害虫。

（1）稻虫　稻叶蝉、稻飞虱和稻蓟马在发生初盛期，亩用20％水乳剂150～180mL，80％乳油32～46mL或25％乳油150mL，加水75～100kg喷雾，药效期约7天。

（2）棉虫　对棉蚜，亩用25％乳油100～150mL，加水50～75kg喷雾，药效期约7天。防治棉叶蝉，亩用25％乳油150～200mL对水喷雾。

注意事项同异丙威。

165. 猛杀威是什么样的杀虫剂？

猛杀威对害虫具有触杀、胃毒作用。产品为20％乳油，登记用于防治可可树蚜虫，一般用20％乳油600～1000倍液喷雾，持效期7天左右。对作物安全。

该原药及制剂均属中等毒性农药。对鱼为中等毒，对鸟为高毒，对蜜蜂为高风险性，对家蚕为中等风险性，不得在鸟类保护区及蜜源作物上使用，也应防止污染水源及桑叶。

166. 苯氧威可防治哪些害虫?

苯氧威的产品有 25% 可湿性粉剂，3% 乳油，5% 粉剂（用于防治储粮害虫），具有胃毒和触杀作用。苯氧威不仅能抑制胆碱酯酶的活性，还对害虫具有保幼作用，阻止幼虫蜕皮和发育成熟，也是一种优良的昆虫生长调节剂。主要用于防治储粮害虫、蔬菜害虫及森林害虫。

防治十字花科蔬菜的菜青虫，亩用 25% 可湿性粉剂 40~60g，对水喷雾。

防治柑橘介壳虫，喷 3% 乳油 1000~1500 倍液，防治松树的松毛虫，喷 3% 乳油 4000~5000 倍液。

据报道，将苯氧威配制成饵剂，对红火蚁有较好的防治效果。

167. 克百威有哪些特性? 使用时应注意什么?

克百威是杀虫、杀线虫剂。由于克百威对人畜高毒，按照我国对高毒农药管理政策，克百威力争在 2022 年退出我国农药市场。

① 克百威具有很强的内吸作用，可以采用土壤处理、种子处理或随种下药等方式将药剂施入土中，被植物的根系吸收，输导到茎、叶等部位，杀死在茎、叶部危害的害虫。

② 克百威的药效期长。将药剂施于旱地土壤内，药效期长达 1~2 个月。颗粒剂撒施于水面的药效期，一般也可达 10~15 天。

③ 克百威对害虫的蜘蛛类捕食性天敌有很强的直接杀伤力，而且蜘蛛吃被克百威毒死的害虫也会引起中毒死亡，这也是克百威不能采用喷雾法使用的原因之一。

④ 克百威属高毒类农药，对大白鼠急性经口 LD_{50} 仅 8~14mg/kg。它的经口毒性与对硫磷相当，大于久效磷、甲基对硫磷和甲胺磷。但是克百威的皮肤接触毒性较低，不易透过完整无伤的皮肤进入体内而引起中毒。因此，用颗粒剂撒施，只要身上无伤口，又不让颗粒剂进入眼睛、口腔、鼻孔等处，还是比较安全的。鉴于上述情况，宜将克百威加工成颗粒剂使用。

⑤ 克百威对鱼虾高毒，严防污染水源和鱼池。如河中出现被毒死的鱼虾，严禁食用。

⑥ 克百威能防治花生根结线虫，但其用药量比防治稻、棉害虫的用量高 3~4 倍。

⑦ 有人（特别是在棉区）将克百威颗粒剂放在温水中浸泡，取浸出液喷雾，这样做对施药人员不安全。由于克百威毒性高，所以专门加工成颗粒剂使用较安全，如果把颗粒剂浸泡，取药液、配药和喷雾过程中，药液尤其是雾滴较易从皮肤、口、鼻等处进入人体，导致施药人员中毒。

168. 克百威有哪几种施药方法?

克百威的产品为 3% 颗粒剂，35% 种子处理剂，9%、10%、15% 悬浮种衣剂。可以用以下四种方法施药。

（1）撒施 防治稻虫，一般亩用 3% 颗粒剂 1.5~2kg 直接撒施，或拌和细土撒施。撒施前稻田灌水 3cm 深。如施药时田水已落干，撒药后用耥耙将药轻耙入土，再保持

3cm 左右水层。

（2）随种下药　防治棉花苗蚜和地老虎，亩用 3％颗粒剂 1.5kg，施于播种沟里，或拌和棉籽泥，于棉花点播后撒施于棉籽上。对育苗移栽的棉田，将颗粒剂与 5kg 细沙混合后，撒入移栽穴内，再将营养钵移入。

防治非蔬菜、果树、茶叶、中草药材、甘蔗作物害虫和线虫，一般亩用 3％颗粒剂 1.5～2kg（害虫）或 8～10kg（线虫），施于播种沟内，覆土。

（3）土壤处理　结合施肥、中耕或培土，将颗粒剂施于作物行间或株旁，再耙培入土中。防治棉花中后期害虫，亩用 3％颗粒剂 2.5～3kg，穴施，可结合施肥，拌和化肥施于棉株边；或垄施，沿棉垄边开沟，拌和化肥施于沟内，覆土。

防治花生田蛴螬，亩用 3％颗粒剂 2.5～3kg，在花生封垄前最后一次中耕锄草时，将药剂撒施于行间，再锄入土内。

（4）种子包衣　防治棉花苗蚜，播前，每 100kg 棉籽用 15％悬浮种衣剂 3340～5000g 包衣。防治玉米地下害虫，按 10％悬浮种衣剂与种子（1∶50）～（1∶40）的比例进行包衣。

169. 丁硫克百威有何特点？　可防治哪些害虫？

丁硫克百威，是克百威低毒化品种之一，经口毒性中等，经皮毒性低，无累积毒性，无致畸、致癌和致突变性。对天敌和有益生物毒性较低，因而使用时对人较克百威安全，以叶面喷雾法为主，而克百威不可采用喷雾法施药，对环境也较安全，具有触杀、胃毒和内吸作用。杀虫机理是干扰神经系统，抑制胆碱酯酶的功能，使害虫的肌肉及腺体持续兴奋而导致死亡。丁硫克百威因为残留问题，在蔬菜上使用，其易分解为克百威和三羟基克百威。农业部 2017 年发布公告，自 2017 年 8 月 1 日起，撤销丁硫克百威（包农药有效成分的单剂、复配制剂）用于蔬菜、瓜果、茶叶、菌类和中草药材作物的农药登记，不再受理、批准丁硫克百威用于蔬菜、瓜果、茶叶、菌类和中草药材作物的农药登记申请；自 2019 年 8 月 1 日起，禁止丁硫克百威在蔬菜、瓜果、茶叶、菌类和中草药材作物上使用。

① 小麦蚜虫。亩用 20％乳油 30～50mL，对水 30～50kg 喷雾。

② 稻虫。防治三化螟枯心苗，在卵孵化高峰前 1～2 天施药，亩用 20％乳油 200～250mL，对水喷雾，一般用药 2 次。对飞虱和叶蝉，在 2、3 龄若虫盛发期施药，亩用 20％乳油 150～200mL，对水喷雾，一般用药 2 次。

③ 用 35％种子处理剂防治稻瘿蚊，用种子重量 0.6％～0.8％的药剂处理种子，即每千克种子用制剂 17～22.8g；防治秧田蓟马用种子重量 0.2％～0.4％的药剂处理种子，即每千克种子用制剂 6～11.4g。防治小麦地下害虫，每千克种子用制剂 3～4g。

④ 防治甘蔗的蔗螟和蔗龟，亩用 5％颗粒剂 3～4kg，撒施。防治甘薯线虫，亩用 5％颗粒剂 3.6～5.4kg，条施或穴施。

丁硫克百威也能有效地防治危害玉米等作物的害虫及地下害虫，使用剂量为每亩有效成分 34～100g。

丁硫克百威对鱼类、野生生物危险，避免污染湖泊、池塘等水系。对蜜蜂有毒，叶面喷雾时须注意。

170. 灭多威可防治哪些害虫？ 使用时要注意些什么？

灭多威对害虫具有很强的触杀和胃毒作用，对许多鳞翅目害虫还具有良好的杀卵作用。杀虫作用很快，一般在喷药后1h内见效，2天内达到最高杀虫效果，但药效期一般仅3～4天。杀虫范围广，对棉花、果树、蔬菜、玉米等作物的棉铃虫、叶蝉、小菜蛾、菜青虫、蚜虫、食心虫等都有良好的防治效果。由于灭多威对人畜毒性高，按照我国高毒农药管理政策，灭多威预计2022年前退出我国农药市场。

（1）棉虫 主要用于防治棉铃虫，在棉铃虫产卵高峰期，亩用20%可湿性粉剂90～120g或20%乳油100～120mL，对水50～60L喷雾。施药后若仍有较多的卵及幼虫，隔5天再喷第2次。在卵孵化后使用，用药量要增加到180mL左右。在现有防治棉铃虫药剂中，以灭多威的杀卵作用好，常被选为防治棉铃虫复配制剂的组分之一。防治棉蚜，亩用20%乳油25～50mL对水喷雾。

（2）烟草害虫 亩用20%乳油120mL，加水40～60L喷雾，可防治蚜虫、烟青虫、跳甲等。防治尺蠖、烟芽夜蛾，亩用24%水剂160mL，对水喷雾。喷过药的烟叶，5天内不能采收。

（3）果树害虫 防治葡萄小卷蛾，在开花前及开花后，用24%水剂400～600倍液各喷施1次，间隔10～14天。

（4）桑树害虫 防治野蚕和桑螟，用40%乳油4000～8000倍液喷雾。防治黑刺粉虱，用90%可溶粉剂3000～4000倍液喷雾。

（5）大豆害虫 对大豆尺蠖、墨西哥豆甲、顶灯蛾等，亩用24%水剂80～160mL，对水50kg喷雾。

灭多威对人畜的经口毒性很高，严防误服；施药人员工作后必须用肥皂清洗手、脸及其他裸露部位。

171. 硫双威有什么特点？ 可防治哪些害虫？

硫双威是由两个灭多威缩合而成的，其杀虫特点是：对害虫主要是胃毒作用和较弱的触杀作用；杀虫作用发挥较慢，一般在施药后2～3天才达到最高药效，在规定用量下，持效期7～10天；与有机磷和菊酯类杀虫剂混用，往往有增效作用；对害虫捕食性天敌、寄生性天敌的毒性很低，但对人畜毒性仍较高，要注意施药安全，对家蚕有高毒和长残留毒性，在养蚕区使用应防止污染桑叶。

硫双威的产品为25%、75%可湿性粉剂，375g/L悬浮剂。主要用于防治鳞翅目的棉铃虫、棉红铃虫、卷叶虫、食心虫、菜青虫、小菜蛾、茶细蛾，以及部分鞘翅目、双翅目害虫，但对蚜虫、螨类、叶蝉、飞虱、蓟马等基本无效。

（1）棉铃虫和红铃虫 在产卵盛期，亩用375g/L悬浮剂或75%可湿性粉剂75～90g，加水40～60L喷雾，害虫发生期长的年份，隔10天再喷1次。

（2）蔬菜害虫 对菜青虫、烟青虫、小菜蛾、甜菜夜蛾和斜纹夜蛾，亩用75%可湿性粉剂40～60g，加水50L喷雾。施药后7天方可采菜上市。

（3）果树害虫 对苹果、梨、桃等果树上的食心虫、卷叶蛾，在产卵盛期使用75%可湿性粉剂1000～1200倍液喷雾。最后一次施药离采收时间为：苹果21天，梨14

天，桃 7 天。

（4）茶细蛾、茶卷叶蛾　在产卵盛期使用 75％可湿性粉剂 1000～1500 倍液喷雾。施药后 14 天方可采茶。

（5）烟草上烟青虫　在产卵盛期，亩用 75％可湿性粉剂 30～50g，加水 50L 喷雾。

（6）稻虫　对二化螟、三化螟，亩用 75％可湿性粉剂 50～65g，对稻纵卷叶螟用 30～50g，对水 50～60kg 喷雾。

（7）麦类黏虫、麦叶蜂　亩用 75％可湿性粉剂 20～40g，对水 40kg 喷雾。

172. 涕灭威如何使用？

涕灭威是一种杀虫、杀螨及杀线虫剂。对害虫具有触杀、胃毒和内吸杀虫作用。能被植物根系吸收，输导到地上的茎叶或顶芽，杀死危害作物地上部的害虫。对在土壤中危害作物根部的线虫也有良好的防治效果。对害虫毒杀速度快，药效期长，一般在施药后几小时就能见到效果，药效期可维持 6～8 周。

涕灭威属剧毒类农药，是我国现在使用的农药中对人畜毒性最高的一个。原药对大白鼠经口致死中量（LD_{50}）仅为 1mg/kg，皮肤接触致死中量（LD_{50}）仅为 5mg/kg。加工产品 15％颗粒剂的急性经口致死中量也只有 10.6mg/kg。按照我国高毒农药管理政策，涕灭威于 2018 年撤销农药登记，2020 年已禁止使用。

173. 茚虫威有何特点？　主要防治哪类害虫？

茚虫威是氨基甲酸酯类杀虫剂的一个新品种。其化学结构比较复杂，其中含茚环，因而得名茚虫威；又因其含有噁二嗪环，故也有将其划归噁二嗪类化合物。结构中仅 S 异构体有活性，R 异构体没有活性。

茚虫威对害虫具有触杀和胃毒作用，其杀虫机理是通过阻断害虫神经细胞内的钠离子通道，使神经细胞丧失功能，害虫麻痹、协调差，最终死亡。药剂通过接触或取食进入虫体内，0～4h 内害虫即停止取食，因麻痹、协调能力下降而从作物上跌落下地，一般药后 24～60h 内死亡，对各龄幼虫都有效，对天敌昆虫安全。害虫从接触到药剂或食用含药剂的叶片到其死亡会有一段时间，但害虫此时已停止取食，不再危害作物。与其他类杀虫剂，如菊酯类、有机磷类或氨基甲酸酯类的其他品种均无交互抗性，对鱼、哺乳动物、天敌昆虫包括螨类安全，可用于害虫综合治理或抗性治理。但害虫对茚虫威较易产生抗性，这在使用过程中须注意防止。

产品有 150g/L 悬浮剂，15％乳油，30％水分散粒剂。主要用于防治鳞翅目害虫，一般亩用有效成分 1～7g，可用于果树、蔬菜、棉花、水稻等作物。

防治十字花科蔬菜的菜青虫，亩用 150g/L 悬浮剂 5～10mL 或 30％水分散粒剂 2.5～5g；防治小菜蛾、甜菜夜蛾，亩用 150g/L 悬浮剂或 150g/L 乳油 10～18mL，或 30％水分散粒剂 5～9g，对水喷雾。一般连续施药 2～3 次，每次间隔 5～7 天。

防治棉花的棉铃虫，亩用 150g/L 悬浮剂 10～18mL，或 30％水分散粒剂 5～9g，对水喷雾，一般连续施药 2～3 次，每次间隔 5～7 天。

防治水稻纵卷叶螟，亩用 150g/L 乳油 12～26mL，对水喷雾。一般是在成虫产卵高峰期至 2～3 龄幼虫期施药。

另据报道，0.045％茚虫威饵剂是防治红火蚁的有效药剂，一般每100m² 施饵剂25g或每巢施饵剂4～5g。

（三）拟除虫菊酯杀虫剂

174. 拟除虫菊酯杀虫剂有哪些特点？

拟除虫菊酯杀虫剂具有高效、广谱、低毒、低残留等优点，但也存在着大部分品种对水生生物有毒、对天敌选择性差、无内吸作用、对螨类药效不高等不足。

（1）高效　拟除虫菊酯的杀虫效力一般比常用杀虫剂高1～2个数量级，且速效性好，击倒力强。

（2）广谱　对农林、园艺、仓库、畜牧、卫生等多种害虫，包括刺吸式口器和咀嚼式口器的害虫均有良好的防治效果。但多数品种对螨毒力较差，目前已出现一些能兼治螨类的品种，如氟丙菊酯、甲氰菊酯、氯氟氰菊酯。

（3）低毒　对人畜毒性一般比有机磷和氨基甲酸酯杀虫剂低，特别是因其用量少，使用较安全。但个别品种毒性偏高，使用时仍需注意。我国也曾发生过溴氰菊酯中毒的事例。拟除虫菊酯对鸟类低毒，对蜜蜂有一定的忌避作用，但多数品种对鱼、贝、甲壳类水生生物的毒性高，所以很少用于水稻田。目前也出现一些对鱼、虾毒性较低的品种，如醚菊酯可在稻田使用。

（4）低残留，对食品和环境污染轻　拟除虫菊酯是模拟天然除虫菊素的化学结构人工合成的，在自然界易分解，使用后在农产品中残留量低，不易污染环境。以氰戊菊酯为例，在水中半衰期夏季为3.5～4天，冬季为14～16天；在土壤中半衰期为2～10天。这类药进入土壤后，易被土壤胶粒和有机质吸附，亦容易被土壤微生物分解，对蚯蚓和土壤微生物区没有不良影响，药剂也不会渗漏入地下水。这类药剂无内吸传导性，对农作物表皮渗透性较弱，施用后药剂残留部位绝大部分在农产品表面，例如对稻谷主要污染谷壳，在糙米中残留量甚微；在柑橘和苹果上只污染果皮，不污染果肉。

在动物体内易代谢，没有累积作用，也不会通过生物浓缩富集，对环境和生态系统影响较小。

（5）无内吸作用　目前常用的拟除虫菊酯杀虫剂品种均无内吸作用，对害虫只具有触杀和胃毒作用，而且触杀作用强于胃毒作用。例如，氰戊菊酯对斜纹夜蛾的触杀毒力比胃毒毒力大8～9倍。因此，施药时只有把药液直接喷到虫体上；或是均匀地喷到作物体表面，使作物体表面均匀地覆盖一层药剂，害虫在作物体表面上爬行沾着药剂或是吃了带药的作物，才会中毒死亡。

（6）害虫易产生耐药性　使用天然除虫菊素时期几乎没有发生过害虫产生耐药性的事例。人工合成的光敏型拟除虫菊酯只在室内防治卫生害虫使用，耐药性问题少，停用或轮用后耐药性即可下降。人工合成的光稳定型拟除虫菊酯投入农田使用以后，耐药性问题就开始突出了。其特点有两个。一是耐药性发展快、水平高。二是品种间耐药性有差异。从整体上看，拟除虫菊酯是一类容易产生耐药性的杀虫剂，但品种间耐药性发展的速度和水平差异还是较大的，这与拟除虫菊酯的化学结构密切相差。例如，单一立体异构体的溴氰菊酯和含有两个立体异构体的顺式氯氰菊酯的耐药性发展快，水平高；含有八个立体异构的氯氰菊酯的耐药性发展慢、水平低。在使用溴氰菊酯、顺式氰戊菊酯、高效氯氰菊酯等仅含高效立体异构体的品种时，更应注意防止害虫产生耐药性。

175. 氯氰菊酯有几个异构体？ 可防治哪些害虫？

氯氰菊酯的分子结构上有 3 个不对称碳原子，因而它有 4 对外消旋体，共 8 个异构体，其中手性的三碳环上两个氢原子在同侧者称为顺式异构体（简称 cis），在异侧者称为反式异构体（简称 trans）。不同构型的氯氰菊酯生物活性差异很大，其中顺式异构体较反式异构体毒力高，且不同方法生产的氯氰菊酯各种异构体含量的比例不同。一般工业品氯氰菊酯中活性成分含量仅为 30%～45%。

氯氰菊酯在我国应用广泛，国内生产厂家众多，国外数厂家的产品在我国登记，其产品有 10%、5% 微乳剂，12%、100g/L、5% 水乳剂，250g/L、25%、20%、100g/L、10% 乳油，8% 微囊剂，300g/L 悬浮种衣剂，10%、15% 可湿性粉剂，5% 颗粒剂等。

氯氰菊酯具有拟除虫菊酯类杀虫剂的典型特征。对害虫具有强触杀和胃毒作用，还有驱避作用，对有些鳞翅目害虫的卵有一定杀伤作用。击倒作用强，杀虫速度快。杀虫谱广，对鳞翅目害虫有特效，用于防治对有机磷杀虫剂产生抗性的害虫效果良好，但对螨类和盲蝽防治效果差。田间一般亩用 10% 乳油 40～60mL；对蚜虫、尺蠖、蓟马等用 15～30mL，便能收到良好效果；防治果、林、茶、桑的害虫，用 10% 乳油 2000～3000 倍液喷雾。

（1）棉花害虫　防治棉蚜，在棉苗卷叶之前，亩用 10% 乳油 15～30mL，对水喷施 1～2 次，可控制蚜虫危害。防治棉铃虫、红铃虫，于卵孵盛期，亩用 250g/L 乳油 15～20mL 或 10% 乳油 35～50mL，对水 70～100kg 喷雾，可兼治金刚钻、小造桥虫、棉蓟马等。

（2）蔬菜害虫　防治菜青虫、小菜蛾、菜蚜、菜螟、豆荚螟，亩用 10% 微乳剂 20～30mL、100g/L 水乳剂 20～30mL 或 10% 乳油 20～40mL，对水 50kg 喷雾。对于钻蛀性害虫，应掌握在害虫钻蛀前施药。在小菜蛾已对菊酯类农药产生抗性的地区则防效不好，不宜使用。

防治黄守瓜、黄曲条跳甲、烟青虫、葱蓟马、甜菜夜蛾、斜纹夜蛾，亩用 10% 乳油 30～50mL，对水 50kg 喷雾。

防治瓜实蝇（幼虫称瓜蛆），于卵盛孵期或成虫盛发期，亩用 10% 乳油 20～30mL，对水喷雾。

（3）油料作物害虫　防治油菜甘蓝夜蛾、菜螟，用 10% 乳油 2000～3000 倍液喷雾，亩喷药液 40～60kg。防治大豆食心虫、豆荚螟、豆天蛾、造桥虫、叶甲和跳甲类害虫，亩用 10% 乳油 35～45mL，对水 50～70kg 喷雾。防治花生棉铃虫和叶蝉类害虫，用 10% 乳油 1000～1500 倍液喷雾，亩喷药液 40～50kg。

（4）果树害虫　防治柑橘潜叶蛾、桃小食心虫、梨小食心虫、苹果小食心虫以及枣树害虫（枣步曲、食芽象甲、枣瘿蚊），用 10% 乳油 2000～3000 倍液喷雾。防治桃蛀螟、山楂粉蝶，用 10% 乳油 1500～3000 倍液喷雾。防治梨木虱，用 5% 高渗乳油

1000～1500 倍液喷雾。防治荔枝蝽象，用 12％水乳剂 1500～2000 倍液或 10％乳油 2000～3000 倍液喷雾。

（5）茶树害虫　防治茶小绿叶蝉、茶黄蓟马，在若虫发生高峰前期，用 10％乳油 2000～3000 倍液喷雾。防治茶尺蠖、木橑尺蠖、茶小卷叶蛾、茶毛虫、丽绿刺蛾，在 3 龄前幼虫期，用 10％乳油 3000～4000 倍液喷雾。对茶蓑蛾效果不好。

（6）烟草害虫　防治烟青虫、小地老虎，亩用 5％增效乳油 7.5～10mL，对水喷雾。

（7）小麦蚜虫　防治小麦蚜虫，亩用 10％乳油 8～12mL，对水喷雾。

（8）花卉害虫　防治月季、菊花等花卉上的蚜虫，用 10％乳油 5000～7000 倍液喷雾。防治花卉上的金龟子，在成虫大发生危害时，用 10％乳油 5000 倍液喷雾。

（9）其他害虫　防治甘蔗的蔗龟，亩用 5％颗粒剂 2.5～3kg，毒土法撒施。防治杨树天牛，用 8％微囊剂 200～300 倍液喷雾。

氯氰菊酯对鱼类等水生生物、蜜蜂、家蚕有高毒，在鱼塘、桑蚕地区谨慎使用。

氯氰菊酯一般不宜在室内喷雾防治蚊、蝇、蟑螂等卫生害虫和仓库害虫。但特制的"轰敌"（10％乳油，即每升含氯氰菊酯 100g）适于室外空间喷洒防治蚊、蝇、蟑螂等卫生害虫。对飞行害虫，在室外害虫飞行高峰的清晨或傍晚，每立方米用 10％乳油 50～100mL，加水 10L 喷雾。对爬行害虫，每平方米用 10％乳油 50mL，加水 10L，喷洒在害虫经常出没的地方。

176. 高效氯氰菊酯可防治哪些害虫？

高效氯氰菊酯又叫高效顺反氯氰菊酯，它是将含 8 个异构体的工业氯氰菊酯原药中的无效体经催化异构化转位成高效体，从而获得了高效顺式异构体和高效反式异构体两对外消旋体的混合物即含有 4 个异构体，顺式和反式的比例约为 40：60 或 2：3。

产品有 3％、4％、5％、10％水乳剂，4.5％、5％、10％微乳剂，2.5％、4.5％乳油，10％、100g/L、5％、10％悬浮剂，3％微囊悬浮剂，5％可湿性粉剂，2.5％、5％油剂，3％、5％烟剂，5％片剂等。

高效氯氰菊酯的杀虫特点、作用机理和防治对象与氯氰菊酯相同，但它的杀虫效力比氯氰菊酯高 1 倍，对人畜毒性却低 1/2～2/3。可用于蔬菜、大豆、麦类、果树、茶树、林木、烟草、棉花等作物。一般亩用有效成分 1～2.5g，即 4.5％乳油 20～50mL；防治果林害虫用 4.5％乳油 2000～3000 倍液喷雾。

（1）棉花害虫　防治棉铃虫和红铃虫，于卵孵化盛期至幼虫 3 龄前，亩用 4.5％乳油 40～50mL，对水 50～60kg 喷雾。

（2）蔬菜害虫　防治菜蚜、菜青虫、豆荚螟等，亩用 3％水乳剂 18～27mL、10％微乳剂 9～18mL、10％悬浮剂 12～15mL、5％悬浮剂 30～40mL 或 4.5％乳油 15～25mL；对小菜蛾、甜菜夜蛾、斜纹夜蛾、甘蓝夜蛾，亩用 3％水乳剂 40～50mL，对水 30～50kg 喷雾。防治番茄上美洲斑潜蝇，亩用 2.5％高渗乳油 50～60mL，对水喷雾。防治保护地黄瓜上的蚜虫，亩用 5％烟剂 150～200g，防治白粉虱亩用 3％烟剂 250～350g，点燃放烟使用。

防治青花椒瘿蚊，在 5 月中旬（化蛹期）用 4.5％乳油 20～30 倍液加 3％～5％煤油，自树干基部涂至树干 1m 处，再用带细麦草的黏土泥浆涂抹 2～3cm 厚一层。防治成虫用 4.5％乳油 1000 倍液喷树冠。

（3）果树害虫　防治桃小食心虫、梨小食心虫、苹果小食心虫，于卵孵化盛期，用 4.5％乳油 1000～2000 倍液喷雾；防治桃小食心虫越冬代，在其出土前，用 1000～1500 倍液喷土表，与辛硫磷混用防效更佳。防治梨木虱，于越冬代或 1～3 龄若虫期，用 2.5％高渗乳油 800～1500 倍液喷雾。

防治果树蚜虫、卷叶蛾、梨蟓象，用 4.5％乳油 1000～1500 倍液喷雾。

防治柑橘潜叶蛾，用 4.5％乳油 1000～1500 倍液喷雾。防治荔枝蒂蛀虫、荔枝蟓象，用 4.5％乳油 1500～2000 倍液喷雾。

（4）茶树害虫　防治茶尺蠖、茶毛虫，用 4.5％乳油 2000～3000 倍液喷雾。防治茶小绿叶蝉用 4.5％乳油 1500～2500 倍液喷雾。

（5）麦类害虫　防治麦蚜，亩用 2.5％高渗乳油 20～30mL，对水 40～50kg 喷雾。防治黏虫，亩用 4.5％乳油 30～40mL，对水喷雾。

（6）烟草害虫　防治烟青虫亩用 10％乳油 15～25mL；防治烟蚜亩用 10％乳油 15～20mL，对水 40～50kg 喷雾。

（7）油料作物害虫　防治大豆的豆天蛾、尺蠖、缘蟓、豆荚螟，亩用 10％乳油 20～25mL，对水 40～50kg 喷雾。防治油菜蚜虫、菜粉蝶，用 4.5％乳油 1500～2000 倍液喷雾，亩喷药液 40～50kg；防治油菜小菜蛾，亩喷 4.5％乳油 1000～1500 倍药液 30～50kg。防治花生棉铃虫，亩喷 4.5％乳油 1000～1500 倍液 40～60kg。

（8）滩涂蝗虫　亩用 5％油剂 25～30mL 或 2.5％油剂 50～60mL，进行超低容量喷雾。

该药对鱼、蜜蜂、蚕高毒，在鱼塘、桑蚕地区慎用，避免在花期喷药。对皮肤刺激性强，注意防护。

177. 顺式氯氰菊酯可防治哪些害虫？

顺式氯氰菊酯又叫高顺氯氰菊酯、高效顺式氯氰菊酯，它是把含有四种顺式异构体混合物中的两种低效体或无效体分离掉，而获得仅含两种高效顺式异构体 1：1 的混合物。产品有 10％水乳剂，4.5％微乳剂，100g/L、10％、50g/L、5％乳油，200g/L 悬浮种衣剂，以及用于防治卫生害虫 5％可湿性粉剂和 50g/L 悬浮剂。

顺式氯氰菊酯的应用范围、防治对象、使用方法、作用机理与氯氰菊酯相同，但其杀虫效力为氯氰菊酯的 1～3 倍，因而单位面积用药量更少。对人畜毒性比氯氰菊酯高 2～3 倍，使用时应注意安全。

（1）蔬菜害虫　亩用 10％水乳剂 25～35mL、4.5％微乳剂 20～30mL 或 10％乳油 25～35mL，对水喷雾，可防治菜青虫、小菜蛾、菜蚜、大豆卷叶螟。防治黄守瓜、黄曲条跳甲、菜螟等，亩用 10％乳油 5～10mL，对水喷雾。

（2）棉花害虫　防治棉铃虫、红铃虫、棉蚜、棉盲蟓，亩用 5％乳油 20～40mL，对水 50～60kg 喷雾。

（3）果树害虫　防治桃小食心虫、梨小食心虫，用 5％乳油 3000 倍液喷雾，可兼治其他食叶害虫。防治桃蚜用 5％乳油 1000 倍液喷雾。

防治柑橘潜叶蛾，于新梢发出 5 天左右，用 5％乳油 5000～10000 倍液喷雾，隔 5～7 天再喷 1 次，保梢效果良好。防治柑橘红蜡蚧，于若虫盛发期，用 5％乳油 1000 倍液喷雾。防治荔枝蝽象、荔枝蒂蛀虫，用 5％乳油 1500～2500 倍液喷雾；防治蝽象宜在成虫交尾产卵前和若虫发生期各喷药 1 次；防治蒂蛀虫宜在第一次生理落果后、果实膨大期、果实成熟前 20 天各喷药 1 次。

（4）茶树害虫　主要防治茶树上鳞翅目幼虫和叶蝉类害虫。对茶尺蠖、木橑尺蠖、茶卷叶蛾、茶毛虫、茶刺蛾，在 3 龄前幼虫期，用 5％乳油 6000 倍液喷雾。防治茶小绿叶蝉，用 5％乳油 4000～5000 倍液，喷茶树冠面。

（5）大豆食心虫和大豆卷叶螟　亩用 5％乳油 20～30mL，对水 40～50kg 喷雾。

（6）花卉上的蚜虫　用 5％乳油 3500～5000 倍液喷雾。

注意事项参见高效氯氰菊酯。

178. 高效反式氯氰菊酯有何特点？

高效反式氯氰菊酯是氯氰菊酯 8 个异构体中的一对外消旋体，其特点是毒性低，属低毒类杀虫剂，是防治卫生害虫和牲畜害虫的好药剂。产品有 5％、20％乳油。在农业上目前主要用于防治菜虫和棉虫。

防治十字花科蔬菜的蚜虫亩用 5％乳油 40～60mL；防治棉铃虫亩用 20％乳油 15～30mL 或 5％乳油 60～80mL，对水喷雾。

179. Z-氯氰菊酯是什么样的农药？

Z-氯氰菊酯是 zeta-氯氰菊酯的简写，它含有四种异构体，且均互为非对映体，其中顺式与反式的比例为（45∶55）～（55∶45）。制剂为 181g/L 乳油。

Z-氯氰菊酯的生物性能与氯氰菊酯相似。防治蔬菜蚜虫和棉铃虫，亩用 181g/L 乳油 20～40mL，对水喷雾。

180. 高效氯氟氰菊酯有什么杀虫特点？ 可防治哪些害虫？

高效氯氟氰菊酯不同于含两对非对映体的氯氟氰菊酯混合体，它仅含高效的一对非对映体。杀虫毒力比氯氰菊酯高 4 倍，比氰戊菊酯高 8 倍，它的药效特点、作用机理与氰戊菊酯、氯氰菊酯相同。不同的是它对螨类有较好的抑制作用，在螨类发生初期使用，可抑制螨数量上升，但当螨类已大量发生时，就控制不住其数量，因此，只能用于虫螨兼治，不能用作专用杀螨剂。

制剂有 2.5％、2.7％、5％、25g/L 微乳剂，5％、10％、25g/L、2.5％水乳剂，50g/L、5％、2.5％、25g/L 乳油，2.5％、10％、25％可湿性粉剂。一般亩用有效成分 0.8～2g，或用 6～10mL/L 浓度药液喷雾。

（1）棉虫　对棉花苗期蚜虫，亩用 2.5％乳油 10～20mL，伏蚜用 25～35mL，对棉铃虫、红铃虫、玉米螟、金刚钻等用 40～60mL，对水喷雾，同时可兼治棉小造桥虫、卷叶螟、棉象甲、棉盲蝽象，能控制棉红蜘蛛的发生数量不急剧增加。但对拟除虫菊酯杀虫剂已经产生较高抗性的棉蚜、棉铃虫等效果不佳。

（2）蔬菜害虫　对菜蚜亩用 10％水乳剂 5～10mL、2.5％水乳剂 20～40mL、2.5％

可湿性粉剂 20～30g 或 2.5％乳油 10～20mL，对菜青虫亩用 10％水乳剂 5～10mL、25g/L 水乳剂 20～30mL、4.5％微乳剂 20～30mL、10％可湿性粉剂 7.5～10g 或 2.5％乳油 15～25mL，对黄守瓜亩用 2.5％乳油 30～40mL，对小菜蛾（非抗性种群）、斜纹夜蛾、甜菜夜蛾、甘蓝夜蛾、烟青虫、菜螟等亩用 2.5％乳油 40～60mL，对水喷雾。目前我国南方很多菜区的小菜蛾对该药已有较高耐药性，一般不宜再用该剂防治。

对温室白粉虱，用 2.5％乳油 1000～1500 倍液喷雾。

对茄红蜘蛛、辣椒跗线螨用 2.5％乳油 1000～2000 倍液喷雾，可起到一定抑制作用，但持效期短，药后虫口回升较快。

（3）果虫　对果树各种蚜虫用 2.5％乳油 4000～5000 倍液喷雾。

防治柑橘潜叶蛾，在新梢初放期或卵孵盛期，用 2.5％乳油 2000～4000 倍液喷雾，可兼治橘蚜和其他食叶害虫，隔 10 天再喷药 1 次。防治介壳虫，在 1～2 龄若虫期，用 2.5％乳油 1000～2000 倍液喷雾。

防治苹果蠹蛾、小卷叶蛾、袋蛾和梨小食心虫、桃小食心虫、桃蛀螟等，用 5％水乳剂 6000～8000 倍液或 2.5％乳油 2000～3000 倍液喷雾。

防治果树上的叶螨、锈螨，使用低浓度药液喷雾只能抑制其发生数量不急剧增加，使用 2.5％乳油 1500～2000 倍液喷雾，对成螨、若螨的药效期约 7 天，但对卵无效。应与杀螨剂混用，防效更佳。

（4）茶树害虫　对茶尺蠖、茶毛虫、刺蛾、茶细蛾、茶蚜等，用 2.5％乳油 4000～6000 倍液喷雾。对茶小绿叶蝉，在若虫期亩用 10％水乳剂 15～20mL，对水喷雾，或用 2.5％水乳剂、2.5％乳油 3000～4000 倍液喷雾。对茶橙瘿螨、叶瘿螨，在螨初发期用 1000～1500 倍液喷雾。

（5）麦田蚜虫　亩用 10％可湿性粉剂 10～15g 或 2.5％乳油 15～20mL；对黏虫亩用 2.5％乳油 20～30mL，对水喷雾。

（6）其他害虫　对大豆食心虫、豆荚螟、豆野螟，在大豆开花期、幼虫蛀荚之前，亩用 2.5％乳油 20～30mL，对水喷雾。防治造桥虫、豆天蛾、豆芫菁等害虫，亩用 2.5％乳油 40～60mL，对水喷雾。

防治油菜蚜虫、甘蓝夜蛾、菜螟，用 2.5％乳油 3000～4000 倍液喷雾，亩喷药液 30～50kg。

防治红花蚜虫，亩用 2.5％乳油 15～20mL，对水 20～30kg 喷雾。

（7）烟草蚜　亩用 2.5％乳油 30～40mL，对水喷雾。

高效氯氟氰菊酯对鱼、虾、蜜蜂、家蚕高毒，使用时不要污染鱼塘、河道、蜂场、桑园。

181. 氰戊菊酯可防治哪些害虫？

氰戊菊酯对害虫主要是触杀作用，也有胃毒和杀卵作用，在致死浓度下有忌避作用，但无熏蒸作用和内吸作用。杀虫速度快，击倒力强。属负温度系数农药，即气温低时比气温高时药效好，因此要求施药以午后、傍晚为宜。产品有 20％、25％、40％乳油，20％、30％水乳剂，0.9％粉剂。

氰戊菊酯杀虫谱广，对棉花、蔬菜、果树、茶、烟、大豆、麦类、林木、花卉上多种害虫都有良好防治效果，但对螨类、蚧类及盲蝽象的防效很差。主要用于对水喷雾，不宜作土壤处理。一般亩用药量为20%乳油30~60mL。

（1）棉虫　对棉铃虫、红铃虫、玉米螟、金刚钻等亩用20%乳油50~70mL，对小造桥虫、卷叶虫、蓟马、叶蝉等亩用20%乳油40~50mL，对棉蚜亩用20%乳油20~30mL，对水喷雾。对棉蚜也可用20%乳油1500~2000倍液喷雾。对伏蚜单用氰戊菊酯效果较差。

在棉虫已对拟除虫菊酯产生耐药性的地区，亩用20%氰戊菊酯乳油25~30mL，加40%乐果或氧乐果50~75mL或40%辛硫磷30~50mL，对水喷雾。

（2）蔬菜害虫　对菜蚜、蓟马亩用20%乳油20~40mL；小菜蛾（非抗性种群）、甘蓝夜蛾、斜纹夜蛾、番茄棉铃虫、烟青虫、黄守瓜、小地老虎等亩用20%乳油40~60mL，对水喷雾。

（3）大豆害虫　对大豆蚜亩用20%乳油30~40mL；豆野螟、豆天蛾、豆秆蝇、大豆食心虫等亩用20%乳油40~50mL，对水喷雾。

（4）果林害虫　对蚜虫、毛虫、尺蠖、刺蛾、潜叶蛾、卷叶蛾、梨网蝽、木虱、桃蛀螟、苹果蠹蛾等用20%乳油1500~2000倍液喷雾。对食心虫用20%乳油1000~1500倍液喷雾。柑橘的潜叶蛾、橘蚜、介壳虫等用20%乳油2000~2500倍液喷雾。对马尾松毛虫、赤松毛虫和行道树、观赏林木上的各种刺蛾用20%乳油2000~3000倍液喷雾。

（5）烟草害虫　烟蚜、烟青虫亩用20%乳油30~40mL，对水喷雾。

（6）花卉上的蚜虫　用20%乳油5000倍液喷雾；对各种食叶害虫用20%乳油3000~4000倍液喷雾。

氰戊菊酯对鱼、虾、蜜蜂、蚕等毒性高，使用时一定要注意对河流、鱼塘、桑园和养蜂场所的影响。

氰戊菊酯用于叶菜类，夏季在采收前5天、冬季在采收前12天停止施药。苹果采前14天、柑橘采前7天停止施药。

按国家规定，氰戊菊酯不得用于茶叶。

182. S-氰戊菊酯与氰戊菊酯有什么不同？ 怎样使用？

S-氰戊菊酯又叫顺式氰戊菊酯是氰戊菊酯所含4个异构体中杀虫效力最高的1个，其杀虫效力约为氰戊菊酯的4倍。但其药效特点、作用机理和防治对象与氰戊菊酯是相同的。

产品为50g/L水乳剂，5%微乳剂，50g/L、5%乳油，有效成分含量比氰戊菊酯低4/5，但其药效比氰戊菊酯高4倍，所以在田间使用时，两者的制剂用量是相同的。可按照20%氰戊菊酯乳油的防治对象、使用剂量和使用方法进行。注意事项也同氰戊菊酯。其用法举例如下：

① 防治十字花科蔬菜的菜青虫，亩用5%微乳剂或50g/L水乳剂10~20mL；防治大豆食心虫和蚜虫亩用50g/L乳油20~30mL；防治棉铃虫亩用50g/L水乳剂30~50mL；防治小麦黏虫和蚜虫亩用50g/L乳油12~15mL，对水喷雾。

② 防治苹果树的桃小食心虫喷5%微乳剂或50g/L水乳剂2000~3000倍液。防治

柑橘潜叶蛾喷 50g/L 乳油 2000～2500 倍液。

183. 溴氰菊酯可防治哪些害虫?

溴氰菊酯是目前拟除虫菊酯杀虫剂中杀虫力最高的一种。对害虫具有触杀作用和胃毒作用，且触杀大于胃毒，兼有杀卵效果，对某些害虫的成虫有忌避作用，在低浓度时对幼虫表现一定的拒食作用。对多种作物的蚜虫、食叶害虫及钻蛀性害虫都有良好防治效果。但对螨类、介壳虫、盲蝽象等防效很差或基本无效，还会刺激螨类繁殖，在虫螨并发时，要与专用杀螨剂混用。产品有 50g/L、25g/L、2.5％乳油、2.5％微乳剂、2.5％水乳剂，25％水分散片剂，2.5％悬浮剂，0.006％粉剂，2.5％、5％可湿性粉剂。一般每亩用有效成分 0.5～1g，即 2.5％制剂 20～40mL 或 20～40g。

(1) 棉花害虫　对棉蚜、蓟马和苗期地老虎，每亩用 2.5％乳油 20～30mL，对水喷雾。防治伏蚜，单用溴氰菊酯的效果较差，可与敌敌畏混合喷雾。防治对拟除虫菊酯杀虫剂已产生耐药性的蚜虫种群，应改用有机磷、氨基甲酸酯等杀虫剂。

防治棉铃虫、棉红铃虫、金刚钻、玉米螟、棉叶蝉、小造桥虫等，每亩用 25％水分散片剂 4～5g 或 2.5％乳油 40～50mL，加水 40～60L，在棉铃虫、红铃虫及玉米螟的产卵高峰到孵化高峰前喷雾；在大发生年代，隔 5～6 天再喷药 1 次。可兼治小造桥虫、卷叶蛾等食叶害虫。在棉铃虫对拟除虫菊酯已产生耐药性的地区，使用溴氰菊酯的防效下降，应改用有机磷、氨基甲酸酯类杀虫剂，或与其他杀虫剂混用，才能收到较好防效。

为兼治盲蝽象，可与有机磷杀虫剂混用。每亩用 2.5％溴氰菊酯乳油 25～30mL，加 40％乐果或 40％氧乐果或 50％马拉硫磷等乳油 50～70mL（仅加其中的一种），对水 50～60L 喷雾。

(2) 蔬菜害虫　对菜蚜，在无翅成、若蚜发生盛期，每亩用 2.5％乳油 20～30mL，对水喷雾，或用 2.5％乳油 2000～3000 倍液喷雾。

对菜青虫、小菜蛾、斜纹夜蛾、甜菜夜蛾等，在幼虫 3 龄盛发期前，每亩用 25％水分散片剂 3～4g、2.5％可湿性粉剂 40～60g、2.5％微乳剂 20～40mL 或 2.5％乳油 30～40mL 对水喷雾。对于小菜蛾、斜纹夜蛾、甜菜夜蛾已经产生轻度耐药性的种群，每亩用量应适当增加；对已经产生很高耐药性的应停止使用该药。

防治黄守瓜、黄条跳甲，在害虫发生初期，用 2.5％乳油 1000 倍液喷雾。

(3) 果树害虫　对柑橘潜叶蛾，在新梢长 3～4cm，或田间 50％左右初芽抽出时，用 2.5％乳油 1500～2500 倍液喷雾。间隔 7～8 天再喷 1 次。

防治桃小食心虫、梨小食心虫、桃蛀螟，在产卵盛期到卵孵化盛期、幼虫蛀果前，用 25％水分散片剂 16000～25000 倍液或 2.5％乳油 1500～2500 倍液喷雾。药效期 10 天左右，连喷 2～3 次，可控制危害，并可兼治蚜虫、梨星毛虫、卷叶蛾等。

防治苹果蠹蛾、袋蛾，用 2.5％乳油 2000～2500 倍液喷雾。

(4) 茶树害虫　对茶尺蠖、茶毛虫、刺蛾，在幼虫 2～3 龄盛期，用 2.5％乳油 3000～5000 倍液喷雾。对茶小绿叶蝉，在成、若虫发生初盛期，用 2.5％乳油 1500～2500 倍液喷雾。茶蚜在茶叶卷叶前，茶细蛾在幼虫卷边前，用 2.5％乳油 4000～6000 倍液喷雾。

（5）麦类害虫　蚜虫亩用2.5％乳油20～30mL；黏虫在3龄盛期前，亩用2.5％乳油30～40mL，对水喷雾。

（6）豆类害虫　对大豆食心虫、豆荚螟，在大豆开花期、卵孵化盛期、幼虫蛀荚之前，亩用2.5％乳油30～50mL，对水喷雾；或用2.5％乳油1500～2000倍液喷雾。防治大豆蚜虫、蓟马，亩用2.5％乳油15～20mL，对水喷雾。

（7）甘蔗条螟、黄螟、二点螟、大螟　在卵孵盛期、幼虫蛀茎之前，用2.5％乳油1500～2000倍液喷雾；或亩用2.5％乳油30～50mL，对水喷雾。

（8）烟蚜、烟青虫　亩用2.5％乳油20～30mL，对水喷雾。

（9）花卉害虫　蚜虫用2.5％乳油6000～8000倍液喷雾，对食叶害虫用2.5％乳油3000～5000倍液喷雾。

（10）林木害虫　对马尾松毛虫，亩用2.5％乳油5～10mL；对赤星毛虫亩用2.5％乳油10～20mL，对水进行低容量喷雾或采用飞机喷雾。也可亩用0.006％粉剂0.6～1.2kg喷粉。

防治行道树、观赏树木和用材森林上的各种刺蛾，用2.5％乳油5000～6000倍液喷雾。防治避债蛾用2.5％乳油2000～3000倍液喷雾。

（11）仓库害虫　对原粮、种子，或空仓、仓库器材、运输工具、包装材料进行防虫消毒，用2.5％乳油2000～3000倍液喷雾，对谷蠹、米象、豆象、谷盗、米扁虫及毒蛾均有良好的防治效果。用2.5％乳油2000倍液，每10天在门、窗周围喷雾1次，可防止库外害虫爬入仓内。

2.5％悬浮剂用于防治卫生害虫，但乳油不得用于防治卫生害虫。

溴氰菊酯不能在桑园、鱼塘、养蜂场所及其附近使用。

溴氰菊酯对人畜毒性较高，不少地方曾发生过中毒，甚至死亡事故，使用时应按高毒类农药加以防护。施药时如遇有不适或中毒，应立即离开现场，将病人安置在温暖环境。药液溅在皮肤上，立即用滑石粉吸干，再用肥皂水清洗。药液溅入眼中，用大量清水冲洗。如误服药剂，立即催吐或洗胃，再对症治疗。

溴氰菊酯在作物上安全间隔期（最后一次施药距收获的天数）为：叶菜类2天，苹果5天，柑橘28天，茶叶5天，烟草15天。

184. 氟氯氰菊酯可防治哪些害虫？

氟氯氰菊酯具有拟除虫菊酯杀虫剂的一般特性。对人畜毒性低，杀虫谱广，对多种害虫具有很强的触杀和胃毒作用，也可用其防治对其他杀虫剂已经产生抗性的害虫。对作物上的红蜘蛛等有一定抑制作用，在一般情况下，使用该剂后，不易引起红蜘蛛等再猖獗。因其对螨类抑制作用小于甲氰菊酯、联苯菊酯和高效氯氟氰菊酯，当红蜘蛛已经严重发生时，使用氟氯氰菊酯就不能控制危害，必须使用其他杀螨剂。产品为5.7％水乳剂，5％、5.7％乳油。对害虫的毒力与高效氯氰菊酯相当，一般亩用有效成分1～2.5g，即5.7％乳油20～50mL，防治果、林害虫用5.7％乳油2000～3000倍液喷雾。

（1）棉虫　对棉蚜、棉蓟马亩用5.7％水乳剂或5.7％乳油10～20mL，对棉铃虫、红铃虫、金刚钻、玉米螟等亩用30～50mL，对水喷雾。可兼治其他一些鳞翅目害虫，对红蜘蛛有一定抑制作用。对其他拟除虫菊酯杀虫剂已经产生抗性的棉蚜，使用本剂的防治效果不好。

（2）蔬菜害虫　对菜蚜、菜青虫亩用5.7%水乳剂24～30mL或5.7%乳油2000～3000倍液喷雾。对小菜蛾、斜纹夜蛾、甜菜夜蛾、烟青虫、菜螟等，在3龄幼虫盛发期，用5.7%乳油1500～2000倍液喷雾。对拟除虫菊酯杀虫剂已经产生轻度抗性的小菜蛾，使用本剂时应适当提高药液浓度或停用。

（3）果树害虫　对柑橘潜叶蛾，在新梢初期，用5.7%乳油2500～3000倍液喷雾，可兼治橘蚜。对苹果蠹蛾、袋蛾用5.7%乳油2000～3000倍液喷雾。对梨小食心虫、桃小食心虫，在卵孵化盛期、幼虫蛀果之前，或卵果率在1%左右时，用5.7%乳油1500～2500倍液喷雾。

（4）茶树害虫　对茶尺蠖、木橑尺蠖、茶毛虫，在2～3龄幼虫盛发期，用5.7%乳油3000～5000倍液喷雾，可兼治茶蚜、刺蛾等。防治茶小绿叶蝉亩用5.7%水乳剂20～25mL，对水喷雾。

（5）大豆食心虫　在卵孵化盛期或大豆开花结荚期，亩用5.7%乳油30～50mL，对水喷雾。

（6）烟青虫　亩用5.7%乳油20～35mL，对水喷雾。

（7）旱粮作物害虫　对蚜虫、玉米螟、黏虫、地老虎、斜纹夜蛾等，亩用5.7%乳油20～40mL，对水喷雾。

185. 高效氟氯氰菊酯可防治哪些害虫？

高效氟氯氰菊酯又叫顺式氟氯氰菊酯。它是氟氯氰菊酯的高效异构体，毒性比氟氯氰菊酯更低，但杀虫效力比氟氯氰菊酯高1倍。对害虫的作用机理、杀虫特点和防治对象与氟氯氰菊酯相同。产品为2.5%乳油，2.5%水乳剂，2.5%微乳剂，125g/L、6%悬浮剂，2.5%微囊悬浮剂（防治卫生害虫用）。在田间使用时，亩用制剂量或稀释倍数与5.7%氟氯氰菊酯乳油相同，防虫效果相似或略高。例如：

防治十字花科蔬菜的菜青虫，亩用2.5%微乳剂或2.5%水乳剂20～30mL、6%悬浮剂10～15mL或125g/L悬浮剂6.5～10mL，对水喷雾。

防治苹果树的桃小食心虫，用2.5%微乳剂2000～3000倍液喷雾。对金纹细蛾用2.5%水乳剂1000～1500倍液喷雾。

防治棉花的棉铃虫，亩用125g/L悬浮剂6.7～10mL，对水喷雾。

186. 甲氰菊酯有何特点？　可防治哪些害虫？

甲氰菊酯除具有拟除虫菊酯杀虫剂一般特性外，其特点是对多种叶螨均有良好的防治效果，在虫、螨并发时，可以虫螨兼治且持效期长，对人畜毒性中等。产品为10%、20%乳油，10%微乳剂，10%水乳剂。甲氰菊酯可用于棉花、果树、茶树、蔬菜等作物上防治鳞翅目、同翅目、半翅目、双翅目、鞘翅目等多种害虫以及多种叶螨。

（1）棉虫　对棉铃虫、红铃虫、棉红蜘蛛，亩用20%水乳剂35～50mL或20%乳油30～50mL对水喷雾，或用20%乳油1000～2000倍液喷雾。同时可兼治伏蚜、卷叶虫、造桥虫、盲蝽象、蓟马、玉米螟、金刚钻等其他棉虫。

（2）蔬菜害虫　对菜青虫、小菜蛾、斜纹夜蛾、甜菜夜蛾、红蜘蛛、温室白粉虱等，亩用 10％微乳剂 40～60mL、20％水乳剂 25～35mL 或 20％乳油 30～40mL，对水喷雾。对拟除虫菊酯杀虫剂已产生抗性的小菜蛾、甜菜夜蛾、斜纹夜蛾，不宜用本剂防治。防治菜蚜用 20％乳油 3000～5000 倍液喷雾。

（3）果树害虫　对桃小食心虫、荔枝蝽象、苹果红蜘蛛、山楂红蜘蛛、柑橘红蜘蛛，用 20％乳油 2000～3000 倍液喷雾。对柑橘潜叶蝇用 10％微乳剂 800～1000 倍液、20％水乳剂 2000～3000 倍液或 20％乳油 4000～6000 倍液或 10％微乳剂 750～1000 倍液喷雾，可兼治蚜虫、卷叶虫等。防治柑橘全爪螨，用 20％乳油 1000～1500 倍液喷雾。防治荔枝、龙眼蝽象，喷 20％乳油 3000～4000 倍液。

（4）茶尺蠖、茶毛虫、茶小绿叶蝉、茶细蛾、刺蛾　用 20％乳油 4000～5000 倍液喷雾。

（5）菊花、月季、玫瑰等花卉蚜虫和红蜘蛛等　在虫、螨发生初期，用 20％乳油 3000～6000 倍液喷雾。

甲氰菊酯虽有杀螨作用，但不能作为专用杀螨剂使用，只能用于虫螨兼治。

187. 联苯菊酯有何特点？　可防治哪些害虫？

联苯菊酯除具有拟除虫菊酯杀虫剂一般特性外，主要特点是对多种叶螨有良好防治效果，可用于虫、螨并发时防治害虫和红蜘蛛。对人畜毒性与高效氯氰菊酯相当，属中等毒性，但在生物体内非常易积聚，影响内分泌，已引起重视。产品有 2.5％、10％乳油，10％、4.5％、2.5％水乳剂，2.5％微乳剂，5％悬浮剂，0.2％颗粒剂。

一般拟除虫菊酯杀虫剂能防治的害虫，用联苯菊酯都可防治，一般亩用有效成分 2.5～4g，即 10％乳油 25～40mL，加水喷雾。对果、林、茶等害虫，一般用 10％乳油 3000～5000 倍液喷雾。

（1）果树害虫　防治苹果红蜘蛛、山楂红蜘蛛，用 10％乳油 3000～4000 倍液喷雾。防治桃小食心虫，用 10％乳油 4000～5000 倍液喷雾，同时可兼治叶螨。防治桃树蚜虫类，用 10％乳油 5000～6000 倍液喷雾，可兼治叶螨。

防治柑橘潜叶蛾、蚜虫和蓟马，用 10％乳油 5000～6000 倍液喷雾。防治柑橘全爪螨，用 10％乳油 2000～3000 倍液喷雾。

（2）茶树害虫　防治茶尺蠖、茶毛虫、茶黑毒蛾、茶刺蛾，亩用 2.5％水乳剂 30～40mL 或 2.5％乳油 15～25mL，对水 75kg 喷雾；由于黑毒蛾和刺蛾的幼虫都在茶树中下部老叶背面栖息，要注意喷药质量。防治茶小绿叶蝉和茶黄蓟马，亩用 2.5％微乳剂 80～100mL、10％水乳剂 20～25mL 或 4.5％水乳剂 45～67mL，对水 50kg，对茶树冠面快速喷雾。防治茶短须螨、叶瘿螨、黑刺粉虱，亩用 2.5％乳油 25～50mL，对水 50～75kg，重点喷茶树中下部叶背虫螨栖息部位。防治茶丽纹象甲，在成虫发生盛期，亩用 2.5％乳油 75～100mL，对水 75kg，或 10％乳油 500～1000 倍液喷茶树冠部及茶园地面。

（3）蔬菜害虫　防治蚜虫、小菜蛾、斜纹夜蛾、甜菜夜蛾、菜青虫等，亩用 10％乳油 15～30mL，对水 40～60kg 喷雾，持效期 10～15 天。防治温室白粉虱，于温室白粉虱发生初期，亩用 3％水乳剂 20～35mL 或 10％乳油 20～25mL，对水 40～60kg 喷雾，持效期 15 天。防治茄红蜘蛛、茶黄螨，于成、若螨发生期，亩用 10％乳油 30～

40mL，对水 40～60kg 喷雾，持效期 10 天左右。

（4）地下害虫　0.2％颗粒剂适用于防治蔬菜、瓜类、花生等多种作物防治小地老虎、蛴螬、蝼蛄、金针虫等地下害虫。亩用制剂 4～5kg，直播田于播种前全田撒施，并混入土壤下方 10～30cm；移栽田于作物栽植前，将药剂与细土 40kg 混拌后穴施或沟施，再与土壤混合后，移栽作物。

（5）油菜和大豆害虫　防治油菜螟虫，于卵初孵期和幼虫蛀心前，亩喷 2.5％乳油 3000 倍液 40～50kg，将药喷到菜心内。防治油菜甘蓝夜蛾，亩喷 10％乳油 3000～4000 倍液 40～50kg。防治大豆红蜘蛛，亩用 10％乳油 30～50mL，对水 30～50kg 喷雾，可兼治其他大豆害虫。

（6）棉花害虫　防治棉铃虫和红铃虫，在卵盛孵期，亩用 2.5％乳油 80～140mL，对水 40～60kg 喷雾。防治棉红蜘蛛，亩用 2.5％乳油 120～160mL，对水 30～50kg 喷雾，可兼治棉蚜、造桥虫、卷叶虫、蓟马等。

本剂在低温条件下更能发挥药效，故更宜在春、秋两季使用。

对鱼类等水生生物和蚕毒性高，施药时要注意。对人畜毒性较高，施药者如感不适，应立即离开现场，到空气新鲜地方休息；如误服，切勿催吐，可洗胃，对症治疗。

188. 醚菊酯有什么特点？　可防治哪些害虫？

醚菊酯的特点有：①从化学结构来看，它属醚类化合物，但其空间结构与拟除虫菊酯类似，所以又称为类似拟除虫菊酯杀虫剂。②对鱼类低毒，对稻田蜘蛛等天敌杀伤力较小，故可用于防治水稻害虫。③杀虫谱广，杀虫活性较强，击倒速度快，持效期较长。对害虫以触杀和胃毒作用为主。对螨无效。④对人、畜、禽毒性低，对蜜蜂、蚕有毒。产品有 20％乳油，10％悬浮剂，4％油剂。

（1）稻虫　对褐飞虱、白背飞虱、黑尾叶蝉等，在成、若虫盛发期，稻纵卷叶螟在卷叶初期，2～3 龄幼虫盛发期，亩用 10％悬浮剂 75～100g 或 20％乳油 35～40mL，对水喷雾。对稻苞虫、潜叶蝇、负泥虫、稻象甲和水象甲等，亩用 10％悬浮剂 65～130g，对水喷雾。对稻象甲也可亩用 4％油剂 200～250mL。

（2）蔬菜害虫　菜青虫在 3 龄幼虫盛发期之前，亩用 10％悬浮剂 70～90mL 对水喷雾；对小菜蛾、甜菜夜蛾、斜纹夜蛾，在 2 龄幼虫期，亩用 10％悬浮剂 80～100mL 对水喷雾；对其他拟除虫菊酯杀虫剂已经产生抗性的种群，防效不好，不宜使用。防治蔬菜上各种蚜虫和温室白粉虱，用 10％悬浮剂 2000～2500 倍液喷雾；对其他拟除虫菊酯杀虫剂已经产生抗性的蚜虫防效不好，不宜使用。

（3）棉虫　对棉蚜亩用 10％悬浮剂 50～60mL；对棉铃虫、红铃虫亩用 10％悬浮剂 100～120mL；对棉大卷叶虫、棉铃象甲、棉叶波纹夜蛾亩用 10％悬浮剂 65～130mL，对水喷雾。对拟除虫菊酯杀虫剂已产生抗性的棉蚜、棉铃虫，使用本剂防效不好，不宜使用。

（4）果树害虫　对梨小食心虫、桃小食心虫、苹果蠹蛾，用 10％悬浮剂 800～1000 倍液喷雾，可兼治蚜虫、卷叶虫等。对柑橘潜叶蛾用 10％悬浮剂 1000～1500 倍液喷雾，可兼治橘蚜。对荔枝、龙眼爻纹细蛾、荔枝红头蠹蛾、腰果蛀果螟等，用 10％悬浮剂 800 倍液喷雾。对芒果扁喙叶蝉，在若虫、成虫盛发期，用 10％悬浮剂 800～1000

倍液喷布树冠。

（5）茶尺蠖、茶毛虫、茶刺蛾 用10％悬浮剂1500～2000倍液喷雾。

（6）旱粮作物害虫 对黏虫、玉米螟、大螟、大豆食心虫、大豆夜蛾，亩用10％悬浮剂60～120mL，对水喷雾。

189. 甲氧苄氟菊酯的特点，可以防治哪些害虫？

甲氧苄氟菊酯，是日本住友化学株式会社开发的挥发性高且杀虫活性卓越的家庭用卫生拟除虫菊酯类杀虫剂，对多种害虫尤其是蚊虫具有极高的击倒活性，对哺乳动物低毒，且蒸气压较高，挥发性较好，其药效是目前普通蒸散药剂的十几倍甚至是几十倍。和其他的拟除虫菊酯类杀虫剂一样，甲氧苄氟菊酯属于钠离子通道抑制剂，主要通过与钠离子通道作用，使神经细胞丧失功能，导致靶标害虫死亡。对媒介昆虫具有紊乱神经的作用。以触杀、胃毒、呼吸作用等方式非系统性作用于害虫，具有快速击倒的性能。

根据甲氧苄氟菊酯的特性和作用方式及使用特点，甲氧苄氟菊酯常常被开发为电热蚊香或蚊香，目前在我国登记的产品有10％的防蚊网、60mg/片的驱蚊片。

190. 氯氟醚菊酯的特点与应用有哪些？

氯氟醚菊酯是江苏扬农化工股份有限公司自主开发的高效低毒的新一代拟除虫菊酯卫生杀虫剂。氯氟醚菊酯属于具有光学异构体的含氟类杀虫剂。其结构中的酸部分采用了活性最高的右旋反式体酸，从环保的角度看，使用光学活性异构体可以减少用药量，降低对非靶标生物的毒性，提高安全性。而氯氟醚菊酯的实际活性能达到右旋反式烯丙菊酯的15～20倍。产品登记为卫生杀虫剂，含量有0.4％、0.6％、0.8％、1％电热蚊香液，0.04％、0.05％、0.08％蚊香。目前市面上主要的电热蚊香液、蚊香产品的主要活性成分均是氯氟醚菊酯。

191. 四氟醚菊酯可防治哪些害虫？

四氟醚菊酯化学名称为2,3,5,6-四氟-4-甲氧甲基苄基-2,2,3,3-四甲基环丙烷甲酸酯，是由江苏扬农化工股份有限公司开发的含氟拟除虫菊酯类杀虫剂，具有很强的触杀作用，对蚊虫有卓越的击倒效果，其杀虫毒力是右旋烯丙菊酯的17倍以上，能够有效防治蚊子、苍蝇、蟑螂和白粉虱等。产品登记为卫生杀虫剂，含量有0.72％、0.8％、1.5％电热蚊香液，0.05％、0.08％、0.26％蚊香，0.3％、2.1％气雾剂。防治对象为蚊、蝇、蜚蠊。

（四）新烟碱类杀虫剂

192. 为什么称新烟碱类杀虫剂？

氯化烟酰类化合物是指硝基亚甲基、硝基胍及其开链类似物。植物性杀虫剂烟碱属于此类化合物。1985 年开发的吡虫啉及随后开发的烯啶虫胺和啶虫脒也属于氯化烟酰类化合物，由于其化学结构中均含有氯代吡啶基而具有烟碱的基本结构，也由于其对昆虫的作用靶标与烟碱相同，都是烟碱型乙酰胆碱受体，因而将此类杀虫剂称为新烟碱类杀虫剂，一般不称其为氯化烟酰类杀虫剂，这三个品种也被认为代表了第一代新烟碱类杀虫剂。

1998 年后开发了噻虫嗪、噻虫啉、噻虫胺、呋虫胺，我国开发了氯噻啉等。其中的噻虫嗪、噻虫胺和氯噻啉的化学结构中均含有氯代噻唑基，属于噻烟碱类化合物，被认为代表了第二代新烟碱类杀虫剂。

呋虫胺被认为是第三代新烟碱类杀虫剂，其化学结构中以四氢呋喃基取代了氯代吡啶基或氯代噻唑基，也不含卤族元素。故而，人们也将其称为"呋喃烟碱"。

193. 吡虫啉的强内吸性在应用中有何重要意义？

① 地下施药治地上虫。由于吡虫啉的内吸性强，通过土壤处理或种子处理，而达到防治作物地上部多种害虫的目的。例如，在土壤中吡虫啉的浓度仅为 0.15mg/kg 时，就可以防治地上部的桃蚜或蚕豆蚜虫。

② 土壤表层吸收快而根部尚有一定量存留。吡虫啉的水溶性较高，但在土壤中被淋溶的却很少，在土壤中的半衰期达 150 天。施药后，由于内吸性强，土壤表层中的药剂很快被内吸，药量急剧减少，但在被降解前，在作物根部尚存有较多量的药剂，继续被根吸收而起保护作用。

③ 在不同作物中的输导性有差异。吡虫啉是典型的木质部输导性，在禾本科作物体中表现明显的顶端优势，在老叶片与幼嫩叶片之间形成浓度梯度。吡虫啉也可以被棉花幼株吸收，并大部分集中在子叶中，未被吸收的药剂仍以母体形式存留在种衣或种子周围的土壤中。被吸收的吡虫啉在棉花的真叶中分布到不同的小区，而没有禾本科作物的顶端优势，这也可能是棉蚜比其他蚜虫难于防治的一个原因。

194. 吡虫啉具有哪些特点？

吡虫啉属新烟碱类，是一种全新结构的超高效杀虫剂，具有以下几方面的特性。

（1）杀虫作用机制独特　吡虫啉是神经毒剂，其作用靶标是害虫体神经系统突触后膜的烟碱型乙酰胆碱受体，干扰害虫运动神经系统正常的刺激传导，因而表现为麻痹致死。这与一般传统杀虫剂不同，因而对有机磷、氨基甲酸酯、拟除虫菊酯类杀虫剂产生抗性的害虫，改用吡虫啉仍有较佳的防治效果。与这三类杀虫剂混用或混配增效明显。

（2）易引起害虫产生耐药性　由于吡虫啉作用位点单一，害虫易对其产生耐药性，使用中应控制施药次数，在同一作物上严禁连续使用两次，当发现田间防治效果降低时，应及时换用有机磷或其他类型杀虫剂。

（3）广谱、高效、持效期长　吡虫啉已在 80 多个国家 60 多种作物上使用，与毒死蜱并列为全球销售额最高的杀虫剂品种。对刺吸式口器的蚜虫、叶蝉等害虫及鞘翅目害虫有非常好的防治效果，还可用于建筑物防治白蚁及防治猫、狗等宠物身上的跳蚤等。一般亩用有效成分 1～2g 即可获得满意的防治效果，药效期可达数周之久，施药 1 次可使一些作物在整个生长季节免受虫害。

（4）更适于处理土壤和种子 对害虫具有胃毒和触杀作用。叶面喷雾后，药效虽好，持效期也长，但滞留在茎叶的药剂一直是吡虫啉的原结构。而用吡虫啉处理土壤或种子，由于其良好的内吸性，被植物根系吸收进入植株后的代谢产物杀虫活性更高，即由吡虫啉原体及其代谢产物共同起杀虫作用，因而防治效果更高。吡虫啉用于种子处理时还可与杀菌剂混用。

吡虫啉产品有 10％、20％、25％、50％、70％可湿性粉剂，5％、10％、20％可溶液剂，5％、10％、20％乳油，10％、30％、45％微乳剂，2.5％片剂，5％、15％、20％泡腾片剂，1％、12％、60％悬浮种衣剂，70％湿拌种剂，70％水分散粒剂，350g/L、480g/L、600g/L悬浮剂，15％微囊悬浮剂，5％展膜油剂，5％油剂等。

目前，吡虫啉在我国生产和应用上值得注意的是：登记的防治对象面太窄，多为水稻的稻飞虱和多种作物的蚜虫，远没有充分发挥吡虫啉的应有优势。另外，不知何原因，同一防治对象，不同厂家登记的单位面积上使用药量相差太大，例如防治稻飞虱，亩用有效成分有的为 1～2g，有的为 5～10g，两者相差 5 倍；再如防治麦蚜亩用有效成分，有的为 0.5～1g，有的为 4～7g。有必要对产品质量和使用技术进行验证和规范。

195. 怎样使用吡虫啉防治水稻害虫？

主要防治稻飞虱、稻叶蝉、稻蓟马、稻粉虱、稻蚜虫等刺吸式口器害虫，对稻螟虫、负泥虫、稻象甲等也有效。

防治秧田稻蓟马，可用 1％悬浮种衣剂 1 份与稻种 30～40 份包衣；也可拌种，每亩水稻种子，在种子露白时，用 10％可湿性粉剂 25～30g 加适量水稀释后拌入，再继续催芽 24h 后播种，可控制苗期蓟马为害达 25 天以上。

防治稻飞虱、稻叶蝉、稻粉虱，在低龄若虫盛发期，亩用 10％可湿性粉剂 10～20g、30％微乳剂 6～7mL、600g/L悬浮剂 3～5mL、70％水分散粒剂 2～3g 或 5％泡腾片 30～40g，对水 50kg 喷雾，对水稻蚜虫也有很好兼治效果。防治稻飞虱，也可亩用 5％展膜油剂 30～40mL 洒滴。

防治稻瘿蚊，亩用 10％可湿性粉剂 10～20g，对水 50kg 喷雾。

防治稻水象甲。据报道，每亩秧苗用 10％可湿性粉剂 60g，对适量水浸秧根后，对稻水象甲成虫卵巢发育和产卵有明显的抑制作用，插秧 10 天后稻株上全是濒死虫（不会翻身、不会游泳），紧抱稻叶，僵在苗上，达到了控制一代幼虫的目的。

196. 怎样使用吡虫啉防治旱作蚜虫？

防治小麦苗期蚜虫，每 10kg 种子用 600g/L悬浮种衣剂 600～700mL 包衣；也可以亩用 10％可湿性粉剂 30～50g 拌种或喷雾。防治小麦穗蚜，亩用 70％水分散粒剂 2～4g，对水喷雾；一般是南方用低剂量，北方用高剂量。多厂家可湿性粉剂的用药剂量有差异，甚至相差很大，注意按产品标签推荐用药量使用。

防治高粱蚜虫，用 70％湿拌种剂 700g，加水 1.5kg，拌成糊状，再与 100kg 种子拌匀，堆闷 1～2 天后播种。

防治棉花苗期蚜虫，每 10kg 种子用 600g/L悬浮种衣剂 600～800g 包衣。防治棉花生长期蚜虫，亩用70％可湿性粉剂或70％水分散粒剂2～3g，对水喷雾，可兼治蓟马。

防治烟草蚜虫，亩用2％颗粒剂450～650g，毒土法根部穴施。或亩用20％可溶液剂10～20mL，对水喷雾。对烟草粉虱、叶蝉、蓟马、盲蝽也有很好防效。

防治甘蔗绵蚜可用10％可湿性粉剂3000～5000倍液喷雾。

197. 怎样使用吡虫啉防治蔬菜害虫？

防治菜蚜，在虫口上升时施药，一般亩用10％可湿性粉剂5～10g、70％水分散粒剂1～1.3g、20％可溶液剂7.5～10mL、20％泡腾片7.5～10g、10％微乳剂10～15mL、600g/L悬浮剂1.6～3.2mL、480g/L悬浮剂2～4mL或350g/L悬浮剂3～5mL，对水40～60kg喷雾。

防治温室白粉虱，在若虫虫口上升时，亩用20％可溶液剂15～30mL或10％可湿性粉剂30～50g，对水40～60kg喷雾，能有效控制危害。

防治斑潜蝇，在发生较整齐的一代幼虫期，用10％可湿性粉剂2000～3000倍液或20％可溶液剂4000～5000倍液喷雾，药效可维持10～15天。

防治棕榈蓟马，亩用45％微乳剂4～4.5mL，对水喷雾。

198. 吡虫啉在果园和茶园等怎样使用？

（1）果树害虫　吡虫啉是防治果树上各种蚜虫的特效药，可有效地防治苹果瘤蚜、绣线菊蚜、绵蚜、梨二叉蚜、桃蚜、橘蚜、苹果黄蚜，对梨木虱、苹果金纹细蛾、桃潜叶蛾、柑橘潜叶蛾等亦有很好的防治效果。

防治果树蚜虫，用10％可湿性粉剂4000～5000倍液，或20％可溶液剂6000～10000倍液喷雾。防治柑橘潜叶蛾，用3％高渗油1500～2000倍液，或用20％可溶液剂1000～2000倍液喷雾，通常喷药1～2次即可，间隔10～15天。

防治梨木虱，主要在春季越冬成虫出蛰而又未大量产卵和第一代若虫孵化期防治，用20％可溶液剂2500～5000倍液喷雾，有效控制期在15天以上。

（2）茶树害虫　防治茶小绿叶蝉、蓟马，在若虫发生高峰期，亩用10％可湿性粉剂15～20g或25％可湿性粉剂10～15g，或70％水分散粒剂2～4g对水50～75kg，对茶树冠面喷雾。

防治黑刺粉虱，在卵孵化盛末期，亩用10％可湿性粉剂20～25g，对水75kg喷雾。

防治茶蚜，在发生盛期，亩用10％可湿性粉剂10～15g，对水50～75kg，对茶树冠快速喷雾。

（3）林木害虫　防治林木天牛，喷15％微囊悬浮剂3000～4000倍液。

199. 啶虫脒有什么特点？　主要防治哪些害虫？

啶虫脒的杀虫机理与吡虫啉相同，作用于害虫神经系统突触后膜的烟酸乙酰胆碱酯酶受体，干扰运动神经正常功能。对害虫具有触杀和胃毒作用，并有较强渗透作用，药效期长，可达20天左右。对人畜中等毒性，对天敌杀伤力小，对鱼、蜜蜂毒性均较低。产品有5％、10％、20％可湿性粉剂，3.5％、5％悬浮剂，20％、40％、50％、70％水分散粒剂，5％、10％微乳剂，5％、10％、25％乳油，5％、20％可溶液剂，60％泡腾片剂。

（1）蚜虫 能防治蔬菜、果树、棉花、烟草、小麦等多种作物上的蚜虫。用于大田作物治蚜，一般亩用有效成分 1.2～1.8g，相当于 20％可湿性粉剂、20％水分散粒剂或 20％可溶液剂 6～9g（mL）对水喷雾。

防治果树蚜虫，用 15～25mg/L 浓度药液喷雾。例如，防治苹果树蚜虫，可用 10％可湿性粉剂 4000～6000 倍液、20％水分散粒剂 8000～10000 倍液或 5％悬浮剂 3000～4000 倍液喷雾。防治柑橘树蚜虫，可用 25％乳油 10000～15000 倍液、5％微乳剂 2000～3000 倍液或 20％可溶液剂 5000～10000 倍液喷雾。

（2）稻飞虱 亩用有效成分 1～2g，例如亩用 35％悬浮剂 3～5mL，对水喷雾。

（3）白粉虱 防治蔬菜白粉虱亩用 20％水分散粒剂 10～20g，对水喷雾。

（4）茶小绿叶蝉 亩用 50％水分散粒剂 2～3g，对水喷雾。

据报道，啶虫脒对白蚁具有很高的触杀活性和良好的驱避性。对蚕高毒，使用时注意防护。

200. 噻虫嗪有什么特点？ 可防治哪些害虫？

噻虫嗪属于第二代新烟碱类杀虫剂，作用机理与吡虫啉、啶虫啉等第一代新烟碱类杀虫剂相似，但具有更高的活性，一般亩用有效成分 0.5～1g，对害虫具有胃毒、触杀、内吸作用，被作物叶片吸收后迅速传导到各部位，害虫吸食后很快停止取食，逐渐死亡，药后 2～3 天出现死虫高峰，持效期达 2～5 周。能有效防治刺吸式口器的蚜虫、飞虱、叶蝉、粉虱等害虫。对水生生物、鸟禽、土壤微生物基本无毒，但对蜜蜂高毒。产品有 25％水分散粒剂、70％种子处理可分散粉剂、400g/L 悬浮剂。

（1）稻飞虱 亩用 25％水分散粒剂 2～4g，对水 30～40kg，喷洒叶面，可迅速传导到全株，起防虫作用。也可在秧苗移栽前 7 天左右，秧田施药，带药移栽，可控制稻飞虱 20 天左右。可兼治稻水象甲、稻小潜叶蝇类、稻螟虫等。

（2）果树害虫 防治苹果树蚜虫，用 25％水分散粒剂 5000～10000 倍液喷雾；防治梨木虱用 5000～6000 倍液喷雾；防治柑橘潜叶蛾用 3000～4000 倍液喷雾。防治西瓜蚜虫，亩用 25％水分散粒剂 8～10g，对水喷雾。

（3）棉花害虫 防治棉蓟马，亩用 25％水分散粒剂 13～26g，对水 40～50kg 喷雾。防治苗期蚜虫，每 100kg 棉籽，用 70％种子处理可分散粉剂 100～200g 对适量水后拌种。

（4）温室白粉虱 亩用 25％水分散粒剂 2g 或用 7500 倍液喷雾。

（5）黄瓜蚜虫 防治黄瓜蚜虫，亩用 400g/L 悬浮剂 8.4～17mL，对水喷雾。

（6）茶小绿叶蝉 亩用 25％水分散粒剂 4～6g，对水喷雾。

70％种子处理可分散粉剂的用法。用于拌种可防治多种作物上的蚜虫、飞虱、叶蝉、果蝇、蓟马、稻瘿蚊、绿盲蝽、象甲、金针虫、潜叶蛾等。每 100kg 种子用制剂量：大麦、小麦 24.3～74.3g，水稻 24.3～150g，玉米 200～450g，高粱 100～300g，甜菜 43～86g，向日葵 300～500g，油菜 300～600g，马铃薯 7～10g，豆类 50～75g。拌种方法为：将每 100kg 种子的用药量投入 1～1.5kg 水中，溶散搅匀后，再与种子混拌均匀。

201. 噻虫胺主要防治哪类害虫？

噻虫胺属第二代新烟碱类杀虫剂，其杀虫机理与吡虫啉相同，是作用于昆虫神经后突触的烟碱型乙酰胆碱受体。具有内吸性，适用于叶面喷雾和土壤处理。对害虫具有触杀和胃毒作用，对刺吸式口器害虫很有效，也对某些其他害虫有效，速效性好，持效期 7 天左右。产品为 50％水分散粒剂。

防治番茄烟粉虱，亩用制剂 6～8g，对水喷雾。每个生长季最多用药 3 次，安全间隔期为 7 天，在推荐使用剂量下未见药害发生，对作物安全。

噻虫胺属低毒类农药，但对家蚕、蜜蜂剧毒，使用时须高度注意。

202. 烯啶虫胺主要防治哪类害虫？

烯啶虫胺属新烟碱类杀虫剂，其杀虫作用机理与吡虫啉相同，主要用于果树等作物防治多种刺吸式口器害虫，如蚜虫、叶蝉、粉虱、蓟马等。产品有 10％、50％可溶液剂，50％可溶粒剂。用于防治柑橘蚜虫和苹果树蚜虫，喷洒 10％可溶液剂 2000～3000 倍液，或 50％可溶粒剂 10000～20000 倍液。防治棉花蚜虫，亩用有效成分 1.5～2g，相当于 50％可溶粒剂 3～4g，对水喷雾。表现为较好的速效性和持效性，持效期可达 14 天左右。对作物安全。

该原药及制剂均属低毒类农药。对鸟类低毒。对蜜蜂高毒，为极高风险性，禁止在养蜂地区及蜜源植物开花期使用。对家蚕高毒，由于不直接用于桑园，故对家蚕为中等风险性，使用时注意对家蚕的影响。

203. 氯噻啉可防治哪些害虫？

氯噻啉是江苏省南通江山农药化工股份有限公司自行研究开发的一种新烟碱类杀虫剂，其杀虫作用机理与吡虫啉相同，作用于害虫神经系统突触后膜受体阻断神经传导。对害虫具有触杀、胃毒作用和良好的内吸作用。对人、畜、作物及天敌等安全。产品有 10％、40％可湿性粉剂，40％水分散粒剂。

（1）蔬菜害虫　防治十字花科蔬菜蚜虫，亩用 10％可湿性粉剂 10～15g，对水喷雾，持效期 7 天以上。防治大棚番茄白粉虱，亩用 10％可湿性粉剂 15～30g，对水喷雾。

（2）稻麦害虫　防治水稻稻飞虱，亩用 10％可湿性粉剂 30～40g 或 40％水分散粒剂 4～5g，对水喷雾，持效期可达 10 天。防治小麦蚜虫，亩用 10％可湿性粉剂 15～20g，对水喷雾。

（3）其他蚜虫　防治柑橘树蚜虫、烟草蚜虫等，喷 10％可湿性粉剂 4000～5200 倍液。防治苹果树蚜虫，喷 10％可湿性粉剂 5000～7000 倍液。防治棉花蚜虫，亩用有效成分 2g，相当于 10％可湿性粉剂 20g 或 40％水分散粒剂 5g，对水 40～50kg 喷雾。

（4）茶小绿叶蝉　防治茶小绿叶蝉，亩用 10％可湿性粉剂 20～30g，对水喷雾。

氯噻啉属低毒类农药。对鱼为低毒。对鸟为中等毒。对蜜蜂、家蚕为高毒，在桑园附近、蜜源植物开花期不宜使用，对桑树等作物不宜使用。

204. 呋虫胺可防治哪些害虫？

呋虫胺是日本三井化学株式会社开发的第三代烟碱类杀虫剂，是烟碱类杀虫剂中唯一不含氯原子和芳环的化合物，具有 3-四氢呋喃甲基的特征结构，其化学结构和性能与现有的烟碱类杀虫剂有很大不同，因含有四氢呋喃，也将其称为"呋喃烟碱"。该杀虫剂杀虫谱广，具有内吸、胃毒、触杀作用，对哺乳动物、鸟类及水生生物十分安全，可用于水稻、果树、蔬菜等众多作物。相比第一、二代杀虫剂，杀虫谱更广，使用更方便，能够克服一、二代杀虫剂带来的抗性风险；可以在水稻、小麦、蔬菜、果树、茶叶、棉花、烟草等多种作物上使用，主要用于防治各种飞虱、蜡象、粉虱、叶蝉、潜叶蝇、蓟马、跳甲、粉蚧、蚜虫以及潜叶蛾、桃小食心虫、水稻螟虫、小菜蛾、菜青虫等，并对跳蚤、蟑螂、白蚁、家蝇、蚊等卫生害虫有高效。

呋虫胺产品有 20% 可溶粒剂，20%、30%、65% 水分散粒剂，20% 悬浮剂，1% 颗粒剂。

目前呋虫胺在我国登记的作物有水稻、黄瓜、甘蓝、小麦、茶树等，防治对象主要为稻飞虱、水稻蓟马、黄条跳甲、蚜虫、茶小绿叶蝉、白粉虱、黄瓜蓟马等。防治稻飞虱的用量有效成分 $90 \sim 120 g/hm^2$，白粉虱用量有效成分 $90 \sim 150 g/hm^2$，黄瓜蓟马用量有效成分 $60 \sim 120 g/hm^2$。

205. 环氧虫啶可防治哪些害虫？

环氧虫啶是我国自主研发的一类顺硝烯氧桥杂环类新烟碱杀虫剂，适用作物包括水稻、蔬菜、果树、小麦、棉花、玉米等，既可用于茎叶处理，也可用于种子处理。用于防治水稻稻飞虱、稻纵卷叶螟及小麦蚜虫，药剂表现出较好的速效性与优异的持效性，对水稻和小麦生长安全。对稻飞虱药后 14 天防效达 85% 以上，推荐使用剂量为有效成分 $90 \sim 120 g/hm^2$，应在稻飞虱低龄若虫期喷雾防治；对稻纵卷叶螟药后 14 天防效达 90% 以上，推荐使用剂量为有效成分 $90 \sim 150 g/hm^2$，应在稻纵卷叶螟卵孵化高峰期至低龄幼虫发生期喷雾防治；对小麦蚜虫药后 10 天防效为 94.2% ~ 96.9%，于发生始盛期施药，喷施做到周到均匀，推荐使用剂量为有效成分 $60 \sim 90 g/hm^2$。

环氧虫啶产品为 25% 可湿性粉剂，环氧虫啶在我国登记的防治对象有水稻稻飞虱和甘蓝蚜虫，推荐每亩制剂用量分别为 $16 \sim 24 g$ 和 $8 \sim 16 g$。

206. 哌虫啶可防治哪些害虫？

哌虫啶是我国自主研发的以硝基亚甲基类新烟碱化合物为先导化合物，通过引入四氢吡啶环来固定硝基，具有稳定顺式构型的高活性化合物。哌虫啶对褐飞虱、菜蚜、桃蚜、棉蚜、烟粉虱、稻水象甲、红蜘蛛及家庭卫生害虫白蚁、印鼠客蚤以及螨类等为高活性，而且与传统的新烟碱类化合物无交互抗性。经室内活性测定对水稻飞虱具有较好的抑制性，LC_{50} 为 10.5mg/L。哌虫啶 10% 悬浮剂田间试验结果表明对水稻稻飞虱有较好的防效，于稻飞虱低龄若虫盛发期喷雾，用药量为有效成分 $37.5 \sim 52.5 g/hm^2$（折成 10% 悬浮剂制剂量为 $25 \sim 35 g/$亩，一般加水 50L 稀释），使用方法为喷雾，喷雾时务必均匀。该药速效性一般，持效期为 $14 \sim 20$ 天，对稻红蜘蛛没有明显影响，但对绿盲蝽影响较大。试验剂量范围内对作物安全，未见药害产生。安全使用建议：在有效成分 $52.5 g/hm^2$ 剂量下，施药 1 次，安全间隔期 20 天。

哌虫啶产品为 10％悬浮剂，哌虫啶在我国登记的防治对象为水稻稻飞虱和小麦蚜虫，推荐每亩制剂用量 25～35mL 和 20～25mL。

207. 噻虫啉可防治哪些害虫？

噻虫啉是一种新型氯代烟碱类杀虫剂，20 世纪 90 年代由德国拜耳农化公司和日本拜耳农化公司合作开发。对刺吸式和咀嚼式口器害虫有特效。作用机理与其他传统杀虫剂有所不同，它主要作用于昆虫神经接合后膜，通过与烟碱乙酰胆碱受体结合，干扰昆虫神经系统正常传导，引起神经通道的阻塞，造成乙酰胆碱的大量积累，从而使昆虫异常兴奋，全身痉挛、麻痹而死。具有较强的触杀、胃毒和内吸作用，速效且持效期长。

噻虫啉登记产品有 25％、30％、36％、50％水分散粒剂，2％、3％微囊悬浮剂，22％、40％、48％悬浮剂，1％微囊粉剂等，在我国登记的作物和防治对象有水稻稻飞虱，黄瓜、甘蓝蚜虫，柑橘和松树等林木天牛，花生蛴螬等。防治水稻稻飞虱 50％水分散粒剂用量 10～14g/亩，防治甘蓝蚜虫 50％水分散粒剂用量 6～14g/亩。

（五）沙蚕毒素类杀虫剂

208. 什么叫沙蚕毒素类杀虫剂？

生活在海滩泥沙中的一种环节蠕虫叫沙蚕，体内含一种有毒物质叫沙蚕毒素，对害虫具有很强的毒杀作用，能杀死多种害虫。人们按照沙蚕毒素的化学结构，仿生合成了一系列可用作农用杀虫剂的沙蚕毒素类似物，如杀螟丹、杀虫双等，统称为沙蚕毒素类杀虫剂。

沙蚕毒素杀虫剂与有机磷、氨基甲酸酯、拟除虫菊酯等杀虫剂虽同属神经毒剂，但作用机制不同。它使害虫的神经对外来刺激不产生反应，当害虫接触或取食药剂后，虫体很快呆滞不动或麻痹，失去再取食的能力，虫体逐渐软化、瘫痪，直至死亡。但虫体中毒后没有痉挛或过度兴奋的症状。

由于毒杀部位不同，与有机磷、氨基甲酸酯、拟除虫菊酯等杀虫剂无交互抗性问题，在防治害虫中，也未发现产生交互抗性的现象，对菊酯类的氯氰菊酯、氯菊酯和氨基甲酸酯的灭多威则有一定程度的负交互抗性。因此对上述三类杀虫剂产生耐药性的害虫，采用沙蚕毒素杀虫剂防治仍然有很好的效果。

209. 杀虫双等沙蚕毒素类杀虫剂对家蚕杀伤力强，在应用时如何协调好治虫与养蚕的矛盾？

沙蚕毒素类杀虫剂对家蚕有很强的杀伤力，桑叶上只要沾有百万分之几浓度的药剂，家蚕吃了就会中毒昏迷；桑叶上沾有十万分之几浓度的药剂，家蚕吃了就会中毒死亡。这类药剂具有熏蒸作用，特别是杀虫双的熏蒸作用对家蚕毒力很强，在稻田施用杀虫双后，其挥发的蒸气飘移到桑叶上，家蚕吃了也会中毒。曾发生过药库中杀虫双挥发的蒸汽引起药库周围养蚕户家蚕中毒的事故。因此，在蚕桑产区使用沙蚕毒素类杀虫剂必须严格防止污染桑叶、蚕具。一般来说应做好四方面的工作。

① 施药前要及早通知养蚕户，积极做好防毒工作。施药后，配药、施药工具不能与采桑、养蚕用具混堆、混放。参与施药的人员必须换掉衣服、彻底清洗全身后，方可从事养蚕有关操作。

② 选择适宜的农药剂型和施药方法。宜选用颗粒剂、大粒剂撒施。若需用水剂，宜采用毒土撒施法。在距桑园 100m 以内不得采用喷雾法，严禁采用机动弥雾机或手动小孔径喷雾器进行低容量喷雾，以防雾滴飘移或药剂蒸汽污染桑叶和蚕室。

③ 选择施药时期。尽可能争取在蚕上山以后再大面积施药。若必须大面积使用，也应安排在采桑喂蚕的间隙期内施药。在大量采桑喂蚕季节应选用其他对蚕安全的农药。

④ 严禁用沙蚕毒素类杀虫剂防治桑树害虫，因为施药后的桑叶，经 1~2 个月喂蚕，仍会引起家蚕中毒。

210. 杀虫双可防治哪些水稻害虫？

杀虫双是我国 20 世纪 70 年代中期开发的沙蚕毒素类杀虫剂。对水稻害虫，特别是对稻螟有优良的防治效果，是我国产量高的农药品种之一。对害虫具有胃毒、触杀、内吸和一定的熏蒸、杀卵作用，易被植物根、叶吸收。在水稻田施药后 24h，药剂即可分布到水稻全株，且多集中稻株茎部，因而对水稻螟虫有很好的防治效果。中等毒性。防治稻虫可以用 18％、20％、400g/L 水剂，3％、3.6％、5％颗粒剂，3.6％大粒剂，45％、50％可溶粉剂。

（1）螟虫　在卵孵化高峰期防治第一代二化螟、三化螟造成枯心，在卵孵化高峰期防治第二代二化螟和三化螟造成白穗，在卵孵化高峰期、水稻破口期，防治第三代三化螟造成白穗，亩用 18％水剂 200~250g 或 50％可溶粉剂 100~120g，加水 125~150L 喷粗雾，或加水 400L 泼浇，或拌细土 15~20kg 撒毒土；亦可用颗粒剂或大粒剂 1.2~1.5kg 撒施。如有大螟危害，在田间大量出现新枯心苗时，亩用 18％水剂 250~300mL，加水喷粗雾或泼浇，可以控制枯心苗的发展。施药时稻田要保持 3~6cm 水层两天以上。漏水田不能用泼浇法，用撒毒土或撒粒剂等方法施药较宜。

杀虫双颗粒剂用飞机撒施，防治稻螟的方法是：采用常规干物料喷撒设备，飞机的飞行高度 25m，飞行速度 160km/h，喷幅 25m，亩撒 3％或 5％颗粒剂 1~1.2kg，据测定稻田每平方米可落颗粒 120~130 个，防治效果达 99％，与人工手撒的防效一致。

（2）稻纵卷叶螟、稻苞虫　在幼虫 2 龄高峰期、田间零星出现白叶时，或稻苞虫开始形成虫苞时，亩用 18％水剂 150~200mL，加水喷雾。采用泼浇、撒毒土或撒粒剂的方式施药，防效有所降低。

（3）稻蓟马　亩用 18％水剂 100mL 对水喷雾，药效期 7 天左右。亩用 18％水剂 150~200mL 对水喷雾，药效期可延长至 10 天。

（4）飞虱、叶蝉　对飞虱、叶蝉防效差，在防治稻螟虫、稻纵卷叶螟、稻苞虫时，如需兼治飞虱、叶蝉，可将杀虫双与噻嗪酮、速灭威、异丙威、混灭威等混合使用。

用杀虫双防治稻虫时，对钉螺及其卵亦有毒杀作用。

211. 杀虫双撒滴剂是什么药剂？　有哪些优点？　怎样使用？

18％杀虫双水稻田专用撒滴剂是新产品，已获专利。杀虫双是内吸性杀虫剂，根部的吸收和传导能力比叶片大得多，施于水稻根部的杀虫双很快被稻根吸收并向茎叶传导，在24h内能分布到水稻全株，茎部含量占全株量的50%左右；而施于水稻叶部的杀虫双则要经过4天才能传送到整个叶部，茎部含量较低。因此，将杀虫双直接施于根部，可充分发挥其内吸传导作用，达到保产的目的。

杀虫双撒滴剂是以杀虫双为主剂，增加几种特殊助剂，利用一只有刻度的小口塑料瓶，瓶上带有8个撒滴孔的内盖和一只外盖。使用时取下外盖，手握住药瓶（但不宜挤捏药瓶，以免把药液挤出呈水柱状，造成过量施药和施药不均匀），倾斜30°～40°（角度大小可根据撒滴量来掌握，角度较大时撒滴量较大，角度较小时撒滴量较小），左右摆动撒滴，撒滴的宽度可达5～6m，施药人员的步行速度一般为0.6～0.8m每秒，这样就可将药液分散成均匀药滴，直接撒入水稻田中。如果万一出现漏撒可适当增加施药量补撒。撒滴时田间应有水4～6cm，保持3～5天。每亩撒滴药量，防治二化螟、三化螟、稻纵卷叶螟、稻苞虫、稻瘿蚊、稻潜叶蝇等害虫均为200～300mL，防治稻蓟马为150～200mL。

使用撒滴剂的主要优点是：施药轻便，手持药瓶在田间或田埂缓步行走，左右甩动药瓶使药液从瓶盖的小孔均匀撒入田水即可，处理一亩稻田只需5～10min，老、弱、妇女都能操作。除暴雨天气外，其他任何天气条件下都可施药，不会延误防治适期。施药时无雾滴飘移，对稻田附近的桑园及蚕室不会产生危险，也不会伤害天敌等益虫。

212. 杀虫双可防治哪些旱地作物害虫？

杀虫双可防治以下旱地作物的害虫。

（1）柑橘潜叶蛾 在新梢长2～3mm即新梢萌发初期，或田间50%嫩芽抽出时，用18%杀虫双水剂600～700倍液喷雾，隔7天左右再喷1次。防治达摩凤蝶，在卵孵化盛期，用25%水剂600倍液喷雾。

（2）菜青虫、小菜蛾 在幼虫2～3龄盛期前，亩用18%水剂100～150mL，对水喷雾。防治小菜蛾，与苏云金杆菌混用效果更好，亩用18%杀虫双水剂150mL加苏云金杆菌200mL，对水喷雾。防治茭白螟虫，在卵孵盛末期，亩用18%水剂150～250mL，加水50kg喷雾；或18%水剂500倍液灌心。

（3）茶尺蠖、茶细蛾和茶小绿叶蝉 用18%水剂500倍液喷雾。

（4）甘蔗苗期条螟、大螟 亩用18%水剂200～250mL，加水250～300L淋浇蔗苗，隔7天左右再施药1次。

（5）玉米螟 亩用3.6%大粒剂1.0～1.2kg，灌玉米喇叭口。

商品杀虫双水剂不含润湿剂等表面活性剂，喷洒在作物叶片上的雾滴，像露珠或水滴在叶片上一样，因不能展布开而滚落地面。据测定，在杀虫双水剂的稀释液中加入0.05%洗衣粉，雾滴在叶片上展布的面积可增加2.5～3.0倍，对稻纵卷叶螟的防治效果可提高15%～20%。所以在用杀虫双水剂进行叶面喷雾时，应在药液中加适量的洗衣粉或其他洗涤剂，一般每亩加15～20mL洗涤剂或"885"助剂，或每50L喷洒液加"885"等助剂15mL。

213. 杀虫单可防治哪些害虫？

杀虫单是化学结构与杀虫双极为相似的沙蚕素类杀虫剂。即杀虫双是双钠盐，而杀虫单是单钠盐，因而其杀虫特点和防治对象与杀虫双相同，使用方法和使用中应注意的事项亦与杀虫双相同。由于杀虫单的分子量比杀虫双小，在同等剂量时，杀虫单的分子个数比杀虫双多，所以其药效更好些。产品有 3.6％颗粒剂，42％、45％、50％、80％、90％、95％可溶粉剂，50％泡腾粒剂。

（1）稻虫 防治二化螟、三化螟，在卵孵化高峰期，亩用 90％可溶粉剂 40～50g，对水 75～100kg 喷粗雾或对水 200～300kg 泼浇；或亩用 50％泡腾粒剂 70～100g，撒施；或亩用 3.6％颗粒剂 1～1.4kg，拌细土撒施。施药时保持田水 5cm 左右，隔 10 天再施药一次。

防治稻纵卷叶螟、稻苞虫、稻蓟马等，在 2～3 龄幼虫高峰期，用 90％可溶粉剂每亩 30～50g、80％可溶粉剂每亩 70g，对水 50～75kg 喷雾，在喷洒液中加 0.05％～0.1％洗衣粉，可以提高防治效果。

（2）甘蔗螟虫 亩用 3.6％颗粒剂 4～5kg，施于根区，保持蔗田湿润有利于药效的发挥。

（3）菜青虫、小菜蛾和大豆豆天蛾 亩用 90％可溶粉剂 30～40g，对水 40～60L，并加洗涤剂或"885"助剂 15～20mL，喷雾。

（4）园林紫薇绒蚧 紫薇绒蚧是园林树木的重要害虫，在春季第 1 代若虫始见时，用 90％可溶粉剂 1000 倍液涂刷枝干，同时在树根周围开环状沟，每株灌药液 10kg，再覆土，防治效果 92％以上。

（5）茶树害虫 在茶树叶蝉若虫发生高峰前，亩用 90％可溶粉剂 50～75g，对水 50～75kg（1000 倍液），丛面喷雾。

（6）柑橘潜叶蛾 在夏秋梢萌发后，用 80％可溶粉剂 2000 倍液喷雾。防治葡萄钻心虫，在葡萄开花前用 80％可溶粉剂 2000 倍液喷雾。

杀虫单对蚕有毒害，不能用于桑园治虫。在桑园附近的稻田使用时，要特别注意风向，绝对不可污染桑叶而引起家蚕中毒。在水稻收获前 14 天应停止使用。棉花、大豆、四季豆、马铃薯等作物对杀虫单较敏感，易产生药害，因此，稻田使用杀虫单时，切勿让药液飘移到这些作物上，以避免药害的产生。

214. 杀螟丹可防治哪些害虫？

杀螟丹是沙蚕毒素类杀虫剂第一个商品化的品种，对害虫具有胃毒和触杀作用，并有一定的内吸和杀卵作用。杀虫原理与杀虫双相同，是神经传导阻断剂，进入虫体内转变成沙蚕毒素而杀虫。对人畜毒性中等。产品有 50％、95％、98％可溶粉剂，98％可湿性粉剂，4％颗粒剂，0.8％药肥颗粒剂，3％粉剂，6％水剂。

杀螟丹主要用于水稻、蔬菜、果树、茶树等作物，因对水稻螟虫有特效而得名"杀螟丹"。

① 稻虫。对二化螟、三化螟、大螟，亩用 50％可溶粉剂 100～150g 对水喷雾、喷粗雾或泼浇。对稻飞虱、稻叶蝉、稻纵卷叶螟、稻苞虫、稻蓟马、稻瘿蚊，亩用 50％可溶粉剂 80～100g，对水喷雾。对稻纵卷叶螟也可亩撒 4％颗粒剂 2250～3000g 或 0.8％药肥颗粒剂 12.5～15kg。对稻秆尖线虫，用 50％可溶粉剂 3000 倍液或 6％水剂 1000～2000 倍液浸种。对稻田萍螟、萍灰螟，用 50％可溶粉剂 1000 倍液喷雾。

② 果树害虫。对柑橘潜叶蝇、桃小食心虫、梨小食心虫、苹果卷叶蛾、梨星毛虫等，用50％可溶粉剂1000倍液喷雾。

③ 对茶尺蠖、花细蛾、茶小绿叶蝉等，用50％可溶粉剂1000～1500倍液喷雾，或98％可湿性粉剂35～45g对水喷雾。

④ 对甘蔗螟虫用50％可溶粉剂100～125g，对水喷雾，或对水300L淋浇蔗苗，隔7天左右再施药1次。

⑤ 对蔬菜的菜青虫、小菜蛾、黄条跳甲、二十八星瓢虫等，亩用50％可溶粉剂50～100g。防治黄条跳甲也可亩撒施4％颗粒剂1.5～2kg。对马铃薯块茎蛾用100～150g，对水喷雾。

⑥ 防治玉米螟，在玉米喇叭口期和雄穗即将抽发前，亩用50％可溶粉剂100g，对水喷雾。防治蝼蛄，用50％可溶粉剂拌麦麸（1∶50）制成毒饵使用。

⑦ 防治森林松毛虫时，亩喷3％粉剂1～1.5kg。

（六）苯甲酰脲类和嗪类杀虫剂（几丁质合成抑制剂）

215. 苯甲酰脲类杀虫剂是怎样被发现的？ 具有哪些特点？

20世纪70年代初，荷兰科学家在寻找新的除草剂时，合成了一个苯甲酰脲类的新化合物，当时编号为pH 60-38，经生物测定，表明无除草作用，却意外地发现它对昆虫具有一种特殊的生物活性，即它被吃了以后，虫子不能正常蜕皮，出现畸形，终至死亡。进一步观察研究这些虫子死亡的原因是：虫子的外表皮是由几丁质构成的，当虫子吃了pH60-38之后，抑制了虫体合成几丁质，就长不出新表皮，使老表皮蜕不了，进而死亡。人们按其杀虫原理，称其为昆虫几丁质合成抑制剂。另外，在其他类型化合物中，也发现了这种生物活性，如噻嗪酮。目前在农业上常用的苯甲酰脲类杀虫剂有：除虫脲、灭幼脲、氟啶脲、氟虫脲、氟铃脲、氟苯脲。其共同特点是：

（1）杀虫作用机制特殊　对害虫主要是胃毒，有一定的触杀作用，进入虫体后抑制幼虫表皮几丁质的合成，使虫子长不出新皮，而死于蜕皮障碍。有的不能蜕皮，立即死亡；有的头和胸背面能蜕皮，而口器、胸腹面、胸足和腹部很难蜕皮；少数幼虫虽能蜕皮，但长出的新皮薄而脆，易破，体液流出而死亡；有些5龄幼虫，在蜕皮前取食药剂后，由于新皮已经长成，虽能蜕皮进入6龄，但老熟幼虫难于蜕皮化蛹；6龄幼虫取食药剂后，不能蜕皮化蛹，或头胸蜕皮为蛹态而腹部仍保持幼虫态，形成半幼虫-半蛹的中间类型（畸形）。因此各龄幼虫吃药后都可被杀死，但中毒后不再取食危害，却不会立即死亡，一般要在喷药后4～5天，害虫蜕不了皮才会大量死亡。

成虫不蜕皮，故此类杀虫剂对成虫无效。但对成虫有不育作用，使之产卵量减少，所产的卵孵化率降低。能抑制卵内胚胎发育过程中几丁质的形成，使虫卵不能孵化。

由于作用机制不同，与有机磷、氨基甲酸酯、拟除虫菊酯等杀虫剂之间无交互抗性。

（2）杀虫力强　苯甲酰脲类杀虫剂的毒力高于有机磷和氨基甲酸酯杀虫剂，相当或略低于拟除虫菊酯杀虫剂。例如除虫脲防治黏虫，或氟虫脲防治果树红蜘蛛、潜叶蛾等，一般亩用有效成分1～2g，有机磷和氨基甲酸酯杀虫剂一般为40～50g。

（3）选择性高　对天敌和鱼虾等水生动物杀伤作用小，对蜜蜂安全，在花期喷浓度50mg/L的灭幼脲，对蜜蜂亦无杀伤作用。这种在害虫与天敌（及益虫）、害虫与水生动物之间的高度选择性，是其重要的特点。

（4）杀虫谱广　能防治鳞翅目、鞘翅目、同翅目的许多农业害虫（如黏虫、菜青虫、小菜蛾、甜菜夜蛾、松毛虫、草地螟）及双翅目中的蚊、蝇等卫生害虫，有些品种对螨类（如叶螨、粉螨、瘿螨）以及危害家畜的寄生螨、蜱亦有很好的防治效果。

（5）低毒、低残留　人及畜禽等没有几丁质，所以苯甲酰脲类杀虫剂对人畜的毒性很低，也无慢性毒性问题，这是它们在杀虫活性与对哺乳动物毒性之间表现的高度选择性。它们在动植物体内容易分解，在土壤和水中也易分解，因此在农产品中残留量很低，对环境无污染。例如在棉田施药6次，每亩累计用药50g，棉籽内残留药量仅为0.01～0.05mg/kg。但对甲壳类水生生物的毒性高，所以不提倡用于水稻，我国也不再批准在水稻上登记。

（6）苯甲酰脲类杀虫剂的缺点

①　杀虫作用缓慢，一般要在施药后4～5天害虫才会大量死亡，有的甚至要长达7～15天，因此施药应掌握在幼虫低龄期，喷药过迟，防效下降。当害虫严重发生时，应与速效性杀虫剂混合使用。

②　有的品种对棉花的重要害虫如棉铃虫、烟草夜蛾等药效不佳。但现已开发出定虫隆、氟铃脲等，是有效防治棉铃虫的新品种。

③　对家蚕高毒，在养蚕区的养蚕季节慎用。

属于嗪类化合物的噻嗪酮、灭蝇胺也是几丁质合成抑制剂。杀螨剂的四螨嗪、噻螨酮、螺螨酯等也是几丁质合成抑制剂，将在杀螨剂章节中给予介绍。

216. 除虫脲可防治哪些害虫？

除虫脲是苯甲酰脲类杀虫剂中第一个商品化的品种，具有这类杀虫剂的共同特点。产品有20%悬浮剂，5%和25%可湿性粉剂。

除虫脲对鳞翅目幼虫有特效（但对棉铃虫防效不好），对双翅目、鞘翅目多种害虫也有效。

（1）粮食作物害虫　对黏虫和草地螟亩用20%悬浮剂15～20mL，对稻纵卷叶螟用20～30mL，对水喷雾。对玉米螟和玉米铁甲虫用20%悬浮剂1000～2000倍液喷雾。对小麦吸浆虫，亩用25%可湿性粉剂10～20g制成毒土撒施，防治栖息在土中的幼虫。

（2）蔬菜害虫　对菜青虫、小菜蛾、豆野螟亩用20%悬浮剂15～20mL，对甜菜夜蛾和斜纹夜蛾亩用20～30mL对水喷雾，或用20%悬浮剂1500～2000倍液喷雾。

与拟除虫菊酯杀虫剂混用，可加快杀虫速度，并兼治蚜虫，例如亩用20%除虫脲悬浮剂10mL，加20%氰戊菊酯或10%氯氰菊酯（5%高效氯氰菊酯）或2.5%溴氰菊酯乳油10～15mL，加水喷雾。

（3）果、林、茶害虫　对柑橘的潜叶蛾、锈壁虱和木虱，苹果金纹细蛾、枣尺蠖、枣步曲、茶尺蠖、茶毛虫，以及林木的松毛虫、天幕毛虫、美国白蛾、杨毒蛾、侧柏毒蛾等用 20％悬浮剂或 25％可湿性粉剂 1500～2000 倍液喷雾。

对家蚕有毒，蚕区慎用。

217. 氟铃脲有什么杀虫特点？ 可防治哪些害虫？

氟铃脲具有苯甲酰脲类杀虫剂的特点，但对棉铃虫等害虫有特效，故得名"氟铃脲"。对害虫以胃毒作用为主，兼有触杀和拒食作用，药后幼虫食叶量大幅度降低，基本不再造成危害，待 3～5 天才显示杀虫效果，7 天后达药效高峰，持效期达 15 天。对食叶害虫，宜在低龄期施药；对钻蛀害虫，宜在卵孵化盛期施药。产品为 5％乳油。

（1）棉花害虫 防治棉铃虫、红铃虫，亩用 5％乳油 70～100mL，对水喷雾；或用 5％乳油 1500～2000 倍液喷雾，可兼治造桥虫、卷叶虫等。

（2）蔬菜害虫 防治小菜蛾、甜菜夜蛾、斜纹夜蛾、小地老虎等，亩用 5％乳油 40～70mL；防治菜青虫，亩用 5％乳油 30～50mL；防治豆野螟，亩用 5％乳油 50～70mL，对水 40～60kg 喷雾，药效可维持 10～15 天。

（3）果树害虫 防治柑橘潜叶蛾、苹果金纹细蛾和苹果蠹蛾，用 5％乳油 1500～2000 倍液喷雾。

（4）林业的松毛虫、棕尾毒蛾 用 5％乳油 1000～2000 倍液喷雾。

对家蚕和鱼类高毒，使用时要严防污染桑叶和水源。

218. 氟啶脲有什么杀虫特点？ 可防治哪些害虫？

氟啶脲的杀虫性能、防治对象和使用方法与除虫脲基本相同，但它对棉铃虫、红铃虫有很好效果，但杀虫速度更慢，一般要在施药后 5～7 天才能充分显示出来，药效期可达 15 天左右。产品为 50g/L 和 5％乳油。

（1）棉花害虫 防治棉铃虫、红铃虫，在卵孵盛期，亩用 5％乳油 60～140mL，加水 70～80kg 喷雾。

（2）蔬菜害虫 防治菜青虫、小菜蛾、甜菜夜蛾、斜纹夜蛾、银纹夜蛾、甘蓝夜蛾、小地老虎等，于幼虫初孵盛期，亩用 5％乳油 40～80mL，加水 40～60kg 喷雾。

防治豆野螟，在豇豆、菜豆开花期，豆野螟盛卵期，用 5％乳油 1000～2000 倍液喷雾。

防治韭菜地蛆，亩用 5％乳油 100～200mL，对水 150kg，开沟灌根，持效期达 90 天。

（3）果树害虫 防治柑橘潜叶蛾、荔枝爻纹夜蛾、桃小食心虫、梨小食心虫、毒蛾、舟形毛虫、枣刺蛾等，用 5％乳油 1500～2000 倍液喷雾。

（4）茶树害虫 防治茶尺蠖、茶毛虫，在卵孵化盛期，亩用 5％乳油 75～100mL，加水 50～75kg（1000～2000 倍液），冠面喷雾。

对蚕及鱼贝类高毒，使用时要注意。

219. 氟虫脲有什么杀虫特点？ 可防治哪些害虫？

氟虫脲除具有苯甲酰脲类杀虫剂一般特性外，还具有自己的特点。①除对鳞翅目害虫有效，对多种螨类也有良好防治效果。杀幼、若螨力强，对成螨效果差，但能使雌成螨不育或产卵量少，所产的卵不孵化或孵化出的幼螨很快死亡，在虫螨并发时施药，有良好的兼治效果。②毒杀速度慢，一般施药后 10 天左右药效才明显上升，但药效期长，对鳞翅目害虫的药效期达 15～20 天，对螨可达 1 个月以上。产品为 5％可分散液剂。

防治棉花红蜘蛛，茄子、豆、瓜类等作物上的红蜘蛛，苹果树上的苹果红蜘蛛、山楂红蜘蛛、柑橘红蜘蛛等，在若螨盛发期，用 5％可分散液剂 700～1000 倍液喷雾。

防治棉铃虫和红铃虫，在幼虫钻蛀之前，亩用 5％可分散液剂 75～100mL，对水喷雾。

防治小菜蛾亩用 5％可分散液剂 30～50mL，防治菜青虫亩用 20～30mL，防治豆野螟亩用 50～75mL，加水 40～60kg 喷雾。

防治茶尺蠖、茶毛虫、茶黑毒蛾和茶橙瘿螨，亩用 5％可分散液剂 50～75mL，加水 50～75kg（1000～1500 倍液）喷雾。

对除虫脲能防治的害虫，使用氟虫脲均能防治，大田作物一般亩用 5％可分散液剂 50～75mL 对水喷雾。对果林害虫用 5％可分散液剂 1000～1500 倍液喷雾。

对家蚕有毒，养蚕区慎用。

220. 杀铃脲可防治哪些害虫？

杀铃脲，其杀虫原理与除虫脲相同，除对鳞翅目害虫有特效外，对双翅目和鞘翅目害虫也有很好防效。产品为 20％、40％悬浮剂。

防治棉铃虫，低容量喷雾，亩用 20％悬浮剂 15～20mL；常量喷雾，亩用 20％悬浮剂 25～40mL，对水喷洒。

防治十字花科蔬菜的菜青虫，亩用 5％乳油 30～50mL；防治小菜蛾，亩用 5％乳油 50～70mL，加水 40～60kg 喷雾。

防治苹果金纹细蛾，用 20％悬浮剂 4000～5000 倍液喷雾。防治柑橘潜叶蛾，用 40％悬浮剂 5000～7000 倍液喷雾。对果树的梨星毛虫、天幕毛虫、舞毒蛾、尺蠖、桃小食心虫、梨小食心虫等也有较好的防治效果。

221. 虱螨脲可防治哪些害虫？

虱螨脲属苯甲酰脲类杀虫杀螨剂，也是几丁质合成抑制剂，影响害虫蜕皮而致其死亡，还能杀卵和减少成虫产卵量，具有胃毒和触杀作用，主要用于防治果树、蔬菜、棉花、玉米等作物的鳞翅目害虫，也可作为卫生杀虫剂，还可用作兽药。产品为 5％乳油。

（1）果树害虫　防治柑橘的潜叶蛾和锈壁虱，喷 5％乳油 1500～2500 倍液。防治苹果小卷叶蛾，于越冬幼虫出蛰期（花期）和大量卷叶期（花后）施药 2 次，喷 5％乳油 1000～2000 倍液。

（2）蔬菜害虫　防治十字花科蔬菜的小菜蛾和甜菜夜蛾，亩用 5％乳油 30～40mL，对水喷雾。防治菜豆的豆荚螟，亩用 5％乳油 40～50mL，对水喷雾。防治马铃薯块茎蛾，亩用 5％乳油 40～60mL，对水喷雾。防治番茄的棉铃虫，亩用 5％乳油 50～60mL，对水喷雾。

(3) 棉花害虫　防治棉铃虫，亩用 5％乳油 50～60mL（新疆地区棉株较矮，用 30～40mL 即可），对水喷雾。药后 7～14 天防效较好。

本剂对人畜低毒，对皮肤和眼睛无刺激性。对鱼、鸟低毒，对蜜蜂中等毒。

222. 噻嗪酮是什么样的杀虫剂？　可防治哪一类害虫？

噻嗪酮属噻二嗪类化合物，化学结构虽不同于苯甲酰脲类化合物，但它的杀虫原理与苯甲酰脲类杀虫剂相同，都是抑制昆虫几丁质合成。它具有特殊的杀虫性能。

① 对害虫具有很强的选择性，只对半翅目的飞虱、叶蝉、粉虱及介壳虫高效，而对鳞翅目的稻螟、稻纵卷叶螟、菜青虫、小菜蛾等害虫无效，是第一个对刺吸式口器害虫有效的几丁质合成抑制剂，对天敌安全，是目前害虫综合防治中较理想的一个农药品种。

② 对害虫有很强的触杀作用和较强的胃毒作用。对作物有一定的渗透能力，能被水稻叶片或叶鞘吸收，但不能被根系吸收传导，对低龄若虫毒杀能力强，对 3 龄以上若虫毒杀能力显著下降，对成虫没有直接毒杀作用，但可缩短成虫寿命，减少产卵量，所产的卵孵化率降低，孵化出的幼虫很快死亡，从而可减少下一代的发生数量。

③ 药效发挥慢，一般要在施药后 3～5 天，若虫蜕皮时才开始死亡，施药后 7～10 天死亡数达到最高峰。因而药效期长，一般直接控制虫期为 15 天左右，加上保护了天敌就又发挥了天敌控制害虫的效果，所以总有效期可达 1 个月左右。

产品为 20％、25％、65％可湿性粉剂，25％悬浮剂，8％展膜油剂。

噻嗪酮可用于以下方面。

(1) 稻飞虱、叶蝉　在主要发生世代及其前 1 代、在卵孵盛期至低龄若虫盛期，亩用 25％可湿性粉剂 20～30g，加水 40～50L 喷雾，重点喷稻株中下部位。

当稻飞虱迁入峰次多，成虫、低龄及高龄若虫并存时，可采用与混灭威、速灭威、异丙威等混用，同时兼治高龄若虫和成虫。亩用 25％噻嗪酮可湿性粉剂 25g，加 25％速灭威可湿性粉剂 75～100g，或 50％混灭威乳油 35～50mL，对水喷雾。

防治稻飞虱，用展膜油剂更有效和方便，一般亩用 8％展膜油 100～150mL 洒滴即可。

(2) 温室白粉虱　在 2～3 龄若虫盛发期，用 25％可湿性粉剂 1500～2000 倍液喷雾，视虫情隔 15 天再喷 1 次。防止药液落在白菜、萝卜上引起褐斑和绿叶白化。

(3) 柑橘锈壁虱、全爪螨、矢尖蚧、粉虱、黑刺粉虱　用 25％可湿性粉剂 1500～2000 倍液喷雾。

(4) 茶小绿叶蝉　在若虫高峰期或春茶采摘后，用 25％可湿性粉剂 800～1200 倍液喷雾，先喷茶树四周，后喷中间。视虫情隔 10～15 天再喷 1 次。

223. 灭蝇胺是什么样的杀虫剂？

灭蝇胺属三嗪胺类化合物，其杀虫机理与苯甲酰脲类杀虫剂相同，都是抑制昆虫几丁质合成，突出特点是对斑潜蝇有特效。

灭蝇胺具有内吸作用，对双翅目害虫有特殊活性，专用于防治各种蝇类，对斑潜蝇有特效。由于斑潜蝇类害虫的幼虫潜蛀在叶表之下，一般药剂难以奏效，而灭蝇胺具有强内吸作用，可致双翅目幼虫和蛹畸变，成虫羽化不全。产品有 30％、50％、70％、75％可湿性粉剂，60％、80％水分散粒剂，5％、20％可溶粉剂，10％、20％悬浮剂，15％颗粒剂。

防治黄瓜、菜豆、烟草等多种作物上的斑潜蝇（包括美洲斑潜蝇）亩用有效成分 8～15g，对水喷雾，例如亩用 10％悬浮剂 80～150g 或 20％可溶粉剂 40～70g 或 50％可湿性粉剂 20～30g 或 80％水分散粒剂 12～17.5g 等。

防治韭蛆，亩用 1.5％颗粒剂 800～1000g，撒施。

（七）蜕皮激素类杀虫剂和保幼激素类杀虫剂

224. 什么叫蜕皮激素和蜕皮激素类杀虫剂？ 现状如何？

蜕皮激素是调节昆虫蜕皮过程的昆虫激素，从来源上可分为动物源蜕皮激素和植物源蜕皮激素两大类，有的蜕皮激素在动植物体内都有。至今已知在动物体和植物体中含有的蜕皮激素类物质共百余种。

天然蜕皮激素多为甾醇类化合物，结构复杂，难以人工合成。自 1985 年以来推出了非甾醇结构的酰肼类蜕皮激素类似物，如抑食肼、虫酰肼、甲氧虫酰肼、氯虫酰肼、环虫酰肼，以及我国南方农药创制中心江苏基地研发的呋喃虫酰肼等蜕皮激素类品种，都具有天然激素的高活性，因而形成了蜕皮激素类杀虫剂。

蜕皮激素类杀虫剂的杀虫机理是促进幼虫提前蜕皮，形成畸形小个体，脱水，饥饿而死。这与抑制害虫蜕皮的苯甲酰脲类等杀虫剂的作用机理正相反，适用于害虫抗性综合治理。

但是，蜕皮激素不全是当杀虫剂使用。1969 年日本发现将蜕皮激素添加到 5 龄家蚕饲料中，食后约 24h 变为成熟蚕。我国从 1973 年开始从植物中提取蜕皮激素用作蚕的增丝剂，将其喷施桑叶喂 5 龄蚕，可促进蚕老熟。

225. 抑食肼是什么样的杀虫剂？ 可防治哪些害虫？

抑食肼是第一个商品化的蜕皮激素类杀虫剂，对鳞翅目、鞘翅目和双翅目的幼虫具有抑制进食、加速脱皮和减少产卵的作用。对害虫以胃毒作用为主，当害虫吃了适量的喷洒过抑食肼的作物鲜叶后，在短期内就会停止取食，再也不吃没喷过药的鲜叶，以致饿死，施药后 2～3 天见效，持效期较长。产品为 20％可湿性粉剂。

防治水稻螟虫、稻纵卷叶螟、稻黏虫、稻飞虱、稻叶蝉、稻蓟马等害虫，亩用 20％可湿性粉剂 100g，对水 60～75kg 喷雾。在水稻收获前 7～10 天内停止施药。

防治蔬菜的菜青虫和斜纹夜蛾，亩用 20％可湿性粉剂 50～60g，对小菜蛾和甜菜夜蛾用 80～130g，对马铃薯甲虫用 50～65g，对水 40～50kg 喷雾。

防治果树食叶性的卷叶蛾、毒蛾、尺蠖、甲虫以及荔枝细蛾、双线盗毒蛾等，在初孵幼虫期，用 20％可湿性粉剂 4000～5000 倍液喷雾。

226. 虫酰肼的特点和主要用途是什么？

虫酰肼属双酰肼类化合物，其杀虫特点和主要用途与抑食肼相同，但其活性高于抑食肼。杀虫机理是促进鳞翅目幼虫蜕皮，当幼虫取食药剂后，在不该蜕皮时产生蜕皮反应，开始蜕皮。由于不能完全蜕皮而导致幼虫脱水、饥饿而死亡。对低龄和高龄的幼虫均有效，当幼虫取食喷有药剂的作物叶片后，6～8h就停止取食，不再危害作物，3～4天后开始死亡。产品有10％、20％、30％悬浮剂，20％可湿性粉剂，10％、20％乳油。

虫酰肼可用于果树、松树、茶树、蔬菜、棉花、玉米、水稻、高粱、大豆、甜菜等多种作物防治苹果卷叶蛾、美国白蛾、松毛虫、天幕毛虫、舞毒蛾、甜菜夜蛾、甘蓝夜蛾、尺蠖、菜青虫、玉米螟、黏虫等鳞翅目害虫。

① 防治森林马尾松毛虫，用30％悬浮剂3000～4000倍液喷雾。

② 防治甘蓝的甜菜夜蛾，在孵盛期，亩用20％悬浮剂67～100g、30％悬浮剂50～60g、20％可湿性粉剂80～100g或20％乳油60～70mL，对水30～40kg喷雾。对斜纹夜蛾、银纹夜蛾、甘蓝夜蛾等也很有效。

③ 防治苹果树卷叶蛾、桃小食心虫，用20％悬浮剂1500～2000倍液喷雾。

④ 防治玉米螟、豆卷叶螟，用20％悬浮剂1500～2000倍液喷雾。

⑤ 防治水稻二化螟，亩用20％悬浮剂100～125mL，对水喷雾。

虫酰肼对鱼有毒，对蚕高毒，使用时要注意。

227. 甲氧虫酰肼与虫酰肼有何异同？

甲氧虫酰肼是虫酰肼的衍生物，在分子结构上比虫酰肼在苯环上多一个甲氧基，在农业应用性能上与虫酰肼基本相同，但有两点值得注意：一是生物活性比虫酰肼更高；二是有较好的根内吸性，特别是在水稻等单子叶作物上表现更为明显。产品为24％悬浮剂。

对防治对象选择性强，只对鳞翅目幼虫和卵有效，对抗性鳞翅目幼虫防治效果也好。24％悬浮剂防治甘蓝甜菜夜蛾、斜纹夜蛾亩用10～20mL，水稻二化螟用20～28mL，棉花棉铃虫和烟蚜夜蛾用56～83mL；防治苹果树金纹细蛾用24％悬浮剂2400～3000倍液，一般每隔7～10天喷1次；防治小卷叶蛾用3000～5000倍液喷雾。

228. 呋喃虫酰肼可以防治哪些害虫？

呋喃虫酰肼是我国自主创制的蜕皮激素类杀虫剂，也属双酰肼类化合物，主要是促进鳞翅目幼虫提前蜕皮，导致虫体脱水、饥饿而死亡。产品为10％悬浮剂，用于防治甜菜夜蛾，于幼虫高峰期（3龄以前），亩用制剂60～100mL，对水50kg喷雾。药后2～3天显出较好防效，5～7天防效达到高峰，持效期7天以上。防治茶尺蠖，亩用10％悬浮剂50～60mL，对水喷雾。防治稻纵卷叶螟，亩用10％悬浮剂100～120mL，对水喷雾。

呋喃虫酰肼的原药和10％悬浮剂均属微毒类农药，对鱼、蜜蜂、鸟均为低毒，但对家蚕高风险，桑园附近禁用。

229. 什么叫保幼激素和保幼激素类杀虫剂？ 现状如何？

保幼激素是由昆虫咽侧体所分泌，对昆虫的生长、变态和滞育等生理现象起着重要调控作用的内源激素。自1967年分离鉴定了第一个保幼激素，至今已发现4种天然保幼激素。由于这些保幼激素的化学性质很不稳定，极易受日光和温度的破坏而失去生物活性，而且合成困难，因而，利用其防治害虫几乎是不可能的。为此，已人工合成了数以千计的保幼激素类似物。1973年合成了第一个商品化的保幼激素类似物烯虫酯，它属于烷基烯羧酸酯类化合物，此类化合物的品种还有烯虫乙酯、烯虫炔酯、烯虫硫酯等。20世纪80年代开发了二苯醚类化合物，其主要品种有吡丙醚、双氧威等。哒嗪酮则是另一类具有保幼激素活性的化合物。

保幼激素杀虫剂的主要作用是抑制未成龄幼虫变态，保持幼龄期特征，使蜕皮后仍为幼虫。对蛹期也起作用。由于田间种群个体发育不可能非常一致，制约了田间应用的实际效果。

230. 烯虫酯是什么样的杀虫剂？

烯虫酯是保幼激素类杀虫剂的一个品种。

选取害虫的适宜时期用烯虫酯处理，能破坏虫体内正常的激素平衡，使之出现不正常变态、成虫不育或卵不能孵化，从而达到控制和消灭害虫的目的。例如，烯虫酯处理过的蚊、蝇末龄幼虫，虽能正常化蛹，但不能正常羽化，或者死亡，也可能羽化后翅不全，不能飞翔；用烯虫酯饵剂防治蚁类，能阻碍幼虫正常变态，使蚁王不育；用烯虫酯防治谷物、面粉、烟叶等贮藏期间的害虫也很有效。

在我国登记的烯虫酯产品为4.1%可溶液剂，用于防治烟草甲虫、烟草粉螟，使成虫失去繁殖力，从而有效地控制贮存烟叶害虫种群的增长。一般用4.1%可溶液剂4100～5460倍液，直接喷洒在烟叶上。

231. 怎样使用吡丙醚防治农业害虫？

吡丙醚属保幼激素类杀虫剂，具有胃毒、触杀和内吸作用，不仅具有强杀卵活性，还可影响幼虫蜕皮和繁殖。对同翅目、双翅目、鳞翅目害虫有效，用量少，持效期长。主要用于防治卫生害虫，在农业上主要用于防治白粉虱、介壳虫等。产品有100g/L乳油，10%吡丙·吡虫啉悬浮剂（内含吡丙醚2.5%＋吡虫啉7.5%），8.5%甲维·吡丙醚乳油（内含甲氨基阿维菌素苯甲酸盐0.2%＋吡丙醚8.3%）。

① 防治番茄白粉虱，亩用100g/L乳油35～60mL或10%吡丙·吡虫啉悬浮剂30～50mL，对水喷雾。防治小菜蛾，亩用8.5%甲维·吡丙醚乳油70～80mL，对水喷雾。

② 防治柑橘树介壳虫，用100g/L乳油1000～1500倍液喷雾。

232. 环虫酰肼可防治哪些害虫？

环虫酰肼是一种新型双酰肼类杀虫剂，害虫取食后几小时内不再进食，同时引起害虫提前蜕皮导致死亡。该化合物对鳞翅目幼虫具有优异的防效。主要应用于蔬菜、茶叶、果树、稻田等作物及观赏性植物上，不仅对所述的植物安全，没有药害，而且对环境和生态没有不良影响，是综合害虫治理体系中理想的药剂。

目前环虫酰肼在我国登记的产品为5％悬浮剂，登记作物为水稻，防治稻种卷叶螟和二化螟，有效成分用药量为52.5～67.5g/hm²。

5％悬浮剂对水稻稻纵卷叶螟、二化螟有较好防效，药后13～20天防治效果在70％～89％。推荐在卵孵化盛期至1～2龄幼虫发生盛期用药。

（八）其他合成杀虫剂

233. 虫螨腈是什么样的杀虫剂？ 可防治哪些害虫？

虫螨腈属芳基吡咯类化合物，是通过对含吡咯环天然抗生素的化学结构改造而得以成功开发的，是个颇受关注的高效杀虫杀螨剂。该药具内吸活性，对害虫具有胃毒和一定的触杀作用，对钻蛀、刺吸和咀嚼式害虫和害螨的防效优异，持效中等，其杀虫机理是阻断线粒体的氧化磷酰化作用，主要是抑制二磷酸腺苷向三磷酸腺苷的转化。与其他类杀虫剂无交互抗性。产品为10％悬浮剂。

防治十字花科蔬菜上的小菜蛾、甜菜夜蛾，亩用10％悬浮剂34～50mL，对水40～50kg喷雾，药效可维持15天左右。每个生长季节使用不宜超过2次。可与顺式氯氰菊酯混用，或与氟虫脲轮用，可增加杀卵效果。

虫螨腈已在30多个国家登记，已在蔬菜、果树、茶树、棉花等16种作物的35种害虫害螨上使用。

对鱼和蜜蜂毒性较高，使用时应注意防护。

234. 丁烯氟虫腈是什么样的杀虫剂？

丁烯氟虫腈为我国大连瑞泽农药股份有限公司创制的芳基吡唑类杀虫剂新品种，已获得国内和国际专利。与此类杀虫剂第一个商品化的氟虫腈相比，其具有3个显著特点。

一是毒性低，属低毒类杀虫剂，对兔的皮肤和眼睛无刺激性，也无"三致"问题。

二是对鱼类水生动物的毒性低于氟虫腈，可用于稻田防治害虫。

三是对害虫的毒力与氟虫腈相当，已被水稻二化螟及小菜蛾的室内生测结果所证实。

丁烯氟虫腈为广谱杀虫剂，对鳞翅目、半翅目、缨翅目、鞘翅目等害虫具有优异防治效果。主要是通过γ-氨基丁酸调节的氯通道干扰氯离子的通路，破坏正常中枢神经系统的活性，致害虫死亡。由于这种独特的作用机制，使其与其他类杀虫剂间不存在交互抗性，对菊酯类、氨基甲酸酯类及环戊二烯杀虫剂产生抗性的害虫，改用丁烯氟虫腈防治很有效。

产品为5％乳油。

（1）稻虫 可以防治水稻的二化螟、三化螟、稻纵卷叶螟、飞虱等害虫，一般亩用5％乳油50～60mL，对水喷雾。

（2）蔬菜害虫　对十字花科蔬菜的小菜蛾、甜菜夜蛾、菜青虫等，在幼虫 1～3 龄高峰期，亩用 5％乳油 30～40mL，对水喷雾，危害严重的年份在施药后 7 天再施药防治。

该药可混性好，与三唑磷、辛硫磷、毒死蜱、吡虫啉、噻嗪酮、高效氯氰菊酯、阿维菌素等混用，均表现有相加和增效作用。

注意：该药对蜜蜂高毒，不要在蜜源植物的花期和近蜂箱的田块使用。养鱼稻田禁用，注意防止污染水源。

235. 乙虫腈是什么样的杀虫剂？

乙虫腈为芳基吡唑类杀虫剂，其生物学性能与丁烯氟虫腈类似。为低毒类杀虫剂，无致突变性，对皮肤和眼睛无刺激性、无致敏性，对多种咀嚼式和刺吸式害虫有效，作用方式为触杀，其作用机制是通过 γ-氨基丁酸干扰氯离子通道，从而破坏中枢神经系统正常活动，使害虫死亡。产品为 100g/L 悬浮剂。

目前仅登记用于防治稻飞虱，在低龄若虫高峰期，亩用 100g/L 悬浮剂 30～40mL，对水 50kg 全面喷雾。该药速效性较差，持效期 14 天左右，一般施药 1～2 次即可。

该药对鱼及家蚕的毒性中等，对蜜蜂高毒。养鱼稻田禁用，施药后田水不得直接排入水体，不得在河塘等水域清洗施药器具。蜜源植物花期及养蜂场禁用。

236. 吡蚜酮可防治哪些害虫？

吡蚜酮属三嗪酮类化合物。用于防治大部分同翅目害虫，尤其是蚜虫科、粉虱科、叶蝉科及飞虱科害虫。害虫一旦接触此药，就会立即停止取食，而这种停食现象并不是由拒食作用引起的，表现为口针难于穿透叶片，即使能刺达韧皮部，但所需时间长，吸汁液时间短，最终因饥饿而死亡。在停食死亡之前的几天时间内，害虫可能表现为活动正常。由于这种作用方式特殊，与其他类杀虫剂无交互抗性。

吡蚜酮在植物体内的内吸输导性强，能在韧皮部和木质部内进行向顶和向下的双向输导，因而对用药处理后新生的植物组织也有保护作用。

吡蚜酮对人畜低毒，对鸟类、鱼类安全，在环境中降解快，淋溶性小，不会污染地下水。对昆虫具有高度的选择性，对天敌昆虫影响很小，是害虫综合治理中的一个优秀品种。

产品有 25％悬浮剂，25％可湿性粉剂，50％水分散粒剂。

（1）蚜虫类　防治十字花科蔬菜蚜虫，亩用 25％可湿性粉剂 20～30g；防治麦蚜，亩用 25％可湿性粉剂 16～20g；防治棉蚜，亩用 25％可湿性粉剂 10～14g；防治观赏菊花的蚜虫，亩用 50％水分散粒剂 20～30g，对水喷雾。

（2）飞虱类　防治稻飞虱，在 1～2 龄若虫高峰期，亩用 25％悬浮剂或 25％可湿性粉剂 20～30g，对水喷雾。防治小麦穗期灰飞虱，亩用 25％可湿性粉剂 20～30g，对水 50kg 喷雾，防效 90％以上，持效期可达 14 天。

237. 氯虫苯甲酰胺为何种类型杀虫剂？

氯虫苯甲酰胺属邻甲酰氨基苯甲酰胺类杀虫剂，也是作用机制独特的新颖杀虫剂，为鱼尼丁（或称里安那碱、兰尼碱）受体激活剂，作用于鱼尼丁受体钙离子释放通道，使正常的钙离子释放紊乱，干扰肌肉收缩活动，直至害虫死亡。作用方式为胃毒和触杀，以胃毒作用为主。对植物具有良好的渗透作用，可经茎、叶渗入植物体内，还可通过根部吸收，并在木质部移动。害虫摄入药剂后，在几分钟内就停止取食，通常在1～4天内开始死亡，持效期约两周。

产品有200g/L、5％悬浮剂，35％水分散粒剂。均为微毒类农药。对鱼中等毒，对鸟和蜜蜂低毒，对家蚕剧毒，因而在桑园及蚕室附近禁用，不得在河塘等水域清洗施药器具。

（1）稻虫　防治二化螟、三化螟、稻纵卷叶螟，在卵孵盛期至幼虫1～2龄期，亩用200g/L悬浮剂10g，对水30～60kg，进行常规喷雾。害虫严重发生时，10天后再施药1次。施药时田间应有水层。对稻飞虱有一定抑制效果，对田间蜘蛛、稻虱缨小蜂、黑肩绿盲蝽等天敌安全。

（2）菜虫　防治十字花科蔬菜的小菜蛾、甜菜夜蛾，于卵孵高峰期，亩用5％悬浮剂30～55g，对水常规喷雾。害虫发生严重时，7天后再施药1次。

（3）果树害虫　防治苹果金纹细蛾，喷35％水分散粒剂17500～25000倍液，防治桃小食心虫喷7000～10000倍液。在发蛾盛期和蛾产卵初期施药，间隔14天再喷1次。

238. 氟啶虫酰胺是什么样的杀虫剂？

氟啶虫酰胺属吡啶酰胺类化合物，为选择性杀蚜剂，能有效地防治其他一些刺吸式口器害虫。作用方式为抑制害虫取食，对作物有良好的内吸输导作用，害虫吸食带药的植物汁液后，被迅速阻止再吸汁，致使其因饥饿而死。其速效性较差，持效性较好，一般在施药后2～3天才看到蚜虫死亡，一次施药可维持14天左右的药效。产品为10％水分散粒剂。可用于谷类、棉花、果树、蔬菜、马铃薯等作物，一般亩用有效成分3.3～6.7g。

防治马铃薯、黄瓜蚜虫，亩用10％水分散粒剂35～50g，对水喷雾。

防治苹果蚜虫，喷10％水分散粒剂2500～5000倍液。

氟啶虫酰胺属低毒类农药，对眼睛和皮肤无刺激性，对皮肤无致敏性，也无致突变作用和致癌作用。对鱼、鸟、蜜蜂和家蚕均为低毒。对作物安全，未见药害发生。

239. 硫肟醚是什么样的杀虫剂？

硫肟醚是国家南方农药创制中心湖南基地（湖南省化工研究院）创制的具有自主知识产权的肟醚类杀虫剂，产品为10％水乳剂。对害虫具有触杀和胃毒作用，用于防治十字花科蔬菜的菜青虫，亩用制剂40～60mL，对水60kg喷雾。速效性好，持效期7天左右。

该药对人畜、鸟、鱼低毒，对蜜蜂中等毒，对家蚕高毒，不得在桑园附近使用。在推荐用药量范围内，对作物安全。

240. 丁醚脲是什么样的农药？

丁醚脲属硫脲类杀虫杀螨剂，具有触杀和胃毒作用，对成螨、卵、幼螨、若螨均有效，可用于防治果树、茶、棉花、蔬菜及观赏植物上的叶螨、跗线螨、粉虱、蚜虫、叶蝉、小菜蛾、菜青虫等害虫。产品有80％、50％可湿性粉剂，25％乳油，50％、500g/L

悬浮剂。

① 防治苹果和柑橘害螨，用50％可湿性粉剂1000～2000倍液或25％乳油1000～1500倍液喷雾，持效期可达20～30天。

② 防治十字花科蔬菜的小菜蛾，于幼虫1～2龄期，亩用80％可湿性粉50～75g、50％悬浮剂80～100mL或25％乳油80～120mL；防治菜青虫，亩用25％乳油60～80mL；防治甜菜夜蛾，亩用50％悬浮剂60～100mL。对水常规喷雾，持效期7天左右。

③ 防治棉花上的红蜘蛛、蚜虫、叶蝉，亩用50％悬浮剂或50％可湿性粉剂60～80g；防治棉铃虫，亩用25％乳油100～150mL，对水喷雾。

④ 防治茶小绿叶蝉，亩用50％悬浮剂100～120mL，对水喷雾。

本剂对鱼和蜜蜂高毒，使用时须注意。

241. 氰氟虫腙是什么样的杀虫剂？

氰氟虫腙为缩氨基脲类杀虫剂，对害虫具有胃毒和触杀作用，一般在施药后几小时害虫即停止取食，进入虫体的药剂，通过阻断害虫的神经系统钠离子通道，使虫体过度放松、麻痹，直至死亡。产品为24％悬浮剂。

主要用于防治鳞翅目害虫，例如，防治十字花科蔬菜的小菜蛾和甜菜夜蛾，亩用24％悬浮剂60～80mL，对水喷雾。

242. 螺虫乙酯是什么样的杀虫剂？

螺虫乙酯是特窗酸类杀虫剂，原药和制剂240g/L悬浮剂均属低毒类农药，对鱼中等毒，对家蚕、蜜蜂、鸟均为低毒。

螺虫乙酯的杀虫作用机理是通过干扰昆虫的脂肪生物合成而导致幼虫死亡、降低成虫繁殖能力。具有很好的内吸性，能在植物体内向上、向下传导。对刺吸式口器害虫有很好的防治效果。防治柑橘介壳虫，用240g/L悬浮剂4000～5000倍液喷雾，速效性较好，持效期30天左右。

243. 怎样使用藻酸丙二醇酯防治温室白粉虱？

藻酸丙二醇酯是由海藻提取物藻醇经酯化反应而得，已广泛用作食品添加剂。现开发的0.12％藻酸丙二醇酯可溶液剂可用作农业杀虫剂，其外观为浅橙黄色均相液体，有一定黏度，也有可见絮凝漂浮物，应避免在高温、强酸、强碱条件下贮存。属低毒类农药，对眼睛和皮肤略有刺激性。

用本品防治温室番茄白粉虱，于虫发生初期亩用制剂600～750g，加水200～300倍喷雾，间隔7～10天再喷1次。由于该产品是物理性的触杀作用，须在药液干燥前接触到虫体表面才能发挥药效，因此喷洒必须均匀，叶片背面一定要喷洒周到。

244. 信铃酯是什么样的杀虫剂？ 怎样使用？

信铃酯（旧称红铃虫性诱素）是一种性诱致剂。性诱致剂即昆虫的雄性或雌性成虫个体，在交配期间能放出一种物质，把同种异性个体引诱来与它进行交配，这种物质叫作性信息素。昆虫体内存在的天然性信息素的数量很微小，不可能作为商品农药的来源，通过人工合成筛选出来具有性引诱作用的化合物称之为性诱致剂。国内已经应用过的也超过10种，信铃酯是其中应用较广的一种，其他的性诱剂产品还有绿盲蝽性信息素、二化螟性诱剂、斜纹夜蛾诱集性信息素。

性诱致剂的专用性很强，即一种性诱致剂通常只能引诱一种昆虫。因此，信铃酯只对棉红铃虫有引诱作用，对其他害虫如棉铃虫就没有引诱作用。它通过对红铃虫成虫（蛾子）交配活动进行干扰，使之迷失方向，找不着对象进行交配，从而控制田间虫口密度，达到防治目的。当虫口密度低时，可单剂使用；虫口密度高时，可与其他杀虫剂混用。

信铃酯产品有36mg/10cm长药棒、73mg/20cm长药棒。在棉田红铃虫第一或第二代成虫开始出现期、虫口密度较低时，每10m³挂10cm长药棒1～2支，药棒悬挂在棉株上部。当药棒中的药液挥发完后，药棒缩短到3cm以下。一般持效期可达3个月。

药棒应贮存在4℃以下阴凉处。

245. 氟苯虫酰胺可防治哪些害虫？

氟苯虫酰胺的出现是害虫防治史的一个重大突破，这类药剂作用于昆虫鱼尼丁受体，对亚洲玉米螟及其他鳞翅目害虫具有很强的杀虫活性，对哺乳动物具有很好的选择性，而且对鸟类、鱼类和有益昆虫的毒性很低，非常适合玉米螟综合防治。氟苯虫酰胺对鳞翅目害虫有广谱防效，与现有的杀虫剂产品无交互抗性。

20%水分散粒剂，对甘蔗二点螟防治效果较好，持效期长，对甘蔗枯心苗防效可达82.83%～94.79%。盛蛾时喷雾，使用剂量为有效成分45～60g/hm²。在水稻稻纵卷叶螟低龄幼虫发生高峰期及时用药，每亩施用20%氟苯虫酰胺10g，对水30～50kg，水稻生育期均匀细喷雾。当螟虫大发生且田间虫龄复杂时，宜加大用药量，确保防效。

氟苯虫酰胺产品有10%、20%水分散粒剂，20%悬浮剂。

目前氟苯虫酰胺在我国登记的作物有玉米、白菜、甘蓝，防治对象主要为玉米螟、甜菜夜蛾、小菜蛾、蔗螟。防治玉米螟用量为有效成分24～36g/hm²，防治甜菜夜蛾、小菜蛾、蔗螟的用量为有效成分45～50g/hm²。

246. 氰虫酰胺可防治哪些害虫？

氰虫酰胺也叫溴氰虫酰胺，是美国杜邦公司继氯虫酰胺之后成功开发的第二代鱼尼丁受体抑制剂类杀虫剂。氰虫酰胺是通过改变苯环上的各种极性基团而形成的，具有更高效、适用作物更广泛的特点，可有效防治鳞翅目、半翅目和鞘翅目害虫。氰虫酰胺属于邻氨基苯甲酰胺类农药，通过激活靶标害虫的鱼尼丁受体，释放横纹肌和平滑肌细胞内的钙，导致害虫麻痹死亡。对鳞翅目害虫和刺吸式害虫均有较好的防治效果。

氰虫酰胺产品有10%可分散油悬浮剂，10%、19%悬浮剂。

目前氰虫酰胺在我国登记的作物有棉花、西瓜、番茄、黄瓜、辣椒、甘蓝等，防治对象主要为棉铃虫、棉蚜、甜菜夜蛾、蓟马、烟粉虱、美洲斑潜蝇、小菜蛾。防治棉铃虫用量为有效成分29～36g/hm²，防治甜菜夜蛾用量为有效成分75～90g/hm²，防治蓟马用量为有效成分120～150g/hm²，防治烟粉虱用量为有效成分120～150g/hm²。

247. 四氯虫酰胺可防治哪些害虫?

四氯虫酰胺是我国沈阳化工研究院有限公司创制的双酰胺类杀虫剂,对哺乳动物低毒,对甜菜夜蛾、小菜蛾、黏虫、二化螟等鳞翅目害虫防效优异。登记的产品为10%悬浮剂,登记作物为水稻,防治对象为稻纵卷叶螟。10%悬浮剂用于防治水稻稻纵卷叶螟,在有效成分$15\sim30g/hm^2$的剂量下对稻纵卷叶螟具有很好的防治效果,药剂的保叶效果在98%以上,杀虫效果在95%以上,对水稻生长无不利影响,田间推荐使用剂量为$15\sim30g(a.i.)/hm^2$。

248. 乙唑螨腈可防治哪些害虫?

乙唑螨腈用于防治棉花红蜘蛛,试验剂量下喷雾防治,施药后10天防效在99.3%~100%,对棉花生长安全,与阿维菌素防效相当。药剂还具有速效性,且有效控制期可达10天以上,推荐用量为有效成分$22.5\sim45g/hm^2$,于棉红蜘蛛发生始盛期施药,喷雾要求使叶片正反面均匀着药。目前在我国登记的作物有柑橘树、棉花和苹果树,防治对象为红蜘蛛和叶螨。

249. 三氟苯嘧啶可防治哪些害虫?

三氟苯嘧啶是杜邦研发的新型介离子类或两性离子类杀虫剂,亦为新型嘧啶酮类化合物。其高效,持效,用量低,对环境友好,主要防治水稻飞虱、叶蝉等。三氟苯嘧啶作用于烟碱乙酰胆碱受体,但其作用机理不同于现有的新烟碱类杀虫剂,对传粉昆虫无不利影响。三氟苯嘧啶广谱、高效、持效,对鳞翅目、同翅目等多种害虫均具有很好的防效,可用于棉花、水稻、玉米和大豆等作物。

10%三氟苯嘧啶悬浮剂对稻飞虱有较好的防治效果,制剂用量为$13.3\sim16.7g/$亩,防效可达95%以上,速效性一般,持效性良好,药后21天,防效保持在90%以上,对水稻安全。推荐使用方法为卵孵化盛期至低龄若虫高峰期喷雾施药,使用制剂量$13.3\sim16.7g/$亩。

目前三氟苯嘧啶在我国登记的产品为10%三氟苯嘧啶悬浮剂,登记防治水稻稻飞虱,有效成分用药量为$15\sim22.5g/hm^2$(即$1\sim1.5g/$亩)。

250. 氯氟氰虫酰胺可防治哪些害虫?

氯氟氰虫酰胺属邻苯二甲酰胺类新型杀虫剂,为鱼尼丁受体抑制剂,以触杀和胃毒作用为主,其杀虫谱主要是鳞翅目害虫,尤其是水稻螟虫。

20%氯氟氰虫酰胺悬浮剂对稻纵卷叶螟有较好防效,在有效成分$30\sim60g/hm^2$下,保叶效果为86%~96%,杀虫防效为85%~94%,对水稻生长安全。推荐在卵孵盛期喷雾施药,使用剂量为有效成分$30\sim60g/hm^2$,折算用制剂为$10\sim20g/$亩。

251. 戊吡虫胍可防治哪些害虫?

戊吡虫胍为我国自主研发的新型硝基缩氨基胍类杀虫剂,戊吡虫胍对豆蚜、桃粉蚜、棉蚜、菜蚜、甘蓝桃蚜、油菜桃蚜、稻飞虱、烟粉虱等同翅目蚜科、飞虱科、粉虱科害虫，以及鳞翅目棉铃虫、甜菜夜蛾等害虫有良好的防效。对甘蓝蚜虫和水稻飞虱最高防治效果可达90％左右，速效性一般，持效性较好。推荐在早晚或阴天时施药，防治甘蓝蚜虫使用剂量为有效成分 $30 \sim 45g/hm^2$，防治水稻飞虱使用剂量为有效成分 $60 \sim 105g/hm^2$。

252. 氟吡呋喃酮可防治哪些害虫？

氟吡呋喃酮属于丁烯酸内酯类杀虫剂，作用于昆虫的中枢神经系统，为突触后膜上烟碱乙酰胆碱受体的部分激动剂，结合于乙酰胆碱结合位点。氟吡呋喃酮具有优异的内吸和转运性能，被植物根部吸收后，迅速分布到植物的各个部分，甚至能防治隐蔽的害虫，非常适合喷淋与种子处理。

200g/L氟吡呋喃酮可溶液剂对保护地番茄烟粉虱有较好的防治效果，药后3天防效可达90％以上，速效性较好，持效期较长。推荐在烟粉虱发生初盛期喷雾施药，使用剂量为有效成分 $90 \sim 120g/hm^2$，对番茄蚜虫和温室白粉虱也有较好的兼治效果。

氟吡呋喃酮对人安全，对环境友好，对蜜蜂与熊蜂安全。氟吡呋喃酮能够很好地防治对其他药物包括新烟碱类杀虫剂产生抗性的刺吸式口器害虫，是害虫抗性可持续治理的有效工具。

253. 氯溴虫腈可防治哪些害虫？

氯溴虫腈是国家农药创制工程技术研究中心（湖南化工研究院）2003年自主设计、合成创制的具有自主知识产权的新型吡咯类杀虫剂。氯溴虫腈高效、广谱，具有较强的胃毒和一定的触杀作用及内吸活性，且在作物上有中等持效作用（7～20天），对钻蛀、刺吸和咀嚼式害虫防效优异，能够有效防治水稻、蔬菜等作物上的斜纹夜蛾、小菜蛾、棉铃虫、稻纵卷叶螟、稻飞虱、茶毛虫等多种害虫，同时对作物安全，对人畜毒性低。氯溴虫腈田间推荐使用剂量因作物种类和防治对象不同而异，通常为 $12 \sim 120g/hm^2$。氯溴虫腈与其他杀虫、杀螨剂无交互抗性，对抗性害虫防效卓越，其作用机理及防治其他靶标昆虫的研究仍在进行中。

目前氯溴虫腈在我国登记的产品为10％悬浮剂，登记作物为甘蓝，防治对象为斜纹夜蛾，有效成分用药量为 $12 \sim 18g/hm^2$。

10％氯溴虫腈悬浮剂对甘蓝斜纹夜蛾具有较好的防治效果，药后1天防效在90％以上，药后7天最高防效达100％，推荐在斜纹夜蛾低龄幼虫期喷雾施药。

254. 三氟甲吡醚可防治哪些害虫？

三氟甲吡醚，又称啶虫丙醚，是一种由日本住友化学株式会社研发的高效、低毒杀虫剂。三氟甲吡醚的化学结构独特，与常用农药的作用机理不同，主要用于防治为害作物的鳞翅目幼虫。三氟甲吡醚100g/L乳油对大白菜、甘蓝的小菜蛾有较好的防治效果。使用药量为有效成分 $75 \sim 105g/hm^2$（折成100g/L乳油商品量为 $50 \sim 70mL$/亩，一般加水50kg稀释），于小菜蛾低龄幼虫期开始喷药。使用方法为喷雾。持效期为7天左右，耐雨水冲刷效果好，对作物安全。

目前三氟甲吡醚在我国登记的产品为 10.5％乳油，登记作物为甘蓝，防治对象为小菜蛾，有效成分用药量为 75～105g/hm²。

255. 双丙环虫酯的作用机理是什么？

双丙环虫酯为全新作用机理，IRAC 将其划分为同翅目昆虫摄食阻滞剂的 9D 亚族。其通过胃毒和触杀作用快速阻止害虫进食，导致害虫饥饿死亡。叶面喷雾使用可以防治刺吸式害虫如蚜虫。具有较高杀虫活性，持效期较长，正常使用技术条件下，对作物安全。目前双丙环虫酯在我国登记的产品为 50g/L 的可分散液剂，登记在番茄、甘蓝、黄瓜、辣椒、棉花、苹果树、小麦上防治烟粉虱、蚜虫。棉田棉蚜发生初期喷雾处理，每季作物最多用药 2 次，安全间隔期为 21 天；苹果蚜虫发生初期喷雾处理，每季作物最多用药 2 次，安全间隔期为 21 天。

256. S-烯虫酯的作用机理是什么？

S-烯虫酯抑制幼蚊的生长发育，防止蚊种群的孳生。用于水体中蚊的 2、3、4 期幼虫阶段，以防止成蚊的出现。施药后的幼虫会继续生长直至成蛹，然后死亡而不会继续发育为成蚊，以达到大规模控蚊的目的。属于昆虫生长调节剂，只对幼虫有药效，如果对蛹或成蚊施药，则不会有效果。使用 S-烯虫酯时（20％ S-烯虫酯微囊悬浮剂），配以足量的水（0.1g/m²），选择合适的设备然后进行喷洒，可以对额定面积的土地、水面形成有效覆盖。当待施药区域的风向不固定时尽量不要进行施药。用药 7～10 天后需补充施药。

（九）植物源杀虫剂及其混剂

257. 什么叫植物源杀虫剂？ 它具有哪些特点？

植物在与昆虫及微生物相互作用和协同进化的漫长过程中，为自我保护，耗费大量的物质和能量来产生不能维持生命活动的次生代谢物质，如挥发精油、生物碱等，对害虫或病原物产生自然的抵御作用，使植物避免受病、虫危害或减轻受害，从而在"物竞天择，适者生存"的自然法则中得以繁衍。因而很多植物体内含有能杀虫的化合物，可以作为杀虫剂来使用。

除直接利用含有杀虫物质的植物某些部位，如除虫菊的花、鱼藤的根粉碎成粉状或用水浸出液作杀虫剂使用外，还可用化学方法将植物中所含的杀虫物质提取出来，加工成某种剂型当商品出售，如鱼藤酮乳油、烟碱水剂和烟碱乳油、苦参碱水剂、茚蒿素水剂等。

通常植物中杀虫物质的含量甚少，因此靠种植杀虫植物作为商品杀虫剂的来源并不经济。把植物中杀虫物质分离出来，弄清它的化学结构，再进行人工模拟合成同其相类似的化合物，并使新合成的化合物开发成杀虫剂，就成为研究杀虫植物的一个重要方面。拟除虫菊酯杀虫剂就是模拟除虫菊花中的除虫菊素而发展起来的。

以上直接用杀虫植物的某些部位作杀虫剂，把杀虫植物中杀虫物质提出来加工成商品杀虫剂，和模拟杀虫植物中杀虫物质的化学结构人工合成与其相类似的杀虫剂，统称为植物源杀虫剂。

植物源杀虫剂的特点可概括为以下几方面。

① 植物资源丰富，就地取材，使用方便。采集后可直接加工制剂，或提取有效成分加工成制剂即可使用。我国植物资源丰富，《中国土农药志》记载着分布在86个科中220种植物源农药，而《中国有毒植物》一书则列入了1300余种有毒植物，其中许多种类被作为植物源农药利用。

② 易降解，对农产品、食品和环境的压力小。植物源农药的主要成分是天然存在的化合物，在漫长的进化过程中已形成顺畅的降解代谢途径，基本上没有残留和污染环境的问题，符合环境友好型的要求。因其安全间隔期通常很短，特别适用于近期采摘的蔬菜、果品、茶叶等作物，对作物也安全，一般不易产生药害，某些植物源杀虫剂还有刺激作物生长的作用。

③ 对害虫的作用方式多种多样，能启迪开发新类型杀虫剂。植物源杀虫剂除具有合成化学杀虫剂相同的作用方式，还具有拒食、抑制生长发育、忌避等特异性作用方式，不直接杀死害虫，而是通过阻止害虫直接危害或抑制种群形成来达到对害虫的可持续控制。也由于这些特殊的活性，害虫很难产生耐药性。这些也都为开发新型杀虫剂提供了广阔的思路。

④ 目前许多植物源杀虫剂靠人工栽培或采集野生，存在与农业生产争地问题，且资源有限。

258. 烟草和烟碱怎样利用？ 可防治哪些害虫？

烟草杀虫的有效成分主要是烟碱。其含量因品种、产地、生育期、部位不同而不同。成熟的叶片中含量高，一般含1%～3%；卷烟厂的下脚料（烟草粉末）含1%～2%；烟茎和烟筋含1%左右；吸过的烟头可达3%。

烟碱的杀虫活性较高，主要是触杀作用，并有胃毒、熏蒸及一定的杀卵作用，主要作用机制是阻断害虫肌肉与神经之间的信息传递，导致神经麻痹。

杀虫速度快，持效期短。杀虫范围较广，主要用于果、茶、菜、水稻、烟草等作物上，防治蚜虫、蓟马、蜡象、卷叶虫、菜青虫、飞虱等。不能用于卷烟的如外烟叶和卷烟厂的下脚料，可以直接用于防治害虫，或提取烟碱后再加工成一定剂型，当商品市售。

（1）直接利用 可喷粉和喷雾。喷粉亩用卷烟厂的烟草粉末2～3kg，防治稻飞虱，兼治蚂蟥。喷雾可用烟草粉末或粗碎的烟茎、烟筋等外烟叶，加适量水（或石灰水）浸泡、滤去烟渣，浸出液用作喷雾。一般1kg等外烟叶加水10～20L。烟草水或烟草石灰水喷雾，可防治蚜虫、菜青虫、小菜蛾、蓟马、蜡象等。烟碱易挥发，浸泡得到的烟草水不宜久放。

（2）加工成多种烟碱制剂 目前国内市场上供应的产品有以下7种。

① 10%烟碱乳油，防治棉蚜、烟蚜，亩用50～70mL，对水喷雾；或用1000倍液

喷雾，对棉花伏蚜效果尤佳。

②27.5%烟碱·油酸乳油，防治棉蚜，亩用70～120mL，对水喷雾。

③30%茶皂素·烟碱水剂，防治菜青虫、蚜虫，亩用25～35mL对水喷雾；对柑橘蚜虫，用30%乳油2400～3000倍液喷雾；防治矢尖蚧用1800～2400倍液喷雾。

④27%皂素·烟碱可溶性浓剂，防治红蜘蛛用300～400倍液喷雾，对介壳虫用200～300倍液喷雾。

⑤30%增效烟碱乳油，防治蚕豆上的斑潜蝇，亩用150mL，对水喷雾。

⑥2%水乳剂，防治夜蛾、食心虫、潜叶蝇、蓟马、螨类等，用800～1200倍液喷雾。

⑦含烟碱的混剂见表18。

表18　含烟碱的混剂

混剂	防治对象及亩用制剂量/mL
9%辣椒碱·烟碱微乳剂	菜青虫，40～60
2.7%莨菪·烟悬浮剂	棉铃虫，150～200
15%蓖·烟碱乳油	麦蚜，40～60
4%氯氰·烟碱水乳剂	菜蚜，100～200
29%氯氰·烟碱乳油	棉蚜，64～127
	菜蚜，70～100
10%阿维·烟碱乳油	菜青虫，50～60
	柑橘红蜘蛛，500～1000倍液
27%辛·烟·油酸乳油	小菜蛾，80～100
7%残·烟乳油	桑象甲，2000～2500倍液
17%敌畏·烟碱乳油	桑螟，770～1100倍液
1.1%百部·楝·烟乳油	菜豆斑潜蝇，75～100
	小菜蛾、菜青虫，50～75
	菜蚜，75～150
	茶小绿叶蝉，100～150
0.84%烟碱·马钱碱水剂	菜青虫、菜蚜，40～60

烟碱对作物无药害，但在茄子、辣椒、番茄和马铃薯等茄科植物上慎用。

烟碱对人畜高毒，使用时必须注意安全防护。如溅入眼中，立即用清水连续冲洗；如误服，必须速送医院就诊。

烟碱对蚕高毒，不得用于桑园。

259. 木烟碱适于防治什么样的害虫？

木烟碱是以有毒植物为原料加工而成的植物源杀虫剂，进入虫体后能阻断害虫的神经传导系统，以触杀为主，兼有胃毒和熏蒸作用。产品为0.6%乳油，防治棉铃虫，亩用制剂 80~100mL 对水喷雾或用 750~1000 倍液喷雾，可兼治棉花的其他害虫，如棉蚜、棉红蜘蛛等。对有机磷、拟除虫菊酯产生耐药性的害虫，使用本品同样有效。

260. 鱼藤酮为什么最宜用于防治蔬菜害虫？

鱼藤酮是含在鱼藤植物根部的一种杀虫剂。鱼藤是属于豆科多年生藤本植物，我国广西、广东、海南、福建、台湾等地栽培的毛鱼藤含鱼藤酮 6%～7%，最高的可达13%。另有很多野生鱼藤，鸡血藤属、灰叶属、梭果属植物都含有鱼藤酮，其中我国南方山区大量野生的厚果鸡血藤的根和种子中含鱼藤酮达 6%～10%，都是宝贵的杀虫剂资源。

鱼藤酮对人畜毒性中等，但进入血液则剧毒，对鱼、猪剧毒，但施用后容易分解，无残留，在农产品中也无不良气味残留，因而最宜用于防治蔬菜害虫。

鱼藤酮对害虫有较强的胃毒和触杀作用，能使害虫呼吸减弱，心脏搏动缓慢，逐渐死亡。

用有机溶剂从鱼藤根中将鱼藤酮提取出来，再加工成 2.5%、3.5%、7.5%鱼藤酮乳油。防治蔬菜上的蚜虫、黄守瓜、猿叶虫、二十八星瓢虫、黄条跳甲等，一般亩用2.5%乳油 100mL，3.5%乳油 35～50mL 或 7.5%乳油 35mL，对水喷雾。也可选用鱼藤混剂，使用方法如下。

① 氰戊·鱼藤酮是鱼藤酮与氰戊菊酯复配的混剂，产品有 1.3%、2.5%、7.5%乳油。防治菜青虫和蚜虫，亩用 2.5%乳油 80～120mL 或 1.3%乳油 100～120mL，对水喷雾。防治小菜蛾，亩用 7.5%乳油 40～75mL，对水喷雾。

② 1.8%阿维·鱼藤酮乳油由鱼藤酮与阿维菌素复配而成，用于防治小菜蛾，亩用制剂 30～40mL，对水喷雾。

③ 18%藤酮·辛硫磷乳油由鱼藤酮与辛硫磷复配而成。防治斜纹夜蛾，亩用制剂60～120mL，对水喷雾。防治蔬菜蚜虫，亩用制剂 40～60mL，对水喷雾。

④ 25%敌百·鱼藤酮乳油由鱼藤酮与敌百虫复配而成，用于防治小菜蛾，亩用制剂 40～60mL，对水喷雾。

也可把鱼藤根磨成粉后使用。a.亩用鱼藤粉 1～1.5kg，拌细土 8～10kg，清晨露水未干时扬撒。b.泡水喷洒。用鱼藤粉 1kg，服皂 1kg，水 300～400kg。先把肥皂溶化，再把鱼藤粉装在布袋中在肥皂水中揉搓，将杀虫物质揉出，再把余下的水加入，搅匀喷雾。可防治多种蚜虫。若防治食叶害虫，加水量改为 200～300kg，按前法浸泡即可。

鱼藤酮对鱼剧毒，所以鱼藤又叫毒鱼藤，使用时严防污染水源。

261. 除虫菊素还在用于防治农业害虫吗？

除虫菊是指菊科菊属除虫菊亚属的若干种植物。传说很久以前，在古波斯一带，有一妇女从田间采回一些美丽的小花，不久把枯萎的小花丢在屋角，数周后，发现在枯花周围有一些死虫。这是发现除虫菊杀虫作用最早的传说，未见于文字记载。又据说早在19世纪初期，亚美尼亚人发现北高加索的一个部落，用一种红花除虫菊的粉末杀虫。大约在 1840 年在达尔马提亚地区发现白花除虫菊的杀虫毒力更高，此后作为杀虫药用植物被引种到世界各地大规模栽培，1935 年我国开始少量种植。

除虫菊花可制成粉剂，或用有机溶剂提取杀虫有效成分，制成乳油或油剂，或制成蚊香等使用。它具有强大的触杀作用，击倒力强，杀虫作用快，对人畜毒性却很小，易降解，使用安全，不污染环境。由于它在空气中和阳光下极不稳定，易分解失效，所以主要用于室内防治蚊蝇及其他卫生害虫。

除虫菊的优良杀虫性能，引起世界化学家的高度重视。20 世纪初已开始研究其有效成分的化学结构，历经半个多世纪，直到 1964 年才最后确定共有 6 种有效成分，其中以除虫菊素Ⅰ和Ⅱ为主，含量最多。

在天然除虫菊素化学结构基本研究清楚的基础上，人们就开始人工模拟合成的研究，1947 年由美国人成功地合成了第一个人工合成的拟除虫菊酯——烯丙菊酯，并于 1949 年商品化。从此开发出一类高效、安全、新型的杀虫剂——拟除虫菊酯类杀虫剂。

近年来，我国又开始种植除虫菊，从其花中提取天然除虫菊素，除主要用作卫生杀虫剂外，在农业上也用于防治菜蚜，生产无公害蔬菜。产品有 5％、6％乳油，1.5％水乳剂，3％微囊悬浮剂，以及与苦参碱的混剂。

防治十字花科蔬菜蚜虫，亩用 6％乳油或 5％乳油 30～50mL，或 1.5％水乳剂 120～180mL，或 3％微囊悬浮剂 40～60mL，对水喷雾。

虫菊·苦参碱是苦参碱与除虫菊素复配的混剂，产品有 1.8％水乳剂，1％微囊悬浮剂，用于防治菜蚜，亩用 1.8％水乳剂 40～50mL 或 1％微囊悬浮剂 50～60mL，对水喷雾。

防治烟草蚜虫，亩用 5％除虫菊素乳油 25～35mL，对水喷雾。

262. 怎样使用印楝素及其混剂防治害虫？

印楝素存在于印楝植物的种核和叶子中，1986 年德国报道其化学结构，美国最先开发出以印楝种核为原料的杀虫剂。国内现有 0.3％、0.32％、0.5％、0.7％乳油，0.8％阿维·印楝素乳油。1％苦参·印楝素乳油。

印楝素对害虫的作用方式有多种，主要表现为：

① 干扰昆虫的正常行为，如拒食、驱避、产卵忌避等。其为目前公认的对昆虫活性最强的拒食剂，但不同种类的昆虫对其拒食作用的敏感程度不同。鳞翅目昆虫最敏感，鞘翅目、半翅目、同翅目昆虫次之，直翅目昆虫最差。最敏感的是沙漠蝗，中等敏感的是飞蝗，最不敏感的是血黑蝗。

对一些同翅目害虫，如飞虱、叶蝉、柑橘木虱、甘薯粉虱、稻瘿蚊、豌豆蚜、橘蚜以及蝗虫、白蚁等具有很强的驱避活性。

对棉铃虫、菜心野螟、草地贪夜蛾、丝光绿蝇、豆象等具有产卵驱避作用。

② 干扰昆虫各阶段的正常生长发育。能降低产卵量和卵孵化率；能抑制幼虫蜕皮，使之不能正常蜕皮或出现永久性幼虫；能降低化蛹率或出现畸形蛹；在成虫期会出现畸形成虫。

印楝素的作用机制主要是干扰昆虫分泌系统，降低激素释放量，即影响促前胸腺激素的合成与释放，致使昆虫变态、发育受阻。印楝素也可以直接破坏表皮结构或阻止表皮几丁质的形成；干扰呼吸作用过程，破坏呼吸节律，影响后期的生长发育；也影响昆虫的消化系统、循环系统、免疫系统、生殖系统等。

印楝素的这种作用方式和作用机制具有特殊性，不是直接快速地杀死害虫，而是作用相对缓慢，一般在施药后1周左右才能达到药效高峰，因此，施药时间要相对提前一些。

印楝素对植物有良好的内吸输导作用，施于土壤，可以被棉花、水稻、小麦、玉米、蚕豆等作物根系吸收，输送到地上整株体内。

印楝素防治不同病虫害的方法如下。

① 防治蔬菜害虫。防治小菜蛾，亩用有效成分0.15～0.24g，但在某些地区的小菜蛾已产生抗性，亩用量上升至0.42～0.56g。例如，0.3％乳油开始亩用量为50～80mL，现在某些地区已用到130～190mL，或亩用0.8％阿维·印楝素乳油40～60mL，或用1％苦参·印楝素乳油800～1000倍液。

防治菜青虫，亩用0.3％乳油120～140mL或0.7％乳油60～80mL，对水喷雾。

据报道，还可用于防治芸豆、茄子上的美洲斑潜蝇、白粉虱、蚜虫、棉铃虫等，可喷洒0.3％乳油500～800倍液。

② 防治烟草的烟青虫，亩用0.7％乳油50～60mL，对水喷雾。

③ 防治茶树的茶尺蠖，亩用0.7％乳油40～50mL，对水喷雾。

④ 防治柑橘的红蜘蛛、锈壁虱、潜叶蛾，喷洒0.3％乳油1000～1300倍液。

⑤ 防治草原蝗虫，亩用0.3％乳油200～300mL，对水喷雾。

⑥ 防治贮粮害虫，可以按每千克谷物用0.3％乳油的比例拌入均匀，也可以用药剂处理麻袋。

⑦ 印楝的种子榨油或浸提印楝素后的饼是很好的肥料，施入土壤里，对某些病原菌、线虫、白蚁等也有一定抑制作用。

印楝原产于印度与缅甸，在亚洲南部、非洲和南美洲的很多地方都有分布。我国没有自然分布的印楝，1986年从非洲多哥成功地将印楝引种到广东省徐闻县和海南省万宁县，现在云南和四川也有大面积种植。我国引种印楝种子中印楝素的含量在0.28％～0.53％，其中局部地区的印楝种子中印楝素含量明显高于印度和缅甸品系。我国在应用组织培养手段繁殖印楝方面也取得明显进展。

263. 怎样使用楝素防治蔬菜害虫？

楝素即川楝素，存在于川楝的种核和叶片、苦楝的果肉和树皮中。对人畜毒性较低，在医疗上可用作驱蛔虫药。在环境中易分解，不会造成污染。对害虫有拒食和胃毒作用，对多种鳞翅目幼虫有很好的防效，但药效速度较慢，一般施药24h后开始生效。

产品有0.3％、0.5％楝素乳油，0.5％楝素杀虫乳油。

防治小菜蛾，亩用0.3％楝素乳油50～100mL；防治菜青虫，亩用0.5％楝素杀虫乳油50～100mL；防治菜蚜，亩用0.5％楝素乳油40～60mL，分别对水50kg喷雾。

据报道，苦楝种子油对多种害虫有良好的防治效果。2％～3％的种子油加入适当乳化剂喷雾，对柑橘木虱成虫有80％左右的驱避效果；0.5％种子油加入适当乳化剂喷雾，防治柑橘全爪螨效果达90％；用于防治稻瘿蚊引起的"标葱"，效果达80％左右。

264. 苦参的农药应用研究情况如何？

苦参别名苦骨、川参、草槐、地槐等，为豆科槐属落叶灌木，常见于沙地、山坡、草地，广泛分布于全国各地，但以山西、内蒙古、河北、河南、湖北等地产量较大。

苦参中含有的化学成分众多，现已分离出 27 种生物碱及 34 种黄酮类化合物。在生物碱中以能溶于水的苦参碱、氧化苦参碱、羟基苦参碱、槐果碱、氧化槐果碱等含量较多。

苦参是我国历史悠久的传统药物之一，据文字记载至少已有两千多年的历史，主要功用是清热、杀虫、抗炎抑菌、利尿、祛湿，用于治疗血痢、便血、黄疸、浮肿、小便不利、疥癞、湿疮、瘙痒。苦参的农药应用也比较早，1942 年赵善欢等便开始调查研究，称黔桂农民长期用苦参杀虫。据《中国土农药志》记载，苦参防治农业和卫生害虫对象非常广，包括甘蓝蚜、棉蚜、棉红蜘蛛、棉叶跳虫、菜青虫、烟青虫、猿叶虫、三化螟、稻飞虱、稻叶蝉、黏虫、蛴螬、蝼蛄、地老虎、桑螵、野蚕、多种毛虫等农业害虫，以及蚊、蝇、鼠等卫生害虫。苦参水浸液对小麦秆锈病及叶锈病夏孢子发芽以及马铃薯晚疫病孢子发芽有显著的抑制作用。20 世纪 80 年代以来，国内对苦参的研究有所加强，相继开发了苦参碱、氧化苦参碱制剂及它们的混合制剂，用于防治蔬菜、茶树害虫及黄瓜霜霉病、梨黑星病等。

265. 苦参碱的杀虫成分有哪几种？ 怎样使用？

苦参碱是由苦参的根、茎、叶、果实经乙醇等有机溶剂提取的一种生物碱，目前作为农药用的苦参碱制剂，一般为苦参总碱，其中主要有苦参碱、氧化苦参碱、槐果碱、氧化槐果碱、槐定碱等，以苦参碱、氧化苦参碱的含量最高。苦参碱产品有 0.3%、0.5% 水剂，0.36%、0.38%、1% 可溶液剂，0.3%、0.38%、2.5% 乳油，0.38%、1.1% 粉剂。

苦参碱是一种低毒植物源杀虫剂，也可防治红蜘蛛及某些病害。对害虫具有触杀和胃毒作用，害虫一旦触及，即作用于神经系统钠离子通道，麻痹神经中枢，继而抑制呼吸作用，使害虫窒息而死。因而虽对害虫高效，但药效速度较慢，施药后 3 天药效才逐渐升高，7 天后达峰值。

（1）蔬菜病虫　主要防治菜青虫和蚜虫，所用药量因不同厂家产的产品不同相差较大，请详见各产品标签。防治菜青虫一般亩用有效成分 0.3~0.5g，例如用 0.5% 水剂 60~90mL。防治蚜虫亩用 0.3% 水剂 50~70mL 或 0.38% 可溶液剂 80~120mL。

防治韭菜蛆，于韭菜蛆发生初盛期，亩用 1% 可溶液剂 2~4kg，加水 1000~2000kg 灌根。防治小地老虎，亩用 0.38% 粉剂 2.5~3kg，穴施。

防治黄瓜霜霉病，亩用 0.3% 乳油 120~160mL，对水 60~70kg 喷雾。

（2）茶树害虫　防治茶尺蠖亩用 0.38% 乳油 75~100mL，防治茶毛虫亩用 0.5% 水剂 50~70mL，对水喷雾。

（3）果树病虫　防治梨黑星病，用 0.36% 可溶液剂 600~800 倍液喷雾。防治苹果树红蜘蛛，用 0.3% 水剂 250~300 倍液喷雾。

（4）其他害虫　防治棉花红蜘蛛亩用 0.3% 水剂 250~500mL，防治烟草的烟青虫和蚜虫亩用 0.5% 水剂 60~80mL，防治谷子地黏虫亩用 0.3% 水剂 150~250mL，对水喷雾。防治小麦地的地下害虫，亩用 1.1% 粉剂 2~2.5kg，撒施或条施于土壤中；或每千克麦种用 40~46.7g 粉剂拌种，堆闷 2~4h 后播种。

由于不同来源的苦参及其提取加工技术对苦参碱产品影响较大，防治同一种害虫的用药量差异较大，应细读产品标签。

266. 含苦参碱的混剂有哪些？ 怎样使用？

（1）3.2%氯氰·苦参碱乳油　由苦参碱与氯氰菊酯复配而成。防治十字花科蔬菜的蚜虫亩用 50～100mL，防治菜青虫亩用 30～60mL，对水常规喷雾。

（2）1.5%氰戊·苦参碱乳油　由苦参碱与氰戊菊酯复配而成，防治十字花科蔬菜的菜青虫和蚜虫，亩用 30～50mL，对水常规喷雾。

（3）由苦参碱与烟碱复配而成的混剂　有以下三种。

① 0.6%烟碱·苦参碱乳油。防治甘蓝蚜虫，亩用 60～120mL，对水常规喷雾。

② 1.2%烟碱·苦参碱乳油。防治苹果黄蚜，用 800～1000 倍液喷雾。防治菜青虫和黄瓜蚜虫、红蜘蛛亩用 40～50mL，防治小麦地黏虫亩用 50～65mL，对水常规喷雾。

③ 0.5%烟碱·苦参碱水剂。防治柑橘矢尖蚧，用 500～1000 倍液喷雾。

（4）0.2%苦参碱水剂＋1.8%鱼藤酮乳油桶混剂　防治甘蓝菜青虫，亩用 0.2%苦参碱水剂 150～200mL＋1.8%鱼藤酮乳油 150～200mL，对水常规喷雾。

（5）12.04%苦参·灭多威水剂　由苦参碱与灭多威复配而成，防治菜青虫，亩用 30～50mL，对水喷雾。

267. 怎样使用氧化苦参碱及其混剂防治蔬菜害虫？

氧化苦参碱是苦参中所含生物碱的一种，杀虫性能与苦参碱相似。产品为 0.1%氧化苦参碱水剂。防治菜青虫，亩用 60～80mL，对水常规喷雾。

0.5%、0.6%氧苦·内酯水剂是由氧化苦参碱与补骨内酯复配的混剂，防治菜青虫和菜蚜，亩用 80～100mL，对水喷雾。

268. 蛇床子素现用于防治哪些病虫？

蛇床子素是从伞形科植物蛇床子的果实提取得来的天然化合物，具有杀虫抑菌活性，属植物源农药。产品为 0.4%乳油，1%水乳剂，属低毒农药。对害虫以触杀为主，胃毒为辅，作用于神经系统，导致害虫肌肉非功能性收缩衰竭而死。

（1）防治害虫　防治菜青虫亩用 0.4%乳油 80～120mL，防治菜蚜亩用 0.4%乳油 25～50mL，防治茶尺蠖亩用 0.4%乳油 100～120mL，对水喷雾。

防治贮粮害虫谷蠹、赤拟谷盗、玉米象，1000kg 原粮用 0.4%乳油 100mL，拌粮。

（2）防治病害　防治保护地黄瓜白粉病，喷 1%水乳剂 400～500 倍液。

另据报道，喷洒浓度为 80～125mg/L 蛇床子素药液对草莓白粉病防治效果为 69%～80%，与对照药 100mL/L 苯醚甲环唑的防治效果相当（73%）。间隔 5 天，连喷 2～3 次蛇床子素，能有效控制草莓白粉病的发生。

本品对鱼低毒，但对蜜蜂、鸟高毒，对家蚕剧毒，不得在桑园附近及蜜源植物花期使用。

269. 怎样使用桉叶油防治菜蚜？

桉叶油广泛用作食品添加剂，其他国家有登记作为卫生杀虫剂，我国现开发用作农药。桉叶油来源于桃金娘科植物蓝桉和樟科植物樟，为植物源杀虫剂，产品为 5% 可溶液剂，对害虫具有驱避作用和触杀作用，防治蔬菜蚜虫，亩用制剂 70～100mL 对水喷雾，持效期 7 天左右，对作物安全。

本品对人、畜及环境生物均为低毒。

270. 茴蒿素可防治哪些害虫？

茴蒿素是以茴蒿为原料提取杀虫有效物质，以其他中草药为增效剂配制而成的植物杀虫剂，产品中加有防止分解的稳定剂。对人畜无毒，也无慢性毒性问题。对害虫有触杀和胃毒作用，有速效性和持效性。产品为 0.65% 茴蒿素水剂。

① 防治果、林的蚜虫、尺蠖、食心虫，用 0.65% 水剂 400～500 倍液喷雾，可兼治苹果树上的红蜘蛛。

② 防治蔬菜的蚜虫、菜青虫，亩用 0.65% 水剂 200～250mL，对水喷雾，可维持 7 天以上的药效。

③ 防治棉花蚜虫、红蜘蛛用 0.65% 水剂 800 倍液喷雾；对棉铃虫和食叶害虫用 500～600 倍液喷雾。

本药剂怕光，应贮存在避光处。加水稀释后的药液，应当天用完，以防变质失效。

271. 苦皮藤素适于防治哪些害虫？

苦皮藤素存在于卫矛科植物苦皮藤的根部，对害虫主要起胃毒作用，也具有拒食、麻醉和毒杀作用，杀虫力强，对抗性小菜蛾的防效尤佳。产品为 0.23% 苦皮藤素乳油，防治小菜蛾，亩用 70～87mL，对水喷雾。防治茶树的茶尺蠖和槐树的槐尺蠖，喷洒 800～1000 倍液。持效期 5～7 天。

272. 松脂酸钠适用于防治哪类害虫？

松脂酸钠是由松香与烧碱或纯碱熬制成的脂肪酸钠，俗称松香皂，他是强碱性的，对害虫具有强烈的触杀作用，能腐蚀害虫的体壁，对介壳虫体表的蜡质层有很强的腐蚀作用，因而其主要用于防治果树上的多种介壳虫，在介壳虫卵盛孵期，大部分若虫已爬出并固定在枝叶上时开始喷药，隔 7～10 天再喷 1 次。产品有 20%、45% 可溶粉剂，30% 水乳剂。

（1）介壳虫　防治柑橘矢尖蚧，用 45% 可溶粉剂 60～100 倍液，20% 可溶粉剂 150～200 倍液或 30% 水乳剂 150～200 倍液喷。防治柑橘红蜡蚧，用 45% 可溶粉剂 80～120 倍液喷雾。限于冬季清园时或早春新梢萌发前使用。

（2）蚜虫　30% 水乳剂 150～300 倍液喷雾，用于防治棉花的蚜虫、红蜘蛛或蔬菜蚜虫，防治苹果树黄蚜用 100～300 倍液喷雾。

使用松脂酸钠时需防止产生药害。下雨前后、空气潮湿、炎热天的中午，特别是在 30℃ 以上的高温时，果树开花期、抽芽期，均不得用药。长势弱的果树，不宜用药多次或是降低施药液浓度。

松脂酸钠是强碱性的，不能与有机合成农药混用，也不能与含钙的波尔多液、石硫合剂等混用。在使用波尔多液后15～20天内不能再喷松脂酸钠，使用松脂酸钠后20天不可再施石硫合剂，否则易引起药害。

松脂酸钠也可自行熬制，方法是，原料配比为生松香：烧碱：水为1：(0.6～0.8)：(5～6)，或生松香：纯碱：水为1：0.8：(4～5)。先将水放入锅中，再加入碱，加热使碱溶化，再把碾成细粉的生松香慢慢地均匀撒入，共煮，边煮边搅。并注意用热水补充以保持原有的水量，约煮0.5小时，松香全部溶化，变成黑褐色液体，即为原液，称之为松脂合剂。用于防治果树上多种介壳虫、蚜虫、粉虱、红蜘蛛等。使用时根据季节、气温、害虫种类和作物生长期，确定上述松脂合剂原液的对水倍数。一般在冬、春季果树休眠期，对水8～15倍，夏、秋季对水20～25倍液喷雾。在介壳虫卵盛孵期，大部分若虫已爬出并固定在枝叶上时，开始喷药，隔7～10天再喷1次。

273. 藜芦碱可防治哪些害虫？

早在6世纪，我国就有利用藜芦杀虫的记载；18世纪中叶，欧洲、美洲有用藜芦根治虫的报道。藜芦碱就是百合科植物藜芦属和喷嚏草属植物中含的生物碱，主要成分是藜芦碱和藜定碱，将藜芦经乙醇萃取而得，对害虫具有胃毒和触杀作用，药剂进入害虫消化道后作用于钠离子通道，造成局部刺激，引起反射性虫体兴奋，继之抑制虫体感觉神经末梢，进而抑制中枢神经而致害虫死亡。对人畜低毒，不污染环境，产品有0.5％可湿性粉剂，0.5％可溶液剂。防治菜青虫、菜蚜、棉蚜和棉铃虫，亩用100～120mL(g)，对水常规喷雾。

本剂对鱼、家蚕和蜜蜂有毒，使用时注意安全。

274. d-柠檬烯可防治哪些害虫？

柠檬烯是多种水果(主要为柑橘类)、蔬菜及香料中存在的天然成分。在柑橘类水果(特别是其果皮)、香料和草药的精油中含量较高。橙皮精油中柠檬烯含量高达90％～95％(w/w)。

5％ d-柠檬烯可溶液剂是奥罗阿格瑞国际有限公司产品，在我国登记作物为番茄和柑橘树，防治对象为烟粉虱和红蜘蛛，每亩用100～125mL或200～300倍液，对水喷雾。

275. 溴氰·八角油适用于防治哪些害虫？

本产品是以亚热带天然植物性物质八角茴香油和溴氰菊酯配制而成的一种储粮杀虫剂。产品具有芳香气味，对储粮害虫具有触杀、胃毒、拒食和驱避作用。可直接拌入原粮和种子粮中，正常使用不影响原有品质。适用于防治危害粮食的玉米象、谷蠹、赤拟谷盗、锯谷盗、长角谷盗、书虱及蛾类等主要仓储害虫。登记产品为0.042％溴氰·八角油微粒剂，防治仓储害虫，1：667～1000(药量比)，分层均匀撒施。对干净新粮或虫口密度较低的粮食，可采用均匀拌和或分层施药法，先施药于底层，每隔30cm施一层，然后在面层适当增加药量，最后用洁净的薄膜或麻袋覆盖。对新收的粮食如能及时晒干扬净，迅速施药覆盖，效果更好。

本品不能与铜制剂，强酸或强碱性药剂混用。

276. 狼毒素防治菜青虫怎么用?

狼毒素具有胃毒、触杀作用，适用于防治十字花科蔬菜的菜青虫。1.6%水乳剂亩用 50～100mL，对水 40～50kg 喷雾。应于菜青虫低龄幼虫期施药，注意喷雾均匀。大风天或预计 1h 之内有雨，请勿施药。

277. 茶皂素用于防治哪类害虫?

茶皂素是从茶树种子（茶籽、茶叶籽）中提取出来的一类糖苷化合物，对茶树茶小绿叶蝉有较好的防治作用。作用机理为：茶皂素通过胃毒作用直接杀死害虫，同时对害虫具有一定的驱避作用。产品有 30%水剂，防治茶小绿叶蝉亩用 75～125mL，对水喷雾。于三龄前若虫盛发期或者卵孵盛期施药效果更佳。

（十）抗生素类杀虫剂

278. 阿维菌素有什么杀虫特点?

阿维菌素的产生菌是阿佛曼链霉菌中灰色链霉菌，由产生菌经培养发酵后所得的阿维菌素是十六元大环内酯化合物，共含有 8 个组分，主要有 4 种，即 A_{1a}、A_{2a}、B_{1a} 及 B_{2a}，其总含量≥80%；对应的 4 个同系物是 A_{1b}、A_{2b}、B_{1b} 及 B_{2b}，其总含量≤20%。8 个组分中以 B_{1a} 的活性最高，目前市售阿维菌素的主要成分是 B_{1a} 和 B_{1b}，其中 B_{1a} 不少于 80%，B_{1b} 不超过 20%，并以 B_{1a} 计算有效成分含量。

阿维菌素具有多种杀虫特点。

① 高效、广谱，一次用药可防治多种害虫。一般防治食叶害虫亩用有效成分 0.2～0.4g，对鳞翅目的蛾类害虫用 0.6～0.8g；防治钻蛀性害虫，亩用有效成分 0.7～1.5g；防治叶螨用 2～4mg/L 药液喷洒。能防治鳞翅目、双翅目、同翅目、鞘翅目的害虫以及叶螨、锈螨等。

② 杀虫速度较慢，持效期长。对害虫以胃毒作用为主，兼有触杀作用，并有微弱的熏蒸作用和有限的内吸作用，但对叶片有很强的渗透作用，从而杀死表皮下的害虫。药剂进入虫体后，能促进 γ-氨基丁酸从神经末梢释放，阻碍害虫运动神经信号的传递，使虫体麻痹，不活动，不取食，2～4 天后死亡。因不引起虫体迅速脱水，所以杀虫速度较慢。但持效期长，对害虫为 10～15 天，对螨类为 30～45 天。这是因为渗入植物体的药剂存在时间持久。

③ 害虫不易产生耐药性，与其他杀虫剂之间无交互抗性，对耐药性害虫有特效。

④ 对天敌安全。因为施药后，未渗入植物体内而停留在植物体表面的药剂可很快分解，对天敌损伤很小。

⑤ 易降解，无残留，对人畜和环境很安全。

⑥ 对作物无药害，即使施用量大于治虫量的 10 倍，对大多数作物仍很安全。

阿维菌素原药对人畜毒性高，制剂对人畜毒性中等。对蜜蜂、某些鱼类毒性高。

阿维菌素制剂种类较多，有 1.8%、3% 乳油，1.8%、3% 微乳剂，5% 可溶液剂，1.8%、3% 可湿性粉剂，0.5%、1% 水分散粒剂，5% 泡腾片剂，1.2%、2% 微囊悬浮剂，0.5% 颗粒剂。含阿维菌素的混剂多达 30 种以上。

279. 阿维菌素可防治哪些害螨和害虫？

阿维菌素对螨类、线虫非常有效，但对鳞翅目害虫的效果较差。

（1）果树害虫　主要用于防治各种害螨，如苹果红蜘蛛、山楂红蜘蛛、李始叶螨、二斑叶螨等，一般在害螨集中发生期喷洒 1.8% 乳油 5000～6000 倍液或 1.2% 微囊悬浮剂 2000～4000 倍液，防效高，有效控制期达 30 天左右。

防治梨木虱，一般在各代梨木虱幼、若虫危害盛期喷洒 1.8% 乳油 2000～3000 倍液或 3% 微乳剂 2500～5000 倍液，或 2% 微囊悬浮剂 3000～4000 倍液，有效控制期 15～20 天。

防治柑橘红蜘蛛、锈壁虱和潜叶蛾，一般喷洒 1.8% 乳油 2000～3000 倍液、3% 微乳剂 3000～5000 倍液、0.5% 水分散粒剂 800～1000 倍液或 1% 水分散粒剂 1000～2000 倍液。

防治柿绒粉蚧，在初孵若虫期喷 1.8% 乳油 1000 倍液。防治柿龟蜡蚧，在孵化末期、若虫没形成较多蜡质时，喷洒 1.8% 乳油 2000 倍液，隔 3 天再喷 1 次。

阿维菌素对蚜虫、金蚊细蛾、潜叶蛾、卷叶蛾也有较好防治效果。一般用 1.8% 乳油 2000～3000 倍液喷雾。

（2）蔬菜害虫　防治小菜蛾、菜青虫，亩用 1.8% 乳油、微乳剂或可湿性粉剂 30～40mL（g），或 5% 可溶液剂 10～12mL，或 5% 泡腾片剂 12～15g，对水 50kg 喷雾。防治菜豆等上的斑潜蝇及其他蔬菜上的潜叶蝇类害虫，亩用 1.8% 乳油 40～60mL，对水 50kg 喷雾。防治甜菜夜蛾，用 1.8% 乳油 2500～3000 倍液喷雾。防治蔬菜上的叶螨，用 1.8% 乳油 5000～6000 倍液喷雾。

防治黄瓜根结线虫病，每平方米用 1.8% 乳油 1～1.5mL，加水 2～3kg，喷浇地面；或用 1.8% 乳油 2000～2250 倍液浇灌株穴，持效期达 60 天左右，防效 80% 以上。或亩用 0.5% 颗粒剂 300～400g，拌适量细土后沟施或穴施。防治胡椒根结线虫，亩用 0.5% 颗粒剂 300～500g，拌适量细土后沟施或穴施。

（3）棉花害虫　防治棉红蜘蛛，亩用 1.8% 微乳剂 40～60mL 或 3% 可湿性粉剂 20～40g，对水喷雾。防治棉铃虫，亩用 1.8% 乳油或微乳剂 80～120mL，对水喷雾。

（4）烟芽夜蛾、烟草天蛾以及大豆夜蛾　亩用 1.8% 乳油 40～60mL，加水 50kg 喷雾。

（5）水稻纵卷叶螟　据报道，防治水稻纵卷叶螟，在低龄幼虫盛期，亩用 1.8% 乳油 130～150mL，对水喷水稻中上部叶片，防效与使用毒死蜱相当。

280. 甲氨基阿维菌素苯甲酸盐与阿维菌素有什么关系？

甲氨基阿维菌素苯甲酸盐是阿维菌素的类似物，即把阿维菌素 4 位上的羟基置换成甲氨基，因而它是从阿维菌素开始进行半人工合成的杀虫剂。其防治对象、杀虫机理与阿维菌素相同，但与阿维菌素相比有两个显著特点：①降低了对人畜的毒性。阿维菌素对大鼠经口急性毒性 LD_{50} 为 10mg/kg，属高毒类农药。甲氨基阿维菌素对大鼠经口急性毒性 LD_{50} 为 76~89mg/kg（另一资料为 92.6mg/kg），属中等毒类农药；②对鳞翅目害虫的毒力提高 1~2 个数量级，并扩大了杀虫谱。

产品有 0.5%、1%、2%、5% 乳油，0.5%、1%、2%、3% 微乳剂，0.5% 水乳剂，2% 可溶液剂，1%、2%、3%、5% 水分散粒剂，2%、5% 可溶粒剂，0.5% 可湿性粉剂，1% 泡腾片剂。

（1）蔬菜害虫　防治小菜蛾，亩用有效成分 0.1~0.2g，例如：亩用 1% 乳油 10~20mL、2% 微乳剂 4~5mL、5% 可溶粒剂 3~4g、1% 泡腾片剂 10~20g 或 5% 水分散粒剂 2~4g，对水喷雾。

防治甜菜夜蛾，一般亩用有效成分 0.18~0.3g，例如：亩用 2% 乳油 10~14mL、3% 微乳剂 8~12mL、0.5% 可湿性粉剂 35~50g 或 5% 水分散粒剂 3~4.5g，对水喷雾。

以上用药量，可兼治菜青虫、斑潜蝇。

（2）棉花害虫　防治棉铃虫和棉盲蝽象，亩用 1% 乳油 50~75mL，对水喷雾。

（3）粮食作物害虫　防治水稻纵卷叶螟，亩用 1% 乳油 50~60mL，对水喷水稻中上部叶片。

防治玉米螟，一般亩用有效成分 0.108~0.144g，相当于 0.5% 可湿性粉剂 22~25g，与 10kg 细沙拌成毒土，撒入玉米心叶内。

（4）果树害虫　防治苹果树叶螨，一般喷洒浓度为 2~3mg/L 药液，相当于 1% 乳油 3300~5000 倍液。防治桃小食心虫，一般喷洒浓度为 6mg/L 药液，相当于 1% 乳油 1600 倍液。防治潜叶蛾，喷洒 0.5% 乳油 2000 倍液。

（5）其他害虫　防治烟草的烟青虫，亩用 2% 水分散粒剂 5~7.5g，对水喷雾。

防治茶树的茶尺蠖，喷洒 0.5% 微乳剂 2000~3000 倍液。

281. 依维菌素与阿维菌素有什么关系？

将阿维菌素分子中的 C22、C23 双键经氢化选择性还原，即成为依维菌素，所以说，依维菌素为先导化合物，半合成大环内酯抗生素。与阿维菌素相比保留了其杀虫、杀螨活性，且对哺乳动物的毒性大大降低，对大鼠急性经口 LD_{50}：雄性 82.5mg/kg，雌性 68.1mg/kg，属中等毒农药，因而可用于防治家畜体内寄生虫。农业用产品为 0.5% 乳油。

防治小菜蛾，于 3 龄幼虫高峰期，亩用 0.5% 乳油 40~60mL，对水喷雾。

防治室内外白蚁，土壤喷洒用浓度 1500mL/L 药液；木材浸泡用浓度为 750mg/kg 药液。

本剂对鱼、蜜蜂、家蚕高毒。

282. 多杀霉素可防治哪些害虫？

多杀霉素是由放线菌刺糖多孢菌产生的抗生素类杀虫剂，因而曾称刺糖菌素。对鳞翅目害虫高效，杀虫速度快。其作用机理是影响害虫的神经系统，可以持续激活乙酰胆碱型受体，但其结合位点与烟碱和新烟碱类杀虫剂不同，他可以影响 γ-氨基丁酸受体。影响害虫正常生长发育，引起害虫麻痹、瘫痪，导致死亡。

对害虫具有胃毒和触杀作用。属低毒杀虫剂，也是低残留药剂，其安全间隔期只有1天，适于绿色食品生产使用。产品有 2.5％、48％悬浮剂。在我国登记用于棉花和蔬菜害虫防治，在其他国家登记的作物还有苹果、桃、梨等落叶果树及柑橘、茶等。

（1）棉虫　主要是防治棉铃虫、烟青虫。在棉铃虫处于低龄幼虫期施药，亩用48％悬浮剂 4.2～5.6mL，对水 30～50kg，喷雾。

（2）蔬菜害虫　在小菜蛾处于低龄幼虫期施药，亩用 2.5％悬浮剂 33～50mL，对水 30～50mL，喷雾。

防治甜菜夜蛾，在低龄幼虫期施药，亩用 2.5％悬浮剂 50～100mL，对水 30～50kg喷雾。傍晚施药，防治效果最好。

防治蓟马，亩用 2.5％悬浮剂 33～50mL，对水喷雾；或用 2.5％悬浮剂 1000～1500 倍液喷雾。重点喷洒幼嫩组织如花、幼果、顶尖及嫩梢等。

对蜜蜂高毒，应避免直接施用于开花期的蜜源植物上，避开养蜂场所，最好在黄昏时施药。对水生节肢动物有毒，应避免污染河川、水源。

283. 怎样用乙基多杀菌素防治小菜蛾？

乙基多杀菌素是多杀霉素的类似物，其杀虫性能与多杀霉素相似，杀虫谱广，亩用60g/L 悬浮剂 20～40mL，对水喷雾，可防治甘蓝的小菜蛾。

284. 耳霉菌素可防治哪些害虫？

耳霉菌素可用于防治水稻稻飞虱和黄瓜白粉虱，对 2 种靶标都表现出了良好的防治效果，且持效期较长。主要产品为耳霉菌 200 万个/mL 悬浮剂，在 2250～2875mL/hm² （制剂量）剂量下，防治稻飞虱，药后 21 天防治效果在 90％以上之间，略高于噻嗪酮的防效；在 2875～3500mL/hm²（制剂量）剂量下，防治白粉虱，药后 14 天 防治效果在 85％～90％，高于对照阿维菌素的防效。田间对作物和天敌等非靶标生物安全。

（十一）微生物源杀虫剂

285. 什么叫微生物源杀虫剂？ 它有什么特性？

人类在饲养益虫如家蚕、蜜蜂等过程中发现某些微生物能使益虫生病致死，因而想起利用这些病原微生物来防治害虫。病原微生物有真菌、细菌、病毒和微孢子虫等，并可利用微生物发酵生产杀虫抗生素。这些能用于防治害虫的病原微生物和抗生素，因来源于微生物，故统称之为微生物源杀虫剂。

20 世纪 60 年代以来，微生物源杀虫剂的研究发展迅速。目前世界上已分离出 90多种昆虫病原细菌和变种，对苏云金杆菌和乳状芽孢杆菌研究最多、应用最广。已知的昆虫病原真菌有 800 余种，但用于害虫防治的主要有白僵菌、绿僵菌、黄僵菌、青霉菌、拟青霉菌等。已知的昆虫病毒达 1690 种以上，商品化的有核型多角体病毒、颗粒体病毒和质型多角体病毒。微孢子虫应用较多的是蝗虫微孢子虫。我国 20 世纪 50 年代初从国外引进苏云金杆菌，经过数十年的研究开发，它已成为重要的杀虫剂品种。我国生产用的青虫菌和杀螟杆菌是苏云金杆菌的变种。

微生物源杀虫剂主要特性有以下五点。

① 杀虫作用主要是致害虫生病而死，因此是传染性的。细菌和病毒主要从口腔进入虫体繁殖，真菌主要穿过害虫体壁进入虫体繁殖，消耗虫体营养，使代谢失调，或在虫体内产生毒素毒杀害虫。因害虫染病后体弱逐渐死亡，若与化学农药混用，当害虫体弱时化学农药促使其死亡加快。

② 一般不容易使害虫产生耐药性。

③ 选择性强，不伤害天敌。

④ 对人畜毒性很低，无残留，不污染环境。

⑤ 不足之处是应用效果受环境影响大，药效发挥慢，防治暴发性害虫效果差。

286. 苏云金杆菌是怎样毒杀害虫的？ 其有效成分含量如何表示？

苏云金杆菌简称 $B.t.$，是一种细菌性杀虫剂，是由昆虫病原菌苏云金杆菌的发酵产物加工成的制剂，属好氧性蜡状芽孢杆菌群。苏云金杆菌的有效成分为其产生的内毒素（伴孢晶体）和 3 种外毒素，其中伴孢晶体是主要的毒素，对害虫具有胃毒作用。被害虫取食后，伴孢晶体在害虫碱性中肠液中转变成较小单位的内毒素，使中肠停止蠕动，中肠上皮细胞解离，停止取食，破坏肠道内膜，芽孢在肠中萌发，穿透肠壁进入血腔，大量繁殖，使害虫得败血症而死。外毒素作用缓慢，而在脱皮和变态时期作用明显。害虫从感染到死亡，需经过一段病程。因此，药效作用缓慢，一般 3～5 天，才能发挥药效。使用时可与化学合成杀虫剂混用，以提高速效性。

在农业生产中应用的苏云金杆菌制剂，多为上述几种有效成分的混合物。制剂的有效含量表示方式有毒素蛋白、毒力效价和活芽孢数等三种，相应的质量检测方法为毒素蛋白测定、生物测定和活芽孢计数。毒素蛋白测定是测定伴孢晶体中有效毒素蛋白的分子量是否为 130000。生物测定方法的行业标准中规定的两种试虫为小菜蛾（仲裁法）和棉铃虫，测定产品的毒力效价。活芽孢计数可采用平板菌落计数法、显微镜计数法等计数活芽孢数量。毒素蛋白含量、毒力效价、活芽孢数量三者是相互关联的，一般活芽孢数量为 100 亿时，毒力效价为 8000 IU/mg。

287. 苏云金杆菌有哪些制剂？ 怎么使用？

苏云金杆菌的生产厂有数十家，按农业部、工业和信息化部第 1158 号公告的规定，苏云金杆菌的制剂为 8000IU/mg 悬浮剂，但目前市场上仍有制剂 8000IU/mg、16000IU/mg、32000IU/mg 可湿性粉剂，2000IU/μL、4000IU/μL、8000IU/μL 悬浮剂，2000IU/mL、7300IU/mL 悬浮剂，2000IU/mg 颗粒剂，15000IU/mg、16000IU/mg 水分散粒剂，100 亿活芽孢/mL 悬浮剂，100 亿活芽孢/g 可湿性粉剂，3.2% 可湿性粉剂等。

（1）蔬菜害虫　防治小菜蛾、菜青虫、甜菜夜蛾、斜纹夜蛾等，在卵孵盛期，用100亿活芽孢/g可湿性粉剂1000倍液喷雾。或亩用16000IU/mg水分散粒剂50～75g或100亿活芽孢/mL悬浮剂100～150mL，对水喷雾。

（2）茶树害虫　防治茶毛虫、茶黑毒蛾、茶刺蛾亩用100亿活芽孢/g可湿性粉剂100～150g，防治茶尺蠖、茶小卷叶蛾亩用100～200g，对水50～75kg，叶面喷雾。

（3）果树害虫　一般用100亿活芽孢/g可湿粉剂或悬浮剂200倍液或8000IU/mg可湿性粉剂100～200倍液喷雾，可防治北方果树的尺蠖、食心虫、柑橘刺蛾、卷叶蛾、潜叶蛾、香蕉卷叶虫等。

（4）林业害虫　主要防治松毛虫、尺蛾、毒蛾、刺蛾、小卷蛾等鳞翅目害虫，一般用100亿活芽孢/mL悬浮剂150～200倍液或8000IU/mg可湿性粉剂100～200倍液喷雾。

（5）其他害虫　防治棉铃虫，20世纪90年代，棉铃虫大发生使许多化学农药防效下降，苏云金杆菌才开始较大面积推广应用。对初孵幼虫杀伤力强，一般亩用可湿性粉剂或悬浮剂200～300g，对水喷雾。在大发生年份或发生重的田块，在喷苏云金杆菌后第三天再施化学农药防治一次，这时的田间幼虫已感染发病，可明显提高化学农药的防效。

防治玉米螟，可亩用2000IU/mg颗粒剂300～400g，心叶撒施。或亩用16000IU/mg可湿性粉剂50～100g或2000IU/μL悬浮剂300～400mL或100亿活芽孢/mL悬浮剂150～200g，加细沙拌匀后灌心叶。

防治烟青虫，一般亩用16000IU/mg可湿性粉剂50～100g或2000IU/μL悬浮剂400～500mL或100亿活芽孢/mL悬浮剂200mL，对水喷雾。

防治稻纵卷叶螟和稻苞虫，一般亩用8000IU/μL悬浮剂200～400mL或16000IU/mg可湿性粉剂100～150g或100亿活芽孢/mL悬浮剂200～400mL，对水喷雾。

防治其他鳞翅目害虫，可参照各虫的用量或产品标签的介绍使用。

在养蚕区慎用或不使用。

288. 种植 *B.t.* 抗虫棉的棉田，还要不要进行化学防治？

用现代生物技术培育出的转 *B.t.* 基因抗虫棉，简称 *B.t.* 抗虫棉，对棉铃虫具有很高的抗性，主要表现在对初孵和1龄幼虫有较高的毒杀作用，对存活幼虫的生长发育有明显的抑制作用，在田间表现出较好控制棉铃虫危害的效果。因此，种植 *B.t.* 抗虫棉对棉铃虫可以比常规棉明显减少防治次数，但也不能完全不防治，仍要进行田间虫情调查，根据田间实际存活幼虫的数量（而不是卵量），再决定是否要用化学农药防治。

289. 苏云金杆菌的混剂有哪些？

苏云金杆菌混剂主要是与化学农药（包括阿维菌素）、病毒杀虫剂复配的制剂。

① 与杀虫单复配的有36%杀单·100亿活芽孢/g苏、45%杀单·100亿活芽孢/g苏、46%杀单·100亿活芽孢/g苏、51%杀单·100亿活芽孢/g苏可湿性粉剂，19.3%杀单·50亿活芽孢/g苏可湿性粉剂，46%杀单·苏、55%杀单·苏、63.1%杀单·苏、63.6%杀单·苏可湿性粉剂，主要用于防治水稻的二化螟、三化螟和稻纵卷叶螟，以及

玉米螟、菜青虫和小菜蛾。

② 与杀虫双复配得到 4000IU/μL 苏云金杆菌悬浮剂·18%杀虫双水剂桶混剂，用于防治水稻二化螟，亩用苏云金杆菌 100mL 和杀虫双 150mL，对水喷雾。

③ 与吡虫啉复配得到 2%吡虫·100 亿活芽孢/g 苏可湿性粉剂，用于防治烟草的烟青虫和烟蚜，亩用 100～150g，对水喷雾。

④ 与氟铃脲复配得到 1.5%氟铃·50 亿活芽孢/g 苏可湿性粉剂，用于防治蔬菜的甜菜夜蛾，亩用 80～120g，对水喷雾。

⑤ 与高效氯氰菊酯复配得到 2.5%高氯·苏云菌可湿性粉剂，防治蔬菜的小菜蛾，亩用 40～75g，对水喷雾。

⑥ 与毒死蜱复配得到 10.8%苏云·毒死蜱可湿性粉剂，防治斜纹夜蛾，亩用 50～60g，对水喷雾。

⑦ 与阿维菌素复配的有 0.05%阿维·100 亿活芽孢/g 苏、0.1%阿维·100 亿活芽孢/g 苏、0.15%阿维·100 亿活芽孢/g 苏、0.2%阿维·100 亿活芽孢/g 苏可湿性粉剂，0.1%阿维·70 亿活芽孢/g 苏可湿性粉剂，1.5%阿维·苏云菌、2%阿维·苏云菌可湿性粉剂，主要用于蔬菜的小菜蛾和菜青虫。

⑧ 与虫酰肼复配得到 3.6%虫酰·苏云菌可湿性粉剂，防治甜菜夜蛾，亩用 80～100mL，对水喷雾。

⑨ 与病毒杀虫剂复配的剂型如下。

a. 与棉铃虫核型多角体病毒复配的 1000 万 PIB/mL 棉核·2000IU/μL 苏悬浮剂，防治棉铃虫，亩用 200～400mL，对水喷雾。

b. 与苜蓿银纹夜蛾核型多角体病毒复配的 1000 万 PIB/mL 苜银夜核·2000IU/μL 苏悬浮剂，防治甜菜夜蛾，亩用 75～100mL，对水喷雾。

c. 与苜蓿银纹夜蛾核型多角体病毒、斜纹夜蛾核型多角体病毒三元复配的 1000 万 PIB/g 苜银夜核·0.6%苏·1000 万 PIB/g 斜夜核水剂，防治蔬菜上的甜菜夜蛾、斜纹夜蛾、小菜蛾，亩用 300～600mL，对水喷雾。

d. 与甜菜夜蛾核型多角体病毒复配的 1.6 万 IU/mg 苏·1 万 PIB/mg 甜核可湿性粉剂，防治甜菜夜蛾，亩用 75～100g，对水喷雾。

e. 1000PIB/mg 黏虫核型多角体病毒·16000IU/mg 苏云金杆菌可湿性粉剂，防治小麦黏虫，亩用 50～75g，对水喷雾。

f. 1000 万 PIB/mL 茶尺蠖核型多角体病毒·2000IU/mL 苏悬浮剂，防治茶树的茶尺蠖、茶毛虫、茶小卷叶蛾，亩用 100～150mL，对水喷雾。

g. 与小菜蛾颗粒体病毒复配的 1 亿 PIB/g 小菜蛾颗粒体病毒·1.9%苏可湿性粉剂，防治小菜蛾，亩用 50～75g，对水喷雾。

h. 与菜青虫颗粒体病毒复配的有三个产品：1 千万 PIB/mL 菜青虫颗粒体病毒·2000IU/μL 苏云金杆菌悬浮剂，防治菜青虫，亩用 200～220mL，对水喷雾；1 万 PIB/mg 菜青虫颗粒体病毒·16000IU/mg 苏可湿性粉剂，防治菜青虫，亩用 50～75g，对水喷雾；1 亿 PIB/g 菜青虫颗粒体病毒·16000IU/mg 苏可湿性粉剂，防治菜青虫，亩用 50～60g，对水喷雾。

i. 1 万 PIB/mg（或 1 亿 PIB/g）松毛虫质型多角体病毒·16000IU/mg 苏云金杆菌可湿性粉剂，防治森林松毛虫，用 800～1200 倍液喷雾。

j. 与草原毛虫核多角体病毒复配的 200 亿个活菌/mL 草核·苏悬浮剂，防治草原毛虫，亩用 30～40mL，对水喷雾。

k. 与黏虫颗粒体病毒复配的 100 亿芽孢/g 黏虫颗粒体病毒·苏云菌可湿性粉剂，防治十字花科蔬菜小菜蛾，亩用 40～80g，对水喷雾。

⑩ 与类产碱假单胞菌复配的 200 亿个活菌/mL 类·苏悬乳剂，防治草地蝗虫，亩用 150～200mL，对水喷雾。

⑪ 2%多杀·苏云菌悬浮剂是苏云金杆菌与多杀霉素复配的混剂，用于防治小菜蛾，亩用制剂 120～160g，对水喷雾。

⑫ 由 0.3%甲氨基阿维菌素苯甲酸盐与 100 亿活芽孢/g 复配成的可湿性粉剂，用于防治小菜蛾，亩用制剂 50～75g，对水喷雾。

290. 如何使用青虫菌防治害虫？

青虫菌又称蜡螟杆菌三号，属蜡状芽孢杆菌，为苏云金杆菌蜡螟变种，其伴孢晶体比杀螟杆菌的要小，对不同的鳞翅目害虫的毒力也稍有差别。害虫摄食青虫菌后很快停止取食，芽孢在虫体内发芽并大量繁殖，使虫体得败血症而死亡。一般在施撒后 1～2 天见效，有的要 4～5 天才见效，持效期 7～10 天。产品为 100 亿活芽孢/g 可湿性粉剂。

青虫菌的杀虫谱较广，可防治几十种害虫，但以鳞翅目害虫为主。例如：

（1）蔬菜害虫　防治小菜蛾、菜青虫等用制剂 600～1000 倍液喷洒。

（2）水稻害虫　防治稻纵卷叶螟等用制剂 500～600 倍液喷洒，或亩用制剂 250g 配成毒土撒施于稻田。

（3）黏虫、棉铃虫、甘薯天蛾、松毛虫等　用制剂 500～600 倍液喷雾。

注意：青虫菌对家蚕有毒，在养蚕区使用须注意安全。

291. 如何使用杀螟杆菌防治害虫？

杀螟杆菌属蜡状芽孢杆菌，是从我国感病稻螟虫尸体内分离得到的，能在多种人工培养基上生长繁殖，产品为 100 亿活芽孢/g 可湿性粉剂。

杀螟杆菌对鳞翅目害虫具有很强的毒力，但杀虫速度较慢。如对菜青虫在施药 24h 后才开始大量死亡，对小菜蛾、松毛虫在施药 24～48h 后才达死亡高峰。对老熟幼虫的防效好于幼龄幼虫，有的老熟幼虫染病后虽不能较快致死，但能提前化蛹，最终死亡。防治效果受空气温湿度影响，以 20～28℃时防效较好，叶面有一定湿度可以提高防效。

（1）蔬菜害虫　防治小菜蛾、菜青虫、黄曲条跳甲等害虫，亩用制剂 80～120g，对水喷雾。

（2）水稻害虫　防治稻苞虫、稻纵卷叶螟等，亩用制剂 100～150g，对水喷雾。

（3）其他害虫　防治黏虫、棉铃虫、棉卷叶虫，亩用制剂 50～100g，对水喷雾。

防治甘薯天蛾、豆天蛾等，亩用制剂 100～150g，对水喷雾。

防治玉米螟，将制剂与 20 倍的细沙或炉灰渣混合制成毒土，在玉米 5%抽雄期投入玉米心叶，每株 1～2g。

（4）收集死虫　在施药田间，收集感病致死的虫尸 50～100g，用水浸泡、揉搓，对水 50～80 倍稀释后喷雾。

注意：杀螟杆菌对家蚕、蓖麻蚕高毒，在养蚕区禁用。

292. 白僵菌是什么样的杀虫剂？ 可防治哪些害虫？

白僵菌是一种真菌杀虫剂。它的杀虫作用主要是通过孢子接触到虫体后，在适宜的温度和温度条件下萌发，生长芽管穿透虫体壁伸入虫体内，产生大量菌丝和分泌毒素（白僵菌素），影响血液循环，干扰新陈代谢，使害虫生病，约经4～5天后死亡。虫尸白色僵硬，称为白僵虫。因虫尸体表长满菌丝和白色粉状孢子，故名"白僵菌"。虫尸上的孢子又可借助风力扩散，或被害虫主动接触虫尸，继续侵染其他害虫个体。使疫病蔓延造成害虫大量死亡。一个侵染周期7～10天。

白僵菌对人畜无毒，但有人接触白僵菌粉有过敏反应，症状似感冒。大量接触白僵菌孢子的人可能出现间质性肺炎症状。试验结果也证明，小白鼠长期反复地吸入白僵菌孢子会导致间质性肺炎，甚而出现早期纤维化等改变，所以使用时仍应注意安全防护。

对蚕染病力极强，是家蚕的一种毁灭性病害，在养蚕区切勿使用。

产品有300亿或100亿个孢子/g油悬浮剂，400亿或100亿个孢子/g可湿性粉剂。有效成分为球孢白僵菌分生孢子，球形或近球形，透明、光滑，2～3μm，浅黄色。产品的活孢率≥80％。

球孢白僵菌的寄生范围极广，达700多种昆虫和130种蜱螨类。生产上多用于防治松毛虫、松尺蠖、松梢螟、玉米螟、大豆食心虫、桃小食心虫、稻苞虫和稻叶蝉、棉红蜘蛛、茶小绿叶蝉、蚜虫、地下害虫等。可以喷雾、喷粉、撒菌土，使用浓度一般为1亿个孢子每毫升，或2亿个孢子菌粉每克。

(1) 松毛虫 幼虫3龄初期施药防效最佳。因为1～2龄幼虫的个体小，接触白僵菌孢子的概率小，而4龄以后的幼虫抗菌力增强，各龄发育后期面临蜕皮，均不宜施药。施药方式多样：

① 喷雾。亩用300亿孢子/g油悬浮剂120～240g，加入20倍体积的0号柴油稀释后，采用超低容量喷雾。飞机喷雾的有效喷幅可达150m。

亩用400亿孢子/g可湿性粉剂80～100g或100亿孢子/g可湿性粉剂200～260g，对水喷雾。

② 挂粉带。将白僵菌粉剂装入纱网袋中，每袋装500g，挂于树枝上，每亩挂1袋。让白僵菌孢子自然扩散。

③ 放带菌活虫。配制5亿孢子/mL的菌液，在松毛虫发生的林地，边走边采集树上的幼虫，蘸上菌液后放回树上，每亩放50～100条虫，任其自行扩散传播。

④ 虫尸回放。拾取发病死亡的虫尸，放到松林里，每亩约百头虫尸，以扩大染病面。

(2) 蔬菜蚜虫 亩用100亿孢子/mL油悬浮剂100～120mL进行超低容量喷雾。常量喷雾时，一般是将菌粉配制成每毫升含活孢1亿以上的菌液，或将病死的虫尸100头研磨成粉，对水80～100L，再加菌液0.01％的洗衣粉进行喷雾。

(3) 茶小绿叶蝉 亩用100亿孢子/mL油悬浮剂100～120mL进行超低容量喷雾。

(4) 蛴螬等地下害虫 例如在花生播种和中耕两个时期，亩用100亿孢子/g可湿性粉剂250～300g与30kg细土混拌成菌土，撒施。

（5）玉米螟　在北方春玉米上使用较普遍，采用的主要方法为颗粒剂撒心叶。将100亿孢子/g可湿性粉剂350g与5kg细沙子或炉渣（20～30筛目）混合均匀制成颗粒剂，在玉米螟卵孵化盛期逐棵投放入玉米心叶内，每株1～2g（每亩约4万亿孢子）。施用前对颗粒剂喷少量水，使菌粉不飘扬，不粘手。

（6）其他害虫　防治水稻叶蝉采用喷雾法，每亩使用剂量是1万亿个孢子，喷菌液60kg，喷后3天田间保水。

防治桃小食心虫亩用700亿孢子对水后喷洒树冠下地面，为提高防效可于喷后盖草，使出土幼虫大量僵死。

防治天牛，将100亿孢子/g可湿性粉剂对水50～100倍，用注射器或吸耳球注入天牛蛀孔中，每孔注菌液10～15mL。

使用白僵菌防治害虫时，为获取最佳防效，须注意：

① 看天时。白僵菌在24～28℃、相对湿度90%以上时才能使害虫致病，因此，应在气温15～30℃、相对湿度80%～100%条件下作业。一般应在阴天、雨后或早晚湿度大时喷菌。

② 选择适宜的虫龄。对多数害虫，宜在卵孵化盛期施用。

③ 菌液现配现用，并在2h内用完，以免孢子过早萌发，失去侵染能力。

④ 与化学杀虫剂混用。在虫口密度大，特别是虫龄较大的田块，宜与低剂量化学杀虫剂混用，可发挥化学杀虫剂的速效性和白僵菌的持效性。

293. 绿僵菌有何特点？　主要用于防治哪些害虫？

绿僵菌是一种真菌杀虫剂。因其培养特征为：菌落最初为白色，产孢子时为橄榄绿色，故而得名绿僵菌。它有金龟绿僵菌和黄绿绿僵菌等变种，生产上主要用金龟绿僵菌来防治害虫。

绿僵菌治虫的有效成分是分生孢子，孢子呈长椭圆形，两端钝圆。分生孢子接触虫体后，首先附着于寄主体表，一旦能正常萌发，则产生菌丝入侵，在虫体内迅速生长繁殖，并随血液淋巴循环侵入各器官组织，同时还分泌毒素，影响害虫中枢神经系统，破坏细胞结构的完整性，使组织脱水，引起死亡。虫尸体在日晒、风化或其他外力作用下体壁被破坏后，尸体内的绿僵菌分生孢子散出，可侵染其他健虫，在害虫种群内形成重复侵染。一般情况下只要害虫10%左右的个体感染病后，便可控制整个群体。

与白僵菌相比，绿僵菌的分生孢子具有较好的耐高温和耐旱性，在高温和低湿条件下，绿僵菌作用效果优于白僵菌。绿僵菌分生孢子萌发的最适温度为28℃，在25～32℃有较好的杀虫效果。其油剂在空气相对湿度达35%时，即可感染蝗虫使其死亡。

产品有100亿孢子/mL和60亿孢子/mL油悬浮剂。自配油剂可选用大豆油和煤油按3:7体积的混合油与绿僵菌干粉配制。另有粉剂、颗粒剂和杀蝉饵剂。

绿僵菌寄主范围广，可寄生200余种昆虫。主要用于防治飞蝗、地下害虫、蛀干害虫、桃小食心虫、小菜蛾、菜青虫、蚜虫等。

（1）蝗虫　对飞蝗、土蝗、稻蝗、竹蝗等多种蝗虫有效。尤其对滩涂、非耕地的飞蝗，每公顷用100亿孢子/mL油悬浮剂250～500mL，或60亿孢子/mL油悬浮剂200～250mL，用植物油稀释2～4倍，进行超低容量喷雾。飞机喷雾时有效喷幅可达150m。

也可将相同用量的菌剂喷洒在 2～2.5kg 饵剂上，拌匀后田间撒施。

一般于蝗蝻 3 龄盛期施药，由于该药速效性差，着药后 3～7 天蝗蝻表现出食欲减退，取食困难，行动迟缓等中毒症状，7～10 天集中大量死亡。由于速效性差，不宜在蝗虫大发生的年份或地区使用。

（2）蛴螬　防治包括东北大黑鳃金龟子、暗黑金龟子、铜绿金龟子等的多种幼虫，可在花生、大豆等中耕时，采用菌土或菌肥方式撒施。亩用（23 亿～28 亿孢子）/g 菌粉 2kg，分别与细土 50kg 或有机肥 100kg 混匀后使用。

据报道，绿僵菌防治高尔夫草坪的蛴螬效果也很好，持效期达月余。方法是：每平方米用 6×100 亿孢子/g 菌粉 30g，与细沙混拌均匀，在草坪打孔作业后，撒入草坪，再浇水。

（3）小菜蛾和菜青虫　将菌粉加水稀释成每毫升含孢子 0.05 亿～0.1 亿个的菌液喷雾。

（4）蛀干害虫　防治柑橘吉丁虫，在害虫危害柑橘的"吐沫"和"流胶"期，用小刀在"吐沫"处刻几刀，深达形成层，再用毛笔或小刷涂刷菌液（2 亿孢子/mL）或菌药混合液（2 亿孢子/mL 加 45％杀螟硫磷乳油 200 倍液）。

防治青杨天牛可喷洒 2 亿孢子/mL 菌液。防治云斑天牛可用 2 亿孢子/mL 菌液与 40％乐果乳油 500 倍液的混合液注射虫孔。

注意：部分化学杀虫剂对绿僵菌分生孢子的萌发有抑制作用，且药液浓度越高，抑制作用越强，混用前须查阅有关资料或先行试验。

294. 如何应用金龟子绿僵菌 CQMa421 防治害虫？

有效成分为杀虫真菌——绿僵菌的分生孢子，能直接通过稻飞虱、稻纵卷叶螟等害虫体壁侵入体内，致害虫取食量递减最终死亡。80 亿孢子/mL，可分散油悬浮剂，防治草地蝗虫，用量 40～60mL/亩喷雾；茶树茶小绿叶蝉，用量 40～60mL/亩喷雾；甘蓝菜青虫，用量 40～60mL/亩喷雾；甘蓝黄条跳甲，用量 60～90mL/亩喷雾；黄瓜蚜虫，用量 40～60mL/亩喷雾；茎瘤芥菜青虫，用量 60～90mL/亩喷雾；苦瓜蚜虫，用量 40～60mL/亩喷雾；水稻稻飞虱，用量 60～90mL/亩喷雾；水稻稻纵卷叶螟，用量 60～90mL/亩喷雾；水稻二化螟，用量 60～90mL/亩喷雾；水稻叶蝉，用量 60～90mL/亩喷雾；桃树蚜虫，用量 1000～2000 倍液喷雾；小麦蚜虫，用量 60～90mL/亩喷雾；烟草蚜虫，用量 60～90mL/亩喷雾；豇豆甜菜夜蛾，用量 40～60mL/亩喷雾。

295. 唑虫酰胺如何防治害虫？

唑虫酰胺是吡唑杂环类杀虫杀螨剂，毒性中等，具有触杀作用，它的主要作用机制是阻止昆虫的氧化磷酸化作用，还具有杀卵、抑食、抑制产卵及杀菌作用。尤其是对鳞翅目害虫小菜蛾防效好。持效期较长，对小菜蛾整个生育期，从卵到成虫都有较高的活性，并抑制害虫取食，对抗性害虫也有效果。其 15％悬浮剂按 30～50mL/亩用量以喷雾方式防治甘蓝上小菜蛾。

296. 怎样使用块状耳霉菌防治蚜虫？

块状耳霉菌是一种真菌杀虫剂，由人工培养的活孢子制成，施用后使蚜虫感病而死亡。具有一虫染病、祸及群体、持续传染、循环往复的杀蚜功能。适用于防治各种作物上的各种蚜虫，如桃蚜、萝卜蚜、瓜蚜、棉蚜、麦蚜等，对抗性蚜虫防效也高，专化性强，是灭蚜的专用生物农药。

制剂为 200 万孢子/mL 悬浮剂，为乳黄色液体状。一般是在蚜虫发生初期，用 1500～2000 倍液，即 15kg 水中加入 10～25mL 制剂，混匀后均匀喷雾。例如防治小麦蚜虫，亩用制剂 150～200mL。在温室、大棚等保护地使用，防效比大田更好，持效期长。

297. 我国的病毒杀虫剂有哪些？

病毒是非细胞形式的最小有机体，是一种最原始的生命形态。一个病毒粒子由两部分组成：内部是髓核，主要成分是核酸，且只为一种核酸，DNA 或 RNA；外部是衣壳，成分是蛋白质。所以，病毒的主要组分是核酸和蛋白质。

依据病毒粒子是否被包埋在包涵体内而将病毒分为两大类型，即无包涵体病毒和包涵体病毒。

无包涵体病毒的粒子不被包埋在包涵体内。

包涵体病毒的粒子被包埋在包涵体内。包涵体病毒在光学显微镜下可以看到，呈多角形的称多角体，多角体里面包含很多病毒粒子，如核型多角体病毒（NPV）和质型多角体病毒（CPV）。包涵体呈圆形、椭圆形的称颗粒病毒（GV），里面只含 1 个或 2 个病毒粒子。

目前，已在 11 目 43 科 900 多种昆虫中发现了 1690 多种病毒，其中 60％为杆状病毒，这些病毒可使 1100 多种昆虫和螨类致病死亡，可防治 30％粮食作物和纤维作物上的主要害虫。我国开发成功的病毒杀虫剂有棉铃虫、斜纹夜蛾、甜菜夜蛾、苜蓿银纹夜蛾、茶尺蠖、油桐天蠖等核型多角体病毒，松毛虫质型多角体病毒，小菜蛾、菜青虫、黏虫、黄地老虎等颗粒体病毒，并成功开发一批病毒与细菌杀虫剂或与化学杀虫剂复配的混剂。

核型多角体病毒的包涵体较大，外观呈六角形、五角形、四角形、不规则形等，因虫种不同而异。主要侵染方式是经口进入，在寄主的高碱性中肠溶解，释放出病毒粒子可寄生于害虫的血液、脂肪、器官、表皮等部位的细胞核中，并在细胞核中增殖，随后，侵入健康的细胞中再繁殖，直至害虫死亡。不同种类的病毒粒子杀死害虫所需时间不相同，一般为 3～7 天。虫尸体内的病毒和染病虫的粪便内的病毒可被风、雨、鸟类、蝇类和天敌昆虫携带而广泛传播，再侵染尚存的害虫个体，造成病毒病在种群中流行。

质型多角体病主要经口感染，创伤感染的可能性较小。病毒经口进入后在碱性肠道内溶解释放出病毒粒子，侵入寄主细胞进行增殖，其增殖情况与核型多角体病毒类似，但感染病毒的害虫死亡周期较缓慢，一般为 3～18 天。害虫在患病期间排出粪便中的病毒可以感染其他健康害虫个体，病毒还可通过卵传递给下一代，在种群中形成病毒病流行。

颗粒体病毒经口或卵传递感染。进入害虫肠道后包涵体溶解，释放出的病毒粒子侵入真皮、脂肪组织、器官和中肠皮层，先进入细胞核，在核内繁殖，随后释放到细胞质内，形成只含 1 个或 2 个病毒粒子的包涵体。大量病毒粒子的繁殖，消耗害虫的营养物质，使害虫代谢紊乱而死。害虫从取食到死亡，一般需 4～25 天。

298. 病毒杀虫剂防治害虫有哪些优缺点？

应用病毒杀虫剂防治害虫具有许多明显优点。

① 对人畜和作物安全。病毒是专性寄生的，多数病毒杀虫剂只限于寄生昆虫的一个科或一个属，对脊椎动物和所有植物均无病原性，而且不能进入哺乳动物细胞核内。

在环境中不留有残毒。因为病毒原是自然环境中存在的，是昆虫种群生态系统中的一个生态因子，其应用不是向田间引进新的物种。

② 具有高度的寄主专一性，对非靶标害虫和天敌昆虫、螨类安全，符合有害生物综合治理（IPM）的要求。

害虫的不同地理种群对病毒杀虫剂的敏感性差异较小，即对同一种害虫在各种地区使用都同样有效。害虫也不易产生抗性。

③ 能在靶标害虫种群内流行。因为患病害虫在死前排出的粪便内含的病毒粒子和病死虫尸内的病毒粒子均可再感染健存的个体，造成种群病毒病流行。

病毒杀虫剂亦存在许多缺点，其中最明显的缺点是：①杀虫谱窄，因病毒对宿主具有高度的专一性；②杀虫速度慢，由于病毒进入虫体后要经历一段时间才大量增殖致害虫死亡，一般需 7～14 天。因此，为提高病毒杀虫剂的杀虫效果，施药时期要比化学杀虫剂早 2～3 天，即卵孵盛期，最适施药时间为傍晚，阴天则全天均可。

299. 如何科学使用棉铃虫核型多角体病毒防治棉铃虫？

棉铃虫核型多角体病毒对棉铃虫主要是胃毒作用，也可由皮肤感染。棉铃虫取食带病毒的棉叶或棉铃后，包涵体在高碱性中肠内溶解，释放出病毒粒子，通过中肠皮细胞进入体腔，在虫体腔内最初侵染气管皮膜组织、脂肪组织、肌肉和真皮等。随着病程进展，病毒在血球、神经、生殖巢、丝腺等几乎所有组织中增殖。棉铃虫幼虫染病不久就出现食欲减退和行动不活泼等症状，移行到植物体上部而停止行动，虫体显著软化，脚失去握持力，仅以 1～2 个脚附着植物体上，松弛无力地倒挂着死去，棉农称其为"吊死鬼"。体内组织完全溶解，变为黑褐色。虫尸皮破裂后，尸体内的病毒和病虫粪便内的病毒可被风、雨、鸟类、蝇类和天敌昆虫携带而广泛传播，被活虫食入后又会感染发病致死，使病毒病在棉铃虫的种群中流行，从而可有效地控制棉铃虫的虫口密度。

由于棉铃虫幼虫从感染病毒到死亡的时间，因虫龄、病毒感染剂量和环境温度的不同而有差异。初孵幼虫感染后 1～2 天就可死亡，3 龄幼虫感染后需 7～10 天才死亡。因此，施药时间要比化学农药提前 2～3 天，即在卵期施药。由于药效作用慢，施药后头 3 天在棉田找不到死虫。施药后要认真进行虫情调查，当存活幼虫数超过防治指标时，要选用高效化学农药进行防治，或病毒制剂与化学农药混合喷雾，及时控制棉铃虫的危害。

（1）棉铃虫　可选用以下三种棉铃虫核型多角体病毒单剂，每亩用量为：10 亿

PIB/g 可湿性粉剂 80～150g，或 50 亿 PIB/mL 悬浮剂 20～30mL，或 600 亿 PIB/g 水分散粒剂 2～2.5g，对水喷雾。

也可选用以下四种混剂，每亩用量为：1 亿棉铃虫核型多角体病毒·18％辛硫磷可湿性粉剂 75～100g，或 10 亿 PIB/g 棉核·16％辛硫磷可湿性粉剂 80～100g，或 1 亿 PIB/g 棉核·2％高氯可湿性粉剂 75～100g，或 1000 万 PIB/g 棉核·2000IU/μL 苏云菌悬浮剂 200～400mL，对水喷雾。

（2）烟草的烟青虫　亩用 10 亿 PIB/g 棉铃虫核型多角体病毒可湿性粉剂 75～100g，对水喷雾。

300. 怎样使用斜纹夜蛾核型多角体病毒及其混剂防治斜纹夜蛾？

斜纹夜蛾核型多角体病毒的基本性能与棉铃中核型多角体病毒相似，施药时间要比化学农药提前 2～3 天，即在卵期施药。防治十字花科蔬菜上的斜纹夜蛾，并可兼治甜菜夜蛾、小菜蛾及其他某些鳞翅目害虫。还可用于花生、棉花等作物。产品有 200 亿 PIB/g 斜纹夜蛾核型多角体病毒水分散粒剂，高氯·斜夜核悬浮剂（内含 3％高氯及 1000 万 PIB/mL 斜纹夜蛾核型多角体病毒）。

防治十字花科蔬菜的斜纹夜蛾，亩用 200 亿 PIB/g 水分散粒剂 3～4g 或高氯·斜夜核悬浮剂 75～100mL，对水喷雾。当斜纹夜蛾世代重叠严重，发育不齐、虫口密度较大时，可与低浓度化学杀虫剂混用。混用时病毒用量为每亩 600 亿个包涵体，化学杀虫剂为常规用量的一半。

301. 怎样使用甜菜夜蛾核型多角体病毒及其混剂防治甜菜夜蛾？

甜菜夜蛾核型多角体病毒的基本性能与棉铃虫核型多角体病毒相似。病毒被害虫食入后，包涵体在碱性中肠内溶解，释放出病毒粒子进入害虫的血淋巴并增殖，使害虫 5～10 天后死亡。单剂产品有 30 亿 PIB/mL 悬浮剂，300 亿 PIB/g 水分散粒剂；混剂产品有 1 万 PIB 甜核·16000IU 苏云菌/mg 可湿性粉剂，1 万 PIB/mL 甜核·3％高氯悬浮剂。

防治多种作物上的甜菜夜蛾，亩用 30 亿 PIB/mL 悬浮剂 20～30mL、300 亿 PIB/g 水分散粒剂 2～4g 或 1 万 PIB/mL 甜核·3％高氯悬浮剂 100～125mL、1 万 PIB/mL 甜核·16000IU/苏云菌可湿性粉剂 75～100g，对水喷雾。

302. 茶尺蠖核型多角体病毒的作用特点是什么？ 如何使用？

该病毒具有专一寄生性，只寄生于茶尺蠖，不能寄生于其他尺蠖。病毒能直接进入茶尺蠖幼虫的脂肪体细胞和肠细胞核，随后复制致使茶尺蠖染病死亡。茶尺蠖一般 1 年发生 6 代，第三、四代发生时气温较高，使用后防治效果较差；防治第一、二、五、六代（气温较低）效果好。产品有 20 亿 PIB/g 茶尺蠖核型多角体病毒原药，茶核·苏云菌悬浮剂（内含茶尺蠖核型多角体病毒 1 万 PIB/μL·苏云金杆菌 2000IU/μL）。

防治茶尺蠖，亩用茶核·苏云菌悬浮剂 100～150mL，对水喷雾，对茶毛虫、茶小卷叶蛾也有效，与苏云金杆菌混用，兼有速效性和持效性。

本病毒对蚕高毒，使用时须注意。

303. 怎样使用苜蓿银纹夜蛾核型多角体病毒及其混剂?

苜蓿银纹夜蛾核型多角体病毒的基本性能与棉铃虫核型多角体病毒相似,对危害蔬菜、果树、玉米及观赏植物上的甜菜夜蛾、斜纹夜蛾、甘蓝夜蛾、小菜蛾、菜青虫、棉铃虫等30多种鳞翅目害虫有较好的防治效果,应于傍晚或阴天、低龄幼虫高峰期施药。

防治十字花科蔬菜上的甜菜夜蛾,亩用10亿PIB/mL苜蓿银纹夜蛾核型多角体病毒悬浮剂100～150mL,或1千万PIB/mL苜核·2000IU/μL苏云菌悬浮剂75～100mL,对水喷雾。

304. 松毛虫质型多角体病毒如何使用?

该病毒主要经口感染,创伤传染的可能性极小。感染病毒后的松毛虫幼虫,前期症状不明显,随病毒发展,幼虫食欲减退,行动呆滞,生长发育缓慢,体型萎缩,头大尾尖,刚毛竖起,尾部常带灰白色黏稠粪便,虫死后体壁不易触破。

松毛虫质型多角体病毒是迟效性杀虫剂,松毛虫幼虫食毒后,需经4～6天才开始死亡,8～15天才是死亡高峰期。在高虫龄、高虫口林区,需与低剂量的化学杀虫剂或其他速效性生物农药混用,如$B.t.$对松毛虫的致死速度快,喂食后4h即出现死虫,24～48h达到死亡高峰。化学杀虫剂的混用量为其单用常用量的1/3～1/2。

产品有100亿PIB/g松毛虫质型多角体病毒母药,松毛质·苏可湿性粉剂(内含松毛虫质型多角体病毒1万PIB/mL·苏云金杆菌1.6万IU/mg)。

(1) 单用 在松毛虫幼虫2～4龄时期,虫口密度平均每株低于50头时,可单独使用松毛虫质型多角体病毒防治,每亩施用病毒50亿～100亿个多角体,稀释后喷粉或喷雾均可。

(2) 混用 与苏云金杆菌混用防治松毛虫效果较好。一般使用松毛质·苏可湿性粉剂1000～1200倍液喷雾。无混剂时,可按每亩15亿～30亿个多角体与1500亿～3500亿个苏云金杆菌芽孢的比例混合使用。当虫口密度较大、虫龄较大时,再混入低剂量的化学杀虫剂,使用效果则更好。

305. 菜青虫颗粒体病毒有何特性? 如何使用?

本剂为活体病毒杀虫剂,由感染菜青虫颗粒体病毒死亡的虫体经加工而制成,产品为1亿PIB/mg原药及1万PIB/mg菜青虫颗粒体病毒·16000IU/mg苏可湿性粉剂。

菜青虫颗粒体病毒经害虫食入后直接作用于害虫幼虫的脂肪体和中肠的细胞核,并迅速复制,使害虫体色由深绿色逐渐变为微黄色、黄绿色、乳黄色,腹部乳白色,体节肿胀,食欲不振,最后停食死亡。虫尸躯体脆软易破,流出含病毒的淡黄白色脓液,再感染其他健康害虫,使大量幼虫死亡,在田间引起"瘟疫"。杀虫谱较广,可防治多种鳞翅目害虫,如菜青虫、小菜蛾、银纹夜蛾、甜菜夜蛾、菜螟、棉铃虫、棉红铃虫、棉造桥虫等。例如,防治菜青虫,可在卵孵化高峰期、幼虫3龄以前,亩用1万PIB/mg菜青虫颗粒体病毒·16000IU/mg苏可湿性粉剂50～75g,对水喷雾。

306. 怎样使用小菜蛾颗粒体病毒及其混剂防治小菜蛾？

小菜蛾颗粒体病毒的杀虫机理是该病毒在害虫肠中溶解，进入细胞核中复制、繁殖、感染细胞，使生理失调而死亡。产品为40亿PIB/g可湿性粉剂及30亿PIB/mL悬浮剂。可用于防治十字花科蔬菜的小菜蛾、银纹夜蛾、菜青虫等，对化学农药和苏云金杆菌已产生抗性的小菜蛾也具有明显的防治效果，一般亩用30亿PIB/mL悬浮剂25～30mL或40亿PIB/g可湿性粉剂150～200g，对水喷雾。

防治小菜蛾，也可使用小菜蛾颗粒体病毒与苏云金杆菌的混剂，即1亿PIB/g小颗·1.9％苏可湿性粉剂亩用50～75g，对水喷雾。

307. 如何收集田间感染病毒致死的虫尸继续使用？

病毒缺乏完整的酶系统，不含核糖体，必须利用宿主细胞的核糖体合成自身蛋白质，脱离宿主不能进行任何形式的代谢活动。所以，病毒只能在活的寄主细胞内繁殖，我国常用病毒杀虫剂的制备方法就是采用原寄主整体活虫法，即使用人工半合成饲料或天然饲料大量饲养寄主昆虫，接种病毒使其感染致病，生长到一定虫龄后，将患病昆虫体磨浆，过滤得滤液，再加工成特定剂型（产品）。

根据病毒杀虫剂生产的特点，可以自己制造病毒杀虫剂，即从田间收集感病虫尸——加适量水捣碎——过滤去渣——滤液加适量水稀释，直接喷雾用于大田防治。一般亩用30～40头虫尸的研磨过滤液即可。具体做法有两种：

① 在喷施病毒杀虫剂的农田，适时收集病死虫，主要收集黄白色的病死虫和未流出脓液的病死虫，制成滤液使用。若收集的病死虫太多，可将其装入瓶内封盖，置于室内阴暗处，控制室温在20～28℃，保存12个月后在田间使用，仍可获得约80％的防治效果。

② 在没有使用过病毒杀虫剂的农田，寻找自然感病致死的虫尸，研磨——过滤——得滤液。滤液用法有两种：直接用于大田防治；用于增殖病毒，方法是将滤液喷洒在害虫取食的叶片上，在田间采集同类害虫，饥饿1～2天，饲喂喷过滤液的叶片，待其死亡后便可获得更多的病毒滤液。

以上两种方法很适合广大农户使用。

308. 如何应用微孢子虫防治蝗虫？

微孢子虫属原生动物，为单细胞真核生物，每个细胞都是一个生命个体，能够独立完成整个生命活动。微孢子虫是专性寄生虫，只能在活虫体内繁殖，蝗虫微孢子虫也只能在活的蝗虫体内繁殖，将繁殖得到的微孢子加工成为蝗虫微孢子虫孢子浓缩液。

蝗虫微孢子虫被蝗虫取食后，孢子即在蝗虫的消化道中萌发，穿进细胞并在细胞内繁殖，使蝗虫的器官发育受阻，最终死亡。我国自1998年至今已在内蒙古、新疆、青海等地采用蝗虫微孢子虫进行草原蝗虫、飞蝗、稻蝗的防治示范试验和大规模的应用，获得了显著的经济、社会和生态效应。使用方法为：在蝗蝻2～3龄期，每公顷用10亿～130亿个微孢子虫，以适量水稀释，喷洒在载体（通常为大片麦麸）上。也可制成毒饵，用地面机具或飞机在田间条带状撒施，条带间隔40m左右。为取得预期的效果，尚须注意：

① 本剂为活体制剂，购买时应冷贮快运，购得后保存在－10℃条件下。现用现配，制成的毒饵要放在阴凉处，防止日晒，并尽快施入田间。

② 对高龄蝗蝻防效差，应确保在蝗蝻2～3龄期施用。

③ 应连年施药，即在第一年施后第二、三年连续施药，使微孢子虫在田间有一定的数量和密度，造成蝗虫全面感染，发挥持效作用，有利于降低蝗虫密度，减轻危害。

④ 在蝗虫种群密度较高的田间，可选择适宜的化学杀虫剂混用，快速杀灭害虫，降低其种群密度，有利于蝗虫微孢子虫发挥效用。

309. 如何使用短稳杆菌防治害虫？

短稳杆菌悬浮剂是一种低毒微生物新型杀虫剂。对十字花科蔬菜小菜蛾、斜纹夜蛾、水稻稻纵卷叶螟害虫防效较高。产品为100亿孢子/mL悬浮剂。

防治茶尺蠖，500～700倍液喷雾。

防治棉铃虫，亩用50～62.5mL，对水喷雾。

防治十字花科蔬菜小菜蛾、斜纹夜蛾，800～1000倍液，对水喷雾。

防治稻纵卷叶螟，600～700倍液，对水喷雾。

防治烟青虫，500～700倍液，对水喷雾。

本品傍晚喷雾可提高防效，药液要喷到害虫捕食处。不可与杀菌剂混用。

310. 假丝酵母可防治哪些害虫？

假丝酵母属于昆虫食物引诱剂，针对实蝇类害虫有诱集作用。用于地中海实蝇检测，专供检验检疫用。产品有20％饵剂。用法如下：

将假丝酵母3粒或4粒（2g/粒）放在装有约300mL或400mL清水的专用诱捕器内，轻轻摇动诱捕器以加速其溶解，盖好上盖，挂于实蝇寄主果树的树冠中上部遮阴处。在监测季节，7至15天换药一次，监测区域内悬挂密度为每平方千米挂1至4个诱捕器。

311. 甘蓝夜蛾核型多角体病毒能防治哪些害虫？

甘蓝夜蛾核型多角体病毒由中国科学院病毒研究所研制成功，江西省新龙生物科技有限公司取得农药登记并生产。甘蓝夜蛾核型多角体病毒对甘蓝夜蛾幼虫致病力强，自然感染率高，又能在自然界造成流行病，是甘蓝夜蛾的主要病原性天敌，作为微生物杀虫剂有较大潜力，在法国、德国等早有成功的防治实践。据悉，该产品已获得欧盟2008/889标准有机认证，这是国内病毒杀虫剂的首家欧盟有机认证，为甘蓝夜蛾核型多角体病毒制剂进入欧盟市场奠定了基础。它的作用机理独特，施药后毒能大量吞噬害虫细胞，最后有效杀灭害虫。具有胃毒作用，无内吸、熏蒸作用。产品有10亿PIB/mL、20亿PIB/mL、30亿PIB/mL悬浮剂，10亿PIB/g可湿性粉剂，5亿PIB/g颗粒剂。

据悉，20亿PIB/mL甘蓝夜蛾核型多角体病毒悬浮剂是一种广谱性昆虫病毒微生物杀虫剂，能杀灭 32 种鳞翅目害虫，用于防治几乎对所有化学农药均产生抗性的小菜蛾，效果很好，且不易产生抗性。

防治地老虎，亩用 800～1200g 5 亿 PIB/g 颗粒剂，对水 50kg 喷雾。

防治玉米螟，亩用 80～100mL 10 亿 PIB/mL 悬浮剂，对水 50kg 喷雾。

防治稻纵卷叶螟，亩用 30～50mL 30 亿 PIB/mL 悬浮剂，对水 50kg 喷雾。

防治烟青虫，亩用 80～100g 10 亿 PIB/g 可湿性粉剂，对水 50kg 喷雾。

防治茶尺蠖，亩用 50～60mL 20 亿 PIB/mL 悬浮剂，对水 50kg 喷雾。

防治小菜蛾，亩用 90～120mL 20 亿 PIB/mL 悬浮剂，对水 50kg 喷雾。

防治棉铃虫，亩用 50～60mL 20 亿 PIB/mL 悬浮剂，对水 50kg 喷雾。

312. 如何使用地中海实蝇引诱剂？

地中海实蝇引诱剂属于节肢动物信息素，是天然昆虫源物质的仿生合成物，只对地中海实蝇等实蝇类害虫有诱集作用。产品有 95% 诱芯，使用时将诱芯开包后，固定于专用诱捕器内挂于实蝇寄主果树的树冠中上部遮阴处。在监测季节，每月更换一次诱芯。在监测区域内悬挂密度为每平方千米挂 1～4 个诱捕器。

（十二）昆虫天敌

313. 赤眼蜂在农业害虫防治中的作用？

赤眼蜂是一类很有利用价值的昆虫，它靠触角上的嗅觉器官寻找寄主。先用触角点触寄主，徘徊片刻爬到其上，用腹部末端的产卵器向寄主体内探钻，把卵产在其中，因此可用来进行生物防治。赤眼蜂为卵寄生蜂，在玉米田可寄生玉米螟、黏虫、条螟、棉铃虫、斜纹夜蛾和地老虎等鳞翅目害虫的卵。能寄生玉米螟卵的赤眼蜂有玉米螟赤眼蜂、松毛虫赤眼蜂、螟黄赤眼蜂、铁岭赤眼蜂。但以玉米螟赤眼蜂和松毛虫赤眼蜂最重要。产品有松毛虫赤眼蜂杀虫卡（1000 粒卵/卡）和杀虫卵袋（10000 头/袋）。

防治松毛虫，每亩悬挂 25～50 张卡片。

防治玉米螟，每亩挂放 2～3 袋赤眼蜂。

314. 平腹小蜂能寄生哪些害虫？

平腹小蜂是寄生在荔枝椿象卵的一种很有效的卵寄生蜂，其成虫在荔枝树上活动，找寻荔枝椿象卵寄生，把子代卵产在荔枝椿象卵内，很快变成幼虫，吸食荔枝椿象卵液，消灭荔枝椿象于卵期，蜂在荔枝林中越繁越多，平腹小蜂的成虫寿命长达 20 多天，荔枝椿象每产一次卵，都会被平腹小蜂寄生，因此，防治荔枝椿象效果特别好。产品有 500 粒卵/卡片的杀虫卡，龙眼或荔枝上悬挂用于防治荔枝椿象。

（十三）其他杀虫剂

315. 矿物油能防治哪些害虫？

矿物油控制害虫的主要机理是通过改变害虫的正常行为来达到控制危害的目的。登记的产品有95％、97％、99％的乳油，防治对象包括柑橘树、枇杷树的介壳虫、蚜虫等，同时具有杀螨的效果，使用方式为直接对水稀释50～200倍液喷雾。

316. 矿物油有哪些复配制剂？

矿物油可以和辛硫磷、毒死蜱、三唑磷、高效氯氰菊酯、氯氰菊酯、阿维菌素、吡虫啉、甲氰菊酯、丙溴磷、丁硫克百威、炔螨特、哒螨灵等药剂复配使用。主要产品有18％、24.5％阿维•矿物油乳油，40％、50％辛硫•矿物油乳油，34％、40％哒螨•矿物油乳油等。

（十四）混合杀虫剂

•菊酯与有机磷类复配的混合杀虫剂

317. 高效氯氰菊酯与有机磷复配的混剂有哪些？

主要有10类产品。

高氯•辛硫磷：12％、16％、18％、20％、22％、24％、25％、27.5％、30％、35％、37.5％、40％、60％乳油，20％、25％微乳剂，21.5％可湿性粉剂；

高氯•毒死蜱：10％、12％、15％、20％、22.5％、30％、33％、40％、44％、52.25％乳油，10％、15％、44.5％微乳剂，30％水乳剂；

高氯•马：20％、24％、25％、30％、37％、40％乳油，20％热雾剂；

高氯•三唑磷：13％、15％乳油，15％微乳剂；

高氯•敌敌畏：18％、20％、26％、29％乳油；

高氯•敌百虫：13％、16％乳油；

高氯•氧乐果：10％、20％乳油；

高氯•丙溴磷：40％乳油；

20％亚胺•高氯乳油；

0.17％高氯•乙酰甲粉剂。

这类混剂至少有三个优点。

① 多数混剂增效明显。

② 能延缓害虫对菊酯类产生耐药性。

③ 某些混剂能增强对害虫的熏蒸作用或对植物的内吸性、渗透作用。

318. 高氯·辛硫磷有多少种制剂？ 可防治哪些害虫？

高氯·辛硫磷是由高效氯氰菊酯与辛硫磷复配的混合杀虫剂，包括 3 种剂型，16 种规格的制剂，即 12％、16％、18％、20％、22％、24％、25％、27.5％、30％、35％、37.5％、40％、60％乳油，25％、20％微乳剂，21.5％可湿性粉剂。本剂具有杀虫谱广和速效的特性，对棉铃虫、菜青虫等鳞翅目幼虫具有击倒和杀灭作用，也可用于防治蚜虫。

（1）棉虫　防治棉铃虫，亩用 18％乳油 50～100mL，或 20％乳油 50～100mL，或 22％乳油 40～50mL，或 24％乳油 75～100mL，或 25％乳油 50～75mL，或 30％乳油 40～60mL，或 35％乳油 50～100mL 或 40％乳油 60～80mL，或 60％乳油 30～40mL，或 25％微乳剂 60～75mL，对水 60～75kg 喷雾。

防治棉蚜，亩用 20％乳油 50～75mL（或 30～40mL 或 75～100mL），对水 40～50kg 喷雾。

（2）蔬菜害虫　防治菜青虫，亩用 20％乳油 50～75mL，或 25％乳油 50～75mL，或 30％乳油 40～60mL，或 35％乳油 25～50mL，或 25％微乳剂 40～60mL，对水 40～50kg 喷雾。

防治小菜蛾，亩用 24％乳油 48～75mL，对水 40～50kg 喷雾。

防治菜蚜，亩用 20％乳油 50～75mL，对水 40～50kg 喷雾。

由于菜豆和黄瓜对辛硫磷敏感，使用时应注意。

（3）大豆的甜菜夜蛾　亩用 20％乳油 80～100mL，对水 40～60kg 喷雾。

（4）小麦蚜　亩用 30％乳油 40～50mL，对水 40～50kg 喷雾。

（5）果树害虫　防治荔枝卷叶虫，用 22％乳油 1500～2000 倍液喷雾。防治苹果树的桃小食心虫，用 25％乳油 1000～1250 倍液或 35％乳油 1000～2000 倍液喷雾。防治枣树蛴螬，亩用 12％乳油 60～80mL，拌细沙撒施，防治枣树盲蝽象，喷 12％乳油 1200～1500 倍液。

注意：本混剂产品的规格多，生产厂家也多，在使用量上会有所不同，以上推荐用量仅供参考，具体使用时应按各产品标签推荐用量使用。

本品对蜜蜂、蚕、鱼类有毒，使用时注意。

319. 高氯·毒死蜱有几种制剂？ 可防治哪些害虫？

高氯·毒死蜱是高效氯氰菊酯与毒死蜱复配的混合杀虫剂，产品有 3 种剂型 14 种制剂，即 10％、12％、15％、20％、22.5％、30％、33％、40％、44％、52.25％乳油，10％、15％、44.5％微乳剂，30％水乳剂。毒死蜱是全球销售额第一的杀虫剂，足见其杀虫优点之多，高效氯氰菊酯与其复配后，更可充分发挥两剂的优点。对害虫具有强触杀和胃毒作用，并有一定熏蒸作用，杀虫谱广，杀虫速度快。

（1）果树害虫　防治苹果树桃小食心虫，用 12％乳油 2500～4000 倍液喷雾。防治柑橘潜叶蛾，12％乳油 640～960 倍液或用 52.25％乳油 1000～1500 倍液喷雾。防治荔枝蒂蛀虫，用 15％乳油 500～1000 倍液喷雾。防治荔枝蝽象用 10％微乳剂 1000～1500 倍液喷雾。

（2）防治棉铃虫　亩用 12％乳油 100～150mL，或 20％乳油 80～90mL，或 33％乳油 70～100mL，或 44％乳油 34～50mL，对水 60～75kg，喷雾。

本剂对蜜蜂、家蚕、鱼类有毒，使用时应注意。

320. 高氯·马有多少种制剂？　可防治哪些害虫？

高氯·马又叫高效顺反氯·马，是由高效氯氰菊酯与马拉硫磷复配的混合杀虫剂，产品有两种剂型共 7 种制剂，即 20％、24％、25％、30％、37％、40％乳油，20％热雾剂。具有胃毒和触杀作用，无内吸及熏蒸作用；杀虫谱广，药效迅速，对棉铃虫、菜青虫、蚜虫有良好杀灭作用，也可用于粮油、果树、茶树等作物防治多种害虫。

（1）棉虫　防治棉铃虫，亩用 20％乳油 40～60mL，或 30％乳油 50～75mL，或 37％乳油 100～120mL，或 40％乳油 20～40mL，对水 60～75kg 喷雾。

防治棉蚜，亩用 20％乳油 20～40mL，或 30％乳油 40～60mL，对水 40～50kg 喷雾。

（2）蔬菜害虫　防治菜青虫，亩用 20％乳油 30～40mL，或 24％乳油 40～70mL，或 37％乳油 30～60mL，或 40％乳油 30～60mL，对水 40～50kg 喷雾。

防治小菜蛾，亩用 20％乳油 50～100mL，或 30％乳油 60～80mL，对水 40～50kg，喷雾。

防治蚜虫，亩用 20％乳油 15～30mL，或 24％乳油 30～40mL，对水 40～50kg，喷雾。

防治保护地黄瓜白粉虱，亩用 20％热雾剂 37.5～70mL，用热雾机喷烟雾。

（3）果树害虫　防治苹果树的桃小食心虫，用 20％乳油 1000～1500 倍液，或 25％乳油 1000～2000 倍液，或 37％乳油 1000～2000 倍液，喷雾。防治苹果树黄蚜，用 20％乳油 2000～4000 倍液，或 25％乳油 1500～2000 倍液，或 37％乳油 2000～3000 倍液，喷雾。

防治柑橘蚜虫，用 40％乳油 1500～2000 倍液，或 37％乳油 2000～4000 倍液喷雾，10～15 天喷 1 次，防治 2～3 次，可基本控制危害。

防治荔枝、龙眼蝽象，在越冬成虫始活动时或若虫盛孵期，用 37％乳油 2000～3000 倍液喷雾。

（4）茶小绿叶蝉　用 20％乳油 1000～1500 倍液喷雾。防治茶毛虫，用 20％乳油 2500～3500 倍液喷雾。

（5）小麦蚜虫　亩用 20％乳油 40～50mL，对水 40～60kg，喷雾。

（6）农田蝗虫　亩用 20％乳油 50～70mL，对水 40～50kg，喷雾。

由于各厂家产品的规格及两种有效成分配比不尽相同，应按标签推荐用药量使用。

本剂对蜜蜂、家蚕、鱼类有毒，使用时应注意。

321. 高氯·三唑磷能防治哪些害虫？

高氯·三唑磷是高效氯氰菊酯与三唑磷复配成的混合杀虫剂，产品有 15％微乳剂，12％、13％、15％乳油。对害虫具有触杀和胃毒作用，杀虫谱广，杀虫迅速，但目前登记的防治对象还不多。

防治荔枝蒂蛀虫，用 13％乳油或 15％乳油 1000～1500 倍液喷雾。

防治棉铃虫，亩用 12％乳油 60～80mL 或 15％乳油 40～60mL（或 60～80mL、80～160mL）或 15％微乳剂 80～160mL，对水 60～75kg，喷雾。

322. 高氯·敌敌畏可防治哪些害虫？

高氯·敌敌畏是高效氯氰菊酯与敌敌畏复配成的混合杀虫剂，产品有 18％、20％、26％、29％乳油。高效氯氰菊酯与敌敌畏混用，主要是可以增强熏蒸作用和杀虫速度。

防治菜豆的蚜虫，亩用 18％乳油 30～40mL，对水 40～50kg，喷雾。防治菜青虫，亩用 20％乳油 50～75mL，或 26％乳油 30～60mL，对水 40～50kg，喷雾。防治甜菜夜蛾，亩用 26％乳油 90～100mL，对水喷雾。

防治苹果树潜叶蛾，用 29％乳油 400～500 倍液喷雾。

防治棉铃虫，不同厂家的 20％乳油亩用量分别为 57～85mL 或 30～50mL，对水 60～75kg，喷雾。

323. 怎样使用高氯·氧乐果防治棉花和小麦蚜虫？

高氯·氧乐果是高效氯氰菊酯与氧乐果复配成的混合杀虫剂，产品有 10％、20％、25％乳油。对害虫具有强触杀作用和一定的内吸作用，杀虫迅速。防治棉蚜，亩用 20％乳油 40～50mL，或 10％乳油 30～50mL，对水 40～60kg，喷雾。防治小麦蚜虫，亩用 10％乳油 40～60mL，或 20％乳油 40～60mL，或 25％乳油 34～50mL，对水 50～60kg，喷雾。

324. 怎样使用高氯·丙溴磷防治棉铃虫和小菜蛾？

高氯·丙溴磷由高效氯氰菊酯与丙溴磷复配而成。丙溴磷是防治棉铃虫的高效有机磷杀虫剂，与高效氯氰菊酯混用，防效会更好，一般亩用 40％乳油 40～60mL，对水 60～75kg，喷雾。

防治十字花科蔬菜的小菜蛾，亩用 44％乳油 50～80mL，对水喷雾。

325. 高氯·敌百虫可防治哪些害虫？

高氯·敌百虫是高效氯氰菊酯与敌百虫复配的混剂，产品有 16％和 13％乳油，防治荔枝蝽象，喷 16％乳油 600～1000 倍液。防治十字花科蔬菜的菜青虫，亩用 13％乳油 100～150mL，对水喷雾。

326. 怎样用亚胺·高氯防治菜青虫？

20％亚胺·高氯乳油是高效氯氰菊酯与亚胺硫磷复配的混剂，用于防治甘蓝的菜青虫，亩用制剂 40～50mL，对水喷雾。

327. 怎样用高氯·乙酰甲防治松毛虫？

0.17％高氯·乙酰甲粉剂是高效氯氰菊酯与乙酰甲胺磷复配的混剂，用于防治松树的松毛虫，每公顷用制剂 44～66kg，喷粉。

由于乙酰甲胺磷在植物体内易降解产生甲胺磷，故此混剂的乳油产品在蔬菜上的使用就不介绍了。

328. 氯氰菊酯与有机磷复配的混剂有哪些？

氯氰菊酯与多种有机磷杀虫剂复配表现出明显增效作用，增强产品的胃毒作用，现有的混剂主要有 10 类产品。

氯氰·毒死蜱：10％、15％、20％、22％、25％、44％、50％、52.25％、55％乳油，25％微乳剂；

氯氰·辛硫磷：20％、24％、25％、26％、27％、30％、40％乳油，20％水乳剂；

氯氰·丙溴磷：44％乳油；

氯氰·马拉松：16％、21％、30％、36％、37％乳油；

氯氰·三唑磷：11％、15％、16％、20％乳油；

氯氰·敌敌畏：10％、20％、25％、36％、43％、45％乳油；

氯氰·敌百虫：20％、25％乳油；

氯氰·乐果：15％、20％、30％、40％乳油；

氯氰·氧乐果：10％、21.5％乳油；

氯氰·喹硫磷：15％乳油。

329. 氯氰·毒死蜱有多少种制剂？ 可防治哪些害虫？

氯氰·毒死蜱是氯氰菊酯与毒死蜱复配而成的混合杀虫剂，产品有 25％微乳剂，10％、15％、20％、22％、25％、44％、50％、52.25％、55％乳油。毒死蜱是全球销售额第一的杀虫剂，足见其杀虫优点之多，氯氰菊酯与其复配后，更能充分发挥两剂的优点，对害虫具有强触杀和胃毒作用，并有一定的熏蒸作用，杀虫谱广，杀虫迅速。

(1) 果树害虫　防治苹果树的桃小食心虫，在成虫产卵盛期幼虫蛀果前、卵果率 0.5％～1.5％时，用 52.25％乳油或 22％乳油 1000～1500 倍液喷雾。防治梨木虱用 52.25％乳油 1000～1500 倍液喷雾。防治苹果黄蚜，用 52.25％乳油 1500～2000 倍液喷雾。

防治柑橘潜叶蛾，用 22％乳油 400～600 倍液，或 52.25％乳油 950～1400 倍液喷雾。防治柑橘矢尖蚧，用 20％乳油 800～1000 倍液，或 25％乳油 1000～1250 倍液，或 44％乳油 750～1000 倍液喷雾。

防治荔枝、龙眼蒂蛀虫，用 22％乳油 600～800 倍液，或 52.25％乳油 1000～1500 倍液，或 55％乳油 1000～1500 倍液喷雾。防治荔枝瘿螨、蝽象、介壳虫和龙眼木虱，用 52.25％乳油 1000～1500 倍液喷雾。

(2) 棉铃虫　亩用 20％乳油 60～70mL，或 22％乳油 167～250mL，或 25％乳油 60～100mL，或 44％乳油 100～130mL，或 25％微乳剂 100～120mL，对水 60～75kg，喷雾。防治棉红铃虫，亩用 52.25％乳油 70～105mL，防治棉蝽象亩用 52.25％乳油 50mL，对水 50kg，喷雾。

(3) 大豆蚜虫　亩用 52.25％乳油 15～25mL，对水 40～60kg，喷雾。

330. 氯氰·辛硫磷有多少种制剂？ 可防治哪些害虫？

氯氰·辛硫磷是氯氰菊酯与辛硫磷复配的混合杀虫剂。产品有 8 种制剂，即 20％、24％、25％、26％、27％、30％、40％乳油，20％水乳剂。两单剂混用增效明显，对害虫具有强触杀和胃毒作用，杀虫谱广，速效性好，对棉铃虫、菜青虫等鳞翅目幼虫具有击倒和杀灭作用，对大龄幼虫也有较好的防效。

（1）蔬菜害虫 防治菜青虫，亩用 20％乳油 30～50mL 或 25％乳油 30～50mL 或 30％乳油 40～50mL 或 40％乳油 20～25mL 或 20％水乳剂 50～75mL，对水 40～50kg，喷雾。

防治小菜蛾，亩用 40％乳油 50～72mL 或 20％乳油 80～100mL，对水 40～50kg 喷雾。

防治菜蚜，亩用 20％乳油 50～75mL，对水 40～50kg，喷雾。

由于菜豆和黄瓜对辛硫磷敏感，使用时应注意。

（2）棉花害虫 防治棉铃虫，亩用 20％乳油 50～100mL，或 24％乳油 60～80mL，或 25％乳油 80～100mL，或 27％乳油 20～30mL，或 30％乳油 50～75mL，或 40％乳油 60～80mL（或 25～40mL、30～45mL），对水 60～75kg，喷雾。

防治棉蚜，亩用 20％乳油 75～100mL 或 40％乳油 15～25mL，对水 40～60kg，喷雾。

（3）菜果树桃小食心虫 在成虫产卵盛期幼虫蛀果前、卵果率 0.5％～1.5％时，用 20％乳油 1000～1500 倍液或 40％乳油 5000～6000 倍液喷雾。

（4）茶尺蠖 亩用 24％乳油 60～80mL，对水 40～60kg，喷雾。

（5）小麦蚜虫 亩用 24％乳油 40～70mL，或 25％乳油 30～40mL，或 40％乳油 15～25mL，对水 50～60kg，喷雾。

（6）大豆食心虫 亩用 20％乳油 30～40mL，对水 40～60kg，喷雾。

（7）玉米的玉米螟 亩用 24％乳油 60～80mL，对适量水由玉米喇叭口灌心。

331. 氯氰·丙溴磷有什么杀虫特点？ 可防治哪些害虫？

氯氰·丙溴磷是由氯氰菊酯与丙溴磷复配成的混合杀虫剂。两种单剂都具有很强的触杀和胃毒作用，氯氰菊酯能有效地杀死高龄幼虫，并具有快速击倒作用，丙溴磷对卵、幼虫和成虫均有效，并可穿透叶片表层而杀死叶背面的害虫。混剂兼有两单剂的优点，而且可延缓害虫产生耐药性。产品为 44％乳油，可用于棉花、麦类、水稻、大豆、马铃薯、烟草、果树、甜菜等作物，对棉铃虫、红铃虫等棉虫防效尤佳。施用方法为叶面喷雾，一般推荐用量为每亩 60～100mL。

（1）棉虫 对苗期蚜虫，亩用 44％乳油 30～50mL；对棉铃虫、红铃虫、金刚钻等在卵孵化盛期亩用 44％乳油 50～100mL，对水喷雾，可兼治盲蝽象、卷叶虫、造桥虫及螨类。

（2）蔬菜害虫 防治小菜蛾，亩用 44％乳油 60～80mL，或 22％乳油 30～50mL，对水 40～50kg，喷雾。防治菜蚜，亩用 44％乳油 30～60mL，对水 30～50kg，喷雾。

（3）果树害虫 防治多种果树的刺蛾和蝽象，用 44％乳油 1500～2000 倍液喷雾。

防治核桃果象和栗黄枯叶蛾，用 44％乳油 1500～2000 倍液喷雾。防治山楂花象，用 44％乳油 1000～1500 倍液喷雾。

（4）水稻害虫　防治水稻螟虫、稻纵卷叶螟，在卵孵化盛期、幼虫蛀茎或卷叶前，亩用 44％乳油 50～75mL，对水 50～75kg，喷雾。

防治稻蓟马、稻叶蝉，亩用 44％乳油 30～50mL，对水 50～75kg，喷雾。

本混剂对鱼类和家蚕有毒，使用时切勿污染水源、桑树和蚕具、蚕室等。

332. 氯氰·马拉松能防治哪些害虫？

氯氰·马拉松是氯氰菊酯与马拉硫磷复配的混剂，产品有 16％、21％、30％、36％、37％乳油。

（1）果树害虫　防治荔枝蝽象，用 16％乳油 1500～2000 倍液喷雾。防治柑橘红蜘蛛，用 21％乳油 3000～4000 倍液喷雾。防治苹果树蚜虫，用 21％乳油 3000～4000 倍液喷雾；防治苹果的红蜘蛛和食心虫，用 21％乳油 1500～3000 倍液喷雾。

（2）菜青虫　防治十字花科蔬菜的菜青虫，亩用 37％乳油 60～80mL，或 30％乳油 40～60mL，或 16％乳油 50～70mL，对水喷雾。

（3）棉虫　防治棉铃虫，亩用 36％乳油 50～65mL，防治棉蚜亩用 21％乳油 15～25mL，防治棉红蜘蛛亩用 21％乳油 40～60mL，对水喷雾。

333. 氯氰·三唑磷可防治哪些害虫？

氯氰·三唑磷是氯氰菊酯与三唑磷复配的混合杀虫剂，产品有 11％、15％、16％、20％乳油。对害虫具有触杀和胃毒作用，杀虫谱广。

（1）棉花害虫　防治棉铃虫，亩用 11％乳油 100～200mL 或 20％乳油 75～120mL，对水 50～75kg，喷雾。防治棉红铃虫，亩用 20％乳油 60～100mL，对水 50～75kg，喷雾。防治棉蚜，亩用 20％乳油 60～80mL，对水 40～60kg，喷雾。

（2）果树害虫　防治柑橘潜叶蛾，用 15％或 16％乳油 1000～2000 倍液喷雾。防治荔枝和龙眼的蒂蛀虫，用 15％乳油 1000～1250 倍液或 20％乳油 1000～1500 倍液喷雾。

334. 氯氰·敌敌畏有何特点？ 能防治哪些害虫？

氯氰·敌敌畏是敌敌畏和氯氰菊酯复配的混合杀虫剂，产品有 10％、20％、25％、36％、43％、45％乳油，敌敌畏是有机磷杀虫剂可以当熏蒸剂使用的品种，因而本混剂除具有触杀和胃毒作用，还具有熏蒸作用，杀虫谱广，杀虫速度快，对多种鳞翅目、鞘翅目害虫很有效。

（1）蔬菜害虫　防治菜青虫，亩用 10％乳油 33～60mL，或 20％乳油 60～80mL，或 25％乳油 40～60mL，或 45％乳油 35～47mL，对水 40～50kg，喷雾。

防治菜蚜，亩用 36％乳油 30～50mL 或 10％乳油 30～50mL，对水 40～50kg，喷雾。

防治黄曲条跳甲，亩用 20％乳油 50～75mL，对水 30～40kg，喷雾。

（2）果树害虫　防治苹果树黄蚜，用 10％乳油 800～1200 倍液喷雾。防治柑橘潜叶蛾，用 10％乳油 670～800 倍液喷雾。防治荔枝蝽象用 10％乳油 670～800 倍液喷雾。

（3）茶尺蠖　用 10％乳油 1000～1500 倍液喷雾。

（4）棉铃虫　亩用 20％乳油 57～85mL 或 43％乳油 60～80mL，对水 50～75kg，喷雾。

335. 怎样使用氯氰·敌百虫防治菜青虫？

氯氰·敌百虫是敌百虫与氯氰菊酯复配的混合杀虫剂，产品有 20％、25％乳油。敌百虫是低毒、广谱性杀虫剂，具有强胃毒作用，曾因加工剂型问题影响其广泛使用，与氯氰菊酯（或其他杀虫剂）复配成使用方便的剂型，有利于充分发挥其杀虫特性。本混剂对害虫具有强触杀和胃毒作用，杀虫谱广，但目前仅登记用于防治菜青虫，一般亩用 20％乳油 50～100mL，或 25％乳油 50～75mL，对水 40～50kg，喷雾。

336. 氯氰·乐果可防治哪些害虫？

氯氰·乐果是乐果与氯氰菊酯复配的混合杀虫剂，产品有 15％、20％、30％、40％乳油，由于乐果的内吸作用，使得本混剂不仅具有触杀和胃毒作用，也有较好的内吸作用，杀虫谱广。

（1）小麦蚜虫　亩用 40％乳油 20～50mL，对水 30～50kg，喷雾。

（2）玉米螟　亩用 20％乳油 40～60mL，对水 40～60kg，喷雾。

337. 怎样使用氯氰·氧乐果防治棉蚜和大豆害虫？

氯氰·氧乐果是氯氰菊酯与氧乐果复配的混合杀虫剂，产品有 10％、21.5％乳油。由于氧乐果的优异内吸性，使得本混剂不仅具有触杀和胃毒作用，也具有良好的内吸性能。

防治棉蚜，亩用 10％乳油 40～80mL，对水 30～50kg，喷雾。

防治大豆的食心虫和蚜虫，亩用 21.5％乳油 60～90mL，对水 40～60kg，喷雾。

338. 怎样使用氯氰·喹硫磷防治菜青虫？

15％氯氰·喹硫磷乳油由喹硫磷与氯氰菊酯复配而成。对害虫具有触杀和胃毒作用，杀虫谱广，一般亩用制剂 30～40mL，对水 40～50kg，喷雾。

339. 氰戊菊酯与有机磷复配的混剂有哪些？

主要有 11 类产品。

氰戊·马拉松：20％、21％、25％、30％、40％乳油；

氰戊·辛硫磷：12％、16％、20％、25％、30％、35％、40％、50％乳油；

氰戊·乐果：15％、20％、25％、30％、40％乳油；

氰戊·氧乐果：20％、25％、30％、35％、40％乳油；

氰戊·敌敌畏：20％、25％、30％乳油；

氰戊·敌百虫：21％乳油；

氰戊·杀螟松：15％、20％乳油；

氰戊·丙溴磷：25％乳油；

氰戊·三唑磷：19％乳油；

氰戊·倍硫磷：25％乳油；

氰戊·喹硫磷：12.5％、25％乳油。

340. 氰戊·马拉松可防治哪些害虫？

氰戊·马拉松是氰戊菊酯与马拉硫磷的复配制剂。产品有20％、21％、25％、30％、40％乳油，这些产品的配比多数为氰戊菊酯：马拉硫磷＝1：3，但也有例外。所以，相同含量的产品各厂家的配方不尽相同，防治同一种害虫的用药量就有所不同，请使用者看清产品标签说明，按标签推荐的用药量使用。

本混剂增效明显，对害虫具有触杀和胃毒作用，可兼治食叶害虫、蚜虫和红蜘蛛，主要用于防治各类蚜虫和果树食心虫。由于害虫产生耐药性，对棉铃虫、菜青虫的防效已有所下降，具体使用时须注意。

（1）蔬菜害虫　防治菜蚜，亩用20％乳油30～50mL或21％乳油24～38mL或30％乳油25～30mL，对水40～50kg，喷雾。

防治菜青虫，亩用20％乳油50～70mL或25％乳油50～80mL，对水40～50kg，喷雾。防治小菜蛾，亩用21％乳油60～80mL，对水喷雾。

（2）果树害虫　防治桃小食心虫，在卵孵盛期、卵果率0.5％～1％时，用20％乳油600～1200倍液或25％乳油1500～2000倍液或30％乳油2000～2500倍液或40％乳油1500～2500倍液喷雾。

防治苹果黄蚜，用20％乳油600～1200倍液或21％、25％乳油1000～2000倍液或30％乳油4000～5000倍液，喷雾。

防治苹果叶螨，用21％乳油700～1000倍液，喷雾。

防治柑橘红蜘蛛，用21％乳油3000～4000倍液喷雾。防治柑橘的卷叶蛾、潜叶蛾和蚜虫，用20％乳油1500～2000倍液喷雾。

防治荔枝蝽象，用20％乳油1200～1500倍液喷雾。防治荔枝细蛾，用20％乳油1500～2000倍液喷雾。

防治芒果切叶象，用20％乳油1500倍液喷雾。

341. 氰戊·辛硫磷可防治哪些害虫？

氰戊·辛硫磷是氰戊菊酯与辛硫磷复配的混合杀虫剂，产品有12％、16％、20％、25％、30％、35％、40％、50％乳油，混剂兼具两单剂的优点，对害虫具有强触杀和胃毒作用，对3龄以上的棉铃虫、菜青虫、小菜蛾等鳞翅目幼虫也有较强毒杀能力，可用于防治棉花、蔬菜、果树、茶树、麦类等作物上的多种害虫，尤其对棉铃虫防效突出。

（1）棉虫　对棉铃虫，在产卵高峰到卵孵盛期施药，亩用20％乳油45～75mL或25％乳油75～100mL或30％乳油30～60mL或35％乳油40～60mL或40％乳油50～60mL或50％乳油60～70mL，对水50～75kg，喷雾。对3龄以上幼虫，用药量适当增加，也有良好防治效果。

防治棉蚜、盲蝽象、红蜘蛛，亩用20％乳油50～100mL或30％乳油35～50mL或

50％乳油 20～30mL，对水 40～60kg，喷雾。

（2）蔬菜害虫　防治菜青虫，在低龄幼虫期施药，亩用 12％乳油 40～80mL 或 16％乳油 70～100mL 或 20％乳油 30～80mL 或 25％乳油 20～40（40～60）mL 或 30％乳油 40～50mL 或 35％乳油 30～50mL 或 50％乳油 10～20mL，对水 40～50kg，喷雾。

防治小菜蛾，在低龄幼虫期施药，亩用 20％乳油 60～120mL，对水 40～50kg，喷雾。

防治菜蚜，亩用 25％乳油 40～60mL 或 50％乳油 10～20mL，对水 40kg，喷雾。

由于菜豆和黄瓜对辛硫磷敏感，使用时应注意。

（3）果树害虫　防治桃小食心虫，用 20％乳油 1000～1500 倍液或 40％乳油 1000～2000 倍液喷雾。防治苹果黄蚜，用 25％乳油 1000～2500 倍液喷雾。

（4）小麦害虫　防治小麦蚜虫，亩用 16％乳油 37.5～50mL 或 25％乳油 30～40mL 或 50％乳油 15mL，对水 50～60kg，喷雾。防治小麦黏虫，用药量需在麦蚜用量基础上增加 30％，如亩用 50％乳油 20～25mL，对水喷雾。

（5）玉米螟　亩用 25％乳油 80～100mL，对水 50～60kg，喷雾。

防治玉米地小地老虎，亩用 25％乳油 50～60mL，对水喷洒玉米苗茎基部及地表。

（6）烟青虫　亩用 25％乳油 40～50mL，对水 50～60kg，喷雾。

（7）油料作物害虫　防治油菜、大豆、花生、芝麻的蚜虫，用 20％乳油 3000～4000 倍液，亩喷药液 40～50kg。

防治大豆食心虫、豆荚螟、大豆和花生红蜘蛛，以及油料作物上的斜纹夜蛾、甜菜夜蛾、造桥虫等，用 21％乳油 1500～2000 倍液，亩喷药液 40～50kg。

（8）棉蚜和棉铃虫　亩用 20％乳油 30～50mL 或 20％乳油 48～90mL 或 40％乳油 15～25mL，对水 50～75kg，喷雾。在棉铃虫有抗性地区使用效果不佳。

本混剂对鱼类和蜜蜂毒性大，使用时须注意。

342. 氰戊·乐果可防治哪些害虫？

氰戊·乐果是氰戊菊酯与乐果复配的混剂，产品有 15％、20％、25％、30％、40％乳油。对害虫具有强触杀和胃毒作用，并有一定的内吸作用，杀虫谱广。由于各种规格制剂的有效成分总含量及配比不同，其生物活性不同，因而用药量不同，使用时要看清产品标签推荐的用药量。

（1）果树害虫　防治柑橘潜叶蛾、锈壁虱、介矢尖，用 15％乳油 1000～1500 倍液，或 20％乳油 1500～3000 倍液或 25％乳油 1500～2000 倍液喷雾。

防治柑橘潜粉虱、黑刺粉虱和柑橘凤蝶，用 25％乳油 3000～4000 倍液喷雾。

防治桃树蚜虫，用 40％乳油 2000～2500 倍液喷雾。

（2）棉花害虫　防治棉铃虫、棉红铃虫，亩用 25％乳油 80～100mL 或 30％乳油 20～40mL，对水 50～75kg，喷雾。防治棉蚜，亩用 25％乳油 50～70mL 或 30％乳油 25～50mL 或 40％乳油 25～37.5mL，对水 40～60kg，喷雾。

（3）小麦蚜　亩用 20％乳油 10～20mL 或 25％乳油 20～30mL 或 30％乳油 37.5～75mL 或 40％乳油 15mL，对水 40～60kg，喷雾。

（4）烟草的烟青虫和蚜虫　亩用 20％乳油 20～30mL 或 25％乳油 25～50mL，对水 40～60kg，喷雾。

（5）大豆蚜虫　亩用 25％乳油 40～60mL，对水 40kg，喷雾。防治大豆食心虫，亩用 30％乳油 30～40mL，对水 40～60kg，喷雾。

本混剂因含有乐果，在高粱、枣、杏、梅等作物上使用应先进行药害观察试验。对蜜蜂、家蚕、鱼类有毒，使用时须注意。

343. 氰戊·氧乐果可防治哪些害虫？

氰戊·氧乐果是氰戊菊酯与氧乐果复配的混剂，产品有 20％、25％、30％、35％、40％乳油。对害虫具有强触杀和胃毒作用，并有较好的内吸作用，杀虫谱广，杀虫速度快。

（1）棉花害虫　防治棉铃虫、棉红铃虫、棉蚜，亩用 20％乳油 37.5～50mL 或 25％乳油 50～60mL 或 30％乳油 20～40mL 或 35％乳油 40～50mL 或 40％乳油 20～25mL，对水 50～75kg，喷雾。

防治棉花红蜘蛛，亩用 25％乳油 50～60mL，对水 50～60kg，喷雾。

（2）小麦蚜虫　亩用 20％乳油 10～20mL 或 25％乳油 10～15mL，对水 50～60kg，喷雾。

（3）烟蚜　亩用 20％乳油 20～30mL，对水 40～60kg，喷雾。

（4）大豆食心虫　亩用 30％乳油 30～40mL，对水 40～60kg，喷雾。

344. 氰戊·敌敌畏可防治哪些害虫？

氰戊·敌敌畏，是氰戊菊酯与敌敌畏复配的混剂，产品有 20％、25％、30％乳油。对害虫具有强触杀和胃毒作用，并有较强熏蒸作用。

（1）防治棉铃虫和棉红铃虫　亩用 20％乳油 160～200mL 或 30％乳油 125～150mL，对水 60～75kg，喷雾。防治棉蚜，亩用 30％乳油 80～100mL，对水 25～30kg，喷雾。

（2）防治小麦蚜虫　亩用 20％乳油 20～40mL，对水 40～60kg，喷雾。

（3）防治菜青虫和小菜蛾　亩用 20％乳油 50～80mL，对水 40～50kg，喷雾。防治蔬菜蚜虫，亩用 25％乳油 30～50mL 或 30％乳油 30～40mL，对水 40kg，喷雾。

（4）防治桃蚜、荔枝灸纹夜蛾、荔枝蝽象　用 20％乳油 2000～3000 倍液喷雾。防治各种果树卷叶虫，在果树抽春、夏梢时，新梢被害率 5％时，用 20％乳油 1500～2000 倍液喷雾。

本混剂对蜜蜂、家蚕有毒，对玉米、高粱易生药害，使用时须注意。

345. 怎样用氰戊·敌百虫防治菜青虫？

21％氰戊·敌百虫乳油是敌百虫与氰戊菊酸复配的混剂，对害虫具有胃毒和触杀作用、低毒、广谱，适用于蔬菜作物，目前仅登记用于防治菜青虫，亩用制剂 50～70mL，对水 40～50kg，喷雾。

346. 氰戊·杀螟松可防治哪些害虫？

氰戊·杀螟松是氰戊菊酯与杀螟硫磷复配成的混合杀虫剂，产品有15%、20%乳油。对害虫具有触杀和胃毒作用。

（1）桃小食心虫　在卵孵盛期、卵果率0.5%～1%时，用20%乳油600～1250倍液喷雾。

（2）小麦蚜虫　亩用20%乳油30～40mL，对水50～60kg，喷雾。

（3）棉铃虫　亩用20%乳油40～60mL，对水50～75kg，喷雾。防治棉蚜，亩用15%乳油80～100mL，对水40～60kg，喷雾。

（4）菜青虫和菜蚜　亩用20%乳油30～60mL，对水40～50kg，喷雾。

本混剂对蜜蜂、家蚕、鱼类有毒，使用时须注意。

347. 怎样使用氰戊·丙溴磷防治棉铃虫？

25%氰戊·丙溴磷乳油是氰戊菊酯与丙溴磷复配的混剂，对害虫具有强触杀和胃毒作用，杀虫谱广，但对棉铃虫效果尤佳，一般亩用制剂70～120mL，对水60～75kg，喷雾。

348. 怎样使用氰戊·三唑磷防治棉蚜？

19%氰戊·三唑磷乳油是氰戊菊酯与三唑磷复配的混剂。对害虫具有触杀和胃毒作用，杀虫谱广，用于防治棉蚜，亩用制剂50～75mL，对水30～50kg，喷雾。

349. 怎样使用氰戊·倍硫磷防治蚜虫？

25%氰戊·倍硫磷乳油是氰戊菊酯与倍硫磷复配的混剂，对害虫具有胃毒和触杀作用。杀虫谱广，但目前仅登记用于防治蚜虫。

防治菜蚜，亩用制剂28～30mL，对水30～50kg，喷雾。不得在十字花科蔬菜苗期使用，以免产生药害。

防治小麦蚜虫，亩用制剂10～20mL，对水40～60kg，喷雾。

本混剂对蜜蜂、鱼类毒性大，使用时须注意。

350. 如何使用氰戊·喹硫磷防治棉铃虫及柑橘害虫？

氰戊·喹硫磷是喹硫磷与氰戊菊酯复配的混剂，产品有12.5%、25%乳油，对害虫具有胃毒和触杀作用。

防治棉铃虫，亩用25%乳油130～160mL，对水60～75kg，喷雾。

防治柑橘红蜘蛛和介壳虫，用12.5%乳油750～1000倍液喷雾。

351. 甲氰菊酯与有机磷复配的混剂有哪些？

甲氰菊酯具有较好的杀螨活性，与有机磷复配的混剂，多数兼有防治螨类的效果，主要产品有7类产品。

甲氰·辛硫磷：12％、20％、23％、25％、30％乳油，25％烟剂；

甲氰·马拉硫磷：22.5％、25％、30％、40％乳油；

甲氰·三唑磷：10％、15％、20％、22％乳油；

甲氰·氧乐果：15％、20％、30％乳油；

甲氰·乐果：20％、30％乳油；

甲氰·敌敌畏：20％、35％乳油；

甲氰·水胺：20％、22％、30％乳油。

352. 甲氰·辛硫磷主要防治哪些害虫？

甲氰·辛硫磷是甲氰菊酯与辛硫磷复配的混剂，产品有12％、20％、23％、25％、30％乳油，25％烟剂。对害虫具有触杀和胃毒作用，有较强的杀螨活性，主要用于防治菜青虫、桃小食心虫、棉铃虫等鳞翅目害虫、蚜虫及螨类。

（1）果树害虫　防治桃小食心虫，用12％乳油1500～2100倍液或20％乳油3000～4000倍液喷雾。防治苹果树红蜘蛛，用20％乳油3000～4000倍液或25％乳油1000～1500倍液喷雾。防治苹果黄蚜，用20％乳油2000～3000倍液或25％乳油800～1200倍液喷雾。

防治柑橘红蜘蛛，用25％乳油1000～1500倍液喷雾。

（2）蔬菜害虫　防治菜青虫，亩用20％乳油50～80mL或25％乳油25～50mL或30％乳油80～120mL，对水40～50kg，喷雾。

防治保护地黄瓜白粉虱，亩用25％烟剂1～1.2kg，点燃放烟防治。

（3）棉花害虫　防治棉铃虫，亩用23％乳油75～100mL或25％乳油75～90mL，对水50～75kg喷雾。

（4）茶树的茶尺蠖　亩用30％乳油20～30mL，对水50kg，喷雾。

本混剂对蚕、蜜蜂、鱼有毒，使用时须注意。

353. 甲氰·马拉松能防治哪些害虫？

甲氰·马拉松是甲氰菊酯与马拉硫磷复配的混剂，产品有22.5％、25％、30％、40％乳油。对害虫具有触杀和胃毒作用，杀虫谱广，并有较好的杀螨作用，主要用于防治桃小食心虫、菜青虫、棉铃虫等鳞翅目害虫及螨类。

（1）果树害虫　防治桃小食心虫，用40％乳油1000～2000倍液喷雾。防治柑橘红蜘蛛，用25％乳油800～1000倍液喷雾。

（2）菜青虫　亩用30％乳油40～50mL或22.5％乳油50～60mL，对水40～50kg，喷雾。

（3）棉花害虫　防治棉铃虫，亩用25％乳油50～70mL，对水50～75kg，喷雾。防治棉花红蜘蛛，亩用25％乳油60～80mL，对水50～75kg，喷雾。

本混剂对蚕、蜜蜂及鱼类有毒，使用时须注意。

354. 怎样使用甲氰·三唑磷防治红蜘蛛？

甲氰·三唑磷是甲氰菊酯与三唑磷复配的混剂，产品有10％、15％、20％、22％

乳油。对害虫具有触杀和胃毒作用，杀虫谱广，并对螨有好的防治效果。

防治果树红蜘蛛。对柑橘红蜘蛛，用15％乳油1000～1500倍液或20％乳油1000～2000倍液或22％乳油1000～1500倍液喷雾；对苹果树红蜘蛛，用10％乳油1000～2000倍液喷雾。

本混剂对蜜蜂、蚕及鱼类有毒，使用时须注意。

355. 甲氰·氧乐果能防治哪些害虫？

甲氰·氧乐果是甲氰菊酯与氧乐果复配的混剂，产品有15％、20％和30％乳油。对害虫具有触杀和胃毒作用，并有较好的内吸作用，杀虫谱广，杀虫速度快，目前主要用于防治大豆害虫、麦蚜。

防治大豆食心虫和蚜虫，亩用15％乳油27～40mL或20％乳油40～60mL或30％乳油30～60mL，对水40～60kg，喷雾。

防治小麦蚜虫，亩用20％乳油40～75mL或30％乳油35～50mL，对水50～60kg，喷雾。

本混剂对蜜蜂、蚕、鱼类有毒，使用时须注意。

356. 如何使用甲氰·乐果防治螨和棉铃虫？

甲氰·乐果是甲氰菊酯与乐果复配的混剂，对害虫具有触杀和胃毒作用，并有较好的内吸作用，杀虫谱广，目前登记的防治对象还不多。

30％甲氰·乐果乳油，防治柑橘红蜘蛛，用1000～1500倍液喷雾。

20％甲氰·乐果乳油，防治棉铃虫，亩用制剂70～90mL，对水60～75kg，喷雾。

357. 怎样使用甲氰·敌敌畏防治菜青虫和菜蚜？

甲氰·敌敌畏是甲氰菊酯与敌敌畏复配的混剂，对害虫具有触杀和胃毒作用，并有一定的熏蒸作用，杀虫快速，防治蔬菜的菜青虫和蚜虫，亩用20％乳油20～40mL或35％乳油20～30mL，对水40～50kg，喷雾。

358. 氯氟氰菊酯和高效氯氟氰菊酯与有机磷复配的混剂有哪些？

主要有以下8类产品。

辛硫·氯氟氰：26％乳油；

辛硫·高氯氟：10％、16％、20％、21％、25％、26％、30％、40％、50％乳油；

氯氟·毒死蜱：22％、48％、50％乳油，20％、30％微乳剂；

唑磷·高氯氟：21％乳油；

氯氟·丙溴磷：10％、25％乳油；

氯氟·敌敌畏：20％乳油；

马拉·高氯氟：20％乳油；

杀螟·高氯氟：10％乳油。

359. 怎样使用辛硫·氯氟氰防治棉铃虫?

26%辛硫·氯氟氰乳油由氯氟氰菊酯与辛硫磷复配而成,对害虫具有触杀和胃毒作用,对多种鳞翅目害虫防效好。用于棉铃虫,亩用制剂 60~80mL,对水 60~75kg,喷雾。

360. 辛硫·高氯氟能防治哪些害虫?

辛硫·高氯氟是高效氯氟氰菊酯与辛硫磷复配的混剂,产品有 10%、16%、20%、21%、25%、26%、30%、40%、50%乳油。对害虫具有触杀和胃毒作用,杀虫谱广,对多种鳞翅目害虫、蚜虫等有很好防治效果。

(1) 棉花害虫 防治棉铃虫,亩用 16%乳油 40~60mL 或 20%乳油 100~120mL 或 21%乳油 60~80mL 或 25%乳油 80~100mL 或 26%乳油 80~100mL 或 30%乳油 80~100mL 或 40%乳油 50~70mL,对水 60~75kg,喷雾。

防治棉蚜,亩用 26%乳油 60~70mL,对水 40~60kg,喷雾。

(2) 蔬菜害虫 防治菜青虫亩用 10%乳油 60~80mL 或 21%乳油 30~40mL 或 30%乳油 40~60mL,防治小菜蛾亩用 26%乳油 42~63mL,对水 40~50kg,喷雾。防治斜纹夜蛾亩用 50%乳油 25~35mL,对水喷雾。

(3) 烟草的烟青虫 亩用 26%乳油 50~70mL,对水 50~60kg,喷雾。

(4) 果、林、茶害虫 防治桃小食心虫,用 26%乳油 1000~2000 倍液喷雾。防治茶小绿叶蝉,亩用 26%乳油 45~70mL,对水 40~60kg,喷雾。防治松毛虫,用 26%乳油 5200~10000 倍液喷雾。

361. 怎样用氯氟·毒死蜱防治棉花害虫?

氯氟·毒死蜱是高效氯氟氰菊酯与毒死蜱复配的混剂,产品有 22%、48%、50%乳油,20%、30%微乳剂。

防治棉花蚜虫,亩用 20%微乳剂 40~60mL,对水喷雾。

362. 唑磷·高氯氟防治哪些害虫?

唑磷·高氯氟是高效氯氟氰菊酯与三唑磷复配的混剂,产品为 21%乳油。

① 防治荔枝蒂蛀虫,喷 21%乳油 1000~1200 倍液。

② 防治棉铃虫,亩用 21%乳油 70~80mL,对水喷雾。

363. 怎样用氯氟·丙溴磷或氯氟·敌敌畏防治棉花害虫?

10%、25%氯氟·丙溴磷乳油是高效氯氟氰菊酯与丙溴磷复配的混剂。防治棉铃虫亩用 25%乳油 40~80mL 或 10%乳油 130~150mL,对水喷雾。

20%氯氟·敌敌畏乳油是高效氯氟氰菊酯与敌敌畏复配的混剂,对害虫具有触杀和胃毒作用,并有较强熏蒸作用,杀虫迅速。防治棉花蚜虫,亩用制剂 40~60mL,对水喷雾。

364. 怎样使用马拉·高氯氟防治害虫？

20％马拉·高氯氟乳油是高效氯氟氰菊酯与马拉硫磷复配的混剂，用于防治十字花科蔬菜的菜青虫，亩用制剂 35～50mL，对水喷雾。防治苹果树的黄蚜，喷制剂 2000～3000 倍液。

365. 怎样使用杀螟·高氯氟防治菜青虫？

10％杀螟·高氯氟氰乳油是高效氯氟氰菊酯与杀螟硫磷复配的混剂，用于防治十字花科蔬菜的菜青虫，亩用制剂 50～100mL，对水喷雾。

366. 辛硫·氟氯氰能防治哪些害虫？

辛硫·氟氯氰是氟氯氰菊酯与辛硫磷复配的混剂，产品有 25％、30％、43％乳油，对害虫具有触杀和胃毒作用，杀虫谱广，杀虫速度快，对多种鳞翅目害虫有效，并有较好的杀螨效果。

（1）蔬菜害虫　防治美洲斑潜蝇，亩用 30％乳油 35～50mL，对水 40～60kg，喷雾。防治菜青虫，亩用 25％乳油 25～35mL，对水 40～50kg，喷雾。

（2）油料作物害虫　防治大豆甜菜夜蛾，亩用 30％乳油 30～50mL，对水 40～60kg，喷雾。防治油菜的菜青虫和蚜虫，用 30％乳油 2000～3000 倍液，亩喷药液 30～50kg。防治花生的棉铃虫，用 30％乳油 1000～2000 倍液，亩喷药液 40～60kg。

（3）棉花害虫　防治棉铃虫，亩用 30％乳油 35～50mL 或 43％乳油 25～50mL，对水 60～75kg，喷雾。防治棉蚜，亩用 43％乳油 20～40mL，对水 30～50kg，喷雾。防治棉红蜘蛛，亩用 43％乳油 25～50mL，对水 50～60kg，喷雾。

367. 怎样用唑磷·氟氯氰防治棉铃虫和蚜虫？

10％唑磷·氟氯氰乳油由三唑磷与氟氯氰菊酯复配而成，对害虫具有触杀和胃毒作用，混剂增效明显，杀虫谱广。防治棉铃虫，亩用制剂 80～100mL，对水 60～75kg，喷雾。

防治小麦蚜虫，亩用制剂 25～50mL，对水 60～70kg，喷雾。

368. 怎样用氟氯氰·丙溴磷或马拉·氟氯氰防治蔬菜害虫？

10％氟氯氰·丙溴磷乳油是氟氯氰菊酯与丙溴磷复配的混剂，用于防治十字花科蔬菜的小菜蛾，亩用制剂 140～160mL，对水喷雾。

20％马拉·氟氯氰乳油是氟氯氰菊酯与马拉硫磷复配的混剂，用于防治甘蓝菜青虫，亩用制剂 40～60mL，对水喷雾。

369. 溴氰·辛硫磷能防治哪些害虫？

溴氰·辛硫磷是溴氰菊酯与辛硫磷复配的混剂，产品有 25％、50％乳油。对害虫具有触杀和胃毒作用，杀虫谱广，但目前登记的防治对象还不多。

防治菜青虫和菜蚜，亩用 50％乳油 20～30mL，对水 40～50kg，喷雾。

防治小麦蚜虫，亩用 50％乳油 20～30mL，对水 50～75kg，喷雾。

防治梨树和苹果树的蚜虫，用 50％乳油 200 倍液喷雾。

防治棉铃虫和棉蚜，亩用 50％乳油 20～30mL 或 25％乳油 80～100mL，对水 50～75kg，喷雾。

370. 溴氰·马拉松能防治哪些害虫？

溴氰·马拉松是溴氰菊酯与马拉硫磷复配的混剂，产品有 10％、25％、26％乳油。对害虫具有触杀和胃毒作用。主要用于防治菜青虫、棉铃虫及蚜虫。

防治菜青虫和菜蚜，亩用 10％乳油 12.5～25mL 或 25％乳油 30～50mL，对水 50～60kg，喷雾。

防治棉铃虫，亩用 25％乳油 60～80mL 或 26％乳油 50～100mL，对水 50～75kg，喷雾。

371. 怎样使用溴氰·毒死蜱防治棉铃虫？

10％溴氰·毒死蜱乳油，商品名叫杀虫死，是溴氰菊酯与毒死蜱复配的混剂，对害虫具有触杀和胃毒作用，杀虫谱广，对棉铃虫防效尤佳。

防治棉铃虫，亩用制剂 22～33mL，对水 50～75kg，喷雾。

372. 怎样使用溴氰·敌敌畏防治蔬菜害虫？

溴氰·敌敌畏是溴氰菊酯与敌敌畏复配的混剂，产品有 24％、25％、26％乳油，对害虫具有强触杀和胃毒作用，并有较强的熏蒸作用，主要用于防治蔬菜害虫。

防治十字花科蔬菜的菜青虫，亩用 25％乳油 15～20mL 或 24％乳油 20～30mL，对水喷雾，防治甜菜夜蛾，亩用 26％乳油 90～100mL，对水喷雾。

本品对家蚕、蜜蜂、鱼类有毒，使用时需注意。

373. 怎样使用溴氰·乐果或溴氰·氧乐果防治蚜虫？

23％溴氰·氧乐果乳油是溴氧菊酯与氧乐果复配的混剂。对害虫具有触杀和胃毒作用，也具有较好的内吸作用，用于防治小麦蚜虫，亩用制剂 70～100mL，对水喷雾。对于棉蚜等其他蚜虫也有好的防治效果。

上述两药剂对家蚕、蜜蜂、鱼类有毒，使用时须注意。

374. 怎样用马拉·联苯菊防治菜青虫？

14％马拉·联苯菊乳油是联苯菊酯与马拉硫磷复配的混剂，对害虫具有触杀和胃毒作用，并可兼治螨类。用于防治菜青虫，亩用制剂 8～15mL，对水喷雾。

375. 怎样用氯菊·毒死蜱防治玉米螟？

3％氯菊·毒死蜱颗粒剂是氯菊酯与毒死蜱复配的混剂。用于防治玉米螟，亩用制剂 300～350g，与适量细沙混拌后，撒施于玉米的喇叭口。

· 菊酯与氨基甲酸酯复配的混合杀虫剂

376. 怎样用高氯·灭多威防治棉铃虫？

高氯·灭多威是高效氯氰菊酯与灭多威复配的混剂，产品有 5%、10%、12%、15%乳油。主要用于防治棉铃虫，一般亩用 15%乳油 30～40mL、12%乳油 40～80mL、10%乳油 40～80mL 或 5%乳油 100～120mL，对水喷雾。

377. 怎样用高氯·苯氧威防治蔬菜和果树害虫？

高氯·苯氧威是高效氯氰菊酯与苯氧威复配的混剂，产品为 5%乳油。本品低毒、低残留，适用于近期采收的蔬菜、果树等作物。

防治十字花科蔬菜的小菜蛾或蚜虫，亩用制剂 60～80mL，对水喷雾。防治梨木虱或苹果黄蚜，用制剂 1500～2000 倍液喷雾。

378. 怎样用氯氰·异丙威防治蔬菜蚜虫？

8%氯氰·异丙威乳油是氯氰菊酯与异丙威复配的混剂，对害虫具有强触杀作用，也有胃毒作用，杀虫速度快，用于防治蔬菜蚜虫，亩用制剂 40～75mL，对水喷雾。

379. 怎样用氰戊·灭多威防治棉花害虫？

氰戊·灭多威是氰戊菊酯与灭多威复配的混剂，产品有 9%、20%乳油，主要用于防治棉花害虫，防治棉铃虫，亩用 20%乳油 70～100mL 或 9%乳油 380～750mL，对水喷雾。防治棉蚜，亩用 9%乳油 140～170mL，对水喷雾。

380. 怎样用溴氰·仲丁威防治蔬菜蚜虫？

2.5%溴氰·仲丁威乳油是溴氰菊酯与仲丁威复配的混剂，用于防治蔬菜蚜虫，亩用制剂 30～40mL，对水喷雾。

· 氨基甲酸酯与有机磷复配的混合杀虫剂

381. 怎样使用仲丁威与有机磷 4 种混剂防治稻虫？

（1）唑磷·仲丁威　是仲丁威与三唑磷复配的混剂，产品有 25%、30%、35%乳油。对害虫具有触杀和胃毒作用，对植物有较好的渗透性，三唑磷不能用于防治稻飞虱，与仲丁威的混剂就可以兼治螟虫和飞虱。防治水稻二化螟、三化螟、稻纵卷叶螟、稻飞虱等，亩用 35%乳油 75～125mL、30%乳油 120～150mL 或 25%乳油 150～200mL，对水喷雾。

（2）敌畏·仲丁威　20%敌畏·仲丁威乳油是仲丁威与敌敌畏复配的混剂，用于防治稻飞虱，亩用制剂 100～120mL，对水后向水稻基部喷雾。

（3）乐果·仲丁威　40%乐果·仲丁威乳油是仲丁威与乐果复配的混剂，用于防治稻飞虱，亩用制剂 100～150mL，对水后向水稻基部喷雾。

（4）仲威·毒死蜱　25％仲丁威·毒死蜱乳油是仲丁威与毒死蜱复配的混剂，用于防治稻飞虱，亩用制剂 80～120mL，对水后向水稻基部喷雾。

上述 4 种混剂在水稻上使用后 10 天内避免使用敌稗，以防产生药害。

382. 辛硫·仲丁威和氧乐·仲丁威怎样使用？

24％辛硫·仲丁威乳油是仲丁威与辛硫磷复配的混剂，用于防治甘蓝菜青虫，亩用制剂 60～80mL，对水喷雾。

25％氧乐·仲丁威乳油是仲丁威与氧乐果复配的混剂，用于防治棉花蚜虫，亩用制剂 40～50mL，对水喷雾。

383. 怎样使用异丙威与有机磷 3 种混剂防治稻虫或棉虫？

（1）丙威·毒死蜱　是异丙威与毒死蜱复配的混剂，主要用于防治稻飞虱，亩用 25％乳油 80～120mL、20％乳油 100～120mL 或 13％乳油 150～200mL，对水后向水稻基部喷雾。

（2）马拉·异丙威　30％马拉·异丙威乳油是异丙威与马拉硫磷复配的混剂，用于防治水稻的稻飞虱、叶蝉，亩用制剂 120～150mL，对水喷雾。

（3）辛硫·异丙威　32％辛硫·异丙威乳油是异丙威与辛硫磷复配的混剂，适用于防治棉铃虫，亩用制剂 80～100mL，对水喷雾。

384. 怎样使用抗蚜·敌敌畏防治麦蚜？

30％抗蚜·敌敌畏乳油是抗蚜威与敌敌畏复配的混剂，对蚜虫特效。防治麦蚜，亩用制剂 30～50mL，对水喷雾。

385. 丁硫克百威与有机磷 3 种混剂主要防治哪些害虫？

① 3％丁硫·敌百虫颗粒剂是丁硫克百威与敌百虫复配的混剂，用于防治甘蔗螟虫，亩用制剂 5～6kg，拌细土撒施。

② 丁硫·辛硫磷是丁硫克百威与辛硫磷复配的混剂，产品有 3％颗粒剂，20％、21％乳油。

防治甘蔗螟虫，亩用制剂 6～7.5kg，拌细土撒施。

防治棉花蚜虫，亩用 21％乳油 75～100mL，对水喷雾。防治棉铃虫，亩用 20％乳油 110～125mL，对水喷雾。

③ 5％丁硫·毒死蜱颗粒剂是丁硫克百威与毒死蜱复配的混剂，用于防治花生地蛴螬，亩用制剂 3～5kg，沟施或穴施。

由于丁硫克百威在植物体内能降解为克百威，以上 3 种混剂不宜用于果树、蔬菜、茶树。

386. 灭多威与有机磷 4 种混剂主要防治哪些棉虫？

① 辛硫·灭多威是灭多威与辛硫磷复配的混剂，产品有 20％、26％、30％、35％

乳油。防治棉铃虫，亩用 35％乳油 70～100mL、30％乳油 80～120mL 或 20％乳油 80～100mL，对水喷雾。防治棉蚜，亩用 20％乳油 25～50mL，对水喷雾。

② 25％丙溴·灭多威乳油是灭多威与丙溴磷复配的混剂，防治棉铃虫，亩用制剂 75～100mL，对水喷雾。

③ 马拉·灭多威是灭多威与马拉硫磷复配的混剂，产品有 32％、35％乳油。防治棉铃虫和棉蚜，亩用 35％乳油 50～60mL 或 32％乳油 75～100mL，对水喷雾。

④ 30％灭威·毒死蜱乳油是灭多威与毒死蜱复配的混剂，防治棉花的甜菜夜蛾，亩用制剂 70～90mL，对水喷雾。

·仅含有机磷的混合杀虫剂

387. 毒死蜱与其他有机磷杀虫剂复配的混剂有几种？ 这类混剂有什么特点？

含毒死蜱的混剂主要如下。

唑磷·毒死蜱：12％、18％、20％、25％、30％、32％、40％乳油，13％、15％、20％微乳剂，20％、32％水乳剂；

毒·辛：20％、25％、30％、35％、40％、48％乳油，5％、6％、8％、11％颗粒剂；

敌畏·毒死蜱：35％、40％乳油；

敌百·毒死蜱：30％、40％乳油，3％颗粒剂；

马拉毒死蜱：40％乳油；

喹硫·毒死蜱：18％微乳剂；

杀扑·毒死蜱：20％、40％乳油；

甲毒·三唑磷：15％乳油。

毒死蜱是全球销售额第一的杀虫剂品种，对害虫具有触杀、胃毒和熏蒸作用；在作物叶面上持效期为 7～10 天，在土壤中持效期长达 2～4 个月，且药效不受土壤温湿度及施肥的影响；能防治多种叶面害虫、地下害虫以及卫生害虫、畜禽害虫。其他有机磷杀虫剂与之混配，可以弥补各自的不足。

388. 唑磷·毒死蜱可防治哪些害虫？

唑磷·毒死蜱是毒死蜱与三唑磷的复配制剂，产品有 13％、15％、20％微乳剂，20％、32％水乳剂，12％、18％、20％、25％、30％、32％、40％乳油。对害虫具有触杀、胃毒和熏蒸作用，对植物组织有较强的渗透作用。杀虫谱广，但由于两单剂对水稻害虫防效好，因而混剂主要用于防治稻虫。

(1) 稻虫　防治二化螟和三化螟，在卵孵化始盛期至高峰期，亩用 20％微乳剂 100～160mL 或 15％微乳剂 140～180mL 或 32％水乳剂 50～60mL 或 20％水乳剂 80～100mL 或 20％乳油 80～100mL 或 25％乳油 60～80mL 或 30％乳油 40～60mL 或 32％乳油 40～60mL 或 40％乳油 35～50mL，对水 50～70kg，喷细雾。

防治稻纵卷叶螟，在 2 龄幼虫高峰期，亩用 25％乳油 50～70mL 或 30％乳油 50～100mL

或 32％乳油 45～60mL，或 13％微乳剂 115～150mL，对水 50～70kg 喷雾。

防治稻飞虱，亩用 30％乳油 150～180mL，对水 50～70kg，对水稻基部喷雾。

防治稻瘿蚊，亩用 30％乳油 200～250mL，对水 50～70kg 喷雾。

（2）棉铃虫　亩用 25％乳油 100～140mL，对水 60～75kg 喷雾。

389. 毒·辛可防治哪些害虫？

毒·辛是毒死蜱与辛硫磷复配的混剂，产品有 20％、25％、30％、35％、40％、48％乳油，5％、6％、8％、11％颗粒剂。对害虫具有触杀、胃毒作用，杀虫谱广。

（1）棉铃虫　亩用 40％乳油 60～75mL，25％乳油 60～90mL 或 20％乳油 120～150mL，对水喷雾。

（2）稻虫　防治稻纵卷叶螟，亩用 35％乳油 90～100mL，40％乳油 100～125mL，25％乳油 120～150mL 或 20％乳油 150～160mL，对水喷雾。防治二化螟、三化螟和稻飞虱，亩用 40％乳油 80～125mL 或 20％乳油 120～150mL，对水喷雾。

（3）花生地下害虫　亩用 8％颗粒剂 13～15kg，撒施。

（4）蔗龟　亩用 6％颗粒剂 25～33kg，撒施。

390. 敌畏·毒死蜱主要用于哪类作物上的害虫？

敌畏·毒死蜱是敌敌畏与毒死蜱的复配制剂，产品有 35％、40％乳油。其中的敌敌畏毒性虽较高，但基本无残毒；其熏蒸作用强，能增强混剂的速效性。混剂对害虫具有触杀、胃毒和熏蒸作用，适用于茶树及其他作物。

（1）茶树害虫　防治茶尺蠖，亩用 35％乳油 60～70mL，对水 50～70kg，进行叶面喷雾。防治茶小绿叶蝉，亩用 35％乳油 70～80mL，对水 50kg，对茶树冠面快速喷雾。

（2）稻虫　防治稻纵卷叶螟，在 2 龄幼虫高峰期，亩用 40％乳油或 35％乳油 80～100mL，对水 50～70kg，喷雾。防治稻飞虱，亩用 40％高渗乳油 100～120mL，对水 50～70kg，对水稻基部喷雾。

（3）棉铃虫　亩用 35％乳油 80～100mL，对水 60～75kg，喷雾。

（4）小麦蚜虫　亩用 35％乳油 30～50mL，对水 40～60kg，喷雾。

391. 敌百·毒死蜱可防治哪些害虫？

敌百·毒死蜱是敌百虫与毒死蜱的复配制剂。产品有 30％、40％乳油，3％颗粒剂。敌百虫与毒死蜱复配能发挥各自的优势，而且可以优势互补。

（1）稻虫　防治稻纵卷叶螟，亩用 40％乳油 75～100mL，对水 50kg，喷雾。防治二化螟，亩用 30％乳油 100～150mL，对水 50kg，喷雾。施药时田间保持 5cm水层。

（2）棉铃虫　亩用 40％乳油 70～80mL，对水 50～60kg，喷雾。

为保护蜜蜂，应避免在作物开花期使用。

（3）蔗龟　亩用 3％颗粒剂 45～50kg，撒施。

392. 怎样用喹硫·毒死蜱防治稻纵卷叶螟?

18%喹硫·毒死蜱微乳剂是喹硫磷与毒死蜱复配的混剂,用于防治稻纵卷叶螟,亩用制剂90~120mL,对水喷雾。

393. 怎样用马拉·毒死蜱防治小菜蛾?

40%马拉·毒死蜱乳油是马拉硫磷与毒死蜱复配的混剂,用于防治十字花科蔬菜的小菜蛾,亩用制剂40~70mL,对水喷雾。

394. 怎样用杀扑·毒死蜱防治柑橘介壳虫?

20%、40%杀扑·毒死蜱乳油是杀扑磷与毒死蜱复配的混剂,用于防治柑橘介壳虫,用40%乳油1600~2000倍液或20%乳油800~1000倍液喷雾。

395. 怎样用甲毒·三唑磷防治水稻三化螟?

15%甲毒·三唑磷乳油是甲基毒死蜱与三唑磷复配的混剂,用于防治水稻三化螟,亩用制剂150~200mL,对水喷雾。

396. 辛硫磷与其他有机磷杀虫剂的复配制剂有几种? 这类混剂有什么特点?

含辛硫磷的混剂主要如下。

丙溴·辛硫磷:24%、25%、30%、35%、40%、45%乳油,23%微乳剂;

辛硫·三唑磷:12%、20%、27%、30%、35%、40%乳油,40%水乳剂,5%颗粒剂;

马拉·辛硫磷:20%、22%、25%乳油;

敌百·辛硫磷:30%、40%、50%乳油;

敌畏·辛硫磷:25%、30%、40%、65%乳油;

二嗪·辛硫磷:16%、32%、33%乳油;

喹硫·辛硫磷:30%乳油;

哒嗪·辛硫磷:30%乳油;

辛硫·氧乐果:30%、45%乳油。

辛硫磷的特点是叶面喷洒后极少有残留,土壤施药后持效期长,其他有机磷杀虫剂与之复配,可以弥补各自的不足,充分发挥各自特长。须注意:因辛硫磷见光易分解,其复配的混剂以傍晚喷施为宜。

397. 丙溴·辛硫磷为什么能防治多种作物害虫?

丙溴·辛硫磷是丙溴磷与辛硫磷的复配制剂,产品有24%、25%、30%、35%、40%、45%乳油,23%微乳剂。混剂中的两单剂对棉铃虫、烟青虫效果特佳,对大龄幼虫也有较好的防效。对害虫具有强触杀和胃毒作用,持效期适中,适用于多种作物。

（1）棉铃虫　亩用24％乳油37.5～75mL或25％乳油50～75（或90～100）mL或30％乳油80～100mL或35％乳油50～75mL或40％乳油40～50mL或45％乳油34～50mL，对水60～70kg，喷雾。由于制剂规格多，同一规格的制剂各厂家的配比和产品质量不尽相同，因而使用时亩用药不同，甚至相差较大，请使用者详读各产品的标签。

（2）烟草的烟青虫　亩用40％乳油40～50mL，对水40～60kg，喷雾。

（3）蔬菜害虫　防治菜青虫亩用23％微乳剂70～115mL或24％乳油20～40mL，防治小菜蛾亩用40％乳油75～100mL，防治甜菜夜蛾亩用40％乳油50～70mL，对水40～60kg喷雾。

（4）稻虫　防治二化螟亩用40％乳油50～70mL或25％乳油70～100mL，防治三化螟亩用40％乳油100～120mL，防治稻纵卷叶螟、飞虱亩用25％乳油70～100mL或30％乳油90～120mL，对水50～70kg喷雾。

（5）苹果树黄蚜　用24％乳油或25％乳油的1000～2000倍液喷雾。

398. 辛硫·三唑磷防治哪些害虫？

辛硫·三唑磷是辛硫磷与三唑磷复配的混剂，产品有12％、20％、27％、30％、35％、40％乳油，40％水乳剂，5％颗粒剂。对害虫具有胃毒和触杀作用，对植物组织有较好的渗透性，杀虫谱广，药效期适中，能防治多种水稻害虫。

防治二化螟和三化螟，在卵孵化始盛期至高峰期施药，亩用40％水乳剂70～80mL或12％乳油150～200mL或20％乳油100～150mL或27％乳油50～80mL或30％乳油90～120mL或35％乳油60～90mL或40％乳油60～80mL，对水50～75kg，喷雾。

防治稻纵卷叶螟，在2龄幼虫高峰期、卷叶以前施药，亩用20％乳油67～120mL或30％乳油90～120mL，对水50～75kg，喷雾。

防治稻水象甲，秧田期在越冬代成虫迁飞高峰期时，本田期在移栽后3～5天时施药，亩用20％乳油40～50mL，对水50kg，喷雾。对成虫效果好，对幼虫效果较差。

因三唑磷对稻飞虱有刺激产卵作用，引起再猖獗，故本混剂不宜用于防治稻飞虱。

防治棉铃虫，在卵孵化盛期，亩用20％乳油40～80mL，对水60～75kg，喷雾。

防治小麦蚜虫，亩用40％乳油50～70mL，对水50～70kg，喷雾。

防治玉米螟，亩用5％颗粒剂150～250g混适量细沙土后于玉米喇叭口期撒施。

399. 马拉·辛硫磷可防治哪些害虫？

马拉·辛硫磷是辛硫磷与马拉硫磷的复配制剂，产品有20％、22％、25％乳油。由两个广谱的单剂组成混剂后杀虫谱更广，且为低毒制剂。很适于菜、果、瓜等作物使用。

（1）蔬菜害虫　防治菜青虫，亩用20％乳油50～80mL或25％乳油50～75mL，对水40～50kg喷雾。防治大蒜根蛆，亩用25％乳油750～1000mL，对水2000～3000kg灌根。

（2）棉铃虫　亩用20％乳油50～80mL或25％乳油70～120mL，对水60～70kg喷雾。

（3）小麦害虫　防治小麦蚜虫，亩用 25％乳油 50～75mL，对水 40～60kg 喷雾。防治小麦红蜘蛛，亩用 20％乳油 45～60mL，对水喷雾。

（4）稻虫　防治稻纵卷叶螟，亩用 25％乳油 80～100mL，对水喷雾。防治稻纵卷叶螟和飞虱，亩用 20％乳油 70～100mL，对水喷雾。防治稻水象甲，亩用 22％乳油 70～100mL，对水喷雾。

400. 敌百·辛硫磷可防治哪些害虫？

敌百·辛硫磷是敌百虫与辛硫磷的复配制剂。产品有 30％、40％、50％乳油，其中的 50％乳油含敌百虫 25％、辛硫磷 25％。对害虫具有触杀和胃毒作用，杀虫谱广，可用于防治棉花、粮食、果、林、茶、桑、蔬菜等作物上多种害虫。

（1）棉花害虫　防治棉蚜、棉铃虫，亩用 50％乳油 60～80mL，对水 50kg 喷雾，可兼治棉盲蝽、小造桥虫、卷叶虫。

（2）菜青虫　在幼虫 2～3 龄期，亩用 50％乳油 50～70mL 或 40％乳油 60～80mL，对水 50kg 喷雾，可兼治菜蚜。

（3）小麦害虫　防治黏虫，亩用 50％乳油 40～80mL，对水 50kg 喷雾。防治麦蚜，亩用 50％乳油 40～50mL，对水 50kg 喷雾。

（4）水稻二化螟　亩用 30％乳油 80～120mL，对水 50kg 喷雾。

（5）苹果卷叶蛾　用 50％乳油 1000～1200 倍液喷雾。

（6）桑毛虫、桑尺蠖　在幼虫低龄期，用 50％乳油 2000～2500 倍液喷雾。

敌百·辛硫磷乳油含有敌百虫，在高粱属作物上禁用，以防药害。

401. 敌畏·辛硫磷防治哪些害虫？

敌畏·辛硫磷是辛硫磷与敌敌畏复配的混剂，产品有 25％、30％、40％、65％乳油，对害虫具有触杀、胃毒和熏蒸作用，杀虫谱广。

（1）稻纵卷叶螟　亩用 25％乳油 80～120mL，对水喷雾。

（2）棉花害虫　防治棉花的红蜘蛛、蚜虫和棉铃虫，亩用 30％乳油 70～100mL，对水喷雾。

（3）桑树害虫　防治桑毛虫，用 65％乳油 1000～1200 倍液或 40％乳油 800～1200 倍液喷雾。

402. 二嗪·辛硫磷防治哪些害虫？

二嗪·辛硫磷是辛硫磷与二嗪磷复配的混剂，产品有 16％、32％、33％乳油。

① 防治水稻三化螟，亩用 16％乳油 225～250mL，对水喷雾。

② 防治棉铃虫，亩用 33％乳油 100～120mL，对水喷雾。

③ 防治韭蛆，亩用 32％乳油 1000～1200mL，对适量水灌根。

403. 怎样用哒嗪·辛硫磷或喹硫·辛硫磷防治水稻害虫？

30％哒嗪·辛硫磷乳油是辛硫磷与哒嗪硫磷复配的混剂，用于防治水稻二化螟，亩用制剂 100～150mL，对水喷雾。

30％喹硫·辛硫磷乳油是辛硫磷与喹硫磷复配的混剂，用于防治水稻纵卷叶螟，亩用制剂 80～100mL，对水喷雾。

404. 怎样用辛硫·氧乐果防治棉铃虫和蚜虫？

辛硫·氧乐果是辛硫磷与氧乐果复配的混剂，产品有 30％、45％乳油。对害虫具有强触杀和胃毒作用，并有一定的内吸作用，药效速度快。

防治棉铃虫，亩用 45％乳油 70～90mL，对水喷雾。

防治小麦蚜虫，亩用 30％乳油 50～70mL，对水喷雾。防治苹果黄蚜，用 30％乳油 1000～1500 倍液喷雾。

405. 敌百虫与其他有机磷杀虫剂的复配制剂有几种？ 把敌百虫加工成混剂有什么好处？

含敌百虫的混剂主要如下。

敌·马：40％、60％乳油，25％油剂；

唑磷·敌百虫：20％、30％、36％、50％乳油；

喹硫·敌百虫：35％乳油；

杀螟·敌百虫：40％乳油；

乐果·敌百虫：40％乳油；

敌百·氧乐果：40％乳油；

丙溴·敌百虫：40％、48％乳油。

敌百虫是农药中的传统品种，也是个好药，为防治农业害虫起了重要作用。我国生产敌百虫的工业条件很好，产量大，质量佳，并有部分出口。但任何再好的农药也会有不足点，将敌百虫与其他杀虫剂加工成混剂后，既克服了不足，还增加了优点。

（1）使用方便 以往使用敌百虫原药，块大坚硬，难破碎，更难溶化。现在使用混合乳油，配药方便。

（2）增加杀虫作用方式 敌百虫主要是胃毒作用，上述混剂中加入其他触杀作用强的单剂，有的还有熏蒸作用。因而使这些混剂具有触杀和胃毒作用。

（3）提高药效 敌百虫原药配成水溶液喷洒，对作物茎叶和虫体的润湿、展布、渗透能力很差；乳油对水后喷洒，就没有这些毛病，大大提高了药效。

（4）扩大了防治对象 例如敌百虫对棉铃虫的防效很差，但与辛硫磷、毒死蜱复配成的制剂对棉铃虫的防效很好。

注意：以上混剂均含敌百虫，高粱作物禁用。

406. 敌·马是什么样的混剂？ 怎样使用？

敌·马是敌百虫和马拉硫磷复配而成的混合有机磷杀虫剂。其产品有 40％和 60％乳油，25％油剂。由于两个单剂都是低毒农药，由它们组成的混剂对人畜低毒，对害虫具有触杀和胃毒作用，杀虫谱广，对已产生耐药性的蚜虫和菜青虫也有良好防治效果。

40％和60％乳油供对水喷雾，60％乳油防治对象和对水倍数见表19。

表19　60％敌·马乳油的用量和用法

作物	害虫	对水倍数	用法
蔬菜	蚜虫	1000～1200	喷雾
	菜青虫	600～1000	喷雾
水稻	螟虫、稻苞虫、蓟马	1000～1200	喷雾
	飞虱	乳油150～200mL/亩	喷雾或泼浇
麦类	蚜虫、黏虫	1200～1600	喷雾
棉花	蚜虫、红蜘蛛、卷叶虫	1200～1600	喷雾
	棉铃虫	1000	喷雾
森林	松毛虫	乳油150～200mL/亩	飞防
桑树	桑螟、野蚕	1000～1500	
草地	蝗虫	乳油75～85mL/亩	喷雾
大豆	豆天蛾	乳油50～75mL/亩	喷雾

防治草地蝗虫，亩用40％乳油100～120mL，对水喷雾。

25％油剂用于超低容量喷雾，亩喷150～200mL，若用飞机超低容量喷雾防治蝗虫、草原蝗虫、森林的松毛虫、花蝇等效果尤佳。

407. 怎样用这4种敌百虫混剂防治水稻害虫？

（1）唑磷·敌百虫　是敌百虫与三唑磷复配的混剂，产品有20％、30％、36％、50％乳油，对害虫具有强触杀和胃毒作用，对作物组织具有渗透作用，杀虫谱广，主要用于防治水稻害虫。

防治水稻的二化螟和三化螟，亩用50％乳油100～120mL，36％乳油150～180mL或30％乳油150～180mL，对水喷雾。

防治稻纵卷叶螟，亩用20％乳油120～150mL，对水喷雾。

（2）35％喹硫·敌百虫乳油　是敌百虫与喹硫磷复配的混剂，主要用于防治水稻的二化螟和三化螟，亩用制剂100～140mL，对水喷雾。

（3）40％杀螟·敌百虫乳油　是敌百虫与杀螟硫磷复配的混剂，用于防治水稻二化螟，亩用制剂100～150mL，对水喷雾。

（4）40％乐果·敌百虫乳油　是敌百虫与乐果复配的混剂，用于防治水稻的稻飞虱或稻纵卷叶螟，亩用制剂100～120mL，对水喷雾。

408. 怎样用敌百·氧乐果防治麦蚜？

40％敌百·氧乐果乳油是敌百虫与氧乐果复配的混剂，用于防治麦蚜，亩用制剂80～100mL，对水喷雾。

409. 怎样用丙溴·敌百虫防治棉铃虫?

丙溴·敌百虫是敌百虫与丙溴磷复配的混剂,产品有 40％、48％乳油,用于防治棉铃虫,亩用 48％乳油 50～100mL 或 40％乳油 35～50mL,对水喷雾。

410. 怎样使用三唑磷与其他 5 种有机磷杀虫剂的复配混剂防治水稻害虫?

(1) 马拉·三唑磷　是三唑磷与马拉硫磷复配的混剂,产品有 20％、25％乳油。用于防治水稻的二化螟、稻纵卷叶螟,亩用 25％乳油 80～120mL 或 20％乳油 100～150mL,对水喷雾。

(2) 60％稻丰·三唑磷乳油　是三唑磷与稻丰散复配的混剂。用于防治水稻二化螟,亩用制剂 50～70mL,对水喷雾。

(3) 20％杀螟·三唑磷乳油　是三唑磷与杀螟硫磷复配的混剂。用于防治水稻二化螟,亩用制剂 70～100mL,对水喷雾。

(4) 25％乐果·三唑磷乳油　是三唑磷与乐果复配的混剂。用于防治水稻二化螟,亩用制剂 120～150mL,对水喷雾。

(5) 35％唑磷·敌敌畏乳油　是三唑磷与敌敌畏复配的混剂。用于防治水稻二化螟,亩用制剂 100～120mL,对水喷雾。

411. 怎样用杀扑·氧乐果或马拉·杀扑磷防治柑橘矢尖蚧?

40％杀扑·氧乐果乳油是杀扑磷与氧乐果复配的混剂,用于防治柑橘矢尖蚧,用制剂 500～800 倍液喷雾。

40％马拉·杀扑磷乳油是杀扑磷与马拉硫磷复配的混剂,用于防治柑橘矢尖蚧,用制剂 500～1000 倍液喷雾。

412. 仅含有机磷的混合杀虫剂还有哪些?

① 12％马拉·杀螟松乳油是马拉硫磷与杀螟硫磷复配的混剂,对害虫具有触杀和胃毒作用,杀虫谱广。

防治菜青虫,亩用制剂 100～120mL,对水喷雾。

防治棉铃虫,亩用制剂 100～120mL,对水喷雾。

防治水稻的二化螟和稻纵卷叶螟,亩用制剂 150～180mL,对水喷雾。防治稻飞虱,亩用制剂 80～100mL,对水后向水稻基部喷洒。

② 敌畏·马是敌敌畏与马拉硫磷复配的混剂,产品有 35％、45％、50％乳油。用于防治十字花科蔬菜的黄条跳甲,亩用 50％乳油 60～70mL 或 45％乳油 40～50mL 对水喷雾。防治稻水象甲,亩用 35％乳油 40～50mL,对水喷雾。

③ 敌畏·氧乐果是敌敌畏与氧乐果复配的混剂,产品有 30％、40％、50％乳油,对害虫具有较强熏蒸作用,也有触杀、胃毒和内吸作用,对多种害虫有好的防治效果。

防治棉蚜或麦蚜,亩用 50％乳油 50～100mL,40％乳油 75～100mL 或 30％乳油 50～75mL,对水喷雾。

防治水稻的二化螟和飞虱,亩用 50％乳油 100～150mL,对水喷雾。

防治烟草的蚜虫和烟青虫，亩用 50％乳油 50～100mL，对水喷雾。

防治柑橘红蜘蛛，用 40％乳油 800～1000 倍液喷雾。

④ 50％乐果·敌敌畏乳油，用于防治十字花科蔬菜的蚜虫，亩用制剂 75～100mL，对水喷雾。

·含沙蚕毒素类的混合杀虫剂

413. 4 种含杀虫双的混剂主要防治哪些水稻害虫？

① 吡虫·杀虫双是杀虫双与吡虫啉复配的混剂，产品有 14.5％微乳剂，14.5％可溶液剂。主要用于稻飞虱和稻纵卷叶螟。一般亩用 14.5％微乳剂 150～200mL 或 14.5％可溶液剂 100～150mL，对水喷雾。

② 24％杀双·毒死蜱水乳剂是杀虫双与毒死蜱复配的混剂，防治稻纵卷叶螟和二化螟，亩用制剂 80～120mL，对水喷雾。

③ 20.1％甲维·杀虫双微乳剂是杀虫双与甲氨基阿维菌素苯甲酸盐复配的混剂，防治水稻二化螟，亩用制剂 100～180mL，对水喷雾。

④ 茨酮·杀虫双。产品有 18.01％、18.5％水剂，主要用于防治水稻的二化螟和三化螟，亩用 18.5％水剂或 18.01％水剂 200～250mL，对水喷雾。

以上混剂中均含杀虫双，对家蚕高毒，使用时须注意。

414. 噻嗪·杀虫单防治哪些水稻害虫？

噻嗪·杀虫单是杀虫单与噻嗪酮复配的混剂，产品有 20％、25％、40％、45％、50％、52％、58％、70％、75％可湿性粉剂。混剂有两个显著的特点：

（1）兼治稻田主要害虫　噻嗪酮主治稻飞虱和稻叶蝉；杀虫单主治二化螟、三化螟、稻纵卷叶螟、稻苞虫；混剂则包治了稻田所有主要害虫。

（2）内吸性能全面　噻嗪酮只能被水稻叶片和叶鞘吸收，而不能被根系吸收；杀虫单极易被水稻根系吸收，并迅速传至全株；混剂则吸收性能全面。

因而，噻嗪·杀虫单是防治水稻害虫的优良混合杀虫剂，对水稻二化螟、三化螟、稻纵卷叶螟、飞虱等害虫，一般亩用有效成分 25～50g，对水喷雾。由于制剂的规格多，同一规格的制剂各厂家的配方也有不同，具体使用时，应按标签推荐用药量使用。

本混剂含杀虫单，对家蚕高毒，使用时须注意。

415. 吡虫·杀虫单防治哪些水稻害虫？

吡虫·杀虫单是吡虫啉与杀虫单复配的混剂，制剂有 22 种：30％、33％、35％、38％、40％、42％、44％、45％、46％、46.5％、50％、52％、58％、60％、62％、66.2％、70％、72％、74％、75％、80％可湿性粉剂，25％微乳剂。是内吸杀虫剂，并有触杀和胃毒作用，还有一定的熏蒸作用，是防治水稻害虫的优良药剂。对水稻二化螟、三化螟、稻纵卷叶螟、稻飞虱等高效，一般亩用有效成分 25～50g，对水喷雾。由于制剂的规格多，同一规格的制剂各厂家的配方有异，药效也就有所不同，具体使用时应按产品标签推荐用药量使用。

416. 阿维·杀虫单主要防治哪些害虫?

阿维·杀虫单是杀虫单与阿维菌素复配的混剂,产品有20%、75%可湿性粉剂,10.2%、20%、30%微乳剂,主要用于防治鳞翅目的害虫。

(1)水稻害虫 防治二化螟亩用75%可湿性粉剂30～50g、30%微乳剂100～120mL或20%微乳剂100～200mL,对水喷雾。防治稻纵卷叶螟,亩用20%微乳剂80～100mL或10.2%微乳剂100～150mL,对水喷雾。

(2)蔬菜害虫 防治菜青虫,亩用20%可湿性粉剂100～120g,对水喷雾。防治小菜蛾,亩用20%微乳剂30～40mL,对水喷雾。防治菜豆或十字花科蔬菜的美洲斑潜蝇,亩用30%微乳剂40～60mL或20%微乳剂45～60mL,对水喷雾。本剂对家蚕高毒,使用时须注意。

417. 杀虫单与有机磷的5种混剂防治水稻哪些害虫?

① 杀单·三唑磷是杀虫单与三唑磷复配的混剂,产品有34%、35%可湿性粉剂,15%、18%、20%、22%、25%、28%微乳剂,18%水乳剂,主要用于防治水稻的二化螟、三化螟和稻纵卷叶螟,一般亩用有效成分25～40g,对水喷雾。各制剂用量详见标签。

② 42.9%杀单·辛硫磷可湿性粉剂是杀虫单与辛硫磷复配的混剂,用于防治水稻二化螟,亩用制剂100～120g,对水喷雾。

③ 20%杀单·丙溴磷微乳剂是杀虫单与丙溴磷复配的混剂,用于防治稻纵卷叶螟,亩用制剂130～150mL,对水喷雾。

④ 80%杀单·敌百虫可溶粉剂是杀虫单与敌百虫复配的混剂,用于防治水稻二化螟,亩用制剂50～70g,对水喷雾。

⑤ 乐果·杀虫单产品有40%、80%可湿性粉剂,用于防治水稻二化螟和三化螟,亩用80%可湿性粉剂70～80g或40%可湿性粉剂80～100g,对水喷雾。

以上混剂均含杀虫单,对家蚕高毒,使用时须注意。

418. 杀单·毒死蜱防治哪些害虫?

杀单·毒死蜱是杀虫单与毒死蜱复配的混剂,产品有25%、40%、50%可湿性粉剂,21%微乳剂,5%颗粒剂,主要用于防治鳞翅目害虫。

(1)水稻的稻纵卷叶螟 亩用50%可湿性粉剂60～80g、40%可湿性粉剂75～100g或25%可湿性粉剂150～200g,对水喷雾。

(2)甘蔗螟虫 亩用5%颗粒剂4000～5000g,撒施。

本混剂含杀虫单,对家蚕高毒,使用时须注意。

419. 怎样用二嗪·杀虫单防治甘蔗螟虫?

5%二嗪·杀虫单颗粒剂是杀虫单与二嗪磷复配的混剂,主要用于防治甘蔗螟虫,亩用制剂4～5kg撒施。

420. 怎样使用高氯·杀虫单防治蔬菜害虫和柑橘蚜虫？

高氯·杀虫单是高效氯氰菊酯与杀虫单复配的混剂，产品有 78％可湿性粉剂，16％、25％水乳剂，16％、20％微乳剂。对害虫具有触杀和胃毒作用，也有较好的内吸性，对鳞翅目幼虫和蚜虫高效。

防治蔬菜的小菜蛾，亩用 78％可湿性粉剂 20～40g 或 25％水乳剂 50～80mL，对水 40～50kg，喷雾。防治十字花科蔬菜的甜菜夜蛾，亩用 20％微乳剂 30～40mL，对水 40～50kg，喷雾。防治黄瓜、番茄的美洲斑潜蝇，亩用 16％水剂或 16％微乳剂 75～150mL，对水 40～60kg，喷雾。防治黄条跳甲，亩用 25％水乳剂 100～125mL，对水喷雾。防治菜蚜，亩用 25％水剂 50～80mL，对水 40～50kg，喷雾。

防治柑橘蚜虫，用 25％水剂 500～1000 倍液喷雾。

421. 怎样用杀单·高氯氟防治菜青虫？

杀单·高氯氟是杀虫单与高效氯氟氰菊酯复配的混剂，产品有 20％、32％微乳剂，用于防治十字花科蔬菜的菜青虫，亩用 32％微乳剂 40～60mL 或 20％微乳剂 70～90mL，对水喷雾。

422. 怎样用灭胺·杀虫单防治美洲斑潜蝇？

灭胺·杀虫单是杀虫单与灭蝇胺复配的混剂，产品有 30％、75％可湿性粉剂，20％、30％、40％、50％、60％可溶粉剂。用于防治菜豆和黄瓜的美洲斑潜蝇，一般亩用有效成分 15～20g，相当于 75％可湿性粉剂 40～60g、60％可溶粉剂 25～35g、40％可溶粉剂 40～50g、30％可溶粉剂 50～75g、20％可溶粉剂 45～60g。

423. 怎样用啶虫·杀虫单防治椰心叶甲？

45％啶虫·杀虫单粉剂是杀虫单与啶虫脒复配的混剂，主要用于防治椰树的椰心叶甲。每袋制剂 5～10g，每株挂 2 袋。

424. 杀虫单与氨基甲酸酯类复配的 3 种混剂防治哪些水稻害虫？

① 杀单·灭多威是杀虫单与灭多威复配的混剂，产品有 75％可溶粉剂，16％水剂。用于防治水稻的二化螟、稻纵卷叶螟，亩用 75％可溶粉剂 70～80g 或 16％水剂 120～180mL，对水喷雾。

② 5％丁硫·杀虫单颗粒剂是杀虫单与丁硫克百威复配的混剂，用于防治水稻蓟马，亩用制剂 1.8～2.5kg，撒施。

③ 3％杀单·克百威颗粒剂是杀虫单与克百威复配的混剂，防治水稻三化螟，亩用制剂 2.5～3.0kg；防治二化螟，亩用制剂 2.0～3.0kg；防治稻蓟马，亩用制剂 200～300g。拌毒土撒施。

以上 3 种混剂中所含的灭多威、克百威或丁硫克百威对人高毒，杀虫单对家蚕高毒，使用时须注意。

425. 怎样用甲维·杀虫单防治甜菜夜蛾？

22％甲维·杀虫单微乳剂是杀虫单与甲氨基阿维菌素苯甲酸盐复配的混剂，用于防治十字花科蔬菜的甜菜夜蛾，亩用制剂 60～75mL，对水喷雾。

本混剂中杀虫单对家蚕高毒，使用时须注意。

426. 怎样用吡虫·杀虫安防治水稻害虫？

60％吡虫·杀虫安可湿性粉剂是杀虫双铵与吡虫啉复配的混剂，防治水稻的稻纵卷叶螟和稻飞虱，亩用制剂 50～70g，对水喷雾。

本混剂所含杀虫安对家蚕高毒，使用时须注意。

·含新烟碱类的混合杀虫剂

427. 以吡虫啉与其他类型杀虫剂复配有何必要？

从吡虫啉自身的特点来看其复配的必要性或优点。

① 因其独特的杀虫机理，与三大类杀虫剂有机磷、氨基甲酸酯、拟除虫菊酯复配，增效明显。

② 能延缓害虫对吡虫啉产生耐药性。

③ 因其持效期长，可延长混剂的持效期。

④ 因吡虫啉价格高，与其他价低的农药复配，使混剂成本有所降低。

428. 吡虫·辛硫磷可防治哪些害虫？

吡虫·辛硫磷是吡虫啉与辛硫磷复配的混剂，产品有 20％、22％、25％乳油。对害虫具有触杀和胃毒作用，并有较好的内吸性能。杀虫谱广，对鳞翅目幼虫及蚜虫、飞虱等刺吸式口器害虫有很好的防效，还能有效地防治地下害虫。

（1）蔬菜害虫　防治韭蛆，亩用 20％乳油 500～750mL，对水 200～300kg，灌根；防治菜蚜，亩用 25％乳油 25～50mL，对水 40～50kg，喷雾。

（2）茶小绿叶蝉　在若虫发生高峰期前，用 25％乳油 800～1000 倍液，对茶树冠面快速喷雾。

（3）稻飞虱　在 2～3 龄若虫盛发期，亩用 25％乳油 80～100mL，对水 75～100kg，喷雾。

（4）棉花蚜虫　亩用 20％乳油 80～120mL，对水 30～50kg，喷雾。

（5）花生地蛴螬　亩用 22％乳油 450～600mL，拌毒土沟施或穴施。

429. 吡虫·毒死蜱可防治哪些害虫？

吡虫·毒死蜱是吡虫啉与毒死蜱复配的混剂，产品有 12％、33％可湿性粉剂，13％、22％、30％、45％乳油，22％悬浮剂。对害虫具有触杀和胃毒作用，也有良好的内吸性能。杀虫谱广。

（1）稻虫　防治稻飞虱、稻纵卷叶螟，亩用45％乳油20～25mL、30％乳油80～100mL、22％乳油40～50mL或22％悬浮剂60～83g，对水喷雾。

（2）果树害虫　防治柑橘白粉虱，喷22％乳油2000～2200倍液。防治苹果绵蚜，喷22％乳油1500～2500倍液或45％乳油2000～2500倍液。防治梨木虱，喷33％可湿性粉剂1000～2000倍液。

（3）棉蚜　亩用13％乳油50～70mL，对水喷雾。

430. 怎样使用吡虫·三唑磷防治水稻害虫？

吡虫·三唑磷是吡虫啉与三唑磷复配的混剂，产品有20％、21％、25％、30％乳油。对害虫具有胃毒和触杀作用，也有较好内吸性能，杀虫谱广，更适于稻田使用。

防治水稻二化螟、三化螟、稻飞虱，亩用20％乳油100～150mL，或21％乳油100～150mL，或25％乳油100～120mL，或30％乳油80～120mL，对水60～75kg，喷雾。单用三唑磷易刺激稻飞虱产卵。使用本混剂可减轻这种副作用。

防治棉花苗期蚜虫，亩用20％乳油15～20mL，对水25～30kg，喷雾。

431. 敌畏·吡虫啉对哪类害虫最有效？

敌畏·吡虫啉是吡虫啉与敌敌畏复配的混剂，产品有21％、26％、26.5％乳油，15％烟剂。对害虫具有内吸和熏蒸作用，对刺吸式口器小型害虫有特效。

防治稻飞虱，亩用21％乳油60～70mL或26％乳油60～80mL或26.5％乳油70～80mL，对水60～100kg，喷雾。

防治棉花蚜虫，亩用26％乳油60～80mL，对水30～50kg，喷雾。

防治小麦蚜虫，亩用26％乳油40～60mL或26.5％乳油60～80mL，对水60～75kg，喷雾。

防治保护地番茄上的蚜虫，亩用15％烟剂260～400g，点烟熏杀。

防治梨树黄粉虫，用26％乳油1000～1500倍液喷雾。

432. 怎样用吡虫·氧乐果和乐果·吡虫啉防治麦蚜或稻飞虱？

吡虫·氧乐果是吡虫啉与氧乐果复配的混剂，产品有20％可溶粉剂，10％、20％、24％乳油。防治小麦蚜虫，亩用24％乳油20～30mL或20％乳油15～20mL，对水喷雾。防治棉蚜，亩用10％乳油40～50mL，对水喷雾。防治稻飞虱，亩用20％可溶粉剂40～50mL或10％乳油60～80mL，对水喷雾。

21％乐果·吡虫啉可湿性粉剂，防治稻飞虱，亩用制剂55～65g，对水喷雾。防治小麦蚜虫，亩用制剂40～50g，对水喷雾。

433. 怎样用马拉·吡虫啉防治菜蚜？

6％马拉·吡虫啉可湿性粉剂是吡虫啉与马拉硫磷复配的混剂，用于防治十字花科蔬菜上的蚜虫，亩用制剂50～70g，对水喷雾。

434. 怎样用吡丙·吡虫啉或茚威·吡虫啉防治蔬菜害虫？

10％吡丙·吡虫啉悬浮剂是吡虫啉与吡丙醚复配的混剂，防治番茄粉虱，亩用制剂 30～50g，对水喷雾。

10％茚威·吡虫啉可湿性粉剂是吡虫啉与茚虫威复配的混剂，防治十字花科蔬菜的甜菜夜蛾，亩用制剂 33～44g，对水喷雾。

435. 怎样使用以防治稻飞虱为主的吡虫·仲丁威？

吡虫·仲丁威是吡虫啉与仲丁威复配的混剂，产品有 10％、20％、25％、40％乳油，5％微乳剂。防治稻飞虱，亩用 40％乳油 50～60mL，25％乳油 50～75mL，20％乳油 60～100mL，10％乳油 100～150mL 或 5％微乳剂 100～120mL，对水喷雾。持效期 7 天以上。

防治茶小绿叶蝉，喷 10％乳油 800～1100 倍液。

本混剂因含仲丁威，在施药后 10 天内不能使用敌稗，以免产生药害。

436. 怎样使用以防治稻飞虱为主的吡虫·异丙威？

吡虫·异丙威是吡虫啉与异丙威复配的混剂，产品有 10％、24％、25％可湿性粉剂，10％、20％乳油。组成混剂的两单剂均是防治稻飞虱的有效药剂，强强组合，防效更好。防治稻飞虱，亩用 25％可湿性粉剂 30～40g，24％可湿性粉剂 40～50g、10％可湿性粉剂 50～100g、20％乳油 50～70mL 或 10％乳油 75～100mL，对水喷雾。在施药后 10 天内不得使用敌稗，以免产生药害。

防治苹果黄蚜，喷 10％可湿性粉剂 2000～2500 倍液。

437. 怎样使用吡虫·灭多威防治多种蚜虫？

吡虫·灭多威是吡虫啉与灭多威复配的混剂，产品有 10％、22.6％可湿性粉剂，10％、11％、12.8％乳油。对害虫具有触杀和胃毒作用，也有较好内吸性能和一定的杀卵作用，对多种蚜虫特效。

防治小麦蚜虫，亩用 10％乳油 60～80mL，对水 60～75kg，喷雾。防治棉花蚜虫，亩用 12.8％乳油 40～50mL 或 22.6％可湿性粉剂 110～130g，对水 50～60kg，喷雾；此用药量也可防治棉铃虫。因灭多威毒性高，不宜用于十字花科蔬菜作物。

438. 怎样用丁硫·吡虫啉防治麦蚜和稻飞虱？

丁硫·吡虫啉是吡虫啉与丁硫克百威复配的混剂，产品有 5％、150g/L、20％乳油，6％微乳剂，对多种蚜虫和稻飞虱有效。

防治稻飞虱，亩用 150g/L 乳油 30～60mL，对水喷雾。

防治麦蚜，亩用 20％乳油 20～30mL，对水喷雾。

本剂对多种果树和蔬菜的蚜虫、白粉虱也有很好的防效，但因丁硫克百威在植物体内易降解成克百威，易引起高毒的克百威残留量超标，故不宜在果树、蔬菜和茶叶上作用。

439. 怎样用灭幼·吡虫啉防治苹果害虫?

25％灭幼·吡虫啉可湿性粉剂是吡虫啉与灭幼脲复配的混剂,用于防治苹果树的黄蚜和金纹细蛾,喷制剂 1500～2500 倍液。

440. 高氯·吡虫啉可防治哪些害虫?

高氯·吡虫啉是吡虫啉与高效氯氰菊酯复配的混剂,产品有 3％、3.6％、4％、5％、7.5％乳油,4％微乳剂,4％悬浮剂,5％可湿性粉剂。对刺吸式口器害虫和鳞翅目害虫有很好的防治效果。

(1) 蔬菜害虫 防治十字花科蔬菜的蚜虫,亩用 5％乳油 30～40mL、3.6％乳油 35～50mL、3.5％乳油 30～50mL、3％乳油 40～70mL 或 5％可湿性粉剂 20～30g,对水喷雾。防治菜青虫,亩用 5％乳油 30～40mL 或 3％乳油 25～50mL,对水喷雾。防治白粉虱,亩用 4％微乳剂 25～30mL,对水喷雾。

(2) 果树害虫 防治梨木虱,用 7.5％乳油 3000～5000 倍液或 5％乳油 1500～2000 倍液喷雾。防治苹果树黄蚜,用 5％乳油 2000～3000 倍液喷雾。防治橄榄星室木虱,用 5％乳油 1500～2000 倍液喷雾。防治柑橘介壳虫,用 5％乳油 1000～1500 倍液喷雾。

(3) 麦蚜 亩用 5％乳油 20～30mL、3％乳油 30～50mL 或 4％悬浮剂 20～25g,对水喷雾。

(4) 大豆蚜虫 亩用 4％乳油 30～40mL,对水喷雾。

441. 氯氰·吡虫啉可防治哪些害虫?

氯氰·吡虫啉是吡虫啉与氯氰菊酯复配的混剂,产品有 5％、6％、7.5％、10％乳油,5％微乳剂。对刺吸口式器害虫和鳞翅目害虫很有效。

(1) 蔬菜害虫 防治十字花科蔬菜的蚜虫,亩用 10％乳油 20～30mL、6％乳油 20～30mL 或 5％乳油（或微乳剂）30～50mL,对水喷雾。防治菜青虫,亩用 5％乳油 50～70mL,对水喷雾。防治白粉虱,亩用 5％乳油 30～60mL,对水喷雾。

(2) 果树害虫 防治梨木虱,用 5％乳油 1000～1500 倍液喷雾。防治苹果黄蚜,用 7.5％乳油 2000～3000 倍液或 5％乳油 1000～2000 倍液喷雾。

(3) 茶小绿叶蝉 亩用 7.5％乳油 30～50mL 或 5％乳油 40～60mL,对水喷雾。

442. 氯氟·吡虫啉可防治哪些害虫?

氯氟·吡虫啉是吡虫啉与高效氯氟氰菊酯复配的混剂,产品有 26％、33％水分散粒剂,7.5％悬浮剂,3％、6％、10％乳油。主要用于防治刺吸式口器害虫。

(1) 蔬菜害虫 防治十字花科蔬菜的蚜虫,亩用 26％水分散粒剂 4～8g、10％乳油 15～20mL 或 3％乳油 15～25mL,对水喷雾。防治白粉虱,亩用 33％水分散粒剂 6～8g,对水喷雾。

(2) 麦蚜 亩用 7.5％悬浮剂 30～35g,对水喷雾。

(3) 茶小绿叶蝉 亩用 6％乳油 15～25mL,对水喷雾。

443. 甲氰·吡虫啉可防治哪些害虫?

甲氰·吡虫啉是吡虫啉与甲氰菊酯复配的混剂,产品为20％水乳剂。用于防治棉花红蜘蛛或棉铃虫,亩用制剂40～50mL,对水喷雾。防治菜青虫,亩用制剂25～35mL,对水喷雾。防治桃小食心虫,用制剂1000～2000倍液喷雾。

444. 怎样用氰戊·吡虫啉防治麦蚜?

2％氰戊·吡虫啉乳油是吡虫啉与S-氰戊菊酯复配的混剂,防治小麦蚜虫,亩用制剂30～50mL,对水喷雾。

445. 怎样用联苯·吡虫啉防治茶小绿叶蝉?

150g/L联苯·吡虫啉悬浮剂是吡虫啉与联苯菊酯复配的混剂,防治茶小绿叶蝉,亩用制剂30～45mL,对水喷雾。

446. 阿维·吡虫啉有多少种制剂? 主要防治哪类害虫?

阿维·吡虫啉是阿维菌素与吡虫啉复配的混剂,现有制剂16种:36％水分散粒剂,1.4％、1.45％、1.8％、4.5％可湿性粉剂,1％、1.5％、1.6％、1.8％、2％、2.2％、2.5％、3.15％、5％、5.2％乳油,1.7％微乳剂。两单剂均为超高效药剂,其中的阿维菌素为农用抗生素类杀螨杀虫剂,因而混剂对蚜虫、木虱、蓟马、螨类及鳞翅目幼虫都有很好的防治效果。由于制剂的规格多,各厂家产品的配方不尽相同,药效高低有些差异,使用时须看准产品标签内容,按标签推荐的用药量使用,以下介绍的仅供参考。

(1) 果树害虫 防治梨木虱,用1％乳油1000～1500倍液,或2.5％乳油2000～3000倍液,或5％乳油5000～8000倍液,或5.2％乳油5200～6000倍液喷雾。

防治柑橘蚜虫,用3.15％乳油3000～4000倍液或1.45％可湿性粉剂1000～2000倍液喷雾。

(2) 蔬菜害虫 防治菜蚜,亩用1.7％微乳剂40～50mL,或36％水分散粒剂5～7g,或1.4％可湿性粉剂42～50g,或1.8％可湿性粉剂25～40g,或4.5％可湿性粉剂30～40g,或1.5％乳油50～70mL,或1.6％乳油40～60mL,或1.8％乳油40～60mL,或2％乳油40～60mL,对水30～50kg,喷雾。

防治小菜蛾,亩用1.4％可湿性粉剂45～80g,或1.5％乳油50～70mL,或1.6％乳油40～60mL,或2％乳油40～60mL,对水50～60kg,喷雾。

防治菜青虫,亩用1.8％乳油40～60mL,对水50～60kg,喷雾。

防治棕榈蓟马,亩用36％水分散粒剂5～7g或2.2％乳油60～80mL,对水50～60kg,喷雾。

(3) 小麦蚜虫 亩用2.5％乳油40～50mL,对水60～75kg,喷雾。

(4) 棉花的蚜虫和红蜘蛛 亩用1.4％可湿性粉剂35～60g,对水30～60kg,喷雾。

(5) 稻飞虱 亩用1.45％可湿性粉剂60～80g,对水喷雾。

447. 吡虫·噻嗪酮防治稻飞虱等害虫怎样发挥作用?

吡虫·噻嗪酮是吡虫啉与噻嗪酮复配的混剂,产品有 10％、10.5％、18％、20％、22％可湿性粉剂,10％、11.5％、16.5％、18％乳油,18％微乳剂,30％悬浮剂。两单剂均为防治飞虱、叶蝉的优良药剂,两者复配是强强联合,药效更好。对害虫具有触杀、胃毒和内吸作用。

防治稻飞虱,一般亩用有效成分 3～6g,对水喷雾。各种产品的具体用药量,请按其标签推荐执行。

防治茶小绿叶蝉,亩用 10％乳油 60～80mL,对水 50～75kg,对茶树冠面快速喷雾。

防治蔬菜蚜虫,亩用 18％乳油 15～20mL,对水 40～60kg,喷雾。

防治柑橘矢尖蚧,用 10％可湿性粉剂 800～1000 倍液或 30％悬浮剂 2000～3000 倍液喷雾。

448. 怎样用阿维·啶虫脒防治蔬菜和果树害虫?

阿维·啶虫脒是啶虫脒与阿维菌素复配的混剂,产品有 4％、8.8％乳油,1.5％、1.8％、4％、5％微乳剂。对蚜虫、梨木虱特效。

(1) 蔬菜害虫　防治黄瓜蚜虫,亩用 4％乳油 15～20mL,对水喷雾。防治黄瓜美洲斑潜蝇,亩用 1.8％微乳剂 30～60mL,对水喷雾。防治十字花科蔬菜的蓟马,亩用 5％微乳剂 15～20mL,对水喷雾。防治棕榈蓟马,亩用 4％微乳剂 25～40mL,对水喷雾。防治小菜蛾,亩用 1.5％微乳剂 60～80mL,对水喷雾。

(2) 果树害虫　防治梨木虱,用 1.8％微乳剂 1000～2000 倍液喷雾。防治苹果树蚜虫,用 4％乳油 4000～5000 倍液喷雾。防治柑橘黑刺粉虱用 8.8％乳油 4000～5000 倍液喷雾。

还可用于防治蔬菜或果树的菜青虫、烟青虫、白粉虱、潜叶蛾等害虫,一般用 4％乳油 3000～5000 倍液喷雾。

449. 怎样用甲维·啶虫脒防治蔬菜害虫?

甲维·啶虫脒是啶虫脒与甲氨基阿维菌素苯甲酸盐复配的混剂,产品有 3.2％乳油,3.2％微乳剂。用于防治十字花科蔬菜的小菜蛾,亩用 3.2％乳油 60～100mL,对水喷雾。防治菜蚜,亩用 3.2％微乳剂 35～40mL,对水喷雾。

450. 氯氟·啶虫脒可防治哪些害虫?

氯氟·啶虫脒是啶虫脒与高效氯氟氰菊酯复配的混剂,产品有 26％水分散粒剂,7.5％可湿性粉剂,5％、6.5％乳油。对各种蚜虫特效。

防治十字花科蔬菜的蚜虫,亩用 6.5％乳油 15～20mL,5％乳油 20～30mL 或 7.5％可湿性粉剂 20～25g,对水喷雾。

防治小麦蚜虫,亩用 26％水分散粒剂 4～8g,对水喷雾。

防治棉花蚜虫和棉铃虫,亩用 5％乳油 60～70mL,对水喷雾。

451. 高氯·啶虫脒可防治蔬菜和果树的哪些害虫？

高氯·啶虫脒是啶虫脒与高效氯氰菊酯复配的混剂，产品有 2％、5％、10.2％乳油，3％、4％、5％微乳剂，5％、7.5％可湿性粉剂。主要用于防治各类蚜虫。

（1）蔬菜害虫　防治十字花科蔬菜的蚜虫，亩用 10.2％乳油 15～20mL、5％微乳剂 20～40mL、3％微乳剂 50～60mL、7.5％可湿性粉剂 10～15g 或 5％可湿性粉剂 30～40g，对水喷雾。防治菜青虫，亩用 5％乳油 40～50mL，对水喷雾。

防治番茄蚜虫，亩用 5％乳油 30～40mL，对水喷雾。防治烟粉虱，亩用 5％可湿性粉剂 25～40g，对水喷雾。

（2）柑橘蚜虫　用 4％微乳剂 1200～1600 倍液或 2％乳油 1500～2500 倍液喷雾。

452. 怎样用氯氰·啶虫脒防治蚜虫？

10％氯氰·啶虫脒乳油是啶虫脒与氯氰菊酯复配的混剂。防治苹果绵蚜，喷制剂 1000～2000 倍液。防治黄瓜蚜虫，亩用制剂 30～60mL，对水喷雾。

453. 怎样用联苯·啶虫脒防治茶小绿叶蝉或白粉虱？

联苯·啶虫脒是啶虫脒与联苯菊酯复配的混剂，产品有 5％、7.5％乳油，4.5％微乳剂。防治茶小绿叶蝉，亩用 4.5％微乳剂 70～85mL，5％乳油 60～80mL 或 7.5％乳油 40～50mL，对水喷雾。防治十字花科蔬菜的白粉虱，亩用 5％乳油 100～120mL，对水喷雾。

454. 怎样用啶虫·三唑磷防治水稻螟虫？

25％啶虫·三唑磷乳油是啶虫脒与三唑磷复配的混剂，主要用于防治水稻的二化螟和三化螟，亩用制剂 90～120mL，对水喷雾。

455. 啶虫·辛硫磷可防治哪些害虫？

啶虫·辛硫磷是啶虫脒与辛硫磷复配的混剂，产品有 15％、20％、21％乳油。对刺吸式口器害虫很有效。

（1）蔬菜害虫　防治十字花科蔬菜的白粉虱，亩用 21％乳油 40～50mL 或 20％乳油 30～50mL，对水喷雾。防治黄瓜蚜虫，亩用 20％乳油 25～35mL，对水喷雾。

（2）果树蚜虫　防治苹果树黄蚜或柑橘蚜虫，用 20％乳油 1500～2000 倍液喷雾。

（3）小麦蚜虫　亩用 20％乳油 25～35mL 或 15％乳油 70～90mL，对水喷雾。

（4）烟草蚜虫　亩用 15％乳油 55～70mL，对水喷雾。

456. 怎样用啶虫·毒死蜱防治柑橘介壳虫？

20％啶虫·毒死蜱乳油是啶虫脒与毒死蜱复配的混剂，防治柑橘介壳虫，用制剂 1000～1500 倍液喷雾。

457. 怎样用啶虫·二嗪磷防治柑橘介壳虫?

22.5%啶虫·二嗪磷乳油是啶虫脒与二嗪磷复配的混剂。防治柑橘介壳虫,喷制剂1000~1500倍液。

458. 吡蚜·呋虫胺可防治哪些害虫?

吡蚜·呋虫胺是吡蚜酮和呋虫胺复配形成的混合杀虫剂,主要产品有20%吡蚜酮+8%呋虫胺可分散油悬浮剂,对水稻稻飞虱、蓟马有很好防治效果,推荐用量为有效成分84~126g/hm²。

459. 溴氰·吡虫啉可防治哪些害虫?

溴氰·吡虫啉是溴氰菊酯和吡虫啉复配成的混合杀虫剂,产品主要有75%水分散粒剂、20%悬浮剂,对于茶小绿叶蝉和茶尺蠖具有较好的防治效果,持效期21天左右,对茶树安全,也可用于防治桃蚜,推荐剂量为有效成分90~120g/hm²。

460. 戊唑·吡虫啉可防治哪些害虫?

戊唑·吡虫啉是吡虫啉和戊唑醇复配形成的混合杀虫杀菌剂,主要产品有31.9%戊唑·吡虫啉悬浮种衣剂,对水稻蓟马有较好的防治效果,且持效性好,对秧田期稻蓟马防效为80%~90%(保叶)及70%~85%(防虫),对移栽后本田期水稻蓟马仍具有一定的防治效果,对秧苗具有一定的生长促进作用。推荐在水稻种子催芽露白时拌种,然后继续催芽至可播种状态后播种,使用剂量为每100kg种子用制剂量300~600mL。

461. 氯虫·噻虫嗪可防治哪些害虫?

氯虫·噻虫嗪是氯虫苯甲酰胺和噻虫嗪复配成的混合杀虫剂,主要产品有40%水分散粒剂、300g/L悬浮剂、1.5%颗粒剂。1.5%氯虫·噻虫嗪颗粒剂,对二化螟防效达70%~80%,对稻纵卷叶螟防效达70%~80%,对稻飞虱防效达70%以上。推荐在二化螟和稻纵卷叶螟卵孵化高峰期前至少1周施药,在稻飞虱短翅型成虫出现时(产卵期)施药,使用剂量为有效成分90~112.5g/hm²。防治对象还包括玉米螟、稻水象甲等。

462. 氟虫·噻虫啉可防治哪些害虫?

氟虫·噻虫啉是氟虫双酰胺和噻虫啉复配形成的混合杀虫剂,主要产品有480g/L氟虫·噻虫啉悬浮剂,用于防治水稻稻纵卷叶螟和二化螟,在试验剂量有效成分43.2~86.4g/hm²条件下防治稻纵卷叶螟和二化螟,药后13天的防效分别为80%~90%、80%~85%,表现较好的防治效果,持效期在20天左右,对水稻生长安全,建议使用剂量为有效成分43.2~86.4g/hm²。

463. 联苯·吡虫啉可防治哪些害虫？

联苯·吡虫啉是联苯菊酯和吡虫啉复配成的混合杀虫剂，主要产品有 60% 水分散粒剂，150g/L、27% 的悬浮剂。27% 联苯·吡虫啉悬浮剂用于防治柑橘矢尖蚧，防效可达 80% 以上。防治对象还包括茶小绿叶蝉，推荐用量为有效成分 67.5～101.25g/hm²。

464. 溴酰·噻虫嗪可防治哪些害虫？

溴酰·噻虫嗪是溴氰虫酰胺和噻虫嗪复配成的混合杀虫剂，主要产品有 40% 溴酰·噻虫嗪悬浮种衣剂，对玉米蓟马药后防效可达 75%～85%。推荐在玉米播种前拌种处理，使用剂量为每 100kg 种子用有效成分 120～180g。对玉米蛴螬防效可达 75% 以上。推荐使用剂量为每 100kg 种子用有效成分 120～180g。

465. 螺虫·噻虫啉可防治哪些害虫？

螺虫·噻虫啉是螺虫乙酯和噻虫啉复配成的混合杀虫剂，主要产品有 22% 螺虫·噻虫啉悬浮剂，对黄瓜、番茄、辣椒烟粉虱若虫防效优异，持效期长，药后 21 天防效达 88% 以上；对烟粉虱成虫的速效性较好，持效性一般。推荐在烟粉虱成虫发生初期喷雾施药，使用剂量为有效成分 108～144g/hm²。

·含噻嗪酮的混合杀虫剂

466. 噻嗪酮与其他杀虫剂复配的目的是什么？

主要目的有四个。

（1）扩大防治对象 因噻嗪酮只对半翅目有高效，而对鳞翅目无效，需通过复配来兼治。

（2）增加速效性 噻嗪酮属几丁质合成抑制剂，药效来得慢，一般要在施药后 3～5 天害虫才开始死亡，因而需与速效性杂虫剂复配，以达速效和长效的效果。

（3）作用机制互补 噻嗪酮作用机制是抑制几丁质合成，与神经毒剂等复配后作用位点多，增效又延缓抗性产生。

（4）增强内吸性 噻嗪酮无内吸性，需与内吸性杀虫剂复配。

其混剂已介绍的有噻嗪·杀虫单和吡虫·噻嗪酮。

467. 怎样用噻嗪·三唑磷防治稻虫？

噻嗪·三唑磷是噻嗪酮与三唑磷复配的混剂，产品有 20%、23%、30% 乳油。三唑磷会刺激飞虱产卵，而噻嗪酮对飞虱高效，两者复配后对螟虫和飞虱都高效，是防治稻虫的好药剂。

防治水稻的二化螟、稻纵卷叶螟、稻飞虱，亩用 20% 乳油 100～150mL，或 23% 乳油 100～150mL，或 30% 乳油 80～120mL，对水 50～75kg，喷雾。

468. 怎样用噻嗪·敌敌畏和噻嗪·氧乐果防治稻飞虱？

50%噻嗪·敌敌畏乳油是噻嗪酮与敌敌畏复配的混剂。由于敌敌畏的熏蒸作用，很适合水稻生长中后期、稻株稠密的稻田使用。防治稻飞虱，亩用制剂100～150mL，对水喷雾。

30%噻嗪·氧乐果乳油是噻嗪酮与氧乐果复配的混剂，混剂的内吸性强且全面，能从叶、茎、根多途径被吸收，药效更好，防治稻飞虱，亩用制剂50～75mL，对水喷雾。

469. 怎样用噻嗪·毒死蜱防治水稻或柑橘害虫？

噻嗪·毒死蜱是噻嗪酮与毒死蜱复配的混剂，产品有30%、42%乳油，30%展膜油剂，40%可湿性粉剂，5%颗粒剂。

防治稻飞虱，亩用42%乳油20～30mL，对水喷雾；或亩用30%展膜油剂120～150mL，洒滴于田水中，油剂很快扩散，在水面形成油膜，能随稻株基部向上爬升，起杀虫作用。

防治稻瘿蚊，亩用5%颗粒剂2～3kg，撒施；或亩用30%展膜油剂120～150mL，洒滴田水中。

防治柑橘介壳虫，用30%乳油1000～1500倍液或40%可湿性粉剂1000～1500倍液喷雾。

470. 怎样用马拉·噻嗪酮防治柑橘介壳虫？

30%马拉·噻嗪酮乳油是噻嗪酮与马拉硫磷复配的混剂，防治柑橘矢尖蚧，用制剂800～1000倍液喷雾。

471. 怎样使用噻嗪酮与氨基甲酸酯类的混剂防治稻飞虱？

噻嗪酮药效发挥慢，持效期长可达1个月左右。主要对稻飞虱的低龄若虫效果好，宜在主要发生世代及其前一代低龄若虫盛发期施药。当稻飞虱迁入峰次多，成虫、低龄及高龄若虫并存时，为同时兼治高龄若虫和成虫，就需与异丙威、速灭威等混用，这就是开发这类混剂的初衷。

① 噻嗪·异丙威是噻嗪酮与异丙威复配的混剂，产品有22%、25%可湿性粉剂，10%、25%、30%乳油，25%悬浮剂。用于防治稻飞虱，一般亩用有效成分15～25g，对水喷雾。由于制剂规格多，各厂家产品中两单剂配比有异，请按产品标签推荐用药量使用。

② 25%噻嗪·仲丁威乳油是噻嗪酮与仲丁威复配的混剂，防治稻飞虱，亩用制剂50～75mL，对水喷雾。

③ 噻嗪·速灭威是噻嗪酮与速灭威复配的混剂，产品有25%乳油，25%可湿性粉剂，防治稻飞虱，亩用25%乳油90～100mL或25%可湿性粉剂50～75g，对水喷雾。

472. 怎样用高氯·噻嗪酮防治白粉虱？

20%高氯·噻嗪酮乳油是噻嗪酮与高效氯氰菊酯复配的混剂，目前主要用于防治保护地番茄、黄瓜的白粉虱，亩用制剂65～80mL，对水喷雾。

473. 怎样用噻嗪·高氯氟防治茶小绿叶蝉？

9%噻嗪·高氯氟乳油是噻嗪酮与高效氯氟氰菊酯复配的混剂。防治茶小绿叶蝉，亩用制剂75～90mL，对水喷雾，或用制剂750～1000倍液喷雾。

·含阿维菌素系列的混合杀虫剂

474. 阿维菌素与其他杀虫剂复配有什么优点？

主要有三大优点。

一是增加速效性。阿维菌素杀虫速度较慢，但持效期长，与其他速效性杀虫剂复配成的混剂，既有速效性，又有持效性。

二是增加对害虫的作用方式。阿维菌素对害虫以胃毒作用为主，触杀作用较弱，需与触杀作用强的杀虫剂复配。

三是延缓害虫产生耐药性。因阿维菌素杀虫作用机理特殊，与传统的有机磷、氨基甲酸酯、拟除虫菊酯三大类杀虫剂之间无交互抗性，与之复配成的混剂，能延缓害虫产生耐药性。

475. 阿维·高氯有多少种制剂？ 主要防治哪些害虫？

阿维·高氯是阿维菌素与高效氯氰菊酯复配的混剂，现有32种制剂：1.65%、2%、2.4%、3%、3.6%、5%、6.3%可湿性粉剂，1%、1.2%、1.5%、1.65%、1.8%、2%、2.8%、3%、3.3%、5%、5.2%、5.4%、5.8%、6%乳油，1%、2%、1.8%、2.4%、2.8%、3%、5%、7%、10%微乳剂，5%泡腾片，3%水分散粒剂。由胃毒作用强的阿维菌素与触杀作用强的高效氯氰菊酯复配成的阿维·高氯，对害虫具有强胃毒和触杀作用，杀虫谱广，持效期较长，主要用于防治蔬菜、果树害虫。

（1）蔬菜害虫　防治小菜蛾，亩用1.65%可湿性粉剂32～64g，或2%可湿性粉剂40～60g，或6.3%可湿性粉剂20～30g，或1%乳油50～80mL，或1.8%乳油30～40mL（有的产品用到50～70mL），或2.8%乳油30～50mL，或3%乳油35～50mL，或3.3%乳油20～30mL，或5%乳油15～25mL，或6%乳油20～25mL，或5%泡腾片12～20g，或3%水分散粒剂17～30g，对水40～60kg，喷雾。

防治菜青虫，亩用6.3%可湿性粉剂10～15g，或1%乳油40～50mL，或1.8%乳油30～40mL，或3%乳油40～60mL，或2%微乳剂35～40mL，对水40～60kg，喷雾。

防治黄瓜的美洲斑潜蝇，亩用2.4%可湿性粉剂25～50g，或1%乳油40～60mL，或1.5%乳油60～80mL，或1.8%乳油35～60mL（有的产品需增加到90～100mL），或2%乳油60～80mL，或6%乳油25～30mL，或10%微乳剂10～20mL，或3%微乳剂35～65mL，或1.8%微乳剂55～100mL，对水40～60kg，喷雾。防治丝瓜上的斑潜蝇，亩用2%乳油40～70mL，对水40～60kg，喷雾。防治菜豆上的斑潜蝇，亩用1%乳油60～80mL，对水喷雾。

防治甘蓝的甜菜夜蛾，亩用1.2%乳油60～80mL，对水40～60kg，喷雾。

（2）果树害虫　防治柑橘潜叶蛾，用6.3%可湿性粉剂4000～5000倍液，或1.8%乳油2000～4000倍液，或2%微乳剂1500～2000倍液喷雾。

防治梨木虱一般用浓度为12～24mg/L的药液喷雾，约为用1%乳油1000～2000倍液，或1.2%乳油1000～2000倍液，或3%乳油1000～1500倍液，或6%乳油5000～7000倍液，或10%微乳剂3500～6000倍液，或3%微乳剂1500～2500倍液，或2%微乳剂800～1500倍液，或3.6%可湿性粉剂1500～3000倍液，喷雾。

防治苹果树红蜘蛛，用1.2%乳油1500～2000倍喷雾。防治苹果树黄蚜，用6%乳油5000～7000倍液喷雾。

本混剂的规格多，配方也不尽相同，使用时的用药量也就有差异，以上介绍的仅供参考，使用时应按产品标签推荐的用药量使用。

476. 怎样使用阿维·氯氰防治蔬菜害虫？

阿维·氯氰是阿维菌素与氯氰菊酯复配的混剂，产品有2.1%、2.4%、2.5%、5%、5.2%乳油，2.4%微乳剂，7%水乳剂。其杀虫性能及防治对象与阿维·高氯相同，目前登记仅用于防治蔬菜害虫。

防治小菜蛾，亩用2.1%乳油50～75mL，或2.5%乳油50～70mL，或5%乳油50～70mL，或5.2%乳油25～35mL，或2.4%乳油30～50mL，或7%水乳剂20～30mL，或2.4%微乳剂30～50mL（有的产品需增加到70mL），对水40～60kg，喷雾。

防治菜青虫，亩用2.5%乳油30～50mL，对水40～60kg，喷雾。

477. 阿维·甲氰能防治哪些害虫？

阿维·甲氰是阿维菌素与甲氰菊酯复配的混剂，产品有5.1%可湿性粉剂，1.5%、2.5%、2.8%、10%乳油，5%微乳剂。对害虫具有触杀和胃毒作用，杀虫又杀螨。

（1）蔬菜害虫　防治小菜蛾，亩用5.1%可湿性粉剂40～60g，或2.5%乳油50～70mL，或2.8%乳油70～100mL，或10%乳油30～45mL，对水40～60kg，喷雾。防治菜青虫，亩用2.8%乳油20～30mL，对水40～60kg，喷雾。

（2）红蜘蛛　防治苹果树红蜘蛛用2.8%乳油1000～1500倍液喷雾。防治柑橘红蜘蛛用5%微乳剂1000～1500倍液喷雾。

（3）棉铃虫、棉红蜘蛛　亩用2.5%乳油100～120mL，对水50～75kg，喷雾。

478. 怎样使用阿维·高氯氟防治害虫？

阿维·高氯氟是阿维菌素与高效氯氟氰菊酯复配的混剂，产品有1.3%、2%乳油，1%、2%、3.5%微乳剂，对害虫具有触杀和胃毒作用。目前主要用于防治蔬菜和果树害虫。

防治小菜蛾，亩用1.3%乳油30～50mL，或2%乳油30～60mL，或1%微乳剂75～100mL，或2%微乳剂30～50mL，对水40～60kg，喷雾。

防治菜青虫，亩用1%微乳剂75～100mL，对水40～60kg，喷雾。

防治菜豆的美洲斑潜蝇，亩用2%乳油50～70mL，对水40～60kg，喷雾。

防治甜菜夜蛾，亩用3.5%微乳剂15～25mL，对水喷雾。

防治苹果树红蜘蛛，用2%乳油1500～2000倍液喷雾。

防治茶小绿叶蝉，亩用1.3%乳油60～80mL，对水喷雾。

479. 阿维·氰戊可防治哪些害虫？

阿维·氰戊是阿维菌素与氰戊菊酯或 S-氰戊菊酯复配的混剂，产品有1.8%、2.2%、7.5%乳油，对害虫具有触杀和胃毒作用。

防治梨木虱，用7.5%乳油3000～4000倍液喷雾。

防治小菜蛾，亩用2.2%乳油30～40mL，对水喷雾。

防治黄瓜上的美洲斑潜蝇，亩用1.8%乳油20～30mL，对水喷雾。

480. 阿维·溴氰可防治哪些蔬菜害虫？

阿维·溴氰是阿维菌素与溴氰菊酯复配的混剂，产品有1.5%乳油，0.8%水乳剂，1.8%可湿性粉剂。主要用于防治蔬菜害虫。例如，防治小菜蛾，亩用1.5%乳油50～80mL，或0.8%水乳剂180～220mL，对水喷雾。防治菜青虫，亩用1.8%可湿性粉剂30～40g，对水喷雾。防治黄瓜上的美洲斑潜蝇，亩用1.5%乳油50～60mL，对水喷雾。

481. 阿维·联苯菊可防治哪些害虫？

阿维·联苯菊是阿维菌素与联苯菊酯复配的混剂，产品有33g/L乳油，5.6%水乳剂。防治小菜蛾，亩用33g/L乳油50～80mL，对水喷雾；防治苹果树的桃小食心虫，用5.6%水乳剂2000～3000倍液喷雾。

482. 阿维·毒死蜱有多少种制剂？ 可防治哪些害虫？

阿维·毒死蜱是阿维菌素与毒死蜱复配的混剂，现有19种制剂：30%可湿性粉剂，5.5%、10%、10.2%、12%、15%、17%、18%、24%、25%、26%、32.5%、38%、42%乳油，10.5%、12%、20%微乳剂，15%、35%水乳剂。对害虫具有触杀和胃毒作用，杀虫又杀螨。

（1）果树害虫 防治柑橘红蜘蛛，用10%微乳剂或5.5%乳油1000～1500倍液喷雾。防治梨木虱，用24%乳油2400～3000倍液喷雾。防治苹果的桃小食心虫，用10.5%微乳剂2000～2500倍液喷雾。

（2）棉铃虫 亩用5.5%乳油60～80mL，对水60～75kg，喷雾。

（3）水稻害虫 防治水稻二化螟，亩用15%乳油40～60mL，或17%乳油45～60mL（有的厂家产品的用量需增加为90～120mL），或15%水乳剂50～60mL，对水50～60kg，喷雾。防治稻纵卷叶螟，亩用17%乳油90～150mL或30%可湿性粉剂30～50g，对水50～60kg，喷雾。

483. 阿唯·三唑磷可防治哪些害虫？

阿维·三唑磷是阿维菌素与三唑磷复配的混剂，产品有10.2%、11.2%、12%、15%、18%、20%、20.2%、20.9%、40%乳油，10.2%、15%、20%微乳剂，15%水

乳剂，8.3％微囊悬浮剂。对害虫具有触杀和胃毒作用，并有较好的内吸性能。

（1）水稻害虫　防治二化螟、三化螟，亩用20.5％乳油60～70mL、20.2％乳油100～120mL、20％乳油80～100mL、18％乳油80～100mL、10.2％乳油100～120mL、20％微乳剂60～80mL、15％微乳剂60～90mL、15％水乳剂50～60mL或8.3％微囊悬浮剂120～150mL，对水喷雾。

防治稻纵卷叶螟，亩用20％乳油50～100mL，对水喷雾。

（2）棉铃虫　亩用20％乳油45～65mL或15％乳油60～80mL，对水喷雾。

（3）柑橘红蜘蛛　用40％乳油2000～3000倍液或11.2％乳油1000～1500倍液喷雾。

（4）飞蝗　防治草地飞蝗，亩用20％乳油80～90mL，对水喷雾。

484. 阿维·丙溴磷可防治哪些稻虫？

阿维·丙溴磷是阿维菌素与丙溴磷复配的混剂，产品有20％、37％乳油。目前主要用于防治水稻害虫。防治稻纵卷叶螟，亩用37％乳油50～75mL或20％乳油60～100mL，对水喷雾。防治二化螟，亩用37％乳油30～50mL，对水喷雾。

485. 怎样用阿维·二嗪磷防治二化螟？

20％阿维·二嗪磷乳油是阿维菌素与二嗪磷复配的混剂，用于防治水稻二化螟，亩用制剂120～150mL，对水喷雾。

486. 阿维·杀螟松怎样使用？

阿维·杀螟松是阿维菌素与杀螟硫磷复配的混剂，产品有16％和20％乳油，对害虫具有触杀和胃毒作用。

防治水稻二化螟，亩用16％乳油60～70mL或20％乳油50～70mL，对水50～70kg，喷雾。防治稻纵卷叶螟，亩用16％乳油50～60mL，对水50～70kg，喷雾。

防治棉花红蜘蛛，亩用20％乳油20～30mL，对水50～60kg，喷雾。

487. 怎样使用阿维·敌敌畏防治蔬菜害虫？

40％阿维·敌敌畏乳油由阿维菌素与敌敌畏复配而成，对害虫具有触杀和胃毒作用，并有较强的熏蒸作用，目前主要用于防治蔬菜害虫。

防治黄瓜的美洲斑潜蝇，用制剂的1000～1250倍液喷雾或亩用制剂60～80mL，对水喷雾。

防治小菜蛾和菜青虫，亩用制剂40～60mL，对水40～60kg，喷雾。

488. 阿维·辛硫磷怎样使用？

阿维·辛硫磷是阿维菌素与辛硫磷复配的混剂，产品有10％、15％、20％、20.15％、33％、35％、36％乳油。对害虫具有触杀和胃毒作用，杀虫谱广、低毒、低残留，很适于蔬菜、果树使用。

防治小菜蛾，亩用 10％乳油 60～100mL，或 15％乳油 50～75mL，或 20％乳油 40～75mL，或 20.15％乳油 40～60mL，或 35％乳油 25～50mL，或 36％乳油 20～30mL，对水 40～60kg，喷雾。

防治菜青虫，亩用 33％乳油 100～120mL，对水 40～60kg，喷雾。

防治苹果树红蜘蛛，用 20％乳油 500～1000 倍液喷雾。

防治棉铃虫，亩用 20％乳油 75～100mL，对水 60～75kg，喷雾。

防治小麦蚜虫，亩用 15％乳油 30～40mL，对水 50～75kg，喷雾。

489. 怎样用阿维·马拉松防治小菜蛾?

36％阿维·马拉松乳油是阿维菌素与马拉硫磷复配的混剂，用于防治十字花科蔬菜的小菜蛾，亩用制剂 50～75mL，对水喷雾。

490. 阿维·氟铃脲可防治哪些害虫?

阿维·氟铃脲是阿维菌素与氟铃脲复配的混剂，产品有 1.8％、2.5％、3％乳油。主要用于防治蔬菜害虫。

防治十字花科蔬菜的小菜蛾，亩用 3％乳油 30～45mL 或 2.5％乳油 80～100（或 160～200）mL，对水喷雾。防治菜青虫，亩用 2.5％乳油 60～80mL，对水喷雾。防治甜菜夜蛾，亩用 2.5％乳油 30～40mL，对水喷雾。

防治松树的松毛虫，用 1.8％乳油 3000～4000 倍液喷雾。

491. 阿维·灭幼脲可防治哪些蔬菜害虫?

阿维·灭幼脲是阿维菌素与灭幼脲复配的混剂，产品有 18％、30％悬浮剂，20％可湿性粉剂。

防治十字花科蔬菜的小菜蛾，亩用 30％悬浮剂 20～40g（或 30～50g）或 18％悬浮剂 40～50g，对水喷雾。防治甜菜夜蛾，亩用 20％可湿性粉剂 40～60g（或 80～120g），对水喷雾。

492. 阿维·除虫脲可防治哪些害虫?

阿维·除虫脲是阿维菌素与除虫脲复配的混剂，产品有 10％、20.5％悬浮剂。防治十字花科蔬菜的小菜蛾，亩用 10％悬浮剂 30～50g，对水喷雾。防治柑橘潜叶蛾，用 20.5％悬浮剂 2000～4000 倍液喷雾。防治松树的松毛虫，用 10％悬浮剂 800～1000 倍液喷雾。

493. 怎样用阿维·杀铃脲防治小菜蛾?

阿维·杀铃脲是阿维菌素与杀铃脲复配的混剂，产品有 5％、5.5％悬浮剂，目前主要用于防治十字花科蔬菜的小菜蛾，亩用 5.5％悬浮剂 100～120g 或 5％悬浮剂 50～60g，对水喷雾。

494. 怎样用阿维·灭蝇胺防治美洲斑潜蝇？

阿维·灭蝇胺是阿维菌素与灭蝇胺复配的混剂，产品有 11％、31％悬浮剂，是防治斑潜蝇的有效药剂。防治菜豆上的美洲斑潜蝇，亩用 31％悬浮剂 20～33g，对水喷雾。防治黄瓜上的美洲斑潜蝇，亩用 11％悬浮剂 45～70g，对水喷雾。

495. 怎样用阿维·茚虫威防治小菜蛾？

4.75％阿维·茚虫威可湿性粉剂是阿维菌素与茚虫威复配的混剂，用于防治十字花科蔬菜的小菜蛾，亩用制剂 40～55g，对水喷雾。

496. 怎样用阿维·虫酰肼防治蔬菜害虫？

阿维·虫酰肼是阿维菌素与虫酰肼复配的混剂，产品有 20％悬浮剂，3.3％可湿性粉剂。防治十字花科蔬菜的小菜蛾，亩用 20％悬浮剂 50～70g，对水喷雾。防治甜菜夜蛾，亩用 3.3％可湿性粉剂 80～100g，对水喷雾。

497. 阿维·抑食肼可防治哪些害虫？

20％阿维·抑食肼可湿性粉剂是阿维菌素与抑食肼复配的混剂。用于防治菜豆的豆野螟或十字花科蔬菜的斜纹夜蛾，亩用制剂 40～50g，对水喷雾。防治烟草的斜纹夜蛾，亩用制剂 50～100g，对水喷雾。

498. 阿维·丁醚脲可防治哪些害虫？

阿维·丁醚脲是阿维菌素与丁醚脲复配的混剂，产品有 15.6％、45.5％悬浮剂，15.6％乳油。用于防治十字花科蔬菜的小菜蛾，亩用 45.5％悬浮剂 30～40g，对水喷雾。防治柑橘红蜘蛛，用 15.6％悬浮剂 1500～2000 倍液喷雾。

499. 怎样用阿维·仲丁威防治水稻害虫？

12％阿维·仲丁威乳油是阿维菌素与仲丁威复配的混剂。用于防治水稻的稻纵卷叶螟、二化螟，亩用制剂 50～60mL，对水喷雾。

500. 怎样用阿维·苦参碱和阿维·多霉素防治小菜蛾？

2.2％阿维·苦参碱微乳剂是阿维菌素与苦参碱复配的混剂，用于防治十字花科蔬菜的小菜蛾，亩用制剂 40～60mL，对水喷雾。

5％阿维·多霉素乳油是阿维菌素与多杀霉素复配的混剂，用于防治小菜蛾，亩用制剂 20～30mL，对水喷雾。

501. 怎样用阿维·噻嗪酮防治稻飞虱？

15％阿维·噻嗪酮可湿性粉剂是阿维菌素与噻嗪酮复配的混剂，用于防治水稻的稻飞虱，亩用制剂 30～40g，对水喷雾。

502. 含阿维菌素的混合杀虫剂还有哪些？

主要包括：

10％阿维·烟碱乳油；

1.8％阿维·鱼藤酮乳油；

0.8％阿维·印楝素乳油；

阿维·苏云菌；

阿维·吡虫啉，有 16 种制剂；

阿维·啶虫脒 8.8％、4％乳油，1.5％、1.8％、4％、5％微乳剂。

503. 氟虫双酰胺·阿维菌素可防治哪些害虫？

10％氟虫双酰胺·阿维菌素悬浮剂对水稻稻纵卷叶螟及二化螟有很好的防治效果，在卵孵盛期喷雾防治，持效期＞20 天，防治效果显著优于生产常用药剂如 20％三唑磷乳油、40％毒死蜱乳油及 1.8％阿维菌素乳油，具有良好的推广应用前景。推荐使用剂量为有效成分 30～60g/hm²。

504. 阿维·氯苯酰可防治哪些害虫？

阿维·氯苯酰是阿维菌素和氯虫苯甲酰胺复配成的混合杀虫剂，主要产品有 6％阿维·氯苯酰悬浮剂，对水稻稻纵卷叶螟和二化螟有很好的防治效果，持效期较长，且对天敌安全，但杀卵效果不明显。田间防治时，用水量要足。推荐剂量为有效成分 28.35～47.25g/hm²。该产品对甘蓝小菜蛾、甜菜夜蛾也具有较好的速效性和极佳的持效性，药后 1 天防效在 70％～80％，药后 7 天防效在 90％左右，尤其是对抗药性较强的小菜蛾具有非常好的田间控制作用，是近两年防治十字花科蔬菜小菜蛾、甜菜夜蛾效果较好的新产品之一，防治对象还包括桃小食心虫、水稻稻纵卷叶螟、二化螟、棉铃虫。

505. 阿维·烯啶可防治哪些害虫？

阿维·烯啶是阿维菌素和烯啶虫胺复配成的混合杀虫剂，主要产品有 10％、30％、50％水分散粒剂，30％可湿性粉剂，用于防治甘蓝蚜虫。该药剂具有较好的速效性和持效性，对作物安全，在蚜虫盛发初期叶面喷雾施药 1 次，施药时应在上午或傍晚。注意对叶片背面的喷雾，推荐剂量为有效成分 27～36g/hm²。

506. 氟虫·甲维盐可防治哪些害虫？

氟虫·甲维盐是氟虫双酰胺和甲氨基阿维菌素苯甲酸盐复配形成的混合杀虫剂，主要产品有 12％氟虫·甲维盐水乳剂，用于防治水稻稻纵卷叶螟，在剂量有效成分 28.8～32.4g/hm² 条件下，杀虫效果在 90％～98％，保叶效果在 85％～95％，防效略低于对照药剂氟虫双酰胺单剂，但高于甲维盐。

507. 高氯·甲维盐可防治哪些害虫?

高氯·甲维盐是甲氨基阿维菌素苯甲酸盐与高效氯氰菊酯复配的混剂,产品有1.1%、2%、2.02%、3%、3.8%、4.2%、4.3%乳油,2%、3%、3.2%、4%、4.8%、5%微乳剂,4.2%水乳剂。主要用于防治蔬菜害虫和棉铃虫。

(1) 蔬菜害虫　防治小菜蛾,亩用4.3%乳油30~35mL、3%乳油100~120mL、4%微乳剂15~20mL(或25~40mL)或2%微乳剂40~60mL,对水喷雾。防治甜菜夜蛾,亩用4.2%乳油60~70mL、2.02%乳油60~90mL、2%乳油40~60mL、5%微乳剂30~40mL、4.8%微乳剂25~40mL、3.2%微乳剂40~60mL、3%微乳剂30~40mL或4.2%水乳剂32~42mL,对水喷雾。防治斜纹夜蛾,亩用4%微乳剂20~38mL或2%微乳剂40~60mL,对水喷雾。防治菜青虫,亩用1.1%乳油35~55mL,对水喷雾。

(2) 棉铃虫　亩用3.8%乳油55~70mL或3%乳油80~100mL,对水喷雾。

508. 怎样用甲维·氯氰或甲维盐·氯氰防治甜菜夜蛾?

3.2%甲维·氯氰微乳剂是甲氨基阿维菌素与氯氰菊酯复配的混剂,用于防治十字花科蔬菜的甜菜夜蛾,亩用制剂50~60mL,对水喷雾。

甲维盐·氯氰是甲氨基阿维菌素苯甲酸盐与氯氰菊酯复配的混剂,产品有3.2%、5%微乳剂。但是在混剂中的甲氨基阿维菌素苯甲酸盐的含量仍以甲氨基阿维菌素计。用于防治甜菜夜蛾,亩用5%微乳剂30~45mL或3.2%微乳剂50~60mL,对水喷雾。

509. 怎样用甲维·高氯氟防治蔬菜害虫?

甲维·高氯氟是甲氨基阿维菌素苯甲酸盐与高效氯氟氰菊酯复配的混剂,产品有2.3%、4.3%乳油,2%微乳剂。

防治十字花科蔬菜的小菜蛾,亩用2.3%乳油20~25mL或2%微乳剂30~40mL,对水喷雾。

防治食用菌的菌蛆,每100m² 用4.3%乳油30~50mL,对水喷雾。

510. 甲维·毒死蜱可防治哪些害虫?

甲维·毒死蜱是甲氨基阿维菌素苯甲酸盐与毒死蜱复配的混剂,产品有5%、10%、14.1%、15%、15.5%、20%、30%、40%乳油,15.5%、20%微乳剂,20%可湿性粉剂。

(1) 水稻害虫　防治稻纵卷叶螟,亩用14.1%乳油60~70mL或20%可湿性粉剂60~70g,对水喷雾。防治稻飞虱和二化螟,亩用30%乳油66~85mL或20%乳油100~120mL,对水喷雾。

(2) 棉铃虫　亩用15.5%乳油75~100mL,对水喷雾。

(3) 大豆的甜菜夜蛾　亩用10%乳油50~60mL,对水喷雾。

(4) 苹果绵蚜　喷15.5%微乳剂2000~3000倍液。

511. 甲维·辛硫磷可防治哪些害虫?

甲维·辛硫磷是甲氨基阿维菌素苯甲酸盐与辛硫磷复配的混剂,产品有20%、20.2%、21%、25%、35.5%、38%乳油。

(1) 蔬菜害虫　防治甜菜夜蛾,亩用20%乳油175~200mL,对水喷雾。防治小菜蛾,亩用21%乳油85~90mL或20.2%乳油150~200mL,对水喷雾。防治菜青虫,亩用35.5%乳油60~75mL,对水喷雾。

(2) 棉铃虫　亩用35.5%乳油75~100mL,对水喷雾。

(3) 柑橘红蜘蛛　用25%乳油1000~1200倍液喷雾。

512. 甲维·丙溴磷可防治哪些害虫?

甲维·丙溴磷是甲氨基阿维菌素苯甲酸盐与丙溴磷复配的混剂,产品有15.2%、24.3%乳油。

防治十字花科蔬菜的小菜蛾,亩用15.2%乳油80~100mL,对水喷雾。防治斜纹夜蛾,亩用24.3%乳油45~60mL,对水喷雾。

防治棉花红蜘蛛,亩用24.3%乳油45~60mL,对水喷雾。

513. 怎样用甲维·三唑磷防治稻纵卷叶螟?

10%甲维·三唑磷乳油是甲氨基阿维菌素苯甲酸盐与三唑磷复配的混剂。用于防治水稻的稻纵卷叶螟,亩用制剂100~140mL,对水喷雾。

514. 怎样用甲维·虫酰肼防治蔬菜害虫?

甲维·虫酰肼是甲氨基阿维菌素苯甲酸盐与虫酰肼复配的混剂,产品有5.1%、8.2%、8.8%乳油,21%、25%悬浮剂,5.1%可湿性粉剂。

防治十字花科蔬菜的甜菜夜蛾,亩用8.8%乳油30~40mL、8.2%乳油50~75mL、21%悬浮剂45~90g或5.1%可湿性粉剂50~70g,对水喷雾。

防治小菜蛾,亩用5.1%乳油60~70mL或5.1%可湿性粉剂50~70g,对水喷雾。

防治斜纹夜蛾,亩用25%悬浮剂40~60g,对水喷雾。

515. 怎样用甲维·氟铃脲或甲维·氟啶脲防治蔬菜害虫?

甲维·氟铃脲是甲氨基阿维菌素与氟铃脲复配的混剂。产品有2.2%乳油,4%微乳剂,10.5%水分散粒剂。用于防治十字花科蔬菜的甜菜夜蛾,亩用2.2%乳油40~60mL或4%微乳剂100~170mL,对水喷雾。防治小菜蛾,亩用10.5%水分散粒剂1.5~30g,对水喷雾。

2.5%甲维·氟啶脲乳油是甲氨基阿维菌素苯甲酸盐与氟啶脲复配的混剂,用于防治甘蓝的菜青虫,亩用制剂60~80mL,对水喷雾。

516. 怎样用甲维·丁醚脲或甲维·吡丙醚防治小菜蛾?

甲维·丁醚脲是甲氨基阿维菌素苯甲酸盐与丁醚脲复配的混剂,产品有20.5%、

25％乳油，30％泡腾片剂。用于防治十字花科蔬菜的小菜蛾，亩用 25％乳油 60～80mL，20.5％乳油 30～35mL 或 30％泡腾片剂 50～60g，对水喷雾。

8.5％甲维·吡丙醚乳油是甲氨基阿维菌素苯甲酸与吡丙醚复配的混剂，用于防治小菜蛾，亩用制剂 70～110mL，对水喷雾。

517. 怎样用甲维·仲丁威或噻嗪·甲维盐防治稻飞虱？

25％甲维·仲丁威乳油由甲氨基阿维菌素苯甲酸盐与仲丁威复配而成，用于防治水稻的稻飞虱，亩用制剂 60～75mL，对水喷雾。

15.5％噻嗪·甲维盐乳油由甲氨基阿维菌素苯甲酸盐与噻嗪酮复配而成，用于防治水稻的稻飞虱，亩用制剂 75～90mL，对水喷雾。

518. 怎样用甲维·杀虫双防治二化螟？

20.1％甲维·杀虫双微乳剂由甲氨基阿维菌素苯甲酸盐与杀虫双复配而成，用于防治水稻的二化螟，亩用制剂 100～150mL，对水喷雾。

519. 怎样用联苯·甲维盐防治害虫？

联苯·甲维盐是甲氨基阿维菌素苯甲酸盐复配的混剂，产品有 3.5％、5.3％微乳剂。防治茶树的茶毛虫和茶尺蠖，用 5.3％微乳剂 2300～4000 倍液喷雾。防治甘蓝小菜蛾，亩用 3.5％微乳剂 12～16mL，对水喷雾。

520. 怎样用甲维·印楝素防治蔬菜害虫？

甲维·印楝素是甲氨基阿维菌素苯甲酸盐与印楝素复配的混剂，产品有 0.3％、2％乳油。防治十字花科蔬菜的小菜蛾，亩用 2％乳油 15～20mL，对水喷雾。防治斜纹夜蛾，亩用 0.3％乳油 130～150mL，对水喷雾。

·其他混合杀虫剂

521. 防治菜青虫的 3 种含除虫脲的混剂怎样使用？

除虫脲属几丁质合成抑制剂，对害虫主要是胃毒作用，对鳞翅目幼虫高效，但杀虫速度缓慢，须与具有强触杀作用、速效性的杀虫剂混用。以下 3 种混剂即据此研发的。

① 7.5％高氯·除虫脲乳油是除虫脲与高效氯氰菊酯复配的混剂，防治菜青虫，亩用制剂 20～30mL；防治甜菜夜蛾，亩用 40～60mL，对水喷雾。

② 3％氰戊·除虫脲乳油是除虫脲与氰戊菊酯复配的混剂，用于防治菜青虫，亩用制剂 70～100mL，对水喷雾。

③ 20％除脲·辛硫磷乳油是除虫脲与辛硫磷复配的混剂，用于防治菜青虫，亩用制剂 30～40mL，对水喷雾。

以上 3 种混剂对家蚕有毒，使用时须注意。

522. 怎样使用高氯·灭幼脲防治菜青虫？

15％高氯·灭幼脲悬浮剂由高效氯氰菊酯与灭幼脲复配而成。灭幼脲的杀虫性能与除虫脲相同。因而本混剂的性能与高氯·除虫脲相同。本混剂是防治菜青虫的有效药剂，一般亩用制剂50～70mL，对水40～60kg，喷雾。

对家蚕有毒，使用时要注意。

523. 6种含氟铃脲的混剂有何特点？ 主要用于防治哪类害虫？

氟铃脲与除虫脲同属苯甲酰脲类杀虫剂，为几丁质合成抑制剂，对鳞翅目害虫高效，但杀虫速度缓慢，对害虫主要是胃毒作用，与触杀作用强、速效性的有机磷或菊酯混用，增效明显，速效又长效，以下6种混剂即是。

① 高氯·氟铃脲是氟铃脲与高效氯氰菊酯复配的混剂，产品有5％、5.7％乳油，6％微乳剂。防治十字花科蔬菜的甜菜夜蛾，亩用5％乳油50～70mL或6％微乳剂20～30mL；防治小菜蛾，亩用5.7％乳油50～60mL或5％乳油80～100mL，对水喷雾。

② 3％顺氯·氟铃脲乳油是氟铃脲与顺式氯氰菊酯复配的混剂，用于防治十字花科蔬菜的甜菜夜蛾，亩用制剂50～60mL，对水喷雾。

③ 氟铃·辛硫磷是氟铃脲与辛硫磷复配的混剂，产品有10％、15％、20％、21％、25％、40％、42％乳油。

防治十字花科蔬菜的甜菜夜蛾，亩用21％乳油120～160mL，对水喷雾。防治小菜蛾，亩用42％乳油40～60mL（有的产品用80～110mL）、25％乳油50～75mL、20％乳油50～60mL或10％乳油60～80mL（有的产品用120～150mL），对水喷雾。

防治棉铃虫，亩用42％乳油110～140mL、40％乳油60～90mL、20％乳油80～100mL、15％乳油75～100mL或10％乳油120～150mL，对水喷雾。

④ 氟铃·毒死蜱是氟铃脲与毒死蜱复配的混剂，产品有10％、20％、22％乳油。防治甜菜夜蛾，亩用20％乳油50～70mL，对水喷雾。防治棉铃虫，亩用22％乳油90～100mL或20％乳油50～100mL，对水喷雾。

⑤ 32％氟铃·敌敌畏乳油是氟铃脲与敌敌畏复配的混剂，用于防治斜纹夜蛾，亩用制剂80～120mL，对水喷雾。

⑥ 32％丙溴·氟铃脲乳油是氟铃脲与丙溴磷复配的混剂，用于防治棉铃虫，亩用制剂50～70mL，对水喷雾。

以上6种混剂对家蚕有毒，使用时须注意。

524. 高氯·氟啶脲和氟啶·马拉松可防治哪些蔬菜害虫？

氟啶脲属苯甲酰脲类杀虫剂，为几丁质合成抑制剂，开发其混剂的目的同氟铃脲。

5％高氯·氟啶脲乳油是氟啶脲与高效氯氰菊酯复配的混剂。防治十字花科蔬菜的甜菜夜蛾，亩用制剂50～70mL，对水喷雾，防治小菜蛾，亩用制剂60～80mL，对水喷雾。

30％氟啶·马拉松乳油是氟啶脲与马拉硫磷复配的混剂。用于防治甘蓝的斜纹夜蛾，亩用制剂100～120mL，对水喷雾。

以上两种混剂对家蚕有毒，使用时须注意。

525. 怎样使用杀铃·辛硫磷防治棉铃虫？

30％杀铃·辛硫磷乳油是由杀铃脲与辛硫磷复配而成的。由于杀铃脲的性能与氟铃脲基本相同，因而本混剂的性能与氟铃·辛硫磷基本相同，防治棉铃虫，亩用制剂75～100mL（有的厂家产品需增加到150～200mL），对水 60～75kg，喷雾。

对家蚕有毒，使用时须注意。

526. 怎样使用灭胺·毒死蜱防治美洲斑潜蝇？

25％灭胺·毒死蜱可湿性粉剂，由毒死蜱与灭蝇胺复配而成，是防治斑潜蝇的有效药剂。用于防治黄瓜上的美洲斑潜蝇，亩用制剂 30～50mL，对水 30～60kg，喷雾。

527. 5种含虫酰肼的混剂分别可防治哪类蔬菜害虫？

虫酰肼属蜕皮激素类杀虫剂，能使中毒的害虫在不该蜕皮时蜕皮，导致害虫脱水、饥饿而死，但杀虫速度较慢，需与速效性强的杀虫剂混用或复配成混剂。现有的混剂主要用于防治鳞翅目害虫。

① 18％高氯·虫酰肼乳油是虫酰肼与高效氯氰菊酯复配的混剂。用于防治十字花科蔬菜的甜菜夜蛾，亩用制剂 72～100mL，对水喷雾。

② 9％氯氰·虫酰肼乳油是虫酰肼与氯氰菊酯复配的混剂。用于防治十字花科蔬菜的甜菜夜蛾，亩用制剂 100～120mL，对水喷雾。

③ 15％氯氟·虫酰肼乳油是虫酰肼与高效氯氟氰菊酸复配的混剂，用于防治十字花科蔬菜的斜纹夜蛾，亩用制剂 60～90mL，对水喷雾。

④ 20％虫酰·毒死蜱乳油是虫酰肼与毒死蜱复配的混剂，防治斜纹夜蛾，亩用制剂 100～120mL，对水喷雾。

⑤ 虫酰·辛硫磷是虫酰肼与辛硫磷复配的混剂，产品有 20％、28％、40％乳油。

防治十字花科蔬菜的甜菜夜蛾，亩用 40％乳油 60～80mL、28％乳油 120～150mL或 20％乳油 90～100mL，对水喷雾。

防治水稻的稻纵卷叶螟，亩用 20％乳油 90～120mL，对水喷雾。

防治棉花的棉铃虫，亩用 20％乳油 80～100mL，对水喷雾。

528. 怎样用氯氟·丁醚脲防治小菜蛾？

17.5％氯氟·丁醚脲微乳剂是高效氯氟氰菊酯与丁醚脲复配的混剂，用于防治十字花科蔬菜的小菜蛾，亩用制剂 30～40mL，对水喷雾。

529. 怎样用多素·高氯氟防治蔬菜害虫？

2.4％多素·高氯氟水乳剂是多杀霉素与高效氯氟氰菊酯复配的混剂，用于防治十字花科蔬菜的甜菜夜蛾或小菜蛾，亩用制剂 60～70mL，对水喷雾。

530. 怎样用多杀·毒死蜱防治棉铃虫？

525g/L多杀·毒死蜱乳油是多杀霉素与毒死蜱复配的混剂，防治棉花的棉铃虫，亩用制剂60～80mL，对水喷雾。

531. 氯虫·高氯氟可防治哪些害虫？

氯虫·高氯氟是氯虫苯甲酰胺和高效氯氟氰菊酯复配形成的混合杀虫剂，主要产品有14%氯虫·高氯氟微囊悬浮剂，用于喷雾防治番茄棉铃虫，试验剂量下具有良好的防治效果，且对番茄安全，无药害发生。施药时期宜为番茄棉铃虫低龄幼虫发生期，推荐剂量为有效成分33.75～45g/hm²。防治番茄蚜虫和辣椒蚜虫，推荐剂量为有效成分22.5～45g/hm²，于若虫盛发前叶面喷雾施药。对作物安全，无药害。防治辣椒烟青虫，推荐使用制剂为15～20mL/亩，药后7天的防效在85%～90%。于辣椒结果期烟青虫初孵幼虫期叶面喷雾施药，对作物安全无药害。防治荔枝尺蠖，推荐使用剂量为3000～5000倍喷雾处理，药后防效在85%～90%，对作物安全无药害。防治对象还包括桃小食心虫、玉米螟、烟青虫、小卷叶蛾、蚜虫等。

532. 氟啶·异丙威可防治哪些害虫？

氟啶·异丙威是氟啶虫酰胺和异丙威复配成的混合杀虫剂，主要产品有53%氟啶·异丙威可湿性粉剂，对稻飞虱有较好的防效，速效性和持效性均较好。施药后3天防效为80%～85%，21天防效为85%～90%。推荐在稻飞虱初孵若虫期喷雾施药，使用剂量为有效成分525～700g/hm²。

533. 氟酰脲·联苯菊酯可防治哪些害虫？

氟酰脲·联苯菊酯是氟酰脲和联苯菊酯复配形成的混合杀虫剂，主要产品有10%氟酰脲·联苯菊酯悬浮剂，对甘蓝小菜蛾药后7天的防效为70%以上，持效性较好。推荐在小菜蛾低龄幼虫期喷雾施药，使用剂量为有效成分30～37.5g/hm²。

534. 氟啶·氟啶脲可防治哪些害虫？

氟啶·氟啶脲是氟啶虫酰胺和氟啶脲复配形成的混合杀虫剂，主要产品有22.4%氟啶·氟啶脲悬浮剂，对茶小绿叶蝉、茶尺蠖有较好的防效，对茶小绿叶蝉施药后7天的防效为85%以上，对茶尺蠖施药后7天的防效为95%～100%。推荐在茶小绿叶蝉若虫期、茶尺蠖幼虫期喷雾施药，使用剂量为有效成分50～100g/hm²。

535. 乙多·甲氧虫可防治哪些害虫？

乙多·甲氧虫是乙基多杀霉素和甲氧虫酰肼复配形成的混合杀虫剂，主要产品有34%乙多·甲氧虫悬浮剂，对水稻二化螟和稻纵卷叶螟有较好防效，防治二化螟效果为88%以上，防治稻纵卷叶螟效果为90%以上。推荐在幼虫1～2龄高峰期喷雾施药，使用剂量为有效成分108～120g/hm²。

536. 氟虫·乙多素可防治哪些害虫？

氟虫·乙多素是氟啶虫胺腈和乙基多杀菌素复配成的混合杀虫剂，主要产品 40% 氟虫·乙多素水分散粒剂，对甘蓝小菜蛾及蚜虫有较好防效，推荐使用剂量为有效成分 $45\sim75g/hm^2$，喷雾要均匀周到。

（十五）贮粮杀虫剂

537. 贮粮害虫从哪里来？

贮粮害虫是一类危害贮粮的昆虫和螨类。它们种类很多，据国内调查，危害贮粮的昆虫有 200 余种，危害贮粮的螨类有 140 余种。

贮粮害虫给贮粮造成的损失是重大的。世界各国因贮粮害虫危害的损失平均约为 10%。我国据农业有关部门调查的资料表明，一般农村把粮食保藏在麻袋、塑料编织袋、缸、罐、席屯、柜子等容器中，存一年的粮食，损失率在 10% 左右，其中稻谷为 3.35%、小麦为 6.61%、大麦为 9.29%、玉米为 11.93%，绿豆及红小豆损失率更高。

贮粮害虫还造成贮粮品质下降，如虫尸、虫粪、咬碎的残粮碎屑、某些害虫分泌的毒素等，污染粮食。

贮粮害虫从哪里来的？有些人在粮食入仓时没有发现害虫，贮藏后不久就出现了各种害虫，因而就误认为虫子是由粮食中自己长出来的，其实不然，贮粮害虫是不会自己产生的，而是通过粮食作物在田间生长、收获和贮藏的过程中侵入到粮食中的。

（1）来自田间　有些害虫，如麦蛾、豌豆象等会从隐蔽场所飞到田间，在穗上、豆荚上产卵，孵化的幼虫即钻入粮粒中，由于体小，人们不易发现，粮食入仓贮存一段时间后，幼虫长大变成了成虫，钻出粮粒，这时人们才发现虫子。

另有些害虫，如米象等在谷场侵入粮食后被带入仓库。也有些害虫能从田间飞向粮仓，如谷蠹、绿豆象、皮蠹等。

（2）来自贮运加工环节　在粮食装运过程中，一些在装具、运具，如麻袋、箩筐、簸箕、耙铲、车船等隐藏的害虫，侵入粮食中而被带入仓库。

在仓库或加工厂的建筑物表面、缝隙等隐蔽处隐藏的害虫，在糖食入库后侵入粮食繁殖危害。

538. 贮粮杀虫剂有什么特点？

农业上使用的杀虫剂的种类繁多，但不是什么杀虫剂都可作为贮粮杀虫剂使用，记住这一点非常重要。如果任意将农田使用的杀虫剂用来防治贮粮害虫，极可能造成不堪设想的严重后果。目前只有数量不多的杀虫剂获准可作为贮粮杀虫剂使用，其特点如下。

① 低毒、低残留。粮食是人每日必食的食品，摄入量大。贮粮杀虫剂中的谷物保

护剂直接用于粮食中，这就不仅要它的杀虫效果好，更要求其对人畜毒性尽量低或在控制条件下能安全使用。还要求其使用后在粮食中的残留量不超过最高残留限量。

② 不影响粮食品质。使用后不会给粮食及其加工品带来不爽的气味，不改变粮食的色泽，不影响粮食的加工和食用品质，不影响种子发芽率。

③ 供农户使用的贮粮杀虫剂还应是不需要复杂施药设备和方便使用的。

539. 贮粮杀虫剂分几种类型？

贮粮杀虫剂主要分为两大类型。

（1）熏蒸药剂　它是以气体状态杀灭贮粮中或粮库中的害虫。投药后能自动渗透到粮堆中或粮库物体表面和隙缝中杀灭害虫，杀虫完毕后，经过通风散气又能从粮中散失。目前可用作贮粮杀虫剂的熏蒸药剂品种很少，且均为毒气，使用时必须严加安全防护。目前易买到的有磷化铝、敌敌畏等。

（2）以触杀为主的药剂　按用途可分为两种使用类型。

① 谷物保护剂。是直接施到粮食中防治害虫的药剂。施入粮食后，只能任其自然分解消失，一般无法将其再从粮食中分离出来，残留的药剂直接进入粮食加工品，被人畜食用。因而对这类药剂的要求特别严格，并须严格控制使用剂量。常用的有马拉硫磷、辛硫磷、杀螟硫磷、甲基嘧啶磷、苯氧威、溴氰菊酯、硅藻土等。

② 空仓、器材用药剂。由于它不直接接触贮粮，可供选用的品种较多，但高毒杀虫剂也不允许使用。

540. 怎样安全有效地使用熏蒸性贮粮杀虫剂？

要想安全使用熏蒸性贮粮杀虫剂，并取得良好的杀虫效果，应注意做好以下几方面。

（1）密封粮堆　为的是给粮堆创造一个密封的空间环境，保留住熏蒸的毒气杀灭害虫。所用密封材料中价廉物美的是塑料薄膜。由于聚乙烯薄膜的强度不够，易老化和不易黏合，一般不采用。我国目前通常采用的是聚氯乙烯薄膜，厚度为 $0.07\sim0.2$mm 的可用来密封粮堆，$0.2\sim0.4$mm 厚度的用作粮堆下边衬底。

（2）保持足够的熏蒸毒气的浓度和熏蒸时间　在熏蒸贮粮害虫过程中需要达到一定的毒气浓度和一定的作用时间，才能保证有良好的熏杀害虫效果，一般以熏蒸剂的气体浓度乘上作用时间来表示，叫作浓度时间乘积。

在农村，难于测定熏蒸剂气体浓度，能控制的只有用药量和密闭时间。为保证熏蒸效果，在粮堆密封良好的基础上，必须严格掌握用药量和投药后的密闭时间。

熏蒸剂的用药量一般以每立方米空间使用的药剂质量（g/m^3）来表示。计算一次熏蒸所需的药量时，首先要知道熏蒸设备的体积是多少立方米。体积计算方法：

$$方形贮粮设备的体积（m^3）＝长（m）×宽（m）×高（m）$$
$$圆柱形贮粮设备的体积（m^3）＝3.14×半径（m）×半径（m）×高（m）$$

然后，根据所采用的熏蒸剂规定的用药量和贮粮设备体积，计算出一次熏蒸所需要的药量。例如用磷化铝熏蒸小麦，小麦囤（圆柱形）直径 2m（即半径为 1m），高 1m，用塑料帐幕密封，用药量规定为 $6g/m^3$。计算此次熏蒸所需要磷化铝用量：

$$磷化铝用量(g)＝用量(g/m^3)×囤体积(m^3)$$
$$＝6g/m^3×(3.14m×1m×1m)$$
$$＝18.84g$$

（3）勤检查密封状况　主要查看密封的塑料布有无裂缝和鼠咬的孔洞。在熏蒸过程中，常因几个小鼠洞导致熏蒸失败。

每种熏蒸剂都是一种毒气，使用过程中应加倍小心并采取必要的防护措施。国家粮库，由于设施齐备、良好，并由经过培训上岗的人员操作，安全易保证。熏蒸剂多年来一直不提倡在农村推广使用，近年来一些小包装熏蒸剂已在全国农村中销售，要因势利导，普及正确使用技术和安全防护知识。

① 熏蒸的粮食，不管数量多少，一定要远离人的住所和活动场所。已发生过在住室的装粮柜中用磷化铝片剂熏蒸贮粮引起人中毒身亡的事例，不能不引起警惕。

② 选择通风良好的空旷地方，人在上风处，开启药瓶，用倾倒法或戴橡胶手套取药。

③ 投药后立即封闭粮堆，并迅速离开。熏蒸时间到达后，按规定时间充分通风散气，然后取出药剂残渣。

④ 在较大的库房施药时，应佩戴头盔式防毒面具，一般的防毒口罩，防护效果都不好，不能使用。

541. 怎样使用磷化铝熏杀仓储害虫？

磷化铝是一种广谱性的高效熏蒸剂。它是固体，并没有挥发性，但它极易吸收空气中的水分，自行分解而产生磷化氢气体。磷化氢气体是高效杀虫剂，通过害虫或害螨的呼吸系统进入虫体，抑制害虫或害螨的正常呼吸，使之窒息而死。

磷化氢比空气稍重，所以，在空气中上升、下沉、侧流等方向的扩散速度相差不大；它还具有很强的渗透力，在散堆粮食中可深达3m，毒杀藏在2～3m深处的害虫和害螨。

磷化铝产品是片剂，含量为56%，每片重3.3g，铝筒包装。还有56%丸剂及85%原药。

磷化铝分解放出的磷化氢气体对害虫的成虫、卵、幼虫和蛹都有很强的熏杀能力；对螨类的成螨、若螨也有很强的熏杀能力，但对休眠期的螨无效。可用于粮食、油料、饲料、药材、坚果、干果、烟叶等仓库，防治谷盗、谷象、米象、谷蛾、麦蛾、谷蠹、粉螨、蘑菇螨等。熏蒸过的种子，在规定用药量和密闭天数以内，不影响发芽率。它是目前防治贮粮害虫使用量最大的熏蒸剂之一。

（1）仓库熏蒸　一般按每立方米体积用药3～4片或每吨粮食5～10片计算。仓库密闭条件较差的情况下，用药量应适当增加，一般增加20%～30%为宜。空仓熏蒸，用药量可减少20%～30%。

袋装原粮，将1片药用木棒（或投药器）推送到袋中部粮食内即可。若熏大量袋装原粮，按每吨粮用药10片，散布在粮袋的空隙间。熏蒸面粉，把药片散放在面粉袋的空隙间，但不能直接放入面袋中，以免污染面粉。每施药点间距1.5～2m，与囤壁相距0.5m左右。

散装粮食或其他被熏物品，在堆高 3m 以内时，按仓房总体积计，每立方米用药 3～4 片，把药片放在粮面或其他被熏物品表面上，每隔 1.5～2m 设一个投药点，每投药点的药片应分开，2 片之间距离不少于 2cm，切忌把药片堆放在一起，以防着火。

熏蒸时间应根据气温而定。一般在 10℃ 以下时不宜进行；12～15℃，熏蒸 5 天；16～20℃，熏蒸 4 天；20℃ 以上，熏蒸 3 天即可。28℃ 以上，熏蒸种子时间要短些，以免影响种子发芽。熏蒸结束，通风散气 5～6 天，毒气可散尽，剩下的少量残渣是无毒的氢氧化铝，不需清除。

（2）帐幕熏蒸　一般按每吨粮食用药 10～12 片计算。露天囤，把药片散放在粮堆面上，或放在囤底竹槽内，上罩塑料帐幕。如果是袋装原粮，把药片散放在粮袋间的空隙处，或按每 100kg 袋装粮食中插入 1 片药，然后用帐幕覆盖，四周与地面接触的地方，用砖石压严，或用泥压严。熏蒸时间与仓库熏蒸相同。

542. 农户应怎样使用磷化铝熏蒸粮食？

装粮食的容器，可因地制宜，就地取材。一般可用木柜、缸，要用塑料薄膜把底层及四周扎好，使不漏气。

用药量，按每 200～250kg 粮食，用 56% 磷化铝片剂 1 片计算。

施药方法：先用小布块包好药片，每包 1 片。药包上拴一根有色的绳子，绳长以绳头能露出粮面为准。再用木棍把药包埋入粮堆中，将绳头留在粮面外作为标记。埋药后立即把施药口密封，使不漏气。熏蒸天数与仓库熏蒸相同。

熏蒸粮食的房间，在熏蒸和散气期间不能住人，不能饲养畜、禽。熏蒸后可打开窗户，使室内通风散毒气。

543. 怎样安全使用磷化铝进行熏蒸？

磷化铝对人、畜较安全，但它遇水或水蒸气会分解，放出的磷化氢气体对人、畜剧毒，当空气中含量达 0.01mg/L（相当于气体体积比 7mg/L）时，人停留 6h，就会出现中毒症状；含量达 0.14mg/L（相当于气体体积比 100mg/L）时，就使人呼吸困难；含量超过 0.61mg/L（相当于气体体积比 400mL/L）时，只要停留 0.5h，就有生命危险。所以，在熏蒸时，操作人员必须注意安全。

① 国家规定，空气中磷化氢最高允许浓度为 0.0003mg/L，因此，在使用磷化铝熏蒸时应严格操作，保证不使空气中磷化氢含量超过这个规定。

② 有人居住的房屋，不可用磷化铝熏蒸。

③ 药筒内的小布袋吸附有磷化氢，有毒且易燃，应深埋土中，不可乱扔。

④ 熏蒸面粉时，把药片散放在面粉袋之间的空隙处，切不可把药片放入面袋中，以防磷化氢被面粉吸附。

⑤ 放置药片之前，应将一切熏蒸准备工作做好。工作人员放置药片时，动作要快，放好后迅速离开现场。操作过程中如果嗅到电石气味或大蒜气味，表明已有磷化氢气体，应立即撤离。

⑥ 熏蒸后的仓库，必须经检验确无磷化氢后，工作人员方可入库。熏蒸过的粮食经检验确无磷化氢后，方可加工供食用。若不具备检验条件，熏蒸后至少散气 10 天，

粮食方可出仓，小宗熏蒸至少也要散气 5 天。

544. 用磷化铝熏蒸后，怎样检查有没有毒气残留？

为避免人畜中毒，必须正确判断被熏蒸过的仓库和粮食中有无毒气残留。

检验仓库内有无毒气，可用 5%～10%硝酸银试纸放在仓库内做显色反应，根据试纸变黑的程度，判断毒气的有无和多少。如在 7s 内试纸完全变黑，就能引起人畜中毒。

检验粮食内有无毒气，也是用 5%～10%硝酸银试纸。具体操作方法：在被熏过的粮堆中，取 50g 左右粮食，放在三角烧瓶中，加入 1%稀硫酸溶液（或纯净的清水），使液面高出粮面。把试纸盖在烧瓶口上，烧瓶煮沸数分钟后，取下试纸观察颜色变化。另取 50g 左右没熏过的粮食，按同样方法处理后，观察试纸颜色。并比较两张试纸的颜色，若没有明显的差别，即表示无毒。若用药熏过的那张试纸变色较重，表示毒气尚未散尽，仍需继续通风散毒。

545. 氯化苦不能用在哪些方面？ 为什么？

氯化苦的某些特性，决定它在以下五方面不能使用。

① 种子　氯化苦易被物体吸着，潮湿的物体更易吸着，种子的胚部对氯化苦吸收力最强。因此，麦类、稻谷等谷类作物种子和发芽用的大麦，不能用氯化苦熏蒸，以免影响发芽率；种子含水量愈高，熏蒸对发芽率影响愈大，一般要降低发芽率 20%～30%。豆类种子熏蒸前后应检查发芽率。

② 含油脂较高的花生仁、芝麻、棉籽、油菜籽等不能用氯化苦熏蒸，以免吸着药剂过多，毒气难于散尽，食用后有碍健康。

③ 加工好的粮食如大米、面粉等，对氯化苦吸着力强，不能用其熏蒸。

④ 氯化苦比空气重 4.67 倍，地下粮仓及其他仓库不宜使用，因为氯化苦气体难于散除。

⑤ 气温低，药剂不易挥发，熏蒸效果差，不宜使用。要求在 10℃ 以上才能使用，20℃ 以上熏蒸效果最好。

546. 硫酰氟能用于哪方面熏蒸？

硫酰氟又叫熏灭净，是一种气态熏蒸剂，扩散渗透性比溴甲烷高 5～9 倍，对植物毒性低，不影响种子发芽。由于其在含高蛋白和酯类物质中残留较高，尚未允许用于粮食和食品的熏蒸，仅可用于种子和空仓熏蒸，可防治谷象、米象、豆象、谷盗类、麦蛾、各种皮蠹等多种贮粮害虫。

硫酰氟产品为 98%或 99%原药，装在钢瓶中，可分为 5kg、10kg 装。密闭熏蒸时，开启阀门，瓶中药剂借助自身产生的压力而喷出，因其气体比空气重 2.88 倍，应用胶管将气态的药剂引到仓库顶部或种子上方释放。用药量根据物体吸附能力、害虫种类、虫态及气温而定，一般是成虫每立方米用药 0.6～3.5g，幼虫用药 30～50g，卵用药 50～75g，熏蒸 16～24h。在仓库或帐篷内熏蒸棉花用药量为每立方米 40～50g，原粮为 25～30g。

防治烟草甲虫，用油布覆盖烟叶垛，再用牛皮纸将油布和地面糊好密封，上部留有进气口，每立方米用药 30g，熏蒸 48h，效果可达 100％。

547. 用于熏蒸防治贮粮害虫的敌敌畏制剂有哪几种？

敌敌畏是具有强熏蒸作用的有机磷杀虫剂，除广泛用于防治农田害虫，也用于防除贮粮害虫。

（1）80％乳油　对空仓、实仓均可使用。但由于敌敌畏的渗透力弱，对实仓效果较差，对实仓的空间害虫防效仍好，因而只宜用来杀灭露在粮面上和空间、墙壁上的害虫。熏蒸用药量为每立方米 0.4～0.5g，挂条法施药，即在仓库上部空间固定几条细绳，用小布条或麻袋条蘸上敌敌畏乳油后悬挂在细绳上，密闭门、窗，熏蒸 3～5 天。

（2）28％敌敌畏油脂缓释剂　用于防治小麦、玉米的麦蛾、谷盗、玉米象等贮粮害虫，主要利用其熏蒸杀虫作用，每立方米空间用制剂 10～15g。

548. 为什么要严格控制谷物保护剂的用药剂量？ 怎样计算谷物保护剂的用药剂量？

谷物保护剂是直接施用到粮食中起防虫作用的，目前的谷物保护剂都只允许在原粮中使用，还没有可供成品粮中使用的谷物保护剂。

谷物保护剂直接施于粮食中，残留的药剂就会进入人口，所以对它的要求也就特别高，首先是对药剂的纯度与田间使用的不同，要求它是高纯度的产品，为与田间使用的药剂相区别，都另取一个商品名，如马拉硫磷，用于贮粮保护剂使用的高纯度产品的商品名叫防虫磷，杀螟硫磷的商品名叫杀虫松。

为保护粮食消费者的健康，对每种谷物保护剂都制定了用药剂量，使用者不得超剂量用药，并要准确计算用药量。

谷物保护剂的用药剂量是以每千克原粮中用纯药（有效成分）的量（mg）表示的（mg/kg）。一次施药的用药总量按下列公式计算：

$$商品制剂用量(g)=\frac{粮食数量(kg)\times 用药剂量(mg/kg)}{商品制剂含量(\%)\times 1000}$$

例如，有 2000kg 小麦，要用 70％防虫磷乳油喷雾施药，用药剂量为 30mg/kg，计算需用 70％防虫磷乳油多少克？

$$70\%防虫磷乳油用量(g)=\frac{2000\times 30}{(70/100)\times 1000}(g)=85.7(g)$$

又如，有稻谷 4000kg，要用 70％防虫磷乳油制成药糠（即砻糠载体法），按每 1000kg 稻谷用药糠 1kg 施药，用药剂量为 20mg/kg，计算每千克药糠中应加入 70％防虫磷乳油多少克？

第一步，计算所需 70％防虫磷乳油总用量：

$$防虫磷需用量(g)=\frac{4000\times 20}{(70/100)\times 1000}(g)=114.2(g)$$

第二步，计算每千克药糠中应加入 70％防虫磷乳油的质量。

按题规定，每 1000kg 稻谷用药糠 1kg，则 4000kg 稻谷共需要药糠 4kg。由此计算出每千克药糠中应加入 70％防虫磷乳油量为 114.2÷4＝28.5（g）。

549. 谷物保护剂的施药方法有哪些?

谷物保护剂常用的施药方法主要如下。

（1）机动喷雾法 适用于机械化大型粮库，可采用 Z-PM1.8 型仓用电动喷雾机将药液直接均匀地喷在粮食输送带上，边入库边喷药。在人工入库的情况下，可边喷边拌地施入。

（2）手动喷雾法 适于农户贮粮使用，所用的喷洒药液和粮食的数量比例为 1000kg 粮食喷药液 1kg，即配药时加水量为粮食量的 0.1%。一般采用每 30cm 为一层的间层施药法，即每 30cm 厚度一层粮食喷拌药一次，入粮完毕后，把平粮面，在粮面上再喷一层药。这种施药方法要求尽量均匀施，不能前多后少或前少后多，甚至粮未入库完而药已喷完。

如果粮食不太多，可在地坪上将粮食摊开平铺一层，厚度 10cm 左右，将药液分 3 次喷拌施入，每喷 1 次都用铲翻动粮食使药液混入粮层中，最后将粮食倒入仓内散装或囤装贮藏。

（3）超低容量喷雾法 用不超过粮食量 0.02% 的水，将规定量的药剂配成较浓的药液，进行超低容量喷雾法施药。

（4）结合熏蒸表面层喷雾法 将仓里的散装粮食耙平，按粮面 30cm 厚度的粮食量计算用药量，配成药液边喷边拌地施入 30cm 厚的粮食里形成保护层，再按规定将磷化铝等熏蒸剂施入粮堆中，这样既杀死粮堆内部的害虫，又阻止外来害虫从粮面侵入。

（5）砻糠载体法 在粮食入库的前几天，将计划用药量先施于砻糠（即稻谷壳）上制成药糠，砻糠用量为计划入库粮食的 0.1%，即每 1000kg 粮食用砻糠 1kg。在粮食入库过程中，将药糠均匀地撒施于粮堆中。

处理砻糠的方法，可在地面上铺平砻糠，边喷边拌；也可在拌种机内处理，在密闭条件下将药液缓缓倒入转筒，使之混合均匀。

（6）拌粉法和拌粒法 即将粉剂或粒剂拌和于贮粮中。在贮粮不多时，可在地面上拌和后再入库或作囤；在贮粮数量较多时，可边进粮边撒粉或撒粒，边撒边翻动，杀虫效果更好。粮食进完后，把平粮面，再将剩下的药撒在粮面上。

550. 怎样使用辛硫磷防治贮粮害虫?

辛硫磷是一种很好的谷物保护剂，对米象、赤拟谷盗、锯谷盗、长角谷盗、谷蠹、烟草甲、粉斑螟、米扁虫、米黑虫幼虫等均有良好的杀灭效果。产品有 2.5% 微粒剂、40%、50% 乳油。

2.5% 微粒剂拌原粮，每 1000kg 原粮用药 400g。

国产 40% 辛硫磷乳油用于空仓杀虫，每 2mL 乳油加水 1kg 配成药液，超低容量喷洒 30～40m²。

德国拜耳公司生产的 50% 拜新松乳油，就是辛硫磷乳油，用于空仓喷雾，每平方米用乳油：木板为 0.1～0.15mL，玻璃为 0.05～0.1mL，水泥墙面为 0.2～0.3mL。

551. 怎样使用甲基嘧啶磷防治贮粮害虫?

甲基嘧啶磷产品为50％乳油,甲基嘧啶磷对人畜近于无毒,对皮肤和眼睛无刺激性,也没有致畸、致癌、致突变作用,是很安全的谷物保护剂。对害虫具有触杀和熏蒸作用,杀虫速度快,持效期长。在东南亚地区,每吨粮食拌入2％粉剂200g,可保持6个月不生虫;按每平方米用有效成分250～500mg喷雾处理麻袋,可使粮袋中粮食6个月内不受虫害;如用药液浸渍麻袋,则持效期更长;以喷雾法处理聚乙烯粮袋和建筑物,都有良好的防虫效果,因而也可用于处理空仓。

甲基嘧啶磷是杀虫杀螨剂,用于贮粮可防治象甲、锯谷盗、赤拟谷盗、米象、粉斑螟、麦蛾和螨类,也可防治对马拉硫磷产生了抗性的赤拟谷盗,但对谷蠹效果较差。

用300mg/L浓度药液处理种子,对稻谷、小麦、玉米、高粱、大麦的发芽率也无影响。

使用方法为:每1000kg原粮用50％乳油10～20mL。有机械设备的粮库,可采用机动喷雾法处理入库粮流;无机械设备的粮库,可采用手动喷雾法或砻糠载体法进行处理。澳大利亚曾以硅藻土为载体按6～7mg/kg用药量处理小麦,有效地防治米象和玉米象9个月。

甲基嘧啶磷与甲萘威混用,如甲基嘧啶磷6mg/kg与甲萘威10mg/kg混合使用,可防治对其他有机磷杀虫剂有抗性的害虫。

552. 什么样的马拉硫磷才可用于防治贮粮害虫?

供农田使用的马拉硫磷制剂,因原药中含杂质多,对人、畜不够安全,不能作为谷物保护剂用于粮食贮存杀虫,只可用于空仓和器材杀虫。专供贮粮使用的为70％马拉硫磷乳油,1.2％、1.5％、1.8％粉剂是用纯度95％以上的精制马拉硫磷原药加工而成的制剂。

防虫磷可用于原粮和种子防治多种贮粮害虫,只是对谷蠹效果较差。一般在国家粮库使用浓度为10～20mg/kg,农户贮粮用15～30mg/kg。由于其热稳定性较差,在我国南方和北方的用药量差异较大,一般在北方使用浓度为10～20mg/kg,南方为30mg/kg以上。粮食含水量对持效期有明显影响,含水量在17.6％时,1个月后仅滞留22.7％;含水量12.5％时,则1个月后滞留50％～54.4％。

(1) 喷雾法 防治贮粮害虫,每1000kg原粮用70％乳油22～43g,配成1kg药液,喷拌粮食,或采用砻糠载体法施药,持效期9～12个月。

作为空仓和器材杀虫,除用防虫磷外,也可用普通的45％马拉硫磷乳油200倍液,每平方米喷药液30～50mL,关闭门窗2～3天。

(2) 拌粉法 每1000kg原粮,用1.8％粉剂1～1.5kg或1.5％粉剂800～1600g或1.2％粉剂1～2kg,撒施拌入粮食中。

(3) 拌粒法 由浙江粮科所研制的6％防虫磷颗粒剂,粒径为10～30目,适合农户贮粮使用。每1000kg粮食用颗粒剂500g,撒拌粮食中即可。用过药的粮食进行加工时,可用风筛方法将颗粒剂除去。

防虫磷应在虫口密度低时使用,这样效果好。通常是在粮食入库时使用。

553. 溴氰菊酯用于防治贮粮害虫的制剂有几种？

溴氰菊酯对多种贮粮害虫有很好的防治效果，特别是对谷蠹防效高，但对玉米象防效较差。增效醚对溴氰菊酯有明显的增效作用，对玉米象增效更显著。现有5种含溴氰菊酯的制剂可以应用。

（1）2.5％溴氰菊酯乳油　除含有效成分溴氰菊酯外，还含有增效剂25％增效醚，是防治贮粮害虫的专用制剂。可用于原粮和种子，防治米象、谷象、玉米象、赤拟谷盗、杂拟谷盗、麦蛾、谷蠹、烟草甲虫等，用量为每1000kg粮食用乳油10mL，持效期可达6个月，若用量提高1倍，即20mL，持效期更长。

（2）2.012％溴氰·马拉松粉剂　是溴氰菊酯与马拉硫磷复配的混剂，用于贮粮防治赤拟谷盗、谷蠹、玉米象等，每1000kg原粮用制剂1kg，与粮食混拌。

（3）70％溴氰·马拉松乳油　含溴氰菊酯0.7％，高纯度脱臭马拉硫磷69.3％，防治对象和用药有效剂量与马·溴粉剂基本相同，每1000kg原粮用制剂14～28mL，对少量水喷拌粮食，或采用砻糠载体法撒拌于粮食中。

（4）0.042％溴氰·八角油微粒剂　含溴氰菊酯0.024％、八角茴香油0.018％，用于贮粮害虫防治，每1000kg原粮用制剂1～1.5kg，分层均匀撒施。对害虫有触杀、驱避和拒食作用，对谷盗、谷象、米象、麦蛾等有效，药效快，持效期达8～10个月。使用时原粮中虫口密度不宜超过每千克粮10头虫。

（5）1.01％溴氰·杀螟松微胶囊粉剂　含溴氰菊酯0.01％、杀螟硫磷1％，防治原粮仓贮害虫，每1000kg原药用制剂200～500g，拌入粮中。对害虫具有触杀、驱避和拒食作用。

（6）0.006％溴氰菊酯粉剂　是防治仓储害虫的专用粉剂，每10kg原粮用制剂4～5g，混拌均匀。

554. 氰戊·敌敌畏在粮库怎样使用？

50％氰戊·敌敌畏乳油是氰戊菊酯与敌敌畏复配的混剂，主要用于粮库空仓喷雾防治仓储害虫。一般是在原粮入库前数日，按粮库面积每平方米用制剂0.4～1.6mL，对水喷雾进行密闭熏杀害虫。

555. 怎样使用苯氧威防治贮粮害虫？

苯氧威是低毒、低残留药剂，用于防治贮粮害虫的特点有：对十多种仓库害虫防效优异；持效期长达1～2年；残留量极低，无残毒，亦不会影响种子发芽。产品为5％粉剂。

（1）大型粮库　使用浓度为10～20mg/kg，即每吨原粮用5％粉剂200～400g，混拌均匀。当采用输送带输送粮食时，可将药剂喷撒在输送带的粮食上；当采用人工法进行粮食入库时，每入库30cm厚度，喷撒一层粉剂并加以翻动，拌匀。

（2）农户存粮　每500kg粮食，用5％粉剂100～200g，入仓时分层拌入粮食中。当贮藏粮食的四周及底部都很密闭时，只需在上层30cm深度的粮食拌药即可。

556. 怎样用高氯·苯氧威防治贮粮害虫?

5%高氯·苯氧威粉剂是高效氯氰菊酯与苯氧威复配的混剂,用于防治贮粮害虫,使用浓度为 10~20mg/kg,即每 2.5~5t 原粮用 5%粉剂 1kg,混拌均匀。

557. 硅藻土也能防治害虫吗?

硅藻土是一种生物成因的硅质沉积岩,主要由古代硅藻的硅质遗体组成。单个硅藻由两片半个细胞壁(又称荚片)封闭一个活细胞而构成。硅藻从环境中吸收硅并沉积在荚片上。当硅藻死后,有机质分解,留下的硅壳沉入海底,随着地质的变迁,上升到陆地上就形成了今天的硅藻土。

硅藻土的纯度很高,其主要成分二氧化硅有的竟高达 90%以上。在农药工业中,它主要是作为加工粉状制剂载体(填料)使用。但由于硅藻骨骼微粒的硬度较大,在我国于 20 世纪 50 年代就有学者试验、研究硅藻土粉末对仓贮害虫体壁摩擦损伤引起体液流失而致死的防虫效果。现有 85%硅藻土粉剂,用于防治贮粮害虫,如玉米象、赤拟谷盗、谷蠹等。

用于仓贮小麦,每 1000kg 麦粒用 85%硅藻土粉剂 588~820g,拌入麦粒中。按同样方法用于仓贮稻谷,每 1000kg 稻谷用粉剂 353~588g。

七、杀螨剂

558. 使用杀螨剂时应如何防止害螨产生耐药性？

用于防治害螨的药剂称为杀螨剂，一般只能杀螨而不能杀虫。兼有杀螨作用的杀虫剂品种较多，但它们的主要活性是杀虫，不能称为杀螨剂，有时也称它们为杀虫、杀螨剂。

害螨 1 年内发生的代数多，种群增长能力强，1 年内往往要施药数次方能控制其危害，因而害螨较易产生耐药性。这也就使加速开发能够延缓螨类抗性发展的新型杀螨剂成为研究的一个重要方面。为防止或延缓害螨对杀螨剂产生耐药性，使用杀螨剂防治害螨时应注意如下五点。

① 选用对螨的各个生育期都有效的杀螨剂。叶螨的成螨、若螨、幼螨和卵往往同时存在，而卵的数量大大超过成螨、若螨、幼螨，使用无杀卵作用的杀螨剂，叶螨数量短时间内虽有下降，但不久群体数量又回升，需再次施药。一种药剂连续多次施用，易诱发害螨产生耐药性。因此，最好选用对卵、幼若螨、成螨都有良好效果，并具有速效性和持效性的杀螨剂品种。

② 选在害螨对药剂最敏感的生育期施药。例如，四螨嗪、螺螨酯、螺甲螨酯、噻螨酮属具有生长调节活性的杀螨剂，影响几丁质合成抑制蜕皮，对卵杀伤力很强，对幼螨、若螨杀伤力也较强，对成螨效果很差，或基本无效，就应在卵盛期、幼螨、若螨期施药，不应在成螨大量发生期施药。唑螨酯和吡螨胺、哒螨灵、嘧螨酯属具有呼吸代谢抑制作用的杀螨剂，对若螨、幼螨和成螨的杀伤力均比较强，但对螨卵效果很低或基本无效，就不应在卵盛期施药。

③ 选在害螨发生初期、种群数量不大时施药，以延长药剂对螨的控制时间，减少使用次数。一般持效期长的杀螨剂品种，一年内尽可能只使用一次。

④ 防治时不可随意提高用药量或药液浓度，以保持害螨种群中有较多的敏感个体，延缓耐药性的产生和发展。

⑤ 不同杀螨机制的杀螨剂轮换使用或混合使用。双甲脒和单甲脒与其他杀螨剂的作用机制不同，可以轮用或混用。哒螨灵与噻螨酮无交互抗性，可以轮换使用。

但在我国，以哒螨灵为主要成分的混合杀螨剂过多，长期使用会导致防效下降，诱发抗性产生。有些企业片面追求经济效益，刻意降低混剂中有效成分的含量，致使持效期缩短，用药次数增加，使害螨更易产生抗性。

（一）主要品种

559. 螺螨酯属哪类杀螨剂？

螺螨酯按化学结构属季酮酸类，因而曾称之为季酮螨酯。按作用机理属昆虫生长调节剂，能抑制害螨体内的脂肪合成，阻断正常的能量代谢，最终杀死害螨。由于这种独特的作用机制，使其与其他现有的杀螨剂之间没有交互抗性，因而可以用来防治对现有杀螨剂产生抗性的害螨。

杀螨谱广，对红蜘蛛、黄蜘蛛、全爪螨、始叶螨、锈螨、茶黄螨等均有很好防治效果，并可兼治梨木虱、榆蛎盾蚧及叶蝉类等。其主要作用方式为触杀和胃毒作用，无内吸性，对幼螨、若螨具有良好触杀作用，对卵的触杀作用更强，虽不能较快地杀死雌成螨，但可使其接触药液后所产的卵不能孵化，死于胚胎后期。对雄成螨基本无效。杀螨作用相对较慢，持效期 40～50 天，其最佳使用时期是在害螨种群刚刚开始建立时，例如用于防治柑橘红蜘蛛，宜在其危害前期，即每叶有虫卵 10 粒或若螨 3～4 头时。

产品为 10％、24％悬浮剂，5％水乳剂。

防治柑橘树和苹果树的红蜘蛛，用 40％悬浮剂 4000～6000 倍液喷雾。

防治棉花红蜘蛛，亩用 40％悬浮剂 10～20mL，对水 45～60kg，喷雾。

注意事项：

① 在螨口密度高、成螨量大时不宜单用，应与其他速效性杀螨剂混用。如与哒螨灵、阿维菌素等混用，可提高药效，也可降低害螨产生抗性的风险。

② 螺螨酯为全新结构的新一代杀螨剂，考虑到抗性治理，建议每一个生长季节（春季、秋季）最多使用两次。

③ 本剂对蜜蜂、鱼类有毒，应注意防范。

560. 四螨嗪可防治哪些害螨？

四螨嗪为四嗪类化合物，是具有生长调节活性的杀螨剂，对害螨具有很强的触杀作用，对螨卵杀伤力很高，对幼螨、若螨也有较强杀伤力，对成螨基本无效，但能抑制雌成螨的产卵量和所产卵的孵化率。产品有 20％、50％悬浮剂，10％、20％可湿性粉剂。

四螨嗪主要用于防治果树上的各类红蜘蛛和柑橘锈壁虱。因其主要是杀卵，药效发挥较慢，一般施药后 7～10 天才有显著效果，2～3 周才达到药效高峰，但药效期较长，一般可达 50～60 天。要做好预测预报，掌握在螨卵初孵期施药，并喷洒均匀周到，才能获得较理想的防效，减少后期用药次数。为防止害螨产生耐药性，尽可能一年使用 1 次药。一般使用含量为 50％悬浮剂 4000～6000 倍液，或 10％可湿性粉剂 1000～1500 倍液喷雾。在苹果和柑橘采收前 21 天停止施药。

① 苹果园，防治苹果全爪螨，应在苹果花前越冬卵初孵期或花后 1 周第一代卵盛期施药；对山楂叶螨，在苹果花后 3～5 天第一代卵盛期至初孵幼螨始见期施药，若两种螨混合，则应在苹果花后 1 周内施药，可收到良好兼治效果。常用含量为 50％悬浮

剂 4000～5000 倍液或 20％悬浮剂 2000～3000 倍液或 10％可湿性粉剂 1000～1250 倍液或 20％可湿性粉剂 1000～2000 倍液。

② 柑橘园，可防治全爪螨、始叶螨、六点始叶螨、锈螨，并可兼治跗线螨（有效期仅 7～10 天），常用浓度为 100～125mg/kg，相当于 20％悬浮剂 1600～2000 倍液或 10％可湿性粉剂 800～1000 倍液或 50％悬浮剂 4000～5000 倍液。作为柑橘冬季清园药剂，可在柑橘采收后施药，有效控制期可至翌年春季；也可在早春越冬卵孵化前或第一代产卵高峰期施药。

③ 枣树、梨树园防治红蜘蛛，用 20％悬浮剂 2000～3000 倍液喷雾。

使用时须注意：当成螨数量较多或害螨大发生时，可与速效性杀螨剂混用；本剂与噻螨酮有交互抗性，对噻螨酮有抗性的害螨不宜使用；由于在施药后 7 天才显效，故一般不用于蔬菜、棉花等大田作物，但可用于花卉。

561. 噻螨酮有哪些杀螨特性？ 如何使用？

噻螨酮是噻唑烷酮类唯一商品化的杀螨剂。其杀螨特性为：对害螨具有强触杀和胃毒作用；对作物表皮具有较强的渗透作用，能渗入叶片内并穿透到叶背杀死叶背的害螨，但无内吸作用；可调节害螨的生长活性，对螨卵、若螨和幼螨都有效，对成螨毒力很小，然而，接触到药剂的雌成螨所产卵的孵化率低；药效发挥较迟缓，一般在施药后 7～10 天达到药效高峰，持效期 40～50 天；在高温或低温时使用效果无显著差异；在常用浓度下使用，对作物、天敌、蜜蜂及捕食螨影响很小。但在高温、高湿条件下，喷洒高浓度对某些作物的新梢嫩叶有轻微药害。可与波尔多液、石硫合剂等多种农药混用。产品为 5％乳油、5％可湿性粉剂。

噻螨酮可防治果、林、茶、棉花、蔬菜、豆类、花卉等多种作物上的叶螨（红蜘蛛），但对锈螨、瘿螨防效差。一般亩用药量为 5％乳油 60～100mL 或 5％可湿性粉剂 60～100g，或用 5％乳油和 5％可湿性粉剂 1500～2000 倍液喷雾。因噻螨酮无杀成螨作用，应比其他杀螨剂稍早些使用，即在害螨发生初期使用，若已严重发生，最好与其他具有杀成螨的杀螨剂或有机磷杀虫剂混用。

（1）果树害螨 在北方果园可防治苹果全爪螨和山楂叶螨，对二斑叶螨也有很好的效果。一般在春季苹果开花前后，螨卵和幼、若螨集中发生期施药，一般用 5％乳油 1500～2000 倍液喷雾，田间有效控制期达 50～60 天。在夏季因螨繁殖速度快、数量大，又有大量成螨，噻螨酮单用在短期内不易控制，应与杀成螨活性高的药剂混用，以提高防治效果。

在柑橘园防治全爪螨、始叶螨、六点始叶螨、裂爪螨等，可在春梢萌动和芽长 2～3cm、螨口密度低时，用 5％乳油 1500～2500 倍液喷树冠，持效期 30～50 天。在有效期后当有叶螨回升时，可选用其他持效期较短的杀螨剂交替使用。

在枣树上使用噻螨酮会引起严重落叶，须特别注意。

为防止害螨产生耐药性，本剂应一年只使用 1 次。

（2）桑园红蜘蛛 一般用 5％乳油 2000～3000 倍液喷雾。

（3）棉花红蜘蛛 亩用 5％乳油 60～80mL，对水 60～75kg，喷雾。

（4）蔬菜叶螨 一般亩用 5％乳油 60～100mL，对水喷雾。

（5）大豆和花生红蜘蛛　亩用5％乳油60～100mL，对水40～50kg，喷雾。

（6）玉米叶螨　用5％乳油1500～2000倍液喷雾。

（7）花卉上的红蜘蛛　用5％乳油2500～3000倍液喷雾。

562. 哒螨灵有哪些杀螨特性？如何使用？

哒螨灵是哒嗪酮类化合物目前唯一商品化的杀螨剂。杀螨机理是抑制害螨的呼吸代谢。其杀螨特性为：对害螨具有很强的触杀作用，但无内吸作用；对螨的各生育期（卵、幼螨、若螨、成螨）都有效；速效性好，在害螨接触药液1h内即被麻痹击倒，使其停止爬行或危害；而且持效期较长，在幼螨及第1若螨期使用，一般药效可达1个月，甚至达50天；药效不受温度影响，在20～30℃时使用，都有良好防效。产品为15％、20％乳油，15％水乳剂，20％悬浮剂，10％微乳剂，20％可溶粉剂，20％、30％、40％可湿性粉剂。

哒螨灵可防治果、林、茶、蔬菜、花卉等多种作物上的叶螨、锈螨、瘿螨和跗线螨，对蚜虫、叶蝉、粉虱、蓟马等小型害虫也有良好兼治效果。一般使用含量为20％可湿性粉剂1500～2500倍液或15％乳油1500～2000倍液喷雾。

因哒螨灵只具有触杀作用，喷雾时务必周到，防止漏喷。对鱼、蜜蜂、家蚕有毒，使用时应避开水源及蜜蜂采花期、蚕桑。

（1）果树害螨　在北方果园可防治苹果、梨、桃、葡萄等果树上的叶螨、全爪螨、瘿螨、锈螨等，对蚜虫、叶蝉、粉虱等也有较好的兼治效果。对苹果树的全爪螨、山楂叶螨等，在苹果落花后、卵孵化盛期及幼、若螨集中发生期喷药，有效控制期可达40～60天，常用药液浓度为50～67mg/kg，相当于20％可湿性粉剂3000～4000倍液或30％可湿性粉剂4500～6000倍液。

防治柑橘的全爪螨、始叶螨、六点始叶螨、锈螨等，常用药液浓度为100～200mg/kg，例如30％可湿性粉剂1500～2500倍液或20％乳油2000～2500倍液或15％水乳剂1000～1500倍液或20％悬浮剂2000～3000倍液。

（2）茶树上各种螨类　并可兼治小绿叶蝉、黄蓟马、蚜虫和粉虱。在螨发生初期，亩用15％乳油15～20mL（亩有效成分2.3～3g），对水60～75kg，对茶树丛面喷雾。安全间隔期为7天。目前有些国家、地区如欧盟对我国出口茶叶中哒螨灵的最高残留限量要求很严（0.02mg/kg），因此，必须控制使用。

（3）蔬菜害螨　一般使用20％可湿性粉剂1000～1500倍液或15％乳油1000～1500倍液喷雾。

（4）棉花红蜘蛛　在螨发生初期，平均每叶有螨2～3头时，用15％乳油或20％可湿性粉剂1000～1500倍液喷雾，或亩用10％微乳剂60～75mL对水喷雾。

以上介绍的使用剂量和使用浓度仅供参考，由于哒螨灵的剂型和制剂种类多，生产企业更多，请按各产品标签推荐的用药量使用。

563. 唑螨酯可防治哪些害螨？

唑螨酯为苯氧基吡唑类化合物，是具有呼吸代谢抑制作用的杀螨剂。对害螨具有很强的触杀作用，速效性好，害螨接触药液1h后，即被麻痹击倒，行动困难，随之死亡；

持效期较长，一般为 30 天以上，长的可达 40～50 天。对成螨、幼螨、若螨都有效，在成螨期使用还可抑制产卵，在卵期使用孵化后第 1 休眠期大量死亡。产品为 5％悬浮剂。

唑螨酯可防治多种作物上的红蜘蛛、锈螨、瘿螨。防治时应抓紧在幼螨发生初期、叶螨密度不高时喷药，当叶螨数量增高时用药，防效下降。因唑螨酯无内吸、内渗性，施药时应均匀细致地喷到叶片表面和背面，防止漏喷。

① 防治苹果树上的苹果红蜘蛛，于开花前后越冬卵孵化高峰期施药，防治山楂红蜘蛛于开花初期越冬成虫出蛰始期施药，也可在幼螨至成螨期施药，用 5％悬浮剂 2000～3000 倍液喷雾。

防治梨、桃、葡萄上的害螨或针对果树二斑叶螨，常用 5％悬浮剂 1000～2000 倍液喷雾。

防治柑橘叶螨和锈螨、荔枝瘿螨，于发生初期，喷 5％悬浮剂 1000～1500 倍液。

② 防治茶短须螨、茶橙瘿螨，在非采摘期、螨发生初期，亩用 5％悬浮剂 50～75mL，对水 50～75kg，喷雾。

③ 防治啤酒花叶螨，亩用 5％悬浮剂 20～40mL，对水喷雾。

本剂对鱼有毒，对蚕有拒食作用，使用时应注意。

564. 喹螨醚可防治哪些害螨？

喹螨醚为喹唑啉类化合物，是具有呼吸代谢抑制作用的杀螨剂。其在辅酶 Q 位点与复合体 I 结合，从而抑制线粒体电子传递链，导致害螨中毒死亡。对害螨具有触杀和胃毒作用，对成螨和幼、若螨都有很高的活性，对夏卵也有活性，药效发挥较快，持效期长。

产品为 95g/L 乳油。

主要用于果树、蔬菜，如苹果、梨、桃、柑橘、葡萄、西瓜、黄瓜、番茄、辣椒、草莓等作物的害螨防治。

（1）苹果红蜘蛛　在若螨开始发生时，用 95g/L 乳油 4000 倍液喷雾。持效期达 40 天。

（2）柑橘红蜘蛛　在若螨开始发生时，用 95g/L 乳油 2000～3000 倍液喷雾。持效期 30 天左右。

565. 炔螨特有什么特性？ 可防治哪些害螨？

炔螨特是具有神经毒剂作用的杀螨剂，对害螨具有触杀和胃毒作用。在气温高于 27℃时，还有熏蒸作用，对成螨和幼、若螨有效，杀卵的效果差。在世界各地已使用了 40 多年，至今尚未发现有螨类产生抗性。在任何气温下使用都有效，气温 20℃以上药效好，20℃以下药效随气温递减。杀螨谱广，可控制 30 多种害螨。产品有 25％、40％、57％、70％、73％、76％乳油，40％微乳剂，20％水乳剂。

（1）果树害螨　能防治多种果树的害螨，常用浓度为 200～400mg/kg。

防治柑橘全爪螨、始叶螨、六点始叶螨，于开花前喷 73％乳油 2000～3000 倍液，谢花后温度较高时，喷 3500～4000 倍液；对柑橘锈螨，于 6～9 月份锈螨发生初期，喷

73％乳油 3000～4000 倍液。柑橘幼苗和嫩梢对本药剂较敏感，用 73％乳油 2000 倍液时会产生油浸状药害，但对生长影响不大，故生产上宜使用 3000 倍液。在采收前 30 天停止施药。

防治荔枝瘿螨，在冬季 12 月和 1 月各喷 1 次 73％乳油 1000 倍液，重点喷叶背。

防治枇杷若甲螨，在 3～4 月螨盛发期，用 73％乳油 1000 倍液喷树冠。

防治苹果全爪螨和山楂叶螨，一般用 73％乳油 2000～3000 倍液喷雾。在春季幼、若螨盛发期施药，有效控制期可达 30～40 天；夏季使用有效期缩短。采收前 20 天停止用药。

梨树和桃树对本药剂敏感，特别是雪花梨、泸州水蜜桃使用 73％乳油 2000 倍液时，即会产生药害，落叶、落果。

（2）茶园中的茶蚜线螨、茶橙瘿螨和茶叶瘿螨　在螨发生高峰前期，亩用 73％乳油 40～50mL，对水 50～75kg 喷雾。喷洒的药液浓度过高，会使茶树嫩芽叶产生药害，尤其是在高温高湿条件下，以对水不少于 1000 倍为宜。

（3）桑树红蜘蛛　一般用 73％乳油 3000～5000 倍液喷雾。

（4）蔬菜害螨　防治茄果类、豆类、瓜类的红蜘蛛，在若、幼螨盛发初期施药，亩用 73％乳油 30～50mL，对水 75～100kg 喷雾，或 73％乳油 2000～3000 倍液喷雾。由于对某些作物幼弱小苗有药害，在 25cm 以下瓜、豆苗上使用时，对水倍数不能少于 3000。

（5）大豆和花生叶螨类　一般用 73％乳油 2000～3000 倍液喷雾，亩喷药液 30～40kg。

（6）棉花红蜘蛛　亩用 73％乳油 40～60mL，对水 60～75kg，喷雾。在棉苗高度低于 25cm 时，对水倍数不宜低于 3000，以防产生药害。

（7）玉米叶螨　可用 73％乳油 2000～3000 倍液喷雾。

以上均以 73％乳油为例介绍用药量或使用浓度，当选用其他含量的产品时，则应按其含量换算各自的用量或按其标签上的用量使用。

炔螨特对鱼类毒性大，使用时应防止污染鱼塘、河流。

566. 双甲脒有哪些特性？　可防治哪些害螨？

双甲脒为具有神经毒剂作用的杀螨剂。主要作用是抑制单胺氧化酶的活性，可诱发害螨中枢神经系统的非胆碱能突触产生直接兴奋作用。对害螨具有强触杀作用，并有一定的胃毒、拒食、驱避和熏蒸作用；对成螨、卵和若螨都有效，但对越冬卵效果较差；药效和杀螨速度受温度影响，一般在气温 25℃ 以下时，药效发挥较慢，药效较低，高温晴天时施药药效快，药效高，持效期长，一般可达 1 个月以上，长的可达 50 天。产品为 12.5％、20％乳油。

（1）果树害螨　防治苹果全爪螨和山楂叶螨，在第一代幼、若螨相对集中发生期，用 20％乳油 1000～1500 倍液喷雾，田间有效控制期可达 30～40 天。应注意在高温、高湿条件下，对短果枝金冠苹果有烧叶药害。

防治梨树上的梨木虱，在幼、若虫发生盛期，用 20％乳油 1500～2000 倍液喷雾，有效控制期 15 天以上，对若虫高效，对成虫和卵药效差些。

防治柑橘全爪螨、始叶螨和锈螨，喷 20％乳油 1500～2500 倍液或 12.5％乳油

1000～1500 倍液，20～25 天 1 次，连喷 1～2 次。对跗线螨于 5 月下旬至 8 月中旬，喷 20％乳油 1000～1500 倍液。对红蜡蚧、矢尖蚧和吹绵蚧，于 1～2 龄若虫盛发期，喷 20％乳油 500～1000 倍液，10 天 1 次，连喷 2 次。对柑橘木虱、黑刺粉虱，于若虫盛发期，喷 20％乳油 1000～2000 倍液。防治橘蚜喷 20％乳油 2000～2500 倍液。

在果品采收前 15 天停止施药。

（2）蔬菜害螨　防治豆类、茄子红蜘蛛，用 20％乳油 1000～2000 倍液喷雾。防治西瓜、冬瓜红蜘蛛，用 20％乳油 2000～3000 倍液喷雾。

在采收前 15 天停止施药。

（3）棉花红蜘蛛　亩用 20％乳油 40～50mL 对水 60～75kg，喷雾。

（4）玉米叶螨　喷 20％乳油 1000～1500 倍液。

（5）大豆和花生红蜘蛛　在螨初发生期，用 20％乳油 1000～2000 倍液喷雾，亩喷药液 50～70kg。

对鱼类毒性中等，使用时须注意。

567. 单甲脒可防治哪些害螨？

单甲脒是双甲脒的同系物，它的产品是单甲脒的盐酸盐，可溶于水，产品为含单甲脒盐酸盐 15％、25％水剂，80％可溶粉剂。

单甲脒的杀螨特性与双甲脒很相似。对害螨具有触杀、拒食和驱避作用，兼有一定的胃毒和熏蒸作用。对成螨、卵、若螨都有效。药效发挥较慢，持效期较长。

单甲脒防治螨的种类与双甲脒相同，但其杀螨活性比双甲脒稍低，因而田间使用浓度应略高些，对大田作物害螨，亩用 25％水剂 40～60mL 对水喷雾，同浓度还可防治棉花伏蚜。对柑橘、苹果和林木上的红蜘蛛和锈壁虱，一般用 25％水剂 1000 倍液或 80％可溶粉剂 2600～3200 倍液喷雾。对茶叶瘿螨用 1000～1500 倍液喷雾。

防治家畜体虱、疥癣：牛用 25％水剂 800 倍液喷雾或浸洗牛体；羊用 25％水剂 400 倍液在剪毛后喷雾或浸洗。

防治蜂螨，用 25％水剂 2000～4000 倍液喷雾。

对鱼类高毒，使用时须注意。

568. 联苯肼酯是什么样的杀螨剂？

联苯肼酯为联苯肼类化合物，是具有神经毒剂作用的杀螨剂，其作用机理为对螨类的中枢神经传导系统的 γ-氨基丁酸受体有独特作用。对各活动期的螨都有效，且有杀卵活性和对成螨的击倒性，与其他杀螨剂尚未见有交互抗性。产品为 480g/L 悬浮剂。

主要用于果树、蔬菜、棉花、玉米和观赏作物防治各种螨类，对二斑叶螨和全爪螨效更好。防治苹果树红蜘蛛，用 480g/L 悬浮剂 2000～3000 倍液喷雾，持效期 14 天左右，在推荐用药量范围内对作物安全。对寄生蜂、捕食螨、草蛉低风险，对蜜蜂、家蚕低毒，但对鱼类高毒。

569. 溴螨酯可防治哪些害螨？

溴螨酯是化学结构与滴滴涕相似的有机溴化合物，对成螨、幼螨、若螨、螨卵都有很强的触杀作用，药效不受气温高低的影响，持效期达 20 天以上。产品为 50％乳油。

溴螨酯适用于果树、蔬菜、棉花、茶、大豆、观赏植物等，防治叶螨、瘿螨、线螨等多种害螨，一般用 50％乳油 1000～1500 倍液喷雾。

（1）果树害螨　防治苹果全爪螨和山楂叶螨，在苹果花前花后幼、若螨集中发生期，喷洒 50％乳油 1000～1200 倍液，可有效地控制其危害，持效期一般在 20 天以上。

防治柑橘的全爪螨、始叶螨、六点始叶螨、裂爪螨、锈螨，用 50％乳油 1000～1500 倍液喷雾，持效期 20 天以上。

采果前 21 天停止用药。

（2）茶短须螨、茶橙瘿螨、茶叶瘿螨　在发生高峰前，非采摘茶园，亩用 50％乳油 25～40mL，对水 50～75kg，喷雾。

（3）棉花红蜘蛛　亩用 50％乳油 25～40mL，对水 50～75kg，喷雾。

（4）茄子、豆类、瓜类等蔬菜红蜘蛛　在螨发生初盛期，用 50％乳油 2000～4000 倍液喷雾。采收前 21 天停止用药。

（5）大豆和花生叶螨　在螨发生初盛期，亩喷 50％乳油 1500～2000 倍液 30～40kg。

（6）玉米叶螨　用 50％乳油 2000～3000 倍液喷雾。

（7）花卉上的螨类　用 50％乳油 2500 倍液喷雾。

溴螨酯对鱼等水生动物高毒，喷药时远离水域和鱼塘。

在蔬菜、果实和茶叶采摘期勿施溴螨酯。

570. 怎样用乙螨唑防治柑橘红蜘蛛？

乙螨唑属于二苯基噁唑啉类杀螨剂，为触杀型杀螨剂，其作用机理是抑制螨的正常蜕皮过程，并具有杀卵活性和对雌成螨有不育作用。产品为 110g/L 悬浮剂。

主要用于防治多种叶螨。例如，用于防治柑橘红蜘蛛，在幼螨、若螨发生始盛期，用 110g/L 悬浮剂 5300～6200 倍液喷雾。每季最多施药 2 次，安全间隔期为 21 天，持效期可达 30～40 天。

乙螨唑属低毒类杀螨剂，对蜜蜂、家蚕、鸟均为低毒，对鱼中等毒，对蚤高毒，使用时防止污染水体。

571. 如何用三唑锡防治柑橘红蜘蛛？

本品为触杀性杀螨剂，对植食性害螨的夏卵、幼螨及成螨均有出色的防效，并且抗光解，耐雨水冲刷，在一定温度范围内，温度越高杀螨杀卵效果越强，是高温季节对害螨控制期较长的杀螨剂，主要用于柑橘树上的害螨防治。剂型为 25％可湿性粉剂，1500～2000 倍液喷雾。在柑橘树春梢大量抽发期或成橘园采果后，平均每叶有螨 2～3 头时，对水均匀喷雾。在甜橙上使用，在 32℃ 以上时喷雾，对新梢嫩叶会引起药害，在高温季节应避免使用，以防产生药害。

572. 如何用苯丁锡防治柑橘红蜘蛛？

苯丁锡是一种非内吸性杀螨剂，对柑橘上的螨类有较好效果，以触杀为主，药效起效慢，残效期较长。剂型为 50％可湿性粉剂，在害螨发生初期数量不多时喷施，例如每片叶平均有 2～3 头螨时喷施，2000～3300 倍液均匀喷雾。喷施时，喷水量要足，喷雾要均匀周到。应在气候温暖时喷施，当气温低于 15℃时药效会有所降低，不宜在冬季使用。在喷过高浓度"波尔多液"的地区，建议要间隔 2 周后施用，效果会比较好。

573. 如何用矿物油防治红蜘蛛？

剂型为 99％乳油，茶树上防治茶橙瘿螨用量为 300～500g/亩，番茄上防治烟粉虱用量为 300～500g/亩，柑橘树上防治红蜘蛛用量为 150～300 倍液，柑橘树上防治介壳虫用量为 100～200 倍液，苹果树上防治红蜘蛛用量为 100～200 倍液。

574. 如何用喹硫磷防治柑橘红蜡蚧与矢尖蚧？

剂型为 25％乳油，柑橘介壳虫在若、幼、成蚧盛发期施药，1200～1500 倍药液喷雾。在柑橘上安全间隔期为 28 天，每季最多使用 3 次。不可与碱性农药等物质混用。对鱼有毒，应避免药液流入鱼塘、湖泊。远离水产养殖区施药。禁止在河塘等水域清洗施药器具。为保护蜜蜂，应避开周围蜜源作物开花期使用。对蚕有毒，蚕室及桑园周围禁用。

575. 螺螨双酯如何防治害螨？

主要通过触杀和胃毒作用防治卵、若螨和雌成螨，其作用机理为抑制害螨体内脂肪合成、阻断能量代谢。其杀卵效果突出，并对不同发育阶段的害螨均有较好防效，可在柑橘的各个生长期使用。24％ 螺螨双酯悬浮剂登记在柑橘树上防治红蜘蛛，用药量为 3600～4800 倍液。在柑橘树上安全间隔期为 25 天，每季最多使用次数 1 次；应于红蜘蛛为害早期施药，注意喷雾均匀，特别对叶片背面的喷雾。

576. 腈吡螨酯的防治对象是什么？

腈吡螨酯在生物体内代谢形成的水解物可作用于线粒体电子传导系统的复合体Ⅱ，阻碍了从琥珀酸到辅酶 Q 的电子流，从而搅乱了叶螨类的细胞内呼吸。本品可用于防治苹果树红蜘蛛、苹果树二斑叶螨。30％悬浮剂防治苹果二斑叶螨、红蜘蛛，用量为 2000～3000 倍液，使用本药剂后的苹果至少应间隔 14 天收获，每季最多使用 2 次。和波尔多液混用时会降低本药的效果，尽量避免二者混用。在植物体内没有内吸性，因此喷雾时叶面、叶背均匀喷雾。根据植物生长时期调节喷水量。

（二）主要混剂

577. 含哒螨灵的混剂有几种？ 如何使用？

现有含哒螨灵的混剂 16 种。

① 阿维·哒螨灵是哒螨灵与阿维菌素复配的混合杀虫剂。产品有 3.2%、4%、5%、5.5%、6%、6.78%、8%、10%、10.2%、10.5%乳油，5%、6%、10%微乳剂，10.5%水乳剂，10.5%、12.5%、20%可湿性粉剂，10%可分散性粒剂。

防治柑橘红蜘蛛，用 3.2%乳油 800～1000 倍液或 4%乳油 1500～2000 倍液或 5%乳油 1000～1500 倍液或 5.5%乳油 1500～2000 倍液或 6.78%乳油 1500～2000 倍液或 10.5%乳油 1000～1500 倍液，10%微乳剂 2000～2500 倍液或 20%可湿性粉剂 3000～4000 倍液或 10.5%可湿性粉剂 1000～2000 倍液喷雾。

防治苹果树红蜘蛛，用 5%乳油 1000～4000 倍液（详见各厂家的产品标签）或 6%乳油 1500～2500 倍液或 6.78%乳油 2000～2500 倍液或 8%乳油 1500～2000 倍液或 10%乳油 1500～3000 倍液或 10%微乳剂 2000～3000 倍液喷雾。防治苹果二斑叶螨，用 5%乳油 1000～3000 倍液或 6.78%乳油 1500～2500 倍液或 10.2%乳油 1500～2000 倍液或 6%微乳剂 1500～2000 倍液喷雾。

防治棉花红蜘蛛，亩用 10%乳油 40～80mL 或 10%水分散性粒剂 10～15g，对水 60～75kg 喷雾。

② 甲维·哒螨灵是哒螨灵与甲氨基阿维菌素苯甲酸盐复配的混剂，产品为 15.5%乳油。防治柑橘红蜘蛛用 15.5%乳油 1500～2000 倍液喷雾。

③ 哒灵·炔螨特是哒螨灵与炔螨特复配的混合杀螨剂，产品有 30%、33%、40%乳油。对害螨具有强触杀作用，兼有胃毒作用。防治柑橘红蜘蛛，用 30%乳油 1500～2000 倍液或 33%乳油 1500～2500 倍液或 40%乳油 1500～2000 倍液喷雾。

④ 四螨·哒螨灵是哒螨灵与四螨嗪复配的混合杀螨剂，产品有 5%、12%、15%、16%可湿性粉剂，10%悬浮剂。对害螨具有强触杀作用，速效性和持效性都好，可防治多种作物的各类螨。

防治苹果树的螨类，用 16%可湿性粉剂 1000～1500 倍液或 10%悬浮剂 1000～2000 倍液喷雾。

防治柑橘红蜘蛛，用 5%可湿性粉剂 500～800 倍液或 12%可湿性粉剂 1000～1500 倍液或 15%可湿性粉剂 1000～1500 倍液或 10%悬浮剂 1000～2000 倍液喷雾。

防治辣椒的茶黄螨，用 5%可湿性粉剂 750～950 倍液喷雾。

⑤ 噻螨·哒螨灵是哒螨灵与噻螨酮复配的混剂，产品为 12.5%乳油，用于防治柑橘红蜘蛛，喷洒 15.5%乳油 1000～2000 倍液。

⑥ 噻嗪·哒螨灵是哒螨灵与噻嗪酮杀虫剂复配的混剂，为的是在防治红蜘蛛时兼治介壳虫。产品为 20%乳油，防治柑橘红蜘蛛和矢尖蚧，用制剂 800～1000 倍液喷雾。

⑦ 柴油·哒螨灵是哒螨灵与柴油复配的混剂，产品为 34%、35%、38%、40%、44%、80%、83%乳油。主要用于果树，由于柴油对植物和虫体表面渗透力很强，能增强哒螨灵的防治效果。防治苹果树的红蜘蛛，喷洒 40%乳油 1500～2000 倍液、34%或 35%乳油 1000～1500 倍液；防治柑橘红蜘蛛，喷洒 80%或 83%乳油 2000～3000 倍液，38%、40%或 44%乳油 1000～1500 倍液，或 34%乳油 1000～1200 倍液。

⑧ 机油·哒螨灵是哒螨灵与机油复配的混剂。机油对植物和虫体表面渗透力很强，能增强哒螨灵的防治效果，产品为 28%、45%、90%乳油。防治苹果树的红蜘蛛，喷洒 28%乳油 1000～2000 倍液。防治柑橘红蜘蛛，喷洒 90%乳油 500～1000 倍液或 45%乳油 1000～1500 倍液。

⑨ 哒螨·三唑锡是哒螨灵与三唑锡复配的混合杀螨剂，产品为 10％、16％可湿性粉剂，16％乳油。防治柑橘红蜘蛛，用 10％可湿性粉剂 1000～2000 倍液或 16％可湿性粉剂 1000～1500 倍液或 16％乳油 1500～2000 倍液喷雾。

⑩ 苯丁·哒螨灵是哒螨灵与苯丁锡复配的混合杀螨剂，产品有 10％、15％乳油，25％可湿性粉剂。防治柑橘红蜘蛛，用 10％乳油 1000～1500 倍液或 15％乳油 1500～2000 倍液或 25％可湿性粉剂 1000～1500 倍液喷雾。

⑪ 哒螨·三唑磷是由哒螨灵与三唑磷复配的混剂，具有触杀和胃毒作用，产品为 15％、20％乳油，防治柑橘红蜘蛛，喷洒 20％乳油或 15％乳油 1000～1500 倍液。

⑫ 哒螨·辛硫磷是哒螨灵与辛硫磷复配的混合杀虫、杀螨剂，以杀螨为主，也可防治蚜虫。产品为 24％、25％、29％乳油。具有触杀和胃毒作用，防治柑橘和苹果的红蜘蛛，用 24％乳油 1000～2000 倍液或 25％乳油 1000～1500 倍液或 29％乳油 1500～2000 倍液喷雾。防治苹果树红蜘蛛，用 29％或 24％乳油 1500～2000 倍液喷雾。防治棉蚜，亩用 29％乳油 40～60mL，对水 40～60kg，喷雾。

⑬ 硝虫·哒螨灵是哒螨灵与硝虫硫磷复配的混剂，产品为 30％乳油，防治柑橘红蜘蛛，用 800～1000 倍液喷雾。

⑭ 哒螨·吡虫啉是哒螨灵与吡虫啉复配的混合杀螨、杀虫剂。产品为 6％、17.5％、20％乳油。以杀螨为主，防治苹果树的红蜘蛛和蚜虫，用 20％乳油 1500～2000 倍液或 6％乳油 1000～2000 倍液喷雾。防治柑橘红蜘蛛和蚜虫，用 20％乳油 1500～2000 倍液或 17.5％乳油 1500～2000 倍液喷雾。

⑮ 甲氰·哒螨灵是哒螨灵与甲氰菊酯复配的混剂，产品为 10％、15％乳油，主要用于防治果树害螨。防治柑橘红蜘蛛，用 10％乳油 1000～1500 倍液或 15％乳油 1500～2000 倍液喷雾。

⑯ 40％丁醚·哒螨灵悬浮剂是哒螨灵与丁醚脲复配的混剂。防治柑橘红蜘蛛，喷制剂 1500～2000 倍液。

578. 含炔螨特的混剂有几种？ 怎样使用？

现有含炔螨特的混剂有 11 种。

① 阿维·炔螨特是炔螨特与阿维菌素复配的混剂。产品有 40％、56％乳油，40％、56％微乳剂，30％水乳剂。混剂具有触杀和胃毒作用，防治柑橘红蜘蛛，喷洒 56％乳油 2000～4000 倍液、40％乳油 1000～2000 倍液、56％微乳剂 2000～4000 倍液、40％微乳剂 1000～2000 倍液或 30％水乳剂 1000～1500 倍液。

② 噻酮·炔螨特是炔螨特与噻螨酮复配的混剂，产品为 22％、36％乳油。混剂具有触杀和胃毒作用，对成螨、幼若螨、卵均有高效，持效期 40 天左右。防治苹果树的二斑叶螨，喷洒 22％乳油 800～1600 倍液。防治柑橘红蜘蛛，喷洒 36％乳油 1500～3000 倍液。

③ 唑酯·炔螨特是炔螨特与唑螨酯复配的混剂，产品有 13％乳油，13％水乳剂。混剂具有触杀和胃毒作用，主要用于防治果树害螨。防治柑橘红蜘蛛，用 13％乳油或水乳剂 1000～1500 倍液喷雾；防治苹果树红蜘蛛，用 13％水乳剂 1500～2000 倍液喷雾。

④ 四螨·炔螨特是炔螨特与四螨嗪复配的混剂，产品为20%可湿性粉剂，防治柑橘红蜘蛛，用制剂1000～2000倍液喷雾。

⑤ 苯丁·炔螨特是炔螨特与苯丁锡复配的混剂，产品为38%乳油，防治柑橘红蜘蛛，用制剂1500～2000倍液喷雾。

⑥ 柴油·炔螨特是炔螨特与柴油复配的混剂，柴油可增强混剂的渗透性，有助于药效发挥。产品为57%、73%乳油。防治柑橘红蜘蛛，用73%乳油1000～2000倍液喷雾。防治苹果树红蜘蛛，用57%乳油1000～2000倍液喷雾。

⑦ 机油·炔螨特是炔螨特与机油复配的混剂，机油的强渗透性能增强炔螨特的药效。产品为60%、73%乳油。防治柑橘红蜘蛛，用73%乳油2000～2500倍液或60%乳油1500～2000倍液喷雾。防治苹果树红蜘蛛，用73%乳油2000～2500倍液喷雾。

⑧ 炔螨·三唑磷是炔螨特与三唑磷复配的混合杀螨、杀虫剂，产品为40%乳油，防治柑橘红蜘蛛，用制剂1000～1500倍液喷雾。

⑨ 水胺·炔螨特是炔螨特与水胺硫膦复配的混合杀螨、杀虫剂，产品为40%、45%乳油。防治柑橘红蜘蛛和锈壁虱，用45%乳油1500～2000倍液或40%乳油1000～1500倍液喷雾。

⑩ 甲氰·炔螨特是炔螨特与甲氰菊酯复配的混剂，产品为20%、30%乳油。防治柑橘红蜘蛛，用30%乳油1000～2000倍液或20%乳油800～1000倍液喷雾。防治棉花红蜘蛛亩用30%乳油40～60mL，对水喷雾。

⑪ 联苯·炔螨特是炔螨特与联苯菊酯复配的混剂，产品为27%乳油。防治柑橘红蜘蛛，用制剂800～1000倍液喷雾。

579. 含噻螨酮的混剂有几种？ 怎样使用？

目前市场上销售的含噻螨酮的混剂有2种，它们是：

① 阿维·噻螨酮是噻螨酮与阿维菌素复配的混剂。产品有2%、3%、10%乳油，3%、5%微乳剂。防治柑橘红蜘蛛，用10%乳油4000～5000倍液、3%乳油800～1000倍液、2%乳油800～1200倍液、5%微乳剂2000～3000倍液或3%微乳剂1500～2000倍液喷雾。

② 甲氰·噻螨酮是噻螨酮与甲氰菊酯复配的混合杀螨、杀虫剂，产品为7.5%、12.5%乳油。

防治柑橘红蜘蛛，在春季害螨始盛发期，用12.5%乳油2000～2500倍液或7.5%乳油750～1000倍液喷雾。

防治苹果红蜘蛛，在苹果开花前后、害螨发生始盛期，喷7.5%乳油750～1000倍液。

防治桃小食心虫，于卵果率达1%时，用7.5%乳油500～750倍液喷雾。

本药剂对蚕、蜜蜂及鱼类有毒，使用时须注意。

580. 怎样使用含四螨嗪的混剂防治果树害螨？

① 阿维·四螨嗪是四螨嗪与阿维菌素复配的混剂，产品有5.1%可湿性粉剂，10%、20.8%悬浮剂。防治柑橘红蜘蛛，用5.1%可湿性粉剂1000～1500倍液或20.8%悬浮剂1500～2500倍液喷雾。防治苹果树红蜘蛛，用10%悬浮剂1500～2000倍液喷雾。

② 四螨·三唑锡是四螨嗪与三唑锡复配的混剂，产品为10％悬浮剂，防治柑橘红蜘蛛，用制剂1000～1500倍液喷雾。

③ 苯丁·四螨嗪是四螨嗪与苯丁锡复配的混剂，产品为17.5％可湿性粉剂，防治柑橘和苹果树的红蜘蛛，用制剂1000～1500倍液喷雾。

④ 柴油·四螨嗪是四螨嗪与柴油复配的混剂，产品为28％悬乳剂，防治柑橘红蜘蛛，用制剂800～1000倍液喷雾。

⑤ 还有四螨·哒螨灵、四嗪·炔螨特。

581. 联菊·丁醚脲和甲氰·丁醚脲怎样使用？

13％联菊·丁醚脲乳油是联苯菊酯与丁醚脲复配的混剂，防治棉花红蜘蛛，亩用制剂40～60mL，对水喷雾。

25％甲氰·丁醚脲微乳剂是甲氰菊酯与丁醚脲复配的混剂，防治苹果树红蜘蛛，喷制剂2000～2500倍液。

582. 怎样用甲氰·毒死蜱防治柑橘红蜘蛛？

30％甲氰·毒死蜱乳油是甲氰菊酯与毒死蜱复配的混剂，防治柑橘红蜘蛛，用制剂1500～2000倍液喷雾。

583. 怎样用甲氰·甲维盐防治苹果红蜘蛛？

10.5％甲氰·甲维盐乳油由甲氰菊酯与甲氨基阿维菌素苯甲酸盐复配而成。防治苹果树红蜘蛛，用制剂1000～2000倍液喷雾。

584. 怎样用阿维·喹硫磷或阿维·氟虫脲防治柑橘红蜘蛛？

25％阿维·喹硫磷乳油是阿维菌素与喹硫磷复配的混剂，防治柑橘红蜘蛛，用制剂1000～1500倍液喷雾。

35％阿维·氟虫脲乳油是阿维菌素与氟虫脲复配的混剂，防治柑橘红蜘蛛，用制剂1000～1500倍液喷雾。

585. 怎样用双甲·高氯氟或苯丁·丙溴磷防治柑橘红蜘蛛？

12％双甲·高氯氟乳油是双甲脒与高效氯氟氰菊酯复配的混剂，防治柑橘红蜘蛛，用制剂1500～2000倍液喷雾。

21％苯丁·丙溴磷乳油是苯丁锡与丙溴磷复配的混剂，防治柑橘红蜘蛛，用制剂800～1000倍液喷雾。

586. 怎样用吡虫·三唑锡防治果树红蜘蛛和蚜虫？

20％吡虫·三唑锡可湿性粉剂是三唑锡与吡虫啉复配的混剂，防治苹果和柑橘的红蜘蛛和蚜虫，用制剂1000～2000倍液喷雾。

八、杀鼠剂

587. 老鼠有多少种类？ 我们常说的有害的老鼠是哪些种类？

鼠类是脊椎动物中种类最多、数量最大的一类动物。目前，全球共有老鼠种类2200多种，占到已知哺乳动物种类的42%。我国有鼠类200多种，其中带来严重为害的有30种左右。狭义上的鼠类在分类学上专指"脊索动物门-哺乳纲-啮齿目"的部分动物。但是有些兔形目（鼠兔等）、鼩鼱目（臭鼩等）、树鼩目（树鼩等）、食肉目（鼬类等）中体形类似老鼠的动物往往也被误认为是"老鼠"；而有些本来属于啮齿目动物却并未归于常说的"老鼠"范围，如豪猪、河狸、水豚等。

家庭中常见的害鼠种类比较有限，主要有褐家鼠、小家鼠、黄胸鼠、屋顶鼠等；而农田中的害鼠种类较多，尤其是农田与自然环境交界处（如农林交错带和农牧交错带）的种类最为丰富，主要有姬鼠属（黑线姬鼠、小林姬鼠）、仓鼠类（大仓鼠、黑线仓鼠）、大鼠类（褐家鼠、黄胸鼠、黄毛鼠、大足鼠、板齿鼠）、小鼠类（小家鼠）、白腹鼠属（社鼠、针毛鼠）、田鼠属（棕色田鼠、东方田鼠）。草原上害鼠的分布则有地区差异，内蒙古草原主要害鼠为长爪沙鼠、布氏田鼠，新疆草原区主要害鼠为黄兔尾鼠，四川草原区则是中华鼢鼠类为害严重，而青海草原则以高原鼠兔最为严重。另外，有些害鼠种类是广布型，如褐家鼠和小家鼠遍布世界各地，黑线姬鼠分布于我国25.5°以北（台湾岛可到23°）的广大地区；有些种类则分布局限于狭窄地区，如布氏田鼠仅分布于内蒙古东部草原，大仓鼠仅分布于长江以北地区。不同的害鼠对药物的耐性也有所差异，因此在害鼠治理中必须根据地区和老鼠种类制订不同的用药对策。

588. 为什么老鼠容易暴发成灾？ 为什么化学杀鼠剂仍是灭鼠的主要方法？

鼠类容易暴发成灾是与其强大的环境适应能力和极高的繁殖能力密切相关的。例如，褐家鼠和小家鼠的适应能力极强，可以随人类分布到世界各地，并形成严重为害。根据数学模型计算，按1对老鼠每年可以繁殖4代计算，5年就可增加5000倍，达到10000只。目前，粗略估计全世界老鼠的数量是人口数量的4～5倍。鼠类的庞大数量给人类带来了重大的损失，甚至是灾难。据联合国粮农组织（FAO）报告，全世界农业因鼠害造成的损失占全部作物的5%～20%，鼠害在我国每年造成的损失达100亿元。老鼠还传播多种疾病，如鼠疫、肾综合征出血热，以及寄生虫病等，严重危害人们的身体健康。例如，鼠疫在历史上杀死了近 2 亿人，超过了人类战争造成的死亡数的总和。肾综合征出血热是目前发病率最高的鼠传疾病之一，每年发病 1 万例以上，死亡几十人。

控制害鼠的方法多种多样，有物理器械法、化学毒杀法、生物防治法等，但其中最为简单、廉价、有效的方法仍是使用化学杀鼠剂进行直接灭杀。化学杀鼠剂的突出优点是：灭鼠效果好，杀鼠率一般为 80%～90%；方法简便，易为群众掌握；每人每天可以投毒饵防治几百亩至千亩以上，在林区和草地采用飞机撒毒饵（丸），工效更高；药剂便宜，有效浓度低，价格低廉。近年来，在农田灭鼠中 80% 以上使用化学杀鼠剂，但药剂品种上有很大的改变，由过去主要使用急性杀鼠剂转为使用慢性抗凝血类杀鼠剂。

589. 杀鼠剂分为哪些种类？ 哪些杀鼠剂禁止使用？ 哪些杀鼠剂允许使用？

杀鼠剂泛指所有用于控制害鼠的化学制剂。狭义的杀鼠剂特指对鼠类具有毒杀作用的药物，广义上用于鼠类的不育剂及增效剂等相关的药物也被列为杀鼠剂的范畴。毒杀类杀鼠剂按照作用方式可以分为急性、亚急性与慢性杀鼠剂。急性杀鼠剂中毒症状一般小于 3h，死亡高峰一般在 1～3 天；慢性杀鼠剂中毒症状一般大于 48h，死亡高峰一般在 5～7 天；亚急性杀鼠剂死亡高峰处于两者之间，中毒症状一般出现在 12～48h，死亡高峰在 3～5 天。

由于急性毒杀类杀鼠剂对人类、家畜、家禽存在同样的毒性作用，具有靶标性差、易产生二次中毒、易造成环境污染等问题，因此大多已被禁止或者限制使用。现在国家明文禁止使用的有氟乙酰胺（1081、敌蚜螨）、氟乙酸钠（1080）、毒鼠强（四二四、没鼠命）、毒鼠硅、甘氟；已停产或停用的有亚砷酸（砒霜、白石比）、磷化锌、安妥（1-奈基硫脲）、灭鼠优（抗鼠灵、鼠必灭）、灭鼠安、士的宁（马钱子碱、番木鳖碱）和红海葱（海葱）；限制使用的有毒鼠磷、溴代毒鼠磷。

现在常用的杀鼠剂为慢性抗凝血类杀鼠剂。主要种类有第一代的杀鼠灵、敌鼠钠盐、杀鼠醚，第二代的溴鼠灵（大隆）、溴敌隆、氟鼠灵等。慢性抗凝血类杀鼠剂优点是药剂在鼠体内排泄慢，鼠类连续取食数次，药剂蓄积到一定剂量方可使鼠中毒致死，因此不会产生行为拒食现象；毒杀作用具有剂量依赖性，少量摄入不会造成大体重动物中毒，而且有天然解毒剂维生素 K_1，因此对人畜危险性较小。出于安全考虑，抗凝血类杀鼠剂也被限制使用并要求定点经营，如氟鼠灵、敌鼠钠盐、杀鼠灵、杀鼠醚、溴敌隆、溴鼠灵等。另外，C 型和 D 型肉毒素也属于限制使用并要求定点经营之列。

慢性杀鼠剂不同于抗凝血剂的地芬·硫酸钡杀鼠剂、胆钙化醇（维生素 D_3）等，使用的成分对非靶标动物不会造成毒理伤害，因此更为安全，也可达到慢性杀鼠的目的，近年来刚通过登记。不育控制类杀鼠剂有 α-氯代醇、莪术醇、雷公藤甲素等。但雷公藤甲素的杀鼠毒力较高，速度较快，在实际应用中应作为急性或者亚急性杀鼠剂管理和使用。

590. 杀鼠剂为什么常用毒饵法？ 毒饵怎样配制？

杀鼠剂均属胃毒剂，只有让老鼠吃下去才能起到毒杀作用。因此，最好的方式是将杀鼠剂配制成毒饵，引诱老鼠取食。基饵的选择是配制毒饵的关键，好的基饵的标准是在老鼠喜食的同时，又不影响杀鼠剂的稳定性，同时非靶标动物不取食或不能取食。

不同的害鼠的取食偏好不同，因此要根据害鼠种类选用不同的基饵。例如，家栖鼠的食性杂，各种食物均可作基饵；仓鼠吃植物和作物种子，基饵应以谷物为主。褐家鼠喜食含水多的食物，在仓库、养鸡场等地用加水 30% 的玉米粉，灭鼠效果好；小家鼠喜食水分少的种子，用各种谷物作饵料的效果好；草食性的鼠类如布氏田鼠、高原鼠兔和达乌尔鼠兔，用草颗粒作饵料灭鼠效果好。用鲜甘薯、水果、瓜菜等含水量高的饵料，配制成的毒饵，只能用 1~2 天，时间长了即变质，鼠类拒食，在夏季最好不选用这类饵料。植物油可以提高毒饵的适口性，也起着黏着剂的作用，使杀鼠剂在饵料上黏着牢固而不脱落。常用的有香油、豆油、花生油、菜籽油等。油类黏附在毒饵上有防潮作用，田间使用，能保持较长时间不腐败失效。另外，在毒饵中加少量的食盐、食糖和味精，能增强对鼠的诱食性。这些引诱剂的加入量，一般是植物油为 1%~3%，食糖为 3%~5%，食盐为 0.5%~1%，味精为 0.1%。

配制毒饵的具体方法有以下 6 种：

（1）浸泡法　用此法配制含水较多的毒饵，选用可溶于水的杀鼠剂，如敌鼠钠盐。例如：配制 0.05% 敌鼠钠盐大米毒饵 10kg 时，取 5g 敌鼠钠盐溶于 1000mL 的 100 ℃ 的水中，使之完全溶解并搅匀，将药水倒入 10kg 大米中，反复搅拌 1~2 小时至药液被完全吸收，取出晾干即成。

（2）黏附法　用不溶于水的杀鼠剂配制毒饵时，先用植物油或黏米汤作黏着剂，与谷物或其他粒状、块状食物饵料拌匀后，再加入杀鼠剂母粉搅拌均匀即可。

（3）混匀法　用面粉或其他粉末状饵料与杀鼠剂混合制成颗粒毒饵。先用水溶解杀鼠剂，加入适量食盐，再与饵料拌匀，制成面丸或面块，每个重 1~2g，即可使用，这种现配现用的湿毒饵适口性好。如需贮存，把拌好的药面用绞肉机压成条，或制成小颗粒，晾干或用红外线干燥，装袋封口防潮即可。

（4）蜡块毒饵　将杀鼠剂和基饵加入石蜡制成蜡块，主要用于潮湿环境灭鼠。例如，0.05% 杀鼠醚蜡块制备方法为：石蜡 3 份，0.0715% 杀鼠醚玉米粉或大米 7 份，将石蜡加热熔化后加入敌鼠钠盐玉米粉或大米搅拌，制成 20g 左右的蜡块。

（5）毒水　主要用于缺水环境中家鼠的防治。常用的有 0.025% 敌鼠钠盐、0.025% 杀鼠灵钠盐等。一般要加入 5% 食糖作引诱剂和加入 0.1% 蓝黑墨水作为警戒色。

（6）毒粉　主要用于室内处理鼠洞、鼠道，毒杀家栖鼠类。常用的有 0.5% 杀鼠灵等。可用喷粉机沿墙等距或按洞喷粉，粉片面积为 9cm×15cm，厚 2~3cm，每 15m² 左右的房间布粉 2 块。

591. 配制毒饵为什么要加防霉、防虫剂和警戒色？

杀鼠剂不具有杀菌、杀虫作用。配制的毒饵，特别是在高温、高湿地区使用的毒饵，或由工厂生产的商品毒饵，需贮存、运输，所以需要添加防霉剂和防虫剂以防止发霉和虫蛀。常用的防霉剂主要有苯甲酸、山梨酸、硝基苯酚、三氯苯基醋酸盐、丙酸及某些食品防腐剂等。防虫剂可选用无怪味的广谱杀虫剂如敌百虫等。为防止鼠类拒食，选用防霉、防虫剂前一定要用靶鼠作试验，以确定能否应用及应用浓度。如能有组织地集中配制，就地现配现用，则可不加防霉防虫剂。

配制毒饵加警戒色的目的主要是为了保证人畜安全，避免误食。警戒色可以把毒饵与无毒饵料明显区分，避免将灭鼠后的剩余毒饵误认为是无毒谷物而食用中毒。红色对许多动物而言是有毒的标志，因而加红色的毒饵可防止对毒饵的误食；而鼠类对红色不敏感，不会影响取食。常用作警戒色染料有2%红蓝墨水、1%家用染料如煮蓝、曙红、普鲁士蓝等，也有用水绿、亚甲蓝、灯黑、单星绿等。染料种类很多，最好选适口性好、易溶于水、醒目、使用方便的。

592. 什么季节和天气投放毒饵的灭鼠效果最好？

化学灭鼠不能在鼠害已成灾时才开始，投放毒饵必须在鼠繁殖高峰前、尚未造成严重危害时进行。我国北方鼠类一般1年出现1次繁殖高峰；南方鼠类则1年有2次繁殖高峰，还有的出现3次高峰。要根据各地的优势鼠种繁殖规律，在其繁殖高峰到来前确定有利时机进行毒饵投放。

一般来说，投放季节应选择在害鼠繁殖启动期进行。各种老鼠的繁殖情况虽有不同，但通常在春季都有一个繁殖高峰。在我国北方地区，往往选择春季3～5月份进行灭鼠；而南方农田一年必须进行2次全面灭鼠和1次局部补充灭鼠，才能有效地控制水稻田的鼠害。因此，冬末春初正值害鼠繁殖高峰前，又恰是田间食物缺乏及农闲季节，是投饵灭鼠的有利时机。需要1年灭鼠2次的地区，第2次选择什么时期，就需要因地制宜而确定了。

在田间、草原、林区灭鼠，要避开雨雪天、大风天，以免淋湿毒饵，影响适口性。室内灭鼠，特别是家庭灭鼠，为防止畜禽及小孩误食，应坚持晚上投放早晨收回。

593. 什么方式投放毒饵灭杀率高？

在野外和农田中进行投饵的原则是在傍晚将毒饵投放在鼠洞内、鼠洞外、鼠道上或鼠类经常活动的场所。常用的方法有：

（1）按洞口投饵　适用于洞口明显的害鼠发生地区。可将毒饵投在距鼠洞口10～20cm的鼠道上，农田、草原的鼠洞每洞投毒饵0.1～0.2g，家鼠洞每洞投毒饵0.5～1g。

（2）按鼠迹投饵　适用于鼠洞不易找到、易于发现鼠迹的鼠类。一般林区鼠迹明显，但洞口多在灌木丛下，难寻，可按鼠迹投饵。投饵量应根据鼠类密度和食量计算，通常为按洞口投饵的3～5倍。慢性抗凝血剂亩用量为100～200g。此法在鼠洞密集、多洞口群居鼠以及牧区、林区或居民建筑内均可采用。

（3）均匀投饵　将毒饵均匀地撒施在有鼠的田块。适用于鼠洞不易寻找的鼠种和灌木丛生的林地，可采用机械化或飞机投饵。根据鼠密度增减投饵量，慢性抗凝血剂亩用100～200g，以每平方米至少有5粒毒饵为宜。一般是采用带状投撒方式，即撒施一条，间隔一条，再撒施一条。每条宽度，徒手投撒为3m，机械投撒为20～30m，飞机投撒为30～50m。也可在鼠洞口不易找、大面积草原或大面积平坦旱作农田苗期，在灭鼠地块上按行列排成5～10m的棋盘式网络，每行交汇点投饵5g左右。

（4）毒饵包和毒饵盒　将毒饵置于小塑料袋中投放，在老鼠咬破包装之前可以防潮防虫，室内外和潮湿多雨季节适用。毒饵盒则可以就地取材，其结构为两头开口的筒状物，将其贴近墙角或墙边，既可增加老鼠进入其中取食的概率，又可阻止非靶标动物取食，或风吹雨淋的损失。竹筒、塑料管、纸盒、空心砖等均可使用。

害鼠在农田中的分布集中于田埂、田边。在麦田、稻田或休闲地中的田块，特别是宽田埂以及田块周围的鼠密度比田中间高 10～500 倍。因此，可以沿田埂、地边向内10m 宽范围，每隔 5～10m 投饵一堆，每堆 3～5g，绕地一周。在水稻田，害鼠多栖居于田埂，特别宽田埂栖鼠多。投饵以宽田埂为主，小田埂为辅，即可达到灭鼠的目的。

在室内灭鼠，把毒饵投放在家鼠经常走动的墙脚旁、厨房、窗台上、碗橱下、厕所内、阴沟旁、猪圈、鸡舍等地方。所用杀鼠剂多为慢性抗凝血剂，采用饱和式多次投饵法，即将单位面积总投饵量分为 3 次投撒，第 1 次投总量的 1/2，间隔不超过 48h，接连进行第 2 次和第 3 次补投余下的毒饵；补投时，根据前次投的饵被吃掉多少进行补充；全部被吃光则说明鼠多应加倍补投。最后检查时，如地面尚有余饵，说明害鼠已基本杀死。一般按一间房 $15m^2$ 计算，每间房投 1～2 堆，每堆 15g。

594. 化学灭鼠为什么必须统一组织、大范围连片防治？

使用杀鼠剂灭鼠要求大面积连片灭治，灭鼠效果在 85％ 以上其成效才可保持 1 年以上，隔年灭治 1 次可控制鼠害。相反地，如果分散投药，虽也能灭杀一部分害鼠，但由于鼠活动能力强、范围广，有的鼠一夜可跑出 1～2km，这样未投药灭治地块的鼠很快迁移入投药灭治地块繁殖，使鼠数量很快恢复。如果一次灭鼠效果低于 70％，则往往是老弱病残鼠中毒死亡而壮鼠存活，形成去劣存优，起到了优化种群的作用，使其繁殖力更强，生长发育良好，鼠数量迅速回升，几个月后就能恢复到灭前的水平，灭鼠效果完全丧失。

595. 杀鼠灵应怎样使用？

杀鼠灵又叫灭鼠灵，属第一代抗凝血杀鼠剂。杀鼠灵适口性好，老鼠吃后仍来取食，所以灭鼠效果甚佳。一般在投毒饵后第 3 天发现死鼠，第 4～6 天出现死亡高峰。产品有 97％、98％ 原粉，2.5％ 母粉，0.025％、0.05％ 毒饵，原药、母液、母粉供配制毒饵使用。杀鼠灵是不溶于水的粉末，可用黏附法或混合法配制，以食糖作引诱剂。在农田、草原或林区使用 0.04％～0.05％ 毒饵。

杀鼠灵主要用于灭家鼠，因对牛、羊、鸡、鸭毒性较低，也用于畜禽舍灭鼠。杀鼠灵的突出优点是慢性毒力比急性毒力大 4 倍，多次服用所产生的毒力远远超过一次服药。鼠类少量多次吃药后，药剂在体内积累达到致死剂量，就会死去。因此，使用杀鼠灵毒饵的浓度不必太高。

投放方法为：

（1）室内使用　如果选用 0.025％ 毒饵，每个房间（按 $15m^2$ 计）投毒饵 20～50g，每堆 10g。投药 48h 后检查，毒饵被吃掉的要补投，全部吃掉的要加倍补投。如果使用0.05％ 毒饵，适口性大减，每 $15m^2$ 投 2 堆，每堆 15g。而毒饵含量低于 0.025％ 时，则中毒鼠存活时间明显延长。投药时必须使鼠多次连续服药，每次投药之间的间隔不宜超过 48h，否则将影响毒力。

（2）田间使用　每公顷投饵 500～1000g，每堆 50～100g，也可根据鼠密度不同增减毒饵用量，采用堆施或穴施。死鼠和剩余药剂要收集焚烧或深埋。

596. 杀鼠醚应怎样使用？

杀鼠醚属第一代抗凝血杀鼠剂，急性和慢性毒力均强于杀鼠灵，适口性也优于杀鼠灵，配制的毒饵带有香蕉味，对鼠有一定的引诱作用。杀鼠醚产品有 0.0375％毒饵，0.75％追踪粉，0.75％、3.75％母粉，98％原药。杀鼠醚对多种鼠类均有良好灭除效果，适用于住宅、粮库、食品店、禽畜养殖场以及农田、草场、林地等多种环境灭鼠，死鼠高峰为投药后 4～7 天。

常选用 2 种浓度进行使用：

（1）0.0375％毒饵　每 15m² 放置 1 堆，每堆 15～20g；在室外施用时，按每 60～70m²（8m×8m）投放 1 堆，每堆 15～20g。投药 48h 后检查，吃多少补多少，全部吃掉要加倍投，连续投 5 天。

（2）0.75％追踪粉　可直接用作舔剂杀灭家鼠和田鼠。一般场所杀鼠，每间隔 10m 设一个投饵站（点），每个毒饵点放 250g 毒饵，每日检查并根据消耗量适当补充，直至老鼠不再取食为止。也可采用直接撒施法，即每个投药点（20cm×20cm 范围）撒施薄薄一层（10g），每日检查并根据消耗量适当补充，直到不再减少为止；或者制成饵剂堆施，即 1 份药剂与 19 份鼠类喜食的食物混合均匀制成毒饵。

597. 敌鼠钠盐已使用多年，继续使用效果如何？

敌鼠钠盐属第一代抗凝血杀鼠剂，在我国使用已近 30 年，目前未见明显抗性种群报道，因此仍为大面积农、牧、林区推广使用的较好品种。产品有 80％原药，40％母药，0.05％、0.1％毒饵。

敌鼠钠盐对鼠类具有较强的胃毒作用，主要破坏血液中的凝血酶原，使之失去活力，并使毛细血管变脆，抗张力减退，血液渗透性增强，损害肝小叶。鼠类食后精神萎靡不振，蹲缩地面，浑身发抖，2～3 天后口、耳、鼻、内脏、皮下出现内出血或外伤流血不止，3～4 天后会安静地死去。如大剂量急性中毒，则出现呼吸循环受阻，影响正常呼吸，窒息而死。

敌鼠钠盐溶于水，现场配制毒饵时可将敌鼠钠盐用适量水溶化后，采用浸泡吸收法、混合法、湿拌法制作 0.05％毒饵。配制毒饵可加入食用植物油作为增效剂，但不宜使用芝麻油。防治农田或荒地老鼠，一般每洞或每堆投放毒饵 10～20g。因其慢性毒力远大于急性毒力，适于少量、多次投药灭鼠，第 1 天投总量的 1/2，在第 2 天、第 3 天内补足前一天被吃去的毒饵，吃多少补多少，如全部吃光，表明当地鼠多，则要加倍补充毒饵。一般在投饵后 2～3 天开始出现死鼠，第 5～8 天死鼠达高峰，出现死鼠时间可延续 10 余天。如果需要加大毒饵浓度，应用含量 0.1％的毒饵，每亩投饵 125g；一次投放，将毒饵撒开不要成堆，使鼠少量多次取食，发挥多次服药毒力强的特点，效果也好；但浓度过大，会影响适口性。

投放方法为：

（1）室内使用　室内每点用 0.05％毒饵 10g 左右，室外每点用 6g 左右。

（2）田间使用　每鼠洞投放 0.05％毒饵 10～20g，或每亩投放 30 堆左右，每堆 10～20g。

因猫、狗、兔对敌鼠钠盐敏感，大量食用会发生二次中毒现象，应将死鼠深埋。人一旦误食敌鼠钠中毒，应在 3h 以内，给予吐根糖浆催吐，口服或肌肉、静脉注射维生素 K_1 进行解毒。

598. 溴敌隆有什么特点？　可防治哪些害鼠？

溴敌隆又叫乐万通，是第二代抗凝血杀鼠剂，产品有 0.005％、0.01％、0.05％毒饵，0.5％母粉，0.5％母液，92％、95％、98％原药。溴敌隆是目前应用最广的杀鼠剂，对鼠类有极强的胃毒作用，使用毒饵含量仅为 0.005％。杀鼠谱广，对多种家鼠和田鼠均能有效地防治。适口性好，害鼠喜食，且不易引起老鼠惊觉，既具有杀鼠作用缓慢，可以小剂量、多次投药灭鼠彻底的特点，又有急性毒力强的优点，一次投毒即有效。鼠死亡高峰一般在投药后 4～6 天。防治对第一代抗凝血杀鼠剂产生耐药性的鼠有高效，但应注意在无第一代抗性鼠种群出现地区不应大面积使用溴敌隆。如果施用也应与第一代抗凝血剂轮换施用。若发生中毒，可在医生指导下服用解毒剂维生素 K_1，剂量为成人每日 40mg，儿童 20mg。

投放方法为：

（1）室内使用　每 15m^2 房间，以堆施或穴施方式投放 0.005％毒饵 20～30g 或 0.01％毒饵 10～20g，一次投药即可收效。

（2）田间使用　一般每亩设 20～30 点，每点投 0.005％毒饵 2～5g；也可沿周边每 5m 设 1 点，每点投 20g。防治的鼠种不同所需用的毒饵浓度及投饵量也不相同。高原鼢鼠每洞投 0.02％麦粒或青稞毒饵 10g，如选取鼢鼠喜食的胡萝卜切成 1cm×1cm 的小块配制成毒饵，则每洞投饵 12g；高原鼠兔每洞投 0.01％毒饵 1.5g；长爪沙鼠每洞投 0.01％毒饵 1g 或 0.005％毒饵 2g；黄鼠每洞投 0.005％毒饵 15～20g，投放在洞口以外 30～50cm 处效果最好；达乌尔鼠每洞投 0.005％毒饵 3～5g。一次投药即可收效，必要时隔 7～10 天再补投一次被吃掉的毒饵量。

599. 溴鼠灵应怎样使用？

溴鼠灵又称溴联苯鼠隆、溴鼠隆，属第二代抗凝血杀鼠剂，进口产品的商品名为大隆，产品有 0.005％饵剂，0.005％蜡块，0.005％毒饵，0.5％溴鼠灵母液，93％、95％原药。

溴鼠灵特点与溴敌隆相似，兼有速效性和缓效性杀鼠剂的优点，其毒力为杀鼠灵的 137 倍，配制的毒饵适口性和效力都好，杀鼠谱广，能防治多种家鼠和田间野鼠，鼠取食毒饵后 4～12 天出现症状，小家鼠则为 1～26 天。使用时一次投饵或间歇投饵（即 1 周投饵 1 次）均可。溴鼠灵的缺点是对非靶标动物、人、畜、禽，特别是鸡、狗、猪很危险，其二次中毒的危险性也比第一代抗凝血杀鼠剂大，有些国家已禁在城市使用。因此，在使用时须特别注意安全操作，若发生中毒现象，及时送医院救治，特效解毒剂是维生素 K_1。

投放方法为：

（1）室内使用　每 15m² 房间投 0.005％毒饵或蜡块 15~30g。

（2）田间使用　每亩投 0.005％毒饵或蜡块 60~200g 或每洞投 15~20g。蜡块在室内投放后 20 天仍在继续发挥杀鼠作用，很适于南方潮湿地区使用。

600. 氟鼠灵在我国应用情况如何？

氟鼠灵又称氟鼠酮。产品为 0.005％毒饵，为进口产品。它属第二代抗凝血杀鼠剂，化学结构和生物活性与溴鼠灵类似，特性与用法也与溴鼠灵比较接近。适口性好，急性毒力大，害鼠一次取食即可达到防治目的，中毒后 2~10 天死亡。对非靶标动物比较安全，仅对狗毒性大。在我国试验使用结果表明，对室内外和农、牧、林区的各种害鼠都有很好防治效果，1 次投药即可。与国产抗凝血杀鼠剂相比，它的价格高，效果无明显差异，应用时应针对当地优势鼠种，先试验，再推广。

为了达到最佳防治效果，可以采用"间歇投饵"方法，投饵间隔期 7~10 天。首次投饵，若对大鼠每个投饵点用量 8~12g（约 2~3 粒）毒饵，而对小鼠使用 4g（约 1 粒）毒饵即可。虽然在第一次投饵周期内，许多投饵点的毒饵可能很快被部分取食或吃光，但不必理会，待 7~10 天的间歇期后再进行第二次投饵，以补充前期被取食的毒饵。这种延长投饵间隔的方法可保证在"第一间隔期"取食毒饵的老鼠在第 2 次投饵前均已死亡。经过 2~3 次投饵，鼠害将在 21 天内得到彻底控制。在中等和局部发生鼠害的农田，标准投饵量为 1~1.5kg/hm²。在工厂和仓库等地投饵量会因鼠害危害程度和建筑环境不同而有差异，而对于鼠害较轻的室内环境，建议每 100m² 投饵 100g 左右。对于氟鼠灵穿孔蜡块，可根据具体应用环境加以固定使用。每个投饵点投放 1~2 块（20~40g），可直接放置于毒饵盒内，或使用铁丝或铁钉固定。

投放方法为：

（1）室内使用　室内每 15m² 房间用 0.005％毒饵 50g，分数堆投放。每隔 2m 设一投饵点，每点 4g（约 1 粒）毒饵。在夏秋季节，田间食物丰富，有的家鼠迁至室外，可选择田间食物缺少时投饵，每隔 5m 设一投饵点，每点 8~12g（约 2~3 粒）。

（2）田间使用　亩用 0.005％毒饵 70~100g，堆施。例如，在南方水稻秧田，每亩设 5 点，每点投饵 20g。氟鼠灵毒性高，使用时须注意安全，严防儿童及狗、鹅接近毒饵，用药后认真清理包装物，将鼠尸掩埋或烧掉。用药前准备好解毒剂维生素 K_1。

601. 肉毒梭菌毒素作为杀鼠剂是否安全？

肉毒素为肉毒梭菌繁殖时产生的外毒素，是一种高分子蛋白质毒素。肉毒梭菌毒素是最强的神经麻痹毒素之一，中毒动物经肠道吸收后作用于颅脑神经和外周神经与肌肉接头处及植物神经末梢，阻碍乙酰胆碱的释放，导致肌肉麻痹，引起运动神经末梢麻痹，毒性极强，被联合国生物武器公约组织列入严格管理名单之中。肉毒素分 A、B、C_a、C_β、D、E、F 和 G 8 个类型，分别由相应型肉毒梭菌产生。在我国，D 型和 C_a 型肉毒梭菌毒素符合杀鼠剂的条件，并已取得农药注册登记。C 型肉毒素产品为 100 万毒价/mL 水剂和浓饵剂、3000 毒价/g 饵粒；D 型肉毒素产品为 1000 万毒价/mL 水剂、1500 万毒价/mL 浓饵剂、1 亿毒价/g 饵粒。

害鼠中毒后，一般 3~6h 就出现症状，表现为精神萎靡，食欲废绝，嘴鼻流液，行走左右摇摆，继而四肢麻痹，全身瘫痪，最终因呼吸困难死去，不发生狂叫、躁动、暴跳等神经兴奋症状，不会影响残存鼠的盗食活动，有利于提高灭鼠效果。中毒较轻的鼠，经 24～48h 后出现症状。鼠中毒的潜伏期一般为 12～48h，死亡时间在 2～4 天。介于急性与慢性之间，属亚急性杀鼠剂。目前，C 型和 D 型肉毒素已加强管理，属于限制使用和定点经营之列。

C 型肉毒素的使用方法：

（1）毒饵配制方法　一般配成 0.1%～0.2% 含量的毒饵。如配制 50kg 毒饵，先在拌毒饵容器内放入清水 10kg，用一般的河水、自来水，不宜用碱性大的水，略偏酸性为好，再倒入制剂 50～100mL，轻轻摇动，使其充分溶解，最后倒入饵料（如燕麦）50kg，充分搅拌，使每粒饵料都吸有药液。由于药剂的适口性好，不必加引诱剂，最好现配现用。

（2）防治田鼠　采用洞施，一般亩投 75g 毒饵。防治高原鼠兔，每洞投饵 0.5～1g（约 15 粒）；防治棕色田鼠，每洞投饵 100 粒；防治高原鼢鼠，每洞投饵 70 粒；防治布氏田鼠，每洞投 1g，投在洞旁 10～20cm 处。

（3）防治家栖鼠　对褐家鼠、黄胸鼠、小家鼠效果均好。每 15m^2 房间可投 2 堆，每堆 5～10g，投放在室内地面、墙边、墙角等处。

本药剂对人畜毒性较高，大面积灭鼠时，万一误食，可用 C 型肉毒梭菌抗血清治疗。

602. 什么叫沙门氏杆菌？　能开发为杀鼠剂吗？

肠炎沙门菌变体，又叫生物猫，是鼠类的专性寄生菌，进入鼠体后，主要在消化系统内繁殖，降低害鼠的免疫力，引起鼠呼吸加速，器官坏死，大量内出血，4～16 天死亡。曾在我国申请登记注册，但由于对人畜等非靶标生物安全性的问题并未获得产品登记，不可使用。

603. 雷公藤内酯醇和雷公藤甲素属何类杀鼠剂？

雷公藤内酯醇来源于卫矛科雷公藤植物，为植物源农药。雷公藤提取物雷公藤多苷目前已分离出 70 余种成分，具有多种药理活性，雷公藤内酯醇是其中最具药理活性的物质，具有显著的抗生育作用，主要是损伤鼠类睾丸生精细胞，减少精子，为雄性不育杀鼠剂。然而，虽然雷公藤甲素登记为不育剂，但是其对鼠类的毒杀作用出现在 16～24h，其毒力（对褐家鼠的 LD_{50} 为 1.0～1.3mg/kg）与第二代抗凝血剂溴敌隆的毒力（对褐家鼠的 LD_{50} 为 1.12mg/kg）相仿，但是作用时间更短，属于急性杀鼠剂类别，应进行严格管理和安全防护。

604. 莪术醇属何类杀鼠剂？

莪术醇从姜科植物莪术的根茎提取而得，属植物源农药，为萜类化合物。其作用机理是破坏雌鼠生殖，从而降低害鼠种群密度，达到防治目的，而不是直接杀死害鼠，为抗生育杀鼠剂。产品为 0.2% 饵剂。对农田和森林害鼠有较好的防治效果。每公顷用饵剂 5kg，可采用 10m×10m 等距投饵法，把药装在带孔塑料袋里，每袋装 50g，每点投

1袋，足量投药1次即可使雌鼠怀胎率、胎仔率、幼崽成活率均显著下降。莪术醇属低毒类农药，对非靶标生物也安全。

605. 胆钙化醇属何类杀鼠剂？

胆钙化醇，又名维生素 D_3，是一种对人类及高等动物生长、发育、繁殖、维持生命和保证健康不可缺少的脂溶性维生素。作为杀鼠剂，胆钙化醇作用机理是其在鼠体内代谢形成 2,5-二羟基胆钙化醇，增加肠道吸收钙和磷的能力；同时动员鼠骨骼基质中储存的钙进入血液，减少肾脏对钙的排泄，结果使血液中钙含量快速提升。高血钙浓度对鼠类的心脏、肾脏等循环系统、排泄系统造成致命损伤；并引发软组织钙化，特别是引起肾、心、肺、胃等靶器官的软组织钙化，鼠类最终因高钙血症而死亡。与杀鼠醚复配后可延长凝血因子低效价时间，增加药效。误食胆钙化醇灭鼠剂通常不会超出居民每日维生素 D_3 最大允许摄取量标准，因此对人和大型动物安全。产品为 0.075% 饵剂，97% 原药。

606. 地芬·硫酸钡属于何类杀鼠剂？

地芬·硫酸钡主要成分为活体微生物、医用造影剂硫酸钡和止泻剂地芬诺酯加诱食剂等组成，这些成分都是人可以直接食用的，所以毒性极低，甚至可以说完全无毒。该药物的作用原理是通过地芬诺酯减缓肠蠕动，使摄入的饵剂不易分散，饵剂中的功能微生物发酵产生的气体导致硫酸钡堆积在老鼠的肠道中产生梗阻，从而导致害鼠不能进食，造成体内营养缺乏、脏器衰竭而死亡。20.02% 的地芬·硫酸钡在农田的防治用量为每亩 150～300g。

607. 毒鼠强中毒后如何诊断？ 如何急救？

临床表现为中毒潜伏期短，在进食后 10～30min 发作，短时 5min，个别病例长达13h。主要表现为四肢抽搐、惊厥，多因强直性惊厥导致呼吸衰竭而死亡。因此易与癫痫样疾病混淆，如原发性癫痫症、中枢神经系统感染性疾病、脑血管意外、亲神经毒物中毒等。特别注意要与氟乙酰胺中毒进行鉴别。

诊断主要根据毒鼠强接触史，以及血、尿和呕吐物等生物样品中毒鼠强的检测情况。诊断分 3 级：轻度中毒，出现头痛、头晕、恶心、呕吐和四肢无力的症状，有肌颤或局灶性癫痫样发作；中度中毒，在轻度中毒基础上，出现癫痫样大发作或者精神病样症状（幻想、妄想等）；重度中毒，在中度中毒基础上，出现癫痫样持续状态或脏器功能衰竭。

目前尚缺乏明确的特效解毒剂，不能排除有机氯类灭鼠剂中毒者，在明确诊断之前可使用乙酰胺。主要方法如下：

（1）清除体内毒物

① 催吐：对于意识清晰、经口中毒不足 24h 的患者应立即催吐；

② 洗胃：清水即可，每次洗胃液量为 300～500mL，直至洗出液澄清；中、重度中毒的患者保留洗胃管，以备反复洗胃和灌入活性炭；

③ 活性炭：轻度中毒患者洗胃后给予活性炭 1 次，中、重度中毒患者洗胃后最初

24h 内，每 6～8h 使用活性炭 1 次，24h 后仍可使用。剂量为成人每次 50g，儿童每次 1g/kg，配成 8%～10%混悬液经洗胃管灌入；

④ 血液灌流：中、重度中毒患者应在早期进行血液灌流，可多次进行，直至癫痫症状得以控制。

（2）镇静止痉

① 苯巴比妥：基础用药，可与其他镇静止痉药物合用。轻度中毒每次 0.1g，每 8h 肌肉注射 1 次；中、重度中毒每次 0.1～0.2g，每 6～8h 肌内注射 1 次。儿童每次 2mg/kg。抽搐停止后减量使用 3～7d。

② 地西泮：癫痫大发作时和癫痫持续状态的首选药物。成人每次 10～20mg，儿童每次 0.3～0.5mg/kg，缓慢静脉注射，成人的注射速度不超过 5mg/min，儿童的注射速度不超过 2mg/min。必要时可重复静脉注射，间隔时间在 15min 以上。不宜加入液体中静脉滴注。

③ 其他：癫痫持续状态超过 30min，连续两次使用地西泮仍不能有效控制抽搐，应及时使用静脉麻醉剂（如硫喷妥钠）或骨骼松弛剂（如维库溴铵）。

（3）对症支持治疗　密切监护心、脑、肝、肾等重要脏器功能，及时给予相应的治疗措施。

608. 氟乙酰胺、氟乙酸钠和甘氟中毒后如何诊断？ 如何急救？

可通过胃肠道、肺和破伤皮肤吸收。临床表现为中毒潜伏期短，常表现为上腹部不适和恶心呕吐。先驱症状为感觉异常、幻觉、癫痫样抽搐，随后出现心律紊乱、神志不清、血压下降、肠麻痹、大小便失禁、心脏衰竭等。

诊断需要根据残留毒饵和患者胃内容物化学分析。急救方法为：

① 洗胃与导泻。用 0.2%～0.5%氯化钙或者稀石灰水反复洗胃，给中毒者饮用豆浆、牛奶或者蛋白水等，并服钙盐，如葡萄糖酸钙或乳酸钙 1～2g。导泻可口服硫酸镁或者硫酸钠，剂量为 30g。

② 按每日 0.3g/kg 的剂量，分 2～4 次肌内注射乙酰胺（又称解氟灵）的 50%水溶液，首次剂量为全日量的一半，以后每隔 6～12h 注射一次。口服分析纯的乙酰胺亦可。还可肌内注射单乙酸甘油，0.1～0.5mL/kg 或者静脉注射乙醇乙酸钠溶液（乙醇 0.8mg/kg，10%乙酸钠溶液 20mL/kg）。

③ 注意保持患者体温，用镇静剂控制痉挛或者惊厥时要控制用量。禁用洋地黄制剂。

609. 抗凝血类杀鼠剂中毒后如何诊断？ 如何急救？

主要作用是破坏凝血功能和损伤微小血管，引起内出血等。小剂量中毒一般没有症状，大剂量中毒会出现恶心、呕吐、食欲减退、精神不振，严重可致血尿、鼻出血、皮肤紫癜、牙龈出血、咳血和沥青样便、腹痛和背痛。晚期患者有贫血虚弱和胃绞痛的症状，严重者发生休克。

诊断方法除患者主诉和临床症状外，主要通过奎克试验测定血浆凝血酶原时间，正常值为（12±1）s，在中毒 24～48h 内，凝血酶原时间延长。

对中毒者的处理，除催吐、洗胃或者导泻外，维生素 K_1 是特效解救药。使用剂量一般为 10～30mg 加入 5％～10％葡萄糖内作静脉点滴或肌肉注射，每日 1～3 次。亦可首次使用 50mg 静脉注射，以后改为 10～20mg 肌肉注射，每日 1～3 次。在治疗同时应保持安静并保温。一般情况下，治疗开始几小时后或 24h 内可收到明显止血效果。对中毒严重患者，可将初次静脉注射用量加大到 40～50mg，每日用 100～300mg，待出血倾向基本停止或凝血酶原时间恢复正常后，可逐渐减量。

氢化可的松对改善毛细血管损伤和缓解中毒症状有一定效果；维生素 C 可减少血管通透性，促进止血；维生素 K_3 和其他凝血药和止血药只能作为维生素 K_1 的辅助药物使用。另外，对于第二代抗凝血杀鼠剂，如溴敌隆、溴鼠灵（大隆）、氟鼠灵（杀它仗）等，应加大维生素 K_1 的用量，并持续给药至患者凝血酶原时间接近或恢复正常后1 周。

九、杀软体动物剂

610. 什么叫作杀软体动物剂?

杀软体动物剂是指用于防治危害农、林、渔业等的有害软体动物的一类农药。危害农作物的软体动物隶属于软体动物门腹足纲,主要有蜗牛、蛞蝓、田螺、钉螺等。它们可以快速繁殖,发生量大,对植物生长的全过程都会带来很大影响:其食性贪婪,咬食作物的幼芽、嫩茎、嫩叶,使作物茎断、叶片成孔洞,因而减产;其黏液、排泄物污染瓜、果蔬菜,降低农产品的品质;对作物的根、茎、叶造成的伤口,利于病原微生物入侵,促使病害加重;钉螺是血吸虫的唯一中间宿主,是血吸虫病传播中不可缺少的环节。

杀软体动物剂按照物质类别可分为无机和有机两大类。

无机杀软体动物剂为最早开发应用的一类,主要有氰氨化钙、硫酸铜和砷酸钙。后两种因毒性和环境问题已被各国停止使用,仅有氰氨化钙仍在某些国家用于防治水稻田钉螺。近年来推广使用硼镁石粉防治钉螺,偏磷酸亚铁防治蛞蝓和蜗牛,显示出了较好的应用前景。

由于无机杀软体动物剂使用效果较有机杀软体动物剂差,其性质稳定,使用后对土壤性质和环境有一定的负面影响,因此研发比有机杀软体动物剂慢得多。

有机杀软体动物剂为目前化学防治软体动物的主要药剂。其研究始于 1934 年在南非使用四聚乙醛毒饵防治蜗牛和蛞蝓的试验,20 世纪 50 年代以后相继发现了五氯酚钠、杀螺胺、三苯甲基吗啉(蜗螺杀,triphenmorph)、氧化双三丁基锡[丁蜗锡,bis(tributyltin) oxide]、灭梭威(灭旱螺,methiocarb)等。

杀软体动物剂发展缓慢,品种少,其中的一些品种对鱼类和哺乳动物毒性大,个别品种在人体内有累积毒性,也有的品种会严重抑制土壤微生物。因此,高效,对高等动物、鱼类及人类安全,对环境友好的新型杀软体动物剂亟待研究与开发。

611. 螺威是什么样的杀螺剂?

螺威是从油茶科植物种子中提取的五环三萜类物质,属植物源杀螺剂,产品为 4% 粉剂。主要用于杀钉螺,其作用机理是与红细胞壁上的胆甾醇结合,生成不溶于水的复合物沉淀,使细胞内渗透压增加而发生崩解,导致溶血现象,从而杀死钉螺。

防治滩涂上钉螺，每平方米用4％粉剂5～7.5g，加细土稀释后均匀撒施。当环境温度低于15℃时，应使用推荐剂量的高限。

螺威对人畜低毒，但对鱼、虾高毒，只批准用于滩涂灭螺，不得用于鱼塘、沟渠。使用时注意不要把药粉撒入水体或污染周边有鱼、虾等的养殖池塘。

612. 杀螺胺有何特点？ 如何使用？

杀螺胺为酰胺类化合物，是很有效的杀螺剂，对蛞蝓也有良好防效。作用于钉螺后，可阻止害螺对氧的摄入而降低呼吸作用，同时使螺体内多种酶的活性降低，导致各项生理功能紊乱和丧失，从而引起钉螺死亡，产品为70％可湿性粉剂。

（1）杀灭稻田福寿螺　在田间保持3cm水层但不淹没稻苗，亩用70％可湿性粉剂40～50g，对水喷洒或配成毒土撒施。施药后保水层，至少2天不再灌水。

（2）杀灭钉螺　在滩涂上，春季每平方米用70％可湿性粉剂1g，对水喷洒；或在秋季采用浸杀法，即将药施于有积水的洼地，使水中药剂浓度为0.2～0.4mg/L，保持2～3天。

在水源困难、不利于喷洒和浸杀的情况下，可采取与细沙掺拌后撒粉灭螺。

（3）防治蛞蝓　用70％可湿性粉剂200～500倍液直接喷洒于蛞蝓体上，晴天宜在早晨蛞蝓尚未潜土时施药，阴天可在上午施药。

使用杀螺胺须注意3点：

① 在低浓度时杀螺作用较慢，钉螺有上爬逃出水体的现象，导致灭螺效果降低。为此，可在杀螺胺中加入适量的增效剂，为槟榔生物碱或O,O'-二乙基-O''-（邻氯苯乙腈肟）硫代磷酸酯来提高防治效果。

② 杀螺胺的干粉和浓药液对人体黏膜有刺激作用，可使眼产生刺痛、流泪、鼻塞、流涕、喉干痛及发音嘶哑等症状，但停止接触药剂1h后症状可自行消除，使用和搬运药剂须注意防护。

③ 杀螺胺对鱼、虾、硅、贝类等有强毒杀作用，使用时须注意。

613. 杀螺胺乙醇胺盐与杀螺胺有何异同？

杀螺胺难溶于水，为改善其水溶性，将其制成杀螺胺乙醇胺盐，使在水中溶解度达到0.1g/L（20℃），还减轻了对眼睛和皮肤的刺激性。

杀螺胺乙醇胺盐的杀螺活性及作用机理与杀螺胺相同，产品有25％、50％、60％、70％、80％可湿性粉剂，4％粉剂。

① 防治水稻福寿螺，亩用50％可湿性粉剂60～80g或70％可湿性粉剂30～40g，对水喷雾或撒毒土；或采用浸杀法，按每立方米水体用50％可湿性粉剂4g。

② 杀灭钉螺，春季在湖洲、河滩上按每平方米用80％或70％可湿性粉剂1～2g对水喷雾；秋冬季可用浸杀灭螺法，就是把药剂喷施或配成毒土撒施在湖洲、河滩有积水的洼地，使水中含药浓度达0.2～0.4mg/L。浸杀2～3天，可杀死土表和土内的钉螺。当水源困难时，不利于喷洒或浸杀的情况下，可以每平方米喷4％粉剂25～50g或采用细沙拌药撒粉灭螺。

③ 在农业上用于防治蛞蝓（即蜗牛）也有效。用0.1％～0.5％药液（即70％可湿

性粉剂 150～700 倍液）直接喷施于蛞蝓体上。晴天应在早晨蛞蝓尚未潜土时喷药，阴天可在上午施药。

614. 四聚乙醛有何特点？ 如何使用？

四聚乙醛又叫多聚乙醛，产品为 80％可湿性粉剂，40％悬浮剂，5％、6％、10％、15％颗粒剂。对福寿螺、蜗牛、钉螺、蛞蝓等软体动物有很强的胃毒作用，也有触杀作用，进入动物体后，使乙酰胆碱酯酶大量释放，破坏螺体内特殊的黏液，导致软体动物等神经麻痹而死。但对鱼等水生生物较安全，也不被植物体吸收，不会在植物体内积累。

（1）蜗牛和蛞蝓　可用于蔬菜、棉花、烟草、花卉等旱地作物田，一般亩用有效成分 25～40g，相当于 6％颗粒剂 420～670g，5％颗粒剂 500～800g，合每平方米有药粒 60～80 个。也可亩用 80％可湿性粉剂 40～50g，对水喷雾。

种苗地，应在种子刚发时即撒施。移栽地应在移栽后即施药。

（2）稻田福寿螺　宜在插秧后 1 天施药，亩用 6％颗粒剂 500～600g 撒施，或用 80％可湿性粉剂 800～1600 倍液喷洒。保持水层 3～4cm 7 天。

（3）钉螺　在滩涂，每平方米用 40％悬浮剂 2.5～5mL，对水喷洒。也可用于水产养殖区域和养殖水域灭钉螺。

四聚乙醛在 25℃左右时施药防效好，低于 15℃或 35℃以上时影响螺、蜗牛等取食与活动，防效不佳。

615. 怎样使用聚醛·甲萘威防治蜗牛？

聚醛·甲萘威是四聚乙醛与甲萘威复配的混剂，现有产品如下：

6％颗粒剂　含 4.5％四聚乙醛、1.5％甲萘威，防治旱地作物田蜗牛，亩用颗粒剂 570～750g，地面撒施。

616. 怎样使用四聚·杀螺胺防治钉螺？

四聚·杀螺胺混剂产品为 26％悬浮剂，内含四聚乙醛 1％、杀螺胺乙醇胺盐 25％，主要用于防治钉螺，一般每平方米用制剂 2～4g，在沟渠采用浸杀法，在滩涂采用喷洒法。

617. 怎样用速灭·硫酸铜防治蜗牛？

74％速灭·硫酸铜可湿性粉剂是速灭威与硫酸铜复配的混剂，用于防治旱地蜗牛，亩用制剂 280～330g，对水喷雾。

十、杀线虫剂

618. 线虫危害及杀线虫剂现状如何？

线虫属于无脊椎动物线形门线虫纲。植物和土壤中的植物寄生性线虫是植物侵染性病害的主要病原之一。但比真菌、细菌、病毒等病原具有能主动趋向和用口针刺入寄主，并自行转移危害的特点。它的危害不仅是吸取植株养分引起减产和品质下降，还可使根细胞过度增长成为瘿瘤，失去吸收养分和水分的能力，使植株衰死。另外可传带病菌并引发其他病害。

线虫给农作物造成的损失比其他病害更难于估测。全球每年被线虫危害的作物产量损失估计约780亿美元。据调查，在我国已发现40多种线虫病害，其中危害最严重的是土传的根结线虫和孢囊线虫。它们危害作物根部，难于观察，一般施药方法也难于使药剂达到危害部位，必须将药剂施于土壤中，因而它们的药剂防治也是比较困难的。一般讨论的杀线虫剂，主要是指防治这些根部线虫的药剂。危害作物地上部位的茎线虫和叶线虫，易于观察，使用某些内吸药剂和渗透性强的药剂即可防治。

杀线虫剂的品种甚少，目前，全世界的杀线虫剂品种近30种，而常用的不过10余种。按其作用方式，可分为熏蒸剂和非熏蒸剂两大类。

熏蒸性杀线虫剂是通过在土壤中扩散渗透而起熏蒸消毒作用的挥发性液体或气体杀线虫剂，这是开发与应用最早的一类杀线虫剂，多数品种因药效差或有环境安全问题已被禁用，只有棉隆、威百亩、氯化苦、1，3-二氯丙烯、硫酰氟等少数几个品种在生产上仍有应用，其中有的品种并非专用杀线虫剂，而是病虫，甚至草、鼠都治的杀生物剂。近30年来几乎没有什么新熏蒸性杀线虫剂问世。

非熏蒸性杀线虫剂主要包括有机磷类、氨基甲酸酯类和三氟丁烯类化合物，以有机磷类和氨基甲酸酯类为主。目前使用的品种都具有一定的内吸性，只对危害植物的线虫有效而不影响不危害植物的肉食性线虫，所以也称为选择性杀线虫剂。

除线磷是第一个有机磷杀线虫剂品种，也是第一个非熏蒸的土壤杀线虫剂，但因其使用时所需剂量过大，多数国家已不再使用。丰索磷已禁止在作物上使用，胺线磷和丁线磷原开发公司已停止生产。

有机磷和氨基甲酸酯类杀线虫的作用机理是抑制线虫的乙酰胆碱酯酶的活性。但这种抑制作用是可逆的，只是麻痹而非杀死线虫。当把中毒麻痹的线虫移出脱离药剂，线虫仍可以复苏。线虫受药麻痹后减少了活动，失去了侵入植物取食的能力，雌虫失去引诱雄虫的能力，而导致线虫的发育和繁殖受阻。使用后，线虫密度虽然没有明显下降，但是增产显著。

三氟丁烯类化合物具有杀线虫活性高、环境兼容性好，且具有一定的杀虫、杀螨作用等特点，有良好的开发前景。

杀线虫剂大多毒性高或很高，防治用药量大，因此亩投入药费大。线虫习居土壤中，很难彻底根除虫源，故重病田连年都要防治。这些都妨碍杀线虫剂的推广使用。

619. 土壤对杀线虫剂药效影响有多大？

土壤是线虫赖以生存的媒介，杀线虫剂又是施于土壤的，因此，土壤的性质、温度、湿度等均对杀线虫剂的药效有很大的影响。

杀线虫剂在土壤中的扩散，是在土壤胶体的空隙中或在土壤颗粒表面的水膜中进行的。熏蒸杀线虫剂以气态形式在土壤中扩散，而非熏蒸杀线虫剂是在水溶液中扩散。药剂在空气中的扩散速度比在水中扩散要快1万倍，但气体在土壤空隙中扩散受到土壤颗粒阻碍，速度大为减慢。

土壤对药剂的吸附能力，对药剂在土壤中扩散速度是有影响的。黏土成分高的吸附能力强，沙土则弱；土壤颗粒小，则表面积大，吸附能力亦大。当熏蒸杀线虫剂施于土壤后，最好能迅速扩散，并在土壤中保持一段时间，达到熏蒸杀线虫目的后，能较快地从土壤中逸散，以便及时栽种作物。吸附能力强的土壤，不利于药剂扩散，也不利于迅速逸失。

土壤温度对药效有影响。温度高吸附作用小、蒸气压大，对药剂的扩散和逸失有利，但逸失太快也降低药效。一般熏蒸杀线虫剂的施用温度在16℃以上，最低温度为7～10℃。

非熏蒸杀线虫剂的扩散是在土壤颗粒表面的水膜中进行的。土壤含水量（灌溉水及雨水）高，溶解的药剂多，有利于药剂在土壤中移动，也有利于杀线虫作用，例如涕灭威易于在土壤中随水移动，均匀分布于土壤中，对其药效有利。但是，如果药剂随水向深层移动，就有可能污染地下水源。土壤中有机质含量高，吸附药剂的浓度高，不利于药剂在土壤中移动，影响药效。

土壤中有机质含量及酸碱度还会影响药剂在土壤中的分解速度。

总之，杀线虫剂施于土壤后，应迅速地均匀分布于土壤中，并保持一定的时间，最后必须分解掉而不污染环境，这都与土壤有着密切的关系。

620. 杀线虫剂施药方式有几种？

杀线虫剂的施药方式有多种，在实际防治工作中，应根据药剂、作物、线虫进行选择，也要求在不同时间，采用不同的施药方式，力求防效好、费用低。

杀线虫剂施用时间如下。

（1）栽种前　熏蒸杀线虫剂对植物有药害，应于栽种前处理苗床或大田的土壤。

（2）栽种时　非熏蒸杀线虫剂可以在作物栽种时处理土壤，或种苗移栽时浸（蘸）根（苗），或拌种。

（3）栽种后作物生长期　有机磷和氨基甲酸酯杀线虫剂对植物药害轻，可在植物生长期间施药，主要是用于多年生的果树和观赏林木；或用药剂喷洒于茎叶。

杀线虫剂的施药方式如下。

（1）行施　主要用于行距较宽的作物田。

（2）点（穴）施　用于穴播作物田和种植在斜坡地上的作物。

（3）种植场所施药　果树、西瓜、林木等植物定植时，在定植坑或穴内施药。

（4）全田施药　即整块田施药，主要用于撒播田或行距窄的作物田，此法用药量大。

杀线虫剂的处理部位如下。

（1）处理种子　如用丁硫克百威拌种防治作物苗期线虫。

（2）处理种根　在移植前用药剂浸渍根部，例如用浓度 1000mg/L 除线磷浸桃树根 30min 可防治南方根结线虫。

（3）处理叶部　如用杀线威喷植物叶部防治根部线虫。

由上述可见，杀线虫剂主要是施入土壤中，在土壤中持效期也较短，施药次数少，沟施或穴施等局部施药方式，只影响作物根部周围的线虫，而不伤及未施药部位土壤中的线虫，这些因素的综合作用结果，延缓了线虫抗药性产生的速度，因而在田间不易形成抗药性线虫。

621. 灭线磷可防治哪些作物的线虫？

灭线磷是有机磷杀线虫剂和杀虫剂，具有触杀作用，可防治多种线虫，对在土壤中危害根茎部位的害虫也有良好防效。在土壤中半衰期为 14～28 天。产品为 5％、10％、20％颗粒剂，40％乳油。

① 防治花生根结线虫，在播前穴施或沟施，亩用 20％颗粒剂 1.5～1.75kg 或 40％乳油 650～800mL，施药后再施一层薄土或有机肥料，再播种、覆土，避免种子接触药剂产生药害。

② 防治甘薯和马铃薯茎线虫，亩用 5％颗粒剂 1～1.5kg，撒于薯秧茎基部，再覆土、浇水。

③ 防治烟草孢囊线虫，在移栽前穴施，亩用 20％颗粒剂 1.5kg。

④ 防治甘蔗线虫，亩用 20％颗粒剂 1.5～1.75kg，在甘蔗下种时或苗期，沟施并覆盖薄土。

⑤ 防治水稻稻瘿蚊，亩用 10％颗粒剂 1～1.2kg，拌适量细土，施于稻丛根部。

⑥ 防治菊花根结线虫、郁金香茎线虫、仙客来根结线虫、草坪根腐线虫等多种线虫及地下害虫，在花圃地亩用 20％颗粒剂 1.5～2kg，沟施或配成毒土撒施，施后翻土盖地。盆花，20cm 内径的花盆埋颗粒剂 1g。播种期施药，药剂不能与种子直接接触。

灭线磷对人、畜、鱼、鸟高毒，国家规定不得用于蔬菜、果树、茶树、中草药材上。

622. 怎样使用噻唑磷防治根结线虫？

噻唑磷是硫代磷酸酯类杀虫杀线虫剂，对家蝇也具有活性，有显著的内吸性。产品为 10％颗粒剂。用于防治黄瓜根结线虫，亩用制剂 1.5～2kg，拌细土撒施于土壤中。

本剂对人畜毒性较高，使用时注意安全。

623. 怎样使用氯唑磷防治线虫?

氯唑磷是好的土壤杀虫杀线虫剂。对害虫具有触杀、胃毒作用,在某些作物上还有较强的内吸作用,如水稻、甘蔗等作物,可通过根系吸收传导。有较好的水溶性,施于土表后可以垂直渗入表土层,停留在0～20cm表土层内,这正是大部分地下害虫及线虫活动的地方。产品为3%颗粒剂。适于土壤处理使用,施药方式为撒施、沟施、穴施。为避免产生药害,建议在施药后先混土再播种或移栽,以避免药剂直接接触萌芽种子或根系。

① 防治甘蔗线虫,亩用3%颗粒剂4.5～6.5kg,在甘蔗下种时或苗期,沟施并覆盖薄土,可兼治地下害虫。

② 防治花生根结线虫,亩用3%颗粒剂4～6kg,播种时沟施或穴施。

③ 防治玉米线虫,亩用3%颗粒剂1.5～2kg,播种时穴施或沟施。

④ 防治花卉线虫,亩用3%颗粒剂1.5～2kg,在定植前10天左右,撒施于沟里,覆土、压实。

氯唑磷毒性高,国家规定不得用于蔬菜、果树、茶树、中草药材上。

624. 怎样使用威百亩防治根结线虫?

威百亩为熏蒸性杀线虫剂,施入土壤后通过产生异硫氰酸甲酯而发挥毒杀作用,可防治多种线虫,并兼有除草和杀菌效果。产品为32.7%和35%水剂。

许多作物对威百亩敏感,使用不当易产生药害,影响作物根的生长,不出苗或苗期生长不良。为此,必须在作物种植前、土壤足墒条件下,开沟深15cm左右,施药于土壤中,覆土踏实或覆盖塑料薄膜,经15天以上,再松土放气2～3天,再种植。防治多种作物根结线虫的用药量(35%水剂,kg/亩):黄瓜根结线虫为0.4～0.6,茶苗根结线虫为8～9,红麻和黄麻根结线虫为3～4,牡丹等花卉根结线虫为3～4。

625. 阿维菌素也能防治线虫吗?

阿维菌素不仅是高效的杀螨、杀虫剂,也是高效的杀线虫剂。不仅对家畜体内多种寄生线虫有效,对多种植物病原线虫也有效,如对根结线虫属、根腐线虫属、穿孔线虫属、半穿刺线虫属的线虫都有很好的防治效果。在温室条件下,对南方根结线虫在土壤中亩施有效成分11～16g,即可收到良好的防治效果,这个用药量仅是常用杀线虫剂用量的1/30～1/10。使用不受季节限制,使用后很快即可种植,持效期长达2个月。

使用方法简便。防治黄瓜、棉花等根结线虫,在播种前,每平方米用1.8%乳油1～2mL,对水4～5kg,喷浇土面,立即耙入土内;或在定植时用1.8%乳油1000倍液浇灌定植穴。

由上述可见,阿维菌素类用于防治线虫是很有前途的。

626. 如何使用氟吡菌酰胺?

氟吡菌酰胺(fluopyram)为吡啶乙基苯酰胺类杀菌剂、杀线虫剂,作用于线粒体呼吸链，抑制琥珀酸脱氢酶（复合物Ⅱ）的活性从而阻断电子传递，导致不能满足机体组织的能量需求，进而杀死防治对象或抑制其生长发育。表20为氟吡菌酰胺适用作物及用量。

表 20　氟吡菌酰胺适用作物及用量

作物/场所	防治对象	用药量/(L/株)	施用方式
番茄、黄瓜	根结线虫	0.024～0.030	灌根
西瓜	根结线虫	0.05～0.06	灌根
香蕉	根结线虫	0.3～0.4	灌根
烟草	根结线虫	0.04～0.05	灌根

防治番茄、西瓜和烟草根结线虫，按推荐剂量对水在移栽当天进行灌根；防治黄瓜根结线虫，按推荐剂量对水在移栽后15天进行灌根，每株用药液量40mL。防治香蕉根结线虫，按推荐剂量对水在香蕉苗5～10叶期进行灌根，每株用药液量为50～300mL。防治黄瓜白粉病，按推荐用量对水进行叶面喷雾。配制药液时，先向喷雾器中注入少量水，然后加入推荐用量的氟吡菌酰胺悬浮剂，充分搅拌溶解后，加入足量水。使用灌根法防治黄瓜、番茄、西瓜、烟草和香蕉根结线虫时，每季最多施用次数为1次。

注意事项：①使用时应戴防护镜、口罩和手套，穿防护服，并禁止饮食、吸烟、饮水等。②施药后用肥皂和足量清水彻底清洗手、面部以及其他可能接触药液的身体部位。③本品对水生生物有毒，药品及废液不得污染各类水域，禁止在河塘清洗施药器械。④空包装应三次清洗后妥善处理，不可随意丢弃或做他用。⑤孕妇及哺乳期妇女禁止接触本品。⑥赤眼蜂等天敌放飞区域禁用。

627. 如何用氰氨化钙防治根结线虫？

本产品是一种杀线虫剂、杀菌剂、杀螺剂。能有效杀灭根结线虫，供给作物所需氮素及钙素营养，抑制硝化反应，综合提高氮素利用率，调节土壤酸碱度，改良土壤性状，加速作物秸秆、家畜粪便的腐熟，增强堆沤效果；能有效杀灭福寿螺。稻田灭螺可有效促进作物生长、分蘖，提高品质，增加产量。

番茄定植前15天、黄瓜定植前10天前以48～64kg/亩沟施，可防治番茄、黄瓜根结线虫。本产品适用于 pH<7 的土壤。

628. 如何使用氟烯线砜？

氟烯线砜（fluensulfone）属于新型杂环氟代砜类低毒杀线虫剂，是植物寄生线虫获取能量储备过程的代谢抑制剂，通过与线虫接触阻断线虫获取能量通道从而杀死线虫。

防治黄瓜根结线虫，于种植前至少7天用40%氟烯线砜500～600mL/亩进行土壤喷雾。首先将药液稀释并均匀喷洒在土壤表面，随即进行旋耕，深度15～20cm，使土壤与药剂充分混合均匀。旋耕后浇水，浇水量不得少于30t/hm²。每季最多施药1次，安全间隔期为收获期。

注意事项：①使用时应戴防护镜、口罩、手套，穿防护服和靴子。②在使用本品过程中禁止饮食、吸烟、饮水等。③施药后用肥皂和足量清水彻底清洗手、面部以及其他可能接触药液的身体部位，被污染的衣物及个人防护用具再次使用前需清洗干净。④本品对水生生物及寄生蜂有毒，药品及废液不得污染各类水域，水产养殖区、河塘等水体附近禁用。禁止在河塘等水体清洗施药器械。⑤空包装应清洗后妥善处理。⑥孕妇及哺乳期妇女禁止接触本品。⑦桑园及蚕室附近禁用，赤眼蜂等天敌放飞区域禁用。

629. 如何使用氨基寡糖素？

氨基寡糖素（oligosaccharins）为生物杀菌剂，使用后能提高作物自身的免疫力和防卫反应。对黄瓜根结线虫有较好的预防效果。于黄瓜定植后 15 天左右、根结线虫发生前或初期使用，以 300～400mL/亩灌根施药。每季使用次数 1 次。

注意事项：①在根结线虫发病前或发病初期使用预防效果好。②请按照农药安全使用准则使用本品。避免药液接触皮肤、眼睛和污染衣物，避免吸入。切勿在施药现场抽烟或饮食。在饮水、进食和抽烟前，应先洗手、洗脸。③打开包装袋或包装的产品不易长时间暴露在空气条件下，开瓶的，用后应将瓶盖盖好保存。④使用过的空包装，用清水冲洗三次后妥善处理，切勿重复使用或改作其他用途。所有施药器具，用后应立即用清水或适当的洗涤剂清洗。⑤禁止在河塘等水域清洗施药器具，勿将本品及其废液弃于池塘、河溪、湖泊等，以免污染水源。⑥过敏者、孕妇及哺乳期妇女禁用，使用中有任何不良反应应请及时就医。

630. 二嗪·噻唑膦如何使用？

本品为 2.5％二嗪磷＋10.5％噻唑膦的复配制剂。为触杀性和内吸传导型产品，用低剂量就能阻碍线虫的活动，防止线虫对植物根部的侵入。施药方法简单，无需换气，药剂处理后能直接定植。杀线虫效果不受土壤条件如湿度、酸碱度、温度的影响。在土壤中分解快。正常使用技术条件下，对作物、环境安全。本品同时能防治地下害虫蛴螬。施药时间：定植前使用。为确保药效，应在施药后当天进行移栽。

正确使用方法：

① 亩用 2000～2400g 全面土壤混合施药（对防治线虫最有效），也可畦面施药及开沟施药。

② 将药剂均匀撒于土壤表面，再用旋耕机或手工工具将药剂和土壤充分混合。药剂和土壤混合深度需 15～20cm。

③ 一季作物生长期只需一次施药。

631. 怎样使用克百威防治线虫？

① 防治烟草孢囊线虫，于移栽前穴施，亩用 3％颗粒剂 1.5～2kg。

② 防治棉花根结线虫和刺线虫，播前亩用 3％颗粒剂 4～5kg，混适量细沙，施入播种沟内。可兼治地下害虫和苗蚜。

③ 防治苎麻根腐线虫，亩用 3％颗粒剂 5～7kg，撒施混入土层中。

④ 防治甘蔗线虫，亩用 3% 颗粒剂 4～5kg，在甘蔗下种时或苗期，沟施并覆薄土。可兼治地下害虫和苗期蚜虫。

⑤ 防治甘薯茎线虫，亩用 3% 颗粒剂 5～6kg，沟施。

⑥ 防治花生根结线虫，亩用 3% 颗粒剂 5～6kg；防治大豆根结线虫和孢囊线虫，亩用 3% 颗粒剂 2～4kg。

⑦ 防治花卉线虫，每平方米施 3% 颗粒剂 2～4g，或每盆施 4～6g。

克百威为高毒农药，国家规定不得用于蔬菜、果树、茶树、中草药材上。

632. 有微生物杀线虫剂吗？

土壤中的许多微生物及其分泌物会直接或间接地对线虫有影响，尤其是根际微生物及植物内生菌，可以产生高效的杀线虫物质。由苏云金芽孢杆菌产生的外毒素能抑制和杀死根结线虫的幼虫，假单孢杆菌和蜡状芽孢杆菌对根结线虫和孢囊线虫如爪哇根结线虫和禾谷（燕麦）孢囊线虫有毒杀作用。这方面研究较多的有五个。

（1）淡紫拟青霉（*Paecilomyces lilacinus*） 是一种丝孢真菌，在土壤中腐生，能寄生线虫的卵囊、幼虫及成虫。由云南烟草科学研究院农业研究所生产的以淡紫拟青霉为主要成分，并含有其他多种活性成分的中试产品（"灭线宁"）在有效防治烟草根结线虫的同时，可增强烟草的抗逆性，降低其他病虫的危害，促进烟草的生长。产品为有效活菌数大于 10^9 个/g。在烟苗假植期，每 1300 个营养袋用"灭线宁" 0.75～1.5kg，混入营养土中装袋；或在移栽期亩用 3kg 与肥料（有机肥效果更好）一同施入穴中；也可在团棵期每亩追施 0.75～1.5kg。

防治番茄根结线虫，每亩穴施 2 亿孢子/g 淡紫拟青霉菌粉剂 1.5～2kg，或 5 亿孢子/g 颗粒剂 2.5～3kg，持效期 30 天左右。

但因该真菌属传统医学和兽医学病原真菌，对人畜眼角膜有致病力，应用危险性大，欧美国家对其可否作商品化杀线虫剂的争议很大。

（2）厚壁孢子轮枝菌（*Verticillium chlamydosporium*） 它是大豆孢囊线虫和烟草根结线虫的寄生菌。2.5 亿个孢子/g 厚壁孢子轮枝菌微粒剂，主要用于防治烟草根结线虫，亩用制剂 1.5～2kg，穴施。

（3）坚强芽孢杆菌（*Bacillus firmus*） 本品施入土壤后能定殖、繁殖，在根部形成一个微生态保护屏障，控制线虫侵入。同时产生大量的代谢次生产物和分泌蛋白，如孢外酶、孢外蛋白质等，对线虫及线虫卵和二龄幼虫产生作用，阻止线虫卵和幼虫的生长、发育，同时破坏线虫角质层使其外层皮表脱落，形成裂痕，达到防治线虫的作用。坚强芽孢杆菌 100 亿芽孢/g，每亩穴施制剂量 400～800g，于烟草定植前细土拌匀，穴施覆土，确保药剂与细干有机肥或细干土混合均匀。

（4）嗜硫小红卵菌 HNI-1 本品是微生物农药，通过诱导植物系统抗病性，提高植物免疫力，增强植株抗病能力，同时能分泌抗病毒蛋白，直接钝化病毒粒子，阻止其侵染寄主植物；本品中的细菌代谢产物具有杀线虫活性物质，对植物寄生线虫具有较好的毒杀作用，同时，此细菌代谢产物具有促进作物生长，提高作物免疫力的作用，利用此细菌发酵液浇灌作物时，可培育出健壮幼苗，从而有效抵抗植物寄生线虫的入侵，减少侵染危害。本品对番茄根结线虫、番茄花叶病、水稻稻曲病病害具有一定的抑制作用。

嗜硫小红卵菌 HNI-1 2 亿 CFU/mL，防治番茄根结线虫：番茄移栽时，灌根，每季使用 2～3 次，间隔 28 天左右，400～600mL/亩。本产品应贮存于 6～40℃、干燥、阴凉的库房内，不得露天堆放，以防雨淋和日晒，避免阳光直射，防止长时间 40℃ 以上高温。运输过程中应有遮盖物，防日晒、雨淋及 40℃ 以上高温。气温低于 6℃ 时需用保温车运输。轻装轻卸，避免破损。

（5）木霉菌（*Trichoderma harzianum*）　被认为用于防治爪哇根结线虫很有潜力。在温室试验中，用木霉菌剂处理被线虫侵染过的土壤，番茄根部虫瘿减少，上部植株鲜重增加。

633. 还有哪些药剂可用于防治线虫？

（1）硫酰氟　硫酰氟对根结线虫有良好防治效果，但价格较高。使用方法是将硫酰氟通过分布带施入土壤中，每平方米用药 25～50g。

（2）杀螟丹　防治水稻根结线虫和干尖线虫，用 50％ 可溶粉剂 3000 倍液浸种 48h。

28％ 线菌清可湿性粉剂，由杀螟丹与多菌灵及增效剂复配而成，用于稻种消毒，可有效防治水稻干尖线虫病和水稻恶苗病，对种子中的稻瘟病菌、胡麻斑病菌也有较好杀灭作用。使用方法是：每 5kg 稻种，用制剂 10g，加水 7.5kg，浸种时间根据气温确定，日平均气温 12℃ 左右，需浸种 5 天，15℃ 左右为 3 天，18℃ 为 2.5 天，22～25℃ 为 2 天。浸过的种子捞出，用清水冲洗后催芽或播种。

（3）10％ 辛硫·甲拌磷粉粒剂　由辛硫磷与甲拌磷复配而成，是防治地下害虫的有效药剂，对根结线虫也有较好效果。防治红麻和黄麻根结线虫，亩用制剂 2～3kg，撒施于播种沟内。

（4）甲拌磷　是防治地下害虫和苗蚜的有效药剂，对某些线虫也有效。例如，防治大豆根结线虫和孢囊线虫，亩用 5％ 颗粒剂 2.5～5kg，沟施或穴施；防治粟（谷子）粒线虫，用 55％ 乳油 200mL，加水 30kg，拌种 100kg，堆 50cm 厚、闷 48h 后播种。

不得用于蔬菜、果树、茶叶、中草药和甘蔗作物。

（5）5％ 丁硫·毒死蜱颗粒剂　是丁硫克百威与毒死蜱复配的混剂，用于防治花生根结线虫，亩用制剂 3～5kg，撒施或穴施。

（6）25％ 阿维·丁硫水乳剂　是阿维菌素与丁硫克百威复配的混剂，用于防治烟草根结线虫，用制剂 1000～2000 倍液灌根。本混剂对番茄根结线虫也很有效。但因混剂中含的丁硫克百威在植物体内易降解成克百威，故不提倡用于蔬菜、果树和茶叶。

十一、杀菌剂

634. 杀菌剂的杀菌作用和抑菌作用有何区别？

杀菌剂对病毒的毒力表现为杀菌作用和抑菌作用两种方式。

杀菌作用是杀菌剂真正把病菌杀死。从中毒表现看，主要是孢子不能萌发，不能侵入作物体内。

抑菌作用是杀菌剂抑制病害生命活动的某一过程，例如，抑制菌丝生长、抑制病菌产生细胞、抑制病菌有丝分裂、抑制病菌细胞壁的形成等，使之不能发展，并非将病菌杀死。在受抑制的一定时间内失去致病能力，而作物继续生长。当药剂被洗除或分解后，病菌仍能恢复生命。

杀菌剂两种作用方式的表现，除与药剂性能有关，还与使用浓度和作用时间长短有关。同一种药剂因使用浓度和作用时间不同，很可能表现为不同的作用方式。例如苯菌灵，在 $5\mu g/mL$ 浓度时可抑制一些黑霉菌的生长，对孢子萌发没有影响，但作用时间延长到 1h 后，就会把孢子杀死。

635. 什么是杀菌剂的保护作用、治疗作用和铲除作用？

施用杀菌剂后，对作物的效果表现为保护作用、治疗作用和铲除作用。

保护作用是在病菌侵染作物之前施药，保护作物免受病菌侵染危害。许多杀菌剂如石硫合剂、波尔多液、代森锰锌、百菌清、五氯硝基苯等，以这种方式达到防治植物病害的目的。具有保护作用的杀菌剂，要求能在作物表面上形成有效的覆盖度，并有较强的黏着力和较长的持效期。

治疗作用是在病菌已经侵染作物或发病后施药，抑制病菌生长或致病过程，使作物病害停止发展或使病株恢复健康。这类杀菌剂应具有良好的渗透性或内吸性，使药剂施用后能很快渗入植物体内发挥其防病、治疗作用。许多内吸杀菌剂属于此类。

铲除作用是病菌已在作物的某部位（如种子表面）或作物生存的环境中（如土壤中），施药将病菌杀死，保护作物不受病菌侵染。此类杀菌剂多有强渗透性，杀菌力强，但持效期短，有的易产生药害，故很少直接施用于植物体。

具有治疗作用和铲除作用的杀菌剂，要求施用后能较快地发挥作用，迅速控制病害的发展，并不要求有较长的持留期。

636. 如何正确使用保护性杀菌剂？

保护剂着重于"保护"，因此要注意以下各点。

首先，要了解需防止的是病菌侵害作物的哪个部位、初侵染的时期及其危害的主要阶段等，才能有的放矢地施药。例如，小麦条锈病主要危害小麦的叶片、叶鞘和穗部，且大多在小麦拔节期至孕穗期之间侵染，因此要保护抽穗至灌浆这一时期不发病。若喷施保护剂，应在拔节后期至抽穗扬花之间进行。

其次，要能持续保护。保护剂的持效期一般为5～7天，因此要在病害侵染期间每隔5～7天喷药1次，才能收效显著，这点在对某些果树病害喷药防治时尤为重要。以往常有喷施保护剂防效不佳的现象，这其中有许多是施药技术问题，第一次施药晚了，病菌已侵入；两次喷药间隔时间长了，两次的保护时间未连接上；等等。

另外，保护剂施用后，并不能马上看到药效，需经过一定时期后，与同一块田不施药地段相比较，才能看出其效果。

637. 使用治疗剂需注意些什么？

把握准施药时期仍是用好治疗剂的关键。治疗剂并不是什么时期施药都能有效，当病害已经普遍发生，甚至已形成损失，再施用任何高效治疗剂，也不能使病斑消失，使作物康复如初。

治疗剂可以比保护剂推迟用药，即在病菌侵入寄主的初始阶段、初现病症时喷药为宜。例如用内吸治疗剂三唑酮防治小麦条锈病，可在小麦孕穗末期（挑旗）至抽穗初期喷药，持效期达15天以上，仅施药1次即可达到防病保产的效果。喷药早了，还需第二次用药；喷药迟了，效果不明显。

（一）含铜杀菌剂

638. 波尔多液有商品市售吗？

波尔多液历来是自配自用，现配现用。但现在国内市场上已有波尔多液商品出售。三种产品如下：

（1）80％波尔多液可湿性粉剂　防治柑橘溃疡病用400～600倍液喷雾，防治苹果轮纹病用300～500倍液喷雾，防治葡萄霜霉病用300～400倍液喷雾，防治辣椒炭疽病用300～500倍液喷雾。

（2）86％波尔多液水分散粒剂　防治柑橘溃疡病用500～750倍液喷雾，防治辣椒炭疽病用375～625倍液喷雾，防治苹果轮纹病用375～625倍液喷雾，防治葡萄霜霉病用400～450倍液喷雾。

（3）28％波尔多液悬浮剂　防治柑橘溃疡病用100～150倍液喷雾，防治葡萄霜霉病用100～150倍液喷雾。

639. 碱式硫酸铜有几种产品？ 可防治哪些病害？

碱式硫酸铜，是一种常用的含铜无机杀菌剂，产品有 27.12％及 30％悬浮剂，70％水分散粒剂，96％原药。

碱式硫酸铜的杀菌谱广，适用于波尔多液防治的一切病害。喷施后，依靠作物表面和病菌表面上水膜的酸化，缓慢地分解出少量的铜离子，有效地抑制病菌的孢子萌发和菌丝生长，减少病菌侵染和蔓延，保护作物。

铜离子对作物杀伤力较强，为防止产生药害，不可随意提高使用浓度，在寒冷天气和持续阴雨、浓雾的情况下均易产生药害。

① 防治梨黑星病，用 30％悬浮剂 350～500 倍液喷雾。同浓度药液可以防治果树的其他叶部、果实病害，如苹果轮纹烂果病、炭疽病、褐斑病、梨褐斑病、葡萄黑痘病、霜霉病、褐斑病、炭疽病等。使用后对果实无药斑污染。但比波尔多液更易产生药害，使用时更需注意。苹果和梨的幼果对铜敏感，应避免在其上使用或使用时降低浓度。

② 蔬菜病害。防治黄瓜霜霉病、黄瓜细菌性角斑病，在发病前喷 30％悬浮剂 350～500 倍液。或亩用 70％水分散粒剂，防治黄瓜霜霉病用量为 53.6～62.6g/亩喷雾，防治水稻稻曲病用量为 25～45g/亩喷雾。

③ 可防治油料作物的病害主要有：大豆霜霉病、紫斑病，油菜霜霉病，芝麻茎点枯病、细菌性斑点病，花生叶斑病等，使用方法参考波尔多液和有关产品的标签和说明书。

④ 糖料作物病害。防治甘蔗梢腐病，发病初期喷 30％悬浮剂 500 倍液，每隔 7～10 天喷 1 次，共喷 3～4 次。

防治甜菜蛇眼病、叶斑病和霜霉病，发病初期喷 30％悬浮剂 300～400 倍液，每 7～10 天喷 1 次，共喷 2～4 次。

⑤ 防治棉花的棉铃软腐病，喷 30％悬浮剂 400～500 倍液，每 10 天左右喷 1 次，共喷 2～3 次。

⑥ 药用植物病害，一般用 30％悬浮剂 350～500 倍液，7～10 天喷 1 次，可防治山药斑纹病、葛细菌性叶斑病、百合叶枯病和细菌性软腐病、枸杞白粉病和灰斑病、牛蒡黑斑病和细菌性叶斑病、薄荷霜霉病和斑枯病、菊苣软腐病、西洋参黑斑病等。

另外，本剂的进口产品 27.12％碱式硫酸铜悬浮剂，其药剂粒子更细，90％的粒子小于 1μm，因而药效更好。防治番茄早疫病用 132～159mL/亩喷雾，柑橘溃疡病用 400～500 倍液喷雾，苹果轮纹病用 400～500 倍液喷雾，水稻稻曲病用 50～66mL/亩喷雾，水稻稻瘟病用 50～75mL/亩喷雾。

640. 硫酸铜可直接当杀菌剂使用吗？

在杀菌剂中，硫酸铜的最大用途是用作配制波尔多液的重要原料之一。但远在发明波尔多液之前，1807 年就已经发现硫酸铜有杀菌作用。由于硫酸铜易使作物发生药害，仅能在对铜离子忍耐力强的作物或休眠期果树上使用。

（1）蔬菜病害 主要是防治某些蔬菜的疫病，使用方法有：①处理种子。先将种子（番茄、青椒）经 52℃温水浸种 30min 或用清水浸 10～12h 后，再用 1％硫酸铜溶液浸种 5min，用清水洗 3 次即可播种。浸种除防治疫病外，对多种细菌和种子表面传带的真菌也有好的抑制作用。②浇水撒于土表。在辣椒、黄瓜疫病较重的地块，于夏季雨季浇水前，亩撒施硫酸铜 3kg，后浇水，防效明显；或用 1.05～1.5kg 硫酸铜，用水化开后，在灌溉入水口均匀施入，随水流分散全田。③灌根。用 0.1％硫酸铜溶液灌根，隔 7 天 1 次，连防 3 次。

防治姜瘟，发现病苗后立即拔除，用 5％硫酸铜溶液灌病穴，每穴灌 500～1000mL。

防治莼菜的水绵，一般在 4 月使用 5～8mg/L 浓度的硫酸铜溶液（即稀释 12.5 万～20 万倍）；5 月份水温升高，水面莼菜叶片增多，可用 2～3mg/L 的硫酸铜溶液（加水 33 万～50 万倍），可喷雾或泼浇。施药时以水深 20～25cm 为宜。施药后保水 3 天，再换新水。全年施药 2 次，可基本控制水绵危害。

（2）果树病害　防治果树根癌病（葡萄、桃、李、杏、梅、苹果、梨、枣、板栗、柑橘等），对其可能带病的苗木或接穗，用 1％硫酸铜溶液浸 5min 后用清水冲洗干净，再定植。

防治柑橘树脂病和脚腐病，刮除病部后，涂抹 1％～2％硫酸铜溶液。

（3）月季根癌病　防治月季根癌病，当引进或调出月季苗木和植株时，对可疑植株在移栽前，用 1％硫酸铜溶液浸 5min 后，用清水冲洗干净，再栽植。

641. 硫酸铜钙可防治哪些病害？

硫酸铜钙是无机铜化合物，作为农用杀菌剂，其产品有 77％可湿性粉剂。杀菌原理与波尔多液、碱式硫酸铜基本相同，是靠不断释放出铜离子起杀菌作用，保护作物免受病原菌侵入危害。

（1）果树病害　防治柑橘溃疡病，用制剂 400～600 倍液喷雾，防治柑橘树疮痂病用 400～800 倍液喷雾，防治苹果褐斑病，用制剂 600～800 倍液喷雾。防治葡萄霜霉病，喷制剂 500～700 倍液。持效期 7～8 天。

（2）蔬菜病害　防治黄瓜霜霉病，亩用制剂 117～175g，对水喷雾。防治姜腐烂病，用制剂 600～800 倍液灌根或喷淋，每株灌药液 250～500mL。

（3）烟草病害　防治烟草野火病，喷制剂 400～600 倍液。本剂为保护性杀菌剂，应在发病初期开始施药。

642. 王铜应怎样使用？

王铜又称氧氯化铜、碱式氯化铜，产品有 30％悬浮剂，47％、50％、70％可湿性粉剂，84％水分散粒剂，90％原药。王铜为无机铜化合物，对多种作物的真菌性、细菌性病害均有较好的防效。杀菌原理与波尔多液和碱式硫酸铜基本相同，喷施到作物上后，在自然因素的作用下，产生微量可溶性铜离子渗入到病菌中或植物体内，阻止病菌侵入植物或直接毒杀病菌，对作物起保护作用，保护期为 10～15 天。

（1）果树病害　防治柑橘溃疡病，在新梢初出时开始喷 30％悬浮剂 600～686 倍液，或 70％可湿性粉剂 1000～1021 倍液，间隔 7～10 天，连喷 3～4 次。

在苹果、梨生长的中后期，喷洒 30％悬浮剂 400～500 倍液，可防治苹果轮纹烂果病、炭疽病、褐斑病、煤污病、蝇粪病，及梨黑星病、褐斑病，田间持效期 10 天左右。

防治葡萄霜霉病、黑痘病、炭疽病、褐斑病，喷 30% 悬浮剂 800～1200 倍液 1～2 次。

防治枣树炭疽病、缩果病、锈病，喷 30% 悬浮剂 1000～1200 倍液。

防治柑橘溃疡病，用 30% 悬浮剂 600～800 倍液喷雾或者 47% 悬浮剂 470～610 倍液喷雾。

（2）蔬菜病害　防治黄瓜细菌性角斑病、霜霉病，发病初期，亩用 60% 可湿性粉剂 200～330g 或 50% 可湿性粉剂 200～300g 对水喷雾；或用 47% 可湿性粉剂 300～500 倍液喷雾。防治黄瓜枯萎病，用 30% 悬浮剂 600～800 倍液灌根 1～2 次，每株灌药液 300～500mL。

防治番茄早疫病、晚疫病、叶霉病，发病初期，亩用 30% 悬浮剂 50～71mL 喷雾。

防治芋软腐病，在发现病株开始腐烂或水中出现发酵情况时，应及时排水晒田，然后亩喷 30% 悬浮剂 600 倍液 75～100kg，10 天左右喷 1 次，连喷 2～3 次。

防治姜瘟，发病初期，用 30% 悬浮剂 800～1000 倍液灌根或喷雾 1～2 次。

防治人参黑斑病用 30% 悬浮剂 900～1800 倍液喷雾。

防治辣（甜）椒疫病、炭疽病，发病初期，喷 30% 悬浮剂 600～800 倍液。

（3）棉花黄萎病、枯萎病及立枯病　用 30% 悬浮剂 800～1000 倍液灌根或喷雾 1～2 次。

（4）甜菜蛇眼病　发病初期喷 30% 悬浮剂 800 倍液 2～3 次。

（5）药用植物病害　于发病初喷 30% 悬浮剂 600～800 倍液 2～3 次，可防治薄荷斑枯病、菊苣软腐病、葛细菌性叶枯病等。

（6）花生叶斑病　防治花生叶斑病，亩用 30% 悬浮剂 90～120g，对水喷雾。

王铜易引起药害，使用时须注意，注意事项参见碱式硫酸铜、氢氧化铜。

643. 氢氧化铜可防治哪些病害？

氢氧化铜为无机铜化合物，作为农用杀菌剂，产品有 53.8% 水分散粒剂，50%、77% 可湿性粉剂，34%、37.5% 悬浮剂。杀菌原理与波尔多液、碱式硫酸铜基本相同，是靠不断释放出的铜离子起杀菌作用，保护作物免受病菌侵入危害。

（1）果树病害　防治柑橘溃疡病，在各次新梢芽长 1.5～3cm、新叶转绿时喷 77% 可湿性粉剂 400～600 倍液、25% 悬浮剂 300～500 倍液或 53.8% 水分散粒剂 600～800 倍液，每 7 天 1 次，连喷 3～4 次。防治柑橘脚腐病，刮除病部后，涂抹 77% 可湿性粉剂 10 倍液。防治柑橘炭疽病喷 77% 可湿性粉剂 400～600 倍液。

防治荔枝霜疫霉病，在花穗、幼果期喷 37.5% 悬浮剂 1000～1200 倍液，在中果、成熟期喷 800～1000 倍液。

防治芒果炭疽病、黑斑病，在发病初期喷 77% 可湿性粉剂 400～700 倍液。

防治葡萄霜霉病、黑痘病，在发病初期喷 77% 可湿性粉剂 400～600 倍液，10～14 天喷 1 次，连喷 3～4 次。

防治梨黑星病、黑斑病，喷 77% 可湿性粉剂 600～800 倍液，间隔 7～10 天喷 1 次，连喷 3～4 次。

在苹果生长中后期，喷 77% 可湿性粉剂 600～800 倍液，可防治苹果轮纹烂果病、炭疽病、褐斑病、斑点落叶病等，7～10 天喷 1 次，连喷 3 次。

（2）蔬菜病害　防治番茄早疫病、灰霉病，在发病初期，亩用 77% 可湿性粉剂 140～200g 或 53.8% 可湿性粉剂 190～280g，对水喷雾。防治番茄细菌性角斑病，发病初期喷 77% 可湿性粉剂 500～800 倍液，隔 7～10 天喷 1 次，共喷 2～3 次。防治番茄青枯病，发病初期用 77% 可湿性粉剂 500 倍液灌根，每株灌药液 300～500mL，隔 10 天灌 1 次，共灌 3～4 次。

防治黄瓜角斑病，发病初期，亩用 77% 可湿性粉剂 150～200g，或 53.8% 水分散粒剂 68～83g 或 37.5% 悬浮剂 85～120g，防治黄瓜霜霉病、灰霉病，喷 77% 可湿性粉剂 500～800 倍液。

防治豇豆细菌性角斑病、豇豆角斑病、西瓜蔓枯病和叶枯病、莴苣软腐病、甘蓝类黑粉病、慈姑黑粉病、辣椒炭疽病、姜瘟病、芋软腐病等，发病初期喷 77% 可湿性粉剂 500～800 倍液，隔 7～10 天喷 1 次，共喷 2～3 次。

防治茄子青枯病、辣椒青枯病，发病初期适时用 77% 可湿性粉剂 500 倍液喷淋或灌根，每株灌药液 300～500mL，隔 10 天防治 1 次，共防 3～4 次。

（3）烟草病害　防治烟草细菌性角斑病和空胫病，发病初期喷 77% 可湿性粉剂 500 倍液；防治烟草青枯病，发病初期适时用 77% 可湿性粉剂 500 倍液灌根，每株灌药液 400～500mL；隔 10 天防治 1 次，共防治 2～3 次。

（4）棉花的棉铃软腐病　发病初期喷 77% 可湿性粉剂 500 倍液，10 天左右喷 1 次，共喷 2～3 次。

（5）药用植物病害　于发病初期适时喷 77% 可湿性粉剂 500～600 倍液，可防治山药斑纹病、葛细菌性叶斑病、菊苣软腐病、牛蒡细菌性叶斑病和黑斑病等，隔 10 天左右喷 1 次，共喷 2～3 次。

使用时要注意防止药害，遵守果树幼果期、幼苗期、阴雨天、多雾天及露水未干时不要施药等有关规定。

644. 氧化亚铜有什么特点？ 怎样使用？

氧化亚铜的铜离子是一价铜，氧化亚铜是所有无机铜化合物中含铜量最高的化合物，作为杀菌剂使用的施用量比其他铜制剂都少。施用后也是靠不断释放出铜离子起杀菌或抑菌作用。国内曾广泛使用的是 86.2% 水分散粒剂，市场现有 86.2% 可湿性粉剂。

（1）果树病害　防治柑橘溃疡病，主要在病菌侵染时期或柑橘易发病时期施药，通常是在春梢和秋梢初出时开始喷 86.2% 可湿性粉剂 800～1000 倍液，隔 7～10 天喷 1 次，连喷 3～4 次。

防治葡萄霜霉病，于发病初期喷 86.2% 可湿性粉剂 800～1200 倍液，隔 10 天左右喷 1 次，连喷 3～4 次。

（2）蔬菜病害　防治黄瓜霜霉病、甜（辣椒）疫病，亩用 86.2% 可湿性粉剂 140～185g，对水喷雾。防治番茄早疫病，亩用 76～97g，对水喷雾。均在发病前或发病初期开始防治，每隔 7～10 天防 1 次，连防 3～4 次。

（3）其他病害　如烟草赤星病和蛙眼病、棉花的棉铃软腐病、丹参疫病、地黄疫病等，于发病初期开始喷86.2%可湿性粉剂800～1200倍液，隔10天左右喷1次，连喷2～3次。

与其他无机铜制剂一样，使用时应注意施药期、施药量，果树花期和幼果期禁止施药，高温、高湿天气及对铜敏感作物慎用。

645. 络氨铜有几种产品？ 怎样使用？

络氨铜内吸性强，以保护作用为主，并有一定的铲除作用。产品有15%、25%水剂，15%水溶粉剂。

(1) 棉花立枯病、炭疽病　每100kg种子用25%水剂26.4～35.2mL，拌种。

(2) 水稻纹枯病　防治水稻纹枯病用25%水剂124～184mL/亩喷雾。

(3) 西瓜枯萎病　用25%水剂0.8～1mL/株灌根。

(4) 蔬菜病害　防治番茄厥叶病，亩用25%水剂250～400mL，对水喷雾。

防治黄瓜圆叶枯病，于发病初期，喷洒25%水剂500倍液，隔10天1次，连喷2～3次。

防治辣椒白星病、豇豆煤霉病、大蒜叶枯病，于发病前喷25%水剂500倍液。

(5) 果树病害　防治苹果圆斑根腐病，在清除病根的基础上，可使用15%水剂200倍液浇灌病根部位，以病根部位土壤灌湿为准。

防治杏疔病，在杏树展叶后，喷15%水剂300倍液，隔10～15天再喷1次。

防治柑橘溃疡病、疮痂病，喷15%水剂200～300倍液。

646. 乙酸铜也可当农用杀菌剂吗？

乙酸铜又称醋酸铜，是常用的化工产品，近年来被开发为农用杀菌剂，制剂为20%可湿性粉剂，20%水分散粒剂。主要是靠铜离子起杀菌作用。

防治黄瓜苗期猝倒病，亩用20%可湿性粉剂100～150g，对水灌根。防治柑橘溃疡病，在新梢初出时喷20%可湿性粉剂或20%水分散粒剂800～1200倍液。

647. 松脂酸铜可防治哪些病害？

松脂酸铜又称去氢枞酸铜。产品有20%水乳剂，12%、18%、23%乳油，20%可湿性粉剂，12%悬浮剂。它是保护性杀菌剂，靠释放出的铜离子对真菌、细菌起毒杀作用，主要用于防治果树、蔬菜的某些病害。

① 果树病害。防治柑橘溃疡病，用12%乳油500～800倍液喷雾。防治柑橘炭疽病，用16%乳油400～700倍液喷雾。

防治苹果斑点落叶病，用12%乳油600～800倍液喷雾。防治葡萄霜霉病，亩用12%乳油210～250mL，对水喷雾。

防治西瓜枯萎病，当发现零星病株时，用12%乳油500倍液灌根，每株灌药液400mL。

② 蔬菜病害。防治黄瓜霜霉病，亩用12%乳油175～230mL，防治黄瓜细菌性角斑病，用12%悬浮剂175～233mL/亩喷雾。

防治番茄灰叶斑病、溃疡病、软腐病，于发病初期开始喷12%乳油600倍液，隔

10 天左右喷 1 次，连喷 2～3 次。对溃疡病在喷药前应拔除病株。

防治茄子褐纹病，在结果后开始喷 12% 乳油 500 倍液，隔 10 天左右喷 1 次，连喷 2～3 次。

防治蔬菜（黄瓜、番茄、辣椒等）猝倒病，于发病初期，用 12% 乳油 600 倍液喷淋，每平方米喷药液 3kg，隔 7～10 天喷 1 次，连喷 1～2 次。

防治番茄晚疫病、茄子青枯病，于发病初期，用 12% 乳油 600 倍液灌根，每株灌药液 300～400mL，隔 10 天左右灌 1 次，连灌 3～4 次。

③ 防治烟草破烂叶斑病、空胫病、细菌性角斑病，于发病初期及时喷 12% 乳油 600 倍液，隔 10 天左右喷 1 次，连喷 2～3 次。

④ 防治甘蔗黄点病、甜菜蛇眼病和细菌性斑枯病，喷 12% 乳油 600 倍液。防治甜菜根腐病，用 12% 乳油 600 倍液喷洒或浇灌。

⑤ 防治黄麻褐斑病、大麻白斑病，喷 12% 乳油 500 倍液。

⑥ 防治药用植物病害，一般发病初期开始喷 12% 乳油 500～600 倍液，如防治珍珠梅褐斑病、玄参斑点病、白芍轮斑病、黄连白粉病、银杏褐斑病、白花曼陀罗灰斑病、女贞叶斑病、马钱轮纹褐斑病、肉豆蔻穿孔病、牵牛白锈病等叶部病害。

防治三七和玉竹的细菌性根腐病，于发病初期用 12% 乳油 600 倍液浇灌根部，有一定效果。

⑦ 防治水稻稻曲病，亩用 12% 乳油 120～200mL，对水喷雾。

648. 琥胶肥酸铜可防治哪些病害？

琥胶肥酸铜又叫丁、戊、己二酸铜、DT，是一定比例的混合二元酸（丁二酸、戊二酸、己二酸）的铜盐，具有保护作用，兼有一定铲除作用。杀菌谱广，防治对象基本上与波尔多液相同，但对细菌性病害以及真菌中霜霉菌和疫霉菌引起的病害的防效优于一般药剂。产品有 30% 可湿性粉剂。

（1）果树病害　防治柑橘溃疡病，在新梢初出时开始喷 30% 悬浮剂或 30% 可湿性粉剂的 300～500 倍液，隔 7～10 天喷 1 次，连喷 3～4 次。

防治苹果树腐烂病，用 30% 悬浮剂 20～30 倍液涂抹刮治后的病疤，7 天后再涂 1 次，具有防止病疤复发的作用。

防治葡萄黑痘病、霜霉病，在病菌侵染期和发病初期开始喷 30% 悬浮剂 200 倍液，隔 10 天后再喷 1 次，或与其他杀菌剂交替使用。

（2）蔬菜病害　防治黄瓜角斑病，用 30% 悬浮剂 200～240g/亩喷雾。

649. 怎样使用 10% 混合氨基酸铜水剂防治瓜类枯萎病？

10% 混合氨基酸铜水剂主要靠铜离子起杀菌作用。防治西瓜、黄瓜的枯萎病，用制剂的 220～330 倍液灌根或淋浇茎基部，每株灌药液 250～500mL，防治黄瓜枯萎病还可亩用制剂 200～500mL，对水喷雾。

650. 怎样使用喹啉铜防治苹果轮纹病？

喹啉铜是有机铜杀菌剂，产品有 50% 水分散粒剂，50% 可湿性粉剂，33.5% 悬浮剂，40％悬浮剂。

① 防治柑橘溃疡病用 33.5％悬浮剂 1000～1250 倍液喷雾，防治黄瓜霜霉病用 34～38mL/亩喷雾，防治马铃薯早疫病用 60～75mL/亩喷雾，防治荔枝霜疫霉病用 1000～1500 倍液喷雾。

② 防治番茄晚疫病用 33.5％悬浮剂 30～37mL/亩喷雾或者用 40％悬浮剂 25～30mL/亩喷雾。

③ 防治苹果轮纹病，用 50％可湿性粉剂 3000～4000 倍液或 12.5％可湿性粉剂 750～1000 倍液喷雾。

651. 噻菌铜可防治什么病害？

噻菌铜的产品为 20％悬浮剂，它是噻唑类有机铜杀菌剂，具有保护和治疗作用，也有良好内吸性，杀菌谱广，对细菌性病害特效，对真菌性病害高效。现登记的有如下品种。

防治水稻细菌性条斑病，亩用制剂 125～160mL；防治水稻白叶枯病，亩用制剂 100～120mL，对水喷雾。

防治柑橘溃疡病、疮痂病，用制剂的 300～700 倍液喷雾。

652. 噻森铜可防治哪些细菌性病害？

噻森铜是我国具有自主知识产权的新杀菌剂，为有机铜络合物。在碱性介质中不稳定。对人畜低毒，对鱼、鸟、蜜蜂、家蚕均低毒。产品为 20％和 30％悬浮剂，对多种细菌性病害有良好防治效果。

① 20％悬浮剂防治大白菜软腐病，亩用制剂 120～200mL，对水 60kg（即 300～500 倍液）喷雾，一般喷药 2～3 次，间隔 7 天左右。防治番茄青枯病，用制剂的 300～500 倍液喷植株基部或灌根，一般施药 4～5 次，间隔 7 天左右。防治水稻白叶枯病和细菌性条斑病，亩用制剂 100～125mL，对水 50kg（即 300～500 倍液）喷雾，一般施药 2～3 次，间隔 7 天左右。

② 30％悬浮剂防治大白菜软腐病用 100～135mL/亩喷雾，防治番茄青枯病用 67～107mL/亩灌根或茎基部喷雾，防治柑橘溃疡病用 750～1000 倍液喷雾，防治水稻白叶枯病用 70～85mL/亩喷雾，水稻细条病用 70～85mL/亩喷雾，西瓜细菌性角斑病用 67～107mL/亩喷雾，烟草野火病用 60～80mL/亩喷雾。

（二）无机硫与有机硫杀菌剂

653. 石硫合剂有几种新剂型和产品？ 怎样使用？

石硫合剂是一个古老的杀菌、杀虫、杀螨剂。自古以来都是使用者自制自用。近年来工厂化生产，产品质量高又规格化，使用方便。

（1）29％水剂　防治葡萄白粉病、黑痘病，在发芽前用6～11倍液喷雾。对苹果白粉病、花腐病、锈病、山楂红蜘蛛等，用57倍液喷雾。对柑橘白粉病、红蜘蛛及核桃树白粉病，在冬季用28倍液喷雾。对茶树红蜘蛛、麦类白粉病，以及观赏植物白粉病、介壳虫，用60倍液喷雾。

（2）45％固体和45％结晶　对苹果树红蜘蛛于早春萌芽前，用20～30倍液喷雾。柑橘红蜘蛛、锈壁虱、介壳虫，早春用180～300倍液喷雾，晚秋用300～500倍液喷雾。茶树红蜘蛛及麦类白粉病用150倍液喷雾。

（3）30％机油·石硫微乳剂　防治柑橘矢尖蚧，用制剂200～400倍液喷雾。防治梨树的梨木虱，用制剂400～600倍液喷雾。

654. 代森锰锌能防治哪些病害？

代森锰锌是代森锰与锌离子的配位络合物，是广谱性的保护性杀菌剂，也是同类杀菌剂中应用最广、用量最大的品种，主要用于防治多种作物的多种病害，与多种内吸杀菌剂、保护性杀菌剂复配，往往能扩大杀菌谱，延缓病原菌对内吸剂产生抗性。其杀菌原理主要是抑制菌体丙酮酸的氧化。产品有50％、65％、70％、80％、84％、88％可湿性粉剂，30％、42％、43％悬浮剂，70％、75％、80％水分散粒剂。

（1）果树病害　防治苹果斑点落叶病，于谢花后20～30天开始喷药，春梢期喷2～3次，秋梢期喷2次，间隔10～15天，同时可兼治果实轮纹病、疫腐病，一般用75％水分散粒剂600～800倍液、70％水分散粒剂500～700倍液、70％可湿性粉剂400～500倍液或80％可湿性粉剂600～800倍液。

防治梨黑星病，在病菌开始侵染时和发病初期，喷75％水分散粒剂700～800倍液、70％可湿性粉剂600～700倍液或80％可湿性粉剂800～1000倍液，10～15天喷1次。可兼治黑斑病、褐斑病。

防治桃树细菌穿孔病、疮痂病、炭疽病、褐腐病，从桃树展叶后至发病初期，喷70％可湿性粉剂700～800倍液或80％可湿性粉剂700～800倍液，15天喷1次，共喷2～3次。

防治葡萄霜霉病，在发病前或发病初期喷75％水分散粒剂或80％可湿性粉剂600～800倍液，7～10天喷1次，连喷4～6次。防治葡萄黑痘病，在萌芽后，每隔2周喷药，连续阴雨天应缩短间隔期，喷80％可湿性粉剂600倍液。

防治柑橘疮痂病、炭疽病、黄斑病、黑星病、树脂病，于发病初期喷75％水分散粒剂或70％可湿性粉剂400～600倍液或80％可湿性粉剂500～800倍液。一般是在春梢萌动芽长2mm时喷药2次，保春梢；谢花2/3时喷1～2次，保幼果；5月下旬至6月上旬喷1～2次，保幼果和夏梢。

防治荔枝霜疫病，自花蕾期开始喷30％悬浮剂240～300倍液、75％水分散粒剂500～700倍液或80％可湿性粉剂500～800倍液，7～10天喷1次，共喷6次以上。

防治芒果炭疽病，用80％可湿性粉剂400～500倍液，自开花盛期起连喷4次。

防治香蕉叶斑病，用80％可湿性粉剂400～500倍液、30％悬浮剂200～250倍液，或42％悬浮剂300～400倍液，或43％悬浮剂400倍液，雨季每月喷药2次，旱季每月喷药1次。

防治西瓜炭疽病，于发病初期，亩用 75％水分散粒剂 150～200g 或 80％可湿性粉剂 100～120g，对水喷雾，10 天喷 1 次，连喷 3 次。防治甜瓜、白兰瓜的炭疽病、霜霉病、疫病、蔓枯病等，亩用 80％可湿性粉剂 150～180g，对水喷雾，7～10 天喷 1 次，一般喷药 3～6 次。瓜类采摘前 5 天停止用药。

防治草莓炭疽病、疫病、灰霉病，用 50％可湿性粉剂 800 倍液喷雾。

（2）蔬菜病害　防治黄瓜霜霉病、炭疽病、黑腐病，于发病初期或爬蔓时开始，亩用 80％可湿性粉剂 150～190g 或 75％水分散粒剂 125～150g 或 42％悬浮剂 125～188g，对水喷雾，也可用 70％可湿性粉剂 500～600 倍液喷雾。7～10 天喷 1 次，采摘前 5 天停止用药。

防治番茄早疫病、晚疫病、炭疽病、灰霉病、叶霉病、斑枯病，发病初期开始亩用 75％水分散粒剂 150～200g 或 70％水分散粒剂 167～212g，80％可湿性粉剂 150～180g 或 65％可湿性粉剂 230～370g 或 50％可湿性粉剂 245～320g 或 30％悬浮剂 250～300g，对水喷雾，采摘前 5 天停止用药。防治早疫病还可结合涂茎，用旧毛笔或小棉球蘸取 80％可湿性粉剂 100 倍药液，在病部刷 1 次。

防治辣（甜）椒炭疽病、疫病、叶斑类病害，发病前或发病初期，用 70％或 80％可湿性粉剂 500～700 倍液喷雾。若防治辣椒猝倒病，要注意茎基部及其周围地面也需喷剂。

防治菜豆炭疽病、锈病，亩用 80％可湿性粉剂 100～130g，对水喷雾。

防治莴笋、白菜、菠菜的霜霉病，茄子绵疫病、褐斑病，芹菜疫病、斑枯病，以及十字花科蔬菜炭疽病，发病初期用 70％可湿性粉剂 500～600 倍液喷雾。

（3）油料作物病害　防治花生褐斑病、黑斑病、灰斑病、网斑病等叶斑病，发病初期，亩用 80％可湿性粉剂 160～200g 或 70％可湿性粉剂 175～225g，对水 50kg 喷雾，10 天喷 1 次，连喷 2～3 次。

防治芝麻疫病，发病初期，亩喷 70％可湿性粉剂 300～400 倍液 50kg，14 天喷 1 次，连喷 2～3 次。

防治大豆锈病，于大豆初花期，亩用 80％可湿性粉剂 200g，对水 50kg 喷雾，7～10 天喷 1 次，连喷 4 次。

防治蓖麻疫病，在幼苗发病初期，亩用 70％可湿性粉剂 180～220g，对水 30kg 喷雾，10～15 天喷 1 次，共喷 2～3 次。

（4）粮食作物病害　防治水稻稻瘟病，叶瘟于发病初期，田间见急型病斑时开始喷药；穗瘟于孕穗末期至抽穗期进行施药，亩用 80％可湿性粉剂 130～160g，对水 40～60kg 喷雾。

防治小麦叶枯病，亩用 70％可湿性粉剂 143g，对水 50～75kg 喷雾，从春季分蘖期开始 7～10 天喷 1 次，共喷 2～3 次。防治小麦根腐病，用种子重量 0.2％～0.3％的 50％可湿性粉剂拌种。

防治玉米大斑病、小斑病、锈病、灰叶斑病，初见病斑时开始用药，亩用 80％可湿性粉剂 165g，对水喷雾。

用于玉米、水稻、高粱等种子处理（包衣、浸种、拌种），可防治种子及苗期土传病害。

（5）棉花病害　对由炭疽病、红腐病引起的棉苗病，每 100kg 棉籽用 70％可湿性粉剂 400～500g 拌种；对棉苗疫病，可在棉苗初放真叶期，用 70％可湿性粉剂 400～500 倍液喷雾。

对棉花生长期的轮纹病、茎枯病、棉铃疫病、黑果病、曲霉病，发病初期及时喷 70％可湿性粉剂 400～500 倍液或 80％可湿性粉剂 600 倍液。

对由炭疽病、红腐病、疫病等引起的棉花烂铃，在发病前 10 天或盛花期后 1 个月，喷 70％可湿性粉剂 400～500 倍液，10 天喷 1 次，共喷 2～4 次。在喷洒药液中添加 1％聚乙烯醇或少许洗衣粉，可提高防效。

（6）麻类病害 对红麻、亚麻、苎麻的炭疽病，大麻霜霉病、秆腐病、黄麻茎斑病、黑点炭疽病、枯腐病等，发病初期开始喷 70％可湿性粉剂 500～700 倍液。

（7）烟草病害 于发病初期开始亩用 75％水分散粒剂 130～170g，对水喷雾，或喷 70％可湿性粉剂 500 倍液，7～10 天喷 1 次，连喷 2～3 次，可防治烟草炭疽病、赤星病、蛙眼病、立枯病、黑斑病等。

（8）药用植物病害 用 70％或 80％可湿性粉剂 500～600 倍液喷雾，间隔 7～10 天喷 1 次，可防治西洋参黑斑病、珍珠梅褐斑病、板蓝根黑斑病、甘草褐斑病、白芍轮纹病、菊芋锈病、枸杞炭疽病和灰斑病、银杏褐斑病、红花炭疽病和锈病、白花曼陀罗黑斑病和轮纹病、龙葵轮纹病等。

（9）花卉病害 用 80％可湿性粉剂 400～600 倍液喷雾，可防治菊花褐斑病、玫瑰锈病、桂花叶斑病、碧桃叶斑病、百日草黑斑病、牡丹褐斑病、鸡冠花黑胫病、鱼尾葵黑斑病等。在温棚使用，应适当降低浓度。

用种子重量 0.1％～0.3％的 80％可湿性粉剂拌种，可防治花卉苗期猝倒病和立枯病。

655. 代森锌还在使用吗？

代森锌曾是杀菌剂中的当家品种之一，在植物病害的化学防治中起着极其重要的作用。但由于代森锰锌用途的不断开发，及其他高效杀菌剂品种的不断问世，它的使用量有所下降。

代森锌为广谱的杀菌剂，产品为 65％和 80％可湿性粉剂，65％水分散粒剂多用于蔬菜、果树等作物的多种病害的防治。多采用叶面喷雾法，在作物发病前或发病初期施药。一般用 80％可湿性粉剂 500～700 倍液喷雾，因是保护剂，喷雾要均匀周到，必要时每隔 7～10 天重复喷一次。

烟草、葫芦科作物对锌敏感，易产生药害。某些品种的梨树有时也发生轻微药害。施药时要掌握药剂用量和药液浓度。

（1）果树病害 防治苹果花腐病，在开花前和花期喷 65％可湿性粉剂 500 倍液，可兼治锈病和白粉病。防治苹果黑星病，在谢花后至春梢停止生长期喷 65％可湿性粉剂 600 倍液，10 天左右喷 1 次，连喷 2～3 次，同时可兼治轮纹病、黑腐病。

防治梨黑星病，从谢花后 3 周左右至采收前半个月，每隔 10～15 天，用 65％可湿性粉剂 500 倍液或 80％可湿性粉剂 600～700 倍液喷雾。同时兼治黑斑病、褐斑病。

防治桃树褐腐病、疮痂病、炭疽病、细菌性穿孔病等，喷 65％可湿性粉剂 500 倍液，15 天左右喷 1 次，一般共喷 2～3 次。

于发病初期开始喷 65％可湿性粉剂 500 倍液，10～15 天喷 1 次，连喷 2～3 次，可防治葡萄炭疽病、霜霉病、褐斑病，李树疮痂病、炭疽病，杏树穿孔病、山楂花腐病，柿炭疽病、圆斑病等。

防治柑橘炭疽病，在春、夏、秋梢期各喷 1 次 65％可湿性粉剂 500 倍液。

防治草莓叶斑病，在苗期喷 65％可湿性粉剂 400～600 倍液 2～3 次；防治草莓灰霉病，在花序显露至开花前喷 65％可湿性粉剂 500 倍液。

防治西瓜疫病，发病初期喷 80％可湿性粉剂 500 倍液。

（2）蔬菜病害　防治种传的炭疽病、黑斑病、黑星病等，在播前用种子重量 0.3％的 80％可湿性粉剂拌种。

防治蔬菜苗期猝倒病、立枯病、炭疽病、灰霉病，在苗期喷 80％可湿性粉剂 500 倍液 1～2 次。

防治多种蔬菜叶部病害，如白菜、甘蓝、油菜、萝卜的黑斑病、白粉病、白锈病、黑胫病、褐斑病、炭疽病，番茄早疫病、晚疫病、炭疽病、叶霉病、褐斑病、斑枯病，茄子绵疫病、褐斑病、叶霉病，辣椒炭疽病，马铃薯早疫病、晚疫病，菜豆炭疽病、锈病，豇豆煤霉病，芹菜疫病、斑枯病，菠菜霜霉病、白锈病，黄瓜黑星病，荸荠秆枯病，葱紫斑病、霜霉病，大蒜煤斑病等，于发病初期开始施药，亩用 80％可湿性粉剂 80～100g，对水 40～50kg 喷雾，或用 80％可湿性粉剂 500 倍液喷雾，7～10 天喷 1 次，一般喷 3 次。

防治十字花科蔬菜的霜霉病，用 65％可湿性粉剂 400～500 倍液喷雾，必须喷洒周到，特别是下部叶片应喷到，否则，影响防效。

防治芦笋茎枯病，亩用 65％水分散粒剂 100～120g，对水喷雾。

（3）油料作物病害　防治油菜霜霉病、炭疽病、白锈病、白斑病、黑斑病、黑腐病、软腐病、黑胫病，于发病初期用 80％可湿性粉剂 500 倍液或 80～100g 对水喷雾，7～10 天喷 1 次，一般喷 3 次。

防治大豆霜霉病，自花期发病初期开始喷 80％可湿性粉剂 600～700 倍液；防治紫斑病，结荚期开始喷 400～500 倍液，10 天喷 1 次，一般喷 2～4 次。

防治花生叶斑病，在病叶率 10％～15％时开始亩喷 80％可湿性粉剂 600～700 倍液 50kg，10 天喷 1 次，共喷 3～4 次。

防治芝麻黑斑病，喷 80％可湿性粉剂 800～1000 倍液。

（4）麦类病害　防治麦类锈病，亩用 80％可湿性粉剂 80～120g，对水喷雾。防治小麦叶枯病，亩喷 65％可湿性粉剂 1000 倍液 75kg。

（5）烟草病害　防治烟草炭疽病、蛙眼病、白粉病、低头黑病，用 65％可湿性粉剂 500 倍液或亩用 80％可湿性粉剂 80～100g，对水喷雾。

（6）棉花病害　防治棉花叶部的角斑病、褐斑病等，喷 80％可湿性粉剂 500～700 倍液；防治棉铃的炭疽病、红腐病、疫病等引起的烂铃，喷 80％可湿性粉剂 500 倍液。

（7）药用植物病害　防治叶部病害，如三七炭疽病、珍珠梅褐斑病、百合叶尖枯病、银杏褐斑病等，发病初期开始喷 65％可湿性粉剂 400～500 倍液。

防治枸杞根腐病，发病初期用 65％可湿性粉剂 400 倍液浇灌，2 个月后可康复。

（8）花卉病害　一般在发病前或发病初期喷第 1 次药，以后隔 7～10 天喷 1 次 80％可湿性粉剂 500～800 倍液，可防治多种花卉的叶部病害，如炭疽病、霜霉病、叶斑病类、锈病等。

656. 代森锰主要用于防治哪类病害？

代森锰与代森锌大致相同，主要用于防治蔬菜病害，尤其是番茄病害，并可治疗植物缺锰病。在滨海地区使用代森锰比使用代森锌安全，不易发生药害。但在夏季高温时，避免在瓜类上连续施用，以免发生药害。产品为80%可湿性粉剂。

防治病害，宜在作物发病前或发病初期施药，一般用80%可湿性粉剂600~800倍液喷雾。防治番茄早疫病和黄瓜霜霉病，亩用制剂160~200g，对水喷雾。每7~8天施药1次。

657. 代森铵有什么杀菌特性？ 可防治哪些病害？

代森铵的水溶液呈弱碱性，具有内渗作用，能渗入植物体内，所以杀菌力强，兼具铲除、保护和治疗作用。在植物体内分解后，还有肥效作用。杀菌谱广，能防治多种作物病害，持效期短，仅3~4天。产品为45%水剂。

代森铵可以以叶面喷雾、种子处理、土壤处理等方式施用。

① 果树病害。防治苹果花腐病，于春季苹果树展叶时，喷45%水剂1000倍液。防治苹果圆斑根腐病，用45%水剂1000倍液浇灌病根附近土壤。

防治梨树黑星病，自谢花后1个月左右开始，喷45%水剂800~1000倍液，隔15天左右喷1次，当气温高于30℃时，只能使用1000倍液。

防治桃树褐腐病，自谢花后10天左右开始喷45%水剂1000倍液，隔10~15天喷1次。

防治葡萄霜霉病，发病初期开始喷45%水剂1000倍液，10~15天喷1次，共喷3~4次。

防治柑橘苗圃立枯病，用45%水剂200~400倍液浸种1h。防治柑橘溃疡病、炭疽病、白粉病，喷45%水剂600~800倍液。

防治落叶果树苗木立枯病，每平方米用45%水剂200~300倍液2~4kg处理苗床土壤，或用1000倍液淋根。

② 防治桑赤锈病，用45%水剂1000倍液喷雾，隔7~10天喷1次，连喷2~3次。喷药后7天可采叶喂蚕。

③ 防治落叶松早期落叶病，喷45%水剂600~800倍液。

④ 蔬菜病害。能防治多种蔬菜的真菌性、细菌性病害，施药方式多样。

苗床消毒防治茄果类及瓜类蔬菜苗期病害，于播种前用45%水剂300~400倍液，每平方米床土表面浇药液3~5kg。

种子消毒防治白菜黑斑病，白菜、甘蓝、花椰菜黑茎病，于播种前用45%水剂200~400倍液浸种15min，再用清水洗净，晾干播种。

叶面喷雾防治黄瓜炭疽病、白粉病、黑星病、灰霉病、黑斑病、细菌角斑病，番茄叶霉病、斑枯病，茄子绵疫病，莴苣和菠菜霜霉病，菜豆炭疽病、白粉病，魔芋细菌性叶枯病和软腐病等，喷45%水剂1000倍液。稀释倍数小于1000时，易产生药害。

防治姜瘟，用45%水剂1500倍液浇土表消毒。

防治白菜、甘蓝软腐病，发病初期及时拔除腐烂病株，用45％水剂1000倍液喷洒全田。

⑤ 粮食作物病害。防治水稻白叶枯病、纹枯病、稻瘟病，亩用45％水剂50～100mL，对水1000倍喷雾。防治水稻白叶枯病，还可用45％水剂500倍液浸种24h。

防治谷子白发病，用45％水剂180～360倍液浸种。

防治甘薯黑斑病，可浸种薯，用45％水剂200～250倍液浸15min，水温17℃，防止带菌种薯上坑，药液可浸2～3批次。也可浸薯秧，用450倍液，浸茎基部7～10cm，保持1～2min，勿使药液沾附叶片，以免发生药害，浸过的薯秧稍滴干即可栽插，药液可连浸8批次。

防治玉米大、小斑病，亩用45％水剂78～100mL，对水喷雾。

⑥ 防治棉花苗期炭疽病、立枯病，用45％水剂250倍液，浸种24h，或用200～300倍液处理苗床，以及生长期用1000倍液浇灌。

⑦ 防治橡胶树条溃疡病，用45％水剂150倍液涂抹。

⑧ 防治红麻炭疽病，用45％水剂125倍液，水温18～24℃浸种24h，捞出即可播种。

⑨ 防治枸杞根腐病，发病初期用45％水剂500倍液浇灌，经一个半月可康复。防治香草兰茎腐病，在剪除病枝，消除重病株后，用500倍液淋灌病株周围的土壤，隔7～10天淋1次，共淋2～3次。

代森铵用于大田作物和蔬菜作物的叶面喷雾，45％水剂对水倍数少于1000时，易发生药害。

658. 代森联是新农药吗？

代森联是代森系列的老品种，1958年由德国巴斯夫推出，目前国内市场上的产品为70％可湿性粉剂，70％水分散粒剂，是保护性杀菌剂，能防治苹果斑点落叶病、轮纹病、炭疽病等，一般用70％水分散粒剂400～700倍液喷雾。防治梨黑星病、柑橘疮痂病，用70％水分散粒剂500～700倍液喷雾。防治黄瓜、香瓜的霜霉病，亩用70％可湿性粉剂或水分散粒剂120～160g，对水喷雾。

659. 丙森锌能防治哪些病害？

丙森锌是广谱的保护性有机硫杀菌剂，其杀菌原理与代森锰锌相同，主要是抑制病原菌体内丙酮酸的氧化。产品为70％和80％可湿性粉剂。

（1）果树病害　防治苹果斑点落叶病，在春梢或秋梢开始发病时，用70％可湿性粉剂700～1000倍液喷雾，每隔7～8天喷1次，连喷3～4次。

防治葡萄霜霉病，在发病初期开始喷70％可湿性粉剂400～600倍液，隔7天喷1次，连喷3次。

防治芒果炭疽病，在开花期、雨水较多易发病时，用70％可湿性粉剂500倍液喷雾，隔10天喷1次，共喷4次。

（2）蔬菜病害　防治黄瓜霜霉病，发现病叶立即摘除并开始喷药，亩用70％可湿性粉剂150～215g对水喷雾或喷500～700倍液，隔5～7天喷1次，共喷3次。

防治番茄早疫病，亩用 70％可湿性粉剂 125～187.5g，防治番茄晚疫病亩用 150～215g，对水喷雾，隔 5～7 天喷 1 次，连喷 3 次。

防治大白菜霜霉病，发病初期或发现发病中心时喷药保护。亩用 70％可湿性粉剂 150～215g，对水喷雾，隔 5～7 天喷 1 次，连喷 3 次。

（3）烟草病害　防治烟草赤星病，发病初期开始，亩用 70％可湿性粉剂 91～130g 对水喷雾或用 500～700 倍液喷雾，隔 10 天 1 次，连喷 3 次。

此外，本剂还可用于防治水稻、花生、马铃薯、茶、柑橘及花卉的病害。

不可与铜制剂和碱性农药混用，若两药连用，需间隔 7 天。

660. 福美双有哪些主要用途？

福美双属二硫代氨基甲酸酯类杀菌剂，保护作用强，抗菌谱广，由于对种子传染和苗期土壤传染的病害有良好的防治效果，在很长一段内主要用于种子处理和土壤处理，目前也已广泛用于叶面喷施。另一个重要用途是作为内吸杀菌剂复配的伴药，即与多种内吸治疗剂复配制成混合杀菌剂，并可与其他保护性杀菌剂复配。因而福美双是应用广泛的一种杀菌剂，单剂产品主要是 50％、80％可湿性粉剂，80％水分散粒剂。

（1）果树病害　防治葡萄白腐病，当下部果穗处于发病初期时，开始喷 50％可湿性粉剂 600～800 倍液，隔 12～15 天喷 1 次，至采前半个月为止。使用浓度过高易产生药害。

防治桃和李细菌性穿孔病，发病初期开始喷 50％可湿性粉剂 500～800 倍液，隔 12～15 天喷 1 次，连喷 3～5 次。

防治苹果树腐烂病，每平方米用 10％膏剂 300～500g 涂抹。

防治梅灰霉病，开花和幼果期喷 50％可湿性粉剂 500～800 倍液各 1 次。

防治柑橘等果树苗木立枯病，每平方米苗床用 50％可湿性粉剂 8～10g，与细土 10～15kg 拌匀，1/3 作垫土，2/3 用于播种后覆土。

在冬前，用 50％可湿性粉剂 8 倍液涂抹柑橘、桃等果树幼树干，可防野兔、老鼠啃食。

（2）蔬菜病害　拌种防治种子传播的苗期病害，如十字花科、茄果类、瓜类等蔬菜苗期立枯病、猝倒病以及白菜黑斑病、瓜类黑星病、莴苣霜霉病、菜豆炭疽病、豌豆褐纹病、大葱紫斑病和黑粉病等，用种子重量 0.3％～0.4％的 50％可湿性粉剂拌种。

处理苗床土壤防治苗期病害，立枯病和猝倒病，每平方米用 50％可湿性粉剂 8g，与细土 20kg 拌匀，播种时用 1/3 毒土下垫，播种后用余下的 2/3 毒土覆盖。

防治大葱、洋葱黑粉病，在拔除病株后，用 50％可湿性粉剂与 80～100 倍细土拌匀的毒土，撒施于病穴。

用 50％可湿性粉剂 500～800 倍液喷雾，可防治白菜、瓜类的霜霉病、白粉病、炭疽病，番茄晚疫病、早疫病、叶霉病，蔬菜灰霉病等。

（3）粮食作物病害　拌种防治水稻稻瘟病、胡麻叶斑病、稻苗立枯病、稻恶苗病，每 50kg 种子用 50％可湿性粉剂 250g 拌种或用 50％可湿性粉剂 500～1000 倍液浸种 2～3 天。

防治玉米黑粉病、高粱炭疽病，每 50kg 种子用 50％可湿性粉剂 250g 拌种。

防治谷子黑穗病，每50kg种子用50%可湿性粉剂150g拌种。

防治麦类立枯病，亩用50%可湿性粉剂250g，拌细土15～25kg，撒施。

防治小麦腥黑穗病、根腐病、秆枯病，大麦坚黑穗病，每50kg种子用50%可湿性粉剂150～250g拌种。

防治小麦赤霉病、雪霉叶枯病、根腐病的叶腐与穗腐，白粉病，用50%可湿性粉剂500倍液喷雾。

（4）油料作物病害　防治油菜立枯病、白斑病、猝倒病、枯萎病、黑胫病，每50kg种子用50%可湿性粉剂125g拌和。喷雾防治油菜霜霉病、黑腐病，亩喷50%可湿性粉剂500～800倍液50～75kg，隔5～7天喷1次，共喷2～3次。

防治大豆立枯病、黑点病、褐斑病、紫斑病，每50kg种子用50%可湿性粉剂150g拌种。防治大豆霜霉病、褐斑病，发病初期开始喷50%可湿性粉剂500～1000倍液，亩喷药液50kg，隔15天喷1次，共喷2～3次。

防治花生冠腐病，每50kg种子用50%可湿性粉剂100g拌种。

防治芝麻茎点枯病，每50kg种子用50%可湿性粉剂150g拌种。

（5）甜菜病害　防治甜菜立枯病和根腐病，每50kg种子用50%可湿性粉剂400g拌种；若每50kg种子用50%福美双可湿性粉剂200～400g与70%噁霉灵可湿性粉剂200～350g混合拌种，防病效果更好。防治根腐病还可将药剂制成毒土，沟施或穴施。

（6）烟草病害　防治烟草根腐病，每500kg温床土用50%可湿性粉剂500g，处理土壤。防治烟草黑腐病，发病初期用50%可湿性粉剂500倍液浇灌，每株灌药液100～200mL。防治烟草炭疽病，发病初期，用50%可湿性粉剂500倍液喷雾。

（7）棉花病害　防治棉花黑根病和轮纹病，每50kg种子用50%可湿性粉剂200g拌种。

（8）亚麻、胡麻枯萎病　防治亚麻、胡麻枯萎病，每50kg种子用50%可湿性粉剂100g拌种。现在多用拌种双取代福美双。

（9）药用植物病害　防治北沙参黑斑病，每50kg种子用50%可湿性粉剂150g拌种。防治山药斑纹病，发病前或发病初期喷50%可湿性粉剂500～600倍液，隔7～10天喷1次，共喷2～3次。

（10）花卉病害　防治唐菖蒲的枯萎病和叶斑病（硬腐病），种植前，用50%可湿性粉剂70倍液浸泡球茎30min后种植。

防治金鱼草叶枯病，用种子重量0.2%～0.3%的50%可湿性粉剂拌种。

防治危害菊花等多种花卉的立枯病，每亩苗床用50%可湿性粉剂500g，拌毒土撒施入土壤中，或亩用药100g加水50kg浇根，每株浇药液500mL。

防治危害兰花、君子兰、郁金香、万寿菊等多种花卉的白绢病，每平方米用50%可湿性粉剂5～10g，拌成毒土，撒入土壤内，或施于种植穴内再行种植。

（11）松树病害　防治松树苗立枯病，每50kg种子用50%可湿性粉剂250g拌种。

福美双不能与铜制剂混用。冬瓜幼苗对本药剂敏感，忌用。

661. 乙蒜素可防治哪些病害？

乙蒜素是大蒜素的衍生物，是我国20世纪60年代开发的抗生素衍生物，以保护作用为主，兼有一定的铲除作用和内吸性，对多种病原菌的孢子萌发和菌丝生长有很强的抑制作用，杀菌谱广。产品为 30%、41%、80% 乳油，15% 可湿性粉剂。

① 防治甘薯黑斑病。a. 熏窖。每 100kg 甘薯用 80% 乳油 20～30mL，对水 1kg，喷洒窖贮甘薯的垫盖物，密闭熏蒸 3～4 天，敞窖散温。窖温低于 10℃ 不宜用药。b. 浸种薯。用 80% 乳油 2000 倍液浸种薯 10min，取出下床育苗。c. 浸薯秧。用 80% 乳油 4000 倍液浸薯秧 10min 后栽植。

② 防治水稻烂秧，用 80% 乳油 7000～8000 倍液，籼稻浸种 2～3 天，粳稻浸种 3～4 天。防治水稻稻瘟病，亩用 20% 高渗乳油 75～94mL，对水喷雾。

③ 防治麦类病害。对小麦腥黑穗病用 80% 乳油 8000～10000 倍液浸种 24h，对大麦条纹病用 5000 倍液浸种 24h。对青稞大麦条纹病，每 100kg 种子用 80% 乳油 10mL，加少量水，湿拌。

④ 防治棉花苗期炭疽病、立枯病、红腐病等，用 80% 乳油 5000 倍液浸种 16～24h，取出晾干播种。浸过的棉籽，不得再拌草木灰，以免影响药效。

防治棉花枯萎病、黄萎病，当田间零星发病时，每平方米用 80% 乳油 80mL 熏蒸土壤，消灭点片发病中心。对一般棉花枯萎病株，每株用 80% 乳油 3000 倍液 500mL 灌窝，能促进恢复健康；或亩用 30% 乳油 55～78mL，对水喷雾。

⑤ 防治大豆紫斑病，用 80% 乳油 5000 倍液浸种 1h。防治油菜霜霉病，喷 80% 乳油 5000～6000 倍液。

⑥ 防治黄瓜细菌性角斑病，亩用 41% 乳油 60～75mL，对水喷雾。

⑦ 防治葡萄及核果类果树根癌病，在刮除病瘤后，伤口用 80% 乳油 200 倍液涂抹。防治桃树流胶病，于桃树休眠期，在病部划道后，用 80% 乳油 100 倍液涂抹。

（三）三唑类杀菌剂

662. 三唑类杀菌剂有哪些特点？

三唑类杀菌剂，目前在国内被开发和推广使用的品种近 20 个，从市场看，仍以国产三唑酮的生产量最大，使用面最广，以三唑酮为主的复配混剂也多。这些品种共有的特点如下。

（1）广谱　对子囊菌、担子菌、半知菌的许多种病原真菌有很高的活性，但对卵菌类无活性。能有效防治的病害达数十种，其中包括一些大的病害。

（2）高效　由于药效高，用药量减少，仅为福美类和代森类杀菌剂的 1/10～1/5。麦类拌种用药量（有效成分）从每 100kg 种子用药 100g 降到 30g，叶面喷施用药量减少到 6～10g。从而用药成本、药剂残留等问题均有所下降。

（3）持效期长　一般叶面喷雾的持效期为 15～20 天，种子处理为 80 天左右，土壤处理可达 100 天，均比一般杀菌剂长，且随用药量的增加而延长。

（4）内吸输导性好　吸收速度快，一般施药 2h 后三唑酮被吸收的量已能抑制白粉菌的生长。作物叶片局部吸收三唑酮后能传送到叶片的其他部位，但不能传至另一叶片，因而茎叶喷雾时仍应均匀周到。作物根吸收三唑酮能力强，并能向上输导至地上部分，因而可用种子处理方式施药。

（5）多种防病作用　具有强的预防保护作用，较好的治疗作用，还有熏蒸和铲除作用。因此，可在作物多个生长期使用，可拌种，叶面喷施，也可制成种衣剂。其作用机理主要是在作物体内抑制病菌麦角甾醇的生物合成，从而抑制或干扰病菌的附着胞和吸器的正常发育，使菌丝生长和孢子的形成受阻。

663. 三唑酮有哪几种制剂？　怎样使用？

三唑酮是第一个广泛应用的三唑类杀菌剂。对白粉病、锈病和黑穗病有特效，因而曾得一美名："粉锈宁"。

三唑酮在我国得到广泛的应用，原药和制剂生产厂家较多，开发的制剂种类也多，主要有20％乳油，9％微乳剂，8％悬浮剂，15％、25％可湿性粉剂，15％烟雾剂，以及众多含三唑酮的复配杀菌剂、杀菌杀虫剂、种衣剂。

三唑酮可以以茎叶喷雾、种子处理、土壤处理等多种方式施用。

三唑酮是高效、持效期长的内吸性强的杀菌剂，具有预防、治疗、铲除、熏蒸作用，其作用机理主要是抑制病菌麦角甾醇的合成，从而抑制菌丝生长和孢子形成。

三唑酮能有效防治的病害种类极多，其用法也为众人所熟知，本书就不再介绍了，也可参见各产品的标签或说明书。

664. 苯醚甲环唑是什么样的杀菌剂？

苯醚甲环唑是三唑类内吸杀菌剂，杀菌谱广，对子囊菌、担子菌和半知菌的链格孢属、壳二孢属、尾孢霉属、刺盘孢属、球座菌属、茎点霉属、柱隔孢属、壳针孢属、黑星菌属的多种真菌和某些种传病害具有持久的保护和治疗作用。对作物安全，用于种子包衣，对种苗无不良影响，表现为出苗快、出苗齐，这有别于三唑酮等药剂。种子处理和叶面喷雾均可提高作物的产量和保证质量。

产品有10％、20％、30％、37％水分散粒剂，10％、30％悬浮剂，3％悬浮种衣剂，250g/L、20％、25％乳油，10％、20％微乳剂，5％、10％、20％水乳剂。

（1）果树病害　防治梨黑星病，一般用10％水分散粒剂6000～7000倍液、20％微乳剂12000～15000倍液或10％微乳剂4000～8000倍液喷雾，发病重的梨园可用10％水分散粒剂3000～5000倍液，保护性防治，从嫩梢至10mm幼果期，每隔7～10天喷施1次，以后视病情12～18天喷1次。治疗防治，发病后4天内喷第一次，以后每隔7～10天喷1次，最多共喷4次。

防治苹果斑点落叶病，于发病初期，用10％水分散粒剂或10％微乳剂2500～3000倍液喷雾，重病园用1500～2000倍液，隔7～14天连喷2～3次。

防治柑橘疮痂病，用10％水分散粒剂1000～2000倍液喷雾。

防治荔枝炭疽病，用10％水分散粒剂700～1000倍液喷雾。

防治葡萄炭疽病、黑痘病，用10％水分散粒剂800～1300倍液喷雾。

防治香蕉叶斑病、黑星病，用250g/L乳油1500～2500倍液或30％悬浮剂2000～3000倍液喷雾。

防治石榴麻皮病，用10％水分散粒剂1000～2000倍液喷雾。

防治西瓜炭疽病和蔓枯病，亩用10％水分散粒剂50～75g或10％微乳剂50～75mL或5％水乳剂80～120mL，对水喷雾。

（2）蔬菜病害　防治大白菜黑斑病，亩用10％水分散粒剂35～50g，对水常规喷雾。

防治辣椒炭疽病，于发病初期用10％水分散剂800～1200倍液喷雾，或亩用10％水分散粒剂40～60g，对水常规喷雾。

防治番茄早疫病，于发病初期，亩用10％水分散粒剂67～100g或20％水分散粒剂40～50g或10％微乳剂75～100mL，对水常规喷雾。

防治黄瓜白粉病，亩用10％水分散粒剂50～80g；防治芹菜叶斑病，亩用10％水分散粒剂67～80g或20％水分散粒剂40～50g；防治菜豆锈病，亩用10％水分散粒剂50～80g；防治芦笋茎枯病，亩用10％水分散粒剂45～50g；防治大蒜叶枯病和洋葱紫斑病，亩用10％水分散粒剂30～60g。对水喷雾。

（3）水稻纹枯病　亩用250g/L乳油15～30mL，对水喷雾。

（4）茶树炭疽病　用10％水分散粒剂1000～1500倍液喷雾。

（5）芍药炭疽病　在发病初期或零星发病时，亩喷10％微乳剂750～1000倍液80kg，间隔10天左右喷1次，共喷2～3次。

本药剂对鱼类有毒，勿污染水源。

665. 戊唑醇主要防治哪些病害？

戊唑醇属三唑类杀菌剂，杀菌性能与三唑酮相似，由于内吸性强，用于处理种子，可杀灭附着在种子表面的病菌，也可在作物体内向顶传导，杀灭作物体内的病菌；用于叶面喷雾，可以杀灭茎叶表面的病菌，也可在作物体内向上传导，杀灭作物体内的病菌，其杀菌机理主要是抑制病原菌的麦角甾醇的生物合成，可防治白粉菌属、柄锈菌属、喙孢属、核腔菌属和壳针孢属病菌引起的病害。其生物活性比三唑酮、三唑醇高，表现为用药量低。但需注意，国内有研究报道，若用量超过规定的限度，对小麦出苗会有影响，因而应严格按照产品标签或说明书推荐的用药量使用。

戊唑醇产品有2％湿拌种剂，5％悬浮拌种剂，80g/L种子处理悬浮剂，12.5％微乳剂，12.5％、25％水乳剂，25％乳油，12.5％、25％、30％、43％悬浮剂，25％、80％可湿性粉剂。

（1）禾谷类作物病害　防治小麦腥黑穗病和散黑穗病，每100kg种子，用2％湿拌种剂100～150g拌和。防治小麦纹枯病，每100kg种子，用2％湿拌种剂170～200g或5％悬浮拌种剂60～80g拌和。防治小麦白粉病、锈病，亩用有效成分12.5g，对水喷雾。

防治玉米丝黑穗病，每100kg种子，用2％湿拌种剂400～600g或80g/L种子处理悬浮剂100～150g拌和。

防治高粱丝黑穗病，每100kg种子，用2％湿拌种剂400～600g拌和。

用戊唑醇处理过的种子，播种时要求土地耙平，播种深度一般在3～5cm。出苗可能稍迟，但不影响以后的生长。

（2）果树病害　防治苹果斑点落叶病，于发病初期开始喷43％悬浮剂5000～7000倍液、30％悬浮剂2000～3000倍液、12.5％悬浮剂1500～2000倍液、80％可湿性粉剂8000～16000倍液、25％水乳剂2000～2500倍液或12.5％微乳剂2000～3000倍液，隔10天喷1次，春梢期共喷3次，秋梢期共喷2次。防治苹果轮纹病喷25％乳油3000～4000倍液或30％悬浮剂2000～3000倍液。

防治梨黑星病，于发病初期开始喷43％悬浮剂3000～4000倍液，隔15天喷1次，共喷4～7次。

防治香蕉叶斑病，在叶片发病初期开始喷25％悬浮剂800～1200倍液、25％可湿性粉剂1000～1500倍液或12.5％微乳剂600～800倍液，12.5％水乳剂800～1000倍液或25％水乳剂1000～1500倍液或25％乳油840～1250倍液，隔10天喷1次，共喷4次。

防治桃褐腐病，喷25％水乳剂2000～3000倍液。

防治葡萄白腐病，喷25％水乳剂2000～2500倍液；防治黑痘病，喷1000～2000倍液。

防治草莓灰霉病，亩用25％水乳剂24～30mL，对水喷雾。

（3）其他病害　防治大白菜黑斑病，亩用43％悬浮剂18～23g或25％水乳剂35～50mL，对水喷雾。防治黄瓜白粉病，亩用25％水乳剂25～30mL，对水喷雾。防治苦瓜白粉病，亩用12.5％微乳剂60～80mL，对水喷雾。防治豇豆锈病，亩用25％水乳剂25～50mL，对水喷雾。

防治花生叶斑病，亩用25％水乳剂25～50mL，对水喷雾。防治油菜菌核病，亩用25％水乳剂35～70mL，对水喷雾。防治大豆锈病，亩用43％悬浮剂16～20g，对水喷雾。

本药剂对水生动物有害，勿污染水源。

666. 己唑醇可防治哪些病害？

己唑醇是三唑类中的高效杀菌剂，其生物活性与杀菌机理与三唑酮、三唑醇基本相同，杀菌谱广，对子囊菌、担子菌、半知菌的许多病原菌有强抑制作用，但对卵菌纲真菌和细菌无活性。渗透性和内吸输导能力很强，例如，在苹果叶中部进行带状交叉施药时，药剂渗入后能在叶中移动和重新分布，对未施药的末梢区有很好的保护作用，对基部也有一定的保护作用。对病害有很好的治疗作用。产品有5％、10％、30％、40％悬浮剂，5％微乳剂，10％乳油，50％、80％水分散粒剂。

（1）果树病害　防治苹果斑点落叶病，可以喷30％悬浮剂6000～9000倍液或5％悬浮剂800～1400倍液。防治苹果白粉病，可以喷10％悬浮剂2000～2500倍液、5％微乳剂1000～1200倍液或10％乳油3000～4000倍液。

防治梨黑星病，可以喷30％悬浮剂6000～9000倍液、5％悬浮剂1000～1500倍液或5％微乳剂1000～1250倍液。

防治葡萄白粉病，可以喷5％悬浮剂2500～3000倍液或5％微乳剂1500～2000倍液。

（2）其他病害　防治黄瓜白粉病，亩用10％悬浮剂15～25g或5％微乳剂30～

60mL，对水喷雾。

防治水稻纹枯病，亩用5%悬浮剂或5%微乳剂80～100mL，或10%乳油30～50mL，对水喷雾。

据报道，己唑醇对咖啡锈病有治疗作用，亩用有效成分2g喷雾，喷施3次。防治花生叶斑病，亩用有效成分3～4.5g。己唑醇还可用在柑橘、桃、花卉上防治一些病害。

667. 用三唑醇拌种可防治哪些病害？

研究三唑酮在生物体内的代谢过程时，发现三唑酮在病原体和植物体内均可转化为三唑醇，且三唑醇的杀菌活性高于三唑酮，因而于1977年将三唑醇开发为商品。

三唑醇的杀菌谱与三唑酮大体相同，对病害具有保护、铲除和治疗作用。能杀灭附于种子表面的病原菌，也能杀死种子内部的病原菌。主要供拌种用，也可用于喷洒。其产品有25%干拌种粉剂，10%、15%和25%可湿性粉剂，25%乳油，可用于拌种或喷洒。

用于处理种子，在很低剂量下，对禾谷类作物种子带菌和叶部病原菌都有优良的防治效果，这是三唑醇的重要特点。对小麦散黑穗病、网腥黑穗病、根腐病，大麦散黑穗病、叶条纹病、网斑病，燕麦散黑穗病等，每100kg种子，用有效成分7.5～15g，即10%可湿性粉剂75～150g拌种。

防治小麦锈病，每100kg种子用25%干拌种粉剂120～150g拌种，还可兼治白粉病、纹枯病、全蚀病等。防治小麦纹枯病，每100kg种子用10%可湿性粉剂300～450g拌种，还可兼治苗期锈病、白粉病。

防治玉米丝黑穗病，每100kg种子用25%干拌种粉剂240～300g或15%可湿性粉剂400～500g拌种。

防治高粱丝黑穗病，每100kg种子，用15%干拌种粉剂100～150g拌种。

三唑醇处理麦类种子，与三唑酮相似，在干旱或墒情不好时会影响出苗率，对幼苗生长有一定的抑制作用，其抑制强弱与用药浓度有关，也比三唑酮轻很多，基本上不影响麦类中后期的生长和产量。

用三唑醇拌种防治玉米、高粱丝黑穗病的效果不稳定，年度之间和地区之间波动较大。

三唑醇也可用于喷雾，例如防治小麦白粉病，可亩用15%可湿性粉剂50～60g，或250g/L乳油20～40mL，对水常规喷雾。

防治香蕉叶斑病，可喷洒15%可湿性粉剂500～800倍液。

668. 联苯三唑醇可防治哪些病害？

联苯三唑醇具有保护、治疗和铲除作用，能渗透叶面的角质层而进入植株组织，但不能传导，杀菌谱广，主要用于防治果树黑星病，花生和香蕉等叶斑病，以及多种作物的白粉病、锈病、黑粉病等。产品有25%可湿性粉剂。

① 果树病害。对黑星病有特效，在梨、苹果树发病初期开始喷药（5月份），至8月间，每隔15～20天喷1次，连喷5～8次，每次用25%可湿性粉剂1000～1250倍液。

采用有效低浓度喷洒，即将应该用的药量加水至每亩270L，可提高防治效果。对苹果锈病、煤污病用25％可湿性粉剂1500～2000倍液喷雾。对桃疮痂病、叶片穿孔病、污叶病用25％可湿性粉剂，1000～1500倍液喷雾。

②防治花生和香蕉叶斑病，亩用25％可湿性粉剂60～70g或30％乳油40～60mL，对水喷雾，每隔12～15天喷1次，连喷2～3次。可兼治锈病等其他叶部病害。

③蔬菜病害。对菜豆、大豆及葫芦科蔬菜叶斑病、白粉病、锈病、炭疽病、角斑病等，亩用25％可湿性粉剂80g或30％乳油50mL，对水喷雾。

④拌种防治玉米丝黑穗病，每100kg种子用25％可湿性粉剂240～300g，高粱丝黑穗病用60～90g，小麦锈病用120～150g。

⑤防治观赏植物菊花、石竹、天竺葵、蔷薇的锈病、黑斑病，用25％可湿性粉剂500～700倍液喷雾，白粉病用1000～1500倍液喷雾。不能用于紫罗兰，会损伤花瓣。

669. 烯唑醇可防治哪些病害？

烯唑醇杀菌特性与三唑酮相似，具有保护、治疗、铲除作用；具有内吸性，可被作物根、茎、叶吸收，并能在植物体内向顶输导；抑菌谱广，除能有效防治白粉病、锈病，对玉米丝黑穗病、梨黑星病也有高效。产品有12.5％可湿性粉剂，30％悬浮剂，25％乳油，50％水分散粒剂，5％微乳剂。

（1）果树病害　防治梨黑星病，于谢花后始见病梢时开始喷12.5％可湿性粉剂2500～3500倍液或12.5％乳油3000～4000倍液或25％乳油5000～7000倍液，以后视降雨情况，隔14～20天喷1次，共喷5～7次，或与其他杀菌剂交替使用。

防治苹果白粉病、锈病，于展叶初期、谢花70％和谢花后10天左右，各喷12.5％可湿性粉剂2500～3500倍液1次。

防治黑穗醋栗白粉病，于发病初期开始喷12.5％可湿性粉剂或12.5％乳油2000～2500倍液，隔20天左右喷1次，共喷2～3次。

防治香蕉叶斑病，喷12.5％乳油1000～1500倍液或25％乳油1500～2000倍液或5％微乳剂500～700倍液。

防治甜瓜白粉病，喷12.5％可湿性粉剂3000～4000倍液。

（2）蔬菜病害　可防治豌豆、菜豆等多种蔬菜白粉病、锈病，于发病初期开始喷12.5％可湿性粉剂3000～4000倍液，隔10天左右喷1次，共喷2～3次。

（3）粮食作物病害　防治小麦白粉病、锈病和纹枯病，亩用12.5％可湿性粉剂32～60g或12.5％乳油32～60mL，对水喷雾。防治小麦黑穗病，每100kg种子用2％粉剂200～250g拌种。

防治玉米丝黑穗病，每100kg种子用12.5％可湿性粉剂480～640g或5％拌种剂1200～1600g拌种。

防治高粱丝黑穗病，每100kg种子用5％拌种剂300～400g拌种。

防治水稻纹枯病，亩用12.5％可湿性粉剂40～50g，对水常规喷雾。

（4）花生叶斑病　防治花生叶斑病，亩用5％微乳剂90～120mL，对水常规喷雾。

（5）烟草赤星病　防治烟草赤星病，于发病初期开始喷12.5％可湿性粉剂2000倍液，隔7～10天喷1次，共喷3～5次。

（6）药用植物病害　防治药用植物芦竹、紫苏、菊芋、薄荷、苦菜的锈病，于发病初期开始喷12.5％可湿性粉剂3000～4000倍液，隔10天左右喷1次，共喷2～3次。

670. 粉唑醇可防治麦类作物哪些病害？

粉唑醇属三唑类杀菌剂，对病害具有保护和治疗作用，对白粉病的孢子具有铲除作用，施药5～10天，原来形成的病斑可以消失，内吸性强，可被作物根、茎、叶吸收，根部的吸收能力大于茎、叶，进入植株内的药剂由维管束向上转移，输送到顶部各叶片，但不能在韧皮部作横向或向基部输导。产品为12.5％、25％、250g/L悬浮剂，40％、50％、80％可湿性粉剂，1％颗粒剂。

粉唑醇主要用于防治麦类病害，可喷雾或种子处理。

（1）拌种　对麦类黑穗病，每100kg种子用12.5％悬浮剂200～300mL；对玉米丝黑穗病，每100kg种子用320～480mL。拌种时，先将药剂调成药浆，药浆量为种子重量的1.5％，拌匀后播种。

（2）喷雾　在锈病盛发期，亩用50％可湿性粉剂8～12g或250g/L悬浮剂16～24mL；对白粉病，在剑叶零星发病至病害上升期，或上部3片叶发病率达30％～50％时，亩用12.5％悬浮剂35～60g，对水喷雾。

671. 腈菌唑可防治哪些病害？

腈菌唑属三唑类杀菌剂。杀菌特性与三唑酮相似，杀菌谱广，内吸性强，对病害具有保护作用和治疗作用，可以喷洒，也可处理种子。产品有5％、12％、12.5％和25％乳油，12.5％、40％可湿性粉剂，5％、12.5％、20％微乳剂，12.5％水乳剂，40％水分散粒剂，20％、40％悬浮剂。

（1）果树病害　防治梨、苹果黑星病，喷5％乳油1500～2000倍液或40％可湿性粉剂8000～10000倍液或25％乳油4000～5000倍液；12.5％乳油1500～2000倍液、40％悬浮剂8000～10000倍液、12.5％微乳剂2000～3000倍液或5％微乳剂1000～1500倍液，如与代森锰锌混用，防病效果更好。

防治苹果和葡萄白粉病，喷25％乳油3000～5000倍液。每两周喷1次，具有明显的治疗作用。

防治香蕉叶斑病，喷12％乳油1000～1500倍液。防治黑星病，喷25％乳油3000～4000倍液。

用1％药液处理采收后的柑橘，可防治柑橘果实的霉病。

（2）小麦病害　防治小麦白粉病，亩用有效成分2～4g，折合5％乳油40～80mL或12％乳油17～33mL或12.5％乳油16～32mL或25％乳油8～16mL或40％可湿性粉剂10～15g，对水常规喷雾。

防治麦类种传病害，对腥黑穗病、散黑穗病，每100kg种子用25％乳油40～60mL；对小麦颖枯病每100kg种子用25％乳油60～80mL，对少量水拌种。

（3）蔬菜病害　防治黄瓜白粉病，亩用5％乳油30～40mL、20％微乳剂13～25mL、12.5％水乳剂22～32mL、40％水分散粒剂7.5～12g或40％可湿性粉剂7.5～10g。对水常规喷雾。防治茭白胡麻斑病和锈病，在病害初发期和盛发期各喷1次

12.5％乳油 1000～2000 倍液，效果显著。

672. 丙环唑可防治哪些病害？

丙环唑又叫敌力脱、必扑尔、赛纳松、康露、施力科、叶显秀、斑无敌、科惠等，属三唑类杀菌剂。其杀菌特性与三唑酮相似，具有保护和治疗作用；具有内吸性，可被作物根、茎、叶吸收，并能在植物体内向顶输导；抑菌谱较广，对子囊菌、担子菌、半知菌中许多真菌引起的病害，具有良好防治效果，但对卵菌病害无效。在田间持效期 1个月左右。产品为 25％、50％、62％、250g/L 乳油，30％、40％、48％、50％、55％微乳剂，30％、40％悬浮剂。25％、45％、50％水乳剂。

（1）麦类病害 对小麦白粉病、条锈病、颖枯病，大麦叶锈病、网斑病，燕麦冠锈病等在麦类孕穗期，亩用 25％乳油 32～36mL，对水 50～75kg 喷雾。对小麦纹枯病，亩用 250g/L 乳油 30～40mL，对水喷雾。对小麦眼斑病，亩用 25％丙环唑乳油 33mL加 50％多菌灵可湿性粉剂 14g，于小麦拔节期喷雾。

丙环唑对小麦根腐病效果很好，每 100kg 种子用 25％乳油 120～160mL 拌和。田间喷药防治，一般在抽穗扬花期旗叶发病 1％时，亩用 25％乳油 35～40mL，对水 50～70kg 喷雾。视病情，必要时隔 7～10 天再喷 1 次。

（2）果树病害 防治香蕉叶斑病，在发病初期喷 250～500mg/L 浓度药液，即使用50％乳油或 50％微乳剂 1000～2000 倍液、30％悬浮剂 600～1200 倍液或 25％乳油500～1000 倍液，必要时隔 20 天左右再喷 1 次。

对葡萄白粉病、炭疽病进行保护性防治时，亩用 25％乳油 10mL 对水 100kg，或25％乳油 2000～10000 倍液，每隔 14～18 天喷施 1 次。用于治疗性防治时，亩用 25％乳油 15mL 对水 100kg，或 25％乳油 7000 倍液，每月喷洒 1 次；或亩用 25％乳油20mL，对水 100kg，或 25％乳油 5000 倍液，每一个半月喷洒 1 次。

防治瓜类白粉病，发现病斑时立即喷药，亩用 25％乳油 30mL，对水常规喷雾。隔20 天左右再喷药 1 次，药效更好。

（3）水稻病害 防治水稻纹枯病亩用 25％乳油 30～60mL，稻瘟病用 24～30mL，对水常规喷雾。防治水稻恶苗病，用 25％乳油 1000 倍液浸种 2～3 天后直接催芽播种。

（4）蔬菜病害 防治菜豆锈病、石刁柏锈病、番茄白粉病，于发病初期喷 25％乳油 4000 倍液，隔 20 天左右喷 1 次。

防治韭菜锈病，在收割后喷 25％乳油 3000 倍液，其他时期发现病斑及时喷 4000 倍液。

防治辣椒褐斑病、叶枯病，亩用 25％乳油 40mL，对水常规喷雾。

（5）花生病害 防治花生叶斑病，于病叶率 10％～15％时开始喷药，亩用 25％乳油 100～150mL，对水 50kg 喷雾，隔 14 天喷 1 次，连喷 2～3 次。

（6）药用植物病害 防治药用植物芦竹、紫苏、红花、薄荷、苦菜的锈病，菊花、薄荷、田旋花、菊芋的白粉病，于发病初期开始喷 25％乳油 3000～4000 倍液，隔 10～15 天喷 1 次。

673. 氟硅唑可防治什么病害？

氟硅唑具有保护和治疗作用，渗透性强，可防治子囊菌、担子菌及部分半知菌引起的病害。产品为 40％、400g/L 乳油，5％、8％、20％、30％ 微乳剂，10％、15％、25％ 水乳剂，20％ 可湿性粉剂，10％ 水分散粒剂，2.5％、8％ 热雾剂。

氟硅唑是当前防治梨黑星病的特效药剂，在梨树谢花后，见到病芽梢时开始喷 40％ 乳油 8000～10000 倍液，5％ 微乳剂 1000～1500 倍液或 16％ 水乳剂 3000～4000 倍液；或亩用 2.5％ 热雾剂 300～350mL，用烟雾机喷烟雾。以后根据降雨情况 15～20 天喷 1 次，共喷 5～7 次，或与其他杀菌剂交替使用。对砀山梨易产生药害，不宜使用。

氟硅唑对苹果轮纹烂果病菌有很强的抑制作用，田间防治苹果、梨的轮纹烂果病，可用 40％ 乳油 8000 倍液喷雾。

防治番茄叶霉病，亩用 10％ 水乳剂 40～50mL，对水喷雾。防治菜豆白粉病，亩用 10％ 水乳剂 40～50mL 或 400g/L 乳油 7.5～10mL，对水喷雾。防治黄瓜白粉病，亩用 8％ 微乳剂 50～60mL。对水喷雾。防治黄瓜黑星病，亩用 40％ 乳油 7.5～12mL，对水喷雾。隔 7～10 天喷药 1 次，连续 3～4 次。

防治烟草赤星病，于发病初期喷 40％ 乳油 6000～8000 倍液，隔 5～7 天喷 1 次，连喷 3～4 次。

防治药用植物菊花、薄荷、车前草、田旋花、蒲公英的白粉病，以及红花锈病，于发病初期开始喷 40％ 乳油 9000～10000 倍液，隔 7～10 天喷 1 次。

据资料报道，氟硅唑还可防治小麦锈病、白粉病、颖枯病，大麦叶斑病等。

674. 氟环唑可防治哪些病害？

氟环唑产品为 125g/L、12.5％、25％、30％、40％、50％ 悬浮剂，50％、70％ 水分散粒剂，也是内吸性广谱杀菌剂。防治小麦锈病，亩用 12.5％ 悬浮剂 50～60g，对水喷雾。防治香蕉叶斑病，喷 12.5％ 悬浮剂 700～1300 倍液或 75g/L 乳油 400～750 倍液。

675. 四氟醚唑可防治哪些病害？

四氟醚唑产品为 4％、12.5％、25％ 水乳剂，是内吸性广谱杀菌剂，活性高，持效期长达 4～6 周，可用于防治小麦的白粉病、锈病、黑穗病、颖枯病，大麦的纹枯病、云纹病、散黑穗病，玉米和高粱的黑穗病，瓜果白粉病、叶斑病、黑星病等，可以用于茎叶处理或种子处理。防治草莓或哈密瓜的白粉病，亩用 4％ 水剂 70～100mL，对水喷雾；防治草莓白粉病用 12.5％ 水乳剂 15～25mL/亩喷雾或者 25％ 水乳剂 10～12g/亩喷雾。

676. 怎样使用亚胺唑防治果树病害？

亚胺唑产品为 5％、15％ 可湿性粉剂，是广谱性三唑类杀菌剂，能有效地防治子囊菌、担子菌和半知菌引起的病害，对藻状菌无效。杀菌机理主要是抑制麦角甾醇的生物合成，从而破坏细胞膜的形成，导致病菌死亡。该药剂具有保护和治疗作用，喷到作物上后能快速渗透到植物体内，但土壤施药不能被根吸收，目前登记主要用于防治果树病害。

防治梨黑星病，在发病初期开始用 15％ 可湿性粉剂 3000～3500 倍液或 5％ 可湿性粉剂 1000～1200 倍液喷雾，隔 7～10 天喷 1 次，连喷 5～6 次，在病害发生高峰期，喷药间隔期应适当缩短。对梨赤星病有兼治作用。不宜在鸭梨上使用，以免引起轻微药害。

防治苹果斑点落叶病，于发病初期开始喷 5％可湿性粉剂 600～700 倍液。

防治葡萄黑痘病，于春季新梢生长达 10cm 时开始喷 5％可湿性粉剂 600～800 倍液，发病严重的葡萄园应适当提早喷药，以后每隔 10～15 天喷 1 次，共喷 4～5 次。雨水较多时，需适当缩短喷药间隔期和增加喷药次数。对葡萄白粉病也有较好的防治效果。于采收前 21 天停止使用。

防治柑橘疮痂病，喷 5％可湿性粉剂 600～900 倍液。在春芽开始萌发时喷第一次药，谢花 2/3 时喷第二次药，以后每 10 天喷 1 次，共喷 3～4 次。采收前 30 天停止使用。

防治青梅黑星病，喷 5％可湿性粉剂 600～800 倍液。

677. 腈苯唑可防治哪些病害？

腈苯唑能阻止已发芽的病菌孢子侵入作物组织，抑制菌丝的伸长。在病菌潜伏期使用，能阻止病菌的发育；在发病后使用，能使下一代孢子变形，失去侵染能力，对病害具有预防作用和治疗作用。产品为 24％悬浮剂。

（1）果树病害

① 防治香蕉叶斑病，在香蕉下部叶片出现叶斑之前或刚出现叶斑时，用 24％悬浮剂 960～1200 倍液喷雾，隔 7～14 天喷 1 次。

② 防治桃树褐斑病，在发病初期，喷 24％悬浮剂 2500～3000 倍液，隔 7～10 天喷 1 次，连喷 2～3 次。

③ 防治苹果黑星病、梨黑星病用 24％悬浮剂 6000 倍液喷雾，防治梨黑斑病用 3000 倍液喷雾，隔 7～10 天喷 1 次，一般连喷 2～3 次。

（2）禾谷类作物病害　防治禾谷类黑粉病、腥黑穗病，每 100kg 种子，用 24％悬浮剂 40～80mL 拌种。防治麦类锈病，于发病初期，亩用 24％悬浮剂 20mL，对水 30～50kg 喷雾。但对禾谷类白粉病无效。

678. 怎样使用戊菌唑防治葡萄白腐病？

戊菌唑属三唑类杀菌剂，产品为 10％乳油，10％、20％、25％水乳剂，对病害具有保护、治疗和铲除作用，可由作物叶、茎、根吸收，由根吸收后向上传导。杀菌谱较广，现登记用于防治葡萄白腐病和白粉病，于发病初期开始施药，喷 10％乳油 2500～5000 倍液，每季最多施药 3 次。安全间隔期为葡萄收获前 30 天。防治葡萄白粉病用 10％水乳剂 2000～4000 倍液喷雾，防治西瓜白粉病用 20％水乳剂 25～30mL/亩喷雾，防治草莓白粉病用 25％水乳剂 7～10mL/亩喷雾。本药剂对鱼毒性中等，注意勿污染水源。

679. 如何应用丙硫菌唑防治小麦赤霉病？

丙硫菌唑为三唑硫酮类杀菌剂，属甾醇脱甲基化（麦角甾醇的生物合成）抑制剂，具有选择性、保护性、治疗性和持效性等特点。其作用机理是抑制真菌中甾醇的前体——

羊毛甾醇14位上的脱甲基化作用，即脱甲基化抑制剂（DMIs）。大量的田间药效试验结果表明，丙硫菌唑对作物不仅具有良好的安全性，防病治病效果好，而且增产明显，同三唑类杀菌剂相比，丙硫菌唑具有更广谱的杀菌活性。30％可分散油悬浮剂登记在小麦防治赤霉病，用量为40～45mL/亩。

（四）甲氧基丙烯酸酯类杀菌剂

680. 甲氧基丙烯酸酯类杀菌剂是怎样发现和发展的？

甲氧基丙烯酸酯类杀菌剂是以天然甲氧基丙烯酸酯类抗生素为先导化合物开发的一类新型杀菌剂，它们的化学结构都含有甲氧基丙烯酸酯基团或是由甲氧基丙烯酸酯衍变而得。自1996年第一个商品化品种嘧菌酯出现以来，至今这类杀菌剂仍以超过10％的年增长率在增长，与位居第一位的三唑类杀菌剂市场持平。这类杀菌剂在农业应用上表现有许多共同特点。

① 独特的作用机理。它们都是病原真菌的线粒体呼吸抑制剂，即通过在细胞色素 b 和 c_1 间电子转移抑制线粒体的呼吸，干扰细胞能量供给，使细胞死亡，从而发挥杀菌作用。作用于线粒体呼吸的杀菌剂较多，但苯氧基丙烯酸酯类杀菌剂作用的部位（细胞色素 b）与以往所有杀菌剂均不同，因而对于已对甾醇抑制剂（如三唑类）、苯基酰胺类、二羧酰胺类、苯并咪唑类产生抗性的菌株有效。

② 杀菌广谱。对几乎所有真菌类（子囊菌纲、担子菌纲、卵菌纲和半知菌类）病害都显示出很好的活性，如麦类的白粉病、叶枯病、赤斑病、网斑病、黑腥病，水稻的稻瘟病、纹枯病，以及霜霉病、疫病等具有很好的活性，对疫病的防治更显重要。

③ 具有保护和治疗作用，并有良好的渗透和内吸作用，可以以茎叶喷雾、水面施药、处理种子等方式使用。

④ 具有高度选择性，对作物、人、畜及有益生物安全，对环境基本无污染。

⑤ 本类化合物除对病原菌有抑制作用，对某些昆虫和植物也具有电子传递抑制作用，因此可从苯氧基丙烯酸酯类中开发出杀虫剂、杀螨剂和除草剂，现已有这方面的专利。

681. 嘧菌酯有什么特点？

嘧菌酯是甲氧基丙烯酸酯类杀菌剂第一个商品化的品种，由于其优异的特性，自1996年首次登记以来，现已在美国、欧洲、日本等地区登记和销售，也于2001年在我国登记。

嘧菌酯具有甲氧基丙烯酸酯类杀菌剂的所有特性，适用于禾谷类作物、蔬菜、果树、花生、马铃薯、咖啡、草坪等。它具有保护、治疗、铲除作用和良好的渗透、内吸活性，可用于茎叶喷雾、种子处理和土壤处理，施用剂量根据作物和病害的不同，一般为亩用有效成分2.5～26g，通常为6.5～23g。产品主要有以下几种。

（1）250g/L悬浮剂 用于防治如下病害。

① 果树病害　防治柑橘疮痂病和炭疽病，喷 850～1200 倍液。防治荔枝霜疫霉病，喷 1200～1600 倍液。防治芒果炭疽病，喷 1200～1600 倍液。防治香蕉叶斑病，喷 1000～1500 倍液。防治葡萄的白腐病和黑痘病，喷 850～1200 倍液；霜霉病喷 1200～2000 倍液。防治西瓜炭疽病，亩用 40～80mL，对水喷雾。

② 蔬菜病害　防治番茄的晚疫病和叶霉病亩用 60～90mL，早疫病亩用 24～32mL，对水喷雾。防治辣椒的炭疽病亩用 32～48mL，疫病亩用 40～70mL，对水喷雾。防治黄瓜的白粉病、黑星病和蔓枯病亩用 60～90mL，霜霉病亩用 32～48mL，对水喷雾。防治冬瓜的霜霉病和炭疽病亩用 40～70mL，对水喷雾。防治丝瓜霜霉病，亩用 50～90mL，对水喷雾。

防治马铃薯的晚疫病亩用 15～20mL，早疫病亩用 30～50mL，对水喷雾；防治黑痣病，亩用 36～60mL，于播种时对水喷雾沟施。

防治人参黑斑病，亩用 40～60mL，对水喷雾。

（2）50％水分散粒剂　防治草坪草的褐斑病和枯萎病亩用 30～50g，对水喷雾，西瓜炭疽病用 1667～3333 倍液喷雾。

（3）80％水分散粒剂　防治黄瓜霜霉病用 10～15g/亩喷雾。

（4）25％悬浮剂　防治黄瓜霜霉病用 40～48mL/亩喷雾

（5）30％悬浮剂　防治观赏牡丹红斑病用 42～75mL/亩喷雾，水稻稻瘟病用 35～45g/亩喷雾，香蕉叶斑病用 1200～1500 倍液喷雾。

（6）250g/L 水分散粒剂　防治葡萄黑痘病用 1000～2000 倍液喷雾。

（7）1％颗粒剂　防治西瓜枯萎病用 2000～3000g/亩撒施。

（8）0.1％颗粒剂　防治西瓜枯萎病用 20～30kg/亩撒施。

（9）10％微囊悬浮剂　防治水稻稻曲病用 65～80mL/亩喷雾，防治水稻稻瘟病用 65～80mL/亩喷雾，防治水稻纹枯病用 65～80mL/亩喷雾。

（10）15％悬浮种衣剂　防治小麦全蚀病每 100kg 种子用 180～260g 包衣。

（11）250g/L 悬浮剂　防治番茄晚疫病用 60～90mL/亩喷雾，防治葡萄霜霉病用 1000～2000 倍液喷雾。

682. 醚菌酯有什么特点？

醚菌酯具有甲氧基丙烯酸酯类杀菌剂的共有特点，产品有 50％、60％水分散粒剂，30％悬浮剂，30％可湿性粉剂。

（1）果树病害　防治梨黑星病，用 50％水分散粒剂 3000～5000 倍液或 30％可湿性粉剂 2000～3000 倍液，在发病初期开始喷洒，隔 7 天喷 1 次，连喷 3 次，对叶和果实上的黑星病防效均好。

防治苹果黑星病，喷洒 50％水分散粒剂 5000～7000 倍液。对斑点落叶病，喷洒 3000～4000 倍液。

防治草莓白粉病，用 50％水分散粒剂 3000～5000 倍液或亩用 30％可湿性粉剂 20～40g，对水喷雾。

防治葡萄霜霉病，喷洒 30％悬浮剂 2200～3200 倍液。

（2）蔬菜病害　防治黄瓜白粉病，亩用 50％水分散粒剂 13.4～20g 或 30％可湿性粉剂 28～35g，对水喷雾。防治番茄早疫病，亩用 30％悬浮剂 40～60g，对水喷雾。

（3）麦病 防小麦的白粉病亩用 30％悬浮剂 30～50g，锈病亩用 50～70g，对水喷雾。

据报道，本剂也可用于防治香蕉叶斑病、西瓜炭疽病、稻瘟病、甜菜白粉病和叶斑病、马铃薯早疫病和晚疫病等。

683. 吡唑醚菌酯可防治哪些病害？

吡唑醚菌酯的分子结构比醚菌酯多一个吡唑环，作为杀菌剂，其性能、应用范围与醚菌酯相似，产品为 250g/L 乳油，防治下列病害的使用剂量为：

香蕉的叶斑病和黑星病，喷洒 1000～3000 倍液；防治果实的炭疽病和轴腐病，用 1000～2000 倍液浸果。

防治芒果树、茶树炭疽病及草坪草的炭疽病和褐斑病，喷洒 1000～2000 倍液。

防治黄瓜的白粉病和霜霉病，亩用 20～40mL，对水喷雾。

防治白菜炭疽病，亩用 30～50mL，对水喷雾。

一般是自发病初期开始喷雾，间隔 7～10 天，连喷 3～4 次。

此外还有 20％、50％水分散粒剂，25％、30％悬浮剂，20％可湿性粉剂，30％乳油。

本药剂对鱼类高毒，不得污染水源。

684. 苯醚菌酯是什么样的杀菌剂？

苯醚菌酯是我国开发的甲氧基丙烯酸酯类杀菌剂，内吸、活性高、广谱，具有保护和治疗作用。产品为 10％悬浮剂，可用于防治白粉病、霜霉病、炭疽病等。例如，防治黄瓜白粉病，于发病初期开始，亩用 10％悬浮剂 5000～10000 倍液，间隔 7 天左右喷 1 次，连喷 2～3 次。

685. 氰烯菌酯是什么样的杀菌剂？

氰烯菌酯属氰基丙烯酸酯类化合物，该类化合物的杀菌活性为首次报道。氰烯菌酯为我国开发，产品为 25％悬浮剂，对病害具有保护和治疗作用，对小麦的赤霉病和纹枯病、水稻恶苗病、棉花枯萎病、辣椒疫病、黄瓜灰霉病等有良好的防效。例如，防治小麦赤霉病，于小麦扬花初期至盛花期，亩用 25％悬浮剂 100～200mL，对水喷雾，病情重的田块，隔 7 天再施药 1 次。每个生长季最多施药 3 次。

686. 烯肟菌酯是什么样的杀菌剂？

烯肟菌酯是我国开发的第一个甲氧基丙烯酸酯类杀菌剂，现有产品为 25％乳油，对由子囊菌、担子菌、半知菌、鞭毛菌、结合菌引起的病害有很好的防效。能有效地控制黄瓜、葡萄等作物的霜霉病，田间应用的结果表明，防治黄瓜霜霉病，亩用 25％乳油 30～45mL，对水喷雾即可。

687. 烯肟菌胺是什么样的杀菌剂？

烯肟菌胺是我国开发的甲氧基丙烯酸酯类杀菌剂，活性高，杀菌谱广，具有保护和治疗作用，产品为5％乳油，对黄瓜的霜霉病和炭疽病，小麦的白粉病和锈病，番茄的早疫病、晚疫病和灰霉病，稻瘟病，苹果黑星病等均有良好的防效。例如：

防治温棚黄瓜白粉病，于叶片发病初期开始，亩用5％乳油53～107mL，对水喷雾，间隔7天，连喷2～3次。

防治小麦白粉病，于小麦孕穗期发病初期开始，亩用5％乳油53～107mL，对水喷雾，间隔7天，一般施药2次。

688. 肟菌酯应怎样合理使用？

肟菌酯属甲氧基丙烯酸类杀菌剂，具有保护和治疗作用，杀菌谱广，活性高，但对病原菌的作用位点单一，病原菌容易产生耐药性，因而不宜单独使用，应与其他作用机理不同的杀菌剂混用或复配成混合杀菌剂。

肟菌酯及其混剂均为低毒类杀菌剂，但肟菌唑对鱼类和水生生物高毒，切勿污染水源。

（五）苯并咪唑类杀菌剂

689. 苯并咪唑类都包括哪些杀菌剂？ 它们的特点是什么？

苯并咪唑类在杀菌剂中占有重要位置，包括品种多菌灵、丙硫多菌灵、苯菌灵、噻菌灵、麦穗宁等。近年来还开发了多菌灵的酸盐，如多菌灵盐酸盐（防霉宝）、多菌灵水杨酸盐（增效多菌灵）、多菌灵磺酸盐（溶菌灵）。硫菌灵和甲基硫菌灵在化学结构上属取代苯类，但因其施用于植物体后转化成多菌灵起杀菌作用，故也将此两药剂归纳入苯并咪唑类之中。

苯菌灵施于植物体后也可转化成多菌灵，同时还产生另一种杀菌物质异氰酸丁酯，另外，苯菌灵的亲油性比多菌灵强，更容易渗入植物体内，所以在实际使用中，苯菌灵的防病效果往往高于多菌灵。但苯菌灵价格高于多菌灵，因而国内大量生产和使用的仍是多菌灵。

噻菌灵、麦穗宁施用于植物后，不转化成多菌灵，故其杀菌作用不属于多菌灵类。

丙硫多菌灵原为医用药，由贵州道元科技有限公司将其开发成用于农业的杀菌剂，又名施宝灵。

上述杀菌剂品种有许多共同特点，在此集中介绍，在具体品种中就不再重复。

① 广谱。这些品种的杀菌谱超过其他类杀菌剂，对子囊菌、担子菌、半知菌三大类中的许多属、种的真菌有抑制作用，这些真菌多是植物病害的主要致病菌，因而该类药剂适用于多种经济作物，如禾谷类、果树、蔬菜、园林植物、花卉等。

② 内吸。能被植物吸收，在植物体内向顶输导，不能向基部运转，兼有保护和治

疗作用。

③ 使用方法多样，可田间喷雾、拌种、加工成种衣剂、浸秧苗等。

④ 价格优势大，农民易接受。

⑤ 抗药风险在内吸杀菌中较为严重。多菌灵、苯菌灵能诱发某些病原菌产生抗性，且同类品种间有正交互抗性，病原菌对这类杀菌剂的抗药性，目前已成为制约其继续使用的主要因素，其中的有些品种在欧盟已被限用或禁用。因此，应注意与其他类型杀菌剂混用或轮换使用，也已加工成多种混剂可以选用，不在同一种作物的一个生育期内连续单用。

690. 多菌灵有哪些产品？ 怎样使用？

我国生产的含多菌灵的产品多，有单剂，有混剂，有种衣剂，产品质量好，用途广，每年销售量都很大，几乎各类植物都可用多菌灵防治其病害。目前单剂有25%、40%、50%、80%可湿性粉剂，40%、50%悬浮剂，50%、75%、80%水分散粒剂，12.5%、37%可溶粉剂，15%烟剂，以及多种混剂和种衣剂。

多菌灵的杀菌谱很广，多年来广泛应用于果、林、茶、桑、蔬菜、谷类、棉、麻、糖、烟以及药用作物、花卉等防治多种病害，为群众所熟知，因而本书不再细述其用途和用法，可参见各产品的标签，如有需要，也可查阅本书的第三、第四版。

691. 苯菌灵怎样使用？

苯菌灵又叫苯来特，它是苯并咪唑类第一个商品化品种，为内吸性杀菌剂，进入植物体后容易转变成多菌灵及另一种有挥发性的异氰酸丁酯，因而其杀菌作用方式及防治对象与多菌灵相同，但药效略好于多菌灵。产品为50%可湿性粉剂。

防治叶部病害用50%可湿性粉剂1500～2000倍液喷雾。

防治种传和土传病害，每100kg种子用50%可湿性粉剂100～200g拌种。

（1）果树病害　是防治苹果轮纹烂果病最好的药剂之一，从谢花后1周有降雨后开始喷50%可湿性粉剂800～1000倍液，以后每隔12～14天有降雨即喷药，直到8月下旬或9月上旬为止。同时可兼治苹果炭疽病、褐斑病、褐腐病、黑星病。

防治苹果霉心病，于花蕾期至谢花后，每隔10天左右喷1次50%可湿性粉剂1000倍液，共喷2～3次，同时兼治白粉病。

防治柑橘疮痂病、灰霉病，于发病初期喷50%可湿性粉剂1000～1500倍液，隔10～15天喷1次，共喷2～3次。防治柑橘流胶病、脚腐病，于发病初期，用刀纵刻至木质部后，用50%可湿性粉剂100～200倍液涂抹。

防治菠萝心腐病，在花期喷50%可湿性粉剂800～1000倍液。

防治菠萝黑心病，用50%可湿性粉剂250倍液浸泡刚采下的菠萝果实或果梗切口5min。防治柑橘贮藏期绿霉病、青霉病，在采收前10～15天用50%可湿性粉剂2500～3500倍液喷树冠及果实；或采收后用1500～2000倍液浸果5min。为控制桃在贮藏和后熟期的烂果，用46℃的50%可湿性粉剂5000倍液浸5min。苯菌灵也可用作其他果品的贮藏防腐剂，常用浓度为600～1200mg/kg药液，相当于50%可湿性粉剂420～830倍液或40%悬浮剂340～670倍液。

（2）蔬菜病害　防治种传和土传病害，每 10kg 种子用 50％可湿性粉剂 10～20g 拌种。

防治蔬菜叶部病害，如番茄叶霉病、芹菜灰斑病、茄子赤星病、慈姑叶斑病等，于发病初期开始喷 50％可湿性粉剂 1000～1500 倍液，隔 10 天左右喷 1 次，连喷 2～3 次。

防治番茄、黄瓜、韭菜等多种蔬菜的灰霉病，于发病前或发病初期喷 50％可湿性粉剂 800～1000 倍液。

防治蔬菜贮藏期病害，在收获前喷雾或收获后浸渍，如防治大蒜青霉病，在采前 7 天喷 50％可湿性粉剂 1500 倍液。

（3）棉花病害　防治棉花炭疽病、白腐病，棉茎枯病，棉铃红腐病和曲霉病，于发病初期喷 50％可湿性粉剂 1500 倍液，亩喷药液 60～80kg，隔 7～10 天喷 1 次，连喷 2～3 次。

（4）麻类病害　防治黄麻黑点炭疽病和枯腐病，每 10kg 种子用 50％可湿性粉剂 50g 拌种；防治亚麻、胡麻炭疽病和斑点病，每 10kg 种子用 50％可湿性粉剂 20～30g 拌种，密闭 15 天左右播种。

防治麻类作物生长病害，如炭疽病、叶斑类病害、白粉病、白星病等，于发病初期喷 50％可湿性粉剂 1500 倍液，隔 10 天左右喷 1 次，连喷 2～3 次。

（5）甘蔗和甜菜病害　防治甘蔗凤梨病，对窖藏的蔗苗用 50％可湿性粉剂 250 倍液淋浸切口；在种苗移栽前先用 2％石灰水或清水浸 1 天后，再用 50％可湿性粉剂 1000 倍液浸 5～10min。

防治甘蔗眼点病、黄点病、梢腐病，喷 50％可湿性粉剂 1000 倍液，隔 7～10 天喷 1 次，连喷 3～4 次。

防治甜菜褐斑病及其他叶斑病，喷 50％可湿性粉剂 1500 倍液，隔 7～10 天喷 1 次，连喷 3～4 次。

（6）烟草病害　防治烟草根黑腐病，苗床每平方米用 50％可湿性粉剂 10g 消毒，移栽时亩用 50g 药剂与细土拌匀后穴施。

防治烟草枯萎病，于发病初期开始用 50％可湿性粉剂 1000 倍液喷洒或浇灌，每株灌药液 500mL，连灌 2～3 次。

（7）药用植物病害　防治川芎根腐病、黄芪根腐病、山药枯萎病、穿心莲枯萎病，于发病初期用 50％可湿性粉剂 1500 倍液喷淋基部或浇灌，10～15 天施药 1 次，共施 2～3 次。

防治量天尺枯萎腐烂病，用刀挖除轻病基节的肉质部，切口用 50％可湿性粉剂 200 倍液涂抹。

喷雾防治多种药用植物的叶部病，一般于发病初期喷 50％可湿性粉剂 1500 倍液，隔 10 天左右喷 1 次，连喷 2～3 次，可防治三七炭疽病、麦冬炭疽病、萱草炭疽病、山药炭疽病和斑枯病、黄芪白粉病、枸杞白粉病和炭疽病、藏红花腐烂病、香草兰茎腐病以及多种药用植物的叶斑类病害。

（8）花卉病害　防治翠菊枯萎病和菊花枯萎病，用 50％可湿性粉剂 500 倍液浇灌根际土壤。对香石竹枯萎病在种植前用 1000 倍液浇灌土壤。

防治百合基腐病和水仙鳞茎基腐病，于种植前用 50％可湿性粉剂 500 倍液浸 15～30min，发病后及时用 800 倍液浇灌根部。

防治叶部病害可用 50％可湿性粉剂 1500 倍液喷雾。

692. 怎样使用噻菌灵防治果品腐烂和保鲜?

噻菌灵产品有 40％可湿性粉剂，15％、42％、450g/L、500g/L悬浮剂，60％水分散粒剂，水果保鲜纸等。噻菌灵属苯并咪唑类内吸杀菌剂，其内吸传导主要是向顶性的。杀菌谱广，具有保护和治疗作用，与多菌灵、苯菌灵等苯并咪唑类的品种之间有正交互抗性。主要用于果品和蔬菜等产后防腐保鲜，采用喷雾或浸蘸方式施药。

防治香蕉、菠萝贮运期烂果，采收后用 40％可湿性粉剂或 42％悬浮剂的 600～900 倍液，浸果 1～3min，捞出晾干装箱。防治香蕉冠腐病，用 15％悬浮剂 150～250 倍液或 50％悬浮剂 660～1000 倍液浸果 1min。

防治柑橘青霉病、绿霉病、蒂腐病、炭疽病等，采后用 42％悬浮剂 300～420 倍液浸果 1min，捞出，晾干，装筐，低温保存。

甘薯用 42％悬浮剂 280～420 倍液浸薯半分钟左右，捞出滴干，入窖贮藏，可防治窖贮期的黑疤病、软腐病，效果优于多菌灵。

693. 甲基硫菌灵有什么特性?

甲基硫菌灵的化学结构与苯菌灵并不一样，但在病害防治上的表现很相似，原因是两者在植物体内均能转化成多菌灵而发挥杀菌作用，所以将其（包括硫菌灵）归入苯并咪唑类内吸杀菌剂中。

甲基硫菌灵在自然、动植物体内外以及土壤中均能转化成多菌灵。当甲基硫菌灵施于作物表面时，一部分在体外转化成多菌灵起保护剂作用；一部分进入作物体内，在体内转化成多菌灵起内吸治疗剂作用。因而甲基硫菌灵在病害防治上具有保护和治疗作用，持效期 7～10 天。

甲基硫菌灵防治对象和用药时期、使用方法与多菌灵基本相同，但与多菌灵、苯菌灵有交互抗性，不能与之交替使用或混用。产品有 50％、70％可湿性粉剂，36％、50％、500g/L悬浮剂，70％水分散粒剂，3％糊剂。

甲基硫菌灵能有效防治的病害种类很多，如果树、蔬菜、粮食、棉麻、油料、烟草、糖料、茶、桑、林及药用植物、花卉等作物的多种病害，具体使用方法可参见各产品的标签或说明书。

（六）咪唑类杀菌剂

694. 咪鲜胺是什么样的杀菌剂? 可防治哪些病害?

咪鲜胺是咪唑类杀菌剂中的重要品种。在我国使用的咪唑类杀菌剂还有抑霉唑、氟菌唑和氰霜唑，曾经使用的有稻瘟酯。这类杀菌剂主要是干扰病原菌细胞壁而抑制其危害。

咪鲜胺产品有 25％、45％乳油，10％、12％、15％、45％微乳剂，25％、45％水乳剂。

咪鲜胺是广谱性杀菌剂，主要通过抑制甾醇的生物合成，使病菌细胞壁受到干扰。虽不具内吸作用，但具有一定的传导作用。通过种子处理进入土壤的药剂，主要降解为易挥发的代谢产物，易被土壤颗粒吸附，不易被雨水冲刷。此药在土壤中对土壤内其他生物低毒，但对某些土壤中的真菌有抑制作用。

（1）果树病害　主要用于水果防腐保鲜。防治柑橘果实贮藏期的蒂腐病、青霉病、绿霉病、炭疽病，在采收后用 250～500mg/L 浓度药液，相当于 15％微乳剂 500～700倍液或 45％水乳剂 1000～2000 倍液、45％乳油 900～1800 倍液、25％乳油 500～1000倍液浸果 2min，捞起，晾干，贮藏。单果包装，效果更好。

防治香蕉果实的炭疽病、冠腐病，采收后用 45％微乳剂或水乳剂 450～900 倍液浸果 2min 后贮藏。

防治芒果炭疽病。生长期防治，用 45％微乳剂 750～1000 倍液、45％乳油 900～1500 倍液或 25％乳油 500～1000 倍液喷雾，花蕾期和始花期各喷 1 次，以后隔 7 天喷 1次，采果前 10 天再喷 1 次，共喷 5～6 次。贮藏期防腐保鲜，采收的当天，用 25％乳油 250～500 倍液浸果 1～2min，捞起晾干，室温贮藏。如能单果包装，效果更好。

防治贮藏期荔枝黑腐病，用 45％乳油 1500～2000 倍液浸果 1min 后贮存。

用 25％乳油 1000 倍液浸采收后的苹果、梨、桃果实 1～2min，可防治青霉病、绿霉病、褐腐病，延长果品保鲜期。对霉心病较多的苹果，可在采收后使用 25％乳油 1500 倍液往萼心注射 0.5mL，防治霉心病菌所致的果腐效果非常明显。

防治葡萄黑痘病和炭疽病，亩用 25％乳油 60～80mL，对水常规喷雾。

（2）水稻病害　防治水稻恶苗病，采用浸种法。长江流域及长江以南地区，用 25％乳油 2000～3000 倍液浸种 1～2 天，捞出用清水催芽。黄河流域及黄河以北地区，用 25％乳油 3000～4000 倍液浸种 3～5 天，捞出用清水催芽。东北地区，用 25％乳油 3000～5000 倍液浸种 5～7 天，取出催芽。此浸种法也可防治胡麻斑病。

防治稻瘟病，亩用 25％乳油 60～100mL，对水常规喷雾。

防治稻曲病，亩用 25％乳油 50～60mL，对水喷雾。

（3）辣椒和大蒜病害　防治辣椒白粉病，亩用 25％乳油 50～65mL，炭疽病用 70～100mL，对水喷雾。

防治大蒜叶枯病，亩用 25％乳油 100～120mL，对水喷雾。

（4）其他病害　防治油菜菌核病，亩用 25％乳油 40～50mL，对水喷雾。

防治烟草赤星病，亩用 25％乳油 50～100mL，对水喷雾。

防治小麦赤霉病，亩用 25％乳油 53～67mL，对水常规喷雾，同时可兼治穗部和叶部的根腐病及叶部多种叶枯性病害。

防治甜菜褐斑病，亩用 25％乳油 80mL，对水常规喷雾，隔 10 天喷 1 次，共喷 2～3 次。如在播前用 25％乳油 800～1000 倍液浸种，在块根膨大期亩用 150mL 对水喷 1次，可增产增收。

695. 咪鲜胺锰盐与咪鲜胺有什么关系？

咪鲜胺锰盐是咪鲜胺锰络合物，由咪鲜胺与氯化锰复合而成，其防病性能与咪鲜胺极为相似。产品有 25％、50％、60％可湿性粉剂，28％悬浮剂。

① 防治蘑菇褐腐病和白腐病，施药方法有两种。

a. 覆土法。第一次施药在菇床覆土前，每平方米覆盖土用 50％可湿性粉剂 0.8～1.2g 对水 1kg，拌土后，覆盖于已接菇种的菇床上；第二次施药是在第二潮菇转批后，每平方米菇床用 50％可湿性粉剂 0.8～1.2g 对水 1kg，喷于菇床上。

b. 喷淋法。第一次施药在菇床覆土后 5～9 天，每平方米菇床用 50％可湿性粉剂 0.8～1.2g 对水 1kg，喷于菇床上；第二次施药是在第二潮菇转批后，按同样药量喷菇床。

防治蘑菇湿泡病，每平方米菇床用 50％可湿性粉剂 0.8～1g，对水喷洒。

② 防治柑橘青霉病、绿霉病、炭疽病、蒂腐病等贮藏期病害，采果当天用 50％可湿性粉剂 1000～2000 倍液浸果 1～2min，捞起晾干，室温贮藏。单果包装，效果更好。

③ 防治芒果炭疽病。生长期防治，用 50％可湿性粉剂 1000～2000 倍液喷雾，花蕾期和始花期各喷药 1 次，以后隔 7 天喷 1 次，采果前 10 天再喷 1 次，共喷 5～6 次。贮藏期防腐保鲜，采果当天用 50％可湿性粉剂 500～1000 倍液浸果 1～2min，捞出晾干，室温贮藏。单果包装，效果更好。

④ 苹果、梨、桃采收后，使用 50％可湿性粉剂 1000～1500 倍液浸果 1～2min，取出晾干后装箱，可防治青霉病、绿霉病及桃黑霉病、褐腐病。

⑤ 防治甜椒、黄瓜的炭疽病，亩用 50％可湿性粉剂 40～75g 或 25％可湿性粉剂 80～150g，对水常规喷雾。

防治大蒜叶枯病，亩用 50％可湿性粉剂 50～60g，对水喷雾。

⑥ 防治葡萄黑痘病，喷 50％可湿性粉剂 1500～2000 倍液。防治西瓜枯萎病，喷 50％可湿性粉剂 800～1500 倍液。

⑦ 其他病害。防治水稻恶苗病，用 50％可湿性粉剂 4000～6000 倍液浸种 3 天（南方）或 5 天（北方），捞出用清水催芽。

防治烟草赤星病，亩用 50％可湿性粉剂 35～50g，结合采收低脚叶喷第一次药，间隔 7～10 天喷第二、三次药。

696. 抑霉唑可防治哪些病害？

抑霉唑为内吸性杀菌剂。对人畜毒性低，是优良的果蔬防腐保鲜剂，对柑橘、芒果、香蕉、苹果、瓜类尤为有效，对抗多菌灵、噻菌灵的青绿霉菌有特效。也可用于防治谷类作物病害。产品有 22.2％、50％、500g/L 乳油，10％、20％、22％水乳剂，0.1％涂抹剂，3％膏剂，15％烟剂。

① 防治柑橘贮藏期的青霉病、绿霉病，采收的当天用浓度 250～500mg/L 药液（相当于 50％乳油 1000～2000 倍液或 22.2％乳油 500～1000 倍液）浸果 1～2min，捞起晾干，装箱贮藏或运输。单果包装，效果更佳。

柑橘果实也可用 0.1％涂抹剂原液涂抹。果实用清水清洗，并擦干或晾干，再用毛巾或海绵蘸药液涂抹，晾干。尽量涂薄些，一般每吨果品用 0.1％涂抹剂 2～3L。

② 防治香蕉轴腐病，用 50％乳油 1000～1500 倍液浸果 1min，捞出晾干，贮藏。

③ 防治苹果、梨贮藏期青霉病、绿霉病，采后用 50％乳油 100 倍液浸果 30s，捞出

晾干后装箱，贮藏。

④ 防治谷物病害，每 100kg 种子用 50％乳油 8～10g，加少量水拌种。

⑤ 防治苹果树腐烂病，每平方米病疤涂抹 3％膏剂 200～300g。

697. 氟菌唑可防治哪些病害？

氟菌唑具有治疗和铲除作用，内吸性强。杀菌谱广，主要用于水稻、麦类、蔬菜、果树等作物的病害防治。产品为 30％、35％、40％可湿性粉剂。

① 防治水稻恶苗病、胡麻叶枯病，用 30％可湿性粉剂 20～30 倍液浸种 10min，或用 200～300 倍液浸种 1～2 天。

② 防治麦类条纹病、黑穗病，每 100kg 种子用 30％可湿性粉剂 500g 拌种。对小麦白粉病，在发病初期用 30％可湿性粉剂 1000～1500 倍液喷雾，隔 7～10 天再喷 1 次。

③ 防治黄瓜黑星病、番茄叶霉病，在发病初期，亩用 30％可湿性粉剂 35～40g，对水喷雾，隔 10 天再喷 1 次。

④ 防治多种果树白粉病、桃黑星病、褐腐病和灰星病、樱桃灰星病，在发病初期，用 30％可湿性粉剂 1000～2000 倍液喷雾，间隔 7～10 天，共喷 3～4 次。

⑤ 防治瓜类、豆类、番茄等蔬菜白粉病，在发病初期，亩用 30％可湿性粉剂 14～20g，对水 70kg，相当于稀释 3500～5000 倍液喷雾，隔 10 天后再喷 1 次。

698. 氰霜唑是什么样的杀菌剂？

氰霜唑按照化学结构属于磺胺咪唑类，为保护性杀菌剂，对卵菌纲病原菌如疫霉菌、霜霉菌、假霜霉菌、腐霉菌以及根肿菌纲的芸薹根肿菌具有很高的活性，是目前所有登记用于防治卵菌纲病害的杀菌剂中活性最高的，使用量也是最低的，其作用机理是通过与病原菌细胞线粒体内膜的结合，阻碍膜内电子传递，干扰能量供应，从而起到杀灭病原菌的作用。由于它的这种作用机理不同于其他杀菌剂，因而与其他内吸杀菌剂间无交互抗性。

氰霜唑的产品为 20％、35％、50％、100g/L 悬浮剂，25％可湿性粉剂，50％水分散粒剂。

（1）20％悬浮剂　防治番茄晚疫病用 30～35mL/亩喷雾。

（2）100g/L 悬浮剂　防治黄瓜霜霉病用 53.3～67mL/亩喷雾。

（3）50％悬浮剂　防治马铃薯晚疫病用 6.4～8mL/亩喷雾。

（4）25％可湿性粉剂　防治葡萄霜霉病用 4000～5000 倍液喷雾。

（七）酰胺类杀菌剂

699. 甲霜灵有哪些特点？

甲霜灵属苯基酰胺类内吸杀菌剂。这类杀菌剂，在我国目前有甲霜灵、噁霜灵、苯霜灵、灭锈胺、氟酰胺、水杨菌胺 6 个品种。甲霜灵有六大特性。

① 对病害具有保护、治疗和铲除作用。在作物感病之前使用,可保护作物不受病菌侵染;在作物感病之后使用,可阻止病菌在植物体内蔓延和发展,对马铃薯晚疫病初发病斑的扩大和游动孢子的产生有显著的抑制作用。

② 对作物有很强的双向内吸输导作用,渗透以及在植物体内传导很快,进入植物体内的药剂可向任何方向传导,即有向顶性、向基性,还可进行侧向传导。药剂由根、茎吸收后,随植物体内水分运转而输送到叶片及施药后新长出的幼嫩组织内,保护叶片及幼嫩组织不受病菌侵害;由上部叶片吸收后,可以向基部叶片及组织传导,抑制组织内病菌繁殖和蔓延。

③ 持效期较长。用于种子处理或灌根,持效期 1 个月左右;而叶面喷雾约 15 天。

④ 选择性强,仅对卵菌纲病害有效,对其中的霜霉菌、疫霉菌、腐霉菌有特效。

⑤ 易引起病菌产生耐药性,尤其是叶面喷雾,连续单用两年即可发现病菌抗药现象,使药剂突然失效。因此,甲霜灵单剂一般只用于种子处理和土壤处理,不宜作为叶面喷洒用。叶面喷雾应与保护性杀菌剂混用或加工成混剂,实验证明,混用或混剂可以大大延缓耐药性的发展,尤其是与代森锰锌混用效果最好。甲霜灵混剂有甲霜铜(甲霜灵+琥胶肥酸铜)、甲霜铝铜(甲霜灵+三乙膦酸铝+琥胶肥酸铜)、甲霜锰锌(甲霜灵+代森锰锌)等。

⑥ 对人畜低毒,低残留。

上述甲霜灵的特性,基本上代表了苯基酰胺类内吸杀菌剂的特性,其中对卵菌纲病害有高效和向基性传导为其两大优点。

甲霜灵产品有 35% 拌种剂,25% 可湿性粉剂,5% 颗粒剂,25% 乳油,可用于蔬菜、果树、烟草、麻类、糖料、药用植物及花卉等作物的卵菌纲病害。其使用方法已为广大用户所熟知,也可参见各产品的标签或说明书。

精甲霜灵又称高效甲霜灵,是甲霜灵两个异构体中的一个,也是甲霜灵的高效体,是第一个上市的具有立体旋光活性的杀菌剂,可用于种子处理、土壤处理及茎叶处理。在获得同等防病效果的情况下,只需甲霜灵用量的 1/2,在土壤中降解速度比甲霜灵更快,从而增加了对使用者和环境的安全性,适用范围和使用方法可参考甲霜灵。

350g/L 精甲霜灵种子处理乳剂,用于防治大豆和花生的根腐病、棉花猝倒病,每 100kg 种子用制剂 40~50g 拌种。防治向日葵霜霉病,每 100kg 种子用制剂 100~300g 拌种。防治水稻烂秧病,每 100kg 种子用制剂 15~25g 拌种;或用制剂 4000~6000 倍液浸种。

700. 怎样使用氟酰胺防治水稻纹枯病?

氟酰胺具有保护和治疗作用,对担子菌纲中的丝核菌有特效,且药效期长,对水稻安全。产品为 20% 可湿性粉剂,用于防治水稻纹枯病,用 20% 可湿性粉剂 600~750 倍液或亩用 20% 可湿性粉剂 100~125g 对水喷雾,在水稻分蘖盛期和破口期,各喷 1 次,重点喷在稻株基部。

氟酰胺对鱼类和蚕有毒,使用时应注意。

701. 噻呋酰胺是什么样的新杀菌剂?

噻呋酰胺产品为 240g/L、30％悬浮剂,它是含噻唑环的苯基酰胺化合物,可防治多种作物病害,特别是对担子菌丝核菌属真菌引起的病害有很好的防治效果。其主要作用机理是抑制病菌三羧酸循环中琥珀酸去氢酶,导致菌体死亡。它具有很强的内吸传导性能,可以以叶面喷雾、种子处理、土壤处理等方式施用,在我国登记用于防治水稻纹枯病,由于它的持效期长,在水稻全生长期只需施药 1 次,即在水稻抽穗前 30 天,亩用 240g/L 悬浮剂 20～25mL,对水喷雾,或者用 30％悬浮剂 10～18mL/亩对水喷雾。

噻呋酰胺在其他国家登记的作物还有花生、谷类、棉花、甜菜、马铃薯、咖啡、草坪等。

702. 稻瘟酰胺有什么特点? 怎样使用?

稻瘟酰胺属苯氧酰胺类杀菌剂,其为黑色素生物合成抑制剂,主要作用机理是抑制小柱孢酮脱氢酶的活性,从而抑制稻瘟病菌黑色素形成。该药剂具有良好内吸性和卓越的特效性,施药后对新展开的叶片也有很好效果,施药 40 天仍能抑制病斑上孢子的脱落和飞散,从而避免了二次感染。产品为 20％、30％、40％悬浮剂,20％可湿性粉剂。

防治稻瘟病,在抽穗前 5～30 天,亩用制剂 35～65mL,对水喷雾。收获前 14 天停止施药。另据报道,在国外尚有颗粒剂供撒施。

703. 怎样使用硅噻菌胺防治小麦全蚀病?

硅噻菌胺属含硅的噻吩酰胺类杀菌剂,产品为 125g/L 悬浮剂,它是能量抑制剂,具有良好的保护作用,持效期长,主要作种子处理用。用于防治小麦全蚀病,每 100kg 种子,用 12.5％悬浮剂 160～320g 拌种。此外还有 12％种子处理悬浮剂,10％悬浮种衣剂。

704. 怎样使用啶酰菌胺防治黄瓜灰霉病?

啶酰菌胺属酰胺类杀菌剂,其作用机理为抑制线粒体琥珀酸酯脱氢酶,阻碍三羧酸循环,使氨基酸、糖缺乏,能量减少,干扰细胞分裂和生长。杀菌谱广,具有保护和治疗作用,并能通过叶面渗透在植物体中转移。产品为 50％水分散粒剂,灰褐色,略带芳香味。

可用于黄瓜等多种作物防治灰霉病、白粉病等病害。防治黄瓜灰霉病于发病初期开始,亩用制剂 33.3～46.7g,对水 60～75kg 喷雾,间隔 7 天,连喷 3～4 次。

本药剂对人、鱼、鸟、蜜蜂、蚯蚓等低毒,但对家蚕有中等风险性,使用时防止雾滴飘移污染桑叶。

705. 双炔酰菌胺可防治哪些病害?

双炔酰菌胺对多数由卵菌引起的病害有良好的防效,能渗入叶片内起保护作用。产品为 23.4%悬浮剂,用于防治番茄晚疫病用 30～40mL/亩喷雾,辣椒疫病用 20～40mL/亩喷雾,荔枝树霜疫霉病用 1000～2000 倍液喷雾,马铃薯晚疫病用 20～40mL/亩喷雾,葡萄霜霉病用 1500～2000 倍液喷雾,西瓜疫病用 20～40mL/亩喷雾。

706. 精苯霜灵如何防治作物病害?

精苯霜灵是苯酰胺类杀菌剂,具有内吸传导作用,主要通过影响内源 RNA 聚合酶的活性来干扰 rRNA 的生物合成,此外研究表明精苯霜灵还对病原菌的膜功能具有次要的作用。因此,能够抑制病原菌游动孢子的萌发,诱导菌丝体中氨基酸的渗漏。药剂能够被植物根、茎、叶迅速地吸收,并在植物体内传导到各个部位,包括生长点。精苯霜灵兼具保护、治疗及铲除作用,保护作用主要是抑制病原菌孢子的萌发和菌丝体的生长,治疗作用主要是抑制菌丝体的生长,铲除作用主要是抑制孢子的形成。精苯霜灵对卵菌门真菌具有高选择性和高活性,特别是 Peronosporaceae(霜霉科)真菌,例如疫霉属(Phytophthora spp.)、单轴霉属(Plasmopara spp.)、假霜霉属(Pseudoperonospora spp.)、指梗霉属(Sclerospora spp.)、盘梗霉属(Bremia spp.)、腐霉属(Pythium spp.)等。可以用于生产防治马铃薯、番茄等茄果类作物晚疫病,啤酒花、葡萄、莴苣、洋葱、大豆、烟草等霜霉病;疫霉属真菌引起的草莓疫病、观赏性植物疫病和腐霉属引起的草坪根腐病等。除了可以作为叶面处理药剂外,精苯霜灵还可以与其他的杀真菌剂进行复配开发为拌种剂。

707. 吡噻菌胺是哪个公司开发的?

吡噻菌胺为日本三井化学公司研发的酰胺类杀菌剂,其与现有的羧酰胺类杀菌剂有不同的杀菌谱。除了与现有羧酰胺类杀菌剂一样对担子菌有效外,其对子囊菌、不完全菌亦有效,现被推荐用于防治对其他杀菌剂具抗性的灰霉病和白粉病。20%悬浮剂防治黄瓜白粉病用量为 25～33mL/亩,防治葡萄灰霉病用 1500～3000 倍液喷雾。

(八)氨基甲酸酯类杀菌剂

708. 霜霉威适用于防治哪类病害?

霜霉威属氨基甲酸酯类化合物,产品有霜霉威原体和霜霉威盐两类,制剂有 722g/L、35%、40%、66.5%水剂。

霜霉威为内吸剂。能抑制卵菌类的孢子萌发、孢子囊形成、菌丝生长,对霜霉菌、腐霉菌、疫霉菌引起的土传病害和叶部病害均有好的效果,其作用机理是抑制病菌细胞膜成分的磷脂和脂肪酸的生物合成。适用于土壤处理,也可以用于种子处理或叶面喷雾,在土壤中持效期可达 20 天。对作物还有刺激生长效应。

① 防治蔬菜苗期猝倒病、立枯病和疫病,可在播种前或移栽前,用 66.5%水剂400～600 倍液浇灌苗床,每平方米浇灌药液 3kg。出苗后发病,可用 66.5%水剂 600～

800倍液喷淋或灌根，每平方米用药液2～3kg，隔7～10天施1次，连施2～3次。当猝倒病和立枯病混合发生时，可与50％福美双可湿性粉剂800倍液混合喷淋。

防治辣（甜）椒疫病，还可于播种前用66.5％水剂600倍液浸种12h，洗净后晾干催芽。

② 喷雾法防治蔬菜叶部病，如黄瓜霜霉病、甜瓜霜霉病、莴苣霜霉病以及绿菜花、紫甘蓝、樱桃、萝卜、芥蓝、生菜等的霜霉病，蕹菜白锈病，多种蔬菜的疫病，一般亩用有效成分45～75g，相当于66.5％水剂67～110mL或72.2％水剂60～100mL。50％热雾剂亩用120～140mL，用烟雾机喷烟雾。

③ 防治甜菜疫病，在播种时及移栽前，用66.5％水剂400～600倍液浇灌，在田间发病时再用600～800倍液喷雾，隔5～7天喷1次，连喷2～3次。

④ 防治荔枝霜霉病，在初花期及盛花期用66.5％水剂各喷1次，以后视病情每隔7天喷1次。

可试用66.5％水剂600～800倍液喷雾防治葡萄霜霉病、草莓疫病。

709. 霜霉威盐酸盐与霜霉威有何不同？ 怎样使用？

霜霉威盐酸盐由霜霉威原药经盐酸酸化处理而得，再与助剂及其他辅料配制成不同含量的制剂，现有制剂为722g/L、35％、66.5％水剂，其防病性能与霜霉威相同。例如：

防治黄瓜霜霉病，可以亩用66.5％水剂65～100mL、722g/L水剂80～100mL对水喷雾，或35％水剂120～200mL对水喷雾。

710. 乙霉威有什么杀菌特性？ 如何合理使用？

乙霉威也属氨基甲酸酯类化合物，但其防病性能与霜霉威不同，它的最主要特点是对于已对苯并咪唑类的多菌灵、二羧酰亚胺类的腐霉利等杀菌剂产生抗性的菌类有高的活性。也包括灰霉菌、青霉菌、绿霉菌。若病菌仍然对多菌灵、腐霉利等敏感，则乙霉威的活性并不高。因而开发乙霉威主要是作为克服病菌耐药性的轮换药剂或混合药剂。它与多菌灵、甲基硫菌灵、腐霉利等复配有增效作用，对抗性菌和敏感菌都有效。乙霉威若用单剂，同样易引发病菌对它产生抗性，因此不宜制成单剂使用，应与保护性杀菌剂制成混剂应用，并应用在关键时期和对多菌灵、腐霉利等有较高抗性菌的地区。

711. 缬霉威该如何使用？

缬霉威属氨基甲酸酯类杀菌剂，也有将其划归为氨基酸酰胺类，而命名为异丙菌胺。主要用于防治卵菌纲类病害，其作用机理为作用于真菌细胞壁和蛋白质的合成，抑制孢子的侵染和萌发，抑制菌丝生长，导致死亡，从而起到保护和治疗作用。

缬霉威可用于茎叶喷洒，也可用于土壤处理防治土传病害，一般用药量为每亩6.7～20g有效成分。但本品极易引起病原菌产生抗性，多数学者建议与其他保护性杀菌剂混用，国内市场上也无单剂产品供应，仅有混剂66.8％丙森·缬霉威可湿性粉剂。

（九）二甲酰亚胺类杀菌剂

712. 腐霉利有什么杀菌特性，防治哪类病害？

腐霉利具有保护和治疗作用，对孢子萌发抑制力强于对菌丝生长的抑制，表现为使孢子的芽管和菌丝膨大，甚至胀破，原生质流出，使菌丝畸形，从而阻止早期病斑形成和病斑扩大。对在低温、高湿条件下发生的多种作物的灰霉病、菌核病有特效，对由葡萄孢属、核盘菌属所引起的病害均有显著效果，还可防治对甲基硫菌灵、多菌灵产生抗性的病原菌。但须注意的是连年单用腐霉利防治同一种病害，特别是灰霉病，易引起病菌抗药性，因此凡需多次防治时，应与其他类型杀菌剂轮换使用或使用混剂。

腐霉利产品有 50％、80％可湿性粉剂，80％的水分散粒剂，20％、35％、43％悬浮剂，10％、15％烟剂。

腐霉利在很多国家和地区得到广泛应用，主要用于防治多种作物的灰霉病和菌核病。

713. 腐霉利可防治哪些果树病害？

① 防治葡萄、草莓灰霉病，于发病初期开始施药，用 50％可湿性粉剂 1000～1500 倍液或 20％悬浮剂 400～500 倍液喷雾，隔 7～10 天再喷 1 次。

② 防治苹果、桃、樱桃褐腐病，于发病初期开始喷 50％可湿性粉剂 1000～2000 倍液，隔 10 天左右喷 1 次，共喷 2～3 次。

③ 防治苹果斑点落叶病，于春、秋梢旺盛生长期喷 50％可湿性粉剂 1000～1500 倍液 2～3 次，其他时间由防治轮纹烂果病药剂兼治。

④ 防治柑橘灰霉病，在开花前喷 50％可湿性粉剂 2000～3000 倍液。防治柑橘果实贮藏期的青、绿霉病，在采果后 3 天内，用 50％可湿性粉剂 750～1000 倍液，加防落素制成 2,4-滴 250～520mg/L 浓度的药液后，洗果。

⑤ 防治枇杷花腐病，喷 50％可湿性粉剂 1000～1500 倍液。

714. 怎样使用腐霉利防治蔬菜病害？

① 防治黄瓜灰霉病，在幼果残留花瓣初发病时开始施药，喷 50％可湿性粉剂 1000～1500 倍液，隔 7 天喷 1 次，连喷 3～4 次。

防治黄瓜菌核病，在发病初期开始施药，亩用 50％可湿性粉剂 35～50g，对水 50kg 喷雾；或亩用 10％烟剂 350～400g，点燃放烟，隔 7～10 天施 1 次。当茎节发病时，除喷雾，还应结合涂茎，即用 50％可湿性粉剂加 50 倍水调成糊状液，涂于患病处。

② 防治番茄灰霉病，在发病初亩用 35％悬浮剂 75～125g 或 50％可湿性粉剂 35～50g，对水常规喷雾。对棚室的番茄，在进棚前 5～7 天喷 1 次；移栽缓苗后再喷 1 次；开花期施 2～3 次，重点喷花；幼果期重点喷青果。在保护地里也可熏烟，亩用 10％烟

剂 300～450g，也可与百菌清交替使用。

防治番茄菌核病、早疫病，亩喷 50％可湿性粉剂 1000～1500 倍液 50kg，隔 10～14 天再施 1 次。

③ 防治辣椒灰霉病，发病前或发病初喷 50％可湿性粉剂 1000～1500 倍液，保护地亩用 10％烟剂 200～250g 放烟。

防治辣椒等多种蔬菜的菌核病，在育苗前或定植前，亩用 50％可湿性粉剂 2kg 进行土壤消毒。田间发病喷 50％可湿性粉剂 1000 倍液，保护地亩用 10％烟剂 250～300g 放烟。

④ 防治菜豆茎腐病、灰霉病，亩用 50％可湿性粉剂 30～50g，对水 50kg 喷雾，隔 7～10 天再喷 1 次。

⑤ 在发病初期开始喷 50％可湿性粉剂 1000～1500 倍液，隔 6～8 天喷 1 次，共喷 2～3 次，可防治绿菜花灰霉病、菌核病，芥蓝黑斑病，豆瓣菜褐斑病、丝核菌腐烂病、生菜灰霉病、荸荠灰霉病、菌核病等。可与其他杀菌剂交替使用。

715. 腐霉利还可用于哪些作物？

① 防治油菜、大豆、向日葵的菌核病，于发病初期，亩用 50％可湿性粉剂 30～60g，对水 60kg 喷雾，隔 7～10 天喷 1 次。

防治大豆纹枯病，在开花期，亩用 50％可湿性粉剂 50～60g，对水 50kg 喷雾。

② 防治玉米大斑病、小斑病，有条件的制种田可考虑使用，在心叶末期至抽丝期，亩用 50％可湿性粉剂 50～100g，对水 50～70kg 喷 2 次。

③ 防治棉铃灰霉病，发病初开始喷 50％可湿性粉剂 1500～2000 倍液，隔 7～10 天喷 1 次，共喷 2～3 次。

④ 防治亚麻、胡麻菌核病，发病初喷 50％可湿性粉剂 1000～1500 倍液。

⑤ 防治甜菜叶斑病，发病初喷 50％可湿性粉剂 1000 倍液，隔 7～10 天喷 1 次，共喷 3～4 次。

⑥ 防治烟草菌核病、赤星病，喷 50％可湿性粉剂 1500～2000 倍液，防菌核病重点是喷淋烟株根茎部及周围土壤，隔 7～10 天喷 1 次，共喷 3～4 次。

⑦ 防治啤酒花灰霉病，喷 50％可湿性粉剂 2000 倍液。

⑧ 防治北沙参黑斑病、百合叶枯病、贝母灰霉病、枸杞霉斑病、落葵紫斑病等药用植物病害，于发病初开始喷 50％可湿性粉剂 1000～1500 倍液，隔 7～10 天喷 1 次，一般喷 2～3 次。

⑨ 防治十字花科、菊科、豆科、茄科等花卉的菌核病，在刚发现中心病株时喷 50％可湿性粉剂 1000 倍液，重点喷植株中下部位及地面。

716. 菌核净可防治哪些病害？

菌核净，具有保护和内渗治疗作用，持效期长，产品为 40％可湿性粉剂。

① 防治水稻纹枯病，在发病初期，亩用 40％可湿性粉剂 200～300g，对水 100kg 喷雾，隔 7～10 天再喷 1 次。

② 防治油菜菌核病，在油菜盛花期，亩用 40％可湿性粉剂 100～150g，对水 50～

75kg 喷雾，隔 7～10 天后再喷 1 次，喷于植株中下部。

防治大豆菌核病于病菌子囊盘萌发盛期开始施药，防治由向日葵菌核病引起的烂头病于花盘期开始施药，亩喷 40％可湿性粉剂 500～1000 倍液 60kg，隔 7～10 天再喷 1 次。

③ 防治烟草赤星病，在发病初期，亩用 40％可湿性粉剂 200～330g，对水 50～75kg 喷雾，隔 7～10 天喷 1 次，连喷 3～4 次。

防治烟草菌核病，用 40％可湿性粉剂 800～1200 倍液喷淋，隔 10～14 天喷 1 次，共喷 2～3 次。

④ 防治蔬菜菌核病，如十字花科、黄瓜、豆类、莴苣、菠菜、茄子、胡萝卜、芹菜、绿菜花、生菜等的菌核病，用 40％可湿性粉剂 800～1200 倍液，重点喷在植株中下部位。隔 7～10 天喷 1 次，连喷 1～3 次。防治瓜类菌核病，除正常喷雾外，还可结合用 50 倍液涂抹瓜蔓病部，可控制病部扩展，还有治疗作用。

防治韭菜菌核病，每次割韭菜后至新株抽生期，喷淋 40％可湿性粉剂 800～1000 倍液，隔 7～10 天喷 1 次。

717. 异菌脲在果树上怎样使用？

异菌脲是保护性杀菌剂，也有一定的治疗作用。杀菌谱广，对葡萄孢属、链孢霉属、核盘菌属、小菌核属等引起的病害有较好防治效果，对链格孢属、蠕孢霉属、镰刀菌属、伏草菌属等引起的病害也有一定防治效果。它对病原菌生活史的各发育阶段均有影响，可抑制孢子的产生和萌发，也抑制菌丝的生长，最近的研究结果表明还能抑制蛋白激酶。适用作物也很广，但是，为避免病原菌对本剂产生抗药性，一般在作物全生育期内的施药次数应控制在 3 次以内。产品有 500g/L、255g/L、23.5％、25％、45％悬浮剂，50％可湿性粉剂，50％水分散粒剂，10％乳油等。

异菌脲可防治多种果树生长期病害，也可用于处理采收的果实防治贮藏期病害。

① 防治苹果斑点落叶病，可喷 50％可湿性粉剂 1100～1500 倍液或 50％悬浮剂 1000～2000 倍液或 10％乳油 500～600 倍液。在苹果春梢开始发病时喷药，隔 10～15 天再喷 1 次；秋梢旺盛生长期再喷 2～3 次。

防治苹果树的轮纹病、褐斑病，可喷 50％可湿性粉剂 1000～1500 倍液。

② 防治梨黑斑病，在始见发病时开始喷 50％可湿性粉剂 1000～1500 倍液，以后视病情隔 10～15 天再喷 1～2 次。

③ 防治葡萄灰霉病，发病初期开始喷 50％可湿性粉剂或悬浮剂 750～1000 倍液，连喷 2～3 次。

④ 防治草莓灰霉病，亩用 50％可湿性粉剂 50～100g，对水 50～75kg 喷雾。于发病初期开始喷药，每隔 8～10 天喷 1 次，至收获前 2～3 周停止施药。

⑤ 防治核果（杏、樱桃、桃、李等）果树的花腐病、灰霉病、灰星病，可亩用 50％可湿性粉剂或悬浮剂 67～100g，对水喷雾。花腐病于果树始花期和盛花期各喷施 1 次。灰霉病于收获前施药 1～2 次。灰星病于果实收获前 1～2 周和 3～4 周各喷施 1 次。

⑥ 防治柑橘疮痂病，于发病前半个月和初发病期，喷 50％可湿性粉剂或悬浮剂 1000～1500 倍液或 25％悬浮剂 500～750 倍液。

防治柑橘贮藏期青霉病、绿霉病、黑腐病和蒂腐病，可用 50％可湿性粉剂或悬浮剂 500 倍液与 42%噻菌灵悬浮剂 500 倍液混合，浸果 1min 后包装贮藏。

⑦ 防治香蕉贮藏期轴腐病、冠腐病，可用 25%悬浮剂 125～167 倍液浸果。

异菌脲也可用于梨、桃防治贮藏期病害。

⑧ 防治西瓜叶枯病和褐斑病，可于播前用种子重量 0.3%的 50%可湿性粉剂拌种，生长期发病可喷 50%可湿性粉剂 1500 倍液，隔 7～10 天喷 1 次，连喷 2～3 次。

718. 异菌脲在蔬菜上怎样使用？

① 防治番茄、茄子、黄瓜、辣椒、韭菜、莴苣等蔬菜的灰霉病，自菜苗开始，于育苗前，用 50%可湿性粉剂或悬浮剂 800 倍液对苗床土壤、苗房顶部及四周表面喷雾，灭菌消毒。对保护地，在蔬菜定植前采用同样的方法对棚室喷雾消毒。在蔬菜作物生长期，于发病初期开始喷 50%可湿性粉剂或悬浮剂 1000～1500 倍液，或每亩用制剂 75～100g 对水喷雾，7～10 天喷 1 次，连喷 3～4 次。

② 防治黄瓜、番茄、油菜、茄子、芹菜、菜豆、荸荠等蔬菜菌核病，于发病初期开始喷 50%可湿性粉剂 1000～1500 倍液，隔 7～10 天喷 1 次，共喷 1～3 次。

③ 防治番茄早疫病、斑枯病，必须在发病前未见病斑时即开始喷药，7～10 天喷 1 次，连喷 3～4 次。每亩用 50%可湿性粉剂或悬浮剂 75～100g 或喷 50%可湿性粉剂或悬浮剂 800～1200 倍液。此外，还可用 100～200 倍液涂株病部。

④ 防治甘蓝类黑胫病，喷 50%可湿性粉剂 1500 倍液，7 天喷 1 次，连喷 2～3 次。药要喷到下部老叶、茎基部和畦面。

防治大白菜黑斑病，用种子重量 0.3%的 50%可湿性粉剂拌种后播种。发病初期喷 50%可湿性粉剂 1500 倍液，7～10 天喷 1 次，连喷 2～3 次。

⑤ 防治石刁柏茎枯病，在春、夏季采茎期或割除老株留母茎后的重病田喷 50%可湿性粉剂 1500 倍液，保护幼茎出土时免受病害侵染。在幼茎期，若出现病株及时喷 50%可湿性粉剂 1500 倍液，7～10 天喷 1 次，连喷 3～4 次。对前期病重的幼茎，用药液涂茎，可提高防效。

⑥ 防治大葱紫斑病、黑斑病、白腐病及洋葱白腐病、小菌核，用种子重量 0.3%的 50%可湿性粉剂拌种后播种。出苗后发病喷 50%可湿性粉剂 1500 倍液，对白腐病和小菌核病可用药液灌淋根茎。贮藏期也可用本剂防治。

⑦ 防治特种蔬菜，如绿菜花、紫甘蓝褐斑病，芥蓝黑斑病，豆瓣菜丝核菌腐烂病，魔芋白绢病等，于发病初期开始喷 50%可湿性粉剂或悬浮剂 1000～1500 倍液，7～10 天喷 1 次，连喷 2～3 次。

⑧ 防治水生蔬菜，如莲藕褐斑病、茭白瘟病、胡麻斑病、纹枯病、荸荠灰霉病、茭角纹枯病、芋污斑病等，于发病初期开始喷 50%可湿性粉剂 700～1000 倍液，7～10 天喷 1 次，连喷 2～3 次。在药液中加 0.2%中性洗衣粉后防病效果更好。

719. 异菌脲还用于防治哪些作物病害？

① 油料作物病害。防治油菜菌核病，在油菜始花期各施药 1 次，每亩次用 50%可湿性粉剂或悬浮剂 75～100g，对水 60～75kg 喷雾。

防治花生冠腐病，播前每 100kg 种子用 50%可湿性粉剂 100～300g 拌种后再播种。

防治向日葵菌核病，播前每100kg种子用50％可湿性粉剂400g，拌种后再播种。

② 防治烟草赤星病，在脚叶采收后发病初期，亩用50％可湿性粉剂50～60g加水50kg喷雾，或喷50％可湿性粉剂1500倍液，7～10天喷1次，连喷3～5次。

防治烟草枯萎病，于发病初期，用50％可湿性粉剂1000～1200倍液喷洒或浇灌，每株灌药液400～500mL，连灌2～3次。

防治烟草菌核病，于发病初期，用50％可湿性粉剂1000倍液喷淋烟株根茎部及周围土壤，10天左右喷淋1次，连喷3～4次。

③ 防治人参、西洋参、党参、北沙参、三七、板蓝根的黑斑病，用50％可湿性粉剂400倍液浸种子或种苗5min；田间于发病初期喷50％可湿性粉剂1000～1200倍液，7～10天喷1次，采前7天停止施药。

防治党参和佛手的菌核病、贝母灰霉病、百合和肉桂的叶枯病等，于发病初期喷50％可湿性粉剂1000～1500倍液，10天左右喷1次，连喷3～4次。

④ 防治亚麻、胡麻的假黑斑病、菌核病，于发病初期喷50％可湿性粉剂1500倍液。

⑤ 防治啤酒花灰霉病，于发病初期喷50％可湿性粉剂1500倍液。

⑥ 防治水稻胡麻斑病、纹枯病、菌核病，于发病初期开始，连续施药2～3次，每亩用50％可湿性粉剂或悬浮剂67～100g，对水喷雾。

⑦ 防治观赏植物叶斑病、灰霉病、菌核病、根腐病，于发病初期开始，每隔7～14天喷药1次，每亩用50％可湿性粉剂或悬浮剂75～100g，对水常规喷雾。插条可在50％可湿性粉剂或悬浮剂200～400倍液中浸泡15min后再扦插。

⑧ 防治玉米小斑病，于发病初期，亩用50％可湿性粉剂或悬浮剂200～400g，对水50kg喷雾，以后隔15天再喷1次。

720. 克菌丹是什么样的杀菌剂？ 有何用途？

克菌丹是一个老品种，许多专业书中常提到它，现已很少使用。常见剂型为50％可湿性粉剂，80％水分散粒剂，40％悬浮剂，450g/L悬浮种衣剂。

克菌丹是保护性杀菌剂，有一定的治疗作用。叶面喷雾或拌种均可，也能用于土壤处理，防治根部病害。

(1) 蔬菜病害　防治蔬菜苗期立枯病、猝倒病，亩用50％可湿性粉剂500g，拌细土15～25kg，于播前施入土内。

喷雾防治黄瓜炭疽病、霜霉病、白粉病、黑斑病，番茄早疫病、晚疫病、灰叶斑病，辣椒黑斑病，胡萝卜黑斑病，白菜黑斑病、白斑病，芥蓝黑斑病，菜心黑斑病等，喷50％可湿性粉剂400～500倍液，或亩用50％可湿性粉剂125～190g对水喷雾。

防治姜根茎腐败病，用50％可湿性粉剂500～800倍液浸姜种1～3h后播种。

(2) 果树病害　在果树育苗期，亩用50％可湿性粉剂500g，拌细土15kg，撒施于土表，耙匀，可防治果树苗木的立枯病、猝倒病。

在病菌侵染期和发病初期，喷50％可湿性粉剂400～700倍液，可防治苹果、梨、桃、杏、李等果树轮纹烂果病、炭疽病、黑星病、疮痂病，葡萄霜霉病、黑痘病、炭疽病、褐斑痂，草莓灰霉病，芒果炭疽病、白粉病、叶斑病等。

防治芒果流胶病，用 50% 可湿性粉剂 50～100 倍液涂抹病疤。

防治苹果、梨、桃、樱桃贮藏期病害，可用 50% 可湿性粉剂 400 倍液浸果。

（3）麦类病害　防治小麦腥黑穗病，高粱坚黑穗病、散黑穗病、炭疽病、北方炭疽病，用种子重量 0.3% 的 50% 可湿性粉剂拌种。但这种用法现已被三唑类等高效内吸杀菌剂所取代。

防治麦类赤霉病、马铃薯晚疫病，亩用 50% 可湿性粉剂 150～200g，对水 50～75kg 喷雾。由于防效一般，现已多被其他高效杀菌剂所取代。

（十）取代苯类杀菌剂

721. 百菌清有多少种制剂？　怎样使用？

百菌清是杀菌谱很广的保护性杀菌剂，对某些病害有一定的治疗作用，可防治多种作物叶部的真菌性病害，但对土传腐霉病菌所致的病害效果不好，对多菌灵产生抗性的病害，改用百菌清防治能收到良好的效果。

百菌清的制剂较多，有 50%、60%、75% 可湿性粉剂，720g/L、40%、50%、54% 悬浮剂，75%、83%、90% 水分散粒剂，2.5%、5%、10%、20%、28%、30%、40%、45% 烟剂。由于某些剂型如可湿性粉剂、烟剂的规格（有效成分含量）较多，在介绍用途、用法时只能选其中之一，其余的可由此换算其用药量或按产品标签使用。

（1）蔬菜病害　防治蔬菜幼苗猝倒病：①播前 3 天，用 75% 可湿性粉剂 400～600 倍液将整理好的苗床全面喷洒 1 遍，盖上塑料薄膜闷 2 天后，揭去薄膜晾晒苗床 1 天，准备播种。②出苗后，当发现有少量猝倒时，拔除病苗，用 75% 可湿性粉剂 400～600 倍液泼浇病苗周围床土或喷到土面见水为止，再全苗床喷 1 遍。

防治番茄叶霉病，用种子重量 0.4% 的 75% 可湿性粉剂拌种后播种，田间发病初期喷 75% 可湿性粉剂 600 倍液。防治番茄早疫病和晚疫病，亩用 90% 水分散粒剂 80～100g，75% 水分散粒剂 100～120g 或 40% 悬浮剂 150～175g，对水常规喷雾。

防治黄瓜炭疽病，喷 75% 可湿性粉剂 500～600 倍液。防治黄瓜霜霉病，亩用 40% 悬浮剂 150～175g，对水常规喷雾。

防治辣椒炭疽病、早疫病、黑斑病及其他叶斑类病害，于发病前或发病初期，喷 75% 可湿性粉剂 500～700 倍液，7～10 天喷 1 次，连喷 2～4 次。

防治甘蓝黑胫病，发病初期，喷 75% 可湿性粉剂 600 倍液，7 天左右喷 1 次，连喷 3～4 次。

防治特种蔬菜病害，如山药炭疽病，石刁柏茎枯病、灰霉病、锈病、黄花菜叶斑病、叶枯病、姜白星病、炭疽病等，于发病初期及时喷 75% 可湿性粉剂 600～800 倍液，7～10 天喷 1 次，连喷 2～4 次。

防治莲藕腐败病，可用 75% 可湿性粉剂 800 倍液喷种藕，闷种 24h，晾干后种植；在莲始花期或发病初期，拔除病株，亩用 75% 可湿性粉剂 500g，拌细土 25～30kg，撒施于浅水层藕田，或对水 20～30kg，加中性洗衣粉 40～60g，喷洒莲茎秆，隔 3～5 天喷 1 次，连喷 2～3 次。防治莲藕褐斑病、黑斑病，发病初喷 75％可湿性粉剂 500～800 倍液，7～10 天喷 1 次，连喷 2～3 次。

防治慈姑褐斑病、黑粉病，发病初期，喷 75％可湿性粉剂 800～1000 倍液，7～10 天喷 1 次，连喷 2～3 次。

防治芋污斑病、叶斑病，水芹斑枯病，于发病初期，喷 75％可湿性粉剂 600～800 倍液，7～10 天喷 1 次，连喷 2～4 次。在药液中加 0.2％中性洗衣粉，防效会更好。

（2）果树病害　防治苹果白粉病，于苹果开花前、后喷 75％可湿性粉剂 700 倍液。防治苹果轮纹烂果病、炭疽病、褐斑病，从幼果期至 8 月中旬，15 天左右喷 1 次 75％可湿性粉剂 600～700 倍液，或与其他杀菌剂交替使用。但在苹果谢花 20 天内的幼果期不宜用药。苹果一些黄色品种，特别是金帅品种，用药后会发生锈斑，影响果实品质。

防治梨树黑胫病，仅能在春季降雨前或灌水前，用 75％可湿性粉剂 500 倍液喷洒树干基部。不可用百菌清防治其他梨树病害，否则易产生药害。

防治桃褐斑病、疮痂病，在桃树现花蕾期和谢花时各喷 1 次 75％可湿性粉剂 800～1000 倍液，以后视病情隔 14 天左右喷 1 次。注意当喷洒药液浓度高时易发生轻微锈斑。

防治葡萄白腐病，用 75％可湿性粉剂 500～800 倍液，于开始发现病害时喷第一次药，隔 10～15 天喷 1 次，共喷 3～5 次，或与其他杀菌剂交替使用，可兼治霜霉病。防治葡萄黑痘病，从葡萄展叶至果实着色期，每隔 10～15 天喷 1 次 75％可湿性粉剂 500～600 倍液，或与其他杀菌剂交替使用。防治葡萄炭疽病，从病菌开始侵染时喷 75％可湿性粉剂 500～600 倍液，共喷 3～5 次，可兼治褐斑病。须注意葡萄的一些黄色品种用药后会出现锈斑，影响果实品质。

防治草莓灰霉病、白粉病、叶斑病，在草莓开花初期、中期、末期各喷 1 次 75％可湿性粉剂 520～600 倍液。

防治柑橘炭疽病、疮痂病和沙皮病，在春、夏、秋梢嫩叶期和幼果期以及 8～9 月间，喷 75％可湿性粉剂 600～800 倍液，10～15 天喷 1 次，共喷 5～6 次，或与其他杀菌剂交替使用。

防治香蕉褐缘灰斑病，用 75％可湿性粉剂 800 倍液，从 4 月份开始，轻病期 15～20 天喷 1 次，重病期 10～12 天喷 1 次，重点保护心叶和第一、二片嫩叶，一年共喷 6～8 次，或与其他杀菌剂交替使用。防治香蕉黑星病，用 75％可湿性粉剂 1000 倍液，从抽蕾后苞叶未开前开始，雨季 2 周喷 1 次，其他季节每月喷 1 次，注意喷果穗及周围的叶片。

防治荔枝霜霉病，重病园在花蕾、幼果及成熟期各喷 1 次 75％可湿性粉剂 500～1000 倍液。

防治芒果炭疽病，重点是保护花朵提高穗实率和减少幼果期的潜伏侵染，一般是在新梢和幼果期喷 75％可湿性粉剂 500～600 倍液。

防治木菠萝炭疽病、软腐病，在发病初期喷 75％可湿性粉剂 600～800 倍液。

防治人心果肿枝病，冬末和早春连续喷 75％可湿性粉剂 600～800 倍液。

防治杨桃炭疽病，幼果期每 10～15 天喷 1 次 75％可湿性粉剂 500～800 倍液。

防治番木瓜炭疽病，于 8～9 月间每隔 10～15 天喷 1 次 75％可湿性粉剂 600～800 倍液，共喷 3～4 次，重点喷洒果实。

百菌清对柿树易产生药害，不宜使用。

（3）茶树病害　防治茶白星病的关键是适期施药，应在茶鲜叶展开期或在叶发病率达 6％时进行第一次喷药，在重病区，每隔 7～10 天再喷 1 次，用 75％可湿性粉剂 800 倍液。

防治茶炭疽病、茶云纹叶枯病、茶饼病、茶红锈藻病，于发病初期喷 75％可湿性粉剂 600～1000 倍液。

（4）林业病害　防治杉木赤枯病、松枯梢病，喷 75％可湿性粉剂 600～1000 倍液。

防治大叶合欢锈病、相思树锈病、柚木锈病等，用 75％可湿性粉剂 400 倍液，每半月喷 1 次，共喷 2～3 次。

（5）橡胶树炭疽病、溃疡病　喷 75％可湿性粉剂 500～800 倍液。

（6）油料作物病害　防治油菜黑斑病、霜霉病，发病初期，亩用 75％可湿性粉剂 110g，对水 50～75kg 喷雾，隔 7～10 天喷 1 次，连喷 2～3 次。防治油菜菌核病，在盛花期，叶病株率 10％、茎病株率 1％时开始喷 75％可湿性粉剂 500～600 倍液，7～10 天喷 1 次，共喷 2～3 次。

防治花生锈病和叶斑病，发病初期，亩用 75％可湿性粉剂 100～125g，对水 60～75kg，或亩用 75％可湿性粉剂 800 倍液 75kg，每隔 10～14 天喷 1 次，共喷 2～3 次。

防治大豆霜霉病、锈病喷 75％可湿性粉剂 700～800 倍液，7～10 天喷 1 次，共喷 2～3 次。霜霉病自初花期发现少数病株叶背面有霜状斑点、叶面有褪绿斑时即开始喷药。锈病在花期，下部叶片有锈状斑点时即开始喷药。

防治向日葵黑斑病，一般在 7 月末发病初期，喷 75％可湿性粉剂 600～1000 倍液，7～10 天喷 1 次，共喷 2～3 次。

防治蓖麻枯萎病和疫病，在发病初期，喷 75％可湿性粉剂 600～1000 倍液，7～10 天喷 1 次，共喷 2～3 次。

（7）棉麻病害　防治棉苗根病，100kg 棉籽用 75％可湿性粉剂 800～1000g 拌种。防治棉花苗期黑斑病（又叫轮纹斑病），在降温前喷 75％可湿性粉剂 500 倍液，有很好预防效果。

防治红麻炭疽病，播前用 75％可湿性粉剂 100～150 倍液浸种 24h 后，捞出晾干播种。苗期喷雾，一般在苗高 30cm 时用 75％可湿性粉剂 500～600 倍液喷雾，对轻病田，拔除发病中心后喷药防止病害蔓延；对重病田，每 7 天喷 1 次，连喷 3 次。

防治黄麻黑点炭疽病和枯腐病，播前用 20～22℃的 75％可湿性粉剂 100 倍液浸种24h；生长期于发病初喷 75％可湿性粉剂 400～500 倍液。此浓度喷雾还可防治黄麻褐斑病、茎斑病。

防治亚麻斑枯病（又叫斑点病），在发病初期，亩喷 75％可湿性粉剂 500～700 倍液 50～75kg。

防治大麻秆腐病、霜霉病，苘麻霜霉病，喷 75％可湿性粉剂 600 倍液。

（8）烟草病害　对烟草赤星病、炭疽病、白粉病、破烂叶斑病、蛙眼病、黑斑病（早疫病）、立枯病等，在发病前或发病初期开始喷药，7～10 天喷 1 次，连喷 2～3 次，用 75％可湿性粉剂 500～800 倍液。

防治烟草根黑腐病，用 75％可湿性粉剂 800～1000 倍液喷苗床或烟苗茎基部。

（9）糖料作物病害　防治甘蔗眼点病，在发病初期喷 75％可湿性粉剂 400 倍液，

7～10天喷1次，有较好防治效果。

防治甜菜褐斑病，当田间有5％～10％病株时开始喷药，亩用75％可湿性粉剂60～100g，15天后再喷1次。田间作物发病早，田间降雨频繁且连续时间长时，需喷3～4次。

（10）药用植物病害　可防治多种药用植物的炭疽病、白粉病、霜霉病、叶斑类病，如人参斑枯病，北沙参黑斑病，西洋参黑斑病，白花曼陀罗黑斑病和轮纹病，枸杞炭疽病、灰斑病和霉斑病，牛蒡黑斑病，女贞叶斑病，阳春砂仁叶斑病，薄荷灰斑病，落葵紫斑病，白术斑枯病，黄芪、车前草、菊花、薄荷的白粉病，麦冬、萱草、红花、量天尺的炭疽病，百合基腐病，地黄轮纹病，板蓝根霜霉病和黑斑病等，于发病初期开始喷75％可湿性粉剂500～800倍液，7～10天喷1次，共喷2～3次，采收前5～7天停止用药。

防治北沙参黑斑病，除喷雾外，还可于播前用种子重量0.3％的75％可湿性粉剂拌种。防治玉竹曲霉病，可亩用75％可湿性粉剂1kg，拌细土50kg，撒施于病株基部。防治量天尺炭疽病可于植前用75％可湿性粉剂800倍液浸泡繁殖材料10min，取出待药液干后再插植。

（11）花卉病害　百菌清是花卉常用药，可防治多种花卉的幼苗猝倒病、白粉病、霜霉病、叶斑类病害，一般于发病初期开始喷75％可湿性粉剂600～1000倍液，7～10天喷1次，共喷2～3次。防治幼苗猝倒病，注意喷洒幼苗嫩茎和中心病株及其附近的病土。防治疫霉病在喷植株的同时也应喷病株的土表。棚室里的花卉可使用烟剂。百菌清对梅花、玫瑰花易产生药害，不宜使用。适用的花卉病害有鸡冠花、三色堇、白兰花、茉莉花、栀子花、仙人掌类的炭疽病，月季、芍药、樱草、牡丹的灰霉病，鸡冠花、菊花、一串红的疫霉病及万寿菊茎腐病（疫霉菌），以及月季黑斑病、广玉兰褐斑病、紫薇褐斑病、石竹褐斑病、大丽化褐斑病、荷花黑斑病、福禄考白斑病、朱顶红红斑病、香石竹叶斑病、唐菖蒲叶斑病、苏铁叶斑病、百合叶枯病、郁金香灰霉枯萎病等。

（12）粮食作物病害　防治麦类赤霉病、叶锈病、叶斑病，亩用75％可湿性粉剂80～120g，对水常规喷雾。防治玉米小斑病，亩用75％可湿性粉剂100～175g，对水常规喷雾。防治水稻稻瘟病和纹枯病，亩用75％可湿性粉剂100～125g，对水常规喷雾。但对上述病害的防治，现已被有关高效杀菌剂所取代。

百菌清对鱼类及甲壳类动物毒性大，须注意防止污染水源。

722. 百菌清烟剂，怎样在温室、大棚中使用？

目前市场上销售的有10％、20％、28％、30％、45％百菌清烟剂，外观为灰色粉末或圆柱状，适用于防治温室、大棚等保护地蔬菜多种病害，主要用于防治黄瓜霜霉病和黑星病、番茄叶霉病和早疫病、芹菜斑枯病等。大棚一般每亩用45％烟剂200～250g，从发病初期，每隔7～10天施放1次，全生长期用药4～5次即可控制病害。一般在傍晚临收工前点燃，密闭1夜，第二天早晨打开大棚、温室门窗。

应用熏烟法防治韭菜灰霉病，一般年份在第一刀发病较轻，可在发病初期放烟1次即可；第二刀韭菜发病较重，应在韭菜新叶露出地面5cm时放烟施药，7天后再施药1次。

723. 5%百菌清粉剂，怎样在温室、大棚中使用？

5％百菌清粉剂，是专供大棚、温室等保护地栽培蔬菜用于喷粉防治病害的制剂，可防治多种蔬菜的霜霉病、晚疫病、早疫病、炭疽病等。一般1亩大棚或温室用5％百菌清粉剂1kg喷粉。喷粉前大棚、温室关闭，从一端开始退步走喷粉，至另一端门口为止，关严门，次日可正常进行农事作业。当温室、大棚较矮，人在其内直立行走不便的情况下，可在大棚顶部，按每隔一定距离（例如5m）留一喷粉孔，喷后将孔关闭。

喷百菌清粉剂工效高，药剂在作物体表覆盖均匀，从而可提高防效，又不增加温室、大棚内湿度。

724. 用五氯硝基苯处理种子和土壤，可防治哪些病害？

五氯硝基苯是个传统的保护性杀菌剂，在土壤中持效期较长，对由丝核菌引起的多种作物苗期病害、禾谷类黑穗病等有良好的防治效果。多用于种子处理和土壤处理。产品为20％、40％粉剂，15％悬浮种衣剂。

① 防治小麦腥黑穗病、散黑穗病、秆黑粉病等，每100kg种子，用40％粉剂500g拌种。

② 防治甜菜立枯病，每100kg种子用40％粉剂300～400g拌种。

③ 蔬菜病害。防治菜苗猝倒病、立枯病以及生菜、紫甘蓝的褐腐病，如果苗床是建在重茬地或旧苗床地，每平方米用40％粉剂8～10g，与适量细土混拌成药，取1/3药土撒施于床土上或播种沟内，余下的2/3药土盖于播下的种子上面。如果用40％五氯硝基苯粉剂与50％福美双可湿性粉剂按1∶1混用，则防病效果更好。施药后要保持床面湿润，以免发生药害。

防治黄瓜、辣椒、番茄、茄子、菜豆、生菜等多种蔬菜的菌核病，在育苗前或定植前，亩用40％粉剂2kg，与细土15～20kg混拌均匀，撒施于土中，也撒施于行间。

防治黄瓜、豇豆、番茄、茄子、辣椒等蔬菜的白绢病，播种时施用40％粉剂与4000倍细土制成的药土。发现病株时，用40％粉剂800～900g与细土15～20kg混拌成药土，撒施于病株基部及周围地面上，每平方米撒药土1～1.5kg；或用40％粉剂1000倍液灌根，每株幼苗灌药液400～500mL。

防治大白菜根肿病、萝卜根肿病，每平方米用40％粉剂7.5g，与适量细土混拌成药土，用于苗床土壤消毒时于播前5天撒施，用于大田于移栽前5天穴施。当田间发现病株时，用40％粉剂400～500倍液灌根，每株灌药液250mL。

防治番茄茎基腐病，在番茄定植发病后，按每平方米表土用40％粉剂9g与适量细土混拌均匀后，施于病株基部，覆堆把病部埋上，促使病斑上方长出不定根，可延长寿命，争取产量。也可在病部涂抹40％粉剂200倍液，在药液中加0.1％青油，效果更好。

防治马铃薯疮痂病，亩用40％粉剂1500～2500g进行土壤消毒（施于播种沟、穴或根际，并覆土）。

防治黄瓜枯萎病，对重病田块于定植前，亩用40％粉剂3kg，与适量细土混拌均匀后沟施或穴施。

④ 果树病害。对果树白绢病、白纹羽病、根肿病很有效。

防治苹果、梨的白纹羽病和白绢病，用40％粉剂500g，与细土15～30kg混拌均匀，施于根际。每株大树用药 100～250g。

防治柑橘立枯病，在砧木苗圃，亩用 40% 粉剂 250～500g，与细土 20～50kg 混拌均匀，撒施于苗床上；当苗木初发病时，喷雾或泼浇 40% 粉剂 800 倍液。

防治果树苗期丝核菌引起的病害，每平方米用 40% 粉剂 5g，与细土 15kg 混拌均匀，1/3 药土作垫土，2/3 药土作盖土。

⑤ 防治油菜苗期菌核病，亩用 40% 粉剂 438g，与细土 10～20kg 混拌均匀，于发病初期撒施于根部附近。防治油菜根肿病，亩用 40% 粉剂 3～5kg，拌细土后沟施。

⑥ 防治棉花立枯病，每 100kg 干种子用 40% 粉剂 0.8～1kg 拌种。在干籽播种地区，先用少量清水喷湿棉籽后拌药。在浸种地区，浸种后，捞出棉籽，待绒毛刚发白时拌药；如为脱绒棉籽，沥水后拌药。或者用 15% 悬浮种衣剂 1：（40～50）（药种比）种子包衣处理。

因棉花苗期根病多为立枯病、炭疽病、红腐病、猝倒病等多种病害复合发生，单用五氯硝基苯拌种往往效果不佳，可用福美双、三唑酮、多菌灵、克菌丹等混合拌种。例如用 40% 五氯硝基苯粉剂与 25% 多菌灵可湿性粉剂按等量混合后，每 100kg 种子用混合粉剂 500g 拌种。其他作物如有数种土传或种传病害并存时，也可采用混合药剂拌种。

⑦ 防治黄麻黑点炭疽病和枯腐病，100kg 种子用 40% 粉剂 500g 拌种，密闭 15 天左右播种。

防治亚麻、胡麻立枯病，100kg 种子用 40% 粉剂 200～300g 拌种，还可兼治苗期的其他病害。

防治苎麻白纹羽病，亩用 40% 粉剂 4400g，对水 500kg，沿麻株基部及周围淋浇。

⑧ 防治烟草苗期的猝倒病、立枯病、炭疽病，每平方米苗床用 40% 粉剂 8～10g，与适量细土混拌均匀，取药土 1/3 撒于畦面，播种后，撒余下的 2/3 盖种。

⑨ 花卉病害。对多种花卉的猝倒病、立枯病、白绢病、基腐病、灰霉病等有效。施用方法有两种。a. 拌种。10kg 种子用 40% 粉剂 300～500g 拌种。b. 土壤消毒。每平方米用 40% 粉剂 8～9g，与适量细土拌匀后施于播种沟或播种穴。对于疫霉病，在拔除病株后，再施药土。

用五氯硝基苯处理种子或土壤，一般不会发生药害，但过量使用会使莴苣、豆类、洋葱、番茄、甜菜幼苗受药害。

725. 敌磺钠是什么样的杀菌剂？ 怎样使用？

敌磺钠又称敌克松，是取代苯基的磺酸盐，因而也属于有机硫杀菌剂。它是一种选择性种子处理剂和土壤处理剂，对多种土传和种传病害有良好防治效果，对病害防治以保护作用为主，兼有治疗作用。施用后经根、茎吸收并传导。药剂遇光易分解，使用时应注意。产品有 50%、70% 可溶剂，1%、1.5%、45%、50% 可湿性粉剂。

(1) 粮食作物病害　防治水稻病原性烂秧方法如下。①播前处理厢面。在稻种下厢前 1 天，亩用 70% 可溶粉剂 1～1.25kg，对水 100～150kg，喷洒或泼洒秧厢，耥平，可以杀灭土壤中潜伏的病原菌，预防播后烂秧。②秧期喷雾。当秧苗 1 叶 1 心至 2 叶期，在早晨出现秧尖卷叶时，或芽色出现锈色、干枯时，亩用 70% 可溶粉剂 50～100g，对水 50kg 喷雾，或亩用药 1.25kg，拌细土 15～20kg，撒施。露地育秧，在 2～3 叶期，当强冷空气到来前后应及时用药。

防治水稻秧田立枯病，亩用50％可溶粉剂或可湿性粉剂1.3～1.8kg，对大量水喷洒或泼浇苗床。

防治小麦黑穗病，100kg种子用45％可湿性粉剂667g拌种。有资料介绍用种子重量0.3％的70％可溶粉剂拌种，可防治小麦霜霉病。

防治谷子白粉病、高粱和玉米丝黑穗病，100kg种子用50％可溶粉剂600g拌种。

（2）蔬菜病害　对大白菜软腐病，在发现菜株个别外叶发蔫时，及时用70％可溶粉剂600倍液顺叶柄徐徐浇灌，每株用药液不少于500mL，每4～5天浇灌1次，连续2～3次即可。也可采用喷雾法，7天1次，连喷2～3次，但防病效果不如浇根。

防治豇豆根腐病，于发病初期，用70％可溶粉剂1000倍液喷淋或浇灌，每株用药液400mL，每亩用药液60～65kg。10天1次，连防2～3次。

防治黄瓜和番茄的枯萎病、茄子黄萎病，用70％可溶粉剂600倍液灌根。每株300～400mL，7天1次，连防3次。或用药10g与面粉20g调成糊状，涂抹病株茎基部。

防治马铃薯环腐病，100kg种薯用50％可溶粉剂或可湿性粉剂或55％膏剂300～400g拌种。

防治菜豆细菌性疫病，10kg种子用50％可溶粉剂60g拌种。

防治菜苗根腐病，播前，亩用70％可溶粉剂150g拌细土15～20kg，沟施或穴施后播种。出苗后于发病前或发病初期，喷70％可溶粉剂800倍液。

防治黄瓜疫病、炭疽病，茄子绵疫病，魔芋软腐病，用70％可溶粉剂600～1000倍液茎叶喷雾及喷洒病株附近地面，5～7天1次，连喷4～5次。也可喷雾与病株灌药同时进行。

防治菱角白绢病，于病害发生初期及早喷2～3次，或在拔除中心病株后及时喷药封锁，用95％可溶粉剂500倍液。

（3）果树病害　主要用于防治果树砧木、种子、土传病害，对藻状菌类所致的病害特效，适用于种苗消毒和保护发芽种子。

果树苗床土壤消毒，按每平方米用50％可溶粉剂6～8g与4000倍的细沙土拌匀，播前撒施于播种沟内约1cm厚，播种后再用剩余的药土盖种；或用50％可溶粉剂500～600倍液浇灌或喷施于播种沟内。若与3倍的五氯硝基苯混用，则效果更好。

防治柑橘、山楂等苗木的立枯病，在发病初期，用70％可溶粉剂700～1000倍液喷洒根颈部，有较好的防治效果。

防治柑橘苗疫病，在嫁接苗抽发春、夏梢时，喷70％可溶粉剂700～1000倍液。

防治梅溃疡病，于谢花后发病初期，喷70％可溶粉剂500～700倍液。

防止苹果树腐烂病疤复发，用70％可溶粉剂30～50倍液涂抹刮治后的病疤。

防治西瓜猝倒病，在发病初期，亩用70％可溶粉剂100g，对水50kg喷雾。

（4）林业病害　防治松、杉苗木立枯病、根腐病，100kg种子用95％可溶粉剂150～300g拌种。

防治橡胶割面条溃疡病，于割胶当天下午或第二天上午，用70％可溶粉剂40～70倍液涂抹刀口部位或用100～200倍液喷于刀口部位。

（5）棉麻病害　防治棉花立枯病、炭疽病等根苗病害，100kg种子用50％可溶粉剂400～500g拌种，或将药剂与10kg细土拌和成药土后与种子拌匀，再播种。

防治棉花枯、黄萎病，于发病初，用95%可溶粉剂2000倍液灌根，每株灌药液500mL，有较好防治效果。

防治红、黄麻立枯病，齐苗后，亩用95%可溶粉剂100g，对水50kg喷雾，5～7天喷1次，连喷2～3次。

防治剑麻斑马纹病的用法有两种。①在病害流行期间，用70%可溶粉剂400倍液，喷洒麻叶的正反面及脚叶，每月1次，连喷4～5次，割叶后预报有雨，应及时喷药保护，以防病菌从伤口侵入引发茎腐。②病穴消毒，在病穴及其周围地面撒施药土，用70%可溶粉剂与10倍量的干细土拌混均匀，每病穴施药土250g。或用70%可溶粉剂250倍液淋灌，每病穴淋药液2.5～5kg，同时喷洒地面土壤。

（6）烟草病害　防治猝倒病、黑胫病，在移栽或培土之前各施药1次，每亩次用50%可溶粉剂，与细土15～20kg拌匀，撒施于烟苗烟株周围，并立即覆土。也可用500倍液浇灌。

（7）甜菜病害　防治甜菜立枯病、根腐病、蛇眼病及细菌性斑枯病，100kg种子用50%可溶粉剂950～1500g拌种；或亩用50%可溶粉剂3kg，与细土100kg混拌均匀后沟施或穴施。

（8）药用植物病害　防治人参立枯病，100kg种子用70%可溶粉剂200g拌种；当幼苗发病时，亩用70%可溶粉剂30～50g，对水50kg浇根。

防治薄荷白绢病，在拔除病株后，用95%可溶粉剂800倍液对病穴及其邻近植株淋灌，每株（穴）淋灌药液400～500mL。

防治量天尺枯萎腐烂病，于发病初期用70%可溶粉剂800倍液喷淋病穴。

（9）油菜病害　防治油菜软腐病，在发病初期，亩用70%可溶粉剂250～500g，对水75kg喷雾或泼浇，7天后再施药1次。

（10）花卉病害　防治兰花、君子兰、万寿菊、郁金香等多种花卉植物的白绢病，按每平方米用70%可溶粉剂6～10g，与适量细土拌匀后，撒施入土壤内或施于种植穴内，再行栽植。

防治万寿菊茎腐病（疫霉菌），对病重的圃地，按每平方米用70%可溶粉剂6～10g处理土壤。

防治四季秋海棠茎腐病（立枯丝核菌），用70%可溶粉剂600～800倍液喷植株茎基部。

防治仙人掌类茎腐病（尖镰孢菌、茎点霉菌、长蠕孢菌等），定期用70%可溶粉剂800～1000倍液喷雾。

由于敌磺钠遇光易分解，应避光贮存，药液现配现用，并宜在傍晚或阴天喷雾。

（十一）吗啉类杀菌剂

726. 十三吗啉在橡胶、香蕉等作物上可防治哪些病害？

十三吗啉的内吸性强，具有保护和治疗作用，杀菌原理是抑制病菌麦角甾醇的生物合成。杀菌谱较广，对白粉病类有很好防效，目前主要用于橡胶和香蕉上。产品为860g/L、86％油剂，750g/L乳油。

防治橡胶红根病和白根病，在病树基部周围挖一条15～20cm深的环形沟，每株用86％油剂25～34mL灌根。每6个月施药1次，共施4次。

防治橡胶树红根病用750g/L乳油20～40mL/株灌淋，防治枸杞根腐病用750g/L乳油750～1000倍液灌根。

727. 烯酰吗啉应如何合理使用？

烯酰吗啉具有某些特性，如下文介绍。

① 分子结构中含有吗啉环，但对白粉病类没有效果，而是继甲霜灵之后防治霜霉属、疫霉属等卵菌类病害的优良杀菌剂，可有效地防治马铃薯、番茄的晚疫病，黄瓜、葫芦、葡萄的霜霉病等。

② 内吸性强，根部施药可被吸收并输导至植株的各部位，叶面喷洒可渗入叶片内部。具有保护、治疗和抗孢子产生的活性。杀菌作用方式独特，主要是影响病原细胞壁分子结构的重排，干扰细胞壁聚合体的组装，从而干扰细胞壁的形成，使菌体死亡。除游动孢子形成及孢子游动期外，对卵菌生活史的各个阶段均有作用，尤其是孢子囊梗及卵孢子的形成阶段更敏感，因此在孢子形成之前施药，即可抑制孢子产生。

③ 与甲霜灵、噁霜灵等苯基酰胺类杀菌剂无交互抗性，很适合于苯基酰胺类杀菌剂抗性病原个体占优势的田间进行耐药性治理，即在对甲霜灵、噁霜灵等产生抗性的病区，可以使用烯酰吗啉来取代。

④ 有一定的抗性风险，不宜在整个季节单一使用多次，应与代森锰锌、百菌清、铜制剂等保护性杀菌剂混用，或选用其混剂。

产品有25％、50％、60％、69％、80％可湿性粉剂，40％、50％、80％水分散粒剂，10％、25％微乳剂，10％、15％水乳剂，10％、20％、25％、40％、50％悬浮剂。

防治荔枝霜疫霉病，喷50％可湿性粉剂1500～2000倍液或40％水分散粒剂1000～1500倍液。

防治葡萄霜霉病，亩用50％水分散粒剂34～40g，对水喷雾。

防治黄瓜霜霉病，亩用50％可湿性粉剂或水分散粒剂30～40g、80％可湿性粉剂或水分散粒剂20～25g、30％可湿性粉剂50～70g、40％水分散粒剂38～50g或10％水乳剂150～200mL，对水喷雾。

防治辣椒疫病，亩用10％微乳剂200～300mL或50％水分散粒剂45～54g，对水喷雾。

防治番茄晚疫病，亩用50％水分散粒剂35～40g，对水喷雾。

728. 氟吗啉是什么样的新杀菌剂？

以氟原子替代烯酰吗啉分子苯环上的氯原子即得氟吗啉，是我国具有自主知识产权的新杀菌剂。其生物性能与烯酰吗啉基本相同，而生物活性更高，尤其是治疗作用和抑制孢子萌发作用明显优于烯酰吗啉，持效期较长。产品为20％、25％可湿性粉剂，60％水分散粒剂，30％悬浮剂。

氟吗啉对卵菌类引起的黄瓜、白菜、葡萄等作物的霜霉病、番茄晚疫病、辣椒疫病等有良好防治效果。例如，防治黄瓜霜霉病，亩用 20%可湿性粉剂 25～50g，对水喷雾。

（十二）有机磷杀菌剂

729. 有机磷杀菌剂现状如何？

有机磷杀菌剂的开发始于 20 世纪 50 年代初，威菌磷（triamiphos）是第一个商品化的内吸性有机磷杀菌剂。20 世纪 60 年代末至 80 年代初是其研发的重要时期，期间相继涌现出稻瘟净、异稻瘟净、敌瘟磷、三乙膦酸铝、甲基立枯磷、定菌磷等多个品种，其中有些品种因应用范围小等原因不再作为杀菌剂使用，也有一些品种如稻瘟净、异稻瘟净、三乙膦酸铝、甲基立枯磷等曾发挥过重要作用，有的至今仍在广泛使用。但是，由于有机磷杀菌剂，在保护性方面不如代森锰锌、百菌清等品种，在内吸性方面又不及三唑类、甲氧基丙烯酸酯类及其他新兴的内吸杀菌剂，因而近年来在很多国家已逐渐淡出农药市场。

730. 三乙膦酸铝可防治哪些病害？

三乙膦酸铝是 20 世纪 70 年代后期开发的有机磷内吸杀菌剂。它的内吸传导作用是双向的，即向顶性和向基性，能被作物根部吸收向地上部的茎、叶传导，也能被上部叶片吸收后向基部叶片传导。兼具有保护和治疗作用。杀菌谱广，对霜霉病有特效，对一些蔬菜疫病也有较好的防治效果，因而曾得名"疫霜灵""霉疫净"。主要供叶面喷雾，也可浇灌土壤和浸根。产品有 40%和 80%可湿性粉剂，90%可溶粉剂，80%水分散粒剂。

（1）蔬菜病害　防治蔬菜的霜霉病，亩用 80%水分散粒剂 100～180g，或用 90%可溶粉剂 500～1000 倍液，或 80%可湿性粉剂 400～800 倍液，或 40%可湿性粉剂 200～400 倍液喷雾，间隔 7～10 天喷 1 次，共喷 3～4 次。

防治瓜类白粉病、番茄晚疫病、马铃薯晚疫病、黄瓜疫病等，用 90%可溶粉剂 500～1000 倍液喷雾。在黄瓜幼苗期施药，要适当降低使用浓度，否则会发生药害。

防治辣椒疫病，主要采取苗床土壤消毒，每平方米用 40%可湿性粉剂 8g，与细土拌成毒土。取 1/3 的毒土撒施于苗床内，播种后用余下的 2/3 毒土覆盖。防治辣椒苗期猝倒病，在发病初期开始用 40%可湿性粉剂 300 倍液喷雾，隔 7～8 天喷 1 次，连喷 2～3 次，注意对茎基部及其周围地面都要喷到。

（2）果树病害　防治葡萄霜霉病，于发病初期开始施药，用 80%可湿性粉剂 400～600 倍液喷雾，视降雨情况，隔 10～15 天与其他杀菌剂交替施药 1 次，共施药 3～4 次。

防治苹果轮纹病，兼治斑点落叶病，于苹果谢花 10 天左右有降雨后，用 80%可湿性粉剂 700～800 倍液混 50%多菌灵可湿性粉剂 800 倍液开始喷第一次药，以后视降雨情况，间隔 10～15 天喷 1 次，无雨不喷，至 8 月底、9 月初结束。

防治苹果果实疫腐病，于发病初期喷 80% 可湿性粉剂 700 倍液，与其他杀菌剂交替使用，隔 10～15 天喷 1 次。防治苹果树干基部的疫腐病，可用刀尖划道后，涂抹 80% 可湿性粉剂 50～100 倍液。

防治苹果黑星病，在刚发病时喷 80% 可湿性粉剂 600 倍液，以后视降雨情况，隔 15 天左右与其他杀菌剂交替喷药 1 次。

防治梨树颈腐病，用刀尖划道后，涂抹 80% 可湿性粉剂 50～100 倍液。

防治柑橘苗期疫病，在雨季发病初期，用 80% 可湿性粉剂 200～400 倍液喷雾。防治柑橘脚腐病，春季用 80% 可湿性粉剂 200～300 倍液喷布叶面。防治柑橘溃疡病，于夏、秋嫩梢抽发期，芽长 1～3cm 和幼果期，用 80% 可湿性粉剂 300～600 倍液各喷 1 次。

防治荔枝霜疫病，在花蕾期、幼果期和果实成熟期，用 80% 可湿性粉剂 600～800 倍液各喷施 1 次。

防治菠萝心腐病，在苗期和花期，用 80% 可湿性粉剂 500～600 倍液喷雾或灌根。

防治油梨根腐病，用 80% 可湿性粉剂 80～150 倍液注射茎秆或用 200 倍液淋灌根颈部。

防治鸡蛋果茎腐病，用 80% 可湿性粉剂 800 倍液淋灌根颈部。

防治草莓疫腐病，于发病初期，用 80% 可湿性粉剂 400～800 倍液灌根。

防治西瓜褐斑病，用 80% 可湿性粉剂 400～500 倍液喷雾。

（3）啤酒花病害　防治啤酒花霜霉病，用 80% 可湿性粉剂 600 倍液喷雾，间隔 10～15 天，共喷 2～3 次。

（4）烟草病害　防治烟草黑胫病，在烟苗培土后，亩用 80% 可湿性粉剂 500g，对水 50kg，重喷根颈部，或每株用 1g 对水灌根，隔 10～15 天再施 1 次。

（5）水稻病害　防治水稻纹枯病、稻瘟病等，一般亩用有效成分 94g，或用 90% 可溶粉剂或 80% 可湿性粉剂 400 倍液或 40% 可湿性粉剂 200 倍液喷雾。

（6）棉花病害　防治棉花疫病，用 90% 可溶粉剂或 80% 可湿性粉剂 400～800 倍液喷雾，间隔 7～10 天，连喷 2～3 次。苗期疫病在棉苗初放真叶期开始喷药，棉铃疫病于盛花后 1 个月开始喷药。与多菌灵、福美双混用，可提高防效。

防治棉铃红粉病，在发病初期开始施药，喷 80% 可湿性粉剂 600 倍液，隔 10 天喷 1 次，连喷 2～3 次。

（7）橡胶病害　防治橡胶树割面条溃疡病，用 80% 可湿性粉剂 100 倍液，涂抹切口。

（8）胡椒病害　防治胡椒瘟病，用 80% 可湿性粉剂 100 倍液喷洒，或每株用药 1.25g，对水灌根。

（9）茶树病害　防治由腐霉菌引起的茶苗绵腐性根腐病（茶苗猝倒病），亩用 90% 可溶粉剂（150～175g），对水 75kg，对茶苗茎基部喷雾，间隔 10 天喷 1 次，共施药 2～3 次。或用 90% 可溶粉剂 100～150 倍液浇灌土壤，也可每株扦插茶苗用药 0.5g 对水淋浇根部。

防治茶红锈藻病，于 4～5 月子实体形成期，亩用 40% 可湿性粉剂 190g，对水 400 倍，喷洒茎叶，间隔 10 天喷 1 次，共施药 2～3 次。

（10）药用植物病害　防治板蓝根、车前草和薄荷的霜霉病、西洋参疫病、百合疫病、怀牛膝白粉病等，用80%可湿性粉剂400~500倍液喷雾，间隔10天左右喷1次，共施药2~3次。采收前5天停止用药。

防治延胡索（元胡）霜霉病，分两个时期施药：①播前，用80%可湿性粉剂400倍液浸元胡块茎24~72h，晾干后播种；②在系统侵染症状出现初期，喷80%可湿性粉剂500倍液，间隔10天喷1次，共喷施2~3次。

（11）花卉病害　防治草本花卉霜霉病、月季霜霉病、金鱼草疫病等，用80%可湿性粉剂400~800倍液喷雾，间隔7~10天喷1次，共喷施2~3次。

防治菊花、鸡冠花、凤仙花、紫罗兰、石竹、马蹄莲等多种花卉幼苗猝倒病，在发病初期及时喷80%可湿性粉剂400~800倍液，注意喷洒幼苗嫩茎和中心病株及其周围地面。间隔7~10天喷1次，共喷施2~3次。

防治非洲菊等花卉的根茎腐烂病（根腐病），用80%可湿性粉剂500~800倍液灌根。

（12）麻类病害　防治大麻霜霉病、苘麻霜霉病，于发病初期及时喷80%可湿性粉剂400~500倍液，间隔7~10天喷1次，共喷施2~3次。

防治剑麻斑马纹病的用法有两种。①田间喷雾。在病害流行期间，用40%可湿性粉剂400倍液，喷洒叶的正面及脚叶，每月喷1次，连喷4~5次，割叶后预报有雨，应在雨前喷药保护，减少病菌从伤口侵入，防止发生茎腐。②淋灌病穴。在病穴及其周围用40%可湿性粉剂400倍液淋灌，每穴2.5~5kg药液，同时喷洒地面。

三乙膦酸铝连续单用，容易使病菌产生耐药性，如遇药效明显降低的情况，不宜盲目增加用药量，应与其他杀菌剂轮用、混用。

731. 甲基立枯磷能防治哪些病害？

甲基立枯磷为有机磷杀菌剂，主要起保护作用，持效期长，适用于防治土传病害，对半知菌、担子菌和子囊菌等有很强杀菌活性，对立枯病菌、菌核病菌、雪腐病菌等有卓越的毒杀作用，对马铃薯茎腐病和黑斑病有特效。施药方法有叶面喷雾、拌种、浸种、毒土、土壤撒施。产品为20%乳油。

① 蔬菜病害。防治黄瓜、冬瓜、番茄、茄子、甜（辣）椒、白菜、甘蓝苗期立枯病，发病初期喷淋20%乳油1200倍液，每平方米喷2~3kg。视病情隔7~10天喷1次，连续防治2~3次。

防治黄瓜、苦瓜、南瓜、番茄、豇豆、芹菜的白绢病，发病初期用20%乳油与40~80倍细土拌匀，撒在病部根茎处，每株撒毒土250~350g。必要时也可用20%乳油1000倍液灌穴或淋灌，每株（穴）灌药液400~500mL，隔10~15天再施1次。

防治黄瓜、节瓜、苦瓜、瓠瓜的枯萎病，发病初期用20%乳油900倍液灌根，每株灌药液500mL，间隔10天左右灌1次，连灌2~3次。

防治黄瓜、西葫芦、番茄、茄子的菌核病，定植前亩用20%乳油500mL，与细土20kg拌匀，撒施并耙入土中。或在出现子囊盘时用20%乳油1000倍液喷施，间隔8~9天喷1次，共喷3~4次。病情严重时，除喷雾，还可用20%乳油50倍液涂抹瓜蔓病部，以控制病害扩张，并有治疗作用。

防治甜瓜蔓枯病，发病初期在根茎基部或全株喷布20%乳油1000倍液，隔8~10

天喷 1 次，共喷 2～3 次。

防治葱、蒜白腐病，亩用 20％乳油 3kg，与细土 20kg 拌匀，在发病点及附近撒施，或在播种时撒施。

防治番茄丝核菌果腐病，喷 20％乳油 1000 倍液。

② 防治棉花立枯病等苗期病害，每 100kg 种子用 20％乳油 1～1.5kg 拌种。

③ 防治水稻苗期立枯病，亩用 20％乳油 150～220mL，对水喷洒苗床。

④ 防治烟草立枯病，发病初期，喷布 20％乳油 1200 倍液，隔 7～10 天喷 1 次，共喷 2～3 次。

⑤ 防治甘蔗虎斑病，发病初期，喷布 20％乳油 1200 倍液。

⑥ 药用植物病害。防治薄荷白绢病，当发现病株时及时拔除，对病穴及邻近植株淋灌 20％乳油 1000 倍液，每穴（株）淋药液 400～500mL。防治佩兰白绢病，发病初期，用 20％乳油与 40～80 倍细土拌匀，撒施在病部根茎处；必要时喷布 20％乳油 1000 倍液，隔 7～10 天再喷 1 次。

防治莳萝立枯病，发病初期，喷淋 20％乳油 1200 倍液，间隔 7～10 天再防治 1～2 次。

防治枸杞根腐病，发病初期，浇灌 20％乳油 1000 倍液，经一个半月可康复。

防治红花猝倒病，采用直播的，用 20％乳油 1000 倍液，与细土 100kg 拌匀，撒在种子上覆盖一层，再覆土。

（十三）其他有机杂环杀菌剂

732. 嘧霉胺是什么样的新杀菌剂？

嘧霉胺，属苯氨基嘧啶类杀菌剂，对灰霉病有特效，可有效地防治多种作物的灰霉病，还可用于防治梨黑星病、苹果黑星病和斑点落叶病。其杀菌作用机理独特，通过抑制病菌侵染酶的分泌从而阻止病菌侵染，并杀死病菌。因而对常用的非苯氨基嘧啶类杀菌剂已产生抗性的灰霉病仍有特效。

嘧霉胺具有保护和治疗作用，同时具有内吸和熏蒸作用，施药后能迅速被内吸并传导到花、幼果等喷雾不易达到的部位，杀死已侵染的病菌，药效快而稳定，且受气温影响很小，在较低温度下施用，保护和治疗效果同样好。在推荐用药量下使用对作物安全，在作物生长季节的任何时候都可使用。

产品有 20％、37％、40％、400g/L 悬浮剂，20％、25％、40％可湿性粉剂，40％、70％、80％水分散粒剂，25％乳油。

防治黄瓜、番茄灰霉病，在发病前或发病初期开始喷药，一般亩用有效成分 25～37.5g，折合 40％悬浮剂或可湿性粉剂 63～94g，或 20％悬浮剂或可湿性粉剂 125～188g，或 37％悬浮剂 68～100g，或 70％水分散粒剂 45～55g，或 40％水分散粒剂 65～90g，7～10 天喷 1 次，共喷 2～3 次。在通风条件不良的棚室中，如果用药量过高，可能导致部分作物叶片出现褐色斑点。

防治葡萄灰霉病，喷 40%悬浮剂或可湿性粉剂 1000～1500 倍液。防治草莓灰霉病，亩用 40%悬浮剂 75～90mL，对水喷雾。当一个生长季节需施药 4 次以上时，应与其他杀菌剂交替使用，避免产生耐药性。

嘧霉胺也可用于苹果、梨、韭菜、豆类等作物。

733. 嘧菌环胺对何类病害有特效？

嘧菌环胺属苯氨基嘧啶类杀菌剂，对多种作物的灰霉病特效，对黑星病、白粉病及多类的颖枯病、网斑病、眼纹病也很有效，杀菌作用机理是抑制病原菌的水解酶分泌和蛋氨酸生物合成。同三唑类、咪唑类、吗啉类、酰亚胺类等杀菌剂无交互抗性。具有保护和治疗作用，也具有叶片渗透及根内吸性，可采用叶面喷雾或种子处理方式施用。产品为 50%水分散粒剂，30%、40%悬浮剂。

防治草莓和辣椒的灰霉病，亩用制剂 60～96g，对水喷雾。防治葡萄灰霉病，喷制剂 650～1000 倍液。

本剂有一定抗性风险，与同类的嘧霉胺有交互抗性，在一个生长季节不能多次施药，以防抗性上升，降低防效。

734. 怎样使用乙嘧酚防治黄瓜白粉病？

乙嘧酚属嘧啶类杀菌剂，是内吸杀菌剂，现有产品为 25%悬浮剂，用于防治黄瓜白粉病，亩用制剂 54～63g，对水喷雾。

735. 氟啶胺有何特性？ 可防治哪些病害？

氟啶胺属吡啶类杀菌剂。依作用机理划分，其为线粒体氧化磷酰化解偶联剂。通过抑制孢子萌发、菌丝生长和孢子形成而抑制病原菌侵染，其保护效果优于常规保护性杀菌剂。杀菌谱广，对疫霉病、灰霉病、霜霉病、黑星病、黑斑病以及水稻稻瘟病和纹枯病、草坪斑点病等具有良好防效。对十字花科作物根肿病和水稻猝倒病也有很好的防效。还显示有杀螨活性。产品为 40%、50%、500g/L 悬浮剂，50%可湿性粉剂，50%、70%水分散粒剂。

防治辣椒疫病和马铃薯晚疫病，亩用制剂 27～33g，对水喷雾。

据报道，防治果树的白根腐病或紫根腐病，采用以下两种方法：①挖掘法，即围绕树干挖一个半径 50～100cm、深 30cm 的坑，除去坏死的根和根表面的菌丝，再往坑中浇灌浓度为 1000mg/L 的氟啶胺药液 50～100L，并培入足量的土壤与之混匀；②土壤喷射器法，即不挖坑，将药液装入一个特制的土壤喷射器内，喷射入树干周围的土壤内。

736. 咯菌腈应如何使用？

咯菌腈属吡咯类杀菌剂，对子囊菌、担子菌、半知菌的许多病原菌有很好的防效。最宜用作种子处理，因为：①在处理时及种子发芽时虽只吸收很小量药剂，却可以杀死种子表面及种皮内的病菌；②药剂在土壤中不移动，在种子周围形成一个稳定而持久的保护圈，持效期达 4 个月以上；③对种子安全，并能促进种子提前出苗。处理后的种子在适宜条件下存放 3 年，也不影响出芽率。因而很适宜加工成种衣剂使用。也可以供喷雾使用，例如，防治观赏菊花的灰霉病，可用 50％可湿性粉剂 4000～6000 倍液。

咯菌腈的种衣剂使用方法请参考种衣剂相关问题。

737. 怎样使用噻霉酮防治黄瓜霜霉病？

噻霉酮属噻唑啉酮类，制剂为 3％微乳剂，3％可湿性粉剂，3％水分散粒剂；5％悬浮剂，1.6％涂抹剂，1.5％水乳剂。对真菌病害有预防和治疗作用，防治黄瓜霜霉病，于病前或发病初期开始，亩用 1.5％水剂 116～175mL 对水常规喷雾，7～10 天喷 1 次，连喷 3～4 次。在黄瓜采收前 10 天停止用药。

738. 怎样使用烯丙苯噻唑防治稻瘟病？

烯丙苯噻唑产品为 8％颗粒剂，24％颗粒剂，为一种植物诱导抗病激活剂，能诱导水稻植株体内产生 α-亚麻酸，增强与植物抗病性相关的酶的活性，并使侵染部位寄主细胞形成了类木质素的保护层。可用于水稻秧田、育秧箱和本田，本田应在移栽前施药，能促进水稻根系吸收，保护稻苗不受病菌侵染。一般亩用制剂 1.67～3.3kg，撒施。

739. 怎样使用噻唑锌防治水稻细菌性条斑病？

噻唑锌是一种噻唑类有机锌杀菌剂，产品为 20％、30％、40％悬浮剂，具有保护和内吸作用，对细菌性病害有效。用于防治水稻细菌性条斑病，于发病初期开始，亩用制剂 100～125mL，对水 50kg 喷雾，间隔 7～10 天施药 1 次，喷雾次数视病情而定。在推荐剂量下对水稻安全。

740. 如何使用三环唑防治稻瘟病？

三环唑是防治稻瘟病专用杀菌剂，因其分子结构含有三唑环，也被列入三唑类杀菌剂。杀菌作用机理主要是抑制附着孢黑色素的形成，从而抑制孢子萌发和附着孢形成，阻止病菌侵入和减少稻瘟病菌孢子的产生。三环唑具有较强的内吸性，能迅速被水稻根茎叶吸收，并输送到稻株各部，一般在喷洒后 2h 稻株内吸收药量可达饱和。产品有 20％和 75％可湿性粉剂，75％水分散粒剂，40％悬浮剂，进口产品商名为比艳。

三环唑防病以预防保护作用为主，在发病前使用，效果最好。采用喷雾法的具体操作为：防治苗瘟，在秧苗 3～4 叶期或移栽前 5 天，亩用 20％可湿性粉剂 50～75g，对水喷雾；防治叶瘟及穗颈瘟，在叶瘟初发病时或孕穗末期至始穗期，亩用 20％可湿性粉剂 75～100g 对水喷雾，穗颈瘟严重时，间隔 10～14 天再施药 1 次。

741. 三环唑浸秧防治稻叶瘟效果为什么好？

三环唑是内吸性较强的杀菌剂，用于防治稻叶瘟病，试验结果表明，采用药液浸秧法的防病效果优于拔秧前喷雾，其原因有三个：①三环唑在稻秧体内主要是向上传导，药液浸秧使根系秧叶受药均匀，可较好地防止带病秧苗传入本田，减少了本田菌源。秧苗在后期生长郁密，病斑集中在叶片的中下部，喷雾难以达到，病苗移栽入本田，就加大本田防治面积。②浸秧比喷雾的持效期长，一般喷雾法的持效期为15天左右，浸秧法持效期可达25～30天。③浸秧增强了药剂的内吸速度，半小时后内吸药量即达饱和。

三环唑浸秧的具体做法是：将20%三环唑可湿性粉剂750倍液盛入水桶中，或就在秧田边挖一浅坑，垫上塑料薄膜，装入药液，把拔起的秧苗捆成把，稍甩一下水放入药液中浸泡1min左右捞出，堆放半小时后即可栽插。

用药液浸秧，有时会引起发黄，但不久即能恢复，不影响稻秧以后的生长。

（十四）其他合成杀菌剂

742. 霜脲氰应如何使用？

霜脲氰的杀菌谱与甲霜灵相同，对霜霉菌、疫霉菌有特效，且现已证实与甲霜灵、噁霜灵等之间无交互抗性，在出现抗甲霜灵、噁霜灵的病区，改用霜脲氰仍有效。使用霜脲氰单剂的药效不突出，持效期也短，与保护性杀菌剂混用，增效明显，因而国内已有十余家生产霜脲氰原药，并不生产单剂，仅生产混剂供给市场，例如霜脲·锰锌混剂已广为使用。

据专家测定结果，霜脲氰不容易诱发病菌突变，抗性菌株出现频率很小，被认为属于低抗性风险的品种。但低风险不等于无风险，仍应合理、规范使用。

743. 稻瘟灵除防治稻瘟病，还能防治哪些病害？

稻瘟灵，是防治稻瘟病的特效药剂。主要是抑制稻瘟病侵入丝的形成，使病菌不能侵入水稻组织；对已侵入水稻组织的菌丝能抑制其生长；还能抑制病斑上分生孢子的形成。

稻瘟灵对水稻有较强的内吸作用，且是双向传导。稻根吸收的药剂能输导到叶片和穗轴部分，水稻叶片吸收的药剂能输导到施药后长出的新叶片内，发挥防病效力。

稻瘟灵产品有40%可湿性粉剂，30%、40%乳油，18%微乳剂。主要用于防治稻瘟病，对水稻纹枯病、小球菌核病、白叶枯病也有一定效果。稻田使用后，可降低叶蝉的虫口密度。

① 防治叶稻瘟或穗颈瘟，亩用40%可湿性粉剂（或乳油）75～110g对水喷雾。对叶稻瘟于发病初期施药，必要时隔10～14天再施1次。对穗颈病在水稻孕穗期和齐穗期各施药1次。

育秧箱施药，在秧苗移栽前1天或移栽当天，每箱（30cm×60cm×3cm）用40%可湿性粉剂（或乳油）20g，加水500g，用喷壶均匀浇灌在秧苗和土壤上。然后带土移栽，不能把根旁的土壤抖掉。药效期可维持1个月。

30%展膜油剂，亩用30～36mL，均匀洒施。

② 防治大麦条纹病、云纹病，每100kg种子用40%可湿性粉剂250～500g拌种；

田间于发病初期，亩用 40％可湿性粉剂 50～75g，对水 50kg 喷雾。

③ 防治玉米大、小斑病，在中、下部叶片初现病斑时，亩用 40％乳油 150mL，对水 50kg 喷雾。

④ 防治茭白瘟病，发病初期喷 40％乳油 1000 倍液，7～10 天喷 1 次，共喷 2～3 次。

稻瘟灵对鱼类有毒，施药时防止污染鱼塘。

744. 二氯异氰尿酸钠在蔬菜上怎样使用？

二氯异氰尿酸钠产品有 20％、40％、50％可溶粉剂，66％烟剂。它的消毒杀菌能力强，可抑制孢子萌发，抑制菌丝生长，能用于防治多种真菌、细菌、病毒引起的病害。施药方式有浸种、浸根、叶面喷雾，目前主要用于防治蔬菜病害。

防治黄瓜霜霉病，发病初期，亩用 20％可溶粉剂 188～250g，对水常规喷雾，或用 20％可溶粉剂 300～400 倍液喷雾。

防治番茄早疫病，亩用 20％可溶粉剂 188～250g 或 50％可溶粉剂 75～100g，对水常规喷雾。防治番茄灰霉病，亩用 20％可溶粉剂 188～250g，对水常规喷雾。

防治茄子灰霉病，亩用 20％可溶粉剂 188～250g，对水常规喷雾。

防治辣椒根腐病，用 20％可溶粉剂 300～400 倍液灌根，每株灌药液 200mL。

防治平菇木霉菌，100kg 干料用 40％可溶粉剂 100～120g 拌料。或每立方米菇房用 66％烟剂 6～8g 熏烟。

防治桑漆斑病，在发病初期，喷 50％可溶粉剂 2000 倍液，特别要注意喷洒枝条的中下部叶片，7～10 天后再喷 1 次。

745. 三氯异氰尿酸能防治哪些病害？

三氯异氰尿酸的产品为 36％、40％、42％可湿性粉剂，80％、85％可溶粉剂。消毒能力很强，其含有次氯酸分子，扩散穿透细胞膜的能力较强，可迅速杀灭病原菌。

防治水稻细菌性条斑病，先将种子预浸 6～12h，再用 40％可湿性粉剂 300～600 倍液浸种，早稻浸 24h，晚稻浸 12h，用清水洗净后再催芽、播种。防治水稻白叶枯病、纹枯病、细菌性条斑病，亩用 36％可湿性粉剂 60～90g，对水常规喷雾。

防治棉花立枯病、炭疽病、枯萎病、黄萎病，亩用 85％可溶粉剂 35～40g 或 36％可湿性粉剂 100～160g，对水常规喷雾。

防治辣椒炭疽病，亩用 42％可湿性粉剂 83～125g 或 50％可湿性粉剂 70～105g，对水常规喷雾。

防治油菜菌核病，亩用 42％可湿性粉剂 70～100g，对水常规喷雾。

防治小麦赤霉病，亩用 36％可湿性粉剂 140～230g，对水常规喷雾。

746. 怎样使用过氧乙酸防治黄瓜灰霉病？

21％过氧乙酸水剂消毒杀菌力强，用于防治蔬菜灰霉病，施药后病斑木栓化，脓状腐败物消失，菌丝不再产生孢子。有的厂家产品中添加某些植物营养素，能增强光合作用，促进作物根茎生长。

防治黄瓜灰霉病，亩用 21％水剂 140～233mL，对水 50～75kg（即 300～500 倍液）喷雾。最好在上午 10 点以前和下午 4 点以后施药。

747. 如何应用叶菌唑防治小麦病害？

叶菌唑为新型广谱内吸性杀菌剂，为麦角甾醇生物合成中 C-14 脱甲基化酶抑制剂。叶菌唑的杀真菌谱较广泛，且活性高，兼具优良的保护和治疗作用。50％水分散粒剂防治小麦白粉和锈病，9～12g/亩，发病初期喷第一次药，7～10 天后可再喷药一次。8％悬浮剂防治小麦赤霉病，用量为 56～75mL/亩，于小麦扬花初期喷第一次药，7～10 天后再喷药一次。在小麦上使用安全间隔期为 14 天，每个作物周期的最多使用次数为 2 次。

（十五）抗生素类杀菌剂

748. 井冈霉素除防治纹枯病，还可防治哪些病害？

井冈霉素由 A～G 7 个结构相似的组分组成，其中以 A 组分即井冈霉素 A 的活性最高。

井冈霉素内吸性很强，兼有保护和治疗作用，对由立枯丝核菌引起的多种农作物病害防效显著，尤其对水稻纹枯病特效，在我国每年用于水稻纹枯病的防治面积达 1.5 亿～2 亿亩次，并且使用 30 年来尚未有抗性产生。为适应稻田常是数病同发或病虫同发的现实，已开发出多种以兼治为目的、一药多治的复配混剂。单剂有 2.4％、3％、4％、5％、8％、10％、13％水剂，2.4％、15％、16％、20％、28％可溶粉剂。在叙述井冈霉素用途、用法时，仅能选其中之一为例，其余的制剂可由此换算需用量或按产品标签使用。

（1）水稻病害　主要是防治水稻纹枯病，一般是丛发病率达 20％左右时开始喷药，亩用 5％水剂 160～200mL，对水 60～75kg，重点喷于水稻中下部，或对水 400kg 泼浇，泼浇时田间保持水层 3～5cm，一般是早稻施药 2 次，单季稻施药 2～3 次，连作晚稻施药 1～2 次。两次施药的间隔为 10 天左右。可兼治稻曲病、小粒菌核病、紫秆病。

专为防治稻曲病时，于孕穗末期，亩用 5％水剂 150～200mL，对水 50～75kg 喷雾。

（2）纹枯病　每 100kg 种子用 5％水剂 600～800mL，加少量水，喷拌种子，堆闷数小时。或用药剂包裹种子，亩用 5％水剂 150mL，与一定量黏质泥浆混合，再与麦种混合，再撒入干细土，边撒边搓，待麦粒搓成赤豆粒大小，晾干后播种。

田间喷雾，在春季麦株纹枯病明显增多时，亩用 5％水剂 100～150mL，对水 60～70kg 喷雾，重病田隔 10～15 天再喷 1 次。

防治玉米纹枯病，可参考小麦的田间喷施药量。

（3）蔬菜病害　防治茭白纹枯病、菱角纹枯病，发病初期及早喷 5％水剂 800～1000 倍液，7～10 天喷 1 次，连喷 2～3 次。

防治菱角白绢病，在病害大发生初期及早喷 5％水剂 1000～1500 倍液 2～3 次，或在拔除中心病株后喷药封锁。为预防发病，可在 5 月底至 6 月初于隔离保护带内喷 3～

5m 宽的药剂保护带。

防治番茄白绢病，在发病初期用5％水剂500～1000倍液浇灌，共用药2～3次。防治苦瓜白绢病，拔除病株后，对病穴及邻近植株淋灌1000～1600倍液，每株（穴）用药液400～500mL。

防治山药根腐病，发病初期淋灌5％水剂1500倍液，特别要注意淋灌易受病害侵染的茎基部。

防治黄瓜立枯病、豆类立枯病，在播种后、定植后，用5％水剂1000～2000倍液浇灌，每平方米灌药液3～4kg。

（4）棉花立枯病　防治棉花立枯病，在播种后用5％水剂500～1000倍液灌根，每平方米用药液3kg。

（5）果树病害　防治桃缩叶病，在桃芽裂嘴期，喷5％水剂500倍液（100mg/kg）1～2次。

防治柑橘播种圃苗木立枯病，于发病初期用5％水剂500～1000倍液（50～100mg/kg）浇灌。此用法可防治其他果树苗期立枯病。

对多种果树的炭疽病、梨树轮纹病、桃褐斑病、草莓芽枯病等，喷洒5％水剂500倍液（100mg/kg），均有效果。

（6）人参苗期立枯病　用5％水剂600～1000倍液浇灌土壤，每平方米用药液2～3kg。青苗处理5次。

防治薄荷白绢病，拔除病株，用5％水剂1000～1500倍液淋灌病穴及邻近植株，每穴（株）用药液500mL。

（7）甘蔗虎斑病　发病初期喷淋5％水剂1500倍液。

749. 井冈霉素A怎样使用？

井冈霉素A是井冈霉素的7个组分中活性最高的，其生物性能与井冈霉素相同，防病种类及使用方法也与井冈霉素相同，仅是使用药量略有差异。产品有2.4％、4％、8％水剂，4％、5％、20％可溶粉剂。防治水稻纹枯病，一般亩用有效成分8～10g，例如亩用4％水剂200～250mL（详见各产品标签）。

750. 怎样用春雷·多菌灵防治辣椒炭疽病？

50％春雷·多菌灵可湿性粉剂是春雷霉素与多菌灵复配的混剂，用于防治辣椒炭疽病，亩用75～100g，对水喷雾。

751. 嘧啶核苷类抗菌素能防治哪些病害？

嘧啶核苷类抗菌素的产生菌为吸水刺孢链霉菌北京变种，是广谱的抗真菌的内吸性杀菌剂，具有保护和治疗作用，通过抑制病原菌的蛋白质合成来发挥杀菌作用。对多种作物的白粉病有特效。产品为2％、4％、6％水剂，8％可溶粉剂，可喷雾和灌根使用，一般方法如下。

防治叶部病害，在发病初期（发病率5％～10％），用2％水剂200倍液喷雾，隔10～15天再喷1次。若发病严重，隔7～8天喷1次，并增加喷药次数。

灌根防治枯萎病等土传病害，在田间植株发病初期，把根部土壤扒成一穴，稍晾晒后用2％水剂130～200倍液，每株灌药液500mL，隔5天再灌1次，对重病株连灌3～4次。

处理苗床土壤，播种前亩用2％水剂100倍液300kg。喷洒于苗床。

（1）粮食作物病害　防治小麦锈病、白粉病，在病害初见时，亩用2％水剂500mL，对水70kg喷雾，隔10～15天再喷1次，对重病田隔7～8天再喷1次，共喷2次。

防治小麦纹枯病、玉米纹枯病也可参照防治小麦锈病的方法。

防治水稻纹枯病，亩用2％水剂500～600mL，对水常规喷雾。

（2）蔬菜病害　于发病初期喷2％水剂200倍液，隔7～15天再喷1次，当病害严重，可缩短间隔天数，增加喷药次数，可防治多种蔬菜的叶部病害，如瓜类、茄果类的白粉病，十字花科、菜豆、青椒的炭疽病，大白菜黑斑病、番茄早疫病、灰霉病、叶霉病，黄瓜黑星病、疫疖病，石刁柏褐斑病，芹菜斑枯病等。

防治石刁柏茎枯病，发病初期喷2％水剂100倍液，7～10天喷1次，连喷3～4次。当前期幼茎病重时，用药液涂茎，可提高防效。

防治大白菜软腐病、茄科蔬菜青枯病，用2％水剂150倍液喷雾、灌根。

防治黄瓜、青椒枯萎病，茄子黄萎病等土传病害。将病株根部扒一穴，用2％水剂150～200倍液灌根，每株灌药液300mL，5天灌1次，重病株连灌3～4次。防治西瓜枯萎病，喷8％可溶粉剂600～800倍液。

（3）果树病害　防治苹果、葡萄白粉病，于发病初期开始喷2％水剂200倍液，7～15天喷1次。

防治醋栗白粉病，于6～7月份，用2％水剂75倍液喷洒2～3次，有较好防治效果。

防治柑橘果实沙皮病，于7～9月份，用2％水剂100～200倍液喷树冠及果实，20天喷1次，连喷3次。

防治柑橘类果实贮藏期青霉病、绿霉病、蒂腐病及炭疽病：甜橙用2％抗霉菌素水剂50～100倍液加250mg/kg防落素的混合液洗果；椪柑和红橘用2％抗霉菌素水剂100倍液加750mg/kg防落素的混合液洗果。嘧啶核苷类抗菌素比多菌灵效果好，与噻菌灵效果相当。

（4）油菜病害　防治油菜软腐病、黑腐病，播前亩用2％水剂100倍液300kg，喷洒苗床。

防治油菜炭疽病，发病初期，亩喷2％水剂100～200倍液75kg，隔10～15天再喷1次。

（5）烟草病害　防治烟草白粉病、角斑病，发病初期喷2％水剂200倍液，7～10天喷1次，共喷2～3次。

（6）花卉病害　防治多种花卉及花灌木的白粉病，发病初期喷2％水剂200倍液，10～15天喷1次。如月季、菊花、海棠、牡丹、八仙花、栀子、蜀葵、大丽花、紫薇、扁竹蓼、虞美人、飞燕草、月光花等的白粉病。

防治紫荆等的土传枯萎病，可用2％水剂150～200倍液灌根。

（7）药用植物病害　防治药用植物落葵紫斑病、金银花白粉病，发病初期喷2％水剂 200 倍液，7～10 天喷 1 次，共喷 2～3 次。

752. 中生菌素可防治哪些病害？

中生菌素属 N-糖苷类抗生素，产生菌为浅灰色链霉菌海南变种，产品有 3％水剂，3％、5％、12％可湿性粉剂，0.5％颗粒剂。

中生菌素对真菌、细菌都有效。防治苹果树轮纹病用 3％水剂 750～1500 倍液（20～40mg/kg）喷雾。

防治水稻白叶枯病，亩用 3％水剂 120～180mL，对水常规喷雾。

防治番茄青枯病用 0.5％颗粒剂 2500～3000g/亩穴施。防治黄瓜细菌性角斑病用 5％可湿性粉剂 50～70g/亩喷雾。

753. 宁南霉素主要防治哪类病害？

宁南霉素是一种具有胞嘧啶核苷肽结构的抗生素，产生菌为诺尔斯链霉菌西昌变种，产品为 2％、8％水剂，10％可溶粉剂，对病害具有保护和治疗作用，主要用于防治病毒病，对某些真菌性病害也有良好防治效果。

防治菜豆白粉病，发病初期，亩用 2％水剂 300～400mL，对水常规喷雾。

防治大豆根腐病，每亩播种用的大豆，用 2％水剂 60～80mL 拌种。

防治水稻白叶枯病，发病初期，亩用 2％水剂 500～600mL，对水喷雾。

754. 四霉素可防治哪些病害？

四霉素产生菌为不吸水链霉菌梧宁亚种，因而曾称为梧宁霉素，其成分包括 A_1、A_2、B 和 C 四个组分，其中 A_1 和 A_2 为大环内酯类的四烯抗生素，B 组分为肽类抗生素，C 组分为含氮杂环芳香族抗生素。产品为 0.15％、0.3％水剂，用于防治苹果和梨树的腐烂病，刮去病皮后，涂抹 0.15％水剂 5 倍液，能明显控制病疤复发。防治苹果斑点落叶病，喷制剂 800～1200 倍液。防治稻瘟病，亩用制剂 40～60mL，对水喷雾。

（十六）微生物和动植物杀菌剂

755. 怎样使用木霉菌防治蔬菜病害？

木霉菌是真菌中的一大类，属半知菌，它广泛分布于自然界的腐木、植物残体、土壤及空气中，呈棉絮状或丛束状。它对植物病原真菌的拮抗作用早已被发现，能抑制真菌的菌丝生长和菌核形成，现据不完全统计，对 18 属 29 种病原真菌表现拮抗作用。防治谱很广，主要用于防治土传病害，也用于防治植物地上病害及蔬菜、果品贮藏期病害。几乎具有抗生菌所有作用机制，如杀菌作用、重寄生作用、溶菌作用、毒性蛋白及竞争作用等，而主要作用机理是以木霉菌通过和寄主营养竞争而杀灭病原菌。使用后，可迅速消耗侵染位点附近的营养物质，致使病菌停止生长和侵染，再通过几丁质酶和葡聚糖酶消融病原菌的细胞壁。目前生产的木霉菌制剂是木霉菌的孢子，产品有 10 亿个孢子/g、2 亿个活孢子/g 可湿性粉剂，2 亿活孢子/g、1 亿活孢子/g 水分散粒剂。

防治番茄灰霉病于发病初期开始施药，亩用 10 亿个活孢子/g 可湿性粉剂 25～50g，对水 60kg 喷雾，7 天喷 1 次，连喷 3 次。

防治黄瓜灰霉病、番茄灰霉病，发病初期开始施药，亩用 2 亿个活孢子/g 可湿性粉剂 187.5～250g，对水 60kg 喷雾，或用其 600～800 倍液喷雾，7 天喷 1 次。

防治黄瓜白绢病，用木霉菌制剂 400～450g 与 50kg 土混匀后撒覆在病株基部，能有效地控制病害发展。

防治小麦纹枯病，可以：①每 100kg 种子用 1 亿活孢子/g 水分散粒剂 2.5～5kg 拌种；②亩用 1 亿活孢子/g 水分散粒剂 50～100g，对水顺垄灌根 2 次。

756. 枯草芽孢杆菌可防治哪些病害？

枯草芽孢杆菌属细菌，通常存在于土壤中，尤其大量存在于发芽植物的根系周围。人工筛选出的菌株对植物根部病害有较好的控制效果，将其制成杀菌剂作为种子处理剂用在发芽种子的根部，能有效地防治根部周围的病原菌，使作物免遭病原菌的侵害，还能够通过促进植物根系和地上部生长，起到间接抗病害发生的作用。产品有 10 亿活芽孢/g、1000 亿活芽孢/g 可湿性粉剂。通常用作种子处理剂，可推荐作为种衣剂拓宽应用范围。

① 防治棉花枯萎病方法有两种：用 1 份 10 亿活芽孢/g 可湿性粉剂与 10～15 份棉籽拌种；或是亩用制剂 75～100g，对水喷雾。

② 防治蔬菜病害。防治番茄青枯病，用 10 亿活芽孢/g 可湿性粉剂 600～800 倍液灌根。防治辣椒枯萎病，亩用 10 亿活芽孢/g 可湿性粉剂 200～300g，对水灌根。防治黄瓜白粉病，喷 10 亿活芽孢/g 可湿性粉剂 400～800 倍液，或是亩用 1000 亿活芽孢/g 可湿性粉剂 56～84g，对水喷雾。

③ 防治稻病。防治水稻纹枯病，亩用 10 亿活芽孢/g 可湿性粉剂 150～200g；防治稻瘟病亩用 1000 亿活芽孢/g 可湿性粉剂 20～30g，对水喷雾。

④ 防治三七根腐病，亩用 10 亿活芽孢/g 可湿性粉剂 150～200g，对水喷雾。

⑤ 防治烟草黑胫病，亩用 10 亿活芽孢/g 可湿性粉剂 100～125g，对水喷雾。

⑥ 防治草莓白粉病，喷 10 亿活芽孢/g 可湿性粉剂 500～1000 倍液；或是亩用 1000 亿活芽孢/g 可湿性粉剂 40～60g，对水喷雾。防治草莓灰霉病，亩用 1000 亿活芽孢/g 可湿性粉剂 40～60g，对水喷雾。

⑦ 防治辣椒枯萎病亩用 10 亿活芽孢/g 可湿性粉剂 200～300g，灌根。

757. 地衣芽孢杆菌可防治哪些病害？

地衣芽孢杆菌属细菌，对蔬菜、瓜果、花卉等多种作物的真菌病害及细菌病害具有很好的防治作用，对采收后的水果病害也有明显的抑制作用，能推迟果实腐烂。产品为 80 亿活芽孢/mL 水剂。用于保护地防治黄瓜霜霉病，亩用制剂 130～260g，对水喷雾，7 天喷 1 次，连续 2～3 次。防治西瓜枯萎病，用制剂 500～700 倍液灌根。防治小麦全蚀病，可拌种或喷雾。

758. 怎样使用多粘类芽孢杆菌防治作物青枯病?

多粘芽孢杆菌属细菌,广用于农业、工业和水处理等方面,作为农用杀菌剂则为活菌体。产品现有10亿CFU/g、50亿CFU/g可湿性粉剂,5亿CFU/g悬浮剂,0.1亿CFU/g细粒剂。其通过活菌体及其代谢产物作用于植物病原菌,达到杀菌防病的目的。

① 防治番茄、辣椒、茄子和烟草的青枯病,用0.1亿CFU/g细粒剂,用制剂300倍液浸种。每平方米苗床,用制剂0.3g,对水泼浇。在作物定植后,番茄、辣椒、茄子亩用制剂1050~1400g,烟草亩用制剂1250~1700g,对水灌根。

② 防治西瓜枯萎病,亩用10亿CFU/g可湿性粉剂500~1000g,灌根。防治西瓜炭疽病亩用10亿CFU/g可湿性粉剂100~200g,喷雾。

③ 防治桃树流胶病,亩用50亿CFU/g可湿性粉剂稀释1000~1500倍液,灌根,涂抹病斑。

④ 防治黄瓜角斑病,亩用10亿CFU/g可湿性粉剂150~200g,喷雾。

⑤ 防治小麦赤霉病,亩用5亿CFU/g悬浮剂400~600mL,喷雾。

759. 荧光假单孢杆菌怎样使用?

荧光假单孢杆菌属细菌,对某些病原菌具有拮抗作用,通过营养竞争、位点占领等保护物体免受病原菌的侵染,有效地抑制病原菌生长,达到防病、治病的目的。产品有5亿活芽孢/g、3000亿活芽孢/g、1000亿活芽孢/g可湿性粉剂。

防治小麦全蚀病:①拌种。每100kg种子,用5亿活芽孢/g可湿性粉剂1000~1500g。②灌根。亩用5亿活芽孢/g可湿性粉剂100~150g,对水100~150kg,顺垄灌根,一般需灌2次。

防治番茄青枯病,在定植后,用3000亿活芽孢/g粉剂,每亩437.5~500g浸种+泼浇+灌根。

防治烟草青枯病,每亩3000亿活芽孢/g可湿性粉剂560~660g,灌根。

防治黄瓜靶斑病,每亩1000亿活芽孢/g可湿性粉剂70~80g,喷雾。

防治黄瓜灰霉病,每亩1000亿活芽孢/g可湿性粉剂70~80g,喷雾。

防治水稻稻瘟病,每亩1000亿活芽孢/g可湿性粉剂50~67g,喷雾。

760. 寡雄腐霉菌怎么用?

寡雄腐霉菌是真菌杀菌剂,产品为100万孢子/g可湿性粉剂,番茄晚疫病每亩6.67~20g,喷雾。

苹果树腐烂病每亩用500~1000倍稀释液涂抹树干。水稻立枯病每亩用2500~3000倍稀释液进行苗床喷雾。

烟草黑胫病每亩用5~20g,喷雾。

761. 丁子香酚怎样使用?

丁子香酚是植物杀菌剂,产品为0.3%可溶液剂与20%水乳剂,是从丁香等植物中提取杀菌成分，辅以多种助剂配制而成。

防治番茄灰霉病，于发病初期开始施药，0.3％可溶液剂亩用制剂 90～120g，对水70kg喷雾，7天喷1次，一般喷施3次。

防治番茄病毒病，20％水乳剂每亩 30～45mL，喷雾。

防治番茄晚疫病，0.3％可溶液剂每亩 88～117g，喷雾。

防治马铃薯晚疫病，0.3％可溶液剂每亩 80～120mL，喷雾。

防治葡萄霜霉病，0.3％可溶液剂稀释 500～650 倍，喷雾。

762. 小檗碱硫酸盐可防治哪些病害？

小檗碱硫酸盐是植物杀菌剂，产品为 4％水剂，0.5％水剂，10％可湿性粉剂。

防治黄瓜角斑病，0.5％水剂每亩 100～150mL，喷雾。

防治黄瓜白粉病，0.5％水剂每亩 200～250mL，喷雾。

防治番茄灰霉病，0.5％水剂每亩 200～250mL，喷雾。

防治桃树褐腐病，10％可湿性粉剂稀释 800～1000 倍，喷雾。

763. 小檗碱可防治哪些蔬菜病害？

小檗碱又名黄连素，是从中草药黄连、黄柏等植物中提取的生物碱。原药为黄色固体，0.5％水剂为橙黄色均相液体。属低毒杀菌剂。

黄连素是众人熟知的抗菌消炎医药。0.5％小檗碱水剂为农用杀菌剂。它能迅速渗透到植物体内和病斑部位，干扰病原菌的代谢，抑制其生长和繁殖，达到防病作用。用于防治番茄灰霉病亩用制剂 60～75mL，防治番茄叶霉病亩用制剂 187～280mL，防治黄瓜白粉病、霜霉病亩用制剂 167～250mL，防治辣椒疫霉病亩用制剂 187～280mL，对水喷雾，从发病初期开始喷药，间隔 7 天左右，连喷 2～3 次。在上述用药量情况下对作物安全。防治辣椒疫霉病，每亩 200～250mL，喷雾。防治猕猴桃树褐斑病，稀释400～500 倍，喷雾。

764. 蛇床子素也可当杀菌剂应用吗？

蛇床子素作为杀菌剂的产品有：1％水乳剂，1％微乳剂，0.4％可溶液剂。用于防治黄瓜霜霉病和白粉病，1％水乳剂亩用制剂 150～200mL。防治稻曲病，1％水乳剂亩用制剂 130～160mL，对水喷雾。防治豇豆白粉病，0.4％可溶液剂稀释 600～800 倍，喷雾。防治小麦白粉病，亩用 1％水乳剂 150～200mL，喷雾。防治枸杞白粉病，亩用1％微乳剂 150～180mL，喷雾。

据报道，蛇床子素对草莓白粉病有较好的防效。在发病初期，用 1％水乳剂 400～500 倍液，每 7 天喷 1 次，连喷 3 次即可。

765. 大黄素甲醚怎样使用？

制剂类型有 0.5％水剂，0.1％水剂，0.8％悬浮剂。

防治番茄病毒病，0.1％水剂每亩 60～100mL，喷雾。

防治黄瓜白粉病，0.5%水剂每亩240～600mL，喷雾。

防治小麦白粉病，0.5%水剂每亩100～150mL，喷雾。

防治葡萄白粉病，0.8%悬浮剂稀释800～1000倍，喷雾。

766. 氨基寡糖素可防治哪些病害？

氨基寡糖素是从海洋生物甲壳类动物的外壳提取得到多糖类产物，再经酶解后产生聚合度为2～15的寡聚糖，是一种能诱导植物体产生抗病因子的杀菌剂。杀菌谱很广，对多种真菌、细菌、病毒引起的病害有效。杀菌机理是能激发植物基因表达，产生具有抗病作用的几丁酶、葡聚糖酶、保卫素等；同时能抑制病原菌基因表达，使菌丝的生理生化发生变异，生长受到抑制；还能活化植物细胞、调节和促进植物生长、增强抗逆能力。产品有0.5%、1%、2%、3%、5%水剂。

防治番茄晚疫病，亩用2%水剂50～80mL或0.5%水剂190～250mL，对水喷雾，7～10天喷1次，连喷2～3次。

防治白菜软腐病，亩用2%水剂200～250mL，对水喷雾。

防治棉花黄萎病，用0.5%水剂400倍液喷雾。

防治西瓜枯萎病，用0.5%水剂400～600倍液喷雾。

防治其他病害，可以按以下方式使用：

(1) 浸种　播前用0.5%水剂400～500倍液浸种6h。

(2) 灌根　发病前，用0.5%水剂300～400倍液灌根1～2次。

(3) 叶面喷雾　发病初期，用0.5%水剂600～800倍液或亩用75～100mL，对水喷雾，7～10天喷1次，连喷2～3次。

767. 怎样用几丁聚糖防治蔬菜病害？

几丁聚糖是寡聚糖类的产品之一，现有产品0.5%、2%水剂，0.5%可湿性粉剂。

防治番茄晚疫病，亩用2%水剂100～150mL，对水喷雾。

防治番茄病毒病，亩用2%水剂80～133mL，喷雾。

防治黄瓜白粉病，每亩用0.5%水剂稀释100～300倍，喷雾。

防治黄瓜霜霉病，每亩用0.5%水剂80～120g，喷雾。

768. 阿泰灵是一种什么农药？

阿泰灵是创制型植物免疫蛋白质生物农药杀菌剂，将极细链格孢激活蛋白与氨基寡糖素科学配伍，全面激发药剂潜能，提高作物抗性。通过诱导植物体产生抗性蛋白，提高植物的免疫力，促进植物生长。可防治作物真菌病害、细菌病害和病毒病。作用方式独特，无交互抗性，诱导植物抗性机制，修复受害植株损伤，提高自身的抗病能力，系统防治植物细菌、真菌、综合病害，对病毒病特效。含有丰富的C、N等营养物质，可被微生物分解利用并作为植物生长的养分，调节植物生长，诱导植物产生具有抗性作用的植保素、几丁霉等物质，综合增强植物抗性，提高植物抗病、抗虫、抗旱、抗寒能力。登记在白菜、番茄、水稻、西瓜、烟草上防治软腐病、枯萎病、病毒病。在病毒病发生前或发生初期施药，间隔7天左右施药1次，共施药3次。

（十七）混合杀菌剂

769. 选用混合杀菌剂时需考虑哪些内容？

选用混合杀菌剂主要是为了兼治和增效，以及延缓和治理病原菌的抗药性，因而需考虑混剂中所用配伍的农药单剂是否能满足这个目的。

一般来说，非内吸性杀菌剂的单剂为保护性杀菌剂，其杀菌谱较广，能防治多种病害，且不易诱发病原菌产生抗药性；而内吸性杀菌剂的单剂多具有较好的治疗作用，但其专化性较强，杀菌谱较窄，往往对某类病原菌有特效、高效，也易诱发病原菌产生抗药性，特别是在一个地方连续多年使用或在一个生长季节连续多次使用后，易出现药效降低，甚至失效的现象。因此，内吸性杀菌剂更需要与其他杀菌剂交替使用或混合使用，或制成混合杀菌剂。用户须根据防治病害的需要，选用配伍杀菌剂单剂适宜的混合杀菌剂。

本书按内吸性杀菌剂的化学结构分类，介绍其混合制剂的产品种类、用途和用法。

·含三唑类的混合杀菌剂

770. 含三唑酮的混合杀菌剂怎样使用？

（1）硫黄·三唑酮　产品有 20%、30%、40%、45%、50% 悬浮剂，20%、50% 可湿性粉剂。

① 小麦病害。防治小麦白粉病和锈病，在小麦孕穗和抽穗期或剑叶上出现零星病斑时，亩用 50% 悬浮剂 80～100g，或 20% 悬浮剂 75～100g，或 20% 可湿性粉剂 60～75g（有的厂家的产品用量为 100～150g），对水常规喷雾。

防治小麦赤霉病，亩用 50% 悬浮剂 100～160g，对水 60～75kg 喷雾。

防治麦类散黑穗病，100kg 种子用 20% 悬浮剂 120g，拌种。

② 水稻病害。防治水稻纹枯病，亩用 30% 悬浮剂 150～200g，对水常规喷雾。

防治稻瘟病，亩用 40% 悬浮剂 160～200g，对水喷雾。

防治水稻叶尖枯病，在水稻孕穗后期至抽穗扬花期，田间出现发病中心时，亩用 30% 悬浮剂 67～100g，对水 60kg 喷雾，必要时隔 5～7 天再喷 1 次。

防治水稻云形病，在水稻孕穗期至始穗期，亩用 20% 可湿性粉剂或悬浮剂 150～200g，对水 60kg 喷雾。

③ 防治黄瓜、菜豆、豌豆白粉病，于发病初期开始亩用 50% 悬浮剂 75～80g，对水 50～70kg 喷雾。

防治其他蔬菜、瓜类、葡萄、果树等作物的白粉病，可于发病初期，亩用 20% 悬浮剂 40～60g，对水 50kg 喷雾，隔 7～10 天喷 1 次，连喷 2～3 次。

（2）锰锌·三唑酮　是三唑酮与代森锰锌复配的混剂，产品有 33%、40% 可湿性粉剂，防治梨黑星病，用 33% 可湿性粉剂 800～1000 倍液喷雾。防治菜豆锈病，亩用

33%可湿性粉剂75~100g，对水喷雾。防治黄瓜白粉病，亩用40%可湿性粉剂100~150g，对水喷雾。

（3）唑酮·福美双　是三唑酮与福美双复配的混剂，产品有15%、25%、38%、40%、45%、48%可湿性粉剂，15%悬浮种衣剂。

可用于防治的病害有以下几种。

① 水稻恶苗病。用于浸种可防治水稻秧田期和本田期的恶苗病，对水稻安全，浸种方法为：用45%可湿性粉剂300~600倍液浸稻种，浸种时间按当地浸种习惯进行，例如，在东北地区浸5~7天，华北地浸3~4天，长江流域地区浸2~3天。浸种期间每天搅动1~2次，浸后捞出控干，即可催芽或播种。

② 小麦白粉病和锈病。亩用15%可湿性粉剂90~100g或25%可湿性粉剂60~80g，对水喷雾。

③ 苹果和黄瓜病害。用40%可湿性粉剂，防治苹果轮纹病喷400~500倍液；防治苹果炭疽病喷600~800倍液。防治黄瓜白粉病，亩用75~95g，对水喷雾。

（4）多·酮　是三唑酮与多菌灵复配的混剂，产品有25%、30%、33%、36%、40%、46%、47%、50%、60%可湿性粉剂，20%、30%、36%悬浮剂。混剂兼有两单剂的杀菌性能，对病害具有保护和一定的治疗作用，对某些病害表现出一定的增效作用。因各产品防治对象的重点不同，其两单剂的配比有所不同，使用所需总剂量也就不同，以下推荐剂量仅供参考，具体用量见各产品标签。

① 小麦病害。主要是兼治白粉病和赤霉病，一般在小麦齐穗至扬花期，亩用60%可湿性粉剂50~65g，50%可湿性粉剂60~80g，47%可湿性粉剂100~125g，40%可湿性粉剂140~150g，36%可湿性粉剂83~110g，33%可湿性粉剂100~130g，25%可湿性粉剂70~100g，或36%悬浮剂70~90g，对水喷雾。如在抽穗后遇多雨天气，隔7天后再施药1次。

防治小麦纹枯病，播前用33%可湿性粉剂200~300g拌100kg种子。生长期亩用30%悬浮剂70~90g，对水喷雾。

② 水稻病害。主要防治水稻，尤其是杂交水稻生长中、后期的叶尖枯病、云形病、纹枯病、稻瘟病、稻曲病等，并可防止水稻叶片早衰，延长功能叶绿色期，使水稻自然成熟，增加产量。一般于水稻孕穗末期至抽穗期，亩用50%可湿性粉剂60~80g，40%可湿性粉剂75~100g，30%可湿性粉剂100~125g或36%悬浮剂100~140g，对水喷雾。

③ 油菜菌核病。亩用33%可湿性粉剂100~130g或36%悬浮剂100~150g，对水喷雾，于油菜盛花期发病开始期喷药，隔7~10天再喷1次。

④ 其他病害。防治菜豆锈病亩用25%可湿性粉剂90~140g，蚕豆赤斑病亩用25%可湿性粉剂50~70g，西瓜白粉病亩用40%可湿性粉剂100~150g，对水喷雾。

（5）多·酮·福美双　是三唑酮与多菌灵、福美双复配的混剂，是在多·酮中又加入保护剂福美双，产品有40%和38%可湿性粉剂，15%悬浮种衣剂。防治小麦白粉病和赤霉病，亩用40%可湿性粉剂70~100g或38%可湿性粉剂80~110g，对水喷雾。防治苹果轮纹病，于发病初期开始喷38%可湿性粉剂400~600倍液，每隔1.5天左右喷1次。防治棉花红腐病，每100kg种子用15%悬浮种衣剂1667~2000g进行种子包衣。

（6）硫·酮·多菌灵　是三唑酮与多菌灵、硫黄复配的混剂，是在多·酮中又加入保护剂硫黄，扩大了防治对象，增加了防病性能，产品有 50％、60％可湿性粉剂，40％悬浮剂。

防治麦类病害。对小麦白粉病、锈病，亩用 100～200mL，对水喷雾。

防治稻病。对稻瘟病、云形病、纹枯病等，亩用 40％悬浮剂 200～250g 对水喷雾，隔 7～8 天再喷药 1 次，对叶尖枯病、稻曲病有较好兼治效果。

防治苹果炭疽病，喷 60％可湿性粉剂 400～600 倍液；防治苹果烂果病，喷 25％可湿性粉剂 300～400 倍液。

据实践证明，本混剂用于防治露地或保护地草莓白粉病很有效。

（7）甲硫·三唑酮　是三唑酮与甲基硫菌灵复配的混剂，产品有 20％可湿性粉剂。用于防治小麦白粉病，亩用 20％可湿性粉剂 60～100g，对水喷雾。

（8）腈菌·三唑酮　是由两个三唑类杀菌剂三唑酮与腈菌唑复配的混剂，产品为 12％乳油，用于防治小麦白粉病，亩用制剂 25～30g，对水喷雾。

（9）烯唑·三唑酮　是三唑酮与烯唑醇复配的混剂，也是三唑类中两个品种间的复配，产品为 15％乳油。用于防治小麦白粉病，亩用 15％乳油 40～53mL，对水喷雾。

（10）唑酮·乙蒜素　是三唑酮与乙蒜素复配的混剂，产品有 16％可湿性粉剂、32％乳油。

防治稻瘟病，亩用 16％可湿性粉剂 45～60g、32％乳油 75～94mL，对水喷雾。

防治棉花枯萎病，亩用 32％乳油 42～62mL；防治黄瓜枯萎病，亩用 32％乳油 75～94mL，对水喷雾；防治苹果轮纹病，喷 32％乳油 900～1200 倍液。

（11）咪鲜·三唑酮　16％咪鲜·三唑酮热雾剂，用于防治橡胶树的白粉病或炭疽病，亩用 100～150mL，用热雾机喷雾。

771. 3 种含苯醚甲环唑的混合杀菌剂怎样使用？

（1）苯甲·丙环唑　是苯醚甲环唑与丙环唑复配的混剂，也是三唑类中两个品种之间的复配。产品有 300g/L、500g/L、25％、30％、50％乳油，30％、33％、40％、60％微乳剂，30％悬浮剂，30％水分散粒剂，300g/L、30％、50％、60％水乳剂，18％水分散粒剂。

① 水稻病害。主要是防治水稻纹枯病，对稻曲病也有较好的防效。一般在水稻孕穗期和齐穗期各施药 1 次，每亩每次用有效成分 4.5～6.0g，为 500g/L 乳油 9～12mL，30％乳油、微乳剂、水分散粒剂或悬浮剂 15～20mL，对水喷雾。

② 香蕉病害。主要是防治香蕉叶斑病，喷 30％或 33％乳油 1500～2000 倍液；防治黑星病，喷 25％乳油 800～1000 倍液。

③ 其他病害。防治小麦纹枯病，亩用 30％乳油 15～20mL，对水喷雾。防治大豆锈病，亩用 30％乳油 20～30mL，对水喷雾。

（2）苯甲·嘧菌酯　是苯醚甲环唑与嘧菌酯复配的混剂，产品为 325g/L 悬浮剂，防治西瓜的蔓枯病和炭疽病，亩用 30～50mL，对水喷雾。

（3）苯甲·福美双　是苯醚甲环唑与福美双复配的混剂，产品为 60％可湿性粉剂，防治烟草赤星病，亩用 100～150g，对水喷雾。

772. 戊唑·多菌灵和甲硫·戊唑醇在果树上怎样使用？

① 戊唑·多菌灵是戊唑醇与多菌灵复配的混剂，产品有45%、60%水分散粒剂，24%、30%、32%、40%、42%、50%悬浮剂，20%、30%、55%、80%可湿性粉剂，用于防治苹果轮纹病，喷30%悬浮剂600～800倍液；防治苹果斑点落叶病，喷20%可湿性粉剂1000～2000倍液；防治葡萄白粉病，喷30%悬浮剂800～1200倍液。

② 甲硫·戊唑醇是戊唑醇与甲基硫菌灵复配的混剂，产品为48%可湿性粉剂，用于防治苹果斑点落叶病，喷800～1000倍液。

773. 戊唑·咪鲜胺和烯肟·戊唑醇怎样使用？

① 400g/L戊唑·咪鲜胺乳油由戊唑醇与咪鲜胺复配而成，用于防治香蕉黑星病，喷1000～1500倍液；防治小麦赤霉病，亩用20～25mL，对水喷雾。防治水稻稻瘟病，45%水乳剂每亩25～35mL，喷雾。防治水稻纹枯病，45%水乳剂每亩25～35mL，喷雾。

② 20%烯肟·戊唑醇悬浮剂，由戊唑醇与烯肟菌胺复配而成，用于防治小麦锈病，亩用15～20g，对水喷雾；防治水稻纹枯病，每亩30～50mL，喷雾。

774. 怎样使用戊唑·福美双防治粮食作物病害？

戊唑·福美双是福美双与戊唑醇复配的混剂，产品有6%、30%可湿性粉剂，6%干粉种衣剂。

防治小麦赤霉病，亩用30%可湿性粉剂60～100g，对水喷雾。防治小麦散黑穗病，100kg麦种用6%可湿性粉剂100～134g，拌种。

防治玉米和高粱的丝黑穗病，100kg种子用6%可湿性粉剂300～500g，拌种。

可用于防治水稻的恶苗病和立枯病，100kg稻种用6%可湿性粉剂200～300g，拌种。

775. 怎样使用腈菌·福美双防治黄瓜、小麦及梨树病害？

腈菌·福美双是腈菌唑与福美双复配的混合杀菌剂，产品为20%、40%、62.25%可湿性粉剂，20.75%悬浮种衣剂。

防治小麦白粉病，亩用20%可湿性粉剂40～50g（有的厂家产品用量为80～100g），对水常规喷雾。

防治黄瓜白粉病，亩用20%可湿性粉剂30～40g或40%可湿性粉剂60～80g，对水常规喷雾。防治黄瓜黑星病，亩用20%可湿性粉剂40～130g，或25%可湿性粉剂52～104g或62.25%可湿性粉剂100～150g，对水常规喷雾。

防治梨黑星病，喷20%可湿性粉剂600～700倍液或800～1000倍液（详见产品标签）。

776. 怎样使用锰锌·腈菌唑防治果树和蔬菜病害？

锰锌·腈菌唑是腈菌唑与代森锰锌复配的混剂，产品有25%、32%、47%、50%、52.5%、60%、62.5%可湿性粉剂。

防治梨黑星病，于发病初期开始喷洒 62.5％可湿性粉剂 400～600 倍液，或 60％可湿性粉剂 1000 倍液，或 50％可湿性粉剂 800～1000 倍液，或 25％可湿性粉剂 200～1000 倍液，隔 10 天喷 1 次，连喷 2～3 次，再换用代森锰锌进行保护。

防治苹果树轮纹病，用 50％可湿性粉剂 800～1300 倍液，喷雾。

防治香蕉叶斑病，于发病初期，开始喷洒 62.5％可湿性粉剂 400～600 倍液或 50％可湿性粉剂 400～600 倍液。

防治黄瓜白粉病，于发病初期开始施药，亩用 62.5％可湿性粉剂 200～250g，或 52.5％可湿性粉剂 200～250g，或 50％可湿性粉剂 220～280g，或 46.5％可湿性粉剂 100～150g，对水 60～75kg 喷雾，7～10 天喷 1 次。

防治番茄叶霉病，于发病初期开始施药，每亩用 47％可湿性粉剂 100～135g，对水 50～70kg 喷雾。

由于产品的规格多，生产厂家多，请按各产品标签给出的用药量使用，本文提供的用药量仅供参考。

777. 怎样使用腈菌·咪鲜胺防治香蕉叶斑病、橡胶树炭疽病？

腈菌·咪鲜胺是腈菌唑与咪鲜胺复配的混剂，产品有 12.5％、15％、25％乳油，10％热雾剂。

用于防治香蕉叶斑病，可以喷洒 25％乳油 1000～1250 倍液，15％乳油 600～900 倍液或 12.5％乳油 600～800 倍液。防治橡胶树炭疽病，10％热雾剂每亩用 100～120g，热雾机喷雾。

778. 怎样使用甲硫·腈菌唑防治番茄叶霉病？

25％甲硫·腈菌唑可湿性粉剂，由腈菌唑与甲基硫菌灵复配而成，用于防治番茄叶霉病，亩用本品 100～140g，对水喷雾。

779. 锰锌·烯唑醇可防治哪些病害？

锰锌·烯唑醇是烯唑醇与代森锰锌复配的混合杀菌剂，产品有 32.5％、40％可湿性粉剂。

防治梨黑星病，一般用 32.5％可湿性粉剂 400～600 倍液，或 40％可湿性粉剂 600～1000 倍液，或 45％可湿性粉剂 800～1200 倍液，于梨树谢花后始见病梢时喷第 1 次，以后视降雨情况，14～20 天喷 1 次，共喷 5～7 次，或与其他杀菌剂交替使用。

防治苹果斑点落叶病和轮纹病，葡萄黑痘病，柑橘疮痂病，可用 32.5％可湿性粉剂 400～600 倍液喷雾。

防治辣椒病，亩用 32.5％可湿性粉剂 120～150g，对水喷雾。防治芦笋茎枯病，亩用 32.5％可湿性粉剂 130～250g，对水喷雾。

780. 怎样使用烯唑·福美双防治玉米、梨树病害？

烯唑·福美双是烯唑醇与福美双复配的混合杀菌剂，商品有 15％悬浮剂，15％悬浮种衣剂，42％可湿性粉剂。

防治玉米丝黑穗病，每100kg种子用15％悬浮种衣剂2500～3333mL进行种子包衣。

防治梨黑星病，于谢花后始见病梢时，开始喷15％悬浮剂800～1200倍液，10～20天喷1次，共喷5～7次。

781. 烯唑·多菌灵可防治哪些病害?

烯唑·多菌灵是烯唑醇与多菌灵复配的混合杀菌剂，产品为17.5％、18.7％、27％、30％、32％可湿性粉剂。

防治梨树黑星病，用30％可湿性粉剂900～1200倍液，喷雾。

防治稻粒黑粉病，亩用17.5％可湿性粉剂60～70g或18.7％可湿性粉剂32～43g，于齐穗期至灌浆初期，对水常规喷雾。

防治小麦赤霉病，亩用32％可湿性粉剂70～90g，对水常规喷雾。

防治油菜菌核病，亩用27％可湿性粉剂75～100g，对水常规喷雾。

782. 丙唑·多菌灵和丙唑·咪鲜胺怎样使用?

（1）丙唑·多菌灵　是丙环唑与多菌灵复配的混剂，产品为25％、35％、36％悬浮剂。

防治油菜菌核病，亩用36％悬浮剂80～100g，对水喷雾。

防治香蕉叶斑病，喷25％悬浮剂800～1200倍液。

防治苹果树腐烂病，用35％悬浮剂600～800倍液，涂抹病疤，喷雾。

防治苹果树轮纹病，用35％悬浮剂600～800倍液，喷雾。

（2）丙唑·咪鲜胺　是丙环唑与咪鲜胺复配的混剂，产品为490g/L乳油，28％、30％水乳剂，36％悬浮剂，50％微乳剂。

防治水稻纹枯病，亩用490g/L乳油30～40mL，对水喷雾。

防治水稻稻曲病，亩用30％水乳剂60～80mL，喷雾。

防治水稻稻瘟病，亩用30％水乳剂60～80mL，喷雾。

防治香蕉叶斑病，50％微乳剂稀释1000～2000倍，喷雾。

783. 怎样使用烯肟·氟环唑防治苹果斑点落叶病?

18％烯肟·氟环唑悬浮剂由氟环唑与烯肟菌酯复配而成。用于防治苹果斑点落叶病，喷本品900～1800倍液。

784. 怎样使用己唑·腐霉利防治番茄灰霉病?

16％己唑·腐霉利悬浮剂，由己唑醇与腐霉利复配而成，用于防治番茄灰霉病，喷本品800～1000倍液。

785. 怎样使用己唑·稻瘟灵防治水稻病害?

30％己唑·稻瘟灵乳油是己唑醇与稻瘟灵复配的混剂，用于防治水稻的稻曲病、稻瘟病和纹枯病，亩用本品 60～80mL，对水喷雾。

786. 怎样使用 7 种含三环唑的混剂防治水稻病害？

① 525g/L 三环·丙唑悬浮剂是三环唑与丙环唑复配的混剂，防治水稻的稻瘟病和纹枯病，亩用本品 30～50g，对水喷雾。

② 18％三环·烯唑醇悬浮剂是三环唑与烯唑醇复配的混剂，防治稻瘟病，亩用本品 40～50g，对水喷雾。

③ 硫黄·三环唑的产品有 20％、45％、60％可湿性粉剂，40％、45％、50％悬浮剂。防治稻瘟病，亩用 60％可湿性粉剂 80～100g、45％可湿性粉剂 120～180g、20％可湿性粉剂 100～150g、45％悬浮剂 100～120g 或 40％悬浮剂 150～200g，对水喷雾。

也可用于防治小麦白粉病，亩用 50％悬浮剂 80～100g 或 20％可湿性粉剂 50～75g，对水喷雾。

④ 三环·多菌灵是三环唑与多菌灵复配的混剂，产品为 20％、30％、40％、50％、75％可湿性粉剂，18％悬浮剂。防治稻瘟病，亩用 75％可湿性粉剂 26～36g，40％可湿性粉剂 80～100g、20％可湿性粉剂 120～140g 或 18％悬乳剂 90～120mL，对水喷雾。

⑤ 40％多·硫·三环唑悬浮剂是三环唑与多菌灵·硫黄复配的混剂，防治稻瘟病，亩用本品 120～150g，对水喷雾。

⑥ 20％、40％咪鲜·三环唑可湿性粉剂是三环唑与咪鲜胺复配的混剂。20％可湿性粉剂防治稻瘟病，亩用本品 45～65g，对水喷雾。

⑦ 20％和 30％异稻·三环唑可湿性粉剂是三环唑与异稻瘟净复配的混剂。防治稻瘟病，亩用 30％可湿性粉剂 100～120g 或 20％可湿性粉剂 100～150g，对水喷雾。

另有井冈·三环唑、井·酮·三环唑、井·烯·三环唑、井·唑·多菌灵等 4 种混剂及丙多·三环唑和丙·硫·三环唑。

787. 3 种含氟硅唑的混剂怎样使用？

① 206.7g/L 噁酮·氟硅唑乳油由氟硅唑与噁唑菌酮复配而成，用于防治苹果轮纹病，于谢花后 7～10 天开始喷本品 2000～3000 倍液，以后视降雨情况隔 15～20 天喷 1 次。防治枣树锈病，喷本品 2000～2500 倍液。防治香蕉叶斑病，喷本品 1000～1500 倍液。

② 硅唑·多菌灵是氟硅唑与多菌灵复配的混剂，产品有 50％、55％可湿性粉剂，21％、40％悬浮剂。用于防治梨黑星病，喷 21％悬浮剂 2000～3000 倍液。防治苹果轮纹病和炭疽病，喷 55％可湿性粉剂 800～1250 倍液。防治黄瓜白粉病，用 40％悬浮剂 14～16mL/亩，喷雾。

③ 20％、25％、40％、43％硅唑·咪鲜胺水剂由氟硅唑与咪鲜胺复配而成。用于防治黄瓜炭疽病，亩用 20％本品 40～65g，对水喷雾。防治葡萄白腐病，25％水乳剂 1000～1250 倍液，喷雾。防治苹果树炭疽病，用 20％水乳剂 1200～1600 倍液，喷雾。

· 含甲氧基丙烯酸酯类的混合杀菌剂

788. 怎样使用烯肟·多菌灵防治小麦赤霉病?

28%烯肟·多菌灵可湿性粉剂是烯肟菌酯与多菌灵复配的混剂,用于防治小麦赤霉病,亩用50～95g,对水喷雾。

789. 怎样用烯肟·霜脲氰防治葡萄霜霉病?

25%烯肟·霜脲氰可湿性粉剂是烯肟菌酯与霜脲氰复配的混剂,防治葡萄霜霉病,亩用制剂30～53g,对水喷雾。

790. 嘧菌·百菌清可防治哪些病害?

560g/L嘧菌·百菌清悬浮剂是嘧菌酯与百菌清复配的混剂,采用喷雾法防治下列病害时亩用药量:黄瓜霜霉病为60～120mL,番茄早疫病或西瓜枯萎病为75～120mL,辣椒炭疽病为80～120mL,荔枝霜疫霉病为500～1000倍液,西瓜蔓枯病为75～120mL,甘蓝霜霉病为80～120mL,甘蓝炭疽病为80～120mL,喷雾。

791. 醚菌·啶酰菌可防治哪些作物的白粉病?

300g/L醚菌·啶酰菌悬浮剂是醚菌酯与啶酰菌胺复配的混剂。用于防治草莓白粉病,亩用25～50mL,对水喷雾。防治黄瓜、甜瓜的白粉病,亩用45～60mL,对水喷雾。

792. 唑醚·代森联可防治哪些果树和蔬菜的病害?

60%、72%唑醚·代森联水分散粒剂,是吡唑醚菌酯与代森联复配的混剂,可以防治多种果树和蔬菜的病害。

(1) 果树病害 喷60%本品1000～2000倍液,可防治荔枝霜疫霉病,苹果的斑点落叶病和轮纹病,葡萄霜霉病。

(2) 蔬菜病害 防治番茄晚疫病、马铃薯晚疫病、黄瓜霜霉病,亩用60%本品40～60g,对水喷雾。防治辣椒疫病,亩用本品40～100g,对水喷雾。防治黄瓜疫病,亩用60～100g,对水喷雾。

793. 烯酰·吡唑酯可防治哪些卵菌病害?

18.7%、19%、40%、48%、66%烯酰·吡唑酯水分散粒剂是烯酰吗啉与吡唑醚菌酯复配的混剂,对多数霜霉菌和疫霉菌引起的病害具有良好的保护作用和早期治疗作用。

防治黄瓜、甜瓜等瓜类霜霉病和甘蓝等十字花科蔬菜的霜霉病,于发病前或发病初期开始,亩用18.7%水分散粒剂75～125g,对水喷雾,间隔7～10天施药1次,连续施3次。

防治马铃薯晚疫病，于发病初期开始，亩用18.7％水分散粒剂75～125g，对水喷雾，间隔7～10天施药1次，共2～3次。

本品还可用于番茄、辣椒、葡萄等作物。

794. 含甲氧基丙烯酸酯类的混合杀菌剂还有哪些？

目前还有3个：烯肟·戊唑醇、烯肟·氟环唑、苯甲·嘧菌酯。具体情况详见本书相关题条。

·含苯并咪唑类的混合杀菌剂

795. 多·锰锌能防治哪些病害？

多·锰锌是多菌灵与代森锰锌复配的混剂，产品有25％、35％、40％、50％、55％、60％、62％、70％、80％可湿性粉剂，具有保护和治疗作用，杀菌谱广，目前主要用于果树、蔬菜、烟草、花生等作物病害防治。

(1) 果树病害　防治梨黑星病，发病初期开始喷药，用40％可湿性粉剂400～600倍液，或50％可湿性粉剂600～800倍液，或60％可湿性粉剂600～800倍液，或70％可湿性粉剂800～1000倍液，10～15天喷1次，共喷5～6次。

防治苹果轮纹病，兼治斑点落叶病，施药时期与多菌灵单用相同，即自苹果谢花后7～10天开始施药，用35％可湿性粉剂300～400倍液，或40％可湿性粉剂300～400倍液，或50％可湿性粉剂500～800倍液，或60％可湿性粉剂600～800倍液喷雾，以后视降雨情况10～15天喷1次。若仅为防治苹果斑点落叶病，应适当提高施药浓度。此法对生长期和贮藏期的轮纹病、炭疽病也有很好的防治效果。

防治柑橘炭疽病、疮痂病，用50％可湿性粉剂500～800倍液喷雾。

防治荔枝炭疽病，用62％可湿性粉剂500～700倍液喷雾。

(2) 蔬菜病害　防治番茄早疫病，于发病初期，亩用50％可湿性粉剂30～40g，对水常规喷雾。

防治黄瓜霜霉病，发病初期，亩用40％可湿性粉剂94～150g，对水常规喷雾。

防治芦笋茎枯病，亩用40％可湿性粉剂250～330g，对水常规喷雾。重点喷在易感病的、刚出土不久的嫩茎上。

(3) 烟草炭疽病　防治烟草炭疽病，发病初开始施药，亩用40％可湿性粉剂150～200g，对水30～50kg喷雾，7～10天喷1次，共喷3～5次。

(4) 花生叶斑病　防治花生叶斑病，在病叶率为10％～15％时喷药，亩用25％可湿性粉剂100～200g，对水50kg喷雾。10～15天喷1次。

796. 多·福可防治哪些病害？

多·福是多菌灵与福美双复配的混剂，产品有30％、40％、45％、50％、60％、70％、75％、80％可湿性粉剂，40％悬浮剂。经室内毒力测定，对梨黑星病菌、小麦根腐病菌有增效作用，具有保护和治疗作用，杀菌谱广。

(1) 果树病害　防治梨黑星病，于谢花后开始发现病芽梢时，喷洒60％可湿性粉剂 400～600 倍液（1000～1500mg/kg）、70％可湿性粉剂 470～700 倍液或 40％悬浮剂 500～600 倍液，以后视降雨情况 7～10 天喷 1 次。

防治苹果轮纹病，喷 45％可湿性粉剂 500～700 倍液。防治苹果斑点落叶病，喷 40％悬浮剂 350～500 倍液。

防治葡萄霜霉病、炭疽病、白腐病，喷浓度 1000～1250mg/kg 的药液，约为 80％可湿性粉剂 640～800 倍液，75％可湿性粉剂 600～750 倍液，40％可湿性粉剂 300～400 倍液或 60％可湿性粉剂 500～600 倍液。7～10 天喷 1 次，共喷 3～4 次。

（2）蔬菜病害　防治甜（辣）椒、番茄、茄子等蔬菜的立枯病、猝倒病，施药方法有 4 种：①苗床消毒。每平方米苗床用 30％可湿性粉剂 10～15g，与 10～15kg 细土混拌成药土。取 1/3 药土垫底，播种后，再用余下的 2/3 药土覆盖种子。施药后苗床必须保持湿润。②营养钵育苗时，每立方米钵土用 30％可湿性粉剂 80～100g，混匀后喷少量清水，用塑料布封严，闷 48h 后即可装钵。③拌种。10kg 种用 30％可湿性粉剂 30g，拌种。④田间发病初期，用 30％可湿性粉剂 800 倍液喷雾或灌根。

防治番茄叶霉病，亩用 80％可湿性粉 160～210g，对水喷雾。

（3）油菜菌核病　防治油菜菌核病，于盛花期开始喷药，亩用 40％可湿性粉剂 80～100g（有效成分 32～40g），对水 75kg 喷雾，7 天喷 1 次，共喷 2～3 次。

（4）水稻病害　防治水稻恶苗病，用 30％或 45％可湿性粉剂 500～700 倍液浸种。浸种时间按当地习惯进行，一般东北地区浸 5～7 天，华北地区浸 3～4 天，长江流域浸 2～3 天。浸后沥干即可催芽播种。防治稻瘟病，亩用 45％可湿性粉剂 160～200g，对水喷雾。

（5）小麦病害　防治小麦根腐病，100kg 种子用 60％可湿性粉剂 300～400g 拌种。还有兼治腥黑穗病、秆黑粉病的作用。

据报道，防治小麦叶枯病，用 50％可湿性粉剂 500 倍液，浸种 48h，捞出晾干后播种。

（6）大豆根腐病　防治大豆根腐病，100kg 种子用 60％可湿性粉剂 300～400g 拌种。

（7）麻类病害　防治黄麻苗枯病、茎斑病、枯腐病、黑点炭疽病等，播前 100kg 种子，用 40％可湿性粉剂拌种，密闭贮藏半月后播种；田间发病初期，喷 40％可湿性粉剂 600～800 倍液，7 天喷 1 次，共喷 3 次。对枯腐病要注意对准茎秆上下均匀喷洒。

防治亚麻炭疽病，100kg 种子用 40％可湿性粉剂 300～500g 拌种，田间发病初期喷 40％可湿性粉剂 600～800 倍液。

防治红麻炭疽病、斑点病，100kg 种子用 40％可湿性粉剂 500～1000g 拌种；田间发病初期喷 40％可湿性粉剂 600～800 倍液。

（8）桑树灰霉病　防治桑树灰霉病，发病初期对枝叶喷 40％可湿性粉剂 1000～1500 倍液。防病后对蚕无不良影响。

797. 怎样使用多·福·福锌防治黄瓜、苹果病害？

多·福·福锌是多菌灵与福美双、福美锌复配的三元混合杀菌剂，即在多·福的基础上又增加了福美锌。产品有 25％和 80％可湿性粉剂，防治黄瓜白粉病，亩用 25％可湿性粉剂 140～180g，对水常规喷雾。

防治苹果轮纹病、炭疽病，在病害发生前或刚刚开始发生时开始施药，用 80%可湿性粉剂 700～800 倍液喷雾，7～10 天喷 1 次，视当地病害发生规律和发病轻重决定喷药次数。

798. 硫黄·多菌灵可防治哪些病害？

硫黄·多菌灵是多菌灵与硫黄复配的混剂，对两单剂能防治的病害都有良好防治效果，还有一定的增效作用，并能延缓病原菌对多菌灵产生抗性。产品是 40%、42%、49.5%、50%悬浮剂，25%、50%可湿性粉剂。

① 防治稻瘟病，亩用 40%悬浮剂 200～300g，对水 50～75kg，在叶瘟初发生时喷雾，隔 7～10 天再喷 1 次；对穗颈瘟，在水稻破口及齐穗期各喷药 1 次。

对水稻纹枯病，亩用 40%悬浮剂 150g，对水 75kg，在水稻封行前喷 1 次，间隔 7～10 天，共喷 2～3 次。

对稻小粒菌核病，亩用 40%悬浮剂 150g，对水 75kg，在水稻分蘖末期及孕穗期各喷药 1 次。

② 防治麦类赤霉病、白粉病，亩用 40%悬浮剂 125～150g，加水 60～70kg 喷雾。

③ 防治花生叶斑病、锈病、白绢病，亩用有效成分 80～120g，折合 50%悬浮剂或可湿性粉剂 160～240g 或 25%悬浮剂 320～480g，对水 50kg 喷雾。叶斑病在病叶率为 10%～15%时开始施药；锈病和白绢病在发病初期开始施药，7 天喷 1 次，连喷 2～3 次。

④ 防治甜菜褐斑病，发病初期开始喷药，亩用 40%悬浮剂 150～200g，对水 50～75kg 喷雾；10～15 天喷 1 次，连喷 2～3 次。

⑤ 蔬菜病害。防治黄瓜白粉病，发病初期开始，亩用 25%可湿性粉剂 270～400g 或 49.5%悬浮剂 125～188g，对水常规喷雾。

防治芹菜斑枯病、莴笋褐斑病、蚕豆赤斑病、豆瓣菜褐斑病、茭白胡麻斑病等，用 40%悬浮剂 500 倍液喷雾。7～10 天喷 1 次，共喷 2～3 次。

防治茄子黄萎病，甜（辣）椒根腐病、枯萎病，发病初期，用 40%悬浮剂 600 倍液喷淋或灌根，每株灌药液 400～500mL。10 天左右施药 1 次，连施 2～3 次。

防治菜豆枯萎病，播前用 40%悬浮剂 200 倍液浸种 3～4h，捞出清水冲净后播种；田间发病初期用 500～600 倍液喷淋或灌根。

⑥ 果树病害。防治苹果炭疽病、轮纹烂果病，用 40%悬浮剂 400～600 倍液喷雾，10～15 天喷 1 次。防治苹果白粉病，喷 40%悬浮剂 600～800 倍液。

防治梨黑星病、褐斑病，用 40%悬浮剂 500～600 倍液喷雾。

⑦ 防治玫瑰白粉病、叶斑病，大丽花白粉病，菊花叶斑病，大花茜草炭疽病等，用 40%悬浮剂 800 倍液喷雾。10 天左右喷 1 次。

⑧ 防治药用植物党参菌核病、佛手瓜菌核病、山药镰孢褐斑病、枸杞霉斑病、肉桂叶枯病、苦菜锈病、落葵紫斑病等，于发病初期，用 40%悬浮剂 500～700 倍液喷雾，7～10 天喷 1 次。

⑨ 防治红麻斑点病，发病初期喷 40%悬浮剂 800～1000 倍液，有较好防效。

预防剑麻茎腐病，在病田割叶后，用 40%悬浮剂 200 倍液喷切口和叶基部，防止病菌侵入。

对硫黄敏感的黄瓜、大豆、马铃薯、桃、李、梨、葡萄等作物，在气温高时使用，要适当降低施药浓度。

799. 怎样使用多·福·硫黄防治稻、麦病害？

多·福·硫黄是多菌灵与福美双、硫黄复配的三元混合杀菌剂，具有多·福和多·硫两混剂的特性。产品有 25％和 50％可湿性粉剂。

防治水稻稻瘟病，亩用 25％可湿性粉剂 300～400g 或 100～160g（两家产品的配方不同，因而用药量不同），对水 60kg 喷雾。

防治小麦赤霉病，亩用 25％可湿性粉剂 210～300g 或 50％可湿性粉剂 100～150g，对水 60～70kg 喷雾。

800. 怎样使用以下 2 种含多菌灵的混剂防治水稻病害？

0.78％多效·多菌灵拌种剂是多菌灵与植物生长调节剂多效唑复配的混剂，本品用于水稻防治恶苗病及培育壮秧，播前 100kg 种子用本品 233～312g 拌种。

20％代铵·多菌灵悬浮剂是多菌灵与代森铵复配的混剂，主要用于防治水稻恶苗病，用本品的 200～340 倍液浸种，浸种时间按当地习惯确定，东北地区多为 5～7 天。浸后用清水冲洗，再催芽播种。

801. 怎样使用丙森·多菌灵防治苹果病害？

丙森·多菌灵是多菌灵与丙森锌复配的混剂，产品有 53％、70％、75％可湿性粉剂。用于防治苹果斑点落叶病，喷 70％可湿性粉剂 1000～1500 倍液。防治苹果轮纹病喷 50％可湿性粉剂 600～800 倍液。

802. 咪鲜·多菌灵和咪锰·多菌灵可防治哪些病害？

咪鲜·多菌灵是多菌灵与咪鲜胺复配的混剂，产品为 25％和 50％可湿性粉剂，6％悬浮种衣剂。用于防治芒果炭疽病，喷 50％可湿性粉剂 750～1000 倍液。防治西瓜炭疽病，亩用 25％可湿性粉剂 75～100g，对水喷雾。

咪锰·多菌灵是多菌灵与咪鲜胺锰盐复配的混剂，产品为 20％、21％、50％可湿性粉剂，30％、50％水分散粒剂。用于防治荔枝炭疽病，喷 20％可湿性粉剂 500～1000倍液。防治水稻恶苗病，用 50％可湿性粉剂 2000～3000 倍液浸种。防治稻瘟病，亩用21％可湿性粉剂 50～70g，对水喷雾。用 30％水分散粒剂，防治黄瓜炭疽病，每亩100～133.3g，喷雾。

803. 怎样使用腐霉·多菌灵防治油菜菌核病和蔬菜病害？

腐霉·多菌灵是多菌灵与腐霉利复配的混剂，产品为 50％可湿性粉剂，15％烟剂。用于防治油菜菌核病，于发病初期开始，亩用 50％可湿性粉剂 85～100g，对水喷雾，7～10 天喷 1 次，共喷 3～4 次。

15％烟剂用于防治保护地番茄灰霉病，于发病初期开始，亩用 340～400g，点燃放烟，7～10 施药 1 次，共施 3～4 次。

804. 怎样使用嘧霉·多菌灵防治黄瓜灰霉病和番茄灰霉病？

嘧霉·多菌灵是多菌灵与嘧霉胺复配的混剂，产品有 30％、40％悬浮剂，40％可湿性粉剂。

防治黄瓜灰霉病，于发病初期开始，亩用 30％悬浮剂 110～150g，40％可湿性粉剂 88～110g，对水喷雾，7～10 天喷 1 次，共喷 3～4 次。

防治番茄灰霉病，于发病初期开始，亩用 40％可湿性粉剂 75～100g，对水喷雾，7～10 天喷 1 次，共喷 3～4 次。

805. 怎样使用溴菌·多菌灵防治柑橘炭疽病？

25％溴菌·多菌灵可湿性粉剂是多菌灵与溴菌腈复配的混剂，用于防治柑橘炭疽病，于发病初期开始，用本品 300～500 倍液喷雾。

806. 怎样使用以下 4 种含多菌灵的混剂防治苹果、花生、甜瓜病害？

① 50％多·福·锰锌可湿性粉剂是多菌灵与福美双、代森锰锌复配的混剂，用于防治苹果轮纹病，喷本品 500～700 倍液，可兼治炭疽病和斑点落叶病。

② 75％百·多·福可湿性粉剂是多菌灵与百菌清、福美双复配的混剂，用于防治苹果轮纹病，喷本品 600～800 倍液。

③ 60％铜钙·多菌灵可湿性粉剂是多菌灵与硫酸铜钙复配的混剂，用于防治苹果轮纹病，喷本品 400～600 倍液。防治花生叶斑病，用 75～100g/亩，喷雾。防治甜瓜根腐病，用 500～600 倍液，灌根。

④ 乙铝·多菌灵是多菌灵与三乙膦酸铝复配的混剂。产品有 45％、50％、60％、75％可湿性粉剂，防治苹果轮纹病，喷 75％可湿性粉剂 500～800 倍液，60％可湿性粉剂 400～600 倍液，50％可湿性粉剂 400～500 倍液，或 45％可湿性粉剂 300～500 倍液。

防治苹果斑点落叶病，喷 60％可湿性粉剂 400～600 倍液。

807. 五硝·多菌灵可防治哪些土传病害？

五硝·多菌灵是多菌灵与五氯硝基苯复配的混剂，产品有 40％可湿性粉剂，对土传性病原菌和担子菌引起的病害有很好的防治效果，持效期可达 30 天以上。

防治西瓜枯萎病、立枯病，用 40％可湿性粉剂 600～800 倍液灌根，每株灌药液 500mL。

本品对葫芦科作物和番茄易产生药害，应避免使用。

808. 怎样使用以下 3 种含多菌灵的混剂防治西瓜枯萎病？

① 40％五硝·多菌灵可湿性粉剂是多菌灵与五氯硝基苯复配的混剂，用于防治西瓜枯萎病，用本品 600～800 倍液灌根，每株灌药液 300～500mL。

② 50％氢铜·多菌灵可湿性粉剂是多菌灵与氢氧化铜复配的混剂，用于防治西瓜枯萎病，用本品600～800倍液灌根，每株灌药液500mL，同时也可亩用本品100～125g，对水喷雾。

③ 混铜·多菌灵是多菌灵与混合氨基酸铜复配的混剂，产品有40％可湿性粉剂，15％、40％悬浮剂。用于防治西瓜枯萎病，用40％可湿性粉剂800～1000倍液、40％悬浮剂1000～1200倍液或15％悬浮液300～500倍液灌根，每株灌药液500mL。

809. 怎样使用异菌·多菌灵防治苹果和番茄病害？

异菌·多菌灵是多菌灵与异菌脲复配的混剂，产品有50％、52.5％可湿性粉剂，20％悬浮剂，防治苹果的斑点落叶病和轮纹病，喷52.5％可湿性粉剂1000～1500倍液或20％悬浮剂400～500倍液。防治番茄早疫病，亩用52.5％可湿性粉剂100～150g或50％可湿性粉剂125～150g，对水喷雾。

810. 怎样使用异菌·多·锰锌防治番茄灰霉病？

75％异菌·多·锰锌可湿性粉剂是多菌灵与异菌脲、代森锰锌复配的混剂，防治番茄灰霉病，亩用本品100～150g，对水喷雾，7～10天喷1次，共喷3～4次。

811. 乙霉·多菌灵有何特性？ 可防治哪些病害？

乙霉·多菌灵是多菌灵与乙霉威复配的混剂，产品有25％、50％、60％可湿性粉剂。由于乙霉威与多菌灵呈负交互抗性，使混剂对于抗多菌灵等苯并咪唑类杀菌剂的病原菌品系有很好的防治效果，对灰霉病有特效。

防治黄瓜、番茄、韭菜、莴苣、辣椒及草莓等作物灰霉病，在发病初期开始，亩用60％可湿性粉剂90～150g或50％可湿性粉剂100～150g或25％可湿性粉剂200～300g，对水60～75kg喷雾，7～10天喷1次，连喷3～5次。用于韭菜，应在割菜后即向地面喷施1次，等新叶长出后，隔7天喷1次。

812. 怎样使用多·福·乙霉威防治番茄灰霉病？

50％多·福·乙霉威可湿性粉剂是多菌灵与乙霉威、福美双复配的混剂。防治番茄灰霉病，亩用本品140～160g，对水喷雾。

813. 含多菌灵的混剂还有哪些？

含多菌灵的混剂还有井冈·多菌灵、井·唑·多菌灵、多·酮、多·酮·福美双、硫·酮·多菌灵、戊唑·多菌灵、烯唑·多菌灵、丙唑·多菌灵、硅唑·多菌灵、三环·多菌灵、多·硫·三环唑、丙多·多菌灵、烯肟·多菌灵等，具体使用情况参见本书相关题条。

814. 含苯菌灵的两种混剂可防治哪些病害？

50％苯菌·福美双可湿性粉剂，是苯菌灵与福美双复配的混剂，防治苹果树轮纹病，用400～600倍液喷雾，10～14天喷1次，连喷2～3次。

50%苯菌・福・锰锌可湿性粉剂，是苯菌灵与福美双、代森锰锌复配的三元混剂，是防治苹果轮纹烂果病最有效的药剂之一，在苹果谢花后10天左右有降雨后开始施药，用400~600倍液喷雾，以后视降雨情况10~13天喷1次，无降雨时不喷，至8月下旬或9月上旬为止，可兼治苹果炭疽病、褐斑病、黑星病、褐腐病等。

815. 怎样使用含丙硫多菌灵的4种混剂防治稻瘟病？

① 丙多・多菌灵是丙硫多菌灵与多菌灵复配的混剂，产品有18%可湿性粉剂，6%、12%悬浮剂，主要用于防治稻瘟病，亩用6%悬浮剂167~250g或12%悬浮剂84~125g或18%可湿性粉剂75~100g，对水常规喷雾。

② 90%丙多・三环唑可湿性粉剂，是丙硫多菌灵与三环唑复配的混剂，用于防治稻瘟病，亩用12.5~17g，对水常规喷雾。

③ 51%丙・硫・三环唑可湿性粉剂，是丙硫多菌灵与硫黄、三环唑复配的三元混剂，用于防治稻瘟病，亩用100~150g，对水常规喷雾。

④ 40%丙多・硫黄悬浮剂是丙硫多菌灵与硫黄复配的混剂，用于防治稻瘟病，亩用本品80~120g，对水喷雾。

816. 丙多・锰锌能防治哪些病害？

30%丙多・锰锌可湿性粉剂是丙硫多菌灵与代森锰锌复配的混剂，防治黄瓜霜霉病，亩用本品80~120g，对水喷雾。防治柑橘炭疽病，喷本品380~500倍液。防治荔枝霜疫霉病，喷本品600~800倍液。

817. 怎样用丙多・甲硫灵防治梨黑星病？

30%丙多・甲硫灵悬浮剂是丙硫多菌灵与甲基硫菌灵复配的混剂。防治梨黑星病，喷本品800~1000倍液。

818. 甲硫・锰锌可防治果树、蔬菜的哪些病害？

甲硫・锰锌是甲基硫菌灵与代森锰锌复配的混剂，产品有20%、50%、60%、75%可湿性粉剂。

（1）果树病害 防治梨黑星病，用50%可湿性粉剂600~900倍液或60%可湿性粉剂600~800倍液喷雾。

防治苹果炭疽病，用50%可湿性粉剂500~1000倍液喷雾。

防治西瓜炭疽病，亩用20%可湿性粉剂125~160g或50%可湿性粉剂50~75g，对水50kg喷雾。

（2）辣椒病害 防治辣椒炭疽病、疫病，亩用20%可湿性粉剂80~160g或50%可湿性粉剂94~125g，对水常规喷雾。

819. 甲硫・福美双可防治哪些病害？

甲硫・福美双是甲基硫菌灵与福美双复配的混剂，产品有40%、50%、70%、

80％可湿性粉剂，30％、40％、45％悬浮剂，各家产品的配方和质量有所不同，用户须认清标签并按标签说明使用。本混剂兼有保护和治疗作用。

（1）小麦病害　防治小麦赤霉病、白粉病，亩用50％可湿性粉剂120～160g或70％可湿性粉剂120～140g，对水常规喷雾。

防治小麦黑穗病，用50％可湿性粉剂200倍液浸种4h，捞出晾干即可播种。

（2）果树病害　防治苹果轮纹病、炭疽病，在病菌侵染期，用50％可湿性粉剂600～800倍液或70％可湿性粉剂600～1000倍液喷雾，7～8天喷1次。具体用药时间参考甲基硫菌灵。

防治葡萄白腐病、霜霉病、黑痘病、房枯病，在发病前开始，用70％可湿性粉剂800～1000倍液喷雾，7～10天喷1次。

防治梨黑星病，用50％可湿性粉剂600～700倍液或70％可湿性粉剂700～1000倍液喷雾。

防治西瓜枯萎病，于苗期发病初期，用40％可湿性粉剂600～800倍液灌根；在团棵期用800～1000倍液喷雾。

防治芒果白粉病，用50％可湿性粉剂600～800倍液喷雾。

（3）蔬菜病害　防治辣椒炭疽病，亩用40％可湿性粉剂67～100g，对水常规喷雾。

防治黄瓜炭疽病、霜霉病、白粉病，亩用50％可湿性粉剂60～80g或70％可湿性粉剂72～93g或45％悬浮剂53～70g，对水常规喷雾。防治黄瓜枯萎病，在定植前，亩用50％可湿性粉剂1.2～1.5kg，与适量细土拌匀后施于定植穴（沟）；在瓜苗7～8片叶时，亩用50％可湿性粉剂200g，对水灌根。或用80％可湿性粉剂400～600倍液灌根。

防治番茄灰霉病，亩用70％可湿性粉剂94～125g或30％悬浮剂150～188g，对水常规喷雾。

防治姜炭疽病，发病时及时喷50％可湿性粉剂1000倍液。

（4）烟草赤星病　防治烟草赤星病，亩用30％悬浮剂225～375g或40％悬浮剂170～280g，对水常规喷雾。

（5）花生叶斑病　对花生叶斑病，在发病初期，亩用50％可湿性粉剂100g对水喷雾，连喷2～3次。

（6）麻类作物病害　防治红麻、黄麻苗期炭疽病、立枯病，播前每100kg种子用40％可湿性粉剂500g拌种或用40％可湿性粉剂80倍液浸种24h；苗后喷雾用40％可湿性粉剂500～700倍液。

防治黄麻枯萎病、大麻白星病，发病初期，喷40％可湿性粉剂600～800倍液。

820. 福·甲·硫黄可防治哪些病害？

福·甲·硫黄是甲基硫菌灵与福美双、硫黄复配的三元混剂，杀菌谱广，杀菌性能好。产品为45％、50％、70％可湿性粉剂，各家的产品由于研制时主要防治对象不尽相同，而使三单剂的配比也不尽相同，混剂的用药量和使用方法有差异，用户应详读各产品的标签。

① 防治辣椒炭疽病，发病初期开始施药，亩用50％可湿性粉剂50～84g（或120～

150g）或 70％可湿性粉剂 50～100g，对水 60～70kg 喷雾，隔 7 天后再喷 1 次。

防治黄瓜白粉病、炭疽病，发病初期开始，亩用 70％可湿性粉剂 80～120g，对水常规喷雾。

② 防治小麦赤霉病、白粉病，亩用 50％可湿性粉剂 210～280g，对水 60～75kg喷雾。

③ 防治苹果炭疽病和轮纹病，喷 45％可湿性粉剂 500～700 倍液或 50％可湿性粉剂 500～700 倍液或 70％可湿性粉剂 400～600 倍液。

防治西瓜枯萎病，用 70％可湿性粉剂 800～1000 倍液灌根，每株灌药液 500mL。

④ 防治叶斑病，发病初期开始，亩用 70％可湿性粉剂 60～75g，对水喷雾。

821. 怎样用咪鲜·甲硫灵防治香蕉炭疽病？

42％、50％咪鲜·甲硫灵可湿性粉剂，是甲基硫菌灵与咪鲜胺复配的混剂，用于防治香蕉贮藏期炭疽病，将采收当天的香蕉用 42％可湿性粉剂 500～700 倍液浸 3min，取出晾干，装筐贮藏。

822. 怎样用甲硫·百菌清防治黄瓜白粉病？

甲硫·百菌清是甲基硫菌灵与百菌清复配的混剂，产品有 50％悬浮剂，75％可湿性粉剂。用于防治黄瓜白粉病，于发病初期开始，亩用 50％悬浮剂 160～200g 或 75％可湿性粉剂 120～150g，对水喷雾，7～10 天喷 1 次，共喷 3～4 次。

823. 甲硫·乙霉威有何特性？ 可防治哪些病害？

甲硫·乙霉威，是乙霉威与甲基硫菌灵复配的混剂，产品有 65％、66％可湿性粉剂，44％悬浮剂。甲基硫菌灵在作物体内可转化为多菌灵，与乙霉威呈负交互抗性，混剂对抗多菌灵等苯并咪唑类杀菌剂的品系有很好的防治效果。具有保护和治疗作用（阻止病斑扩大），对作物渗透性好，持效期长，杀菌谱广。对灰霉病有特效。

防治黄瓜灰霉病，在发病前或发病初期，亩用 65％可湿性粉剂 80～125g 或 15％悬浮剂 250～375g，对水常规喷雾。7～10 天喷 1 次。

防治番茄灰霉病，在发病初期开始，亩用 65％可湿性粉剂 47～70g 或 66％可湿性粉剂 37.5～70g，对水 40～60kg 喷雾。保护地番茄，可亩用 6.5％粉剂 800～1000g 喷粉。

824. 怎样用甲硫·异菌脲防治黄瓜和苹果病害？

60％甲硫·异菌脲可湿性粉剂是甲基硫菌灵与异菌脲复配的混剂，防治黄瓜炭疽病，亩用本品 40～60g，对水喷雾。30％悬浮剂防治苹果树轮纹病，用 400～600 倍液，喷雾。

825. 怎样用甲硫·噁霉灵防治西瓜枯萎病？

56％甲硫·噁霉灵可湿性粉剂是甲基硫菌灵与噁霉灵复配的混剂，防治西瓜枯萎病，用本品 600～800 倍液灌根，每株灌药液 500mL。

826. 怎样用甲硫·萘乙酸防治苹果树腐烂病？

3.315％甲硫·萘乙酸是甲基硫菌灵与植物生长调节剂萘乙酸复配的混剂，防治苹果树腐烂病，用本品原液涂抹于刮治后的病疤。

827. 含甲基硫菌灵的混剂还有哪些？

含甲基硫菌灵的混合杀菌剂还有：甲硫·三唑酮、甲硫·戊唑醇、甲硫·腈菌唑等。

·含苯基酰胺类的混合杀菌剂

828. 甲霜·锰锌可防治哪些病害？

甲霜·锰锌是甲霜灵与代森锰锌复配的混剂，制剂有 58％、60％、68％、70％、72％可湿性粉剂，36％悬浮剂。

针对病原菌易对甲霜灵产生抗性的问题，已开发了多个甲霜灵与保护性杀菌剂复配的混剂，甲霜·锰锌是其中应用很广的一种混剂，既杀菌谱广，又保持对霜霉菌、疫霉菌和腐霉菌的高活性。但须注意，为延长混剂使用寿命，在一种作物生长期内施药不宜超过 3 次，当某种作物需施药 3 次以上时，应与其他杀菌剂交替使用。

① 蔬菜病害。防治黄瓜、白菜、莴苣、油菜、绿菜花、菜心、紫甘蓝、樱桃萝卜、芥蓝等的霜霉病，于发病初期，亩用 36％悬浮剂 220～300g 或 58％可湿性粉剂 100～150g，对水 50～75kg 喷雾，或用 58％可湿性粉剂 500～600 倍液喷雾，7～14 天喷 1 次，连喷 2～4 次。移栽的蔬菜在定植前若发现有病叶，应先喷药后移栽。

防治黄瓜、辣（甜）椒、韭菜疫病，可采取喷药结合灌根的方法。当发现中心病株时立即喷 58％可湿性粉剂 500 倍液，亩喷药液 50～60kg；灌根每株（丛）用药液 300～400mL。对辣椒疫病，还可在定植前用药浸根 10min，再每穴浇 50～100mL 坐窝药水，有很好的预防效果。

防治番茄晚疫病，番茄、茄子、辣椒等苗期猝倒病，辣椒早疫病、黑斑病，油菜黑斑病、白锈病等，发病初期，喷 58％可湿性粉剂 500 倍液，7～10 天 1 次，连喷 2～4次。防治豌豆根腐病，重点喷茎根部。

② 防治葡萄霜霉病，从发病初期开始，喷 58％可湿性粉剂 400～600 倍液或 72％可湿性粉剂 600～700 倍液，10～15 天喷 1 次。

③ 防治荔枝霜疫霉病，喷 58％可湿性粉剂 400～600 倍液。

④ 防治烟草黑胫病，在发病前，亩用 58％可湿性粉剂 100～150g 或 72％可湿性粉剂 100～120g，对水 50～60kg，喷洒烟株基部，10～15 天后再喷 1 次，也可结合灌根。苗床消毒是在播后 2～3 天，亩用 58％可湿性粉剂 120g，对水喷洒苗床。

防治烟草根黑腐病，用 58％可湿性粉剂 500～600 倍液由根插孔注药或浇淋。

⑤ 防治啤酒花霜霉病，春季剪枝后马上喷 58％可湿性粉剂 600～800 倍液。

⑥ 防治甜菜苗腐病、霜霉病，发病初期，喷 58％可湿性粉剂 500 倍液，7～10 天喷 1 次，共 2～3 次。

⑦ 防治药用植物车前草和薄荷霜霉病、西洋参疫病、百合疫病、北沙参黑斑病、枸杞炭疽病等，发病初期，喷58％可湿性粉剂500倍液。

防治板蓝根霜霉病和黑斑病、红花出苗后猝倒病、裂叶牵牛白锈病、苍耳霜霉病等，用58％可湿性粉剂700～800倍液喷雾。

829. 怎样用福·甲·锰锌防治辣椒疫病？

40％福·甲·锰锌可湿性粉剂是甲霜灵与福美双、代森锰锌复配的混剂，适用范围很广，目前登记用于防治辣椒疫病，亩用本品85～125g，对水常规喷雾，7～10天喷1次，连喷2～3次。也可结合用本品1000倍液灌根，每株灌药液300mL。

830. 精甲霜·锰锌可防治哪些病害？

精甲霜·锰锌是精甲霜灵与代森锰锌复配的混剂，其生物学性能及应用与甲霜·锰锌基本相同。产品为68％水分散粒剂。用喷雾法防治下列病害时亩用本品量为：番茄和马铃薯的晚疫病、黄瓜和葡萄的霜霉病、辣椒和西瓜的疫病、烟草黑胫病等为100～120g，花椰菜霜霉病为100～130g。防治荔枝霜疫霉病，喷本品800～1000倍液。

831. 精甲·百菌清可防治哪些病害？

440g/L精甲·百菌清悬浮剂是精甲霜灵与百菌清复配的混剂，用喷雾法防治下列病害时亩用本品量为：番茄晚疫病和辣椒疫病为75～120mL，黄瓜霜霉病为90～150mL，西瓜疫病为100～150mL。防治荔枝霜疫霉病喷本品500～800倍液。

832. 甲霜·福美双主要防治水稻的什么病害？

甲霜·福美双是甲霜灵与福美双复配的混剂，产品有0.8％、1％、3％、3.3％、7％粉剂，35％、38％、40％、42％、43％、50％、58％、70％可湿性粉剂，0.75％微粒剂。

（1）水稻病害　主要用于防治水稻立枯病，兼治青枯病，使用方法为：①拌种。100kg种子用38％可湿性粉剂300～360g或40％可湿性粉剂350～450g。②苗床消毒。一般每平方米用有效成分0.7～1g（详见各产品标签）于播前制成毒土撒施，或对水泼洒。③秧苗喷雾。秧田零星发病初期，用35％可湿性粉剂800～1000倍液喷雾。

（2）棉花病害　防治棉花苗期立枯病，亩用50％可湿性粉剂80～120g，对水常规喷雾。

（3）蔬菜病害　防治黄瓜霜霉病，发病初期开始，亩用35％可湿性粉剂250～300g或70％可湿性粉剂125～150g，对水常规喷雾，7～10天喷1次。

防治黄瓜猝倒病，每平方米苗床用38％可湿性粉剂2～3g，对水泼洒。

防治辣椒立枯病，每平方米用3.3％粉剂24～36g，毒土撒施。

833. 怎样使用以下含甲霜灵的混剂防治水稻立枯病？

① 40％福·霜·敌磺钠可湿性粉剂是甲霜灵与福美双、敌磺钠复配的混剂。用于

苗床消毒防治水稻立枯病，于下种前，每平方米用本品 0.4～0.5g，对水喷洒。

②50％霜·福·稻瘟灵可湿性粉剂是甲霜灵与福美双、稻瘟灵复配的混剂，用于防治水稻秧田立枯病，亩用本品 667～1000g，对水喷雾。

③20％咪锰·甲霜灵可湿性粉剂是甲霜灵与咪鲜胺锰盐复配的混剂，防治水稻立枯病，用于苗床消毒，每平方米用本品 0.8～1.2g，对水喷洒，可兼治恶苗病。

834. 甲霜·霜霉威可防治哪些病害？

25％甲霜·霜霉威可湿性粉剂是甲霜灵与霜霉威复配的混剂。

(1) 蔬菜病害　防治黄瓜霜霉病，亩用制剂 125～180g，对水喷雾。防治番茄疫病，亩用制剂 80～125g，对水喷雾。防治辣椒疫病，每株辣椒用制剂 0.24～0.4g，对水灌根。

(2) 果树病害　防治葡萄霜霉病，喷制剂 600～800 倍液。

(3) 烟草黑胫病　防治烟草黑胫病，亩用制剂 80～100g，对水喷雾。

(4) 水稻病害　防治水稻苗期立枯病，每平方米苗床用制剂 1.5～2g，对水喷洒。

835. 怎样用甲霜·百菌清和代锌·甲霜灵防治黄瓜霜霉病？

代锌·甲霜灵是甲霜灵与代森锌复配的混剂，产品为 47％可湿性粉剂，用于防治黄瓜霜霉病，亩用 47％可湿性粉剂 400～500 倍液喷雾。

甲霜·百菌清是甲霜灵与百菌清复配的混剂，产品为 72％、81％可湿性粉剂，防治黄瓜霜霉病，亩用 81％可湿性粉剂 100～120g，对水喷雾。也可用于防治葡萄霜霉病，喷 72％可湿性粉剂 800～1000 倍液。防治西瓜枯萎病，用 2.2％悬浮种衣剂 1:（10～15）（药种比），进行种子包衣。

836. 怎样用甲霜·乙膦铝防治葡萄霜霉病？

50％甲霜·乙膦铝可湿性粉剂是甲霜灵与三乙膦酸铝复配的混剂。用于防治葡萄霜霉病，喷本品 750～1000 倍液。

837. 怎样用甲霜·霜脲氰防治辣椒和葡萄病害？

25％甲霜·霜脲氰可湿性粉剂是甲霜灵与霜脲氰复配的混剂，防治辣椒疫病，用本品 400～600 倍液灌根，每株灌药液 250～300mL。防治葡萄霜霉病，用 38％水分散粒剂 3000～4000 倍液，喷雾。

838. 怎样使用琥铜·甲霜灵？

琥铜·甲霜灵是甲霜灵与琥胶肥酸铜复配的混剂，产品为 50％可湿性粉剂。多用于防治蔬菜病害。

对黄瓜霜霉病和细菌性角斑病、番茄早疫病和晚疫病等，于病害发生初期开始施药，亩用 50％可湿性粉剂 150～200g，对水 40～60kg 喷雾。一般隔 5～7 天喷 1 次，共喷 2～3 次。

839. 怎样用琥·铝·甲霜灵防治黄瓜病害？

琥·铝·甲霜灵是甲霜灵与琥胶肥酸铜、三乙膦酸铝复配的混剂，可减轻或延缓单用甲霜灵或三乙膦酸铝易引起病菌产生抗性的问题。产品为40%、60%可湿性粉剂。

防治黄瓜霜霉病，于病害发生前或刚发生时，亩用60%可湿性粉剂125～170g，对水50～75kg喷雾，7～10天喷1次，连喷3～4次。

防治黄瓜细菌性角斑病，亩用40%可湿性粉剂45～60g，对水常规喷雾。

840. 怎样使用王铜·甲霜灵和波尔·甲霜灵防治作物病害？

50%王铜·甲霜灵可湿性粉剂是甲霜灵与王铜复配的混剂，用于防治黄瓜霜霉病，亩用本品100～125g，对水喷雾。

85%波尔·甲霜灵可湿性粉剂是甲霜灵与波尔多液复配的混剂。用于防治黄瓜霜霉病，亩用本品70～100g，对水喷雾。防治马铃薯晚疫病，喷本品100～120g/亩。

841. 噁霜·锰锌是什么样的混合杀菌剂？ 可防治哪些病害？

噁霜·锰锌是由具有内吸治疗作用的噁霜灵与保护性杀菌剂代森锰锌复配成的混合杀菌剂，产品为72%和64%可湿性粉剂，噁霜灵仅对卵菌纲中霜霉、腐霉、水霉、白锈等科的菌有效，且连续单用极易引起病菌产生耐药性。与代森锰锌复配后扩大杀菌谱，增效，延缓病菌产生耐药性。

① 防治蔬菜病害，对黄瓜霜霉病和疫病、番茄早疫病和晚疫病、马铃薯晚疫病和早疫病、茄子绵疫病、辣椒疫病等，初见病时亩用72%可湿性粉剂150～160g，对水喷雾；或用64%可湿性粉剂400倍液喷雾，间隔10～12天喷1次，共喷2～3次。对白菜霜霉病和白粉病、菠菜霜霉病、蕹菜白锈病、芹菜斑枯病、莲藕褐斑病等，在发病初期，用64%可湿性粉剂500倍液喷雾，间隔12天喷1次，共喷2～3次。

② 防治烟草黑胫病和猝倒病，在烟苗移栽后7～10天，发病初期，亩用64%可湿性粉剂200～250g，对水60～80kg，喷淋烟苗及根际土壤，间隔10～12天喷1次，共喷2～3次。

③ 防治旱粮作物病害。对谷子白发病，每100kg种子用64%可湿性粉剂400～500g拌种，先将种子用少量水拌湿润后再与药剂拌匀。对玉米霜霉病，每100kg种子用64%可湿性粉剂400g拌匀。

④ 防治葡萄霜霉病、黑腐病、褐斑病、蔓割病等，用64%可湿性粉剂400～500倍液喷雾，间隔10～12天喷1次，共喷2～3次。

防治苹果炭疽病，于发病前喷64%可湿性粉剂400倍液。

⑤ 防治油菜霜霉病、白粉病，发病初期，亩喷64%可湿性粉剂500倍液75kg，10天左右喷1次，可喷2～3次。

防治向日葵霜霉病，100kg种子用64%可湿性粉剂320g拌种。

⑥ 防治甜菜霜霉病和苗腐病，发病初期及时喷64%可湿性粉剂500倍液，7～10天喷1次，共喷2～3次。

⑦ 防治啤酒花霜霉病，在现蕾后，喷64%可湿性粉剂500倍液，7～10天后再喷

1次。

⑧ 防治药用植物北沙参黑斑病，板蓝根黑斑病和霜霉病，百合疫病，枸杞炭疽病和灰斑病，肉桂叶枯病，红花猝倒病等，发病初期喷64%可湿性粉剂500～600倍液。10天左右喷1次。

⑨ 防治荔枝霜疫霉病，用72%可湿性粉剂500～600倍液喷雾。

842. 用福美·拌种灵处理种子可防治哪些病害？

福美·拌种灵是拌种灵与福美双复配的混合种子处理剂，产品为10%、15%、70%悬浮种衣剂，40%可湿性粉剂。本剂具有内渗作用，可进入种皮或种胚，杀死种子表面及潜伏在种子内部的病原菌，亦可在种子发芽后进入幼芽和幼根，保护幼苗免受土壤中病原菌的侵染。

① 防治春小麦黑穗病，每100kg种子用40%可湿性粉剂100～200g拌种。在冬麦区用药量超过150g会出现药害。

② 防治玉米和高粱丝黑穗病，每100kg种子用40%可湿性粉剂500g拌种。对高粱散黑穗病、坚黑穗病，谷子和糜子黑穗病，每100kg用药300～500g拌种。

③ 防治棉花苗期的立枯病、炭疽病、红腐病、黑根腐病等，每100kg种子用40%可湿性粉剂500g拌种。

④ 防治红麻、黄麻、亚麻的炭疽病、立枯病，每100kg种子用40%可湿性粉剂500g拌种。红麻炭疽病也可用40%可湿性粉剂160倍液浸种24h，捞出即可播种。

⑤ 防治甜菜立枯病，每100kg种子用40%可湿性粉剂800g拌种。

⑥ 防治花生锈病，用40%可湿性粉剂500倍液喷雾。

⑦ 防治蔬菜病害，使用方法主要是苗床消毒和拌种。

苗床消毒防治猝倒病、立枯病，每平方米用40%可湿性粉剂8～10g，与4～5kg细土混拌均匀，撒施前把苗床底水打好，且一次浇透，再取1/3药土撒在畦面上，播种后将余下的2/3药土撒覆在种子上面，即下垫上覆，使种子夹在药土中间，防效明显，并保持床面湿润，以免产生药害。

拌种可防治多种蔬菜病害。每10kg种子用40%可湿性粉剂：大葱、洋葱黑粉病为20g，生菜、菊苣腐烂病为40g，甘蓝根肿病为30g。

防治甘蓝根肿病，还可以亩用40%可湿性粉剂3～4kg，与细土40～50kg混拌后，撒施于播种沟或定植穴中。

防治大白菜褐腐病，发病初期，用40%可湿性粉剂500倍液喷雾，10天左右喷1次，共喷2～3次。

⑧ 果树病害。防治桃炭疽病，在晚熟品种上，于7月下旬至8月上旬用40%可湿性粉剂500倍液喷雾。

防治山楂苗立枯病，每100kg种子用40%可湿性粉剂1kg拌种。

⑨ 防治药用植物薏苡黑穗病，10kg种子用40%可湿性粉剂830g拌种。防治莳萝立枯病，10kg种子用40%可湿性粉剂20g拌种，或苗床每平方米用药8g进行土壤消毒。

须注意的是，用福美·拌种灵拌种宜采用干拌，湿拌易产生药害。红麻种子在拌药前宜先日晒，使其含水量小于 10％。

843. 怎样用锰锌·拌种灵防治辣椒病害？

20％锰锌·拌种灵可湿性粉剂是拌种灵与代森锰锌复配的混剂，用于防治辣椒炭疽病、疮痂病，亩用本品 100～150g，对水喷雾。

844. 用萎锈·福美双处理种子能防治哪类病害？

萎锈·福美双是萎锈灵与福美双复配的混剂，产品有 400g/L、40％悬浮剂，75％可湿性粉剂，400g/L 悬浮种衣剂，是一种内吸性种子处理剂，对多种土传和种传的病害有很好的防治效果。

① 防治麦类黑穗病，每 100kg 种子，用 75％可湿性粉剂 240～280g 或 40％悬浮剂 280～330g 拌种。

调节小麦和大麦生长，每 100kg 种子用 40％悬浮剂 250～300g 拌种。

② 防治玉米散黑穗病，每 100kg 种子用 40％悬浮剂 400～500g 拌种。调节玉米生长，每 100kg 种子用 40％悬浮剂 300g 拌种，并可推迟玉米大、小斑病发生。

③ 防治水稻恶苗病，每 100kg 种子用 40％悬浮剂 300～400g 拌种。防治立枯病，用 400～500g 拌种。

④ 防治棉花立枯病，每 100kg 种子用 40％悬浮剂 400～500g 拌种。

·含氨基甲酸酯类的混合杀菌剂

845. 怎样使用霜霉·菌毒清防治黄瓜霜霉病？

20％霜霉·菌毒清水剂是霜霉威盐酸盐与菌毒清复配的混剂，用于防治黄瓜霜霉病，亩用本品 100～160mL，对水喷雾。

846. 怎样使用氟菌·霜霉威防治番茄和黄瓜病害？

687.5g/L 氟菌·霜霉威悬浮剂是霜霉威盐酸盐与氟吡菌胺复配的混剂，用于防治黄瓜霜霉病或番茄晚疫病，亩用本品 60～75mL，对水喷雾。新剂型为 70％悬浮剂。

847. 怎样使用以下含乙霉威的混剂防治蔬菜病害？

① 26％嘧胺·乙霉威水分散粒剂是乙霉威与嘧霉胺复配的混剂，用于防治黄瓜灰霉病，亩用本品 100～150g，对水喷雾。

② 50％乙霉·福美双可湿性粉剂是乙霉威与福美双复配的混剂。防治黄瓜灰霉病，亩用本品 30～40g；防治黄瓜炭疽病，亩用本品 120～140g，对水喷雾。

另有乙霉·多菌灵，多·福·乙霉威，甲硫·乙霉威三种混剂。

848. 怎样使用丙森·缬霉威防治霜霉病？

66.8％丙森·缬霉威可湿性粉剂是缬霉威与丙森锌复配的混剂，具有很好的保护、治疗和铲除作用，对霜霉科和疫霉属真菌引起的病害有很好的防治效果。防治黄瓜霜霉病，亩用本品100～133g，对水喷雾，间隔7～10天喷1次，共喷3次。防治葡萄霜霉病，喷本品700～1000倍液。

·含二甲酰亚胺类的混合杀菌剂

849. 怎样使用腐霉·百菌清防治黄瓜霜霉病或番茄灰霉病？

腐霉·百菌清是腐霉利与百菌清复配的混剂，产品有50％可湿性粉剂，10％、15％、20％、25％烟剂。

防治保护地黄瓜的霜霉病，亩用20％烟剂200～300g或25％烟剂160～240g，点燃放烟，7～10天施1次，共3～4次。

防治番茄灰霉病，亩用50％可湿性粉剂75～100g对水喷雾。在保护地，可亩用25％烟剂200～250g，20％烟剂200～300g，15％烟剂200～300g点燃放烟。7～10天施药1次，共3～4次。

850. 腐霉·福美双可防治哪些病害？

腐霉·福美双是腐霉利与福美双复配的混剂，产品为25％、50％可湿性粉剂。

防治番茄灰霉病，亩用50％可湿性粉剂80～120g或25％可湿性粉剂60～100g，对水常规喷雾。7～10天施1次，共3～4次。

防治油菜菌核病，亩用50％可湿性粉剂130～180g，对水常规喷雾。初花期和盛花期各施1次。

851. 菌核·福美双可防治哪些病害？

菌核·福美双是菌核净与福美双复配的混剂，产品为48％、50％可湿性粉剂。

防治番茄灰霉病，亩用48％可湿性粉剂94～125g，对水常规喷雾，7天施1次，共3～4次。

防治油菜菌核病，亩用50％可湿性粉剂80～120g，对水常规喷雾。一般在初花期和盛花期各施1次。

852. 怎样使用王铜·菌核净防治烟草赤星病？

王铜·菌核净是菌核净与王铜复配的混剂，产品为40％、45％可湿性粉剂。用于防治烟草赤星病，亩用40％可湿性粉剂100～150g或45％可湿性粉剂84～125g，对水常规喷雾。

853. 异菌·福美双可防治哪些病害？

50％异菌·福美双可湿性粉剂是异菌脲与福美双复配的混剂，防治番茄早疫或灰霉病，亩用本品95～125g，对水喷雾；防治黄瓜灰霉病，亩用本品80～150g，对水喷雾；防治苹果斑点落叶病，喷本品600～800倍液；防治苹果树斑点落叶病，用600～800倍液，喷雾。

854. 怎样用锰锌·异菌脲防治苹果斑点落叶病？

50％锰锌·异菌脲可湿性粉剂，是异菌脲与代森锰锌复配的混剂，混剂具有保护和治疗作用，杀菌谱广，但现仅登记用于防治苹果斑点落叶病，用制剂的 600～800 倍液喷雾。

855. 怎样用异菌·百菌清防治番茄病害？

15％异菌·百菌清烟剂是异菌脲与百菌清复配的混剂，用于防治番茄灰霉病，在保护地亩用 200～300g 烟剂，点燃放烟。新剂型为 20％悬浮剂。

856. 怎样用咪鲜·异菌脲防治香蕉贮藏病害？

16％、20％和 32％咪鲜·异菌脲悬浮剂是异菌脲与咪鲜胺复配的混剂，用于防治香蕉贮藏期冠腐病，用 20％悬浮剂 500～600 倍液或 16％悬浮剂 300～500 倍液浸果 2min。

·含吗啉类的混合杀菌剂

857. 烯酰·锰锌有何特性？ 可防治哪些病害？

烯酰·锰锌是烯酰吗啉与代森锰锌复配的杀菌剂。是针对烯酰吗啉具有一定抗性风险、不宜单独使用而研制的。产品为 50％、69％、72％、80％可湿性粉剂，69％水分散粒剂。

① 蔬菜病害。防治黄瓜、苦瓜、十字花科蔬菜的霜霉病，在病害发生前或刚刚发病时开始施药，亩用 69％可湿性粉剂或水分散粒剂 100～133g、80％可湿性粉剂 100～125g 或 50％可湿性粉剂 95～120g，对水 60～75kg 喷雾。7～10 天喷 1 次，共喷 3～4 次。

防治黄瓜疫病，用 69％可湿性粉剂或水分散性粒剂 1000 倍液喷雾。

防治黄瓜幼苗猝倒病，每平方米喷淋 69％可湿性粉剂或水分散粒剂 1000 倍液 2～3kg，防治 1～2 次。

防治辣椒疫病、马铃薯疫病，亩用 69％水分散粒剂或可湿性粉剂 134～167g，对水常规喷雾。

② 果树病害。防治葡萄霜霉病，亩用 69％水分散粒剂 134～167g，对水常规喷雾。

防治荔枝霜疫霉病，用 69％水分散性粒剂 500～600 倍液喷雾。

③ 防治烟草霜霉病，喷 69％可湿性粉剂 1000 倍液。防治烟草黑胫病，亩用 69％可湿性粉剂 134～167g，对水常规喷雾。自发病初期开始施药，7～9 天施 1 次，共施 2～3 次。

④ 防治啤酒花霜霉病，现蕾后，喷 69％可湿性粉剂 1000 倍液，7～10 天喷 1 次，共喷 2 次。

⑤ 防治薄荷霜霉病、西洋参疫病、红花猝倒病，发病初期开始喷 69％可湿性粉剂

1000 倍液，7～10 天喷 1 次，共 2～3 次。采收前 5 天停止用药。

858. 怎样使用烯酰·福美双防治黄瓜和荔枝病害？

烯酰·福美双是烯酰吗啉与福美双复配的混剂，产品为 35％、48％、55％可湿性粉剂。防治黄瓜霜霉病，亩用 55％可湿性粉剂 130～160g、48％可湿性粉剂 130～160g 或 35％可湿性粉剂 200～280g，对水喷雾。

防治荔枝霜疫霉病，喷 55％可湿性粉剂 400～500 倍液或 50％可湿性粉剂 1000～1500 倍液。

859. 怎样使用烯酰·丙森锌和烯酰·乙膦铝防治黄瓜霜霉病？

57％烯酰·丙森锌水分散粒剂是烯酰吗啉与丙森锌复配的混用，适用于防治卵菌病害。防治黄瓜霜霉病，亩用制剂 26～30g，对水喷雾。新剂型为 70％、72％、78％可湿性粉剂。

50％烯酰·乙膦铝可湿性粉剂是烯酰吗啉与三乙膦酸铝复配的混剂，用于防治黄瓜霜霉病，亩用制剂 140～180g，对水喷雾。新剂型为 60％可湿性粉剂。

860. 怎样使用烯酰·百菌清防治黄瓜霜霉病？

烯酰·百菌清是烯酰吗啉与百菌清复配的混剂，现有两种产品。
（1）15％烟剂　防治保护地黄瓜霜霉病，亩用 300～400g，点燃放烟。
（2）47％悬浮剂　防治黄瓜霜霉病，亩用 100～120g，对水喷雾。

861. 锰锌·氟吗啉可防治哪些蔬菜病害？

50％锰锌·氟吗啉可湿性粉剂是氟吗啉与代森锰锌复配的混剂，用于防治下列蔬菜病害时，亩用制剂量为：番茄晚疫病为 67～100g，马铃薯晚疫病为 80～106g，辣椒疫病为 60～100g，黄瓜霜霉病为 60～120g，对水喷雾。新剂型为 60％可湿性粉剂。

862. 怎样用氟吗·乙铝？

50％氟吗·乙铝水分散粒剂是氟吗啉与三乙膦酸铝复配的混剂，用于防治荔枝霜疫霉病，喷制剂 630～830 倍液。防治葡萄霜霉病，67～120g/亩，喷雾。防治烟草黑胫病，80～106.7g/亩，灌根。

·含三乙膦酸铝的混合杀菌剂

863. 乙铝·福美双可防治哪些病害？

乙铝·福美双是三乙膦酸铝与福美双复配的混剂，现有两个产品。

64％可湿性粉剂，用于防治黄瓜霜霉病，发病初期开始，亩用 150～200g，对水常规喷雾。

80％可湿性粉剂，用于防治苹果炭疽病，发病初期开始用制剂的 600～800 倍液喷雾。

864. 乙铝·锰锌可防治哪些病害?

乙铝·锰锌是三乙膦酸铝与代森锰锌复配的混剂,产品有 50%、61%、64%、70%、75% 可湿性粉剂。

(1) 果树病害 防治苹果斑点落叶病,于发病初期开始喷 61% 或 64% 可湿性粉剂 300~600 倍液,7~10 天喷 1 次。防治苹果炭疽病,喷 50% 可湿性粉剂 400~600 倍液。

防治苹果、梨的轮纹病,喷 61% 可湿性粉剂 400~600 倍液。防治梨黑星病,喷 61% 可湿性粉剂 300~500 倍液。

防治葡萄霜霉病,始见病时喷 70% 可湿性粉剂 300~500 倍液,7~10 天喷 1 次。

防治荔枝霜疫霉病,在花蕾、幼果、果实成熟期各喷 1 次 50% 或 70% 可湿性粉剂 600~800 倍液。

(2) 蔬菜病害 防治黄瓜霜霉病,发病初期开始,亩用 70% 可湿性粉剂 135~400g 或 75% 可湿性粉剂 120~140g 或 64% 可湿性粉剂 120~200g 或 50% 可湿性粉剂 170~350g,对水 50~75kg 喷雾,7~10 天喷 1 次,连喷 3~4 次。

防治辣椒疫病,亩用 70% 可湿性粉剂 75~100g,对水常规喷雾。

防治白菜霜霉病、白斑病,方法与防治黄瓜霜霉病相同,即亩用 70% 可湿性粉剂 135~400g,对水 60~75kg 喷雾。

(3) 药用植物病害 防治西洋参、丹参、地黄的疫病,发病初期喷 70% 可湿性粉剂 500 倍液,10 天左右喷 1 次,共喷 2~3 次。采收前 5 天停止用药。

865. 怎样用乙铝·代森锌防治荔枝霜疫霉病?

70% 乙铝·代森锌水分散粒剂是三乙膦酸铝与代森锌复配的混剂,防治荔枝霜疫霉病,用 600~800 倍液,喷雾。

866. 怎样用乙铝·百菌清防治黄瓜霜霉病?

乙铝·百菌清是三乙膦酸铝与百菌清复配的混剂。产品有 70%、75%、80% 可湿性粉剂。防治黄瓜霜霉病,亩用 80% 可湿性粉剂 120~175g,75% 可湿性粉剂 125~188g 或 70% 可湿性粉剂 140~200g,对水喷雾。

867. 琥铜·乙膦铝在蔬菜上怎样使用?

琥铜·乙膦铝是三乙膦酸铝与琥胶肥酸铜复配的混剂,产品有 23%、40%、48%、50%、60% 可湿性粉剂,主要用于防治黄瓜、番茄的病害。

防治黄瓜霜霉病和细菌性角斑病,在发病前或发病初期开始施药,亩用 60% 可湿性粉剂 125~180g 或 50% 可湿性粉剂 150~190g 或 48% 可湿性粉剂 130~200g 对水常规喷雾。7 天喷 1 次,连喷 3~4 次。

防治黄瓜枯萎病,在发病前或发病初期,用 60% 可湿性粉剂 350 倍液灌根,每株灌药液 300～500mL，10 天灌 1 次，连灌 2～3 次。一定要早防、早治，否则防效不显著。

防治番茄晚疫病、早疫病和溃疡病，发现中心病株后，及时喷 60％可湿性粉剂 500 倍液。

防治水稻立枯病，每平方米苗床用 23％可湿性粉剂 0.6～1.2g，对水喷洒。

防治甜菜立枯病，用 23％可湿性粉剂按 1:（200～250）（药种比）进行拌种。

868. 怎样用乙铝·琥·锰锌防治辣椒根腐病?

50％乙铝·琥·锰锌可湿性粉剂，是三乙膦酸铝与琥胶肥酸铜、代森锰锌复配的三元混剂，用于防治辣椒根腐病，发现中心病株时，立即用制剂的 800～1000 倍液灌根，每株灌药液 250～300mL。

869. 含三乙膦酸铝的混剂还有哪些?

还有乙铝·多菌灵、甲硫·乙膦铝、甲霜·乙膦铝、琥·铝·甲霜灵、烯酰·乙膦铝、氟吗·乙铝等。

·含霜脲氰的混合杀菌剂

870. 噁酮·霜脲氰可防治什么病害?

52.5％噁酮·霜脲氰水分散粒剂是霜脲氰与噁唑菌酮复配的混剂，防治对象和方法与霜脲·锰锌基本相同，例如防治黄瓜霜霉病，在黄瓜定植后，病斑尚未出现或刚发生时，亩用制剂 30～40g，对水喷雾。防治辣椒疫病，亩用制剂 33～43g，对水喷雾。

871. 怎样使用以下 5 种含霜脲氰的混剂防治黄瓜、番茄和葡萄病害?

① 丙森·霜脲氰是霜脲氰与丙森锌复配的混剂，产品为 50％、60％、70％、75％、76％可湿性粉剂。防治黄瓜霜霉病，亩用 76％可湿性粉剂 160～190g 或 60％可湿性粉剂 70～80g，对水喷雾。防治番茄晚疫病，亩用 50％可湿性粉剂 170～230g，喷雾。

② 霜脲·百菌清是霜脲氰与百菌清复配的混剂，产品有 22％烟剂，18％、36％悬浮剂。防治黄瓜霜霉病，亩用 22％烟剂 220～250g，点燃放烟（保护地）；或亩用 18％悬浮剂 150～200g，对水喷雾。防治番茄晚疫病，亩用 36％可湿性粉剂 100～117g，喷雾。

③ 85％波尔·霜脲氰可湿性粉剂是霜脲氰与波尔多液复配的混剂，防治黄瓜霜霉病，亩用制剂 107～150g，对水喷雾。防治葡萄霜霉病，用 600～800 倍液，喷雾。

④ 40％王铜·霜脲氰可湿性粉剂是霜脲氰与王铜复配的混剂，防治黄瓜霜霉病，亩用制剂 120～160g，对水喷雾。

⑤ 50％琥铜·霜脲氰可湿性粉剂是霜脲氰与琥胶肥酸铜复配的混剂，防治黄瓜霜霉病或细菌性角斑病，喷制剂 500～700 倍液。新剂型为 42％可湿性粉剂。

另有混剂甲霜·霜脲氰，烯肟·霜脲氰。

·其他混合杀菌剂

872. 防治作物灰霉病的 3 种混剂怎样使用?

① 嘧霉·福美双是嘧霉胺与福美双复配的混剂,产品有 30%、50%可湿性粉剂,30%悬浮剂。防治番茄灰霉病,于发病初期开始,亩用 50%可湿性粉剂 120~150g,30%可湿性粉剂 70~100g 或 30%悬浮剂 110~150g,对水喷雾。

② 嘧霉·百菌清是嘧霉胺与百菌清复配的混剂,产品有 40%悬浮剂,40%可湿性粉剂。防治番茄灰霉病,亩用 40%悬浮剂 350~400g 或 40%可湿性粉剂 70~100g,对水喷雾。

本品也可用于防治草莓灰霉病,亩用 40%可湿性粉剂 56~75g,对水喷雾。

③ 40%啶菌·福美双悬浮剂是啶菌噁唑与福美双复配的混剂,防治番茄灰霉病,亩用制剂 70~100g,对水喷雾。

873. 怎样用锰锌·百菌清防治番茄病害?

锰锌·百菌清是代森锰锌与百菌清复配的混剂,产品有 64%、70%可湿性粉剂。

防治番茄早疫病,发病初期,亩用 64%可湿性粉剂 107~150g 或 70%可湿性粉剂 100~150g,对水 50~60kg 喷雾,7 天喷 1 次,连喷 3~4 次。如提前到苗期喷药,带药定植防治效果会更好。

874. 怎样用百·锌·福美双防治黄瓜霜霉病?

75%百·锌·福美双可湿性粉剂是百菌清与福美锌·福美双复配的混剂,防治黄瓜霜霉病,亩用本品 107~150g,对水喷雾。

875. 硫黄·百菌清可防治哪些病害?

本混剂有产品 40%、50%悬浮剂,40%可湿性粉剂,10%粉剂。该产品是两个保护剂复配形成的,应于发病前或病害刚刚发生时立即喷药保护,持效期 7~8 天。

防治黄瓜霜霉病,亩用 50%悬浮剂 150~250g 或 40%悬浮剂 190~300g,对水喷雾。在保护地可以亩用 10%粉剂 1.0~1.2kg 喷粉。

防治白菜白斑病,亩用 50%悬浮剂 125~150g,对水喷雾。

防治西瓜炭疽病,亩用 50%悬浮剂 85~100g,对水喷雾。

防治花生叶斑病,亩用 40%可湿性粉剂 150~200g,对水喷雾。

876. 代锌·百菌清可防治黄瓜和葡萄的何种病害?

70%代锌·百菌清可湿性粉剂是代森锌和百菌清复配的混剂,是保护性杀菌剂,应于病害发生前或刚刚发生时立即施药保护。

防治黄瓜霜霉病或葡萄炭疽病,亩用本品 85~100g,对水喷雾。

877. 百·福可防治葡萄和食用菌的何种病害?

百·福是百菌清与福美双复配的混剂,现有 3 种产品:55%、70%、75%可湿性粉剂。

55％可湿性粉剂防治黄瓜霜霉病，110～150g/亩，喷雾。防治黄瓜白粉病，每亩114～133g，喷雾。

70％可湿性粉剂，用于防治葡萄霜霉病，喷600～800倍液。

75％可湿性粉剂，用于防治食用菌的木霉菌、疣孢霉菌，每平方米菌床用0.03～0.06g，对水喷雾。

878. 锰锌·福美双可防治哪些病害？

锰锌·福美双是代森锰锌与福美双复配的混剂，现有产品2个。

（1）60％可湿性粉剂　防治番茄早疫病，亩用本品150～250g，对水常规喷雾。

（2）70％可湿性粉剂　防治苹果轮纹烂果病，用本品600～800倍液喷雾。

879. 福·福锌可防治哪些病害？

福·福锌即著名的炭疽福美，是福美双与福美锌复配的混剂，最早的产品为80％可湿性粉剂，其中含福美双30％、福美锌50％；近年来面市的有40％、60％、68％、72％、75％可湿性粉剂，商品名20余个，是防治各类炭疽病专用药剂，也能防治某些其他病害，具有抑菌和杀菌作用，以保护作用为主，兼有治疗作用。

① 防治苹果炭疽病，从幼果期开始喷洒80％可湿性粉剂500～600倍液或68％可湿性粉剂400～500倍液或40％可湿性粉剂200～300倍液。视降雨情况，10～20天喷1次。

防治梨黑斑病，于发病前喷洒80％可湿性粉剂600～700倍液，15天喷1次。

防治葡萄炭疽病、黑痘病，喷洒80％可湿性粉剂500倍液，10～15天喷1次。

防治桃炭疽病，谢花至5月下旬，12～15天喷药1次，连喷3～4次，用80％可湿性粉剂800倍液。

防治西瓜炭疽病，发病初期开始，亩用80％可湿性粉剂125～150g，对水60～75kg喷雾，7～10天喷1次，连喷3～4次。

② 防治黄瓜等瓜类炭疽病、十字花科蔬菜炭疽病、甜椒炭疽病、菜豆炭疽病、山药炭疽病，发病初期开始，亩用80％可湿性粉剂125～150g或72％可湿性粉剂134～167g或60％可湿性粉剂160～200g或40％可湿性粉剂250～300g，对水50～75kg喷雾，7～10天喷1次，连喷3～4次。

防治瓜类炭疽病、茄果类立枯病和猝倒病等苗期病害，每10kg种子用80％可湿性粉剂30～40g拌种。

③ 防治棉花苗期病害，先将棉籽用45℃温水浸30min后捞出，再在80％可湿性粉剂200倍液中浸4h，再催芽播种。

④ 防治麻类作物炭疽病，每100kg种子用80％可湿性粉剂300～500g拌种（干拌）。

⑤ 防治杉树、橡胶树炭疽病，发病初期用80％可湿性粉剂500～600倍液喷雾。

⑥ 防治茶树云纹叶枯病、炭疽病、白星病，发病初期，亩用80％可湿性粉剂63～100g，对水50～75kg喷雾，7～10天喷1次，共喷2～3次。

⑦ 防治烟草炭疽病，发病初期开始喷80％可湿性粉剂500倍液，7～10天喷1次，共喷2～3次。

⑧ 防治鸡冠花炭疽病、君子兰炭疽病、白兰花炭疽病，发病初期开始喷80％可湿性粉剂600～800倍液，10～15天喷1次。

880. 波尔·锰锌可防治哪些病害？

78％波尔·锰锌可湿性粉剂是波尔多液与代森锰锌复配的混剂，虽由两个保护性杀菌剂组成，但其作用位点多，可连年持续使用，不易引起病原菌产生抗性，杀菌谱很广，可用于防治多种真菌性和细菌性病害，但须注意应在发病前或刚刚发病时施药，并使整株表面都着药，才能收到好的防病效果。施药一般用78％可湿性粉剂500～600倍液，7～10天施药1次。

防治番茄早疫病，每亩140～170g，喷雾。防治柑橘树溃疡病，400～500倍液，喷雾。防治黄瓜霜霉病，每亩170～230g，喷雾。防治苹果树斑点落叶病，400～600倍液，喷雾。防治苹果树轮纹病，500～600倍液，喷雾。防治葡萄白腐病，500～600倍液，喷雾。防治葡萄霜霉病，500～600倍液，喷雾。

881. 怎样使用王铜·代森锌防治柑橘溃疡病？

52％王铜·代森锌可湿性粉剂中含铜量比王铜单剂低，施用后对果树比较安全。防治柑橘溃疡病，用本品200～300倍液喷雾。

882. 怎样用抑霉·咪鲜胺防治柑橘贮藏病害？

14％抑霉·咪鲜胺乳油是抑霉唑与咪鲜胺复配的混剂，主要用于防治柑橘果实贮藏期的青霉病、绿霉病、蒂腐病、酸腐病，方法是用本品600～800倍液浸新采收的果实1min后捞出，沥干余液，贮藏。新剂型为20％、30％水乳剂，20％、28％乳油。防治苹果树炭疽病，用20％水乳剂600～800倍液，喷雾。防治香蕉冠腐病，用30％水乳剂600～800倍液，浸果。

883. 怎样用松铜·咪鲜胺防治西瓜炭疽病？

18％松铜·咪鲜胺乳油是松脂酸铜与咪鲜胺复配的混剂，用于防治西瓜炭疽病，于发病初期，亩用本品85～125g，对水喷雾，7～8天喷1次。

884. 怎样使用异稻·稻瘟灵和酰胺·稻瘟灵防治稻瘟病？

异稻·稻瘟灵是异稻瘟净与稻瘟灵复配的混剂，产品有30％、35％、40％乳油，防治稻瘟病，亩用有效成分35～80g（详见各产品标签），对水喷雾。

35％酰胺·稻瘟灵乳油是稻瘟酰胺与稻瘟灵复配的混剂，防治稻瘟病，亩用40～75mL，对水喷雾。

885. 噁霉·稻瘟灵主要防治哪类病害？

噁霉·稻瘟灵是噁霉灵与稻瘟灵复配的混剂，产品有20％、21％乳油，20％微乳剂。主要用于育秧苗床防治立枯病和作物的枯萎病等根茎病害。

（1）水稻立枯病　在水稻育秧苗床，每平方米用20％乳油或20％微乳剂2～3mL，对水2～3kg，喷洒于床土上，再播种覆土。若在秧苗期发生立枯病，可用1500倍液喷雾。

（2）烟草病害　防治烟草立枯病，用20％乳油1000～1500倍液，于播种前喷洒苗床，每平方米苗床喷药液2～3kg。烟苗移栽后再喷1次。

防治烟草黑胫病，亩用20％微乳剂40～60mL，对水喷洒苗床，或在本田期灌根。

（3）西瓜枯萎病　亩用20％微乳剂40～60mL，对水灌根。

用药早的播种效果佳。在作物茎叶喷雾时，制剂对水倍数不能低于1000，以防浓度过高灼伤秧苗。

886. 怎样用噁霉·福美双防治立枯病？

噁霉·福美双是福美双与噁霉灵复配的混剂，主要用于防治土传和种传病害，现有产品两种。

（1）36％可湿性粉剂　用于防治水稻立枯病。在播种前，每平方米苗床或育苗箱土面，用1～1.5g，对水喷洒于苗床或育苗箱土面，再播种。

（2）54.5％可湿性粉剂　用于防治黄瓜立枯病，于发病初期，每平方米用3.67～4.6g，对水喷洒苗床。

887. 怎样使用以下几种混剂防治作物根茎病害？

（1）硫黄·敌磺钠　60％硫黄·敌磺钠可湿性粉剂防治番茄立枯病、猝倒病，每平方米菌床或营养土表面，用6～10g，与适量细土混拌均匀后撒施于土表，再播种并按常规盖土。用于防治甜菜根腐病，每100kg种子用450～560g拌和。

（2）敌磺·福美双　敌磺·福美双是敌磺钠与福美双复配的混剂，主要用于防治土传和种传病害，现有2个产品，其用法如下：

① 10％可湿性粉剂。防治黄瓜猝倒病，采用毒土法施药，亩用1670～2000g撒施消毒，在苗床和田间都可使用。

② 48％可湿性粉剂。防治稻苗立枯病，亩用850～1000g，对较大量水泼浇。

（3）五氯·福美双　五氯·福美双是五氯硝基苯与福美双复配的混剂，产品有40％、45％粉剂，20％悬浮种衣剂，主要用于防治种传和土传病害。

防治棉花苗期立枯病、炭疽病、红腐病，每100kg种子用40％粉剂500～1000g。

防治茄子立枯病、猝倒病，用药剂处理苗床，每平方米用45％粉剂7～9g，与细土5～10kg混拌均匀，播种前用1/3药土撒于床面，播种后用余下的2/3药撒盖于种子上面。此法也用于其他蔬菜苗床防治立枯病、猝倒病。

888. 怎样使用噁霉·络氨铜防治烟草病害？

19％噁霉·络氨铜水剂是噁霉灵与络氨铜复配的混剂，防治烟草、赤星病，亩用制剂35～50mL，对水喷雾。

889. 如何应用环氟菌胺·戊唑醇防治小麦病害？

11%环氟菌胺·戊唑醇悬浮剂是9.5%戊唑醇与1.5%环氟菌胺复配的混剂，防治小麦锈病，用量20~40mL/亩，在小麦锈病发病前或初期施药，每7~10天施药1次，连续施药2次，喷雾均匀周到。安全间隔期：小麦40天，每季最多用药2次。

890. 如何应用代森锰锌·缬菌胺防治病害？

66%代森锰锌·缬菌胺水分散粒剂是6%缬菌胺与60%代森锰锌复配的混剂，防治黄瓜霜霉病，用量130~170g/亩，黄瓜霜霉病发病前或发病初期开始用药，按推荐剂量对水45~75L充分摇匀后均匀喷雾。根据作物生育阶段和种植密度调整喷液量，7~10天施1次，连续使用2~3次。安全间隔期：黄瓜3天，每季最多施用3次。

十二、杀病毒剂

891. 盐酸吗啉胍也可用于防治植物病毒病吗？

众所周知，盐酸吗啉胍用于医疗上防治病毒引起的疾病，广泛用于农业，特别是用于蔬菜、瓜果病毒病防治。关于其使用是否安全，有学者认为其理论基础还需做进一步的试验验证。但目前市场上提供的含盐酸吗啉胍的产品，防治植物病毒病是有良好效果的，并能取得增产的效果。产品有 20% 可湿性粉剂，5%、10% 可溶粉剂，20% 悬浮剂。

防治番茄病毒病，于发病前或发病初期，亩用 20% 可湿性粉剂 150～250g，20% 悬浮剂 150～250g，10% 可溶粉剂 300～500g 或 5% 可溶粉剂 400～500g，对水喷雾。

防治烟草病毒病，亩用 20% 可湿性粉剂 150～230g，对水喷雾。

防治水稻条纹叶枯病，亩用 5% 可溶粉剂 80～100g，对水喷雾。

892. 怎样用吗啉胍·乙铜防治病毒病？

吗啉胍·乙铜又称吗啉胍·铜、盐酸吗啉胍·铜，是盐酸吗啉胍与乙酸铜复配的混剂，产品有 20% 可湿性粉剂，20%、25% 可溶粉剂，60% 片剂，1.5%、15% 水剂。

盐酸吗啉胍是一种广谱、低毒的病毒防治剂，喷施作物叶片后，通过水气孔进入作物体内，抑制或破坏核酸和脂蛋白的形成，阻止病毒的复制过程，起到防治病毒病的作用。乙酸铜可杀伤某些菌类，从而起到辅助作用。

防治番茄病毒病，在发病初期，亩用 20% 可湿性粉剂 167～250g 或 20% 可溶粉剂 150～200g 或 25% 可溶粉剂 134～200g（有的产品需用 188～375g）或 60% 片剂 56～83g 或 15% 水剂 220～345g 或 1.5% 水剂 400～500g，对水 50～70kg 喷雾。7～10 天喷 1 次，共喷 2～3 次。

防治烟草病毒病，在发病初期，亩用 20% 可湿性粉剂 150～200g，对水 50～70kg 喷雾。

防治水稻条纹叶枯病，亩用 20% 可湿性粉剂 120～150g 或 25% 可溶粉剂 80～100g，对水喷雾。

可适用于防治辣椒、大豆、瓜类、小麦、玉米等作物病毒病，以及香蕉束顶病，一般用 20% 可湿性粉剂 500～700 倍液喷雾，共施 2～3 次。

须注意：对铜敏感的作物，不可随意加大使用浓度；也应避免在中午高温时使用，以免产生药害。

893. 怎样用唑·铜·吗啉胍防治番茄病毒病？

20%唑·铜·吗啉胍可湿性粉剂由吗啉胍与三唑酮、乙酸铜复配而成，用于防治番茄病毒病，亩用制剂 75～100g，对水喷雾。

894. 怎样用琥铜·吗啉胍或菌毒·吗啉胍防治番茄病毒病？

琥铜·吗啉胍是吗啉胍与琥胶肥酸铜复配的混剂，产品有 20%、25%可湿性粉剂，用于防治番茄病毒病，亩用 25%可湿性粉剂 135～200g 或 20%可湿性粉剂 150～250g，对水喷雾。

7.5%菌毒·吗啉胍水剂是吗啉胍与菌毒清复配的混剂，用于防治番茄病毒病，亩用制剂 110～200mL（详见各产品标签），对水喷雾。

895. 怎样用腐植·吗啉胍防治番茄病毒病？

18%腐植·吗啉胍可湿性粉剂，是盐酸吗啉胍与腐植酸（钠）复配的混剂，用于防治番茄病毒病，在发病初期，亩用制剂 150～230g，对水 50～70kg 喷雾。

896. 吗胍·硫酸铜和吗胍·硫酸锌怎样使用？

吗胍·硫酸铜是盐酸吗啉胍与硫酸铜复配的混剂，产品有 1.5%、20%水剂，用于防治番茄病毒病，亩用 1.5%水剂 400～500mL，对水喷雾，防治辣椒病毒病，亩用 20%水剂 60～100mL，对水喷雾。防治西瓜病毒病，亩用 1.5%水剂 90～150mL，对水喷雾。

吗胍·硫酸锌是盐酸吗啉胍与硫酸锌复配的混剂，产品为 25%可溶粉剂，用于防治番茄病毒病，亩用制剂 200～370g，对水喷雾。防治水稻条纹叶枯病，亩用制剂 80～100g，对水喷雾。

897. 怎样使用羟烯·吗啉胍防治番茄和烟草病毒病？

羟烯·吗啉胍是盐酸吗啉胍与羟烯腺嘌呤复配的混剂，产品有 40%可湿性粉剂、10%水剂，用于防治番茄病毒病，亩用 40%可湿性粉剂 100～150g 或 10%水剂 250～370mL，对水喷雾，防治烟草病毒病，亩用 10%水剂 200～250mL，对水喷雾。

898. 怎样用丙多·吗啉胍防治烟草病毒病？

10%丙多·吗啉胍可湿性粉剂由盐酸吗啉胍与丙硫多菌灵复配而成，用于防治烟草病毒病，在发病初期，亩用制剂 100～150g，对水喷雾。

899. 怎样用毒氟磷防治烟草病毒病？

毒氟磷是我国创制的具有知识产权的有机磷杀病毒剂，产品为 30%可湿性粉剂，经室内生物测定和田间药效试验，结果表明该药剂能有效防治烟草病毒病，一般在烟草成苗期或团棵期发病初期开始施用，亩用制剂 70～110g，对水喷雾，一般施药 2 次，间隔 7～10 天。

900. 菌毒清及其混剂可防治哪些病毒病?

菌毒清是杀菌剂，也能防治某些作物的病毒病，持效期 7～10 天，一般施药 3 次。

防治辣椒病毒病，亩用 5％菌毒清水剂 200～300mL，对水喷雾。防治番茄病毒病，亩喷 5％菌毒清水剂 250～350mL，或 7.5％菌毒·吗啉胍水剂 120～170mL 或 6％菌毒·烷醇（菌毒清＋三十烷醇）可湿性粉剂 90～140g，对水喷雾。

901. 怎样用辛菌·吗啉胍或辛菌·三十烷醇防治番茄病毒病?

辛菌·吗啉胍是辛菌胺与吗啉复配的混剂，用于防治番茄病毒病，亩用 7.5％水剂 110～120mL 或 4.3％水剂 250～400mL，对水喷雾。

2.2％辛菌·三十烷醇可湿性粉剂由辛菌胺与三十烷醇复配而成，用于防治番茄病毒病，亩用制剂 240～380g，对水喷雾。

902. 怎样用腐植·硫酸铜防治辣椒病毒病?

20％腐植·硫酸铜可溶粉剂由腐植酸与硫酸铜复配而成，用于防治辣椒病毒病，亩用制剂 130～175g，对水喷雾。

903. 氨基寡糖素是什么样的防病毒剂?

氨基寡糖素是从富含甲壳的海洋生物外壳经酶解而得的多糖类天然产物，一般为聚合度 2～15 的寡聚糖，是一个很好的杀菌剂，对病毒病也有较好的防治效果，产品有 0.5％、1％、2％水剂。

防治烟草病毒病，一般是在苗期喷 1 次，大田喷 1～2 次。每亩次用 2％水剂 120～160mL、1％水剂 35～50mL 或 0.5％水剂 100～150mL，对水喷雾。

防治番茄病毒病，亩用 2％水剂 160～260mL，对水喷雾。

防治苹果花叶病，自苹果树展叶后开始，用 2％水剂 400～500 倍液喷雾，间隔 10～15 天喷 1 次，连喷 3～4 次。

防治香蕉、番木瓜病毒性病害，可试用 0.5％水剂 400 倍液，在育苗期、移栽后营养生长期，每 10～15 天喷 1 次，共喷 3～4 次，可以提高植株的免疫力。

6％低聚糖素水剂与氨基寡糖素类似，用于防治胡椒病毒病，用制剂 600～1200 倍液喷雾。

另有 0.5％葡聚烯糖可溶粉剂，为氨基寡糖素的类似物，用于防治番茄病毒病，亩用制剂 10～12g，对水喷雾。

904. 怎样用烯·羟·硫酸铜或苦·钙·硫黄防治辣椒病毒病?

16.05％烯·羟·硫酸铜可湿性粉剂由烯腺嘌呤、羟烯腺嘌呤和硫酸铜复配而成，用于防治辣椒病毒病，亩用制剂200～250g，对水喷雾。可在定植前、缓苗后和盛果期各施药1次。

20%苦·钙·硫黄水剂由苦参碱、氧化钙和硫黄复配而成，用于防治辣椒病毒病，亩用制剂135～200mL，对水喷雾。

905. 宁南霉素可防治哪类病毒病？

宁南霉素为胞嘧啶核苷肽型广谱抗生素杀菌剂，能防治多种真菌和细菌病害，也是我国研制的第一个能防治植物病毒病的抗生素，产品有2%、4%、8%水剂，可有效防治烟草、番茄、辣椒、瓜类、水稻、小麦、豆类等多种作物的病毒病。

防治烟草病毒病，一般亩用2%水剂300～400mL或8%水剂75～100mL，对水喷雾，在烟草苗床期喷1～2次，团棵、旺长期喷2～3次，间隔7～10天，最后1次距收获期14天以上。在重病区，应于发病前喷施，或增加施药量和施药次数。

防治番茄病毒病，亩用2%水剂300～400mL，对水喷雾。

防治水稻条纹叶枯病，亩用4%水剂150～170mL，对水喷雾。

906. 混合脂肪酸是怎样防治病毒病的？

10%混合脂肪酸水剂或水乳剂，为耐病毒诱导剂，能诱导作物抗病基因的提前表达，有助于提高抗病相关蛋白、多种酶、细胞分裂素的含量，使感病品种达到或接近抗病品种的水平；具有使病毒在作物体外失去侵染活性的钝化作用，抑制病毒初侵染，降低病毒在作物体内的增殖和扩展速度；对传毒蚜虫有抑制作用；并具有植物激素活性、刺激作物根系生长的作用。所以说混合脂肪酸防治病毒病是综合作用的结果。

防治烟草花叶病，亩用制剂600～1000g，对水50kg喷雾。可在苗床期、移栽前2～3天、定植后2周各喷1次。

防治番茄、辣椒、豇豆、白菜、芹菜、菠菜、苋菜、生菜、榨菜等蔬菜的病毒病，用制剂100倍液喷雾。10天左右喷1次，共喷3～4次。

防治一串红病毒病，亩用制剂600～1000g，对水喷雾。小苗施药量酌减。

本剂宜在作物生长前期施用，生长后期施用的效果不佳。

907. 怎样用混脂·硫酸铜防治病毒病？

混脂·硫酸铜是混合脂肪酸与硫酸铜复配的混剂，产品为8%、24%水乳剂，用于防治烟草花叶病，亩用24%水乳剂84～125mL或8%水乳剂200～250mL；防治番茄病毒病，亩用24%水乳剂84～125mL或8%水乳剂250～375mL；防治辣椒、西瓜的病毒病，亩用24%水乳剂80～120mL，对水喷雾。

908. 香菇多糖是怎样防治病毒病的？

香菇多糖是采用木屑、麦麸为主要原料接种香菇菌固体发酵后，经温水浸泡，减压蒸馏浓缩而制得的绿色生物农药。它是由多个单糖分子连接而成的高分子化合物，因而得名"香菇多糖"。产品有0.5%、1%水剂。

香菇多糖通过钝化病毒活性，有效地破坏植物病毒基因和病毒细胞，抑制病毒复制。在病毒病发生前施用，可使作物在生育期内不感染病毒。产品中含有多种氨基酸，有促进作物生长、增加产量的作用。

（1）蔬菜病毒病　防治番茄病毒病，亩用1%水剂80～125mL（有的产品需增加到250mL）或0.5%水剂170～250mL，对水喷雾。自番茄幼苗4片真叶期开始施药，5天施1次，共施5次。采用同样方法，也可防治辣椒、茄子等作物病毒病。

防治黄瓜绿斑花叶病病毒病，自发病初期开始喷0.5%水剂250～300倍液，10天喷1次，连喷2～3次。

防治大蒜花叶病，于播前，将带皮蒜瓣用0.5%水剂100～200倍液浸泡4～5h；出苗后，自发病初期开始喷250～300倍液，10天左右喷1次，连喷2～3次；也可用250倍液灌根，每株灌药液50～100mL；喷雾与灌根相合，防效更好。

（2）烟草病毒病　播前用0.5%水剂100～200倍液浸种1～2h；定植前用400倍液喷苗床1次；定植后喷3次，间隔5～7天。也可在烟苗移栽前，用400～600倍液浸根10min。

（3）水稻条纹叶枯病　一般亩用0.5%水剂50～75mL（有的产品需用100～120mL），对水喷雾。

本剂还适用于瓜类、豆类、花生、小麦、玉米、木瓜、罗汉果、荔枝、龙眼等作物由病毒引起的病害。

909. 哪些植物生长调节剂对防治植物病毒病有效？

植物生长调节剂通过对作物生长发育的调控作用，使植株强壮，增强抗病毒能力；有些植物生长调节剂对病毒有直接毒杀作用。例如0.0001%细胞分裂素可湿性粉剂400～600倍液，在烟草移栽后10天开始喷施，7天左右喷1次，共喷3次，可减轻烟草花叶病，并有增产作用。

用20mg/L的萘乙酸钠药液喷施，可减轻辣椒、黄瓜病毒病。

用1000mg/L的矮壮素药液喷施，自番茄幼苗期（3片真叶至第一花序开花前），每7天喷1次，共喷3次，可减轻病毒病。在保护地高温、高湿、通风不良的环境条件下，可抑制番茄植株徒长，使茎秆粗壮，节间缩短，叶色浓绿，有增产效应。

植物生长调节剂用于防治植物病毒病，除单用外，更多的是与杀病毒剂复配，起锦上添花的作用。

910. 烷醇·硫酸铜有几种？　怎样使用？

现有3种含三十烷醇的混剂，登记名称都是烷醇·硫酸铜。

（1）烷醇·硫酸铜　由三十烷醇与硫酸铜复配而成，产品有2.1%、6%可湿性粉剂，0.9%悬乳剂，0.55%微乳剂，2.1%水剂。用于防治番茄病毒病，亩用6%可湿性粉剂125～150g，2.1%可湿性粉剂（或水剂）120～180g或0.55%微乳剂210～260mL，对水喷雾。

防治辣椒病毒病，亩用0.9%悬乳剂250～290mL，对水喷雾。防治烟草病毒病，亩用0.9%悬乳剂200～290mL，对水喷雾。

（2）烷醇·硫酸铜（旧称植病灵） 是添加十二烷基硫酸钠的烷醇·硫酸铜。十二烷基硫酸钠为表面活性剂，为农药助剂，不应视为有效成分。产品有 1.5％乳油，1.5％水乳剂，2.5％可湿性粉剂。

防治烟草花叶病，亩用 1.5％水乳剂或乳油 75～95mL，对水 800～1000 倍后喷洒。一般在苗床期喷 1 次。定植缓苗后再施 1 次，在初花期发病前施 1 次。持效期 7～10 天。重病区应适当增加施药次数。

防治番茄病毒病，亩用 1.5％水乳剂 50～75mL（有的厂家产品为 80～120mL）或 2.5％可湿性粉剂 50～75g，对水 50～70kg 喷雾。一般是在定植前、缓苗后、现蕾前、坐果前各喷 1 次。定植前的一次施药，除喷雾外，还可用 1.5％乳剂 1000 倍液浇灌，每平方米浇药液 5kg。

防治十字花科、豆科、葫芦科等蔬菜的病毒病，一般是在幼苗期、发病前开始喷 1.5％水乳剂或乳剂 1000 倍液，10～15 天施 1 次，共施 3～5 次。

可用于防治麦类、玉米、谷子、棉花、花生、大豆、葡萄等作物的病毒病。

（3）2.8％烷醇·硫酸铜悬乳剂 2.8％烷醇·硫酸铜悬乳剂是在植病灵的配方中添加硫酸锌制成的四元复配混剂，故旧称为锌·植病灵。防治辣椒病毒病，亩用制剂 85～125g；防治烟草病毒病，亩用制剂 65～125g，对水喷雾。

911. 三氮唑核苷及其混剂为什么要淘汰？

试验资料表明：三氮唑核苷存在致癌、致畸、致突变的"三致"作用，且在环境中较稳定，不易降解，所以应该淘汰，不宜再作农药使用。

912. 也可用某些无机盐防治病毒病吗？

硫酸铜和硫酸锌为常用的防病毒病药剂复配剂组分。

硫酸锌单用也可减轻某些作物的病毒病，例如对甜椒病毒病，在定植前、缓苗后和盛果期各喷 1 次 0.1％硫酸锌水溶液，有一定防治效果；对白菜病毒病，喷 0.2％硫酸锌水溶液，有减轻病情和增产作用；对由普通花叶病毒、黄瓜花叶病毒引起的烟草病毒病，在播前用 0.1％～0.2％硫酸锌水溶液浸种 10min，除去种子表面的病毒，浸后用清水洗净播种。

磷酸三钠防治烟草病毒病，播前用 0.1％水溶液浸种 10min，除去种子表面病毒，浸后用清水冲洗干净播种；对辣椒病毒病，采用浸种法效果较好，种子先用清水浸泡 4～5h，再用 10％磷酸三钠水溶液浸种 20～30min，浸后用清水洗净播种；对番茄病毒病，用 10％磷酸三钠水溶液浸种 20min，清水洗净播种，可降低幼苗发病率。

硝酸银播前浸种减轻烟草病毒病，方法是用 0.1％硝酸银水溶液浸种 10min，除去种子表面的病毒，浸后用清水洗净播种。

高锰酸钾的 0.1％水溶液浸番茄、辣椒种子 30min，清水洗净播种，可减轻病毒病。

铜铵合剂是杀菌剂，对病毒病也有一定效果。例如，对番茄病毒病，可用硫酸铜 100g、碳酸氢铵 550g，加水 250kg 配成铜铵合剂，用其 500 倍液喷雾。

须提醒的是无机盐对植物伤害较大，在参考上述用法时，应先试用。

913. 植物病毒疫苗有什么特点？ 怎样使用？

植物病毒疫苗的纯品为浅黄色粉末，制剂为深棕色液体。作为低毒的生物杀病毒剂，能有效地破坏植物病毒基因和病毒组织，抑制病毒分子的合成，在植物幼苗期或病毒发病之前使用，一次接种，便使植物终生获得免疫，不再感染同类病毒，预防病毒病的发生，并起到抗病、健株、增产的作用。

① 防治番茄、黄瓜、辣椒（甜椒）、茄子、白菜、萝卜、西葫芦、油菜、菜豆、甘蓝、大葱、圆葱、韭菜、芥菜、茼蒿、菠菜、芹菜、生菜、冬瓜、西瓜、香瓜、哈密瓜、草莓等作物上有花叶、蕨叶、小叶、黄叶、卷叶、条纹等症状的病毒病。苗期育苗的作物，苗床上喷 500～600 倍液，喷雾 2 次，间隔 5 天；定植后喷 500～600 倍液 2 次，间隔 5～7 天。非苗期育苗的作物，苗期用 500～600 倍液，连续喷 3 次，每次间隔 5～7 天。

② 对烟草、马铃薯、花生、生姜等经济作物由黄瓜花叶病毒（CMV）、烟草花叶病毒（TMV）、马铃薯 X 病毒（PVX）、马铃薯 Y 病毒（PVY）引起的病毒病，在育苗床上连续喷 2 次 500～600 倍液，间隔 5 天，可起到免疫和治疗作用。

③ 对玉米、水稻、小麦等大田作物上有粗缩、矮化、丛矮等症状的病毒病，在幼苗 2～3 叶期喷 1 次，5 叶期喷 2～3 次，间隔 5 天左右，喷 500～600 倍液，可起到免疫和治疗作用。

④ 对棉花病毒病，用 600 倍液，在幼苗期喷 1 次，现蕾前后喷 2～3 次，每次间隔 5～7 天，可以起到免疫和治疗作用。

914. 弱毒疫苗 N_{14} 有什么特点？ 有哪些使用方法？

弱毒疫苗是用人工诱变方法获得的致病力较弱的病毒株系。弱毒疫苗 N_{14} 是一种活体弱病毒制剂，含一定剂量的活体弱病毒，为无色液体，因其致病力很弱，接种到寄主作物上后，只给寄主作物造成极轻的危害或不造成危害，并由于它的寄生作用使寄主作物产生抗体，可以阻止同种致病力强的病毒侵入。对由烟草花叶病毒所致的病毒病有预防作用，主要用于防治番茄花叶病，使用方法有以下 3 种。

（1）浸根法 在番茄两片真叶期（约播后 30 天），结合分苗将幼苗拔出洗净，拔时会造成幼根微伤，利用此特点浸蘸弱毒疫苗。使用时可将弱毒疫苗 N_{14} 稀释 100 倍，浸根 30～60min，然后假植。浸过根的疫苗可反复使用 3～4 次。也可将洗去根部泥土的番茄幼苗先放在容器中，再倒入稀释的弱毒疫苗。但间隔时间不能太长，否则会因微伤愈合而影响效果。

（2）喷枪接种法 较大规模的育苗基地可采用荷花牌 2A 喷枪接种。有电源的地方可用空气压缩机供气（排气量为 $0.025m^3/min$，压力为 $6kg/cm^2$）。无电源的地方可用压缩空气钢瓶代替。用前将稀释液（100mL）与金刚砂（过 400～600 目筛，约 0.5g）混合均匀。喷枪距苗 5cm，移动速度 8cm/s，药量为每亩 200mL 稀释液（约 4000 株幼苗）。喷时要使空压机的气压维持在 $4.5～5kg/cm^2$，边喷边摇动喷枪，以防金刚砂沉淀。

（3）摩擦接种法 在番茄 1～3 真叶时将混有少许金刚砂的稀释液用食指蘸取，轻轻接到番茄幼苗的叶片上。

须注意：使用本剂前须了解本地区番茄病毒的毒源种类及周年消长情况，应在烟草花叶病为主的时期使用，在我国北方主要用于冬、春季保护地番茄上。不能用于抗病性强的番茄品种，以防弱毒疫苗不能侵入而不能发挥作用。在使用后15～20天内，由于病毒正处于体内扩展期，易受到其他病毒感染，可以在施用前对幼苗进行黑暗处理或在施用后提高室温至30～35℃，维持1天。

915. 卫星核酸生防制剂 S_{52} 有什么特点？ 怎样使用？

卫星核酸生防制剂 S_{52} 为浓缩水剂，含一定剂量的活体弱病毒 S_{52}。其防病机制同弱毒疫苗 N_{14}，主要用于防治保护地秋番茄的黄瓜花叶病毒病，还兼有减轻白粉病、霜霉病、叶斑病等真菌病害和刺激植物生长、促进早熟的作用。使用方法同弱毒疫苗 N_{14}。

十三、杀菌、杀虫混剂

（一）防治小麦病虫害用的杀菌、杀虫混剂

916. 辛硫·三唑酮怎样使用？

辛硫·三唑酮是三唑酮与辛硫磷复配的混剂，产品有14％、20％、22％乳油，用于防治小麦白粉病、地下害虫和麦蚜，使用方法为拌种和喷雾。拌种是每100kg麦种，用20％乳油75～150mL或14％乳油300～400mL，对适量水后与种子混拌均匀。喷雾是亩用22％乳油175～200mL或20％乳油20～40mL，对水喷洒。

917. 唑酮·氧乐果怎样使用？

唑酮·氧乐果是三唑酮与氧乐果复配的混剂，产品有20％、23％、25％、30％、32％、40％乳油。用于防治小麦白粉病、小麦锈病、麦蚜和麦红蜘蛛，亩用40％乳油70～80mL、32％乳油100～125mL、30％乳油90～100mL、25％乳油100～110mL、23％乳油90～120mL或20％乳油140～160mL，对水喷雾。

918. 马拉·三唑酮怎样使用？

35％马拉·三唑酮乳油由三唑酮与马拉硫磷复配而成，用于防治小麦白粉病和蚜虫，亩用制剂100～120mL，对水喷雾。

919. 甲柳·三唑酮怎样使用？

甲柳·三唑酮是三唑酮与甲基异柳磷复配的混剂，产品有10％、50％乳油，10％粉剂，用于防治小麦地下害虫和苗期白粉病、锈病。于播前，每100kg麦种用50％乳油100～150mL、10％乳油400～800mL或10％粉剂400～800g拌和。

920. 唑酮·甲拌磷怎样使用?

10%唑酮·甲拌磷拌种剂由三唑酮与甲拌磷复配而成,用于防治小麦白粉病和地下害虫,于播种前,每100kg麦种用制剂800～1000g拌和。

921. 吡虫·三唑酮怎样使用?

吡虫·三唑酮是三唑酮与吡虫啉复配的混剂,产品有8%、15%、15.8%、18%、22%可湿性粉剂。防治小麦白粉病和蚜虫,亩用22%可湿性粉剂50～60g,18%可湿性粉剂50～70g,15.8%可湿性粉剂55～68g,15%可湿性粉剂60～80g或8%可湿性粉剂120～150g,对水喷雾。

922. 吡·多·三唑酮可防治小麦哪些病虫害?

吡·多·三唑酮是三唑酮、多菌灵与吡虫啉复配的混剂,产品有24%、30%、32%、50%可湿性粉剂,主要用于防治小麦的白粉病、赤霉病和蚜虫,亩用50%可湿性粉剂80～100g、32%可湿性粉剂100～120g、30%可湿性粉剂60～70g或24%可湿性粉剂120～170g,对水喷雾。

923. 抗·酮·多菌灵怎样使用?

37.5%抗·酮·多菌灵由三唑酮、多菌灵与抗蚜威复配而成,用于防治小麦白粉病、赤霉病和蚜虫,亩用制剂100～125g,对水喷雾。

924. 吡虫·多菌灵怎样使用?

吡虫·多菌灵是多菌灵与吡虫啉复配的混剂,产品有32%、60%可湿性粉剂。用于防治小麦的赤霉病和蚜虫,亩用60%可湿性粉剂60～80g或32%可湿性粉剂150～170g,对水喷雾。

925. 氰戊·三唑酮怎样使用?

氰戊·三唑酮是三唑酮与氰戊菊酯复配的混剂,产品有24%可湿性粉剂,20%乳油,用于防治小麦的白粉病和蚜虫,亩用24%可湿性粉剂50～60g或20%乳油70～80mL,对水喷雾。

926. 唑醇·甲拌磷怎样使用?

10.9%唑醇·甲拌磷悬浮剂由三唑醇与甲拌磷复配而成,用于防治小麦的地下害虫和纹枯病,药与种子比为1:(35～50),拌种后,在干旱或土壤墒情不好时播种,可能会影响出苗率。

（二）防治水稻病虫害用的杀菌、杀虫混剂

927. 井冈·杀虫双可防治水稻哪些病虫害？

井冈·杀虫双是井冈霉素与杀虫双复配的混剂，产品有 22%、30% 水剂。用于防治水稻的纹枯病、稻螟虫、稻纵卷叶螟、稻螟蛉等，亩用 30% 水剂 200～230mL 或 22% 水剂 220～250mL（或 270～300mL，详见产品标签），对水喷雾。

928. 井冈·杀虫单可防治水稻哪些病虫害？

井冈·杀虫单是杀虫单与井冈霉素复配的混剂，产品有 42%、65% 可溶粉剂，50% 可湿性粉剂。其性能、防治对象与井冈·杀虫双相同，亩用有效成分 40～65g（详见各产品标签），对水喷雾。

929. 吡·井·杀虫单可防治水稻哪些病虫害？

吡·井·杀虫单是杀虫单与吡虫啉、井冈霉素复配的混剂，产品有 40%、44%、50%、54%、55%、60% 可湿性粉剂，用于防治水稻的螟虫、稻纵卷叶螟、稻飞虱和纹枯病，一般亩用有效成分 40～65g（详见各产品标签），对水喷雾。

930. 怎样使用三环·杀虫单防治水稻的稻瘟病和螟虫？

三环·杀虫单是杀虫单与三环唑复配的混剂，产品有 50%、58% 可湿性粉剂。用于防治水稻的稻瘟病、二化螟和三化螟，亩用 58% 可湿性粉剂 100～120g 或 50% 可湿性粉剂 100～130g，对水喷雾。

931. 怎样用井·噻·杀虫单防治水稻病虫？

井·噻·杀虫单是杀虫单与噻嗪酮、井冈霉素复配的混剂，产品有 21%、48%、50%、55% 可湿性粉剂，用于防治水稻的稻螟虫、稻纵卷叶螟、稻苞虫、稻飞虱和纹枯病，一般亩用有效成分 40～65g（详见各产品标签），对水喷雾。

932. 怎样用井冈·噻嗪酮防治水稻纹枯病和稻飞虱？

井冈·噻嗪酮是井冈霉素与噻嗪酮复配的混剂，产品有 25%、28%、30% 可湿性粉剂，防治水稻的稻飞虱和纹枯病，亩用 30% 可湿性粉剂 35～42g、28% 可湿性粉剂 40～50g 或 25% 可湿性粉剂 50～60g，对水喷雾。

933. 怎样用井冈·吡虫啉防治水稻纹枯病和稻飞虱？

10% 井冈·吡虫啉可湿性粉剂由井冈霉素与吡虫啉复配而成，防治水稻的纹枯病和

稻飞虱，亩用制剂 60～70g，对水喷洒稻株中下部位。

934. 怎样使用杀螟·乙蒜素或咪鲜·杀螟丹防治水稻的恶苗病和干尖线虫？

① 17％杀螟·乙蒜素可湿性粉剂由杀螟丹与乙蒜素复配而成。用于防治水稻的恶苗病和干尖线虫，用制剂 200～400 倍液浸种。浸种时间根据气温确定：日平均气温 12℃左右时需浸 5 天，15℃左右为 3 天，18～20℃为 2.5 天，22～25℃为 2 天。捞出种子后用清水冲洗 2～3 次，就可催芽或播种。

② 咪鲜·杀螟丹是杀螟丹与咪鲜胺复配的混剂，产品有 18％悬浮剂，16％、18％可湿性粉剂，用于防治水稻的恶苗病和干尖线虫，用 18％悬浮剂 800～1000 倍液、18％可湿性粉剂 800～1000 倍液或 16％可湿性粉剂 400～700 倍液浸种 48h。

（三）其他杀菌、杀虫混剂

935. 怎样选择杀菌、杀虫混剂？

正确使用杀菌、杀虫混剂可一药兼治多种病虫，减少施药次数，因此在选择、使用过程中须考虑以下各点。

① 本章仅将已登记的杀菌、杀虫混剂的种类、有效成分、防治对象、用药量等做一般性介绍，供用户选购时参考，具体使用技术应详见各产品标签或说明书。

② 只有在病、虫混合发生时才需选用混剂；若是单一病害或害虫，应选用有关单剂。

③ 要选择使用时期与病虫发生时期相吻合的混剂产品。

④ 要将混剂施到病和虫发生的部位。例如水稻纹枯病、稻飞虱在稻株中下部位，应着重喷中下部；稻纵卷叶螟、稻苞虫在上部叶片，药要喷在上部叶片；若是兼治稻飞虱、稻纵卷叶螟、稻苞虫、纹枯病，施药应是全株兼顾，否则只喷上部或只喷下部，就收不到兼治效果，失去使用混剂的意义。

更多的杀菌、杀虫混剂是加工成种衣剂供种子包衣。

十四、种子处理剂

936. 什么是种子处理剂？

种子处理剂分为三种：拌种剂、浸种剂、种衣剂。

拌种和浸种是田间施药的方式，它们共同的特点是在播种前，农民根据防治的需要，用固体农药或者用含有农药的水溶液来处理种子，是一种传统的作物保护方法。

而种衣剂区别于其他种子处理剂的一个最大特征是它的成膜性。种衣剂是在拌种剂和浸种剂基础上发展起来的，其最大优点是在植物种子外表形成具有一定功能和包覆强度的衣膜（或保护层）。

一般包衣种子在芽期和苗期的近 45 天内不需要再施农药，且用药量仅为田间施药的 1/50 左右，因此它被称为最节约农药的剂型。

很显然，与拌种剂和浸种剂这两种种子处理的药剂相比，种衣剂能符合现代化大农业的需要，它有利于区域性的综合防治，也有利于区域性的良种推广和统一供种。

在实际应用上，老百姓往往分不清种衣剂和拌种剂，通常把它们都称之为"拌种剂"，它们虽然都作为种子处理剂使用，但种衣剂不等于拌种剂。

937. 我国种衣剂发展概况如何？

我国使用种子处理剂的历史悠久，但使用种衣剂对种子包衣的技术研究起步较晚，发展却很快，态势良好。

① 种衣剂产品向低毒化发展。早期研制的种衣剂多数含有克百威、甲拌磷、甲基异柳磷等高毒成分，使产品毒性偏高。近期研发的种衣剂多数含有吡虫啉、毒死蜱、辛硫磷、氯氰菊酯或阿维菌素等成分，使产品毒性大为降低，近 6 年来登记的产品无一是高毒的，国家有关管理政策也规定淘汰高毒种衣剂，以增强对使用者的安全性。

② 种衣剂的剂型向环保化、缓释化发展。现有产品仍以悬浮种衣剂为主，也开发了水乳种衣剂、微胶囊悬浮种衣剂等对环境友好或具有缓释功能的新剂型。

③ 种衣剂的用途仍以治病为主，治虫为辅。因而含福美双、戊唑醇、多菌灵的产品最多，治虫的产品则含吡虫啉、毒死蜱者居多。应用种衣剂的作物主要有玉米、小麦、棉花、大豆，而用于杂粮、瓜果、蔬菜、牧草等作物的很少，需研发这些小作物专用种衣剂，或扩大现有种衣剂适用作物范围。

种衣剂开发的针对性很强，多是针对某种作物的某些病虫，甚至是针对某一地区的某种作物的病虫而设计，用户在选购时务必注意。本书也按作物类型分别介绍我国市场上现有的种衣剂。

（一）玉米种衣剂

938. 玉米种衣剂主要防治哪些病虫害？ 选用哪些农药品种？

本节介绍 43 个玉米种衣剂，主要用于防治丝黑穗病、茎基腐病，选用的杀菌剂有福美双、戊唑醇、烯唑醇、三唑醇、三唑酮、萎锈灵、克菌丹、精甲霜灵、咯菌腈、多菌灵等；用于防治蛴螬、蝼蛄、金针虫等地下害虫及小地老虎、蚜虫、蓟马等，选用杀虫剂吡虫啉、毒死蜱、辛硫磷、乙酰甲胺磷、顺式氯氰菊酯、高效氯氰菊酯、氯氰菊酯及甲基异柳磷、甲拌磷、克百威、丁硫克百威等。

939. 戊唑醇种衣剂主要防治玉米、高粱何种病害？

戊唑醇种衣剂产品用于玉米和高粱防治丝黑穗病的产品现有两种。

① 60g/L 悬浮种衣剂，用于防治玉米丝黑穗病，每 100kg 种子用制剂 100～200g 包衣。防治高粱丝黑穗病，每 100kg 种子用制剂 100～150g 包衣。

② 2％干粉种衣剂，用于防治玉米丝黑穗病，每 100kg 种子用制剂 400～600g 包衣。

940. 怎样用烯唑醇和灭菌唑种衣剂防治玉米丝黑穗病？

5％烯唑醇干粉种衣剂，主要用于防治玉米丝黑穗病，一般按药∶种子＝1∶（80～100)（质量比）进行包衣。也可每 100kg 种子用 2.5％灭菌唑悬浮种衣剂 100～200g 进行种子包衣。

941. 克菌丹种衣剂防治玉米何种病害？

450g/L 克菌丹悬浮剂，主要用于防治玉米苗期茎基腐病，每 100kg 种子用制剂 150～175mL 包衣。

942. 怎样用顺式氯氰菊酯或辛硫磷的种衣剂防治玉米地下害虫？

200g/L 顺式氯氰菊酯悬浮种衣剂，用于玉米防治地下害虫，每 100kg 种子用制剂 150～175mL 包衣。

3％辛硫磷种衣剂，用于防治地下害虫，按药剂与种子之比 1∶（30～40）进行包衣。

943. 怎样用戊唑·福美双种衣剂防治玉米丝黑穗病？

戊唑·福美双种衣剂由戊唑醇与福美双复配而成，用于防治玉米丝黑穗病的产品有悬浮种衣剂和种子处理可分散粒剂两类。

一类是悬浮种衣剂,用于玉米种子包衣,每100kg种子用11%悬浮种衣剂2000～3300g,10%悬浮剂1700～2500g或9.6%悬浮种衣剂1700～2000g。10.6%悬浮种衣剂药剂与种子比为1:(50～60)。

另一类为种子处理可分散粒剂,用于玉米种子包衣,每100kg种子用190～250g。

944. 怎样用烯唑·福美双种衣剂防治玉米丝黑穗病?

15%烯唑·福美双悬浮种衣剂由烯唑醇与福美双复配而成,用于玉米种子包衣防治丝黑穗病,药剂与种子之比为1:(30～40)。

945. 怎样用多·福种衣剂防治玉米茎基腐病?

多·福是多菌灵与福美双复配的混剂,其种衣剂用于玉米种子包衣防治茎基腐病,15%悬浮种衣剂药剂与种子比为1:(30～40),或每100kg种子用14%悬浮种衣剂1000～1500g。

946. 怎样用精甲·咯菌腈种衣剂防治玉米茎基腐病?

35g/L精甲·咯菌腈悬浮种衣剂由精甲霜灵与咯菌腈复配而成,用于玉米种子包衣防治茎基腐病,每100kg种子用制剂100～150mL。

947. 怎样用戊唑·吡虫啉种衣剂防治玉米丝黑穗病和蚜虫?

5.4%戊唑·吡虫啉悬浮种衣剂由戊唑醇与吡虫啉复配而成,用于玉米种子包衣防治丝黑穗病和蚜虫,每100kg种子用制剂2000～3300g。

948. 吡·戊·福美双种衣剂可防治玉米哪些病虫害?

吡·戊·福美双是吡虫啉与戊唑醇、福美双复配的混剂,产品有20.2%和20%悬浮种衣剂,用于玉米种子包衣防治丝黑穗病和地下害虫、蚜虫。药剂与种子之比:20.2%悬浮剂为1:(40～60),20%悬浮种衣剂为1:(50～60)。

949. 戊·氯·吡虫啉种衣剂可防治玉米哪些病虫害?

6.5%戊·氯·吡虫啉悬浮种衣剂由戊唑醇与高效氯氰菊酯、吡虫啉复配而成,用于玉米种子包衣防治丝黑穗病和金针虫,每100kg种子用制剂1250～1420g。

950. 怎样用戊唑·毒死蜱种衣剂防治玉米病虫害?

7.5%戊唑·毒死蜱悬浮种衣剂由戊唑醇与毒死蜱复配而成,用于玉米种子包衣防治丝黑穗病和金针虫、蛴螬,每100kg种子用制剂2000～2500g。

951. 福·唑·毒死蜱种衣剂可防治玉米哪些病虫害?

福·唑·毒死蜱是福美双、戊唑醇与毒死蜱复配的混剂,产品有20.3%和22%悬浮种衣剂，用于玉米种子包衣防治丝黑穗病和金针虫、蝼蛄、蛴螬等地下害虫，每100kg种子用22%悬浮种衣剂2000～2500g（春玉米）或20.3%悬浮种衣剂1620～2800g，或用20.3%悬浮种衣剂按与种子1∶（40～60）的比例进行包衣。

952. 怎样用辛硫·福美双种衣剂防治玉米茎基腐病和地下害虫?

辛硫·福美双是辛硫磷与福美双复配的混剂，产品有16%悬浮种衣剂，18%种子处理微囊悬浮剂，15%油基种衣剂。用于玉米种子包衣防治茎基腐病和地下害虫，药剂与种子质量之比：16%悬浮种衣剂为1∶（40～50），18%种子处理微囊悬浮剂为1∶（30～50），15%油基种衣剂为1∶（40～50）。

953. 怎样用福双·乙酰甲种衣剂防治玉米茎基腐病和地下害虫?

70%福双·乙酰甲种子处理可分散粉剂由福美双与乙酰甲胺磷复配而成，用于玉米种子包衣防治茎基腐病和金针虫、蛴螬等地下害虫，药剂与种子质量之比为1∶（150～180）。

954. 氯氰·福美双种衣剂可防治玉米哪些病虫害?

13%氯氰·福美双悬浮种衣剂由氯氰菊酯与福美双复配而成，用于玉米种子包衣防治茎基腐病和金针虫、蛴螬、小地老虎等害虫，每100kg种子用制剂1670～2500g。

955. 怎样用丁硫·福美双种衣剂防治玉米病虫害?

25%丁硫·福美双悬浮种衣剂由丁硫克百威与福美双复配而成，用于玉米种子包衣防治黑穗病、茎基腐病和地下害虫，每100kg种子用制剂1670～2500g。

956. 怎样用丁·戊·福美双种衣剂防治玉米丝黑穗病和地下害虫?

丁·戊·福美双是丁硫克百威与戊唑醇、福美双复配的混剂，产品有14.4%、15.6%、18%、20%、20.6%悬浮种衣剂，用于玉米种子包衣防治地下害虫和丝黑穗病，每100kg种子用20.6%悬浮种衣剂2000～2500g（春玉米）、20%悬浮种衣剂1670～2500g、18%悬浮种衣剂1700～2500g、15.6%悬浮种衣剂1700～2500g或14.4%悬浮种衣剂2000～2500g。

957. 戊唑·克百威或克·戊·福美双种衣剂可防治玉米什么病虫害?

7.5%戊唑·克百威悬浮种衣剂由戊唑醇与克百威复配而成，用于玉米种子包衣防治丝黑穗病和地下害虫，药剂与种子质量之比为1∶（35～45）。

63%克·戊·福美双干粉种衣剂由克百威与戊唑醇、福美双复配而成，用于玉米种子包衣防治地下害虫和丝黑穗病，药剂与种子质量之比为1∶（200～300）。

958. 福·克种衣剂可防治玉米哪些病虫害?

福·克是福美双与克百威复配的混剂，用于玉米的种衣剂为15%、15.5%、18%、

20％、21％悬浮种衣剂，可防治玉米的茎基腐病和地下害虫、蚜虫、蓟马等，包衣时，几种悬浮种衣剂的用药量与种子之比为1：（40～50）。

959. 多·福·克种衣剂可防治玉米哪些病虫害？

多·福·克是多菌灵、福美双与克百威复配的种衣剂，产品有10种，其中有3种登记用于玉米种子包衣防治茎基腐病和地下害虫。药剂与种子质量之比：30％悬浮种衣剂为1：（50～60），25％悬浮种衣剂为1：（40～50），16.8％悬浮种衣剂为1：（30～40）。

960. 萎·克·福美双种衣剂可防治玉米哪些病虫害？

25％萎·克·福美双悬浮种衣剂由萎锈灵、福美双与克百威复配而成，用于玉米种子包衣防治丝黑穗病和地下害虫金针虫、蝼蛄蛴螬及小地老虎，药剂与种子之比为1：（40～50）。

961. 克·醇·福美双种衣剂可防治玉米哪些病虫害？

16％克·醇·福美双悬浮种衣剂由克百威与三唑醇、福美双复配而成，用于玉米种子包衣防治金针虫、蝼蛄、蛴螬、小地老虎和丝黑穗病，药剂与种子之比为1：（30～50）。

962. 克百·三唑酮和克·戊·三唑酮种衣剂可防治玉米哪些病虫害？

这两个种衣剂都用于防治玉米丝黑穗病和地下害虫。

9％克百·三唑酮悬浮种衣剂由克百威与三唑酮复配而成。用于玉米种子包衣，药剂与种子质量之比为1：（40～50）。

8.1％和9.1％克·戊·三唑酮悬浮种衣剂由克百威与戊唑醇、三唑酮复配而成，用于玉米种子包衣，药剂与种子质量之比：9.1％悬浮剂为1：（40～50），8.1％悬浮种衣剂为1：（35～45）。

963. 克·酮·福美双种衣剂可防治玉米哪些病虫害？

15％克·酮·福美双悬浮种衣剂由克百威与三唑酮、福美双复配而成，用于玉米种子包衣防治地下害虫和茎基腐病，药剂与种子质量之比为1：（30～40）。

964. 克百·多菌灵种衣剂可防治玉米哪些病虫害？

克百·多菌灵是克百威与多菌灵复配的混剂，用于玉米种子包衣防治地下害虫和黑穗病的产品有两个，用于玉米种子包衣的15％悬浮种衣剂药剂与种子质量之比为1：（30～40），17％悬浮种衣剂用药量为种子重量的2％。

965. 甲柳·福美双种衣剂可防治玉米哪些病虫害？

20％甲柳·福美双悬浮种衣剂由甲基异柳磷与福美双复配而成，用于玉米种子包衣防治金针虫、蝼蛄、蛴螬、地老虎和茎基腐病，药剂与种子质量之比为1：（40～50）。

966. 5%氟虫腈悬浮种衣剂可防治玉米哪些病虫害？

氟虫腈是一种苯基吡唑类杀虫剂，对害虫以胃毒作用为主，兼有触杀和一定的内吸作用，其杀虫机制在于阻断昆虫 γ-氨基丁酸和谷氨酸介导的氯离子通道，从而造成昆虫中枢神经系统过度兴奋。每 100kg 种子用本品 400～670g 拌和对玉米螟螬有较好的防治效果。

967. 吡唑醚菌酯可防治玉米哪些病害？

吡唑醚菌酯为甲氧基丙烯酸酯类杀菌剂，其杀菌范围较广，具有保护、治疗和良好的渗透传导作用及植物健康功效。用于种子处理可有效地防除玉米上的土传和种传病害。

每 100kg 种子用 18％吡唑醚菌酯悬浮种衣剂 28～33g 进行包衣，对玉米茎基腐病有良好的效果。正常使用技术条件下对种子和植株生长安全。

968. 8%丁硫·戊唑醇悬浮种衣剂可防治玉米哪些病虫害？

本品为 7.4％丁硫克百威＋0.6％戊唑醇复配的杀虫杀菌型悬浮种衣剂，按药种比 1∶（40～60）进行包衣可防治玉米螟螬、金针虫、蝼蛄、地老虎等地下害虫及丝黑穗病。

969. 4%戊唑·噻虫嗪种子处理悬浮剂怎样使用？

本品为 0.5％戊唑醇＋3.5％噻虫嗪混配制剂。噻虫嗪是一种烟碱类杀虫剂，具有内吸传导性并兼具胃毒和触杀作用，而戊唑醇为三唑类杀菌剂，具有较强的内吸性。每 100kg 种子用 2000～2400mL 进行包衣，药物可被作物根系迅速内吸，并传导到植物各部位，有效防治玉米丝黑穗病和螟螬。

970. 27%精·咪·噻虫胺悬浮种衣剂怎样使用？

本品是一种 20％噻虫胺＋3％精甲霜灵＋4％咪鲜胺铜盐三元复配杀虫杀菌剂。噻虫胺是新烟碱类中的一种杀虫剂，具有触杀、胃毒和内吸活性；精甲霜灵可防治由低等真菌引起的多种种传和土传病害；咪鲜胺铜盐主要通过抑制病原菌麦角甾醇的生物合成而起到保护和治疗作用。每 100kg 种子用本品 500～660mL 包衣能有效防治玉米灰飞虱、茎基腐病，毒性低，持效期适中，对作物安全。

971. 精甲·咯·嘧菌可防治玉米哪些病害？

本品由 6.6％嘧菌酯、1.1％咯菌腈、3.3％精甲霜灵混配而成，具有保护、内吸和铲除功效。每 100kg 种子用本品 350～450mL 包衣处理，对玉米茎基腐病有较好的防治效果。

972. 咯菌·精甲霜可防治玉米哪些病害？

本品是 25g/L 咯菌腈、10g/L 精甲霜灵混配而成的种子处理杀菌剂。每 100kg 种子用本品 150～200mL 包衣可防治玉米茎基腐病。

973. 噻灵·咯·精甲可防治玉米哪些病害？

本品含有 13.9％噻菌灵、1.8％精甲霜灵、2.3％咯菌腈三种有效成分。噻菌灵属于苯并咪唑类杀菌剂，能够抑制有丝分裂，具有内吸性，兼具保护和治疗作用。咯菌腈为非内吸性苯吡咯类杀菌剂，通过抑制葡萄糖磷酰化有关转运来抑制孢子萌发和菌丝生长。精甲霜灵可抑制 RNA 的合成，抑制孢子产生和菌丝生长，其具有高度内吸性，易被植物迅速吸收。

每 100kg 种子用本品 100～200mL 拌种，对玉米茎基腐病有良好的效果。

974. 如何使用 29％噻虫·咯·霜灵悬浮种衣剂？

本品为 28.08％噻虫嗪＋0.26％精甲霜灵＋0.66％咯菌腈三元复配杀虫杀菌剂。噻虫嗪为烟碱类杀虫剂，用于种子处理，可被作物根系迅速内吸，并传导至植株各部位。精甲霜灵为内吸性苯胺类化合物，对卵菌纲真菌如腐霉、绵霉等低等真菌引起的多种种传和土传病害有非常好的防效。咯菌腈为非内吸性苯吡咯类化合物，对子囊菌、担子菌、半知菌等许多病原菌引起的种传和土传病害有非常好的防效。每 100kg 种子用本品 470～560mL 包衣对玉米灰飞虱、茎基腐病有较好的防治效果，且对种子及幼苗安全。

975. 如何使用 26％噻虫·咯·霜灵悬浮种衣剂？

本品为 25％噻虫胺＋0.3％精甲霜灵＋0.7％咯菌腈三元复配杀虫杀菌剂。其中的噻虫胺是一种结构全新的烟碱类杀虫剂，用于种子处理，可被作物根迅速内吸，并传导到植株各部位。精甲霜灵为内吸性苯胺类化合物，对卵菌纲真菌如腐霉、绵霉等低等真菌引起的多种种传和土传病害有非常好的防效。咯菌腈为非内吸苯吡咯类化合物，高效广谱，对子囊菌、担子菌、半知菌等许多病原菌引起的种传和土传病害有非常好的防效。

每 100kg 种子用本品 600～740g 包衣，可防治玉米根腐病和蚜虫。

976. 如何使用 18％吡虫·高氟氯悬浮种衣剂？

本品是 9％吡虫啉＋9％高效氟氯氰菊酯复配的悬浮种衣剂，每 100kg 种子用本品 500～1000mL 包衣对玉米金针虫有较好防效。

977. 如何使用 50％吡虫·硫双威种子处理悬浮剂？

本品由 37.5％硫双威＋12.5％吡虫啉复配而成，具有内吸、触杀和胃毒作用。每 100kg 种子用本品 400～600g 拌种，防治玉米蛴螬危害。

（二）小麦种衣剂

978. 小麦种衣剂可防治哪些病虫害？ 选用哪些农药品种？

本节介绍 29 个小麦种衣剂，主要用于防治小麦的根腐病、全蚀病、黑穗病、纹枯病、锈病、白粉病等，选用的杀菌剂主要有三唑类的戊唑醇、三唑醇、三唑酮、苯醚甲环唑、腈菌唑及多菌灵、福美双等。为防治地下害虫，多选用克百威、甲基异柳磷、甲拌磷等高毒类杀虫剂。

979. 戊唑醇种衣剂可防治小麦哪些病害？

用戊唑醇种衣剂进行种子包衣，能灭除附着在种子表面的病原菌，也能灭杀隐藏在种子内部的病原菌。为防治小麦散黑穗病，每 100kg 麦种用 60g/L 悬浮种衣剂 30～45g 或 2％悬浮种衣剂 100～143g。防治小麦纹枯病，每 100kg 麦种用 60g/L 悬浮种衣剂 50～67g 或 0.2％悬浮种衣剂按 1∶（50～70）的药剂与种子比例进行包衣。

980. 苯醚甲环唑种衣剂可防治小麦哪些病害？

用苯醚甲环唑处理种子，药剂能渗入种子内部，因而对种传病害及土传病害均有防治效果。用 3％苯醚甲环唑悬浮种衣剂对小麦种子包衣，每 100kg 种子的用量为：散黑穗病 200～400g，腥黑穗病 67～100g，矮腥黑穗病 133～400g，根腐病、纹枯病和颖枯病 200g，全蚀病和白粉病 1000g。

3％苯醚甲环唑悬浮种衣剂对大麦的条纹病、根腐叶斑病、网斑病也有很好的防治效果，每 100kg 种子用 100～200g 进行种子包衣。

981. 咯菌腈种衣剂能防治小麦哪些病害？

2.5％咯菌腈悬浮种衣剂，用于小麦种子包衣，防治腥黑穗病，每 100kg 种子用制剂 100～200g；防治根腐病，每 100kg 种子用制剂 150～200g。

982. 怎样用三唑醇种衣剂防治小麦纹枯病？

1.5％三唑醇悬浮种衣剂，用于防治小麦纹枯病，每 100kg 种子用制剂 2～3kg，进行种子包衣。在干旱、土壤墒情不足的条件下播种，可能影响出苗率。

983. 怎样用灭菌唑种衣剂防治小麦散黑穗病？

2.5％灭菌唑悬浮种衣剂用于防治小麦散黑穗病，每 100kg 麦种，用制剂 100～200g 进行种子包衣。

984. 怎样用萎锈·福美双种衣剂防治小麦黑穗病？

40％萎锈·福美双悬浮种衣剂由萎锈灵与福美双复配而成，用于种子包衣防治小麦黑穗病，每100kg麦种用制剂280～330g。

985. 多·福种衣剂可防治小麦哪些病害？

多·福是多菌灵与福美双复配的种衣剂，产品多，登记用于小麦种子包衣防治根腐病和散黑穗病。包衣时每100kg种子用14％悬浮种衣剂1000～1500g或用15％悬浮种衣剂按与种子之比1∶（60～80）进行包衣。

986. 戊唑·福美双种衣剂可防治小麦哪些病害？

戊唑·福美双是戊唑醇与福美双复配的种衣剂，用于小麦的产品有10％、16％、23％悬浮种衣剂，6％干粉种衣剂。用于小麦种子包衣防治散黑穗病，药剂与种子之比：10％悬浮种衣剂为1∶60，6％干粉种衣剂为1∶（560～840）。防治黑穗病和纹枯病，每100kg种子用16％悬浮种衣剂2000～2300g。防治根腐病，用23％悬浮种衣剂的，药剂与种子之比为1∶（400～550）。

987. 怎样用腈菌·戊唑醇种衣剂防治小麦全蚀病？

0.8％腈菌·戊唑醇悬浮种衣剂由腈菌唑与戊唑醇复配而成，用于小麦种子包衣防治全蚀病，每100kg种子用制剂2500～3300g。

988. 怎样用戊唑·克百威种衣剂防治小麦病虫害？

7.3％戊唑·克百威悬浮种衣剂由戊唑醇与克百威复配而成，用于小麦种子包衣防治散黑穗病和地下害虫，药剂与种子之比为1∶（80～100）。

989. 怎样用克·酮·福美双种衣剂防治小麦病虫害？

15％克·酮·福美双悬浮种衣剂由克百威与三唑酮、福美双复配而成，用于小麦种子包衣防治黑穗病和地下害虫，药剂与种子之比为1∶（30～40）。

990. 怎样用克百·多菌灵种衣剂防治小麦病虫害？

克百·多菌灵是克百威与多菌灵复配的种衣剂，用于小麦的产品有16％、17％悬浮种衣剂。防治小麦地下害虫和散黑穗病，用17％悬浮种衣剂进行种子包衣，药剂与种子之比为1∶（40～50）。防治小麦的地老虎、金针虫、蝼蛄、蛴螬和纹枯病，用16％悬浮种衣剂进行种子包衣，药剂与种子之比为1∶（25～30）。

991. 怎样用克·酮·多菌灵种衣剂防治小麦地下害虫和白粉病？

17％克·酮·多菌灵悬浮种衣剂由克百威与三唑酮、多菌灵复配而成，用于小麦种子包衣防治地下害虫和白粉病，药剂与种子之比为 1：（50～60）。

992. 怎样用甲拌·多菌灵种衣剂防治小麦地下害虫和纹枯病？

甲拌·多菌灵是甲拌磷与多菌灵复配的种衣剂，产品有 15％、20％悬浮种衣剂，用于小麦种子包衣防治地下害虫和纹枯病，20％悬浮种衣剂与种子之比为 1：（35～45），或每 100kg 种子用 15％悬浮种衣剂 2220～2600g。

993. 怎样用多·福·甲拌磷防治小麦黑穗病和地下害虫？

17％多·福·甲拌磷悬浮种衣剂由多菌灵、福美双与甲拌磷复配而成，用于小麦种子包衣防治黑穗病和地下害虫，药剂与种子之比为 1：（40～50）。

994. 怎样用甲·戊·福美双种衣剂防治小麦病虫害？

甲·戊·福美双是甲基异柳磷与戊唑醇、福美双复配的种衣剂，用于小麦种子包衣防治地下害虫和纹枯病、立枯病、叶枯病，药剂与种子之比：14％悬浮种衣剂为 1：50，10％油基种衣剂为 1：（50～60）。

995. 15％嘧菌酯悬浮种衣剂可防治小麦哪些病害？

本品是一种内吸传导型种子处理杀菌剂，持效期较长，用于种子包衣处理，可有效防治小麦全蚀病等病害，提升出苗率。每 100kg 种子用本品 180～260g 进行包衣，可防治小麦全蚀病。

996. 如何使用 15％噻呋·呋虫胺种子处理可分散粉剂？

本品是 7.5％噻呋酰胺＋7.5％呋虫胺复配的制剂。呋虫胺为新型烟碱类杀虫剂，具有较强的内吸活性，兼具触杀、胃毒作用。主要通过与烟碱乙酰胆碱受体结合，干扰昆虫神经系统正常传导，引起昆虫异常兴奋，全身痉挛、麻痹而死。噻呋酰胺为三羧酸循环中琥珀酸脱氢酶抑制剂，具较强的内吸性，植物根和叶片均可迅速吸收，再经木质部和质外体传导至整个植株。每 100kg 种子用本品 3300～5000g 拌种，可防治小麦纹枯病和小麦蚜虫。

997. 如何使用 30％噻虫胺悬浮种衣剂？

该产品属新烟碱类杀虫剂，是一种活性高，具有内吸性、触杀和胃毒作用的广谱杀虫剂。作用机理是结合位于神经后突触的烟碱乙酰胆碱受体。每 100kg 种子用本品 470～700g 包衣可防治小麦蚜虫。

998. 如何使用 32％戊唑·吡虫啉悬浮种衣剂？

本产品是 30.9％吡虫啉＋1.1％戊唑醇复配的制剂。吡虫啉内吸性较强，具胃毒和触杀作用，对蚜虫具有较高的防效和较长的持效期，戊唑醇为内吸性杀菌剂。每 100kg

种子用本品 300～500mL 包衣防治小麦散黑穗，每 100kg 种子用本品 300～700mL 包衣防治纹枯病和蚜虫，具有用量低、持效期较长的特点。

999. 如何使用 600g/L 吡虫啉悬浮种衣剂？

本品为内吸性种子包衣专用杀虫剂，按 1∶(143～167)(药种比) 包衣可用于防治早期小麦蚜虫。

1000. 苯醚·咯·噻虫可防治小麦哪些病虫害？

本品为 30%噻虫嗪、2.5%咯菌腈、2.5%苯醚甲环唑三元复配杀虫杀菌种衣剂。其中的噻虫嗪是一种结构全新的烟碱类杀虫剂，用于种子处理，可被作物根迅速内吸，并传导到植株各部位。咯菌腈为非内吸苯吡咯类化合物，对子囊菌、担子菌、半知菌等许多病原菌引起的种传和土传病害有较好的防效。苯醚甲环唑为内吸传导型，兼具预防和治疗活性，通过抑制真菌麦角甾醇的生物合成，使细胞膜形成受阻，从而导致真菌细胞死亡，有极广的杀菌谱，对许多种传、土传病害均有效。每 100kg 种子用本药剂 250～500mL 包衣，对防治小麦根腐病和金针虫有良好的效果。

1001. 如何使用 19%苯甲·吡虫啉悬浮种衣剂？

本品为 18%吡虫啉＋1%苯醚甲环唑复配的新型杀虫杀菌拌种剂，具有内吸传导功能。拌种后药剂随种子的吸涨和水分一起进入种子体内，通过内吸遍布作物根、茎、叶，并在作物体表储存，对作物形成全方位有效保护，不仅能杀死种子表面和土壤中的病菌，同时保护作物不受病害的侵染，每 100kg 种子用本品 1250～1650g 包衣，对整个生育期小麦蚜虫及全蚀病有一定的防治效果。

1002. 如何使用吡虫·咯·苯甲？

本品为 1%咯菌腈、50%吡虫啉、1%苯醚甲环唑三元复配杀虫杀菌种衣剂。其中的吡虫啉是一种烟碱类化合物，可被作物根部迅速内吸，并传导到植株各部位。咯菌腈为非内吸吡咯类化合物，作用机理独特，与现有杀菌剂无交互抗性。苯醚甲环唑是三唑类化合物，具内吸传导性，兼具预防和治疗活性。每 100kg 种子用本品 577～769g 包衣，对小麦散黑穗病和蚜虫有良好的效果。

1003. 如何使用 15%吡虫·毒·苯甲悬浮种衣剂？

本产品由 12%吡虫啉＋2.3%毒死蜱＋0.7%苯醚甲环唑三元复配而成，具有较好的内吸、触杀、胃毒和熏蒸作用。每 100kg 种子用本品 1250～1500g 包衣对小麦刺吸式口器害虫蚜虫、地下害虫金针虫和土传真菌病害全蚀病防效良好，持效期长。

1004. 如何使用 4%咯菌·嘧菌酯种子处理微囊悬浮剂？

本品是 2.5%咯菌腈＋1.5%嘧菌酯复配而成的杀菌剂，具有预防、保护和治疗多重作用。嘧菌酯为甲氧基丙烯酸酯类杀菌剂，咯菌腈为非内吸苯吡咯类杀菌剂。每100kg 种子用本品 100～150g 拌种，可防治小麦纹枯病。

1005. 咯菌·噻霉酮可防治小麦哪些病害？

本品为 1.7% 咯菌腈＋2.3% 噻霉酮的混配制剂。噻霉酮是一种内吸性杀菌剂，对细菌性和真菌性病害具有预防和治疗作用。咯菌腈属于非内吸性的杀菌剂，通过抑制葡萄糖磷酰化有关的转移，抑制真菌菌丝的生长，最终导致病菌死亡。该产品结合噻霉酮和咯菌腈的优点，每 100kg 种子用本品 125～175g 包衣防治小麦根腐病；每 100kg 种子用本品 100～175g 包衣防治腥黑穗病。

1006. 如何使用吡醚·咯·噻虫？

本品为 25% 噻虫胺＋2.5% 咯菌腈＋2.5% 吡唑醚菌酯三元复配杀虫杀菌种衣剂。噻虫胺是一种新烟碱类杀虫剂，用于种子处理，可被作物根迅速内吸，并传导到植株各部位，能有效防治小麦蚜虫。咯菌腈对许多病原菌引起的种传和土传病害有较好的防效。吡唑醚菌酯为新型广谱杀菌剂，为线粒体呼吸抑制剂，具有保护、治疗、叶片渗透传导作用。每 100kg 种子用本品 90～120g 包衣对小麦纹枯病和蚜虫有较好防效。

1007. 氟环·咯·苯甲可防治小麦哪些病害？

本品由 2.2% 咯菌腈、2.2% 苯醚甲环唑、4.6% 氟唑环菌胺三种有效成分复配而成。氟唑环菌胺为 SDHI（琥珀酸脱氢酶抑制剂）类杀菌剂，通过与琥珀酸脱氢酶结合从而抑制三羧酸循环，影响线粒体电子传递链。咯菌腈为非内吸苯吡咯类杀菌剂，通过抑制葡萄糖磷酰化有关转运来抑制菌丝生长。苯醚甲环唑是甾醇甲基化抑制剂，属于三唑类杀菌剂，杀菌谱广，活性高。每 100kg 种子用本品 100～200mL 拌种可防治小麦散黑穗病。

（三）水稻种衣剂

1008. 水稻种衣剂可防治哪些病虫害？ 选用哪些农药品种？

本节介绍 19 个水稻种衣剂，主要是用于防治水稻的恶苗病和立枯病等，选用的杀菌剂品种有福美双、咪鲜胺、戊唑醇、咯菌腈、精甲霜灵、多菌灵、甲基立枯磷等。为防治稻蓟马、稻飞虱、稻瘿蚊，选用吡虫啉、呋虫胺、丁硫克百威、噻虫嗪等。另外，为了调节水稻生长，增加产量，选择枯草芽孢杆菌。

1009. 怎样用戊唑醇种衣剂防治水稻恶苗病和立枯病？

0.25% 戊唑醇悬浮种衣剂用于水稻种子包衣防治恶苗病和立枯病，每 100kg 种子用制剂 200～2500g。小农户自行包衣，可于水稻浸种前 5 天左右进行，每 5kg 稻种，用制剂 100～125g，加水稀释至 170mL，进行包衣，待 3～5 天药膜固化后，方可浸种、催芽、播种。

1010. 怎样用咪鲜胺种衣剂防治水稻恶苗病？

0.5％咪鲜胺悬浮种衣剂用于水稻种子包衣防治恶苗病，药剂与种子之比为 1∶（30～40）。

1011. 怎样用咯菌腈或精甲·咯菌腈种衣剂防治水稻恶苗病？

25g/L 咯菌腈悬浮种衣剂用于水稻种子包衣防治恶苗病，每 100kg 种子用制剂 400～600g，也可以每 100kg 种子用制剂 200～300g 浸种。

62.5％精甲·咯菌腈悬浮种衣剂由精甲霜灵与咯菌腈复配而成，用于水稻种子包衣防治恶苗病，每 100kg 种子用制剂 300～400g。

1012. 怎样用多·福种衣剂防治水稻病害？

15％多·福悬浮种衣剂由多菌灵与福美双复配而成，用于水稻种子包衣防治恶苗病，每 100kg 种子用制剂 1600～2500g。药剂包衣后对水稻立枯病和苗瘟也有较好的防治效果。

1013. 怎样用多·福·立枯磷种衣剂防治水稻立枯病？

13％多·福·立枯磷悬浮种衣剂由多菌灵、福美双、甲基立枯磷三种杀菌剂复配而成，用于水稻种子包衣防治立枯病，每 100kg 种子用制剂 1500g。药剂种子包衣后可兼治恶苗病和苗瘟。

1014. 怎样用多·咪·福美双种衣剂防治水稻恶苗病和立枯病？

多·咪·福美双是多菌灵、咪鲜胺、福美双复配形成的种衣剂，产品有 18％、20％悬浮种衣剂。用于水稻种子包衣防治恶苗病，药剂与种子之比为：20％悬浮种衣剂 1∶（50～80），18％悬浮种衣剂为 1∶（40～50）。为防治水稻的恶苗病和立枯病，每 100kg 种子用 18％悬浮种衣剂 2500～3300g 进行包衣。

1015. 怎样用咪鲜·吡虫啉种衣剂防治水稻恶苗病和蓟马？

咪鲜·吡虫啉是咪鲜胺与吡虫啉复配的种衣剂，产品有 1.3％、2.5％、7％悬浮种衣剂，用于水稻种子包衣防治恶苗病和稻蓟马，2.5％或 1.3％悬浮种衣剂按与种子 1∶（40～50）进行包衣，或每 100kg 种子用 7％悬浮种衣剂 840～1250g。

1016. 怎样用枯草芽孢杆菌种衣剂调节水稻生长？

10000 个/mL 枯草芽孢杆菌悬浮种衣剂主要用于水稻种子包衣调节水稻生长、增产，药剂与种子之比为 1∶40。

1017. 怎样用吡虫啉种衣剂防治稻蓟马？

1%吡虫啉悬浮种衣剂用于种子包衣防治水稻秧田蓟马，药剂与种子之比为1∶（30～40）。

1018. 怎样使用10%呋虫胺干拌种剂防治稻飞虱？

呋虫胺是烟碱乙酰胆碱受体的兴奋剂，可影响昆虫中枢神经系统的突触。每100kg种子用本品1500～2260g拌种，对水稻稻飞虱有较好的防效。

1019. 怎样用丁硫克百威处理种子防治稻蓟马、稻瘿蚊？

本品为氨基甲酸酯类杀虫剂，为胆碱酯酶抑制剂，干扰昆虫神经系统，使昆虫的肌肉及腺体持续兴奋，最终死亡，具有内吸、触杀和胃毒作用。该药可被植物根系吸收，输送到植物其他部位，可防治水稻稻蓟马、稻瘿蚊。

每100kg种子用35%丁硫克百威种子处理干粉剂600～1142g防治稻蓟马或1714～2285g防治稻瘿蚊。本品在水稻上每季最多使用1次。先将称好的稻种浸种，催芽至露白，沥干水分后，放在塑料袋内，然后加入适量的种子处理干粉剂，将袋口扎紧后，上、下、左、右摇动5min左右至种子处理剂完全覆盖种子表面为止，再晾干30min，将种子均匀撒播。若处理未经浸湿的种子，则先向种子洒水使其充分湿润后，再行拌种。本品应于水稻播种前拌种，播种后覆土。

注意事项：①本品禁止在蔬菜、瓜果、茶叶、菌类和中草药材作物上使用。②本品对鱼类、鸟类及野生动物有害。处理过的种子被鸟类觅食可能致命，因误食致死的鸟尸会对其他鹰类及肉食鸟类造成危险，应立即掩埋或处理。③本品不可直接撒施在水塘、湖泊、河流等水体中或沼泽湿地。自撒施地区被风吹散或雨水冲走的药剂可能对附近的水生生物造成危险。不要在水源清洗用具或处理剩余药剂，以免造成水质污染。④本品不可与碱性的农药等物质混合使用。⑤本品严禁对水喷雾。⑥使用本品时应穿戴防护服和手套。施药期间不可吃东西和饮水。施药后应及时洗手和洗脸。⑦本品对蜜蜂、鱼类等水生生物、家蚕有毒，使用本品期间应避免对周围蜂群的影响，开花植物花期、蚕室和桑园附近禁用。远离水产养殖区施药，禁止在河塘等水体中清洗施药器具。用过的容器应妥善处理，不可做他用，也不可随意丢弃。⑧孕妇及哺乳期妇女禁止接触本品。⑨施药后设立警示标志，人畜允许进入的间隔时间为24h。

1020. 怎样用丁硫·噻虫嗪防治稻蓟马？

本品为氨基甲酸酯类杀虫剂30%丁硫克百威与新烟碱类杀虫剂5%噻虫嗪混配而成的干拌种剂，通过干扰昆虫神经系统，使昆虫的肌肉及腺体持续兴奋，最终死亡，具有内吸、触杀和胃毒作用。该药被植物根系吸收，输送到植物其他部位。每100kg种子用本品800～1200g可防治水稻稻蓟马。先将称好的稻种浸种，催芽至露白，沥干水分后，放在塑料袋内，然后加入适量的药剂，将袋口扎紧后，上、下、左、右摇动5min左右至种子处理剂完全覆盖种子表面为止，再晾干30min，将种子均匀撒播。若处理未经浸湿的种子，则先向种子洒水使其充分湿润后，再行拌种。水稻上每季最多使用 1 次。本品应于水稻播种前拌种使用，播种后覆土，在播种后应设立警示标志，播种后 7 天内禁止人畜进入。本品为限制使用农药，禁止在蔬菜、瓜果、茶叶、菌类和中草药上使用。

1021. 噻虫·咯·霜灵可防治哪些水稻病虫害？

本产品由 7.5％噻虫嗪＋1.5％精甲霜灵＋1％咯菌腈三种药剂及相关助剂加工而成，每 100kg 水稻种子用本品 500～1000mL 包衣，可有效防治水稻恶苗病和水稻蓟马。本品使用方便，可供种子公司作种子包衣剂，亦可供农户直接进行种子包衣。用于处理的种子应达到国家良种标准。配制好的药液应在 24h 内使用。按登记用药量，将药剂稀释后（即 100kg 种子加水 1～2L），种子包衣晾干后，浸种催芽至"露白"后播种。本品防止水稻恶苗病，每 100kg 种子用有效成分 50～100g，进行包衣；防止水稻蓟马，每 100kg 种子用有效成分 50g，进行种子包衣。

1022. 精甲·咯·嘧菌可防治哪些水稻病害？

本产品是 2.5％嘧菌酯＋1％咯菌腈＋1.5％精甲霜灵三种药剂及相关助剂加工而成的混配制剂，每 100kg 种子用本品 500～1000mL 包衣可有效防治水稻恶苗病。

1023. 咪鲜·咯菌腈可防治哪些水稻病害？

本产品为新型二元复配杀菌剂。咪鲜胺是一种广谱杀菌剂，对多种作物上由子囊菌和半知菌引起的病害具有明显的防效；咯菌腈为非内吸苯吡咯类化合物，与其他杀菌剂无交互抗性。每 100kg 种子用本品 300～400g 包衣，对水稻恶苗病有良好的效果。

1024. 精甲·戊唑醇可防治哪些水稻病害？

本品为 0.25％戊唑醇＋0.55％精甲霜灵的混配制剂，具有内吸、保护和治疗作用。按药种比（1∶25）～（1∶75）进行拌种后，水浸药膜不脱落，药剂有效成分紧紧包在种子周围，可有效地防治水稻立枯病。

1025. 1.3％咪鲜·吡虫啉悬浮种衣剂可防治哪些水稻病虫害？

本品为 1％吡虫啉＋0.3％咪鲜胺复配的拌种剂，每 100kg 种子用本品 2223～2500g 包衣能有效防治水稻苗期恶苗病和蓟马。

1026. 12％氟啶·戊·杀螟种子处理可分散粉剂可防治哪些水稻病虫害？

本品是 4.8％杀螟丹＋2.4％戊唑醇＋4.8％氟啶胺三元复配剂。戊唑醇属三唑类杀菌剂，是甾醇脱甲基抑制剂，常用作种子处理剂，不仅活性高，杀菌谱广并且持效期长，可防除禾谷类作物多种病害。氟啶胺是一种保护性杀菌剂，通过阻断病菌能量（ATP）的形成，从而使病菌死亡，可用于土壤处理防除水稻根霉病。杀螟丹属沙蚕毒素类杀虫剂，具有一定内吸性。每 100kg 种子用本品 87～130g 进行种子浸种处理，可防治水稻恶苗病和干尖线虫病。

（四）棉花种衣剂

1027. 棉花种衣剂可防治哪些病虫害？ 选用哪些农药品种？

本节介绍 12 个棉花种衣剂，主要是防治立枯病、炭疽病、红腐病等苗期病，选用的杀菌剂品种有多菌灵、福美双、萎锈灵、甲基立枯磷、拌种灵、苯醚甲环唑、三唑酮、咯菌腈等。为防治小地老虎、蓟马和蚜虫，选用杀虫剂吡虫啉、噻虫嗪等。由此可见，所选农药品种均属中等毒以下，无一属高毒类，已淘汰早期使用的含克百威的种衣剂。

1028. 怎样用苯醚甲环唑或咯菌腈种衣剂防治棉花立枯病？

3％苯醚甲环唑悬浮种衣剂用于棉花种子包衣防治立枯病，每 100kg 种子用制剂 800g。

25g/L 咯菌腈悬浮种衣剂用于棉花种子包衣防治立枯病，每 100kg 种子用制剂 600～800g。

注意：棉籽包衣前，均需先脱绒。

1029. 怎样用福美·拌种灵种衣剂防治棉花苗期病害？

福美·拌种灵是福美双与拌种灵复配的种衣剂，用于棉花种子包衣防治立枯病、炭疽病等苗期病害的产品有 4 种，使用时每 100kg 棉籽用 15％悬浮种衣剂 1400～1660g，10％悬浮种衣剂 2000～2500g 或 7.2％悬浮种衣剂 2000～2500g。也可以用 40％悬浮种衣剂与棉籽之比 1：（160～200）或 10％悬浮种衣剂与棉籽之比 1：（40～50）进行包衣。

1030. 怎样用多·福或甲枯·多菌灵种衣剂防治棉花立枯病？

15％多·福悬浮种衣剂由多菌灵与福美双复配而成，用于棉籽包衣防治立枯病，药剂与种子之比为 1：（40～50）。

12％甲枯·多菌灵悬浮种衣剂由甲基立枯磷与多菌灵复配而成，用于棉籽包衣防治立枯病，药剂与种子之比为 1：（20～30）。

1031. 怎样用甲枯·福美双种衣剂防治棉花立枯病和炭疽病？

甲枯·福美双是甲基立枯磷与福美双复配的种衣剂，产品有 15％、20％悬浮种衣剂，用于种子包衣防治棉花苗期的立枯病和炭疽病，药剂与种子之比为 1：（40～60）。

1032. 怎样用多·酮·福美双种衣剂防治棉花红腐病？

15%多·酮·福美双悬浮剂由多菌灵、三唑酮和福美双复配而成，用于种子包衣防治棉花红腐病，药剂与种子之比为 1：(50～60)。

1033. 3 种含吡虫啉的种衣剂可防治哪些棉花病虫害？

这三种由吡虫啉与杀菌剂复配的种衣剂均为防治棉花的小地老虎、蓟马、蚜虫，以及立枯病、炭疽病等苗期病虫害而设计。

① 吡·多·福美双是吡虫啉与多菌灵、福美双复配的种衣剂，产品有 25%、27%悬浮种衣剂，用于棉籽包衣，每 100kg 种子用 27%悬浮种衣剂 1700～2500g，或 25%悬浮种衣剂按与种子之比 1：(40～50) 进行包衣。

② 63%吡·萎·福美双干粉种衣剂由吡虫啉与萎锈灵、福美双复配而成，用于棉籽包衣，每 100kg 种子用制剂 280～350g。

③ 16%吡·萎·多菌灵悬浮种衣剂由吡虫啉与萎锈灵、多菌灵复配而成，用于棉籽包衣，每 100kg 种子用制剂 3500～5000g。

1034. 唑醚·萎·噻虫可防治哪些棉花病虫害？

本品是 20%噻虫嗪、15%萎锈灵、5%吡唑醚菌酯复配而成的悬浮种衣剂。噻虫嗪对害虫具有胃毒、触杀作用及内吸活性，对刺吸式害虫如蚜虫等具有良好的防效。吡唑醚菌酯为线粒体呼吸抑制剂，具有保护、治疗、叶片渗透传导作用。萎锈灵为选择性内吸杀菌剂。每 100kg 种子用本品 750～1000mL 包衣，对棉花蚜虫和立枯病具有较好的防治效果。

1035. 噻虫·咯·霜灵可防治哪些棉花病虫害？

本品为三元复配杀虫杀菌剂。其中的噻虫嗪是一种结构全新的高效、广谱、低毒的烟碱类杀虫剂，用于种子处理，可被作物根迅速内吸，并传导到植株各部位。精甲霜灵为内吸性苯胺类化合物，对卵菌纲真菌如腐霉、绵霉等低等真菌引起的多种种传和土传病害有非常好的防效。咯菌腈为非内吸苯吡咯类化合物，高效广谱，对子囊菌、担子菌、半知菌等许多病原菌引起的种传和土传病害有效。

本品由 22.2%噻虫嗪＋1.7%精甲霜灵＋1.1%咯菌腈混配而成，每 100kg 种子用本剂 690～1380mL 进行种子包衣，可防治棉蚜、立枯病和猝倒病。本品使用方便，可供种子公司作种子包衣剂，亦可供农户直接拌种。用于处理的种子应达到国家良种标准。配制好的药液应在 24h 内使用。本品在作物新品种上大面积应用时，必须先进行小范围的安全性试验。防治棉花病害，按推荐用药量，用水稀释至 1～2L，将药浆与种子充分搅拌，直到药液均匀分布到种子表面，晾干后即可。

（五）油料作物种衣剂

1036. 油料作物种衣剂可防治哪些病虫害？ 选用哪些农药品种？

本节所介绍的种衣剂主要防治大豆根腐病、花生的根腐病和茎腐病、向日葵的根腐病和菌核病，选用的杀菌剂有福美双、多菌灵、苯醚甲环唑、咯菌腈、甲霜灵和精甲霜灵等。为防治地下害虫、蚜虫，选用的杀虫剂有毒死蜱、辛硫磷、甲拌磷、丁硫克百威、克百威、噻虫嗪、噻虫胺、吡虫啉、氟虫腈等。为防治大豆孢囊线虫，选用阿维菌素、甲氨基阿维菌素苯甲酸盐。

1037. 怎样用多菌灵或苯醚甲环唑种衣剂防治大豆根腐病？

12%多菌灵悬浮种衣剂用于大豆种子包衣防治根腐病，每100kg种子用制剂2000～2500g。

3%苯醚甲环唑悬浮种衣剂用于大豆种子包衣防治根腐病，每100kg种子用制剂200～300g。

1038. 600g/L 吡虫啉悬浮种衣剂可防治哪些病虫害？

吡虫啉是烟碱类杀虫剂，内吸性较强，活性较高，同时具备胃毒和触杀作用，每100kg种子用本品300～400mL包衣，对蛴螬等作物害虫具有较好的防效。

1039. 30%吡虫·毒死蜱种子处理微囊悬浮剂可防治哪些病虫害？

本品由7.5%吡虫啉＋22.5%毒死蜱复配而成，具有触杀、胃毒、内吸和熏蒸作用。在土壤中的残留期则较长，对烟草敏感。每100kg种子用本品1330～2000mL拌种，可防治花生蛴螬和蚜虫。

1040. 咯菌腈或精甲·咯菌腈种衣剂可防治哪些油料作物病害？

25g/L咯菌腈悬浮种衣剂用于种子包衣防治大豆或花生的根腐病，每100kg种子用制剂600～800g；防治向日葵菌核病，每100kg种子用制剂600～800g。

62.5g/L精甲·咯菌腈悬浮种衣剂由精甲霜灵与咯菌腈复配而成，用于大豆种子包衣防治根腐病，每100kg种子用制剂300～400g。

1041. 怎样用甲霜·多菌灵或多·福种衣剂防治大豆根腐病？

甲霜·多菌灵是甲霜灵与多菌灵复配的种衣剂，用于大豆种子包衣防治根腐病，每100kg种子，用50%种子处理可分散粉剂500～666g（春大豆），或用13%悬浮种衣剂按与种子1∶（50～60）进行包衣。

多·福是多菌灵与福美双复配的种衣剂，用于大豆种子包衣防治根腐病，每100kg种子用35%悬浮种衣剂1250～1660g，或用25%悬浮种衣剂按与种子1：（50～70）（春大豆）、18%悬浮种衣剂按与种子1：（40～50）进行包衣。

1042. 怎样用阿维·多·福或多·福·甲维盐种衣剂防治大豆孢囊线虫和根腐病？

35.6%阿维·多·福悬浮种衣剂由阿维菌素与多菌灵、福美双复配而成。用于大豆种子包衣防治孢囊线虫和根腐病，药剂与种子之比为1：（80～100）。

20.5%多·福·甲维盐悬浮种衣剂由多菌灵、福美双与甲氨基阿维菌素苯甲酸盐复配而成，用于大豆种子包衣防治根腐病和孢囊线虫，药剂与种子之比为1：（60～80）。

1043. 怎样用多·福·毒死蜱种衣剂防治大豆或花生的地下害虫和根腐病？

多·福·毒死蜱是多菌灵、福美双与毒死蜱复配的种衣剂，产品有25%、30%、38%悬浮种衣剂。

防治大豆的地下害虫和根腐病，每100kg种子用30%悬浮种衣剂1250～1700g，或用38%悬浮种衣剂按与种子1：（60～80），进行种子包衣。

防治花生的地下害虫和根腐病，每100kg种子用25%悬浮种衣剂1670～2000g，进行种子包衣。

1044. 怎样用辛硫·福美双或辛硫·多菌灵种衣剂防治油料作物病虫害？

18%辛硫·福美双种子处理微囊悬浮剂是辛硫磷与福美双复配的种衣剂，用于种子包衣防治花生的地下害虫和根腐病，药剂与种子之比为1：（40～60）；防治向日葵的地下害虫和根腐病，药剂与种子之比为1：（25～40）。

16%辛硫·多菌灵悬浮剂由辛硫磷与多菌灵复配而成，用于种子包衣防治大豆或花生的地下害虫和根腐病，药剂与种子之比为1：（40～50）。

1045. 怎样用甲拌·多菌灵或甲·克种衣剂防治花生病虫害？

15%甲拌·多菌灵悬浮种衣剂由甲拌磷与多菌灵复配而成，用于花生种子包衣防治地下害虫和根腐病、茎腐病，药剂与种子之比为1：（40～50）。

甲·克是甲拌磷与克百威复配的种衣剂，用于花生种子包衣防治地下害虫和蚜虫，每100kg种子用25%悬浮种衣剂2000～2500g或20%悬浮种衣剂4～5kg。

1046. 怎样用丁硫·福美双种衣剂防治大豆病虫害？

25%丁硫·福美双悬浮种衣剂由丁硫克百威与福美双复配而成，用于大豆种子包衣防治地下害虫和根腐病，每100kg种子用制剂2000～2500g。

1047. 怎样用福·克种衣剂防治大豆病虫害？

福·克是福美双与克百威复配的种衣剂，用于大豆种子包衣防治根腐病和地下害虫。用30%悬浮种衣剂按与种子1:(50~70)进行包衣。

1048. 怎样用多·福·克种衣剂防治大豆或花生的病虫害？

多·福·克是多菌灵、福美双与克百威复配的种衣剂，产品有20%、26%、30%、35%悬浮种衣剂，38%可溶粉种衣剂，35%干粉种衣剂。

用于大豆种子包衣防治根腐病和地下害虫、蚜虫、蓟马、孢囊线虫等，药剂与种子之比：35%或30%悬浮种衣剂为1:(50~60)，26%悬浮种衣剂为1:(40~50)，20%悬浮种衣剂为1:(30~40)，38%可溶粉种衣剂为1:(60~80)，35%干粉种衣剂为1:(50~60)。

用于花生种子包衣防治茎腐病、立枯病和地下害虫、线虫等，用26%悬浮剂按与种子1:50进行包衣。

1049. 35%噻虫·福·萎锈悬浮种衣剂可防治哪些病虫害？

本剂是15%噻虫嗪+10%福美双+10%萎锈灵三元复配而成的悬浮种衣剂，持效期较长，在正常使用条件下，对作物和环境较安全，每100kg种子用本品500~570mL包衣对花生根腐病和蚜虫具有很好的防治效果。

1050. 10%噻虫胺种子处理微囊悬浮剂可防治哪些虫害？

噻虫胺为烟碱乙酰胆碱受体的激动剂，作用于昆虫中枢神经系统突触，使昆虫异常兴奋，全身麻痹而死，具有触杀、胃毒和根部内吸活性。每100kg种子用本品667~1000mL拌种可防除花生蛴螬。

1051. 18%氟腈·毒死蜱悬浮种衣剂可防治哪些虫害？

本产品是3%氟虫腈+15%毒死蜱复配而成的种衣剂，按1:(50~100)药种比包衣，防治花生蛴螬，本产品具有一定的缓释作用。持效期较长。

1052. 11%吡虫啉·咯菌腈·嘧菌酯种子处理悬浮剂可防治哪些病虫害？

本产品为1.7%嘧菌酯+9%吡虫啉+0.3%咯菌腈三元复配杀虫杀菌剂。吡虫啉是氯烟碱类杀虫剂，内吸性较强，活性较高，同时具胃毒和触杀作用，主要防治蚜虫等刺吸式害虫。咯菌腈为非内吸苯吡咯类化合物，对许多病原菌有非常好的防效。嘧菌酯通过抑制病原菌线粒体的呼吸作用来阻止其能量合成，是一种作用机理较新的杀菌剂，具有保护和治疗双重功效。每100kg种子用本品1.4~1.8kg包衣，可防治花生蛴螬及白绢病。

1053. 30%吡·萎·福美双种子处理悬浮剂可防治哪些病虫害？

本产品是15%吡虫啉+7.5%福美双+7.5%萎锈灵三元复配而成的杀虫杀菌剂，每100kg种子用本品667~1000mL拌种，可有效防治花生根腐病，并对花生蚜虫有较好的防效。

1054. 嘧菌酯·噻虫嗪·噻呋可防治哪些病虫害？

本品是2%噻呋酰胺+1%嘧菌酯+3%噻虫嗪三元复配广谱性杀虫杀菌剂。噻虫嗪对害虫具有内吸、触杀和胃毒作用；嘧菌酯通过抑制病原菌线粒体呼吸而起保护和治疗作用；噻呋酰胺是琥珀酸酯脱氢酶抑制剂，由于含氟，其在生化过程中竞争力很强，一旦与底物或酶结合就不易恢复。每100kg种子用本品4～5.3L包衣，可防治花生蛴螬、花生白绢病。

1055. 苯醚·咯·噻虫可防治哪些病虫害？

本品为32%噻虫嗪、3%咯菌腈、3%苯醚甲环唑三元复配杀虫杀菌种衣剂。其中的噻虫嗪是一种结构全新的烟碱类杀虫剂，用于种子处理，可被作物根迅速内吸，并传导到植株各部位。咯菌腈为非内吸苯吡咯类化合物，对子囊菌、担子菌、半知菌等许多病原菌引起的种传和土传病害有非常好的防效。苯醚甲环唑是三唑类中最安全的种子处理剂之一，具内吸传导性，兼具预防和治疗活性，通过抑制真菌的麦角甾醇生物合成，使细胞膜形成受阻，从而导致真菌细胞死亡，有极广的杀菌谱，对许多种传、土传病害均有效。每100kg种子使用本药剂355～426mL包衣，对花生茎腐病和蚜虫有良好的效果。

（六）其他作物种衣剂

1056. 咯菌腈种衣剂还可用于何种作物？

25g/L悬浮种衣剂除可以用于小麦、水稻、棉花、向日葵、花生、大豆等作物外，还可用于西瓜种子包衣防治枯萎病，每100kg种子用制剂400～600g；用于豇豆种子包衣防治立枯病，每10kg种子用制剂40～50g。

1057. 怎样用福·克种衣剂防治甜菜病虫害？

40%福·克干粉种衣剂由福美双与克百威复配而成，用于甜菜种子包衣防治根腐病和地下害虫，药剂与种子之比为1：（35～45）。

1058. 10%噻虫嗪种子处理微囊悬浮剂可防治哪些虫害？

每100kg种薯用本品167～225mL拌种，可防治马铃薯蚜虫。

1059. 40%噻虫嗪悬浮种衣剂可防治哪些虫害？

本产品为内吸型杀虫剂，每100kg种子用本品515～765g包衣可防治棉花蚜虫，用本品210～380g包衣可防治玉米蚜虫，用本品255～460g包衣可防治小麦金针虫。

1060. 48%噻虫胺悬浮种衣剂可防治哪些虫害？

每100kg种子用48％噻虫胺悬浮种衣剂250～500mL包衣对花生蛴螬有较好的防效。

1061. 精甲霜灵可防治哪些病害？

本品350g/L精甲霜灵种子处理乳剂，按1：（1250～2500）（药种比）拌种，可防治大豆和花生根腐病、棉花猝倒病；按1：（4000～6666.6）（药种比）拌种可防治水稻烂秧病。

1062. 吡唑醚菌酯可防治哪些病害？

吡唑醚菌酯为甲氧基丙烯酸酯类杀菌剂，其杀菌范围较广，具有保护、治疗和良好的渗透传导作用及促进植物健康的功效，主要用作叶面喷施和种子处理。用于种子处理可有效地防除玉米和棉花等作物上的土传和种传病害。

每100kg种子用18％吡唑醚菌酯悬浮种衣剂27～33mL包衣，对棉花猝倒病、立枯病和玉米茎基腐病均有良好的效果。正常使用技术条件下对种子和植株生长安全。

1063. 10%精甲·戊·嘧菌悬浮种衣剂可防治哪些病害？

本产品为具有内吸和治疗作用的4％戊唑醇＋2％精甲霜灵＋4％嘧菌酯三元复配杀菌剂，每100kg种子用本品200～300mL包衣能有效防治玉米茎基腐病、丝黑穗病及水稻恶苗病。

1064. 30%嘧·咪·噻虫嗪悬浮种衣剂可防治哪些病虫害？

本品是20％噻虫嗪＋4％咪鲜胺铜盐＋6％嘧菌酯三元复配广谱性杀虫杀菌剂。噻虫嗪对害虫具有内吸、触杀和胃毒作用；嘧菌酯通过抑制病原菌线粒体呼吸而起到保护和治疗作用；咪鲜胺铜盐主要通过抑制病原菌麦角甾醇的生物合成而起到保护和治疗作用。每100kg种子用本品483～600g包衣能有效防治花生蚜虫、根腐病；每100kg种子用本品333～500g包衣可防治小麦蚜虫、根腐病、黑穗病。

1065. 30%咯菌腈·嘧菌酯·噻虫嗪种子处理可分散粉剂可防治哪些病虫害？

本品是一种广谱性杀虫杀菌剂，由20％噻虫嗪＋9.5％嘧菌酯＋0.5％咯菌腈混配而成。噻虫嗪对害虫具有内吸、触杀和胃毒作用；嘧菌酯通过抑制病原菌线粒体呼吸而起到保护和治疗作用；咯菌腈为新颖广谱、触杀性吡咯类杀菌剂，通过抑制葡萄磷酰化的有关转移，并抑制真菌菌丝体的生长。每100kg种薯用本品67～100g拌种，对马铃薯黑痣病和蛴螬有良好的防治效果。在播种前按照推荐用药量进行种薯拌药处理，拌种要均匀，拌好药剂的薯块自然阴干后播种。施药 1 次，既可机械包衣亦可人工包衣。配制好的药液应在 24h 内使用，以免产生沉淀影响使用。

1066. 30%噻呋·嘧菌酯悬浮种衣剂可防治哪些病虫害？

本产品为 20％噻呋酰胺＋10％嘧菌酯复配杀菌剂。噻呋酰胺是琥珀酸酯脱氢酶抑制剂，抑制病菌三羧酸循环中琥珀酸去氢酶，导致菌体死亡，它具有很强的内吸传导性能；嘧菌酯是一种 β-甲氧基丙烯酸酯类杀菌剂，通过抑制病原菌线粒体的呼吸作用来阻止其能量合成，是一种作用机理较新的杀菌剂，具有保护和治疗双重功效。

每 100kg 种薯用本品 80～100mL 包衣，可防治马铃薯黑痣病。

十五、除草剂

1067. 除草剂的定义如何界定?

除草剂是用于灭除杂草或控制杂草生长的一类农药。广义地说，除草剂是防除所有人类不希望其存在的植物的药剂。凡是要除去的植物都可以叫作莠，因而除草剂亦称除莠剂。

除草剂的作用对象是杂草，那么何谓杂草? 广义地说，杂草是指地方的植物。同一种植物，长对了地方就是栽培植物，长错了地方就是杂草。荠菜，种植在菜园里就是蔬菜，长在麦地里就是杂草；生长在草坪里的狗牙根是很好的草坪草，生长在农田里就是难于防除的恶性杂草。

杂草，有的是草本植物，有的是木本植物。农田杂草，一般是指农田中非有意识栽培的植物，均为草本植物。苗圃、林地、道路沿线及工厂、仓库、住宅、机场周围环境中所有不希望其存在的草本植物、荆棘、灌木、杂树等植物都是杂草。本书主要是设题讲解应用除草剂防除农田杂草的使用技术，兼顾其他方面的杂草的化学防除。

当前全球生产的除草剂多达 300 种以上，涉及各类有机化合物。同类化合物的各个品种具有许多通性，掌握各类化合物的特性，有助于安全、有效地使用。因而按化学结构可以将除草剂分为许多类型。随着除草剂作用机理研究的深入，发现具有相似化学结构的除草剂可能具有不同的作用靶标，而不同化学结构的除草剂也可能具有相同的作用靶标，因而按作用靶标（即靶酶）可以将除草剂分为许多类型。本书采用化学结构及作用靶标相结合进行分类，即将除草剂品种归纳为 22 种化学结构类型，再将作用靶标相同的化学结构类型相连排列；除草剂混剂则主要按用于农田的作物种类划分。

1068. 除草剂的土壤处理为什么成为最常用的使用方法?

除草剂以土壤处理的方法使用最为广泛，有人估计约有 70％的除草剂是采用此法使用的，这是因为目前使用的除草剂多为芽前处理剂。

土壤处理就是采用适宜的施药方法把除草剂直接施于土壤表面或土壤表层中，一般用于防除由种子萌发的杂草及多年生浅根性的杂草。

将除草剂施于土表的称为土表处理，使土壤表面形成药膜层。施药后不能动土，否则，药膜层破坏，会降低除草效果。一般在播后苗前施药，凡是通过根或幼芽被吸收的除草剂往往采取此法。

将除草剂施于表土层的称为混土处理，即将除草剂均匀混到 5～10cm 土层内，形成药土层。杂草种子较轻，多在 0.1～5mg，绝大多数的杂草幼苗都是由在土表 5cm 以内的种子萌发而出土的，根据杂草种子在土壤中分布情况确定混土的深度。混土处理主要适用于易挥发或易光解的除草剂，一般是在作物播种前施药，并立即采用圆盘耙或旋转锄交叉耙地，将药剂混拌于土表层中，然后耢平、镇压，进行播种。

用作土壤处理的除草剂，一般只对已经萌发的杂草种子有杀伤作用，对未萌发的杂草种子无效。为了充分发挥药剂土壤处理的除草效果，施药前后应结合耕作措施，诱发杂草种子整齐萌发出土，这在春季干旱地区尤为重要。

1069. 除草剂的茎叶处理法何以得到快速发展？

茎叶处理是将除草剂配制成药液喷洒到杂草茎叶上使杂草中毒死亡。被处理的杂草通常生长在已种植农作物的田里，作物与杂草混生，要求所用的除草剂具有较强的选择性，杀草不伤苗。对选择性较差的除草剂或灭生性除草剂，施药时应采用定向喷雾法。随着选择性除草剂新类型和新品种的日益增多，用于茎叶处理的除草剂也在快速发展中。

用于茎叶处理的除草剂可在 3 个时期施药：①在作物种植或移栽前，用除草剂全面喷施，杀灭已生长的杂草；②在作物生长期内，根据杂草发生情况，采用全面施药，对全田进行均匀茎叶喷洒，或采用带状施药，将药剂喷洒于作物苗带上或行间；③果林苗圃，如果用树砧木种子育苗，在苗后对全苗圃或苗带喷洒除草剂。

采用茎叶处理时，助剂对除草剂的药效和安全性的影响，是很值得注意的。通常情况下，助剂能提高除草剂药液在植株上的分布，从而提高除草效果。

1070. 使用地膜覆盖化学除草时须注意些什么？

地膜覆盖后温度高、湿度大、保墒好，对作物生长有利，也很适合杂草生长，草害较严重。采用地膜化学除草，效果很好。其方法有两种：一是喷药后盖上地膜；二是用除草剂地膜直接覆盖。地膜化学除草须注意以下几点。

① 地膜化学除草一般是选用播后苗前选择性较强的土壤处理剂，根据主要杂草种类选择除草剂品种。

② 为减少杂草基数，提高除草效果，应选择前茬杂草少的地块，并深翻深耕，把杂草种子压在土壤深层。

③ 精细整地。盖膜畦面土壤要精细和疏松，不能有大的坷垃或作物根茬残体。否则，药剂喷施不均匀，不能形成药的药土层，除草效果差。

④ 喷药盖膜后，比露地药效来得快，药力强，为保证作物幼苗不受药害，应适当减少用药量，一般是比露地常用量减少 20％～30％。

⑤ 除草剂地膜是把除草剂压在地膜的一面上，覆盖时要注意正反面，把带药的一面盖在地面，与地面接合。

⑥ 盖膜要求做到"紧、严、实"，使地膜表面与土壤表面密切贴合，不留空隙，才有利于药效发挥，即使有漏网小草长出，也会被地膜烤死。

⑦ 盖膜后，膜内个别地方出现少量杂草时，可用土压在对应杂草处的地膜上，便能抑制杂草生长。压土只能在杂草幼小时进行，当膜内形成"大草包"时才压土也无效。

⑧ 为减少白色污染，尽可能采用光解地膜。

（一）苯氧羧酸类除草剂

1071. 苯氧羧酸类除草剂有什么特性？

苯氧羧酸类除草剂是 20 世纪 40 年代研究开发的，因其杀草活性高、选择性强，开拓了有机选择性除草剂的新领域，从而为现代化学除草技术奠定了基础。先后问世的品种约 20 个，其中第一个商品化品种 2,4-滴是随机筛选而得，其他品种都是在 2,4-滴的结构基础上研制的，它们具有许多优异的特性。

① 选择性强。主要对阔叶杂草有效，适用于禾谷类作物，特别是水稻田、麦田和玉米田防除一年生及多年生阔叶杂草及莎草。

② 属激素型除草剂。即低浓度时促进生长，高浓度时抑制生长，浓度更高时有毒杀作用。对植物体内的几乎所有生理、生化功能产生广泛的影响。

③ 为内吸传导型除草剂，可通过茎叶根被植物吸收。茎叶吸收的药剂主要随光合作用产物沿韧皮部筛管在植物体内传导，运送到根、茎、叶生长旺盛部分；根系吸收的药剂则随蒸腾流沿木质部导管向上传导并带到植物体各部位。其盐与酯类被植物吸收后，在体内转变为酸而发生毒效作用。低分子酯类易进入角质层，但由于其触杀作用造成局部细胞或组织坏死，使传导受阻。在使用时，如用药量过大，由于输导组织被杀死，药剂不能传导到根系或生长点，反而药效不好，低剂量多次用药，有利于提高药效。

④ 植物性状对药剂吸收及传导影响较大。对茎叶进行处理时，药剂被叶片吸收的速度，在很大程度上取决于药剂能否通过叶片上的蜡质层。在实际使用时，常在药液中添加表面活性剂，来提高药液在杂草叶片上的润湿性和黏着性，以促进叶片吸收药剂的速度。

⑤ 棉花、大豆、蔬菜等阔叶作物及阔叶树对这类药剂极为敏感，受害后主要形态特征为各种器官的扭曲、变形，如叶片卷缩，呈鸡爪状，生长点向下变曲，茎基部膨胀，根系短而粗大等。使用时必须注意风向，防止飘移，污染敏感作物。喷药完毕后要彻底清洗用药工具，以免下次使用工具污染其他作物。

⑥ 禾谷类作物对这类药剂抵抗力较强，但在不同生育阶段的耐药力也有差别。幼苗期和拔节孕穗期植株生长迅速，对药剂敏感，不宜用药除草。在 4～5 叶期至拔节前的阶段耐药力较强，为使用这类药剂除草的适宜期。

苯氧羧酸类除草剂是使用历史最久的有机除草剂，其在环境中易被降解，使用至今未发现其对环境及公共卫生场所有任何危害。近年来，随着种植结构的调整，某些新型高效除草剂因为药害问题而淡出市场，使 2,4-滴等的市场份额逐渐加大，销售回升迅速。

2,4,5-涕因发现有致畸作用，目前已在某些国家包括我国禁止使用。其致畸物质并不是 2,4,5-涕本身，而是在制备中间体时生成的副产物氯代二噁因被带进了产品中，但实验也证明，2,4,5-涕在正常使用剂量下，其所含的二噁因的浓度不足以对人类和环境造成危害，因此，欧洲、东南亚等地仍有使用。

本类除草剂的多数品种，如 2,4-滴和 2 甲 4 氯的盐类与酯类已为众人熟知，在此略而不叙，仅介绍国内市场新近出现的 2,4-滴异辛酯。

1072. 2,4-滴异辛酯有何特点？

为解决苯氧羧酸类除草剂中短侧链、低分子量酯类品种，如 2,4-滴丁酯等的挥发和飘移问题，相继开发了多个长侧链、低挥发性的酯类品种，其中以异辛酯使用最为普遍，如 2,4-滴异辛酯、2 甲 4 氯异辛酯。他们的作用机理与 2,4-滴丁酯相同，但活性略低于 2,4-滴丁酯，主要优点是挥发性较低，对作物安全性比 2,4-滴丁酯要好得多。

2,4-滴异辛酯的产品有 50%、62%、900g/L 乳油，适用作物和防除杂草种类与 2,4-滴丁酯基本相同。例如，防除一年生阔叶杂草，春小麦亩用 62%乳油 85～100mL 或 900g/L 乳油 30～35mL，对水茎叶喷雾。还可在玉米、大豆、花生、蚕豆等大粒作物出苗前进行土表处理防除阔叶杂草，例如在春玉米、春大豆播后苗前亩用 900g/L 乳油 40～50mL，对水喷洒土表。

1073. 如何应用 2,4-滴丁酸钠盐防治水田杂草？

激素型除草剂，经 β 位氧化成 2,4-滴而起到除草作用，其活性取决于植物体内 β 氧化酶的活性，因而具有较大的选择性。它可用于水稻田防除野慈姑、泽泻、水葱、萤蔺、碎米莎草等一年生阔叶杂草和莎草科杂草，药效持效期长。30%可溶液剂，防治水稻移栽田防治一年生阔叶杂草及莎草科杂草，用量为 150～200mL/亩，在移栽稻分蘖中后期，杂草 2～5 叶期茎叶喷雾施药。用药前一天傍晚排干田水，喷药 24h 后灌水，水层勿淹没水稻心叶。棉花、甜菜、油菜、马铃薯、向日葵、瓜类、蔬菜、中药材、果树、林木等对本品敏感，施用时保持一定的安全距离，避免药液漂移到上述敏感作物及树木上产生药害。下风向有敏感作物及树木的区域，禁用本药剂。

（二）芳基羧酸类除草剂

主要包括苯甲酸类、喹啉羧酸类、吡啶氧乙酸类等除草剂，均为激素型除草剂。

1074. 氯氟吡氧乙酸使用技术与方法？

氯氟吡氧乙酸是内吸传导型苗后除草剂，药后很快被杂草吸收，使其出现激素类除草剂的反应，植株畸形、扭曲。在耐药性植物如小麦体内，药液可结合成轭合物失去毒性，从而具有选择性。200g/L 乳油，冬小麦田防除阔叶杂草，用量为 60～70mL/亩，冬小麦 4 叶期至拔节前，阔叶杂草 2～4 叶期时茎叶喷雾；玉米田防除一年生阔叶杂草，用 50～70mL/亩茎叶喷雾。

1075. 麦草畏在麦田等怎样使用？

麦草畏，是苯甲酸类化合物，对杂草的作用性质与 2,4-滴丁酯、2 甲 4 氯等相同，具有内吸传导作用，喷施后，能被杂草根、茎、叶很快吸收，向上、下传导，积累在生长点和生长旺盛部位，阻碍植株体内植物激素活动，导致杂草死亡。一般在施药后 24～48h 杂草就出现畸形卷曲，一周后变褐色开始死亡。

（1）麦田　在麦田使用，冬小麦 4 叶期至分蘖末、拔节前施药，春小麦 3～5 叶期施药，亩用 48％水剂 20～25mL（冬小麦）、20～27mL（春小麦）。能防除猪殃殃、荞麦蔓、牛繁缕、藜、大巢菜、播娘蒿、苍耳、刺儿菜、问荆、田旋花、鳢肠等。

麦苗有分解麦草畏的能力，但在其生长旺盛期使用也不安全。小麦 3 叶期前和拔节后不能使用。小麦不同品种耐药力有差异，在新品种上使用前应先做试验。麦苗受害后，植株向地面倾斜，叶片拉长下披，有的麦株呈匍匐状，受害轻者一般 15 天后能恢复。

（2）玉米田　在玉米田使用，播后苗前亩用 48％水剂 30mL，对水 30～50kg，喷洒于土表；或在玉米 3～6 叶期，杂草 3～5 叶期，亩用 48％水剂 25～30mL，对水喷洒茎叶。当玉米株高达 90cm 或开始抽雄时对麦草畏很敏感，不能施药，应在抽雄前 15 天停止用药，否则易产生药害。用药过量也易产生药害。玉米受药害症状是：苗前施药的是根系增多，地上部生长受抑制，叶片变窄；苗后施的则是支撑根变扁，茎脆弱，叶片长成葱管状叶。在正常施药情况下，玉米苗有倾斜或弯曲现象，经 1 周后可恢复正常。

（3）莠田　主要防除阔叶杂草。在杂草 4 叶期左右，亩用 48％水剂 30～70mL，对水 30～50kg，茎叶喷雾。为兼除莎草可 48％麦草畏水剂 20mL 加 48％灭草松水剂 150mL 混用。

（4）禾本科牧草场地　可防除多种阔叶杂草和阔叶小灌木。一般在一年生阔叶杂草苗高 2～5cm 时亩用 48％水剂 25～40mL；多年生阔叶杂草苗高 10～25cm 时用 82mL。为提高防效和扩大杀草谱，可与 2 甲 4 氯或 2,4-滴丁酯混用，参与混用的单剂用量，可比单用减少 1/3。施药后短期不要放牧。

（5）桑园　在阔叶杂草 3～5 叶期，亩用 48％水剂 25～40mL，加水 50kg，压低喷头喷洒于行间杂草，对桑树较为安全。

（6）非耕地　以禾本科草为植被的非耕地防除阔叶杂草，在杂草 4～6 叶期，亩用 48％水剂 30～40mL；在无植被的非耕地防除阔叶杂草每 667 平方米用 40～80mL，防除灌木用 80～160mL，对水喷雾。

（7）根除树桩　防止伐木的树桩萌发新条，用 48％水剂对水 5～10 倍后，涂满树桩全部剖面，或在树桩干上钻多个 2～5cm 深的孔，再滴入药液，使树根中毒、死亡，加速枯烂。

1076. 怎样使用二氯喹啉酸防除稻田稗草？

二氯喹啉酸产品有 25％、50％可湿性粉剂，25％、30％悬浮剂，45％、50％可溶粉剂，50％水分散粒剂，25％泡腾粒剂。它是稻田稗草的特效除草剂，对 4～7 叶期大龄稗草防效突出，施药适期宽，施药 1 次即能控制整个水稻生育期内的稗草，还能兼治鸭舌草、水芹、瓜皮草、苦草、眼子菜、异型莎草，但对多年生莎草效果差。

二氯喹啉酸属喹啉羧酸类化合物，为激素型除草剂。施药后能被萌发的种子、根及叶吸收，以根吸收为主。施于土壤的药剂，迅速被根吸收，主要向新生叶输导，向已定型的叶片输导较少；施于茎叶的药剂，被叶片吸收，在叶内滞留数日后，逐渐向新生叶输导，部分向根输导。受药害的稗草嫩叶出现轻微失绿现象，叶片出现纵向条纹并弯曲。夹心稗受药害后叶尖失绿变为紫褐色至枯死。阔叶杂草受药害后生长受阻，叶片扭曲，根部畸形肿大。水稻根吸收药剂的速度比稗草慢，吸进去的药剂能被分解，在 3 叶期以后施药，对水稻安全。

秧田和直播田，在秧苗 3 叶期后、稗草 1～7 叶期均可施药，以秧苗 2 叶期复水前即稗草 2～3 叶期施药最佳。移栽田，在插秧后 5～20 天均可施药，以稗草 2～3 叶期施药最佳。亩用 50％可湿性粉剂 20～30g（南方）、30～50g（北方），25％悬浮剂 60～80g，50％水分散粒剂 30～40g，对水喷雾。稗草叶龄大、基数多时用高剂量，反之用低剂量。施药前一天晚上排干田水，以利于稗草茎叶接触药剂；施药后 1 天灌水，保水 5～7 天。田面有水层时可采用毒土法。本田可亩用 25％泡腾粒剂 50～100g 撒施。

① 浸种和露芽的稻种对药剂敏感，秧田和直播田的 2 叶期前秧苗初生根易受药害，在此时不能施药。薄膜育秧田需练苗 1～2 天再施药。北方旱育秧田不宜使用。

② 对二氯喹啉酸敏感易受药害的作物有番茄、茄子、辣椒、马铃薯、莴苣、胡萝卜、芹菜、香菜、菠菜、瓜菜、甜菜、烟草、向日葵、棉花、大豆、甘薯、紫花苜蓿等，其中番茄最敏感。施药时要防止雾滴飘移到这些作物上，也不要用喷过二氯喹啉酸的稻田水浇这些作物。

施过二氯喹啉酸的田，后茬及第二年不要种敏感作物，可改种稻、小粒谷物、玉米、高粱等耐药力强的作物。用药 8 个月内不宜种植棉花、大豆。下一年不能种植甜菜、茄子、烟草。两年后方可种植番茄、胡萝卜。

1077. 怎样用草除灵防除油菜田阔叶杂草？

草除灵属噻唑羧酸类化合物，为激素型除草剂。可被杂草叶片吸收并传导至全株，使生长停滞，叶片僵绿，增厚反卷，新生叶扭曲，节间缩短，直至死亡。

产品有 30％、50％悬浮剂，15％乳油，适用于油菜、大豆、麦类、玉米、亚麻、苜蓿等作物防除阔叶杂草，如猪殃殃、婆婆纳、繁缕、牛繁缕、苍耳、雀舌草、曼陀罗、地肤、野芝麻、皱叶酸模等，对大巢菜、荠菜效果差。在我国目前主要用于油菜田除草。

冬油菜，在直播油菜 6～8 叶或移栽油菜活棵后，阔叶杂草 2～3 叶至 2～3 个分枝，冬前气温较高时施药，也可在冬后油菜返青期（6～8 叶）气温回升时施药。亩用 50％悬浮剂 27～40mL、30％悬浮剂 50～65mL 或 15％乳油 100～130mL，对水 30～40kg 喷雾。

不同类型油菜对草除灵耐受性不同，甘蓝型油菜耐药性较强，白菜型油菜耐药性较弱，芥菜型油菜耐药性差，不宜用此药除草。

1078. 二氯吡啶酸适用于哪些作物地除草?

二氯吡啶酸属吡啶羧酸类化合物,为激素型除草剂,产品为75%可溶粒剂,30%水剂。内吸性芽后使用,主要由叶片吸收,传导至全株,使生长停止,叶片下垂、扭曲畸形,致死亡。可经韧皮部传导至根,对深根杂草也有效。能有效防除菊科、豆科、茄科和伞形科杂草,对大巢菜、稻槎草防效很好,对牛繁缕防效差,对禾本科杂草基本无效。

(1) 油菜田 于油菜苗后至初薹期,阔叶杂草4~8叶期,亩用75%可溶粒剂9~16g(春油菜)、6~10g(冬油菜)或30%水剂35~60mL(春油菜),对水喷雾。药后1天,杂草叶片就开始向下卷,3~10天叶片萎缩、扭曲畸形,15天开始死亡,持效期达60天。若亩用75%可溶粒剂5g与50%草除灵悬浮剂30mL混合,可提高防效,且对油菜更安全。

(2) 其他作物 防除一年生阔叶杂草,春小麦亩用30%水剂45~60mL,春玉米亩用30%水剂67~100mL,于亩后对水喷雾。

本剂还可用于非耕地、休闲地除草。

1079. 氨氯吡啶酸怎样使用?

氨氯吡啶酸与二氯吡啶酸相似,为吡啶羧酸类化合物,为激素型除草剂,可被植物的叶和根吸收与传导(十字花科植物除外),抑制核酸代谢,干扰蛋白质合成,致使植物畸形、死亡。中毒症状很像2,4-滴。能防除多种多年生深根阔叶杂草及木本植物,对麦田中抗2,4-滴类的阔叶杂草很有效。产品多为其钾盐或铵盐水剂及颗粒剂,与2,4-滴类的混剂。国内现有产品为24%水剂。

非耕地和休闲地除草、灭灌,亩用24%水剂300~600mL,对水茎叶喷雾。也可用于麦类、玉米、高粱地防除阔叶杂草。

1080. 氯氟吡氧乙酸可防除哪些作物地阔叶杂草?

氯氟吡氧乙酸从化学结构划分属吡啶氧乙酸类除草剂;从除草作用原理划分属典型的激素型除草剂,施药后很快被杂草吸收,并传导到全株各部位,使植株畸形、扭曲,最后死亡。温度能影响药效发挥的速度,但不影响最终除草效果。产品有25%、200g/L乳油。

适用于禾谷类作物和果林茶地防除阔叶杂草,如猪殃殃、马齿苋、卷茎苋、田旋花、繁缕、播娘蒿、水花生等。对禾本科杂草无效。在禾谷类作物上施药适期较宽,如小麦可在2叶期至旗叶期施用,对作物安全,因它在禾谷类作物体内可形成轭合物而失去毒害作用。但在果林茶桑等地施药,要防止药液(雾滴)飘移到果树等枝叶上。

① 防除麦地杂草。在冬小麦返青后、春麦2~4叶期、杂草完全出齐后施药。亩用200g/L乳油50~67mL,对水30L,进行茎叶喷雾。

② 防除玉米地田旋花、小旋花、马齿苋等阔叶杂草,在杂草2~4叶期,亩用200g/L乳油67~100mL,对水30L喷雾。

③ 防除果园、林地、茶、桑等地阔叶杂草,在杂草2~5叶期,根据杂草种类和生

育期决定用药量，一般亩用 200g/L 乳油 75～150mL，对水 30L 喷雾。在葡萄园施药可用保护罩进行定向喷雾。

④ 防除水稻田埂、渠道的空心莲子草（水花生），在杂草出土高峰后进入幼茎伸长始期，亩用 200g/L 乳油 50mL，对水 30L，喷雾于茎叶。

施药时应防止雾滴飘移到大豆、花生、甘薯、甘蓝等阔叶作物，用过的喷雾器要充分洗净后，方可用于阔叶作物上喷药，以免发生药害。

1081. 氯氟吡氧乙酸异辛酯可防除哪些作物地阔叶杂草？

氯氟吡氧乙酸异辛酯的除草性能与氯氟吡氧乙酸基本相同。产品有 25％、200g/L、288g/L 乳油。

适用作物和防除杂草的种类与氯氟吡氧乙酸相同。麦田除草，亩用 288g/L 乳油 35～50mL 或 200g/L 乳油 50～65mL；防除水稻田畦畔的空心莲子草（水花生），亩用 200g/L 乳油 50～60mL；夏玉米田除草，亩用 25％乳油 50～60mL；非耕地除草，亩用 25％乳油 60～70mL。以对水喷雾方式施药。施药过程中，防止雾滴飘移污染阔叶作物。

1082. 三氯吡氧乙酸在林业上怎样使用？

三氯吡氧乙酸属吡啶氧乙酸类化合物，为激素型除草剂。被杂草叶和根吸收，传导至全株后，作用于核酸代谢，产生过量核酸，使一些组织转变成分生组织，造成叶片、茎和根生长畸形，贮藏物质耗尽，维管束组织被栓塞或破裂，植株逐渐死亡。

进口产品为 48％乳油，主要用于森林防除阔叶杂草、灌木和非目的树种，如婆婆纳、香薷、白芷、唐松草、水花生、玉竹、山梅子、山丁子、榛材、蒙古栎、黑桦、山杨、榆、椴、柳、山梨、地榆等。杂草受药后 3～7 天心叶卷曲、无法生长，顽固杂草连根完全死亡约需 30 天，杂树死亡所需时间更长些。对禾本科和莎草科杂草无效。

① 除草灭灌。在杂草和灌木的叶面充分展开、生长旺盛阶段使用。造林前化学整地及防火线，亩用 48％乳油 278～500mL；幼林抚育亩用 128mL，对水常规喷雾。

② 防除非目的树种。当树木胸径 10～20cm 时，取 48％乳油对柴油 40～50 倍后喷树干基部，每株喷药液 70～90mL。

另外需注意，松树和云杉用药每公顷超过 1kg 有效成分会有不同程度的药害。

1083. 氟硫草定在草坪上怎样使用？

氟硫草定属吡啶羧酸类化合物，产品为 32％乳油，可用于草坪和移栽稻田防除一年生单子叶杂草及小粒阔叶杂草，除草活性不受环境变化的影响，持效期长达 80 天。用于高羊茅、早熟禾等草坪除草，一般是在芽前，亩用制剂 75～100mL，对水喷雾。

1084. 如何应用二氯喹啉草酮防治水稻田杂草？

为新研发的水稻田茎叶处理除草剂，具有作用速度快、正确使用对水稻安全的特点，适用于杂草综合治理和防治已产生抗性的杂草。20％二氯喹啉草酮可分散油悬浮剂登记在水稻田防治稗草，用药量为 $200\sim300\text{mL/亩}$。施药时期为水稻移栽后 $7\sim20$ 天，以稗草 $2\sim4$ 叶期施药最佳。施药时，排水至浅水或湿润泥土状后喷施，药后 1 天复水并封闭畦口，尽量保持浅水 $3\sim5\text{cm}$ $5\sim7$ 天（避免淹没稻心，避免药害），然后按常规管理。施药时避免弱苗、小苗和重喷，并严格使用二次稀释法配药。每季作物只能使用一次。

（三）芳氧基苯氧基丙酸酯类除草剂

1085. 芳氧基苯氧基丙酸酯类除草剂有什么特性？

本类除草剂是自 20 世纪 70 年代才开发的一类防除禾本科杂草的新型除草剂，如禾草灵、吡氟禾草灵、吡氟乙草灵、喹禾灵、噁唑禾草灵等，是在研究苯氧乙酸类除草剂的基础上发展起来的，它具有许多优异的特性。

① 作用靶标是乙酰辅酶 A 羧化酶，抑制脂肪酸生物合成，干扰代谢作用，主要是破坏细胞膜结构和抑制分生组织的细胞分裂以及破坏叶绿体，使光合作用及同化物质运输受阻，生长受抑制，进而植株死亡。

② 选择性强。不仅在阔叶与禾本科植物间具有良好的选择性，在禾本科植物内也有良好的属间选择性，因而也可用于麦田除草。这类除草剂各品种的适用作物及杀草谱差异不大，几乎对所有的阔叶作物都安全。

③ 为内吸传导型除草剂，可通过茎、叶、根被植物吸收，并传导至全株。用于土壤处理时对根有较强的抑制使用。用于茎叶处理时对幼芽的抑制作用更强。因而以杂草幼龄期叶面喷雾的除草效果为佳。

④ 为植物激素的拮抗剂，因而影响植物体内广泛的生理、生化过程。使用时不能与激素型苯氧乙酸类除草剂 2，4-滴丁酯、2 甲 4 氯等混用或连用。

⑤ 分子结构中有手性碳原子（即不对称碳原子），因而产品中有 R 体和 S 体两个光学异构体，其中的 S 体没有除草活性。只含具有除草活性 R 体的称为精品，如精吡氟禾草灵（精稳杀得）、精噁唑禾草灵、精喹禾灵等，它们的药效分别比含 R 体和 S 体的吡氟禾草灵、噁唑禾草灵、喹禾灵高 1 倍。以此精品取代含有 R 体和 S 体的混合产品，是此类除草剂品种发展的必然趋势。而且，出于考虑使用及环境保护，有些国家已撤销了含两种异构体的混合产品的登记，并采取一些其他的限制措施，促进精品的生产和使用。

此类除草剂的原药均为酯类化合物，被植物吸收以后，其酯键在细胞内通过酯酶，特别是羧酸酯酶的诱导被水解为酸，而酸对作用靶标乙酰辅酶 A 羧化酶的抑制作用（即杀草能力）显著大于酯，因而原药酯易于水解的品种具有更高的除草活性。

⑥ 环境条件对药效有一定的影响。例如气温低、土壤墒情差，除草效果不好；气温高、土壤墒情好，杂草生长旺盛时施药，除草效果好。

1086. 怎样使用噁唑酰草胺防除禾本科杂草？

噁唑酰草胺是芳氧苯氧丙酸类内吸传导型防除一年生禾本科杂草除草剂，其作用机制为乙酰辅酶 A 羧化酶（ACCase）抑制剂，能抑制植物脂肪酸的合成，用于水稻田茎叶处理防除稗草、千金子等多种禾本科杂草。本品经茎叶吸收，通过维管束传导至生长点，达到除草效果，推荐剂量下使用，对水稻安全。施药前排干田水，均匀喷雾，药后1天复水，保持水层 3～5 天，并且避免药液飘移到邻近的禾本科作物田。

在直播水稻田中，10%乳油用药量为 60～80mL/亩，进行喷雾处理。

在禾本科杂草齐苗后施药，在稗草、千金子 2～6 叶期均可使用，以 2～3 叶期为最佳，尽量避免过早或过晚施药；每亩对水 30～45kg 均匀喷雾，确保打匀打透。随着草龄、密度增大，适当增加用水量。

1087. 怎样用氰氟草酯防除稻田杂草？

氰氟草酯是芳氧基苯氧基丙酸酯类除草剂中唯一的对水稻具有高度安全性的品种，也是目前市场上对水稻安全性最高的防除禾本科杂草的除草剂。在水稻体内，它可被迅速分解为对乙酰辅酶 A 羧化酶无活性的二酸态，因而对水稻的安全性很高，可用于各种栽培方式（如水育秧、旱育秧、直播、插秧、抛秧等）的稻田，且在水稻苗期到拔节期都可施药，不仅对各种稗草高效，对大龄稗草也高效，可作为水稻生长中、后期补救性用药。

氰氟草酯产品为 10%乳油。

育秧田在稗草 1.5～2 叶期施药，亩用 10%乳油 40～50mL；直播田、移栽田、抛秧田，在稗草 2～4 叶期施药，亩用 10%乳油 50～60mL，对水 30～40kg，茎叶喷雾（不能采用毒土法或毒肥法施药）。施药时，土表水层应小于 1cm 或排干（保持土壤水分饱和状态），旱育秧田或旱直播田的田间持水量饱和可使杂草生长旺盛，从而获得最佳药效。施药后 24～48h 灌水，防止新的杂草萌发。防除大龄杂草（5～7 叶期）或田面干燥情况下应适当增加用药量。

氰氟草酯与某些防除阔叶杂草的除草剂，如 2 甲 4 氯、磺酰脲类及灭草松等混用可能会有拮抗作用，表现为氰氟草酯的药效降低，但可通过适当增加氰氟草酯用量克服。如需防除稻田阔叶杂草及莎草，最好在施用氰氟草酯 7 天后再施用防除阔叶杂草的除草剂。

氰氟草酯是内吸传导型除草剂，喷施后能迅速被杂草的叶片和叶鞘吸收，但杂草死亡比较缓慢，一般需要 1～3 周。

1088. 怎样使用炔草酯防除麦田禾本科杂草？

炔草酯有效成分为 R 异构体（高效体），而 S 异构体无活性，产品为 15%可湿性粉剂，加有安全剂 3.75%解草酯。为低毒类农药，对蜜蜂、家蚕、鸟、蚯蚓也为低毒，但对鱼为高毒。

炔草酯为小麦田禾本科杂草高效，苗后茎叶处理除草剂，在低温、多雨、干旱等条件下也同样有效。主要经杂草叶片吸收后通过木质部由上向下传导，在分生组织中累积，一般在药后 2 天内禾本草停止生长，新叶枯萎变黄，20～35 天内逐渐整株死亡。在土壤中基本无活性，会迅速降解，对后茬作物无影响。

炔草酯对小麦田的看麦娘、野燕麦、稗草等禾本科杂草有较好防除效果，但对雀麦的防效较差。于小麦田后亩用15％可湿性粉剂13.3～20g喷雾1次。用药量增加到27g可造成小麦叶片黄化，20天后恢复。

对鱼类高毒，使用时须注意。

1089. 禾草灵适用于哪些作物地除草？

禾草灵适用于小麦、大麦、大豆、油菜、花生、向日葵、甜菜、马铃薯、亚麻等作物地防除稗草、马唐、毒麦、野燕麦、看麦娘、早熟禾、狗尾草、画眉草、千金子、牛筋等一年生禾本科杂草。对多年生禾本科杂草及阔叶杂草无效。也不能用于玉米、高粱、谷子、水稻、燕麦、甘蔗等作物地。

禾草灵是苗后处理剂，主要供叶面喷雾，可被杂草根、茎、叶吸收，但在体内传导性差。根吸收的药剂，绝大部分停留在根部，杀伤初生根，只有很少量的药剂传导到地上部。叶片吸收的药剂，大部分分布在施药点上下叶脉中，破坏叶绿体，使叶片坏死，但不会抑制植株生长。对幼芽抑制作用强，将药剂施到杂草顶端或节间分生组织附近，能抑制生长，破坏细胞膜，导致杂草枯死。

禾草灵产品有36％乳油、28％乳油（加有增效的表面活性剂）。

（1）麦田使用　最适宜的施药时期是野燕麦等禾本科杂草2～4叶期，防除稗草和毒麦亦可在分蘖开始时施药。施药适期可以不考虑小麦的生育期，重要的是杂草不能被作物覆盖，影响杂草受药。亩用36％乳油120～200mL，对水叶面喷雾。用量超过200mL，对小麦有药害。

禾草灵防除野燕麦受温度、土壤湿度、土壤有机质含量的影响很小，在黑龙江等北方早春低温、干旱的情况下，药效也很稳定。

（2）甜菜、大豆、油菜、花生等阔叶作物使用　在作物苗期，施药时期视禾本科杂草种类而定；防除马唐、看麦娘等，在马唐2～3叶期或看麦娘1～1.5个分蘖期；防除野燕麦、毒麦、稗草、狗尾草，应在杂草2～4叶期，亩用36％乳油170～200mL或28％乳油250～300mL，对水叶面喷雾。

禾草灵不能与苯氧乙酸类除草剂2,4-滴丁酯、2甲4氯，以及麦草畏、灭草松等混用，也不能与氮肥混用，否则会降低药效。喷施禾草灵的5天前或7～10天后，方可使用上述除草剂和氮肥。

喷施禾草灵后，接触药液的小麦叶片会出现稀疏的褪绿斑，但新长出的叶片完全不会受害。对3～4片复叶期的大豆有轻微药害，叶片出现褐色斑点一周后可恢复，对大豆生长无影响。

对鱼类高毒，使用时须注意。

1090. 精吡氟禾草灵能防除哪些作物地的禾本科杂草？

精吡氟禾草灵已除去了没有杀草活性的S异构体仅含具有杀草活性的R异构体，适用于油菜、花生、向日葵、豆类、甜菜、烟草、棉花、麻类、西瓜、甜瓜、马铃薯、阔叶蔬菜以及橡胶园、果园、茶园、油棕、咖啡、可可、香蕉、林业苗圃等作物防除一年生禾本科杂草，提高剂量可防除多年生禾本科杂草，如看麦娘、日本看麦娘、野燕麦、狗尾草、蟋蟀草、马唐、千金子、稗草、牛筋草、芦苇、白茅、狗牙根、双穗雀稗等。

精吡氟禾草灵是内吸性茎叶处理剂，施药后可被禾本科杂草茎叶迅速吸收，传导到生长点及节间分生组织，阻碍生长顶端能量传递，破坏光合作用，抑制细胞分裂，从而抑制茎、节、根的生长，使杂草逐渐死亡。由于药剂能传导到地下茎，故对多年生禾本科杂草也有较好的防治效果。一般在施药后2～3天，杂草停止生长；7～10天后茎节及幼芽坏死，嫩叶萎缩枯死，老叶呈紫红色；15～20天后大量死亡。

产品有150g/L、10%、15%乳油。

(1) 用于油料作物田　一般是在作物苗后，禾本科杂草3～6叶期，亩用有效成分5～7.6g，进行茎叶喷雾。

① 大豆田。一年生禾本科杂草2～3叶期亩用15%乳油33～50mL，4～5叶期用50～67mL，5～6叶期用67～80mL，对水茎叶喷雾。防治多年生禾本科杂草，如20～60cm高的芦苇，则需亩用15%乳油83～130mL。

当豆田混生有阔叶杂草，可与氟磺胺草醚、灭草松、异噁草酮混用。最好在大豆2片复叶、杂草2～4叶期施药，防治鸭跖草一定要在3叶期施药。混用能防治一年生禾本科杂草和阔叶杂草，对多年生阔叶杂草，如问荆、苣荬菜、刺儿菜、大蓟等也有效。

② 油菜田。对各种生物型冬油菜田的看麦娘防效好。在看麦娘1～2个分蘖期，亩用15%乳油50～67mL，对水茎叶喷雾。

③ 花生田。在花生2～3片复叶、禾草3～5叶期，亩用15%乳油50～66mL，对水喷雾。之后结合中耕除草一次，即可控制花生全生育期的禾本科杂草。

④ 其他油料作物田。15%乳油亩用量为：芝麻田用50～75mL，向日葵田110～130mL，蓖麻田50～60mL或110～120mL（干旱的北方地区），红花田110～130mL，对水茎叶喷雾。

(2) 用于糖料作物田

① 甜菜田。在直播甜菜苗后，留种甜菜播后20天左右，禾本科杂草3～5叶期，亩用15%乳油66～120mL，对水喷洒杂草茎叶。在禾本科杂草与阔叶杂草混生的田块，亩用15%乳油50～70mL加16%甜菜宁乳油400mL对水喷雾。

② 甜叶菊。于甜叶菊栽插成活后、禾本科杂草3～5叶期，亩用15%乳油50～60mL，对水喷洒茎叶。

(3) 用于棉、麻田　棉田防除一年生禾本科杂草，在杂草3～5叶期，全田喷施或苗带喷施，亩用15%乳油34～67mL，对水茎叶喷雾。

用于黄麻、亚麻、红麻和苎麻田除草，在苗后，杂草3～5叶期，亩用15%乳油40～60mL，对水喷洒杂草茎叶。若防除多年生杂草，用药量需适当增加。

(4) 用于茶、果、橡胶园

① 茶苗圃。待茶籽出苗后，或短穗扦插后，主要一年生禾本科杂草3～5叶期，亩用15%乳油40～60mL，对水50kg，喷洒杂草茎叶。

在定植茶园，防除一年生禾本科杂草亩用15%乳油40～60mL，防除白茅、狗牙根、香附子、双穗雀稗等多年生禾本科杂草用100～130mL，对水50kg，喷洒杂草茎叶。若天气干旱，应增加用药量和喷水量。

② 北方果园。防除一年生禾本科杂草亩用15%乳油75～125mL。防除茅草、芦苇等多年生禾本科杂草亩用量要增加到160mL。与氟磺胺草醚混用，可兼除某些阔叶

杂草。

③ 南方果园。在菠萝和柑橘砧木以及枳壳苗圃中，一年生禾本科杂草 3～6 叶期，多年生禾本科杂草分蘖前，亩用 15％乳油 50mL，对水喷雾，持效期 1 月左右。在荔枝、龙眼、枇杷、芒果、油梨、洋桃等育苗圃，可于果树出苗 1 个月左右施药，用药量相同。

④ 西瓜田。一年生禾本科杂草 3～5 叶期，亩用 15％乳油 50～67mL，对水喷雾。

⑤ 橡胶园。在树苗茎干尚未木栓化的苗圃，一年生禾本科杂草 3～5 叶期、多年生禾本科杂草分蘖前，亩用 15％乳油 40～60mL，对水茎叶喷雾。防除幼龄橡胶园行间豆科覆盖作物苗后的禾本科杂草，可按苗圃的施药时期、用药量和方法施药。

（5）用于其他作物田

① 烟草田。烟草移栽后 15～30 天，一年生禾本科杂草 3～6 叶期，亩用 15％乳油 75mL，对水茎叶喷雾。

② 啤酒花田。在禾本科杂草 3～5 叶期，亩用 15％乳油 100～130mL，对水喷洒杂草茎叶。土壤干旱、短期无雨，则应先灌溉后施药。防除芦苇、田旋花等多年生杂草，可用 15％乳油对水 5 倍，以涂抹器涂抹杂草茎叶，也可收到显著防治效果。

③ 香料作物田。在薄荷、留兰香田、玫瑰园等，禾本科杂草 3～5 叶期，亩用 15％乳油 50～70mL（一年生草）、100～130mL（多年生草），对水喷洒杂草茎叶。

④ 花卉圃和绿化园地。阔叶花卉圃、藤本花卉圃、杨和柳树扦插及留根苗圃的苗期、槐树苗圃的树苗长到 3～10cm 高时即定苗前等防除禾本科杂草，亩用 15％乳油 67～120mL，对水喷雾。在南方的油棕、椰子、腰果苗圃待作物种子萌发后，咖啡、可可育苗苗圃，剑麻苗圃和幼龄剑麻园，木薯出苗后防除禾本科杂草，亩用 15％乳油 50～60mL，对水喷雾。

苜蓿、三叶草等豆科草坪防除禾本科杂草，一般亩用 15％乳油 50～130mL（一年生草用低量，多年生草用高量），对水喷雾。

施药时相对湿度较高时，除草效果好。在高湿、干旱条件下，应使用给定剂量的上限。

精吡氟禾草灵对禾本科作物，如小麦、大麦、水稻、玉米、高粱等有强杀伤作用，施药时要防止雾滴飘移到这些作物上。

精吡氟禾草灵不能与激素型苯氧乙酸类除草剂 2,4-滴丁酯、2 甲 4 氯等混用，因有明显的拮抗作用，降低药效；也不能同敌草快等快速触杀性除草剂混用，因为杂草叶片迅速被杀枯，影响其在植株体内传导，而降低药效。

本剂对鱼毒性高，使用时须注意。

1091. 高效氟吡甲禾灵能防除哪些作物地的禾本科杂草？

本剂是内吸性茎叶处理剂，喷施后能很快被杂草叶片吸收并传导至整株，落入土壤中的药剂也易被根部吸收起杀草作用。受药杂草一般在 48h 后可见受害症状，6～10 天陆续死亡。在用药量少、杂草较大或干旱条件下，杂草有不完全死亡的，但生长受到严重抑制，表现为根尖发黑、地上部短小、结实率很低等。其除草特点有：①杀草谱广，对大龄杂草也有很好的防治效果；②施药适期长，禾本科杂草从 3 叶期至分蘖、抽穗初期均可施药，但最佳施药期是 3～5 叶期；③对作物高度安全，对几乎所有双子叶作物安全，即使超过正常用药量数倍也不易引起药害；④吸收迅速，传导快，喷施后 1h 降雨，也对药效影响很小；⑤对后茬作物安全。

制剂有 10.8%、108g/L、158g/L 乳油。可用于绝大多数阔叶作物如大豆、花生、油菜、向日葵、芝麻、红花、棉花、亚麻、甜菜、烟草、啤酒花，及豌豆、茄子、甘蓝、白菜、菠菜、番茄、辣椒、芹菜、韭菜、萝卜、胡萝卜、马铃薯、莴苣、大蒜、葱、姜、黄瓜、南瓜等阔叶蔬菜，也可用于西瓜、果园、茶园、桑园、林业苗圃、花卉圃以及豆科草坪防除一年生和多年生禾本科杂草如稗草、狗尾草、马唐、千金子、早熟禾、牛筋草、看麦娘、早雀麦、野燕麦、黑麦草、匍匐冰草、堰麦草、狗牙根、假高粱、芦苇等。

防除一年生禾本科杂草，一般在 3～4 叶期亩用 108g/L 或 10.8%乳油 25～30mL，4～5 叶期用 30～35mL，5 叶期以上适当增加用药量。防除多年生禾本科杂草，3～5 叶期亩用 40～60mL，干旱时，可酌情增加用药量，对水 30～40kg，喷洒杂草茎叶。为同时防除阔叶杂草，可与灭草松、氟磺胺草醚、三氟羧草醚、乳氟禾草灵等混用。现举数例用法如下：

（1）用于大豆田　在大豆苗后 2～4 片复叶、禾本科杂草 3～5 叶期施药。雨水充足，杂草生长茂盛，有利于药效发挥的条件下，亩用 10.8%乳油 30～35mL（春大豆）、25～30mL（夏大豆），对水茎叶喷雾。干旱条件下，用药量可增加一半。防除多年生禾本科杂草，用药量加倍。

（2）用于油菜、花生田　在长江流域或直播、稻板移栽油菜田，多以看麦娘为主，于看麦娘 1～2 个分蘖期，亩用 10.8%乳油 20～30mL；春油菜田地区用 30～40mL，花生田用 20～30mL，对水茎叶喷雾。

（3）用于棉田　直播棉、移栽棉田禾本科杂草 3～5 叶期，亩用 10.8%乳油 20～30mL，对水茎叶喷雾。

（4）用于菜地　在作物苗后，禾本科杂草 3～5 叶期，甘蓝亩用 10.8%乳油 30～40mL，马铃薯和西瓜用 35～50mL，对水茎叶喷雾。

本剂对鱼类高毒，使用时须注意。

1092. 精噁唑禾草灵能防除哪类作物地的禾本科杂草？

精噁唑禾草灵适用于阔叶作物田防除禾本科杂草，加有安全剂的产品亦可用于小麦、黑麦田防除禾本科杂草，但不能用于大麦、青稞、燕麦、玉米、高粱等禾谷类作物田。能防除的禾本科杂草有看麦娘、野燕麦、稗草、狗尾草、马唐、硬草、棒头草、牛筋草、画眉草、双穗雀稗等。但不能防除早熟禾和阔叶杂草。

精噁唑禾草灵为内吸性茎叶处理剂，喷洒后可被禾本科杂草的茎、叶迅速吸收，在体内传导到分生组织，抑制细胞膜形成，从而导致细胞生长的停止和植株的最终死亡。

产品有 6.9%、8.5%、10%、80.5g/L 乳油，6.9%、7.5%、69g/L 水乳剂。

（1）用于油料作物田　油菜 3～6 叶期、杂草 3～5 叶期，亩用 6.9%乳油（水乳剂）或 69g/L 水乳剂 40～50mL（冬油菜）、50～60mL（春油菜），10%乳油 50～60mL，对水茎叶喷雾。

在大豆田于大豆 2～3 片复叶、杂草 2 叶期至分蘖前，亩用 6.9% 水乳剂 50～60mL（夏大豆）、60～80mL（春大豆），对水茎叶喷雾。

在花生田于花生 2～3 叶期、杂草 3～5 叶期，亩用 69g/L 水乳剂 45～60mL 或 80.5g/L 乳油 35～50mL，对水茎叶喷雾。

（2）用于棉田　直播棉田和移栽棉田的棉花任何生育期均可施药。但防除一年生禾本科杂草的最佳施药时期为杂草 2 叶期至分蘖期。亩用 69g/L 水乳剂 50～60mL，或 80.5g/L 乳油 40～50mL，对水茎叶喷雾。

（3）用于麦田　加有安全剂的精噁唑禾草灵方可使用，亩用有效成分 2.8～4g。

冬小麦田防除看麦娘等一年生禾本科杂草，于杂草 2 叶至拔节期均可使用，但以 3 叶至分蘖中期施药除草效果好。亩用 69g/L 水乳剂 40～50mL，或 10% 乳油 30～40mL，对水喷雾。早播麦田在冬前施药比冬后返青期施药的除草效果好，对小麦的安全性也更好。晚播麦田可在第二年麦苗返青至拔节前施药。春季麦苗耐药力弱，在推荐用药量下，有时麦苗轻度发黄，7～10 天后可恢复，不影响产量。

春小麦田防除野燕麦为主的禾本科杂草，于春小麦 3 叶期至分蘖期，亩用 6.9% 水乳剂 50～60mL（有的产品需用 70～80mL），对水喷雾。

（4）用于烟草、茶和药用植物　在烟草田于烟草移栽后，杂草 2 叶至分蘖期，亩用 6.9% 水乳剂 50～80mL，对水喷雾。

在茶园防除看麦娘、狗尾草、马唐、牛筋草等，于杂草 3～5 叶期，亩用 6.9% 水乳剂 55～65mL，对水 50kg 喷雾。防除狗牙根等多年生禾本科杂草，于杂草 5～8 叶期，亩用 80～108mL，对水 50～70kg 喷雾。

据报道，在药用植物黄芪、桔梗、板蓝根田，亩用 10% 乳油 50mL，对水喷雾，除草效果好，对药用植物安全。

对鱼类高毒，使用时须注意。

1093. 精喹禾灵能防除哪类作物地的禾本科杂草？

精喹禾灵是内吸性茎叶处理剂。施药后几小时就可完全被杂草的茎叶吸收，并向上向下传导，积累在分生组织中，使新叶的基部和茎节的分生组织坏死，多年生禾本科杂草吸收药剂后能向下传导，抑制根茎的再生能力。精喹禾灵与含 R 和 S 体的喹禾灵相比，提高了被植物吸收性和在植株内的移动性，所以作用速度更快，药效更加稳定，不易受雨水、气温及湿度等环境条件的影响。施药后 2～3 天内杂草停止生长，5～7 天心叶失绿变紫色，分生组织变褐，然后分蘖基部坏死。产品有 5%、10%、15%、20%、50g/L 乳油，8% 微乳剂，60% 水分散粒剂。

精喹禾灵适用于大豆、棉花、油菜、花生、甜菜、亚麻、番茄、甘蓝、苹果、葡萄及多种阔叶蔬菜作物地防治单子叶杂草，如稗草、牛筋草、马唐、狗尾草、看麦娘、画眉草、早熟禾等，对狗牙根、白茅、芦苇等多年生禾本科杂草也有效。

适用于作物的任何生长期。禾本科杂草在发芽后的旺盛生长时期，随时都可施药，但最好在杂草 3～5 叶期、作物封垄前施药。防除多年生杂草时，一次用药量分两次使用，可提高除草效果，两次施药间隔时间为 20～30 天。一般防除一年生禾本科杂草亩用 5% 乳油 50～70mL，防除多年生禾本科杂草亩用 100～133mL。由于在土壤中降解半衰期为 1 天左右，故对后茬作物安全。

（1）用于油料作物田

① 大豆田。在多数一年生禾本科杂草达 3 叶期至分蘖期之间亩用 5％乳油 50～70mL（夏大豆）、70～100mL（春大豆），或 8％微乳剂 40～50mL（春大豆），或 60％水分散粒剂 5～6g（夏大豆）、6～8g（春大豆），对水茎叶喷雾。防除多年生禾本科杂草，需适当增加用药量，如亩用 5％乳油 100～130mL。

② 油菜田。防除油菜田看麦娘，于油菜苗后在看麦娘出齐苗，处于分蘖或有 1～1.5 个分蘖时施药，亩用 5％乳油 50～70mL，对水茎叶喷雾。在其他一年生禾本科杂草为主的油菜田，可将亩用药量增加到 100mL。

③ 其他油料作物田。在禾本科杂草 3～5 叶期施药，亩用 5％乳油：花生田 50～80mL，芝麻田 50～70mL，向日葵 70～100mL，蓖麻田 90～110mL，红花田 80～100mL，均对水茎叶喷雾。

（2）用于棉、麻田

① 棉田。在直播棉田、移栽棉田或地膜棉田都可使用，于一年生禾本科杂草 3～5 叶期，亩用 5％乳油 50～70mL，对水茎叶喷雾，防除多年生禾本科杂草，需适当增加用药量（可达 100mL）。

② 麻田。对亚麻、红麻、黄麻、苎麻都较安全。在麻类作物苗后，一年生禾本科杂草 3～5 叶期，亩用 5％乳油 50～80mL，对水茎叶喷雾。

（3）用于菜地　目前登记仅用于大白菜，但在阔叶蔬菜上使用已很普遍，如在育苗韭菜田、移栽园葱田、芹菜、胡萝卜、十字花科蔬菜、茄科蔬菜等。在蔬菜苗后或移栽活棵后，一年生禾本科杂草 3～5 叶期施药。例如大白菜田亩用 5％乳油 40～60mL。

防除菜田沟、埂上以双穗雀稗为主的多年生禾本科杂草，可亩用 5％乳油 150～250mL，对水喷雾。

（4）用于果园、茶园、桑园、林业苗圃　在禾本科杂草 3～6 叶期施药。

① 北方果园。在苗圃亩用 5％乳油 50～100mL，在定植果园亩用 5％乳油 50～100mL（一年生禾本科杂草）或 130～200mL（多年生禾本科杂草），对水 40～50kg，喷洒杂草茎叶。

② 南方果园。在荔枝、龙眼、芒果、枇杷、油梨、洋桃等苗圃，在果树苗后 1 个月左右，亩用 5％乳油 50～70mL，对水 25～30kg，喷洒杂草茎叶。还可用于柑橘园、菠萝园除草。

③ 瓜田。精喹禾灵是瓜田防除禾本科杂草的优良药剂，对西瓜、甜瓜安全。例如防除西瓜田杂草，亩用 5％乳油 40～60mL，对水茎叶喷雾。

④ 茶园。在苗圃，当茶出苗后，亩用 5％乳油 40～60mL，对水喷雾。也可用于定植茶园除草。

⑤ 桑园。一般是亩用 5％乳油 80～100mL，对水 1000 倍，喷洒杂草茎叶。此浓度药液喷到桑叶，也不会产生药害。施药后 3 天，采叶喂蚕，对蚕也无不良影响。

⑥ 林业苗圃。杨、柳扦插及留根的苗圃，泡桐及曲柳苗高 10cm 以上的苗圃，桉树及杉树苗圃等，一般亩用 5％乳油 50～100mL，对水茎叶喷雾。对定植的大苗及幼树栽植地，用药量可增加到 120～150mL。

（5）用于其他作物田　在苗后，杂草 3～5 叶期施药。

用于绿豆和红小豆田除草，亩用5%乳油50～70mL，对水茎叶喷雾。

对甜菜非常安全，一般亩用5%乳油80～100mL。在阔叶杂草多的田块，可以亩用5%精喹禾灵乳油50～60mL，加16%甜菜宁乳油350～400mL，对水混合喷雾。

在阔叶花卉圃及藤木花卉圃、啤酒花田、苜蓿和二叶草等豆科植物的草坪，亩用5%乳油50～100mL，对水喷雾。

对鱼类高毒，使用时须注意。

1094. 喹禾糠酯可用于哪些阔叶作物苗后除草？

喹禾糠酯的产品为4%乳油（每升含有效成分40g）。

喹禾糠酯是内吸传导型茎叶处理除草剂，喷施后，很快被杂草茎叶吸收，传导到整株的分生组织，抑制脂肪酸的合成，阻止发芽和根茎生长而杀死杂草。杂草受药后很快停止生长，3～5天心叶基部变褐，5～10天出现明显变黄坏死，14～21天内整株死亡。

喹禾糠酯是选择性除草剂，在双子叶作物和禾本科杂草之间具有很高的选择性，对阔叶作物田的禾本科杂草有很好的防除效果。适用于大豆、花生、油菜、向日葵、亚麻、棉花、甜菜、马铃薯、豆类、阔叶蔬菜、西瓜、果树等阔叶作物，田间防除一年生和多年生禾本科杂草，如稗草、看麦娘、马唐、硬草、狗尾草、牛筋草、棒头草、野燕麦、雀麦、画眉草、匍匐冰草、狗牙根、白茅、芦苇、假高粱等。

使用方法：在阔叶作物苗后，一年生禾本科杂草3～5叶期，亩用4%乳油50～80mL；对多年生杂草亩用80～120mL，对水30kg，进行茎叶喷雾。在大豆田为兼治阔叶杂草，可在大豆2片复叶期、杂草2～4叶期，与三氟羧草醚、氟磺胺草醚、灭草松、乳氟禾草灵等混用。在油菜田可与草除灵混用。对鱼类高毒，使用时须注意。

1095. 如何使用噁草酸？

噁草酸属内吸传导型抑制剂，其作用特点是药剂经茎叶处理后，迅速被杂草茎叶吸收并传导到顶端以至整个植株，积累于植物体的分生组织区，通过抑制乙酰辅酶A羧化酶（ACC酶），使脂肪酸合成停止，细胞的生长分裂不能正常进行，膜系统等含脂结构破坏，最后导致植物死亡。对大豆田、马铃薯田、棉花田许多主要的一年生和多年生禾本科杂草有较好的防除效果，防除一年生禾本科杂草，施药量为60～120g/hm²，防除多年生杂草时，施药量为140～280g/hm²，芽后施药4天，敏感的禾本科杂草停止生长，药后7至12天植株组织发黄或者红色，在3至7天后枯死。在相对低温下，也具有良好的防除活性，对大豆、棉花、油菜、马铃薯和蔬菜等安全。

（四）环己烯酮类除草剂

1096. 环己烯酮类除草剂有哪些使用特性？

环己烯酮类除草剂是在20世纪70年代初期，以杀螨剂苯螨特的化学结构为依据开始研究的,从一系列杂环化合物中发现双甲酮类衍生物具有较强的苗后除草活性。据此,日本曹达公司于1977年开发出烯禾啶,随后,多家农药公司参与开发,相继推出一些新品种,使其成为开发除草剂品种较为活跃的领域之一。这类除草剂在使用方面具有许多特性。

(1)高度选择性 与芳氧基苯氧基丙酸酯类除草剂一样,对双子叶作物非常安全,防除禾本科杂草特效,并能防除禾谷类作物田的禾本科杂草,从植物科间选择性发展为科内的属间选择性。其作用靶标是乙酰辅酶A羧化酶,能抑制禾本科杂草体内此种酶的活性,阻碍脂肪酸的生物合成,抑制分生组织生长;但对双子叶作物体内此种酶的活性及脂肪酸生物合成的影响却极小,且能被迅速降解。

(2)内吸传导性强 能被植物叶片迅速吸收,在体内运转,喷药后3h对药效基本无影响,故而以苗后茎叶喷雾方式使用,基本无土壤活性,但茎叶喷施后要求土壤有充足的水分,以利于药剂在植物体内运转,发挥药效作用。

(3)施药适期宽 从杂草出苗至分蘖期均可喷药。

(4)混用 使用环己烯酮类除草剂防除禾本科杂草后,经24h,再使用防除阔叶杂草的除草剂对防除禾本科杂草的效果无任何不良影响。但与一些防除阔叶杂草的除草剂混用易产生拮抗作用,且不同品种混用后拮抗作用的强弱也是不同的。例如,与溴苯腈、灭草松混用,会降低杂草对本类除草剂的吸收及其到达作用靶标点的精确性,从而降低对禾本科杂草的防除效果,所以,欲混用,应先试验后使用。

植物油、矿物油、硫酸铵、某些表面活性剂等是环己烯酮类除草剂的有效增效剂,其中有的还可减轻混用后的拮抗作用。

(5)对水质要求较严 通常在水的pH超过7.0时,便会促使除草效果下降,在北方使用地下水配药时须特别注意,若水的pH过高,可用硫酸铵进行调节,并即配即用,不可久置。

(6)重视杂草抗性 目前已发现近10种杂草对环己烯酮类除草剂产生了抗性,其中野燕麦、绿狗尾草、假高粱对烯禾啶产生抗性,假高粱对烯草酮产生抗性,应予以重视。

1097. 三甲苯草酮在麦田怎么使用?

三甲苯草酮属于环己烯酮类除草剂,作用机理是药剂在叶面施药后迅速被植物吸收,从韧皮部转移到生长点,在此抑制新的生长。杂草失绿,后变色枯死,一般3～4周内完全枯死。可有效防除小麦田硬草、看麦娘、野燕麦、狗尾草、马唐、稗草等禾本科杂草。

在麦田中使用,小麦苗后禾本科杂草2～5叶期施药。40%水分散粒剂亩用65～80g,方式为茎叶喷雾。施药时注意药量准确,做到均匀喷洒,应在无风无雨时施药,避免雾滴漂移,危害周围作物。

1098. 怎样使用烯禾啶防除阔叶作物地杂草?

烯禾啶适用于大豆、棉花、油菜、花生、甜菜、亚麻、阔叶蔬菜、马铃薯和果园、苗圃等所有双子叶作物地中防除禾本科杂草,如稗草、野燕麦、马唐、狗尾草、牛筋草、看麦娘等。适当提高用药量可防除白茅、匍匐冰草、狗牙根等。

烯禾啶为选择性内吸除草剂。在禾本科和阔叶植物（双子叶植物）间选择性很强，对阔叶植物无影响。施药后能被禾本科杂草的茎、叶迅速吸收，传导到顶端或节间分生组织，破坏细胞分裂能力，使生长点坏死，3天后停止生长，7天后新叶褪色或出现青紫色，15～20天全株枯死。施入土壤后很快分解失效，为茎叶处理剂。

烯禾啶产品有20％、25％乳油，12.5％机油乳油。含机油的产品可使药效显著提高，通常可减少有效成分用量的25％。

一般在一年生禾本科杂草3～4叶时喷雾效果好，杂草6叶期施药效果稍差，需适当增加施药量。土壤含水量20％～30％时施药，杂草生长较旺，有利于药剂在杂草植株体内传导，因而药效高。土壤含水量在10％以下，杂草生长停滞，吸收和传导药剂能力减弱，这时施药，防效下降，因此在干旱地区施药前农田宜先浇水。各种作物亩用20％乳油施用量：大豆为85～100mL，油菜为100～120mL，花生为67～100mL，芝麻为90～100mL，蓖麻为110～140mL，向日葵为120～130mL，红花为120～140mL，棉花、亚麻为80～120mL，豆科草坪为85～130mL，花卉圃为70～120mL，罗布麻为100mL。

在南、北方果园的用药量可根据杂草叶龄而定，一般一年生禾本科杂草2～3叶期亩用20％乳油65～100mL，4～5叶期用100～150mL，6～7叶期用150～175mL；多年生禾本科杂草3～6叶期用150～200mL。

烯禾啶用于茶园、桑园、苗圃、幼林抚育，用法可参考果园。

烯禾啶可安全用于甘蓝、白菜、花椰菜、芥菜、菠菜、莴苣、苦苣、芹菜、黄瓜、南瓜、西葫芦、扁豆、马铃薯、辣椒、番茄、芦笋等蔬菜田防除禾本科杂草，使用方法与在果园相似，根据杂草叶龄确定用药量，一般在禾本科杂草出齐，生长至2～3叶期，喷雾法施药。杂草2～3叶期亩用20％乳油65～100mL，4～5叶期用100～150mL；多年生禾本科杂草4～7叶期用150～200mL。

在烯禾啶的喷洒药液中，添加0.1％非离子型表面活性剂或0.2％普通中性洗衣粉，能显著提高除草效果。施药时间以早晚为好，中午或气温高时不宜喷药。

1099. 怎样用烯草酮防除油料作物田杂草？

烯草酮产品有12％、24％乳油，其中12％乳油含有油助剂，增加药效。

烯草酮是内吸传导型茎叶处理除草剂，被植株吸收后传导到分生组织，抑制支链脂肪酸和黄酮类化合物的生物合成，使细胞分裂受到破坏，生长延缓，在施药后1～3周内植株褪绿坏死，随后叶片干枯死亡。在施药后3～5天杂草虽未死，叶子可能仍为绿色，但抽心叶可拔出，即已有除草效果，不必急于补施其他除草剂。

烯草酮具有很好的选择性，对大多数一年生和多年生禾本科杂草有高效，对双子叶植物和莎草的活性很小或无活性。适用于大豆、油菜、花生、芝麻、向日葵、红花、亚麻、棉花、烟草、甜菜、马铃薯、甘薯、阔叶蔬菜、果树等阔叶作物田防除禾本科杂草，如稗草、野燕麦、看麦娘、狗尾草、马唐、早熟禾、牛筋草、千金子、毒麦、野高粱、假高粱、芦苇、狗牙根等。

一般在杂草3～5叶期以茎叶喷雾法施药，对一年生禾本科杂草，在大豆田亩用

12%乳油35～40mL或24%乳油28～40mL；油菜田用12%乳油30～40mL；芝麻田用12%乳油25～35mL。对多年生杂草，一般在杂草分蘖期、株高40cm以下时，亩用12%乳油60～80mL。在单、双子叶杂草混生田块，烯草酮与氟烯草酸、氟磺胺草醚、三氟羧草醚、乳氟禾草灵、灭草松等混用，可提高对阔叶杂草的防效。

（五）磺酰脲类除草剂

1100. 磺酰脲类除草剂具有哪些使用特性？

磺酰脲类除草剂是分子结构中具有磺酰脲桥的一类除草剂，是迄今活性最高、使用量最低的一类除草剂。自1982年氯磺隆作为磺酰脲类第一个品种诞生以来，现已有近40个化合物商品化，新开发的品种具有三个显著特点：一是克服了原先某些品种土壤长残留的缺点，提高了对轮作后茬作物的安全性；二是一些新品种的生物活性更进一步提高，出现了亩用有效成分仅0.2g的品种；三是在分子结构中引入氟原子，并已开发了三氟啶磺隆、氟嘧磺隆、氟啶嘧磺隆、氟胺磺隆等品种。

目前，在我国生产和使用的这类除草剂品种约20个，它们具有一些共同的使用特性。

（1）属于乙酰乳酸合成酶抑制剂　药剂被吸收进入植物体内，主要通过抑制乙酰乳酸合成酶的活性而阻断侧链氨基酸缬氨酸、亮氨酸及异亮氨酸的生物合成，影响细胞分裂，使杂草生长逐渐停止而死亡。

（2）内吸传导性强　施药后很快被植物的叶和根吸收，双向输导到全株，但由根部向上输导的量大于叶部向下输导的量。药效发挥较缓慢，但受药的杂草已停止生长，不再对作物造成危害，但杂草全株枯萎至死亡则需要一段时间。

（3）杀草谱广　所有品种都能有效地防除绝大多数阔叶杂草，并兼除一部分禾本科杂草。特别是对其他类型除草剂难于防治的鼬瓣花、苦荞麦、麦家公等也有较好的防效。

（4）持效期长　一般施药1次即能控制作物全生育期的杂草；还可与各种类型除草剂混用、复配以扩大杀草谱，调整持效期，从而为开发"一次性"除草剂创造物质条件。

（5）使用方便　除少数品种因在土壤中持效期短而进行茎叶处理外，其余品种可作土壤处理，土壤对药剂的吸附量一般不超过施药量的14%；也可作苗后茎叶处理。

（6）对作物安全性问题　早期开发的某些品种对作物安全性不高，易使当茬作物受药害，例如，苄嘧磺隆使用后，对水稻产生不同程度的药害，根生长受抑制，根数少，易倒伏。

（7）杂草耐药性　由于作用靶标单一，在连年使用的情况下，杂草易产生耐药性与交互抗性。通常在连续使用4～5年后，一些杂草便产生一定程度的抗性。产生抗性的杂草可能对咪唑啉酮类、酰胺类、取代脲类产生交互抗性。

·以稻田除草为主要用途的品种

国内目前稻田使用的磺酰脲类除草剂品种有：苄嘧磺隆、吡嘧磺隆、醚磺隆、乙氧磺隆、环丙嘧磺隆、氟吡磺隆、嘧苯胺磺隆。曾使用过的有四唑嘧磺隆。国外使用的尚有咪唑磺隆，对牛毛毡、慈姑、莎草、泽泻、眼子菜、水芹等具有很好的效果，亦能防除野荸荠、野慈姑等恶性杂草，亩用有效成分 5～6.7g。

1101. 怎样用丙嗪嘧磺隆防除田间杂草？

丙嗪嘧磺隆是新一代的具有稠合杂环结构的磺酰脲类除草剂，主要防治一年生杂草。水稻田中，9.5％悬浮剂按 35～55mL/亩的推荐剂量，加适量水，搅拌呈均匀溶液即可喷施，将搅拌好的药液进行均匀茎叶喷雾，于秧草 2～3 叶期时用药，施药前不需要排水，如田间水少施药后 24h 内需补水，用药后需保持 3～5cm 水层至少 4 天。

1102. 怎样使用嗪吡嘧磺隆防除稻田杂草？

嗪吡嘧磺隆是一种磺酰脲类除草剂，能有效防治水稻移栽田的一年生杂草。水稻移栽后，缓苗后药土法施 33％水分散粒剂 1 次，每亩用药量 15～20g，均匀拌入细土中，均匀撒施至稻田，勿超剂量使用。本农药在每季水稻田中最多使用 1 次，对于插秧太浅或浮苗（根露出）的稻田要慎重使用，避免药害；用药后不要马上排水，保持 3～5cm深的田水 5～7 天为佳，保水层勿淹没水稻心叶，避免造成药害；沙质土或漏水田有产生药害的可能，尽量避免使用。

1103. 怎样使用苄嘧磺隆防除稻田杂草？

苄嘧磺隆用于稻田防除阔叶杂草和莎草科杂草，如鸭舌草、眼子菜、节节菜、陌上采、野慈姑、圆齿萍和牛毛草、异型莎草、水莎草、碎米莎草、萤蔺等，对稗草有一定抑制作用，可与丁草胺等杀稗剂混用，以提高防除稗草的效果。药剂在土壤中移动性小，湿度、土质对除草效果影响不大。持效期 40～50 天，与后茬作物安全间隔期为 80天（南方）、90 天（北方）。一般不会影响后茬作物生长。

苄嘧磺隆是选择性内吸除草剂。在水中能迅速扩散，被杂草根部和叶片吸收后转运到植株各部位，抑制乙酰乳酸合成酶的活性，从而阻碍几种氨基酸的生物合成，阻止细胞分裂和生长，使杂草生长受阻，幼嫩组织过早发黄，抑制叶部和根部生长而坏死。由于此药进入稻株体内，能很快被分解成无毒物质，所以对水稻安全。

苄嘧磺隆产品为 10％、30％、32％可湿性粉剂，30％、60％水分散性粒剂，1.1％水面扩散剂。

① 移栽田使用。在移栽前至移栽后 3 周内均可施药，但以早施及插秧后 5～7 天杂草发芽初期施药的防效高，亩用 10％可湿性粉剂 13～20g，或 30％水分散粒剂 8～11g，拌细土 20kg，田间水层 3～5cm，均匀撒施。也可亩用 1.1％水面扩散剂 120～200mL，直接滴撒。施药后保水 5～7 天，可缓慢补水，但不能排水、串水。

为了一次施药防除阔叶杂草、莎草、稗草，可与丁草胺、乙草胺、禾草丹、哌草丹等混用。

② 水直播田使用。在播前至播后 3 周内均可施药，以播后早期施药防效高，亩用药量、施药药量、施药方法及田水管理与移栽田相同。还可亩用 60％水分散粒剂 3～5g，撒毒或喷雾。

③ 冬小麦田使用。现仅有一家厂登记用于冬小麦田防除一年生阔叶杂草，亩用 32％可湿性粉剂 10～12g，对水常规喷雾。

1104. 怎样使用吡嘧磺隆防除稻田杂草？

吡嘧磺隆用于稻田能防除一年生和多年生阔叶杂草及莎草科杂草，如鸭舌草、节节草、眼子菜、矮慈姑、水芹、泽泻、水龙、青萍、异型莎草、水莎草、牛毛草、萤蔺、鳢肠等。对萌芽的稗草有较好防效，对已出土的稗草有较好抑制作用。杀草原理及对水稻的选择性与苄嘧磺隆相同。

其产品为 7.5％、10％、20％可湿性粉剂，10％水分散片剂，2.5％泡腾片剂。使用方法与苄嘧磺隆相似。

① 移栽田和抛秧田使用。在插秧后、抛秧后 5～7 天，稗草 1 叶 1 心期，亩用 10％可湿性粉剂 10～20g，南北稻区因地制宜地调整用量，拌细土 20kg，均匀撒施。也可以亩用 10％水分散片剂 15～20g，或 2.5％泡腾片剂 50～80g，直接撒施。保水层 3～5cm 5～7 天，可缓慢补水，但不能排水、串水。

② 秧田和水直播田使用。在播种后 6～10 天（北方约 14 天）、稗草 1 叶 1 心期之前施药，保水 5～6 天后排水晒田。用药量、施药方法、水层管理与移栽相同。

旱直播田使用，在水稻 1～3 叶期，亩用 10％可湿性粉剂 15～30g，对水 40～60kg 喷雾，施药后灌水，并保持土壤湿润。

吡嘧磺隆对 2 叶期以上的稗草，单用防效很差，因而常与禾草特或二氯喹啉酸混用，有极好的防效。

不同水稻品种对吡嘧磺隆的耐药性有差异。在正常条件下使用对水稻安全。但在稻田漏水、栽植太浅或用药量过高时，水稻生长可能会受到暂时的抑制，但能很快恢复生长，对产量无影响。

与后茬作物安全间隔期为 80 天。

1105. 怎样使用醚磺隆防除稻田杂草？

醚磺隆的产品有 10％可湿性粉剂，20％水分散性粒剂，为内吸性除草剂，通过根、茎吸收，传导至叶片，但叶片吸收较少。杂草受药后很快停止生长，5～10 天后草株开始黄化、枯萎，直至死亡。进入稻株体内的药剂能被代谢成无活性物质，在水稻叶片中半衰期为 3 天，在稻根中半衰期小于 1 天，因而对水稻安全。

醚磺隆适用于稻田防除阔叶杂草及莎草，如水苋菜、陌上菜、眼子菜、鸭舌草、沟繁缕、日照飘拂草、碎米莎草、尖瓣花、扁秆藨草等。对泽泻、节节菜、瓜皮草、野慈姑也有较好防效。对稗草、千金子等禾本科杂草无效，可与杀稗剂如异丙甲草胺、敌稗、二氯喹啉酸等混用。

（1）移栽稻田使用　在插秧后 5～10 天、秧苗已转青、稗草芽期至 1 叶期、其他杂草未发生前，亩用 10％可湿性粉剂 12～20g 或 20％水分散性粒剂 6～10g，拌细土 10～

15kg，均匀撒施。田面保水层 3～5cm 3～5 天。

（2）水直播稻田使用　在播后 10～15 天、秧苗达 3～4 叶至分蘖期，亩用 10％可湿性粉剂 20～26.5g 或 20％水分散性粒剂 10～13.3g，拌细土 10～15kg，均匀撒施。田面保水层 3～5cm 3～5 天。水稻秧苗 3 叶期以前不宜使用。

防治扁秆藨草，需施 2 次。第一次亩用 20％水分散性粒剂 8～10g；10～15 天后第二次施药，亩用 6～8g。

漏水田禁用。与后茬作物安全间隔期为 80 天。

1106. 怎样使用乙氧磺隆防除稻田杂草？

乙氧磺隆产品为 15％水分散性粒剂，为内吸剂，通过杂草根及叶吸收，并传导至全株，使停止生长，继而死亡。在土壤中残留期短，施药后 80 天对后茬作物生长无影响。适用于稻田（插秧田、抛秧田、秧田、直播）防除一年生阔叶杂草、莎草及藻类，如水苋菜、眼子菜、节节菜、鸭舌草、野荸荠、野慈姑、狼把草、鬼针草、丁香蓼、泽泻、鳢肠、雨久花、萤蔺、异型莎草、碎米莎草、牛毛草、水莎草、日照飘拂草及水绵、青苔等。

① 插秧田和抛秧田使用。南方稻区在栽后 3～6 天，长江以北稻区在栽后 4～10 天，水稻扎根立苗后施药，亩用 15％水分散性粒剂 3～5g（华南）、5～7g（长江流域）或 7～14g（华北、东北），拌细土 10～15kg，均匀撒施，保浅水层 7～10 天。

② 秧田和直播田使用。在秧苗 2～4 叶期，亩用 15％水分散性粒剂 4～6g（华南）、6～9g（长江流域）或 9～15g（华北、东北），拌细土撒施。

也可采用喷雾法施药。插秧田和抛秧田在栽后 20～30 天，直播田在秧苗 2～4 片叶时施药，用药量同上。喷药前排干田水，喷药后 2 天恢复常规水层管理。

施药后 10 天内勿使田水外流或淹没秧苗心叶。

1107. 怎样用氟吡磺隆防除稻田杂草？

氟吡磺隆为选择性内吸除草剂，经杂草幼芽、根及茎叶吸收。其杀草原理与苄嘧磺隆相同。产品为 10％可湿性粉剂。可用于稻田防除多种一年生杂草，如稗草、鸭舌草、野慈姑、扁秆藨草、丁香蓼等，但对双穗雀稗、千金子、眼子菜的防效较差。

水稻移栽田和直播田都可用。在移栽田可于杂草芽前亩用 10％可湿性粉剂 13～20g，或在杂草 2～4 叶期用 20～26g，毒土法撒施。在水稻直播田于苗后，亩用 10％可湿性粉剂 13～20g，对水茎叶喷雾。

用药后，水稻幼苗叶片有黄化现象，并随剂量增加而药害加重，但于 2 周后恢复，对产量无明显影响。药剂在水田降解较快，对后茬油菜、小麦、菠菜、胡萝卜、大蒜及移栽黄瓜、甜瓜、番茄、辣椒、莴苣、草莓等的生长无不良影响。

1108. 怎样使用嘧苯胺磺隆防除稻田杂草？

嘧苯胺磺隆属于胺磺酰脲类除草剂，不仅对高等动物低毒，对鱼、家蚕、蜜蜂也低毒，适合稻田使用。产品为 50％水分散粒剂。

嘧苯胺磺隆具有磺酰脲类除草剂的通性，其通过抑制杂草的乙酰乳酸合成酶，阻止支链氨基酸的合成，使杂草细胞分裂停止，最后枯死。本剂可经叶和根吸收，对稻田的稗草、阔叶杂草及莎草有很好防效，持效期长，每个生长季节施药1次即可。一般适于水稻插秧后5～7天使用，亩用50%水分散粒剂8～10g，用茎叶喷雾或毒土法施药，在南方稻区使用后会使秧有失绿现象，但2周后可恢复。对当茬水稻及后茬作物小麦、油菜、大豆、玉米、甜菜、马铃薯、甘蓝、萝卜、大蒜等均安全。

·以麦田除草为主要用途的品种

国内目前用于麦田的磺酰脲类除草剂品种主要是噻吩磺隆、苯磺隆、酰嘧磺隆、醚苯磺隆、氟唑磺隆、甲硫嘧磺隆；甲基二磺隆现已不单用，仅用于混配。环丙嘧磺隆和乙氧磺隆亦可用于麦田除草。国外使用的有：磺酰磺隆防除雀麦有很好效果，亩用有效成分0.67～2.3g；氟啶嘧磺隆对看麦娘等有特效，亩用有效成分0.67g；氟酮磺隆对抗性野燕麦和狗尾草有很好防效，亩用有效成分2g。

1109. 苯磺隆在麦田怎样使用？

苯磺隆为选择性内吸除草剂。在土壤中分解较快，在酸性土壤中更快，经杂草叶面和根吸收并在体内传导。用药初期，杂草虽然仍保持青绿，但已被严重抑制，不再对麦苗构成为害，一般在药后20～30天逐渐枯死。主要用于小麦、大麦、燕麦田防除多种阔叶杂草，如繁缕、猪殃殃、蓼、雀舌草、反枝苋、田蓟、麦家公、播娘蒿、猪毛菜、荠菜、遏蓝菜、绿叶泽兰、地肤等。对田旋花、铁苋菜、刺儿菜、卷茎蓼也有较好防治效果。

苯磺隆产品有10%、18%、75%可湿性粉剂，75%水分散粒剂，20%可溶粉剂。

在冬麦田使用。于小麦2叶期至拔节前均可使用，因此，可冬前（冬小麦播后30天左右）或早春麦苗返青拔节前施药。春季施药不宜过晚，对阔叶作物安全间隔期为90天、杂草萌芽出土后株高不超过10cm时，亩用75%水分散粒剂1～1.5g或10%可湿性粉剂7～13g或18%可湿性粉剂4.2～6.5g或20%可溶粉剂3.75～5g，对水喷雾。因用药量很少，称量要准确。气温20℃以上时对水量不能少于25kg，随配随用。气温高于28℃应停止施药。

1110. 怎样使用甲基二磺隆防除麦田杂草？

甲基二磺隆是小麦田苗后防除一年生禾本科杂草和部分阔叶杂草的内吸选择性茎叶除草剂，可防除硬草、早熟禾、碱茅、棒头草、看麦娘、菵草、毒麦、多花黑麦草、野燕麦、蜡烛草、牛繁缕、荠菜等麦田多数一年生禾本科杂草和部分阔叶草，对雀麦（野麦子）、节节麦、偃麦草等极恶性禾本科杂草也有较好控制效果。一般以冬前使用为宜，原则上靶标杂草基本出齐苗后用药越早越好。

在小麦3～5叶期、杂草2～5叶期，亩用30g/L可分散油悬浮剂20～35mL，对水15～30kg，茎叶均匀喷雾。冬季低温霜冻期，小麦起身拔节期，大雨前，低洼积水或遭受涝害、冻害、盐碱害、病害等胁迫的小麦田不宜施用。施用前后2天内不可大水漫灌麦田，以确保药效，避免药害。

1111. 怎样用苯磺隆防除禾本科草坪的阔叶杂草？

禾本科草坪的草种有匍茎紫羊毛、草地早熟禾等，常见的阔叶杂草有黄花蒿、蒲公英、小蓟、反枝苋、铁苋菜、马齿苋、苍耳、小白酒草、问荆、苣荬菜等，可用苯磺隆防除。一般是在上述阔叶杂草2～5叶期，每亩用苯磺隆有效成分0.75～1.5g，即10%可湿性粉剂7.5～15g或75%可湿性粉剂或水分散粒剂1～2g，对水30～40kg喷雾。苯磺隆的药效表现较慢，药后10天株防效仅50%左右，药后30天可达90%以上。

苯磺隆对草坪的禾本科草安全。喷药时应注意防止雾滴飘移到邻近阔叶花卉上，以免产生药害。

1112. 噻吩磺隆在麦田、玉米田及大豆田怎样使用？

噻吩磺隆是内吸传导型苗后处理剂，在禾谷类作物与阔叶杂草之间有很高的选择性，可用于麦田、玉米田防除一年生阔叶杂草，如播娘蒿、繁缕、牛繁缕、荠菜、猪殃殃、麦瓶草、麦家公、大巢菜、猪毛菜、狼把草、酸模、藜、鬼针草、遏蓝菜、鼬瓣花、麦蓝菜、野西瓜苗、野田芥、羊蹄、3叶以前的鸭跖草等。对苣荬菜、刺儿菜、田蓟、田旋花等多年生草有一定抑制作用。杂草受药后十几小时就受害，虽然仍保持青绿，但已经停止生长，1～3周后生长点的叶片开始褪绿变黄，周边叶片披垂，随后生长点枯死，草株萎缩，最后整株死亡。个别未死草株，生长严重受抑制，缩在麦株或玉米株下面，难于开花结实。

噻吩磺隆的选择性很高，对小麦、玉米很安全，药剂在小麦体内被迅速降解为糖类物质，不影响小麦正常生长。噻吩磺隆在土壤中被好氧性微生物迅速分解，残效期只有30天，因而在麦田使用后对花生、大豆、芝麻、棉花、水稻、蔬菜、花卉等后茬作物无任何影响，比使用苯磺隆更安全。

噻吩磺隆产品有15%、25%、75%可湿性粉剂，75%干悬浮剂，75%水分散粒剂。

(1) 麦田使用 在小麦、大麦2叶期至孕穗期亩用有效成分1.5～2.5g，即长江流域麦区用1.5～1.8g，黄河流域麦区用1.8～2.1g，东北和西北麦区用2.1～2.4g，在干旱条件下或杂草密度大、草株大、低温时应使用高剂量。折合制剂用量为15%可湿性粉剂10～16.7g或25%可湿性粉剂6～10g或75%可湿性粉剂（干悬浮剂）2～2.7g，对水30～40kg，喷洒茎叶。在喷洒液中加入0.125%～0.2%中性洗衣粉，可显著提高药效；一般是背负式手动喷雾器每药桶装水12.5kg，可加洗衣粉25g。

冬前施药，在气温低于5℃时不可施药。

(2) 玉米田使用 在玉米田可防除一年生阔叶杂草；当有藜、蓼、铁苋菜、鸭跖草等发生时可与莠去津混用，以提高防效；当禾本科杂草与阔叶杂草混生时可与乙草胺混用。在正确使用下对玉米安全。可在两个时期施药。

① 苗前土壤处理。在玉米播后苗前施药，华北地区夏玉米亩用有效成分1～1.34g，即15%可湿性粉剂6.7～9g或25%可湿性粉剂4～5.3g或75%可湿性粉剂（干悬浮剂）1.33～1.78g；东北地区春玉米亩用有效成分1.34～1.65g，即15%可湿性粉剂9～11g或25%可湿性粉剂5.3～6.6g或75%可湿性粉剂（干悬浮剂）1.78～2.2g。土壤有机质含量高时用推荐剂量的上限。亩对水30～40kg，喷洒于土壤表面。沙质土、高碱性

土及低洼地不宜采用此法施药。

② 苗后茎叶喷雾。于玉米3～4叶期、杂草2～4叶期施药。华北地区夏玉米，亩用有效成分0.73～1.0g，即15％可湿性粉剂5～6.6g或25％可湿性粉剂3～4g或75％可湿性粉剂（干悬浮剂）1～1.3g；东北地区春玉米，亩用有效成分1～1.3g，即15％可湿性粉剂6.7～8.7g或25％可湿性粉剂4～5g或75％可湿性粉剂（干悬浮剂）1.3～1.7g，亩对水30～50kg，喷洒茎叶。

须注意施药不宜过晚，当玉米9～10叶期施药，极易引起药害，抑制生长，不抽雄，不结穗。

（3）大豆田使用　一般在大豆播后苗前施药，亩用75％水分散粒剂1.6～2g，对水30～40kg，采用两次稀释法配药，均匀喷洒于土壤表面。也可在大豆出苗后，当大豆1～3片复叶期，杂草2～4叶期，亩用75％水分散粒剂0.7～0.86g，对水30～40kg喷雾。为确保对大豆安全，使用时须注意：在长期干旱、空气湿度低于65％、低温时，不宜施药；田间有积水、低温，不利于大豆苗生长，不宜施药；在有效积温少、无霜期短的地区，应慎用。

1113. 酰嘧磺隆在麦田怎样使用？

酰嘧磺隆是内吸性除草剂，在土壤中易被微生物分解，在推荐用量下持效期适中，对后茬水稻、玉米等作物安全；施药适期宽，在小麦分蘖期、返青期、拔节前和杂草2～8叶期均可使用。产品为50％水分散性粒剂。

在麦田最佳施药期一般为阔叶杂草2～5叶期。冬小麦播种早的麦田可在冬前施药，播种迟的麦田可在返青拔节前施药，亩用50％水分散性粒剂3～4g；春小麦以杂草基本出齐，达2～5叶期，亩用3.5～4g，对水30kg，喷洒茎叶。对6～8叶期的大草，应采用上限用药量，能有效地防除猪殃殃、播娘蒿、繁缕、牛繁缕、荠菜、野芥菜、田旋花、大巢菜、卷茎蓼、离子草、酸模叶蓼、苋、野萝卜等阔叶杂草。

在阔叶杂草与看麦娘、野燕麦等禾本科杂草混生的麦田，可与加有安全剂的噁唑禾草灵（如骠马）按常量混用；也可与苯磺隆、2甲4氯等防除阔叶杂草的除草剂减量混用，以扩大杀草谱。

1114. 氟唑磺隆在春小麦田怎样使用？

氟唑磺隆属新型磺酰脲类即磺酰胺类羧基三唑啉酮类除草剂，为乙酰乳酸合成酶的抑制剂。通过杂草的茎、叶和根吸收，使杂草脱绿、枯萎，最后死亡。落入土壤中的药剂仍有活性，通过根吸收对施药后新长出的杂草也有效。产品为70％水分散粒剂。用于春小麦田除草，于小麦苗后早期（3～4叶期），亩用制剂1.9～2.86g，对水30～40kg，茎叶喷雾。对稗草、野燕麦、荠菜、地卷茎蓼、藜、鼬瓣花、反枝苋有较好的防效，对抗性野燕麦、狗尾草也有效，对问荆、鸭跖草有一定的防效。施药后5天，小麦叶片可能有沿叶脉失绿现象，10天后能恢复，不影响产量。

1115. 怎样用烟嘧磺隆防除玉米田杂草？

烟嘧磺隆产品为4％、6％悬浮剂，8％、40g/L、60g/L油悬浮剂，80％可湿性粉剂，75％水分散性粒剂，为内吸剂，通过叶、茎、根吸收，传导至分生组织。受害杂草，先是心叶变黄、褪绿、白化，继而其他叶片由上至下依次变黄，一般要在施药后3～4天始见受害症状，20～25天杂草死亡。药剂进入玉米植株体内迅速被代谢为无活性物质，对大多数玉米品种安全，因而主要用于玉米田防除禾本科杂草和阔叶杂草及莎草，如马唐、狗尾草、牛筋草、稗草、野燕麦、野麦、乌麦、早熟禾、野高粱、反枝苋、荠菜、鸭跖草、龙葵、香薷、狼把草、苍耳、苘麻、遏蓝菜、刺儿菜、马齿苋以及香附子、碎米莎草等。对禾本科杂草的防效优于阔叶杂草。

茎叶处理除草效果优于土壤处理，因而施药适期为玉米3～5叶期、一年生草2～4叶期、多年生草6叶期以前、草株高5cm左右时。亩用药为：东北春玉米为4％悬浮剂70～100mL、6％悬浮剂70～80mL、8％油悬浮剂50～60mL、80％可湿性粉剂4～5g或75％水分散性粒剂5.3g；华北夏玉米为4％悬浮剂60～80mL、8％油悬浮剂40～50mL、80％可湿性粉剂3.9～4g或75％水分散性粒剂3.2～4.2g；南方玉米为4％悬浮剂33.3～66.6mL或75％水分散性粒剂1.8～3.6g，对水30～40kg喷雾。持效期30～35天。

玉米的不同品种对烟嘧磺隆的敏感性有差异，其安全性顺序为马齿型＞硬质玉米＞爆裂玉米＞甜玉米。甜玉米、爆裂玉米、黏玉米对本剂敏感，勿用。在玉米2叶期前及10叶期以后也不宜施药。

施过有机磷杀虫剂的玉米对本剂敏感，两药剂的使用间隔期为7天以上。

本剂在土壤中残留期长，对后茬甜菜、小白菜、菠菜有药害，与其他作物安全间隔期为120天。

1116. 怎样用砜嘧磺隆防除玉米田杂草？

砜嘧磺隆产品为25％干悬浮剂。杂草受药后先是停止生长，然后褪绿，产生枯斑，直至全株死亡。适用于玉米田防除阔叶杂草和禾本科杂草，如鸭跖草、荠菜、马齿苋、猪毛菜、反枝苋、苘麻、鳢肠、鼬瓣花、刺儿菜、狼把草、豚草、繁缕、宝瓶草、酸模叶蓼、藜、地肤、稗草、马唐、狗尾草、野燕麦、野高粱、千金子、多花黑麦草、野黍及莎草等。在玉米2～3叶期、杂草基本出齐达2～4叶期，亩用25％干悬浮剂5～6g，对水30kg沿单垄定向喷雾。

须注意：玉米4叶期以后施药，易产生药害，症状为玉米植株矮小、粗壮，叶色浓绿，心叶发皱卷缩变硬，药害严重的拔节困难或拔不了节，有的在基部分生1～2个分枝。甜玉米、爆裂玉米、黏玉米田不宜使用。由于生产上种植的玉米品种众多，在推广前应先在小面积上鉴定其安全性。在土壤中有残留，与后茬作物安全间隔期为90天。

1117. 使用氯吡嘧磺隆的方法及中毒后的急救措施？

75％水分散粒剂用量为：甘蔗田3～5g/亩，玉米田4～5g/亩。玉米3～5叶、杂草2～5叶时施药最佳。取适量本品每亩对水10～30kg（人工喷雾20～30kg，机械喷雾10～15kg），搅拌均匀后对杂草喷雾，喷雾时力求均匀周到，应避免药液飘移影响邻近敏感作物。大风天气、雨天或预计6h下雨，请勿施药。

本品对皮肤和眼睛有刺激作用。皮肤接触：立即脱掉被污染的衣物，用大量清水彻底冲洗受污染皮肤，如皮肤刺激感持续，请医生诊治。眼睛接触：立即将眼睑翻开，用流动清水冲洗至少 15min，再请医生诊治。吸入：立即将吸入者转移到空气清新处，如果吸入者停止呼吸，需要进行人工呼吸，同时注意保暖和休息，请医生诊治。误服：立即催吐、洗胃，及时携带标签去医院检查治疗。无专用解毒剂，对症治疗。

1118. 怎样用甲酰氨基嘧磺隆防除玉米田杂草？

甲酰氨基嘧磺隆产品为 35% 水分散粒剂，为内吸传导型苗后处理剂，通过杂草的叶和根吸收，并传导至全株，施药后即可见杂草叶片黄化、坏死，而后整株枯死。主要用于玉米田防除一年生禾本科杂草和阔叶杂草，如马唐、狗尾草、苋、藜、苘麻等。一般在玉米 3～4 叶期、杂草 2～4 叶期，亩用 35% 水分散粒剂 7.6～9.5g（夏玉米）或 9.5～11g（春玉米），对水 30kg，茎叶喷雾。

注意事项：①现仅推荐用于硬粒型、粉质型、马齿型和半马齿型的玉米品种，不推荐用于糯玉米、爆裂玉米、甜玉米。在推荐玉米品种上施药后，玉米幼苗可能会出现暂时褪绿、矮化现象，一般 2～3 周可以恢复生长，药后 40～50 天长势与不施药的玉米趋于一致，不影响产量。②在土壤中有一定残留性，与后茬作物安全间隔期为 90 天。

·用于其他作物田除草的品种

1119. 怎样使用砜嘧磺隆防除田间杂草？

砜嘧磺隆为氨基酸合成抑制剂，通过抑制必需的缬氨酸和异亮氨酸的生物合成从而使细胞分裂和植物生长停止，由根吸收很快传导至分生组织。主要防除烟草、玉米田、马铃薯田一年生禾本科及阔叶杂草，如自生麦苗、马唐、稗草、狗尾草、野燕麦、野高粱、蓼、鸭跖草、荠菜、马齿苋、反枝苋、野油菜、莎草等。尽量在无风无雨时施药，避免雾滴漂移，危害周围作物，并且严禁使用弥雾机施药。

剂型为 25% 水分散粒剂，在马铃薯田中，杂草 2～5 叶期，行间定向喷雾处理，用药量为 5～6.7g/亩；在烟草田中，在移栽后杂草 2～5 叶期用药，用药量为 5～6g/亩，行间定向喷雾处理；在玉米田中，玉米苗后 3～5 叶期，杂草 2～5 叶期，玉米行间定向喷雾，用药量为 5～6.7g/亩。

1120. 氯嘧磺隆在大豆田怎样使用？

氯嘧磺隆主要用于大豆田防除阔叶杂草和某些莎草科杂草，如反枝苋、铁苋菜、马齿苋、鳢肠、苍耳、狼把草、香薷、鼬瓣花、大籽蒿、蒙古蒿、牵牛、苘麻、苣荬菜、荠菜、车前、野薄荷、大叶藜、本氏蓼、地瓜儿苗等，以及碎米莎草、香附子等。对苋、小叶藜、蓟、问荆、小苋、卷茎蓼及稗草等仅有抑制作用。对繁缕、鸭跖草、龙葵及马唐等禾本科杂草无效。

氯嘧磺隆为选择性内吸除草剂，通过杂草的根、芽吸收并运送到全株，抑制生长。杂草受抑制后叶片在 3～5 天内失绿，生长点坏死，继而全株枯死，或矮化，失去竞争力。大豆可将此药分解成无毒物质。

氯嘧磺隆产品有 10％、20％、50％可湿性粉剂，20％可溶粉剂，75％水分散粒剂。

在大豆田使用。以播后苗前土壤喷雾（避免大豆拱土期），土壤墒情好，药效好，对大豆出苗安全。如在大豆出现 1 片复叶、杂草出土至 3 叶期前茎叶喷雾，施药后大豆叶片皱缩发黄，但药效受土壤干旱影响小，药效比较稳定，除草效果一般优于土壤处理。华东地区亩用 10％可湿性粉剂 8～10g 或 20％可溶粉剂 3～5g；东北春大豆亩用 20％可湿性粉剂 5～7.5g 或 75％水分散粒剂 2～3g。

不同品种大豆耐药能力有差异，新品种初次应用此药，应先试验后推广。

氯嘧磺隆不宜与芳氧基苯氧基丙酸酯类除草剂禾草克、吡氟禾草灵等混用，喷氯嘧磺隆后 7 天内也不宜喷这些药防治禾本科杂草。可与乙草胺、赛克津、三氟羧草醚等混用。

在土壤中残留时期长，易伤害后茬作物，后茬不能种植甜菜、马铃薯、瓜类、油菜、白菜、向日葵、烟草。间隔 90 天方可播种小麦、大麦；间隔 300 天后方可种植玉米、谷子、棉花、花生。因此，我国已不再批准氯嘧磺隆制剂登记。

1121. 三氟啶磺隆钠盐用于甘蔗田除草怎样使用？

三氟啶磺隆钠盐属磺酰脲类除草剂，对人、畜、鱼、蜜蜂和家蚕均低毒，产品为 75％水分散粒剂。杀草机理是抑制杂草的乙酰乳酸酶的活性，阻止支链氨基酸的合成。杂草受药后表现为停止生长、萎黄、顶点分裂组织坏死，1～3 周内全株死亡。活性高，持效期长，一个生长季节使用 1 次即可。

本剂杀草谱广，可防治大多数阔叶杂草和部分禾本科杂草，对莎草科杂草如香附子有特效。用于甘蔗田除草，于甘蔗 2～4 叶期时亩用 75％水分散粒剂 1～2g，对水茎叶喷雾。

使用时须注意对作物的安全性。应按推荐用药量使用，切忌随意增加用药量，且喷洒要均匀。当亩用量 4g 时，对甘蔗生长有抑制作用，经 50 天后方可恢复。对某些后茬作物有一定影响，在推荐用药量下施药，4 个月后方可安全种植小麦和油菜。

据报道，本剂也可用于棉田除草。

1122. 甲嘧磺隆适用于哪些场地除草？

甲嘧磺隆产品有 75％可湿性粉剂，10％、25％可溶粉剂，10％悬浮剂，75％水分散粒剂。是内吸除草剂，但选择性差，几乎是灭生性的，喷施后通过杂草的根和叶吸收，落入土壤的药剂发挥芽前活性。仅用于果园、林地、草场防除一年生和多年生禾本科杂草和双子叶杂草及阔叶杂灌木。杀草原理与苄嘧磺隆相同。

① 针叶树苗圃使用，在杂草萌芽前和萌芽初期，亩用 10％可溶粉剂 70～140g，对水 30～40kg 喷雾。

② 林地消灭杂草，亩用 10％可溶粉剂 250～500g，对水 40～50kg 喷雾。在非耕地及森林防火隔离带杀除阔叶杂灌木用 75％可湿性粉剂或 75％水分散粒剂 40～60g，或 10％悬浮剂 700～2000g，对水喷雾。

③ 苹果园、柑橘园、茶园使用。据试验，在杂草萌芽前到萌芽初期，亩用 10％可溶粉剂 10～20g，对水喷雾，持效期达 90 天以上，全年使用 1 次即可控制杂草。喷药时压低喷头向下喷，严防雾滴飘移到果树叶上。沙性土壤药剂易被淋溶至土壤下层伤害树

根，不能使用。各地在推广前应先进行试验。

在橡胶园使用，用药量视草龄及气温而定。

1123. 啶嘧磺隆在草坪上怎样使用？

啶嘧磺隆的产品为 25％水分散粒剂，是内吸型药剂，主要通过叶片吸收，传导到根部及其他组织部位，使杂草生长停止，4～5 天新生叶失绿，逐渐枯死，完全死亡需经 20～30 天。主要用于暖季型结缕草坪和狗牙根草坪防除看麦娘、稗草、早熟禾、狗尾草、马唐等禾本科杂草；荠菜、繁缕、绿苋、马齿苋、巢菜、问荆、宝瓶草、一年蓬、春一年蓬、加拿大飞蓬、酢浆草、蓼等阔叶杂草；碎米莎草、香附子、水蜈蚣等莎草。从休眠期到生长期均可使用，但以苗后早期施药为好。虽可叶面喷雾和土壤施药，但以叶面喷雾防效好，尤其是对多年生杂草，因为该药主要是通过叶面吸收。在杂草 3～4 叶期，亩用 25％水分散粒剂 10～20g，对水常规喷雾。在恶劣条件下施药，会使结缕草属和狗牙根属草坪一些新生叶、节出现暂时失绿，但很快就能恢复。

冷季型草坪对本剂敏感，故不可用于高羊茅、早熟禾、剪股颖等冷季型草坪除草。

（六）咪唑啉酮类除草剂

1124. 咪唑啉酮类除草剂有哪些基本特性？

本类除草剂是以咪唑啉酮为基本化学结构的除草剂，于 1983 年诞生的第一个品种是咪唑烟酸，目前在我国农业生产上应用的共有 3 个品种，其共有的显著特性有 3 个。

① 为乙酰乳酸合成酶抑制剂，杀草原理与磺酰脲类除草剂非常相似。为内吸剂，主要通过杂草根、茎、叶吸收，茎叶喷雾后，杂草立即停止生长，经 2～4 周全株死亡。土壤处理后，杂草顶端分生组织坏死、生长停止。

② 为选择性除草剂。选择原理主要是各类植物对药剂代谢速度有快有慢。

③ 杀草谱广。能防除多种禾本科杂草、阔叶杂草和某些莎草，对多年生的刺儿菜、蓟、苣荬菜有抑制作用。主要适用于东北地区单季大豆田除草，但施药后次年不宜种植敏感作物，如水稻、甜菜、油菜、棉花、马铃薯、蔬菜等。

须注意：近几年在使用中曾多次发生药害事故。当药害较轻时，应及时喷施萘二酸酐等除草剂安全剂解毒，或喷施芸苔素内酯以提高作物抗逆能力，同时加强肥水管理。药害严重的地块，应及时与农技部门联系，对土壤进行酸洗、深翻，播种对该药不敏感的作物。

1125. 甲咪唑烟酸主要用在哪些方面？

咪唑烟酸产品为 24％水剂。它是咪唑啉酮类开发的第一个品种，但其选择性较差，基本上为灭生性除草剂，因而主要用于林地和非耕地除草，很少用于农田除草，能防除一年生和多年生的禾本科杂草、阔叶杂草、莎草科杂草以及木本植物。

咪唑烟酸为内吸剂，能被植物叶片和根吸收，因而可以茎叶喷雾或土壤处理。施药后，草木植物2～4周内失绿，组织坏死；1个月内树木幼龄叶片变红或变褐色，一些树种在3个月内全部落叶而死亡。在土壤中持效期可达1年，若用于农田要注意安排好后茬作物。采用涂抹或注射法可防止落叶树的树桩萌发而不生萌条。

① 非耕地灭生性除草，亩用24%水剂140～550mL，对水30～60kg，喷洒茎叶。

② 林地除草，亩用24%水剂70～340mL，对水30～60kg喷雾。防止树桩萌发，每树桩注射24%水剂1.25～6mL。

③ 橡胶、油棕田，于种植时，亩用24%水剂35～135mL，对水40～50kg喷雾。

④ 茶园，亩用24%水剂30～40mL，对水40～50kg进行防护式喷雾。当茶园更新时，亩用24%水剂500～600mL，对水常规喷雾。

1126. 怎样使用唑啉草酯防除麦田杂草？

唑啉草酯为内吸传导型，用于大麦或小麦苗后茎叶处理的新一代除草剂，可防除野燕麦、黑麦草、狗尾草、看麦娘、硬草、茵草和棒头草等大多数一年生禾本科杂草，剂型主要为5%乳油。大麦田防治一年生禾本科杂草，亩用60～100mL茎叶喷雾。小麦田防治一年生禾本科杂草，亩用60～80mL茎叶喷雾。

① 在一年生禾本科杂草3～5叶期，杂草生长旺盛期施药，每亩对水15～30L均匀细致茎叶喷雾。

② 严格按推荐剂量，田间喷液量要均匀一致，严禁重喷、多喷和漏喷。杂草草龄较大或发生密度较大时，采用批准登记高剂量。

③ 避免在极端气候如气温大幅波动前、后3天内，干旱，低温（霜冻期）高温，日最高温度低于10℃，田间积水，小麦生长不良或遭受涝害、冻害、旱害、盐碱害、病害等胁迫条件下使用，否则可能影响药效或导致作物药害。

④ 不推荐与激素类除草剂混用，如2甲4氯、麦草畏等；与其他除草剂、农药、肥料混用建议先进行测试。

⑤ 避免药液漂移到邻近作物田；施药后仔细清洗喷雾器避免药物残留造成玉米、高粱及其他敏感作物药害。

⑥ 勿在冬前使用，避免因特殊气候的影响，在农业生产中造成大面积药害。

1127. 咪唑乙烟酸在大豆田和花生田怎样使用？

咪唑乙烟酸为内吸除草剂，可由杂草的叶片或根系吸收，并在植株体内传导，至分生组织起毒杀作用。豆科植物吸收此药后，在体内很快分解，例如在大豆体内的半衰期仅1～6天，因而安全。杀草谱广，用于大豆田能防除一年生、多年生禾本科杂草和阔叶杂草，如稗草、马唐、狗尾草、野高粱、野黍、秋稷、反枝苋、马齿苋、荠菜、藜、田芥、问荆、曼陀罗、苍耳等。对牛筋草、千金子防效差。产品有5%、70%可湿性粉剂，75%水分散粒剂，5%微乳剂，5%、10%、15%、20%水剂。

（1）大豆田使用　在东北地区，于大豆播种前或播后苗前施药。一般亩用有效成分5～7g。例如，亩用70%可湿性粉剂8.0～10g，70%可溶粉剂8.6～11g，75%水分散粒剂6.7～8.9g，5%微乳剂90～100mL，20%水剂25～35mL，15%水剂40～50mL，

10%水剂 60～70mL，或 5%水剂 100～130mL，对水喷施于土表。也可在大豆 3 片复叶后喷施，但对大豆生长有明显抑制作用，经过一段时间能恢复。在多雨、低温、低洼地长时期积水大豆生长缓慢条件下施药，大豆易受药害，即大豆叶脉及叶柄输导组织变褐色，脆而易折。施药过晚，大豆生长正常，药害不明显，但结荚少。

（2）花生田使用　于播后芽前，亩用 5%水剂 75～100mL，对水喷洒于地表。除草效果好，对花生安全。

本剂在土壤中残留时期较长，施药田块在第二年不能栽种油菜、甜菜、番茄、茄子、西瓜、草莓、玉米、高粱、水稻等作物，可以种植大麦、小麦、豆科作物。

1128. 甲氧咪草烟在大豆田怎样使用？

甲氧咪草烟产品为 4%水剂，为内吸剂，主要通过叶片吸收发挥药效，因而适合作物苗后茎叶处理。适用于大豆田防除一年生禾本科杂草和阔叶杂草，如野燕麦、稗草、看麦娘、狗尾草、千金子、3 叶期前鸭跖草、龙葵、苘麻、反枝苋、苍耳、藜、香薷、水棘针、狼把草、繁缕、荠菜、鼬瓣花等。杂草受药后 5～10 天死亡。

在大豆播后苗前或苗后早期即 2 片复叶期，禾本科杂草 2～4 期，阔叶杂草 2～7cm 高时，亩用 4%水剂 75～83mL，对水 25～40kg 喷雾。在喷洒药液中加入 2%硫酸铵可提高药效，亩加 100mL 米醋可增加不良环境条件下对大豆的安全性。

在土壤中残留期较短，喷药时药落入土壤中的药剂能较快降解失效，对大多数后茬作物安全，但在混作、间作、复种时，则需考虑各类作物的敏感性及间隔时间，见表 21。

表 21　使用甲氧咪草烟（亩用 4%水剂 83mL）后种植作物所需间隔期

单位：月

项目	大豆	小麦、大麦	玉米、谷子、黍米、水稻（不含苗床）、棉花、烟草、马铃薯、向日葵、西瓜	油菜甜菜
间隔期	0	4	12	18

1129. 甲咪唑烟酸在甘蔗和花生田怎样使用？

甲咪唑烟酸产品为 240g/L 水剂，为内吸剂，主要经叶片吸收，禾本科杂草在受药后 8h 即停止生长，1～3 天后生长点及节间分生组织变黄，心叶变黄紫色枯死。主要用于甘蔗和花生田防除阔叶杂草、莎草科杂草及禾本科杂草。甘蔗田可在芽前亩用制剂 30～40mL，对水喷洒土表；或在苗后亩用 20～30mL，对水定向喷雾。在花生田于苗后早期，亩用 20～30mL，对水喷雾。

在土壤中残留期短于咪唑乙烟酸，对后茬作物小麦、大麦、黑麦、高粱、向日葵、烟草等安全。

1130. 咪唑喹啉酸在大豆田怎样使用？

咪唑喹啉酸产品有 10%、15%水剂，为内吸剂，主要通过叶和根吸收，作用于生长点。适用于大豆、豌豆、烟草、花生田防除禾本科杂草和阔叶杂草，如苋属、苘麻、藜、番薯属、鬼针草、春蓼、马齿苋、苍耳、鸭跖草、刺苞菊、臂形草、马唐、狗尾草、稗草、野黍等。

在东北春大豆田，可采用播前混土处理、播后芽前土表处理或苗后早期茎叶处理，即大豆1~2片复叶、杂草2~3叶期喷雾。亩用15％水剂60~70mL或10％水剂100~120mL，对水30kg喷雾。大豆苗后喷雾时，在药液中加入适量非离子表面活性剂，能提高除草效果。芽前土壤处理时，如遇干旱，应在施药后浅混土。

须注意：用药量过高，如亩用有效成分超过15g，会抑制大豆生长，表现为叶片皱缩，节间缩短，但能较快恢复，不影响产量。

（七）嘧啶水杨酸类除草剂

1131. 嘧啶水杨酸类除草剂有哪些特性？

本类除草剂是从磺酰脲类化合物的结构改造开始的，现已开发出用途各异的一些品种，它们的共有特点如下。

① 为乙酰乳酸合成酶抑制剂，与乙酰乳酸合成酶的结合位点与磺酰脲类除草剂近似。

② 嘧啶水杨酸的酯类化合物被植物吸收后转变为活性酸，发挥杀草作用，此特性与芳氧基苯氧基丙酸酯类除草剂近似。

③ 在土壤中残留期短，对轮作中后茬作物安全。

④ 主要防除阔叶杂草，有的品种也兼治某些禾本科杂草，特别是稻田稗草。

1132. 怎样使用双草醚防除水直播稻田杂草？

双草醚是内吸性茎叶处理除草剂，产品有20％可湿性粉剂，10％悬浮剂，对水稻具有优异的选择性，能防除稻田的阔叶杂草、莎草及某些禾本科杂草，是防除大龄稗草的有效药剂，对1~7叶期的稗草均有效，对3~6叶期的稗草防效最好。

在水稻直播田的秧苗3叶1心至6叶1心期，亩用20％可湿性粉剂10~15g（南方）或10％悬浮剂15~20g（南方）、20~25g（北方）＋0.03％~0.1％展着剂A-100，对水40~50kg喷雾，喷药前田面排干水，喷药后灌薄水层，保持4~5天。

1133. 怎样使用环酯草醚进行稻田除草？

环酯草醚是内吸性茎叶处理除草剂，对高等动物、鱼、蜜蜂、家蚕等均低毒，产品为250g/L悬浮剂。对稻田的稗草、千金子等防治效果好，对丁香蓼、碎米莎草、牛毛草、节节菜、鸭舌草等阔叶杂草和莎草有一定的防效。施药后，药剂被水稻根尖吸收，很少一部分会传导到叶片上；少部分药剂会被出芽的杂草叶片吸收，药剂通过抑制乙酰乳酸合成酶的活性起杀草作用。对水稻所有品种都很安全，并在水稻生长的各个生长期均可施用。一般亩用250g/L悬浮剂50~80mL，对水30kg茎叶喷雾，持效期达50天。

与苄嘧磺隆混用，对大龄稗草的防效好于两药剂的单用，且不影响苄嘧磺隆防除莎草和阔叶杂草的效果。

1134. 怎样使用嘧草醚进行稻田除草？

嘧草醚是内吸性茎叶处理除草剂，产品为10％可湿性粉剂。对直播水稻和移栽水稻具有优异的选择性，且施药适期宽，对稗草特效，对0～4叶期的稗草都有高效，并对稻田的莎草、阔叶杂草也有很好的防效。在移栽稻和直播稻各生育期均可使用，一般亩用10％可湿性粉剂20～30g，对水苗后茎叶喷雾或毒土法施药，持效期达50天。若用10％嘧草醚可湿性粉剂20g与10％苄嘧磺隆可湿性粉剂14～20g混用，对大龄稗草的防效高于两单剂单独使用，且不影响苄嘧磺隆对莎草和阔叶杂草的防效。

1135. 怎样使用丙酯草醚进行油菜田除草？

丙酯草醚是内吸性茎叶处理除草剂，产品为10％悬浮剂，10％乳油。苗后茎叶处理，可通过植物的根、芽、茎、叶吸收，其中以根吸收为主，茎、叶吸收次之；并在植株体内双向传导，向上传导性能好于向下传导。作用机理为抑制乙酰乳酸合成酶的活性，阻止氨基酸的生物合成。施药10天以后，杂草表现出受害症状，20天后充分显示药效。

能防除冬油菜田一年生禾本科杂草及部分阔叶杂草，对看麦娘、日本看麦娘、棒头草、繁缕、雀舌草的防效好，对大巢菜、野老鹳草、稻茬菜、泥糊菜的防效差。在冬油菜移栽缓苗后，看麦娘2叶1心期，亩用10％悬浮剂30～45g，或10％乳油40～50mL，对水茎叶喷雾。本品对甘蓝型油菜较安全，对4叶期以上的油菜安全。当亩用10％乳油60mL以上时，对油菜生长前期有一定的抑制作用，但能很快恢复正常。对后茬水稻、棉花、玉米安全。

1136. 怎样使用异丙酯草醚进行油菜田除草？

异丙酯草醚为丙酯草醚的同系化合物，故两者的生物活性相同。产品有10％悬浮剂，10％乳油，用于油菜田，对看麦娘、日本看麦娘、牛繁缕、雀舌草的防效较好，对大巢菜、野老鹳草、碎米荠的防效差，对泥糊菜、稻茬菜、鼠麴草基本无效。一般在冬油菜移栽缓苗后，一年生禾本科杂草2～3叶期，亩用10％悬浮剂35～45g或10％乳油35～50mL，对水喷雾。施药后15天才能表现出明显的受害症状，30天以上除草活性才完全发挥出来。对甘蓝型油菜较安全。在亩用10％乳油60mL时，对4叶期以上的油菜安全。对后茬棉花、大豆、玉米、水稻安全。

（八）三唑并嘧啶磺酰胺类除草剂

1137. 三唑并嘧啶磺酰胺类除草剂有哪些特性？

本类除草剂也是以磺酰脲类化合物为先导化合物而开发的。它们共有特性如下。

① 为乙酰乳酸合成酶抑制剂。

② 为内吸剂，通过叶片和根吸收并传导，累积于分生组织。杂草受害后，心叶褪绿变黄，节间变短，顶芽死亡，最终全株干枯死亡。从出现受害症状至死亡需 10～15 天。

③ 选择性取决于药剂在各类植物体内被代谢成无活性物质的速度。

④ 现有品种多为旱田作物用的除草剂，主要防除阔叶杂草。五氟磺草胺为稻田除草剂。

⑤ 为土壤长残留除草剂，降解速度受土壤酸碱度影响，在高碱性土壤中降解迅速，随着碱性下降，降解缓慢，残留时间延长，因此，使用后须妥善安排后茬作物。

1138. 唑嘧磺草胺可用于哪些作物田除草？

唑嘧磺草胺是本类除草剂第一个商品化的品种。产品为 80％水分散性粒剂，用于防除阔叶杂草，由杂草的根系和叶片吸收药剂，中毒后叶片中脉失绿，叶脉和叶尖褪色，心叶开始黄白化、紫化，节间变短，顶芽死亡，最终全株枯死。可防除的杂草有猪殃殃、繁缕、苍耳、龙葵、苣荬菜、荠菜、遏蓝菜、凤花菜、大巢菜、铁苋菜、反枝苋、凹头苋、藜、蓼、野西瓜苗、地肤、问荆、香薷、水棘针等。

(1) 玉米田使用　可在玉米播前或播后苗前施药，亩用 80％水分散性粒剂 3.75～5g（春玉米）、2.5～3.75g（夏玉米），对水 30～40kg，喷洒土表。在土壤 pH 大于 7.8 或低温高湿条件下，对玉米的安全性降低。

(2) 麦田使用　在小麦 3 叶期至分蘖末期，亩用 80％水分散性粒剂 1.7～2.5g，对水常规喷雾。

(3) 大豆田使用　在大豆播种前或播后苗前使用。播前施药，亩用 80％水分散性粒剂 3.75～5g，对水喷洒土表，可与氟乐灵混用；播后苗前施药，亩用 2.5～3.75g，可与乙草胺、异丙甲草胺混用。

本剂在土壤中残留期较长，油菜、甜菜、棉花对本剂最敏感，不能作为后作物种植。

1139. 双氟磺草胺在麦田怎样使用？

双氟磺草胺的产品为 5％悬浮剂，对禾谷类作物具有高度选择性，目前主要用于冬小麦田防除猪殃殃、繁缕、十字花科和菊科杂草，亩用 5％悬浮剂 5～6g，于苗后茎叶喷雾。无土壤残留问题，对后茬作物安全。

1140. 五氟磺草胺在稻田怎样使用？

五氟磺草胺产品为 2.5％油悬浮剂。由杂草叶片、鞘部或根部吸收，传导至分生组织，促使杂草停止生长、黄化、死亡，用于水稻直播田和移栽田，对一年生杂草如稗草、泽泻、萤蔺、异型莎草、眼子菜、鳢肠有好的防效，但对牛毛毡、雨久花、日本藨草的防效各地表现不一致。移栽田，在稗草 2～3 叶期，茎叶喷雾亩用制剂 40～80mL，毒土法亩用 100mL。水稻秧田、直播田，杂草 1.5～2.5 叶期，亩用制剂 34～46g，对水茎叶喷雾。在推荐剂量下对水稻安全。

1141. 氯酯磺草胺在大豆田怎样使用？

氯酯磺草胺的产品为84%水分散粒剂，主要用于大豆田防除鸭跖草、红蓼、豚草、苘麻、苍耳、裂叶牵牛等阔叶杂草，对苦菜、苣荬菜有较强抑制作用，施药后，经杂草的叶和根吸收，累积在生长点，抑制乙酰乳酸酶的活性影响蛋白质的合成，使杂草停止生长而死亡。于大豆1~3片复叶、杂草3~5叶期，亩用84%水分散粒剂2~2.5g，对水15~30kg喷雾。施药后，大豆叶片可能出现褪绿现象，后期可恢复正常，对产量无影响。但须注意，本剂仅限于一年一茬的春大豆田使用，对未使用过的大豆新品种，应在小试安全后，再大面积推广；在推荐剂量施药后3个月可种小麦和大麦；10个月后可种玉米、高粱、燕麦、花生、棉花、苜蓿；30个月后可种甜菜、向日葵、烟草。

1142. 啶磺草胺在麦田怎样使用？

啶磺草胺的产品为7.5%水分散粒剂，是内吸性除草剂，由杂草的叶片、鞘部、茎部或根部吸收，传导到分生组织，抑制乙酰乳酸合成酶，影响蛋白质合成，促使杂草停止生长、黄化、死亡。用于冬小麦田，对看麦娘、野燕麦、播娘蒿、繁缕、荠菜等有好的防效。于冬前，麦苗3~6叶期，杂草2.5~5叶期，亩用制剂9.4~12.5g，对水茎叶喷雾。为施药安全，不发生药害事故，须注意：

① 由于本剂的活性高，要严格按推荐的用药剂量、施药时期和方法施用。亩用制剂13.3g以上就有明显的药害症状，超过24.8g就有一定程度的减产。在推荐的施药时期范围内，原则上禾本科杂草出齐后用药越早越好，小麦起身拔节后不得施用。正常施用后，前期麦田有时会出现临时性黄化或蹲苗现象，但在小麦返青后黄化消失，不影响产量。每季最多施药1次。

② 在亩用制剂24.8g以下，施药后3个月，一般可安全种植小麦、大麦、燕麦、玉米、大豆、水稻、棉花、花生，施药后12个月以上，方可种植番茄、小白菜、甜菜、马铃薯、苜蓿等。

（九）二苯醚类除草剂

1143. 二苯醚类除草剂有什么特性？

这类除草剂是自1960年除草醚开发成功后才发展起来的。最初开发的除草醚、草枯醚、甲羧除草醚等都是稻田除草剂。随后开发了用于旱地除草、高活性的含氟新品种，如乙氧氟草醚、氟磺胺草醚、三氟羧草醚等。而除草醚现已基本上不再使用了。这类除草剂的共性如下。

① 多数品种防除阔叶杂草效果优于禾本科杂草。对杂草主要起触杀作用，在植物体内传导性差，因而主要用于防除一年生杂草或种子繁殖的多年生杂草幼芽，而对已长成的植株杂草或无性繁殖的多年生杂草防除效果差，甚至无效。

② 除草活性的发挥有赖于光照，即在有日光照射的条件下才能有效地起除草作用。因此，宜在傍晚施药，使杂草在夜间吸收药剂，次日白天被日光照射，药效更好。

③ 为原卟啉原氧化酶抑制剂，破坏细胞的透性，促进乙烯的释放，从而细胞的生理功能紊乱，衰老加速，叶片或幼芽发生萎蔫，最终脱落。

④ 多数品种用于土壤处理，施药后被土壤胶体强烈吸附，淋溶性小，故通常施于土表后，不拌土。否则将药剂混入土壤下层晒不到太阳，影响除草效果。

⑤ 因是触杀性除草剂，在正常使用情况下，作物即使发生药害，亦是局部性的，轻者叶片皱缩，有灼烧状枯斑；重者叶片枯焦，但不抑制生长，一般 1~2 周即可恢复正常，不影响产量，仅会延迟作物成熟 3~5 天。

1144. 乙氧氟草醚可防除哪些作物地杂草？

乙氧氟草醚产品有 250g/L 悬浮剂，20%、24% 乳油，2% 颗粒剂。适用于移栽稻、陆稻、玉米、大豆、花生、棉花、甘蔗、果园、茶园、针叶树苗圃等地防除一年生单双子叶杂草，如稗草、牛毛草、鸭舌草、水苋菜、野荸荠、异型莎草、节节草、陌上菜、碱草、铁苋菜、狗尾草、蓼、藜、苘麻、龙葵、曼陀罗、豚草、刺黄花稔、田芥、苍耳、牵牛花等。

乙氧氟草醚是触杀型除草剂，采用喷雾或撒毒土进行芽前或芽后早期处理。药剂主要通过胚芽鞘、中胚轴进入杂草体内，杀死种子繁殖的杂草幼芽和幼苗。该药在有光照条件下才能发挥杀草活性，因而最好在傍晚施药，经一夜，杂草吸收了药剂，第二天在经日光照射，药效更好。

（1）移栽稻田　在长江流域及以南稻区，秧龄 30 天以上，苗高 20cm 以上的一季中稻和双季晚稻，移栽后 4~6 天，稗草芽至 1.5 叶期，气温 20℃ 以上时，亩用 2% 颗粒剂 180~250g，24% 乳油 10~20mL 或 20% 乳油 13~25mL，拌细土后撒施，保水层 3~5cm 5~7 天。如遇大雨及时排水，以免伤苗。

（2）大豆、花生、玉米田　在播后苗前亩用 24% 乳油 40~50mL，对水喷雾。

（3）果园、茶园、桑园、针叶苗圃　在杂草萌发出土前，亩用 24% 乳油 48~60mL，对水后使用低压喷雾器喷施于土表。

（4）甘蔗园　在甘蔗园，于芽前亩用 24% 乳油 30~50mL 或 250g/L 悬浮剂 37~48mL，对水 30~40kg，喷洒于土表。

（5）棉田　主要以土壤处理方式用于各类棉田除草。

① 直播棉田。播后苗前，亩用 24% 乳油 36~48mL（沙质土用低量）对水喷洒于土表。如有 5% 棉苗出土，应停止用药。田面积水，棉苗可能有轻微药害，但可恢复。

② 地膜覆盖棉田。播种覆土后，保持土表湿润，但不能积水。亩用 24% 乳油 18~24mL（沙质土用低量），对水喷洒于土表，再覆膜。遇高温应及时破膜，将棉苗露出膜外。

③ 棉花苗床。一般与丁草胺混用。棉花播种后覆土 1cm 左右，保持土表湿润，但不积水。亩用 24% 乳油 12~18mL，加 60% 丁草胺乳油 50mL，对水喷洒于土表。覆膜时，膜离苗床不可太低，遇高温要及时揭膜，防止高温引起药害。

④ 移栽棉田。移栽前，亩用 240g/L 乳油 40~60mL（沙质土用低量，壤质土、黏重土用高量），对水喷洒于土表。

乙氧氟草醚对棉苗安全性稍差，用药切勿过量。播后苗前24%乳油用量超过50mL（有效成分12g），再遇高温高湿，极易产生药害。受害棉花的叶片出现褐斑，少数叶片枯死，生长会受到暂时抑制，以后可恢复，一般不影响产量。在棉花生长期切勿施药，以防产生严重药害。

（6）菜地　主要用于大蒜、洋葱和生姜田除草。

① 大蒜田。施药适期为大蒜播种后至立针期或大蒜苗2叶1心期以后，杂草4叶期以前。前期露地栽培、后期拱棚盖膜保温、春节前收获青蒜的大蒜田，在播后苗前或大蒜立针期施药。以收获蒜薹和蒜头为目的大蒜田，在杂草出齐后，大蒜2叶1心至3叶期施药。避开大蒜1叶1心至2叶期，因为在这期间施药极易造成心叶折断或严重灼伤。在大蒜2叶1心期以后施药，也可能出现大蒜叶片产生褐色或白色斑点，但对大蒜中后期生长无影响。

用药量一般为每亩24%乳油40～50mL，沙质土用低量，壤质土、黏重土用较高药量。地膜大蒜在播后浅灌水，水落干后，亩用24%乳油40mL。盖草大蒜在播后、盖草、杂草出齐后，亩用24%乳油67mL。

注意：气温低于6℃时严禁施药。

② 洋葱田。直播田在洋葱2～3叶期亩用24%乳油40～50mL，移栽田在移栽后6～10天（洋葱3叶期以后）亩用24%乳油67～100mL，对水喷雾。

③ 生姜田。亩用24%乳油40～50mL，对水喷雾。

本剂对鱼类及某些水生动物高毒，使用时须注意。

1145. 怎样使用三氟羧草醚防除大豆田杂草？

三氟羧草醚产品为21%、21.4%水剂。用于大豆田防除多种阔叶杂草，如马齿苋、铁苋菜、鸭跖草、龙葵、藜、蓼、苍耳、水棘针、辣子草、鬼针草、粟米草、苋、香薷、葎草、牵牛花、曼陀罗、蒿属等。对1～3叶期的狗尾草、稷、野高粱等禾本科杂草也有效。

作为触杀型除草剂，杂草通过茎叶吸收药剂，借助于光照发挥除草作用。因本剂能被土壤中微生物分解，不能作土壤处理使用。

在大豆田使用，应在大豆1～3叶期，双子叶杂草出齐长至5～10cm高时，亩用21.4%水剂60～100mL，对水喷雾茎叶。不宜在大豆3片复叶以后施药，因为大豆叶片遮盖杂草，影响除草效果，同时大豆叶面接触药剂过多，会加重药害，造成贪青晚熟减产。在正常条件下按推荐用药量使用，药剂进入大豆体内，能被迅速分解，对大豆安全。但是在用药初期，有时会引起大豆苗灼伤且变黄色，几天后可恢复生长。大豆生长在不良环境中，如干旱、水淹、肥料过少、寒流、霜害、土壤含盐碱过多，或大豆已遭病虫危害以及下雨前，不宜施药。

1146. 怎样使用乙羧氟草醚防除农田杂草？

与三氟羧草醚相似，乙羧氟草醚被杂草叶和根吸收后，只有在阳光照射下，才能发挥杀草作用，使细胞膜破坏，引起细胞内含物渗漏，导致杂草死亡。产品有5%、10%、15%、20%乳油，10%微乳剂，10%水乳剂。

适用于大豆、花生、小麦、大麦和水稻田防除多种阔叶杂草和某些禾本科杂草，如猪殃殃、马齿苋、铁苋菜、荠菜、野芥、野芝麻、曼陀罗、龙葵、香薷、黄鼬瓣花、鸭跖草、刺儿菜、苍耳、萹蓄、苣荬菜、三色堇、鬼针草、狼把草等。本药剂是触杀性除草剂，可以芽前土表处理或苗后茎叶处理，以后者除草效果好。

（1）大豆田除草 在大豆 1～2.5 片复叶期，杂草 2～5 叶期、株高 2～5cm 时施药，春大豆亩用 15％乳油 37～40mL、10％乳油 60～70mL 或 10％微乳剂 40～60mL；夏大豆亩用 15％乳油 33～37mL、10％乳油 40～50mL、20％乳油 20～25mL 或 10％微乳剂 30～40mL，对水茎叶喷雾。

（2）花生田除草 苗后早期茎叶喷雾，亩用 20％乳油 20～30mL、10％乳油 30～50mL 或 5％乳油 60～100mL。

（3）麦田除草 冬小麦苗后早期茎叶喷雾，亩用 10％乳油 25～35mL。

须注意：施药后，作物可能出现某种程度触杀性灼伤或黄化症状，经 1～2 周后可自行恢复，不影响作物生长和产量。

1147. 乳氟禾草灵是什么样的除草剂？

乳氟禾草灵的名字可能使人联想到它属于芳氧基苯氧基丙酸酯类除草剂，但是它的化学结构和除草活性都是属于二苯醚类除草剂。它是苗后茎叶处理剂，在苗后早期施药后，被杂草茎叶吸收，在体内进行有限的传导，抑制光合作用，破坏细胞膜的完整性，导致细胞内含物的流失，使叶片干枯死亡。充足的阳光有助于药效的发挥，阳光充足时，施药后 2～3 天敏感植物叶片出现灼烧斑，逐渐扩大到整个叶片变枯，全株枯死。产品为 24％、240g/L 乳油。

适用于大豆、花生、棉花、马铃薯、水稻、观赏植物、木本植物等防除多种一年生的阔叶杂草，如苍耳、龙葵、苘麻、铁苋菜、反枝苋、凹头苋、刺苋、马齿苋、鸭跖草、狼把草、鬼针草、辣子草、蓼、藜、水棘针、野西瓜苗、香薷、地肤、荠菜、遏蓝菜、曼陀罗、豚草、田芥菜、粟米草、刺黄花稔、地锦草、猩猩草、鳢肠等。在干旱条件下，对苘麻、苍耳、藜的防效明显下降。

（1）大豆田 于大豆 1～3 片复叶期、阔叶杂草 2～4 叶期，亩用 24％乳油 25～30mL（夏大豆）、30～40mL（春大豆），对水茎叶喷雾。施药后，大豆叶片可能出现枯斑或黄化，尤其在不利于大豆生长发育的环境条件下，如高温（＞27℃）、低洼地排水不良、低温高湿、病虫危害等，大豆苗更易受害，但这是暂时触杀性药害，不影响新叶生长，经 1～2 周便可恢复正常生长，不影响后期产量。严重的药害可造成贪青晚熟。

（2）花生田 于花生苗后 1～2.5 片复叶，阔叶杂草基本出齐并达 2 叶期时施药。在华北及南方地区夏花生田，亩用 24％乳油 25～30mL，对水茎叶喷雾。用药量超过 50mL，会使花生苗受药害，药后 2 天受害叶片出现红棕色褐斑，重者药斑连片，经 10～12 天有所恢复，新生叶片不受影响。

本剂对鱼类高毒，使用时须注意。

1148. 怎样使用氟磺胺草醚防除大豆田杂草？

氟磺胺草醚产品为 10％、20％乳油，12.8％、20％微乳剂，18％、25％水剂，

73%可溶粉剂。苗前苗后均可使用的除草剂，因为它可被杂草的茎、叶及根吸收。苗后茎叶喷雾后4～6h也不会降低除草效果。喷洒时落入土壤的药剂和从叶片上被雨水冲淋入土壤的药剂会被杂草根部吸收，经木质部向上输导，进入杂草体内的药剂，破坏叶绿体，影响光合作用，使叶片产生褐斑、黄化，迅速枯萎死亡。可用于大豆田、果园、橡胶园防除一年生和多年生阔叶杂草，如铁苋菜、反枝苋、凹头苋、刺苋、荠菜、刺儿菜、苘麻、狼巴草、鬼针草、田旋花、鸭跖草、辣子草、曼陀罗、猪殃殃、龙葵、苍耳、刺黄花稔、萹蓄、野芥、田菁、荨麻、香薷、豚草、鳢肠、马齿苋、自生油菜等。

（1）用于大豆田　播后苗前土壤处理或苗后茎叶喷雾均可。播后苗前施药对大豆安全，但除草效果稍差；苗后施药除草效果好，但对大豆叶片有暂时触杀性伤害，能很快恢复，不影响后期生长和产量。所以在大豆田主要以苗后茎叶喷雾为主。在大豆1～3片复叶期、杂草2～5叶期，亩用25%水剂85～120mL（春大豆）、67～80mL（夏大豆），或20%微乳剂60～80mL（春大豆）、50～60mL（夏大豆），20%乳油70～90mL（春大豆），73%可溶粉剂30～40g（春大豆），对水茎叶喷雾。当大豆田混生有较多禾本科杂草时，可与吡氟禾草灵、噁唑禾草灵、氟吡乙禾灵、烯禾啶等混用。为提高对苣荬菜、刺儿菜、大蓟、问荆等多年生阔叶杂草的防除效果，可与异噁草酮、灭草松混用。

（2）用于果园　主要是防除阔叶杂草，在常规用药量情况下对禾本科杂草防效差。在中耕松土后，杂草1～5叶期，亩用25%水剂85～140mL，对水喷雾。当果园内混生禾本科杂草时，可与烯禾啶、吡氟禾草灵等防除禾本科杂草的除草剂混用。持效期可达3～4个月。

需要注意以下几点。

① 茎叶喷雾时，在喷洒药液中加入0.1%非离子表面活性剂或0.1%～0.2%不含酶的洗衣粉（非浓缩型），可提高杂草对药剂的吸收，特别是在干旱条件下药效更稳定。也可在每亩喷洒药液中加入330g尿素，可提高除草效果5%～10%。

② 土壤水分、空气湿度适宜时，有利于杂草对药剂的吸收。长期干旱、气温高时施药，应增加喷水量，以保证除草效果。如近期下雨，可待雨后土壤水分和空气湿度改善后再施药，虽施药时期拖后，但会比干旱时施药的除草效果好。

③ 果园喷雾时要防止雾滴飘落到果树枝叶上，可采用低压喷雾或用防护罩定向喷雾。果园苗圃不宜使用本剂。

④ 本剂在土壤中残效期较长，当用药量高（如亩用25%水剂200mL以上）时，翌年种植白菜、油菜、高粱、玉米、小麦、甜菜、亚麻等敏感作物会造成不同程度的影响。在推荐用药量下，不翻耕就种植甜菜、白菜、油菜、玉米、高粱，仍可能有轻度影响，对小麦无伤害。

（十）酰亚胺类和苯基吡唑类除草剂

国内目前使用的酰亚胺类除草剂有2个品种：氟烯草酸和丙炔氟草胺。苯基吡唑类的仅有吡草醚。它们都是原卟啉原氧化酶抑制剂。

1149. 丙炔氟草胺在大豆、花生田怎样使用?

丙炔氟草胺产品为50%可湿性粉剂,属酰亚胺类除草剂,除草原理与特性同氟烯草酸,主要用于大豆、花生田芽前土表处理防除阔叶杂草,如反枝苋、马齿苋、铁苋菜、荠菜、遏蓝菜、苍耳、龙葵、藜、蓼、萹蓄、鼬瓣花、苘麻、水棘针、鸭跖草等。

(1)大豆田 可在大豆播种后随即施药(大豆拱土期施药对大豆苗有抑制作用),亩用50%可湿性粉剂8~12g,对水30kg,喷洒土表。施药后如遇干旱,可灌溉或浅混土。

也可在苗后早期喷雾,东北春大豆亩用50%可湿性粉剂3~4g,夏大豆用3~3.5g,对水常规喷雾。

(2)花生田 播后苗前土表处理,亩用50%可湿性粉剂6~8g,对水常规喷洒于土表。

1150. 吡草醚在冬小麦田怎样使用?

吡草醚是苯基吡唑类除草剂第一个商品化品种,为原卟啉原氧化酶抑制剂。茎叶处理后,迅速被吸收,使植株坏死或在阳光照射下,使茎叶脱水干枯,故苗后茎叶处理的除草效果优于苗前处理。产品为2%悬浮剂,主要用于小麦等禾谷类作物地防除阔叶杂草,如猪殃殃、繁缕、阿拉伯婆婆纳、野芝麻等。在冬小麦田,于小麦苗后早期、杂草2~4叶期,亩用2%悬浮剂30~40mL,对水30kg喷雾。

(十一)噁二唑酮类和三唑啉酮类除草剂

1151. 噁草酮是什么样的除草剂? 能防除哪些杂草?

噁草酮属噁二唑酮类除草剂,为原卟啉原氧化酶抑制剂。适用于水稻、大豆、花生、向日葵、甘蔗、棉花,以及果园、茶园,能防除一年生禾本科杂草和阔叶杂草,如水田稗草、鸭舌草、矮慈姑、水马齿、节节菜、水苋菜、陌上菜、千金子、草龙、泽泻、繁缕、鳢肠、水芹、苦草、四叶萍、茨藻、水绵、尖瓣花、牛毛草、水莎草、球花碱草、日照飘拂草、蒲草、具芒碎米莎草、萤蔺、种子发芽的扁秆藨草等;旱田的稗、藜、苋、蓼、鸭跖草、铁苋菜、反枝花、马齿苋、皱果苋、苍耳、龙葵、田旋花、灰灰菜、荠菜、婆婆纳、通泉草、酢浆草、狗尾草、牛筋草、小画眉草、半夏等几十种草,杀草谱很广。

噁草酮是选择性除草剂,芽前和芽后都可使用,可在水、旱田用于土壤处理。主要由杂草幼芽吸收药剂,幼苗和根也能吸收,积累在生长旺盛的部位并抑制其生长,使杂草腐烂坏死。在光照条件下才能发挥杀草作用,但不影响光合作用的希尔反应。在杂草萌芽至2~3叶期施药,除草效果最好,随杂草生长除草效果下降,对成株期杂草基本无效。噁草酮产品有12%、13%、25%乳油。

1152. 噁草酮在稻田怎样使用?

噁草酮在水稻秧田、移栽田和直播田都可使用。

(1) 移栽田 在最后一次整地后,趁水浑浊时使用。亩用12%乳油100～150mL(南方)、200～250mL(北方),直接用原瓶均匀甩洒或对水喷雾或拌细土撒施。施药时田间有3cm左右水层,并保水层2～3天。提倡移栽前用甩瓶法施药,若栽前未来得及施药,可在栽后亩用25%乳油65～100mL(南方)、100～120mL(北方)采用喷雾法或毒土法施药。

(2) 抛秧田 在抛秧前2天,最后一次整地时施药。亩用12%乳油135～200mL,采用甩瓶法或撒毒土法浅水层施药,保持2～3cm水层,抛秧后水层不可淹没秧苗心叶。

(3) 秧田 湿润育秧和旱育秧田都可使用,亩用12%乳油65～100mL(南方)、100～150mL(北方)。湿润秧田一般在落谷前2天,用甩瓶法、喷雾法或毒土法施药。如随播随用药,对稻谷出苗有严重影响。落谷时和落谷后田面保持湿润状态,切勿渍水,以防产生药害。

旱育秧田。先播种,盖土0.5～1cm,再喷雾法施药,盖膜,畦面切不可渍水。

(4) 旱直播田 据试验,在水稻旱种或陆作稻田,在播种盖土后(不能有露籽)出苗前,亩用12%乳油150～200mL,对水喷雾土表。

噁草酮在移栽田使用,弱苗、小苗或水层淹过心叶,均易出现药害。秧田和直播田使用,不能播催芽谷种,否则易发生药害。

施药后,若由于某些原因造成防效不好,可在直播田秧苗1～2叶期,或移栽田第一次施药后8～10天,补施1次,用药量为前次的一半。

本剂对鱼毒性中等,使用时仍须注意。

1153. 噁草酮在旱作物地怎样使用?

噁草酮在旱作物地使用,以13%或25%乳油为宜。如选用含水面扩散剂的12%乳油就会增加不必要的成本。

(1) 花生田 在播后芽前,亩用25%乳油100～150mL(南方)、150～200mL(北方),对水喷雾土表。地膜花生田,在播后覆膜前,用100～120mL,对水喷雾于土表。

(2) 棉田 在播后芽前(约隔2～3天),露地棉亩用25%乳油100～150mL(南方)、130～170mL(北方),地膜棉亩用25%乳油80～120mL(超过267mL,易使棉花发生药害),对水喷雾于土表。

(3) 甘蔗田 在种植后真叶出土前,亩用25%乳油150～200mL,对水40kg或60kg(干旱时)喷雾于地表。

(4) 向日葵地 在播后立即施药,亩用25%乳油250～350mL,对水60kg,喷雾于土表。

(5) 蔬菜地 马铃薯在起垄后,亩用25%乳油125～150mL,大蒜在播种后出苗前用72mL,大葱在栽后立即用270～300mL,移栽直立蔬菜,在栽前以常规用量,对水喷雾于土表。

（6）果园、茶园　在早春杂草大量出土前，亩用25％乳油200～500mL，对水50～60kg，喷雾于土表。用药量高，对杂草控制期长，可达3个月。

（7）芦笋地　在壅土后，立即亩用25％乳油500～600mL，对水喷雾于土表。

（8）花卉　香石竹在移栽后3～4天或第一次锄地后亩用25％乳油300～400mL，唐菖蒲球茎植前5～6天亩用25％乳油250mL，对水喷于土地。

1154. 丙炔噁草酮适用于哪类稻田除草？

丙炔噁草酮属噁二唑酮类除草剂，产品为80％可湿性粉剂，80％水分散粒剂，其作用机理同噁草酮，为原卟啉原氧化酶抑制剂，适用于水稻、马铃薯、向日葵、甜菜、甘蔗、蔬菜、果树、草坪等，但目前在我国仅用于稻田防除一年生禾本科、莎草科和阔叶杂草及某些多年生杂草，如稗草、千金子、牛毛草、萤蔺、碎米莎草、异型莎草、野荸荠、节节菜、鸭舌草、雨久花、泽泻、紫萍、水绵、小茨藻等。仅能用于籼稻和粳稻移栽田，不得用于糯稻田，也不宜用于弱苗田、抛秧田和制种田。施药适期为稗草1叶1心期以前和莎草、阔叶草萌发初期，因而可以：①移栽前施药，即在耙地之后进行耢平时趁水浑浊将配好的药液泼浇到田里，经3天后再插秧；②移栽后施药，即在插秧后5～7天，采用毒土法施药。保水层3～5cm 5～7天。用药量为每亩80％水分散粒剂或80％可湿性粉剂6g（南方）、6～8g（北方）。

1155. 唑草酮在小麦、玉米田怎样使用？

唑草酮产品为40％水分散粒剂，属三唑啉酮类除草剂，为原卟啉原氧化酶抑制剂，喷施后15min内即能被植物叶片吸收，3～4h出现中毒症状，2～4天死亡。半衰期2.5～4天，对后茬作物无影响。适用于小麦、玉米、果园，也可用于稻田，防除阔叶杂草，如播娘蒿、荠菜、麦家公、宝瓶草、婆婆纳、刺儿菜、苣荬菜、反枝苋、铁苋菜、卷茎蓼、萹蓄、田旋花、鼬瓣花、苘麻、龙葵、小藜、猪殃殃、地肤、遏蓝菜、水棘针等。

（1）小麦田　在小麦3～4叶期、杂草基本出齐后，亩用40％水分散粒剂3.4～5g（冬小麦）、5～6g（春小麦），对水25～30kg喷雾。

（2）玉米田　在玉米3～5叶期，亩用40％水分散粒剂3.5～5g，对水30kg喷雾。

本剂对鱼中等毒性，使用时仍须注意。

（十二）取代脲类除草剂

1156. 取代脲类除草剂有什么特点？

本类除草剂商品化品种达20余种，主要特点如下：

① 多数品种水溶性低，脂溶性差，因而多加工成可湿性粉剂、悬浮剂等剂型。

② 不抑制种子发芽，主要被植物根吸收，通过木质部导管随蒸腾流向上运输积累

于叶片中，防除杂草幼苗，而不抑制杂草种子萌发。因而防治杂草幼苗，芽前土壤处理最重要。除草效果与土壤含水量密切相关，含水量高，除草效果好。因品种不同，持效期数月至1年以上。药剂从茎叶进入杂草的能力差，但加入润湿剂，能促进吸收，提高茎叶处理的杀草效果。

③ 对杂草的主要作用部位在叶片，当叶片受害后自叶尖起发生褪绿，然后呈水浸状，最后坏死。该类大多数品种杀草原理是抑制光合作用，光照强有利于药效的发挥，使受害植株不能吸收二氧化碳和放出氧气，停止合成有机物使草株饥饿而死。

④ 适用作物范围较广。大多数品种主要防除一年生禾本科杂草及某些阔叶杂草。可与多种类型的除草剂复配以提高药效、扩大杀草谱。

⑤ 因其水溶性低、不易淋溶、抗光解、不挥发，能较长时期地存留在土壤表层，因而可以通过位差选择，增加这类药剂的选择性。

1157. 异丙隆在麦田怎样使用？

异丙隆为内吸性药剂，杂草通过根部和叶片吸收药剂，抑制光合作用，2～3周后死亡。秋季施药，持效期达2～3个月。麦田可防除马唐、看麦娘、硬草、茵草、早熟禾、野燕麦、碎米荠、荠菜、春蓼、母菊、萹蓄、繁缕、苋等一年生禾本科杂草和阔叶杂草。对猪殃殃、婆婆纳基本无效。产品为50％、70％、75％可湿性粉剂，50％悬浮剂。

① 小麦播种后覆土至出苗前，亩用75％可湿性粉剂120～150g，对水喷土表。但露籽麦或麦根接触药剂易引起死苗。因此要求套种麦或免耕麦播后精细盖籽。

② 小麦3叶期至分蘖末期、杂草2～3叶期，亩用75％可湿性粉剂80～95g或50％悬浮剂100～150mL，对水喷于杂草茎叶。

因异丙隆持效期较短，在有机质含量高的土壤上，只能在春季施用。施药后遇霜冻，小麦生长可能暂时受抑制，不久可恢复。

1158. 怎样使用敌草隆防除杂草？

敌草隆属于根部吸收的内吸性除草剂。茎叶吸收很少，是灭生性的，宜作土壤处理剂，不宜叶面喷雾。可用于果园、茶园、桑园、橡胶园、林地及苗圃、非耕地，防除马唐、狗尾草、早熟禾、龙葵、铁苋菜、繁缕、藜、荠菜、田芥、牛膝菊（辣子草）、欧洲菊、大爪草、野萝卜等杂草。对萹蓄、卷茎蓼、千里光也有较好的防效。但对婆婆纳、直立婆婆纳、猪殃殃、田旋花、大巢菜等杂草无效。产品有25％、50％、80％可湿性粉剂，20％悬浮剂。

① 果园、茶园、橡胶园等，一般用于定植4年以上的园地，在杂草出土前施药，也可在杂草1～2叶期进行叶面喷雾，一般亩用50％可湿性粉剂250～350g，对水喷雾。喷雾时防止雾滴飘移污染树叶而引起药害。

② 甘蔗田在露地栽培甘蔗后至苗前，亩用20％悬浮剂500～700mL或80％可湿性粉剂100～150g，25％可湿性粉剂400～500g，对水40～50kg，喷洒于土表。清种覆膜蔗田，在覆膜前亩用25％可湿性粉剂300～400g，套种蔗田用250～350g，对水40kg，喷洒土表，立即覆膜。

③ 棉田，在播后苗前或移栽前，亩用50%可湿性粉剂100～150g（多年生杂草可增加到175g），对水喷洒于土表。

④ 香料作物园，在薄荷、留兰香田，可在头刀、二刀后出苗前，亩用50%可湿性粉剂100～125g，对水喷于土表。茅香田可在头茬茅香出苗前，二茬茅香田在头茬茅香收割后2～5天，亩用50%可湿性粉剂100～150g，对水喷于土表。

⑤ 非耕地。在杂草发芽出土前，亩用50%可湿性粉剂150～250g（一年生杂草）、300～500g（多年生杂草），对水喷于土表。

1159. 利谷隆在旱作物田怎样使用？

利谷隆是以甲氧基取代敌草隆分子中的一个甲基而生成的，使其对某些作物具有较好的选择性，在土壤中残效期缩短，是内吸剂，有一定的触杀作用，用于土壤处理，可被杂草根和芽吸收并向上传导，气温较高和土壤水分充足时药效表现较快，干旱时则不利于药效发挥。产品为50%可湿性粉剂，主要用于玉米、小麦、棉花、甘蔗、果园、桑园、苗圃及某些蔬菜地防除多种一年生阔叶杂草和禾本科杂草，如反枝苋、马齿苋、铁苋菜、藜、繁缕、蓼、狼把草、鬼针草、萹蓄、苍耳、猪毛菜、鸭跖草、辣子草、地肤、香薷、水棘针、豚草、马唐、看麦娘、稗草、狗尾草、牛筋草、野燕麦等。对多年生的香附子、牛毛草、眼子菜也有较好防除效果。

（1）玉米田　春玉米田用药量受土壤质地和土壤有机质含量影响，一般亩用50%可湿性粉剂70～330g（详见产品标签），于播前或播后苗前，对水喷于土表。当土壤有机质含量低于1%或高于5%时不宜使用。

（2）麦田　主要用于冬小麦田，对青稞有药害，不宜使用；土壤有机质含量低于1%或高于3%的小麦田不宜使用，土壤干旱也不宜使用。可在小麦播后苗前亩用50%可湿性粉剂100～130g，对水20～30kg喷雾，并进行浅混土；或在小麦3叶期，用同样药量配成毒土撒施。

（十三）三氮苯类除草剂

1160. 均三氮苯类除草剂有什么特点？

这类除草剂是自1952年开始发展起来的，已有很多品种被广泛使用，如西玛津、莠去津、扑草净、西草净、赛克津、氟草净等，成为现代除草剂中最重要的类型之一，其中以莠去津的用量最大，是玉米地最主要的除草剂之一。近年来，该类除草剂的发展趋势是改进原有品种的加工剂型及改进使用技术如加工为悬浮剂、颗粒剂、缓释剂及推行苗带施药、低容量苗后定向喷雾、与其他类型除草剂混用等来提高药效、降低对后茬作物的影响。

这类除草剂有以下特点。

① 原药难溶于水，也难溶于有机溶剂，因而多加工成可湿性粉剂、悬浮剂使用。

② 都具有内吸传导作用，主要通过根部吸收向上传导到叶片，自叶片吸收的药剂

基本上不传导。

③ 主要是抑制光合作用，阻碍同化产物合成，使杂草失绿，先自叶片尖端开始，继而扩展至叶缘以至整个叶片，最后全株枯死。

④ 杀草谱广，主要用于防除一年生杂草及由种子繁殖的多年生杂草。对阔叶杂草的防效优于禾本科杂草，对地下营养器官（根、茎）繁殖的杂草防效很差。

⑤ 绝大多数品种属于土壤处理剂，因而土壤的质地、有机质含量、酸碱度对药效有很大影响。当土壤中有机质含量超过 10% 时，即使增加用药量，除草效果也不会相应提高，反而使残留期更长，对后茬作物的安全性降低。土壤水分对药效发挥影响大。在干旱条件下播前或播后苗前施药后应混土，或起垄播种苗带施药后培土 2cm 左右，以减少干旱和风蚀的影响。

⑥ 主要为生化选择，例如玉米植株体内含有一种叫玉米酮的物质能使西玛津等失去毒性，因而耐药能力强。敏感性植物（杂草）体内不含这种物质，或含量很少，而被杀死。因这类药剂水溶性小，位差选择也能起一定作用。

尽管如莠去津在世界除草剂市场中销售额很大，但用户对此类除草剂中多数品种很熟悉，且其自身存在土壤残留和杂草抗药性等原因，本书对其大多数品种就从简介绍或不予介绍。

1161. 特丁津剂型有哪些？ 用量多少？

本品剂型包括 50% 悬浮剂，25% 可分散油悬浮剂。用于春玉米田时，防治一年生杂草，用 50% 悬浮剂 80～120mL/亩，以土壤喷雾的方式使用。防治玉米田一年生杂草，用 25% 可分散油悬浮剂 180～200mL/亩，对茎叶喷雾。

1162. 莠去津适用于哪些方面除草？

莠去津（阿特拉津）可用于玉米、高粱、糜子、谷子、甘蔗、果园（桃除外）、林地、苗圃等田地防除一年生禾本科杂草和阔叶杂草。因其水溶性较大，对多年生草也有抑制作用。提高用药量，可作为公路、铁路、仓库旁、森林防火带等非耕地灭生性除草。可防除稗草、马唐、狗尾草、看麦娘、早熟禾、鸭跖草、蓼、藜、苋菜、铁苋菜、苍耳、苘麻、龙葵、繁缕、牛繁缕、玻璃繁缕、芥菜、田芥、千里光、佛座、勿忘我、虞美人、莎草等。持效期长，玉米田等用药 1 次，即可控制整个生育期杂草。

莠去津属选择性内吸除草剂。苗前或苗后均可施用。主要被杂草根吸收，也能被茎叶吸收，干扰光合作用，使叶片褪绿变黄、全株枯死。药剂进入玉米等耐药力强的作物体内，能很快被分解成无毒物质，因而安全。

莠去津产品有 48%、80% 可湿性粉剂，38%、50% 悬浮剂，90% 水分散粒剂。

（1）玉米田使用 ①播后（3～5 天）苗前喷雾处理土壤。用药量因土壤质地和地区不同，差异较大，华北、山东等地夏玉米田，亩用 50% 可湿性粉剂或 38% 悬浮剂 150～200g；东北地区用 200～250g，或 80% 可湿性粉剂 100～200g，或 90% 水分散粒剂 100～110g，土壤含有机质 8% 以上的田块，不宜土壤处理，以茎叶喷雾为好。②苗期茎叶喷雾，在玉米 3～4 叶期、杂草 2～4 叶期，亩用 38% 悬浮剂或 48% 可湿性粉剂 200～250g（超过 300g 极易产生药害），对水喷雾。

（2）高粱地使用　一般在播后苗前喷雾土表，土壤有机质含量小于2%的田块亩用38%悬浮剂150mL，有机质含量大于2%的田块用200g。若在高粱4～6叶期茎叶喷雾亩用38%悬浮剂150mL，用药量不得超过200g。

（3）甘蔗田使用　露地栽培的甘蔗，于植后5～7天苗前亩用38%悬浮剂200～250mL或90%水分散粒剂100～110g；覆膜栽培甘蔗的用药量要少些，一般亩用38%悬浮剂150～200mL对水喷雾。

（4）果园、茶园使用　用于定植一年以上的清栽果园，在杂草萌动时，亩用38%悬浮剂150～200g（轻质沙土）、200～350g（壤土）、350～450g（黏土），对水喷雾土表，含沙量高、有机质含量很低的土壤，不宜使用，以防药剂淋溶到果树根部引起药害。

桃园不能施药。

（5）林木苗圃使用　在春季杂草萌动时或树苗移栽前7～10天，亩用38%悬浮剂200～350g，对水喷雾土表。

（6）非耕地和森林使用　非耕地和森林防火道，在杂草出土前或出土后早期，防除一年生敏感杂草亩用38%悬浮剂500～700mL，防除一年生耐药性杂草和某些多年生杂草亩用800～1200mL，对水50～60kg喷雾。

1163. 西玛津如何使用更合理？

西玛津的水溶性差，易被土壤吸附，随水向土层下渗能力差，喷雾施于土表后只能防除一年生浅根杂草，对多年生深根杂草防效差，甚至无效。可以防除的杂草有稗草、狗尾草、马唐、看麦娘、早熟禾、鸭跖草、野黍、苋菜、铁苋菜、蓼、藜、苍耳、龙葵、苘麻、繁缕等。药剂在土壤中残留时间长，特别是在干旱、低温、低肥条件下，可长达一年，因而会影响后茬敏感作物的出苗和生长，有时隔年对敏感作物还有毒害作用。因而不太适宜用于农田，用于林地和非耕地除草更合理些。产品有50%可湿性粉剂，40%悬浮剂，90%水分散粒剂。

（1）林地　用于化学整地，亩用50%可湿性粉剂400～600g；用于防火道，亩用600～2000g；用于苗圃为200～300g，对水喷于地表。

（2）非耕地　为公路、铁路两旁，于春季杂草出土前，亩用50%可湿性粉剂1～2kg，对水喷于地表。

1164. 莠灭净可防除哪些作物地杂草？

莠灭净产品有40%、80%可湿性粉剂，50%悬浮剂，80%、90%水分散粒剂。它是内吸剂，被杂草根、茎、叶吸收后向上传导并集中于顶端分生组织，起毒杀作用。可在苗前或苗后用于甘蔗、香蕉、菠萝、玉米、棉花、柑橘等作物田防除稗草、马唐、狗尾草、狗牙根、牛筋草、雀稗、千金子、秋稷、大黍、苘麻、一点红、苦苣菜、田芥、菊芹、大戟属、蓼属、空心莲子菜、鬼针草、田旋花、臂形草等。

（1）甘蔗田　芽前土壤处理，在植后出苗前，亩用80%可湿性粉剂130～200g，对水40～50kg，50%悬浮剂200～250mL，80%水分散粒剂125～180g或90%水分散粒剂110～130g，喷洒于土表。亩用有效成分超过160g，对甘蔗有药害。

也可在苗后早期处理，即在种植后 10～15 天，蔗苗 3～4 叶期，株高 25cm 左右，杂草 3 叶期前，亩用 80％可湿性粉剂 100～150g，对水 30kg，做行间定向喷雾，尽量避免喷在蔗苗上。

（2）香蕉田　在种植前或苗后施药，亩用 80％可湿性粉剂 70～230g，对水 30～50kg 喷雾。当多次施药时，两次间隔 3～4 个月。

（3）菠萝田　收获后或种植前、杂草苗前施药，亩用 80％可湿性粉剂 130～260g，对水 30～50kg 喷雾。

（4）马铃薯田　用作马铃薯藤本干燥剂，亩用 80％可湿性粉剂 70～150g，对水 30～50kg 喷雾。干燥时间为 10～14 天。

1165. 扑草净可防除哪些作物地杂草？

扑草净的杀草谱广，能有效地防除多种一年生杂草和某些多年生杂草。主要用于稻田防除眼子菜、鸭舌草、牛毛草、节节菜、稗草、四叶萍、野慈姑、异型莎草、藻等杂草。用于大豆、花生、向日葵、棉花、小麦、玉米、甘蔗、果园、茶园以及胡萝卜、芹菜、韭菜、香菜、茴香等菜田，可防除马唐、狗尾草、稗草、看麦娘、千金子、野苋菜、马齿苋、车前草、藜、蓼、繁缕等杂草。玉米对扑草净敏感，不宜使用。

扑草净属选择性内吸剂。杂草由根、茎、叶吸收药剂，传至全株，抑制光合作用，使杂草逐渐干枯而死，对刚萌发的杂草防效最好，持效期 20～70 天，旱地较水田时间长，在黏土中更长。

产品有 25％、40％、50％可湿性粉剂，50％悬浮剂，25％泡腾粒剂。

（1）移栽稻田使用　以防除眼子菜和莎草为主，在插秧后 15～20 天（南方）、25～45 天（北方），眼子菜叶片由红转绿时，亩用 50％可湿性粉剂 30～40g（南方）、65～100g（北方），或 25％泡腾粒剂 60～80g，拌细土，在稻叶露水干后均匀撒施。因扑草净水溶性大，在土壤中移动性较大，在沙质土壤田不宜使用。

（2）冬水稻田使用　防除眼子菜、四叶萍等，宜在水稻收割后，亩用 50％可湿性粉剂 100～150g，拌细土撒施，保水层 6～10cm 1 周。对已翻耕的稻田，待杂草重新长出后，按同样方法进行处理。

（3）棉田使用　在播后出苗前，亩用 50％可湿性粉剂 100g 左右，对水喷雾土表，施药后 1 月内不要锄土。棉苗出土后禁止施药。地膜育苗不宜使用。

（4）花生、大豆、蔬菜田使用　在播前或播后苗前，亩用 50％可湿性粉剂 100g，对水喷雾土表。

（5）果园、茶园使用　在杂草萌动发芽时或中耕后，亩用 50％可湿性粉剂 200～300g，对水喷雾土表。严防雾滴飘移到果树上。施药时和施药后，表土保持湿润除草效果才好。有机质含量低的沙质果园，不宜使用本剂。

1166. 怎样使用西草净防除稻田杂草？

西草净对稻田眼子菜有特效，也能防除稗草、牛毛草、鸭舌草、瓜皮草、野慈姑、三棱草等杂草。除草原理与扑草净同。产品有 25％、50％可湿性粉剂。

① 移栽稻田使用。在插秧后 15～20 天（水稻分蘖期），田间眼子菜由红转绿时，

亩用 25％可湿性粉剂 100～150g（南方）、150～200g（北方），气温 30℃以上时用量不得超过 100g，拌细土均匀撒施。不能重复撒，以免局部施药量过多而产生药害。施药时田间保水层 4～5cm，药后保水 6～7 天。

② 直播稻田，在稻苗分蘖盛期，按移栽田的方法使用。

须知，有机质含量少的沙质土壤、地势低洼排水不良地、重盐碱或强酸性土壤，均不宜使用，因易产生药害。

（十四）三酮类除草剂

1167. 三酮类除草剂是怎样发展的？

20 世纪 70 年代中期从桃金娘科植物红千层中分离出具有除草活性的纤精酮，能使受害杂草产生白化症状，而玉米具有耐受性。以纤精酮为先导化合物，进行结构改造，进而发现了磺草酮、硝磺草酮等品种，从而开发出了以对-羟苯基丙酮酸双氧化酶（HPPD）为作用靶标的三酮类除草剂。

三酮类除草剂为内吸剂，通过植物根系和叶片吸收，并在体内传导，抑制靶酶的合成，导致酪氨酸的积累，质体醌和生育酚的生物合成停止，进而造成八氢番茄红素积累及叶绿素、类胡萝卜素含量下降，使植物分生组织失绿产生白化死亡。

三酮类除草剂能防除一年生阔叶杂草及部分禾本科杂草，可以苗前土表处理和苗后茎叶喷雾。在土壤中残留期较短，对后茬作物安全。

1168. 磺草酮在玉米田怎样使用？

磺草酮产品有 15％水剂，15％油悬浮剂，可用于玉米、小麦、甘蔗田防除一年生阔叶杂草及某些禾本科杂草，但对稗草、狗尾草、苍耳、马齿苋及多年生杂草防效差。用于芽前土壤处理或苗后茎叶喷雾。在欧洲广泛应用于玉米田，在我国目前也主要用于玉米田。

在玉米田，于玉米 2～5 叶期、杂草 2～4 叶期，亩用 15％水剂 300～400mL（春玉米）、250～300mL（夏玉米）或 15％油悬浮剂 250～300mL（春玉米）、150～250mL（夏玉米），对水茎叶喷雾。可与莠去津混用。

磺草酮在玉米植株体内被迅速代谢而失去活性，但在不良的生长条件下，玉米叶片有时会出现失绿现象，随着生长能恢复正常，不影响产量。

1169. 硝磺草酮在玉米田怎样使用？

用硝基替代磺草酮分子中氯即为硝磺草酮，其除草性能、用途、用法与磺草酮基本相同，但活性高于磺草酮，产品为 10％、100g/L 悬浮剂。用于玉米田除草，亩用制剂 100～130mL（播后苗前）、70～100mL（叶喷），对水喷雾。

1170. 怎样使用苯唑草酮防除田间杂草？

苯唑草酮是新型三酮类苗后茎叶处理剂，具有内吸传导作用，可以被植物的叶、根和茎吸收。杀草谱广，防除玉米田一年生禾本科杂草和阔叶杂草。正常使用情况下，对作物安全。剂型为30％悬浮剂。玉米田防除一年生杂草，用量为5.5～6.5mL/亩。玉米苗后3～5叶期茎叶处理，一年生杂草3～5叶期时喷雾处理，间套或混种有其他作物的玉米田，不能使用本药剂，小且旺盛生长的杂草对苯唑草酮更敏感。低温和干旱的天气，杂草生长会变慢从而影响杂草对苯唑草酮的吸收，杂草死亡的时间会变长。

1171. 异环吡氟草酮可以防治那些杂草？

环吡氟草酮是具有内吸传导作用的新型HPPD抑制剂，可用于冬小麦田防除看麦娘、日本看麦娘、硬草、棒头草、蜡烛草、早熟禾、播娘蒿、荠菜、野油菜、繁缕、牛繁缕、麦家公、婆婆纳、宝盖草等一年生杂草。于冬小麦返青期至拔节前，杂草2～5叶期茎叶喷雾，茎叶喷雾施药1次。每亩对水15～30kg，二次稀释后均匀喷雾；施药时避免药液飘移到油菜、蚕豆等阔叶作物上产生药害。每季最多使用1次。

（十五）三嗪酮类除草剂

本类除草剂现有6个品种，国内使用的有3个品种，嗪草酮和苯嗪草酮，属1，2，4-三嗪酮；环嗪酮，属1，3，5-三嗪酮，都是光合作用抑制剂。

1172. 嗪草酮能防除哪些作物地杂草？

嗪草酮可用于大豆、马铃薯、番茄、胡萝卜、豌豆、芦笋、甘蔗、菠萝、咖啡、苜蓿等田地，防除多种阔叶杂草，如蓼、苋、藜、荠菜、苣荬菜、野胡萝卜、小野芝麻、萹蓄、马齿苋、繁缕、卷茎蓼、香薷等。对苘麻、苍耳、龙葵也有效。对禾本科杂草有一定效果，而对多年生杂草无效。

嗪草酮为内吸性除草剂。主要由杂草根吸收向上传导，由叶片吸收后仅能有限地传导。主要抑制杂草的光合作用，使叶片褪绿而枯死。产品有50％和70％可湿性粉剂，480g/L悬浮剂。一般亩用有效成分23～46g，播前或播后苗前处理土壤。

① 大豆田使用。播后出苗前，亩用70％可湿性粉剂23～50g（南方）、50～75g（东北），或480g/L悬浮剂75～90mL，对水30kg喷雾土表。因大豆根部吸收药剂容易产生药害，大豆播种深度至少3.5～4cm。沙质土、有机质含量2％以下的大豆田不能施用。土壤酸碱度为7.5以上的碱性土壤或雨多气温高的地区要适当降低用药量。大豆苗期不能施用。

② 马铃薯在出苗前及杂草萌发后施药，番茄在播后出苗前或移栽两周内施药。轻质土亩用70％可湿性粉剂25～35g，中质土用35～50g，重质土用50～75g。有机质含量小于1％的沙土，不宜施用。

马铃薯出苗后到10cm高以前，可以亩用70％可湿性粉剂41～66g，对水喷雾杂草茎叶。马铃薯长到10cm高以后，耐药力降低，易产生药害。

③ 玉米田使用。一般不单用，目前仅登记用于东北春玉米，在播后苗前亩用70%可湿性粉剂50～70g，对水喷于土表。仅可用于土壤有机质含量大于2%、pH低于7的玉米田。

1173. 怎样使用苯嗪草酮防除甜菜田杂草？

苯嗪草酮产品为70%水分散粒剂，除草作用机理与嗪草酮相同，用于甜菜田可防除一年生阔叶杂草繁缕、龙葵、小野芝麻、猪殃殃、桑麻及早熟禾、看麦娘等。在甜菜播后苗前亩用制剂400～467g，对水喷于土表。若春季干旱、低温、多风、土壤风蚀严重、整地质量不高、无灌溉条件时，均会影响除草效果。由于本剂除草效果不够稳定，宜与其他除草剂搭配使用。

1174. 怎样用环嗪酮防除林地杂草？

环嗪酮是内吸剂，由植物根系和叶片吸收，抑制光合作用，使杂草枯死。用药后7天杂草嫩叶出现枯斑，至整片叶子干枯，地上部死亡约需15天，至地下根腐烂，至少需1个月；灌木需2个月；乔木受害后20～30天第一次脱叶，长出新叶再脱落，再长新叶，叶片一次比一次小，连续3～5次，地上部在60～120天内枯死，根系第二年开始腐烂。它是非选择性除草剂，主要用于常绿针叶林如马尾松、红松、樟子松、云杉等造林前除草灭灌、幼林抚育、林地改造、维护防火线等除草及灭阔叶树木。产品有25%、90%可溶液剂，25%水剂，5%颗粒剂。在林地使用方法如下。

① 造林前除草灭灌，用喷枪点射植树点，以一年生杂草为主的，每点用25%制剂1mL；以多年生杂草为主并伴生少量灌木的，每点用2mL；灌木密集林地，每点用3mL。20～45天后杂草、灌木死亡。

② 林分改造。用飞机亩喷5%颗粒剂2～2.5kg。

③ 消灭非目的树种，在树根周围点射，每株10cm胸径的树，点射25%水剂8～10mL。

④ 幼林抚育，在距幼树1m远用药枪点射四个角，或在行间点射1个点，每点用25%制剂1～2mL。

⑤ 维护森林防火线，每公顷用25%制剂6L，对水150～300kg喷雾。或每公顷用5%颗粒剂22.5～37.5kg撒施。

⑥ 防除甘蔗田一年生杂草，苗后亩用90%可溶粉剂50～65g，对水定向喷雾。

（十六）苯腈类除草剂

1175. 溴苯腈在小麦、玉米田怎样使用？

溴苯腈产品为22.5%乳油，是触杀型除草剂，被杂草叶片吸收后仅能进行有限的传导，主要是抑制光合作用，促使叶片褪绿和产生枯斑，2～6天即死亡。在我国主要用于小麦、玉米田防除一年生阔叶杂草，如播娘蒿、麦家公、麦瓶草、荠菜、猪毛菜、遏蓝菜、苦苣菜、苍耳、龙葵、豚草、萹蓄、田旋花、曼陀罗、千里光、鸭跖草、婆婆纳、母菊、苋、藜、蓼等。在土壤中半衰期10～15天，对后茬作物安全。

（1）麦田　在小麦3～5叶期、大部分阔叶杂草开始进入生长旺盛的4叶期，亩用22.5％乳油80～130mL，对水30～40kg喷雾。

（2）玉米田　在玉米4～8叶期、阔叶杂草4叶期，亩用22.5％乳油80～100mL（夏玉米）、100～120mL（春玉米），对水30～40kg喷雾。玉米叶片沿着药液后，或多或少会产生一些触杀型灼斑，但不会影响玉米正常生长和产量。

本剂对鱼类高毒，使用时须注意。

1176. 辛酰溴苯腈在小麦、玉米田怎样使用？

辛酰溴苯腈产品为25％乳油，其生物学特性同溴苯腈，主要是抑制光合作用，用于防除小麦、玉米田一年生阔叶杂草。在小麦3～5叶期、玉米2～8叶期、阔叶杂草4叶期，亩用25％乳油100～120mL（冬小麦、夏玉米）、120～150mL（春小麦、春玉米），对水30～40kg，茎叶喷雾。

本剂对鱼类高毒，使用时须注意。

（十七）酰胺类除草剂

1177. 酰胺类除草剂有哪些特点？

酰胺类除草剂是20世纪60年代发展起来的一类重要的选择性除草剂。

1963年开发出的稻田选择性除草剂敌稗开创了除草剂在植物属间的选择性；进入20世纪80年代，开发了具有光学活性的酰胺类除草剂品种，如异丙甲草胺含有4种光学异构体，不同异构体的生物活性及对环境的影响差别很大，96％精异丙甲草胺乳油比72％异丙甲草胺乳油的除草效果增加1.67倍（理论上）；在酰胺类化合物中引入杂环和氟原子而开发出苯噻酰草胺、吡氟酰草胺、吡草胺等高活性品种。国内市场上这类除草剂的品种也较多，应用广泛，他们的重要特性如下。

① 几乎所有品种都是防除一年生禾本科杂草的特效药，对多年生禾本科杂草及阔叶杂草大多无效或防效差。

② 多数品种为土壤处理剂，仅少数品种如敌稗、新燕灵只能进行茎叶处理，土壤处理无效。作土壤处理的品种，一般持效期为1～3个月，个别品种可达6～9个月。

③ 施药后，禾本科杂草靠幼芽吸收药剂，因此只能防除一年生禾本科杂草幼芽，对成株杂草无效或效果很差。禾本科杂草幼芽受药后生长停止、矮化，直至死亡。阔叶杂草主要是通过根吸收药剂，其次是通过胚轴或幼芽吸收。

④ 大多数品种在植物体内降解较快，几乎所有品种都能被土壤微生物降解。

⑤ 能抑制植物多种代谢过程。其中氯代乙酰胺类是抑制脂肪酸、酯类、蛋白质、

异戊二烯、类黄酮的合成；有些品种抑制光合作用，或对呼吸作用有明显抑制作用。

本类除草剂中的敌稗、甲草胺、乙草胺、丁草胺、克草胺、毒草胺等品种，或是应用虽广，已为众用户熟悉；或是产量很小，应用面窄，本书就略而不叙，仅介绍近20余年上市品种。

1178. 异丙甲草胺防除哪些作物地杂草？

异丙甲草胺适用于大豆、玉米、棉花、花生、油菜、向日葵、甜菜、甘蔗、马铃薯、菜豆、豌豆、蚕豆、西瓜等作物地，防除一年生禾本科杂草，如稗草、马唐、狗尾草、牛筋草、画眉草、千金子、早熟禾、臂形草等。对野燕麦、看麦娘防效差。对马齿苋、苋、藜、鸭跖草、蓼、繁缕等阔叶杂草也有一定防效。异丙甲草胺是芽前土壤处理剂，其杀草原理与甲草胺、乙草胺同。在土壤中持效期30～35天。产品有70%、72%、96%乳油。

（1）大豆田　在大豆播种前或播种后出苗前施药。有机质含量3%以下的沙质土壤，亩用72%乳油100mL，壤土用133mL，黏土用167mL；有机质含量3%以上的沙质土壤，亩用72%乳油133mL，壤土185mL，黏土用200mL，均对水30～50kg，喷雾土表，如土壤较干，施药后可浅混土。

（2）油菜田　冬油菜田可在移栽前施药，亩用72%乳油100～150mL，对水30kg喷雾。南方在水稻收割后已有部分看麦娘出苗时，可在移栽前采用低量草甘膦与之混用，亩用72%异丙甲草胺乳油100mL加10%草甘膦水剂10～60mL，对水25～30kg喷雾。

（3）花生田　花生播后出苗前，最好在播后随即施药，亩用72%乳油80～100mL（南方）或100～150mL（北方），对水30～40kg，喷洒土表。

（4）芝麻田　通常在播后苗前，亩用72%乳油100～150mL，对水30～40kg，喷洒土表。

（5）向日葵　播前土壤处理，当土壤有机质含量小于4%，沙质土亩用72%乳油100～130mL，壤质土用130～200mL；土壤有机质含量大于4%时用170～270mL，加水25～30kg，喷洒土表，立即混土3～5cm深。

（6）稻田　水稻移栽田防除稗草、牛毛草、异型莎草、萤蔺等杂草，在水稻移栽后5～7天、稗草1.5叶期前，亩用72%乳油8～10mL（早稻）、10～15mL（中稻或晚稻），或70%乳油10～20mL，采用毒土法撒施。

须注意：只能用于水稻大苗移栽田，移栽的秧苗必须在5.5叶以上。秧田、直播田、抛秧田和小苗移栽田都不能使用。小苗、弱苗、栽后未返青活棵的苗均易产生药害，施药不匀也易产生药害。若采用毒肥法施药，配制时不可将乳油直接倒在尿素上搅拌，这样不易搅拌均匀，施后易产生药害，造成秧苗矮化，一般2～3周内能逐渐恢复。

（7）蔬菜田　可用于多种蔬菜田化学除草，一般亩用量为72%乳油75～100mL，于蔬菜播后苗前或移栽前喷雾处理土壤，也可在移栽成活后作定向喷雾。施药田块要求整地质量好，田中大团粒多会影响除草效果；覆盖地膜的作物，应先施药后覆膜，并选择推荐剂量的低用药量；移栽作物地一般是在移栽前施药，移栽时应尽量不要翻动开穴周围的土层，如果需要在移栽后施药，应尽量不把药液喷在作物上，或喷药后及时喷水洗苗。

直播的甘蓝、花椰菜、萝卜、白菜、菜豆、豌豆、豇豆、芹菜苗圃、韭菜苗圃、大蒜、姜、马铃薯等，在播后苗前，亩用72%乳油100mL，对水30～40kg，喷洒土表。

移栽的甘蓝、花椰菜、辣椒、番茄、茄子等，在移栽前，亩用72%乳油100～120mL，老韭菜田在割后2天，亩用75～100mL，对水30～40kg，喷洒土表。

以小粒种子繁殖的一年生蔬菜，如苋菜、香菜、西芹等对异丙甲草胺敏感，不宜使用。

（8）玉米田　在玉米播前或播后苗前土壤处理，亩用72%乳油150～200mL（春玉米）、100～150mL（夏玉米），视土壤质地选用剂量上限或下限，有机质含量高和质地较黏时用上限，反之用下限，地膜覆盖田选用下限。对水30～50kg，喷洒土表，最好是在降雨或灌溉前施药，若土壤过于干旱，施药后浅混土2～3cm。

（9）其他旱作物田　种植前或播后苗前喷雾处理土壤，具体见表22。

表 22　异丙甲草胺旱作物地除草的用药量及施药时期

作物	制剂及亩用量/mL	施药时期
高粱	960g/L EC 90～110	播后苗前
甘蔗	720g/L EC 100～150	种植后苗前或覆膜前
西瓜	72% EC 100～150	移栽前
赤豆	720g/L EC 120～150	播后苗前
甜菜	72% EC 120～160	播后苗前或移栽前
棉花	72% EC 100～120	播后苗前或移栽前3天
红麻、黄麻	72% EC 100	播后苗前
亚麻	72% EC 100～170	播前或播后苗前
苎麻	72% EC 150～200	头麻出苗前
烟草	72% EC 100～120	移栽后2天内或苗床播前、移栽前

注：EC表示乳油。

1179. 怎样使用敌稗防除稻田杂草？

敌稗是具高度选择性触杀型除草剂，主要用于水稻田稗草的防除。剂型为34%乳油。敌稗在水稻体内被芳基羧基酰胺酶水解成3,4-二氯苯胺和丙酸而解毒，稗草由于缺乏此种解毒机能，细胞膜最先遭到破坏，导致水分代谢失调，很快失水枯死。以2叶期稗草最为敏感，敌稗遇土壤后分解失效，仅宜作茎叶处理剂。大风天或预计1h内降雨请勿施药。

在移栽水稻田中，于插秧后稗草1叶1心期施药，喷药前排干田水，选无风晴天，在露水干后喷药，用药量为550～830mL/亩，施药后1～2天不可灌水，晒田后再灌水淹没稗心两天；在秧田和直播田用药适期为稗草1叶1心至2叶1心期，每亩用药量1kg；2～3叶期也可施药，但应加大用药量，每亩1～1.5kg对水稀释30倍。

1180. 氟噻草胺如何使用？

氟噻草胺为氧化乙酰胺类选择性除草剂。剂型为41％的悬浮剂。该化合物为细胞分裂抑制剂，通过抑制靶标杂草根和茎部幼芽区域的细胞分裂过程，达到阻止其生长和组织延伸的效果。主要用于玉米田防除一年生杂草，亩用制剂80～120mL，使用土壤喷雾。

1181. 甲磺草胺可防除什么田地的杂草？

甲磺草胺适用于甘蔗田中的一年生杂草，40％悬浮剂每亩地需60～90mL制剂量，使用时对水进行土壤喷雾。

1182. 精异丙甲草胺与异丙甲草胺有何异同？

精异丙甲草胺产品为960g/L乳油（金都尔），是异丙甲草胺的S活性异构体，故亦称S-异丙甲草胺，其杀草原理、杀草谱、应用范围、使用方法均与异丙甲草胺相同，但其杀草活性比异丙甲草胺高1倍。现已将其适用作物、用药量及施药时期列成简表23。

表23　960g/L精异丙甲草胺乳油使用方法

作物	亩用药量/mL	施药时期
春大豆	80～120	播后苗前
夏大豆、夏玉米	60～85	播后苗前
棉花	60～100	播后苗前或移栽后3天
花生	45～60	播后苗前
移栽油菜	45～60	移栽前
芝麻	50～65	播后苗前
甜菜	60～90	播后苗前
烟草	40～75	移栽前
西瓜	40～65	移栽前

1183. 乙草胺可防除哪些作物地杂草？

乙草胺又叫禾耐斯、消草胺。适用于大豆、油菜、花生、玉米、棉花、甘蔗、蔬菜、果园等，防除一年生禾本科杂草及部分阔叶杂草，如马唐、稗草、狗尾草、蟋蟀草、臂形草、牛筋草、看麦娘、早熟禾、秋稷、画眉草以及鸭跖草、菟丝子等。对马齿苋、苋、藜、龙葵、蓼等防效差。对多年生杂草无效。

乙草胺是芽前土壤处理剂。在作物播种后出苗前进行土壤表面喷雾处理。禾本科杂草由幼芽吸收，阔叶杂草由根和幼芽吸收，吸进体内的药剂能干扰核酸代谢和蛋白质合成，使幼芽、幼根停止生长，最终死亡。在土壤中持效期可达2个月左右。

乙草胺产品有50％、86％、90％乳油，50％微乳剂，40％、48％、50％水乳剂，

20%、40%可湿性粉剂。

（1）大豆田使用　播种前或播后出苗前，亩用50%乳油160～200mL（东北）、100～140mL（其他地区），对水喷雾土表。遇干旱，播前施药后可混土2～3cm。

（2）花生田使用　花生播种后当天，亩用50%乳油100～160mL，对水喷雾土表。覆膜地用药量酌减，一般为75～100mL。

（3）冬油菜田使用　在移栽前或移栽后3天，亩用50%乳油70～100mL，对水喷雾土表。

（4）玉米田使用　在播种后至出苗前，亩用50%乳油120～200mL（东北地区）、100～140mL（其他地区），对水喷洒。覆膜地用75～100mL。

可与莠去津混用，以扩大对阔叶杂草的杀除效果。

（5）棉田使用　播种前，亩用50%乳油180～240mL（露地）、100～160mL（覆膜地），对水喷雾土表。覆膜地在施药后覆膜，打孔播种。

乙草胺用量与土壤湿度、有机质含量有关。应根据不同地区、不同季节、不同作物和草情确定用药量。有机质含量低的沙质土壤，应采用低剂量。高温下用药或施药后遇雨，种子接触药剂易产生药害。出苗后叶片皱缩、发黄。

黄瓜、菠菜、韭菜、小麦、谷子、糜子、高粱、西瓜、甜瓜对乙草胺敏感，不能使用。

1184. 丙草胺在稻田怎样使用？

丙草胺产品为50%水乳剂，30%、50%乳油。

用于水稻秧田和直播田能防除稗草、水苋菜、鳢肠、鸭舌草、牛毛草、千金子、节节菜、萤蔺等杂草。对多年生的扁秆蔗草、三棱草防效差。对眼子菜、矮慈姑、荸荠无效。

杂草在发芽过程中，通过下胚轴、中胚轴和胚芽鞘吸收药，根吸收较差，不影响种子发芽。中毒后初生叶不能出土，或从胚芽鞘侧面伸出，出土后的叶片扭曲，不能正常伸展，生长停止，不久死去。水稻对丙草胺有较强的分解能力，但稻芽的耐药力不强。所以在育秧稻田和直播稻田使用对秧苗不安全。但加有安全剂CGA-123407的产品，安全剂可加速丙草胺在水稻体内的分解，故可用于水稻秧田，为水稻田专用除草剂。

① 水稻直播田或秧田，亩用加有安全剂的30%乳油100～150mL，对水喷雾或撒毒土。具体做法如下。

南方热带或亚热带稻区及籼稻区，可用低剂量，在播种（浸种催芽）后当天或播后4天施药。施药时，土壤水分饱和，土表有水膜。施药后24h，可灌浅水层，保持土表不干，3天后正常管水。

北方水直播田，一般应在播后10～15天、稗草1叶1心以下、稻苗2叶期已扎根时施药，如用高剂量，则应在推广前先做试验，以保证安全有效。

② 移栽田，于移栽后3～5天，亩用50%乳油或50%水乳剂60～70mL，采用毒土法施药，保水层3cm左右3～5天。

③ 抛秧田，于抛秧前1～2天或抛秧后2～4天，亩用50%乳油60～80mL（北方）、50～60mL（长江及淮河流域）、40～50mL（珠江流域），采用毒土法施药，保浅水层

3～5 天，但不宜淹没秧苗心叶。用于抛秧的秧苗叶龄应达 3 叶 1 心以上。

1185. 异丙草胺在玉米、大豆田怎样使用？

异丙草胺产品有 30％可湿性粉剂，50％、55％、72％乳油。

异丙草胺为内吸剂，被杂草的幼芽吸收并向上传导；种子和根也能吸收，但吸收量少，传导缓慢；出苗后要靠根系吸收向上传导。杀草原理主要是抑制蛋白质合成，芽和根停止生长，不定根无法形成，心叶扭曲、萎缩，其他叶片皱缩变黄，整株枯死。适用于玉米、大豆、花生、甜菜、马铃薯、苹果、葡萄等作物田防除稗草、狗尾草、马唐、画眉草、早熟禾、牛筋草、反枝苋、龙葵、藜、蓼、鬼针草、猪毛菜、水棘针、香薷等杂草。

① 在玉米、大豆田，一般是在播后苗前喷雾处理土壤，最好是播后随即施药，亩用 72％乳油 150～200mL（春玉米、春大豆）、100～150mL（夏玉米、夏大豆），或 50％乳油 180～250mL（春玉米、春大豆）、140～180mL（夏玉米、夏大豆），或 30％可湿性粉剂 250～300g（夏玉米、夏大豆），对水 30～40kg 喷雾。

② 在其他作物田，一般是在播后苗前或移栽前喷雾处理土壤。亩用药量以 72％乳油为例：春油菜 125～175mL，花生 120～150mL，向日葵 130～160mL，洋葱 130～160mL，马铃薯 150～200mL，甘薯和大蒜 100～125mL。

1186. 丁草胺能防除稻田哪些杂草？ 怎样使用？

丁草胺可用于水稻秧田、直播田、移栽田防除大部分一年生禾本科杂草、莎草科杂草及某些阔叶杂草，如稗草、千金子、异型莎草、碎米莎草、牛毛草、鸭舌草、节节草、水苋菜等。丁草胺通过幼芽进入杂草体内，抑制蛋白质合成，从而抑制芽和根的生长，最后使杂草枯死。

丁草胺产品有 50％、60％、90％乳油，40％、60％水乳剂，50％微乳剂，5％颗粒剂，10％微粒剂。

（1）水稻秧田使用　秧板做好后，播前 3～4 天，田间灌浅水层，亩用 60％乳油 75～100mL，对水喷于土表，保水，使其自然落干，排沟水，耖平畦面，播入催芽稻种。

苗后施药，应掌握在秧苗 1 叶 1 心至 2 叶期、稗草 2 叶期以前，亩用 60～80mL，对水喷雾或撒毒土，保水层 3～4 天，但要防止水浸没秧苗心叶。

（2）直播田使用　基本上与秧田相同。播种前 2～3 天，亩用 60％乳油 80～100mL，对水喷雾，保水层，然后排水播种。

苗后施药，在秧苗 1 叶 1 心至 2 叶期、稗草 2 叶期前，亩用 60％乳油 80～100mL，对水喷雾或撒毒土，保 3～4cm 水层 2～3 天，但要防止水浸没秧苗心叶。

（3）移栽田使用　在插秧后 3～5 天，最迟不超过 7 天，杂草处于萌动至 1 叶 1 心期施药，亩用 60％乳油 75～100mL（南方），或 110～140mL（北方），对水喷雾，或拌细雨土（化肥）撒施。施药时田面有 3～5cm 水层，施药后保水 3～5 天。

水稻种子萌芽期对丁草胺敏感，此时不能用药，在秧苗 1 叶期以前使用也不安全，因而在播种前 1 天或随播种随用药，对成秧率有严重影响。在秧田和直播田使用，技术要求高，应先试验后推广。亩用量 60％乳油超过 150mL，极易产生药害。杂交稻对丁草胺有一定敏感性，使用时要特别注意。

1187. 丁草胺能防除旱地哪些杂草？ 怎样使用？

冬小麦、大麦在播种覆土后至出苗前，结合灌出苗水或降雨，使土壤湿润，在此条件下，亩用60％丁草胺乳油100～125mL，对水喷雾于土表。对露籽麦出苗有严重影响，露籽麦多的田块不能使用。

其他旱作田可参照冬麦田使用方法。亚麻田用60％丁草胺乳油70～100mL，花生为110～150mL，西瓜播种覆土后用100mL，油菜用100～125mL。

1188. 敌草胺防除哪些作物地杂草？

敌草胺适用于蔬菜、大豆、花生、烟草以及果园、桑园、茶园、林业苗圃等，防除一年生禾本科杂草稗、马唐、狗尾草、千金子、看麦娘、早熟禾、雀稗、野燕麦、黍草等。也能防除藜、猪殃殃、马齿苋、苋、繁缕、萹蓄等阔叶杂草。对以地下茎繁殖的多年生禾本科杂草无效，因而可用于绿化草地。

敌草胺是芽前土壤处理剂。杂草的根和芽鞘吸收淋入土壤中的药剂，使根芽不能生长而死亡。对已出土的杂草无效，持效期可达2个月左右。产品有50％可湿性粉剂，20％乳油，50％水分散粒剂。

① 蔬菜田使用，在番茄、茄子、辣椒、油菜、白菜、芥菜、萝卜、大蒜等田，于播后苗前或移栽后，亩用20％乳油200～250mL或50％可湿性粉剂80～100g，对水30kg，喷雾土表。对芹菜、莴苣、茴香、胡萝卜有药害，不能使用。短生育期蔬菜使用后，下茬不宜种玉米、高粱、小麦、大麦等作物，以免产生药害。

② 花生、大豆及其他豆科作物田在播种前或播后出苗前，冬油菜于移栽前或移栽后2～3天亩用20％乳油200～300mL或50％可湿性粉剂80～120g，对水喷雾土表。

③ 烟草田使用，苗床于播前喷雾，亩用50％可湿性粉剂或50％水分散粒剂100～120g，大田移栽后喷雾用100～150g。

④ 果园、茶园、桑园、林业苗圃等，亩用20％乳油500～600mL或50％可湿性粉剂200～250g，对水定向喷雾。

敌草胺在土壤湿润条件下，除草效果好。施药后如干旱，应在施药后3天内灌水。

1189. R-敌草胺与敌草胺有何不同？

R-敌草胺又称R-左旋敌草胺，是除去S异构体，仅含R异构体的敌草胺。R异构体对某些杂草的活性是S异构体的8倍。产品为25％可湿性粉剂，用于冬油菜田和冬小麦田，亩用量仅为50～75g。使用方法和能防除的杂草同敌草胺。

1190. 怎样使用苯噻酰草胺防除稻田杂草？

苯噻酰草胺产品为50％可湿性粉剂，为内吸剂，主要通过芽鞘和根吸收，传导至幼芽和嫩叶，抑制生长点细胞分裂，致杂草死亡，适用于移栽稻田防除稗草、鸭舌草、母草、水苋菜、异型莎草、碎米莎草、牛毛草、萤蔺等，以毒土法施药后，药剂被吸附于土表 1cm 以内形成药土层，对生长点处于土壤表层的稗草有强杀伤力，对由种子繁殖的多年生杂草也有抑制作用，一般在水稻移栽后 5～7 天，稗草 1 叶 1 心前，亩用 50％可湿性粉剂 50～60g（南方）或 60～80g（北方），拌细土 15～20kg 撒施，保水层 3～5cm 5～7 天。

1191. 吡唑草胺在油菜等田间怎样使用？

吡唑草胺产品为 500g/L 悬浮剂，是单、双子叶杂草的高效土壤处理剂，可用于油菜、大豆、花生、烟草、马铃薯、白菜、大蒜、果树等作物地防除一年生禾本科杂草和部分阔叶杂草，如看麦娘、茵草、马唐、早熟禾、狗尾草、野燕麦、稗草、牛繁缕、婆婆纳、龙葵、菊属杂草、苋属杂草、蓼属杂草等。具有内吸性，通过胚轴和根吸收，抑制发芽。作用靶标是对羟苯基丙酮酸酯双氧化酶，通过抑制蛋白质合成来抑制细胞分裂。

移栽油菜田，于移栽前 1～3 天，亩用 500g/L 悬浮剂 60～100mL，对水喷于土表。

1192. 怎样使用炔苯酰草胺防除莴苣田杂草？

炔苯酰草胺为选择性内吸除草剂，由植物的根吸收并传导全株，可于苗前或苗后早期用于莴苣、油菜、甜菜、苜蓿、玫瑰、森林、休闲地防除一年生禾本科杂草和部分小粒种子阔叶杂草。产品为 50％可湿性粉剂。

目前仅登记用于莴苣地除草，于播后芽前亩用 50％可湿性粉剂 200～260g，对水喷洒土表。

1193. 如何用氟吡酰草胺防治杂草？

氟吡酰草胺属酰胺类除草剂，通过抑制植物体内类胡萝卜素生物合成，进而导致叶绿素被破坏、细胞膜破裂，杂草表现为幼芽脱色或白色，最后整株萎蔫死亡。主要用于冬小麦田苗前封闭防除婆婆纳、繁缕、牛繁缕、宝盖草、荠菜、播娘蒿等一年生阔叶杂草。冬小麦播后苗前，20％氟吡酰草胺悬浮剂对水 30～40L，均匀喷雾，每季最多使用 1 次。

（十八）硫代氨基甲酸酯类除草剂

本类除草剂是随机筛选而得，已有品种二十多个，作用机理是类脂合成抑制剂，但不是 ACC 酶抑制剂。作土壤处理时主要通过杂草的幼根和幼芽吸收，茎叶处理时主要通过叶和茎吸收，进入植物体内的药剂通常向分生组织传导，发挥杀草作用。

1194. 怎样使用禾草丹防除稻田杂草？

禾草丹在禾本科属间具有选择性。稗草吸收禾草丹的速度比水稻快，而在稗草体内分解的速度又比水稻慢，所以稗草被杀死，而对水稻安全。可防除水稻秧田、直播田、插秧本田的稗草、牛毛草、异型莎草、鸭舌草、千金子、碎米莎草、日照飘拂草等一年生杂草。而对水苋菜、母草、节节草及多年生杂草的防效较差。

禾草丹产品有50％、90％乳油，10％颗粒剂。

其施药方法主要是苗前土壤处理和幼苗期喷雾。施药量一般南方低于北方，秧田低于本田，晚稻略低于早稻。

（1）水稻秧田使用　做好秧板后灌浅水，亩用50％乳油200～250mL，对水喷雾或拌细土撒施，隔3～5天排水播种。播种后不能浸水，以湿润床面出苗为宜。

秧苗期使用。在秧苗1叶1心、稗草1～2叶期，亩用50％乳油150～200mL，对水喷雾。施药时田面留有浅水层或湿润，施药后2～3天内不能排水，自然落干，以保证药效，施药后也不能灌深水，以防药害。

萌芽的稻谷对禾草丹很敏感，芽期用药会影响出苗；禾草丹不能防除2叶期以上的稗草，所以只能在播前或早苗期施药。

秧苗期的用药量要根据气温而有所增减。一般早稻秧田，亩用50％乳油200mL，中、晚稻秧田，亩用150mL。晚稻秧田用药后如遇高温，会产生不同程度的药害，主要症状是稻叶变宽、茎变粗、植株矮化，矮化苗数量随用药量增加而增多。为减轻药害，可采用禾草丹与敌稗混用，即亩用50％禾草丹乳油100mL，加20％敌稗乳油150mL，对水喷雾。

（2）水直播稻田使用　在播前3～5天或水稻秧苗2～3叶期，亩用50％乳油200～250mL，对水喷雾或撒毒土。与丁草胺、西草净、苄嘧磺隆等混用可扩大杀草谱。

（3）水稻插秧田使用　在移栽5～7天秧苗返青后、稗草2叶期以前，亩用50％乳油200～300mL，90％乳油125～210mL，或10％颗粒剂1.33～2.0kg，对水喷雾或撒毒土。保水层3～4天。缺水田可采用细水缓灌的办法补水，切不可排水。

如稻田内有水莎草、瓜皮草等阔叶杂草，可与2甲4氯混用，即亩用50％禾草丹乳油150mL，加20％2甲4氯水剂100mL，拌细土撒施。

1195. 怎样使用禾草丹防除油菜等旱田杂草？

禾草丹可防除旱田的马唐、蟋蟀草、狗尾草、看麦娘、雀舌草、鳢肠、马齿苋、鸭跖草、藜、繁缕等杂草。而对小麦、油菜、花生、大豆、马铃薯、番茄、萝卜等作物安全。

（1）油菜秧田及直播田　在播后1～3天，亩用50％乳油200～250mL，对水40～50kg喷雾。施药时土太干，应先用清水浇洒后再施药。移栽油菜田在油菜苗活棵后、看麦娘等杂草1.5叶期以前，亩用50％乳油200～250mL，对水40～50kg喷雾。田土较干时，应对水80～100kg喷雾。

（2）麦田　可防除棒头草、早熟禾、看麦娘、马唐、狗尾草等禾本科杂草，适用于条播麦田，撒播田因露籽多易产生药害，影响出苗率。播种后出苗前施药，亩用50％乳油200～250mL，对水30～40kg，喷洒土表。与绿麦隆混用，可兼除阔叶杂草，并提高对禾本科杂草的防效，一般亩用50％禾草丹乳油100～150mL，加25％绿麦隆可湿性粉剂150g。

茎叶喷雾于小麦1.5叶期、看麦娘立针期施药，亩用50％乳油300mL，对水喷雾。

应在灌溉后施药，保持土壤湿润状态，方可发挥药效。

（3）蔬菜田　可用于多种蔬菜田防除旱稗、马唐、狗尾草、牛筋草、千金子等禾本科杂草及部分阔叶杂草。适用的蔬菜种类及用药方法如下文介绍。

直播小白菜、青菜、大白菜、油菜、荠菜、萝卜等十字花科以及芹菜、胡萝卜、芫荽等伞形花科蔬菜，在播前灌透水，然后播种、盖籽，再亩用50％乳油100～125mL，对水喷洒土表，持效期为20～25天。注意播种后一定要盖土，否则易产生药害；如土壤干旱要灌沟水，保持畦面湿润，有利于药效发挥。

地膜移栽的番茄、辣椒、茄子、黄瓜、冬瓜、瓠子等，可在移栽前亩用50％乳油100～200mL，对水喷洒畦面，再覆膜，隔2天后破膜移栽。

韭菜、大葱移栽活棵后，用鳞茎播种的大蒜在播后苗前，亩用50％乳油100～200mL，对水喷洒地面。

1196. 怎样使用禾草敌防除稻田杂草？

禾草敌能有效地防除稗草和异型莎草，对1～4龄的大稗草也有好的效果。早期使用，也能防除牛毛草、碎米莎草。但不能防除阔叶杂草，适用于稗草危害严重的稻田除草。

禾草敌是内吸性除草剂。施于水田中即沉降在土壤表面，形成药层，杂草种子在土壤中萌动，芽穿过药土层吸收药剂，传导积累在生长点，抑制淀粉酶和蛋白质合成，破坏细胞分裂，受害杂草幼芽肿胀，停止生长，叶片变厚、色浓、植株矮化畸形，心叶抽不出，逐渐死亡。经过催芽的稻种，播在药土层之上，芽向上生长，不穿过药土层；根向下生长，根吸收药剂能力弱，吸药量很少，不会发生药害。

产品为90.9％乳油。

（1）秧田和直播田播前使用　亩用90.9％乳油100～150mL，拌细土撒入，立即混土耙平。2～3天落干水，泥面湿润播下催芽露白的稻种，轻塌谷后正常管理。注意不能深塌谷，否则芽鞘在药土层中吸收药剂易发生药害。

（2）秧苗期使用　在稻苗3叶期以上、稗草2～3叶期，亩用90.9％乳油100～150mL（南方）或150～200mL（东北、华北地区），拌细土撒施。施药时田面保浅水层，施药后保水层5～7天，水稻随叶龄增加对禾草敌忍耐力增高，芽期至0.5叶期对药剂最敏感，切忌使稻芽浸在药液中。2叶期以后较安全。

（3）插秧田使用　移栽后4～5天秧苗返青后使用，亩用90.9％乳油150～200mL，拌细土撒施，保水5～7天。

籼稻对禾草敌较敏感，用药量过高或施药不匀，易产生药害。药剂易挥发，毒土应随拌随用，使用时田面必须有水层。

由于禾草敌的杀草谱窄，连续使用会使稻田杂草群落发生变化，注意与其他除草剂混用或交替使用。

1197. 野麦畏可用于防除哪些作物地杂草？

野麦畏是芽前土壤处理用除草剂。适用于麦类、青稞、油菜、大豆、甜菜、豌豆、蚕豆、亚麻等作物地防除野燕麦、毒麦、看麦娘等禾本科杂草。

野麦畏是内吸性除草剂，被杂草芽鞘吸收并传导，影响细胞的有丝分裂和蛋白质合成，而使杂草不能出土而死亡。出土后的杂草，由根、地中茎、分蘖节吸收药剂，中毒后停止生长、叶片浓绿、短、宽而脆，心叶干枯或呈空心株，待小麦拔节后，中毒野燕麦陆续死亡。小麦、大麦等作物对野麦畏分解能力强，不易受害。

产品为40％乳油。

（1）小麦、大麦、青稞田使用

① 播前混土处理。适用于干旱少雨地区，亩用40％乳油：西北、东北春麦区为175～200mL，新疆和西藏为200～250mL。播前整好地，以喷雾或毒土法施药，随即混土8～10cm（播种深度为5～6cm），然后播种。因小麦种子接触药剂易产生药害，伤苗1％左右，影响出苗率，因而需增加播种量1％～2％。在西藏等寒冷地区早播春麦，需20天左右才出苗，芽鞘接触药剂时间长，伤苗率可达10％左右，宜在播前5～7天施药，使药剂被土壤吸附后再播种。

② 播后苗前处理。适用于播种期雨水多、土壤潮湿、气温较高的冬麦区，亩用40％乳油200mL，对水喷雾，立即浅混土2～3cm，以不耙出种子、不伤种芽为宜。

③ 苗水处理。适用于有灌溉条件的地区。在小麦3叶期、野燕麦2～3叶期，亩用40％乳油200mL，与肥料（尿素）或细土混匀后撒施。随施药随灌水。不灌水或没有降透雨都无效。注意：野燕麦4叶期至分蘖时施药，效果显著下降。

④ 秋翻地时施药。仅适用于冬季寒冷的西北、东北地区，在土壤结冻前20天，亩用40％乳油200～250mL，对水喷雾或撒毒土，随后翻耙混土10～12cm。翌年春季按生产程序播种。

（2）油菜、大豆等作物田使用　播种前亩用40％乳油150～200mL，对水喷雾或撒毒土。随即混土5～7cm，然后播种在4～5cm土层内。

野麦畏易挥发、光分解快，施药后要及时混土。施药后4h才混土，药效明显下降。

1198. 怎样用威百亩防除烟草苗床杂草？

威百亩，产品为32.7％、33.6％、35％、42％、370g/L水剂，作为除草剂使用，是通过抑制细胞分裂和蛋白质合成使呼吸受阻而杀灭杂草，能有效地防除烟草苗床杂草。使用方法是在整地后，每平方米用32.7％水剂50～75mL，对水浇洒土表，使土层湿透4cm，再覆膜熏蒸10天后，揭膜、散气、播种。同时可杀灭土壤中的病菌。

（十九）二硝基苯胺类除草剂

1199. 二硝基苯胺类除草剂有哪些特点？

这类除草剂从1953年开始筛选，1959年从80种化合物中筛选出了氟乐灵，此后又问世了十多个品种，目前在我国使用的仅有氟乐灵、仲丁灵、二甲戊灵3个，它们的共同特点如下。

（1）杀草谱广　对一年生禾本科杂草有特效，还可防除一些一年生阔叶杂草及宿根高粱等多年生根茎杂草。

（2）药效稳定　在土壤中挥发的气体也能杀草，因而在干旱条件下施用，也能发挥除草效果。在土壤中持效期中等，半衰期2~3个月，对大多数后茬作物安全。

（3）为土壤处理剂　多在作物播种前、栽植前或播后苗前施药，毒杀杂草幼芽，防除杂草幼苗。药剂被杂草的幼芽或幼根吸收后，在体内的移动是很有限的，主要是通过触杀作用来杀伤杂草的幼芽和幼根，进而导致杂草死亡。作用机理是微管系统抑制剂。

（4）药剂易挥发、易光解（即见光分解）　因此田间施药后应立即耙地混土，最好在傍晚施药。

1200. 氟乐灵能防除哪些作物地杂草？

氟乐灵是一种广泛应用的旱田除草剂。可适用于棉花、大豆、油菜、花生、向日葵、冬小麦、大麦、旱种水稻、苜蓿、蓖麻、蔬菜、果园等作物地禾本科杂草，如稗草、马唐、狗尾草、牛筋草、千金子、旱熟禾、看麦娘、雀麦、野燕麦、雀舌草、蟋蟀草、大画眉等。也能防除一些小粒种子的藜、蓼、苋菜、马齿苋、繁缕、萹蓄等双子叶杂草。对成株杂草无效。高粱、谷子对药剂敏感，不能使用。甜菜、番茄、马铃薯等用于移栽田。

氟乐灵产品为48％乳油。一般采用喷雾法或毒土法施药，施药后立即混土。用药量因杂草种类、土壤质地中有机质含量而异。以禾本科杂草为主地块用药量少一些，阔叶杂草较多的混生地块用药量应多一些，阔叶杂草为主地块不宜使用。土壤中有机质含量2％以下，亩用48％乳油125~150mL；有机质含量2％~8％，亩用150~200mL，有机质含量超过8％不宜使用。黏土用给定量的上限，沙性土用给定量的下限。

使用时要严格控制用药量，严防产生药害。氟乐灵饱和蒸气压高，在地膜作物田使用，一般用药量48％乳油不宜超过每亩100mL，叶菜类蔬菜不宜超过200mL。播前施药，在北方最好提前5~7天施药。

（1）大豆田使用　播前土壤处理，豆地粗平整后，土壤有机质含量3％以下的田，亩用48％乳油80~110mL；有机质含量3％~8％的田，亩用130~160mL；有机质含量8％以上的田不宜使用。亩用量最多不能超过200mL，以免引起大豆根部受药害及后茬作物药害。对水35kg（南方）、50~70kg（北方）喷雾土表，立即耙地混土，混土深度1~3cm（南方）、5~10cm（北方），镇压保墒，隔天（南方）或5~7天（北方）播种。

（2）棉田使用

①苗床在播种覆土后，亩用48％乳油75~100mL，对水喷于土表，或播种后把药喷在盖籽土上，均匀撒施；②直播田在粗整地后，亩用48％乳油150~200mL，对水喷于土表，立即混土2~3cm，混后即可播种；③地膜覆盖棉田，亩用48％乳油100~125mL，播前对水喷雾于土表（施药-播种-盖膜）或播后喷雾（播种-施药-盖膜）。

（3）菜田使用

①十字花科蔬菜田，在播前3~7天，亩用48％乳油100~150mL，对水喷雾土表，立即混土2~3cm；②豆科蔬菜田，播后出苗前，亩用48％乳油150~200mL，对水喷雾土表，立即混土；③茄子、番茄、辣椒、甘蓝、菜花等移栽菜田，在移栽后杂草出土前，亩用48％乳油100~150mL，对水喷雾，立即混土。

（4）花生、芝麻田使用　粗整地后，亩用48％乳油100～150mL，对水喷雾土表，随之混土3～5cm，隔5～7天播种。地膜花生田，在覆膜前5～7天，亩用75～100mL，对水喷雾苗床，混土5cm左右，压平覆膜。

（5）油菜田使用　冬油菜的苗床、直播田在播前5～7天，移栽田在移栽前5～7天，亩有48％乳油100～150mL，对水喷洒土表，随后及时混入3～5cm土层中。可傍晚施药，增加土壤对药剂的吸收，可以不混土。直播田在播后亩用48％乳油100mL，移栽田在移栽后的当天傍晚用75mL，对水喷雾土表。

春油菜区防除以野燕麦为主的杂草，用量需增至175～200mL，混土深度达10cm。

（6）稻田使用　水稻旱种水管田及旱直播田，播前15～20天，亩用48％乳油100mL，对水喷雾土表，混土2～3cm。

移栽稻田，待秧苗返青后，亩用48％乳油150～200mL，拌细土撒施。

（7）冬小麦田使用　在浇封冻水前，亩用48％乳油150～200mL，喷雾或撒毒土。

（8）西瓜田使用　移栽前亩用48％乳油120～150mL，对水喷雾土表，混土3cm。地膜西瓜田施药后覆膜，亩用75～100mL。西瓜苗床不能使用。

（9）甘薯田使用　起垄后，亩用48％乳油100～120mL，对水喷雾土表，松土覆盖，插栽薯秧，再浇水。施药时如气温超过30℃，用药量宜在100mL以下。

（10）果园、桑园等地使用　在杂草出土前，亩用48％乳油150～200mL，对水喷雾土表进行封闭。

（11）苜蓿地使用　主要用于定植苜蓿地。在苜蓿休眠时，亩用48％乳油130～150mL，对水喷雾，用簧齿耙或旋转锄混土，尽量减少对苜蓿根茎的机械损伤。

用于重新播种的苜蓿地，亩用48％乳油100～120mL，对水喷雾土表，及时混土，5～7天后播种。

1201. 仲丁灵能防除哪些作物地杂草？

仲丁灵为水旱地两用除草剂，主要用于大豆、花生、向日葵、甜菜、甘蔗、棉花、水稻、蔬菜、苜蓿地，防除稗草、马唐、狗尾草等禾本科杂草和小粒种子的野苋菜、马齿苋、藜等阔叶杂草，并可有效地防除大豆菟丝子。为触杀型除草剂，除草原理与氟乐灵相似。产品为48％乳油。

（1）大豆田使用　播种前5～7天，土壤墒情好时，亩用48％乳油300～350mL，墒情差时用350～400mL，对水喷洒土表；耙入5～10cm土层内，镇压保墒。

防除大豆菟丝子，在大豆3～4片复叶、菟丝子已缠在大豆植株并开始向周围株蔓延危害时，亩用48％乳油100～150倍液，喷洒在菟丝子寄生的豆株上。

（2）花生田使用　播种后亩用48％乳油200mL（南方）或200～250mL（北方），对水50～70kg，喷洒畦面，浅松土，地膜花生在播种后喷雾土表，立即覆膜。也可在播前4～5天施药。

（3）菜田使用　一般亩用48％乳油150～200mL，对水喷雾于土表，但黄瓜地用药量不要超过180mL。直播田在播前或播后出苗前施药。移栽田在移栽前或移栽后施药，移栽后施药时应将喷头向下定向喷雾，以免发生药害。

（4）棉花等旱田使用（高粱、谷子田不宜使用）　一般在播种前或播种后出苗前施药。因地区和土质不同，亩用48％乳油100～300mL，对水喷雾土表并混土。

（5）稻田使用　在插秧返青后，亩用48％乳油150～200mL，拌细土撒施。

（6）苜蓿地使用　用于新种植苜蓿地，在播种前或播种后出苗前，亩用48％乳油200～250mL，对水喷雾土表，及时混土。

（7）瓜类田使用　包括西瓜、甜瓜、哈密瓜、白兰瓜和打瓜等，可在播前施药处理土壤，亩用48％乳油：沙质土为150mL，壤质土为225mL，黏质土为300mL，对水30kg，喷洒土表，及时混土5～7cm。

1202. 二甲戊灵能防除哪些作物地杂草？

二甲戊灵可用于大豆、花生、向日葵、马铃薯、玉米、棉花、烟草、蔬菜、甘蔗、香蕉、菠萝、果园对作物地防除一年生禾本科杂草和部分阔叶杂草，如马唐、狗尾草、稗草、光头稗、看麦娘、早熟禾、藜、蓼、苋、猪殃殃、繁缕、萹蓄、荠菜、异型莎草等。

二甲戊灵是土壤处理剂。因其挥发性不大，施药后混土与否影响不大。施药后，杂草的幼芽、幼茎、幼根吸收药剂，直接抑制幼芽和次生根的生长，导致死亡。

产品有30％、33％乳油，20％、30％悬乳剂，45％微胶囊剂。

（1）菜田使用　对韭菜、小葱、小白菜等直播菜田，播种前或播后苗前，亩用33％乳油75～100mL，30％悬浮剂130～150mL，或45％微胶囊剂100～120mL，对水喷雾于土表，再浇水。生长期长的蔬菜，隔45天左右再施药1次。

（2）棉花、花生田使用　在播前或播后出苗前，亩用33％乳油200～300mL，对水喷施于土表。

（3）大豆田使用　在播种前或播后出苗前3天内喷施于土表。东北地区，亩用33％乳油200～300mL，华北及以南地区为150～200mL。沙性重、有机质含量低的田，不宜用药。

（4）玉米田使用　在播后出苗前3天内，亩用33％乳油200～250mL（春玉米）、150～250mL（夏玉米），对水喷洒于土表。

（5）烟草田使用　移栽后，亩用33％乳油100～200mL，对水喷雾。

（6）甘蔗田使用　移栽后，亩用33％乳油200～300mL，对水喷雾。

（7）果园使用　在杂草出土前，亩用33％乳油200～300mL，对水喷洒于土表。

用二甲戊灵进行土壤处理，为减少药害，应先施药后浇水，增加土壤对药剂的吸附。土壤墒情好也有利于药效的发挥。若遇长时间干旱，土壤含水量低，施后可适当浅混土，以提高除草效果。有机质含量低的沙质土壤，不宜苗前处理。

本剂对鱼类高毒，使用时须注意。

（二十）有机磷除草剂

1203. 草甘膦是什么样的除草剂？

草甘膦为灭生性除草剂。对植物没有选择性，几乎所有绿色植物，不论是作物还是杂草，着药后都会被杀伤。农田施用后，良莠不分，作物与杂草都被杀死。

草甘膦杀草速度较慢。一般一年生植物在施药 1 周后才表现出中毒症状，多年生植物在 2 周后表现中毒症状。中毒植物先是地上叶片逐渐枯黄，继而变褐，最后根部腐烂死亡。某些助剂能加速药剂对植物的渗透和吸收，从而加速植株死亡。使用高剂量，叶片枯萎太快，影响对药剂的吸收，即吸入药量少，也难于传导到地下根茎，因而对多年深根杂草的防除反而不利。

因草甘膦是靠植物绿色茎、叶吸收进入体内的，施药时杂草必须有足够吸收药剂的叶面积。一年生杂草要有 5～7 片叶，多年生杂草要有 5～6 片新长出的叶片。

草甘膦为 5-烯醇丙酮酰基莽草酸-3-磷酸酯合成酶（EPSPS）抑制剂，抑制莽草酸向苯基丙氨酸、酪氨酸、色氨酸的转化，干扰蛋白质合成。还影响植物体内一系列生化过程，如使光合作用下降、叶绿素降解、抑制激素传导、促进激素氧化作用等。

草甘膦进入土壤后，很快与土壤中的金属离子结合而失去杀草能力。因此，施药时或施药后对土壤中的作物种子都无杀伤作用。对施药后新长出的杂草无杀伤作用。当然，也不能采用土壤处理法施药，必须是茎叶喷雾。

产品有 30％、50％、60％、65％可溶粉剂，50％钠盐可溶粒剂，75.7％、88.8％、95％铵盐可溶粒剂，30％、41％水剂，50％、70％水分散粒剂。

1204. 草甘膦在木本作物园及非耕地怎样使用？

在果园、茶园、桑园、橡胶园以及田埂、道路、庭院、仓库、机场等非耕地杂草，用药量因草种类而异。一般是一年生杂草亩用 41％水剂 100～200mL；防除香附子、马兰、鸭跖草、蒿、艾、车前草、鱼腥草、小飞蓬等，用 200～300mL；防除白茅、芦苇、水蓼、犁头草、刺儿菜、千里光、狗牙根、半夏、柴苑等用 300～500mL。防除多年生杂草时喷洒两次，效果更好。

使用草甘膦水剂喷雾，在药液中加入适量助剂，能显著提高药效。41％草甘膦（农达）液剂中就加有助剂，某些国内产品也加有助剂。

在果园、茶园、桑园、橡胶园使用草甘膦，严防雾滴飘移到树木的绿色部分，以及邻近作物地，以免引起药害。

用于池塘、沟、渠等水面防治空心莲子草、凤眼莲、水浮莲、香蒲、水烛、芦苇等水生和湿生杂草时，对大面积杂草丛生的鱼塘应划区分期施药，以防止杂草死亡腐败过程中因耗氧过多导致鱼池缺氧。

水稻田块除草，要压低喷头，加防护罩，最好选择无风条件喷药，以防雾滴飘移到稻株上。

1205. 草甘膦在农田能使用吗？

在作物的生长期内，不能使用草甘膦除草。可以利用草甘膦在土壤中很快失去毒杀作用的特点，在前茬作物收割后与后茬作物种植前的一段时间内使用草甘膦除草。例如，免耕麦类、油菜、玉米、大豆等田块，可在前茬作物收获后、后茬作物种植前 1～3 天施药。一般亩用 41％水剂 80～150mL。

行间较宽的高秆作物田，采用手动喷雾器在喷头上加防护罩，在行间定向喷雾，灭除行间杂草，一般亩用41%水剂60～80mL。

1206. 莎稗磷在稻田、花生田怎样使用？

莎稗磷产品为30%乳油，为内吸剂，主要通过幼芽和地中茎吸收，抑制细胞分裂和伸长，对正在萌发的杂草效果最好，对已长大的杂草效果差。

（1）移栽稻田　可防除2叶1心期以前的稗草、千金子、一年生莎草、牛毛草等，在插秧后4～8天，亩用30%乳油60～75mL（北方）或50～60mL（南方），对水30kg，排干田水喷雾，施药24h后复水；也可拌细土20kg撒施，保浅水层5～7天。

（2）花生等旱田　可防除稗草、马唐、狗尾草、牛筋草、野燕麦、一年生莎草等。可在播后苗前或中耕后施药，亩用30%乳油100～150mL，对水30～40kg喷雾。

1207. 草铵膦怎样使用？

草铵膦杀草原理与双丙氨膦相似，只宜做苗后茎叶喷雾，对种子和未出土的幼芽无效，是灭生性除草剂，适用于果园、橡胶园、棕榈园、观赏性灌木、森林、非耕地及免耕农田防除一年生和多年生禾本科杂草看麦娘、马唐、稗草、早熟禾、狗尾草、野燕麦、狗牙根、匍匐冰草、剪股颖、芦苇、羊茅等；也能防除藜、蓼、苋、荠菜、龙葵、繁缕、猪殃殃、苦苣菜、田蓟、田旋花、蒲公英等阔叶杂草。一般是在杂草生长旺盛始期及禾本科杂草分蘖始期，亩用200g/L水剂350～700mL，对水喷洒茎叶，持效期1～1.5个月。必要时再施1次，可延长有效期。

（二十一）联吡啶类除草剂

1208. 敌草快怎样使用？

敌草快的产品为20%水剂，是灭生性触杀型除草剂，能被叶片吸收，抑制光合作用，破坏细胞膜，使之枯黄。在土壤中残留活性仅几天，适合作物芽前使用。

（1）免耕田除草　用于水稻收割后除草免耕种植小麦和油菜，在种植前2～3天，亩用20%水剂80～130mL，对水25～30kg，喷杂草茎叶。

用于免耕播种的玉米田，可于小麦接近成熟时、套种玉米的播后苗前，亩用20%水剂150～200mL，对水喷雾，可达到玉米免耕除草、小麦催枯的双重目的。

（2）果园除草　在果园内杂草生长旺盛期，亩用20%水剂250～300mL，对水进行杂草茎叶喷雾。施药时需防止雾滴污染果树的幼嫩枝叶。敌草快的持效期较短，可与三嗪类、脲类除草剂混用。

（3）催枯脱叶　可在水稻、小麦收割前6～8天，谷粒蜡熟初期，即青籽粒仅占4.1%～5%时施药催枯，亩用20%水剂100～150mL，对水常规喷雾。大豆催枯在上部已变黄而下部仍绿、豆黄棕色时亩用药150～200mL，马铃薯催枯亩用药200～250mL。

油菜催枯在荚70%变黄时亩用150～200mL，可使种子含水量下降3%～4%。芝麻催枯在茎叶尚绿、籽粒已成熟时亩用150～200mL，可提早14天收割。向日葵在叶、茎和肉质的盘状花序干枯之前，籽粒已成熟时，亩用200mL，施药后10天收获，比不催枯早15天，种子含水量下降4.5%。亚麻的蒴果80%～90%转为棕色时，亩用150～200mL。

（二十二）其他化学结构除草剂

1209. 如何使用氯氟吡啶酯？

3%氯氟吡啶酯乳油，用40～80mL/亩，在水稻直播田应于秧苗4.5叶即1个分蘖可见时，同时稗草不超过3个分蘖时施药；移栽田应于秧苗充分返青后1个分蘖可见时，同时稗草不超过3个分蘖时施药。茎叶喷雾时，用水量15～30L/亩，施药时可以有浅水层，需确保杂草茎叶2/3以上露出水面，施药后24h至72h内灌水，保持浅水层5～7天，注意水层勿淹没水稻心叶避免药害。施药量按稗草密度和叶龄确定，稗草密度大、草龄大，使用上限用药量。预计2h内有降雨请勿施药。每季最多使用1次。最后一次施药至收获间隔期60天。

1210. 使用氯氟吡啶酯时的注意事项有哪些？

① 使用前充分摇匀，配药时应尽量冲洗出包装内的药剂，以免浪费药剂或造成用药量不足。

② 严格按照推荐剂量施用，请勿擅自增加使用剂量，施药务必均匀，避免重施漏施，擅自增加剂量或者重喷可能会影响作物正常生长。

③ 任何会影响到作物健康的逆境或环境因素如极端冷热天气干旱冰雹等，可能会影响到药效和作物耐药性，不推荐施用。某些情况下如不利的天气、水稻不同品种敏感性差异，施药后水稻可能出现暂时性药物反应如生长受到抑制或叶片畸形，通常水稻会逐步恢复正常生长。

④ 不宜在缺水田、漏水田及盐碱田的田块使用。不推荐在秧田、制种田使用。缓苗期、秧苗长势弱，存在药害风险，不推荐使用。弥雾机常规剂量施药可能会造成严重药物反应，建议咨询当地植保部门或先试后再施用。

⑤ 不能和敌稗、马拉硫磷等药剂混用，施用本品7天内不能再施马拉硫磷，与其他药剂和肥料混用需先进行测试确认。

⑥ 避免漂移到邻近敏感阔叶作物如棉花、大豆、葡萄、烟草、蔬菜、桑树、花卉、观赏植物及其他非靶标阔叶植物。

⑦ 使用本品时应穿长衣长裤、靴子、戴手套、眼镜、口罩防护用具（见图形标识），避免吸入药液。施药期间不可吃东西和饮水等。施药后应及时洗手和洗脸以及暴露部位皮肤并更换衣物。

⑧ 本品对水生生物有毒，应远离水产养殖区施药，禁止在河塘等水体中清洗施药器具。

⑨ 严格多次清洗喷药器械，避免药械喷管喷头中药剂残存，使以后使用药械施药时导致其他敏感作物受到影响和伤害，废弃药液时，切忌污染水源。用过的容器应妥善处理，不可做他用，也不可随意丢弃。

⑩ 请严格按照标签说明使用。如需业务和技术上的支持，请立即与农药公司客户服务中心联系。

⑪ 如果要将该产品用于出口农产品，请参照相应进口国的相关标准使用。

⑫ 避免孕妇及哺乳期的妇女接触。使用中有任何不良反应请及时携标签就医。

1211. 怎样使用苯嘧磺草胺防除阔叶杂草？

苯嘧磺草胺是新型脲嘧啶类苗后茎叶处理除草剂，主要用于防治阔叶杂草，防效迅速，药后 1～3 天就能见效，且持效期较长。剂型为 70％水分散粒剂。在非耕地中，用药量为 5～7.5g/亩，进行茎叶喷雾；在柑橘园中，用药量为 5～7.5g/亩，进行定向茎叶喷雾。一般阔叶杂草的株高或茎长达 10～15cm 时喷雾处理。加入增效剂可提高药剂对杂草的防效，或降低使用剂量。施药应均匀周到，避免重喷、漏喷或超过推荐剂量用药，在大风时或大雨前不要施药，避免飘移。

1212. 环吡氟草酮怎样使用？

环吡氟草酮用于冬小麦田，可防除一年生禾本科杂草及部分阔叶杂草。剂型为 6％可分散油悬浮剂，每亩用量为 150～200mL，对水茎叶喷雾。

1213. 氟氯吡啶酯作用机理是什么？

本品是内吸传导型的苗后茎叶除草剂，模拟了高剂量天然植物生长激素的作用，干扰敏感植物的多个生长过程。氟氯吡啶酯经由植物的茎、叶及根部吸收，通过与植物体内的激素受体结合，刺激植物细胞过度分裂，阻塞传导组织，最后导致植物营养耗尽死亡。

1214. 双唑草酮如何使用？

双唑草酮，剂型为 10％的可分散油悬浮剂，主要防治冬小麦田中的一年生阔叶杂草，用量为 20～25mL/亩，对水茎叶喷雾。

1215. 甜菜安在甜菜田的使用方法以及注意事项是什么？

甜菜安是氨基甲酸酯类选择性苗后茎叶除草剂。主要通过杂草叶部吸收传导到杂草各部分抑制杂草的光合作用达到杀草效果。主要用于防除甜菜田一年生阔叶杂草，剂型为 16％乳油。应避免在蜜源作物附近与水源附近施用本药剂，以免对蜜蜂与水生生物产生影响。

① 使用于甜菜田，本剂的最佳施用时期为一年生阔叶杂草子叶 2～4 叶期。16％乳油亩用量为 370～400mL，将亩用制剂量溶于 30kg 的清水中后对茎叶喷雾。

② 配制药剂时，应先在喷雾箱内加少量水，倒入药剂摇匀后加入足量清水再摇匀，

一经稀释应立即喷雾。

1216. 甜菜宁的使用方法是什么？

甜菜宁是氨基甲酸酯类选择性苗后茎叶除草剂，对甜菜安全。通过杂草叶部吸收传导到杂草各部分。主要用于防除甜菜田阔叶杂草。剂型为16％乳油。最佳施用时期为阔叶杂草子叶2～4叶期，阔叶杂草株高5cm左右。将亩用制剂量溶于20kg的清水中后喷雾。配制药剂时，应先在喷雾箱内加少量水，倒入药剂摇匀后加入足量清水再摇匀，一经稀释应立即喷。

1217. 怎样使用灭草松防除水、旱田莎草和阔叶杂草？

灭草松用于多种水、旱作物田防除莎草和阔叶杂草。在稻田中可防除水莎草、异型莎草、碎米莎草、荆三棱、牛毛草、萤蔺、矮慈姑、泽泻、眼子菜、鸭舌草、节节菜等杂草，对扁秆藨草也有较好防效。在旱田中能防除猪殃殃、蓼、鸭跖草、马齿苋、苦荬菜、荠菜、蒿草、问荆、刺儿菜、龙葵、曼陀罗、苍耳、繁缕、野胡萝卜、苘麻、鬼针草、豚草、香附子等杂草。灭草松对禾本科杂草无效。

灭草松是选择性强的除草剂，只能在杂草出土后进行茎叶喷雾。因为杂草主要通过茎叶吸收药剂，在水稻田使用也可通过根吸收。吸进的药剂仅能进行有限的传导，能传导到生长点的药量很少，因此喷药必须均匀，使杂草叶片都被药剂覆盖，防效才好。灭草松不能被未发芽的种子吸收，杂草幼芽通过土层吸药量也很少，在杂草出土前施药的杀草作用很差。杀草原理主要是抑制光合作用，施药后2h，同化作用开始受到抑制，11h后同化作用停止。叶片萎蔫、变黄，直到死亡，温度高、阳光足，有利于药效发挥。灭草松很少被土壤吸附，易淋入土壤深层，也易被土壤微生物分解，因而不能用作土壤处理。

灭草松产品有25％、30％、48％水剂。

① 稻田使用，在水稻生育的任何时期均可施药，适宜施药的时期根据杂草发生情况而决定，一般秧田在秧苗2～3叶期，直播田在播后30～40天，移栽田在插秧后15～30天，田间杂草已基本出齐，大多处于3～5叶期，莎草科杂草约10cm高时施药，亩用48％水剂150～200mL或25％水剂300～400mL，对水30kg（不宜过多）喷雾。施药前一天晚排干田水，施药后1～2天正常管水，可与二氯喹啉酸、2甲4氯混用防除稗草、莎草科杂草、阔叶杂草，对水稻安全。但不能与敌稗混用，也不能在短时期内前后连用，以免产生药害。

② 大豆田使用，由于大豆对灭草松有较强耐药性，确定施药时间无需考虑大豆生育期，视杂草而定，一般是在阔叶杂草2～5叶期、莎草株高5～10cm时，亩用48％水剂200～250mL（春大豆）、160～200mL（夏大豆）或25％水剂350～450mL（春大豆）、300～400mL（夏大豆），对水喷雾。

③ 麦田用于防除猪殃殃、大巢菜、荠菜、牛繁缕等阔叶杂草，亩用25％水剂200mL，对水喷雾。早播冬小麦，可在冬前麦苗3叶期以后施药；迟播冬小麦，可在翌年春季气温上升期施药，小麦拔节前结束施药。

④ 菜田使用。菜豆2复叶期亩用25％水剂150～200mL；豌豆株高5～10cm，第3

复叶形成后用 150～250mL；洋葱幼苗 1.5 叶以后，株高 8～10cm 用 250～300mL；甜玉米 2～5 期，杂草 2～6 叶期，用 150～250mL。分别对水喷雾。

⑤ 果园、茶园、甘薯地，亩用 25％水剂 200～400mL，对水喷雾。

⑥ 草原牧场，防除禾本科牧草地的阔叶杂草和莎草，亩用 25％水剂 400～500mL，对水喷雾。

⑦ 草坪，据报道，在缀花草坪亩用 48％水剂 300mL，对水喷雾，药后 10 天对 2～5 叶期的黄花蒿、小白酒草、苍耳等阔叶杂草防效很好。

⑧ 薄荷、留兰香田防除阔叶杂草，可在头茬薄荷、留兰香收割后，第二茬已长出，杂草 3～5 叶期，亩用 48％水剂 100mL，对水喷雾。

1218. 怎样使用噁嗪草酮防除稻田杂草？

噁嗪草酮的产品为 1％悬浮剂（去稗安），用于稻田能防除稗草、千金子、沟繁缕、异型莎草等杂草。水稻秧田在稗草 2 叶期前亩用 1％悬浮剂 200～250mL，水直播田和移栽田亩用 267～336mL，对水 30～40kg 喷雾。

1219. 怎样用野燕枯防除麦地野燕麦？

野燕枯主要用于小麦、大麦、青稞田的野燕麦。施药后被野燕麦的叶心和嫩叶基部吸收，作用于生长点，破坏细胞分裂和节间分生组织的伸长，使生长停止、坏死，10 天后开始出现中毒症状，逐渐枯死。有的中毒植株不枯死，矮化，分蘖增多，茎抽不出，心叶卷成筒状。麦类作物对此药耐受力强，但有时用药后有暂时褪绿现象，20 天后可恢复。

野燕枯产品有 40％水剂，64％、65％可溶粉剂。麦地使用，在野燕麦 3～5 叶期，亩用 40％水剂 200～250mL，对水 30～40kg，再加入药液量的 0.3％洗衣粉，茎叶喷雾。

为同时防除麦地阔叶杂草，可与 2,4-滴丁酯、麦草畏混用。但不可与其他农药的钠盐、钾盐或铵盐混用，否则会降低药效。

1220. 怎样使用嗪草酸甲酯防除大豆和玉米田杂草？

嗪草酸甲酯属原卟啉原氧化酶抑制剂，使敏感植物细胞膜酯质过氧化作用增强，从而导致细胞膜结构和细胞功能的不可逆损害，细胞死亡，在有阳光照射下才能有效地发挥杀草作用，常在施药后 24～48h 出现叶面枯斑。土壤活性很低，对后茬作物安全。产品为 5％乳油。

目前主要用于玉米、大豆田防除一年生阔叶杂草，对一些难除的杂草如苍耳、苘麻、牵牛、大马蓼等也有效。在大豆 1～3 期，玉米 2～5 叶期茎叶喷雾。春大豆和春玉米田亩用 5％乳油 10～15mL，夏大豆和夏玉米田亩用 5％乳油 7～10mL。

本剂对鱼类高毒，切勿污染水源。

1221. 怎样使用乙氧呋草黄在甜菜田除草？

乙氧呋草黄属苯并呋喃磺酸酯类除草剂，产品为 20％乳油。对人、畜、蜜蜂、家蚕均低毒，但对鱼类中等毒。

本剂为苗前和苗后均可使用的除草剂，可有效地防除多种重要的阔叶杂草，如藜、蓼、苘麻等，一般用药量为每亩67～130g有效成分。例如，用于甜菜田除草，于甜菜苗后，杂草2～4叶期，亩用20%乳油400～533mL，对水30～40kg，茎叶喷雾1次即可，但在干旱和杂草4叶期以上时，会降低防效。

据报道，本剂还可用于草莓、向日葵、烟草、草坪、黑麦草及其他牧草地防除杂草。

1222. 嘧啶肟草醚可用于防除水稻田的哪些杂草？

嘧啶肟草醚可用于防除水稻田（直播）和水稻移栽田中的稗草、阔叶杂草和一年生杂草。制剂用药量一般为40～50mL/亩（南方地区）、50～60mL/亩（北方地区），施用方式为对水茎叶喷雾。

1223. 双氯磺草胺怎么使用？

双氯磺草胺市场上主要剂型为84%水分散粒剂，用于夏大豆田，主要防治一年生阔叶杂草，亩用量2～4g，使用方式为土壤喷雾。

1224. 如何应用辛酰碘苯腈防治玉米田杂草？

辛酰碘苯腈是一种具有内吸活性的触杀型除草剂，能被植物茎叶迅速吸收，并通过抑制植物的电子传递、光合作用及呼吸作用而呈现杀草活性。由于本品在植物体其他部位无渗透作用，故宜于在杂草幼期使用。防除玉米田一年生阔叶杂草用量120～170mL/亩，玉米3～4叶期，杂草2～4叶期定型喷雾施药，注意喷雾均匀周到，最多用药1次，避免玉米叶片着药引发药害。对阔叶作物敏感，施药时应避免药液漂移到这些作物上，以防产生药害。

1225. 砜吡草唑特性是什么？

砜吡草唑属于新型异噁唑类除草剂，可特定地抑制由超长链脂肪酸（VLCFA）延伸酶催化的很多延伸步骤。主要通过幼芽和幼根被植物吸收，于植物发芽后，阻断顶端分生组织和胚芽鞘的生长。本剂于冬小麦播后苗前土壤封闭喷雾处理，安全性较好，持效期较长，杀草谱较广，可有效防控旱地冬小麦田中的雀麦、大穗看麦娘、播娘蒿、荠菜等多种常见杂草。于冬小麦播后至禾本科杂草1.5叶期，土壤墒情良好或灌溉、降雨后，每亩对水30～40L，进行土壤喷雾，尤以冬小麦播后苗前且土壤墒情良好或灌溉、降雨后施药最佳。40%砜吡草唑悬浮剂登记在冬小麦田防治一年生杂草，用药量为25～30mL/亩。适于在非稻麦轮作的冬小麦田使用。按推荐使用技术要求使用后，对玉米、大豆、花生、绿豆等常规轮作的后茬旱地作物安全，但水稻对其敏感，下茬计划轮作水稻的冬小麦田不推荐使用；轮作其他作物前，应先做小规模下茬残效试验。小麦全生长季最多使用1次，安全间隔期为收获期。土壤干旱时请灌溉或降雨增墒后用药。

（二十三）混合除草剂

·以稻田除草为主要用途的混剂

1226. 苄·乙混剂在移栽稻田怎样使用？

苄·乙是由乙草胺与苄嘧磺隆复配成的混合除草剂。产品有 14％、15％、16％、17％、18％、20％、22％、23％、30％可湿性粉剂，6％微粒剂，12％颗粒剂，14％、25％泡腾粒剂，14％乳油，15％展膜剂。杀草谱广，在稻田使用，能防除稗草、异型莎草、碎米莎草、牛毛草、萤蔺、野舌草、节节菜、水苋菜、陌上菜、丁香蓼、鳢肠、矮慈姑等杂草。持效期长，是一年生禾本科杂草、莎草科杂草及阔叶杂草混生稻田的一次性除草剂，一季稻用药 1 次即可。

移栽田使用，在插秧后 3～5 天缓苗后施药，一般亩用有效成分 6～8g，例如亩用 14％可湿性粉剂 40～60g 或 20％可湿性粉剂 28～42g 或 6％微粒剂 100～150g，或 12％颗粒剂 50～60g 或 25％泡腾粒剂 30～40g 或 14％乳油 40～56mL，拌细土撒施。施药时田面有水层 3～4cm，并保水层 4～5 天。

15％展膜剂含有水面扩散剂，能使入水的药剂迅速扩散，在水面形成极薄的一层油膜，毒杀萌发出水的杂草。一般亩用制剂 40～50g，滴施于田水中。

苄·乙混剂仅适用于长江流域及其以南稻区大苗移栽田。禁止用于小苗及病弱苗移栽田、抛秧田、秧田、直播田及漏水田。

1227. 苄·丁·乙草胺在南方水稻本田怎样使用？

苄·丁·乙草胺是苄嘧磺隆与丁草胺·乙草胺复配的混剂，产品有 20％、22.5％、27.4％可湿性粉剂，主要用于南方水稻本田，于移栽后 3～5 天，抛秧后 5～8 天，秧苗扎根返青后，亩用 27.4％可湿性粉剂 80～100g、22.5％可湿性粉剂 80～100g 或 20％可湿性粉剂 30～40g，毒土法施药。施药时田面需有水层 3～5cm，保水层 3～5 天。

1228. 苄嘧·丙草胺在稻田怎样使用？

苄嘧·丙草胺是苄嘧磺隆与丙草胺复配的混合除草剂，产品有 0.1％颗粒剂（为药肥混剂），20％、30％、35％、40％可湿性粉剂，能防除稻田多种阔叶杂草、莎草科杂草及部分禾本科杂草，如鸭舌草、水苋菜、节节菜、鳢肠、泽泻、陌上菜、眼子菜、四叶萍、牛毛草、异型莎草、碎米莎草、日照飘拂草、萤蔺、扁秆藨草、稗草、千金子等。

（1）直播稻田　在播种后 3～7 天，杂草萌发初期（以不超过 2 叶期为佳），亩用 40％可湿性粉剂 75～80g，对水 30～40kg 喷雾。

（2）移栽稻田和抛秧田　在插秧后 5～7 天，抛秧田稻苗扎根后，杂草萌发初期，亩用有效成分 20～30g，例如 30％可湿性粉剂 70～80g，或 20％可湿性粉剂 120～140g，对水 30～40kg 喷雾或拌细土 15～20kg 撒施；0.1％颗粒剂亩用 20～30kg，直接撒施，保水层 3～5cm 5～7 天。

1229. 异丙草·苄在水稻本田怎样使用？

异丙草·苄是苄嘧磺隆与异丙草胺复配的混合除草剂，产品有 10％、30％可湿性粉剂，主要用于南方水稻本田除草。一般在插秧或抛秧后 4～8 天，秧苗扎根返青后，亩用 10％可湿性粉剂 60～75g 或 30％可湿性粉剂 20～30g，拌细土 10～15kg 撒施，保水层 3～5cm 5～7 天。

1230. 异丙甲·苄在水稻本田怎样使用？

异丙甲·苄是苄嘧磺隆与异丙甲草胺复配的混合除草剂，产品有 14％、16％、20％、23％、26％可湿性粉剂，9％、16％细粒剂，混剂弥补了苄嘧磺隆除稗效果差和异丙甲草胺对阔叶杂草效果差的不足，对稻田稗草、千金子、鸭舌草、节节菜、眼子菜、矮慈姑、野慈姑、丁香蓼、牛毛草、异型莎草、碎米莎草、萤蔺等有良好的防治效果。适于长江流域及其以南水稻移栽田使用，用于秧龄 30 天以上的大苗，在早稻移栽后 5～9 天，中、晚稻移栽后 5～7 天，秧苗扎根返青后，亩用有效成分 8～12g，折合20％可湿性粉剂 45～60g，26％可湿性粉剂 30～40g，9％细粒剂 80～100g，或 16％细粒剂 50～70g（详见各产品标签），拌细土或化肥撒施，保水层 3～4cm 3～5 天。

本混剂一般不用于抛秧田，若用，需降低用药量。不得用于秧田、直播田和小苗移栽田。

1231. 苄·丁混剂在移栽稻田怎样使用？

苄·丁是由丁草胺与苄嘧磺隆复配成的混合除草剂。产品有 12.5％大粒剂，32％颗粒剂，25％、35％细粒剂，10％、20％、24％微粒剂，20％、25％粉剂和 15％、20％、27.6％、30％、35％、47％可湿性粉剂。混剂弥补了苄嘧磺隆防除稗草效果差的不足，扩大了杀草谱，对稗草、千金子、异型莎草、碎米莎草、牛毛草、节节菜、鸭舌草、丁香蓼等都有良好的防效，对野慈姑也有较好抑制生长的作用。

主要用于南方水稻本田，在插秧后 3～5 天，抛秧后 5～8 天，秧苗扎根返青后用毒土法施药，大粒剂和 0.32％颗粒剂直接撒施。一般亩用有效成分 40～60g（详见各产品标签），例如亩用 20％丁·苄粉剂或可湿性粉剂 200～300g，拌细土或化肥撒施，施药时田面需有水层 3～4cm，并保水 3～5 天，以后正常管理。

秧田和直播田使用，一般是在秧板做好后，播种前 2～3 天，亩用 20％可湿性粉剂120～150g，对水 20～30kg 喷雾。喷药时应有浅水层，于播种前排干，再播种。若在苗后施药，必须掌握在稻苗 1 叶 1 心至 2 叶期、稗草 1 叶 1 心前施药。

1232. 苄嘧·苯噻酰在稻田怎样使用？

苄嘧·苯噻酰是苄嘧磺隆与苯噻酰草胺复配的混合除草剂，产品有 42.5％泡腾粒剂，50％、53％、55％、60％可湿性粉剂，混剂有两个显著特点：①对水稻安全性好，施药适期宽；②杀草谱广，能防除稗草、阔叶杂草和莎草科杂草，对稗草特效，对大龄稗草也有较好的防除效果。

（1）直播稻田　在秧苗2叶期后、稗草1叶1心期，亩用50%可湿性粉剂40～60g（即有效成分20～30g），若稗草多而大，用药量可增加到80g，拌细土10～15kg撒施。保持水层3～4cm 5～7天。

（2）移栽稻田　在插秧后3～7天、稗草1叶1心期，亩用50%可湿性粉剂40～60g（南方）或80g（北方），拌细土10～15kg撒施。保水层3～5cm 5～7天。

（3）抛秧田　抛秧后3～14天、秧苗扎根返青后均可施药，亩用50%可湿性粉剂40～60g，拌细土10～15kg撒施；或亩用42.5%泡腾粒剂80～100g，直接撒施，保水层3～4cm 5～7天。

1233. 苄·噁·丙草胺在南方水稻直播田怎样使用？

本剂是苄嘧磺隆、异噁草松、丙草胺复配的混剂，产品有27%、38%可湿性粉剂，能防除稻田多种阔叶杂草、莎草科杂草及部分禾本科杂草，对稗草、千金子防效好。混剂减轻或克服了丙草胺单用于水稻直播田或育秧田时对水稻幼苗的伤害。因而可用于南方地区水稻直播田，也可用于本田。在正常催芽落谷的水直播田，以播后2～4天施药为宜，最迟不得晚于播后6天；在催芽播种的水直播田，以播后3～5天施药为宜，不宜在播后第二天立即施药，亩用38%可湿性粉剂30～35g或27%可湿性粉剂70～80g，对水喷雾或撒毒土。

1234. 苯·苄·甲草胺在水稻本田怎样使用？

苯·苄·甲草胺是苄嘧磺隆与苯噻酰草胺、甲草胺复配的三元混剂，产品为30%泡腾片，对稗草特效，能防除稻田中一年生及部分多年生禾本科杂草、莎草科杂草和阔叶杂草，是水稻一次性除草剂，在水稻移栽或抛秧前及移栽或抛秧后均可使用，亩用制剂30～50g（南方）或60～80g（北方），在田面有水层3～5cm的情况下，直接撒施。

1235. 苯·苄·乙草胺在水稻本田怎样使用？

苯·苄·乙草胺是苄嘧磺隆与苯噻酰草胺、乙草胺复配的混剂，产品有8%、36%、40%可湿性粉剂，对稗草特效，用于稻田能防除稗草、阔叶杂草和莎草。目前登记用于南方抛秧田除草，一般于抛秧后5～10天内、秧苗扎根返青后，亩用36%可湿性粉剂40～50g或8%可湿性粉剂180～220g；移栽田于插秧后5～7天，亩用40%可湿性粉剂40～60g（南方）、60～90g（北方），拌细土10～15kg撒施，保水层3～4cm 5～7天。

1236. 苯·苄·异丙甲在水稻本田怎样使用？

苯·苄·异丙甲是苄嘧磺隆与苯噻酰草胺、异丙甲草胺复配的混剂，产品为30%可湿性粉剂、34%可湿性粉剂，主要用于水稻抛秧田除草，于抛秧后4～7天、秧苗扎根返青后，亩用34%可湿性粉剂40～50g，移栽田亩用30%可湿性粉剂30～50g，拌细土 10～15kg 撒施，保水层 3～4cm 5～7 天。

1237. 苄嘧·禾草丹在稻田怎样使用？

苄嘧·禾草丹，是苄嘧磺隆与禾草丹复配的混合除草剂，产品有 35％、36％、42％、45％、50％可湿性粉剂，10.2％颗粒剂，42％细粒剂。

本混剂适用于水稻秧田、直播田、移栽田、抛秧田及北方稻区育秧苗床，能防除稗草、千金子、鸭舌草、节节菜、陌上菜、水苋菜、矮慈姑、野慈姑、四叶萍、眼子菜、丁香蓼、萤蔺、异型莎草、牛毛草等。

（1）秧田 一般亩用有效成分 55～80g（详见各产品标签），在播种塌谷后立即施药，对水 10～15kg，喷洒泥面；或在稻苗立针期、稗草 1～2 叶期，采用喷雾法或毒土法施药。

北方稻区育秧苗床使用，可在播种覆土后立即施药，亩用 50％可湿性粉剂 200～250g，对水 25kg，喷洒床面。

（2）直播稻田 一般用于苗后早期处理，即在秧苗 2～3 叶期、稗草 2 叶期前施药。亩用有效成分 75～107g（南方）或 107～140g（北方），拌细土 10～15kg 撒施。也可采用喷雾法施药。

（3）移栽稻田和抛秧田 在插秧或抛秧后 5～7 天，稻苗扎根返青后，按直播稻田用药量，采用毒土法施药。亩用 10.2％颗粒剂 1.2～1.5kg，毒土法施药。

1238. 苄嘧·双草醚在水稻直播田怎样使用？ 苄·二氯在稻田怎样使用？

苄嘧·双草醚是苄嘧磺隆与双草醚复配的混合除草剂，产品为 30％可湿性粉剂，混剂很适合稗草多的稻田使用，在南方直播稻田，于播种后 5～7 天至秧苗 4～5 叶期均可施药。亩用制剂 10～15g，对水 30kg 喷雾。施药前排干田水、露出杂草；施药后灌浅水，以不淹没秧苗心叶为准，保水 4～5 天。

苄·二氯是由苄嘧磺隆与二氯喹啉酸复配成的混合除草剂，产品有 31％、36％泡腾粒剂，25％悬浮剂，22％、27.5％、28％、32％、35％、36％、40％可湿性粉剂。混剂中的二氯喹啉酸弥补了苄嘧磺隆对稗草防效不高的不足，可防除稻田稗草、阔叶杂草及莎草科杂草，施药一次可基本控制稻田杂草的危害。

水稻秧田和直播田除草，在秧苗 3 叶期后、稗草 2～3 叶期施药；移栽田和抛秧田在栽植后 5～20 天均可施药，以稗草 2～3 叶期施药为最佳。亩用 36％可湿性粉剂 30～40g（南方）、40～60g（北方），对水喷雾。施药前一天晚上排干田水，以利于稗草茎叶接触药剂；施药后 1 天灌水，保水 5～7 天。其他含量的可湿性粉剂按标签的用量使用。

36％泡腾粒剂亩用 40～60g，31％泡腾粒剂亩用 70～80g，直接撒施，撒施时田面应有水层 3～5cm，并保水 5～7 天。

1239. 苄嘧·二甲戊在稻田怎样使用？

苄嘧·二甲戊是苄嘧磺隆与二甲戊灵复配的混剂，产品有 16％、17％、25％可湿性粉剂。混剂增强了对禾本科杂草、阔叶杂草和莎草科杂草的防效，用于稻田可防除稗草、鸭舌草、节节菜、陌上菜、水苋菜、野慈姑、矮慈姑、眼子菜、异型莎草、牛毛草、水莎草等，直播稻田于播后 3～7 天，亩用 25％可湿性粉剂 80～100g，或 16％、17％可湿性粉剂 50～60g，对水喷雾。移栽稻田于插秧后 5～7 天，杂草萌发出土初期，亩用 16％、17％可湿性粉剂 50～70g，毒土法撒施，田面保水层 3～5cm 3～5 天。

1240. 苄嘧·扑草净在水稻本田怎样使用？

苄嘧·扑草净是苄嘧磺隆与扑草净复配的混合除草剂，产品有 36％可湿性粉剂，混剂增加了对眼子菜和莎草的防除效果，主要用于移栽稻田和抛秧田以眼子菜和莎草为主的田块，可在插秧或抛秧后 15～20 天（南方）、眼子菜叶片由红转绿时，亩用制剂 30～40g，拌细土 10～15kg 撒施，保水层 3～5cm 5～7 天。

1241. 苄·乙·扑草净在移栽稻田怎样使用？

苄·乙·扑草净是苄嘧磺隆与扑草净、乙草胺复配的三元混剂，产品有 19％可湿性粉剂，7％、14.5％粉剂。混剂增强了对眼子菜和稗草的防除效果。用于大苗移栽稻田，于插秧后 4～7 天，亩用 19％可湿性粉剂 40～50g 或 7％粉剂 80～100g 或 14.5％粉剂 40～50g，拌细土 10～15kg 撒施，保水 3～4cm 5～7 天。

1242. 苄·丁·扑草净在水稻秧田怎样使用？

苄·丁·扑草净是苄嘧磺隆与丁草胺、扑草净复配的混剂。产品为 33％可湿性粉剂。混剂增强了对稗草、千金子的防效，用于水稻半旱育秧田或旱育秧田除草，一般是在播前 2～3 天秧板做好后，亩用制剂 267～339g，对水喷洒于秧板，施药后保持秧板湿润。

1243. 苄嘧·西草净适用于何种稻田除草？

苄嘧·西草净是苄嘧磺隆与西草净复配的混剂。产品为 25％可湿性粉剂。混剂增强了对眼子菜、稗草、鸭舌草及莎草科杂草的防效，很适宜用于眼子菜多的移栽稻田除草，一般是在水稻移栽后 15～20 天（水稻分蘖期）、田间眼子菜叶片由红转绿时，亩用制剂 100～120g，毒土法施药，施药时田面应有水层 3～5cm，并保持 6～7 天。

1244. 苄嘧·莎稗磷在移栽稻田怎样使用？

苄嘧·莎稗磷是苄嘧磺隆与莎稗磷复配的混合除草剂，产品有 13％、15％、17％、20％、25％可湿性粉剂，25％细粒剂。混剂增强了对稗草和莎草的防除效果，主要用于移栽稻田，也可用于抛秧田。一般于插秧后 4～8 天，稗草 1 叶 1 心期前，亩用有效成分 20～24g 或 25％细粒剂 60～80g，20％可湿性粉剂 100～130g，17％可湿性粉剂 120～140g（东北地区），15％可湿性粉剂 100～140g 或 13％可湿性粉剂 150～180g，拌细土 10～15kg 撒施，保水层 3～5cm 5～7 天。

1245. 甲·苄在稻田和麦田怎样使用？

2 甲·苄是 2 甲 4 氯钠盐与苄嘧磺隆复配的混剂，产品为 18％、38％可湿性粉剂，混剂增强了对莎草的防效。

（1）移栽稻田　防除阔叶杂草及莎草，在稻苗 4 叶期至分蘖末期，莎草 5～20cm 高时，亩用 18％可湿性粉剂 100～150g，对水 40～50kg，排干田水后喷雾，施药后 1～2 天灌水 3～5cm，保水 3～5 天。

（2）冬小麦　防除一年生阔叶杂草，于麦苗 4～6 叶期至拔节前，亩用 38％可湿性粉剂 40～60g 或 18％可湿性粉剂 80～100g，对水茎叶喷雾。

1246. 苄嘧·唑草酮在移栽稻田怎样使用？

苄嘧·唑草酮是苄嘧磺隆与唑草酮复配的混剂，产品为 38％可湿性粉剂，用于稻田防除一年生阔叶杂草及莎草，在水稻移栽后 5～7 天秧苗扎根返青后，亩用制剂 10～13g，对水喷雾。

1247. 怎样用吡嘧·二氯喹防除水稻本田杂草？

吡嘧·二氯喹是吡嘧磺隆与二氯喹啉酸复配的混合除草剂，产品有 20％、50％可湿性粉剂。主要用于稻田防除稗草、多种阔叶杂草和莎草，可在插秧或抛秧的秧苗扎根返青后至 20 天内施药，当稗草 2～3 叶期时，亩用 20％可湿性粉剂 70～90g 或 50％可湿性粉剂 30～40g，对水 30kg 喷雾。施药前排干田水，使杂草茎叶露出水面；施药后保水层 3～5cm 5～7 天。

秧田和直播田，在水稻秧苗 3 叶期以后，稗草 2～3 叶期，亩用 50％可湿性粉剂 30～40g 或 20％可湿性粉剂 70～90g，对水喷雾。浸种和露芽稻谷对本剂敏感，2 叶期的秧苗的初生根易受药害，不宜在此期施药。

1248. 怎样用吡嘧·苯噻酰防除水稻本田杂草？

吡嘧·苯噻酰是吡嘧磺隆与苯噻酰草胺复配的混合除草剂，产品有 50％可湿性粉剂，10％泡腾片剂。

本混剂的杀草性能及杀草谱与吡嘧·二氯相似，适用于稗草多的稻田，于插秧或抛秧的稻苗扎根返青后，以毒土法施药，亩用药量为：南方移栽田为 50％可湿性粉剂 50～70g，北方移栽田为 50％可湿性粉剂 70～100g，南方抛秧田为 50％可湿性粉剂 50～60g。10％泡腾片剂亩用 300～350g（移栽田）、250～300g（抛秧田），直接撒施。田面保水层 4～5cm 5～7 天。

1249. 怎样用吡嘧·丁草胺防除移栽稻田杂草？

吡嘧·丁草胺是吡嘧磺隆与丁草胺复配的混合除草剂，产品有 24％、28％可湿性粉剂，混剂对施药期要求不甚严，可减轻丁草胺对较小稻苗的伤害。主要用于水稻田除草，在移栽或抛秧的秧苗返青后至 20 天内，杂草萌芽期至 1.5 叶期，亩用 24％可湿性粉剂 200～250g 或 28％可湿性粉剂 120～150g，拌细土 10～15kg 撒施，保水层 3～5cm 7～10 天。

南方水稻直播田，在秧板做好后，于播种前 2～3 天排干田水，亩用 24％可湿性粉剂 150～200g，对水喷于土表，然后上浅水，使其自然落干，进行播种。

1250. 怎样用吡嘧·丙草胺防除直播稻田杂草？

吡嘧·丙草胺是吡嘧磺隆与丙草胺复配的混合除草剂，产品为 20％、35％可湿性粉剂，主要用于南方直播稻田除草，一般在播种后 4～5 天，亩用 20％可湿性粉剂 80～167g 或 35％可湿性粉剂 70～80g，对水 20～30kg 喷雾。喷药时土表有水膜，喷药后 24h 灌浅水层，保持土表不干，3 天后正常管水。

1251. 苯·吡·甲草胺在水稻本田怎样使用？

苯·吡·甲草胺是吡嘧磺隆与苯噻酰草胺、甲草胺复配的混剂，产品为 31％泡腾粒剂。混剂对稗草特效，对 2～3 叶期稗草也很有效，能防除稻田中一年生和部分多年生阔叶杂草、莎草科杂草和稗草。在水稻移栽前或移栽秧苗返青后施药，亩用制剂 30～40g（南方）、50～70g（北方），直接撒施。田面要有足够深的水层（以不淹没水稻秧苗心叶为准），以保证药剂发泡、扩散均匀。

1252. 怎样用醚磺·乙草胺防除移栽稻田杂草？

醚磺·乙草胺是醚磺隆与乙草胺复配的混合除草剂，产品为 17.6％、25％可湿性粉剂，醚磺隆对禾本科杂草无效，与对禾本科杂草防效好的乙草胺复配，可扩大杀草谱。仅适用于大苗移栽稻田，在插秧后 5～7 天，亩用 25％可湿性粉剂 20～30g 或 17.6％可湿性粉剂 30～40g，拌细土 10～15kg 撒施，保水层 3～4cm 4～5 天。

1253. 2甲·灭草松在稻田和麦田怎样使用？

2 甲·灭草松是 2 甲 4 氯与灭草松复配的混合除草剂，产品有 46％可溶液剂，22％、25％、26％、30％、37.5％水剂，42％泡腾粒剂，能有效地防除多种阔叶杂草和莎草科杂草。

（1）稻田 能有效防除稻田鸭舌草、节节菜、陌上菜、水苋菜、眼子菜、矮慈姑、野慈姑、泽泻、鳢肠、水莎草、异型莎草、碎米莎草、牛毛草、萤蔺、扁秆藨草等阔叶杂草和莎草。

移栽稻田，于水稻分蘖末期至拔节前施药，亩用 46％可溶液剂 133～167mL 或 37.5％水剂 160～180mL 或 30％水剂 150～200mL 或 26％水剂 180～250mL 或 25％水剂 220～300mL 或 22％水剂 250～350mL，对水 40～50kg，喷洒茎叶。施药前 1 天傍晚排干水，施药后 1～2 天灌水。42％泡腾粒剂，亩用 130～160g，直接撒施。施药时田面应有足够水层（以不淹没稻苗心叶为准），使药粒充分发泡，扩散均匀。

水直播稻田，在秧苗 4～5 叶期、杂草 3～5 叶期，亩用 46％可溶液剂 133～167mL，对水 30kg，喷洒茎叶。施药前 1 天傍晚排干田水，施药后 1～2 天灌浅水层。

（2）麦田 能有效防除播娘蒿、猪殃殃、婆婆纳、麦加公、猪毛菜、荠菜、苣荬菜、苍耳、龙葵、狼把草、鬼针草、刺儿菜、野西瓜苗、藜、蓼等阔叶杂草。冬小麦在春季麦苗返青后至拔节前，春小麦在分蘖末期至拔节前，亩用 46％可溶液剂 150～

200mL 或 22％水剂 250～350mL，对水 30～40kg，喷洒茎叶。

1254. 2甲·异丙隆在稻田怎样使用?

2甲·异丙隆是 2 甲 4 氯与异丙隆复配的混合除草剂，产品为 19％、40％可湿性粉剂。它的施药适期宽、杀草谱广，特别适合用于生长中期的稻田防除多种阔叶杂草和莎草。

(1) 水稻移栽田　可在插秧后 10～30 天内、稻苗分蘖末期至拔节前施药。亩用 40％可湿性粉剂 60～70g，对水 30～40kg，喷洒茎叶。施药前 1 天傍晚排干田水，施药后 24h 才能灌水。

(2) 水稻直播田　在水稻秧苗 4～5 叶期，亩用 19％可湿性粉剂 80～100g，对水 30～40kg，喷洒茎叶。施药前 1 天傍晚排干田水，施药后 1～2 天灌浅水层，正常进行水分管理。

1255. 丁·西颗粒剂在移栽稻田怎样使用?

丁·西颗粒剂是由丁草胺与西草净复配成的混合除草剂。含量为 5.3％，混剂兼具两单剂的除草性能，扩大了防除对象，对稗草、千金子、鸭舌草、沟繁缕、异型莎草、碎米莎草、牛毛草及眼子菜等都有良好效果。其中对眼子菜杀伤力突出。但对多年生的扁秆藨草、野慈姑防效差。在稻田使用，持效期可达 40～50 天，适于防除稻田中后期杂草。

水稻移栽后 7～10 天，即水稻返青期、稗草长至 1.5～2.5 叶时，亩用 5.3％颗粒剂 1～1.5kg（南方）、1.5～2.0kg（北方），均匀撒施，施药时应有田水 3～5cm，施药后保水 4～5 天。

气温高于 30℃，水稻苗高 20cm 以下的弱苗或水层淹没秧苗 2/3 以上等情况时，易引起水稻秧药害，表现为叶色发黄、叶尖干枯、生长缓慢。

1256. 丁·扑在稻田和西瓜田怎样使用?

丁·扑是丁草胺与扑草净复配的混剂，产品有 9.8％、19％、50％可湿性粉剂，1.2％粉剂，1.15％、4.7％颗粒剂，40％、45％乳油。主要用于东北地区水稻旱育秧田和半旱育秧（湿润育秧、盘育秧）的苗床防除稗草、牛毛草、苋菜、藜等一年生杂草。

(1) 东北地区水稻旱育秧和半旱育秧田　于水稻播覆土后以毒土法或喷雾法施药于土表。亩用 1.2％粉剂 6670～8330g，19％可湿性粉剂 530～700g，9.8％可湿性粉剂 740～900g，4.7％颗粒剂 1750～2830g，1.15％颗粒剂 5～8.54kg，或 45％乳油 230～300mL、40％乳油 267～330mL。

(2) 西瓜田　播后苗前，亩用 50％可湿性粉剂 140～200g，对水喷洒于土表。

1257. 怎样使用噁草·丁草胺防除稻田和旱地杂草?

噁草·丁草胺是噁草酮与丁草胺复配的混剂，产品有 18％、20％、30％、35％、36％、40％、42％、60％乳油，可用于稻田和旱地除草。

（1）水稻秧田　在旱育秧和半旱育秧田于播种覆土后施药。亩用42％乳油90～110mL或40％乳油100～120mL或36％乳油120～140mL或30％乳油134～160mL或20％乳油150～200mL或18％乳油240～280mL，对水40～60kg，喷洒土表。施药后保持田面湿润，但不能积水。

（2）水稻旱直播田　在播后苗前或水稻秧苗1叶期、杂草1叶1心期，亩用60％乳油80～100mL，对水40～60kg喷雾。

（3）移栽稻田　在插秧前2～3天或插秧后3～7天，亩用40％乳油100～113mL或36％乳油150～200mL或30％乳油200～250mL或20％乳油200～250mL，拌细土10～15kg撒施，保水层3～5cm 3～5天。

（4）花生田　在播后苗前，亩用35％乳油200～250mL或20％乳油150～200mL，对水喷于土表。

（5）棉花苗床　在播后2～4天，亩用42％乳油150～190mL或40％乳油150～200mL或36％乳油150～200mL，对水喷于土表。

须注意：由于制剂规格多、生产厂家多，各厂的产品中两种有效成分配比不同，亩用药量详见产品标签。

1258. 甲戊·丁草胺在移栽稻田怎样使用？

甲戊·丁草胺是丁草胺与二甲戊灵复配的混剂，产品为40％乳油。可用于移栽稻田防除一年生杂草，于水稻移栽后5～7天秧苗扎根返青后，亩用制剂180～200mL（东北地区）、140～180mL（南方地区），用毒土法施药土。施药时田面应有3～5cm水层，保水层5～7天。

1259. 异噁·甲戊灵在移栽稻田怎样使用？

异噁·甲戊灵是异噁草松与二甲戊灵复配的混剂，产品为18％可湿性粉剂。用于水稻移栽田防除一年生杂草，于水稻移栽后5～7天秧苗扎根返青后，亩用制剂65～80g，配成毒土撒施。施药应有3～5cm水层，并保水层5～7天。

1260. 氧氟·异丙草在移栽稻田怎样使用？

氧氟·异丙草是乙氧氟草醚与异丙草胺复配的混剂，产品为50％可湿性粉剂，用于水稻移栽田防除一年生杂草，于水稻移栽后5～7天秧苗扎根返青后，亩用制剂15～20g，配成毒土撒施，施药时田面应有水层3～5cm，并保水层5～7天。

1261. 苄·丁·草甘膦在免耕稻、麦田怎样使用？

苄·丁·草甘膦是苄嘧磺隆与丁草胺、草甘膦复配的混剂，产品为50％可湿性粉剂，主要用于免耕田防除一年生和多年生杂草，目的是防除前茬作物收割后残留的杂草和后茬作物播种后萌发出土的新草。使用方法与草甘膦基本相同。例如在冬小麦或冬油菜收割后，于直播水稻播种前1～3天，亩用制剂400～420g，对水40kg以上，全面喷洒。免耕小麦在播种前1～2天，亩用制剂300～400g，对水喷洒。

1262. 苯·苄·异丙草怎么使用？ 用量多少？

剂型为33%可湿性粉剂，用于水稻抛秧田防治一年生杂草，用药量为16.5～19.8g/亩。于水稻抛秧后一周左右水稻安全缓苗后施药，施药时田中水层不能淹没稻苗心叶，毒土法施药。严格控制使用剂量，严禁超标使用。大风天或预计1h内降雨，请勿施药。

1263. 吡嘧·吡氟酰在水稻田怎么使用？

剂型为70%水分散粒剂，由7%吡嘧磺隆和63%吡氟酰草胺组成，防治水稻移栽田一年生杂草，施药剂量为15～20g/亩，施药方法为药土法。

1264. 吡嘧·莎稗磷在水稻田怎么使用？

剂型为22.5%可湿性粉剂，由2.5%吡嘧磺隆和20%莎稗磷组成。本品为磺酰脲类与有机磷类混合除草剂。杂草受药后生长停止，叶片深绿，有时脱色，叶片变短而厚，极易折断，心叶不易抽出，最后整株枯死。可防除水田中的稗草、千金子、鸭舌草、节节菜、异型莎草及旱田中的狗尾草、稗草、马唐、蓼科和藜科等多种一年生杂草。水稻移栽后3～8天，每亩制剂用药量混土20～25kg，毒土法施药一次。施药前田间水深3～4cm，不露泥，药后保水5～7天。若水层不足时可缓慢补水，但不能排水。用药时间不宜太晚，稗草1.5叶后使用影响防效。

1265. 吡嘧·五氟磺在稻田怎样使用？

吡嘧·五氟磺为吡嘧磺隆和五氟磺草胺的混配制剂，茎叶喷雾可以防除直播稻田中的稗草（包括稻稗）、一年生阔叶草和莎草等杂草。应于稗草2～3叶期茎叶喷雾，细雾滴，喷施均匀周到。用水量20～30L/亩，施药前排水，使杂草茎叶2/3以上露出水面，施药后24h至72h内灌水，保持3～5cm水层5～7天。施药量按稗草密度和叶龄确定，稗草密度大、草龄大，使用上限用药量。水层勿淹没水稻心叶，避免药害。每季最多使用1次。

1266. 吡嘧·唑草酮的防治对象和使用方法？

吡嘧·唑草酮能防除水稻移栽田三棱草和野慈姑、野荸荠、矮慈姑等阔叶杂草及莎草科杂草。水稻移栽15天后，三棱草、野慈姑、野荸荠、矮慈姑等顽固杂草基本出土，即可用药。施药前排水露出杂草，茎叶喷雾后1～2天放水回田，保持3～5cm水层5～7天，之后恢复正常田间管理。若局部用药量过大，作物叶片在2～3天内可能出现小红斑，但施药后7～10天可恢复正常生长。对作物生长及产量无明显不良影响。每季作物最多使用1次。

1267. 苄·丁·异丙隆在稻田怎样使用？

剂型为50%可湿性粉剂，对稻田多种一年生禾本科、阔叶类和莎草科杂草有较好的防除作用。本品兼有土壤封闭和芽后早期活性，适用于水直播田、旱直播田。播种盖土后可立即用药，田间有积水时不宜施药。一般能防除千金子、稗草、异型莎草、鳢肠、节节菜、丁香蓼、眼子菜、牛毛毡、鸭舌草等一年生和部分多年生杂草。于水稻播种后至立针前使用，每亩用本品对水 30～50kg 喷雾，或用 20kg 细润土拌匀撒施。

1268. 苄·五氟·氰氟在水稻田怎样使用？

剂型为 21% 可分散油悬浮剂，是苄嘧磺隆、五氟磺草胺和氰氟草酯的三元混剂，可以防除水稻田中的稗草、千金子、鸭舌草、三棱草等多种一年生禾本科杂草、阔叶杂草和莎草。本品应于杂草 2～3 叶期茎叶细喷雾，喷施均匀周到。用水量 20～30L/亩，施药前排水，施药后 24h 至 72h 内灌水，保持 3～5cm 水层 5～7 天。采用二次稀释法（药液先用少量水稀释，溶解均匀，然后再兑水至规定的比例搅拌均匀）配药，配药前摇一摇，施药量按杂草密度和草龄确定，密度大、草龄大，使用上限用药量。注意水层勿淹没水稻心叶避免药害。该产品每季最多使用一次，施药前后一周如遇温度低于15℃的天气，不推荐使用。

1269. 苄嘧·丁草胺在水稻田怎样使用？

剂型为 30% 可湿性粉剂，丁草胺含量 28.5%，苄嘧磺隆含量 1.5%。本品一次用药能有效防除水稻抛秧田中稗草、牛毛毡、碎米莎草、异型莎草、眼子菜、节节菜、陌上菜、鸭舌草、鳢肠等多种一年生杂草及部分多年生杂草。抛秧后 5～8 天，每亩用商品120～161g 拌细沙土 25～30kg 均匀撒施，随拌随用，待稻叶露水干后施药。施药时稻田保持 3～5cm 水层，但水层高度不能超过水稻心叶，保水 3～5 天，以后按常规办法管理。

1270. 苄嘧·禾草敌在水稻田怎样使用？

剂型为 45% 细粒剂，为 44.5% 禾草敌和 0.5% 苄嘧磺隆组成的混剂。宜于秧苗二叶一心期（稗草 1～3 叶）用药。每亩拌土 20kg 均匀撒施。施药时田间须保持水层 3～5cm，保水 5～7 天，水层不可淹没秧心。保水是使用本剂的关键。本产品具有独特的缓慢释放药效的功能。具有良好的除草活性，可防除水稻田 1～3 叶稗草、莎草科及多种常见杂草。

1271. 苄嘧·五氟磺在水稻田怎样使用？

剂型为 22% 悬浮剂，有效成分为 10% 五氟磺草胺和 12% 苄嘧磺隆，防治水稻田（直播）杂草，主要防治一年生杂草，用量为 10～15mL/亩，茎叶喷雾使用。

1272. 丙草·噁·异松在水稻田怎样使用？

剂型为 54% 微乳剂，该产品是水稻移栽田除草剂，可防除一年阔叶杂草，又可以防除禾本科和莎草科杂草，如稗草、千金子、泽泻、鸭舌草、异型莎草、碎米莎草、野慈姑、耳叶水苋、鳢肠、雨久花、节节菜、萤蔺、眼子菜等。水稻移栽前，水整地沉浆后，每亩拌干细土 10～15kg 均匀撒施。施药时田间水深 3～5cm，不露泥，药后保水 5～7 天。插秧后水位若提高，应及时排水，以防止淹没秧苗心叶，影响水稻生长。漏水田勿用本品。每季最多使用 1 次。

1273. 噁草·丙草胺在水稻田怎样使用？

剂型为 40% 微乳剂，由 30% 丙草胺和 10% 噁草酮组成。本品是选择性触杀内吸传导型除草剂，主要通过杂草胚芽鞘、幼芽、幼苗或根部吸收药液，所含水面扩散剂可使药液在水面迅速均匀扩散，然后沉入泥土中发挥药效。对水稻田稗草、千金子、鸭舌草等一年生杂草均有较好的防效。适宜施药时期为水稻移栽前 3～5 天，杂草未萌发或萌发初期，即稻田灌水整平后呈泥水状态时，直接拌细沙（土）10～15kg/亩，均匀撒施。药后保持田内 3～5cm 水层，药后 2 天内尽量只灌不排。插秧时或插秧后，水层勿淹没水稻心叶，以防产生药害。

1274. 噁唑·灭草松在水稻田怎样使用？

剂型为 20% 微乳剂，由 16.7% 灭草松和 3.3% 噁唑酰草胺组成。本品是噁唑酰草胺和灭草松的混配制剂，噁唑酰草胺为芳氧苯氧丙酸类除草剂，具内吸传导性，属乙酰辅酶 A 合成酶抑制剂。噁唑酰草胺对水稻具有较强选择性和高效茎叶处理除草活性。灭草松在水田使用既能通过叶面渗透又能通过根部吸收，传导到茎叶，强烈阻碍杂草光合作用和水分代谢，使杂草生理机能失调而致死。本品可用于水稻田能够有效地防除直播水稻田千金子、稗草、马唐等禾本科草和多种阔叶杂草及莎草科杂草。施药时期为水稻 2 叶 1 心后，杂草 2～3 叶期，随着杂草草龄、密度增大，须增加用药量，均匀喷雾，喷匀喷透。施药前排去田水，使杂草充分露出水面，药后 1～2 天灌水，水深以不淹没水稻秧心为宜，保持水层 5～7 天。施药后 6h 内遇雨需补施。

1275. 精噁·五氟磺在稻田如何使用？

精噁·五氟磺产品由五氟磺草胺和精噁唑禾草灵复配，用于防治水稻直播田一年生杂草，扩大了五氟磺草胺的杀草谱，可防除抗性阔叶杂草。

① 本品应于水稻 5 叶期之后茎叶喷雾，细雾滴，喷施均匀周到。

② 用水量 20～30L/亩，施药前排水，使杂草茎叶 2/3 以上露出水面，施药后 24h 至 72h 内灌水，保持 3～5cm 水层 5～7 天。

③ 施药量按稗草密度和叶龄确定，稗草密度大、草龄大，使用上限用药量。

④ 每季最多使用 1 次。

1276. 氰氟·双草醚在稻田如何使用？

氰氟·双草醚产品由芳氧苯氧丙酸类传导型禾本科杂草除草剂氰氟草酯和苯甲酸类除草剂双草醚复配而成，用于水稻直播田茎叶处理防除稗草、千金子、球花碱草、陌上菜、鸭舌草、鳢肠、丁香蓼、矮慈姑、双穗雀稗、异型莎草、日照飘拂草、碎米莎草、萤蔺、日本藨草、扁秆藨草、节节菜、母草等禾本科、阔叶杂草。

① 水稻 3～4 叶期，杂草 3～5 叶期，茎叶喷雾。

② 水稻直播田除草，施药前排干田水，保持土壤湿润状态，均匀喷雾，药后 2 天灌水，水深以不淹没稻苗心叶为准，保水 3～5 天。

③ 尽量在无风无雨时施药，避免雾滴漂移，危害周围作物。

1277. 五氟·氰氟草如何防治稻田杂草？ 使用注意事项是什么？

五氟·氰氟草茎叶喷雾可以防除稻田中的千金子、稗草（包括稻稗）、一年生阔叶草和莎草等杂草。施药时期：水稻秧田应于稗草 1.5～2.5 叶期，直播水稻田和移栽水稻田应于稗草 2～3 叶期。茎叶喷雾，细雾滴，喷施均匀周到。用水量为 20～30L/亩，施药前排水，使杂草茎叶 2/3 以上露出水面，施药后 24h 至 72h 内灌水，保持 3～5cm 水层 5～7 天。施药时及药后 1～2 天内，水层不能浸没水稻秧心。在水稻秧田上使用应尤为注意。施药量按稗草密度和叶龄确定，稗草密度大、草龄大，使用上限用药量。

① 配药前务必充分摇匀本品。

② 使用本品时应穿戴适当的防护服及用具（见图形标识），避免吸入药粉或药液。施药期间不可吃东西和饮水。施药后应及时洗手和洗脸。

③ 远离水产养殖区施药，禁止在河塘等水体内清洗施药器具。赤眼蜂等天敌放飞区域禁用。

④ 请严格按照标签说明使用。如果要将产品用于出口农产品，请参照相应进口国的标准使用。

⑤ 孕妇及哺乳期妇女禁止接触。

⑥ 用过的容器应妥善处理，不可作他用，也不可随意丢弃。

1278. 唑草·双草醚在稻田如何使用？

唑草·双草醚产品为唑草酮与双草醚混配除草剂，主要用于防治水稻移栽田一年生杂草，采用 10～15g/亩的用量茎叶喷雾。

·以麦田除草为主要用途的混剂

1279. 唑啉·炔草酯在麦田如何使用？

唑啉·炔草酯适用于小麦田禾本科杂草的综合治理。本品苗后茎叶处理，于小麦返青后茎叶喷雾 1 次，可有效防除看麦娘、日本看麦娘、茵草、硬草、棒头草、黑麦草、野燕麦等麦田主要禾本科杂草。正常使用技术条件下，对下茬作物安全。

① 在小麦 3 叶期之后，麦田一年生禾本科杂草 3～5 叶期时，每亩对水 15～30L 均匀细致茎叶喷雾。

② 严格按推荐剂量施药，春小麦 40～80mL/亩，冬小麦冬用 60～80mL/亩，冬小麦春用 80～100mL/亩，杂草草龄较大或发生密度较大时，采用高剂量。

③ 请勿在大麦和燕麦田使用；避免药液飘移到邻近作物田；施药后仔细清洗喷雾器避免药物残留造成玉米、高粱及其他敏感作物药害。

④ 避免在极端气候如气温大幅波动、异常干旱、极端低温高温、田间积水、小麦

生长不良等条件下使用，否则可能影响药效或导致作物药害。

⑤ 不推荐与激素类除草剂混用，如 2,4-滴、2 甲 4 氯、麦草畏等；与其他除草剂、其他类型农药、肥料混用建议先进行小面积测试。

1280. 异隆·炔草酯如何防治小麦田杂草？ 使用注意事项是什么？

本品由异丙隆和炔草酯混配而成。异丙隆是选择性除草剂，通过根和叶吸收、传递，是光合电子传递链光系统 II 抑制剂。炔草酯是苗后内吸性除草剂，抑制乙酰辅酶 A 羧化酶活性，阻碍脂肪酸的合成，两者混配后可用于防除冬小麦田一年生杂草。冬小麦苗后，杂草 1～4 叶期，对水均匀茎叶喷雾。大风天或预计 1h 内降雨，请勿施药。

① 本品每季冬小麦最多使用 1 次。

② 施用过磷酸钙的土壤不要使用本品。

③ 露籽麦多时或霜冻、寒流来之前应避免使用本品，作物生长势弱或受冻害的，漏耕地段及沙性重或排水不良的土壤不易施用。

④ 本品使用时应采取相应的安全防护措施，穿防护服，戴手套和口罩等，避免皮肤接触及口鼻吸入，使用中不可吸烟、饮水及吃东西，使用后及时清洗手、脸等暴露部位皮肤并更换衣物。

⑤ 对藻类有毒，应远离水产养殖区、河塘等水体施药，禁止在河塘等水体中清洗施药用具。

⑥ 用过的容器应妥善处理，不可作他用，也不可随意丢弃。

⑦ 油菜、蚕豆等作物对本品敏感，施药时应注意避免药液漂移到上述作物上，以免造成药害。

⑧ 禁止儿童、孕妇及哺乳期的妇女接触。

1281. 双氟·苯磺隆在麦田如何使用？

本品由苯磺隆和双氟磺草胺复配而成，用于冬小麦田防治一年生阔叶杂草。使用方法：以 3～4g/亩的用量茎叶喷雾。

1282. 苯磺·炔草酯不同剂型在小麦田中的使用方法和剂量是什么？

本品是用于苗后茎叶处理的高效麦田除草剂，用于防治野燕麦、看麦娘、硬草、菵草、棒头草等大多数的一年生禾本科杂草，且能有效地防治繁缕、荠菜、麦瓶草、播娘蒿、猪殃殃、藜、反枝苋等一年生阔叶杂草。主要剂型有 15%、30% 可湿性粉剂，14% 可分散油悬浮剂。小麦田防治一年生杂草，可用 15% 可湿性粉剂 30～40g/亩或者 30% 可湿性粉剂 15～18g/亩对茎叶进行喷雾，也可用 14% 可分散油悬浮剂 40～50mL/亩对茎叶喷雾。

① 大麦或燕麦田不能使用本品。

② 推荐使用扇形喷头，每亩用水 20～40L 效果更佳。

③ 小麦苗期，一年生杂草 3～6 叶期均匀茎叶喷雾。

④ 大风天或预计 1h 内降雨，请勿使用。

1283. 2甲·炔草酯是哪类除草剂？ 怎么使用？

本品为芳氧苯氧丙酸类和激素类混配而成的除草剂。能有效抑制类酯的生物合成，为乙酰辅酶 A 羟化酶抑制剂，干扰植物体内激素平衡，破坏核酸与蛋白质代谢，促进或抑制某些器官生长。按登记剂量使用时对冬小麦田一年生杂草有较好的防治效果。剂型为 45％可湿性粉剂。冬小麦田防治一年生杂草，亩用量 65～75g 对茎叶喷雾。

① 本品适宜施药时期为冬小麦返青拔节前，一年生杂草 2～4 叶期，注意喷雾均匀、周到。

② 本品在冬小麦田上使用，每季作物最多使用 1 次。

③ 大风天或预计 1h 内降雨，请勿施药。

1284. 双氟·滴辛酯剂型有哪些？ 用量是多少？ 用药需要注意什么？

本品是内吸传导型小麦田苗后阔叶除草剂，杀草谱广，既可防除非抗性的播娘蒿、荠菜、野油菜、猪殃殃、繁缕、牛繁缕、大巢菜、稻槎菜、黄鹌菜等小麦田大多数阔叶杂草，又可解决对苯磺隆、噻吩磺隆等磺酰脲类除草剂产生抗性的播娘蒿、荠菜、野油菜。剂型有 46％、55％、459g/L 悬乳剂，42％悬浮剂。冬小麦田防治一年生阔叶杂草，用 459g/L 悬乳剂或 46％悬乳剂 30～40mL/亩或者 42％悬浮剂 60～80g/亩对茎叶喷雾。

① 最佳施药期：小麦 4 叶 1 心期至拔节前，杂草 3～5 叶期。用水量 15～30kg/亩，配药采用二次稀释法，对茎叶均匀喷雾。

② 最适施药温度为 10～25℃。

③ 杂草密度较大时，适当提高用药量和用水量，每亩对水 30kg，喷透喷匀，使杂草叶片充分受药。

1285. 苯磺·异丙隆在麦田怎样使用？

苯磺·异丙隆是苯磺隆与异丙隆复配的混剂，产品有 45％、50％、60.7％、75％可湿性粉剂。混剂可以减轻苯磺隆在麦田春用后可能危害后茬作物的风险性，兼除单、双子叶杂草，特别对硬草、看麦娘、茵草防效好，主要用于麦田除草。

冬小麦可于冬前或春季麦苗返青至拔节前施药，但以冬前施药除草效果好，并可减轻对后茬作物的危害。春季施药只是作为冬前漏治田块的一种补救措施。亩用药量详见各产品标签，以下仅为举例，50％可湿性粉剂 100～120g，60.7％可湿性粉剂 100～120g，50％可湿性粉剂 120～150g 或 45％可湿性粉剂 120～180g，对水茎叶喷雾。春小麦于 2 叶期至拔节前施药，但以 2～3 叶期为好，亩用 60.7％可湿性粉剂 120～150g，对水茎叶喷雾。

1286. 2甲·苯磺隆在麦田怎样使用？

2甲·苯磺隆是 2甲4氯钠盐与苯磺隆复配的混剂，产品为 48.8％、50％、50.8％可湿性粉剂，混剂中两单剂都是防治阔叶杂草的有效药剂，混剂的速效性和持效性都好。主要用于冬小麦田防除多种一年生阔叶杂草，于麦苗 3 叶期至分蘖末期施药，亩用 50.8％可湿性粉剂 50～70g，50％可湿性粉剂 50～60g 或 48.8％可湿性粉剂 40～50g，对水茎叶喷雾。麦苗 2 叶期前对 2 甲 4 氯钠盐敏感，不可用药。

1287. 唑草·苯磺隆在麦田怎样使用?

唑草·苯磺隆是唑草酮与苯磺隆复配的混剂，产品为 28%、36% 可湿性粉剂。混剂的优点是杀草速度快，其中的唑草酮可使杂草在受药后 4h 出现中毒症状，2～4 天开始死亡。主要用于麦田防除一年生阔叶杂草，于冬小麦 3～4 叶期，阔叶杂草基本出齐后尽早施药，亩用 36% 可湿性粉剂 4～5g 或 28% 可湿性粉剂 5～6g，对水茎叶喷雾。春小麦田也可使用。

1288. 苯·唑·2 甲钠在麦田怎样使用?

苯·唑·2 甲钠是苯磺隆与唑草酮、2 甲 4 氯钠盐复配的混剂，产品为 55% 可湿性粉剂。混剂加快杀草速度，扩大对阔叶杂草的杀草谱，主要用于麦田防除一年生阔叶杂草，于麦苗 3～4 叶期，杂草出齐后施药，亩用制剂 40～50g，对水茎叶喷雾。麦苗在 2 叶期前对 2 甲 4 氯钠盐敏感，不可用药。

1289. 乙羧·苯磺隆在麦田怎样使用?

乙羧·苯磺隆是苯磺隆与乙羧氟草醚复配的混剂，产品为 20% 可湿性粉剂，混剂中两种有效成分对阔叶杂草相互增效，扩大杀草谱，主要用于麦田防除一年生阔叶杂草，冬小麦于 3 叶期后，杂草 2～4 叶期施药，由于数家产品中两种有效成分的配比相差很大，亩用量详见各产品标签。一般用量为 10～20g。

1290. 氯吡·苯磺隆在麦田怎样使用?

氯吡·苯磺隆是氯氟吡氧乙酸与苯磺隆复配的混剂，产品为 19%、20% 可湿性粉剂。混剂中的氯氟吡氧乙酸在土壤中半衰期短，对后茬作物无影响，因而提高了混剂对后茬作物的安全性。主要用于防治麦田一年生阔叶杂草。于冬小麦 2 叶期至拔节前施药，而以杂草出土后早施为佳，亩用 20% 或 19% 可湿性粉剂 30～40g，对水茎叶喷雾。也可用于春小麦，在麦苗 2～5 叶期，杂草 2～4 叶期施药。

1291. 苄嘧·苯磺隆在麦田怎样使用?

苄嘧·苯磺隆是苄嘧磺隆与苯磺隆复配的混剂，产品为 30% 可湿性粉剂，主要用于麦田防除一年生阔叶杂草。冬小麦于麦苗 2 叶期以后，杂草 2～4 叶期，亩用制剂 10～15g，对水茎叶喷雾。注意安排好用药田块的后茬作物，以防药害。

1292. 怎样使用噻吩·苯磺隆防除麦田阔叶杂草?

噻吩·苯磺隆是噻吩磺隆与苯磺隆复配的混剂，产品为 10% 可湿性粉剂，主要用于麦田防除一年生阔叶杂草，于小麦 2 叶期至拔节前施药，亩用制剂 10～15g，对水茎叶喷雾。

1293. 怎样使用噻·噁·苯磺隆防除麦田单、双子叶杂草？

噻·噁·苯磺隆是噻吩磺隆、苯磺隆与精噁唑禾草灵复配的混剂，产品为55%可湿性粉剂，主要用于麦田防除一年生阔叶杂草及禾本科草，对看麦娘防效高，冬小麦麦苗2叶期以后，杂草2~4叶期，亩用制剂10~12g，对水茎叶喷雾。也可用于春小麦田苗后除草。春季用药的田块，可能出现麦苗轻度发黄，7~10天后可恢复。

1294. 噻磺·乙草胺可防除哪些作物田杂草？

噻磺·乙草胺是噻吩磺隆与乙草胺复配的混剂，产品为20%、39%可湿性粉剂，48%、50%乳油。混剂能兼除单、双子叶杂草。

(1) 冬小麦　播后苗前或小麦返青至起身前施药，亩用20%可湿性粉剂80~100g，对水喷雾。

(2) 玉米、大豆、花生　于播后苗前喷雾处理土壤，在干旱时喷药，可浅混土，并及时镇压。夏大豆、夏玉米、夏花生，亩用39%可湿性粉剂100~150g，20%可湿性粉剂200~300g或50%乳油80~100mL。春玉米和春大豆田，亩用48%乳油200~250mL。

1295. 怎样使用苄嘧·异丙隆防除麦、稻田杂草？

苄嘧·异丙隆是由苄嘧磺隆与异丙隆复配的混剂，产品为50%、60%、70%可湿性粉剂。混剂兼除单、双子叶杂草，特别是对硬草、看麦娘防效好，主要用于麦田、稻田防除一年生阔叶杂草和禾本科杂草。

(1) 冬小麦　主要于冬前施药，也可在麦苗返青以后至拔节前施药，亩用70%可湿性粉剂100~120g或50%可湿性粉剂100~150g或150~200g（不同厂家的产品），对水茎叶喷雾。

(2) 稻田　仅适用于南方水稻田除草。移栽田于插秧后5~7天，亩用60%可湿性粉剂60~80g，毒土法施药。直播稻田，于秧苗3叶期前，亩用60%可湿性粉剂40~50g，对水茎叶喷雾。

1296. 怎样使用2甲·麦草畏防除麦田阔叶杂草？

2甲·麦草畏是麦草畏与2甲4氯复配成的混合除草剂。产品为30%水剂，适用于麦田防除猪殃殃、大巢菜、猪毛菜、芥菜、刺儿菜、苍耳、繁缕、牛繁缕、蓼、水棘针、荞麦蔓、田旋花、蒲公英等阔叶杂草。对小麦安全。豆类、油菜、棉花、果树等阔叶作物对混剂敏感，施药时防止雾滴飘移污染，造成这些作物药害。

麦田使用，在小麦分蘖盛期至分蘖末期或未拔节前，亩用30%水剂67~100mL，或100~130mL（详见各产品标签）对水50kg，均匀喷雾杂草茎叶。喷雾时不得重喷。用过的喷雾器要彻底清洗后，方可喷其他作物。

1297. 怎样使用2甲·氯氟吡防除阔叶杂草？

2甲·氯氟吡是2甲4氯钠盐与氯氟吡氧乙酸复配的混合除草剂，产品为30%可湿性粉剂，主要用于防除荠菜、苣荬菜、婆婆纳、问荆、田旋花、苍耳、苘麻、葎草等杂草。

（1）冬小麦 于小麦 4～6 叶期，阔叶杂草 2～4 叶期，亩用制剂 120～150g，对水茎叶喷雾。

（2）移栽稻 防除阔叶杂草、水花生及莎草科杂草，在水稻分蘖末期至拔节前，亩用制剂 120～150g，对水茎叶喷雾。喷药前 1 天傍晚排干田水，施药后 2～3 天再正常水层管理。

（3）柑橘园 防除阔叶杂草，在杂草 2～4 叶期，亩用制剂 150～250g，对水茎叶喷雾。喷药时防止雾滴飘移污染柑橘叶片。

1298. 怎样使用 2 甲·唑草酮防除农田阔叶杂草？

2 甲·唑草酮是 2 甲 4 氯钠盐与唑草酮复配的混剂，产品为 70.5％水分散粒剂。

（1）冬小麦 防除一年生阔叶杂草，于麦苗 3～4 叶期，阔叶杂草基本出齐后尽早施药。亩用制剂 40～45g，对水茎叶喷雾，也可用于春小麦。阳光充足有利于药效发挥。

（2）移栽稻田 防除阔叶杂草和莎草，于水稻移栽后 13～25 天即稻苗分蘖末期至拔节前，亩用制剂 50～60g，对水茎叶喷雾。东北地区禁用。

1299. 怎样使用 2 甲·溴苯腈防除麦田阔叶杂草？

2 甲·溴苯腈是 2 甲 4 氯与溴苯腈复配的混剂，产品为 400g/L 乳油；或 2 甲 4 氯钠盐与溴苯腈复配的 38％可溶粉剂。主要用于麦田防除一年生阔叶杂草。冬小麦于麦苗 3～5 叶期，大部分阔叶杂草进入 4 叶期时施药，亩用制剂 80～100mL，对水茎叶喷雾。气温低于 8℃时除草效果下降。

1300. 怎样使用 2 甲·辛酰溴防除麦田阔叶杂草？

2 甲·辛酰溴是 2 甲 4 氯异辛酯与辛酰溴苯腈复配的混剂，产品为 40％乳油，主要用于麦田防除一年生阔叶杂草，于麦苗 3～5 叶期，杂草处于 4 叶期旺盛生长时，亩用制剂 100～150mL（冬小麦）、150～180mL（春小麦），对水茎叶喷雾。气温低于 8℃或近期有霜冻时不宜用药。

1301. 辛溴·滴丁酯在小麦、玉米田怎样使用？

辛溴·滴丁酯是辛酰溴苯腈与 2,4-滴丁酯复配的混剂，产品为 40％、60％乳油。混剂速效性强，对鸭跖草特效。主要用于小麦、玉米田防除一年生阔叶杂草。

（1）小麦 于麦苗 3～5 叶期，阔叶杂草多数进入 4 叶期时施药。亩用 60％乳油 60～80mL（冬小麦）或 40％乳油 90～120mL（冬小麦）、120～140mL（春小麦），对水茎叶喷雾。

（2）春玉米 于玉米 4～6 叶期、株高 10cm 以上时施药，亩用 40％乳油 100～140mL（详见各产品标签），对水茎叶喷雾。玉米叶片沾着药液，可能会出现一些触杀性灼斑，但不影响玉米正常生长和产量。

1302. 怎样使用双氟·滴辛酯防除麦田阔叶杂草？

双氟·滴辛酯是双氟磺草胺与2,4-滴异辛酯复配的混剂，产品为459g/L悬浮剂，主要用于麦田防除一年生阔叶杂草。于冬小麦3～5叶期，阔叶杂草基本出齐后，亩用制剂30～40g，对水茎叶喷雾。

1303. 怎样使用滴·氨氯防除麦田阔叶杂草？

滴·氨氯是2,4-滴钠盐与氨氯吡啶酸复配的混剂，产品为26％水剂。用于防除麦田一年生阔叶杂草，于春小麦3～5叶期，亩用制剂80～100mL，对水茎叶喷雾。

1304. 怎样用吡酰·异丙隆防除冬小麦田杂草？

吡酰·异丙隆是吡氟酰草胺与异丙隆复配的混合除草剂，产品为60％可湿性粉剂，目前登记用于麦田防除一年生禾本科杂草和部分阔叶杂草，如稗草、硬草、狗尾草、牛筋草、早熟禾、看麦娘、日本看麦娘、假高粱、鸭跖草、反枝苋、野苋、牛繁缕、播娘蒿、宝瓶草、麦家公、荠菜、马齿苋、婆婆纳、猪殃殃、酸模叶蓼等。特别适用于麦、稻轮作的冬小麦田，但低温药效发挥慢，一般在日平均温度低于8℃时即影响药效的发挥，且易引起麦苗药害。

在小麦3叶期后施药，亩用制剂100～150g，对水40～60kg喷雾。对冬前萌发和将要萌发的杂草有很好的防除效果，对冬后继续萌发的杂草也有很好的防除效果。

1305. 怎样使用丙草·异丙隆防除冬小麦田杂草？

丙草·异丙隆是丙草胺与异丙隆复配的混剂，产品为60％可湿性粉剂，用于麦田防除一年生杂草，于冬小麦播后苗前或3叶期，亩用制剂125～150g，对水茎叶喷雾。

1306. 怎样使用异隆·乙草胺防除冬小麦田杂草？

异隆·乙草胺是异丙隆与乙草胺复配的混剂，产品为40％可湿性粉剂，用于防除麦田一年生禾本科杂草及部分阔叶杂草，于冬小麦播后苗前，亩用制剂100～150g，对水喷洒于土表。

1307. 怎样使用双氟·唑嘧胺防除冬小麦田杂草？

双氟·唑嘧胺是双氟磺草胺与唑嘧磺草胺复配的混剂，产品为58％悬浮剂，混剂用于冬小麦田后可减少土壤中唑嘧磺草胺的残留量，提高对后茬敏感作物的安全性。防除冬小麦田阔叶杂草，于小麦3叶期至早春，亩用制剂9～10g，对水茎叶喷雾。

1308. 氟吡·双唑酮的防治对象和使用方法有哪些？

氟吡·双唑酮为22％可分散油悬浮剂，由5.5％双唑草酮和16.5％氯氟吡氧乙酸异辛酯组成，防治冬小麦田一年生阔叶杂草，使用剂量为 30～50mL/亩，茎叶喷雾处理。

1309. 绿麦·异丙隆在麦田如何使用？

绿麦·异丙隆产品专用于麦田除草。对后茬作物安全。可防除冬小麦田一年生杂草，随草龄的增大而适当增加药量。

① 一般能防除硬草、菵草、日本看麦娘、棒头草、播娘蒿、婆婆纳、大巢菜多种一年生杂草。

② 耕翻、少免耕麦田，麦子播种至 2.5 叶前；稻套麦田，水稻收割后 5 天以上（小麦 1 叶 1 心期以上，杂草 2 叶 1 心期以下）用本品亩对水 40～50kg，均匀喷雾。

·以玉米田除草为主要用途的混剂

1310. 硝磺·烟·莠如何防治玉米田杂草？ 使用注意事项是什么？

本品为玉米田苗后茎叶处理除草剂，由三种不同作用机制的除草剂混配而成。对玉米田的一年生禾本科和阔叶杂草有较好的防治效果，有效防除恶性杂草如鸭跖草、藜、苘麻、苋菜和菊科、苋科、锦葵科、十字花科、蓼科的杂草，以及禾本科的马唐、牛筋草、稗草等。

本品于玉米苗后 2～4 叶期，一年生禾本科杂草 1～3 叶期，一年生阔叶杂草 2～4 叶期，推荐亩喷液量 15～30L 水，茎叶均匀喷雾。

正常气候条件下，本品对后茬作物安全。后茬种植小麦需间隔 3 个月以上，后茬种植棉花、花生、马铃薯、大豆、向日葵需间隔 8 个月以上。其他作物需间隔 18 个月以上。甜菜、苜蓿、烟草、蔬菜、油菜、豆类、瓜类需先做试验，无问题后种植。一年两熟制地区，后茬作物不得种植油菜。

高温、干旱季节施药应选择傍晚进行。在干旱的气候条件下，施药前灌水或雨后施药会有利于药效发挥。

喷药时应注意风向，风速＞4m/s 停止施药。

喷药前后空气湿度大于 65% 有利于药效发挥。

1311. 烟嘧·莠去津在玉米田如何使用？

该产品由烟嘧磺隆和莠去津混配而成。本剂为玉米苗后除草剂。能有效地防除玉米田中常见的一年生禾本科杂草、阔叶杂草和莎草科杂草。可防除稗草、牛筋草、马唐、藜、蓼、苍耳、苘麻、反枝苋、马齿苋、狼把草、香薷、鸭跖草等多种杂草。

于玉米 3～5 叶期，杂草 2～4 叶期，每亩对水 20～25kg，均匀茎叶喷雾。

大风天或预计 1h 内降雨，请勿施药。

施药应选择早上或傍晚时进行。使用背负式手动喷雾器施药。严禁使用弥雾机或超低容量喷雾器。

1312. 乙草·莠去津在玉米田如何使用？

本品为选择性内吸传导型苗前除草剂，本品在杂草体内抑制蛋白酶的生成及干扰光合作用，致使杂草死亡。能有效防治夏玉米田一年生杂草。

本品施药最佳时期为播后苗前。

本品用量过大易对后茬作物（如小麦、豆类）产生药害，不要盲目加大剂量。

在无风或微风田的早上或傍晚施药，避免药液漂移到邻近敏感作物田。

麦茬过高或覆盖物过多时，应适当加大用水量。

1313. 异丙·莠去津在玉米田如何使用？

本品是酰胺类除草剂与三嗪类除草剂混配而成的玉米田用一次性除草剂。主要用于防治夏玉米田一年生杂草，玉米播后苗前土壤处理时，要求施药前整地要平。制剂用药量 150～250mL/亩，播后苗前土壤喷雾。

1314. 苯唑·莠去津在玉米田怎么使用？

苯唑·莠去津为 26％可分散油悬浮剂，由 25％莠去津和 1％苯唑草酮组成，防治玉米田一年生杂草，使用剂量为 150～200mL/亩，使用方法为茎叶喷雾。

1315. 怎样用异丙草·莠防除玉米田杂草？

异丙草·莠是莠去津与异丙草胺复配的混合除草剂，产品为 40％悬浮剂，45％、50％可湿性粉剂，40％、41％、42％、50％悬乳剂。主要用于玉米田防除一年生禾本科杂草和阔叶杂草。玉米田一次用药可防除全生育期杂草，并对玉米安全。可于播前施药，并混土 2～3cm；或播后随即施药，最迟不要超过 3 天。夏玉米亩用 50％悬乳剂100～150mL 或 41％悬乳剂 200～250mL 或 40％悬乳剂 175～250mL 或 50％可湿性粉剂150～200g 或 45％可湿性粉剂 200～250g 或 30％可湿性粉剂 250～300g；春玉米亩用40％悬浮剂 300～400mL、50％悬乳剂 200～300mL 或 40％悬乳剂 300～400mL，对水50～60kg，喷洒土表。

因生产本剂的厂家多，各产品中两种有效成分配比不同，亩使用量就不同，具体使用量详见各产品标签。

1316. 怎样用异甲·莠去津防除玉米、甘蔗田杂草？

异甲·莠去津是莠去津与异丙甲草胺复配的混合除草剂，产品为 28％、40％、45％、50％悬浮剂，混剂杀草谱广，目前主要用于玉米和甘蔗地防除稗草、狗尾草、马唐、看麦娘、牛筋草、画眉草、黑麦草、臂形草、野黍、小野芝麻、鸭跖草、芥菜、苍耳、龙葵、宝瓶草、马齿苋、香薷、水棘针、繁缕、反枝苋、猪毛菜、播娘蒿、藜、蓼等一年生禾本科杂草和阔叶杂草。播后苗前施药，持效期 50 天以上。

（1）玉米田　播后苗前，夏玉米亩用 50％或 45％悬浮剂 150～200g 或 40％悬浮剂200～250g 或 28％悬浮剂 250～350g，对水 40～60kg，喷洒土表。

南方玉米田亩用 50％悬浮剂 100～150g。

东北地区春玉米用药量需多些，一般亩用 50％悬浮剂 230～400g。

华北地区小麦地套种玉米，可在麦收后、玉米 3 叶 1 心期、杂草 2 叶期前，亩用

50％悬浮剂 150～175g，对水 60kg 喷雾。

（2）甘蔗田　于甘蔗植后出苗前，亩用 50％悬浮剂 150～200g，对水 30～40kg，喷洒土表。

1317. 怎样用丁·莠防除玉米田杂草？

丁·莠是莠去津与丁草胺复配的混合除草剂，产品为 25％、40％、42％、48％悬乳剂，40％悬浮剂。可用于玉米田防除稗草、马唐、狗尾草、牛筋草、野黍、藜、马齿苋、野苋菜、龙葵等一年生单、双子叶杂草。于玉米播后苗前施药，东北春玉米亩用 40％悬浮剂 300～400g 或 48％悬乳剂 175～250mL；夏玉米亩用 48％悬乳剂 150～200g 或 40％悬乳剂 200～250g 或 25％悬乳剂 300～400g，对水 40～60kg，喷洒土表。土壤墒情好有利于药效的发挥。

1318. 怎样用甲草·莠去津防除作物地杂草？

甲草·莠去津是莠去津与甲草胺复配的混剂，产品有 55％可湿性粉剂，38％、48％悬乳剂，主要用于防除一年生单、双子叶杂草。

（1）玉米地　一般于播后苗前施药。春玉米亩用 55％可湿性粉剂 200～240g 或 48％悬乳剂 300～400mL；夏玉米亩用 48％悬乳剂 200～250mL 或 38％悬乳剂 250～300mL，对水喷洒于土表。在干旱无灌水条件下，宜采用播前混土法施药。

（2）大蒜、大葱、姜地　一般于播前或移栽前，亩用 48％悬乳剂 150～200g，对水喷洒于土表，再混土后播种或移栽。

1319. 怎样用乙·莠防除玉米和甘蔗田杂草？

乙·莠是莠去津与乙草胺复配的混剂，产品有 40％、48％可湿性粉剂，20％、40％、48％、52％悬乳剂。主要用于玉米、甘蔗田防除一年生杂草。

（1）玉米地　于播后苗前施药，覆膜玉米于播后覆膜前施药。夏玉米亩用 48％可湿性粉剂 150～200g、40％可湿性粉剂 200～250g、52％悬乳剂 125～200mL、40％悬乳剂 200～250mL 或 20％悬乳剂 250～300mL；春玉米亩用 40％可湿性粉剂 300～400g、52％悬乳剂 200～250mL、40％悬乳剂 300～400mL 或 20％悬乳剂 400～500g，对水喷洒于土表。为保证药效，最好在灌溉或雨后施药。土壤有机质含量低于 1％的沙壤土，不宜使用。

（2）甘蔗地　在植后苗前，亩用 48％或 40％可湿性粉剂 200～250g，对水喷洒于土表。

1320. 怎样用甲·乙·莠防除作物地杂草？

甲·乙·莠是莠去津与甲草胺、乙草胺复配的混剂，产品有 40％、41％、42％、43％悬乳剂，主要特点是兼有甲草·莠去津及乙·莠两混剂的优点，杀草谱广，增效明显，持效适中，对后茬作物无影响。

（1）玉米地　防除一年生杂草，如稗草、牛筋草、马唐、狗尾草、藜、蓼、马齿苋等，于播后苗前施药，夏玉米亩用43%悬乳剂160～220mL、42%悬乳剂150～200mL、41%悬乳剂170～250mL或40%悬乳剂170～250mL；春玉米田亩用42%悬浮剂300～400mL，对水喷洒于土表。施药后在玉米种子处于萌芽期时，如遇雨易引起药害，表现为叶缩，10天可恢复生长。

（2）大蒜、姜地　一般于播前或移栽前，亩用42%悬乳剂150～200mL，对水喷洒于土表。

1321. 怎样用丁·异·莠去津防除玉米田杂草？

丁·异·莠去津是莠去津与丁草胺·异丙草胺复配的混剂，产品为42%悬浮剂，主要用于防除玉米田一年生禾本科杂草和阔叶杂草。于玉米播后苗前亩用制剂200～250g（夏玉米）、250～300g（春玉米），对水喷洒于土表，土壤墒情好，有利于药效发挥。

1322. 怎样用绿·莠·乙草胺防除玉米田杂草？

绿·莠·乙草胺是莠去津与绿麦隆、乙草胺复配的混剂，产品为40%、48%悬乳剂，主要用于防除一年生杂草，一般是在播后苗前施药，亩用48%悬乳剂150～250mL（春玉米）或40%悬乳剂200～250mL（夏玉米），对水喷洒于土表。

1323. 怎样使用甲戊·莠去津防除玉米田杂草？

甲戊·莠去津是莠去津与二甲戊灵复配的混剂，产品为40%、42%悬乳剂。主要用于玉米田防除一年生杂草，一般于播后苗前喷雾处理土壤，夏玉米田亩用42%悬乳剂150～200mL或40%悬乳剂180～220mL；春玉米田亩用42%悬乳剂300～400mL，须注意，正在发芽的玉米种子接触药剂易产生药害，因此，宜在玉米播后随即施药。

1324. 怎样使用磺草·莠去津防除玉米田杂草？

磺草·莠去津是磺草酮与莠去津复配的混剂，产品为36%、40%悬浮剂。主要用于玉米田防除一年生杂草，一般采用茎叶喷雾法施药，于玉米3～4叶期，杂草2～4叶期，夏玉米田亩用40%悬浮剂200～250mL或36%悬浮剂200～300mL；春玉米田亩用40%悬浮剂250～350mL或36%悬浮剂300～400mL。

1325. 怎样使用硝磺·莠去津防除玉米田杂草？

硝磺·莠去津是硝磺草酮与莠去津复配的混剂，产品为550g/L悬浮剂，用于防除玉米田一年生杂草，于玉米3～4叶期，杂草2～4叶期，亩用制剂100～150mL（春玉米）、80～120mL（夏玉米），对水茎叶喷雾。

1326. 怎样使用砜嘧·莠去津防除玉米田杂草？

砜嘧·莠去津是莠去津与砜嘧磺隆复配的混剂，产品为50%可湿性粉剂，19.5%

油悬浮剂，主要用于玉米田防除一年生杂草，于玉米3~4叶期茎叶喷雾，亩用50%可湿粉剂90~120g（夏玉米）、120~150g（春玉米）或19.5%油悬浮剂200~250mL（夏玉米）、250~300mL（春玉米）。

玉米超过4叶期后施药易引起药害，症状为拔节困难，植株矮小，叶色浅，发黄，心叶卷缩变硬，有发红现象。甜玉米、爆裂玉米、黏玉米及制种田不宜使用。

1327. 怎样使用嗪·烟·莠去津防除玉米田杂草？

嗪·烟·莠去津是莠去津与嗪草酸甲酯、烟嘧磺隆复配的混剂，产品为20%油悬浮剂，可用于玉米田防除一年生杂草，于玉米2~4叶期，亩用制剂150~200mL，茎叶喷雾。

1328. 甲·异·莠去津在夏玉米田怎样使用？

甲·异·莠去津是莠去津与甲草胺·异丙草胺复配的混剂，产品为42%悬乳剂，用于玉米田防除一年生杂草，于夏玉米播后苗前，亩用制剂200~300mL，对水喷洒于土表。

1329. 怎样使用烟嘧·莠去津防除玉米田杂草？

烟嘧·莠去津是烟嘧磺隆与莠去津复配的混剂，产品为50%可湿性粉剂，主要用于防除玉米田杂草，于玉米3~5叶期，一年生杂草2~4叶期、多年生杂草6叶期前，亩用制剂78~104g（夏玉米）、104~150g（春玉米），对水茎叶喷雾。

1330. 怎样使用2甲·莠去津防除玉米田杂草？

2甲·莠去津是莠去津与2甲4氯复配的混剂，产品为45%悬浮剂，主要用于防除一年生阔叶杂草，于夏玉米4~5叶期，亩用制剂200~250mL，对水茎叶喷雾。

1331. 怎样使用滴丁·莠去津防除春玉米田杂草？

滴丁·莠去津是2,4-滴丁酯与莠去津复配的混剂，产品有45%、50%、52%悬乳剂，目前主要用于防除春玉米田一年生杂草，播后苗前喷雾处理土壤，或在玉米4~5叶期茎叶喷雾，玉米3叶期前或6叶期后施药，均易引起药害。亩用52%悬乳剂250~280mL、50%悬乳剂200~300mL或45%悬乳剂220~300mL，对水喷雾。

1332. 怎样使用乙·莠·滴丁酯防除春玉米田杂草？

乙·莠·滴丁酯是莠去津与乙草胺、2,4-滴丁酯复配的混剂，产品有28%、37%、43.2%、53%、62%悬乳剂。目前，主要用于春玉米田防除一年生杂草。于播后苗前，亩用62%悬乳剂250~300mL、53%悬乳剂300~400mL、43.2%悬乳剂450~500mL、37%悬乳剂300~400mL，或28%悬乳剂450~500mL，对水喷洒于土表。

1333. 怎样使用丙·莠·滴丁酯防除春玉米田杂草？

丙·莠·滴丁酯是莠去津与异丙胺、2,4-滴丁酯复配的混剂，产品为42%、45%、55%悬乳剂。目前主要用于春玉米田防除一年生杂草，于播后苗前，亩用55%悬乳剂250～350mL，或42%、45%悬乳剂300～400mL，对水喷洒于土表。也可茎叶喷雾，于玉米4～5叶期，亩用55%悬乳剂200～250mL，对水喷雾。

1334. 怎样使用氰草·莠去津防除玉米田杂草？

氰草·莠去津是莠去津与氰草津复配的混剂，产品有30%、40%悬浮剂，主要用于防除玉米田一年生杂草，对某些多年生杂草有抑制作用，苗前和苗后均可使用，持效适中，整个生长季节用药一次即可，对后茬小麦安全。

玉米播后（3～5天内）苗前亩用40%悬浮剂250～300mL或30%悬浮剂300～400mL，对水喷洒于土表。苗后使用，于玉米3～4叶期，杂草基本出齐达2～4叶期，亩用30%悬浮剂300～380mL（春玉米），对水喷洒茎叶。

1335. 怎样使用乙·莠·氰草津防除玉米田杂草？

乙·莠·氰草津是莠去津与氰草津、乙草胺复配的混剂，产品为40%悬浮剂。主要用于玉米田防除一年生杂草。用于夏玉米地除草，于播后苗前亩用制剂220～300mL，对水喷洒于土表。也可于玉米苗后3～4叶期，茎叶喷雾。

1336. 怎样使用氰津·乙草胺防除玉米和花生田杂草？

氰津·乙草胺是氰草津与乙草胺复配的混剂，产品40%、42%悬乳剂，40%悬浮剂。主要用于防除玉米和花生田一年生杂草，一般于作物播后苗前喷雾处理土壤。夏玉米田亩用42%悬乳剂180～220mL，40%悬乳剂200～250mL或40%悬浮剂185～200mL；春玉米田亩用42%悬乳剂300～400mL；花生田亩用40%悬乳剂175～200mL。土壤墒情好，有利于药效发挥。

1337. 怎样使用莠灭·乙草胺防除玉米和甘蔗田杂草？

莠灭·乙草胺是莠灭净与乙草胺复配的混剂，产品有40%可湿性粉剂，40%悬乳剂，42%悬浮剂。用于防除一年生单、双子叶杂草，于作物播后苗前喷雾处理土壤。夏玉米田亩用40%悬乳剂160～210mL或42%悬浮剂200～250mL；甘蔗田亩用40%可湿性粉剂200～250g。

1338. 怎样使用扑·乙·滴丁酯防除春作物田杂草？

扑·乙·滴丁酯是扑草净与乙草胺、2,4-滴丁酯复配的混剂，产品有40%、50%、55%、60%、65%、68%乳油。主要用于春播作物田防除一年生单、双子叶杂草，于播后苗前喷雾处理土壤，大豆拱土期不能用药，也不可苗后施药。在春玉米、春大豆、春花生田的用药量详见各产品标签，以下仅举例说明，如亩用68%乳油200～230mL，

65%乳油150～200mL，60%乳油175～200mL，55%乳油200～250mL，50%乳油210～250mL，或40%乳油270～330mL。

1339. 怎样使用扑·丙·滴丁酯防除春玉米、大豆田杂草？

扑·丙·滴丁酯是扑草净与异丙草胺、2,4-滴丁酯复配的混剂，产品为60%、64%乳油。主要用于东北地区春玉米和春大豆田防除一年生杂草，于播后苗前，亩用60%或64%乳油200～250mL，对水喷洒于土表。施药后如土壤干旱，可浅混土。

1340. 怎样使用异丙·滴丁酯防除春玉米、大豆田杂草？

异丙·滴丁酯是2,4-滴丁酯与异丙草胺复配的混剂，产品为50%、58%乳油，可用于东北地区春玉米和春大豆田防除一年生杂草，于播后苗前，亩用58%或50%乳油250～300mL，对水喷洒于土表。施药后如土壤干旱，应浅混土。

1341. 砜嘧·硝磺在玉米田怎样使用？

砜嘧·硝磺为含量50%水分散粒剂，由7%砜嘧磺隆和43%硝磺草酮组成，防治玉米田一年生杂草，使用剂量为25～30g/亩，使用方法为茎叶喷雾。

1342. 怎样使用乙草·滴辛酯防除春玉米田杂草？

乙草·滴辛酯是乙草胺与2,4-滴异辛酯复配的混剂，产品为72%乳油。由于2,4-滴异辛酯的挥发性低，一般不会挥发药剂气体引起邻近敏感作物的药害，因而本混剂比由2,4-滴丁酯复配的混剂对作物更安全。

本剂用于玉米田除草，于春玉米播后苗前，亩用制剂150～200mL，对水喷洒于土表。

1343. 嗪酮·乙草胺可用于哪些作物田除草？

嗪酮·乙草胺是嗪草酮与乙草胺复配的混剂，产品有45%、50%、56%乳油，24%、28%可湿性粉剂。混剂可发挥两单剂分别对禾本科杂草或阔叶杂草的优势，因而能施药一次防除两类杂草，如稗草、绿狗尾草、金狗尾草、马唐、野燕麦、反枝苋、藜、蓼、铁苋菜、香薷、水棘针、鼬瓣花等。对鸭跖草、苍耳、龙葵、苣荬菜等也有一定防效。

（1）玉米田　播后苗前施药，春玉米亩用50%乳油150～200mL或45%乳油200～250mL；夏玉米亩用56%或50%乳油100～150mL或28%可湿性粉剂150～210g或24%可湿性粉剂150～200g，对水40～60kg，喷洒土表。

（2）大豆田　播后苗前施药。春大豆亩用50%乳油150～200mL或45%乳油200～300mL；夏大豆亩用50%乳油100～150mL或28%可湿性粉剂150～210g，对水40～60kg，喷洒土表。

（3）马铃薯田　播后苗前施药，亩用50%乳油100～150mL，对水40～60kg，喷洒土表。

1344. 怎样使用磺草·乙草胺防除玉米田杂草？

磺草·乙草胺是磺草酮与乙草胺复配的混剂，产品为30%悬乳剂，目前主要用于春玉米一年生杂草，于播后苗前亩用制剂300～400mL，对水喷洒土表。

·以大豆田除草为主要用途的混剂

1345. 异噁·乙·滴丁酯在大豆田如何使用？

本品为酰胺类、异噁唑啉酮类、苯氧乙酸类混配除草剂。用药后禾本科杂草心叶扭曲、萎缩，枯死；阔叶杂草叶皱缩变黄，整株枯死。建议播后随即施药。用于防除春大豆田的一年生杂草。

① 本品应于春大豆播前或播后苗前土壤喷雾，处理一次。

② 施药时注意风向，防止药剂飘移到棉花、蔬菜、果树上。

③ 风速＞4m/s时，停止施药。

④ 春大豆拱土期禁止施药。

⑤ 施药后设立警示标志，人畜两日后即可进入。

⑥ 本品每季最多使用1次。

1346. 异噁·异丙甲在大豆田如何使用？

本品是二元复配的除草剂，具有不同的杀草机制，如马唐、旱稗、牛筋草、狗尾草、马齿苋、反枝苋、铁苋菜、藜和自生麦苗等，能有效防除大豆田一年生杂草。施药时间应在无风或微风晴天上午10点前或傍晚，土壤均匀喷雾。使用前充分摇匀，先制母液，再二次对水稀释后，均匀喷雾。

1347. 含咪唑乙烟酸的混剂在大豆田怎样使用？

咪唑乙烟酸的杀草谱广。能防除多种禾本科杂草、阔叶杂草及某些莎草，是大豆田的优良除草剂，与其他能用于大豆田的除草剂复配，除可以扩大杀草谱，增加防效外；还能减少咪唑乙烟酸的田间使用量，减少其在土壤中的残留量，提高对后茬敏感作物的安全性。

(1) 咪乙·异噁松　由咪唑乙烟酸与异噁草酮复配的混剂，产品有27%、30%、36%、40%、45%乳油，20%微乳剂，能防除多种一年生单、双子叶杂草，对多年生的刺儿菜、大蓟、苣荬菜等有较强抑制作用。主要用于春大豆田除草，于大豆播后苗前喷雾处理土壤或大豆苗后早期即大豆1片复叶期茎叶喷雾。苗前亩用40%乳油70～100mL，36%乳油125～150mL，30%乳油150～200mL或20%微乳剂200～300mL。苗后亩用45%乳油100～120mL，36%乳油100～125mL，30%乳油100～150mL，27%乳油100～120mL或20%微乳剂160～200mL。

(2) 唑嘧·咪乙烟　由咪唑乙烟酸与咪唑喹啉酸复配的混剂，产品为7.5%水剂，用于东北地区春大豆田防除一年生单、双子叶杂草及部分莎草，于大豆播前、播后苗前或苗后早期即大豆1～2片复叶、杂草2～3叶期喷雾处理，亩用制剂100～120mL。在大豆 3 片复叶以后喷雾，可能引起轻微药害。

（3）咪乙·甲戊灵　由咪唑乙烟酸与二甲戊灵复配的混剂，产品为 34.5％乳油，能防除多种一年生单、双子叶杂草及某些二年生杂草，用于东北地区春大豆田除草，于大豆播后苗前，亩用制剂 160～200mL，对水喷洒于土表。

（4）松·烟·氟磺胺　由咪唑乙烟酸与氟磺胺草醚、异噁草酮复配的混剂，产品有 36％、39％乳油，18％、38％微乳剂。能防除多种单、双子叶杂草，用于春大豆田除草，于大豆 1～3 片复叶时，亩用 39％乳油 100～120mL，36％乳油 125～140mL，38％微乳剂 90～110mL 或 18％微乳剂 250～280mL，对水喷洒茎叶。也可用于夏大豆田除草。

（5）氟·咪·灭草松　由咪唑乙烟酸与氟磺胺草醚、灭草松复配的混剂，产品为 31.5％、32％水剂，用于春大豆田防除一年生单、双子叶杂草，于大豆 1～3 片复叶时，亩用 32％水剂 140～160mL 或 31.5％水剂 120～150mL，对水茎叶喷雾。

（6）喹·唑·氟磺胺　由咪唑乙烟酸与氟磺胺草醚、精喹禾灵复配的混剂，产品为 15％、20％乳油，16.8％微乳剂。能防除多种一年生单、双子叶杂草，对刺儿菜、苣荬菜、大蓟等多年生杂草也有较强抑制作用，目前主要用于春大豆田除草，于大豆 1～3 片复叶时，亩用 20％乳油 100～140mL，15％乳油 180～220mL 或 16.8％微乳剂 150～180mL，对水茎叶喷雾。

1348. 含氟磺胺草醚的混剂在大豆田怎样使用？

氟磺胺草醚是防除大豆田阔叶杂草的有效药剂，但其在土壤中存留时间较长，对后茬敏感作物不够安全，因此通过与其他除草剂复配，达到除禾本科杂草和提高对后茬作用安全性的双重目的。

（1）喹·唑·氟磺胺、氟·咪·灭草松、松·烟·氟磺胺　参见相关部分。

（2）氟胺·烯禾啶　由氟磺胺草醚与烯禾啶复配的混剂，产品有 12％、13％、20.8％、22.5％乳油，12.8％微乳剂。用于大豆田防除一年生单、双子叶杂草，于大豆苗后 1～3 片复叶期，杂草 3～5 叶期，茎叶喷雾。春大豆田亩用 22.8％乳油 85～105mL，20.8％乳油 120～150mL，13％乳油 200～250mL，12％乳油 250～300mL 或 12.8％微乳剂 250～300mL。夏大豆田亩用 13％乳油 150～200mL，12％乳油 200～250mL 或 12.8％微乳剂 200～250mL。

（3）氟胺·灭草松　由氟磺胺草醚与灭草松复配的混剂，产品有 447g/L、30％水剂。混剂能提高对刺儿菜、苣荬菜、大蓟、问荆等多年生阔叶杂草的防效，用于大豆田防除多数单、双子叶杂草及部分莎草，于大豆 1～3 片复叶期，杂草 3～5 叶期茎叶喷雾，夏大豆田亩用 447g/L 水剂 150～200mL，春大豆田亩用 447g/L 水剂 200～250mL 或 30％水剂 160～200mL。

（4）异噁·氟磺胺　由异噁草松与氟磺胺草醚复配的混剂，产品有 26％、36％、40％乳油，18％微乳剂。能防除多种一年生单、双子叶杂草，对多年生的刺儿菜、苣荬菜、大蓟、问荆等也有较强的抑制作用。目前主要用于春大豆田除草，于大豆 1～3 片复叶时，亩用 40％乳油 80～120mL，36％乳油 90～100mL，26％乳油 125～150mL 或 18％微乳剂 180～200mL，对水茎叶喷雾。

（5）松·吡·氟磺胺　由氟磺胺草醚与异噁草松、精吡氟禾草灵复配的混剂，产品为 27％乳油，目前主要用于春大豆田防除多种一年生单、双子叶杂草，于大豆苗后 1～3 片复叶期，亩用制剂 200～250mL，对水茎叶喷雾。

（6）乙羧·氟磺胺　由氟磺胺草醚与乙羧氟草醚复配的混剂，产品为 26％、30％水剂。混剂由二苯醚类除草剂的两个产品组成，对阔叶杂草的杀草谱有互补作用和协同作用。目前主要用于春大豆田除草，于大豆 1～3 片复叶期，亩用 30％水剂 40～60mL 或 26％水剂 230～250mL，对水茎叶喷雾。

（7）氟吡·氟磺胺　由氟磺胺草醚与高效氟吡甲禾灵复配的混剂，产品为 18.5％、24％乳油。能防除多种一年生单、双子叶杂草，用于大豆田除草，于大豆 1～3 片复叶时，亩用 24％乳油 75～100mL（夏大豆）、100～125mL（春大豆）或 18.5％乳油 80～100mL（春大豆），对水茎叶喷雾。

（8）氟·松·烯草酮　由氟磺胺草醚与异噁草松、烯草酮复配的混剂，产品为 22％乳油。用于春大豆田防除多种一年生单、双子叶杂草，于大豆苗后早期，亩用制剂 150～170mL，对水茎叶喷雾。

（9）灭·喹·氟磺胺　由氟磺胺草醚与精喹禾灵、灭草松复配的混剂，产品为 24％乳油，21％微乳剂。能防除多种一年生单、双子叶杂草，对刺儿菜、问荆、鬼针草、香附子等也有很好的防效。用于大豆田除草，于大豆 1～3 片复叶时，春大豆田亩用 24％乳油 100～130mL 或 21％微乳剂 200～220mL；夏大豆田亩用 21％微乳剂 185～200mL，对水茎叶喷雾。

（10）乳禾·氟磺胺　由氟磺胺草醚与乳氟禾草灵复配的混剂，产品为 15％乳油，能防除多种一年生阔叶杂草，但对禾本科杂草无效。目前主要用于春大豆田除草，于大豆 1～3 片复叶时，亩用制剂 120～150mL，对水茎叶喷雾。也可用于夏大豆田除草。本剂对鱼有毒，注意不要污染鱼池及河流。

（11）精喹·氟磺胺　由精喹禾灵与氟磺胺草醚复配的混剂，产品为 15％、18％、21％乳油。能防除多种一年生和部分多年生单、双子叶杂草，用于大豆、花生苗后早期茎叶喷雾。于大豆 1～3 片复叶时，春大豆田亩用 21％乳油 85～120mL、18％乳油 100～125mL 或 15％乳油 150～180mL；夏大豆田亩用 15％乳油 100～140mL。花生田于苗后早期亩用 15％乳油 100～140mL。

（12）松·喹·氟磺胺　由氟磺胺草醚与精喹禾灵、异噁草松复配的混剂，产品为 13.6％、15％、18％、35％、36％乳油，主要用于大豆田防除多种一年生单、双子叶杂草，于大豆 1～2 片复叶时，春大豆田亩用 36％乳油 110～130mL、35％乳油 100～150mL、18％乳油 180～200mL、15％乳油 240～280mL 或 13.6％乳油 240～280mL；夏大豆田亩用 15％乳油 200～240mL，对水茎叶喷雾。

1349. 含精喹禾灵的混剂在大豆田怎样使用？

精喹禾灵及喹禾灵是大豆田防除禾本科杂草的有效药剂，为兼除阔叶杂草，扩大杀草谱，增加防效，需与其他除草剂复配制成混合除草剂。

（1）精喹·乙羧氟　是精喹禾灵与防除阔叶杂草的乙羧氟草醚复配的混剂，产品有 15％、20％乳油，12％水乳剂。能防除多种单、双子叶杂草。可用于大豆和花生田除草，于大豆1～3片复叶或花生苗后早期茎叶喷雾。夏大豆田亩用15％乳油20～30mL或40～60mL（详见产品标签），春大豆田亩用20％乳油50～60mL或12％水乳剂50～60mL，花生田亩用15％乳油50～60mL。

（2）氟草·喹禾灵　由喹禾灵与三氟羧草醚复配的混剂，产品为7.5％乳油。用于夏大豆田防除一年生单、双子叶杂草，于大豆3片复叶前，亩用80～120mL，对水茎叶喷雾。

（3）氟·喹·异噁松　由精喹禾灵与三氟羧草醚、异噁草松复配的混剂，产品为15.8％、32％乳油，用于大豆田防除多种一年生单、双子叶杂草，于大豆3片复叶前、杂草2～4叶期用茎叶喷雾法施药。春大豆田亩用32％乳油150～200mL或15.8％乳油200～220mL，夏大豆田亩用32％乳油100～150mL。

（4）精喹·氟羧草　由精喹禾灵与三氟羧草醚复配的混剂，产品有5％、20％乳油，用于大豆田防除某些一年生单、双子叶杂草，于大豆3片复叶前用茎叶喷雾法施药，夏大豆田亩用20％乳油30～40mL或5％乳油120～160mL，春大豆田亩用5％乳油150～200mL。

（5）精喹·乳氟禾　由精喹禾灵与乳氟禾草灵复配的混剂，产品为30％乳油。用于大豆田防除一年生单、双子叶杂草，于大豆3片复叶前，亩用制剂30～50mL（夏大豆）、50～70mL（春大豆），对水茎叶喷雾。

（6）精喹·乙草胺　由精喹禾灵与乙草胺复配的混剂，产品为35％乳油。混剂扩大了对禾本科杂草的杀草谱，还兼治某些阔叶杂草，用于大豆田除草，于大豆苗后早期，亩用制剂60～70mL，对水茎叶喷雾。

1350. 含异噁草酮的混剂在大豆田怎样使用？

异噁草酮是内吸性芽前除草剂，可用于大豆田防除一年生单、双子叶杂草，但在土壤中残留时期较长，对后茬敏感作物不够安全。可通过与其他除草剂复配，以减少单次使用时异噁草松的使用剂量，提高对后茬作物的安全性，及在某些情况下可用于作物播后苗前使用。前面介绍的有松·烟·氟磺胺、异噁·氟磺胺、松·吡·氟磺胺、氟·松·烯草酮、松·喹·氟磺胺、氟·喹·异噁松6种，以下再介绍2种。

（1）丙·噁·嗪草酮　由异噁草酮与异丙草胺、嗪草酮复配的混剂，产品为52％乳油。混剂的特点是克服了嗪草酮单用对大豆不够安全的缺点，并扩大了杀草谱，用于春大豆田除草，于大豆播后苗前，亩用制剂250～300mL，对水喷洒于土表。

（2）乙羧·异噁松　由异噁草酮与乙氟羧草醚复配的混剂，产品为52％乳油。能防除多种一年生单、双子叶杂草，用于春大豆田除草，于大豆1～1.5复叶期，亩用制剂50～80mL，对水茎叶喷雾。

1351. 氟醚·灭草松在大豆田怎样使用？

氟醚·灭草松是三氟羧草醚与灭草松复配的混剂，产品有440g/L、40％、44％水剂。混剂能提高对藜、苍耳、苘麻、鸭跖草、苣荬菜、刺儿菜的防效，但对禾本科杂草防效差。用于大豆田除草，于大豆3片复叶前、阔叶杂草旺盛生长的2～4叶期（鸭跖草3叶期前）用茎叶喷雾法施药，夏大豆田亩用44％水剂125～140mL或40％水剂

100～130mL；春大豆田亩用44％水剂140～160mL。

1352. 仲灵·乙草胺在大豆和棉花田怎样使用？

仲灵·乙草胺是仲丁灵与乙草胺复配的混剂，产品有48％、50％乳油。用于大豆和棉田防除一年生单、双子叶杂草，于播后苗前喷雾处理土壤，夏大豆田亩用50％乳油150～200mL，棉田亩用50％乳油150～200mL或48％乳油200～250mL。

·以油菜田除草为主要用途的混剂

1353. 含草除灵的4种混剂在油菜田怎样使用？

草除灵是油菜田防除阔叶杂草的有效药剂，但对禾本科杂草无效，一般不宜单用于春油菜田，也不宜用于芥菜型油菜田。为此，须与其他除草剂复配制成混剂，以扩大杀草谱，适用于多种类型油菜田。

（1）精喹·草除灵　由草除灵与防除禾本科杂草的精喹禾灵复配的混剂，产品有35％可湿性粉剂，34％悬浮剂，12％、14％、15％、17.5％、18％乳油。能防除多种单、双子叶杂草，如繁缕、猪殃殃、婆婆纳、曼陀罗、地肤、苍耳、皱叶酸模、雀舌草、看麦娘、狗尾草、牛筋草、千金子、马唐、早熟禾、画眉、雀麦、野燕麦、稗草、野芝麻等。主要用于冬油菜田除草，适用于甘蓝型和白菜型油菜，不推荐用于芥菜型油菜。一般在冬油菜移栽活棵后，杂草基本出齐达3～4叶期，冬季气温较高时施药；也可在冬后油菜返青期（6～8叶期）气温回升时施药。直播的冬油菜和春油菜可在6～8叶期施药。由于本混剂的制剂种类多、生产单位更多，各产品的配方不尽相同，亩使用量就有所不同，一般亩用有效成分总量为18～26g，相当于35％可湿性粉剂50～70g、34％悬浮剂55～70g、18％乳油100～120mL、17.5％乳油100～150mL、15％乳油120～150mL、14％乳油100～120mL或12％乳油150～200mL（详见各产品标签），对水茎叶喷雾。

（2）噁唑·草除灵　由草除灵与防除禾本科杂草的精噁唑禾草灵复配的混剂，产品为18％乳油。目前主要用于冬油菜田防除一年生杂草，于油菜移栽活棵后冬前施药，或冬后油菜返青期、杂草3～5叶期施药。亩用18％乳油100～120mL，对水茎叶喷雾。

（3）氟吡·草除灵　由草除灵与防除禾本科杂草的高效氟吡甲禾灵复配的混剂，产品为20％乳油。用于油菜田防除一年生杂草，在冬油菜移栽活棵后、直播油菜及春油菜6～8叶期以茎叶喷雾法施药。亩用制剂80～110mL（冬油菜）、90～110mL（春油菜）。

（4）烯酮·草除灵　由草除灵与烯草酮复配的混剂，产品为20％悬浮剂，12％乳油。混剂扩大了对禾本科杂草的杀草谱，对某些多年生的禾本科杂草及某些阔叶杂草（如繁缕、猪殃殃）也有较好的防效。主要用于冬油菜田（包括免耕移栽油菜）除草，于油菜移栽活棵后冬前施药或冬后油菜返青期施药，一般是冬前施药的防效好于冬后施药。亩用20％悬浮剂100～120mL或12％乳油200～250mL，对水茎叶喷雾。

1354. 氨氯·二氯吡的特性是什么？ 怎么使用？

本品是油菜田专用内吸传导型苗后除草剂。杂草施药后，迅速传到整个植株，抑制分生组织的活性，导致杂草死亡。剂型为 28.6％、30％水剂，30％水分散粒剂，20％可分散油悬浮剂。春油菜田防治一年生阔叶杂草可用 30％水分散粒剂 25～35mL/亩对茎叶喷雾。于春油菜 3～5 叶期亩用本品 25～35mL，对清水 15～30kg 均匀茎叶喷雾。严格按照推荐剂量施用，避免重喷、漏喷、误喷，避免药物飘移到邻近阔叶作物上。本品对豆科、伞形科、菊科等作物敏感，如大豆、胡萝卜、向日葵。本品可在甘蓝型油菜上使用，禁止在白菜型、芥菜型油菜上使用。

·其他混合除草剂

1355. 含莠灭净的混剂在甘蔗田怎样使用？

（1）2甲·莠灭净　由莠灭净与2甲4氯钠盐复配的混剂，产品为48％、49％可湿性粉剂，能有效地防除甘蔗田一年生单、双子叶杂草，对阔叶杂草的防效好于禾本科杂草。在蔗苗3～4叶期，株高25cm左右，杂草1～3叶期，亩用49％或48％可湿性粉剂200～300g（详见各产品标签），对水定向喷洒于行间，尽量避免雾滴飘到蔗苗上。

（2）2甲·灭·敌隆　由莠灭净与2甲4氯钠盐、敌草隆复配的混剂，产品为30％、55％、56％可湿性粉剂。能有效地防除甘蔗田一年生单、双子叶杂草。在蔗苗3～4叶期，株高25cm左右，杂草1～3叶期，亩用56％可湿性粉剂150～200g，55％可湿性粉剂150～210g或30％可湿性粉剂300～400g，对水定向喷洒于行间，尽量避免雾滴飘到蔗苗上。

（3）甲·灭·莠去津　由莠灭净与2甲4氯钠盐、莠去津复配的混剂，产品为35％可湿性粉剂，主要用于甘蔗田防除多种一年生单、双子叶杂草，当蔗苗高达25cm左右，杂草1～3叶期，亩用制剂250～350g，对水定向喷洒于行间杂草茎叶。

（4）莠·唑·2甲钠　由莠灭净与2甲4氯钠盐、唑草酮复配的混剂，产品为73％可湿性粉剂，主要用于甘蔗田防除多种一年生杂草，当杂草1～3叶期，亩用制剂160～200g，对水定向喷洒行间杂草茎叶。

（5）溴腈·莠灭净　由莠灭净与溴苯腈复配的混剂，产品为78％可湿性粉剂，能防除多种一年生单、双子叶杂草。

用于甘蔗田除草，在蔗苗株高25cm左右、杂草3叶期前，亩用制剂150～250g，对水定向喷洒行间杂草茎叶。

用于玉米田除草，于玉米苗后早期，亩用制剂125～150g，对水喷雾。

另有莠灭·乙草胺也可用于甘蔗田除草。

1356. 环嗪·敌草隆和甲·莠·敌草隆这2种混剂在甘蔗田怎样使用？

（1）环嗪·敌草隆　由环嗪酮与敌草隆复配的混剂，产品为60％可湿性粉剂，用于甘蔗田防除一年生单、双子叶杂草，亩用145～185g，对水定向喷洒行间杂草茎叶。

（2）甲·莠·敌草隆　由2甲4氯钠盐与莠去津、敌草隆复配的混剂，产品为20％可湿性粉剂，主要用于甘蔗田防除多种一年生杂草，对双子叶杂草的防效好于单子叶杂草，于甘蔗苗后、杂草1～3叶期，亩用制剂400～600g，对水定向喷洒行间杂草茎叶。注意防止雾滴飘落到蔗叶和蔗苗顶部。

1357. 异松·乙草胺可用于哪些作物田除草？

异松·乙草胺是乙草胺与异噁草酮复配的混剂，产品有 35％、45％、500g/L、50％、58％、75％、80％乳油。可用于多种旱作物田防除多种一年生单、双子叶杂草，在作物播后苗前或移栽前采用喷雾法处理土壤，各作物亩用药量为：

（1）甘蔗田　35％乳油 120～150mL；

（2）春大豆田　80％乳油 140～170mL，58％乳油 120～160mL，50％乳油 70～80mL，45％乳油 160～200mL 或 35％乳油 150～200mL；

（3）移栽冬油菜田　75％乳油 40～60mL，50％乳油 70～80mL 或 35％乳油 60～70mL；

（4）花生田　35％乳油 120～200mL；

（5）马铃薯田　45％乳油 200～250mL。

1358. 氟磺·烯草酮如何防治绿豆田杂草？

氟磺·烯草酮产品是氟磺胺草醚和烯草酮的复配制剂，具有内吸传导选择性，杀草谱广。经杂草茎、叶吸收可有效防除鸭跖草、苣荬菜、刺儿菜、苘麻、藜、苋、铁苋菜、稗、马唐、千金子、狗尾草等一年生单、双子叶杂草。一般在一年生禾本科杂草2～5 叶期，阔叶杂草 2～4 叶期（绿豆 2～4 片复叶期），采用茎叶喷雾法均匀喷施，每公顷喷液量为 450kg。

1359. 甲·灭·敌草隆在甘蔗田如何使用？

甲·灭·敌草隆产品是甘蔗田专用芽后除草剂，能有效防除甘蔗田一年生杂草。

① 甘蔗种植出苗后，杂草 2～5 叶期，对蔗垄及蔗沟的杂草茎叶均匀喷雾，每公顷用水量 600～750L，整个作物生长周期施药 1 次。

② 本品为甘蔗田专用除草剂，对香蕉、油菜、棉花、马铃薯、果树、水稻、小麦、花生及谷类、豆类、茄类、瓜类等均有药害，施药时避免药液漂移到上述作物上。

③ 大风天或预计 1h 内下雨请勿施药。

1360. 噁酮·乙草胺可用于哪些旱作物田除草？

噁酮·乙草胺是噁草酮与乙草胺复配的混合除草剂，产品有 30％、35％、36％、37.5％、54％乳油，可用于花生、大豆、棉花、大蒜等作物地防除稗草、马唐、狗尾草、看麦娘、藜、蓼、苋、碎米莎草等一年生单、双子叶杂草，于播后苗前喷雾土壤。

（1）花生田　播后苗前施药。春花生亩用 36％或 35％乳油 200～250mL；夏花生亩用 54％乳油 70～80mL，或 36％或 35％乳油 150～200mL，对水 40～60kg，喷洒土表。

（2）大豆田　播后苗前施药。夏大豆亩用 54％乳油 60～80mL，30％乳油 150～250mL 或 36％乳油 100～150mL；春大豆亩用 36％乳油 200～250mL，对水 40～60kg，喷洒土表。

（3）棉花田　播后苗前施药。亩用 36％乳油 120～150mL，对水 40～60kg，喷洒土表。

（4）大蒜田　播后苗前施药。亩用 37.5％乳油 120～150mL，对水 40～60kg，喷洒土表。

（5）油菜田　冬油菜移栽前，亩用 37.5％乳油 120～150mL 或 36％乳油 100～200mL，对水喷洒于土表。

1361. 怎样用扑·乙防除农田杂草？

扑·乙是扑草净与乙草胺复配的混剂，产品有 20％粉剂，25％、35％、37.5％、40％可湿性粉剂，26％、30％、40％、45％悬浮剂，40％悬乳剂，20％、25％、30％、45％、50％、51％、52％乳油。

本混剂适用于水稻、小麦、玉米、大豆、花生、马铃薯、棉花等旱作物地防除稗草、狗尾草、看麦娘、牛筋草、鸭跖草、芥菜、马齿苋、铁苋菜、龙葵、藜、蓼等杂草，持效期适中，对后茬作物无不良影响。须注意的是土壤湿度对药效影响大，施药后遇干旱应灌水浇地，才能收到应有的防效。本剂的制剂种类多，生产厂家更多，亩用药量详见各产品标签，以下仅为举例。

（1）稻田　南方移栽稻田除草，在栽插的秧苗返青活棵后，亩用 20％粉剂 80～100g 或 40％可湿性粉剂 20～30g，毒土法施药。

（2）小麦田　播后苗前，亩用 40％可湿性粉剂 80～100g（冬小麦）或 120～150g（春小麦），对水 40～60kg，喷洒土表。

（3）玉米田　播后苗前喷雾处理土壤。春玉米亩用 45％乳油 200～250mL，夏玉米亩用 35％可湿性粉剂 150～200g 或 26％悬浮剂 180～250g，对水 40～60kg，喷洒土表。

（4）大豆田　播后苗前，春大豆亩用 45％乳油 200～250mL 或 40％可湿性粉剂 175～250g 或 35％可湿性粉剂 200～300g；夏大豆亩用 35％可湿性粉剂 150～250g 或 26％悬浮剂 180～250g，对水 40～60kg，喷洒土表。

（5）花生田　播后苗前，亩用 52％或 51％乳油 150～200mL，或 45％乳油 150～250mL，或 35％可湿性粉剂 150～200g，30％悬浮剂 200～300g，40％悬乳剂 150～225g，对水 40～60kg，喷洒土表。

（6）棉花田　播后苗前，亩用 35％可湿性粉剂 200～250g，或 40％可湿性粉剂 125～200g，对水 40～60kg，喷洒土表。

（7）其他作物田　播后苗前喷雾处理土壤。大蒜苗用 50％乳油 130～150mL，马铃薯亩用 40％乳油 200～250mL，红小豆和绿豆亩用 40％乳油 150～200mL（华北地区）或 200～300mL（东北地区）。

1362. 氧氟·乙草胺可用于哪些旱作物田除草？

氧氟·乙草胺是乙草胺与乙氧氟草醚复配的混剂，产品为 24％、40％、42％、43％乳油，主要用于花生、大豆、玉米、棉花、大豆等作物田防除一年生杂草，于播后苗前喷雾土壤。

（1）花生田　播后苗前，亩用 43％乳油 100～150mL 或 40％乳油 100～120mL 或 24％乳油 75～100mL，对水 40～60kg，喷洒土表。

（2）大豆田　主要用于夏大豆田，于播后苗前，亩用 40％乳油 100～120mL 或

24%乳油 75～100mL，对水 40～60kg，喷洒土表。

（3）其他作物田　均于播后苗前施药。夏玉米和棉花田亩用 24%乳油 75～100mL，大蒜田亩用 40%乳油 90～100mL，对水 40～60kg，喷洒土表。

1363. 怎样用甲戊·乙草胺防除大蒜田杂草？

甲戊·乙草胺是二甲戊灵与乙草胺复配的混剂，产品为 33%、40%乳油。主要用于大蒜田防除稗草、看麦娘、狗尾草、牛筋草、硬草、猪殃殃、荠菜、苍耳、繁缕、马齿苋、苘麻、泥湖菜、碎米莎草等杂草。对芽前、苗后早期杂草均有效，大蒜亩用 40%乳油 100～200mL 或 33%乳油 150～250mL，姜用 40%乳油 150～200mL，棉花用 40%乳油 150～175mL，夏玉米用 40%乳油 150～200mL，对水 30kg 喷雾。

1364. 怎样用戊·氧·乙草胺防除大蒜田杂草？

戊·氧·乙草胺是乙草胺与二甲戊灵、乙氧氟草醚复配的混剂，产品为 44%乳油，主要用于大蒜田防除多种一年生杂草，于大蒜播后苗前，亩用制剂 140～160mL，对水喷洒于土表。

1365. 氧氟·甲戊灵可用于哪些旱作物田除草？

氧氟·甲戊灵是乙氧氟草醚与二甲戊灵复配的混剂，产品有 20%、34%、38%乳油，混剂对百合科蔬菜有较好的选择性，因而很适合于大蒜、姜等防除一年生阔叶杂草和稗草、马唐、狗尾草、看麦娘等禾本科杂草。

（1）大蒜和姜田　用于大蒜田的施药适期为大蒜播种后至立针期或大蒜苗后 2 叶 1 心期以后，杂草 4 叶期以前，避开大蒜 1 叶 1 心至 2 叶期。亩用 38%乳油 120～170mL，或 34%乳油 75～100mL 或 50～80mL（不同厂家的产品），对水喷洒于土表。

姜田于播后苗前，亩用 20%乳油 130～180mL，对水喷洒于土表。

（2）花生田　于播后苗前，亩用 34%乳油 80～120mL，对水喷洒于土表。

1366. 氧氟·扑草净在大蒜田怎样使用？

氧氟·扑草净是乙氧氟草醚与扑草净复配的混剂，产品为 30%可湿性粉剂。主要用于防除大蒜田一年生阔叶杂草，于大蒜播后苗前，亩用制剂 100～200g，对水喷洒于土表。

1367. 甲戊·扑草净在大蒜等作物田怎样使用？

甲戊·扑草净是二甲戊灵与扑草净复配的混剂，产品有 35%乳油，36%悬乳剂，是利用二甲戊灵对百合科蔬菜有良好选择性而开发的用于大蒜、姜田的除草剂，防除一年生单、双子叶杂草。在播后苗前喷雾处理土壤。大蒜和姜田，亩用 35%乳油 150～200mL；马铃薯田，亩用 35%乳油 250～300mL（东北地区）或 150～250mL（其他地区）；花生田，亩用 36%悬乳剂 175～200mL。

1368. 扑草·仲丁灵在大蒜和棉花田怎样使用?

扑草·仲丁灵是扑草净与仲丁灵复配的混剂,产品为33%乳油。混剂扩大了对禾本科杂草的杀草谱,也能防除某些阔叶杂草。用于大蒜和棉田除草,于播后苗前亩用制剂150~200mL,对水喷洒于土表。

1369. 异噁·丁草胺在棉花和西瓜田怎样使用?

异噁·丁草胺是异噁草酮与丁草胺复配的混剂,产品为48%可湿性粉剂,能防除多种一年生单、双子叶杂草,于播后苗前喷雾处理土壤,亩用制剂量为:棉田70~80g,西瓜田90~100g。

1370. 二氯·莠去津在高粱田怎样使用?

二氯·莠去津为28%可分散油悬浮剂,由10.5%二氯喹啉酸和17.5%莠去津组成。防治对象为高粱田一年生杂草,使用剂量为180~260mL/亩,使用方法为茎叶喷雾。

1371. 精喹·异噁松在烟草田怎样使用?

精喹·异噁松是精喹禾灵与异噁草酮复配的混剂,产品为29%乳油。用于烟草田防除多种一年生的单、双子叶杂草,亩用制剂50~70mL,对水定向喷洒行间杂草。

1372. 异甲·嗪草酮在马铃薯田如何使用?

本品为复配的苗前土壤处理剂,主要通过植物的幼芽吸收并向上传导,抑制幼芽与根的生长,两者混配优势互补,对马铃薯田一年生杂草有良好的防治效果。

马铃薯播后苗前土壤均匀喷雾。施药时注意药量准确,做到均匀喷洒,尽量在无风时施药,避免雾滴漂移,危害周围作物。每季作物最多使用1次。

1373. 异甲·特丁净在花生田如何使用?

异甲·特丁净产品为特丁净和异丙甲草胺的混配除草剂,主要防治花生田一年生杂草,采用200~300mL/亩的用量,进行土壤喷雾。

1374. 甜菜安·宁如何使用? 使用注意事项有哪些?

甜菜安·宁为甜菜田苗后防除一年生阔叶杂草的内吸选择性茎叶除草剂,可防除藜、豚草、牛舌草、野芝麻、野萝卜、繁缕、荞麦蔓等甜菜田一年生阔叶杂草。具有杀草谱广、药效稳定等特点。在甜菜出苗后,杂草2~4叶期施药。

① 甜菜整个生育期最多使用1次。

② 本品对鱼等水生生物为中等毒性,在赤眼蜂等天敌放飞区禁用,远离水产养殖区或河塘施药,禁止在河塘等水体中清洗施药器具,用过的容器应妥善处理,禁止他用或随意丢弃,药液及其废弃液不得污染各类水域、土壤等环境。对家禽、鸟类不能直接接触。

③ 误用可能损害健康，应避免身体直接接触；施用时应戴防护镜、口罩和手套，穿防护服，并禁止饮食、吸烟和饮水；使用后应用肥皂和清水彻底清洗暴露在外的皮肤；孕妇及哺乳期妇女禁止接触、施用本品。

④ 该产品为易燃液体。

⑤ 应选用晴天施药，低温 12℃ 以下或高温 25℃ 以上时禁止施药，最佳施药的温度为 20℃ 左右。本剂不得与碱性药剂或介质（盐碱地对水）兑混使用，以免失效。遇到早春低温霜冻、冻雹灾害、营养缺乏或病虫害侵入时甜菜自身解毒能力下降，从而对药物特别敏感，易发生药害，此时应慎用。

⑥ 施用 6h 内不可有大雨，以免影响药效。应现配现用。配药时应先将所需要药量加入半满（清水）的喷雾器药桶中混拌均匀，然后注入余量水混匀。

⑦ 对前茬有残留药害，如玉米、大豆田曾使用过烟嘧磺隆、莠去津、氟磺胺草醚等长残留农药的田块，甜菜苗会表现出弱苗、斑秃状死苗、失绿等现象，此类田块严禁用药。

1375. 乙羧·高氟吡在花生田如何使用？

高效氟吡甲禾灵属于芳氧苯氧基丙酸酯类除草剂，可以防除阔叶作物田中各种禾本科杂草；乙羧氟草醚属二苯醚类除草剂，可以防除各种阔叶杂草。二者混用，可以有效地防除花生田各种禾本科杂草和阔叶杂草。

① 在花生苗后，禾本科杂草 3~5 叶期，阔叶杂草 2~5 叶期，按照登记剂量每亩对水 40kg，茎叶均匀喷雾处理。

② 大风天或预计 1h 内降雨，请勿施药。

③ 每个生长季最多施用 1 次。

1376. 仲灵·异噁松在烟草田怎样使用？

仲灵·异噁松是仲丁灵与异噁草松复配的混剂，产品为 40%、50% 乳油，能防除一年生单、双子叶杂草，对多年生的刺儿菜、苣荬菜、问荆、大蓟也有较强的抑制作用，用于烟草田除草，于移栽前亩用 50% 乳油 160~200mL 或 40% 乳油 150~200mL，对水喷洒于土表。

1377. 含草甘膦的混剂如何合理使用？

草甘膦是内吸型灭生性除草剂，也是优良的除草剂，但在使用中也遇到一些问题，如杀草速度较慢，一年生植物在施药后 1 周才表现出中毒症状，多年生植物需 2 周后才表现出中毒症状；使用剂量稍高时，植物叶片枯萎太快，影响对药剂的吸收，也难于传导到地下根茎，反而降低对多年生杂草的防效；落入土壤后就很快失去活性，对施药新长出的杂草无效。为此，须与其他除草剂混用或复配制成混剂。

（1）2甲·草甘膦　由2甲4氯钠盐与草甘膦复配的混剂，产品为 46% 可溶粉剂，混剂发挥2甲4氯钠盐的速效性及草甘膦的灭生性和杀草根性，可使除草快速又彻底。可用于南北方果园防除一年生单、双子叶杂草及某些多年生杂草，于夏季杂草旺盛生长期，亩用制剂 150~200g（南方柑橘园、苹果园等）、180~300g（北方苹果园），对水定向喷洒杂草茎叶。

也可用于桑园及其他木本植物园、非耕地除草。

（2）草甘·2甲胺 由2甲4氯异丙胺盐与草甘膦异丙胺盐复配的混剂，产品为40％可溶液剂，其除草性能及适用范围与2甲·草甘膦相同。目前登记用于柑橘园防除一年生及多年生杂草，亩用制剂180～230mL，对水定向喷雾。

（3）滴酸·草甘膦 由2,4-滴与草甘膦复配的混剂，产品为10.8％水剂，可用于果园、桑园等木本作物园及非耕地灭生性除草。例如，在柑橘园，于初春杂草生长有一定叶面积时，亩用制剂750～1500mL，对水定向喷雾。

（4）麦畏·草甘膦 由麦草畏与草甘膦复配的混剂，产品为400g/L、20％水剂，主要用于防除非耕地和免耕田种植前灭生性除草。例如，用于非耕地，在杂草旺盛生长期，亩用400g/L水剂200～250mL或20％水剂200～300mL，对水喷洒杂草茎叶。用于冬小麦、油菜田除草，在水稻收割后，小麦或油菜种植前2～3天，亩用20％水剂130～150mL，对水喷雾于杂草茎叶。

（5）苄嘧·草甘膦 由苄嘧磺隆与草甘膦复配的混剂，产品为75％可湿性粉剂，用于木本作物园及非耕地灭生性除草。例如，在柑橘园或橡胶园，于初春杂草生长旺盛期并有一定叶面积时，亩用制剂100～120g，喷洒杂草茎叶。对施药后新萌发的小草也有较好的防效。

（6）甲嘧·草甘膦 由甲嘧磺隆与草甘膦异丙胺盐复配的混剂，产品为15％悬浮剂。混剂对施药后萌发的小草也有效，从而延长了持效期。可用于木本作物园及非耕地除草，一般施药1次，即可全年控制杂草危害。例如，于初春杂草生长到一定叶面积时，橡胶园或非耕地，亩用15％悬浮剂800～1000mL，或9％悬浮剂1000～1500mL，对水喷洒于杂草茎叶。

（7）氧氟·草甘膦 由乙氧氟草醚与草甘膦复配的混剂，产品为40％可湿性粉剂，用于非耕地灭生性除草，在杂草生长有一定叶面积时亩用200～250g，对水喷洒于杂草茎叶。

以上含草甘膦的混剂，均为灭生性除草剂，用于木本作物园除草时必须防止雾滴飘移到作物的叶片或嫩梢上。凡喷雾时均须防止雾滴飘移至邻近作物上。

1378. 氟草·草甘膦如何使用？

氟草·草甘膦为66％可湿性粉剂，由65％草甘膦铵盐和1％丙炔氟草胺组成。防治非耕地杂草，使用剂量为90～180g/亩，使用方法为茎叶喷雾。

1379. 甲·草甘膦使用方法是什么？ 注意事项是什么？

本产品是一种灭生性除草剂，用于防除非耕地杂草。剂型较多，有32％、33％、35％、36％、47％、49％、50％、51％水剂，38％、46％、50％、56％、90％可溶粉剂，80％可溶粒剂，65％，77.7％可湿性粉剂。非耕地杂草每亩用210～310mL稀释后对茎叶喷雾。

① 施药的最佳时期为杂草的营养生长旺盛期。

② 选择晴好天气，按防治作物、用药量、使用方法，根据杂草的株高，调节喷头高度，喷雾时勿接触作物绿色部分，以免产生药害。

③ 如施药后4h内下雨，会影响药效，应酌情补喷。

1380. 麦畏·草甘膦如何使用？

麦畏·草甘膦产品是一种灭生性除草剂，用于防除非耕地杂草。

① 施药的最佳时期为杂草的营养生长旺盛期。

② 选择晴好天气，按防治作物、用药量、使用方法，根据杂草的株高，调节喷头高度，喷雾时勿接触作物绿色部分，以免产生药害。

③ 如施药后 4h 内下雨，会影响药效，应酌情补喷。

1381. 乙羧·草铵膦怎么使用？ 都有哪些剂型？

本品为非选择性触杀型杂草茎叶处理剂，是膦酸类拟天然化感物仿生物源除草剂草铵膦与二苯醚类除草剂乙羧氟草醚复配而成的可分散油悬浮剂，具有杀草谱广、见效速度快、控草期长、耐雨水冲刷，对木质化的作物根系、树皮和浅根果树相对安全等特点。本品可有效解决草甘膦抗性杂草，对抗性杂草小飞蓬、牛筋草等效果突出。剂型有 20%、21%、22%、24%、32%可分散油悬浮剂，20%微乳剂。非耕地防治杂草可用 20%可分散油悬浮剂 200～400mL/亩或者 20%微乳剂 200～300mL/亩对茎叶喷雾。

① 杂草基本出齐后，每亩对水 30～50kg，进行杂草茎叶定向喷雾处理。

② 干旱及杂草密度大或防除大龄杂草及多年生恶性杂草时，采用较高的推荐制剂用量和对水量。

1382. 草铵·草甘膦如何使用？

草铵·草甘膦为总有效成分含量 39%水剂，由 6%草铵膦和 33%草甘膦铵盐组成。本产品是由草铵膦和草甘膦复配而成的灭生性除草剂，用于防除非耕地杂草。施药的最佳时期为杂草的营养生长旺盛期。选择晴好天气，按防治作物、用药量、使用方法，根据杂草的株高，调节喷头高度，喷雾时勿接触作物绿色部分，以免产生药害。如施药后 4h 内下雨，会影响药效，应酌情补喷。

1383. 氟草·草铵膦如何使用？

剂型为 17%微乳剂，由 2.8%乙氧氟草醚和 14.2%草铵膦组成。本产品为非选择性杂草茎叶处理除草剂，其独特的"一封一杀"除草机理，使得该品具有杀草谱广、杀草速度快、持效期较长、耐雨水冲刷等特点，对非耕地杂草有较好防效。正确使用条件下，本品对作物安全。本品于非耕地杂草生长旺盛期茎叶均匀喷雾，应避免高温时施药。施药时，如遇草龄较大或者持续干旱，请酌情增加喷药量。大风天或预计 1h 内降雨，勿施药。

1384. 草甘·三氯吡如何使用？

剂型为 60%可湿性粉剂，由 10%三氯吡氧乙酸和 50%草甘膦组成。本品是内吸灭生性除草剂，对非耕地杂草均有较好防效。本品用于非耕地杂草生长旺盛期，茎叶均匀喷雾使用。大风天或预计 4h 内降雨，请勿施药。

十六、熏蒸剂

1385. 什么是熏蒸剂？

气态农药以分子状态分散在空气中，用来防治害虫、病害、鼠害及其他有害生物的农药称为熏蒸剂。熏蒸剂利用一些常温下是气体的药剂在密闭的空间产生作用。熏蒸剂通常具有极强的扩散、分布和渗透能力，能高效地杀灭在植物体内或建筑物缝隙和隐蔽处的有害生物。熏蒸消毒省时，一次可处理大量物体，远比喷雾、喷粉、药剂浸渍等速度快。货物集中处理，可节省大量费用和人工。熏蒸通风散气后，熏蒸剂的气体容易逸出，不像使用通常杀虫剂、杀菌剂后，具有严重的残毒问题。因此，熏蒸技术广泛用于检疫熏蒸、仓库熏蒸、原木上的蛀干害虫、商品保护、文史档案以及土壤消毒。

按化学结构，熏蒸剂有下列类别：①卤代烷类，如四氯化碳、二氯乙烷、二溴乙烷、溴甲烷、碘甲烷、氯化苦等；②硫化物，如二硫化碳、硫酰氟等；③磷化物，如磷化铝、敌敌畏等；④氰化物，如氢氰酸、氰化钙、乙二腈等；⑤环氧化物，如环氧乙烷、环氧丙烷等；⑥烯类，如丙烯腈、甲基稀丙基氯等；⑦苯类，如邻二氯苯、对二氯苯、偶氮苯等；⑧其他，如二氧化碳等。

世界上熏蒸剂的种类较少，大多毒性很高，常用的有 10 多种，且新品种不多，目前大量使用的熏蒸剂仍是一些老品种，如溴甲烷、磷化铝、氯化苦、硫酰氟、1，3-二氯丙烯、棉隆、威百亩等。

1386. 怎样安全使用磷化铝防治贮粮害虫？

参见贮粮杀虫剂。

1387. 土壤熏蒸有什么样的特点？

土壤熏蒸通常一次施用，可有效杀灭土壤中的真菌、细菌、土传病毒、线虫、地下害虫、杂草以及啮齿动物等。敞气后，无农药熏蒸剂残留。由于使用熏蒸剂，因此需要覆盖塑料薄膜。由于熏蒸剂毒性较高，技术较复杂，通常需要专用的施药机械，并由取得资质的人员操作和使用。

1388. 土壤熏蒸应注意哪些技术要点？

(1) 土壤温度　土壤温度对熏蒸剂在土壤中的移动有很大的影响。同时土壤温度也影响土壤中活的"生物体"。适当的土壤温度有助于熏蒸剂的移动。如果太冷，熏蒸剂移动较慢；如果太热，熏蒸剂则移动加快。理想的温度是让靶标生物处于"活的"状态，以利于更好地杀灭。通常理想的土温是15cm处，15～20℃。而高温（高于30℃）将加速熏蒸剂的逃逸。这意味着有害生物不能充分暴露在熏蒸剂中，将导致效果降低。

(2) 土壤湿度　土壤湿度是确保熏蒸剂效果的重要因素。适宜的土壤湿度可打破病原菌"孢子"的休眠，让其处于"活"的状态；同时也可让杂草的种皮软化，有害生物处于"生长的"状态。充足的湿度可"活化"熏蒸剂，如威百亩和棉隆。湿度有助于熏蒸剂在土壤中的移动。一般地，土壤湿度应在60%左右。对于我们常见的壤土，可用手感知湿度，其方法是：在5～30cm处取土壤，土壤在手中能形成一个球，在拇指和食指轻压，能粘在一起，但不粘手指，在1m处自由落下到一个稍硬的地面，能自然散开。

(3) 塑料布　由于熏蒸剂对不同的塑料布的穿透性有很大的差别，因此薄膜的质量显著影响熏蒸的效果。推荐使用0.04mm以上的原生膜，不推荐使用再生膜。薄膜覆盖时，应全田覆盖。薄膜相连处，应采用反埋法。为了防止四周塑料布漏气，如条件许可，可在塑料布四周浇水，以阻止气体从四周渗漏。

(4) 敞气时间　熏蒸后种植时间依赖于处理后的敞气时间，让熏蒸毒气散发出去，以免种植作物出现药害。熏蒸后种植时间很大程度与熏蒸剂的特性和土壤状况有关，如土壤温度和湿度。

当冷和湿时，应增加敞气时间；当热和干燥时，可减少敞气时间；高有机质土壤应增加敞气时间；黏土比沙土需要更长的敞气时间。

可以通过萌发试验定性判断是否有药剂残留，即拿两个罐头瓶，一个瓶中快速装入半瓶熏蒸过的土壤，另一个瓶中装入半瓶未熏蒸过的土壤（注意，取样时可取同一块田中最低位置的土壤，通常此地土壤的残留较高），然后在罐头瓶中用镊子将一块湿的棉花铺在土壤的上部，再在棉花上20粒莴苣种子，然后盖上罐头瓶盖。放罐头瓶在无直接光照的室内2～3天。2～3天后，拿出棉花块，数莴苣发芽数，并观察种苗的状态。如果莴苣发芽较少或根尖有烧根的现象，则表明有熏蒸剂残留。如果未熏蒸的土壤发芽少于15粒，或莴苣根尖有烧尖现象，应替换莴苣种子，重新进行测试。如果熏蒸过的土壤发芽数少于15粒，一周后重复进行测试。如果熏蒸过的土壤莴苣根尖出现烧根现象，推迟种植，一周后再进行测试。如果熏蒸过的土壤莴苣发芽数高于15粒，并且无根尖烧根现象，即可栽种。

(5) 熏蒸后的管理　土壤熏蒸后，避免病虫害的再引入是至关重要的，因为熏蒸后，土壤处于"生物真空"状态。病虫害很易在熏蒸过的土壤中发生。在农事操作过程中，很可能会无意将未处理的土壤、前作的病残体带入熏蒸过的土壤中。灌溉水也易带入病虫害。在处理后的土壤中使用机械和工具之前，要清洗机械和工具上黏附的未处理土壤。避免鞋子或衣服将未处理的土壤带入已处理的田地中，特别是在作物种植时。

(6) 种子、种苗消毒及无病种苗的培育　为了避免土传病害传入已处理过的土壤中，应当从种子和种苗开始。根据本地蔬菜病虫害的发展情况，选用适宜本地区栽培的抗病品种，做到良种配良法。种子消毒：播种前进行种子消毒，如温汤浸种、高温干热消毒、药剂拌种、药液浸种等方法，能够减轻或抵制病害发生。苗床消毒，如果采用的苗床土带有病原菌，需要对苗床土进行处理。苗床可采用熏蒸剂对苗床土进行熏蒸处理，然后揭膜敞气。如果所需的土量较少，可将土样放入一个大的蒸笼中蒸 30min。也可采用蛭石和草炭做成育苗的基质。市场上也有现成的育苗块销售，可直接播入黄瓜、番茄、辣椒、茄子等种子。

1389. 氯化苦宜用在哪些方面？ 怎样使用？

氯化苦是一种液体熏蒸剂，常温下能在空气中逐渐挥发，其气体比空气重 4.67 倍。有强烈的渗透性，扩散深度为 0.75～1m。吸附力很强，容易被多孔物质所吸附，特别在潮湿物体上可以保持很久，对种子发芽有较大的影响。

氯化苦具有杀虫、杀菌、杀线虫、杀鼠作用。温度高时，药效显著，一般在 20℃以上熏蒸比较合适。药剂的气体进入生物体组织后，能生成强酸性物质，使细胞肿胀和腐烂，还能使细胞脱水和蛋白质沉淀，使之中毒死亡。对害虫的成虫和幼虫熏杀力很强，但对卵和蛹的作用小。

氯化苦属高毒熏蒸剂，具有催泪作用，故为警戒性气体。在每立方米空气中含氯化苦 0.0084mg 即有刺激味；0.016mg 即能催人泪下；0.075mg 对咽喉有刺激作用；0.125mg 可引起咳嗽、呕吐、呼吸短促，连续呼吸 0.5h 即有致命危险；0.2mg，10min即可死亡。操作人员眼睛如被刺激得流泪时，应立即离开现场。氯化苦原液接触到皮肤，可引起红肿、溃烂。

自 2015 年 10 月 1 日起，国家明令规定氯化苦只能用于土壤熏蒸。氯化苦产品为99.5% 液剂。主要用于防治草莓、生姜、茄子、辣椒、番茄、瓜类、花卉等作物的土传病害。对各种难以防治的细菌和真菌病害有独特的防治效果。防治细菌性病害的用量为$50～80g/m^2$，防治真菌性病害用量为 $24～36g/m^2$。由于氯化苦对根线虫效果较差，通常要与杀线虫剂混合使用。氯化苦有一定的除草作用，但使用前需要将待处理的土壤浇透，让杂草种子萌发，再施氯化苦将其杀死。氯化苦还可用于熏蒸杀鼠，每鼠洞投药4～6mL。用干净无泥的细沙与药混合投入，或用棉花球、玉米芯吸药液后投入，立即封死洞口。

氯化苦不破坏臭氧层，因为氯化苦在光照下，快速降解，在土壤中代谢为二氧化碳，在厌氧微生物或有水的状态下，氯化苦几小时内转化为硝基甲烷，而在植物代谢物的研究中，在植物体内或收获的产品中未检测到氯化苦或硝基甲烷。

由于氯化苦具有刺激性气味，使用氯化苦需要有专门的机械，并由经过培训有资质的人员使用。我国将氯化苦列为危险化学品，购买、运输、经营、贮存和使用均需要主管部门的许可。

1390. 硫酰氟有哪些特点？ 怎样使用？

硫酰氟又称熏灭净，是一种气态熏蒸剂。它有如下特点。

① 扩散渗透能力强。液态的硫酰氟的自然蒸气压力很高，－5℃时其蒸气压比 40℃时溴甲烷的蒸气压高 3 倍，因此易于扩散和渗透，其扩散渗透能力比溴甲烷高 5～9 倍。

②易于解吸（即将吸附在被熏蒸物上的药剂可经通风移去，不残留），一般熏蒸后散气 8～12h 后就难以检测到药剂。

③不影响种子发芽和被熏蒸物品色泽。对植物毒性低，被熏蒸后的小麦、稻谷、蚕豆、油菜籽等不会影响发芽率。由于不影响被熏物品的色泽，可用于纺织品、衣服、文史档案及图书等熏蒸杀虫。

④硫酰氟沸点极低（−55.2℃），易于气化，即使在北方寒冷季节使用也极为方便。

⑤硫酰氟在含高蛋白和酯类物质中残留较高，因此尚未被允许用于粮食和食品的熏蒸。

⑥硫酰氟对高等动物毒性虽属中等，但对人的毒性还是很大的，操作时应戴防毒面具，如出现头昏、恶心等现象时，应立即离开熏蒸场所，呼吸新鲜空气；如遇呼吸停止，要施行人工呼吸，迅速请医生治疗。可用苯巴比妥钠、硫喷妥钠进行治疗，并注意防止脑水肿和保护肝、肾。

硫酰氟对害虫起熏杀作用，通过影响中枢神经系统，使之中毒死亡。对多种仓库害虫如赤拟谷盗、谷象、米象、豆象、谷长蠹、烟草甲、墨西哥豆瓢虫、小蠹虫、木蠹蛾、各种皮蠹、透翅蛾以及白蚁等。用于 20 多种贮藏期害虫的防治及进出口检疫灭虫。也可用于苗木、种子的消毒，木材防腐和纺织品、工艺品、竹木器、文物档案、图书、纸张、标本、古建筑等的熏蒸。

硫酰氟产品为 98% 或 99% 原药，装在钢瓶中。

硫酰氟主要用于密闭熏蒸。装在钢瓶中的药剂，开启后借助其自身产生的压力而喷出。一般每隔 10～15m² 设一施药点，因硫酰氟气体比空气重 2.88 倍，应用胶管将药剂引到货物顶部释放，以利于其扩散和渗透。货物堆或库房大时，施药点多，可用三通管连接胶管分布施药点。人在仓房外或帐幕外操作。

用药量，应根据被熏货物的种类、数量、吸附能力和害虫的种类、虫态，以及气温、熏蒸场所严密程度等来决定。一般成虫用药 0.6～3.5g/m³，卵用药 50～75g/m³，幼虫用药 30～50g/m³，熏蒸 16h，防虫效果可达 95% 以上。

①仓库熏蒸。棉花用药量每立方米为 40～50g，烟草为 30g，木材、苗木和作物种子为 25～30g，文史档案、图书、标本和纸张为 30～40g，衣料为 30g。

②防治果林的蛀干性害虫，施药方法有 3 种。a. 树干密闭熏蒸。在受虫害的主干部位，用 0.1mm 塑料布围住，通进一条施药管，扎严，用泥密闭。20℃左右时，每平方米树干用药 25～30g，由施药管施入，轻拍塑料布，使药剂均匀分布。熏蒸 1～2 天，即很有效。b. 蛀孔密闭熏蒸。用注射器或自行设计气体注射器，将药剂由蛀孔或排粪孔注入，即用泥封口。c. 帐幕熏蒸。多用于处理原木和冬季修剪汰除的枝干内的蛀虫。用塑料布覆盖严密，将一定量药剂（一般为每立方米用药 30～40g）由胶管通入木材的上部，任其扩散、渗透。

③熏杀白蚁。一般建筑物用药量为每立方米 30g，密闭熏蒸 2 天。防治围堤、土坝的土栖黑翅白蚁，由分群孔主蚁道伸入胶管，用泥土密闭胶管周围，注入气体熏蒸，每巢用药 0.8～1kg，熏蒸 2～18 天。

防治堤围黑翅土白蚁，800～1000g/巢，由主蚁道注入气体熏蒸。

硫酰氟比空气重得多，施药点必须设置在熏蒸物的顶部。为保证熏杀效果，熏蒸时保持密封严密是关键。

使用硫酰氟应经相关部门培训考核，取得相应技术证书和上岗证书方能操作。在完全了解本产品性能及说明书所要求的内容后方可使用，使用时需戴上防毒面具。

1391. 硫酰氟可用于农业吗？

硫酰氟主要用于防治仓库害虫如赤拟谷盗、谷象、谷长蠹、墨西哥豆瓢虫、地中海粉螟、麦蛾；果林的蛀干害虫如天牛、小蠹虫、木蠹蛾、透翅蛾以及白蚁等。也可用于防治卫生害虫，如蜚蠊、蝇等。还用于木材防腐和纺织品、工艺品、文物档案、图书纸张、古建筑等的熏蒸。因此适用于农林、轻纺、商业、外贸、城建、图书档案馆等熏蒸灭虫。近年来，熏灭净在我国登记为土壤熏蒸剂防治黄瓜根结线虫，用药量为：$50\sim 70g/m^2$。使用硫酰氟进行土壤熏蒸，需要借助于分布带施药，并覆盖塑料薄膜。应由受过训练的人员操作。

1392. 溴甲烷是一种什么样的熏蒸剂？ 在农业上能否使用？

溴甲烷又名甲基溴，是一种卤代烃类熏蒸剂，在常温下蒸发成比空气重的气体，同时具有强大的扩散性和渗透性，可有效杀灭土壤中的真菌、细菌、土传病毒、昆虫、螨类、线虫、杂草、啮齿动物等。溴甲烷作为熏蒸剂具有下列显著优点：①生物活性高、作用迅速，很低浓度可快速杀死绝大多数生物；②沸点低，低温下即可气化，使用不受环境温度限制；③化学性质稳定及水溶性小，应用范围广，可熏蒸含水量较高的物品；④穿透能力强，能穿透土壤、农产品、木器等，杀灭位于深层的有害生物；⑤使用多年，有害生物的抗性上升很慢；⑥用于土壤消毒，可减少地上部病虫害的发生，并可减少氮肥的用量，能显著提高农产品的产量及品质。因此，甲基溴自 20 世纪 40 年代开始应用以来，一直是世界上应用最广泛的熏蒸剂。广泛应用于土壤消毒、仓库消毒、建筑物熏蒸、植物检疫、运输工具消毒等。

虽然溴甲烷是一种优良的熏蒸剂，但是由于溴甲烷对臭氧层具有破坏作用，1992年在《蒙特利尔议定书》（哥本哈根修正案）中被列为受控物质。中国于 2003 年 4 月 22日批准加入《蒙特利尔议定书》（哥本哈根修正案），按照公约拟定的时间表，中国已禁止溴甲烷在草莓、番茄、黄瓜、辣椒、茄子、生姜、烟草、粮食等作物上应用。溴甲烷仅用于检疫熏蒸。

1393. 如何使用棉隆？

棉隆是一种广谱性的土壤熏蒸剂，可用于苗床、新耕地、盆栽、温室、花圃、苗圃及果园等。棉隆施用于潮湿土壤中时，会产生异硫氰气体，迅速扩散至土壤团粒间，使土壤中各种病原菌、线虫、害虫及杂草无法生存而达到杀灭效果。对土壤中的镰刀菌、腐霉菌、丝核菌和轮枝菌和炭疽菌，以及短体、肾形、矮化、剑、垫刃、根结、胞囊等线虫有效。对萌发的杂草和地下害虫也有很好的效果。

整地后，按农药登记的有效剂量施用棉隆：草莓和花卉推荐用量为 $30\sim 40g/m^2$；番茄推荐用量为 $30\sim 45g/m^2$；生姜推荐用量为 $45\sim 60g/m^2$。根据作物连作时间的长短和土传病害、地下害虫和杂草发生的轻重程度选择施药剂量：连作时间短、轻度发病的地块可推荐采用低剂量；连作时间长、重度发病的地块推荐采用高剂量。

采用人工或机械均匀撒施棉隆于土壤表面后，立即用旋耕机进行旋耕，浅根系作物旋耕深度15～20cm，深根系作物旋耕深度30～40cm，将棉隆与土壤充分混合均匀。推荐采用棉隆专用施药机械。

棉隆施药后应立即混土，加盖塑料薄膜，如土壤较干燥，施用棉隆后要大量浇水，然后覆上塑料薄膜。在露地施药时应在塑料薄膜上面适当加压部分袋装、封好口的土壤或沙子（2～5kg），以防刮风时将塑料薄膜刮起、刮破，发现塑料薄膜破损后需及时修补。

塑料薄膜应采用大于0.04mm的原生膜，不得使用再生膜。覆膜天数受气温影响，温度较低，覆膜时间较长。揭膜后，要翻地、透气，土温越低，透气时间越长。

随着土壤温度的不同，盖膜密封和揭膜敞气时间有所不同，具体参照表24。

表 24　土壤温度与盖膜密封时间、揭膜敞气时间的关系

土壤10cm处温度/℃	盖膜密封时间/天	揭膜敞气时间/天
＞25	10～15	7～10
15～25	15～20	10～15
10～15	20～30	15～20

注：建议揭膜后采用清洁的旋耕机再次旋耕土壤，保证充分敞气。

消毒过的土壤需进行种子萌发试验测试其安全性。取两个罐头瓶，分别装入半瓶消毒过和未消毒过的土壤。用镊子将一块湿的棉花平铺在土壤的上部，在其上放置20粒浸泡过6小时的莴苣等易萌发的种子，然后盖上罐头瓶盖，置于无直接光照、25℃的环境下培养2～3天，记录种子发芽数，并观察发芽状态。当未消毒的土壤种子萌发正常时，如果消毒土壤种子发芽率在75%以上，且种苗根尖无烧根现象，即可以安全种植作物。在温度、湿度等环境条件允许的情况下，也可在田间进行发芽试验。

施用棉隆时，应戴橡皮手套和靴子等安全防护用具，避免皮肤直接接触药剂，一旦沾污皮肤，应立即用肥皂、清水彻底冲洗；施药后应彻底清洗用过的衣服和器械，废旧容器及剩余药剂应妥善处理和保管；该药剂对鱼有毒；贮存应密封于原包装中，并存放在阴凉、干燥的地方，不得与食品、饲料一起贮存。

1394. 如何使用威百亩？

威百亩是一种毒性较低的液态熏蒸剂。对土传病害、根结线虫、地下害虫和杂草均有效。用于播种前土壤处理。已报道对黄瓜根结线虫、花生根结线虫、烟草线虫、棉花黄萎病、苹果紫纹羽病、橡胶根部寄生菌、十字花科蔬菜根肿病等均有效，对马唐、看麦娘、马齿苋、豚草、狗牙根、石茅、莎草等杂草均有良好的效果。

施用威百亩前，如土壤干燥，在土壤消毒前应进行浇水处理，黏性土壤提前4～6天浇水，沙性土壤提前2～4天浇水。如已下雨，土壤耕层基本湿透，可省去此步骤。

当10cm土层土壤相对湿度为60%～70%时，进行旋耕。浅根系作物旋耕深度15～20cm，深根系作物旋耕深度30～40cm，旋耕时充分碎土，清除田间土壤中的植物残根、秸秆、废弃农膜、大的土块、石块等杂物，确保旋耕后的土地平整。

施药人员在称量药剂和施药过程中，应佩戴防毒面具并穿戴防护服。施药过程中如有刺激流泪现象或闻到刺激性气味，应立即离开施药区域，并检查或更换防毒面具。

建议使用威百亩时采用滴灌或威百亩专用机械施药。

滴灌施药：安装滴灌，滴灌管之间的距离不大于20cm。覆盖厚度0.03mm以上的聚乙烯原生膜，推荐使用不渗透膜，不得使用再生膜。威百亩用水稀释5%～10%后使用，每平方米推荐用水量30～40L。

机械注射混土施药：专用施药机械需配置具有相应马力的动力装置，如拖拉机等，将施药机械与动力设备连接后，将药剂均匀地施于土壤中，并旋耕混土均匀。为防止药剂向大气中挥发，施药后迅速覆盖塑料薄膜，在塑料薄膜上面适当加压袋装、封好口的土壤或沙子（2～5kg），以防刮风时将塑料薄膜刮起、刮破，发现塑料薄膜破损后需及时修补。采用厚度0.03mm以上的聚乙烯原生膜、推荐使用不渗透膜，不得使用再生膜。

草莓、番茄、黄瓜、茄子、辣椒的推荐有效用量为：$17.5～26.25g/m^2$；如果采用沟施或行间施药，可根据实际处理面积计算有效用药量。

根据作物连作时间的长短和土传病害发生的轻重程度选择施药剂量，连作种植时间短，轻度发病的地块推荐采用低剂量；连作时间长，重度发病的地块推荐采用高剂量。

施药后，将塑料膜四周用土密封，推荐密封3～4周。温度高时，覆膜时间短；温度较低时，覆膜时间需要适当延长。揭膜时，先揭开膜两侧，清除膜周围的覆土及覆盖物，次日再将膜全部揭开，使残存气体缓慢释放，以免人、畜中毒。

安全性测试：消毒过的土壤需进行种子萌发试验测试其安全性。取表土下10cm处消毒过和未消毒过的土壤，分别装入两个罐头瓶或透明的玻璃容器一半的位置。用镊子将一块湿的棉花平铺在瓶中的土壤上部，在其上放置20粒莴苣等易萌发的种子，然后盖上罐头瓶盖，置于无直接光照、25℃的环境下培养2～3天，记录种子发芽数，并观察发芽状态。当消毒的土壤种子萌发正常时，如消毒土壤种子发芽率在75%以上，且种苗根尖无烧根现象，即可以安全种植作物。

消毒后管理：①选用无病种苗，种子、种苗消毒。播种前应确保种子、种苗无病，否则应进行种子、种苗消毒，采用温汤浸种、高温干热消毒、药剂拌种、药液浸种等方法，杀灭种子、种苗携带的病原菌。②水肥管理，施用商品化的有机肥，避免使用未腐熟的农家肥；使用洁净水源进行农田灌溉，灌溉水输送过程避免病原菌污染。宜使用滴灌或微灌，避免大水漫灌。③农事操作，在农事操作过程中，避免将未处理的土壤、前茬作物的病残体带入消毒过的土壤中。使用机械和工具前须进行清洗。避免通过鞋子、衣物或农具将未处理的土壤带入已处理的田块中。

需要注意以下几点。①威百亩土壤消毒操作过程中应避开人群，杜绝人群围观，严禁儿童在施药区附近玩耍。②在消毒前保持土壤湿润，可取得对线虫、真菌以及杂草更好的效果。③威百亩在稀释溶液中易分解快速失效，应现用现配。④威百亩能与金属盐起作用，在包装使用时应避免用金属器具。⑤威百亩不能与波尔多液、石硫合剂及含钙的农药混用。⑥威百亩对眼及黏膜有刺激作用，施药时应佩戴防护用具。⑦清洗器械应远离河流、养殖池塘、水源上游。避免药液污染水源地。⑧威百亩废弃包装物及清洗废液应妥善回收，集中处理。⑨当身体不慎接触威百亩，应及时用大量清水冲洗，若有不适，及时就医。不慎误服，用1%～3%鞣质溶液或15%～20%的悬浮液洗胃或携此标签就医。⑩施药后应将防护服及时单独清洗。⑪本剂为土壤熏蒸剂，不可直接喷洒于作物上。

1395. 如何使用异硫氰酸烯丙酯?

异硫氰酸烯丙酯是十字花科植物中存在的一种天然组分。其主要用于食品添加剂、医药等，还可用作油膏和芥子硬膏的抗刺激剂，也用于有机合成，以液态和气态形式存在时具有很强的抗菌作用。具有较好的杀线虫效果。

本品在番茄定植前 30 天以上，亩用 20％异硫氰酸烯丙酯 2～3L 防治根结线虫，方法为地面开沟，沟深 15～20cm，每亩对水 500 倍均匀施于沟内，盖土压实后，覆盖地膜进行熏蒸处理 15 天以上，散气后即可移栽。本品安全间隔期为收获期，每季作物施用一次。

需要注意以下几点。①本品不得与呈碱性的农药等物质混用。②本品对皮肤和眼睛有腐蚀，避免溅入眼睛，使用本品时应穿戴防护服和手套、面罩，避免吸入或接触药液。施药期间不可吃东西和饮水。施药后应及时洗手洗脸，换洗衣物。③本品对鱼类等水生生物、蚕、鸟有毒，水产养殖区、蚕室及桑园附近禁用，禁止在河塘等水体中清洗施药器具，避免药液污染水源地。④孕妇或哺乳期妇女禁止接触本品。⑤建议与其他作用机制的杀线虫剂轮换使用，以延缓抗性产生。⑥用过的容器应妥善处理，不可作他用，也不可随意丢弃。

十七、植物生长调节剂

1396. 何谓植物激素、植物生长调节剂和植物生长物质？

植物激素是在植物体内产生的化学物质，故又称内源激素。含量极低，却有极强的生理活性，对植物生长发育有调节功能。它们在植物体内某个特定部位合成后，不仅可就地发挥作用，还可以从合成部位运输到一定的作用部位，起调节控制植物生长发育的作用。早在1880年达尔文就通过实验证明了植物的向光性是由植物自身产生的一种生理活性物质引起的，经过众多科学家的长期探索，1928年终于有人从植物中分离得到了这种物质，即生长素（吲哚乙酸），它是人类发现的第一类植物激素。此后，陆续发现了赤霉素、细胞分裂素、脱落酸、乙烯和芸苔素内酯等。

植物生长调节剂是指那些从外部施加给植物，并能引起植物生长发生变化的化学物质。这些化学物质是人工合成的，或是通过微生物发酵方法取得的。其中有的是模拟植物激素的分子结构而合成的，有的是合成后经活性筛选而得到的。天然植物激素可以作为生长调节剂使用，但更多的生长调节剂则是植物体内并不存在的化合物。由赤霉菌制取的赤霉素商品作为生长调节剂与植物体内产生的赤霉素在来源上是有所不同的。若将外加的植物生长调节剂称之为植物激素，容易将两个不同概念相混淆。

植物生长物质是植物激素和植物生长调节剂的总称。即泛指植物体内产生的或从外部施于植物的对植物生长发育有调节作用的物质。

学者们称："没有植物激素，就没有植物的生长。"而植物激素的发现对人类更大的贡献就是产生了植物生长调节剂及其在农业生产上的应用。

植物生长调节剂的品种较多，根据不同分类依据可分为多种类型。本书根据其对植物茎尖的作用方式分为植物生长促进剂、植物生长抑制剂和植物生长延缓剂。其中的植物生长促进剂按其化学结构或活性不同，又分为生长素类、赤霉素类、细胞分裂素类、乙烯类、芸苔素内酯类等。

1397. 使用植物生长调节剂需要防止进入的误区有哪些？

近年来，植物生长调节剂的应用越来越广泛，但在应用中也存在一些误区。

（1）以药代肥　应该认识到，植物生长调节剂不是营养物质，不能代替水、肥等作物生长发育的基本营养条件。相反地，使用植物生长调节剂后，往往促进了作物的生长发育，例如在水稻、小麦上使用多效唑，可增加穗数和每穗籽粒数，需要供给更多的肥、水，才能使籽粒饱满，增加产量。如在使用 2,4-滴药液蘸番茄花蕾时，肥水没跟上，会发生果实内部中空现象。尽管现在的某些植物生长调节剂商品中加入了一些浓缩的氮、磷、钾和其他微量元素，但含量很少，难于满足作物生长发育的需要，因此，千万不能以药代肥。

（2）多多益善　植物生长调节剂在极低的浓度（或剂量）下就能表现出显著的生理效应，达到增产、提高品质的目的。高浓度（或剂量过高）则可能适得其反，把作物"撑死"了，反而减产，甚至使植株枯死，颗粒无收。例如，使用 2,4-滴药液蘸番茄花蕾，可防止温室番茄果实脱落，但是药液浓度过高，易产生畸形果。又例如，使用萘乙酸发豆芽，可使豆芽无侧根，但若浓度过高，反使豆芽生长受抑制，豆芽粗短畸形。在土壤中残留时间长的植物生长调节剂，如多效唑在土壤残留量过多，还会抑制后茬作物生长。因此，使用时要按照说明书的要求，严格控制浓度（或剂量）和施药次数，切不可有多多益善的想法，随意提高浓度（或增加剂量）。

（3）不求时效　使用植物生长调节剂，要根据使用目的，选择最适宜的药剂品种，并按其持效期的长短，确定施药适期，方能获得预期效果。例如，培育油菜矮壮苗，选择多效唑，应在油菜幼苗 3 叶期施药。但是，若在花期施药，会造成大量的花不结实（籽）或畸形荚果，严重减产。因此，使用植物生长调节剂必须掌握时间效应。

（4）不分对象　作物的生育状况不同，对植物生长调节剂的反应也不一样。只有在作物生长旺盛健壮时，使用适量的植物生长调节剂才会收到好的效果，使之锦上添花；反之，其效果就不理想或很差。例如，多效唑用于中等偏上产量田块的小麦苗才有增产效果，而用于低产麦田，就不增产，甚至减产，所以说，植物生长调节剂一般不宜用于生长瘦弱的禾苗，应用时要看苗选准对象。

（5）乱混乱用　几种植物生长调节剂混合使用，可使各种药剂的特点充分发挥，收到有增效作用。例如，多效唑对小麦生理作用很强，甲哌鎓是用于棉花等双子叶作物的，而对小麦等禾本科作物几乎不具有生理效应。但若将多效唑与甲哌鎓混用，其药效很好，还克服了多效唑单用可能带来副作用的缺点。因而这种混用是合理的、可行的。但是植物生长调节剂品种之间混用的技术要求，比杀虫剂、杀菌剂或除草剂的混用要严格、复杂得多，必须经过充分地试验、示范等仔细研究，证明确实可行后方可推广，切不可随意混用，以免造成不可弥补的损失。

（一）生长素类植物生长促进剂

1398. 吲哚乙酸和吲哚丁酸应如何使用？

这两种药剂是植物体内普遍存在的天然内源生长素，也是人类最先发现的生长素，因其化学结构比较简单，早已能人工合成。

吲哚乙酸的作用机理是促进细胞分裂、伸长、扩大，诱发组织分化，提高细胞膜的透性，加快原生质流动。低浓度与赤霉素、激动素协同促进植物的生长发育；高浓度则诱导内源乙烯的生成，促进植物组织或器官的成熟和衰老。它是最早应用于农业的生根剂，也是广谱多用途的植物生长调节剂，一般使用浓度为 0.01～10mg/kg。但它在植物体内外易降解，致使人工合成的吲哚乙酸在农业生产上的应用受到了一定限制，而未成为常用品种，在生产中多使用其类似物，如吲哚丁酸、萘乙酸、2,4-滴等，其效果相当，且价格便宜。

吲哚丁酸的基本生理功能与吲哚乙酸相似。被植物吸收后不易在体内传导，往往停留在处理部位，因而主要用于促进插条生根。虽比吲哚乙酸稳定，但见光仍易分解；单用对多种作物有生根作用，但与其他有生根作用的植物生长调节剂混用，则效果更佳。例如，吲哚丁酸或吲哚乙酸用于促进插条生根时生出的根系细而疏、分叉多；而萘乙酸能诱导生出粗大、肉质的多分枝根等，因而生产上多使用它们的混剂。

1399. 萘乙酸的广谱多用途体现在哪些方面？

萘乙酸具有生长素的活性，其生理作用和作用机理类似吲哚乙酸，在农业生产上常用其代替吲哚乙酸。其活性比吲哚乙酸强，不怕光和热，在植物体内也不会被吲哚乙酸氧化酶降解。药效较温和，不会产生 2,4-滴类所引起的药害。主要促进细胞伸长，促进生根，低浓度抑制离层形成，可用于防止落花、落果和落叶；高浓度促进离层形成，可用于疏花、疏果，可诱导单性结实，形成无籽果实。诱发枝条不定根的形成，促进扦插生根，提高成活率。还可提高某些作物的抗逆性，增强抗旱、涝、寒及盐碱的能力。

产品有 0.1%、0.6%、1%、5% 水剂，1% 水乳剂，2.5% 微乳剂，20% 粉剂，1%、20%、40% 可溶粉剂，10% 泡腾片剂。由于制剂种类多，各产品具体使用量详见其标签，下面仅以 5% 水剂为例说明，如表 25 所示。

表 25　5% 萘乙酸水剂的使用方法及应用效果

作物	施药时期	稀释倍数	施药方法	效果
水稻	播前	3100	浸种 12h，捞出清洗后催芽	促生根壮秧
	移栽前	5000	浸秧根 1～2h	促返青，壮苗
小麦	播前	5000	浸种 10～12h，捞出清洗	促发芽，壮苗
	灌浆期	2500	喷穗部及旗叶	促灌浆，粒满，增产
玉米、高粱	播前	5000	浸 12～24h，捞出清洗	早出苗，壮苗
	灌浆初期	2000	喷穗部及旗叶	促灌浆，增产
甘薯	播前	2500～5000	浸薯秧基部 6～12h	早生根，缓苗快，成活率高
大豆、蚕豆、绿豆	结荚盛期	5000～8000	重点喷豆荚	减少荚脱落、早熟，增产
甜菜	播前	10000～20000	浸种 12h	早出苗，壮苗，提高抗寒能力

作物	施药时期	稀释倍数	施药方法	效果
苹果	插前	20%粉剂对滑石粉100~200倍	插条基部浸湿后蘸粉	促生根，提高成活率
	盛花期	1250	喷树冠	克服大小年
	采果前20天（北方）、30天（南方）	1700~2500	喷（重点喷内膛，隔15天重点喷外围）	防止采前落果
梨	盛花期	1250	喷树冠	克服大小年
	开始生理落果前3~7天	1300~2000	喷（重点喷果柄，隔10~15天再喷1次）	减少采前落果
桃	一般在开花后20天	900~1200	喷雾	疏果
	大久保盛花后7天	1300~2500	喷雾	疏果
	白凤桃开花期	2500	喷雾	疏果
葡萄	插前	170	浸插条基部1min	促生根，提高成活率
	花期	5000~10000	喷雾	使果枝疏松
	采收前3天	500	喷雾	防贮藏期间落粒
金丝小枣	采前4周	2500~5000	喷雾	减少采前落果
李	插前	2500	浸插条	促生根，提高成活率
橙	插前	50~100	未发枝的上年生的春梢（长6~13cm，3~7个芽，带1~2片叶）浸泡125min	促生根
	夏梢停止生长期	500	喷树冠	控制秋梢萌发
	8月中旬	50	喷树冠	控制新梢生长和抽发晚秋梢
温州蜜柑	花后20~30天	170~250	喷雾	疏果
平原地区温州蜜柑	8月下旬	250~500	喷雾	疏果，促果实增大、着色
金橘	8月下旬	150	喷雾	促果实增大
柠檬	早秋	50	喷雾	促果实成熟
荔枝	插前	80~100	浸雾	促生根
	春梢吐发前	130~250	喷雾	控制新梢生长，增加花枝数，增产
芒果	盛花后	1700	喷雾	提高坐果率

作物	施药时期	稀释倍数	施药方法	效果
枇杷	花期	3000～5000	喷雾	疏花，但不疏果
菠萝	开始形成花芽时	2500～3000	每株从株心注入30～50mL	诱导花芽加速形成与开花
	末花期	100	喷果	增产
香蕉	幼果期	500～1000	7天喷1次，共3～4次	提早15～30天收获
番石榴	吐梢前	700～1200	喷雾	促花芽分化，增加果数和果重
西瓜	开花期	1700～2500	喷花或浸花	提高坐瓜率
番茄	播前	2500	浸种12h，捞出清洗	促进生长
	开花前	4000～5000	喷蕾	增加雌花数和坐果
辣（甜）椒	开花期	1000	喷花，7～10天喷1次	减少落花，提高坐果率，增加前期产量和总产量
黄瓜	约3片真叶期	5000	喷雾	增加早花数量
南瓜	开花时	2500～5000	涂子房	防止幼瓜脱落，促瓜生长
白菜	播前	2500	浸种12h，捞出清洗1～2遍	促进生长
	包心期或采前15天	250	喷全株	防止贮存期间脱帮
菜豆	盛花期	5000	喷全株	防落荚，延长荚果保鲜期
茶树	播前	100	浸种48h	茶籽提早萌发
	插前	25～50	浸插条1～5min	促生根，提高成活率
秋海棠	花芽刚出现	4000	喷雾	控制落花
仙客来	播前	5000～8000	浸球茎6～12h	促生根
夹竹桃,车桑子	插前	2000	浸插条基部5～10h	促生根
侧柏	插前	150～250	浸插条基部12h	促生根
金鸡纳	插前	500～1000	浸插条基部12～24h	促生根
秋葵	播前	1000	浸种6～12h	促种子萌发
盆栽金橘	坐果期	5000	每10天喷1次，共2次	延长观赏期

注：本品用于促生根或促种子萌发或提高坐果率或防止落果时，不宜随意提高浓度，因为高浓度能促进植物体内的乙烯生成，会引起相反的作用。用作促进生根时，一般与吲哚丁酸等生根剂混用。

（二）赤霉素类植物生长促进剂

1400. 赤霉素在我国有哪些产品？

赤霉素是在植物体内广泛存在的一类植物生长物质，具有促进种子发芽、促进植株生长、促进抽薹开花、促进坐果和果实生长、抑制衰老、打破休眠等作用。

赤霉素最早是从赤霉菌培养液中分离得到的，目前生产上应用的赤霉素主要也是通过微生物发酵生产的。

赤霉素是一类物质的总称，英文名的缩写为 GA。目前已经发现的赤霉素类的化合物达到 120 多种，被命名为 GA_x，其中 x 是数字序号，按发现的顺序命名，如编号为 GA_1、GA_2、GA_3 等。目前生产中应用的主要是 GA_3，即赤霉素 3 或赤霉酸，很多技术书籍和资料中的赤霉素实际上应该叫赤霉酸或赤霉素 3（GA_3）。现在登记的还有赤霉素 A_4、A_7（GA_4、GA_7）的混合物，现通过发酵法的改进可以单一生产 GA_4。以下介绍的赤霉素产品及其用途、用法都指的是赤霉酸或称赤霉素 3 即，GA_3。

赤霉素 3 的产品有 10％、16％、20％、40％可溶片剂，20％、40％、80％可溶粒剂，0.2％、10％、20％、40％可溶粉剂，3％、4％乳油，2.7％膏剂，0.3％、3％、3.6％、4％可溶液剂，75％、85％结晶粉。

1401. 赤霉酸在水稻上怎样使用？

赤霉酸（赤霉素）在水稻上的应用主要有五个方面。

（1）促进稻种发芽，培育壮秧 在稻谷浸种后、破肚露白时晾干，再用赤霉酸药液喷拌种子，粳稻用 20～30mg/kg 浓度药液（相当于 10％可溶片剂或粉剂 3500～5000 倍液或 4％乳油 1350～2000 倍液），籼稻用 10～15mg/kg 浓度药液（相当于 10％可溶片剂或粉剂 6670～10000 倍液或 4％乳油 2670～4000 倍液），拌匀拌湿为止。

也可以在播种前用上述浓度的赤霉酸药液浸种 24h，药液量与种子量之比为 1∶0.8，其间翻动数次。

（2）解决杂交稻制种田稻穗包颈、花期不遇问题 杂交稻制种田因稻穗包颈、抽穗不整齐而使父母本花期不遇，不利于异交授粉，从而降低结实率，影响制种产量。使用赤霉酸后，能使稻株组织内正在生长的细胞拉长，促进穗下节间伸长，使包在剑叶叶鞘内的稻穗早伸出，减少母本包颈，加大开颖角度，增加柱头外露率，延长柱头寿命，增加异交能力；并能使花期集中，花时提前，午前花增加。一般能缩短亲本抽穗期 1～5 天，缩短亲本开花期 1～4 天，使亲本的开花期相对集中到始花后的第 2 天至第 6 天，从而使父母本盛花期更加吻合，提高了母本结实率，增加了制种产量。

使用方法是：在母本抽穗 5％～15％期间用药 2～3 次，每亩用总量为有效成分 5.7～8.5g（相当于 40％可溶片剂、可溶粒剂或可溶粉剂 14.25～21.25g 或 4％乳油 142.5～212.5g）；第一次在母本抽穗 10％左右时每亩用 40％水溶性片剂 4.5g；第二次在次日用总量的 50％，即 7～10g；第三次在第二次用药的次日视稻抽穗情况而定，用总药量的 30%，即 4～7g。每次每亩对水 50kg 喷雾。

有两点须注意：一是在用过多效唑调节花期的杂交稻制种田，由于多效唑有抑制细胞伸长的作用，故必须增加赤霉酸的用量，一般是增加 25%～50%；二是在每亩药液中加磷酸二氢钾 1～1.5kg，有利于提高千粒重。

（3）促进一季中稻抽穗、提高成穗率和千粒重　在一季中稻的始穗期至齐穗期，亩喷 10～30mg/kg 浓度的赤霉酸药液 50kg（相当于 10% 可溶片剂或可溶粉剂 5.1～15.3g，对水 50kg），可促进抽穗，提高成穗率；延缓生育后期叶片衰老过程中叶绿素的降解速度，延长叶片功能期 7 天左右；利于根系生长，增加千粒重，增加籽粒产量 5%～10%。

（4）解决晚稻"翘穗头"问题　晚稻由于种植较晚，在低温来得早的年份，常出现大量"翘穗头"，影响产量，为解决这一问题，可在孕穗、抽穗期亩用 10% 可溶片剂或可溶粉剂 8.5g，对水 50kg，进行穗部喷雾，能使抽穗提早 2 天，促进籽粒灌浆，减少空秕率，从而提高产量。

（5）调控再生稻产量和品质　一般是施药两次。第一次在头季稻收割后的当天及时施药，亩用 10% 可溶片剂或可溶粉剂 4.3g，对水 21.5kg 喷洒，以促进再生蘖的萌发和形成。第二次在孕穗至抽穗 20% 时，亩用 10% 可溶片剂或可溶粉剂 8.5g，对水 43kg，喷洒穗部，能促使抽穗整齐一致，抽穗时期相对集中，减少无效分蘖，增加产量，提高稻米中的支链淀粉和蛋白质含量。

1402. 赤霉酸在麦类及旱粮作物上怎样使用？

（1）小麦　可在三个时期使用。

一是播前浸种。用 10% 可溶片剂或可溶粉剂 2000～10000 倍液（10～50mg/kg）浸种 6～12h，捞出，阴干后播种。可促进种子萌发，提高发芽率，使出苗整齐一致。

二是在冬小麦返青初期施用。亩用 10% 可溶片剂或可溶粉剂 5～10g，对水 50kg，配成 10～20mg/kg 浓度的药液，均匀喷雾，有促进前期分蘖生长和控制后期分蘖的双重作用，提高成穗率。其效果可维持 1 个多月，直到拔节后才消失。

三是在小麦拔节至扬花期或灌浆期（扬花后 10 天）施用。亩用 10% 可溶片剂或可溶粉剂 10～20g，对水 50kg，配成 20～40mg/kg 浓度的药液，喷洒茎叶，重点是穗部。可增强叶片的光合速率，促进灌浆，增加结实率和千粒重，增产 6%～10%。

（2）玉米、高粱　可在以下各时期使用。

一是播前浸种。尤其是杂交玉米种子，往往由于成熟晚或成熟期间光、温条件差而使成熟不良，种子发芽率低下，使用赤霉酸浸种可提高种子发芽率，有利于培育壮苗。方法是用 10% 可溶片剂或可溶粉剂 5000～10000 倍液浸玉米、高粱种子 2h，捞出、晾干、播种。可使出苗早而整齐，提高出苗率；当播种较深时，还能增强种子顶土能力。

二是苗期喷雾。当玉米田出现大、小苗不匀现象时，取 10% 可溶片剂或可溶粉剂 5000～10000 倍液对小苗进行叶面喷洒，可促进小苗快速生长，使全田株高均匀一致，减少空秆。

三是调控籽粒灌浆。在玉米雌花受粉后，花丝开始发焦时，亩用 10% 可溶片剂或可溶粉剂1000～2500倍液50kg，喷洒花丝或灌入苞叶内（每株约1mL）。能减少秃尖，增加籽粒数，促进灌浆，提高千粒重。

在高粱孕穗期，亩用10％可溶片剂或可溶粉剂10g，对水50kg，喷洒或灌心叶，可促进抽穗，提早成熟。

（3）甘薯　将种薯用清水洗净后，再用10％可溶片剂或可溶粉剂6700～10000倍液浸泡10min后捞出，待药液干后上苗床，可打破种薯休眠，促进发芽。

在薯秧栽插前，用10％可溶片剂或可溶粉剂5000倍液浸薯秧茎部10min后，立即栽插，提高成活率，有增产作用。

1403. 赤霉酸在果树上怎样使用？

（1）苹果　为减少苹果树明年的花量，应在当年苹果的花芽分化临界期前，喷洒浓度为50～100mg/kg的赤霉酸药液（相当于10％可溶片剂或可溶粉剂1000～2000倍液）。

为提高坐果率，在花期，金冠苹果喷10％可溶片剂或可溶粉剂4000倍液，祝光喷2000倍液，青香蕉喷5000倍液，金帅喷4000～5000倍液。

（2）梨　白梨和酥梨在谢花后40～60天喷洒10％可溶片剂或可溶粉剂2000～4000倍液，能减少明年花芽形成，避免大小年结果。

为提高坐果率和单果重，砂梨在现蕾期喷洒4％乳油800倍液；京白梨在盛花期及幼果膨大期各喷1次1600倍液，果实生长中期喷洒800～1350倍液；砀山酥梨在盛花期及幼果期各喷1次2000倍液；受霜冻后的莱阳茌梨，在盛花期喷800倍液。

用2.7％膏剂涂梨幼果的果柄，每果用制剂25～35mg，可调节果实生长，增重，改善品质。

（3）葡萄　巨峰葡萄在谢花后7天，用4％乳油130倍液蘸果3～5s，可明显增大果粒，降低酸度，提早10天着色。在盛花前5～10天，用4％乳油2000倍液和15mg/kg对氯苯氧乙酸混合液浸花序，无籽率达90％以上，单粒重和含糖量增加，并可提前10～15天成熟。

玫瑰露葡萄在开花前10～20天和盛花后10天，用4％乳油400～800倍液浸果穗，无籽果率达90％。

（4）猕猴桃　用4％乳油400倍液浸泡中华猕猴桃种子4h后在苗床上播种，可提高出苗率。

据报道，用4％乳油配成含量2％的羊毛脂涂花梗，能极显著地减少种子数和种子总重量，而对种子的千粒重无显著影响。

（5）山楂　在种子沙藏前，种子经破壳处理，再用4％乳油400倍液浸泡60h，稍加晾晒，于10月上旬进行沙藏，第二年4月中下旬播种，可提高发芽率。

山楂树在盛花初期，喷4％乳油800倍液，能提高坐果率、单果重和着色，并可提早几天成熟。

（6）柿　甜柿采收后，在4％乳油40～80倍液中浸泡3～12h，可推迟软化30多天。涩柿的果实由绿变黄时用4％乳油800～1600倍液喷全株，经脱涩，也可延长贮藏期不变软腐败。

（7）柑橘　柑橘种子在 4% 乳油 40 倍液中浸泡 24h 后播种，可提高发芽率。

红橘，在花期喷 4% 乳油 2000～4000 倍液，可提高坐果率。在采收前 15～30 天喷 4% 乳油 2000～4000 倍液，可提高耐贮藏性。

锦橙，在谢花后至第二次生理落果初期，喷 4% 乳油 200 倍液或涂抹 80 倍液，能提高坐果率。脐橙，在谢花后 20～30 天、第一次生理落果初期，用 4% 乳油 160 倍液涂果柄，15～20 天后再涂 1 次，能提高坐果率。

早熟蜜柑，在花谢 2/3 时喷 4% 乳油 1000 倍液，可提高坐果率。椪柑，在采前 15～30 天喷 4% 乳油 2000～4000 倍液，可提高耐贮藏性。

柠檬，在秋季喷 4% 乳油 4000～8000 倍液，可延迟成熟，贮藏期转色慢。

（8）芒果　在幼果期喷 4% 乳油 400～800 倍液，可减少落果，提高坐果率。

（9）荔枝　花期喷 4% 乳油 2000 倍液，可提高坐果率。

（10）菠萝　用 4% 乳油 500～1000 倍液喷花，可使果实增大、增重。

（11）香蕉　采收后用 4% 乳油 400 倍液浸果穗，可延迟成熟，减少贮运中病害感染。

（12）草莓　在长出 2～3 片新叶时，喷 4% 乳油 400 倍液，可提前发生匍匐茎，提高发生数，增大叶面积，促进生长健壮。在始花、盛花和盛果期各喷 1 次 4% 乳油 400 倍液，可提高果实糖、酸比例，产量和耐贮性。

（13）西瓜　在西瓜 2 叶 1 心期，用 4% 乳油 8000 倍液喷 2 次，可诱导雌花形成。在采瓜前用 800～4000 倍液喷瓜 1 次，可延长贮藏期。

（14）甘蔗　在收获前 4 个月开始用 4% 乳油 4000 倍液喷雾，每月喷 1 次，共 2～3 次，可使茎秆伸长，加速糖分积累。

1404. 赤霉酸在蔬菜上怎样使用？

（1）茎叶类蔬菜　赤霉酸能促进多种茎菜和叶菜类蔬菜的营养体生长，增加产量和提早收获。例如，菠菜在收获前 3 周内，用 4% 乳油 2000～4000 倍液，每 3～5 天喷 1 次，共喷 1～3 次，可使叶片肥大、增产；苋菜在 5～6 叶期，用 4% 乳油 2000 倍液喷 1～2 次，间隔 3～5 天，可使叶片肥大、增产；荠菜在收获前 10 天，花叶生菜在 14～15 叶期，喷 4% 乳油 2000 倍液 1～2 次，都能使叶片肥大、增产；芹菜在收获前 2 周喷 1 次 4% 乳油 400～800 倍液，可使植株增高、增粗、叶柄伸长、叶数增多；莴苣在 10～15 叶期喷 1 次 4% 乳油 1600 倍液，可使叶片增多、嫩茎增重；茼蒿在收获前 10 天，喷 1 次 4% 乳油 2000～4000 倍液，可使植株增高、增重；等等。喷赤霉酸后的作用主要是刺激嫩茎、叶片生长，因此在施药后应追肥、浇水，才能增产。

（2）瓜果类蔬菜　主要作用是诱导雌花、促进坐果、延长瓜果贮藏期。

黄瓜，在 1 叶期，喷 4% 乳油 400～800 倍液，能诱导雌花；开花时用 400～800 倍液喷花可促进坐果；采收前用 270～400 倍液喷瓜，可延长贮藏期。

番茄和茄子，花蕾期 4% 乳油 800～2000 倍液喷 1 次，可促进坐果，防空洞果。

在黄瓜杂交育种时，赤霉酸可使雄性不育系恢复可育，诱导开出一部分雄花，从雌雄同株得到雄性不育系纯种，即可年年配制黄瓜一代杂种。处理方法是：当全雌花的黄瓜 2～4 片真叶时，用 4% 乳油 400～800 倍液喷叶面 1 次即可。

（3）其他蔬菜　为促进发芽、出苗齐而壮，豌豆在播种前，用4%乳油800倍液浸种24h；扁豆在播种前，用4000倍液喷拌种子，拌湿即可；莴笋在播种前，用400倍液浸种2～4h。

赤霉酸能迅速打破马铃薯块茎的休眠，在我国马铃薯两季种植地区，当年收获的马铃薯经赤霉酸处理后，芽眼很快萌动可作下季种薯，减轻退化，方法是：收获前2～4周，用2000～2500倍液喷叶面，收获的新薯再播种，也能提早萌发，或是将种薯切成块后，用4%乳油8000～40000倍液浸10min，捞出沥干，播种在湿沙中催芽，待芽长至1～2mm时再播种到大田，使出苗快而整齐。药液可连续使用4～5次。

蒜薹收获后，将其基部在4%乳油800倍液中浸10～30min，可延长贮藏期。

1405. 赤霉酸在花卉上怎样使用？

赤霉酸在花卉及园林植物上有着广泛的用途，如打破种子休眠，促进萌发；加速生长；使花梗伸长，促使某些植物提早开花；促使长日照植物在短日照下开花；以及控制花的性别等。

（1）牡丹　上年采收的种子，经沙土埋藏，翌年3～4月间，用100mg/L药液浸种16h，可促进萌发。用100mg/L药液涂抹不长出叶面的花蕾，有利于开花。

（2）蔷薇　对三年以上、生长旺盛的地栽植株，喷洒100mg/L药液，可促使发棵，长势好。

（3）菊花　对光周期不敏感，需要冷处理的菊花，用10μg赤霉酸施于生长点，可以诱导抽薹开花。需要长日照才开花的菊花，用100mg/L药液每3周喷1次，共喷2次，可促使菊花在冬季开花。夏菊在生育初期，每10天用25～50mg/L药液喷1次，共喷2次，可提早开花。

（4）翠菊　当植株开始现蕾时，用100mg/L药液喷洒中上部茎秆，可提高切花茎秆长度。

（5）荷兰菊　当第一次修剪后，侧枝开始抽生时，株高约15cm，用200mg/L药液喷洒，一般处理2～3次，可增加植株高，有利于切花。

（6）瓜叶菊　对切花的瓜叶菊，当花序基部的花蕾开始透色时，用100mg/L药液涂抹总花序梗，每5～6天涂1次，到花序高度达到要求为止。

（7）凤仙花　播前用50mg/L药液浸种8h，即可播种，可促进萌发。

（8）仙客来　播前用25mg/L药液浸种30min，即可播种，可促进萌发。用25mg/L药液喷施或滴注入含花蕾的叶腋间，可促进花梗伸长，提早开花。

（9）郁金香　用100～150mg/L药液浸泡鳞茎，可使之提前在冬季温室中开花，增加花径。当筒状叶片伸长至10～20cm时，用400mg/L药液灌入叶片中心，每株1mL，可促进花梗伸长，提早开花。

（10）五指茄　用50～100mg/L药液浸种8h后播种，可促进种子萌发。

（11）唐菖蒲　栽种前，用20mg/L药液浸球茎1～2h，可促进萌发。

（12）倒挂金钟　盆栽的植株，用50mg/L药液喷洒枝叶，每周喷1次，共喷3～4次，使茎秆较长，经摘心后，可形成球形树冠，提高观赏价值。

（13）樱草　花蕾出现后，用10～20mg/L药液喷施，可促进开花。

（14）君子兰 五年以上的盆栽植株，用 50mg/L 药液涂抹在花葶基部，每 2～3 天涂 1 次，共涂 2～3 次，可促进紧缩在叶丛中的花葶伸长。

（15）喇叭水仙 当小花花蕾即将破膜前，用 50mg/L 药液涂抹在花葶中上部，每天涂 1 次，共涂 2～3 次，可促进提前 2～3 天开花。

（16）一串红 当地栽一串红长出花蕾时，用 40mg/L 药液喷洒茎叶，每 4～6 天喷 1 次，共喷 1～2 次，可有效地控制花期，促使提前开花。

（17）蒲包花 当盆栽蒲包花的花序完全长出后，用 20～50mg/L 药液涂抹花梗，每 4～5 天涂 1 次，共涂 2～3 次，可促进开花。

（18）勿忘我 长出花葶的植株，用 1000mg/L 药液喷洒叶面，可促使在高温环境下如期开花。

（19）山茶 3 年生以上的盆栽山茶，当花蕾膨大后，用 1000mg/L 药液涂抹花蕾基部，每 2 天涂 1 次，共涂 2～3 次，可促使不能如期绽放的花蕾如期开放。

（20）虾脊兰 3 年生以上的盆栽植株，在花梗抽出前用 50～100mg/L 药液涂抹植株生长点，可使花期提前。

（21）代代 5 年生以上的盆栽植株，当果实完全长大时，用 100mg/L 药液涂抹果实，可使果实延长绿色时期，提高观赏价值。

（22）白芷 用 20～50mg/L 药液浸种苗 30min 再定植，可提早 8～10 天开花。

（23）丁香 休眠植株，用 100mg/L 药液在温室喷洒 3 次，可提早开花。

（24）桔梗 桔梗根茎经低温处理后，用 100mg/L 药液浸泡 10min，可增加茎秆长度，有利于切花。

（25）牧草、草皮 在早春季节，用 10mg/L 药液喷洒牧草或草皮，可促进其在低温下生长并发绿。

1406. 赤霉酸在棉、麻上怎样使用？

① 促进棉苗生长。在棉花苗期，用 4% 乳油 2000 倍液喷洒叶面，可促进弱苗生长，转变成壮棉苗。

② 点涂棉花的花冠和幼铃，提高结铃率，减少落铃，提高衣分，增长纤维，增产。方法是：用 4% 乳油 2000 倍液，涂或点在当天的花冠或 1～3 天的幼铃上，在下午两三点钟处理的效果较好。

由于赤霉酸具有诱导无籽果实的性能，经点涂后的不育棉籽增加，所以不能用于留种棉田。

③ 促进麻株生长，以提高产量，改进品质，可在苗期至生长中期，用 4% 乳油 1000 倍液连喷 3 次，每次每亩喷药液 50kg。

1407. 赤霉酸还可用于哪些作物？

（1）油菜 在油菜盛花期，亩用 4% 乳油 22mL，对水 40kg，喷花序，可提高结实率。

（2）人参 用 4% 乳油 2000 倍液浸种 15min 后播，可增加发芽率。

（3）绿肥 收获前 20～50 天喷 4% 乳油 2000～4000 倍液，可增加产量。

（4）茶树　在1芽1叶初展期，用4％乳油4000倍液喷施，可使芽梢产量增加10％以上，但使用浓度过高，会使叶片变小和变薄。用4％乳油400～1600倍液浸茶树插条3h，可促进插条发根。

（5）苜蓿　苜蓿用25～100mg/L药液喷洒，低浓度时可明显增加株高和干重，高浓度时可使植株内蛋白质含量有所提高。

1408. 赤霉酸 A_4 在柑橘树上怎样使用？

产品为赤霉酸 A_4 15％可溶液剂，目前登记用于柑橘树的调节生产，并增产。方法是在谢花后用制剂3800～5000倍液喷雾，可提高坐果率。

1409. 赤霉酸 A_4、A_7 能用于田间吗？

赤霉素 A_4、A_7 具有赤霉素3促进坐果、打破休眠、性别控制等功效，且作用更显著。例如：

在苹果、梨开花后2周，用16mg/L浓度药液喷洒幼果，可防止幼果脱落，增加坐果率。但是果实表面着药必须均匀，否则会引起果实不对称生长，造成果实变形。

杜鹃花需要低温打破休眠时，可使用本剂代替。也可用1000mg/L浓度药液每周喷全株1次，约共喷5次，直到花芽发育健全为止，可延长花期35天。

为调控黄瓜花的性别，当全雌性黄瓜幼苗第一片真叶完全扩开时，用1000mg/L浓度药液喷幼苗，在1周内喷3次，可诱导雄花发育，为未处理的雌花植株提供花粉，使单性结实的黄瓜杂交，使所有的后代都是 F_1 杂交种。

（三）乙烯类植物生长促进剂

1410. 乙烯主要生理功能有哪些？　乙烯释放剂有哪些？

乙烯是一种植物内源激素，高等植物的所有部分，如叶、茎、根、花、果实、块茎、种子及幼苗在一定条件下都会产生乙烯。它是植物激素中分子最小者，其生理功能主要是促进果实、籽粒成熟，促进叶、花、果脱落，也有诱导花芽分化、打破休眠、促进发芽、抑制开花、矮化植株及促进不定根生成等作用。

乙烯是气体，难于在田间应用，直到开发出乙烯利，才为农业提供可实用的乙烯类植物生长调节剂，目前主要产品有乙烯利、乙烯硅、乙二肟、甲氯硝吡唑、脱叶磷、环己酰亚胺（放线菌酮），它们都能释放出乙烯，或促进植物产生乙烯的植物生长调节剂，所以统称之为乙烯释放剂。目前国内外最为常用的是乙烯利。

乙烯类植物生长调节剂中还有一些品种在植物体内通过抑制乙烯的合成，而达到调节植物生长的作用，则称之为乙烯合成抑制剂。国内市场上尚无此类产品，因而不予介绍。

1-甲基环丙烯是近年开发的乙烯受体竞争性抑制剂。

1411. 乙烯利是什么样的药剂？

乙烯利是乙烯释放剂类植物生长调节剂，产品有 40%、45%、75% 水剂，10%、85% 可溶粉剂，5% 膏剂，5% 糊剂，20% 颗粒剂，4% 超低容量液剂，50% 悬浮剂。

乙烯利易溶于水，在 pH < 3.5 的酸性介质中稳定，在碱性介质中易分解放出乙烯。乙烯利经植物的叶片、果实、种子或皮层进入植物体内，而植物细胞液的 pH 一般在 4 以上，就能使乙烯利分解释放出乙烯，在作用部位发挥内源乙烯激素的生理功能，可以促进雌花发育，诱导雄性不育，提高雌花比例；促进菠萝等植物开花；促进果实成熟、脱落；减弱顶端优势，增加有效分蘖，矮化植株，增加茎粗；诱导不定根形成；打破某些植物种子休眠，促进发芽等。

乙烯利适用于多种作物的多种用途，是目前国际上应用量较大的品种之一。

（1）水稻　用于促根增蘖，培育壮苗，主要用于后季稻，特别是连作晚粳、糯稻品种，在秧苗 5～6 叶期或拔秧前 15～20 天，亩用 40% 水剂 125～150mL，对水 40～50kg，喷秧苗。药后 15～20 天的秧苗明显矮壮老健，叶色深绿，拔秧省力，且有移栽后返青快、分蘖早、抽穗早和增产效果。但须注意：喷秧苗的时期不要过早，喷药早，药效消失早，对秧苗后期几片叶子生长不起控制作用，仅能促生长，达不到苗矮、苗壮的目的；播种量大、秧苗过密、生长瘦弱的秧田不宜用药。

为控制徒长、防止倒伏，可于移栽后 20～30 天，亩用 40% 水剂 188g，对水 50kg 喷雾。

为调控产量和品质，可于水稻齐穗期，亩用 40% 水剂 125mL，对水 50kg 喷雾，能加速光合产物向籽粒运输和淀粉在籽粒中积累，促进灌浆和改善品质，提早 3～7 天成熟。

（2）小麦　对高秆小麦品种，为控制徒长，防止倒伏，可于小麦拔节至抽穗始期，亩用 40% 水剂 125～150mL，对水 50～60kg 喷雾，能使麦株矮化，增强抗倒伏能力。

为调控产量和品质，可于小麦孕穗期、抽穗期各施药 1 次，每次亩用 40% 水剂 6.25～9.38mL，对水 50kg 喷雾。能增加粒数、粒重。若在灌浆期喷施，可提高籽粒蛋白质含量和面筋强度，改善加工品质。

作为杂交小麦杀雄剂，可在小麦抽穗期，用 40% 水剂 200～400 倍液喷麦株。

（3）玉米　在玉米有 1% 抽雄时，亩喷 40% 水剂 500 倍液 30～50kg，使叶面积增加，光合势增强，玉米穗秃尖减少，千粒重增加，有一定增产效果。

（4）棉花　主要用途是催棉铃成熟、吐絮。也可用于脱叶。

棉花是陆续开花、结铃，陆续成熟、吐絮的。棉铃在正常发育过程中，一直在自身合成产生乙烯，促进棉铃的开裂、吐絮。但是，晚期结的棉铃，株上秋桃累累，却因气温低、发育缓慢，自身不能合成足够的乙烯使其自然成熟。使用乙烯利，令棉铃内乙烯含量增加，加速棉铃成熟、开裂、吐絮，提高霜前花的产量。

① 催熟田间棉铃。掌握正确使用技术，才能取得预期效果。一般在喷施后 7 天，即可见催熟效果，10～15 天出现集中吐絮高峰。

主要用于单产高和秋桃当家的棉田。对能够正常成熟、吐絮或单产水平较低的棉田，则不必用药，一般是在大部分棉桃已近七八成熟或铃期 45 天以上时使用为宜。亩用 4％乙烯利 100～150mL，对水 50～60kg 喷雾。棉株发育较早，秋季气温较高，或是用药较早，可选用低剂量；棉株越晚熟、气温低或用药偏晚，用药量要高。

乙烯利被棉株吸收后，在棉株体内由下向上运输的能力弱，因此喷药时，要由下向上全株均匀喷洒，尤其是棉铃一定要喷着药。

留种棉田不能用药，或是用过药的棉籽不能作种子用。因为用过药的棉籽养分不足，发芽率低，出土的棉苗也不壮。

② 催熟摘回的青棉铃。将摘回的基本成熟而未开裂的青棉铃摊在地面上，每 100kg 青棉桃用 40％水剂 200～300mL，对水 5～10kg，均匀喷湿棉铃。堆积一起，覆盖塑料薄膜，5～7 天开始开裂，10～15 天可全部吐絮。比在地里未摘回的同期棉铃要提早 7～8 天开裂、吐絮。

③ 脱叶。在棉花采收前 15～20 天或 50％～60％棉铃开裂时，亩用 40％水剂 210～480mL，对水 50kg，全株喷洒，5～7 天脱叶率在 90％以上。

（5）其他作物与应用　如表 26 所示。

表 26　40％乙烯利水剂在作物上的使用方法及应用效果

作物	施药时期	稀释倍数	施药方法	效果
番茄	果实进入转色期后	140～200	涂果	果实变红，提早 6～8 天成熟
	一次性采收的番茄，大部果实转红	400～800	喷全株，重点喷青果	加速叶转黄，青果成熟快，增加红果产量
	采收的果实	400～800	浸 1min，贮于 20～25℃	3 天后青果转红成熟
红辣椒	1/3 果实转红时	1000～2000	喷全株	4～6 天后果实全部转红
		或 400～500	浸果 1min	5～7 天转红
黄瓜、南瓜、瓠瓜等	苗 3～4 叶期	2000～4000	喷苗（可 10 天后再喷 1 次）	增加雌花数
苹果	开花前 10 天	2000～4000	喷树冠	增加雌花数
	采收前 20～30 天	1000	喷全株	果实早着色、成熟
梨	秋白梨盛花后 30 天	300～400	喷树冠	控制新梢生长，树冠紧凑
	鸭梨盛花后 135 天	500	喷全株	促早熟
	其他梨在采前 25 天	3000～4000	喷全株	促早熟
桃	谢花后 8 天	6700	喷全株	疏果
	春梢旺长前	300～400	喷树冠	控制新梢徒长，促花
	盛花后 70～80 天	4000	喷全株	促早熟

作物	施药时期	稀释倍数	施药方法	效果
葡萄	6～8 片叶时	16000～20000	喷全株	减少新梢生长量，增加果实含糖量
	巨峰葡萄果实生长后期	800	浸蘸果穗	早 3～5 天成熟
	酿酒葡萄 15% 果实着色时	800～1200	喷果穗	增加果皮内色素形成
猕猴桃	采收的果实	2000	浸果 2min，装塑料袋中	催熟脱涩
柿	9 月中旬～10 月上旬	4000～5000	喷树冠	提早 10～25 天成熟
	采收的黄柿子	1330	浸 30s	48～60h 软化脱涩
	采收的青柿子	440	浸 30s	48～60h 软化脱涩
杏	采收的淡绿色杏	400	蘸果后装箱	2 天后外观颜色、风味与自然成熟杏相当
板栗	采前 5～7 天	1400～2000	喷全株	促栗果开裂
核桃	出现少数裂果时	1500～3000	喷全株	促裂果，提前收获
	采收的果实	800～1300	喷湿果实，盖上塑料布	促裂果，即可脱皮
	采收的果实	60～120	浸果 30s	晾干后易脱皮
枣	采前 7～8 天	1400～2000	喷全株	催落，采时不用竹竿打枣
山楂	采前 7 天	500～660	喷全株	促果实着色、成熟、无涩味
李	谢花 50%时	4000～8000	喷全株	增大果实，增加果实可溶固体物
	成熟前 1 个月	800	喷全株	催熟
梅	成熟前 14 天	1200～1600	喷全株	早 5～6 天成熟
香蕉	果实 70%～80%成熟时	400～600	浸果	催熟
		或 200～260	在销售地浸果	催熟
椪柑	晚熟品种于 11 月初	2000～4000	喷全株	加速着色，提早 7～14 天采收
温州柑	采前 20～30 天	4000	喷树冠	提早 9～15 天采收
	9 月下旬采收的果实	800～1600	浸果数秒，保持 24℃	经 5 天后着色成熟
橘、橙、柚	采收的果实当日	800	浸果	经 7 天后可安全转色
柠檬	采收的果实	400	浸果	经 7 天可全着色
荔枝	秋季	1000	喷树冠	提高翌年成花枝数，并抑制抽发冬梢
	果实豌豆大时	40000～80000	喷全株，30 天后再喷 1 次	预防裂果

作物	施药时期	稀释倍数	施药方法	效果
芒果	冬季和早春花芽分化期	500～1000	喷 8cm 以下的嫩梢	杀梢促开花
菠萝	果实 70%～80% 成熟时	400～800	喷果	催熟
枇杷	谢花后 135 天	400～800	喷雾	促着色、早成熟，防裂果
西瓜	果实长大后	1500～2600	喷雾	促成熟
甜瓜	瓜苗 2～4 叶期	2000～4000	喷雾	增加雌花数
茶树	花蕾期	800～1000	喷树冠	促落花、落蕾，减少结籽
大豆	9～12 片叶期	800～1300	喷茎叶	植株矮壮，促果实早熟、增产
甘蔗	采前 28～35 天	400～500	喷全株	增加含糖量
甜菜	采前 28～40 天	800	喷全株	增加含糖量
咖啡	树上绿色咖啡豆	300～500	喷雾	提早成熟
郁金香	开花前 1 天	2000	喷叶	花颈短而粗，延长观赏期
八仙花	休眠期	200～400	喷叶	控制株高
桔梗	盛花前期	400	喷全梗，10 天喷 1 次，共 2～3 次	除花，促块根生长
黄麻	收割前 25～30 天	4000	重点喷植株中下部	脱叶，便于收割
红麻	收割前 7 天	450	喷茎叶	脱叶，便于收割
烟草	生长后期	600～800（夏季）	喷全株	促烟叶落黄
		200～400（晚烟）	喷全株	促烟叶落黄
	采收的绿烟叶	400～800	浸渍后烘烤	促烟叶转黄
		或 600～800	置烘房中任其释放出乙烯	

1412. 1-甲基环丙烯有何特性？ 怎样用于果蔬保鲜？

1-甲基环丙烯是一种极不稳定的气体，无法作为原药存在，也不能贮存。在制造过程中，当 1-甲基环丙烯一经形成，便立即被 α-环糊精分子吸附，形成十分稳定的吸附体（微胶囊），再经葡萄糖稀释直接产生 3.3% 1-甲基环丙烯微囊剂，外观为白色固体，装在聚乙烯醇塑料袋中，即为产品。

1-甲基环丙烯是乙烯受体竞争抑制剂，其可以很好地与乙烯受体结合。施用后，其会抢先与乙烯受体结合，从而阻断植物内源乙烯与受体结合，很好地延缓果品、蔬菜成熟、衰老的过程，保持农产品的硬度、脆度、颜色、风味、香味和营养成分，并可减少水分蒸发，防止萎蔫，延长了保鲜期，为很好的用于果蔬保鲜的乙烯类植物生长调节剂。使用时采用熏蒸方式，例如用于苹果和香甜瓜，于采收后贮于密闭的储藏库中，于7～10天内按每立方米用制剂 35～70mg 计算用药量，使用时将装着药的塑料袋中特制的发生密闭盖打开，加入适量室温自来水，约 5min 后便会释放出 1-甲基环丙烯气体，熏蒸 12～24h，并结合低温（0～2℃）贮藏，有利于保鲜。

其制剂产品有 0.014％、3.3％ 微囊粒剂，0.03％粉剂，2％片剂，1％可溶液剂，0.18％水分散片剂，12％发气剂。

制剂产品 3.3％ 微囊粒剂用于不同的作物，有不同的推荐制剂用量，如用于番茄（62.5～94.0mg/m³）、玫瑰（31.25～93.75mg/m³）、苹果（125～250mg/m³）、猕猴桃（8～23mg/m³）保鲜；其他剂型的产品还在柿子、梨、李子、香甜瓜、花椰菜、康乃馨等作物上用于保鲜。

（四）细胞分裂素类植物生长促进剂

1413. 细胞分裂素的主要生理功能有哪些？ 现有哪些产品？

伴随着植物组织培养技术的发展，人们开始探寻具有促进细胞分裂活性的物质。崔澂将腺嘌呤加到烟草愈伤组织的培养基中，观察到对生长有促进作用，进一步的研究发现腺嘌呤对芽的形成也有促进作用。他的这一工作被国际上认为是细胞分裂素的先驱性研究。1955 年有人发现脱氧核糖核酸（DNA）具有促进细胞分裂作用，进一步研究探明是 DNA 水解产物 6-呋喃氨基嘌呤所起的作用，这是发现的第一个细胞分裂素，定名为激动素。1963 年又从未成熟的玉米籽粒胚乳中发现了玉米素。现在已经人工合成了激动素（命名为糠氨基嘌呤）、玉米素（命名为羟烯腺嘌呤），并将具有糠氨基嘌呤相似化学结构和类似的生理活性的物质，包括天然存在的和人工合成的类似物，统称为细胞分裂素。

细胞分裂素的主要生理功能是在生长素存在的情况下，促进细胞分裂、增大；促进发芽，克服顶端优势促进侧芽萌发；促进花芽形成，并对雌花形成有促进作用；延缓蛋白质和叶绿素降解，从而延迟衰老等。

目前已知在高等植物中有 18 种天然的细胞分裂素，人工合成的细胞分裂素类植物生长调节剂也有十多种，其中大多含有嘌呤结构，而 1977 年人工合成的氯吡脲，虽不含嘌呤结构，但具有细胞分裂素活性，且比 6-苄氨基嘌呤强，是目前促进细胞分裂活性最高的人工合成细胞分裂素。目前也发现其他一些不含嘌呤结构的化合物具有细胞分裂活性。

1414. 糠氨基嘌呤应用前景如何？

糠氨基嘌呤又称 6-糠基氨基嘌呤、激动素，是一种嘌呤类的天然植物内源激素，也是人类发现的第一个细胞分裂素，已能人工合成。

糠氨基嘌呤可以促进细胞分裂和组织分化；诱导芽的分化，解除顶端优势；延缓蛋白质和叶绿素降解，有保鲜和防衰作用；延缓离层形成，增加坐果等作用。糠氨基嘌呤曾在多方面被应用研究和使用过，但由于生产成本高，生理活性又不如苄氨基嘌呤，因此在农业生产上多用后者，本剂主要用于组织培养，与生长素配合促进细胞分裂，诱导愈伤组织及组织分化。例如：

在马铃薯尖培养基中，每升加入 0.25～2.5mg 糠氨基嘌呤，可以诱导 80%～100% 马铃薯块茎形成。

唐菖蒲子球茎组织培养时，在 MS 培养基中加入 0.1mg/kg 糠氨基嘌呤和 5mg/kg 2,4-滴，有利于繁殖。

倒挂金钟幼叶培养时，在 MS 培养基中加入 2mg/kg 糠氨基嘌呤和 1mg/kg 萘乙酸，有利于繁殖。

番木瓜的茎尖培养，在培养基中加入适量的糠氨基嘌呤和萘乙酸，可诱导小植株形成，产生和保持无病毒无性系，并提供在无病毒条件下种质保存的方法。

1415. 苄氨基嘌呤有哪些主要用途？

苄氨基嘌呤又称 6-苄氨基嘌呤、苄基腺嘌呤，简称 6-BA。产品有 2% 可溶液剂，2% 乳油，1% 可溶粉剂。

苄氨基嘌呤为带嘌呤环的合成细胞分裂素类植物生长调节剂，具有较高的细胞分裂素活性，主要是促进细胞分裂、增大和伸长；抑制叶绿素降解，提高氨基酸含量，延缓叶片变黄变老；诱导组织（形成层）的分化和器官（芽和根）的分化，促进侧芽萌发，促进分枝；提高坐果率，形成无核果实；调节叶片气孔开放，延长叶片寿命，有利于保鲜。因而其用途多而广，但在使用中尚须注意：用作绿叶保鲜，单用有效，与赤霉素混用效果更好；用作坐果剂，与赤霉素混用更好；由于移动性小，叶面处理时单用效果欠佳，与某些生长抑制剂混用才有较理想效果。

（1）粮食作物

① 水稻。秧苗 1 叶至 1 叶 1 心期，喷 2% 制剂 2000 倍液，能延缓下部叶片变黄，增强根的活力，提高插秧成活率。在孕穗期或扬花期，喷 1000～2000 倍液，可促进灌浆，使籽粒饱满，增加谷粒产量。

② 小麦。在播种前，用 2% 制剂 1000 倍液浸种 24h，可提高发芽率，出苗快，促进幼根和幼苗生长。在孕穗期或花期喷 1000～2000 倍液，可促进灌浆，使籽粒饱满。

③ 玉米。在播种前，用 2% 制剂 1000 倍液浸种 24h，可促进幼根和幼苗生长，用 1000 倍液喷早期雌花，可提高结实率。

④ 马铃薯。块茎用 2% 制剂 1000～2000 倍液浸 6～12h，播后出苗快、苗壮。

（2）果树

① 柑橘。在谢花后 7 天和第二次生理落果初期，喷 2% 可溶液剂 400～600 倍液，可提高坐果率。采收后用 40～80 倍液浸蘸，有保鲜作用。

② 荔枝、龙眼。用 2% 制剂 400 倍液接芽片后嫁接，能提高嫁接成活率。荔枝采收后，用 200 倍液（如赤霉素）浸 1～3min，可延长存放期。

③ 葡萄。在开花前用 2% 制剂 100～200 倍液（加 100mg/L 赤霉素）浸蘸葡萄串，可提高结粒数。在开花 95% 时，用 100 倍液（加 200mg/L 赤霉素）浸蘸花序，无核果实率可达 97%。采收的葡萄，用 40～80 倍液浸蘸，有良好贮藏保鲜作用。用 20 倍液浸

休眠芽插条，能促进枝条萌发，提高扦插苗成活率。

④ 苹果。未经低温处理的种子，用2％制剂 800～1600 倍液浸种 6～24h，能很快萌发，植株生长正常。幼树在新梢生长旺盛期，用 67 倍液喷施，可诱导主干中部至下部长出分枝角度较大的侧枝，有利于苗木培育。采后的果实用 40～80 倍液浸蘸，有良好贮藏保鲜作用。

⑤ 核桃。用2％制剂 400 倍液蘸接芽片后，镶入砧木切口，用塑料布包扎，能提高嫁接成活率。

⑥ 桃。播前用2％制剂 100～400 倍液浸种 24h，能很快萌发，植株生长正常。

⑦ 香蕉。采收后的果实，用2％制剂 2000 倍液浸泡 10min，能延长保鲜期。

⑧ 西瓜和香瓜。开花后 1～2 天，用2％制剂 40～80 倍液涂花梗，能促进坐瓜。

⑨ 草莓。采收后的果实，用2％制剂 2000 倍液浸蘸，晾干后分装在盒内，每盒不超过 500g，可延长贮存期。

（3）蔬菜

① 黄瓜。在移栽前用2％乳油 1300 倍液浸秧苗根 24h 后定植，可增加雌花数，提高产量。开花后 2～3 天，用 20～40 倍液浸蘸小黄瓜条，可使营养物质向果实输送，促进黄瓜增大。

② 南瓜和葫芦。用2％乳油 200 倍液涂抹开花前 1 天或当天的果柄，能促进坐果。

③ 为延长蔬菜采收后贮存期，花椰菜采收前喷2％制剂 1000～2000 倍液或采收后用 100 倍液浸一下再晾干；甘蓝、芹菜和蘑菇采收后立即用 2000 倍液喷洒或浸蘸，晾干后贮藏；芦笋嫩茎用 800 倍液浸 10min。

④ 萝卜。播前用2％制剂 2000 倍液浸种 24h 后播种，或在苗期用 5000 倍液喷雾，可以壮苗。

⑤ 番茄。用2％制剂 400～1000 倍液蘸花簇，可提高坐果率和增产。采收的果实，用 2000～4000 倍液浸蘸，可保鲜。

（4）花卉

① 唐菖蒲。在播前用2％制剂 1000 倍液浸球茎 12～24h，能打破休眠，促进发芽。如与赤霉素混用，效果更好。

② 蔷薇。用2％制剂 200 倍液浸种，可打破休眠，提早播种，提高出苗率。春、秋两季，在靠近地面芽的上、下各 5mm 处划两个伤口，深度达到形成层，再用 0.5％～1.0％膏剂涂伤口和芽，可增加基部枝条数和切花数。

③ 杜鹃花。在生长期喷2％制剂 40～80 倍液 2 次（隔 1 天），能促进侧芽生长。

④ 蟹爪兰。在短日照环境下处理 5 天，用2％制剂 200 倍液喷全株 1 次，可增加着蕾。在遮光 7～10 天后用 400 倍液喷全株 1 次，可促进开花。

⑤ 洋晚玉香。播前用2％制剂 500～2000 倍液浸球茎 12～24h，能打破休眠，促进发芽。

⑥ 小苍兰。用2％制剂 500～2000 倍液浸球茎 12～24h，可打破休眠，促进萌发。

⑦ 石斛。在春季 3～5 月间，将鳞茎切成 2 节一段的接穗，在切口上涂浓度为 0.5％的膏剂，可以打破休眠，促进芽形成。在栽种 2 周后，低温处理开始时，用2％制剂 200 倍液喷洒茎叶，每株喷 10mL，可使一年生鳞茎增加坐花数，并提早开花。

⑧ 宿根霞草。用2％制剂 80 倍液喷洒处于休眠初期的莲座，不需经过低温，在

15℃长日照环境下花梗便开始伸长。

⑨ 水仙。将切花用2%制剂200倍液浸泡5s，插瓶后延长观赏期。

⑩ 香石竹。用2%制剂1500～2000倍液浸泡切枝，可延长插瓶和贮藏寿命。对郁金香、月季、玫瑰、菊花、紫罗兰等也有明显效果。

（5）棉花　用2%制剂1000倍液浸种24～48h，能使出苗快，苗齐而壮。

1416. 羟烯腺嘌呤适用于哪些作物？

羟烯腺嘌呤为人工合成的玉米素，具有促进细胞分裂和分化，促进花芽分化，促进根和茎生长，延缓植物组织衰老的作用。产品为0.0008%水剂，0.0001%可湿性粉剂。

（1）番茄、甘蓝　在生长期，用0.0008%水剂500～730倍液喷3次以上，施药间隔7～10天可调节生长，增产。

（2）大豆　喷0.0001%可湿性粉剂600倍液。可以调节生长。

（3）水稻、玉米　主要作用是调节生长，使用方法有两种：一是在播前用0.0001%可湿性粉剂100～150倍液浸种；二是在生长期喷0.0001%可湿性粉剂600倍液。

1417. 氯吡脲是什么样的植物生长调节剂？

氯吡脲为取代脲类化合物，是具有激动素作用的植物生长调节剂，作用机理与嘌呤型细胞分裂素相同，但活性比激动素（糠氨基嘌呤）和苄氨基嘌呤高10～100倍，是目前细胞分裂素类植物生长调节剂中活性最高的一个人工合成的品种。产品为0.5%和0.1%可溶液剂，具有促进细胞分裂与器官分化的功能；促进叶绿素合成，提高光合效率，防止植株衰老；打破顶端优势，促进侧芽生长；促进果实增大与坐果；诱导单性结实等。用途多而广，适用于多种作物。

（1）果树

① 猕猴桃。在谢花后10～20天，用0.1%可溶液剂20mL，对水2kg，浸幼果1次，可使果实膨大，单果增重，而不影响果实品质。但是在用药两次后或药液浓度过大时，会产生畸形果，并影响果实风味。

② 葡萄。在谢花后10～15天，用0.1%可溶液剂70～200倍液浸幼果穗，可提高坐果率，使果实膨大、增重，增加可溶固形物含量。

③ 桃。在谢花后30天，用0.1%可溶液剂50倍液喷幼果，可使果实增大，促进着色。

④ 脐橙、温州蜜柑、椪柑、柚子等柑橘。在生理落果前即谢花后3～7天和谢花后25～30天，用0.1%可溶液剂50～200倍液涂果梗蜜盘各1次，可显著提高坐果率。

⑤ 枇杷。在幼果直径1cm时，用0.1%可溶液剂100倍液浸幼果，1个月后再浸1次，果实受冻后及时用药，可促使果实膨大。

⑥ 西瓜。在开雌花的前1天或当天，用0.1%可溶液剂20～33倍液涂果柄1圈，可提高坐瓜率及产量，提高含糖量。注意不可涂瓜胎，薄皮易裂品种慎用；不同瓜品种在不同温度下所用药液浓度不同，一般是气温低用药浓度高，气温高用药浓度低，初次使用应先试验。此法也适用于甜瓜。

⑦ 草莓。采摘后用0.1%可溶液剂100倍液喷果或浸果，晾干保藏，可延长贮

存期。

（2）蔬菜

① 黄瓜。当低温光照不足、开花受精不良条件下，为解决"化瓜"问题，于开花的前1天或当天，用0.1%可溶液剂20倍液涂瓜柄，可提高坐瓜率及产量。

② 樱桃萝卜。在6叶期喷0.1%可溶液剂20倍液，可缩短生育期，增加产量。

③ 洋葱。在鳞茎生长期，叶面喷0.1%可溶液剂50倍液，可延长叶片功能期，促进鳞茎膨大，增产。

（3）其他作物

① 大豆。在始花期喷0.1%可溶液剂10～20倍液（50～100mg/L），可提高光合效率，增加蛋白质含量，增产。

② 向日葵。在花期喷0.1%可溶液剂20倍液，能使籽粒饱满、增加千粒重和产量。

③ 大麦或小麦。用0.1%可溶液剂67倍液喷旗叶，能增产。

④ 氯吡脲与赤霉素或生长素类混用，药效优于单用。

1418. 苯并咪唑类杀菌剂也具有细胞分裂素的活性吗？

多菌灵、苯菌灵、噻菌灵是苯并咪唑类杀菌剂的重要品种，但也具有弱的细胞分裂素的活性，有防止衰老、保绿、保鲜作用。噻菌灵作保鲜剂使用已是众所周知，以下为多菌灵、苯菌灵的实例。

① 在鲜切花保鲜液中加入0.2%多菌灵，可延长月季、菊花、香石竹、唐菖蒲插花的寿命。

② 柑橘采收后用500mg/L多菌灵加200mg/L 2,4-滴的混合液浸蘸后，可延长贮存期。

（五）芸苔素内酯类植物生长促进剂

1419. 芸苔素内酯类物质是怎样发现的？ 为什么称其为植物第六激素？

芸苔素内酯（Brassinolide）是专有名词，特指1979年研究人员从欧洲油菜花粉中提取分离的、结构经过单晶衍射试验确定的甾体内酯化合物。我国著名的甾醇化学家周维善院士等从20世纪80年代初开始研究芸苔素内酯的合成，由于芸苔素内酯最初来源于欧洲油菜，根据其来源，将brassinolide翻译为油菜素内酯，也有称油菜甾醇内酯的，实际上和芸苔素内酯是同一化合物。根据农业生产实际应用和科学研究的深入，我们赋予芸苔素更广义的内涵，不仅仅局限于油菜花粉中的天然提取物，人工合成或者天然提取的具有芸苔素活性的甾醇化合物均可以称之为芸苔素。

现在市场上流通的芸苔素主要有人工合成的24-表芸苔素内酯、22,23,24-表芸苔素内酯、28-高芸苔素内酯和28-表高芸苔素内酯，以及从蜂蜡中提取的14-羟基芸苔素甾醇。

芸苔素内酯类植物生长促进剂因其广泛存在于植物界，表现有生长素、赤霉素、细胞分裂素的作用，与传统的五大类植物激素相比，其作用机理独特、生理效应广泛，生理活性极高，在 1998 年第 16 届国际植物生长物质学会年会上被正式确认为第六类植物激素。

1420. 芸苔素内酯有何特点？ 已用于哪些作物上？

芸苔素内酯的生理活性较高，极低的浓度下就可起作用：一般为 $10^{-6} \sim 10^{-5}\,\text{mg/L}$，农业生产上常用浓度为 $0.01 \sim 0.1\,\text{mg/L}$。可经由植物的根、茎、叶吸收，再传导到起作用的部位，其生理作用表现有生长素、赤霉素、细胞激动素的某些特点，能促进细胞分裂和伸长，增加叶绿素含量，促进光合作用，有利于受精、促进坐果，促进核酸和蛋白质合成，提高抗逆性等。产品有 0.01％、0.15％乳油，0.0016％、0.0075％、0.004％、0.01％、0.04％水剂，0.1％可溶粉剂。

（1）水稻上应用　为促根增蘖、培育壮苗，可于播种前用 0.1％可溶粉剂 10000 倍液（0.01mg/L）浸种 24h，或在苗期亩喷此浓度药液 50kg。

为促进开花和籽粒灌浆，增加穗重和千粒重，可在分蘖末期和幼穗形成期或开花期，亩喷 $0.01 \sim 0.05\,\text{mg/L}$ 浓度药液 50kg。例如亩用 0.04％水剂 1.25～6.25g，对水 50kg；或 0.2％可溶粉剂 0.25～1.25g，对水 50kg。施药后还可提高水稻秧苗对丁草胺、西草净等除草剂的耐药性，减轻纹枯病的发病程度。

（2）小麦上应用　为促进发芽、壮苗和提高分蘖能力，可用 0.01％乳油 10000 倍液浸种 12h 后播种。在小麦孕穗至扬花期，亩用 0.01％乳油 10～20g，对水 50kg，喷洒茎叶，可增加叶片叶绿素含量，提高结实率、穗粒数、穗重和千粒重，从而提高产量。

（3）玉米上应用　播前用 0.04％水剂 40000 倍液浸种 24h，捞出晾干后播种，可加快种子萌发，增加根系长度，提高单株鲜重。

在抽雄前，亩用 0.04％水剂 1.25～2.5mL 或 0.01％乳油 10～20mL，对水 50kg，喷全株，可增强光合作用，减少穗秃顶，增加穗粒数。

（4）油料作物上应用　为培育大豆壮苗，可于播前用 0.04％水剂 40000 倍液浸种 6～12h，捞出放在阴凉处，待豆种皱皮时播种，可促进幼苗生长，增加株高和根重。在大豆花期，用 0.15％乳油 15000～20000 倍液喷洒茎叶，可增强抗倒伏能力，减少秕荚，增产。

在油菜现蕾期和开花期各喷药 1 次，每亩次用 0.01％乳油 5000 倍液 50kg，能增加植株茎粗、主轴分枝数、每株荚果数、每荚籽粒数和千粒重，从而增产 10％以上。

为增强南方春花生幼苗的抗寒能力，播前用 0.01％乳油 5000～10000 倍液浸种 24h。据报道，在花生下针期喷洒 0.15％乳油 7500～10000 倍液，可增产 10％以上。

（5）蔬菜上应用　在叶菜类的幼苗期和生长期喷 2～3 次，每亩次用 0.04％水剂 20000～40000 倍液 50kg，可促进生长，提高产量。

番茄于花期至果实增大期叶面喷洒 0.1mg/L 浓度药液（相当于 0.01％乳油 1000 倍液或 0.04％水剂 4000 倍液），可明显增加果重，并提高植株抗低温能力，减轻疫病危害。

（6）甘蔗上应用　在分蘖抽节期叶面喷洒 0.01～0.04mL/L 浓度药液（相当于 0.04％水剂 10000～40000 倍液），可增产、增糖。

（7）果树上应用　脐橙于开花盛期和第一次生理落果后各喷 1 次 0.01～0.1mg/L

浓度药液，可明显增加坐果率，还有一定增甜作用。

西瓜于开花期间用 0.01％乳油 1000 倍液喷 3 次，每次间隔 5 天，能明显增加坐瓜率、单瓜重。

柑橘在始花期和生理落果前，荔枝在花蕾、幼果、果实膨大期，香蕉在抽蕾、断蕾和幼果期，用 0.0016％水剂 800～1000 倍液喷雾，可以保花、保果，增加果实含糖量。

（8）棉花上应用　在苗期、初花期和盛花期，用 0.01％乳油 2500～5000 倍液或 0.0016％水剂 750～1000 倍液各喷 1 次。

（9）烟草上应用　播前用 0.01％乳油 2000～10000 倍液浸种 3h，可提高发芽率。移栽后 20～35 天和团棵期用 0.01％乳油 2500～5000 倍液或 0.0016％水剂 800～1000 倍液各喷 1 次，可使植株粗壮，叶片增大、增厚，提高烤烟产量和质量。

1421. 丙酰芸苔素内酯有何特点？

丙酰芸苔素内酯是将芸苔素内酯分子结构上的 2，3 位的羟基酰化和 22，23 位的羟基氧化，将其暂时保护起来，可延长持效期。产品为 0.003％和 0.0016％水剂，适用作物和使用方法与芸苔素内酯基本相同，例如：

（1）黄瓜　移栽后生长期，用 0.003％水剂 3000～5000 倍液，每 10 天左右喷 1 次，共喷 2～3 次，可使花期提前，提高坐瓜率，增加产量。

（2）葡萄　在花蕾期、幼果期和果实膨大期，用 0.003％水剂 3000～5000 倍液各喷 1 次，可促进生长，提高坐果率。

（3）烟草　在移栽后 20～35 天和团棵期，用 0.003％水剂 2000～4000 倍液各喷 1 次，可使叶片增大、增厚，增加烤烟产量。

（4）水稻　在拔节期和孕穗期，用 0.0016％水剂 800～1600 倍液各喷 1 次，可增加有效穗数和实粒数，但对千粒重影响不大。

1422. 怎么用抑芽丹调控作物的腋芽？

抑芽丹可以通过作物的叶片或根吸收，由木质部和韧皮部传导；通过抑制作物细胞分裂而抑制作物的生长。可以抑制作物的顶端优势、腋芽萌发、侧芽萌发及块茎和根茎的萌发等。23％可溶液剂，可用来防止贮藏期的马铃薯发芽，在马铃薯上以 441～662g/亩，进行茎叶喷雾；也可以在烟草摘心后，在烟草上部叶片进行茎叶喷雾抑制其腋芽生长，以 430～530g/亩。

使用时期过早可能会抑制顶叶的生长，在有条件的地方可在打顶后先人工抹芽 1 次，封顶 2 星期左右视顶叶生长情况再使用抑芽丹。喷药时沿着作物的顶部和茎喷洒，重点喷施腋芽发生位置。如果施药后 6h 降雨，要重新进行喷施。气温超过 37℃或低于 -10℃不宜施药。上午施用要等烟叶上露水干后方可施药。最好在阴天但不下雨的中午施用。晴天施用应在阳光辐射不强的下午进行，阳光暴晒时施药效果会降低。

1423. 怎么用氯化血红素？

氯化血红素能激活植物耐逆抗病基因，诱导植物体内环鸟苷酸（cGMP）的释放，抵抗干旱、低温、盐碱、水涝、药害、肥害等不良环境的侵扰，提高雌花数，增加产量，改善品质。0.3%可湿性粉剂，在大棚番茄和马铃薯上，亩用制剂 20～30g，对水茎叶喷雾，可调节作物生长，增强其抗逆能力。

（六）其他植物生长促进剂

1424. 三十烷醇可在哪些作物上应用？

三十烷醇是天然产物，广泛存在于蜂蜡和植物蜡质中，现也有人工合成产品，是对人畜十分安全的植物生长调节剂，低浓度时能促进植物生长，高浓度则有抑制作用。可增加植物体多酚氧化酶等酶的活性，应用后对作物具有促进生根、发芽、开花、茎叶生长、早熟、提高结实率的作用。在作物生长期使用，可提高种子发芽率、改善秧苗素质、增加有效分蘖。在作物生长中、后期使用，可增加蕾花、坐果率（结实率）、千粒重，从而增产。

三十烷醇产品有 0.1%微乳剂，0.1%可溶液剂，1.4%可湿性粉剂。可用于水稻、麦类、玉米、高粱、棉花、大豆、花生、烟草、甜菜、蔬菜、果树、花卉等多种作物和观赏植物。可以浸种或茎叶喷雾。

（1）浸种　需要催芽的稻种用 0.5～1mg/kg 浓度药液浸种 2 天后，催芽播种；旱作物种子用 1mg/kg 浓度药液浸种 0.5～1 天后播种。可增强发芽势，提高发芽率，增产。水稻、大豆、玉米等作物一般可增产 5%～10%，谷子增产 5%～15%。

（2）苗期喷雾　以茎叶为产品的作物，如叶菜类、牧草、甘蔗、烟草、苗木等，用 0.5～1mg/kg 浓度药液喷洒茎叶，一般可增产 10%以上。

（3）花期喷雾　在果树、茄果类蔬菜、禾谷类作物、大豆、花生、棉花等作物上，于始花期和盛花期用 0.5mg/kg 浓度药液各喷 1 次。

（4）浸插条　用 1～5mg/kg 浓度药液浸插条，可促进生根，提高成活率。

（5）烟草　在团棵至生长旺盛期，用 0.1%微乳剂 1670～2500 倍液喷 2～3 次，可增产。

（6）茶树　在 1 叶初展期，亩用 0.1%微乳剂 25～50mL，对水 50kg 喷雾。每个茶季喷 2 次，间隔 15 天，如加 0.3%尿素，可提高效果。

（7）柑橘　苗木用 0.1%可溶液剂 3300 倍液喷布，有促进生长作用。在初花期至壮果期喷 1500～2000 倍液，有增产作用。

（8）海带　分苗出库时，用 1.4%可溶粉剂 7000 倍液浸苗 2h 或用 28000 倍液浸苗 12h，夹苗放养，可促进假根生长，提高产量和核酸、蛋白质含量。

（9）紫菜　育苗后，用 1.4%可溶粉剂 7000 倍液浸泡或喷洒苗帘，可促进丝状体生长，提高采苗数。每采收 1 次紫菜，施药 1 次，可增产并提高天门冬氨酸和谷氨酸含量，增加采收次数。

（10）裙带菜　育苗疏散养殖时，用 0.1%微乳剂或可溶液剂 4000 倍液浸苗绳 12h，可促进生长，增产。

（11）蘑菇　刺激菌丝生长，一般用 0.5～1.0mg/kg 浓度（即 0.1%微乳剂 1000～

2000 倍液）喷洒。

（12）甘蔗　在甘蔗伸长期和生长后期，喷 0.1% 微乳剂 1000～2000 倍液，可提高蔗糖含量。

（13）蚕桑　用 0.1% 微乳剂 5000～10000 倍液喷洒桑叶后喂蚕，能促进蚕老熟整齐，茧量增加。用相同浓度药液浇灌桑树根，可促进生长，增加桑叶产量。

（14）促进插条生根　用 1～5mg/L（相当于 0.1% 微乳剂 200～1000 倍液）药液浸泡果树和观赏植物的插条，可促进生根，提高扦插成活率。

（15）促进茎尖生根　在 MS 培养基中加入 3mg/kg 药剂，进行马铃薯茎尖（1.5cm）培养，可以在不产生愈伤组织情况下诱导茎尖外植体中柱鞘薄壁细胞分裂，并分化形成根。

三十烷醇在我国的推广应用曾大起大落，20 世纪 80 年代初曾每年推广几千万亩，之后大多生产厂停产。到 20 世纪 90 年代，由于三十烷醇生产技术的改进，产品质量稳定，应用效果随之稳定，在海带、紫菜上的应用获得成功，单剂生产厂也多了起来，并开发了复配混剂。

1425. 胺鲜酯怎样使用？

胺鲜酯的有效成分是己酸二乙氨基乙醇酯，简称 DA-6。产品有 8% 可溶粉剂，1.6%、2% 水剂。

本剂是一种新型植物生长调节剂，主要是通过调节植物体内的内源激素水平，提高叶绿素、蛋白质、核酸的含量；提高光合速率，促进光合产物向籽粒积累；提高过氧化酶和硝酸还原酶的活力；提高碳、氮代谢，促进根系发达，增强植株对肥、水的吸收。

（1）白菜　在白菜生长第二周（3 叶 1 心），用 8% 可溶粉剂 1350～2000 倍液或 1.6% 水剂 800～1000 倍液喷雾，7 天喷 1 次，连喷 2～3 次。

（2）甜豌豆　播前，每 10kg 种子用 8% 可溶粉剂 200g 拌种。苗后在 6 叶期前后，亩喷 4000 倍液 30kg。

（3）苜蓿　每次割刈后在进入快速生长时，亩喷 8% 可溶粉剂 2000～4000 倍液 30～45kg，可提高产量。

（4）番茄　番茄生长期内，喷洒 2% 水剂 1000～1500 倍液，每 7～10 天喷 1 次，增产明显。

1426. 复硝酚钠可在哪些作物上应用？

复硝酚钠为三种硝基苯酚钠盐的混合物，产品有 0.7%、1.4%、1.8%、3% 水剂，0.9% 可湿性粉剂，1.4% 可溶粉剂，3% 悬浮剂。

复硝酚钠能迅速渗入植物体内，促进细胞内原生质流动，对植物发根、生长、开花结实等都有不同程度的促进作用。尤其能促进花粉管伸长，有利于受精与结实。如使用浓度过高，对幼芽生长有抑制作用。可用于打破种子休眠，促进发芽；促进生长发育，提早开花；防止落花、落果，改良产品质量等。自播种至收获的全生育期内的任何时期皆可施药。浸种、浸根、苗床灌注、叶及花蕾喷雾均可。

（1）粮食作物上应用　水稻、小麦在播种前用 1.8% 水剂 3000 倍液浸种 12h，清水冲洗后播种，能提早发芽，促进根系生长、壮苗。

水稻秧苗在移栽前4～5天，用6000倍液喷雾，有助于移栽后新根生长。幼穗形成期和齐穗期用3000倍液喷雾，可提高结实率，增加产量。

玉米在开花前数日及花蕾期用6000倍液各喷1次，可减秃尖，提高穗粒重，增产。

（2）棉花上应用　在幼苗2叶期用1.8％水剂3000倍液喷雾，或8～10叶期用2000倍液喷雾，或在初花期用2000倍液喷雾。可促进生长，增加霜前花产量。

（3）烟草上应用　在秧苗移栽前4～5天，用1.8％水剂20000倍液灌注苗床，有利于移栽根生长。移栽后用1200倍液喷雾2次，间隔7天。

（4）甘蔗上应用　用1.8％水剂8000倍液浸苗8h后插栽，分蘖始期用2500倍液喷雾。

（5）蔬菜上应用　多数菜籽用1.8％水剂6000倍液浸8～24h，阴干播种。马铃薯是将整个薯块浸泡5～12h，然后切开消毒，立即播种。番茄、茄子、黄瓜等在生长期、花蕾期用6000倍液喷雾。叶菜类在生长期用5000～6000倍液10天喷1次，共喷3～4次。结球性叶菜应在结球前1个月停止用药，否则会推迟结球。

（6）果树上应用　在葡萄、李、柿发芽后，开花前20天和坐果后，用1.8％水剂5000～6000倍液各喷1次；梨、桃在发芽后，开花前20天至开花前、结果后，各喷1次1500～2000倍液；可帮助受精，促进果实肥大，提早恢复树势。

葡萄、梨、桃、柿树苗圃，在发芽后每月喷6000倍液1次；草莓苗圃种植后喷6000倍液2～3次，定植后至收获前喷6000倍液3次，均可促进植株发根生长，帮助受精，促进果实肥大和提高果实质量。

龙眼、柠檬、番石榴、木瓜等在发新芽之后，开花前20天至开花前夕、结果后，用1.8％水剂5000～6000倍液，各喷1～2次；柑橘、荔枝在同样时期喷1500～2000倍液，可促进树势健壮，促使果实肥大。

成年果树施肥时，在树干周围开沟，每株树浇灌1.8％水剂6000倍液20～35L。

（7）大豆上应用　开花前4～5天，用1.8％水剂6000倍液喷叶片与花蕾，可减少落花、落荚。播前用6000倍液浸种3h，可促进生根。

（8）花卉上应用　在开花前1.8％水剂6000倍液喷洒花蕾，可提早开花。

1427. 复硝酚钾怎样使用？

复硝酚钾的性能和用途与复硝酚钠基本相同，但产品中不含活性很高的5-硝基-邻甲氧基苯酚，使其活性略低于复硝酚钠。适用于稻、麦、蔬菜、茶、甘蔗、麻类等作物。产品为2％水剂。

（1）瓜豆类蔬菜上应用　自苗上架至收获期，用2％水剂2000～5000倍液喷雾3～4次，可使结瓜多、豆荚多而嫩。

（2）叶菜类蔬菜上应用　自子叶期至收获期，用2％水剂2000～3000倍液，共喷2～3次，可使叶色青绿、叶肉增厚、产量增加。

（3）茶树上应用　用2％水剂4000～6000倍液，自1芽1叶开始喷，间隔10～15天，共喷3次，能促进茶树早发芽、多发芽、叶色青绿、大而嫩、增产。

（4）甘蔗上应用　用2％水剂3000～5000倍液浸种，能使全苗、早生、快发。生长后期施药，可提高含糖量。

（5）麻类作物上应用　黄麻用2%水剂6000倍液，亚麻用3000～5000倍液，在苗期、旺长前期和中期各喷1次，能增产。

1428. 怎样用苯肽胺酸调节大豆生长？

苯肽胺酸能通过叶面喷施，迅速渗入植物体内，促进营养物质输送至花蕾的生长点；增强细胞活力，促进叶绿素形成；利于授粉、受精；诱发花蕾成花结果，提高坐果率；防止生理落果和采前落果；使果实提早成熟5～7天。产品有20%水剂和20%可溶液剂。

在大豆盛花期和结荚期各喷1次，每亩次用20%制剂270～400倍液40～60kg。

还可用于番茄、辣椒、菜豆、豌豆、油菜、向日葵、水稻、葡萄、樱桃、苹果等作物，一般是在花期施药，亩用有效成分13～30g。

1429. 呋苯硫脲在水稻上怎样使用？

呋苯硫脲属含有取代呋喃环的酰胺基硫脲化合物，是我国具有自主知识产权的植物生长调节剂，产品为10%乳油，对水稻具有增强光合作用、促进生长、增加产量的作用。用10%乳油500～1000倍液（100～200mg/L浓度）浸种48h，催芽24h，再播种，能促进秧苗发根，根系生长旺盛，提高秧苗素质，移栽后能促进分蘖，增加成穗数和实粒数，但对千粒重无明显影响，总体是增加产量。

1430. 2-(乙酰氧基)苯甲酸怎样调节水稻生长？

2-(乙酰氧基)苯甲酸的产品为30%可溶粉剂，对作物生长作用的调节主要表现为：能调节叶片毛孔启闭，减少水分蒸腾；调节气孔扩孔，增强光合作用，增加叶绿素含量，延缓叶片衰老，延长灌浆时间，增加灌浆速度，从而增加穗粒数和千粒重。用于调节水稻生长，于水稻扬花期，亩用制剂50～60g，对水喷全株，可增加产量。

1431. 硅丰环在小麦上怎样使用？

硅丰环是有机硅化合物，作为植物生长调节剂，其主要功能是诱发细胞分裂和增强光合作用。用作处理种子，种子吸收药剂后能诱发细胞分裂，促进生根；由根吸收药剂后能传至叶片，增强叶绿素功能，促进光合作用，增加分蘖数、穗粒数及千粒重，有明显的增产作用。产品为50%湿拌种剂。

用于冬小麦时，用50%湿拌种剂250～500倍液1kg，拌麦种10kg，再闷种4h；或用2500倍液浸种3h，然后播种。

1432. 甲萘威作为苹果的疏果剂，怎样使用？

甲萘威常作杀虫剂使用，但由于能干扰生长素等物质的运输，促使生活力低的幼果脱落，也是苹果的常用疏果剂。它对苹果的大多数品种有效，施用时期的幅度较宽，一般的使用浓度为0.08%～0.2%，即使浓度较高也不易发生药害或疏除过量。苹果的不同品种所使用浓度有差异，现列入表27。

表 27　苹果不同品种用甲萘威疏果的浓度及施药时期

品种	喷洒液浓度/％	施药时期：盛花后天数
国光、富士	0.2～0.25	10
红星、元帅	0.15～0.2	14
青香蕉	0.15～0.2	14
金冠、鸡冠、红玉	0.001～0.002	14
倭锦、祝光	0.1～1.5	14
醇露	0.1～0.15	14

甲萘威进入树体后运输能力差，喷药要均匀并喷到着生果实的部位。施药时期应在生理落果高峰前。金冠苹果用药后，有的地区果实上的果锈会增加。

1433. 用敌百虫对苹果疏果，应如何操作？

敌百虫是果树上常用的一种杀虫剂，早在 20 世纪 60 年代初，我国园艺科学工作者就发现它对苹果具有疏果作用，经系统研究后证明它对多个品种均有明显疏果效应，使用浓度范围较广，且对苹果树无药害。金冠、鸡冠、红玉等在盛花后 14 天，用 96％敌百虫原药 100 倍液喷雾。富士、国光，在盛花后 10 天用 96％敌百虫原药 1000 倍液加80％萘乙酸 40000 倍液（约 20mg/L）喷雾。

（七）植物生长延缓剂和抑制剂

1434. 植物生长延缓剂和生长抑制剂有何区别？

生长延缓剂是延缓植物的生理或生化过程，使植物生长减慢。这是因为它只是使茎部的亚顶端区域的分生组织的细胞分裂、伸长和生长的速度减慢或暂时受到阻碍，经过一段时间后，受抑制的部位即可恢复正常生长。而且这种抑制现象可以用外施赤霉素或生长素的办法使之恢复。在农业生产上常用于控制徒长，培育壮苗；控制顶端优势，促进分蘖或分枝，改善株型；矮化植株，使茎秆粗壮，抗倒伏；抑制草坪草——高羊茅的生长，减少修剪次数；诱导花芽分化，促进坐果；延缓茎叶衰老，推迟成熟，增产，改善品质；等等。

生长抑制剂主要是抑制植物的顶端分生组织的细胞分裂及伸长，或抑制某一生理生化过程。在高浓度下这种抑制是不可逆的，不为赤霉素、生长素所逆转而解除；在低浓度下也没有促进生长的作用。多用于抑制萌芽、抽薹开花、催枯、脱落、诱导雄性不育等。

1435. 甲哌鎓在棉花上使用的关键技术是什么？

甲哌鎓，能抑制植物体内赤霉素的生物合成和作用，被叶片吸收后，向各部位输送，能控制棉花营养生长，降低植株高度，使节间缩短、使茎秆粗壮、增强抗逆性，为广大群众所接受。

产品有 250g/L、25%水剂，10%、98%可溶粉剂。

甲哌鎓对棉花的增产作用，只有掌握关键技术，科学使用，才能充分显示。

① 选准棉田。选择高产和中等产量（亩产皮棉 50kg 以上）的棉田施药，才能发挥药剂调节生产、增加产量的效果。对盐碱地的棉花以及生育期长的晚熟棉田施药，也能促早熟、增产。对肥水条件差、棉株长势瘦弱的低产棉田，不宜用药。

② 选准施药时期。宜在盛蕾至盛花期施药。目前生产上主要是在棉株高 50～60cm、10 个果枝以上、30%～50%棉株开始开花时施药。

③ 严格用药量和施药次数。亩用 25%水剂 12～16mL，对水 50kg，喷施 1 次。在肥水条件好的棉田，可分两次施药，初花期用 10～12mL，20 天后（盛花期）用 4～8mL，两次总用量不得超过 20mL。

④ 如不小心，用药量过高，对棉株抑制过度，使植株过分矮小，蕾、花脱落较多，就应及时灌水、追肥，并喷施 30～50mg/L 浓度的赤霉素药液进行补救，以减轻损失。

使用甲哌鎓后，可促进开花结铃。一般可增开花量 25%、结铃率 15%～20%，脱落率可降低 3%～9%，增加伏前铃数。

1436. 甲哌鎓还用于哪些作物？

（1）玉米　在喇叭口期，亩喷 25%水剂 5000 倍液 50kg，可提高结实率。

（2）甘薯　在结薯初期，亩喷 25%水剂 5000 倍液 40kg，可促使块根肥大。

（3）花生　在下针期和结荚初期，亩用 25%水剂 20～40mL，对水 50kg 喷雾，可提高根系活力，增加荚果重量，改善品质。

（4）番茄　移栽前 6～7 天和初花期，各喷 25%水剂 2500 倍液 1 次，可促进早开花、多结果、早熟。

（5）黄瓜、西瓜　在初花期和结瓜期，用 25%水剂 2500 倍液各喷 1 次，可促进早开花、多结瓜、提前采收。

（6）大蒜、洋葱　收获前喷 25%水剂 1670～2500 倍液，可推迟鳞茎抽芽、延长贮存时间。

（7）苹果　从开花至果实膨大期、梨幼果膨大期、葡萄花期，喷 25%水剂 1670～2500 倍液，均有提高坐果率和增产效果。在葡萄浆果膨大期，用 160～500 倍液喷副梢和叶片，可显著抑制副梢生长，使养分集中到果实，增加果实含糖量，早熟。

（8）小麦　播前，每 100kg 种子用 25%水剂 40mL，对水 6～8kg 拌种，可增根、抗寒。拔节期，亩用 20mL，对水 50kg 喷雾，有抗倒伏效果。扬花期，亩用 20～30mL，对水 50kg 喷雾，可增加千粒重。

1437. 多效唑的主要功能是什么？ 值得关注的问题是什么？

多效唑属三唑类化合物，是广谱的植物生长延缓剂。主要是通过作物根系吸收，叶部吸收的量很少。吸收后经木质部传导到幼嫩的分生组织部位，抑制赤霉素和吲哚乙酸的生物合成，增加乙烯释放量，延缓植物细胞的分裂和伸长，使节间缩短、茎秆粗壮，使植株矮化紧凑；促进花芽形成，增加分蘖或分枝数；叶片增厚，叶色浓绿；保花、保果，根系发达。

经过几年的连续使用，逐渐暴露出一些难于避免和克服的副作用，因而有人认为应限制其应用，甚至有人主张禁用，但作者则认为可以通过深入地研究，以达到透彻认识的目的，扬其长，避其短，使其能合理被应用。

产品有9%、10%、15%可湿性粉剂，5%、25%、30%悬浮剂。

1438. 多效唑能用在哪些果树上？

多效唑对果树最显著的生物学效应是抑制枝条的加长生长，延缓树冠向外扩张，使株型紧凑。此外，还有促进花芽分化、增加坐果率、促使幼树早挂果等作用。多效唑在我国苹果、桃树、荔枝、杨梅、芒果等果树上的应用已较普遍。

（1）在苹果上应用 沟施，对树下土壤开环行浅沟对水施药，在秋季（8～9月），每平方米树冠下地面施15%可湿性粉剂3.4～6g，因土壤和苹果品种不同，用药量差异较大。

叶面喷雾以谢花后10天左右为宜。一般用15%可湿性粉剂300倍液喷两次。

（2）在桃树上应用 沟施，在旺盛生长前1.5～2个月进行。用药量按树冠投影面积计算，黄河流域每平方米用15%可湿性粉剂1.7g，长江流域为0.84～1.7g，北方（京、津、河北）及西北（甘肃、宁夏）一带为0.84g。

叶面喷雾宜在旺盛生长开始时进行，此时新梢平均5～10cm，用300倍液。

（3）在柑橘上应用 在秋梢初发期，用1000mg/L药液喷雾叶面。可控制秋梢生长，促进花芽分化，增加花量，增产。

（4）在荔枝上应用 据试验在冬梢抽出前后，用500～1000mg/L药液喷茎叶，有提高成花率、坐果率，减少落果的作用。

（5）在芒果上应用 为解决因冷空气影响造成的开花多、结果少的问题，需将花期推迟40天左右，从而避开了冷空气，据初步试验结果表明按以下方法应用多效唑可取得较好的效果：沟施，于9月下旬，按树冠面积每平方米地面用15%可湿性粉剂5g，因品种和树势不同，用药量可有增减；叶面喷雾，于9月下旬至10月底，用500mg/L浓度药液喷洒，喷施次数因树势而异。

（6）在葡萄上应用 抑制新梢生长，用15%可湿性粉剂5g对水浇灌地面，或用浓度为2000mg/L药液喷洒叶面，可代替人工摘心打杈。

（7）在樱桃上应用 盛花期后用15%可湿性粉剂600倍液，每3周喷1次，共喷2次；或在花瓣脱落后约3周用150倍液喷洒叶面，均可抑制树枝总长度，有利于结果。

（8）在杏树上应用 在盛花期后，用15%可湿性粉剂600倍液，每3周喷1次，共喷4次，可抑制树枝总长度，有利于结果。

多效唑在果树上使用几年后也暴露出明显的副作用，如果实变小、变扁等，可考虑与赤霉素、疏果剂等混用或交替使用，以达到矮化植株、控制新梢旺长、促进坐果的目的，又不使结果过多，保持果形。也可考虑树干注射，以减少施用量，避免污染土壤。

1439. 多效唑在油菜、大豆、花生上怎样使用？

（1）培育壮秧油菜 培育壮秧油菜是夺取移栽油菜高产的基础。在油菜秧3叶期最为适宜，喷药过早，苗体尚小，控制过头，不利培育壮秧。每亩喷施100～200mg/L

的药液 50kg 为宜，在用药 3 天后，就能明显看出叶色转深，新生叶柄伸长受到抑制，半个月后调控作用明显，可使油菜秧苗矮壮，茎粗根壮，增叶柄短，能显著提高移栽成苗率。

（2）防止大豆疯长　大豆应用多效唑，能有效调控株型，缓解营养生长和生殖生长的矛盾，防止疯长和倒伏。大豆初花期为最佳用药期，如长势旺盛的用药要早些，反之，用药稍晚些，每亩喷施 100～200mg/L 药液 50kg。药剂浓度过高、过低都不适宜。用药后可使大豆株高降低，株型紧凑，推迟封行 10～15 天，群体通风透光好。促进同化能力和同化产物向豆荚运输，使大豆地上部与地下部协调发展。如能适时适量喷施多效唑，可收到很好的效果，一般可增产 10%～20%。

大豆播种前，用 15% 可湿性粉剂 750 倍液（200mg/L）浸种后阴干，种子不皱缩即可播种，效果也好，还可减少药剂对土壤的污染。

（3）抑制花生旺长　应用多效唑抑制植株旺长，促进下针结荚，增加荚果重量。在盛花期，用 15% 可湿性粉剂 1000～1500 倍液（春花生用 1500～6000 倍液）喷洒叶面。

多效唑在油菜、大豆、花生田使用，同样有土壤残留药害问题，应注意防范。

1440. 多效唑在粮食作物上怎样使用？

（1）水稻　主要是培育矮壮秧和防止倒伏。

早稻，于秧苗 1 叶 1 心前，亩用 15% 可湿性粉剂 120g，对水 100kg，落水后淋洒，12～24h 后灌水。可控苗促蘖，带蘖壮秧移栽，并有矮化防倒伏、增产之功效。

二季晚稻，于秧苗 1 叶 1 心期（一般是在播后 5～7 天）或 2 叶 1 心期，亩用 15% 可湿性粉剂 150g，对水 100kg，落水喷淋，药后 1 天内不灌水即可收到控长促蘖的功效，解决秧龄长、秧高、移栽后易败苗、返青慢等问题。

控制机插秧苗徒长，用 15% 可湿性粉剂 1500 倍液浸种 36h 后再催芽播种，使 35 天秧龄的秧苗高度不超过 25cm，适于机插。

防止倒伏，在水稻抽穗前 30～40 天，亩用 15% 可湿性粉剂 18g，对水 50～60kg 喷雾，可缩短稻株基部节间长度、矮化植株、降低重心、增强抗倒伏能力。

多效唑在稻田应用最易出现残留药害，伤及后茬作物。为此，同一块田不能一年多次或连年使用；用过药的秧田，在翻耕曝晒后，方可插秧或种其他后茬作物，也不能在秧田拔秧留苗；与其他作物生长延缓剂或生根剂混用，以减少多效唑的用量。

（2）小麦　在麦苗 1 叶 1 心期，亩用 15% 可湿性粉剂 60～70g，对水 75kg，喷麦苗和地表，喷后灌水 1 次，可培育越冬壮苗，增加冬前分蘖、增穗、增粒、增产。或在小麦返青后、拔节前，亩用 40～45g，对水 50kg 喷茎叶，主要是防倒伏，也有增产作用。

为减轻多效唑在土壤中的残留，可使用多唑·甲哌鎓混剂代替单用多效唑。

在小麦组织培养时，将冬小麦花粉再生植株培养在含 3mg/kg 多效唑和 8% 蔗糖的 MS 培养基中，有利于培育根系发达、茎秆粗壮、叶色深绿的壮苗，提高再生苗移栽成活率。

（3）玉米　用 15% 可湿性粉剂 250 倍液浸种 12h，捞出晾干、播种，有壮苗、控高、防倒伏之功效。

（4）甘薯　在栽插前，用 15％可湿性粉剂 1500 倍液，浸秧苗基部 2h，有促进生根、提高成活率、壮苗的功效。插后 50～70 天，亩喷 1500～3000 倍液 50kg，可控制徒长，促进薯块增大。

（5）马铃薯　在结薯初期，用 15％可湿性粉剂 3000 倍液喷洒叶面，可控制地上部分旺长，促进薯块膨大。

1441. 多效唑在花卉上怎样使用？

对需要控制株高、防止徒长的花卉，使用多效唑可延缓其生长。一般为土壤浇灌，也可叶面喷洒。一年生花坛植物，种子出芽 1～2 周后，用 15％可湿性粉剂 30000 倍液喷雾，效果明显。春季生长的苗木，用 15％可湿性粉剂 7000～7500 倍液喷雾。

也可应用多效唑延长某些花卉的开花期。

（1）菊花　用药浇灌，可使植株矮化。直径 10cm 的花盆，每盆用 15％可湿性粉剂 2.5～5mg，若效果不显著，2 周后再施药 1 次。如植株高达 15～20cm，每盆可施 7～15mg。在菊花摘心后，可每盆施 5～10mg。

在菊花蕾期用 15％可湿性粉剂 3000 倍液喷洒，可延长观赏期。用药处理后，花径可能略有减小，但对花色无不良影响。

（2）水仙　冬季室内培养水仙，会因温度高、光照弱，使植株徒长，茎叶细长而倒伏，可用 15％可湿性粉剂 3000 倍液浸泡水仙球根 48h，然后水养，可使植株明显矮化，叶片挺拔，花期延长。用 3000～6000 倍液喷洒叶面，每周 1 次，共 2～3 次，亦可控制株高。

（3）月季　花发育早期（小绿芽期），喷施 15％可湿性粉剂 2000 倍液，可延长开花期。

（4）一品红　扦插定植后，每盆浇灌 15％可湿性粉剂 7500 倍液 5～10mg；摘心后 2～3 周的植株，每盆浇灌药液 10～20mg；或在植株长到 5 节时，用 15％可湿性粉剂 900 倍液喷洒叶面，均可使植株矮化，分枝多，叶色浓绿。

（5）八仙花　两年生以上的盆栽植株，用 15％可湿性粉剂 5000 倍液喷洒叶面，每 10～15 天喷 1 次，共喷 3～5 次，可防止徒长，使株形紧凑，提高观赏价值。

（6）金鸡菊　经过 1～2 次摘心、苗高 10cm 左右的盆栽植株，用 15％可湿性粉剂 1500 倍液喷洒叶片，每 10～14 天喷 1 次，共喷 3～4 次，可防止徒长，使株形紧凑，叶色浓绿，提高观赏价值。

（7）矮牵牛　用 15％可湿性粉剂 3000 倍液喷洒基部叶片，可防止盆栽植株徒长，株形紧凑。为防止花期延后，施药时不要使花朵沾上药液。

（8）玉簪　两年生以上、生长健壮的盆栽玉簪，用 15％可湿性粉剂 1500～3000 倍液喷洒叶片，每 10 天喷药 1 次，共喷 1～2 次，可使株形紧凑，叶色浓绿，减少叶片焦边现象。

（9）墨兰　三年生以上、生长健壮的栽培植株，用 15％可湿性粉剂 150～300 倍液喷洒叶片，每 7～10 天喷 1 次，共 1～2 次，可使株形紧凑，提高观赏价值。

1442. 烯效唑怎样使用？

与多效唑一样，烯效唑也是三唑类的植物生长延缓剂，其主要生物学效应有抑制顶端生长优势，矮化植株，促进根系生长，增强光合效率，抑制呼吸作用。同时，具有保护细胞膜与细胞器膜，提高作物抗逆能力的作用。烯效唑的生物活性为多效唑的 6～10 倍。烯效唑在土壤中也有残留，但低于多效唑。产品为 5％可湿性粉剂、5％乳油。

（1）水稻　浸种所用药液浓度和浸种时间因水稻品种而有差异，一般是用 5％烯效唑可湿性粉剂 1000～2500 倍液浸种 36～48h，然后稍加洗涤催芽。可培育多蘖矮壮秧，移栽后不败苗，促早发棵、早分蘖，增穗增粒，平均增产 8％左右。

在一晚或二晚杂交稻秧田，于秧苗 1 叶 1 心期喷 40～80mg/L 浓度药液，有很好的控长、增叶、促根及促蘖效果，移栽后不落黄、不败苗、无明显返青期，从而为水稻增产创造了有利条件。

在水稻拔节初期，亩用 5％可湿性粉剂 20～25g，对水 50～75kg 喷雾，有矮化植株、增产的功效。

（2）小麦　每 10kg 种子，用 5％可湿性粉剂 0.3g，对水 1.5kg（即 5000 倍液），喷拌麦粒，稍摊晾后即可播种，或堆闷 3h 后播种，可增加冬前分蘖数，提高成穗率。

播前未经药剂处理的麦苗，可在拔节前 10～15 天，亩用 5％可湿性粉剂 30～40g，对水 30～40kg（即 1000 倍液）喷雾，可使麦株矮化防倒伏、增穗、增粒。

（3）油菜　3 叶期，亩用 5％可湿性粉剂 20～40g，对水 50kg 喷雾，可使油菜叶色深绿、叶片增厚，根粗、根多，茎秆粗壮、矮化，多结荚、增产。

（4）大豆　始花期，亩用 5％可湿性粉剂 30～50g，对水 30～50kg，喷全株，可降低株高，增荚、增产。

（5）花生　初花期，喷 5％可湿性粉剂 1000 倍液，可矮化植株，多结果。

（6）甘薯和马铃薯　在初花期即薯块膨大时，常规喷 5％可湿性粉剂 1000～1600 倍液，可控制地上部旺长，促进薯块膨大。

（7）荔枝　5％可湿性粉剂 1000～1600 倍液对树枝喷雾，可抑制冬梢生长。

烯效唑土壤残留问题虽小于多效唑，但在作物上也应与生根剂混用，尽量减少烯效唑施用量。

烯效唑也可用作果树坐果剂，但也须预防结果过多、果形变化等问题。

1443. 抗倒酯在小麦上怎样使用？

抗倒酯为植物生长延缓剂，主要功能是抑制植物体内赤霉素的生物合成，从而抑制作物旺长，防止倒伏。将其施于叶部，可输导到生长的枝条上，抑制茎的伸长，缩短节间长度。产品为 250g/L 乳油。

防止小麦倒伏，于苗后亩用 250g/L 乳油 20～30mL，对水喷雾。本剂还可用于多种作物，例如，用于甘蔗可促进成熟，一般用量为每公顷用有效成分 100～250g；草坪草——高羊茅，在修剪后 1～3 天内施用，每公顷用有效成分 225～339g，对水 600～750kg 稀释，施用后 4h 内请勿进行修剪作业，可显著减少修剪次数，科学合理使用，可长期延缓草坪草的直立生长。也可用于油菜、向日葵、蓖麻、水稻等作物。

1444. S-诱抗素是什么样的植物生长调节剂？

诱抗素原名脱落酸，是一种植物体内存在的内源激素，有顺式和反式两种异构体，

即 S 体和 R 体，只有 S 体才有活性，故国内生产的产品定名为 S-诱抗素。S 体对光敏感，在紫外光下会缓慢地转化为 R 体而失去活性，因而产品应避光贮存，田间使用宜在傍晚施药。产品有 1% 可溶粉剂，0.006%、0.1% 水剂。

诱抗素能对其他植物内源激素（生长素、赤霉素、细胞分裂素）所调节的生理功能发挥抑制作用。在植物的生长发育过程中，其主要功能是诱导植物在逆境条件下产生抗逆性，如诱导植物产生抗旱性、抗寒性、耐盐性、抗病性等。在衰老组织中抑制蛋白质和核糖核酸的合成，或提高核糖核酸酶的活性，促使蛋白质和核酸降解。还有诱导某些短日照植物开花的功能。

诱抗素的应用效果主要表现有：促进种子发芽，缩短发芽时间，提高发芽率；促进秧苗根系发达，使移栽秧苗早生根、早返青；增加有效分蘖数，促进灌浆；防止果树生理落果，促进果实成熟；促进种子、果实的贮藏蛋白质和糖分的积累，最终改善农产品的品质；在组织培养中能促进愈伤组织生长，提高胚性组织的产生与植株的再生率，以及不定根的生长。

（1）水稻　用 0.006% 水剂 150～200 倍液浸种 24h，捞出沥干，催芽露白，常规播种，能提高发芽率，促进根系生长，早分蘖并增加有效分蘖，促进灌浆，增产，提高品质。

杂交稻制种时，由于不育系的穗颈不能正常抽出剑叶鞘，需要喷洒赤霉酸促使抽穗，但又容易诱导种子在穗上发芽。这时，可应用 0.006% 水剂 120 倍液抑制种子发芽。

在水稻体细胞悬浮培养所得的胚性愈伤组织转移到固体培养基时，在 MS 培养基中除加入适量 2,4-滴与糠氨基嘌呤外，每千克培养基加 0.3mg 诱抗素，可防止褐化，使球形胚发育成苗。

（2）烟草　移栽前，用 0.1% 水剂 290～370 倍液喷苗床烟苗，移栽后可促生根，早返青，增产。

（3）番茄　在番茄生长期，用 0.1% 水剂 200～400 倍液或 1% 可溶粉剂 1000～3000 倍液喷茎叶，可以促进开花，提高坐果率，增产。

诱抗素拌棉种，能促进种子早发芽、根系生长、提前开花、吐絮，增产；油菜移栽期施用诱抗素，可促使苗早返青、增强抗逆能力，增产；高浓度诱抗素表现为抑制活性，喷施后可抑制丹参、三七、马铃薯等作物地上茎叶生长，促进地下块根生长等。

1445. 三唑酮和烯唑醇也可当植物生长调节剂使用吗？

三唑酮和烯唑醇属三唑类杀菌剂。某些三唑类化合物具有鲜明的植物生理活性：低浓度具刺激作用，较高浓度具抑制作用，更高浓度则具杀伤作用。例如，有人说，在水稻孕穗、抽穗期使用三唑酮防治病害后会使水稻贪青晚熟。其实那不是贪青晚熟，而是三唑酮使水稻叶片中叶绿素含量增加（增加 2～2.5 倍）、叶片绿色维持时间长（延长7～10 天），防止了叶片早衰使水稻自然成熟，每穗粒多、粒满、千粒重增加，产量提高。

（1）三唑酮　除当作杀菌剂治病又增产，还可当作植物生长调节剂使用。用于花生，在幼苗期用浓度为 300mg/L 药液（相当于 15% 可湿性粉剂 500 倍液）喷雾，可培育壮苗，提高抗干旱能力；在盛花期用浓度为 300～500mg/L 药液（相当于 15％可湿性粉剂 300～500 倍液）喷洒叶面，可抑制花生地上部分的伸长，有利于光合产物向荚果输送，增加荚果重量。小麦、大麦、菜豆等，也可用三唑酮处理，能抑制其营养生长，有利于增产。

（2）烯唑醇　具有延缓植物生长的功效。用于草坪地的早熟禾，在返青经第二次修剪后，用浓度 15～20mg/L 药液（相当于 12.5％可湿性粉剂 6000～8000 倍液）喷雾，每平方米喷药液 2.5L，可明显地提高早熟禾生长质量，药效可持续 2 个月以上。

1446. 丁酰肼在园林绿化中如何使用？

丁酰肼，是国内外广为应用的一种植物生长调节剂。20 世纪 80 年代中后期怀疑其具有致畸作用，有些国家曾禁用或限制使用。1992 年世界卫生组织进行两次评估，认为产品中丁酰肼的水解产物偏二甲基肼（或称非对称二甲基联氨）含量小于 30mg/kg 可以使用。但仍须注意，近期将收获的作物勿使用，也不要食用刚用药处理不久的果品等农产品。本题仅介绍其在园林绿化方面的应用技术。产品有 92％和 50％可溶粉剂。

丁酰肼被植物吸收、运输和分配到植株各部位，最初的效应是抑制植物体内生长素和赤霉素的合成，因而其主要作用是抑制新梢生长、缩短节间长度；根系发达，增加根系干重，缩小冠根比例；增加叶片厚度和叶绿素含量，延缓叶绿体衰老等。常用于调整树干高度和观赏植物外形。也有调整开花期，延长花保鲜期，提高抗逆性等功效。

（1）花卉　主要用于促进插条生根、化学整形、调节花期、切花保鲜等。

香石竹、菊花、大丽花、一品红、茶花等插条的基部 5cm，在 50％可溶粉剂 100 倍液中浸泡 15～20s，取出晾干、扦插于苗床内，可促进生根。丁香、一品红等插入苗床后，用 1700 倍液滴洒，10 天 1 次，共 3 次，也有促进生根的效果。

对灌木和乔木的观赏植物，用 1％～2％药液处理，可有效控制营养生长，使株型矮壮。例如，八仙花为灌木，当盆栽的株高 3～5cm 时，用 50％可溶粉剂 70～100 倍液喷洒叶面，15～20 天后再喷 1 次，矮化效果明显。花坛里的金鱼草、百日草、鼠尾草、金盏花、龙面花、紫菀等幼苗，用 100～200 倍液喷雾 1～2 次，均可矮化株型。

盆栽菊花，在短日照开始后 14 天，喷 50％可溶粉剂 200 倍液，30 天后再喷 1 次，可降低株高、改善花型、增大花径，延长观赏期。

盆栽菊花小苗长出 1 对新叶时，盆栽波斯菊在摘心后；盆栽菊芋在小苗株高 5～6cm，经过摘心，新叶展开后；盆栽金苞花，对修剪后新枝开始抽生的植株；盆栽金鱼草移栽后，株高 6～10cm 时；盆栽彩叶草摘心后，侧枝展开 1～2 对新叶时；盆栽紫鹅绒株高 5～7cm，经摘心后，待新枝长出，新叶展开后盆栽福禄考株高 6～10cm 时；盆栽龙胆花摘心后等，均可用 92％可溶粉剂 200 倍液喷雾，每 7～10 天喷 1 次，至现蕾止，均可控制枝条生长，降低株高，使植株紧凑，提高观赏价值。

盆栽落地生根，在打尖后，侧枝生长达 4～5cm 时，或在短日照开始后 3～5 周，用 50％可溶粉剂 1000 倍液喷雾，可形成生长均匀、株形理想的植株，但花期约推迟 1 周。

香石竹切花浸在含丁酰肼的保鲜液中，可延缓衰老、延长插花寿命。对月季、菊花、唐菖蒲也有保鲜作用。

丁酰肼可提高某些花卉的抗逆性。例如，矮牵牛在开花前用92％可溶粉剂200～300倍液叶面喷洒，可提高对二氧化硫和臭氧的抗性。球根秋海棠在开花后，晚香玉在植株长出8～10片叶时，用92％可溶粉剂200倍液喷洒茎叶，每7～10天喷1次，共喷3～5次，均可有效地提高球根或鳞茎的品质。地栽嘉兰，经分株繁殖后，用50％可溶粉剂250倍液喷洒茎叶，每7～10天喷1次，共喷4～6次，配合追施液肥，可提高块根品质，增加块根数，使萌根增多。

（2）荔枝　主要用于荔枝杀冬梢。在冬梢萌发后，小叶将展开时，喷洒50％可溶粉剂500倍液。

在果树及其他食用作物上的应用，在此就不列举了，如确有需要，请参阅其他有关书籍。

1447. 怎样用氟节胺抑制烟草腋芽？

氟节胺也为二硝基苯胺类化合物，是接触兼局部内吸的高效烟草腋芽抑制剂，吸收快、作用迅速、持效期长，打顶后施药1次即能抑制侧芽发生直至收获。药剂接触完全展开的烟叶，也不会产生药害。施药后能使自然成熟度一致，提高上、中级烟叶的比例。产品为12.5％、25％乳油。

氟节胺适用于烤烟、晒烟及雪茄烟。在烟株上部花蕾伸长期至始花期，人工打顶并抹去大于2.5cm的腋芽，24h内用喷雾法、杯淋法和涂抹法施药1次。喷雾法亩用25％乳油60mL，对水30kg，喷洒顶叶；杯淋法每株用500倍液15～20mL，顺烟茎淋下；涂抹法用毛笔或棉球蘸药液涂在腋芽上。

1448. 怎样用仲丁灵抑制烟草腋芽？

仲丁灵为二硝基苯胺类除草剂，也是抑芽剂，产品为36％乳油。对烟草腋芽抑制效果好，药效快。在烟株中心花开打顶后24h内施药，施药前将2.5cm以上长的腋芽全部抹去，每株用36％乳油100倍液15～20mL，顺烟株主茎淋下或用毛笔、棉球等将药液涂抹在每个腋芽上。只需施药1次。不能采用喷雾法。

1449. 怎样用二甲戊灵抑制烟草腋芽？

二甲戊灵为二硝基苯胺类除草剂，用于抑制烟草腋芽。商品名则称除芽通，为33％乳油。使用方法为：当烟株现蕾50％时打顶，打顶当日施药，用33％乳油80～100倍液，每株喷淋20～25mL，将换调节器的喷头对准株茎上方喷施，使药液沿烟株茎秆均匀流下到地面触及每一个叶腋。

在早上有露水或气温高于30～35℃时勿施药。烟株未开花前不宜过早打顶施药。除芽通也是除草剂，不能叶面喷雾使用，施药时药液勿接触到幼嫩烟叶。施药后被抑制而呈卷曲状的腋芽，不要摘除，以免再生新腋芽。

1450. 用氯苯胺灵抑制贮存马铃薯发芽，怎样操作？

氯苯胺灵可自动升华为气体，作用于萌动的幼芽，抑制细胞有丝分裂，使萌动的芽很难发芽生长。它是马铃薯贮存极有效的抑芽剂。产品有 2.5% 粉剂，49.65% 热雾剂，99% 熏蒸剂。

在马铃薯收获后至少两周或经过冬贮度过休眠的薯块在室内贮存时使用。使用药量根据贮存期长短、马铃薯品种（芽眼深浅不同）、贮存目的、温度等因素而定。一般用量是每吨无泥土清洁的马铃薯用 2.5% 粉剂 400～600g 将马铃薯分成若干层，均匀撒药或用喷粉器轻轻地把药粉吹入薯堆里。

每吨薯块用 49.65% 气雾液 60～80mL，用热雾机喷雾，与通风设备联合使用，将热雾送入薯层。

若贮存时期长，可在 2 个月后再施药 1 次。

不能用于马铃薯大田或种薯。

1451. 噻苯隆除用于脱叶，还有哪些用途？

噻苯隆为取代脲类化合物，是具有激动素作用的植物生长调节剂，在低浓度下能诱导一些植物的愈伤组织分化出芽来，能促进坐果及叶片保绿，延缓叶片衰老。在较高浓度下用作脱叶剂与再生抑制剂。产品有 0.1%、0.2%、1.5% 可溶液剂，50%、80% 可湿性粉剂，55% 悬浮剂，80% 水分散粒剂。

(1) 作脱叶剂使用　主要用于棉花的脱叶。适时喷洒棉株，被叶片吸收，可及早促使叶柄与茎之间形成脱落层，7 天之内还是青绿的叶子就掉落，茎枝上无枯叶存在，有利于机械或手工采收棉花，棉絮上无枯碎叶片污染，并促使棉桃迅速、均匀成熟，增加霜前花产量。使用后可使棉花提早 10 天左右成熟，适时播冬小麦。

在棉花上使用。根据棉株高矮、种植密度及温、湿度，掌握在初霜期前 20 天左右，棉花吐絮始期，亩用 50% 可湿性粉剂 30～40g 或 80% 可湿性粉剂 20～25g，对水 30～50kg，进行全株叶面喷雾。施药后 7～10 天开始落叶，吐絮增多，15 天达到吐絮高峰。

注意施药时间不能太早，以防幼铃脱落而影响产量。

(2) 作坐果剂使用　在葡萄花期喷 0.1% 可溶液剂 170～250 倍液；西瓜用 0.1% 可溶液剂 50～75 倍液喷涂瓜柄；黄瓜即将开的雌花托用 0.1% 可溶液剂 500 倍液喷洒；甜瓜喷 0.1% 可溶液剂 3000～4000 倍液，都可提高坐果率，增产。这是由于噻苯隆还具有较强的细胞分裂素的活性，能促进光合作用，增产、改善果实品质，增加果实耐贮性。芹菜采收后 0.1% 可溶液剂 300～800 倍液喷洒绿叶，可延长叶片保绿期。

（八）混合植物生长调节剂

1452. 吲丁·诱抗素在水稻秧田怎样使用？

1% 吲丁·诱抗素可湿性粉剂是 0.9% 吲哚丁酸和 0.1% S-诱抗素复配的混剂，主要功能是促进新根生长，用于水稻秧田，于移栽前 1 周左右，用制剂 500～1000 倍液喷洒秧苗，促使新根生长，早返青，使秧苗生长健壮、早分蘖。

1453. 吲丁·萘乙酸的主要功能是什么？ 怎样使用？

吲丁·萘乙酸是萘乙酸与吲哚丁酸复配的混剂，产品有 10%、20% 可湿性粉剂，50% 粉剂，2%、5% 可溶粉剂，主要功能是促进生根，药剂经由根、叶、发芽的种子吸收后，刺激根部内鞘部位细胞分裂生长，使侧根生长快而多，促使植株生长健壮。还刺激不定根形成，促进插条生根，提高扦插成活率。因而它是广谱性生根剂，使用方法简便灵活。

(1) 水稻 干稻种用 2% 可溶粉剂 500～750 倍液或 20% 可湿性粉剂 4000～5000 倍液浸泡 10～12h 再浸种催芽后播种，能提高发芽率，根多、壮苗、抗病。

秧苗生长，寒流来之前喷 50% 粉剂 33000～50000 倍液，可防止烂秧。

在移栽前 1～3 天喷 50% 可溶粉剂 33000～50000 倍液或用 50% 可溶粉剂 25000～50000 倍液或 2% 可溶粉剂 1000～2000 倍液浸秧苗根部 10～20min，可使栽插后缓苗快。

(2) 玉米 播前用 10% 可湿性粉剂 5000～6600 倍液浸种 8h 或浸种 2～4h，再闷种 2～4h 后播种，可提高出芽率，促使苗齐、苗壮、气生根多、抗逆性强、增产。

(3) 其他作物 如小麦、花生、大豆、蔬菜、棉花等，都可以以浸种或拌种方式处理。浸种，一般用 10～20mg/L 浓度药液 1～2h，再闷种 2～4h。拌种，一般用 25～30mg/L 浓度药液 1kg 拌种子 15～20kg，再闷种 2～4h。

烟草在苗期或移栽前 1～2 天用 5～10mg/L 浓度药液喷洒，可促进新根生长、壮苗、防病。

根苗和花卉，在移栽时用 25～30mg/L 浓度药液蘸苗根，或在移栽后用 10～15mg/L 浓度药液顺植株灌根，可促进新根长出，提高成活率。

薯秧在栽插前用 50～60mg/L 浓度药液浸蘸薯秧下部 3～4cm 处，可促进生根、成活。

1454. 吲乙·萘乙酸的主要功能是什么？ 已在哪些作物上应用？

吲乙·萘乙酸是萘乙酸与吲哚乙酸复配的混剂，产品为 50% 可溶粉剂（ABT 生根粉）。

萘乙酸进入植物体内能诱导乙烯生成，内源乙烯在低浓度下有促进生根的作用。吲哚乙酸是植物体内普遍存在的内源生长激素，可诱导不定根的生成、促进侧根增多，但它易被吲哚乙酸氧化酶分解，因而一直未被商品化。由萘乙酸与吲哚乙酸复配的混剂比单剂促进生根的效果更好，可以促进插条不定根形成，缩短生根时间；使移栽苗木受伤根系迅速恢复，提高成活率；在组织培养中能促进生根，减少白化苗。

50% 可溶粉剂使用方法如下。

花生用 20～30mg/kg 拌种，可促进萌发和生根。

小麦用 20～30mg/kg 拌种，可促进萌发和生根。

沙棘用 100～200mg/kg 浸插条基部，可诱导不定根形成。

ABT 生根粉已由单一的生根促进剂，发展成包括可叶面喷雾的系列产品，共 6 个型号，可用于多种农、林作物。具体使用方法请参阅各型号产品的说明书。

1455. 硝钠·萘乙酸适用于哪些作物?

硝钠·萘乙酸是萘乙酸与复硝酚钠复配的混剂,产品为2.85%水剂,其中含萘乙酸钠1.2%、对硝基酚钠0.9%、邻硝基酚钠0.6%、2,4-二硝基酚钠0.15%。主要用于促进作物生长、开花、结实、增产。

(1) 水稻 于小穗分化期和齐穗期各施药1次,每亩次用制剂3000~4000倍液30~40kg。

(2) 小麦 于齐穗期和灌浆期各喷药1次,每亩次用制剂2000~3000倍液30~40kg。

(3) 花生 于结荚期喷药2次,间隔期10天。每亩次用制剂5000~6000倍液30~40kg。

(4) 大豆 于结荚期和鼓粒期各喷药1次,每亩次用制剂4000~6000倍液30~40kg。

(5) 柑橘树 一般在谢花后至果实膨大期,用制剂6000~7000倍液喷树冠。

(6) 黄瓜 生长期内用制剂5000~6000倍液喷茎叶。

1456. 氯胆·萘乙酸在甘薯上怎样使用?

氯胆·萘乙酸是氯化胆碱与萘乙酸复配的混剂,产品有50%可溶粉剂,18%可湿性粉剂。用于甘薯,能显著增产,使用方法有两种。

(1) 浸薯秧 用50%可溶粉剂1000倍液,将扎成小捆的薯秧基部1~2节在药液中浸泡6~10h后栽插,能促进薯秧发根,使块根早膨大。

(2) 喷茎叶 薯秧栽插后30~50天,亩用50%可溶粉剂12~15g,对水20~25kg喷雾,能提高单株结薯数,增加大、中薯块的比例。

本混剂还可用于马铃薯、萝卜、洋葱、人参等根、茎作物。例如,用于姜,在生长期内,每亩次用18%可湿性粉剂50~70g,对水喷茎叶,能促使营养物质向根茎输送,增加产量。

1457. 萘乙·乙烯利在荔枝上怎样使用?

10%萘乙·乙烯利水剂是萘乙酸与乙烯利复配的混剂,在荔枝上主要用于控制花穗上的小叶。

荔枝的花芽为混合芽,花序分化时出现花芽原始体和叶芽原始体,因而可能发育成花芽或叶芽。一般是在气温较高时(如18℃)有利于叶芽发育,形成带叶的小花穗,或形成的小花穗干枯脱落,成为春梢。此时可用10%萘乙·乙烯利水剂1000~1200倍液喷雾,杀伤嫩叶,使其脱落,保护花芽。

1458. 控杀荔枝冬梢的三种混合植物生长调节剂怎样使用?

在荔枝栽培上常遇到幼年结果树或生长健壮的中年树萌发冬梢,特别是萌发较晚的冬梢不仅耗费树体营养,还会减少第二年开花结果数量,过去都是人工摘除冬梢,现在可用药剂控杀冬梢。一般是在冬梢发生前10~15天喷药控制冬梢萌发,或在冬梢抽出

2～3cm 时喷药杀冬梢。可选用的药剂有三种。

① 12％丁酰肼可溶粉剂＋5％乙烯利水剂（桶混剂），一般用 300～500 倍液或 60％丁肼·乙烯利水剂 500～750 倍液喷雾，1 周后嫩梢即可自然脱落。

② 5.2％烯效·乙烯利水剂，是乙烯利与烯效唑复配的混剂，用制剂 500～1000 倍液或用 10％烯效·乙烯利水剂 1500～2000 倍液喷洒叶面。

③ 25.5％多效·乙烯利可湿性粉剂是乙烯利与多效唑复配的混剂，一般是用制剂 600～800 倍液喷洒叶面。

这三种药剂都是由乙烯利分别与植物生长抑制剂丁酰肼、烯效唑、多效唑复配的混剂。众所周知，乙烯利是具有促进植物成熟、衰老、脱落功能的植物生长调节剂，与烯效唑、多效唑等混用有加成作用，在控杀荔枝冬梢上表现较明显。但须注意，不同荔枝品种可能有差异，应先试验、示范，再大面积推广。

1459. 胺鲜·乙烯利在玉米上怎样使用？

胺鲜·乙烯利是乙烯利与胺鲜酯复配的混剂，产品为 30％水剂，内含乙烯利 27％，胺鲜酯 3％。复配目的是克服乙烯利单用易使玉米早衰的缺点，且有促使气生根增多、叶色深绿、叶片增厚的效应。一般是在玉米刚开始抽雄时施药，亩用制剂 20～25mL，对水调制后，用长杆喷雾器自上而下喷洒植株上部茎叶。

1460. 赤 4+ 7·赤霉酸在梨树上怎样使用？

2.7％赤 4＋7·赤霉酸膏剂是赤霉酸 A_{4+7} 与赤霉酸 A_3 复配的混剂，主要用于梨树调节生长，使之增产。使用方法为每果用 20～30mg 制剂涂抹幼果的果柄。

1461. 苄氨·赤霉酸在果树上怎样使用？

苄氨·赤霉酸是由 6-苄氨基嘌呤与赤霉酸 A_{4+7} 复配的混剂，产品为 3.6％、3.8％乳油，3.6％液剂。

早在 1969 年就报道细胞激动素和赤霉素对苹果果形的影响，1974 年确定细胞激动素和赤霉素 A_4＋赤霉素 A_7 混用能使苹果的果实大而形正，从而开发出此混剂。它可经由植物的叶、茎、花吸收，再传导到分生组织活跃部位，促进坐果，提高果形指数，增加坐果率，促进元帅系苹果果实萼端发育，使五棱凸起，并有增重作用。

本混剂已在元帅系的红星、新红星、短枝红星、玫瑰红、红富士和青香蕉苹果上应用，一般是盛花期（中心花开 70％以上）施药 1 次，或是在盛花期对花喷药 1 次，隔 15～20 天再喷幼果 1 次。使用浓度为 3.6％乳油（或液剂）600～800 倍液或 3.8％乳油 800～1000 倍液。

本混剂对猕猴桃的生长有很好的调节效果，于盛花期用 3.6％乳油 400～800 倍液喷雾 1 次，主要着药部位为花朵，能显著提高果形指数、果实硬度，增加单果重量、产量，并可延长货架期。

1462. 赤霉·氯吡脲在葡萄上怎样使用？

0.59％赤霉·氯吡脲可溶液剂是 0.5％赤霉酸（GA_3）与 0.09％氯吡脲复配的混

剂，用其 100～150 倍液浸葡萄果穗，能促使果实生长，提高坐果率，增加含糖量。

1463. 芸苔·赤霉酸在果树上怎样使用？

0.4％芸苔·赤霉酸水剂是 0.002％芸苔素内酯与 0.398％赤霉酸 A_{4+7} 复配的混剂，主要用于促进果树开花、坐果，一般在花期使用。例如柑橘和龙眼树用制剂 800～1600 倍液，荔枝用 800～1800 倍液，喷洒树冠。

1464. 芸·吲·赤霉酸怎样使用？

0.136％芸·吲·赤霉酸可湿性粉剂是赤霉素与吲哚乙酸、芸苔素内酸复配的混剂，主要功能是促进幼苗生长，表现为促进幼苗地下、地上部分成比例生长，促进弱苗变壮苗，加快幼苗生长发育，最终提高产量、改善品质。可以以拌种、浸种、叶面喷雾、淋苗等方式在种子萌发前后至幼苗生长期使用。适用于水稻、小麦、玉米、棉花、烟草、大豆、花生及蔬菜等作物。目前在我国登记的作物是小麦和黄瓜。

调节小麦生长，可在小麦拔节期，亩用制剂 7～14mL，对水常规喷雾。如与播前浸种相结合，效果更好。

调节保护地黄瓜，可在幼苗生长期，亩用制剂 7～14mL，对水常规喷雾。

调节苹果树生长，增加产量，在萌芽期和谢花后，亩用制剂 6～9mL，对水喷树冠。

调节茶树生长，增加茶叶产量，亩用制剂 3.5～7mL，对水喷雾。

1465. 矮壮·甲哌鎓在棉花、番茄上怎样使用？

矮壮·甲哌鎓是甲哌鎓与矮壮素两个植物生长延缓剂复配的混剂，产品有 18％、20％、45％水剂。

矮壮素与甲哌鎓都是赤霉素生物合成抑制剂，但它们抑制赤霉素生物合成的部位不同，国外早有报道两者混用后在一些作物上表现有加成作用，即增效作用。我国将其开发成商品用于调控棉花生长，在控制旺长上表现有加成作用，但对棉花纤维品质没有明显的影响。一般在棉花初花期，亩用有效成分 3～5.4g，相当于 45％水剂 8～12mL 或 20％水剂 15～25mL 或 18％水剂 15～25mL，对水 50kg，自上而下均匀喷雾。

本混剂还可用于调节番茄生长和增产，亩用 18％水剂 20～30mL，对水喷雾。

1466. 胺鲜·甲哌鎓在大豆上怎样使用？

80％胺鲜·甲哌鎓可溶粉剂是由 7％胺鲜酯与 73％甲哌鎓复配的混剂。用于调节大豆的生长，可在结荚初期，亩用制剂 5～6g，对水喷雾，可提高大豆根系活力，矮化植株，增加荚果数量和重量。

1467. 多效·甲哌鎓在小麦等作物上怎样使用？

多效·甲哌鎓是多效唑与甲哌鎓复配的混剂，产品为 20％微乳剂，10％可湿性粉剂。

（1）小麦　20世纪80年代以来，我国开始用多效唑处理小麦，收到矮化、促蘖、抗倒伏的效果，但使用药量偏高时即抑制麦苗正常生长，还有土壤残留的问题。甲哌鎓对小麦也有矮化、促蘖、抗倒伏的作用，且对小麦幼苗安全。20世纪90年代，中国农业大学研究人员将两者混合后用于小麦，发现可发挥两单剂的优点，采用拌种或茎叶喷雾后，可以提高根系活力，促进壮苗和增蘖；控制麦株基部1～3节间伸长，使茎秆粗壮、抗倒力增强；调整叶片形态，增加光合面积和光合速率，增产10%左右，因而开发了本混剂。

① 拌种。每10kg种子，用20%微乳剂2～3mL（冬小麦）或4～6mL（春小麦），对水500～1000mL，拌种后晾干播种。

② 叶面喷雾。一般亩用20%微乳剂30～40mL，对水25～30kg喷雾或用10%可湿性粉剂330～500倍液喷雾。冬小麦在春季麦苗返青至起身期施药，春小麦在3～4叶期施药。

（2）花生　在初花期至盛花期，亩用20%微乳剂20～25mL，对水30kg喷雾，或用10%可湿性粉剂400～500倍液喷雾。

（3）大豆　播前用20%微乳剂250倍液拌种，或大豆出苗后第一片复叶展开期，用1000倍液喷雾。

（4）水稻　用20%微乳剂670倍液浸种24h，可培育壮苗，移栽后基本无缓苗期，分蘖多，抗逆性强，并减轻立枯病危害。

（5）甘薯　在薯蔓长0.5～1m、块茎膨大早期，亩用20%微乳剂30mL，对水50kg喷雾。

（6）马铃薯　地上茎15cm高或开花期，亩用20%微乳剂25～30mL，对水50～60kg喷雾。

1468. 烯腺·羟烯腺可调节哪些作物生长？

烯腺·羟烯腺是烯腺嘌呤与羟烯腺嘌呤复配的混剂，产品有0.004%、0.0004%可溶粉剂，0.0001%可湿性粉剂，0.0001%水剂。

（1）番茄　用于调节生长，增产，可用0.0004%可溶粉剂1600倍液，0.004%可溶粉剂1000～1500倍液或0.0001%水剂200～400倍液，喷3次。

（2）大豆　用于调节生长，用0.0001%可湿性粉剂600倍液喷雾。

（3）水稻、玉米　用于调节生长，可在播前用0.0001%可湿性粉剂100～150倍液浸水，或在生长期用0.0001%可湿性粉剂600倍液喷雾。

（4）茶叶　用于调节茶叶生长，用0.0004%可溶粉剂800～1200倍液喷雾。

（5）柑橘　用于调节生长，增加果实产量，用0.0004%可溶粉剂1200～1600倍液喷雾。

附　录

附录1　国家禁用和限用的农药名单（67种） (2019年4月9日更新)

农药名称	禁/限用范围	备注	相关公告及文件
氟苯虫酰胺	水稻作物		农业部公告第2445号
涕灭威	蔬菜、果树、茶叶、中草药材		农农发〔2009〕3号
内吸磷	蔬菜、果树、茶叶、中草药材		农农发〔2009〕3号
灭线磷	蔬菜、果树、茶叶、中草药材		农农发〔2009〕3号
氯唑磷	蔬菜、果树、茶叶、中草药材		农农发〔2009〕3号
硫环磷	蔬菜、果树、茶叶、中草药材		农农发〔2009〕3号
乙酰甲胺磷	蔬菜、瓜果、茶叶、菌类和中草药材作物		农业部公告第2552号
乐果	蔬菜、瓜果、茶叶、菌类和中草药材作物		农业部公告第2552号
丁硫克百威	蔬菜、瓜果、茶叶、菌类和中草药材作物		农业部公告第2552号
三唑磷	蔬菜		农业部公告第2032号
毒死蜱	蔬菜		农业部公告第2032号
硫丹	农业	撤销含硫丹产品的农药登记证，禁止含硫丹产品在农业上使用	农业部公告第2552号
治螟磷	农业	禁止生产、销售和使用	农业部公告第1586号

农药名称	禁/限用范围	备注	相关公告及文件
蝇毒磷	农业	禁止生产、销售和使用	农业部公告第1586号
特丁硫磷	农业	禁止生产、销售和使用	农业部公告第1586号
砷类	农业	禁止生产、销售和使用	农农发〔2009〕3号
杀虫脒	农业	禁止生产、销售和使用	农农发〔2009〕3号
铅类	农业	禁止生产、销售和使用	农农发〔2009〕3号
氯磺隆	农业	禁止在国内销售和使用（包括原药、单剂和复配制剂）	农业部公告第2032号
六六六	农业	禁止生产、销售和使用	农农发〔2009〕3号
硫线磷	农业	禁止生产、销售和使用	农业部公告第1586号
磷化锌	农业	禁止生产、销售和使用	农业部公告第1586号
磷化镁	农业	禁止生产、销售和使用	农业部公告第1586号
磷化铝（规范包装的产品除外）	农业	①规范包装：磷化铝农药产品应当采用内外双层包装。外包装应具有良好密闭性，防水防潮防气体外泄。内包装应具有通透性，便于直接熏蒸使用。内、外包装均应标注高毒标识及"人畜居住场所禁止使用"等注意事项；②禁止销售、使用其他包装的磷化铝产品	农业部公告第2445号
磷化钙	农业	禁止生产、销售和使用	农业部公告第1586号
磷胺	农业	禁止生产、销售和使用	农农发〔2009〕3号
久效磷	农业	禁止生产、销售和使用	农农发〔2009〕3号
甲基硫环磷	农业	禁止生产、销售和使用	农业部公告第1586号
甲基对硫磷	农业	禁止生产、销售和使用	农农发〔2009〕3号

农药名称	禁/限用范围	备注	相关公告及文件
甲磺隆	农业	禁止在国内销售和使用（包括原药、单剂和复配制剂）；保留出口境外使用登记	农业部公告第 2032 号
甲胺磷	农业	禁止生产、销售和使用	农农发〔2009〕3 号
汞制剂	农业	禁止生产、销售和使用	农农发〔2009〕3 号
甘氟	农业	禁止生产、销售和使用	农农发〔2009〕3 号
福美胂	农业	禁止在国内销售和使用	农业部公告第 2032 号
福美甲胂	农业	禁止在国内销售和使用	农业部公告第 2032 号
氟乙酰胺	农业	禁止生产、销售和使用	农农发〔2009〕3 号
氟乙酸钠	农业	禁止生产、销售和使用	农农发〔2009〕3 号
二溴乙烷	农业	禁止生产、销售和使用	农农发〔2009〕3 号
二溴氯丙烷	农业	禁止生产、销售和使用	农农发〔2009〕3 号
对硫磷	农业	禁止生产、销售和使用	农农发〔2009〕3 号
毒鼠强	农业	禁止生产、销售和使用	农农发〔2009〕3 号
毒鼠硅	农业	禁止生产、销售和使用	农农发〔2009〕3 号
毒杀芬	农业	禁止生产、销售和使用	农农发〔2009〕3 号
地虫硫磷	农业	禁止生产、销售和使用	农业部公告第 1586 号
敌枯双	农业	禁止生产、销售和使用	农农发〔2009〕3 号
狄氏剂	农业	禁止生产、销售和使用	农农发〔2009〕3 号
滴滴涕	农业	禁止生产、销售和使用	农农发〔2009〕3 号
除草醚	农业	禁止生产、销售和使用	农农发〔2009〕3 号
草甘膦混配水剂（草甘膦含量低于 30%）	农业	2012 年 8 月 31 日前生产的，在其产品质量保证期内可以销售和使用	农业部公告第 1744 号

农药名称	禁/限用范围	备注	相关公告及文件
苯线磷	农业	禁止生产、销售和使用	农业部公告第1586号
百草枯水剂	农业	禁止在国内销售和使用	农业部公告第1745号
胺苯磺隆	农业	禁止在国内销售和使用（包括原药、单剂和复配制剂）	农业部公告第2032号
艾氏剂	农业	禁止生产、销售和使用	农农发〔2009〕3号
丁酰肼（比久）	花生		农农发〔2009〕3号
灭多威	柑橘树、苹果树、茶树、十字花科蔬菜		农业部公告第1586号
水胺硫磷	柑橘树		农业部公告第1586号
杀扑磷	柑橘树		农业部公告第2289号
克百威	蔬菜、果树、茶叶、中草药材		农农发〔2009〕3号
	甘蔗作物		农业部公告第2445号
甲基异柳磷	蔬菜、果树、茶叶、中草药材		农农发〔2009〕3号
	甘蔗作物		农业部公告第2445号
甲拌磷	蔬菜、果树、茶叶、中草药材		农农发〔2009〕3号
	甘蔗作物		农业部公告第2445号
氧乐果	甘蓝		农农发〔2009〕3号
	柑橘树		农业部公告第1586号
氟虫腈	除卫生用、玉米等部分旱田种子包衣剂外	禁止在除卫生用、玉米等部分旱田种子包衣剂外的其他方面使用	农业部公告第1157号
溴甲烷	农业	将含溴甲烷产品的农药登记使用范围变更为"检疫熏蒸处理"，禁止含溴甲烷产品在农业上使用	农业部公告第2552号
氯化苦	除土壤熏蒸外的其他方面	登记使用范围和施用方法变更为土壤熏蒸，撤销除土壤熏蒸外的其他登记；应在专业技术人员指导下使用	农业部公告第2289号
三氯杀螨醇	农业		农业部公告第2445号
氰戊菊酯	茶树		农农发〔2009〕3号

农药名称	禁/限用范围	备注	相关公告及文件
氟虫胺	农业	①不再受理、批准含氟虫胺农药产品（包括该有效成分的原药、单剂、复配制剂，下同）的农药登记和登记延续。②撤销含氟虫胺农药产品的农药登记和生产许可。③禁止使用含氟虫胺成分的农药产品	农业农村部公告第 148 号

附录 2　其他采取管理措施的农药名单（3 种）

农药名称	管理措施	农业部公告
2,4-滴丁酯	不再受理、批准 2,4-滴丁酯（包括原药、母药、单剂、复配制剂）的田间试验和登记申请；不再受理、批准其境内使用的续展登记申请。保留原药生产企业该产品的境外使用登记，原药生产企业可在续展登记时申请将现有登记变更为仅供出口境外使用登记	农业部公告第 2445 号
百草枯	不再受理、批准百草枯的田间试验、登记申请，不再受理、批准其境内使用的续展登记申请。保留母药生产企业该产品的出口境外使用登记，母药生产企业可在续展登记时申请将现有登记变更为仅供出口境外使用登记	农业部公告第 2445 号
八氯二丙醚	撤销已经批准的所有含有八氯二丙醚的农药产品登记；不得销售含有八氯二丙醚的农药产品	农业部公告第 747 号

附录 3　限制使用农药名录（2017 版）

限制规定	相关公告
列入本名录的 32 种农药，标签应当标注"限制使用"字样，并注明使用的特别限制和特殊要求；用于食用农产品的，标签还应当标注安全间隔期	农业部公告第 2567 号

附录 4 农药中英文通用名称对照

中文通用名称	英文通用名称
杀虫剂	
毒死蜱	chlorpyrifos
辛硫磷	phoxim
三唑磷	triazophos
丙溴磷	profenofos
马拉硫磷	malathion
杀螟硫磷	fenitrothion
倍硫磷	fenthion
喹硫磷	quinalphos
伏杀硫磷	phosalone
稻丰散	phenthoate
敌百虫	thichlorfon
敌敌畏	dichlorvos
乐果	dimethoate
氧乐果	omethoate
二嗪磷	diazinon
杀扑磷	methidathion
嘧啶磷	pirimiphos-ethyl
甲基嘧啶磷	pirimiphos-methyl
乙酰甲胺磷	acephate
氯胺磷	chloramine phosphorus
亚胺硫磷	phosmet
硝虫硫磷	xiaochongliulin
哒嗪硫磷	pyridaphenthione
水胺硫磷	isocarbophos
甲基异柳磷	isofenphos-methyl
甲拌磷	phorate
甲萘威	carbaryl
异丙威	isoprocarb
仲丁威	fenobucarb
抗蚜威	pirimicarb

中文通用名称	英文通用名称
速灭威	metolcarb
猛杀威	promecarb
苯氧威	fenoxycarb
茚虫威	indoxacarb
克百威	carbofuran
丁硫克百威	carbosulfan
丙硫克百威	benfuracarb
灭多威	methomyl
硫双威	thiodicarb
涕灭威	aldicarb
氯氰菊酯	cypermethrin
高效氯氰菊酯	*beta*-cypermethrin
高效反式氯氰菊酯	*theta*-cypermethrin
顺式氯氰菊酯	*alpha*-cypermethrin
Z-氯氰菊酯	*zeta*-cypermethrin
高效氯氟氰菊酯	*lambda*-cyhalothrin
氟氯氰菊酯	cyfluthrin
高效氟氯氰菊酯	*beta*-cyfluthrin
氰戊菊酯	fenvalerate
S-氰戊菊酯	esfenvalerate
溴氰菊酯	deltamethrin
甲氰菊酯	fenpropathrin
联苯菊酯	bifenthrin
醚菊酯	etofenprox
吡虫啉	imidaclopride
啶虫脒	acetamiprid
噻虫嗪	thiamethoxam
噻虫胺	clothianidin
烯啶虫胺	nitenpyram
氯噻啉	imidaclothiz
杀虫双	thiosultap-disodium，bisultap
杀虫单	thiosultap-monosodiua
杀虫双铵	profurite-aminium
杀螟丹	cartap

中文通用名称	英文通用名称
除虫脲	diflubenzuron
灭幼脲	chlorbenzuron
氟铃脲	hexaflumuron
氟啶脲	chlorfluazuron
氟虫脲	flufenoxuron
杀铃脲	triflumuron
虱螨脲	lufenuron
噻嗪酮	buprofezin
灭蝇胺	cyromazine
抑食肼	yishijing
虫酰肼	tebufenozide
甲氧虫酰肼	methoxyfenozide
呋喃虫酰肼	furan tebufeno zide
烯虫酯	methoprene
吡丙醚	pyriproxyfen
虫螨腈	chlorfenapyr
氟虫腈	fipronil
丁烯氟虫腈	rizazole
乙虫腈	ethiprole
吡蚜酮	pymetrozine
氯虫苯甲酰胺	chlorantraniliprole
氟啶虫酰胺	flonicamide
硫肟醚	sulfoxime
氰氟虫腙	metaflumizozne
螺虫乙酯	spirotetramat
丁醚脲	diafenthiuron
藻酸丙二醇酯	propyleneglycol alginate
信铃酯	gossyplure
烟碱	nicotine
木烟碱	
鱼藤酮	rotenone
除虫菊素	pyrethrins
印楝素	azadirachtin
楝素	toosedarin

中文通用名称	英文通用名称
苦参碱	matrine
氧化苦参碱	oxymatrine
蛇床子素	osthol
桉叶油	1,8-cinede，eucalyptus oil
茴蒿素	santonin
苦皮藤素	celangulin
藜芦碱	vertrine
苦豆子总碱	total alkaloids in sophora alopecuroides
闹羊花素Ⅲ	rhodojaponin-Ⅲ
松脂酸钠	sodium pimaric acid
阿维菌素	abamectin
甲氨基阿维菌素	abamectin-aminomethyl
甲氨基阿维菌素苯甲酸盐	emamectin benzoate
多杀霉素	spinosad
乙基多杀菌素	spinetoram
苏云金芽孢杆菌	*Bacillus thuringiensis*（*B.t.*）
青虫菌	*B.t.* var. galleria
杀螟杆菌	*Bacillus* sp.
白僵菌	*Beauveria*
金龟子绿僵菌	*Metarhizium anisopliae*
块状耳霉菌	*Conidioblus thromboides*
棉铃虫核型多角体毒	*Helicoverpa armigera* nucleopolyhedrovirus（Ha NPV）
斜纹夜蛾核型多角体病毒	*Spodoptera litura* nucleopolyhedrovirus（SINPV）
甜菜夜蛾核型多角体病毒	*Spodoptera litura* nucleopolyhedrovirus（Splt NPV）
苜蓿银纹夜蛾核型多角体病毒	*Autographa californica* nuclear polyhedrosis virus（Ac NPA）
茶尺蠖核型多角体病毒	*Ectropis obliqua hypulina* nuclear polyhedrosis virus
松毛虫质型多角体病毒	*Dendrolimus punctatus* cytoplasmic polyhedrosis virus（Dp CPV）
菜青虫颗粒体病毒	*Pierisrapae* granulosis virus（PrGV）
小菜蛾颗粒体病毒	*Plutella xylostella* granulosis virus（PxGV）
杀螨剂	
溴螨酯	bromopropylate
哒螨灵	pyridaben
四螨嗪	clofentezine

中文通用名称	英文通用名称
炔螨特	propargite
双甲脒	amitraz
单甲脒	semiamitraz
噻螨酮	hexythiazox
唑螨酯	fenpyroximate
丁醚脲	diafenthiuron
嘧螨酯	fluacrypyrin
螺螨酯	spirodiclofen
螺甲螨酯	spiromesifen
吡螨胺	tebufenpyrad
喹螨醚	fenazaquin
联苯肼酯	bifenazate
苯硫威	fenothiocarb
浏阳霉素	liuyangmycin
华光霉素	nikkomycin
二甲基二硫醚	dithioether
乙螨唑	etoxazole
杀鼠剂	
敌鼠钠	sodium diphacinone
氯鼠酮钠	chlorophacinone sodium
杀鼠灵	warfarin
杀鼠醚	coumatetralyl
溴敌隆	bromadiolone
溴鼠灵	brodifacoum
氟鼠灵	flolcoumafen
莪术醇	curcumol
雷公藤甲素	triptolide
雷公藤内酯醇	triptolide
C 型肉毒梭菌毒素	Botulin type C
D 型肉毒梭菌毒素	Botulin type D
杀软体动物剂和杀线虫剂	
杀螺胺乙醇胺盐	niclosamide-olamine
杀螺胺	niclosamide
螺威	luowei

中文通用名称	英文通用名称
四聚乙醛	metaldehyde
苯线磷	fenamiphos
灭线磷	ethoprophos
硫线磷	cadusafos
棉隆	dazomet
威百亩	metam-sodium
溴甲烷	methyl bromide
噻唑磷	fosthiazate
氯唑磷	isazofos
杀菌剂	
碱式硫酸铜	basic copper sulfate
氢氧化铜	copper hydroxide
王铜	copperchloride
氧化亚铜	cuprous oxide
络氨铜	cuaminosulfate
琥胶肥酸铜	copper（succinate tglutarzate＋adipate）
松脂酸铜	copper zabietate
壬菌铜	cuppric nonyl phenolsulfonate
喹啉铜	oxine-copper
噻菌铜	thiodiazole copper
噻森铜	saisentong
乙酸铜	copper acetate
松脂酸铜	copper zabietate
混合氨基酸铜	copper aminoacids
腐植酸铜	copper humic acid
硝基腐植酸铜	nitrohumic acid＋copper sulfate
硫酸铜钙	copper calcium sulphate
波尔多液	bordeaux mixture
石硫合剂	lime sulfur
代森锰锌	mancozeb
代森锌	zineb
代森锰	maneb
代森铵	amobam
代森联	metiram

中文通用名称	英文通用名称
丙森锌	propineb
福美双	thiram
福美胂	asomate
乙蒜素	ethylicin
三唑酮	triadimefon
三唑醇	triadimenol
联苯三唑醇	biteranol
烯唑醇	diniconazole
戊唑醇	tebuconazole
己唑醇	hexaconazole
腈菌唑	myclobutanil
丙环唑	propiconazol
氟硅唑	flusilazole
腈苯唑	fenbuconazole
亚胺唑	imibenconazole
苯醚甲环唑	difenoconazole
灭菌唑	triticonazole
氟环唑	epoxiconazole
粉唑醇	flutriafol
四氟醚唑	tetraconazole
戊菌唑	penconazole
嘧菌酯	azoxystrobin
醚菌酯	kresoxim-methyl
吡唑醚菌酯	pyraclostrobin
氰烯菌酯	phenamacril
烯肟菌酯	enestro burin
烯肟菌胺	xiwojunan
肟菌酯	trifloxystrobin
多菌灵	carbendazim
苯菌灵	benomyl
丙硫多菌灵	albendazole
噻菌灵	thiabendazole
甲基硫菌灵	thiophanate-methyl
咪鲜胺	prochloraz

中文通用名称	英文通用名称
咪鲜胺锰盐	prochloraz-manganese chloride complex
抑霉唑	imazalil
氟菌唑	triflumizole
氰霜唑	cyazofamid
甲霜灵	metalaxyl
精甲霜灵	metalaxyl-M
噻呋酰胺	thifluzamide
氟酰胺	flutolanil
萎锈灵	carboxin
噁霜灵	oxadixyl
水杨菌胺	trichlamide
稻瘟酰胺	fenoxanil
拌种灵	amicarthiazol
硅噻菌胺	silthiophan
啶酰菌胺	boscalid
双炔酰菌胺	mandipropamid
氟吡菌胺	fluopicolide
霜霉威	propamocarb
霜霉威盐酸盐	propamocarb hydrochloride
乙霉威	diethofencarb
缬霉威	iprovalicarb
腐霉利	procymidone
乙烯菌核利	vinclozolin
菌核净	dimetachlone
异菌脲	ipodione
克菌丹	captan
百菌清	chlorothalonil
五氯硝基苯	quintozene
敌磺钠	fenaminosulf
十三吗啉	tridemorph
烯酰吗啉	dimethomorph
氟吗啉	flumorph
三乙膦酸铝	fosetyl-aluminium
甲基立枯磷	tolclofos-methyl

中文通用名称	英文通用名称
嘧霉胺	pyrimethanil
嘧菌环胺	cyprodinil
乙嘧酚	ethirimol
氟啶胺	fluazinam
咯菌腈	fludioxonil
噁霉灵	hymexazol
啶菌噁唑	dingjunezuo
噻霉酮	benziothiazolinone
烯丙苯噻唑	probenazole
叶枯唑	bismerthiazol
噻唑锌	zinc thiozole
三环唑	tricyclazole
霜脲氰	cymoxanil
二硫氰基甲烷	methylrne dithiocyanate
稻瘟灵	isoprothiolane
二氯异氰尿酸钠	sodium dichloroisocvanurate
三氯异氰尿酸	trichloroiso cyanuric acid
过氧乙酸	peracetic acid
丙烷脒	propamidine
井冈霉素	*Jiangangmycin A*
春雷霉素	kasugamycin
多抗霉素	polyoxin
嘧啶核苷类抗菌素	midingheganleikangjunsu
武夷霉素	Wuyiencin
中生菌素	Zhongshengmycin
宁南霉素	*Ningnanmycin*
四霉素	tetramycin
长川霉素	changchuan meisu
木霉菌	*Trichoderma* spp.
枯草芽孢杆菌	*Brevibacterium*
地衣芽孢杆菌	*Bacillus licheni formis*
多粘类芽孢杆菌	*Paenibacillus polymyza*
荧火假单孢杆菌	*Pseudomonas fluorescens*
放射土壤杆菌	*Agrobacterium radibacter*

中文通用名称	英文通用名称
寡雄腐霉菌	*Pythium oligadrum*
丁香酚	eugenol
儿茶素	d-catechin
小檗碱	berberine
蛇床子素	cnidiadin
邻烯丙基苯酚	2-allyl phenol
氨基寡糖素	oligochitosac charins
聚半乳糖醛酚酶	polyglacturonase
几丁聚糖	chltosan
盐酸吗啉胍	moroxydine hydrochloride
毒氟膦	dufulin
混合脂肪酸	fattyacids
香菇多糖	fungous proteoglycan
除草剂	
2,4-滴丁酯	2,4-D butylate
2,4-滴异辛酯	2,4-D ethylhexyl
2 甲 4 氯	MCPA
2 甲 4 氯钠	MCPA-sodium
麦草畏	dicamba
二氯喹啉酸	quinclorac
草除灵	benazolin，benazolin-ethyl
二氯吡啶酸	clopyralid
氨氯吡啶酸	picloram
氯氟吡氧乙酸	fluroxypyr
氯氟吡氧乙酸异辛酯	fluroxypyr-mepthyl
三氯吡氧乙酸	trichlopyr
氟硫草定	dithiopyr
氰氟草酯	cyhalofop-butyl
炔草酯	clodinafop-propargyl
禾草灵	diclofop-methyl
精吡氟禾草灵	fluazifop-P-butyl，fluazifop-P（acid）
高效氟吡甲禾灵	haloxyfop-P-methyl
精噁唑禾草灵	fenoxaprop-P，fenoxaprop-P-ethyl
精喹禾灵	quizalofop-P-ethyl，quizalofop-P（acid）

中文通用名称	英文通用名称
喹禾糠酯	quizalofop-P-tefuryl
稀禾啶	sethoxydim
烯草酮	clethodim
苄嘧磺隆	bensulfuron-methyl，bensulfuron（acid）
吡嘧磺隆	pyrazosulfuron-ethyl，pyr-azosulfuron（acid）
醚磺隆	cinosulfuron
乙氧磺隆	ethoxysulfuron
环丙嘧磺隆	cyproconazole
氟吡磺隆	flucetosulfuron
嘧苯胺磺隆	orthosulfamuron
苯磺隆	tribenuron-methyl，tribenuron（acid）
噻吩磺隆	thifensulfuron-methyl
酰嘧磺隆	amidosulfuron
醚苯磺隆	triasulfuron
氟唑磺隆	flucarbazone-sodium
烟嘧磺隆	nicosulfuron
砜嘧磺隆	rimsulfuron
甲酰氨基嘧磺隆	foramsulfuron
氯嘧磺隆	chlorimuron-ethyl，chlorimuron（acid）
三氟啶磺隆钠盐	trifloxysulfuron sodium
甲嘧磺隆	sulfometuron-methyl，sulfometuron（acid）
啶嘧磺隆	flazasulfuron
胺苯磺隆	ethametsulfuron
咪唑烟酸	imazapyr
咪唑乙烟酸	imazethapyr
甲氧咪草烟	imazamox
甲咪唑烟酸	imazapic
咪唑喹啉酸	imazaquin
双草醚	bispyribac-sodium
双嘧双苯醚	
环酯草醚	pyriftalid
嘧草醚	pyriminobac-methyl
丙酯草醚	pyribam benz-propyl
异丙酯草醚	pyribambenz-isopropyl

中文通用名称	英文通用名称
唑嘧磺草胺	flumetsulam
双氟磺草胺	florasulam
五氟磺草胺	penoxsulam
氯酯磺草胺	cloransulam-methyl
啶磺草胺	pyroxsulam
乙氧氟草醚	oxyfluorfen
乙羧氟草醚	fluoroglycon-ethyl
三氟羧草醚	acifluorfen
氟磺胺草醚	fomesafen
乳氟禾草灵	lactofen
氟烯草酸	flumiclorac
丙炔氟草胺	fulmioxazin
吡草醚	pyraflufen-ethyl
噁草酮	oxadiazon
丙炔噁草酮	oxadiargyl
唑草酮	carfentrazone-ethyl
异丙隆	isoproturon
敌草隆	diuron
利谷隆	linuron
莠去津	atrazine
西玛津	simazine
氰草津	cyanazine
特丁津	terbuthylazine
莠灭净	ametryn
扑草净	prometryn
西草净	simetryn
氟草净	fucaojing
磺草酮	sulcotrione
硝磺草酮	mesotrione
嗪草酮	metribuzin
苯嗪草酮	metamitron
环嗪酮	hexazinone
溴苯腈	bromoxynil
辛酰溴苯腈	bromoxynil octanoate

中文通用名称	英文通用名称
甲草胺	alachlor
异丙甲草胺	metolachlor
精异丙甲草胺	s-metolachlor
乙草胺	acetochlor
丙草胺	pretilachlor
异丙草胺	propisochlor
丁草胺	butachlor
敌草胺	napropamide
R-敌草胺	R(－)-napropamide
苯噻酰草胺	mefenacet
吡唑草胺	metazachlor
炔苯酰草胺	propyzamide
禾草丹	thiobencarb
禾草敌	diclofop-methyl
野麦畏	tri-allate
威百亩	metam-sodium
氟乐灵	trifluralin
仲丁灵	butralin
二甲戊灵	pendimethalin
草甘膦	glyphosate
莎稗磷	anilofos
双丙氨膦	bialaphos
草铵膦	glufosinate-ammonium
双甲胺草磷	shuangjiaancaolin
百草枯	paraquat
敌草快	diquat
灭草松	bentazone
异噁草酮	clomazone
噁嗪草酮	oxazi clomefone
环庚草醚	cinmethylin
野燕枯	difenzoquat
嗪草酸甲酯	eluthiacet-methyl

中文通用名称	英文通用名称
乙氧呋草黄	ethofumesate
植物生长调节剂	
对氯苯氧乙酸钠	sodium 4-CPA
2,4-滴	2,4-D
吲熟酯	ethychlozate
吲哚乙酸	indol-3-ylacetic acid
吲哚丁酸	4-indolylbutyric acid
萘乙酸	1-naphthyl acetic acid
赤霉酸 A_3	Gibberellic acid（GA_3）
赤霉酸 A_4	Gibberellin acid（GA_4）
赤霉酸 A_7	Gibberellin acid（GA_7）
乙烯利	ethephon
1-甲基环丙烯	1-methylcycl opropene（1-MCP）
糠氨基嘌呤	kinetin
苄氨基嘌呤	6-benzylami nopurine
羟烯腺嘌呤	oxyenadenine
烯腺嘌呤	enadenine
氯吡脲	forchlorfenuron
芸苔素内酯	brassinolide（BR）
丙酰芸苔素内酯	Le-brassinolide brassinolide
三十烷醇	triacontanol
胺鲜酯	diethyl aminoethyl hexanote
核苷酸	Nucleotide
复硝酚钠	sodium nitrophenolate
复硝酚钾	potassium nitrophenolate
苯肽胺酸	phthalanil acid
呋苯硫脲	fuphen-thiourae
2-(乙酰氧基) 苯甲酸	aspirin
硅丰环	silatrane
甲哌鎓	mepiquat chloride
多效唑	paclobutrazol
烯效唑	uniconazole

中文通用名称	英文通用名称
抗倒酯	trinexapac，trinexapac-ethyl
S-诱抗素	（＋）-abscisic acid
丁酰肼	daminozide
氯苯胺灵	chlorpropham
噻苯隆	thidiazuron
氯化胆碱	choline chloride
氟节胺	flumetralin

注：选录自中华人民共和国国家标准 GB 4839—2009《农药中文通用名称》。本书内容没有的农药未加选录。

附录5　农药应用快速检索（按防治对象）

主要病害

灰霉病：

百菌清、吡唑·啶酰菌、吡唑醚菌酯、丁子·香芹酚、丁子香酚、啶菌·吡唑酯、啶菌·福美双、啶菌噁唑、啶酰·腐霉利、啶酰·咯菌腈、啶酰·嘧菌酯、啶酰·异菌脲、啶酰菌胺、啶氧菌酯、多·福·乙霉威、多抗霉素、二氯异氰尿酸钠、氟啶胺、氟菌·肟菌酯、福·甲·硫黄、腐霉·百菌清、腐霉·多菌灵、腐霉·福美双、腐霉利、咯菌腈、寡糖·嘧霉胺、过氧乙酸、哈茨木霉菌、海洋芽孢杆菌、己唑·腐霉利、己唑醇、甲基营养型芽孢杆菌、甲硫·福美双、甲硫·乙霉威、菌核·福美双、克菌丹、枯草芽孢杆菌、苦参·蛇床素、苦参碱、硫黄·多菌灵、咪鲜胺、咪鲜胺锰盐、嘧胺·乙霉威、嘧环·咯菌腈、嘧环·啶酰菌、嘧环·腐霉利、嘧环·咯菌腈、嘧环·戊唑醇、嘧菌·腐霉利、嘧菌环胺、嘧霉·百菌清、嘧霉·啶酰菌、嘧霉·多菌灵、嘧霉·福美双、嘧霉·咯菌腈、嘧霉·异菌脲、嘧霉胺、木霉菌、申嗪霉素、双胍·吡唑酯、双胍三辛烷基苯磺酸盐、戊唑·腐霉利、香芹酚、小檗碱、小檗碱盐酸盐、乙霉·苯菌灵、乙霉·多菌灵、异菌·百菌清、异菌·多·锰锌、异菌·氟啶胺、异菌·福美双、异菌·腐霉利、异菌脲、抑霉·咯菌腈、荧光假单胞杆菌、中生·嘧霉胺、唑醚·啶酰胺。

白粉病：

百·福、百菌清、苯甲·百菌清、苯甲·吡唑酯、苯甲·丙环唑、苯甲·氟酰胺、苯甲·硫黄、苯甲·醚菌酯、苯甲·肟菌酯、苯菌酮、苯醚·丙环唑、苯醚·甲硫、苯醚甲环唑、苯醚菌酯、吡·多·三唑酮、吡·硫·多菌灵、吡虫·三唑酮、吡萘·嘧菌酯、吡唑醚菌酯、丙环·福美双、丙环·咪鲜胺、丙环唑、丙森·醚菌酯、丙唑·戊唑醇、大黄素甲醚、啶酰·肟菌酯、啶酰·乙嘧酚、多·福·锌、多·酮、多·酮·福美双、多抗霉素、粉唑·嘧菌酯、粉唑醇、氟吡菌酰胺、氟硅唑、氟环·多菌灵、氟环·

嘧菌酯、氟环唑、氟菌·肟菌酯、氟菌·戊唑醇、氟菌唑、氟嘧·戊唑醇、福·甲·硫黄、福美双、寡糖·硫黄、寡糖·嘧菌酯、硅唑·多菌灵、硅唑·嘧菌酯、环丙·嘧菌酯、环丙唑醇、几丁聚糖、己唑·多菌灵、己唑·醚菌酯、己唑·嘧菌酯、己唑·壬菌铜、己唑·乙嘧酚、己唑醇、甲基硫菌灵、甲硫·百菌清、甲硫·氟环唑、甲硫·福美双、甲硫·己唑醇、甲硫·醚菌酯、甲硫·噻唑锌、甲硫·三唑酮、甲硫·乙嘧酚、甲柳·三唑酮、腈菌·福美双、腈菌·锰锌、腈菌·三唑酮、腈菌·乙嘧酚、腈菌唑、井冈·三唑酮、抗·酮·多菌灵、枯草芽孢杆菌、苦参·蛇床素、矿物油、乐·酮·多菌灵、硫·酮·多菌灵、硫黄、硫黄·多菌灵、硫黄·甲硫灵、硫黄·锰锌、硫黄·三唑酮、硫黄·戊唑醇、氯啶菌酯、马拉·三唑酮、锰锌·腈菌唑、锰锌·三唑酮、咪·酮·百菌清、咪鲜·己唑醇、咪鲜·三唑酮、咪鲜胺、醚菌·代森联、醚菌·啶酰菌、醚菌·氟环唑、醚菌·乙嘧酚、醚菌酯、嘧啶核苷类抗菌素、嘧菌·多菌灵、嘧菌·戊唑醇、嘧菌·乙嘧酚、嘧菌酯、宁南·氟环唑、宁南霉素、氰戊·三唑酮、氰烯·己唑醇、噻呋·嘧菌酯、三唑醇、蛇床子素、石硫合剂、双胍·吡唑酯、双胍三辛烷基苯磺酸盐、四氟·肟菌酯、四氟·吡唑酯、四氟·醚菌酯、四氟醚唑、四霉素、肟菌·戊唑醇、肟菌·乙嘧酚、肟菌酯、戊菌唑、戊唑·百菌清、戊唑·多菌灵、戊唑·福美双、戊唑·咪鲜胺、戊唑·醚菌酯、戊唑醇、烯肟·戊唑醇、烯肟菌胺、烯唑·多菌灵、烯唑·三唑酮、烯唑醇、香芹酚、硝苯·嘧菌酯、硝苯菌酯、小檗碱盐酸盐、辛硫·三唑酮、乙嘧酚、乙嘧酚·醚菌酯、乙嘧酚磺酸酯、己唑醇、中生·醚菌酯、唑醚·啶酰胺、唑醚·氟硅唑、唑醚·氟环唑、唑醚·氟酰胺、唑醚·己唑醇、唑醚·戊唑醇、唑醚·乙嘧酚、唑酮·福美双、唑酮·甲拌磷、唑酮·氧乐果。

疮痂病：

百菌清、苯甲·克菌丹、苯甲·嘧菌酯、苯菌灵、苯醚甲环唑、代森联、代森锰锌、噁酮·锰锌、甲基硫菌灵、腈菌唑、硫黄、硫酸铜钙、络氨铜、锰锌·拌种灵、嘧菌酯、氢氧化铜、噻菌铜、肟菌·戊唑醇、烯唑醇、溴菌腈、亚胺唑、唑醚·代森联、唑醚·锰锌。

黄萎病：

氨基寡糖素、解淀粉芽孢杆菌 B7900、枯草芽孢杆菌、氯化苦、三氯异氰尿酸、乙蒜素。

锈病：

百菌清、福美·拌种灵（拌种双）、苯甲·丙环唑、苯甲·氟酰胺、苯醚甲环唑、吡唑醚菌酯、丙环唑、代森锰锌、代森锌、啶氧·丙环唑、啶氧菌酯、粉唑醇、氟环·多菌灵、氟环·嘧菌酯、氟环唑、福美·拌种灵、环丙唑醇、己唑醇、甲硫·氟环唑、甲柳·三唑酮、腈菌唑、枯草芽孢杆菌、硫黄·锰锌、硫黄·三唑酮、锰锌·硫黄、醚菌酯、嘧啶核苷类抗菌素、嘧菌酯、噻呋酰胺、三唑醇、莠锈·三唑酮、莠锈灵、肟菌·戊唑醇、戊唑醇、烯肟·戊唑醇、烯唑醇、香芹酚、辛菌胺醋酸盐、唑醇·福美双、唑醚·氟环唑、唑醚·戊唑醇、唑酮·福美双、唑酮·氧乐果。

叶霉病：

苯甲·氟酰胺、春雷·霜霉威、春雷·王铜、春雷霉素、多·福·锌、多抗·丙森锌、多抗霉素、氟硅唑、氟菌·戊唑醇、甲基硫菌灵、克菌丹、锰锌·腈菌唑、嘧菌酯、抑霉唑、唑醚·氟酰胺。

溃疡病：

波尔·锰锌、波尔多液、春雷·王铜、春雷·喹啉铜、春雷霉素、代森铵、琥胶肥酸铜、甲基营养型芽孢杆菌LW-6、碱式硫酸铜、枯草芽孢杆菌、喹啉铜、硫酸铜钙、络氨铜、氢氧化铜、噻菌铜、噻森铜、噻唑锌、三乙膦酸铝、四霉素、松脂酸铜、王铜、王铜·代森锌、氧化亚铜、乙酸铜、中生·乙酸铜。

早疫病：

30%醚菌酯悬浮剂、百菌清、苯甲·百菌清、苯甲·丙环唑、苯甲·氟酰胺、苯甲·嘧菌酯、苯醚甲环唑、吡唑醚菌酯、丙森锌、波尔·锰锌、代森锰锌、代森锌、啶酰菌胺、多·锰锌、多菌灵、多抗霉素、噁酮·氟噻唑、噁酮·锰锌、噁酮·霜脲氰、二氯异氰尿酸钠、氟啶胺、氟菌·肟菌酯、氟菌·戊唑醇、琥铜·甲霜灵、碱式硫酸铜、克菌丹、喹啉铜、锰锌·百菌清、锰锌·福美双、醚菌酯、嘧啶核苷类抗菌素、嘧菌·百菌清、嘧菌酯、氢铜·福美锌、氢氧化铜、王铜、肟菌·戊唑醇、肟菌酯、戊唑·嘧菌酯、烯酰·吡唑酯、氧化亚铜、异菌·多菌灵、异菌·福美双、异菌脲、中生·代森锌、唑醚·代森联。

晚疫病：

氨基寡糖素、百菌清、吡唑醚菌酯、丙森·霜脲氰、丙森锌、波尔·甲霜灵、代森锰锌、代森锌、丁吡吗啉、丁子香酚、多抗·福美双、多抗霉素、噁酮·氟啶胺、噁酮·氟噻唑、噁酮·霜脲氰、噁酮·烯酰、噁唑菌酮、氟胺·氰霜唑、氟啶·嘧菌酯、氟啶·霜脲氰、氟啶胺、氟菌·锰锌、氟菌·霜霉威、氟吗·氟啶胺、氟吗啉、氟醚·烯酰、氟嘧·百菌清、氟噻唑吡乙酮、寡雄腐霉菌、几丁聚糖、甲霜·百菌清、甲霜·锰锌、甲霜·嘧菌酯、甲霜·霜霉威、甲霜灵、精甲·百菌清、精甲·丙森锌、精甲·嘧菌酯、精甲霜·锰锌、精甲霜灵、枯草芽孢杆菌、苦参碱、喹啉铜、锰锌·氟吗啉、锰锌·嘧菌酯、嘧菌·百菌清、嘧菌·丙森锌、嘧菌酯、氢氧化铜、氰霜·百菌清、氰霜·嘧菌酯、氰霜唑、三乙膦酸铝、双炔酰菌胺、霜霉·氟啶胺、霜霉·精甲霜、霜霉·嘧菌酯、霜脲·百菌清、霜脲·锰锌、霜脲·嘧菌酯、霜脲·氰霜唑、霜脲·霜霉威、肟菌酯、烯酰·吡唑酯、烯酰·代森联、烯酰·氟啶胺、烯酰·膦酸铝、烯酰·锰锌、烯酰·嘧菌酯、烯酰·氰霜唑、烯酰·噻霉酮、烯酰·霜霉威、烯酰·铜钙、烯酰·唑嘧菌、烯酰·唑嘧菌、烯酰吗啉、唑醚·氰霜唑、唑醚·丙森锌、唑醚·代森联、唑醚·喹啉铜、唑醚·氰霜唑。

病毒病：

氨基寡糖素、丙唑·吗啉胍、大黄素甲醚、低聚糖素、丁子香酚、毒氟·吗啉胍、毒氟磷、寡糖·链蛋白、寡糖·吗呱、琥铜·吗啉胍、混合脂肪酸、混脂·络氨铜、几丁聚糖、甲噻诱胺、甲诱·吗啉胍、苦参碱、氯溴异氰尿酸、吗胍·乙酸铜、宁南霉素、葡聚烯糖、羟烯·吗啉胍、烷醇·硫酸铜、烯·羟·吗啉胍、香菇多糖、香芹酚、辛菌·吗啉胍、辛菌胺醋酸盐、盐酸吗啉胍、甾烯醇。

青枯病：

多粘类芽孢杆菌、海洋芽孢杆菌、甲霜·福美双、解淀粉芽孢杆菌、枯草芽孢杆菌、蜡质芽孢杆菌、氯化苦、氯尿·硫酸铜、噻菌铜、噻森铜、噻唑锌、三氯异氰尿酸、溴菌·壬菌铜、荧光假单胞杆菌、中生·寡糖素、中生菌素。

蔓枯病：

苯甲·嘧菌酯、苯甲·吡唑酯、苯甲·咪鲜胺、苯甲·烯肟、啶氧菌酯、多抗霉素、氟菌·肟菌酯、氟菌·戊唑醇、嘧菌·百菌清、嘧菌酯、双胍·己唑醇、双胍三辛烷基苯磺酸盐、唑醚·代森联。

根肿病：

氟胺·氰霜唑、氟啶胺、枯草芽孢杆菌、氰霜唑。

霜霉病：

氨基寡糖素、百·福、百·福·福锌、百·锌·福美双、百菌清、苯甲·嘧菌酯、苯甲·霜霉威、苯菌·氟啶胺、吡醚·代森联、吡醚·霜脲氰、吡唑·代森联、吡唑·福美双、吡唑醚菌酯、丙硫唑、丙森·膦酸铝、丙森·醚菌酯、丙森·霜脲氰、丙森·缬霉威、丙森锌、波尔·甲霜灵、波尔·锰锌、波尔·霜脲氰、波尔多液、春雷·王铜、代森铵、代森联、代森锰锌、代森锌、代锌·甲霜灵、敌磺钠、地衣芽孢杆菌、丁子香酚、啶氧菌酯、多·福、多·锰锌、多抗·福美双、多抗霉素、噁霜·锰锌、噁酮·吡唑酯、噁酮·氟噻唑、噁酮·锰锌、噁酮·嘧菌酯、噁酮·氰霜唑、噁酮·霜脲氰、噁唑菌酮、二氯异氰尿酸钠、二氰·烯酰、氟菌·霜霉威、氟吗·精甲霜、氟吗·氰霜唑、氟吗·乙铝、氟吗·唑菌酯、氟吗啉、氟醚菌酰胺、氟嘧·百菌清、氟噻唑吡乙酮、福美双、腐霉·百菌清、寡糖·吡唑酯、寡糖·烯酰、哈茨木霉菌、琥·铝·甲霜灵、琥铜·霜脲氰、琥铜·百菌清、琥铜·甲霜灵、琥铜·霜脲氰、琥铜·乙膦铝、几丁聚糖、几糖·嘧菌酯、甲霜·锰锌、甲霜·百菌清、甲霜·福美双、甲霜·福美锌、甲霜·锰锌、甲霜·醚菌酯、甲霜·霜霉威、甲霜·乙膦铝、碱式硫酸铜、精甲·百菌清、精甲·丙森锌、精甲·嘧菌酯、精甲·霜脲氰、精甲霜·锰锌、精甲霜灵、井冈·嘧菌酯、克菌·戊唑醇、克菌丹、枯草芽孢杆菌、苦参·蛇床素、苦参碱、喹啉·霜脲氰、喹啉铜、硫黄·百菌清、硫黄·三唑酮、硫酸铜钙、氯溴异氰尿酸、锰锌·苯酰胺、锰锌·噁霜灵、锰锌·氟吗啉、锰锌·甲霜灵、锰锌·腈菌唑、锰锌·霜脲、锰锌·乙铝、醚菌·代森联、醚菌酯、嘧菌·百菌清、嘧菌酯、嘧酯·噻唑锌、木霉菌、宁南·嘧菌酯、氢氧化铜、氰霜·百菌清、氰霜·丙森锌、氰霜·代森联、氰霜·嘧菌酯、氰霜唑、壬菌铜、噻霉酮、三乙膦酸铝、蛇床子素、申嗪霉素、双炔·百菌清、双炔酰菌胺、霜·代·乙膦铝、霜霉·辛菌胺、霜霉威、霜霉威盐酸盐、霜霉盐、霜脲·百菌清、霜脲·代森联、霜脲·锰锌、霜脲·嘧菌酯、霜脲·氰霜唑、霜脲氰、松铜·吡唑酯、松脂酸铜、王铜·甲霜灵、王铜·霜脲氰、肟菌·霜脲氰、烯肟·霜脲氰、烯肟菌酯、烯酰·吡唑酯、烯酰·百菌清、烯酰·吡唑酯、烯酰·丙森锌、烯酰·福美双、烯酰·甲霜灵、烯酰·喹啉铜、烯酰·锰锌、烯酰·醚菌酯、烯酰·氰霜唑、烯酰·霜脲氰、烯酰·王铜、烯酰·乙膦铝、烯酰·异菌脲、烯酰·中生、烯酰·唑嘧菌、烯酰吗啉、硝苯·嘧菌酯、氧化亚铜、乙铝·百菌清、乙铝·氟吡胺、乙铝·福美双、乙铝·锰锌、乙蒜素、唑醚·丙森锌、唑醚·代森联、唑醚·精甲霜、唑醚·氰霜唑、唑醚·壬菌铜、唑醚·霜脲氰。

炭疽病：

百菌清、福美·拌种灵（拌种双）、苯甲·氟环唑、苯甲·吡唑酯、苯甲·啶氧、苯甲·多菌灵、苯甲·二氰、苯甲·福美双、苯甲·克菌丹、苯甲·咪鲜胺、苯甲·嘧菌酯、苯甲·肟菌酯、苯甲·溴菌腈、苯甲·抑霉唑、苯醚·甲硫、苯醚·咪鲜胺、苯醚·噻霉酮、苯醚甲环唑、吡唑·甲硫灵、吡唑醚菌酯、丙硫唑、丙森·咪鲜胺、丙森锌、波尔多液、春雷·多菌灵、春雷·溴菌腈、代森联、代森锰锌、代森锌、啶氧菌酯、多·福、多·福·锌、多·福·溴菌腈、多·五·克百威、多菌灵、多抗霉素、多粘类芽孢杆菌、噁霉·乙蒜素、噁酮·锰锌、二氰·吡唑酯、二氰·甲硫、二氰蒽醌、氟啶·嘧菌酯、氟啶胺、氟硅唑、氟环唑、氟菌·肟菌酯、氟菌·戊唑醇、福·福锌、福·甲·硫黄、福美双、福美锌、寡糖·肟菌酯、硅唑·咪鲜胺、琥胶肥酸铜、己唑·多菌灵、己唑·嘧菌酯、甲基硫菌灵、甲硫·丙森锌、甲硫·福美双、甲硫·腈菌唑、甲硫·锰锌、甲硫·咪鲜胺、甲硫·戊唑醇、甲硫·异菌脲、腈菌·咪鲜胺、腈菌唑、克菌·戊唑醇、克菌·溴菌腈、克菌丹、苦参·蛇床素、苦参碱、硫·酮·多菌灵、硫黄·多菌灵、硫黄·甲硫灵、络氨铜、锰锌·拌种灵、咪·酮·百菌清、咪锰·代森联、咪锰·多菌灵、咪锰·三环唑、咪铜·多菌灵、咪鲜·丙森锌、咪鲜·多菌灵、咪鲜·几丁糖、咪鲜·甲硫灵、咪鲜·嘧菌酯、咪鲜·三唑酮、咪鲜·抑霉唑、咪鲜胺、咪鲜胺锰盐、咪鲜胺铜盐、嘧啶核苷类抗菌素、嘧菌·百菌清、嘧菌·戊唑醇、嘧菌酯、氢氧化铜、三氯异氰尿酸、双胍·己唑醇、双胍·咪鲜胺、松脂酸铜、肟菌·咪鲜胺、肟菌·戊唑醇、肟菌酯、五氯·福美双、五氯硝基苯、戊唑·多菌灵、戊唑·咪鲜胺、戊唑·嘧菌酯、戊唑醇、烯唑醇、辛菌·四霉素、溴菌·多菌灵、溴菌·咪鲜胺、溴菌·五硝苯、溴菌·戊唑醇、溴菌腈、乙铝·福美双、乙铝·锰锌、抑霉唑、唑醚·代森联、唑醚·氟环唑、唑醚·氟酰胺、唑醚·甲硫灵、唑醚·克菌丹、唑醚·咪鲜胺、唑醚·壬菌铜、唑醚·戊唑醇、唑酮·福美双。

主要虫害

红蜘蛛：

单甲脒盐酸盐、哒螨灵、毒死蜱、阿维菌素、炔螨特、三唑锡、苯丁锡、唑螨酯、单甲脒、哒螨·矿物油、双甲脒、阿维·螺螨酯、氰戊·马拉松、阿维·四螨嗪、四螨·哒螨灵、联苯菊酯、甲氰·噻螨酮、螺螨酯、氰戊·氧乐果、噻嗪·哒螨灵、阿维·哒螨灵、甲氰菊酯、哒灵·炔螨特、阿维·甲氰、苯丁·炔螨特、四螨嗪、阿维·三唑锡、噻螨酮、单甲脒盐酸盐、苯丁·哒螨灵、甲氰·辛硫磷、氯·灭·辛硫磷、香芹酚、阿维·炔螨特、阿维·毒死蜱、丙溴·炔螨特、双甲脒、石硫合剂、阿维·丁醚脲、丁醚·哒螨灵、苯丁·联苯肼、阿维·甲氰、哒螨·灭幼脲、四螨·苯丁锡、唑酮·氧乐果、阿维·柴油、唑螨酯、哒螨·矿物油、氟脲·炔螨特、溴氰·矿物油、甲维·丙溴磷、四螨·三唑锡、哒螨·吡虫啉、高效氯氰菊酯、炔螨·矿物油、溴螨酯、苦参碱、水胺硫磷、阿维·苯丁锡、氯氰·水胺、联菊·丁醚脲、丙溴·炔螨特、联肼·螺螨酯、螺虫乙酯、唑酯·炔螨特、氟啶胺、四螨·联苯肼、乙螨·三唑锡、丁醚脲、哒螨·乙螨唑、阿维·啶虫脒、丁醚·哒螨灵、阿维·丙溴磷、吡虫·三唑锡、苯丁·螺螨酯、甲氰·单甲脒、炔螨·溴螨酯、联肼·乙螨唑、联苯·噻螨酮、联苯·三唑锡、哒螨·矿物油、四螨·螺螨酯、乙螨·螺螨酯、螺虫·乙螨唑、阿维·联苯肼、甲氰·甲维盐、甲氰·乙螨唑、阿维·乙螨唑、乙螨·丁醚脲、甲氰·炔螨特、丁氟螨酯、乙唑螨腈、哒螨·单甲脒、四螨·丁醚脲、涕灭威、丁醚脲·乙螨唑、螺虫·苯丁锡、哒螨·三唑锡、阿维·丁硫、藜芦碱、高效氯氟氰菊酯、阿维·联苯菊、哒螨·辛硫磷、敌畏·辛硫磷、马拉·辛硫磷、辛硫·氟氯氰、四嗪·炔螨特、唑酮·氧乐果、氰戊·氧乐果、马拉·联苯菊、噻酮·炔螨特、联苯·三唑磷、阿维·杀螟松、马拉·

高氯氟。

蚜虫：

啶虫·毒死蜱、S-氰戊菊酯、zeta-氯氰菊酯、阿维·吡虫啉、阿维·吡蚜酮、阿维·啶虫脒、阿维·毒死蜱、阿维·矿物油、阿维·噻虫嗪、阿维·烯啶、阿维菌素、桉油精、倍硫磷、苯甲·吡虫啉、苯甲·噻虫嗪、苯醚·咯·噻虫、吡·多·福美双、吡·多·三唑酮、吡·硫·多菌灵、吡·萎·福美双、吡虫·毒·苯甲、吡虫·毒死蜱、吡虫·多菌灵、吡虫·高氟氯、吡虫·咯·苯甲、吡虫·矿物油、吡虫·灭多威、吡虫·三唑酮、吡虫·三唑锡、吡虫·杀虫单、吡虫·辛硫磷、吡虫·氧乐果、吡虫啉、吡醚·咯·噻虫、吡蚜·啶虫脒、吡蚜·呋虫胺、吡蚜·高氯氟、吡蚜·螺虫酯、吡蚜·噻虫啉、吡蚜酮、丙溴·辛硫磷、虫菊·苦参碱、除虫菊素、哒螨·吡虫啉、哒螨·异丙威、哒嗪硫磷、啶虫脒、敌·马、敌百·辛硫磷、敌百·氧乐果、敌敌畏、敌畏·吡虫啉、敌畏·毒死蜱、敌畏·矿物油、敌畏·辛硫磷、敌畏·氧乐、敌畏·氧乐果、丁硫·吡虫啉、丁硫·啶虫脒、丁硫·矿物油、丁硫·辛硫磷、丁硫克百威、啶虫·哒螨灵、啶虫·辛硫磷、啶虫·仲丁威、啶虫脒、毒·矿物油、毒死蜱、多·福·克、耳霉菌、二嗪磷、呋虫·噻虫嗪、呋虫胺、氟虫·乙多素、氟虫腈、氟啶·吡丙醚、氟啶·吡虫啉、氟啶·吡蚜酮、氟啶·啶虫脒、氟啶·毒死蜱、氟啶·螺虫酯、氟啶·噻虫嗪、氟啶虫胺腈、氟啶虫酰胺、氟氯氰菊酯、福·克、高氯·吡虫啉、高氯·啶虫脒、高氯·矿物油、高氯·马、高氯·辛硫磷、高氯·氧乐果、高氯氟·噻虫、高效反式氯氰菊酯、高效氟氯氰菊酯、高效氯氟氰菊酯、高效氯氰菊酯、环氧虫啶、甲·克、甲拌磷、甲萘威、甲氰·敌敌畏、甲氰·矿物油、甲氰·辛硫磷、甲氰·氧乐果、甲维·啶虫脒、金龟子绿僵菌CQMa421、抗·酮·多菌灵、抗蚜·吡虫啉、抗蚜威、克·酮·多菌灵、克·硝·福美双、克百·敌百虫、克百·多菌灵、克百威、苦参·印楝素、苦参碱·矿物油、矿物油·乙酰甲、喹硫·辛硫磷、喹硫磷、乐·酮·多菌灵、乐果、乐果·敌敌畏、乐果·矿物油、乐果·氰戊、藜芦碱、联苯·吡虫啉、联苯·噻虫胺、联苯·噻虫嗪、联苯·三唑磷、联苯菊酯、螺虫·吡虫啉、螺虫乙酯、氯·辛、氯虫·啶虫脒、氯虫·高氯氟、氯氟·吡虫啉、氯氟·敌敌畏、氯氟·啶虫脒、氯氟·毒死蜱、氯氟·呋虫胺、氯氟·噻虫啉、氯氟菊酯、氯氰·敌敌畏、氯氰·吡虫啉、氯氰·丙溴磷、氯氰·敌敌畏、氯氰·毒死蜱、氯氰·矿物油、氯氰·三唑磷、氯氰·水胺、氯氰·辛硫磷、氯氰·烟碱、氯氰·氧乐果、氯氰·仲丁威、氯氰菊酯、氯噻啉、马·氰·辛硫磷、马拉·吡虫啉、马拉·矿物油、马拉·灭多威、马拉·三唑酮、马拉·辛硫磷、马拉硫磷、嘧·咪·噻虫嗪、灭多威、哌虫啶、氰·鱼藤、氰戊·倍硫磷、氰戊·吡虫啉、氰戊·敌敌畏、氰戊·乐果、氰戊·马拉松、氰戊·三唑酮、氰戊·杀螟松、氰戊·辛硫磷、氰戊·氧乐果、氰戊菊酯、球孢白僵菌、噻虫·高氯氟、噻虫·吡蚜酮、噻虫·福·萎锈、噻虫·高氯氟、噻虫·咯·霜灵、噻虫·咯菌腈、噻虫胺、噻虫啉、噻虫嗪、噻呋·呋虫胺、噻呋·噻虫嗪、三唑磷、杀虫单、杀单·噻虫嗪、杀螟·啶虫脒、杀螟硫磷、水胺·吡虫啉、水胺·辛硫磷、顺氯·啶虫脒、顺式氯氰菊酯、涕灭威、戊唑·吡虫啉、戊唑·噻虫嗪、烯啶·吡蚜酮、烯啶·联苯、烯啶虫胺、烯肟·苯·噻虫、辛·矿物油、辛硫·氟氯氰、辛硫·高氯氟、辛硫·矿物油、辛硫·灭多威、辛硫·三唑酮、辛硫·氧乐果、辛硫磷、溴氰·敌敌畏、溴氰·矿物油、溴氰·马拉松、溴氰·噻虫嗪、溴氰·辛硫磷、溴氰·氧乐果、溴氰·仲丁威、溴氰虫酰胺、溴氰菊酯、亚胺硫磷、烟碱、烟碱·苦参碱、氧乐·灭多威、氧乐果、乙酰甲胺磷、异丙威、鱼藤酮、唑醚·萎·噻虫、唑酮·氧乐果。

粉虱：

啶虫脒、螺虫乙酯、联苯·噻虫嗪、氯氟·噻虫胺、联苯菊酯、联菊·啶虫脒、敌敌畏、矿物油、噻虫·高氯氟、异丙威、哒螨·异丙威、阿维·噻嗪酮、溴氰虫酰胺、球孢白僵菌、氟啶虫胺腈、螺虫乙酯、噻虫嗪、吡虫·毒死蜱、吡丙·吡虫啉、联苯·噻虫啉、耳霉菌、氯氟·啶虫脒、螺虫·噻虫啉、吡蚜·螺虫酯、联菊·啶虫脒、噻虫·高氯氟、呋虫胺、藜芦碱、吡蚜·吡丙醚、螺虫·噻虫嗪、螺虫·呋虫胺、呋虫·哒螨灵、d-柠檬烯、氟吡呋喃酮、啶虫·辛硫磷、烯啶虫胺。

地老虎：

毒死蜱、二嗪磷、吡虫·硫双威、福·克、甲·克、高效氯氟氰菊酯、辛硫磷、氯氰菊酯、氰戊菊酯、丁硫·甲维盐、氯虫苯甲酰胺、溴酰·噻虫嗪、联苯菊酯、氯氰·福美双、硫双威、丁硫·戊唑醇、吡·福·烯唑醇、噻虫·高氯氟、阿维·吡虫啉、五硝·辛硫磷、二嗪磷、氟氯·毒死蜱、丁硫克百威、甘蓝夜蛾核型多角体病毒、苦参碱、丁·戊·福美双、辛硫·甲拌磷、克·醇·福美双、克百·三唑酮、甲萘威、克百·多菌灵、克·酮·福美双。

蛴螬：

敌百·毒死蜱、毒死蜱、氟氯氰菊酯、二嗪磷、福·克、甲·克、辛硫·甲拌磷、吡虫·辛硫磷、辛硫磷、克百·多菌灵、氟虫腈、吡虫啉、毒·辛、甲柳·三唑酮、辛硫磷、二嗪磷、甲拌·辛硫磷、噻虫·毒死蜱、吡虫·氟虫腈、氟腈·毒死蜱、噻虫·咯·霜灵、丁硫克百威、萎锈·吡虫啉、戊唑·氟虫腈、丁硫·戊唑醇、溴酰·噻虫嗪、球孢白僵菌、苯甲·毒死蜱、丁硫·毒死蜱、噻虫·咯·霜灵、甲基异柳磷、氯氰·福美双、噻虫·咯·精甲、吡·福·烯唑醇、噻虫·咯·霜灵、苯醚·咯·噻虫、五硝·辛硫磷、噻虫·高氯氟、丁硫·噻虫嗪、吡虫·硫双威、氯虫·噻虫胺、阿维·二嗪磷、苯醚·咯·噻虫、二嗪·噻唑膦、二嗪·敌百虫、呋虫胺、咯菌·噻虫胺、辛硫·多菌灵、丁·戊·福美双、克·醇·福美双、萎·克·福美双、多·福·克、甲柳·福美双、福·唑·毒死蜱、克百·三唑酮、克·酮·福美双、克·酮·多菌灵。

金针虫：

毒死蜱、福·克、甲·克、吡虫·毒死蜱、克百·多菌灵、戊·氯·吡虫啉、氟虫腈、甲柳·三唑酮、二嗪磷、辛硫磷、吡虫·氟虫腈、噻虫·咯·霜灵、苯醚·咯·噻虫、福·戊·氯氰、噻虫嗪、丁硫·戊唑醇、苯醚·咯·噻虫、氯氰·福美双、丁硫·戊唑醇、吡·福·烯唑醇、五硝·辛硫磷、苯醚·咯·噻虫、丁硫克百威、吡虫·高氟氯、吡虫·毒·苯甲、高效氯氟氰菊酯、咯菌·噻虫胺、丁·戊·福美双、克·醇·福美双、萎·克·福美双、福·唑·毒死蜱、多·福·克、克百·三唑酮、克·酮·福美双、毒·辛、克·酮·多菌灵。

棉铃虫：

吡虫·灭多威、S-氰戊菊酯、zeta-氯氰菊酯、阿维·毒死蜱、阿维·氟啶脲、阿维·高氯、阿维·高氯氟、阿维·甲氰、阿维·氯苯酰、阿维·三唑磷、阿维菌素、吡虫·辛硫磷、丙·虱螨脲、丙·辛、丙溴·敌百虫、丙溴·氟铃脲、丙溴·矿物油、丙溴·灭多威、丙溴·辛硫磷、丙溴磷、柴油·辛硫磷、除脲·毒死蜱、哒嗪硫磷、敌·

辛、敌百·毒死蜱、敌百·辛硫磷、敌畏·毒死蜱、敌畏·高氯、敌畏·辛硫磷、丁硫·辛硫磷、毒·矿物油、毒·辛、毒死蜱、短稳杆菌、多杀霉素、伏杀硫磷、氟啶·丙溴磷、氟啶脲、氟铃·毒死蜱、氟铃·辛硫磷、氟铃脲、氟氯氰菊酯、甘蓝夜蛾核型多角体病毒、高氯·敌敌畏、高氯·丙溴磷、高氯·毒死蜱、高氯·甲维盐、高氯·矿物油、高氯·马、高氯·灭多威、高氯·三唑磷、高氯·辛硫磷、高效反式氯氰菊酯、甲氨基阿维菌素苯甲酸盐、甲基·毒死蜱、甲萘威、甲氰·乐果、甲氰·马拉松、甲氰·辛硫磷、甲氰菊酯、甲维·毒死蜱、甲维·氟铃脲、喹硫磷、乐果、藜芦碱、联苯·除虫脲、联苯菊酯、硫双威、氯·马·辛硫磷、氯·灭·辛硫磷、氯·辛、氯虫·啶虫脒、氯虫·高氯氟、氯虫苯甲酰胺、氯氟·丙溴磷、氯氟·毒死蜱、氯菊酯、氯氰·丙溴磷、氯氰·敌敌畏、氯氰·毒死蜱、氯氰·马拉松、氯氰·三唑磷、氯氰·水胺、氯氰·辛硫磷、氯氰菊酯、马拉·灭多威、棉核·高氯、棉核·苏云菌、棉核·辛硫磷、棉铃虫核型多角病毒、灭·辛、高氯氟、灭多威、灭威·高氯氟、氰·辛·敌敌畏、氰虫·氟铃脲、氰戊·丙溴磷、氰戊·敌敌畏、氰戊·马拉松、氰戊·灭多威、氰戊·杀螟松、氰戊·水胺、氰戊·辛硫磷、氰戊·氧乐果、氰戊菊酯、噻虫·高氯氟、三唑磷、杀螟·辛硫磷、杀螟硫磷、虱螨脲、虱脲·毒死蜱、水胺·高氯、水胺·灭多威、水胺·辛硫磷、水胺硫磷、顺式氯氰菊酯、苏云金杆菌、辛硫·氟氯氰、辛硫·矿物油、辛硫·氯氟氰、辛硫·灭多威、辛硫·三唑磷、辛硫·氧乐果、溴氰·毒死蜱、溴氰·马拉松、溴氰·辛硫磷、溴氰虫酰胺、溴氰菊酯、亚胺硫磷、乙酰甲胺磷、茚虫威、唑磷·氟氯氰。

烟青虫：

S-氰戊菊酯、阿维·甲虫肼、敌百虫、敌百虫原粉、短稳杆菌、甘蓝夜蛾核型多角体病毒、高氯·甲维盐、高效氯氟氰菊酯、甲氨基阿维菌素苯甲酸盐、甲萘威、甲维·高氯氟、苦参碱、乐果、氯虫·吡蚜酮、氯虫·高氯氟、氯氟氰菊酯、氯菊酯、氯氰菊酯、醚菊酯、棉铃虫核型多角体病毒、灭多威、氰戊·乐果、氰戊·辛硫磷、氰戊菊酯、噻虫·高氯氟、杀虫环、苏云金杆菌、辛硫·高氯氟、辛硫磷、溴氰菊酯、烟碱、乙酰甲胺磷、印楝素。

韭蛆：

吡虫·辛硫磷、吡虫啉、球孢白僵菌、氟啶脲、噻虫嗪、高效氯氰菊酯、虫螨·噻虫胺、氟铃·噻虫胺、氟铃脲、氯氟·噻虫胺、灭蝇·噻虫胺、噻虫胺、辛硫磷。

其他鳞翅目害虫

玉米螟：

阿维菌素、除脲·高氯氟、哒嗪硫磷、氟苯·杀虫单、氟苯虫酰胺、福·克、甘蓝夜蛾核型多角体病毒、高效氯氟氰菊酯、甲维·毒死蜱、甲维·高氯氟、氯虫·高氯氟、氯虫·噻虫嗪、氯虫苯甲酰胺、氯氰·辛硫磷、氰戊·辛硫磷、球孢白僵菌、杀单·噻虫嗪、四氯虫酰胺、松毛虫赤眼蜂、苏云金杆菌、辛硫磷、溴氰菊酯、亚胺硫磷、乙酰甲胺磷、印楝素。

斜纹夜蛾：

阿维·虫螨腈、阿维·毒死蜱、阿维·甲虫肼、丙溴磷、虫螨·虫酰肼、虫螨腈、虫酰肼、敌百虫、毒死蜱、短稳杆菌、氟啶·斜纹核、高氯·甲维盐、高氯·斜夜核、甲氨基阿维菌素、甲氨基阿维菌素苯甲酸盐、甲维·丙溴磷、甲维·虫螨腈、甲维·虫酰肼、甲维·氟啶脲、甲维·高氯氟、甲维·茚虫威、苦皮藤素、氯虫苯甲酰胺、氰虫·虫螨腈、氰氟虫腙、氰戊·马拉松、球孢白僵菌、藤酮·辛硫磷、斜纹夜蛾核型多角体病毒、斜纹夜蛾诱集性信息素、辛硫·高氯氟、溴氰虫酰胺、溴氰菊酯、乙多·甲氧虫、印楝素。

桃小食心虫：

S-氰戊菊酯、阿维·矿物油、阿维·联苯菊、阿维·氯苯酰、阿维·灭幼脲、阿维菌素、毒死蜱、高氯·毒死蜱、高氯·马、高氯·辛硫磷、高效氟氯氰菊酯、甲氰·马拉松、甲氰·辛硫磷、甲氰菊酯、金龟子绿僵菌、高效氯氟氰菊酯、联苯·螺虫酯、联苯菊酯、氯虫·高氯氟、氯虫苯甲酰胺、氯氰·毒死蜱、氯氰·辛硫磷、氯氰菊酯、氰戊·马拉松、氰戊·杀螟松、氰戊·辛硫磷、氰戊菊酯、氰戊菊酯、三唑磷、辛硫·高氯氟、辛硫磷、溴氰·噻虫嗪、溴氰菊酯。

卷叶蛾：

虫酰肼、敌百虫、敌敌畏、啶虫·氟酰脲、高氯·毒死蜱、甲氨基阿维菌素苯甲酸盐、甲维·除虫脲、甲维·杀铃脲、甲氧虫酰肼、苦皮藤素、氯虫·啶虫脒、氯虫·高氯氟、杀螟硫磷、虱螨脲、溴氰菊酯。

茶毛虫：

高氯·马、苦参碱、联苯·甲维盐、联苯菊酯、氯菊酯、氯氰菊酯、苏云金杆菌、溴氰菊酯、印楝素。

小菜蛾：

阿维·吡虫啉、阿维·虫螨腈、阿维·敌敌畏、阿维·丁虫腈、阿维·丁醚脲、阿维·啶虫脒、阿维·多杀霉素、阿维·氟铃脲、阿维·高氯、阿维·高氯氟、阿维·甲氰、阿维·矿物油、阿维·联苯菊、阿维·氯苯酰、阿维·氯氰、阿维·灭幼脲、阿维·杀虫单、阿维·杀铃脲、阿维·苏云菌、阿维·辛硫磷、阿维·溴氰、阿维·印楝素、阿维·茚虫威、阿维菌素、阿维菌素苯甲酸盐、吡丙·虫螨腈、丙溴·氟铃脲、丙溴磷、虫菊·印楝素、虫螨·虫酰肼、虫螨·丁醚脲、虫螨·茚虫威、虫螨腈、除虫脲、丁虫腈、丁醚·高氯氟、丁醚·虱螨脲、丁醚·茚虫威、丁醚脲、丁脲·氰氟腙、短稳杆菌、多杀·虫螨腈、多杀·甲维盐、多杀·茚虫威、多杀霉素、氟苯虫酰胺、氟虫·乙多素、氟啶脲、氟铃·高氯、氟铃·辛硫磷、氟铃脲、甘蓝夜蛾核型多角体病毒、高氯·氟啶脲、高氯·甲维盐、高氯·马、高氯·苏云菌、高氯·辛硫磷、高效氯氰菊酯、甲氨基阿维菌素苯甲酸盐（0.55%）、甲氨基阿维菌素苯甲酸盐（0.57%）、甲氨基阿维菌素苯甲酸盐（1.1%）、甲氨基阿维菌素苯甲酸盐（1.13%）、甲氨基阿维菌素苯甲酸盐（1.14%）、甲氨基阿维菌素苯甲酸盐（2.2%）、甲氨基阿维菌素苯甲酸盐（2.3%）、甲氰菊酯、甲维·丙溴磷、甲维·虫螨腈、甲维·丁醚脲、甲维·啶虫脒、甲维·氟啶脲、甲维·氟铃脲、甲维·虱螨脲、甲维·苏云金、甲维·苏云菌、甲维·辛硫磷、甲维·茚虫威、甲维盐·氯氰、甲氧·甲吡醚、苦参·藜芦碱、苦参·印楝素、苦参碱、联苯·氟酰脲、氯虫·噻虫嗪、氯虫苯甲酰胺、氯菊酯、氯氰·丙溴磷、氯氰·辛硫磷、氯氰菊酯、醚菊酯、氰虫·虫螨腈、氰虫·啶虫脒、氰虫·灭幼脲、氰氟·茚虫威、氰氟虫腙、氰戊·敌敌畏、球孢白僵菌、三氟甲吡醚、杀虫单、杀单·苏云菌、杀铃脲、杀螟丹、顺式氯氰菊酯、苏云·茚虫威、苏云金杆菌、小菜蛾颗粒体病毒、辛硫·高氯氟、溴氰虫酰胺、溴氰菊酯、依维·虫螨腈、依维菌素、乙基多杀菌素、印楝素、茚虫威、鱼藤酮、粘颗·苏云菌。

其他刺吸式口器害虫

介壳虫：

阿维·啶虫脒、阿维·毒死蜱、阿维·螺虫酯、吡丙醚、吡虫·噻嗪酮、稻丰散、敌敌畏、啶虫·毒死蜱、毒·矿物油、毒死蜱、高效氯氰菊酯、矿物油、喹硫磷、联苯·螺虫酯、螺虫·吡丙醚、螺虫·毒死蜱、螺虫·呋虫胺、螺虫·噻嗪酮、螺虫乙酯、氯氰·毒死蜱、氰戊·喹硫磷、噻虫嗪、噻嗪·毒死蜱、噻嗪酮、石硫合剂、双甲脒、松脂酸钠、溴氰菊酯、亚胺硫磷。

蓟马：

阿维·吡虫啉、阿维·啶虫脒、拌·福·乙酰甲、苯醚·咯·噻虫、吡虫·虫螨腈、吡虫·氟虫腈、吡虫·杀螟丹、吡虫啉、虫螨·噻虫嗪、稻丰·仲丁威、丁硫·噻虫嗪、丁硫克百威、啶虫脒、多·福·克、多杀·吡虫啉、多杀霉素、呋虫·噻虫嗪、呋虫胺、氟虫·乙多素、氟啶·吡蚜酮、氟啶·啶虫脒、氟氯·吡虫啉、福·克、甲氨基阿维菌素苯甲酸盐、甲萘威、甲维·吡丙醚、金龟子绿僵菌、苦参碱、藜芦碱、联苯·虫螨腈、氯虫·噻虫嗪、氯氟·啶虫脒、氯氟·噻虫胺、马拉硫磷、咪鲜·吡虫啉、球孢白僵菌、噻虫·咯·霜灵、噻虫·咯菌腈、噻虫·咪鲜胺、噻虫胺、噻虫啉、噻虫嗪、杀虫·啶虫脒、杀虫单、杀虫环、杀单·克百威、水胺硫磷、烯啶·呋虫胺、溴氰虫酰胺、溴氰菊酯、溴酰·噻虫嗪、乙基多杀菌素。

叶螨：

阿维·哒螨灵、阿维·高氯、阿维·矿物油、阿维·三唑锡、阿维·四螨嗪、阿维菌素、虫螨腈、哒螨灵、联苯肼酯、硫黄、炔螨特、噻酮·炔螨特、石硫合剂、双甲脒、四螨·哒螨灵、四螨·联苯肼、四螨嗪、乙唑螨腈、唑螨·三唑锡、唑螨酯、唑酯·炔螨特。

叶蝉：

吡虫·噻嗪酮、吡虫·仲丁威、吡虫啉、吡蚜酮、茶皂素、虫螨腈、除虫菊素、哒螨·噻虫嗪、哒螨·茚虫威、哒嗪硫磷、丁醚·噻虫啉、丁醚·茚虫威、丁醚脲、啶虫脒、呋虫胺、氟啶·氟啶脲、高氯·马、高效氯氟氰菊酯、混灭威、甲萘威、甲维·虫螨腈、甲维·丁醚脲、甲维·噻虫嗪、金龟子绿僵菌 CQMa421、苦参·藜芦碱、苦参碱、乐果、藜芦碱、联苯·吡虫啉、联苯·呋虫胺、联苯·噻虫啉、联苯·茚虫威、联苯菊酯、联菊·丁醚脲、联菊·啶虫脒、氯氰·吡虫啉、氯氰菊酯、氯噻啉、马拉·联苯菊、马拉·异丙威、马拉硫磷、醚菊酯、球孢白僵菌、噻虫·高氯氟、噻虫嗪、杀螟丹、杀螟硫磷、速灭威、烯啶·呋虫胺、烯啶虫胺、香芹酚、溴氰·噻虫啉、溴氰菊酯、依维·虫螨腈、乙酰甲胺磷、异丙威、异威·矿物油、印楝素、茚虫·吡蚜酮、茚虫威、仲丁威。

杂草

麦田除草剂

单剂：

2,4-滴二甲胺盐、唑嘧磺草胺、唑啉草酯、唑草酮、异丙隆、乙羧氟草醚、溴苯腈、辛酰溴苯腈、酰嘧磺隆、特丁净、双唑草酮、双氟磺草胺、噻吩磺隆、炔草酯、炔草酸、扑草净、灭草松、麦草畏、氯氟吡氧乙酸异辛酯（290g/L）、氯氟吡氧乙酸异辛酯（288g/L）、氯氟吡氧乙酸异辛酯（280g/L）、氯氟吡氧乙酸异辛酯（28.8%）、氯氟吡氧乙酸（酯）、氯吡嘧磺隆、绿麦隆、精噁唑禾草灵、甲基二磺隆、环吡氟草酮、禾草灵、氟唑磺隆、二氯吡啶酸、啶磺草胺、单嘧磺酯、单嘧磺隆、苄嘧磺隆、吡氟酰草胺、吡草醚、苯磺隆、2甲4氯异辛酯、2甲4氯钠、2甲4氯钾盐、2甲4氯二甲胺盐、2甲4氯、2,4-滴异辛酯、2,4-滴钠盐、2,4-滴二胺、2,4滴丁酯、13%2甲4氯钠水剂。

混剂：

双氟·氯氟吡、吡酰·异丙隆、2甲·溴苯腈、苄嘧·苯磺隆、2甲·氯氟吡、唑草·苯磺隆、2甲·绿麦隆、扑·乙、辛溴·滴丁酯、噻磺·乙草胺、苯·唑·氯氟吡、噻·噁·苯磺隆、丙草·异丙隆、精噁·炔草酯、异隆·乙草胺、氯吡·苯磺隆、滴·氨氯、氯吡·炔草酯、2甲·唑草酮、绿麦·异丙隆、乙羧·苯磺隆、滴胺·麦草畏、异隆·炔草酯、噻吩·唑草酮、2甲·苄、苯磺·炔草酯、双氟·滴辛酯、2甲·双氟、氯吡·唑草酮、双氟·唑草酮、2甲·麦草畏、2甲·炔草酯、唑啉·炔草酯、2甲·苯磺隆、酰嘧·甲碘隆、炔·苄·唑草酮、双氟·炔草酯、苯·唑·甲钠、苯磺·异丙隆、双氟·丙氯氟吡、双氟·唑嘧胺、双氟·氟氯酯、氟噻·吡酰·呋、双氟·苯磺隆、苄·羧·炔草酯、氟唑·唑草酮、双氟·氯吡嘧、双氟·二磺、2甲·辛酰溴、二磺·甲碘隆、二磺·炔草酯、2甲·氯·双氟、氟唑·炔草酯、滴酸·麦草畏、二磺·滴辛酯、2甲·双氟·唑、苄·噻磺、啶磺·氟氯酯、异隆·丙·氯吡、双氟·滴辛酯、氯吡·氟唑磺、氯吡·唑、双氟·炔·唑、氯氟吡、异丙·炔·氟唑、双氟·氟唑磺、2甲·双氟、2甲·酰嘧、苄嘧·氯氟吡、氟唑·苯磺隆、2甲·氯·双氟、氟唑·苯磺隆、噻吩·乙草胺、双氟·酰嘧、氟氯·氯氟吡、环吡·异丙隆、氟吡·双唑酮、二磺·双氟·炔、氟吡·苯磺隆、苄嘧·异丙隆、噻磺·异丙隆、2甲·灭草松、苄·乙·扑、噻吩·苯磺隆、唑草·磺苯磺隆、噁禾·异丙隆。

玉米田除草剂

单剂：

异丙甲草胺、硝磺草酮、烟嘧磺隆、草甘膦异丙胺盐、草甘膦铵盐、莠去津、氯氟吡氧乙酸异辛酯、乙草胺、西玛津、溴苯腈、氯氟吡氧乙酸、砜嘧磺隆、噻吩磺隆、精异丙甲草胺、异噁唑草酮、2,4-滴丁酯、二甲戊灵、2甲4氯钠、氯氟吡氧乙酸异辛酯（288g/L）、灭草松、麦草畏、异丙草胺、二氯吡啶酸、嗪草酸甲酯、磺草酮、草甘膦异丙胺盐（41%）、绿麦隆、辛酰溴苯腈、唑嘧磺草胺、2,4-滴二甲胺盐、氯吡嘧磺隆、甲基磺草酮、氨唑草酮、麦草畏二甲胺盐、2甲4氯二甲胺盐、特丁津、氟噻草胺、2,4-滴异辛酯、甲酰氨基嘧磺隆、苯唑草酮、2甲4氯钠盐、二氯吡啶酸钾盐、氯氟吡氧乙酸（酯）、甲基碘磺隆钠盐、草甘膦、莠灭净。

混剂：

辛·烟·莠去津、硝磺·莠去津、烟嘧·溴苯腈、溴腈·莠灭净、砜嘧·硝磺、氯吡·硝·烟嘧、乙·莠·滴丁酯、异丙草·莠、乙·莠、烟嘧·莠去津、异甲·莠去津、烟嘧·莠、氯吡·硝·烟、莠去津、硝·乙·莠去津、氰草·莠去津、丁·莠、丁·异·莠去津、扑·乙、噻磺·乙草胺、丙·莠·滴丁酯、辛溴·滴丁酯、滴丁·莠去津、扑·乙·滴丁酯、磺草·莠去津、2甲·莠去津、乙·嗪·滴丁酯、甲戊·莠去津、滴丁·乙草胺、克·扑·滴丁酯、异丙·滴丁酯、扑·丙·滴丁酯、甲·乙·莠、莠灭·乙草胺、异丙·莠去津、砜嘧·莠去津、甲草·莠去津、2甲·烟嘧、烟嘧·莠·异丙、烟·硝·莠去津、辛酰·烟·滴异、烟嘧·乙·莠、乙·噻·滴丁酯、乙·莠·滴辛酯、嗪酮·乙草胺、烟嘧·滴辛酯、烟·莠·灭草松、滴丁·烟嘧、烟嘧·氯氟吡、绿·莠·乙草胺、磺草·乙草胺、克胺·莠去津、烟·莠·滴辛酯、烟嘧·麦草畏、硝磺·异丙·莠、丁·乙·莠去津、乙·莠·氰草津、双氟·氯氟吡、乙·莠·氯氟吡、硝磺·莠去津、烟嘧·硝草酮、烟嘧·硝磺·莠、烟嘧·辛酰溴、丁·莠·烟嘧、硝磺·氰草津、硝磺·异甲·莠、烟·莠·异丙甲、砜嘧·噻吩·硝·精·莠去津、氰津·莠悬、嗪·烟·莠去津、噻酮·异噁唑、硝磺·莠去津、烟嘧·嗪草酮、硝磺·烟嘧·莠、烟·莠去津、硝·烟·辛酰溴、2甲·乙·莠、丁·莠·烟嘧、乙·嘧·莠、氯吡·硝·烟嘧、硝·辛·莠去津、砜·硝·氯氟吡、烟·氟硝·莠去津、硝·莠·氯氟吡、硝磺·烟·莠、滴异·莠去津、硝磺·二氯吡、烟·莠·辛酰腈、嗪·异·滴辛酯、乙·莠·唑嘧胺、辛·烟·氯氟吡、烟·莠·氯氟吡、乙草·莠去津、乙草·滴辛酯、乙·嗪·滴辛酯、丁·硝·莠去津、草胺·特丁津、烟·莠·滴丁酯、烟·莠·唑嘧胺、硝·烟·莠去津、烟嘧·莠·异丙、特津·硝·异丙、异丙·乙·莠、烟·精·莠去津、异噁唑·莠、精·烟·莠去津、烟嘧·特丁津、烟·莠·二氯吡、2甲·烟嘧·莠、烟嘧·莠·氯吡、莠·唑嘧胺、乙·莠·异辛酯、烟嘧·麦·氯吡、烟嘧·砜嘧·硝·烟·氯吡嘧、氯嘧·烟·氯吡、氯吡·麦·烟嘧、烟嘧·氨唑、烟嘧·氯吡嘧、苯唑·莠去津、烟嘧·氨唑酮、2甲·莠·烟嘧、甲·异·莠去津、扑·莠·乙草胺、西净·乙草胺、乙·莠·异丙甲、氰津·乙草胺。

水稻田除草剂

单剂：

吡嘧磺隆、二氯喹啉酸、氰氟草酯、二甲戊灵、五氟磺草胺、氯氟吡氧乙酸异辛酯、扑草净、丁草胺、2甲4氯钠、氯氟吡氧乙酸、双草醚、丙草胺、灭草松、苄嘧磺隆、乙草胺、乙氧氟草醚、苯噻酰草胺、西草净、禾草丹、噁草酮、莎稗磷、三氯吡氧乙酸三乙胺盐、乙氧磺隆、2，4-滴二甲胺盐、敌稗、克草胺、异丙甲草胺、异噁草松、草甘膦异丙胺盐、2甲4氯钠盐、2，4-滴丁酯、丙炔噁草酮、嘧啶肟草醚、2甲4氯、噁嗪草酮、噁唑酰草胺、2甲4氯二甲胺盐、丙嗪嘧磺隆、唑草酮、环酯草醚、嘧草醚、氟吡磺隆、氟酮磺草胺、禾草敌、硝磺草酮、仲丁灵、嘧苯胺磺隆、精噁唑禾草灵、双唑草腈、双环磺草酮、二氯喹啉草酮、氯吡嘧磺隆、异丙草胺、草甘膦、醚磺隆、毒草胺。

混剂：

苄·二氯、氰氟·二氯喹、2甲·灭草松、2甲·溴苯腈、氰氟·精噁唑、五氟·氰氟草、苄嘧·双草醚、双醚·灭草松、氰氟·双草醚、噁草·丁草胺、苄·丁、苄嘧·苯噻酰、苄·乙、苯·苄·乙草胺、扑·乙、丁·扑、苄嘧·丙草胺、苄·戊·异丙隆、异丙·苄、吡嘧·苯噻酰、吡嘧·莎稗磷、氧氟·噁草酮、噁·氧·莎稗磷、吡嘧·丙草胺、苄嘧·哌草丹、苄·乙·扑草净、苄·丁·乙草胺、敌稗·丁草胺、异丙甲·苄、异丙草·苄、苯·吡·甲草胺、苄·噁·丙草胺、嘧肟·氰氟草、吡嘧·二氯喹、苄·丁·扑草净、醚磺·乙草胺、苄·丁·草甘膦、唑草·灭草松、滴酯·丁草胺、苄嘧·禾草丹、噁草·草丁草胺、苯·苄·异丙甲、2甲·唑草酮、吡嘧·西·扑草净、苄嘧·唑草酮、苄嘧·二甲戊、苄嘧·禾草敌、2甲·异丙隆、苄嘧·莎稗磷、

2甲·氯氟吡、苄·乙·二氯喹、2甲·苄、苯·苄·二氯、吡·西·扑草净、苄嘧·扑草净、噁唑·灭草松、噁草·莎稗磷、硝磺·五氟磺、敌稗·异噁松、噁·丙草胺、硝磺·丙草胺、异丙甲·苄、氧氟·甲戊灵、五氟·丁草胺、吡嘧·双草醚、氧氟·丙草胺、吡嘧·二甲戊、苯·吡·西草净、吡嘧·五氟磺、精噁·五氟磺、丙·氧·噁草酮、苯·苄·异丙草、甲戊·噁草酮、氰氟·吡嘧、苯噻·吡磺隆、丙草·西草净、丙噁·丁草胺、二氯·双草醚、吡酰·二甲戊、乙磺·苯噻酰、丁·西、吡嘧·硝草酮、吡嘧·丙噁、氟酮·呋喃酮、苄嘧·丁草胺、五氟·氯氟吡、吡·松·丙草胺、氰氟·氯氟吡、吡·氯·双草醚、甲戊·丁草胺、吡嘧·嘧草醚、吡·松·丁草胺、噁·氧·二甲戊、莎·氧·噁草酮、二氯·唑·吡嘧、吡·氧·甲戊灵、吡·甲·唑草酮、苄嘧·仲丁灵、丙草·噁·异松、吡·戊·噁草酮、2甲·吡嘧、吡·甲·氯氟吡、异噁·甲戊灵、五氟·吡·氰氟、氯吡·唑草酮、氰氟·吡·双草、唑草·双草醚、禾丹·异丙隆、苄·五氟·氰氟、丙噁·乙氧氟、丙噁·丙草胺、苯·苄·西草净、二氯·丙·吡嘧、五氟·丙·氰氟、丙噁·丙草胺、五氟·氰氟草、苯噻·氯·硝磺、五氟·二氯喹、氰氟·松·氯吡、苄嘧·西草净、五氟·丙草胺、异隆·丙·氯吡、醚磺·丙草胺、吡·松·二甲戊、苄嘧·五氟磺、五氟·双·氰氟、丁草·噁草酮、嘧肟·丙·氰氟、嘧肟·丙草胺、苄·扑·西草净、五氟·灭草松、丙噁·五氟磺、丙噁·氧丙草、丁·氧·噁草酮、苯·苄·莎稗磷、噁唑·氰氟、苄·西·扑草净、苄·丙·噁草酮、嘧啶·氰氟草、硝磺·西草净、苯·苄·硝草酮、嘧肟·吡·氰氟、氰氟·吡啶酯、噁唑·五氟磺、二氯·肟·吡嘧、五氟·吡·二氯、五氟·丙·吡嘧、噁酮·西草净、灭松·双草醚、五氟·氰·嘧肟、五氟·氰草酯、噁草·仲丁灵、硝磺·仲丁灵、苯·苄·甲草胺、五氟·吡啶酯、二氯·双·五氟、二氯·吡·氰氟、松·丙噁·丙草、丙草·丙噁·松、五氟·唑·氰氟、苄嘧·嘧草醚、五氟·氰·氯吡、五氟·嘧肟、氰氟·肟·灭松、噁草·西草净、吡嘧·吡氟酰、吡嘧·嘧草·丙、吡嘧·唑草酮、苄嘧·异丙隆、氧氟·异丙草、吡嘧·丁草胺、苄·乙·扑、二氯·灭松、苄·丁·异丙隆。

棉花田除草剂

草甘膦铵盐、草甘膦异丙胺盐、噁草酮、二甲戊灵、氟乐灵、高效氟吡甲禾灵、精吡氟禾草灵、精喹禾灵、喹禾灵、扑·乙、氧氟·噁草酮、草甘膦、敌草胺、毒·辛、噁草·丁草胺、噁草酸、噁酮·乙草胺、氟乐·扑草净、氟乐灵、复硝酚钠、甲草胺、甲戊·敌草隆、甲戊·扑草净、甲戊·乙草胺、甲戊·异丙甲、禾草灵、精异丙甲草胺、扑草·仲丁灵、扑草净、噻苯·敌草隆、烯禾啶、氧氟·乙草胺、乙草胺、乙羧氟草醚、乙氧氟草醚、异噁·丁草胺、仲丁灵、仲灵·敌草隆、仲灵·乙草胺。

花生田除草剂

二甲戊灵、丙炔氟草胺、噁草酮、噁酮·乙草胺、氟磺胺草醚、氟乐·扑草净、氟乐灵、氟醚·灭草松、高效氟吡甲禾灵、甲草胺、甲咪唑烟酸、甲咪唑烟酸铵盐、精噁唑禾草灵、精喹·氟磺胺、精喹·氟羧草、精喹·乳氟禾、精喹·乙羧氟、精喹禾灵、精异丙甲草胺、灭草松、扑·噻·乙草胺、扑·乙、扑·乙·滴丁酯、扑草净、乳氟禾草灵、噻吩磺隆、噻磺·乙草胺、烯禾啶、氧氟·甲戊灵、氧氟·乙草胺、乙·扑、乙草胺、乙羧·高氟吡、乙羧氟草醚、乙氧·精异丙、乙氧氟草醚、异·乙·扑草净、异丙·异噁松、异丙草胺、异丙甲·扑净、异丙甲草胺、异甲·特丁净、异松·乙草胺、仲丁灵。

大豆田除草剂

2，4-滴丁酯、吡·噁·氟磺胺、丙·噁·滴丁酯、丙·噁·嗪草酮、滴丁·乙草胺、二甲戊灵、氟·松·烯草酮、氟胺·灭草松、氟吡·烯禾啶、氟吡·氟磺胺、氟吡甲禾灵、氟磺·磺灭草松、氟磺·烯草酮、氟磺·烯禾啶、氟磺胺草醚、氟乐·扑草净、氟乐灵、氟醚·灭草松、高效氟吡甲禾灵、甲草胺、甲氧咪草烟、精吡氟禾草灵、精喹·氟磺胺、精喹·灭草松、精喹·乳氟禾、精喹·乙羧氟、精喹禾灵、精异丙甲草胺、克·扑·滴丁酯、喹·唑·氟磺胺、喹禾灵、氯酯磺草胺、咪乙·甲戊灵、咪乙·异噁松、咪唑喹啉酸、咪唑乙烟酸、灭·喹·氟磺胺、灭草松、灭草松钠盐、扑·丙·滴丁酯、扑·乙、扑·乙·滴丁酯、扑草净、嗪草酸甲酯、嗪草酮、嗪酮·乙草胺、乳氟·喹禾灵、乳氟禾草灵、噻吩磺隆、噻磺·乙草胺、三氟羧草醚、双氯磺草胺、松·喹·氟磺胺、烯草酮、烯禾啶、乙·噁·滴丁酯、乙草胺、乙羧·氟磺胺、乙氧氟草醚、异·嗪·滴丁酯、异丙·滴丁酯、异丙·异噁松、异丙草胺、异丙甲草胺、异噁·氟磺胺、异噁·乙·滴丁酯、异噁·异丙甲、异噁草松、异松·乙草胺、仲丁灵、仲灵·乙草胺、唑喹·咪乙烟、唑嘧磺草胺。

油菜田除草剂

氨氯·二氯吡、吡唑草胺、丙酯草醚、草除灵、草甘·三氯吡、草甘膦、草甘膦铵盐、草甘膦钾盐、草甘膦异丙胺盐、敌草胺、噁酮·乙草胺、噁唑·草除灵、二吡·烯·氨吡、二吡·烯·草灵、二吡·烯草酮、二氯吡啶酸、二氯吡啶酸钾盐、氟吡·草除灵、氟吡·烯草酮、高效氟吡甲禾灵、精吡氟禾草灵、精喹·草除灵、精喹·乙草胺、精喹禾灵、精异丙甲草胺、喹禾糠酯、喹禾灵、扑·乙、烯草酮、烯禾啶、烯酮·草除灵、乙草胺、异丙·异噁松、异丙草胺、异丙酯草醚、异噁草松、异松·乙草胺。

蔬菜田除草剂

安·宁·乙呋黄、氨氯·二氯吡、苯嗪草酮、吡唑草胺、丙酯草醚、草铵膦、草除灵、草甘·三氯吡、草甘膦、草甘膦铵盐、草甘膦钾盐、草甘膦异丙胺盐、敌草胺、噁酮·乙草胺、噁唑·草除灵、二吡·烯·氨吡、二吡·烯·草灵、二吡·烯草酮、二甲戊灵、二氯吡啶酸、二氯吡啶酸钾盐、氟胺磺隆、氟吡·草除灵、氟吡·烯草酮、高效氟吡甲禾灵、精吡氟禾草灵、精噁唑禾草灵、精喹·草除灵、精喹·乙草胺、精喹禾灵、精异丙甲草胺、喹禾糠酯、喹禾灵、扑·乙、甜菜安、甜菜安·宁、甜菜宁、烯草酮、烯禾啶、烯酮·草除灵、乙草胺、乙氧呋草黄、异丙·异噁松、异丙草胺、异丙酯草醚、异噁草松、异松·乙草胺。

草莓田除草剂

甜菜安·宁。

西瓜田除草剂

精喹禾灵、仲丁灵、异丙甲草胺、精异丙甲草胺、高效氟吡甲禾灵、敌草胺。

果园除草剂

草甘膦铵盐、草甘膦二甲胺盐、草甘膦异丙胺盐、乙氧氟草醚、2甲·草甘膦、敌草快、草甘膦钾盐、扑草净、草铵膦、草甘膦、莠去津、草甘膦钠盐、乙氧·莠灭净。

参 考 文 献

[1] 中华人民共和国农药管理条例（2017年修订）.北京：中国法制出版社，2017.
[2] 全国农药标准化技术委员.农药标准汇编：基础和通用方法卷，农药产品杀虫剂卷，农药产品除草剂卷，农药产品杀菌剂卷.第2版.北京：中国标准出版社，2016.
[3] 中华人民共和国国家质量监督检验检疫总局，中国国家标准化管理委员会.GB/T 19378—2017　农药剂型名称及代码.北京：中国标准出版社，2017.
[4] 中华人民共和国国家林业局.LY/T 2685—2016　航空静电喷雾设备应用技术规范.北京：中国标准出版社，2018.
[5] 中国农药信息网-农药登记数据.http：//www.chinapesticide.org.cn/hysj/index.jhtml.
[6] C.马克比恩.农药手册.第16版.胡笑形，译.北京：化学工业出版社，2015.
[7] 曹坳程，徐映明.农药问答精编.第2版.北京：化学工业出版社，2017.
[8] 徐汉虹.植物化学保护学.第5版.北京：中国农业出版社，2018.
[9] 任天瑞，戴权，张雷.中国农药研究与应用全书：农药制剂与加工.北京：化学工业出版社，2019.
[10] 何雄奎，等.中国农药研究与应用全书：农药使用装备与施药技术.北京：化学工业出版社，2019.
[11] 袁会珠，李卫国.现代农药应用技术图解.北京：中国农业科学技术出版社，2013.
[12] 郑智民，姜志宽，陈安国.啮齿动物学.上海：上海交通大学出版社，2008.
[13] 孙家隆，金静，张茹琴.现代农药应用技术丛书：植物生长调节剂与杀鼠剂卷.北京：化学工业出版社，2014.
[14] 郑永权，董丰收.中国农药研究与应用全书：农药残留与分析.北京：化学工业出版社，2019.
[15] 生态环境部南京环境科学研究所.农药毒性手册：杀虫剂分册.北京：科学出版社，2016.
[16] 生态环境部南京环境科学研究所.农药毒性手册：除草剂分册.北京：科学出版社，2017.
[17] 生态环境部南京环境科学研究所.农药毒性手册：杀菌剂分册.北京：科学出版社，2018.